KU-208-336

Pseudogley & Gley

Transactions of Commissions V and VI of the Int. Soc. Soil Sci.

Verhandlungen der Kommissionen V und VI der Int. Bodenk. Gesellsch.

Comptes rendus des Commissions V et VI de l'Ass.Int. de la Science du Sol

Pseudogley & Gley

Genesis and Use of Hydromorphic Soils

Genese und Nutzung hydromorpher Böden

Génèse et utilisation des sols hydromorphes

edited by

herausgegeben von

édités par

Ernst Schlichting & Udo Schwertmann

Verlag Chemie

ISBN 3-527-25449-8

Satz und Druck: Schwetzinger Verlagsdruckerei GmbH, Schwetzingen. Buchbinder: Aloys Gräf, Heidelberg.

Printed in Germany

Vorwort

Auf die Bedeutung gemeinsamer Tagungen der verschiedenen IBG-Kommissionen im allgemeinen und des auf unserer Tagung behandelten Themenkreises im besonderen haben die Herren Min.-Dir. *Maier*, Prof. *Dr. Dr. Mückenhausen*, Prof. *Dr. Kovda*, *Dr. Dudal*, *Dr. Marshall* und Prof. *Dr. Hallsworth* einleitend und abschließend hingewiesen (s. IBG-Bulletin Nr. 40). An dieser Stelle sei daher denjenigen gedankt, die uns die Herausgabe dieses Bandes erleichterten bzw. ermöglichten, nämlich

den Kollegen, die sich an der Beurteilung der eingereichten Kurzfassungen beteiligten und vielfach wertvolle Hinweise gaben, insbesondere den Herren *H. H. Becher*, *P. Benecke*, *H. P. Blume*, *G. Brümmer*, *G. Bünemann*, *W. Czeratzki*, *A. Finck*, *H. Fölster*, *O. Graff*, *P. G. de Haas*, *H. Hanus*, *K. H. Hartge*, *H. Koepf*, *H. Kuntze*, *B. Meyer*, *E. Mückenhausen*, *S. Müller*, *W. Müller*, *E. A. Niederbudde*, *G. Roeschmann*, *H. Graf v. Reichenbach*, *K. E. Rehfuess*, *M. Renger*, *H. W. Scharpenseel*, *D. Schroeder*, *B. Ulrich*, *G. Voigtländer*, *H. Wolkewitz*, *B. Wohlrab* und *H. Zöttl*,
den Kollegen, die die Zusammenfassungen übersetzten, insbesondere den Herren *Dr. Bloomfield* und Prof. *Dr. Duchaufour* mit ihren Mitarbeitern,

unseren Mitarbeitern, insbesondere Frau *Warttmann* und den Herren *Dr. Bleich*, *Dr. Fischer* und *Dr. Becher*,

den Landwirtschaftsministerien des Bundes und der Länder für die finanzielle Unterstützung und

dem Verlag Chemie für die Herstellung.

Wir hoffen, daß wir die Erwartungen aller Autoren und Interessenten erfüllen konnten.

E. Schlichting *U. Schwertmann*

Préface

A l'occasion de l'introduction et de la clôture de la conférence, les Messieurs Ministerialdirektor *Maier*, Prof. *Dr. Dr. Mückenhausen*, Prof. *Dr. Kovda*, *Dr. Dudal*, *Dr. Marshall* et Prof. *Dr. Hallsworth* ont souligné l'importance des réunions conjoints des commissions diverses de l'AISS et en particulier l'importance des sujets traités pendant notre réunion (voir AISS-Bulletin No. 40).
Ici nous rendons grâce aux collègues qui ont facilité et fait possible l'édition de cet volume, i.e.

aux collègues du bureau chargé de la sélection qui ont donné des remarques précieuses, en particulier aux Messieurs *H. H. Becher*, *P. Benecke*, *H. P. Blume*, *G. Brümmer*, *G. Bünemann*, *W. Czeratzki*, *A. Finck*, *H. Fölster*, *O. Graff*, *P. G. de Haas*, *H. Hanus*, *K. H. Hartge*, *H. Koepf*, *H. Kuntze*, *B. Meyer*, *E. Mückenhausen*, *S. Müller*, *W. Müller*, *E. A. Niederbudde*, *G. Roeschmann*, *H. Graf v. Reichenbach*, *K. E. Rehfuess*, *M. Renger*, *H. W. Scharpenseel*, *D. Schroeder*, *B. Ulrich*, *G. Voigtländer*, *H. Wolkewitz*, *B. Wohlrab* und *H. Zöttl*,

aux collègues qui ont traduit les résumés, en particulier aux Messieurs *Dr. Bloomfield* et Prof. *Dr. Duchaufour* avec leurs collaborateurs,

à nos collaborateurs, en particulier à Madame *Warttmann* et aux Messieurs *Dr. Bleich, Dr. Fischer* et *Dr. Becher,*

aux Ministères de l'Agriculture de la Republique Féderale et des pays pour l'appui financier,

à la maison d'édition Verlag Chemie pour la fabrication soigneusement faite.

Nous éspérons que nous étions en mesure d'accomplir les attentes de tous les auteurs et de tous les interessés.

E. Schlichting *U. Schwertmann*

Preface

The importance of joint meetings of the different ISSS-Commissions in general, and the importance of the subject discussed during this meeting in particular was stressed introductorily and concludingly by Ministerialdirektor *Maier*, Prof. *Dr. Dr. Mückenhausen*, Prof. *Dr. Kovda, Dr. Dudal, Dr. Marshall* and Prof. *Dr. Hallsworth* (see ISSS-Bulletin No. 40).

Here, we want to thank all those who have enabled us to publish this volume, namely

the colleagues of the selection board who contributed various valuable suggestions, especially *H. H. Becher, P. Benecke, H. P. Blume, G. Brümmer, G. Bünemann, W. Czeratzki, A. Finck, H. Fölster, O. Graff, P. G. de Haas, H. Hanus, K. H. Hartge, H. Koepf, H. Kuntze, B. Meyer, E. Mückenhausen, S. Müller, W. Müller, E. A. Niederbudde, G. Roeschmann, H. Graf v. Reichenbach, K. E. Rehfuess, M. Renger, H. W. Scharpenseel, D. Schroeder, B. Ulrich, G. Voigtländer, H. Wolkewitz, B. Wohlrab* und *H. Zöttl,*

also the colleagues who translated the summaries, especially *Dr. Bloomfield* and Prof. *Dr. Duchaufour* with their Staffs,

our Staff, namely Mrs. *Warttmann, Dr. Bleich, Dr. Fischer* and *Dr. Becher,*

the Federal and the State Ministries of Agriculture for their financial support,

and, finally, the publishing company, Verlag Chemie, for their exact work.

We hope that we could fulfill the expectations of the authors and all those who are interested.

E. Schlichting *U. Schwertmann*

Table des matières — Inhaltsverzeichnis — Contents

Pseudogleye und Gleye — Genese und Nutzung hydromorpher Böden

Von *E. Schlichting* *)

Bereits die Pedologen des vorigen Jahrhunderts erkannten, daß vernäßte Böden meist rostfleckig sind; man nannte diese daher später „hydromorph". Daß Rosten Eisenoxidation ist, gehört heute zu jedermanns Wissen, und daß auf solchen Böden viele Pflanzen erst nach Entwässerung gedeihen, ist jahrhundertealte Erfahrung. Somit erscheinen Phänomen und Bedeutung als erkannt und geklärt. Aber selbst bei Beschränkung auf *Böden gemäßigter Breiten* ist eine differenziertere Betrachtung möglich und nötig. Das ist durch einen kurzen Überblick zu belegen.

Erkenntnisstand und Aufgaben

Grundmuster der Hydromorphie

Die Feldarbeit der letzten Dezennien zeigte, daß es zumindest zwei Grundmuster der Hydromorphie gibt (s. Fig. 1). Das eine wird durch Böden repräsentiert, in denen nasse, reduzierte Partien (G_r) an besser belüfteten Stellen (an Aggregatoberflächen, im Oberboden) relativ scharf in oft konkretionäre Oxidationssektionen bzw. -horizonte (G_o) übergehen; sie werden seit Wysotskii (1905) allgemein als *Gleye* bezeichnet. Das andere stellen Böden dar, die umgekehrt infolge „introvertierter" (unterboden- und matrixorientierter)

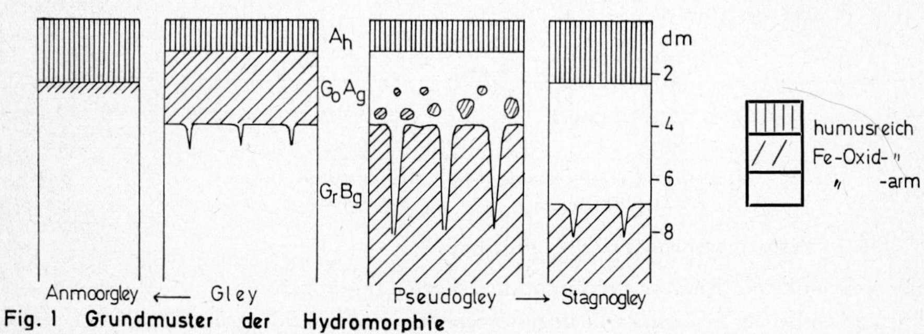

Fig. 1 Grundmuster der Hydromorphie

Rost- und „extravertierter" (cutan- und obenbodenorientierter) Bleichsektionen einen marmorierten Unterboden (B_g) und einen helleren, konkretionshaltigen Oberboden (A_g) besitzen; sie wurden von Krauß (1928) gleiartige Böden, später dann *Pseudogleye* genannt. Extremformen sind konkretionsfrei und bis in den Oberboden reduziert (Anmoorgleye) bzw. bis in den Unterboden gebleicht (Stagnogleye), Übergangsformen zu anhydromorphen Böden nur im Unter- bzw. Oberboden rostfleckig.

*) Abt. Allgemeine Bodenkunde, Universität (LH) Hohenheim, 7 Stuttgart 70, BRD

Ökodynamische und morphogenetische Prozesse

Die Wasserspannung nimmt in Gleyen von oben nach unten ab, die Wasserbeweglichkeit also zu, während es in vernäßten Pseudogleyen umgekehrt ist. Daraus resultieren deutlicher Kapillarhub im Oberboden und Wasserströmung im Unterboden von Gleyen sowie gehemmte Sickerung im Unterboden und begünstigte Strömung im Oberboden von Pseudogleyen. Gleye werden also *permanent,* aber nur *unterirdisch* (Anmoorgleye bis zur Oberfläche) durch laterale Grundwasserzufuhr vernäßt, Pseudogleye dagegen mehr *oberflächlich,* aber nur *temporär* (Stagnogleye permanent) durch vertikal gestautes Bodenwasser vernäßt. Tonige Gleye (Pelogleye) sind in morphologischer wie hydrologischer Hinsicht Intermediärformen. Komplementärgröße der Vernässung ist die in ihrer Intensität porungsabhängige Durchlüftung und hierbei wiederum der CO_2-Gehalt eine solche des O_2-Gehaltes. Das Bodenwasser enthält in Gleyen oft mehr O_2 als in Grundwasser anzunehmen und in Pseudogleyen immer weniger als in Oberflächenwasser zu vermuten ist. In grobporigen Böden fließendes Grundwasser steht nämlich im Kontakt mit O_2-reicher Bodenluft, stagnierendes Oberflächenwasser dagegen gibt O_2 an Mikroben ab und nimmt Stoffwechselprodukte auf. Diese Eigenheiten des Wasser- und Lufthaushaltes bedingen eine Umlagerung von gelösten Substanzen (Soluten) durch Strömung oder Diffusion. Umsatzmessungen erstrecken sich bislang aber weit mehr auf die Ermittlung der raumzeitlichen Veränderung der Menge als der Zusammensetzung von Bodenlösung und Bodenluft. Für Aussagen über die Morphogenese, insbesondere hinsichtlich der Triebkräfte für Mobilisierung, Transport bzw. Wanderung und Immobilisierung, sind sie dann wichtig, wenn die fraglichen Prozesse noch und mit genügender Intensität ablaufen.

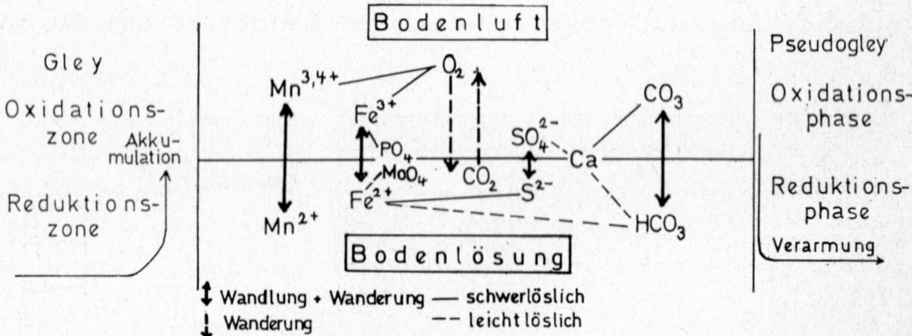

Fig. 2 Hydro-morphogenetische Prozesse

Hier steht noch die Analyse der räumlichen Verteilung immobilisierter Soluten bekannten physikochemischen Verhaltens in ungestörten Böden im Vordergrund (s. Fig. 2). Aus der Beziehung zwischen der Verteilung von Fe- und Mn-Oxiden ergab sich, daß hydromorphe Böden zwar gemeinsam durch *Redoxprozesse* geprägt sind, jedoch mit *stabilen* sowie vorwiegend *vertikalen* Gradienten bei den Gleyen und *wechselnden* sowie oft *horizontalen* Gradienten bei den Pseudogleyen. Zusammen mit der vorherrschenden Wasserbewegung bedeutet das, daß im Oberboden von Gleyen – mit Ausnahme von S – oft die oxidationsbedingte Akkumulation, im Oberboden von Pseudogleyen die reduktionsbedingte Verarmung überwiegt. Aus der Verteilung von Carbonaten in Gleyen verschiedener Landschaften (unsicher bei Pseudogleyen bzw. analogen Böden) ist zu schließen, daß nicht nur die O_2-abhängigen Redoxreaktionen, sondern auch die CO_2-abhängigen Carbonatisierungs-/Decarbonatisierungsreaktionen zu den hydro-morphogenetischen Prozessen zu rechnen sind. Inwieweit eine namentlich in Pseudogleyen zu beobachtende schwache Parallelität zwischen Al- und Fe-Gehalten auf Prozesse vor der Vernässung bzw. in Trockenphasen zurückzuführen ist und inwieweit auf eine redoxabhängige Chelatisierung aller Sesquioxide, ist angesichts der Vergänglichkeit der organischen Liganden rekonstruierend schwer zu klären. Aus der Mineralart auf die Bildungsgeschichte (O_2:CO_2, Lösungsgenossen) zu schließen, ist allerdings auch in anderen Fällen noch problematisch (mit Ausnahme wohl des für träge durchlüftete Pseudogleye charakteristischen Fe-Oxids Lepidokrokit). Gemeinsam sind den hydromorphen Böden auch hohe Gehalte an organischer Substanz und kohärentes Gefüge in den nassen Horizonten, also gehemmte Zersetzung und Aggregierung. Evtl. vorhandene wesentliche Unterschiede in Humusform und Gefüge, die über das eingangs Angeführte hinausgehen, müßten noch durch eingehende mikromorphologische Untersuchungen ermittelt werden. Da der analytischen Rekonstruktion stets eine gewisse Unsicherheit anhaftet, sind mehr pedologische Experimente erforderlich. Der experimentellen Nachprüfung sind besonders die Redoxreaktionen zugänglich, da es sich um mehr oder weniger einfache, leicht berechenbare Systeme mit großer Reaktionsgeschwindigkeit handelt.

Geomorphologische, edaphische und klimatische Faktoren

Gleye sind *Senkenböden* (s. Fig. 3), deren Vernässung nach den vorliegenden Erfahrungen weniger durch das Klima als durch relative Größe, Erhebung und (negativ) Wasserspeicherung des Grundwassereinzugsgebietes bestimmt sowie durch bessere Wasserleitung im Unterboden (sL unter tL) begünstigt wird. Pseudogleye dagegen sind *Plateauböden,* deren Vernässung durch geringere Wasserleitung im Unterboden (tL unter sL) bestimmt und durch zumindest zeitweilig hohe Niederschläge und geringe Evapotranspiration begünstigt wird. Daneben gibt es bestimmte *Hangböden* (steil und/oder unterbodenverdichtet), die mit den Gleyen oberflächennahe Oxidationszonen und mit den Pseudogleyen die ± temporäre Vernässung gemeinsam haben, sei es infolge wechselnder Wasserzufuhr oder -ableitung oder beider (z. B. Schneeschmelze über gefrorenem Unterboden, s. Schlichting 1963). Die stoffliche Zusammensetzung und deren morphologische Manifestation hängen bei Gleyen verständlicherweise oft weit mehr von der Zufuhr von Verwitterungsprodukten aus dem Einzugsgebiet (z. B. Kalk, Sesquioxide) und damit von dessen Bodenformen ab

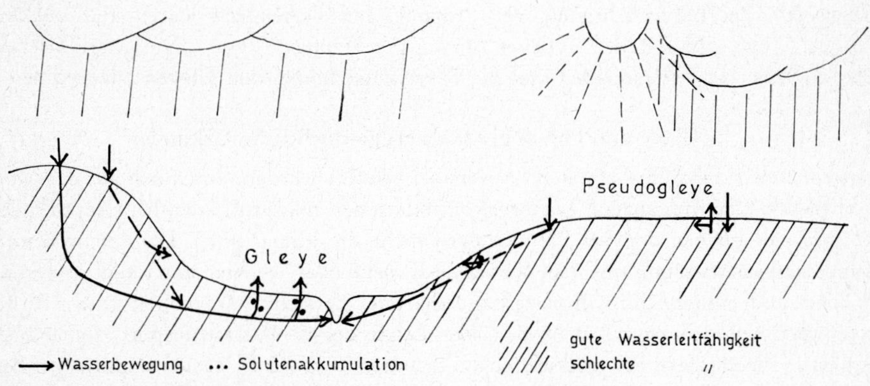

Fig. 3 Hydro-morphogene Faktoren

als vom Mineralbestand ihres ursprünglichen Sediments, der wiederum bei Pseudogleyen sehr wichtig ist (z. B. Menge und Art von Fe-Mineralen). Schließlich ist die Bindung der Gleye an jüngere, der Pseudogleye an ältere Landoberflächen nicht nur darauf zurückzuführen, daß in humiden Gebieten Senken eben jünger sind als Plateaus, sondern auch darauf, daß Grundwasserträger meist bereits lithogen sind, Stauwasserträger dagegen oft erst pedogen.

Es ist somit eine qualitative Faktorenanalyse möglich, aber quantitative Daten etwa über die Beziehung zwischen Verwitterungsverlusten der Böden im Einzugsgebiet von Gleyen und deren Anreicherung oder zwischen Pseudovergleyungsgrad einerseits und Alter der Landoberfläche, Höhe und Verteilung von Niederschlag und Evapotranspiration unter verschiedener Vegetation sowie Mineralbestand und Wasserleitfähigkeit (insbesondere auch der ungesättigten) der Böden anderseits sind spärlich. Untersuchungen in verschiedenen Landschaften sind schließlich deshalb nötig, weil der Bezug auf die aktuellen Umweltbedingungen in Landschaften mit bewegter Vergangenheit zu Fehlschlüssen führt.

Nutzung der Ergebnisse

Gleye und Pseudogleye als Naturkörper

Die Aufklärung der Beziehung „Faktor – Prozeß – Morphie" dient zunächst pedologischer Erkenntnis. Als Umwandlungsformen von Gesteinen sind die hydromorphen Böden in besonderer Weise durch Atmosphärilien und Organismen geprägt: Wasserüberschuß schafft die Voraussetzung für das Auftreten von Redoxgradienten, Sauerstoffnachlieferung und Organismentätigkeit stellen sie wieder her. Gleye sind mehr durch Atmosphärilien oxidationsgeprägt, Pseudogleye durch Organismen reduktionsgeprägt (zumal wenn man die Reduktion im G_r und die Oxidation im B_g als lithogene Merkmale betrachtet, was oft gerechtfertigt ist). Als Landschaftssegmente weisen die hydromorphen Böden besondere Beziehungen zu anderen Böden derselben Landschaft auf: das Wasser transportiert Verwitterungs- und Zersetzungsprodukte nicht nur innerhalb des Pedons. Dabei ist bei den Gleyen die Einnahme von anderen oft stark (sie sind also dependent, mitnichten intrazonal), bei den Pseudogleyen eher die Abgabe an andere (sie selber sind also autonom). Pedologische Erkenntnis sollte sich in der Bodensystematik niederschlagen: Gley und Pseudogley sind so verschieden wie Solontschak und Solod und nicht viel ähnlicher als Oxisols und Ultisols; Pseudogleye verhalten sich zu Planosolen etwa wie Pelosole zu Vertisolen. Bei Berücksichtigung der Prägung und Dependenz wären auch „Akkumulations"- von „Nur-Redox"-Gleyen und „Verarmungs"- von „Nur-Marmorierungs"-Pseudogleyen zu unterscheiden und die Hangwasserböden den Gleyen zuzurechnen.

Gleye und Pseudogleye als erdgeschichtliche Urkunden

Soweit Böden durch ihre Umwelt irreversibel geprägt werden, lassen sich aus der Morphie von Paläoböden vergangene Faktorenkonstellationen rekonstruieren, bei Gleyen mehr die geomorphologischen und bei Pseudogleyen mehr die klimatischen. Da sich im Laufe der Landschaftsentwicklung mit dem Klima auch mehr oder weniger das Relief änderte, gibt es aber kaum einheitlich fossilisierte Landschaften. Vielmehr wurden Gleye mehr bei feuchteren Bedingungen begraben (z. B. unter Lehm durch Wassertransport von Höhen in Senken), Pseudogleye bei trockeneren (z. B. unter Löß durch Windtransport von Senken auf Höhen). Somit sind nicht nur Unterschiede in der Ausprägung der Merkmale (z. B.

Differenzierung von G_o und B_g bzw. von Gley- und Pseudogley-Konkretionen), sondern auch in deren Erhaltung für deren diagnostische Verwendbarkeit von Belang.

In Reliktböden auf erhaltenen älteren Landoberflächen sind Pseudogley-Merkmale (bes. der B_g) recht stabil, Gley-Merkmale (bes. der G_r) dagegen labil. Gleichwohl ändert sich das Profilgepräge von Gleyen langsam genug, daß es als Basis für bodenkundliche Gutachten zum Nachweis anthropogener Änderungen dienen kann, z. B. des Grundwasserspiegels durch wasserbauliche Eingriffe in Landschaften. Umgekehrt stellen sich hydromorphe Merkmale (z. B. Rostfleckigkeit) schnell genug ein, daß sie als Basis für Prognosen über langfristige Standortsänderungen, z. B. durch Eingriffe in die Vegetation, geeignet sind. Das aber bedeutet, daß sie dann nur geringen geologischen Zeigerwert haben.

Pseudogleye und Gleye als Pflanzenstandorte

Der Schluß aus diagnostischen Bodenmerkmalen auf edaphische Standortseigenschaften ist ein rationelles, unzählige Einzeluntersuchungen ersparendes Verfahren. Der ökologische Zeigerwert ist um so größer, je schneller die Morphie geänderten ökodynamischen Prozessen folgt, offenbar bei den Pseudogleyen weniger als bei den Gleyen. Wichtiges ökologisches Merkmal der hydromorphen Böden ist weniger ein Überschuß an Wasser (da dieses an sich nicht schädigt und in Pseudogleyen temporär sogar fehlen kann), als vielmehr die eingeschränkte Durchlüftung. Sie betrifft bei Gleyen permanent den Unterboden und bei Pseudogleyen temporär den Oberboden. Infolgedessen wird der Wurzelwuchs in Gleyen zur Tiefe begrenzt, in Pseudogleyen dagegen im Frühjahr gehemmt sein. Inwieweit bei gleichem Luftgehalt Unterschiede im O_2:CO_2-Verhältnis differenzierend wirken, ist nicht hinreichend bekannt. Während die Beziehung zwischen Hydromorphie und Wasserangebot sowie Gasaustausch noch allgemein formuliert werden kann, ist die zwischen Hydromorphie und Nährstoffangebot in Gleyen verschiedener Landschaften und in Pseudogleyen aus verschiedenen Gesteinen recht verschieden. Allgemein ist nur festzustellen, daß hydromorphe Böden Besonderheiten bei den redoxabhängigen Elementen (Fe, Mn, N, S) bzw. ihren Folgern (Ca, P, Mo) aufweisen. In Gleyen wirkt sich besonders die Erhöhung der Fe- und Mn-Vorräte im Oberboden, in Pseudogleyen die Erhöhung der Verfügbarkeit in Nässephasen aus. Vorrats- wie Verfügbarkeitserhöhung können exzessiv sein (z. B. Mn) bzw. zu Lasten der Verfügbarkeit (P und Mo in Gleyen) oder der Vorräte (N_2-Verluste aus Pseudogleyen) gehen.

Die Bodennutzung durch Anpassung an die Standortsverhältnisse erfordert nur die Kenntnis deren aktuellen Zustandes, Bodennutzungg durch Melioration darüber hinaus die Kenntnis der verursachenden Faktoren. Aus diesen folgt im Prinzip, daß die Durchlüftung bei den durch Wasserzufluß geprägten Gleyen durch Dränung verbessert werden kann und sollte, bei den durch schlechte Wasserverteilung geprägten Pseudogleyen dagegen weder kann (da die Wasserleitfähigkeit limitiert) noch versucht werden sollte (da diese Böden nicht mehr Wasser erhalten als angrenzende anhydromorphe Böden). Hier wäre vielmehr eine Erhöhung von Wasserleitfähigkeit und -speicherung durch Lockerung am Platze. Aus einer späten Einsicht resultieren entsprechende Versuche in aller Welt. Als Hauptproblem erweist sich derzeit nicht der – vom Stand der technischen Entwicklung abhängige – Lockerungsprozeß, sondern die – von der Einsicht in die Gefügebildung begrenzte – Erhaltung des Lockerungseffektes. Da Dränung und Lockerung mehr die Verfügbarkeit als die Vorräte der Nährstoffe beeinflussen, werden diese Maßnahmen bei Gleyen und Pseudogleyen auch unterschiedliche Sekundäreffekte haben.

Pseudogleye und Gleye als Lagerstätten

Pedogene Lagerstätten entstehen durch Residualakkumulation oder Zufuhr. Für die hydromorphen Böden trifft nur letzteres und auch nur für die Gleye zu. Allgemein enthalten sie in „abbauwürdiger" Menge und Form Wasser, in bestimmten Landschaften Wiesenkalk oder Raseneisen. Die Bedeutung dieser Lagerstätten für die Besiedlung der Landschaften war groß (Raseneisen bereits für prähistorische Verhüttung sowie als Baumaterial, Wiesenkalk als Düngemittel), nimmt aber heute ab (nur noch Tränkwasser). Stärker in den Vordergrund treten wird künftig die Eignung als „Ablager-Stätte", nämlich für umweltbelastende Stoffe. Das Ausmaß der Gewässereutrophierung wird stark vom Gehalt an P-fällenden Mineralen (Kalk, Sesquioxide) in Gleyen bestimmt, da sie oft an Gewässer grenzen. Aus demselben Grund ist Vorsicht bei der Applikation flüssiger Abfälle geboten, die wiederum bei Pseudogleyen auf Schwierigkeiten stößt, solange deren Wasserleitfähigkeit nicht durch feste Abfälle tiefgründig verbessert wurde. Schließlich müssen alle Aussagen über landschaftsökologische Auswirkungen solcher „Düngungsmaßahmen" auf der Kenntnis von Stoffumsätzen und -transporten in den betroffenen Landschaftsegmenten basieren, nämlich den Böden.

Literatur

Krauß, G. A.: Jahresber. d. Dtsch. Forstvereins S. 121, 1928.

Schlichting, E.: Z. Pflanzenernährung, Düng., Bodenkunde 100, 121–126, 1963.

Wysotskii, G. N.: Pochvovedenie 7, 291–327, 1905.

Zusammenfassung

Gleye sind permanent unterbodenvernäßte, im Oberboden oxidationsgeprägte Senkenböden, deren Wasser- und Stoffhaushalt stark vom jeweiligen Grundwassereinzugsgebiet abhängt. Pseudogleye sind dagegen nur temporär oberbodenvernäßte und reduktionsgeprägte Plateauböden mit autonomem Stoffhaushalt. Ihre verschiedenen Charaktere als Umwandlungsformen von Gesteinen und als Landschaftssegmente erfordern eine unterschiedliche bodensystematische Position. Auch in ihrer Bedeutung als erdgeschichtliche Urkunden, als Pflanzenstandorte und als Lagerstätten sind sie sehr verschieden.

Summary

Gleys are depressional soils with permanently wet subsoils and oxidised topsoils, and their water and mineral regimes depend on the nature of the related catchment. On the contrary pseudogleys are temporarily wet and reduced topsoils are autonomous. Differences in their character as alteration products of sediments or rocks and as landscape features require a different position in soil systematics. In addition they are different as geological features, as plant habitats and as mineral deposits.

Résumé

Les gleys sont des sols de dépression à sous-sol saturé d'eau en permanence et à sommet du profil aéré, dont le régime de l'eau et des minéraux dépend considérablement de la région d'absorption de la nappe souterraine. Les pseudogleys au contraire n'existent que sur des plateaux, temporairement saturés d'eau et réduits au sommet du profil, avec un régime autonome de leur matière minérale. Leurs différents caractères, en tant qu'agents de transformation des matériaux et en tant qu'éléments des paysages, demandent de les classer différement dans la systématique des sols. Leur signification comme documents concernant l'histoire du manteau superficiel, comme milieu suivant au développement des plantes, et enfin comme milieu de sédimentation est très variable.

Some Chemical Properties of Hydromorphic Soils

By *C. Bloomfield* *)

The Colours of Gley Soils

When the colour is not obscured by humified organic matter, gley soils may be grey, black or blue. The black colour is caused by the presence of ferrous sulphide, whereas vivianite (ferrous phosphate) seems to be responsible for the blue colour. Ferrous sulphide and the phosphate oxidise readily in air, and soils coloured by these compounds turn brown soon after they are exposed, whereas the grey variety suffers no such change.

Failure to distinguish between the three varieties can lead to confusion, and the difficulties are aggravated by the curious convention, in English at least, of describing as blue all soils other than those that are black, brown, red or yellow. In discussions of the origin of the colour of gley soils it is often not apparent which form is being considered.

The colour of gley soils, presumably the blue variety, is sometimes attributed to the presence of compounds such as $Fe_3(OH)_8$. This concept probably derives from the common observation of transitory blue-green colours when ferrous hydroxide is precipitated without special precautions to exclude oxygen. Within the pH range relevant to soils, the oxidation of ferrous hydroxide proceeds steadily to give red-brown ferric hydroxide, but oxidation stops at an intermediate stage when ferrous hydroxide is precipitated with excess alkali. The product, which is black, contains both ferrous and ferric iron, and its variable composition approximates to $Fe_3O_4 \cdot aq$; neither its colour nor the conditions of its formation seem to make it relevant to gleyed soils.

The production of a grey stable-coloured soil can probably be regarded as the basic process of gley formation, and the formation of ferrous sulphide or phosphate as secondary processes superimposed on this.

When a soil containing unhumified plant matter is flooded, it quickly becomes anaerobic and ferric oxide is dissolved and reduced, revealing the colour of the underlying soil fabric (*Starkey* and *Halvorson*, 1927; *Robinson*, 1930, *Bloomfield*, 1950, 1951; *Bétrémieux*, 1951). Phosphate (*Gasser* and *Bloomfield*, 1955), manganese and several trace elements are also mobilised (*Ng* and *Bloomfield*, 1961, 1962).

Soluble ferrous compounds thus formed tend to be leached from the profile, or to diffuse to exposed surfaces, e.g. old root channels or the faces of structural elements, where oxidation causes ferric oxide to precipitate. The atmospheric oxidation of ferrous iron seems to be catalysed by ferric oxide (*Bloomfield*, 1951). The removal of free ferric oxide from a non-humose soil usually gives a grey residue, although occasionally, as with Rothamsted subsoil, the residue is almost white. The grey colour seems to be caused by the presence of organic matter, probably very old, that is closely associated with the smaller clay particles. Subdivision of $< 2\ \mu m$ e.s.d. material from *Gault, Lias* and *Kimmeridge* clays into fractions of diminishing particle size gave progressively darker

*) Pedology Department, Rothamsted Experimental Station, Harpenden, Herts., U.K.

coloured material. The only significant difference in the ultimate chemical compositions of the *Gault* fractions, with which the colours could be correlated, was an increase in the organic carbon content from 0.20 per cent in the light-coloured coarser fraction, to 0.39 per cent in the black fine material (*Bloomfield*, 1950).

Sulphate is reduced microbiologically to sulphide under the anaerobic conditions of gley soils, and the soil acquires the black colour of ferrous sulphide. The sulphide may be distributed more or less uniformly throughout the soil, but it is often concentrated in discrete zones around decaying plant remains. As a product of putrefaction, hydrogen sulphide is produced by many bacteria, but sulphate-reducing bacteria of the genus Desulphovibrio are predominantly responsible for the formation of sulphidic soils. *Connell* and *Patrick* (1968) found growth of sulphate-reducing bacteria to be confined to the pH range 6.5 – 8.5, but *Alexander* (1961) quotes pH 5.5 as the lower limit for growth of D. desulphuricans. Sulphate reducers isolated from ochre deposits in field drains in a pyritic soil (*Bloomfield*, 1967) grew at around pH 5, and *Ford* observed growth at values slightly more acid than this (personal communication).

Three vivianite-containing soils, from *Silsoe*, Bedfordshire, and *Medmenham*, Buckinghamshire, have been examined. All contain ferrous sulphide, and the colours range from a bluish tinge to an intense pure blue – probably reflecting the relative proportions of ferrous sulphide and phosphate. For reasons given below, the determination of ferrous sulphide in soils such as these is subject to large and uncertain errors, and it is probably not justifiable to say more than that the sulphide contents are probably < 100 p.p.m. S^{2-}. Table 1 gives some analytical details of the three soils; the values for oxidisable S are of questionable accuracy.

Table 1

	pH		SO_4-S	Oxidisable S (FeS_2 –S?)	Acid extractable P
	wet	dry	p.p.m.	p.p.m.	p.p.m.
Silsoe	7.0	5.3	129	396	3120
Medmenham 1	7.1	6.9	91	247	1600
Medmenham 2	7.2	8.3	154	80	2000

(Analyses by *Dr. N. C. Kuhn*)

When first exposed, the blue mass of the *Silsoe* soil is criss-crossed with occasional fine strands of white material that resemble fungal mycelia; these are absent from the *Medmenham* soils. On exposure this white material turns blue, while the originally blue soil mass oxidises to a red-brown colour. X-ray diffraction examination of the blue material formed from the "mycelia" showed it to be pure and well crystallised vivianite.

The original blue colour of the whole *Silsoe* soil was not regenerated when the oxidised soil was incubated anaerobically, as described previously (*Bloomfield*, 1969). Instead the soil developed the black colour of ferrous sulphide. Figure 1 illustrates the results obtained in this experiment. Although the oxidised soil undoubtedly contained some S^{2-}, as shown by the evolution of H_2S when the soil was acidified, the large zero-time and subsequent values for FeS-S shown in the figure are undoubtedly too large. The error arises from the use of $SnCl_2$/HCl to liberate H_2S, so that some S^{2-} derived from FeS_2 is included in these

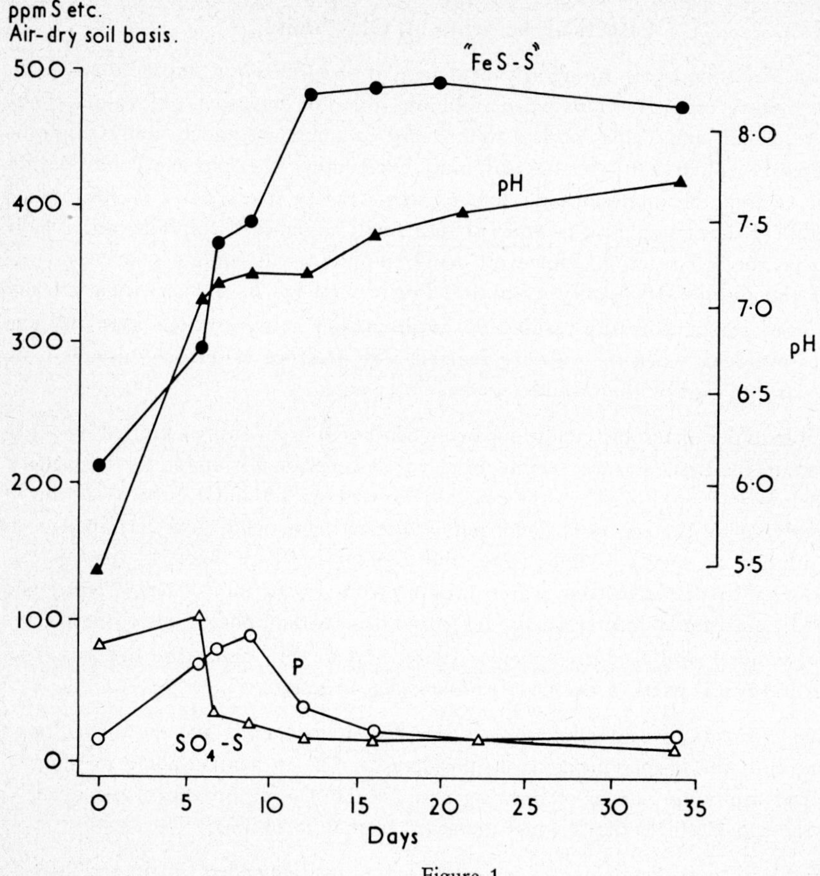

Figure 1

The effect of anaerobic incubation on a reoxidised sulphide – and vivianite – containing gley soil.

values. (The oxidised soil contains much Fe_2O_3, so that if $SnCl_2$ were omitted the negative error caused by the oxidation of S^{2-} by Fe^{3+} would probably be numerically considerably greater than the positive error, caused by pyrite, with $SnCl_2$). The persistence of monosulphide in the dried soil is unusual. The soil is calcareous, and as calcium sulphide is reasonably stable to atmospheric oxidation, it is probably as this compound that S^{2-} persists.

Figure 1 shows that considerably more FeS than the equivalent of the original sulphate content of the dried soil was formed during incubation. No doubt the greater part of the excess represents errors caused by the presence of pyrite, but some S^{2-} would have formed from S° during the incubation, as S° would have been formed by the oxidation of FeS when the soil was air-dried.

The pH of the incubated soil did not differ appreciably from that of the original reduced soil, and after 12 days' incubation the relatively small amount of phosphate previously dissolved was reprecipitated, so that there seems no reason why the original pure blue colour should not have been regenerated.

Effects of Aeration on Gley Soils

Acidification. Aeration causes no significant change in the pH of non-sulphidic gley soils, but extreme acidity often develops when sulphidic soils are drained – pH values of 2.0 have been recorded, and values of less than 3 are common. Although many sulphidic soils are intensly coloured by ferrous sulphide, even under the extreme conditions of a mangrove swamp the monosulphide content seems rarely to exceed 200–300 p.p.m., and it is unlikely that complete oxidation of such small amounts of sulphide would have much effect on the soil reaction. However, many sulphidic soils contain relatively large amounts of the disulphide, usually as pyrite. Pyrite contents of 5–6 per cent are not uncommon, and the acidification caused by much smaller concentrations than this can cause serious problems when the soils are drained. The presence of ferrous sulphide is an important warning sign of the possible presence of pyrite.

Pyrite is stable under anaerobic conditions but when moist it is readily oxidised by air to sulphate and, in the first instance, ferrous iron, which is reasonably stable to atmospheric oxidation below about pH 5. When the pH falls to between 3.5 and 4.0 the oxidation of pyrite is catalysed by the action of Thiobacillus ferrooxidans, which uses ferrous iron or elemental sulphur as energy sources (*Unz* and *Lundgren*, 1961). Bacteria that oxidise ferrous iron were first isolated from water draining from pyritic mine waste (*Colmer* and *Hinkle*, 1947), and similar bacteria have been found in acid sulphate soils from Malaya (*Bloomfield, Coulter* and *Kanaris-Sotiriou*, 1968), and in soils and ochre deposits from pyritic soils in several parts of the U.K. (*Bloomfield*, in press).

The lime requirements of acid sulphate soils are often uneconomic, and the difficulty of moving lime into the deeper horizons is considerable. On an acid sulphate in Malaya, 6 months after applying 12 tons of lime per acre (24,000 kg/ha), broadcast and hoed in, the pH of the top 30 cm of the soil had increased from 2.98 to 3.32.

Draining and leaching to remove toxic material is often recommended for the reclamation of acid sulphate soils, but it seems that excessive periods of leaching would be needed, and when the pyrite is completely oxidised the problem of dealing with a considerable depth of very acid soil would remain. *Bloomfield, Coulter* and *Kanaris-Sotiriou* (1968) found large quantities of oxidisable sulphur in acid sulphate soils after 5 years' leaching in an area of 2–2.25 m average annual rainfall. In a continuing experiment, undisturbed cores of pyritic soils from the U.K. are being leached with 128 cm per annum of distilled water, applied at weekly intervals. Extrapolation from the amounts of iron and sulphate collected in the drainage water during 6 months indicates that, under the present regime, about 20 years will be needed to remove all the oxidation products. The results also indicate that, as would be expected, liming slows the rate of oxidation/leaching.

The growth of oil palms on an acid sulphate soil improved rapidly when continued oxidation of pyrite was inhibited by raising the water table – in the first year after the ditches were blocked, the yield of fresh fruit bunches increased from 2 to more than 7 tons per acre. (*Bloomfield, Coulter* and *Kanaris-Sotiriou*, 1968). In the present state of our knowledge of pyritic soils, the most promising approach seems to be to maintain anaerobic conditions as near the surface as is practicable, and to attempt to maintain the pH of the rooting zone at a suitable value.

Ochre formation. Tile drains are often blocked by deposits of ochre when water-logged soils are drained. Filamentous iron bacteria have long been known to be associated with this phenomenon; these microorganisms obtain energy, at least in part, from the oxidation of ferrous iron, and as they grow at near-neutral pH values, it follows that they commonly occur in wet peaty areas in which the oxidation of dissolved ferrous iron is inhibited by the formation of organic complexes. Filamentous ochre deposits are common in peaty gley areas of N. Ireland (*W. I. Kelso,* personal communication).

Reports on the effectiveness of copper in preventing ochre formation are conflicting. These contradictory observations may have arisen from failure to distinguish between ochre formed by filamentous bacteria and a second form that is associated with the oxidation of pyrite and the action of T. ferrooxidans (*Bloomfield,* 1970). T. ferrooxidans is unaffected by the presence of dissolved copper, and indeed it is used industrially to extract copper from low grade sulphide ores.

In a preliminary laboratory experiment, the precipitation of ferric oxide from a ferrous-organic solution by filamentous bacteria was delayed by the presence of a piece of copper wire. The eventual precipitation could have been caused by the assimilation of protective organic ligands by microorganisms other than the iron specific filamentous bacteria, and it is unlikely that such action could be prevented by adding copper, or any similar treatment. However, as the bulk of a filamentous ochre consists largely of bacterial cells, it seems that the life of field drains might be extended were the growth of these specifically prevented, despite the eventual precipitation of ferric hydroxide as such.

Ten widely separated ochre sites in the U.K. were visited. At 8 of these sites the soils contained pyrite; at the other 2 sites the ochre deposits were filamentous, and the near-neutral soils contained no pyrite. Ferrous iron-oxidising bacteria were present in all the 32 samples taken from 4 profiles of pyritic soils at 2 widely separated sites, and in all of the non-filamentous ochre deposits.

The presence of ferrous iron-oxidising bacteria in the ochre deposits indicates that iron enters the drains in the ferrous form. In situations such as these, where organic complexes are probably of little importance, ferric iron could exist in solution only in soil more acid than pH 3, but with one exception the pH values of the various horizons ranged from 4 to 7. As T. ferrooxidans can grow only under conditions considerably more acid than this, it seems that oxidation of pyrite in these soils is a chemical process, yielding Fe^{2+} and SO_4^{2-}, and that, at these sites, the action of T. ferrooxidans is confined to the drains and ditches.

The presence of T. ferrooxidans in the soil means that once the pH falls to 3.5–4.0, the critical limit for this bacterium, the much faster microbially catalysed oxidation of pyrite will supervene, and ultimately iron will become mobile as Fe^{3+}, which is the condition of some acid sulphate soils.

The probability of acidification and ochre formation makes the practical importance of delineating pyritic gley soils very great.

Problems involved in the Analysis of Gley Soils

Interest in the analysis of gley soils naturally centres on the determination of reduced species, e.g. ferrous iron and sulphide. The need to prevent oxidation prohibits drying the soil and adequate mixing and sampling are therefore difficult.

Determination of ferrous iron. In strongly acid solution, ferric iron is reduced by soil organic matter (*Morison* and *Doyne*, 1914), so that false values are obtained when the standard hydrofluoric acid method of rock analysis is applied to soil. *Pruden* and *Bloomfield* (1969) found that the apparent ferrous content of a humose soil, as determined by *Walker* and *Sherman*'s modification of the standard procedure (1962), was increased from 2.7 to 6.1 per cent by adding excess hydrated ferric oxide before dissolving the soil in hydrofluoric acid. Under the same conditions the apparent ferrous content of a Lias shale was increased from 1.8 to 4.4 per cent. It seems that not even qualitative significance can be given to the application of such methods to the analysis of humose material.

Of the various reagents that have been proposed for extracting labile ferrous iron from gley soils, aqueous aluminium chloride is probably the most widely used (*Ignatieff*, 1937, 1941). As would be expected, this, too, promotes reduction of ferric iron in the presence of soil organic matter. Although the effect is much smaller than that of hydrofluoric acid, the errors are large in comparison with the small amounts of ferrous iron that are involved.

Reduction of ferric iron by hydrogen sulphide is another source of error in the determination of Fe^{2+} in gley soils. *Pruden* and *Bloomfield* (1969) found that hydrogen sulphide was liberated from ferrous sulphide by aqueous aluminium chloride, but as decomposition was not complete after 90 mins agitation with excess reagent, the amount of ferrous iron dissolved corresponded to no definite fraction.

Determination of ferrous sulphide. *Pruden* and *Bloomfield* (1968) found that the extent of oxidation of S^{2-} by Fe^{3+} was decreased to acceptable limits by using a solution of stannous chloride in hydrochloric acid to decompose ferrous sulphide. Although this was satisfactory for the laboratory investigation of sulphate reduction, as the reagent gives hydrogen sulphide with pyrite, or soil organic matter, the use of method with natural soils should be regarded with caution.

The distribution of ferrous sulphide in gley soils is often sporadic, and because of the near impossibility of mixing and subdividing a wet reduced soil, a representative sample would probably need to be impossibly large. To this difficulty must be added those of avoiding errors caused by the presence of pyrite and/or ferric oxide, and of preventing oxidation during transport to the laboratory, so that it seems hardly feasible to attempt to determine ferrous sulphide as a routine exercise.

Determination of pyrite. The pyrite content of a soil can be estimated as the difference between the sulphate contents before and after oxidation with hydrogen peroxide. *Bloomfield*, *Coulter* and *Kanaris-Sotiriou* (1968) found that oxidising acid sulphate soils with hydrogen peroxide gave slightly smaller values than those obtained by ignition with vanadium pentoxide, so that organic sulphur is probably not completely oxidised by hydrogen peroxide.

Digestion with 2N HCl is adequate for extracting basic sulphates from acid sulphate soils, but because FeS_2 is oxidised at an appreciable rate by Fe^{3+} in acid medium, the period of digestion should not be prolonged beyond about 30 mins on a boiling water bath. For the same reason, it is preferable to use a separate sample for the peroxide oxidation, rather than the residue from the sulphate determination.

Attempts to develop a reliable field test for pyrite have been unsuccessful. Reduction to H_2S with Zn/HCl provides a sensitive test for FeS_2 (*Neckers* and *Walker,* 1952), but soil organic matter gives a positive reaction under these conditions. Organic matter also interferes in tests based on acidification after treatment with H_2O_2, and *Pons* (1970) reports interference by organic matter in the azide test for FeS_2.

Acknowledgements

I thank Mr. *E. C. Ormerod* for the X-ray identification of vivianite, and Mr. *G. Pruden* and Dr. *N. C. Kuhn* for their practical assistance.

References

Alexander, M., 1961. Introduction to Soil Microbiology. Wiley & Sons, New York.

Bétrémieux, R., 1951. Étude experimentale de l'évolution du fer et du manganèse dans les sols. Ann. Agron. **2,** 193–295.

Bloomfield, C., 1950. Some observations on gleying. J. soil Sci., **1,** 205–211.

Bloomfield, C., 1951. Experiments on the mechanism of gley formation. Ibid, **2,** 196–211.

Bloomfield, C., 1967. Rothamsted Report for 1966, p. 73.

Bloomfield, C., *Coulter, J. K.* and *Kanaris-Sotiriou, R.*, 1968. Oil palms on acid sulphate soils in Malaya. Trop. Agric., **45,** 289–300.

Bloomfield, C., 1969. Sulphate reduction in waterlogged soils. J. Soil Sci., **20,** 207–221.

Bloomfield, C., 1970. Rothamsted Report for 1969, pt. 1, p. 87.

Bloomfield, C. (in press). The oxidation of sulphides in soils in relation to the formation of acid sulphate soils and of ochre deposits in field drains. (J. Soil Sci.).

Colmer, A. R. and *Hinkle, M. E.*, 1947. The role of micro-organisms in acid mine drainage. Science, **106,** 253–256.

Connell, W. E. and *Patrick, W. H.*, 1968. Sulphate reduction in soil: effects of redox potential and pH. Science, **159,** 86–7

Gasser, J. K. R. and *Bloomfield, C.*, 1955. The mobilisation of phosphate in waterlogged soils. J. Soil Sci., **6,** 219–232.

Ignatieff, J., 1937. Method for determining ferrous iron in soil solutions and a study of the effect of light on the reduction of iron by citrate. J. Soc. Chem. Ind., Lond. **56,** 407–410T.

Ignatieff, J., 1941. Determination and behaviour of ferrous iron in soils. Soil Sci. **51,** 249–263.

Morison, C. G. T. and *Doyne,* H. C., 1914. Ferrous iron in soils. J. agric. Sci. **6,** 97–101.

Neckers, J. W. and *Walker, C. R.*, 1952. Field test for active sulphides in soil. Soil Sci., **74,** 467–470.

Ng, S. K. and *Bloomfield, C.*, 1961. Mobilisation of trace elements in waterlogged soils. Chemy. Ind., 252–253.

Ng, S. K. and *Bloomfield, C.*, 1961. The solution of some minor element oxides by decomposing plant materials. Geochim. et cosmoch., Acta **24,** 206–225.

Ng, S. K. and *Bloomfield, C.*, 1962. The effect of flooding and aeration on the mobility of certain trace elements in soils. Plant & Soil **16,** 108–135.

Pons, L. J., 1970. Acid sulphate soils (soils with cat clay phenomena) and the prediction of their origin from pyrites muds. From Field to Laboratory, Fysisch Geografisch en Bodemkundig Laboratorium, Wageningen, Publicatie, **16,** 93–107.

Pruden, G. and *Bloomfield, C.*, 1968. The determination of ferrous sulphide in soil in the presence of ferric oxide. Analyst, **93,** 532–534.

Pruden, G. and *Bloomfield, C.*, 1969. The effect of organic matter on the determination of ferrous iron in soils and rocks. Ibid., **94**, 688–689.

Robinson, W. O., 1930. Some chemical phases of submerged soil conditions. Soil Sci. **30**, 197–217.

Starkey, R. L. and *Halvorson, H. O.*, 1927. Studies on the transformation of iron in nature. II Concerning the importance of micro-organisms in the solution and precipitation of iron. Soil Sci. **24**, 381–402.

Unz, R. F. and *Lundgren, D. G.*, 1961. A comparative nutritional study of three chemoautotrophic bacteria: Ferrobacillus ferrooxidans, Thiobacillus ferrooxidans and Thiobacillus thioxidans. Soil Sci. **92**, 302–313.

Walker, J. L. and *Sherman, G. D.*, 1962. Determination of total ferrous iron in soils. Soil Sci. **93**, 325–328.

Résumé

Des couleurs grises, bleuâtres, vertes et d'autres des gleys sont probablement causées par des différences importantes dans la composition chimique des sols, et si on ne sait pas les discerner, une confusion peut en résulter.

Le processus chimique fondamental dans la genèse du gley est probablement la solution-réduction d'oxyde de fer; la perte de fer du profil en résultant donne au sol une couleur neutre-grise, qui ne change pas, quand elle est exposée à l'air, mais elle devient quelques fois sombre par des substances organiques humiques, comme dans les gleys tourbeux.

Du phosphate, du manganèse et plusieurs éléments traces sont aussi mobilisés sous ces conditions, et la submersion semble causer pour les plantes une augmentation générale de l'assimilabilité des éléments traces.

Ce processus est quelquefois rendu peu distinct par un processus pour ainsi dire secondaire. La réduction microbiologique du sulphate cause une précipitation de sulfure de fer, dont une toute petite quantité peut rendre la terre intensivement noire. On trouve cela normalement autour des parties mortes des plantes, bien que du FeS puisse être distribué uniformément à travers tout le sol. Dans les zones côtières la formation de monosulfure de fer est combinée avec une formation de disulfure (FeS_2), normalement pyrite, occasionellement marcasite.

La vivianite se forme quelques fois dans les gleys, apparemment toujours en association avec le sulfure de fer; sans doute, à cause des qualités relatives de ces deux composés, les couleurs de ces sols vont du bleu-clair à peu près jusqu'au noir. La précipitation des sulfures et de la vivianite a tendance à limiter la perte de fer d'un profil en gley.

Le sulfure de fer et la vivianite sont bientôt oxydés, et ces sols se colorent à l'air très vite en brun. Le pyrite s'oxyde chimiquement et microbiologiquement. Quand on draine des sols à pyrite on atteint des conditions extrèmement acides, et de l'ocre peut se former, qui bloque ainsi le drainage du champ. Le sulfate est bientôt réduit en sulfure, là où le sol est anaerobique, et la valeur pH supérieure à 5.

Cela augmente la possibilité d'une toxicité par H_2S et en même temps l'engorgement des fossés de drainage par du sulfure de fer.

Dans l'analyse des gleys la réduction de fer trivalent par des substances organiques et/ou de l'hydrogène sulfuré dans une solution acide cause des erreurs formelles dans la détermination du fer bivalent total.

Du chlorure d'aluminium soluble dans l'eau a les mêmes inconvénients pour la détermination du fer labile bivalent. Dans la détermination des sulfures de fer on peut limiter l'oxydation de l'hydrogène sulfuré en utilisant une solution chlorure d'étain dans l'acide chlorhydrique pour dissoudre le sulfure, mais avec ce réactif la pyrite causerait des erreurs formelles.

Zusammenfassung

Die grauen, blauen, grünlichen und anderen Farben von Gleyen werden wohl durch bedeutende Unterschiede in der chemischen Zusammensetzung der Böden verursacht, und wenn man sie nicht genau unterscheidet, kann Verwirrung entstehen.

Der fundamentale chemische Prozeß in der Genese des Gleys ist wohl die Lösung/Reduktion von dreiwertigem Eisen; der sich daraus ergebende Verlust von Eisen aus dem Profil hinterläßt beim Boden eine neutrale graue Farbe, die sich nicht verändert, wenn sie der Luft ausgesetzt wird, aber sie wird gelegentlich getrübt durch humose organische Stoffe, so wie in Torfgleyen. Phosphat, Mangan und verschiedene Spurenelemente werden unter diesen Bedingungen ebenfalls in Bewegung gebracht, und das Ausschwemmen verursacht wohl ein allgemeines Ansteigen in der Aufnehmbarkeit für Pflanzen von verschiedenen Spurenelementen.

Dieser Prozeß wird gelegentlich durch sekundäre Prozesse undeutlich gemacht. Die mikrobiologische Reduktion von Sulfat verursacht den Niederschlag von Eisensulfid, von dem ganz kleine Mengen die Erde intensiv schwarz färben. Dies trifft man gewöhnlich rund um absterbende Pflanzenteile an, obwohl FeS einheitlich durch den ganzen Boden verteilt sein dürfte. In Küstengebieten ist die Bildung von Eisenmonosulfid verbunden mit der Bildung von Disulfid (FeS_2), gewöhnlich als Pyrit, gelegentlich als Markasit.

Vivianit bildet sich manchmal in Gleyen, offenbar immer in Verbindung mit Eisensulfid; vermutlich wegen der relativen Eigenschaften dieser beiden reichen die Farben solcher Böden vom hellen Blau bis nahezu Schwarz. Der Niederschlag von Sulfiden und Vivianit neigt dazu, den Verlust von Eisen aus einem vergleyten Profil zu begrenzen.

Eisensulfid und Vivianit werden schnell oxydiert; diese Böden färben sich an der Luft ganz rasch braun. Pyrit wird chemisch und mikrobiologisch oxydiert. Wenn pyritische Böden entwässert werden, können extrem saure Bedingungen entstehen, und es kann sich Ocker bilden, der so die Feldentwässerung blockiert. Das Sulfat wird rasch zu Sulfid reduziert, wo der Boden anaerobisch ist, und der pH-Wert ist oberhalb 5. Das erhöht die Möglichkeit der H_2S-Vergiftung und ebenso der Verstopfung durchlässiger Abzugsgräben durch Eisensulfid.

In der Analyse der Gleye verursacht die Reduktion von dreiwertigem Eisen durch organische Substanz und/oder hydrogenes Sulfid in der sauren Lösung ausgesprochene Irrtümer in der Bestimmung des ganzen vorhandenen zweiwertigen Eisens. Wasserlösliches Aluminiumchlorid hat dieselben Mängel in deu Bestimmung von labilem zweiwertigem Eisen. In der Bestimmung von Eisensulfid kann man die Oxidation von hydrogenem Sulfid begrenzen, wenn man eine Lösung von Zinnchlorid in hydrochloriger Säure benutzt, um das Sulfid zu lösen, aber mit diesem Reagens würde Pyrit ausgesprochene Irrtümer verursachen.

Summary

The various colours of gley soils (grey, blue, greenish etc.) seem to result from significant differences in the chemical compositions of the soils, and failure to distinguish between these can cause confusion, when the behaviour and classification of gley soils are considered.

The fundamental chemical process involved in gley formation seems to be the solution/reduction of ferric oxide; the ensuing loss of iron from the profile leaves the soil a neutral grey colour that does not change on exposure to the atmosphere. The grey colour is sometimes obscured by humose organic matter, as in peaty gleys. Phosphate, manganese and several trace elements are also mobilised under these conditions; flooding seems to cause a general increase in the availability to plants of micronutrients.

This process is sometimes obscured by what may be considered as secondary processes. The microbiological reduction of sulphate causes the precipitation of ferrous sulphide, quite small amounts of which colour the soil an intense black. This commonly occurs around decaying plant remains, although FeS may be distributed uniformly throughout the soil mass. In estuarine sites the formation of ferrous monosulphide is associated with the formation of the disulphide, FeS_2, usually as pyrite but sometimes as marcasite.

Vivianite is sometimes formed in gley soils, apparently always in association with ferrous sulphide; presumably depending upon the relative proportions of the two, the colours of such soils range from bright blue to almost black. The precipitation of sulphide, and of vivianite, tends to limit the loss of iron from a gleyed profile.

Ferrous sulphide and vivianite are readily oxidised, and soils containing these compounds turn brown quite quickly on aeration. Pyrite suffers chemical and microbiological oxidation when pyritic soils are drained and extemely acid conditions can arise; pH values as low as 2.2 are not uncommon. The oxidation of pyrite it also responsible for the formation of one kind of ochre in field drains, and the blocking of drains by this process is of widespread occurrence. The sulphate formed is readily reduced to sulphide where the soil is anaerobic, and the pH above 5. This gives rise to the possibility of H_2S toxicity, and also to clogging of porous drains by ferrous sulphide.

In the analysis of gley soils, the reduction of ferric iron by organic matter, and/or hydrogen sulphide, in acid solution cause positive errors in the determination of total ferrous iron. Aqueous aluminium chloride suffers from the same defects in the determination of labile ferrous iron. In the determination of ferrous sulphide, oxidation of hydrogen sulphide by ferric iron can be limited by using a solution of stannous chloride in hydrochloric acid to decompose the sulphide, but with this reagent pyrite would cause positive errors.

Redoxreaktionen als merkmalsprägende Prozesse hydromorpher Böden

Von *G. Brümmer*)*

Einleitung

Das alternierende Auftreten von oxidierenden und reduzierenden Bedingungen – in Pseudogleyen temporär und periodisch durch Stauwasser bedingt, in Gleyen und Marschen räumlich differenziert durch Grundwasser ausgelöst – führt zur Entstehung charakteristischer hydrogener Merkmale wie Rostflecken, Fe-Mn-Konkretionen und Bleichsektionen oder schwarzen bis graugrünen Eisensulfiden (FeS, FeS_2), graublauen bis grünlichen Eisen(II, III)-Hydroxiden ($Fe_3(OH)_8$) und Eisen(II)-Phosphaten (15, 21, 22, 20, 6). Die Entstehung dieser durch ihre intensiven Farben für den Profilaufbau hydromorpher Böden gestaltend wirkenden Verbindungen ist auf den Ablauf von Redoxprozessen zurückzuführen, die durch Mobilisierung und Immobilisierung von Eisen-, Mangan- und Schwefelverbindungen die Entstehung von Akkumulations- und Verarmungszonen dieser Elemente bedingen. Damit werden die durch Grund- und Stauwasser geprägten Böden in gemeinsamer Weise durch den Ablauf von Redoxprozessen – insbesondere der Elemente Eisen, Mangan und Schwefel – gekennzeichnet, deren Erfassung und Beschreibung die Grundlage zum Verständnis hydromorpher Böden bildet.

Zur Erfassung der mit eintretender Wassersättigung in Böden ablaufenden Redoxprozesse bietet es sich an, Redoxpotential- und pH-Messungen durchzuführen. Jedoch bestehen außer methodischen Mängeln bei der Ermittlung der E_h-Werte (7) auch prinzipielle Schwierigkeiten beim Aufstellen quantitativer Beziehungen zwischen den erhaltenen Meßwerten und einzelnen potentialbestimmenden Systemen, da in Böden eine Vielzahl organischer und anorganischer Redoxsysteme vorliegen (11, 18, 20). Deshalb wurden neben Untersuchungen an Sediment- und Bodenproben eine Reihe von Modellversuchen durchgeführt, um Anhaltspunkte über die unter dem Einfluß von Grund- und Stauwasser auftretenden Veränderungen der Redoxpotentiale und pH-Werte und deren Ursachen sowie über die Grenzpotentiale für die Umwandlung von Mn(III, IV)- und Fe(III)-Oxiden und -Hydroxiden zu Mn^{2+}- bzw. Fe^{2+}-Ionen sowie von Sulfaten zu Sulfiden zu erhalten.

Material, Methoden und Ergebnisse

1. *Modellversuche mit Bodenproben*

Aus A_h-, G_o- und S-Horizonten von Marschen wurden 15 Bodenproben (je 120 g) in 250 ml Polyäthylengefäßen mit aqua dest. (je 100 ml) gesättigt und verschlossen (Gasaustausch mit der Luft nur über eine Kapillare möglich) bei Zimmertemperatur aufbewahrt. In bestimmten Zeitabständen wurden die E_h- und pH-Werte der Proben ermittelt.

Abbildung 1 zeigt einige Kurven für den E_h-Verlauf in Abhängigkeit von der Versuchsdauer. Bereits wenige Stunden nach Sättigung der Proben mit Wasser sinken die E_h-Werte

*) Institut für Pflanzenernährung und Bodenkunde der Universität Kiel, BRD.

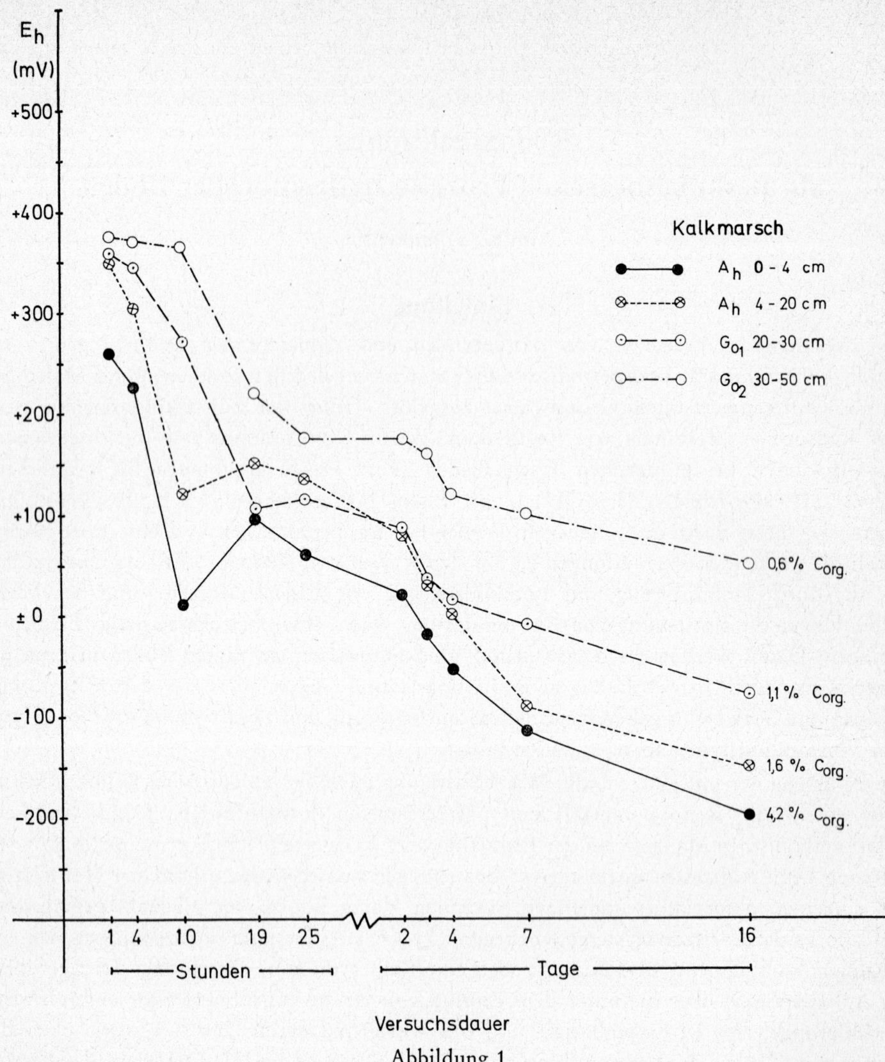

Abbildung 1

E_h-Werte von Bodenproben aus verschiedenen Horizonten einer Kalkmarsch nach Sättigung mit aqua dest. in Abhängigkeit von der Versuchsdauer.

deutlich ab. In allen Bodenproben mit h o h e n Gehalten an organischer Substanz (A_h 0–4 cm) wurden bereits nach 10–24 Stunden stark erniedrigte E_h-Werte (+10 bis –120 mV) festgestellt, die anschließend wieder anstiegen (auf ca. +100 mV) und dann erneut abfielen (nach 16 Tagen: –170 bis –250 mV). In Proben mit m i t t l e r e n Gehalten an organischer Substanz (A_h 4–20 cm; G_o 20–30 cm) ist dieses anfängliche Absinken der E_h-Werte weniger deutlich. Unterbodenproben mit n i e d r i g e n Gehalten an organischer Substanz (G_o 30–50 cm) weisen im Gegensatz zu den anderen Proben langsamer und weniger stark abfallende E_h-Werte auf, die z. T. erst nach siebentägiger Versuchsdauer – ohne zwischenzeitlichen Anstieg – auf Werte unter +200 mV absanken. Die pH-Werte

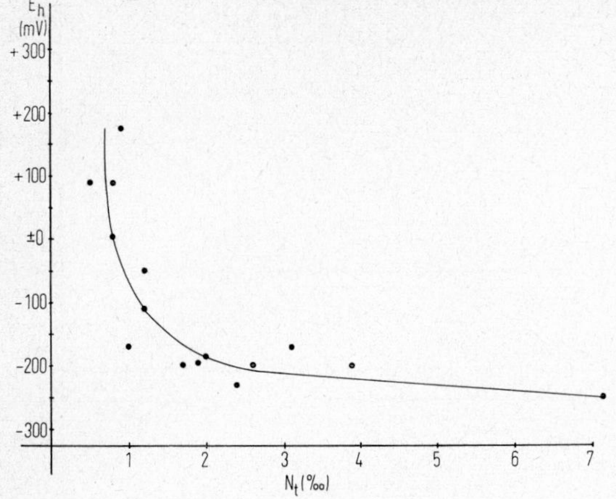

Abbildung 2
Beziehung zwischen E_h-Werten wassergesättigter Bodenproben nach 16 Tagen und ihrem Gehalt an Gesamt-Stickstoff (N_t).

zeigen den von *Ponnamperuma* und Mitarbeiter beschriebenen Verlauf. Nähere Einzelheiten über die Beziehungen zwischen E_h- und pH-Werten sind den Arbeiten dieser Autoren zu entnehmen (18, 19, 20).

Nach einer Versuchsdauer von 16 Tagen hat eine deutliche Differenzierung der E_h-Werte stattgefunden. Mit zunehmenden Gehalten an organischer Substanz weisen die Redoxpotentiale abnehmende Werte auf (Abb. 1). Diese Beziehung ist für alle Bodenproben in Abbildung 2 dargestellt, wobei als Maß für den Gehalt an zersetzbarer organischer Substanz der Gesamt-Stickstoffgehalt verwendet wurde. In Bodenproben, die durch eine H_2O_2-Behandlung von zersetzbaren organischen Substanzen befreit oder durch Toluolzusatz sterilisiert worden waren, findet kein Absinken der E_h-Werte statt.

Diese Befunde zeigen, daß die mit eintretender Wassersättigung ablaufenden Reduktionsvorgänge in Böden allein durch Mikroorganismen ausgelöst werden, die hierfür zersetzbare organische Substanzen benötigen. Damit hängt die Intensität der Redoxprozesse wesentlich vom Gehalt der Böden an organischer Substanz ab.

2. *Modellversuche mit Nährlösungen*

Um zu klären, ob das mikrobiell induzierte Absinken der Redoxpotentiale auf organische Redoxsysteme oder auf Redoxprozesse anorganischer Verbindungen wie der Elemente Mangan, Eisen und Schwefel zurückzuführen ist, wurden MnO_2 (4 g), $Fe(OH)_3$ (4 g) und Sulfate (200 ml Meerwasser) isoliert in Versuchsgefäßen mit $CaCO_3$ (5 g) und verschiedenen Nährlösungen unterschiedlicher Zusammensetzung und Konzentration versetzt und mit Bodenlösung beimpft. Außerdem wurden entsprechende Versuchsreihen nur mit Nährlösungen und $CaCO_3$ angesetzt. In bestimmten Zeitabständen erfolgte die Bestimmung der E_h- und pH-Werte in den Versuchsgefäßen.

Die E_h-Werte sinken in den reinen Nährlösungen in ähnlicher Weise wie in den Bodenproben mit hohen Gehalten an organischer Substanz innerhalb der ersten 24 Stunden auf sehr niedrige Werte ab (–260 bis –330 mV), steigen dann ebenfalls wieder an und fallen nach einigen Tagen – mit Ausnahme des Versuchsgliedes mit den niedrigsten Gehalten an organischem Kohlenstoff – erneut ab (Abb. 3). Da Absinken, Wiederansteigen und erneutes

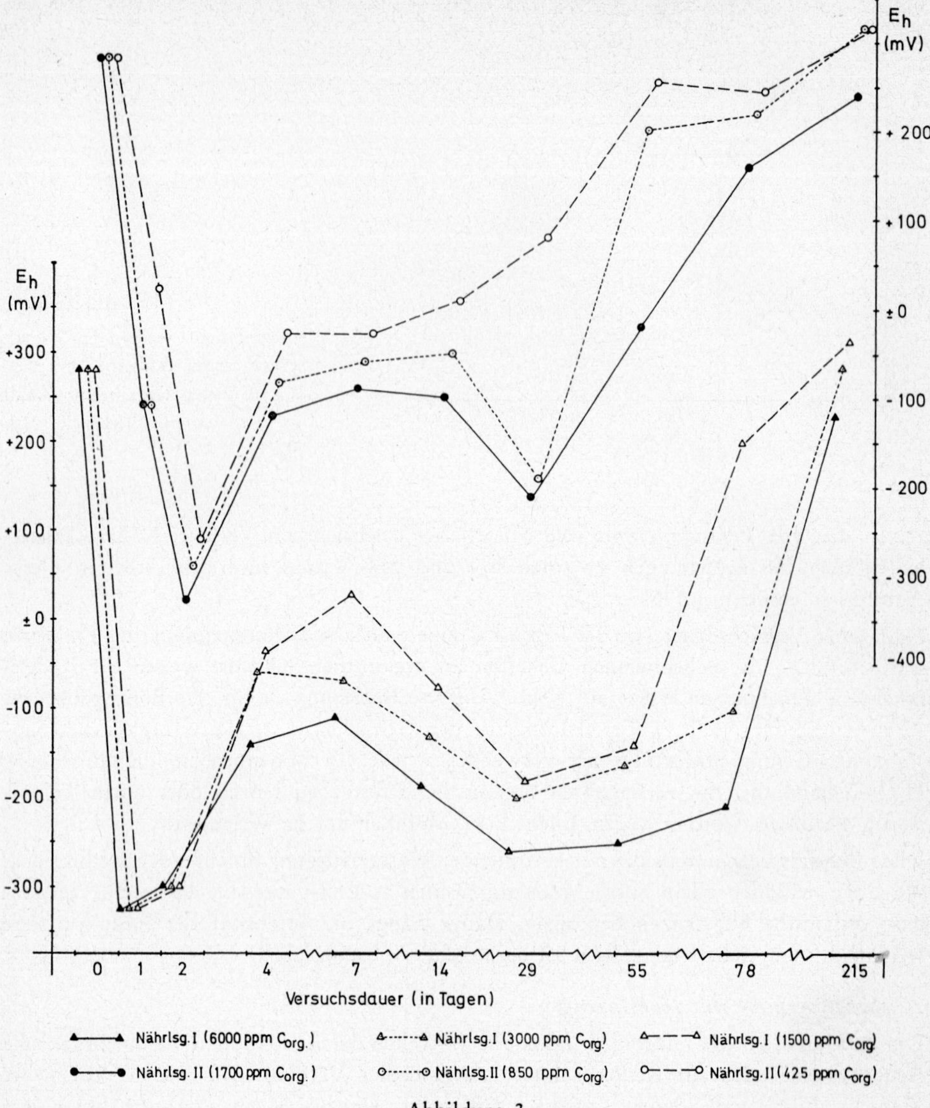

Abbildung 3

E_h-Werte von Nährlösungen unterschiedlicher Zusammensetzung (Nährlösung I mit Glukose, in Anlehnung an *Ottow*, 1969; Nährlösung II mit Na-Laktat, in Anlehnung an *Mechalas* und *Rittenberg*, 1960) in Abhängigkeit vom Gehalt an zersetzbarer organischer Substanz und der Versuchsdauer.

Absinken der E_h-Werte sowohl an Bodenproben als auch an reinen Nährlösungen festgestellt werden konnte, muß dieses auf den Einfluß organischer, durch Mikroorganismen induzierter Redoxsysteme zurückgeführt werden. Das erste Absinken der E_h-Werte könnte auf die Tätigkeit von Aerobiern und/oder fakultativen Anaerobiern, das zweite auf die Wirkung obligater Anaerobier zurückzuführen sein (vgl. 1, 17).

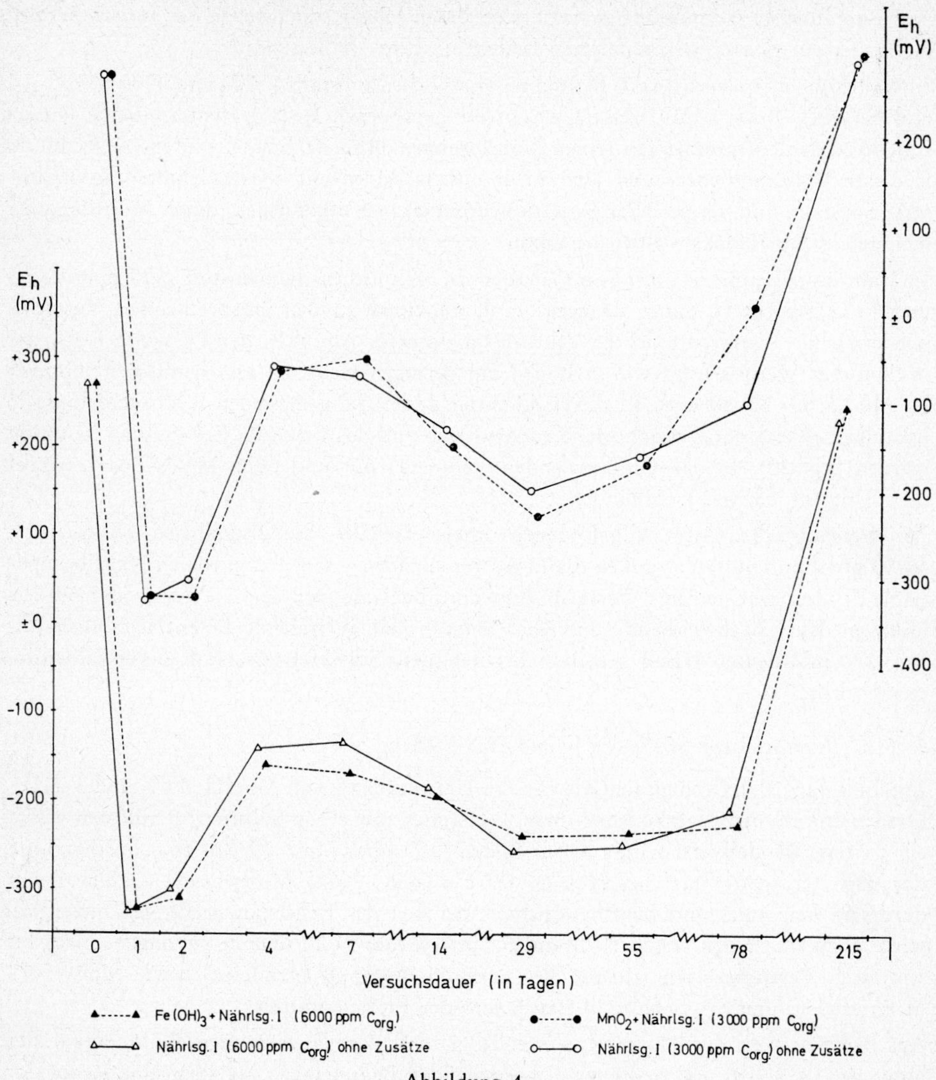

Abbildung 4

E_h-Werte von Nährlösungen mit und ohne Zusatz an $Fe(OH)_3$ und MnO_2 in Abhängigkeit von der Versuchsdauer.

Vom 4.–7. Versuchstag ab an findet – wie bei den Versuchen mit Bodenproben (Abb. 1) – eine Differenzierung der E_h-Werte nach dem Gehalt der Nährlösungen an zersetzbarer organischer Substanz statt (Abb. 3). Bei den niedrigsten Gehalten (Nährlsg. II, 425 ppm $C_{org.}$) steigen die E_h-Werte vom 7. Versuchstag ab wieder kontinuierlich bis zu oxidierenden Bedingungen an, während diese E_h-Erhöhung in den anderen Nährlösungen je nach ihrem Gehalt an organischem Kohlenstoff mehr oder weniger verzögert eintritt. Dies zeigt, daß der Anstieg der Redoxpotentiale offenbar nach erfolgtem Abbau aller verfügbaren organischen Verbindungen stattfindet, deren Menge somit neben der Intensität auch die Dauer der mikrobiell induzierten Reduktionsprozesse bestimmt.

In Nährlösungen mit hohen Gehalten an organischer Substanz (3000 und 6000 ppm $C_{org.}$) und $Fe(OH)_3$- bzw. MnO_2-Zusatz zeigen die gemessenen Redoxpotentiale keine Unterschiede zu den entsprechenden reinen Nährlösungen (Abb. 4). Somit werden die E_h-Werte in diesen Versuchsgliedern und vermutlich auch in Böden mit hohen Gehalten an organischer Substanz und vergleichbarem Redoxverhalten von organischen, durch Mikroorganismen gebildeten Redoxsystemen bestimmt.

In Nährlösungen mit niedrigen Gehalten an organischem Kohlenstoff (425 ppm $C_{org.}$) und $Fe(OH)_3$-Zusatz findet dagegen im Unterschied zu den entsprechenden Versuchsgliedern ohne Eisenhydroxid ein deutlich langsameres Absinken der E_h-Werte statt, das in ähnlicher Weise erfolgt wie in Böden mit geringen Gehalten an organischer Substanz (s. Abb. 1, G_o 30–50 cm). In diesen könnten damit die gemessenen Redoxpotentiale in komplexer Weise durch organische Redoxsysteme und das $Fe(OH)_3$-Fe^{2+}-System bestimmt werden (vgl. 20). In den entsprechenden Versuchen mit und ohne MnO_2-Zusatz waren diese Unterschiede nicht vorhanden.

Bei Versuchsreihen mit Nährlösungen hoher Gehalte an organischem Kohlenstoff (6000 ppm) und Sulfaten sanken die E_h-Werte zunächst – wie in den reinen Nährlösungen (Abb. 3) – auf sehr niedrige Werte ab. Eine anschließende, von den E_h-Werten der Bezugslösungen deutlich abweichende und über längere Zeit auftretende Potentialstabilisierung bei –170 mV deutet darauf hin, daß der gebildete Schwefelwasserstoff potentialbestimmend wirkt.

3. *Modellversuche zur Mn^{2+}-, Fe^{2+}- und H_2S-Bildung*

Zur Erfassung der Grenzpotentiale für die Umwandlung von Mn(III, IV)- und Fe(III)-Oxiden und Hydroxiden zu Mn^{2+}- bzw. Fe^{2+}-Ionen sowie von Sulfaten zu Sulfiden wurde ein weiterer Modellversuch mit einem Boden (350 ppm Mn_d; 7,7 ‰ Fe_d) durchgeführt, der nach Sättigung mit Sulfatlösung (20 g Boden, 20 ml Meerwasser, 72 Parallelen) durch ein langsames und kontinuierliches Absinken der Redoxpotentiale gekennzeichnet wird, ohne ein in den ersten 24 Stunden auftretendes E_h-Minimum zu zeigen. Nach bestimmten Versuchszeiten wurden E_h- und pH-Werte (8 Parallelen) sowie Mn^{2}-, Fe^{2+}-(4 Parallelen) und S^{2-}-Gehalte (4 Parallelen) der Probe ermittelt.

Aus den Gesetzen der Thermodynamik folgt, daß mit abnehmenden Redoxpotentialen unter den in Böden und Sedimenten herrschenden Bedingungen zunächst eine Reduktion von höherwertigen Manganoxiden und -hydroxiden zu Mn^{2+}-Ionen, dann eine Umwandlung von Eisen(III)-Oxiden und -Hydroxiden zu Fe^{2+}-Ionen und zuletzt eine Reduktion von Sulfaten zu Schwefelwasserstoff stattfindet:

$$(1) \quad MnO_2 + 4\,H^+ + 2\,e^- = Mn^{2+} + 2\,H_2O$$

$$E_h = 1{,}23 - 0{,}118\ pH - 0{,}030\ \log\left[\,Mn^{2+}\,\right]$$

$$(2) \quad Fe(OH)_3 + 3\,H^+ + e^- = Fe^{2+} + 3\,H_2O$$

$$E_h = 1{,}058 - 0{,}177\ pH - 0{,}059\ \log\left[\,Fe^{2+}\,\right]$$

(3) $SO_4^{2-} + 10\,H^+ + 8\,e^- = H_2S + 4\,H_2O$

$$E_h = 0{,}303 - 0{,}074\,pH + 0{,}007\log\left[\frac{SO_4^{2-}}{H_2S}\right]$$

Diese Reihenfolge in der Reduktion wurde – in Übereinstimmung mit den theoretischen Erwartungen – auch im Verlauf des Modellversuchs festgestellt: Mn^{2+}-Ionen wurden bei Redoxpotentialen unter +500 mV (pH 6), Fe^{2+}-Ionen ab +200 mV (pH 5,8) und Sulfide ab +30 mV (pH 6,3) gebildet. Zwischen den gemessenen E_h-Werten und den nach Gleichung (1) und (2) mit Hilfe der ermittelten pH-Werte und Mn^{2+}- bzw. Fe^{2+}-Gehalte *) errechneten besteht dagegen keine Beziehung. Die in der Porenlösung ermittelten Mn^{2+}- (10–110 ppm) und Fe^{2+}-Gehalte (10–450 ppm) sind zu niedrig, um potentialbestimmend wirken zu können (vgl. 18, 7). Damit deuten auch diese Befunde indirekt auf einen dominierenden Einfluß organischer Redoxsysteme hin. Ähnliche Berechnungen nach der in Gleichung (3) angegebenen Beziehung machen es in Übereinstimmung mit den vorhergehenden Versuchen wahrscheinlich, daß mit dem Beginn der Sulfidbildung das SO_4^{2-}/S^{2-}-System potentialbestimmend wird. Zur genaueren Klärung dieser Zusammenhänge sind ergänzende Untersuchungen erforderlich.

4. *Untersuchungen an Sedimenten und Böden*

Weitere Anhaltspunkte über die Beziehungen zwischen Redoxreaktionen von Mangan-, Eisen- und Schwefelverbindungen sowie E_h- und pH-Werten ergaben Analysenergebnisse von Salzmarschen. In diesen Böden haben aus reduzierten Bodenbereichen ascendierende Porenlösungen, einem E_h-Gradienten folgend, zur Entstehung räumlich voneinander differenzierter Akkumulationsbereiche der Elemente Schwefel, Eisen und Mangan geführt *(Tab. 1)*. Das Sulfidmaximum – durch FeS bedingt – tritt bei E_h-Werten von –130 mV (pH 6,7) auf. Bei +10 mV (pH 6,8) sind ebenfalls noch geringe Sulfidgehalte vorhanden. In Schlicken konnten Sulfide zwischen +40 und –190 mV (pH 7,0–7,5) festgestellt werden. Im Bereich des Eisenmaximums (Tab. 1), das durch Oxidation und Fällung mit der Porenlösung aus dem G_r-Horizont ascendierender Fe^{2+}-Ionen als Fe(III)-Hydroxid gebildet wurde, treten E_h-Werte von +220 mV (pH 6,8) auf, während die Immobilisierung ascendierender Mn^{2+}-Ionen – gekennzeichnet durch Entstehung des Manganmaximums – bei +400 bis +450 mV (pH 7,0) stattfindet.

Die unter dem Einfluß von Grund- und Stauwasser durch Mobilisierung, Verlagerung und Fällung innerhalb eines oder mehrerer Bodenhorizonte auftretenden Eisen- und Mangan-Akkumulationsbereiche bilden sich in Form von Rostabscheidungen und Konkretionen. Mit ihrer Entstehung verändert sich der Fe- und Mn-Verteilungsgrad im Boden. So liegen diese Elemente in Schlicken zunächst überwiegend in den Fraktionen $< 6\,\mu$ vor (Tab. 2). Sie erfahren dann in den entstehenden Marschen unter der Einwirkung hydrogener Prozesse eine Anreicherung als Fe-Mn-Konkretionen in den Fraktionen $< 60\,\mu$. Dies ist besonders für die in Tabelle 2 aufgeführten Mangangehalte ersichtlich. Dünnschliffuntersuchungen zeigen, daß Hohlräume (eingeschlossene Luft), Carbonatschalen und deren Bruchstücke (hohe pH-Werte), Diatomeenschalen (12) und verwitternde Eisensilikate mit Fe(III)-Hydroxidabscheidungen auf ihren Oberflächen als Kristallisationskeime für Fe-Mn-Anreicherungen dienen. Isolierte Rostabscheidungen und Konkretionen aus dem G_{or}-Horizont einer Kalk-

*) Umrechnung der Mn^{2+}- und Fe^{2+}-Gehalte in Aktivitäten erfolgte anhand des Debye-Hückel'schen Gesetzes.

marsch wiesen E_h-Werte von +350 bis +400 mV (pH 7) auf, während die umgebende Bodenmatrix E_h-Werte zwischen 0 und +200 mV zeigte. Damit liegen die für Fe-Mn-Akkumulationsbereiche gemessenen Redoxpotentiale oberhalb des Grenzpotentials für die Umwandlung von Fe^{2+}-Ionen zu Fe(III)-Hydroxiden und im Potentialbereich der Mn^{2+}-Oxidation, so daß Rostflecken- sowie Konkretionsbildung und -wachstum auf ein stark variierendes E_h-Spektrum im Boden zurückzuführen sind.

Schlußfolgerungen

Aus den vorliegenden Ergebnissen von Modellversuchen mit Bodenproben sowie Nährlösungen folgt, daß die mit eintretender Wassersättigung absinkenden Redoxpotentiale bei niedrigen Sulfatgehalten vorwiegend durch organische Redoxsysteme der Mikroorganismen bestimmt werden. Mn^{2+}- und Fe^{2+}-Ionen sowie eventuell auch H_2S werden offenbar in der Weise gebildet, daß mikrobiell produzierte, reduzierend wirkende organische Substanzen, die bei höheren Gehalten zu einem starken Absinken der E_h-Werte führen (bis −350 mV bei pH 6), eine Reduktion von MnO_2, $Fe(OH)_3$ und SO_4^{2-} bedingen. Während ein potentialbestimmender Einfluß von Redoxsystemen der Elemente Mangan und Eisen bei hohen Gehalten an organischer Substanz nicht festgestellt werden konnte, bei niedrigen Gehalten dagegen für Eisen nicht ganz auszuschließen ist, wird das Redoxpotential in den Sulfat-Versuchsgliedern deutlich durch den gebildeten Schwefelwasserstoff beeinflußt.

Weitere Modellversuche mit Bodenproben sowie Untersuchungen an Sedimenten und Böden zeigen, daß der analytisch meßbare Beginn für die Umwandlung der oxidierten Stufe in die reduzierte bei den untersuchten Redoxsystemen folgende Grenzpotentiale aufweist (vgl. *Aomine*, 1962; *Parr*, 1969):

Mn (III, IV)-Oxide und -Hydroxide $\longleftrightarrow$ Mn^{2+}:
+400 mV (pH 7) bis +500 mV (pH 6)

Fe(III)-Hydroxide $\longleftrightarrow$ Fe^{2+}:
+200 mV (pH 5,8) bis +220 mV (pH 6,8)

$SO_4^{2-} \leftrightarrow S_2^-$:
+30 mV (pH 6,3) bis +40 mV (pH 7,0–7,5)

Tabelle 1

E_h- und pH-Werte sowie Gehalte an Sulfiden, dithionitlöslichem Eisen (Fe_d) und dithionitlöslichem Mangan (Mn_d) in verschiedenen Horizonten einer Salzmarsch.

Tiefe (cm)	pH (H_2O)	E_h (mV)	Sulfide (ppm)	Fe_d (%o)	Mn_d (ppm)
0– 20	7,5	+ 380	0	9,8	780
20– 55	7,4	+ 430	0	10,4	860
55– 66	7,0	+ 430	0	11,9	2011
66– 77	6,8	+ 220	0	15,5	483
77– 90	6,8	+ 10	60	4,2	107
90–120	6,7	— 130	2270	7,2	340

Da die Reduktion von Fe(III)-Hydroxiden zu Fe^{2+}-Ionen vor der Reduktion der Sulfate zu Schwefelwasserstoff erfolgt, wird FeS vorwiegend durch Fällung der vorhandenen Fe^{2+}-Ionen durch den entstehenden Schwefelwasserstoff gebildet (8, 4, 9):

$$(4)\ Fe^{2+} + 2\ HCO_3^- + H_2S = FeS + 2\ CO_2 + 2\ H_2O$$

Außerdem ist eine direkte Reduktion von Fe(III)-Hydroxiden durch Schwefelwasserstoff möglich (2), wenn H_2S-haltige Porenlösungen aus stark reduzierten Profilbereichen ascendieren und auf Fe(III)-Hydroxide treffen:

$$(5)\ 3\ H_2S + 2\ FeOOH = 2\ FeS + S_o + 4\ H_2O$$

Der Ablauf dieser Reduktion konnte experimentell in Bodensäulen mit eingestelltem Grundwasserstand nachgewiesen werden. Es ist aber wahrscheinlich, daß FeS unter natürlichen Bedingungen vorwiegend gemäß Gleichung (4) gebildet wird.

Sind keine Sulfide im Boden vorhanden, so können auch OH-Ionen (im schwach alkalischen pH-Bereich), PO_4- oder CO_3-Ionen Fe^{2+}-Ionen als Hydroxide, Phosphate oder Carbonate ausfällen.

Die Intensität der mit eintretender Wassersättigung ablaufenden Reduktionsprozesse hängt vorwiegend vom Gehalt an mikrobiell zersetzbarer organischer Substanz ab. In A_h-Horizonten und um zersetzbare organische Substanzen (Wurzelreste) in G_o- und S-Horizonten können deshalb schon wenige Stunden nach Wassersättigung intensive Reduktionsprozesse ablaufen, die zur Mobilisierung von Mn^{2+}- und Fe^{2+}-Ionen führen und damit eine Fe- und Mn-Umverteilung ermöglichen. In Unterböden mit niedrigen Gehalten an organischer Substanz sinken die Redoxpotentiale dagegen nur sehr langsam ab und erreichen erst nach längeren Naßphasen den Potentialbereich der Fe-Mobilisierung. Bei Fehlen von zersetzbarer organischer Substanz finden keine Reduktionsprozesse statt, so daß sogar in Bodenhorizonten, die ständig unter Grundwassereinfluß stehen, oxidierte Fe-Verbindungen auftreten können.

Tabelle 2

Gehalte an Gesamt-Eisen (Fe_t) und -Mangan (Mn_t) in verschiedenen Fraktionen von Schlicken und G_o-Horizonten von Marschen.

Fraktion (μ)	Fe_t (%o) Schlicke *)	Kalkmarsch **) (G_o-Horiz.)	Mn_t (ppm) Schlicke *) (G_o-Horiz.)	Kalkmarsch **)
0,2 — 0,6	64,6	40,8	1100	372
0,6 — 2	55,7	53,3	958	394
2 — 6	47,3	47,2	863	467
6 — 20	28,4	32,5	547	430
20 — 63	13,8	19,1	273	299
63 — 200	8,8	19,0	189	321
200 — 630	0	69,9	0	2159
630 —2000	0	91,6	0	2492

*) Durchschnittswerte von drei Schlicken

**) Aus vier Marschprofilen ausgewählte typische Probe

Literatur

1. *Aomine, S.:* Soil Sci. **94,** 6–13, 1962.
2. *Berner, R. A.:* J. Geol. **72,** 293–306, 1964.
3. *Bloomfield, C.:* J. Soil Sci. **1,** 203–211, 1949.
4. *Bloomfield, C.:* J. Soil Sci. **20,** 207–222, 1969.
5. *Bloomfield, C.:* J. Soil Sci. **2,** 196–211, 1951.
6. *Blume, H.-P.:* Z. Pflanzenernähr. u. Bodenkde. **119,** 124–134, 1968.
7. *Bohn, H. L.:* Proc. Soil Sci. Soc. America **32,** 211–215, 1968.
8. *Brümmer, G.:* Untersuchungen zur Genese der Marschen. Diss. Kiel 1968.
9. *Connell, W. E.,* und *Patrick, W. H.:* Proc. Soil Sci. Soc. America **23,** 711–715, 1969.
10. *Jefferey, J. W. O.:* J. Soil Sci. **11,** 140–148, 1960.
11. *Jefferey, J. W. O.:* J. Soil Sci. **12,** 315–325, 1961.
12. *Kalk, E.:* Im Druck, 1971.
13. *McKeague, J. A.:* Canad. J. Soil Sci. **45,** 199–206, 1965.
14. *Mechalas, B. J.,* und *Rittenberg, S. C.:* J. Bacteriol. **80,** 501–507, 1960.
15. *Mückenhausen, E:* Rapp. VI. Congr. Internat. Sci. Sol, **E,** 111–114, Paris 1956.
16. *Ottow, J. C. G.:* Z. Pflanzenernähr. u. Bodenkde. **124,** 238–253, 1969.
17. *Parr, J. F.:* Soils a. Fert. **32,** 411–415, 1969.
18. *Ponnamperuma, F. N.,* und *Castro, R. U.:* 8th Internat. Congr. Soil Sci. **III,** 379–386, Bucharest 1964.
19. *Ponnamperuma, F. N., Martinez, E.,* und *Loy, T.:* Soil Sci. **101,** 421–431, 1966.
20. *Ponnamperuma, F. N., Tianco, E. M.,* und *Loy, T.:* Soil Sci. **103,** 374–382, 1967.
21. *Schlichting, E.:* Chemie der Erde **24,** 11–26, 1965.
22. *Schroeder, D.:* Z. Pflanzenern. u. Bodenkde. **116,** 199–207, 1967.

Zusammenfassung

Zur Erfassung der in hydromorphen Böden ablaufenden Redoxreaktionen von Mangan-, Eisen- und Schwefelverbindungen wurden Modellversuche mit wassergesättigten (aqua dest., Meerwasser) Bodenproben sowie mit Nährlösungen plus MnO_2-, $Fe(OH)_3$- und SO_4-Zusätzen durchgeführt. Diese Untersuchungen wurden durch Profilanalysen von Böden und Sedimenten ergänzt.

Die Intensität der nach eintretender Wassersättigung in Böden ablaufenden Reduktionsvorgänge hängt ab von der Aktivität der Mikroorganismen und dem Gehalt an zersetzbarer organischer Substanz. Die Redoxpotentiale werden vorwiegend durch organische, mikrobiell induzierte Redoxsysteme bestimmt. Ein deutlicher Einfluß anorganischer Redoxsysteme konnte nur für das Sulfat-Sulfid-System nachgewiesen werden. Die Bildung von Mn^{2+}- und Fe^{2+}-Ionen sowie von H_2 S findet offenbar in der Weise statt, daß reduzierend wirkende organische Substanzen eine Reduktion von Mn- und Fe-Oxiden sowie von Sulfaten bedingen. Anhand der ermittelten Grenzpotentiale für die Entstehung von Mn^{2+}-Ionen (unter+ 400 bis + 500 mV [pH 6–7]), Fe^{2+}-Ionen (unter + 200 bis + 220 mV [pH 5,8–6,8]) und H_2S (unter + 30 bis + 40 mV [pH 6,3–7,5]) wird die Entstehung von Fe(II)-Sulfiden, -Hydroxiden, -Phosphaten und Carbonaten sowie von Rostflecken und Mn-Fe-Konkretionen diskutiert. Durch Redox- und Diffusionsprozesse findet in hydromorphen Böden eine Umverteilung des freien Eisens und Mangans von feineren zu gröberen Kornfraktionen statt.

Summary

Redox reactions of manganese, iron, and sulphur compounds in hydromorphic soils were investigated by laboratory etperiments with soil material saturated with destilled or sea water and with nutrient solutions containing MnO_2 or $Fe(OH)_3$ or SO_4. Complementary analysis were carried out with soils and sediments.

The intensity of reduction processes in soils saturated with water depends on the activity of microorganisms and the content of decomposible organic matter. Redoxpotentials are predominantly determined by organic redox systems of microorganisms. A distinct effect of inorganic redox systems was found only for the sulfate-sulphide-system. The formation of Mn^{2+}- and Fe^{2+}-ions and of H_2S is obviously caused by organic substances, which cause reduction of Mn- and Fe-Oxides and sulfates. Mn^{2+}-formation takes place at + 400 to + 500 mV (pH 6–7), Fe^{2+}-formation at + 200 to + 220 mV (pH 5.8–6.8) and H_2S-formation at + 30 to + 40 mV (pH 6.3–7.5). The formation of Fe(II)-sulphides, -hydroxides, -phosphates, -carbonates, Fe-Mn-mottles, and concretions is discussed in view of these results. In hydromorphic soils redox and diffusion processes lead to a redistribution of free iron and manganese $< 6\ \mu$ to fractions $> 60\ \mu$.

Résumé

Pour un recensement des réactions-redox en combinaisons de manganèse, de fer et de soufre recoulantes dans les sols hydromorphiques, des expériments modelés avec des épreuves d'un sol saturé d'eau (aqua dest., eau de la mer) et aussi avec des solutions additionnelles nutritives de MnO_2, ou $Fe(OH)_3$, ou SO_4 ont été effectués. Ces analyses ont été complétées par des analyses de profils des sols et des sédiments.

L'intensité des processus réductifs écoulants dans les sols, après une saturation d'eau, dépend de l'activité des microorganismes décomposibles. Les potentiels-redox sont surtout déterminés par des systèmes redox organiques des microorganismes induits.

Une influence distincte de systèmes redox anorganiques pouvait être démontrée seulement pour le système sulfate-sulfure. Une formation des ions Mn^{2+} et de Fe^{2+}, ainsi que de H_2S se déroule sans doute dans la manière, que les substances réductives organiques effectuent une réduction d'oxydes de Mn et Fe, et aussi des sulfates. D'après les potentiels trouvés pour la formation de ions Mn^{2+} (sous + 400 à + 500 mV [pH 6–7]), de ions Fe^{2+} (sous + 200 à + 220 mV [pH 5,8–6,8]) et H_2S (sous + 30 à + 40 mV [pH 6,3–7,5]) la formation de sulfites, hydroxydes, phosphates et carbonates de fer(II) ainsi que des rouillures et des concrétions de Mn-Fe sont discutés.

Par les processus de redox et de diffusion un changement du fer libre et de manganése d'une granulation fine en grosse se produit dans des sols hydromorphiques.

Bacterial Mechanism of Iron Reduction and Gley Formation

By *J. C. G. Ottow**)

Introduction

Gley formation in water-saturated zones or flooded soils may be regarded as a secondary process following an intense reduction of iron(III)-hydroxides and oxides. Thermodynamically, the transformation of iron from the tri- into the divalent state is an endergonic process ($Fe^{3+} + e \rightarrow Fe^{2+} : E_0' = 770$ mV) requiring energy. As a consequence, only those mechanisms need to be assessed that are energy donating (bio-) systems. If certain micro-organisms are made responsible for the reduction of iron and the subsequent formation of gley, these organisms should be 1) widely distributed in soil and 2) capable of enduring rather anaerobic conditions.

Materials and Methods

a) *Gley soil studied*

Population studies were carried out in a typical gley soil, which has been described previously (10).

b) *Evaluation of iron reducing bacteria.*

Most Probable Numbers (MPN) of facultative anaerobic- and obligate anaerobic, nitrogen-fixing bacteria were estimated as outlined earlier. In addition to the total number of facultative anaerobic iron reducing bacteria, the MPN of iron-reducing *Bacillus* sp. and lactose-fermenting *Enterobacteriaceae (coli-aerogenes* group) was determined, respectively by a pasteurization (15 min at 80 °C) of the tubes and by replacing glucose through lactose in the medium. The media employed received 0.1 % finely powdered, reagent grade Fe_2O_3 (Merck). After inoculation and incubation for 7 days at 30 °C each tube received 1 ml of a 0.2 % α, α'-dipyridyl solution in 10 % acetic acid. The positive, red-coloured tubes in each set of three were tabulated and the MPN-tables after McGrady consulted (9, 10).

c) *Determination of iron reducing capacity*

The iron reducing capacity of facultative anaerobic bacteria was determined quantitatively according to a method and medium described (9). The influence of NO_3^- and ClO_3^- were determined by adding KNO_3 and $KClO_3$, respectively, to the medium.

The iron reducing capacity of obligate anaerobic *Clostridium* sp. was evaluated by inoculation of twenty five ml glucose-peptone-cystein broth, dispensed into 150×25 mm boiling tubes. Each tube contained 1.0 g reagent grade, powdered F_2O_3. The tubes were incubated anaerobically under N_2-atmosphere (30 °C) for 7 days and dissolved ferrous iron determined in the supernatant using α,α'-dipyridyl (0.2 % in 10 % acetic acid) as a specific reagent (9). The experiments were repeated in the presence of KNO_3 (10^{-2} and 10^{-3} M).

*) Institute for Microbiology, Technical University, Darmstadt, German Federal Republic.

Medium: Peptone (Merck), 10.0 g; meat extract (Merck), 10.0 g; yeast extract (Difco), 1.5 g; glucose, 20.0 g; sodium acetate. $3H_2O$, 0.5 g; cystein-HCl, 0.3 g; distilled water, 1000 ml; final pH 6.8.

d) *Enrichment and identification of- and gley formation by nitrogen-fixing clostridia.*

Iron reducing, nitrogen-fixing clostridia were enriched from soil as reported earlier (13). After 10 serial enrichments, agar plates with reinforced clostridial medium (RCM-Agar, Oxoid CM 149) were streaked, incubated (30 °C, under N_2 atmosphere) and developed colonies (5 selected at random) replated, examined microscopically and identified biochemically (3). From the same enrichment, screw-capped boiling tubes (150 × 25 mm) containing approximately 10 g of a sieved (0.5 mm) red-coloured, fossil laterite (pH_{H_2O} = 6.8) and soaked with 30 ml of a nitrogen-deficient glucose-soil extract solution (13), were inoculated by stabbing 2 ml of the culture with a pipette into the soil column. The tubes were incubated anaerobically under N_2-atmosphere (30 °C).

e) *Organisms*

The organisms used throughout this work were obtained from the culture collection of the Institute for Microbiology, Darmstadt.

Results

a) *Distribution of iron reducing bacteria*

Table 1 presents the quantitative distribution of bacteria, potentially capable of reducing iron ocide, in the different horizons of the gley soil examined. In evaluating these results, one may conclude that 1) iron reducing bacteria are widely distributed throughout the whole soil profile, and that 2) the MPN of both facultative- and obligate anaerobic, iron reducing bacteria decreases with increasing soil depth. Among the facultative anaerobic iron reducing bacteria at least two groups are recognized: lactose-fermenting *Enterobacteriaceae (coli-aerogenes* group) and sporeforming *Bacillus* sp.

b) *Mechanism of iron reduction*

Figure 1 represents the iron reducing capacity and final pH of some nitrate reductase positive (**nit**$^+$) and nitrate reductase negative (**nit**$^-$) bacteria, capable of reducing iron

Table 1

Distribution and differentiation of facultative- and obligate anaerobic iron reducing bacteria in a gley soil. MPN expressed per g oven-dried soil

Horizon		pH (KCl) *)	MPN of facultative anaerobic iron-reducing bacteria	MPN of sporeforming Bacillus	MPN of coli-form Enterobact.	MPN of obligate anaerobic, N_2-fixing Clostridia
$A_{h(1)}$	0– 10 cm	6.0	2.1×10^6	1.0×10^6	5.6×10^5	2.1×10^4
$A_{h(2)}$	10– 18 cm	5.8	1.2×10^6	7.3×10^5	7.3×10^4	4.1×10^4
A_hG_o	18– 32 cm	5.4	1.2×10^5	3.2×10^4	1.2×10^3	9.3×10^3
G_o	30– 90 cm	5.1	3.3×10^4	6.0×10^3	1.3×10^4	1.3×10^3
G_r	90–120 cm	4.6	2.0×10^4	3.3×10^3	6.0×10^2	3.3×10^3

*) read in a 1 N KCl-slurry (soil: KCl-soln. = 1 : 2.5) of freshly taken soil samples using a glass electrode.

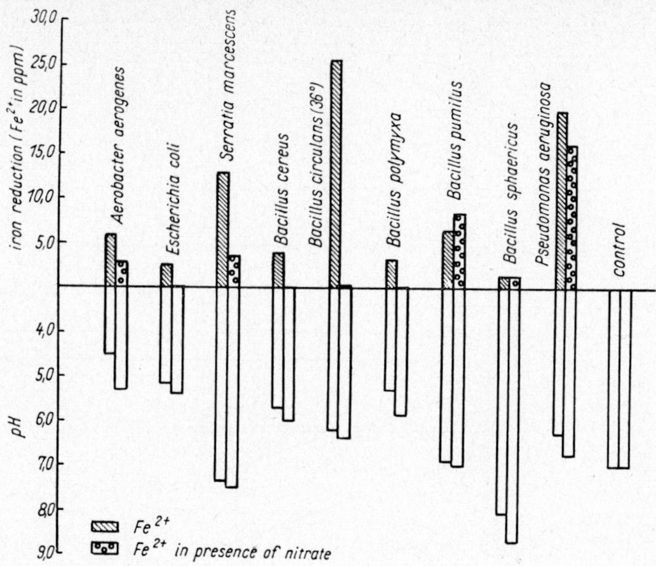

Fig. 1. Influence of nitrate (10 μM/ml) on the iron reducing capacity of some *nit*+ and *nit*− (*B. pumilus*, *B. sphaericus*) widely distributed soil bacteria

oxide. From figure 1 it is clear, that the amount of reduced iron depends on the organism rather than the final pH of the culture medium. Obviously, the degree of acidification and the amount of reduced iron are independent parameters. When nitrate was added to the medium, the iron reducing capacity became reduced, provided the organism was endowed with the enzyme nitrate reductase. The same effect was observed with chlorate (ClO_3^-) in the medium (Fig. 2). Since both chlorate and nitrate are known substrates (= hydrogen acceptors) for the enzyme nitrate reductase (15), it may be assumed that iron(III) is acting as an alternative hydrogen acceptor for this enzyme. The addition of nitrate, however, had no significant influence on those bacteria lacking the enzyme nitrate reductase. These results suggest, that at least two different physiological mechanisms participate in the transfer of substrate hydrogen to iron(III)-oxides. In one of which, the enzyme nitrate reductase seems to be involved.

Table 2

Iron reducing capacity (mg Fe^{2+}/1) of some widely distributed obligate anaerobic clostridia. Incubation: 7 days at 30 C under N_2-atmosphere.

Organisms	nit	without NO^-_3		10^{-3}M KNO_3		10^{-2}M KNO_3	
		Fe^{2+}	pH	Fe^{2+}	pH	Fe^{2+}	pH
Cl. butyricum	+	116	5.2	123	5.3	120	5.6
Cl. sporogenes	—	100	6.3	100	6.4	110	6.4
Cl. tertium	—	112	5.5	113	5.5	110	5.6
Cl. perfringens	—	102	5.6	102	5.5	105	5.6
control		17	6.7	15	6.7	15	6.8

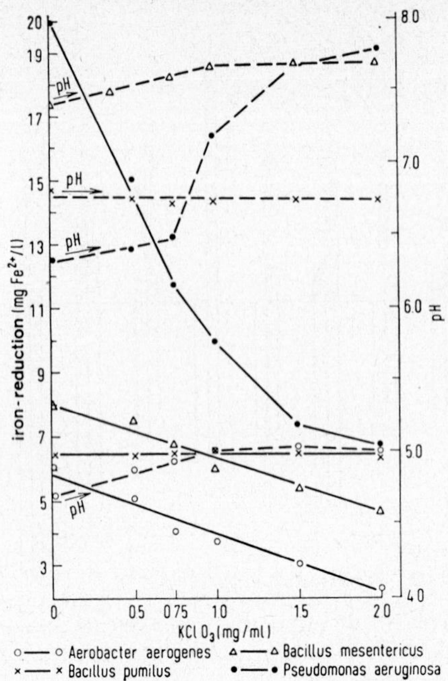

Fig. 2. Influence of increasing amounts of chlorate ($KClO_3$) on the iron reducing capacity of some *nit*$^+$ (*A. aerogenes, B. mesentericus, P. aeruginosa*) and *nit*$^-$ (*B. pumilus*) bacteria

c) *Iron reduction and gley formation*

The iron reducing capacity of some soil inhabiting anaerobic *Clostridium* sp. is presented in table 2.

The following conclusions can be drawn from table 2. If nitrate is supplemented in increasing amounts, no significant different result is obtained compared to the untreated sample, even not with *Cl. butyricum*, which is the only *nit*$^+$ organism tested. That the reduction of nitrate had occurred, is indicated indirectly by the increased final pH of the medium. Like the facultative anaerobic bacteria, no relationship seems to exist between the final acidity of the broth and the amount of dissolved ferrous iron. From these experiments it is tempting to conclude that Clostridia have available a mechanism other than the enzyme nitrate reductase transferring substrate hydrogen to iron oxide.

The question still to be answered is, whether representatives of the anaerobic Clostridia are causing gley under conditions similar to those found in soil *in situ*. This decisive question can be responded positively, as is shown in Figure 3. These tubes, containing a red oxidized soil being submerged with a nitrogen deficient glucose broth, had been inoculated with an enrichment culture of nitrogen-fixing clostridia. Heavy gas formation was observed within 48 hrs, soon followed by the first gray gley spots scattered through the upper part of the soil column. These gley features increased with time towards the bottom of the tubes. Approximately after 12 days, the entire upper part of the soil showed gray discolorizations. When the anaerobic incubator was opened, a characteristic odor of butyric- and acetic acid was noticed.

Fig. 3. Showing gley formation in artificially submerged soil inoculated by N_2-fixing clostridia

The identity of the responsible nitrogen fixing *Clostridium* species could be determined. The clostridia picked from the plates streaked with the enrichment culture used to inoculate the tubes, were cream-coloured colonies, showing the following morphological and physiological properties:

Gram-positive, spore-forming rods, approximately $3 \times 0.5 - 1.0$ mμ long, with oval but central to subterminal located spores. Nitrate was not reduced, gelatin not liquefied, no gas was produced from threonine, lactate was not utilized but acid and gas were produced from glucose, mannose, glycerol, sucrose, starch, salicine and trehalose; Gas but no acid was recorded from lactose. H_2S was produced from cystein, but not from sulfite.

Based on these properties, the 5 isolated strains were classified as *Clostridium saccharobutyricum,* a widely distributed soil inhabitant.

Discussion

Although certain organic ligands from various fresh- or fermented litters have been found capable of dissolving and even reducing iron(III) compounds in soil (4, 6), these substances should be rejected as a possible mechanism causing gley, primarily because of their local (top soil) activity. As an alternative mechanism, anaerobic, nitrogen-fixing clostridia capable of reducing iron oxide vigorously, are proposed here, since these bacteria have properties that suit them well to the hydromorphic soil conditions. Thus, except for their iron reducing ability, these Clostridia are 1) anaerobic, 2) widely distributed in any soil, 3) capable of forming spores under unfavorable conditions and 4) covering their nitrogen demand by fixing atmospheric nitrogen. Though some facultative anaerobic bacteria are strong iron reducers too *(Pseudomonas aeruginosa, Bacillus circulans)* and occurring abundantly in gleyed subsoil (14), their role in the formation of gley *in situ* at anaerobic and nutritionally poor conditions, remains questionable because of their facultative anaerobic way of living and often complex nutritional requirements (11).

3

Iron reduction by these bacteria is probably most relevant during the first phase after flooding. Clostridia, other than those of the butyl-butyricum group, are also doubtful as gley causing agents, because of their fastidious requirements.

One may ask, what ecological prerequisites are needed to initiate bacterial gley formation. So far it has been well established, that any soil being submerged in the presence of an energy source reveals gley symptoms soon after watersaturation (7). Even under laboratory conditions, the formation of gley has been observed before (8, 17), but only *Starkey* and *Halvorson* (18) suspected the participation of facultative- and obligat anaerobic bacteria. Data that favour a biological mechanism over a chemical one are based on the observations that 1) a sterile, waterlogged soil never develops gley (1) and that 2) the addition of bacterial inhibitors to a submerged soil suppresses abruptly the production of iron(II)-compounds (see 11). The question, whether nitrogen-fixation by Clostridia may occur in flooded soils, can be answered positively. *Rice* and his co-workers (16) recorded remarkable high fixation rates (Kjeldahl technique) in waterlogged soils, provided some fermentable organic matter was present. Soils which did not contain an excess of water failled to fix nitrogen, both under aerobic- und anaerobic conditions. This observation may be ascribed to a combination of aerobic conditions required to mineralize organic matter and anaerobic sites essential for nitrogen-fixation by Clostridia. In conclusion one may postulate that both the presence of organic matter and waterlogging are essential prerequisites for the development of iron reduction and gley, whereas facultative- and obligate anaerobic bacteria may be regarded as the energy-donating (reducing power) system.

Mechanism of gley formation. At reduced partial oxygen tension, iron reducing facultative anaerobic bacteria use cytochromes and/or nitrate reductase as hydrogen-transferring ensymes and iron(III)-oxides as alternative final hydrogen acceptors. Nitrate (or chlorate) acts as a competitive inhibitor for iron reduction, because its reduction requires less energy ($E'_0 : NO^-_3/NO^-_2 = 420\,mV$; $E'_0 : Fe^{3+}/Fe^{2+} = 770\,V$) compared to the reduction of iron. Except for nitrate reductase, however, some other mechanism seems to be involved, since iron reducing bacteria are known *(Bacillus sphaericus, B. pumilus, Clostridium* sp.) that lack this enzyme or lost it by mutation (12). With these bacteria, the iron reducing capacity is insusceptible to nitrate. Most Clostridia, however, neither contain nitrate reductase nor are they equiped with cytochromes. Instead, flavin enzymes are acting as hydrogen donors to organic- or inorganic acceptors (5). The latter process is known as inorganic fermentation. It is suggested here, that iron(III)-oxides may act as alternative hydrogen acceptors in inorganic fermentation processes of Clostridia. Accumulating iron(II)-compounds thus formed, are adsorbed on soil colloids or may form mixed iron oxides in a way proposed by *Arden* (2):

$$\underset{\text{brown}}{2Fe(OH)_3 + Fe^{2+} + 2OH^-} \rightleftharpoons \underset{\text{green-gray}}{Fe_3(OH)_8}$$

The proposed mechanism of gley formation is summarized below:

Inorganic fermentation (Clostridium sp.):

$$\text{energy source} \xrightarrow[\text{dehydrogenases}]{\text{substrate}} e + H^+ + ATP + \text{end products}$$

Iron oxide as hydrogen acceptor:

$$> Fe\text{-}OH + H^{+} + e \longrightarrow Fe^{2+} + 2H_2O$$

Gley formation:

$$\underset{\text{brown}}{2Fe(OH)_3 + Fe^{2+} + 2OH^-} \rightleftharpoons \underset{\text{green-gray}}{Fe_3(OH)_8}$$

References

1. *Alexander, M.* (1960), Introduction to soil microbiology, New York and London, John Wiley & Sons, p. 398–399.
2. *Arden, T. V.* (1950), J. Chem. Soc. **1,** 882–885.
3. *Beerens, H., Castel, M. M.* et *Put, H. M. C.* (1962), Ann. Inst. Pasteur **103,** 117–121.
4. *Dupuis, T., Jamber, P.* and *Dupuis, J.* (1970), C. R. Acad. Sci. Paris, **270,** 2264–2267.
5. *Kaiser, P.* (1963), Exp. Act. Biol. Cell. **7,** 47–60.
6. *King, H. G. C.* and *Bloomfield, C.* (1968), J. Soil Sci. **19,** 67–76.
7. *Motomura, S.* (1962), Soil Sci. Plant Nutr. **8,** 9–29.
8. *McKeague, J. A.* (1965), Can. J. Soil Sci. **45,** 199–206.
9. *Ottow, J. C. G.* (1968), Z. Allg. Mikrobiol. **8,** 441–443.
10. *Ottow, J. C. G.* (1969a), Zbl. Bakt. Abt. II **123,** 600–615.
11. *Ottow, J. C. G.* (1969b), Z. Pflanzenernähr. Bodenk. **124,** 238–253.
12. *Ottow, J. C. G.* (1970a), Z. Allg. Mikrobiol. **10,** 37–44.
13. *Ottow, J. C. G.* (1970b), Nature (London) **225,** 103.
14. *Ottow, J. C. G.* and *Glathe, H.* (1971), Soil Biol. Biochem. **3,** 43–55.
15. *Radcliffe, B. C.* and *Nicholas, D. J. D.* (1970), Biochim. Biophys. Acta **205,** 273–287.
16. *Rice, W. A., Paul, E. A.* and *Wetter, L. R.* (1967), Can. J. Microbiol. **13,** 829–836.
17. *Rohmer, W.* (1966), Pflanzenernähr. Bodenk. **114,** 101–113.
18. *Starkey, R, L.* and *Halvorson, H. O.* (1927), Soil Sci. **14,** 381–402.

Summary

Both facultative- and obligate anaerobic bacteria, capable of reducing iron oxide, are widely distributed throughout a gley soil. Their number (MPN) decreases with increasing soil depth.

Nitrate (and chlorate), when added to the medium of selected nit^+ and nit^-, facultative anaerobic, iron reducing bacteria, lessened the amount of ferrous iron, provided the enzyme nitrate reductase was present. With nit^-, facultative anaerobic bacteria (e. g. *B. pumilus, B. sphaericus*) and with nit^+ and nit^- obligate anaerobic clostridia (*Clostridium sp.*), the iron reducing capacity was unaffected by the addition of NO_3^-.

These results are consistent with the existence of at least two different iron reducing mechanisms. In facultative anaerobic bacteria the enzyme nitrate reductase and some other unknown reductase (s) ("Ferri-reductase"?) seem to be involved. In obligate anaerobic bacteria, only the latter mechanism may participate.

Nitrogen-fixing clostridia enriched from soil are capable of reducing iron oxide and causing gleying, when inoculated into a sterile, watersaturated soil in the presence of glucose. The responsible bacterium was isolated and identified as *Clostridium saccharobutyricum.*

Because of their properties, nitrogen-fixing, iron reducing clostridia are thought to be the main biochemical mechanism of gley formation.

Zusammenfassung

Mikrobiologische Populationsuntersuchungen an einem Gley-Profil bestätigten in jedem Horizont eine große Anzahl von fakultativ und obligat anaeroben (N_2-bindenden) Bakterien, die potentiell zur Eisenreduktion befähigt sind. Die Populationsdichte (MPN) dieser eisenreduzierenden Bakterien nimmt mit zunehmender Bodentiefe ab.

Nitrat (und Chlorat) verringerten das Ausmaß der Eisenreduktion, wenn die geprüften, fakultativ anaeroben Bakterien über Nitratreduktase (nit$^+$) verfügten. NO^-_3 blieb ohne Einfluß auf die Intensität der Eisenreduktion von nit$^-$, fakultativ anaeroben Bakterien sowie von nit$^+$ und nit$^-$ obligat anaeroben Bakterien vom Typ *Clostridium.*

Als Mechanismus der Eisenreduktion können bei den fakultativ anaeroben Bakterien zumindest zwei verschiedene, wasserstoff-übertragende Systeme in Betracht kommen: Erstens das Enzym Nitratreduktase, und/oder zweitens eine noch unbekannte Reduktase(n) ("Ferri-Reduktase"?). Bei den Clostridien kann dagegen nur der unbekannten Reduktase eine Eisenreduktion zugeschrieben werden.

Eine Anreicherungskultur von N_2-bindenden Clostridien ist in einem sterilen, überfluteten Boden zur Eisenreduktion und Gleybildung befähigt. Die Identität des beteiligten Bakteriums wurde als *Clostridium saccharobutyricum* bestimmt.

N_2-bindende Clostridien sind aufgrund ihrer Eigenschaften den besonderen Verhältnissen vernäßter Bodenzonen sehr gut angepaßt. Wahrscheinlich sind sie wesentlich am Vorgang der biochemischen Gleybildung beteiligt.

Résumé

Les analyses de population microbiologiques effectués sur un profil de gley ont confirmé sur chaque horizon la présence d'un grand nombre de microbes facultativement et obligatoirement anaérobiques qui sont potentiellement capables de reduire le fer. La densité de la population de ces microbes réduisant le fer diminue à mesure que la profondeur du sol augmente.

Le nitrate (et le chlorate) ont diminué la réduction du fer lorsque les microbes examinés facultativement anaérobiques disposaient de la nitrate-réductase (nit$^+$). NO_3^- restait sans influence sur l'intensité de la réduction du fer par des microbes facultativement anaérobiques nit$^-$ ainsi que par des microbes obligatoirement anaérobiques nit$^+$ et nit$^-$ du type *Clostridium.*

Deux différents systèmes transmettant l'hydrogène peuvent au moins être considérés pour la réduction du fer chez les microbes facultativement anaérobiques :

1) l'enzyme réductase de nitrate et/ou

2) une réductase pas encore connue (« réductase ferrique »?).

Chez les clostridiums cependant une réduction du fer ne peut être attribuée qu'à la réductase inconnue.

Une culture concentrée de clostridium fixant N_2 est capable de réduire le fer et de former du gley sur un sol stérile inondé. L'identité de ces clostridiums fixateurs a été définié comme *clostridium saccharobutyricum.*

Les Clostridiums fixant N_2 sont bien adaptés aux conditions particulières des zones de sols mouillés en raison de leur qualités. Il est probable qu'ils contribuent de façon essentielle à la formation du gley biochimique.

Die Wirkung von zweiwertigem Eisen auf Lösung und Umwandlung von Eisen(III)-hydroxiden[1])

Von *W. R. Fischer* *)

Einleitung

Bei der Kristallisation von amorphem Eisen(III)-hydroxid zu Goethit sind nach dem von *Feitknecht* und *Michaelis* (1962) beschriebenen Mechanismus verschiedene Einzelprozesse notwendig: 1. Auflösung des Hydroxids, 2. Transport des gelösten Eisens, 3. Bildung von Goethitkeimen und 4. Abscheidung auf den Keim- bzw. Kristallflächen. Die gleichen Autoren erwähnten, daß eine Mischfällung von Fe^{2+} und Fe^{3+} rasch und vollständig zu Goethit umgewandelt wird.

Da nachgewiesen werden konnte, daß bei der Goethitbildung aus amorphem Eisen(III)-hydroxid im alkalischen Bereich die Auflösung des Hydroxids der geschwindigkeitsbestimmende Schritt ist (*Fischer* 1971), muß angenommen werden, daß ein Zusatz von zweiwertigem Eisen zum Alterungsmilieu zuerst auf die Auflösungsreaktion beschleunigend einwirkt.

Da im Boden schon bei Redoxpotentialen E_{Kal} um 500 mV etwa 10% des Eisens in der zweiwertigen Form vorliegen – *Arndt* (1968) fand in einer Parabraunerde bei $E_{Kal} \approx$ 500 mV Fe^{2+}-Konzentrationen zwischen 100 und 500 ppm –, soll im Folgenden zunächst die Auflösung des amorphen Eisen(III)-hydroxids unter Fe^{2+}-Einfluß näher untersucht werden. Anschließend werden die dabei gewonnenen Erkenntnisse auf die katalytische Beschleunigung der Goethitbildung durch Fe^{2+} angewendet.

Material und Methoden

Die verwendeten Chemikalien waren analysenreine Substanzen der Fa. Merck.

Für die Auflösungsversuche wie auch zur Analyse der amorphen Anteile bei den Alterungsversuchen wurde das Extraktionsverfahren mit saurer Ammoniumoxalatlösung im Dunkeln nach *Schwertmann* (1964) benutzt. Wie auch von *Schwertmann* (1965) und *Blume* und *Schwertmann* (1969) durch Vergleiche mit EM-, DTA- und Röntgenaufnahmen sowie von *Fischer* (1971) durch vergleichende Röntgen- und IR-Aufnahmen bestätigt werden konnte, lösen sich bei dieser Behandlung innerhalb von 2 h hauptsächlich amorphe Eisenoxide, während von Hämatit und Goethit in dieser Zeit nur ein geringer Bruchteil in Lösung geht.

Zur Untersuchung der Auflösung bei kurzen Schüttelzeiten wurden 150 mg Eisenoxid mit 100 ml der Extraktionslösung versetzt und dann im Dunkeln geschüttelt. Bei den Versuchen zur Fe(II)-

---

[1]) Auszug aus der von der Fakultät für Landwirtschaft und Gartenbau der Technischen Universität München zur Erlangung der Würde eines Dr. rer. nat. genehmigten Dissertation mit dem Titel „Modellversuche zur Bildung und Auflösung von Goethit und amorphen Eisenoxiden im Boden", angefertigt unter Leitung von Prof. *Dr. U. Schwertmann*, vorgelegt von Dipl.-Chem. *Walter Fischer*.

*) Institut f. Bodenkunde, T.U. München, 8050 Freising-Weihenstephan, BRD

Katalyse wurden vorher entsprechende Mengen $(NH_4)_2Fe(SO_4)_2$ in der Oxalatlösung aufgelöst. Nach verschiedenen Zeiten wurden Proben des Extraktionsgemisches genommen, abgesaugt und auf gelöstes Fe analysiert. Als Ausgangsmaterial wurden auf verschiedene Weise dargestellte Eisenhydroxide eingesetzt, die nach der Fällung mit Wasser gewaschen und gefriergetrocknet worden waren.

Die Bestimmung des Eisens erfolgte mit einem Beckman-Atomabsorptions-Spektralfotometer 440; zweiwertiges Eisen wurde entweder durch potentiometrische Titration mit einem Metrohm-Potentiografen 436 E ($K_2Cr_2O_7$-Lösung, Elektrodensystem Pt – Ag/AgCl) oder durch fotometrische Messung des Komplexes mit 1,10-Phenanthrolin (*Fries*, Spurenanalyse) bestimmt.

Die Messung der Kristallisationsgeschwindigkeit zu Goethit wurde an mit NH_3 aus Eisennitratlösung gefälltem Eisenhydroxid durchgeführt, das sofort nach der Fällung mit H_2O gewaschen und dann in wäßriger Suspension bei 50 °C mit festem $(NH_4)_2Fe(SO_4)_2$ versetzt wurde. Nach Einstellung eines pH-Wertes zwischen 3,5 und 10,5 wurde die Probe unter Stickstoff gerührt. Dabei wurde zur pH-Konstanthaltung eine selbst zusammengestellte Regelanlage aus pH-Meßkette, Knick-pH-Meter Typ 34, INDIN-Meßwerkregler (Hartmann & Braun) und Magnetventil benutzt. Die durchschnittliche Abweichung des pH-Wertes im Reaktionsgefäß betrug ± 0,02 pH, maximal ± 0,05 pH. In verschiedenen Zeitabständen wurden Proben genommen und nach dem Zentrifugieren durch Oxalatextraktion auf den Kristallisationsgrad untersucht. Röntgenaufnahmen der Produkte erwiesen, daß in den gesamten Versuchsserien als kristallines Produkt ausschließlich Goethit entstanden war.

Ergebnisse

Auflösung von amorphem Eisen(III)-hydroxid und Goethit

Auf verschiedene Weise dargestellte amorphe Eisen(III)-oxide lösen sich in saurer Ammoniumoxalatlösung mit unterschiedlicher Geschwindigkeit. Deswegen wurden alle Auflösungsversuche mit amorphem Hydroxid mit demselben gefriergetrockneten Produkt einer $Fe(NO_3)_3/NH_3$-Fällung durchgeführt. In Abb. 1 zeigt die unterste Kurve (0 mg Fe^{2+}) das Löseverhalten dieser Substanz ohne Fe^{2+}-Zusatz. Dabei wurden die nach 2 h gelösten Anteile („oxalatlösliches Eisen(Fe_0)“ nach *Schwertmann*) gleich 1 gesetzt. Auffällig ist das Auftreten eines Wendepunktes, das für die Lösekurven von NH_3-gefällten, gefriergetrockneten Hydroxiden typisch ist. Als Erklärung dafür kann angenommen werden, daß zunächst das Oxalation in die Oberfläche des Hydroxids hineindiffundieren muß. Dadurch vergrößert sich die Anzahl der je Zeiteinheit reagierenden Eisenatome und damit auch die Auflösungsgeschwindigkeit (*Fischer* 1971).

Eine einfache, für alle Oxide geltende mathematische Formulierung dieses Verhaltens kann nicht gegeben werden, da Lage und Ausprägung des Wendepunktes stark schwanken.

Nach *Lieser* und *Schroeder* (1959) beschleunigt ein Zusatz von Fe^{2+}-Ionen die Auflösung des wasserfreien Eisen(III)-sulfats in Wasser durch Ladungsübertragung erheblich. Dabei steigt die Auflösungsgeschwindigkeit mit der Wurzel aus der Fe(II)-Konzentration. Die Autoren erklären dies durch die Annahme eines vorgelagerten schnellen Dissoziationsgleichgewichtes des hydratisierten $Fe(H_2O)_6^{2+}$.

Eine ähnliche Wirkung der Fe^{2+}-Ionen auf die Auflösung von Eisenoxiden erscheint nicht ausgeschlossen.

Zur Überprüfung dieser Möglichkeit wurden Fe(II)-Konzentrationen von 1–100 ppm im Oxalatextrakt angewendet.

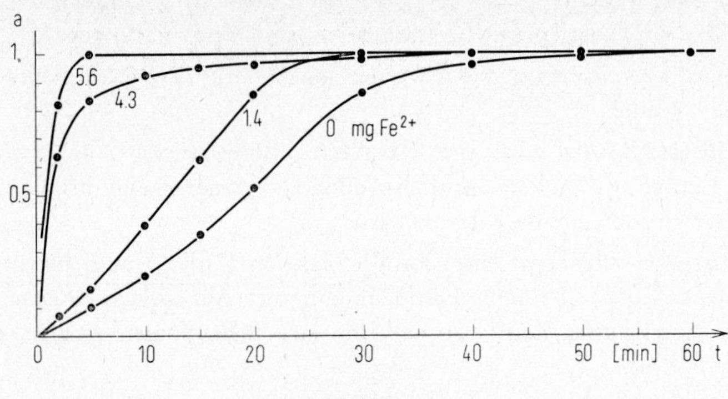

Abbildung 1

Auflösung von amorphem Eisen(III)-hydroxid in Ammoniumoxalatlösung bei verschiedenen Fe(II)-Zugaben (Parameter)

Dissolution of amorphous iron(III)-hydroxide in a solution of ammoniumoxalate at different Fe^{2+} additions

Abbildung 1 gibt als Beispiel die Auflösungs-Zeit-Kurven eines amorphen, gefriergetrockneten Hydroxides ($Fe(NO_3)_3/NH_3$-Fällung) in Abhängigkeit von der Fe(II)-Konzentration wieder. Deutlich ist dabei der Anstieg der Auflösungsgeschwindigkeit mit steigenden Fe^{2+}-Zusatz zu erkennen; bei höheren Fe(II)-Konzentrationen verschwindet auch der Wendepunkt der Kurve.

Da, wie erwähnt, eine Geschwindigkeitskonstante nicht angegeben werden kann, wurde die Anfangssteilheit der Kurven als Maß für die Lösungsgeschwindigkeit benutzt.

Bei einer Gültigkeit des von *Lieser* und *Schroeder* gefundenen Lösungsmechanismus sollte die Auftragung der Anfangssteigung der Lösekurven gegen $(C_{Fe^{2+}})^{0.5}$ eine Gerade ergeben. Wie Abbildung 2a zeigt, ist dies oberhalb von ca. 10 ppm auch der Fall. Unterhalb dieser Konzentration ist jedoch kein Einfluß des Fe^{2+} zu bemerken. Demgegenüber fanden *Lieser* und *Schroeder* die Gültigkeit des Wurzelgesetzes bis herunter zu 0,56 ppm Fe^{2+} bestätigt.

Nach Abzug des „inaktivierten“ Eisens von den höheren Konzentrationen ergibt die Auftragung der Lösungsgeschwindigkeit gegen die Wurzel aus der Fe(II)-Konzentration

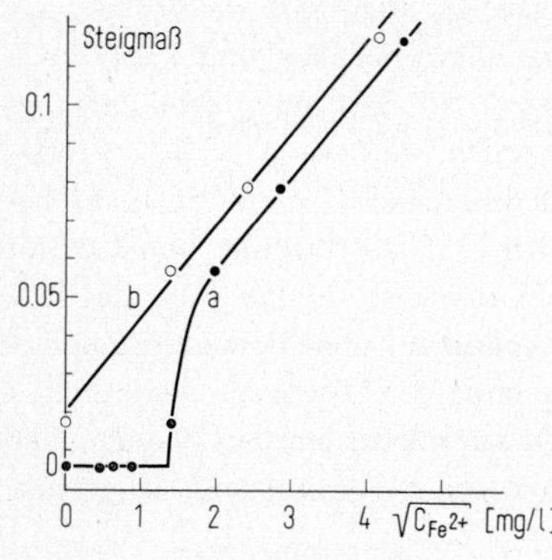

Abbildung 2

Steigmaß der Auflösungskurven als Funktion von $(C_{Fe^{2+}})^{0.5}$. Erklärung s. Text

Slope of the dissolution curves as a function of $(C_{Fe})^{0.5}$

eine Gerade (Abb. 2b). Dies spricht für eine der folgenden Erklärungen:

a) Geringe Mengen zweiwertiges Eisen werden inaktiviert – komplex gebunden, sorbiert oder oxidiert –, oder

b) durch den Fe(II)-Zusatz wird eine Parallelreaktion gefördert, die erst dann einen merklichen Einfluß auf die Gesamtgeschwindigkeit erlangt, wenn ihre Geschwindigkeit gleich der der primären Lösereaktion wird.

Dabei würde bei dem Vorliegen einer Parallelreaktion (Fall b) auch bei geringen Fe^{2+}-Zusätzen eine wenn auch sehr kleine Beschleunigung der Auflösung erfolgen. Das ist, wie aus Abbildung 2a ersichtlich, nicht der Fall. So darf angenommen werden, daß Fe^{2+} inaktiviert wird (Fall a).

In Übereinstimmung mit diesen Ergebnissen löst Ammoniumoxalatlösung bei Zusatz von Fe^{2+} auch aus gut kristallisierten Eisenoxiden innerhalb von 2 h beträchtliche Mengen Fe. Abbildung 3 zeigt in halblogarithmischem Maßstab die Menge des nach 2 h aus 50 mg Goethit gelösten Eisens als Funktion der Fe^{2+}-Konzentration. Eine Inaktivierung von Fe^{2+} ist dabei nicht zu erkennen. Da 90 % des löslichen Eisens innerhalb der ersten 10 min in Lösung gehen, ist die Prüfung der Gültigkeit des Modells von *Lieser* und *Schroeder* in diesem Fall nicht möglich.

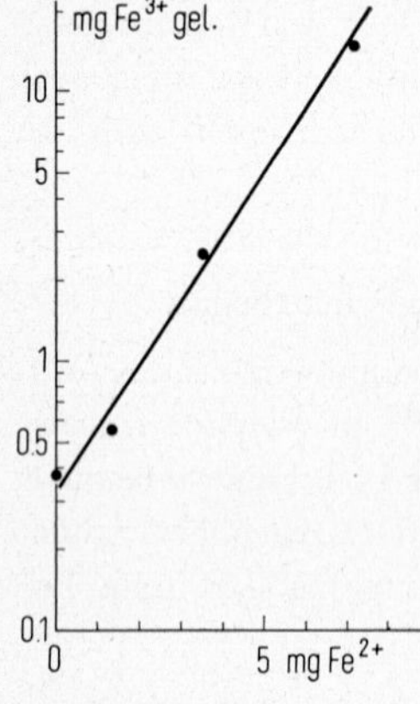

Abbildung 3

Aus 50 mg Goethit durch Oxalatlösung unter Zusatz von Fe^{2+} gelöstes Fe^{3+}

Fe^{3+} dissolved from 50 mg of goethite by oxalate solution under the presence of Fe^{2+}

Goethitbildung in Gegenwart von Fe^{2+}

Die im vorstehenden beschriebenen Versuche haben gezeigt, daß auch relativ geringe Konzentrationen an Fe^{2+} imstande sind, die Auflösung von amorphen und kristallinen Eisenoxiden in Gegenwart von Oxalat zu beschleunigen. So darf nach dem eingangs erwähnten Modell der Goethitbildung angenommen werden, daß schon geringe Fe(II)-Konzentrationen, wie sie bei schwach reduzierenden Bedingungen ($E_{Kal.} < 500$ mV) besonders in hydromorphen Böden oft vorliegen, ausreichen, um die Bildung von Goethit aus amorphen Eisenoxiden zu fördern. Von besonderem Interesse ist dabei, ob das Fe^{2+} auch bei mittleren pH-Werten, bei denen sich im Laborexperiment ohne besondere Zusätze stets Hämatit *und* Goethit gemeinsam bilden, durch Erhöhung der Lösungsgeschwindigkeit des amorphen Hydroxids nur Goethit entstehen läßt. Dabei wurde, um den Bedingungen im Boden nahezukommen, eine Eisen(II)-Konzentration von 0.005 g-atom/l eingesetzt, entsprechend ca. 10 % des Fe^{3+}.

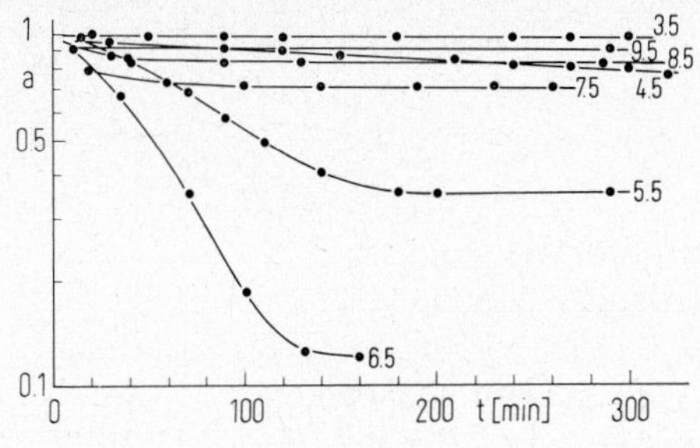

Abbildung 4

Amorpher Anteil a als Funktion der Zeit t bei verschiedenen pH-Werten; Alterung bei 50 °C mit konstantem Fe^{2+}-Zusatz

Aging at 50 °C with constant addition of Fe^{2+}: Amorphous part (a) as a function of time t at different pH-values

In Abbildung 4 ist für verschiedene pH-Werte der oxalatlösliche Anteil logarithmisch gegen die Zeit t aufgetragen.

Wie sich zeigt, ist im untersuchten pH-Bereich die katalytische Wirksamkeit des zweiwertigen Eisens gerade zwischen etwa pH 4 und pH 8 besonders deutlich. Oberhalb wie auch unterhalb dieses Bereichs altert das Gel mit nur geringfügig beeinflußter Geschwindigkeit.

In charakteristischer Weise verändert sich dabei die Form der Alterung-Zeit-Kurven: Während bei tiefen pH-Werten (bis 4,5) die halblogarithmische Auftragung eine Gerade ergibt, die Reaktion also 1. Ordnung ist (s. *Fischer* 1971), treten bis etwa pH 7 S-förmige Kurven auf, die jeweils in einen fast konstanten a-Wert ($a \neq 0$) einmünden. Bei noch höheren pH-Werten sinkt die Alterungsgeschwindigkeit wieder stark ab; die Kurven verlaufen bis auf ein relativ steiles Anfangsstück mit sehr geringer Neigung.

Nach *Lieser* und *Schroeder* muß ein Fe^{2+}-Ion, um die Auflösung der festen Eisenverbindung beschleunigen zu können, zunächst an der Oberfläche der Substanz sorbiert sein. Deshalb ist von Bedeutung, wieviel des eingesetzten zweiwertigen Eisens in Gegenwart von Eisen(III)-hydroxid im bzw. am Bodenkörper vorliegt. Um die Löslichkeit des Fe^{2+} zu prüfen, wurde unter gleichen Bedingungen wie bei den Alterungsversuchen die Konzentration von Fe^{2+} in der Lösung 30 min nach der Zugabe bestimmt. Abbildung 5 gibt die Lösungskonzentration als Funktion des pH-Wertes wieder. Durch Stichproben wurde festgestellt, daß der in der Lösung fehlende Teil innerhalb der Versuchsdauer von 30 min nur zum kleinen Teil oxidiert wurde; er lag praktisch vollständig in zweiwertiger Form im Bodenkörper vor. Legt man das Löslichkeitsprodukt des $Fe(OH)_2$ zu Grunde (pL = 13,5, *Seel* 1960), so ergibt eine Rechnung im Gegensatz dazu, daß fast im ganzen untersuchten pH-Bereich das gesamte eingesetzte Fe^{2+} gelöst sein müßte (z. B. bei pH 8 noch etwa 0,005 g-atom/l). Es tritt also gerade in dem pH-Bereich ein Abfall der Löslichkeit des Fe^{2+} auf, in dem die Beschleunigung der Kristallisation ein Maximum erreicht. Diese Befunde erlauben folgende Deutung der gemessenen pH-Abhängigkeit der Eisen(II)-katalyse:

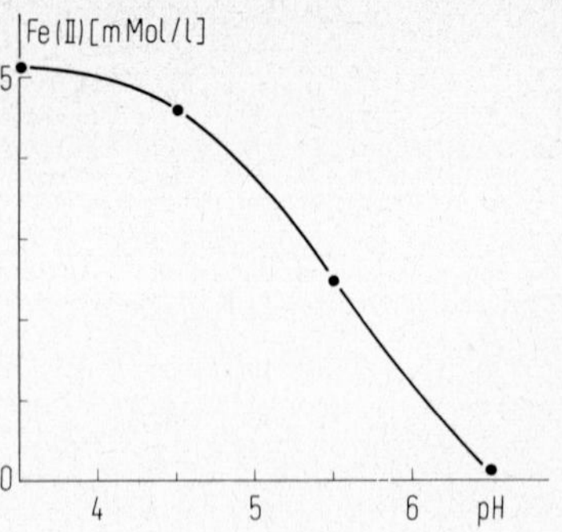

Abbildung 5

Nach 30 min über Eisen(III)-hydroxid in Lösung befindliches Fe^{2+}. Fe(II)-Ausgangskonzentration 5,1 mMol/l

Soluble Fe^{2+} 30 min after addition of 5.1 mMol/l of Fe^{2+} to iron(III)-hydroxide

Bei pH 3,5 ist zunächst die Oberfläche des Hydroxids durch Protonisierung zu stark positiv geladen; eine Absorption von Fe^{2+} ist nicht möglich. Bei sinkenden H^+-Ionenkonzentrationen nimmt die Oberflächenladung ab; Fe^{2+} kann in steigendem Maß adsorbiert werden. Bei der dadurch verursachten Auflösungsbeschleunigung werden nun die Abscheidungsreaktionen (Keimbildung und Kristallwachstum) geschwindigkeitsbestimmend: es treten anfangs steiler werdende Umsatz-Zeit-Kurven auf.

Die nachfolgende starke Verlangsamung der Reaktion ist nicht aus der Abnahme der Fe-Hydroxid-Konzentration zu erklären, da in diesem Fall die Kurven der halblogarithmischen Darstellung ohne Abflachung in Geraden übergehen müßten. Vielmehr läßt sich aus dem Kurvenverlauf bei z. B. pH 6,5 folgern, daß die katalytische Wirkung des zweiwertigen Eisens im Zeitraum der Messung vollständig verschwindet.

In einem Vorversuch wurde festgestellt, daß ausgefälltes $Fe(OH)_2$ durch Luftsauerstoff wesentlich schneller oxidiert wird als gelöste Eisen(II)-ionen. Aus diesem und dem oben erwähnten Ergebnis, daß sich bei höheren pH-Werten der größte Teil des Fe^{2+} im Bodenkörper befindet, muß geschlossen werden, daß trotz der Schutzgasatmosphäre von N_2 das zweiwertige Eisen oxidiert und damit als Katalysator wirkungslos wird.

Bei noch höheren pH-Werten wird die Geschwindigkeit dieser Oxidation so groß, daß das Fe^{2+} die Goethitbildung nicht mehr fördert. Lediglich das nun oxidierte Fe^{2+} liegt dann kristallisiert vor, entsprechend a = 0,9.

Mit diesen Ergebnissen kann gleichzeitig bewiesen werden, daß die kristallisationsfördernde Wirkung des Fe^{2+} nicht auf einer Nucleation des amorphen Hydroxids beruht. Nach *Schwertmann* (1959) bildet sich bei der Oxidation von Fe^{2+} bei höheren pH-Werten und der Anwesenheit von CO_2 Goethit, der in diesem Fall durch die Keimwirkung einen starken Einfluß auf die Goethitbildung aus amorphem Hydroxid ausüben würde.

Diskussion

In den beschriebenen Versuchen konnte gezeigt werden, daß zweiwertiges Eisen auch in geringen Konzentrationen einen bedeutenden Einfluß auf Bildung und Auflösung von Fe(III)-oxiden ausübt. Solche Fe(II)-Konzentrationen können im Boden leicht auftreten. Wie erwähnt liegen z. B. bei einem Redoxpotential E_{Kal} von etwa 500 mV gegen 10 % des Eisens in der zweiwertigen Form vor. Dies bedeutet, daß beim Vorhandensein von Komplexbildnern nicht das gesamte Eisen reduziert sein muß, um zu einer schnellen Verlagerung befähigt zu sein. Nach *Kurayev* (1967) entsteht Anaerobiose bei einem O_2-

Gehalt der Bodenluft unter 5 %, während vom gleichen Autor in einem „gleyed sod-podzolic soil“ noch in 1,5 m Tiefe ein Sauerstoffgehalt der Luft von etwa 16 % gemessen wurde. So muß angenommen werden, daß in den meisten Böden weniger die Reduktion des gesamten Fe als vielmehr die Fe^{2+}-katalysierte Auflösung der Fe(III)-oxide bei der Eisenverlagerung eine Rolle spielt. Besonders deutlich wird dies auch bei der Auflösung von Goethit, wo durch Zugabe von 50 ppm Fe^{2+} die Menge des aufgelösten Fe^{3+} um mehr als das Zehnfache stieg.

Bei der Abscheidung des Eisens aus der Transportlösung dagegen werden sich zwei verschiedene Einflußgrößen überlagern: Nach *Schwertmann, Fischer* und *Papendorf* (1968), sowie *Schwertmann* (1969) verzögern bzw. verhindern bestimmte organische Verbindungsklassen die Kristallisation von amorphem Eisen(III)-hydroxid – in ähnlicher Weise wirkt auch die organische Substanz des Bodens (*Schwertmann* 1966) – während Fe^{2+} die Bildung von Goethit fördert.

So ist zu erwarten, daß in Böden mit relativ wenig organischer Substanz und niedrigen Redoxpotential (z. B. Pseudogleye) vornehmlich kristallisierte Eisenoxide auftreten, während bei einem hohen Gehalt an organischer Substanz (z. B. in Podsolen) hauptsächlich amorphe Eisenoxide vorkommen.

Literatur

Arndt, K. (1968): Albrecht-Thaer-Archiv **12**, 867.

Blume, H. P. and *U. Schwertmann* (1969): Soil Sci. Amer. Proc. **33**, 438–444.

Feitknecht, W. und *W. Michaelis* (1962): Helv. Chim. Acta **45**, 212–224.

Fischer, W. R. (1971): Modellversuche zur Bildung und Auflösung von Goethit und amorphen Eisenoxiden im Boden. Diss. TU München.

Fries, J.: Spurenanalyse, E. Merck AG. Darmstadt.

Kurayev, V. N. (1967): Dokl. Soil Sci. **13**, 1773–1780.

Lieser, K. H. und *H. Schroeder* (1959): Z. Elektrochem. **64**, 252–257.

Schwertmann, U. (1959): Z. anorg. allg. Chem. **298**, 337.

Schwertmann, U. (1964): Z. Pflanzenernähr., Düng., Bodenkunde **105**, 194.

Schwertmann, U. (1965): Z. Pflanzenernähr., Düng., Bodenkunde **108**, 37.

Schwertmann, U. (1966): Nature **212**, 645.

Schwertmann, U., W. R. Fischer und *H. Papendorf* (1968): 9th Int. Congr. Soil Sci. Trans. **1**, 645–655.

Schwertmann, U. (1969): Geoderma **3**, 207–214.

Seel, F. (1970): Grundlagen der analytischen Chemie. 5. Aufl., Verlag Chemie, Weinheim.

Zusammenfassung

Mehr als 10 ppm zweiwertiges Eisen beschleunigen die Lösung von amorphen und kristallinen Eisen(III)-Oxiden in einer sauren Ammoniumoxalat-Lösung. Die Lösungsgeschwindigkeit steigt mit steigender Fe^{2+}-Konzentration bis zu 100 ppm Fe^{2+} und bildet eine lineare Funktion zwischen der Lösungsgeschwindigkeit und der Wurzel der Fe^{2+}-Konzentration. Unter 10 ppm Fe^{2+} wurde kein Einfluß wahrgenommen. In der Anwesenheit von Fe^{2+} führt die Kristallisation von frisch ausgefälltem amorphem Eisen(III)hydroxid zu Goethit unter Bedingungen, wo ohne Fe^{2+} Goethit *und* Hämatit gebildet werden. Die Kristallisationsgeschwindigkeit zeigt ein Maximum bei pH 6,5. Der Rückgang der Kristallisationsgeschwindigkeit bei pH-Werten unter 6,5 wird verursacht durch Verhinderung der Fe^{2+}-Aufnahme durch das positiv geladene Hydroxid, während steigende Oxidationsgeschwindigkeit von Fe^{2+} durch die Luft und wachsendes pH die Kristallisationsgeschwindigkeit bei pH-Werten oberhalb 6,5 absinken läßt.

Summary

More than 10 ppm of ferrous iron increase the dissolution rate of amorphous and crystalline iron(III)-oxides in an acid solution of ammonium oxalate. The rate of dissolution increases with increasing Fe^{2+} concentration up to 100 ppm Fe^{2+}, yielding a linear correlation between the rate constant and square root of Fe^{2+} concentration. Below 10 ppm Fe^{2+} no influence was found.

In the presence of Fe^{2+} the crystallisation of freshly precipitated amorphous iron(III)-hydroxide leads to goethite, under conditions where goethite *and* hematite are formed in the absence of Fe^{2+}. The crystallisation rate shows a maximum at pH 6.5. The decrease of crystallisation rate at pH-values below 6.5 are caused by inhibition of the sorption of Fe^{2+} by the positively charged hydroxide, whereas the rate of increased oxidation of Fe^{2+} by air at increasing pH decreases the crystallisation rate at pH-values above 6.5.

Résumé

Plus de 10 ppm de Fe^{2+} accélèrent la dissolution des oxydes de fer(III) dans une solution acide d'oxalate d'ammonium. La vitesse de la dissolution augmente avec la concentration croissante du Fe^{2+} jusqu'à 100 ppm Fe^{2+}, et développe une correlation linéaire entre la vitesse de dissolution et la racine de la concentration de Fe^{2+}. On n'a pas noté d'influence en dessous de 10 ppm Fe^{2+}.

La présence de Fe^{2+} amène la cristallisation des oxydes de fer(III) amorphes et fraichement précipités en Goethite dans les conditions, où la Goethite et l'Hématite sont formés sans Fe^{2+}.

La vitesse de la cristallisation atteint un maximum à pH 6,5. Une diminution de vitesse de la cristallisation est provoquée pour des valeurs de pH inférieures à 6,5, par l'empêchement d'une absorption de Fe^{2+} par l'hydroxyde à charge positive ; tandis qu'une vitesse d'oxydation accélérée du Fe^{2+} par l'air et par le pH croissant fait diminuer la vitesse de la cristallisation pour des valeurs au dessus de pH 6,5.

The in vitro transformation of soil lepidocrocite to goethite

By *U. Schwertmann* and *R. M. Taylor**)

Introduction

Lepidocrocite the crystalline orange coloured γ-form of FeOOH is a common constituent of hydromorphic soils in many parts of the world. The reason for this is that lepidocrocite normally is an oxidation product of ferrous compounds which are steadily formed in hydromorphic soils under the influence of organic matter. Occurence of lepidocrocite has been reported from pseudo-gleys (particularly clayey or loamy noncalcarous ones) and gleys in various countries of Europe (3, 4, 12, 14, 17), in New Jersey, USA (5), in clayey coastal soils in British Guiana (1) and in Paddy Soils of Japan (9, 10).

Although no thermodynamic data on its stability are available lepidocrocite due to its more open structure is certainly considerably less stable than its polymorph goethite. A transformation to goethite can therefore be expected. However, from field observations it can be concluded that lepidocrocite although occuring predominately in younger (= postglacial) soils does persist for a rather long period of time. No analytical evidence has so far been achieved for the transformation of lepidocrocite to goethite with age in soils.

Since on the otherhand, lepidocrocite can easily be converted to goethite in vitro under suitable conditions it seemed worthwhile to investigate the reasons for the rather remarkable stability of this metastable phase in soils. In laboratory experiments with synthetic lepidocrocite the following results have been obtained (15).

1. In pure systems lepidocrocite converts to goethite within a period of a few hours to some weeks depending on temperature, alkalinity and concentration of ferrous ions in solution as well as particle size of the lepidocrocite.

2. Nucleation with goethite accellerates the transformation; silicate in solution (a few ppm SiO_2) retards it.

3. The transformation proceeds via solution and consists of three single steps viz. the dissolution of lepidocrocite, the formation of goethite nuclei and their growth to goethite crystals. Each of these steps can be rate determining, yielding different conversion time curves. Silica interferes with the nucleation step. Based on these results, experiments with lepidocrocite from a hydromorphic soil were carried out in which its transformation to goethite has been investigated under various conditions.

---

*) The research was carried out partly at the CSIRO Division of Soils, Adelaide, S.A. 5064 (address of R.M.T.) and partly at the Institut für Bodenkunde, Techn. Universität, München, 805 Freising-Weihenstephan, GFR (address of U.S.).

Materials and Methods

The lepidocrocite was sampled from a "Hangpseudogley" developed in the periglacial solifluction material of Mt. Wellington, Tasmania, Australia, at an altitude between 850 and 1150 m (mean annual precipitation 850 mm, and temperature 8.2 °C). The soil profile consists of a humus rich top layer with many unweathered dolerite boulders transported by solifluction and overlies a kaolinitic fossil clay soil moved and compacted by solifluction (13). On the border between these two materials bright orange iron oxide accumulations occur partly as soft material and partly as a duricrust (Bändchen). Sometimes the uppermost layer of the fossil soil is completely bleached. It is believed that soil water rich in organic matter after penetration through the humiferous top soil reduced the iron oxide of the fossil soil which was partly removed and partly reoxidised at the top of the impervious subsoil yielding lepidocrocite.

The clay fractions of two samples taken from this soil (WC, WS) are mainly kaolinitic with smaller amounts of illite and iron oxides, the latter being present predominantly as lepidocrocite with smaller amounts of goethite. The total free iron oxide of these clays (dithionite soluble) amounts to 13—16 % Fe with a ratio of oxalate to dithionite soluble Fe of 0.06—0.09, indicating a reasonable degree of crystallinity of the lepidocrocites. Electron micrographs show large layer silicate flakes, the surface of which is covered with small lath shaped lepidocrocite crystals (Fig. 1a) resembling somewhat in morphology a synthetic lepidocrocite prepared from oxidation of ferrous chloride (Fig. 1c and 1d). After dithionite treatment the clay silicates surfaces appear to be reasonably clean (Fig. 1b) indicating that the lath shape crystals are mainly iron oxide.

The conversions were carried out in polyethylene bottles, which for short experiments were shaken continuously though only occasionally with longer runs. From time to time samples were taken, washed free of electrolytes, dried and the relative proportions of lepidocrocite and goethite were determined by quantitative X-ray diffractometry using a technique described earlier (15). For lepidocrocite the area of the (020) peak was chosen, for goethite the (130) and the (110) peak to minimise errors arising from sample alteration other than the lepidocrocite → goethite conversion (e.g. from oxide formation from hydrolysis of $FeSO_4$), or due to diffractometer sample preparation, the ratio between the lepidocrocite or goethite and the kaolinite (001) (L/K and G/K resp.) was chosen rather than the lepidocrocite or goethite peak alone.

Silica in solution was determined photometrically by the molybdenum blue method (2) and aluminium by atomic adsorption using N_2O as burning gas.

Results

Conversion in M KOH

To find out whether or not soil lepidocrocite behaves similarly to synthetic lepidocrocite the conversion was first studied in M KOH at 80 °C where synthetic lepidocrocite in a pure system can be converted within a few hours. Contrary to this the conversion of soil lepidocrocite is at least considerably slower. Since it has been shown earlier that silicate in solution drastically retards the conversion the same effect could be expected here since in hot KOH solution high amounts of Si are being dissolved from clay minerals. After 30 days the kaolinite of the sample has been completely dissolved. The data for the percentage degree of conversion given in Table 1 based on the (020) peak of lepidocrocite are only suitable for indicating the trend. Uncertainties arose from the observation that sometimes a decrease in lepidocrocite was not accompanied by a corresponding increase in goethite. This may be due to incorporation of Al into the goethite lattice (16) or to formation of new silicous phases containing iron.

As seen from the data in Table 1 the slower conversion of WS as compared to WC can at least partly be explained by a ligher Si concentration with WS. The influence of Si is even more pronounced in an experiment where fresh KOH has been added after 3 or 6 days. The Si in solution decreased markedly and the degree of conversion increased as compared to where the solution was not replaced. The retarding influence of Si on the transformation of synthetic lepidocrocites was due to interference during the nucleation of the goethite. The same effect was shown to be present in these natural systems, where, with roughly the same Si concentration in solution, the conversion proceeds much faster in a seeded system than in a non-seeded one (Tab. 1).

Table 1

Degree of conversion and Si in solution of soil lepidocrocite WS and WC in M KOH at 80 °C

	Seeding[1])	Length of time (days)	Si in soln. (ppm SiO_2)	Degree of conversion %
WS	—	5	830	0
	—	10	936	0
	—	14	820	0
	—	19	907	0
	—	50	876	80
	—	3—10[2])	207	0
	—	6—10[2])	131	0
	+	5	710	10
	+	10	948	25
	+	17	1190	40
	+	3—10[2])	89	95
WC	—	6	644	0
	—	10	660	0
	—	14	732	0
	—	31	870	40
	—	50	810	85
	—	3—10[2])	87	100
	—	6—10[2])	62	75
	+	5	672	45
	+	10	654	55
	+	17	768	80
	+	3—10[2])	89	95

[1]) Seeded with 15 % synthetic goethite.

[2]) KOH solution replaced by fresh solution after 3 and 6 days resp.

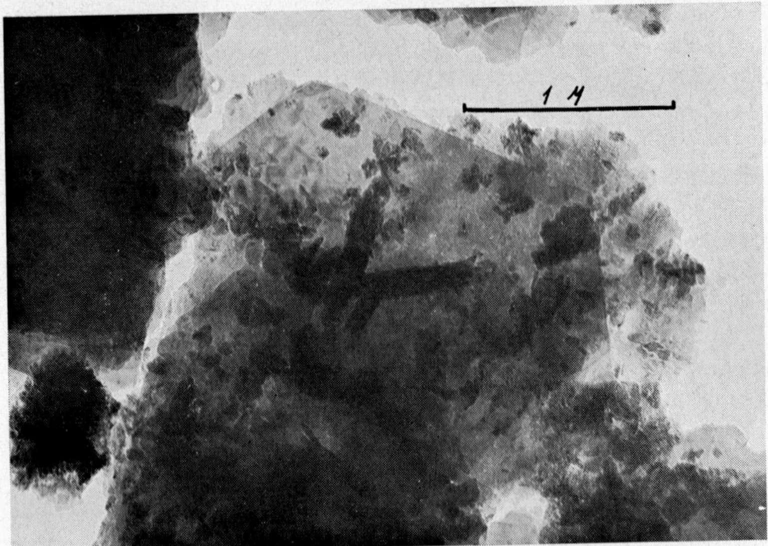

Figure 1a

Electronmicrographs of the clay fraction showing large layer silicate flakes and lath shaped lepidocrocite crystals on their surface

Figure 1b

Same sample after deferration with dithionite

Figure 1c

Synthetic lepidocrocite prepared by oxidation of $FeCl_2$ solution at pH 7. Surface area 63 m^2/g

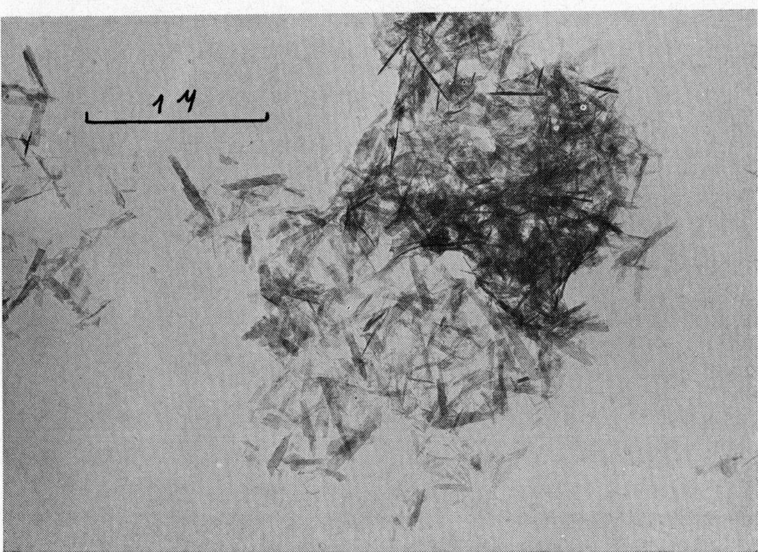

Figure 1d

Same as 1c but prepared at pH 5. Surface area 135 m^2/g

Conversion in Fe(II) solutions

Since no conversion takes place in H_2O and since the conversion in M KOH is far from any natural system it was tried to convert the lepidocrocite in Fe(II) salt solutions which is a closer approach to natural conditions. This follows earlier results of various authors.

In the first experiment the conversion was studied in 0.1 and 0.025 M $FeSO_4$ at 80 °C in closed bottles. The initial pH of those solutions is 2.96 and 3.25 respectively. Due to oxidation and hydrolysis of some Fe the pH dropped after 7 days to 1.50 and 1.95 respectively, the main drop occuring during the first two days. The pH was not re-adjusted.

Figure 1e shows an electron micrograph of goethite formed in the presence of 0.1 M $FeSO_4$ solution. The conversion rate at the lower Fe^{2+} concentration is considerably lower. Thus, for WC the half conversion time $[(L/K)_t/(L/K)_o = 0.5]$ is about 3 days at 0.1 M and 12 days at 0.025 M $FeSO_4$ [$(L/K)_t$ and $(L/K)_o$ is the intensity ratio L/K at time t and at time $t = 0$].

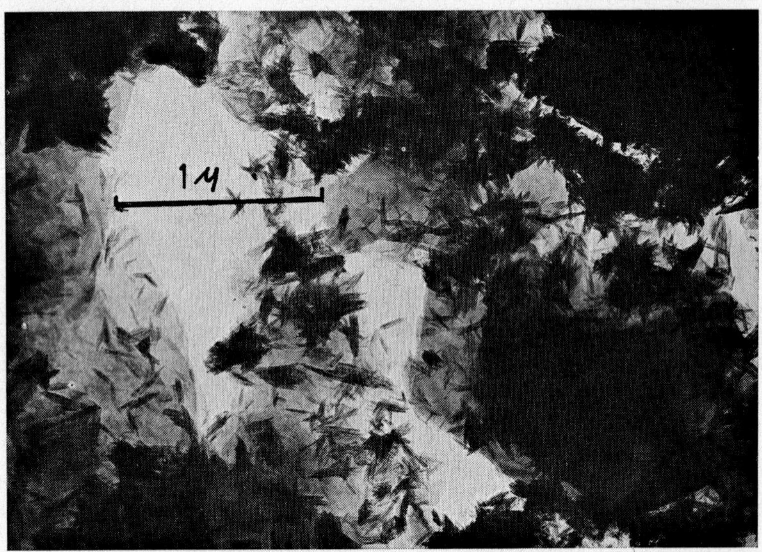

Figure 1e
Goethite formed from soil lepidocrocite in 0.1 M $FeSO_4$ solution at 80 °C after 160 h

There is no measurable conversion in 0.1 M $FeCl_2$ solution after 7 days at 80 °C where complete conversion has taken place in $FeSO_4$. This indicates the high and so far unexplained stabilizing effect of chloride on lepidocrocite as found by *Feitknecht* (6). In further approaching natural conditions the experiments was conducted at room temperature in 0.5, 0.1, 0.025 and 0.005 M $FeSO_4$. The pH after 60 days dropped to between 2.15 and 2.64 respectively. After this time no measurable conversion has taken place even in 0.5 M solution.

In order to prove whether or not the low pH was responsible for this negative result two further series in 0.5 M $FeSO_4$ were run in which the samples were adjusted to pH 6 and 3 at the beginning. Inspite of running this experiment under N_2 a pH drop could not be avoided (pH 2.3—2.8). However, whereas in the run with an initial pH of 3 there was no conversion after 53 days the samples of the pH 6 run showed about 60 % conversion after 33 days and complete conversion after 53 days.

To further investigate the influence of pH, a series in 0.5 M $FeSO_4$ at 20 °C with pH of 4.5, 6, 7 and 8 was run at room temperature in which the pH was readjusted from time to time with dilute NH_4OH. At pH 7 and 8 the lepidocrocite was completely dissolved without any geothite formation. The clay was almost bleached and contained some black material which easily oxidized on exposure to air. This indicates that under these conditions part of the ferric iron of lepidocrocite is being reduced forming dark (Fe(II, III) hydroxides (6) or hydroxy magnetite $[Fe_3(OH)_8]$ in accordance with the stability relationship of these phases at high pH and low E_h (8).

The conversion at pH 4.5 and 6.0 is shown in Figure 2a and b using the lepidocrocite/kaolin (L/K) or the goethite/kaolin (G/K) ratio respectively. At pH 6 where the conversion was followed to completion, the experimental data showed that the reaction followed reasonably closely first order kinetics, fitting an equation of the following type: $\ln(L/K)_t = \ln(L/K)_o - kt$ for the lepidocrocite and $\ln(G/K)_f - (G/K)_t = \ln(G/K)_f - kt$ for the goethite.

This indicates that the residual concentration of lepidocrocite or its rate of dissolution respectively is most likely rate determining.

The difference is pH is again obvious. The reaction proceeds much faster at pH 6 than at pH 4.5 (Fig. 2a and b).

Finally, in an experiment at 70 °C the influence of Fe^{2+} concentration was investigated in closed bottles. As seen from Figure 3 the lepidocrocite seems to convert under these conditions with a constant rate over most of the conversion. Furthermore, whereas in 0.1 and 0.03 M $FeSO_4$ solution the conversion was completed after 400 hrs it has just began in 0.01 M and not yet started in 0.003 M solution. A plot of the rate constant obtained from these linear curves against log of initial $[Fe^{2+}]$ yields a linear relationship ($r = 0.94$) showing that below a certain Fe^{2+} concentration the conversion rate may be almost zero.

Discussion

From earlier experiments with synthetic lepidocrocites, and from the reasonable fit of the present data to a zero or first order reaction it may be concluded that under these conditions the dissolution rate of lepidocrocite is the rate determining factor of the over all conversion reaction rather than the nucleation rate of goethite (15). The latter would be more important in pure systems (= free of goethite) and under condition of high solubility of lepidocrocite (e. g. M KOH at 80 °C). The two soil samples, however, both contain sufficient amounts of goethite, although small, to facilitate goethite crystal growth.

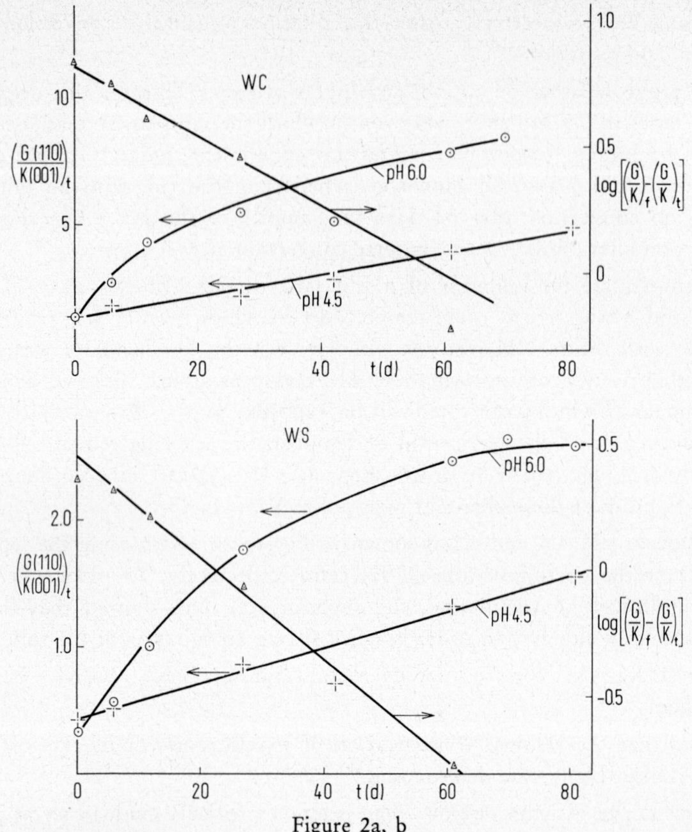

Figure 2a, b

Normal and log plot (pH 6) of goethite concentration formed with time from soil lepidocrocite WC (2a) and WS (2b) in 0.5 M $FeSO_4$ at room temperature and at pH 6 and pH 4.5 respectively

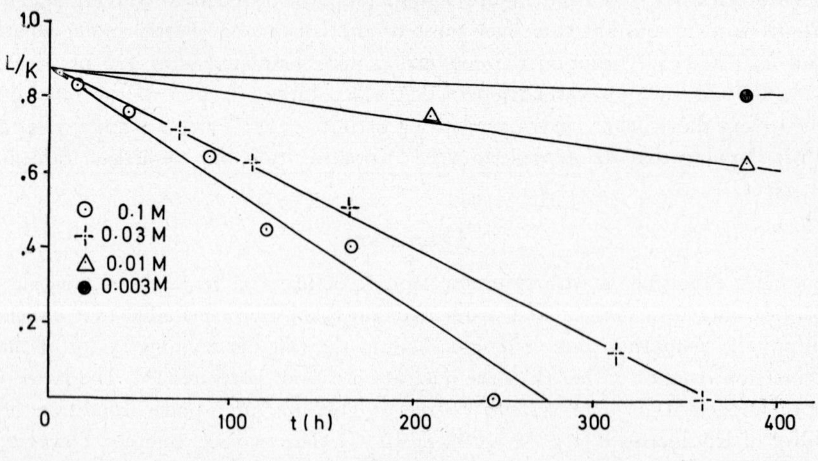

Figure 3

Decrease of lepidocrocite WS with time in 0.1, 0.03, 0.01 and 0.003 M $FeSO_4$ solution at 70 °C

The effect of ferrous iron in inducing the conversion must therefore be viewed from its ability to increase the dissolution rate of the lepidocrocite. A similar effect has been shown by *Lieser* and *Schroeder* (11) with ferric sulphate, the dissolution rate of which was found to increase with the square root of the ferrous iron concentration. *Fischer* (7) during this conference presents further data to support this theory showing that the dissolution of amorphous ferric hydroxide in oxalate solution and its conversion to goethite is also considerably accellerated by ferrous iron and the same relation between Fe^{2+} concentration and reaction rate has been found.

The influence of pH on the dissolution rate may be explained in the same way as proposed by *Lieser* et al. (11) as well as by *Fischer* (7). To accellerate the dissolution of the ferric compound the Fe^{2+} ions have to be adsorbed. Since at low pH the hydroxide is positively charged the adsorption will be low. The higher the pH the more ferrous iron will be adsorbed. *Fischer* (7) found a maximum in dissolution rate at pH 6.5, above which the Fe^{2+} might be inactivated by oxidation. As mentioned previously pH values of 7 and above can not be investigated at high Fe concentration due to secondary reactions.

With regard to Fe concentration, *Fischer*'s experiments have shown that an accellerating effect only starts above a certain Fe^{2+} concentration which amounted to about 10 ppm Fe^{2+} in his experiments. Principally the same appears to be the case here although the minimum concentration seems to be higher. This may be due to a lower solubility of lepidocrocite as compared to amorphous ferric hydroxide. Further experiments are neccessary to proove these results.

From this it is concluded that the high apparent stability of lepidocrocite in soils is mainly caused by its low solubility and low dissolution rate. The ferrous iron concentration although quite measurable in many hydromorphic soils is not sufficiently high to noticeably increase this dissolution rate. Since in most of the lepidocrocitic soils at least small amounts of goethite are also present the systems are nucleated so that the nucleation rate can hardly be rate limiting. For the same reason silica in solution which in concentrations found in soils can effectively retard goethite nucleation cannot explain the apparent inhibition of the lepidocrocite → goethite conversion.

References

1. *Ahmad, N.* et al.: Soil Sci. **96**, 162 (1963).
2. *Boltz, D. F.*, and *Mellon, M. G.:* Anal. Chem. **19**, 873 (1947).
3. *Brown, G.:* J. Soil Sci. **4**, 220 (1953).
4. *Blume, H. P.:* Arb. Univ. Hohenheim **42** (1968).
5. *Douglas, L. A.:* Soil Sci. Soc. Amer. Proc. **29**, 163 (1965).
6. *Feitknecht, W.:* Z. Elektrochem. **63**, 34 (1959).
7. *Fischer, W.:* This volume (1971).
8. *Garrels, R. M.*, and *Christ, Cl. L.:* Solutions, minerals and equilibria. New York (1965).
9. *Iwasa, Y.:* Bull. Nat. Inst. Agric. Sci. (Japan) **B**, No. 15, 188 (1965).
10. *Kojima, M.*, and *Kawaguchi, K.:* Soil Sci. Plant Nutr. **15**, 48 (1969).
11. *Lieser, K. H.*, and *Schroeder, H.:* Z. Elektrochem. **64**, 252 (1959).

12. *Marel, van der, H. W.:* J. Sed. Petr. **21**, 12 (1951).
13. *Nicolls, K. D.:* Dolerite Symp. Univ. Tasm. 1957 (1958).
14. *Schwertmann, U.:* N. Jb. Min. **3**, 67 (1959).
15. *Schwertmann, U.,* and *Taylor, R. M.:* in preparation (1972 a, b).
16. *Taylor, R. M.,* and *Norrish, K.:* J. Soil Sci. **12**, 294 (1961).
17 *Zezschwitz, E. v.:* Fortschr. Geol. Rheinld. u. Westf. **17**, 399 (1970).

Summary

Lepidocrocite a common iron oxide in hydromorphic soils is unstable with regard to its polymorph goethite. A soil lepidocrocite from Tasmania was converted to goethite in the laboratory. The conversion proceeds via solution. In MKOH it is retarded by silica. In $FeSO_4$ solution the conversion is completed at room temperature, pH 6 and under a Fe^{2+} concentration of 0.5 M in about 70 to 80 days. At room temperature it follows a first order type of reaction whereas at 70—80 °C the conversion rate is almost constant. At lower pH and lower Fe^{2+} concentration the conversion is much slower. No conversion takes place in $FeCl_2$ solution.

It is concluded that the low solubility and/or dissolution rate under soil conditions is responsible for the relative stability of lepidocrocite in soils.

Résumé

La lepidocrocite, qui se trouve souvent dans des sols hydromorphes est métastable par rapport à gœthite. Une lepidocrocite d'un sol de la Tasmanie a été transformée expérimentalement en gœthite. La transformation se produit à l'aide d'une solution. Dans le MKOH elle est retardée par les hautes concentrations de Si dans la solution. Dans des solutions de $FeSO_4$ elle se produit aussi sans difficultés à une température de chambre, et dans la domaine de pH 2–6 d'autant plus vite, que le pH et la concentration du Fe^{2+} sont plus hautes. La réaction se déroule à une température de chambre avec une vitesse décroissante (premier ordre), à une température de 70–80 °C elle se déroule avec une vitesse à peu près constante. En présence de $FeCl_2$ la transformation est complètement bloquée par Cl^-. On conclut alors, que la stabilité relative de la lepidocrocite dans les sols doit être attribuée à sa faible solubilité ou, au moins, à sa faible vitesse de dissolution.

Zusammenfassung

Der in hydromorphen Böden häufig auftretende Lepidokrokit ist metastabil gegenüber Goethit. Ein Boden-Lepidokrokit aus Tasmanien wurde experimentell in Goethit umgewandelt. Die Umwandlung erfolgt über die Lösung. In MKOH wird sie durch hohe Si-Konzentrationen in der Lösung verzögert. In $FeSO_4$-Lösungen erfolgt sie auch bei Zimmertemperatur glatt, und zwar im pH-Bereich 2—6 um so schneller, je höher pH und Fe^{2+}-Konzentration sind. Die Reaktion verläuft bei Zimmertemperatur mit abnehmender (1. Ordnung), bei 70—80° mit annähernd konstanter Geschwindigkeit. In $FeCl_2$ ist die Umwandlung durch Cl^- völlig blockiert. Es wird gefolgert, daß die relative Stabilität des Lepidokrokits in Böden dessen geringer Löslichkeit und/oder Lösungsgeschwindigkeit zuzuschreiben ist.

Einfluß des Fichtenreinanbaus auf die Eisen- und Mangandynamik eines Lößlehm-Pseudogleys

Von *G. Miehlich* und *H. W. Zöttl* *)

Problemstellung

Durch vergleichende Untersuchung in einem Fichtenbestand zweiter Generation und einem naturnahen Eichen/Buchenwald wurden die Auswirkungen von 120 Jahren Fichtenreinanbau auf die Eigenschaften eines Pseudogleys erfaßt. Das ausgewählte Standortspaar liegt im Bayerischen Alpenvorland auf Hochterrasse (Riß) mit 4–5 m Würmlöß-Überlagerung. Der rezente Pseudogley zeigt Merkmale einer früheren Parabraunerdephase.

Der Vergleich ist möglich, da die Waldgeschichte der Bestände bekannt ist und primäre Unterschiede innerhalb des Ausgangsmaterials im Verhältnis zu den Veränderungen durch den Fichtenreinanbau sehr gering sind (10).

Hier wird der Einfluß des Fichtenreinanbaus auf die Gesamtgehalte und oxidischen Fraktionen von Eisen und Mangan sowie die Konkretionsbildung geschildert. Die Veränderungen weiterer Bodeneigenschaften wie Porengrößenverteilung und Nährelementvorräte sind *Miehlich* (11) zu entnehmen.

Methoden

Die Probenahme erfolgte auf unmittelbar nebeneinander liegenden Flächen von 30 × 40 m (im folgenden „Eiche/Buche" und „Fichte" genannt) an je 12 Profilen für 5 Horizonte (A_{h1}, A_{h2}, S_{w1}, S_{w2}, S_{d1}) bis 0,9 m Tiefe.

Die Proben wurden entsprechend Abb. 1 aufgetrennt. So ließen sich bei vergleichbarer Behandlung der einzelnen Anteile die Körnungsfraktionen Skelett, Feinerde und 0,2–2 mm gewinnen. Gesamteisen (Fe_t) und Gesamtmangan (Mn_t) wurden aus der staubfein gemahlenen Feinerde im $HF–HClO_4$-Aufschluß nach *Jackson* (5) ermittelt. Durch Extraktion mit Na-Dithionit-Citrat (14) wurden die „freien Eisenoxide" (Fe_d) (15) und das dithionitlösliche Mangan (Mn_d) erfaßt. Die Extraktion mit Oxalsäure/Oxalat ermöglicht die Bestimmung des amorphen, organisch gebundenen und gelösten Eisens (Fe_o). Die Fe-Analyse erfolgte nach *Koutler* und *Anderson* (6) mit Sulfosalycilsäure, die Manganbestimmung nach *Gottschalk* (4).

Alle Angaben sind auf humusfreie Feinerde bezogen. Definitionsgemäß ist Feinerde gleich dem Anteil der Korngrößen < 2 mm. In Pseudogleyen treten nun pedogene Konkretionen auf, die häufig größer als 2 mm sind. Zur vollständigen Erfassung von konkretionärem Eisen und Mangan wurden daher auch Fe_d, Fe_o und Mn_d der Teilchen > 2 mm bestimmt und zu Fe_t, Fe_d, Mn_t und Mn_d der Feinerde und der Konkretionsfraktion hinzugerechnet. Hierdurch ergibt sich eine Erhöhung um 2–10 %.

Aus dem Gewichtsanteil der Korngrößenfraktion (in ‰ der Feinerde) und dem Gehalt dieser Fraktion an Fe_d (in ‰) kann nach der Formel (Gew‰ der Fraktion × Gew‰ Fe_d der Fraktion) : 1000

*) Ordinariat für Bodenkunde der Universität Hamburg, 2057 Reinbek, BRD

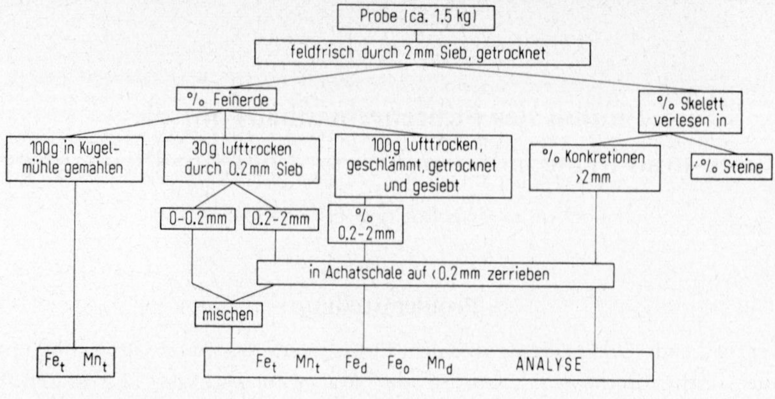

Abbildung 1

Auftrennung in Korngrößenfraktionen zur Eisen- und Mangananalyse

berechnet werden welcher Anteil des Fe_d (‰ der Feinerde) in der jeweiligen Korngrößenfraktion gebunden ist. Dieser Anteil kann außerdem in % des Fe_d der Feinerde ausgedrückt werden. In gleicher Weise werden Fe_o und Mn_d umgerechnet.

Ergebnisse und Diskussion

Eisen- und Mangangehalte der Feinerde

Die Tiefenfunktionen der Eisenfraktionen (Abb. 2a) zeigen, daß die Grundzüge der Eisenverteilung bereits während der Parabraunerdephase geschaffen wurden (2). Die Pseudovergleyung bewirkt dann eine überwiegend horizontal kleinräumliche Differenzierung. Bei Probenahme als Horizontproben von ca. 1,5 l Volumen läßt sich diese Differenzierung nicht erkennen. Trennt man dagegen im S_{w2} die grauen und braunen Zonen, so ergeben sich beträchtliche Unterschiede im Fe_t (22 ‰ zu 35 ‰) und Fe_d (11 ‰ zu 17 ‰). Das Fe_o zeigt hingegen kaum Unterschiede zwischen den aufgetrennten Proben (5,5 ‰ zu 4,5 ‰). 60–85 % des Mn_t sind dithionitlöslich (Abb. 2b). Betrachtet man zunächst nur die Tiefenfunktion unter Laubwald, so nehmen Mn_t und etwas ausgeprägter Mn_d vom A_{h1} zum S_{d1} ab. Im Gegensatz zum Eisen zeigt das Mangan keine Beziehung zum Tongehalt. Es wird wegen seiner leichteren Reduzierbarkeit über die Pflanzen im Oberboden angereichert.

Alle Eisenfraktionen zeigen nur geringe Unterschiede zwischen den Vergleichsstandorten. Im A_{h1} ist das Fe_t unter Fichte um absolut ca. 2 ‰ geringer, während bei nahezu gleichen Fe_d-Gehalten das Fe_o ca. 1 ‰ höher ist (Abb. 2a). Bei tieferem pH-Wert (A_{h1}: Fi 3,2; Ei/Bu 3,6) und höherem Humusgehalt (A_{h1}: Fi 15 %; Ei/Bu 8 %) geht in Feuchtzeiten mehr Eisen in Lösung (12,9); gleichzeitig ist die Kristallisation bei höheren Humusgehalten verzögert. Hierdurch erhöht sich der Anteil an Fe_o unter Fichte. Dieser Vorgang ist offenbar bedeutsamer als die höhere Fe-Mobilisierungsrate in Eluaten von Blattstreu gegenüber Nadelstreu (8). Man kann den Befund – Abnahme von Fe_t bei höherem Gehalt an Fe_o – als beginnende Naßbleichung im A_{h1} deuten. Der A_{h2}-Horizont zeigt die Verhältnisse des A_{hh1} in abgeschwächter Form.

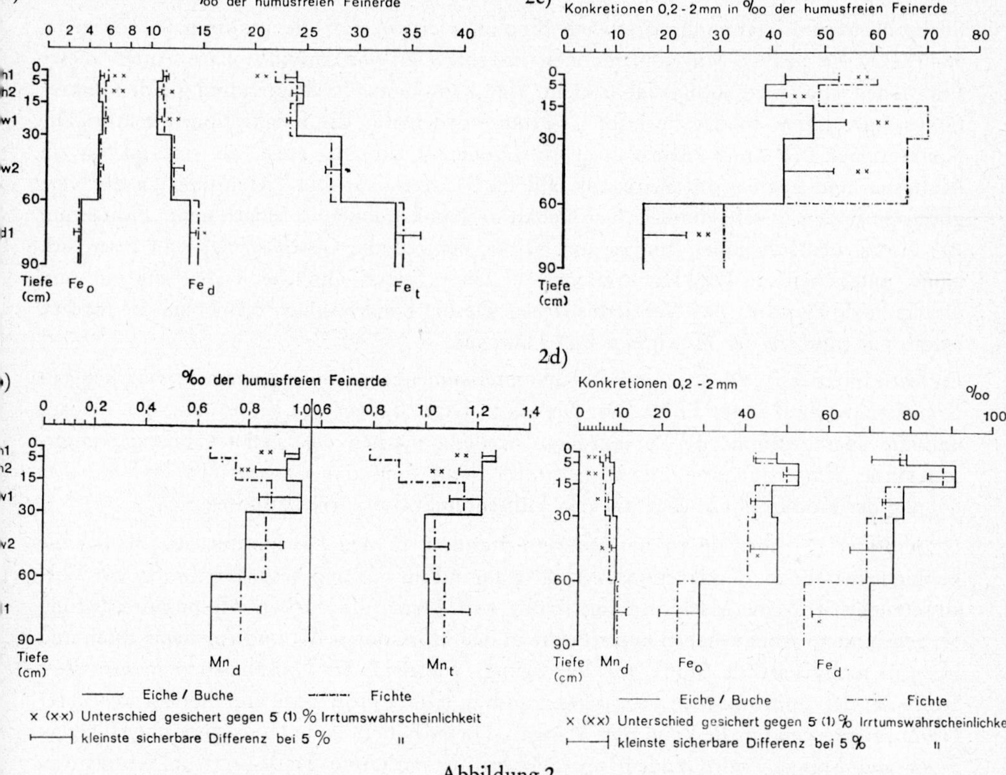

Abbildung 2

Gehalt der humusfreien Feinerde an Fe_o, Fe_d und Fe_t (a), Mn_d und Mn_t (b), Konkretionen 0,2–2 mm (c) und Gehalt der Konkretionen an Fe_o, Fe_d und Mn_d (d)

Im Gegensatz zum Eisen werden Mn_t und Mn_d sehr stark durch den Fichtenreinanbau beeinflußt. Im A_{h1} finden sich unter Fichte nur noch ca. 60 % des Mangans unter Eiche/Buche (Abb. 2 b). Im A_{h2} und S_{w2} werden die Unterschiede zunehmend geringer, während sich im S_{w2} und S_{d1} eine Anreicherung unter Fichte zeigt, die jedoch nicht signifikant ist.

Der biologischen Anreicherung des Mangans im Oberboden unter Eiche/Buche steht unter Fichte eine deutliche Verarmung entgegen. Mangan, das bereits bei höheren Redoxpotentialen reduziert wird, reagiert stärker als das Eisen auf die Erniedrigung von pH-Wert und Redoxpotential im Oberboden unter Fichte. Da angenommen werden muß, daß diese Veränderungen innerhalb von 120 Jahren abgelaufen sind, muß bei der Interpretation von Tiefenfunktionen des Mangans zur Kennzeichnung bodenbildender Prozesse berücksichtigt werden, daß bereits ein Vegetationswechsel starke Veränderungen der Mangantiefenfunktion auslösen kann.

Absolut gesehen ist die Verarmung des Oberbodens an Mn_t größer als an Mn_d. Dies ist möglicherweise darauf zurückzuführen, daß es unter Fichte gleichzeitig mit einer erhöhten Lösung des Mangans zu einer verstärkten Konkretionsbildung kam, bei der Mn_d relativ zum Verlust an Mn_t angereichert wurde.

Gehalt der Feinerde an Konkretionen > 0,2 mm

Stichprobenweise Trennung unter dem Binokular ergab, daß die Fraktion 0,2–2 mm zu 96–99 Gew.% aus Fe-Mn-Konkretionen besteht. Der nichtkonkretionäre Anteil dieser Fraktionen ist also vernachlässigbar klein. Man kann daher Fraktionsanteil gleich Konkretionsmenge setzen. In der Fraktion > 2 mm wurden nur die Konkretionen erfaßt. Die Konkretionen 0,2–2 mm (Abb. 2 c) nehmen vom A_{h1} zum A_{h2} etwas ab, sind im S_{w1} am häufigsten und nehmen im S_{w2} etwas und im S_{d1} stark ab. Die Tiefenfunktion der verglichenen Böden ist sehr ähnlich. Der Gehalt an Konkretionen ist jedoch unter Fichte vom A_{h1} bis S_{d1} deutlich höher (im S_{w1} um 50 %), obwohl die Gesamtmengen an Eisen sich kaum unterscheiden. Die Konkretionen > 2 mm zeigen ähnliche Tiefenfunktion und Unterschiede zwischen den Vergleichsflächen wie die Konkretionen 0,2–2 mm. Sie machen jedoch nur rund 1/10 der Fraktionen 0,2–2 mm aus.

Einheitlichkeitstest (10) und ähnliche Gesamteisenmengen schließen einen primär höheren Konkretionsgehalt unter Fichte aus. Die ebene Lage, die geringe Entfernung der Flächen und die übereinstimmende Porengrößenverteilung machen eine geländeabhängig unterschiedliche Wasserdynamik unwahrscheinlich. Man muß daher annehmen, daß die Erhöhung der Konkretionsmenge auf den Fichtenreinanbau zurückzuführen ist.

Nach *Blume* (2) überwiegen bei unserem Standort in den Horizonten A_{h1} bis S_{w1} die Bedingungen für die Konkretionsbildung, während im S_{w2} und besonders im S_{d1} die Voraussetzungen für eine Marmorierung erfüllt sind. Durch die stärkere Humusanreicherung bei gehemmtem Abbau stehen unter Fichte in den Horizonten A_{h1} und A_{h2} mehr Eisen und Mangan mobilisierende Stoffe zur Verfügung. Während der Naßphasen wandern diese Stoffe mit der eindringenden Feuchtigkeit auch in tiefere Horizonte und mobilisieren unter Fichte entsprechend mehr Eisen und Mangan. Dieser höhere Anteil an wanderungsfähigem Eisen und Mangan wird zudem unter Fichte in stärkerem Maße in Konkretionsform akkumuliert, da dort stärkere Austrocknung erfolgt (11).

Eisen- und Mangangehalt der Konkretionen > 0,2 mm

Der dithionitlösliche Anteil des Eisengehalts der Konkretionen beträgt durchschnittlich 86 %; das Mangan der Konkretionen ist nahezu vollständig dithionitlöslich.

Die Gehalte an Fe_d und Fe_o sind, mit einem Maximum im A_{h2}, von A_{h1} zum S_{w2} etwa gleich und nehmen im S_{d1} deutlich ab, während der Gehalt an Mn_d zum Unterboden leicht ansteigt (Abb. 2 d). Die Veränderungen unter Fichte beschränken sich auf die deutliche Erniedrigung der Mn_d-Gehalte der Konkretionen des Oberbodens. Wir werten diesen im Vergleich zum Eisen sehr großen Unterschied als Hinweis auf das sehr geringe Alter eines Teils der Konkretionen.

Anteil des in Konkretionen > 0,2 mm gebundenen Eisens und Mangans

Die Akkumulation von Fe_d in Konkretionen beträgt für die Horizonte A_{h1} bis S_{w2} zwischen 3,5 ‰ und 6 ‰; das sind 30–50 % des Fe_d der Feinerde (Abb. 3 a und 3 d). Im S_{d1} nimmt der konkretionäre Fe_d-Anteil stark ab.

Unter Fichte liegt in den Horizonten A_{h1} bis S_{d1} deutlich mehr Fe_d konkretionär vor. Dies entspricht den höheren Konkretionsgehalten dieser Horizonte unter Fichte. Die Differenz zwischen „Eiche/Buche" und „Fichte" beträgt ca. 2 ‰, was relativ einer Erhöhung von

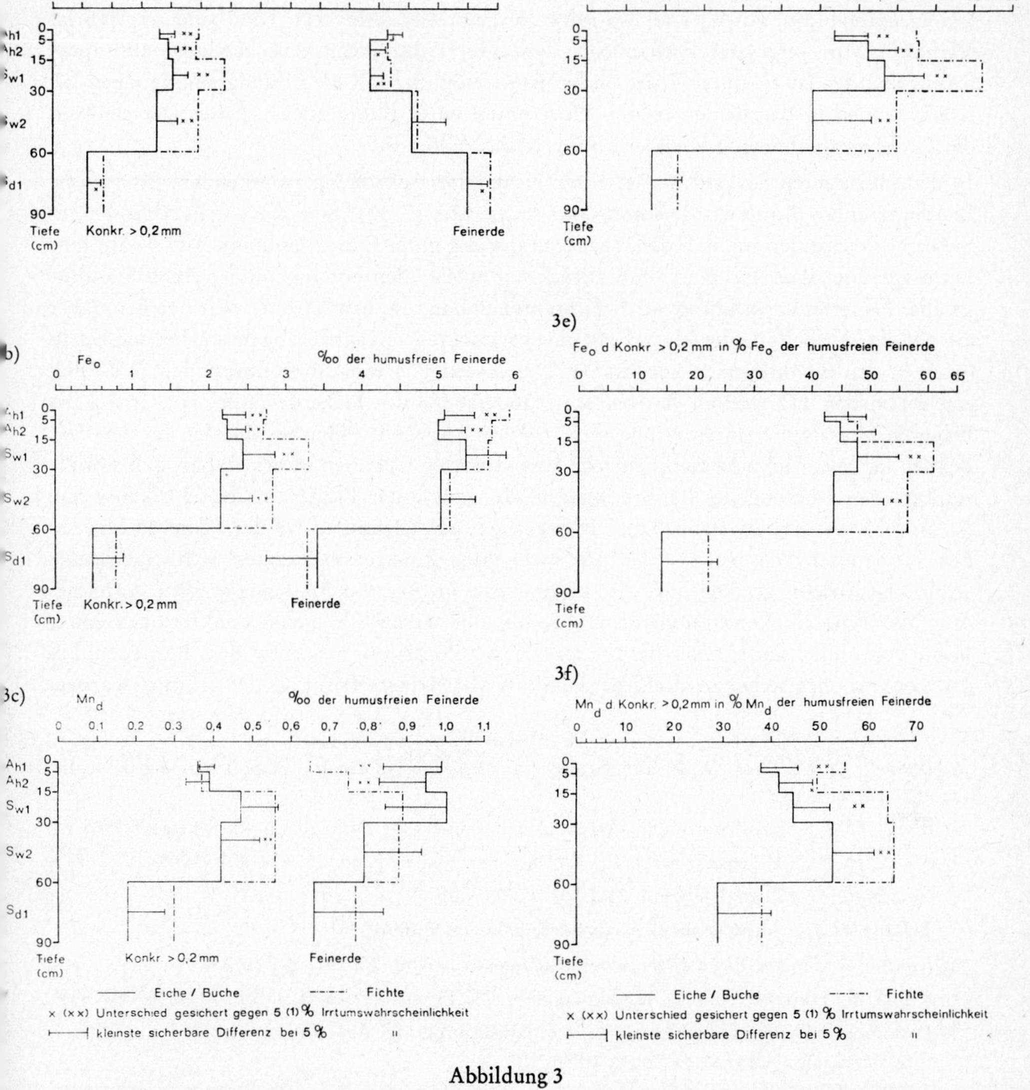

Abbildung 3

Konkretionsgebundene und Gesamtgehalte in ‰ an Fe_d (a), Fe_o (b) und Mn_d (c) sowie konkretionsgebundene Gehalte in % der Gesamtgehalte bei Fe_d (d), Fe_o (e) und Mn_d (f)

38 % auf 51 % des Fe_d der Feinerde entspricht. Der Unterschied im S_{d1} ist gering und prozentual zum höheren Fe_d-Gehalt unter Fichte nicht signifikant.

Ebenso wie Fe_d ist auch Fe_o im S_{w1} am stärksten, und im S_{d1} am geringsten in Konkretionsform gebunden (Abb. 3 b). Im Vergleich zu Fe_d ist Fe_o in % des Fe_o der Feinerde mit 42–61 % (A_{h1} bis S_{w2}) stärker in Konkretionen angereichert (Abb. 3 e). Absolut gesehen ist Fe_o (Abb. 3 b) – wie Fe_d – in den Horizonten A_{h1} bis S_{w2} unter Fichte deutlich stärker in Konkretionsform angereichert. Prozentual zum Gehalt der Feinerde an Fe_o ist die Festlegung unter Fichte im A_{h1} und A_{h2} jedoch nicht größer (Abb. 3 e). Dies bedeutet, daß im Verhältnis zum insgesamt vorhandenen Fe_o unter Fichte nicht mehr Fe_o in Konkretionsform gebunden ist als unter Eiche/Buche. Es ist möglich, daß die Bildungsbedingungen für Konkretionen in den beiden oberen Horizonten unter Fichte etwas ungünstiger sind, da das Grobporenvolumen gegenüber „Eiche/Buche" höher ist.

In den Horizonten S_{w1} und S_{w2} ist unter Fichte eine Aufhellung zu erkennen. Eine solche Bleichung unter Fichte wurde schon öfter beobachtet (7, 13). *Krauß* u. a. (7) schlossen aus dieser Farbveränderung, daß die Pseudovergleyung unter Fichte zunimmt, was sie auf eine Dichtlagerung unter Fichteneinfluß zurückführen. Für den von uns untersuchten Standort ist aber keinerlei Verdichtung durch Fichtenreinanbau festzustellen (11). Wir nehmen daher an, daß die Aufhellung der Matrix auf eine verstärkte Konzentrierung der färbenden Eisenoxide in den Konkretionen zurückgeht. Der Anteil von Mn_d in Konkretionen > 0,2 mm erreicht in den Horizonten A_{h1} bis S_{w2} 0,36–0,56 ‰ der Feinerde (Abb. 3 c). In % des Feinerde-Mn_d ist die Anreicherung mit 37–65 % (Abb. 3 f) höher als die des Fe_o und Fe_d. Bei den in ‰ der humusfreien Feinerde ausgedrückten Gehalten ist erkennbar, daß sich die stärkere Anreicherung des konkretionären Mangans unter Fichte auf die Horizonte S_{w1}, S_{w2} und S_{d1} beschränkt (Abb. 3 c). Hingegen ist, ausgedrückt in % des Feinerde-Mn_d, in den Horizonten A_{h1} bis S_{w2} deutlich mehr Mn_d konkretionär unter Fichte gebunden (Abb. 3 f). Absolut gesehen liegt also unter Fichte im A_{h1} und A_{h2} keine erhöhte Anreicherung des Mn_d in Konkretionsform vor, obwohl wesentlich mehr Konkretionen unter Fichte vorhanden sind. Dieser Befund ist nur so zu erklären, daß unter dem Fichteneinfluß die Konkretionen teilweise mobilisiert und als Mn_d-ärmere Form wieder gebildet wurden.

Literatur

1. *Bidwell, O. W., Gier, D. A.,* and *Cipra, J. E.:* 9th Intern. Congr. of Soil Sci., Adelaide **IV**, 683–692, (1968).
2. *Blume, H.-P.:* Stauwasserböden. Arbeiten der Universität Hohenheim **42**, Stuttgart 1968.
3. *Blume, H.-P.,* and *Schwertmann, U.:* Soil Sci. Soc. Amer. Proc. **33**, 438–444 (1969).
4. *Gottschalk, G.:* Z. anal. Chemie **212**, 303–317 (1966).
5. *Jackson, M. L.:* Soil Chemical Analysis. Engelwood Cliffs 1958.
6. *Koutler-Andersson, E.:* Kungl. Lantbrukshögskolan Ann. **20**, 297–301 (1953).
7. *Krauß, G., Härtel, F., Müller, K.* und *Gärtner, G.:* Tharandter Forst. Jahrb. **90**, 483–709 (1939).
8. *Lossaint, P.:* Etude expérimentale de la mobilisation du fer des sols sous l'influence des litières forestières. Diss. Univ. Strasbourg 1959.
9. *Meek, B. D., Mackenzie, A. J.,* and *Grass, L. B.:* Soil Sci. Soc. Amer. Proc. **32**, 634–638 (1968).
10. *Miehlich, G.:* Veränderung eines Lößlehm-Pseudogleys durch Fichenreinanbau. Diss. Univ. Hamburg 1970.
11. *Miehlich, G.:* Forstw. Cbl. 1971, im Druck.
12. *Muir, J.W., Logan, J.,* and *Brown, C. J.:* Soil Sci. **15**, 226–237 (1964).
13. *Schlenker, G.* u. a.: Mitt. Ver. Forst. Standortskunde u. Forstpflanzenzüchtung **19**, 71–114 (1969).
14. *Schlichting, E.,* und *Blume, H.-P.:* Bodenkundliches Praktikum. Hamburg-Berlin 1966.
15. *Schwertmann, U.:* Z. Pflanzenern. Düng. Bodenk. **84**, 194–204 (1959).

Zusammenfassung

Gesamteisen, dithionitlösliches und oxalatlösliches Eisen der Feinerde zeigen nur im A_{h1}-Horizont Unterschiede zwischen „Eiche/Buche" und „Fichte". Die Werte für Gesamtmangan und dithionitlösliches Mangan liegen unter Fichte vom A_{h1} bis zum S_{w1} deutlich niedriger (maximal um 40 %). Der Gehalt an Konkretionen > 0,2 mm sowie der konkretionäre Anteil am dithionitlöslichen und oxalatlöslichen Eisen ist unter Fichte in den Horizonten A_{h1} bis S_{w2} deutlich höher. Dagegen ist die Erhöhung konkretionären Mangans auf die Horizonte S_{w1} und S_{w2} beschränkt, obwohl auch im A_{h1} und A_{h2} deutlich mehr Konkretionen vorhanden sind. Es wird angenommen, daß unter Fichte ein Teil der Konkretionen mobilisiert und in einer Mn_d-ärmeren Form wieder abgelagert wurde.

Summary

The contents of total Fe, dithionite soluble and oxalate soluble Fe in the fine earth differ only in the A_{h1}-horizons of soils under "oak/beech" and "spruce". The values for total Mn and dithionite soluble Mn under spruce are significantly lower from A_{h1} to S_{w1} (max. at 40 percent). The content of concretions > 0.2 mm as well as the concretionary portion of dithionite soluble and oxalate soluble Fe is markedly higher in the horizons A_{h1} to S_{w2} under spruce.

On the other hand the increase of concretionary manganese is restricted to the horizons S_{w1} and S_{w2}, although significantly more concretions are found in the A_{h1} and A_{h2}, too. It is presumed that part of the concretions have been mobilized under spruce and newly deposited in a Mn-poorer form.

Résumé

Les valeurs du fer total et du fer soluble dans la dithionite et dans l'oxalate de la terre fine ne montrent de différences que dans l'horizon A_{h1} des profils « chêne/hêtre » et « épicéa ». Les valeurs du manganèse total et du manganèse soluble dans la dithionite sont nettement inférieures sous l'épicéa entre A_{h1} et S_{w1} (maximum environ 40 %). La teneur en concrétions > 0,2 mm, ainsi que la partie du fer soluble dans la dithionite et dans l'oxalate localisées dans les concrétions sont nettement supérieurs sous l'épicéa dans les horizons A_{h1} jusqu'à S_{w2}. Inversement, les valeurs élevès du manganèse des concrétions sont limitées aux horizons S_{w1} et S_{w2}, bien qu'il y ait nettement plus de concrétions dans les horizons A_{h1} et A_{h2}. On suppose que, sous l'épicéa, les concrétions ont été partiellement mobilisées et reprécipitées sous une forme moins riche en manganèse soluble dans la dithionite.

Diagnostic Characteristics of Iron-Manganese Concretions in some Pseudogleys in Yugoslavia

By *M. Ćirić* *) and *A. Škorić* **)

Introduction and Problems

Iron-manganese concretions, which are one of the characteristic morphological indications of pseudogley soils, occur in our pseudogleys very irregularly and in various ways. The accumulation zone of concretions is not always identical with that of actual gleyization, which means that the concretions are often of relict character, and their shape, chemical composition and the manner of occurence point to diverse conditions of their formation. This naturally brings forth the question of their actual diagnostic significance in our pseudogleys.

All the authors who have investigated the problem of concretions in soil, state that they indicate alternating wet and dry phases, which results in sudden changes of oxidizing and reducing conditions. Such contrasts in water regime occur due to the stagnation of surface waters in pseudogley or due to the fluctuation of ground water in meadow soils. The concretions which are indicators of these two types of water regime can be clearly distinguished since in the first case these are actual concretions (the concentric growth of newly-formed matter round the nucleus), and in the second case, the concretions are mainly secretions of iron-manganese gels in the cavities (3, 12).

The studies by *Ogleznjev* (7), *Mückenhausen* (6), *Makedonov* (5), and *Blume* (2) show that concretions might indicate the character and intensity of surface gleyization according to their extent of accumulation, shape, colour, and chemical composition. Consequently, the occurence of concretions reveals a certain geographic regularity. Thus, *Makedonov* (5) considers the hard concretions to be characteristic of the "podzol" – zone under a spruce forest, reaching their climax in the taiga and decreasing in their content going in the direction of tundra. The concretions in the tropical regions reveal different chemical and mineralogical properties if compared with the former (5, 8, 10).

The concretions which were formed under different conditions may be clearly distinguished by their morphology, mineralogical and chemical composition on which their classifications is mainly based (5, 12, 1, 7).

The existing studies of this problem undoubtedly point to the fact that on the basis of their morphology, chemical and mineralogical composition and the manner of occurence, certain conclusions can be drawn as to the conditions required for their formation i. e. generally speaking, the concretions have a considerable diagnostic value.

*) Šumarski fakultet, Sarajewo, Yugoslavia

**) Poljoprivredni fakultet, Zagreb, Yugoslavia

Method

A comparative study of concretions in the zone of actual gleyization (g-horizon) an in the deep fossil layers occurring in the same sediments, has been carried out. The total SiO_2, R_2O_3 and MnO have been determined gravimetrically, and Fe_2O_3 volumetrically (with $KMnO_4$). The mineralogical analysis of the concretions has been performed microscopically and by X-ray diffraction, DTA, and DTG methods.

Results and Discussion

1) Field observations

The observed pseudogleys were formed on diluvial loams in the southwest edge of the Pannonic basin. Below a normally developed pseudogley, there are several fossil layers with concretions. These concretions may be found in a normal distribution, in which case their concentration amounts to 2–10 % as it is in g-horizon, or they may be concentrated as a "stone line" amounting to 20–50 % of the total soil weight. The three fossil layers which have been most frequently met with are the following: I 130–180 cm, II 200–290 and III 400–450 cm, though the depths at which they occur vary greatly. There is no reliable dating estimate of these fossil layers. *Janeković* (4) considers that most probably they are interstages of the Würm glacial period, though more recent palinological investigations by *Šercelj* (9), carried out in the same area, reveal in these layers under the depth of 2 m the presence of pollen of some herbal species which are characteristic of the transition period from the Tertiary to Quaternary (villafranck). Particularly significant in this respect are Engelhardtia and Nyssa (characteristic tertiary herbal elements of swampy terrains which in our country occurred until the Günz glacial period, in the interstages of the Danube glaciation). Therefore, these could be very old Pleistocene layers, the proof of which is also the occurence of gibbsite in all the concretion samples taken from these layers. Similar pseudogleys on old terraces near Brežice are described by *Stritar* (11). He considers the presence of a high concentration of concretions, among which there are many red ones comparable to those in ferralitic soils, to be a relict phenomenon.

In the Sockovec brickworks near Tuzla on the base of an older diluvial terrace at a depth of more than 5 m, a red layer occurs with fragments of laterite crust and alveolar concretions. On the same level, but probably under poor drainage conditions, a layer of mottled clay with red concretions was formed. Considering its colour, the molecular $SiO_2 : R_2O_3$ ratio in the clay fraction (1.96) and the presence of laterite elements this could be a tertiary layer.

The concretions found between some fossil diluvial layers do not differ greatly. There is only a stronger tendency of cementation of single concretions into polyconcretions in deeper (older) layers as well as more frequent occurence of red concretions in them. However, this group of concretions shows a considerable difference from those found in the laterite layer and from the concretions in the layer of surface gleyization. The main features of the three characteristic groups are as follows.

2) Main properties of concretions

The Concretions in the recent pseudogley (g) mostly earthy and soft, ochre or rusty in colour, more than 5 mm in diameter (fig. 1). Somewhat harder and very small (up to

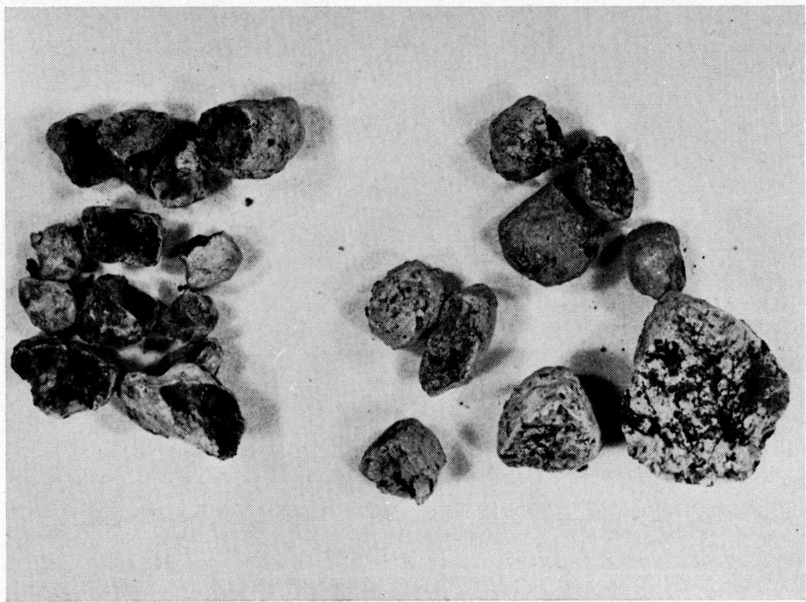

Figure 1
Concretions from the g-horizon of a pseudogley

2 mm), rusty-brown and round-shaped concretions occur more seldom. The chemical composition of concretions Table 1 of different size does not vary systematically. The ratio between Fe in concretions and in the whole soil varies mostly between 1.5–3.0. The respective ratio for manganese is considerably higher.

By X-ray diffraction has not been detected any crystalline iron or aluminium oxide mineral (except of the Pelagičevo sample where lepidocrocite may be present). The presence of minerals (quartz, illite, kaolinite, montmorillonite, chlorite, feldspar) is of little interest in this study.

The DTA and DTG analyses[1]) point to the presence of gibbsite (4–7 %), goethite (5–7 %), limonite (20 %) and other minerals (chlorite, hydromuscovite, kaolinite, montmorillonite).

The concretions in the fossil layers of diluvial sediments are of three different types: a) rich in iron, rusty yellow, less diagenized, 5–15 mm in size, b) rich in manganese, black and more concrete, 5–15 mm in size, c) reddish, hard and often magnetic, 2–5 mm in size. The rusty concretions are connected with the oxidizing microzones, the manganese concretions with the reduction microzones while the red ones are found more seldom and mainly in deeper layers, individually or as a consituent of polyconcretions (fig. 2).

Taken as a whole, these concretions are richer in iron and manganese, particularly the red and magnetic concretions (tab. 2).

---

[1]) X-ray, DTA and DTG – analyses carried out by *M. Würth*, *M. Turčec*, Institut za kemiju silikata Zagreb

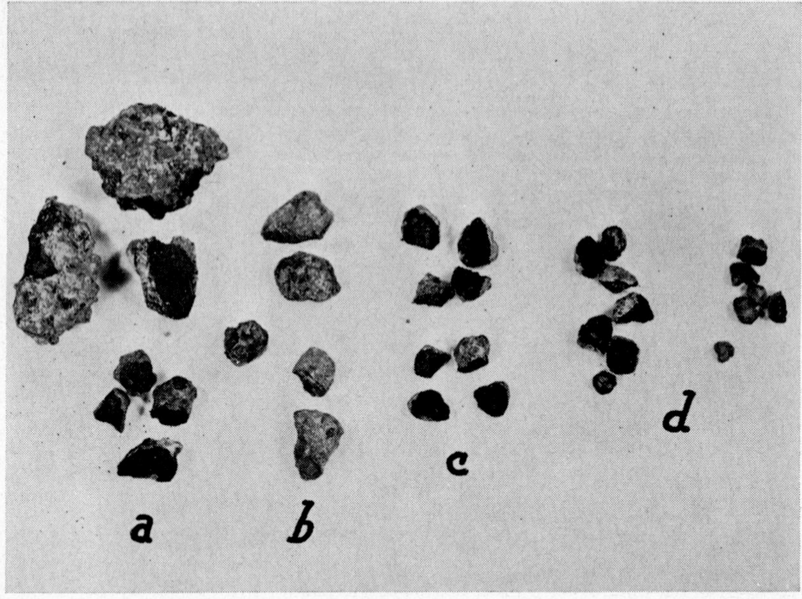

Figure 2

Concretions from the fossil layers of diluvial sediments: a – Polyconkretions, b – Rusty concretions, c – Black manganese concretions, d – Red magnetic concretions

Table 1

Chemical composition of the concretions from the g-horizon of pseudogleys (in per cent of ignited sample)

Sample and depth (cm)	Size of concret.	SiO_2	Fe_2O_3	Al_2O_3	MnO	Fe_2O_3 + MnO	Fe_2O_3 in soil	Con- centr. coeffi- cient	MnO in soil	Con- cen. coeffi- cient
Sočkovac *a* 20–40	10 mm	68.5	8.6	15.4	3.0	11.6		1.4		5.0
	5–10 mm	59.4	17.7	18.8	3.2	21.3	5.8	3.0	0.6	5.3
	1– 5 mm	66.1	10.8	15.1	2.2	13.0		1.9		3.6
Peragićevo 20–40	10 mm	68.6	16.2	11.8	2.6	18.8		2.7		5.2
	5–10 mm	67.9	14.3	15.0	1.2	15.5	7.8	2.4	0.5	2.4
	1– 5 mm	67.1	11.4	15.7	1.5	13.9		1.9		3.0
Dubrave 20–40	all sizes	51.7	30.9	15.4	1.3	34.7	7.1	4.2	0.6	2.0
Doboj 20–40	all sizes	64.5	20.9	9.0	5.0	25.9	–	–	–	–
Gradačac 20–40	all sizes	65.1	15.4	13.7	2.6	18.1	7.1	2.1	0.2	1.3
Sočkovac-I 20–40	all sizes	54.2	9.9	18.2	1.7	11.6	5.5	1.8	0.4	4.2

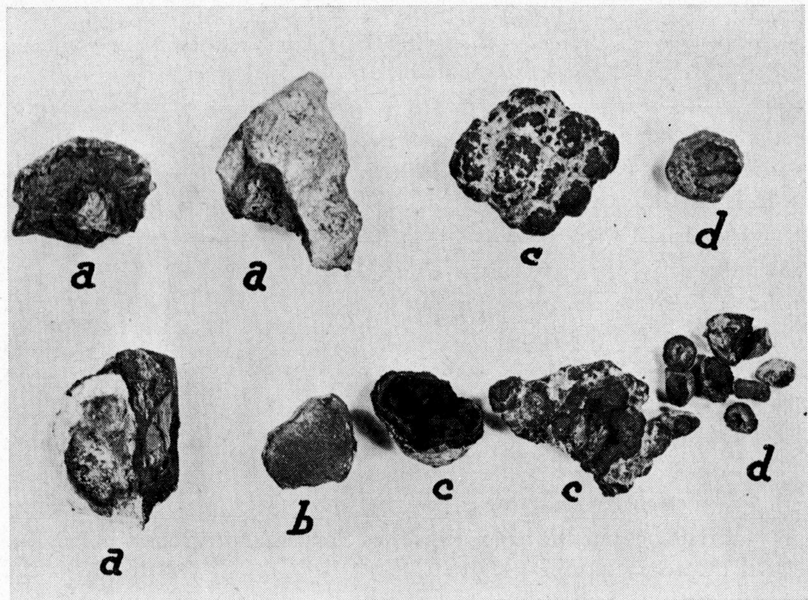

Figure 3

Concretions from the lateritic layer a – alveolar iron concretions, b – red, compact and hard concretions, c – alveolar manganese concretions, d – red magnetic concretions

Table 2

Chemical compositon of concretions in fossil diluvial layers (in per cent on ignited soil)

Sample and depth (cm)	Group of concretions	SiO_2	Fe_2O_3	Al_2O_3	MnO	Fe_2O_3+MnO
Dubrave 150–180	black manganese	56.6	27.2	5.3	11.3	38.5
Dubrave 150–180	rusty yellow	57.0	37.4	3.2	1.5	38.9
Sesvete 180–200	black manganese	49.2	35.0	0.9	10.0	45.0
Sesvete 180–200	red magnetic	45.2	39.0	3.5	1.9	40.9
Sesvete 300–320	black manganese	49.4	35.0	5.3	5.6	40.6
Sesvete 300–320	red magnetic	45.0	31.1	20.7	2.0	33.1
Gradačac 110–200	black and dark brown	59.4	25.6	11.4	3.0	28.6
Gradačac 180–200	red magnetic	45.8	41.8	8.8	3.7	45.5
Gradačac 400	black	51.9	37.9	2.9	4.8	42.7
Gradačac 400	red magnetic	38.3	44.1	14.9	6.1	50.2
Sočkovac 100–120	dark brown	65.2	14.7	15.6	1.9	26.6
Sočkovac 200–220	dark brown	67.1	19.6	9.8	2.3	21.9
Sočkovac 450–470	red magnetic	49.9	42.8	6.3	3.9	46.7
Sočkovac 450–470	red non-magnetic	60.1	32.7	5.6	2.2	34.9

Table 3

Chemical composition of concretions from the laterite layer in Sočkovec and the analogous concretions in pseudogley near preslica

Sample	Group of concretions	SiO_2	Fe_2O_3	Al_2O_3	MnO	Fe_2O_3+MnO
Sočkovac-laterite layer	alveolar cleavage	18.9	56.0	22.6	1.2	56.2
Sočkovac-mottled clay	red non-magnetic	31.5	43.0	19.8	2.6	45.6
Sočkovac-mottled clay	red magnetic	45.2	49.2	4.7	0.9	50.1
Sočkovac-lateritic crust	crust fragments	23.0	73.0	1.7	2.2	75.2
Pseudogley(a)-Preslica	red hard	29.1	51.4	14.5	4.0	55.4
Pseudogley(a)-Preslica	alveolar	17.6	53.5	26.8	0.7	54.3
Pseudogley(a)-Preslica	alveolar manganese	22.4	14.6	5.0	51.2	65.2
Pseudogley(b)-Preslica	alveolar	19.9	20.0	6.7	50.7	70.7

The X-ray diffraction analysis has not revealed any Fe and Al-oxide minerals (except gibbsite in the Gradacac profile-I layer).

The DTA and DTG analyses have established the presence of gibbsite (7–14 %), goethite (2–6 %), limonite (15–20 %) and some other minerals.

The concretions in the laterite layer show a high degree of hardening and crystallization and are larger in size than the others. They occur as (a) alveolar iron concretions of 2–4 cm in size, of ellipsoid shape and (b) red, compact concretion, 1–3 in size, round-shaped.

Along with the above concretions, some specific manganese alveolar concretions, reniform, alveolate, 2–5 cm in size were found in the pseudogley profile near Preslica (fig. 3).

All these concretions (except the manganese ones) contain more than 40 % of iron (tab. 3), which is characteristic of concretions in warm and humid regions (5). The manganese concretions have a relatively low content of sesquioxides but an exceptionally high content of manganese. From the morphological and chemical point of view, these concretions are very specific and have not been met with anywhere in the soil science literature.

They all are microcrystalline and of collomorphous or radial structure. Under a microscope prevalence of hematite in the hard red concretions along with the presence of hydrohematite has been established. The alveolar concretions have an amorphous ferric hydroside matrix in their core which on the peripheral edges changes to goethite through hydrogoethite or to hematite through hydrohematite. Psilomelane I (the mixture of coronadite, hollandite, cryptomelane and romansite) and psilomelane II (the mixture of pyrolusite and ramsdellite) occur in the manganese concretions.[1])

The chemical and the mineralogical composition (particularly the presence of hematite) and the degree of crystallization indicate that these concretions must have been formed under subtropical or tropical climate (8, 1).

The three groups of concretions described above can be differentiated very clearly on the basis of the given characteristics and thus we have succeeded in identifying them in

[1]) Mineralogical analyses by *P. Jovanović, Geološki* zavod *Sarajevo*

individual pseudogley layers where they got under the impact of various exogenous forces. Thus, the mottled clays analogous to those in the Sockovec brickworks occur in the mountainous hinterland of these terraces (some 10 km southward) almost on the very surface itself or are covered by 20–30 cm of an a eolic deposit (Preslica near Maglaj). In this way the relict concretions get into such two-layered pseudogley profiles. The fossil diluvial layers of concretions occur as part of the pseudogley profile even more often in these regions, mostly due to erosion and subsequent sedimentation, and are frequently mixed with the recent concretions in pseudogleys.

Conclusions

According to the preliminary investigations the following conclusions can be made:
1. The concretions in pseudogleys found in the southwest edge of the Pannonic basin are often relict ones, i.e. they were formed in the older Pleistocene or in the warm and humid climate in the transition period between the Tertiary and Quaternary (villafranck) or perhaps even in the Tertiary. The occurrence of such concretions cannot be a factor on the basis of which the characteristics and degree of surface gleyization may be judged.
2. The age of some pseudogley layers of the southwest edge of the Pannonic basin can be sometimes estimated on the basis of morphology, chemical, and mineralogical composition of these concretions.

Literature

1. *Beater, B. E.* (1940). Soil Sci., No. 5.
2. *Blume* (1968). Z. f. Pflanzenern. u. Bodenkunde **119, 124.**
3. *Dobrovoljski, G. V.* et al. (1970). Počvovedenie, No. **12.**
4. *Janeković, Dj.* (1964). Pedologie, XIV, L – Gent.
5. *Makedonov, A. V.* (1966). Sovremenie konkrecii v osadkah i počvah; Moskva – nauka.
6. *Mückenhausen, E.* (1956). Einteilung der wasserbeeinflußten Böden Deutschlands; VI Inter. Congress – Paris.
7. *Ogleznjev* (1968). Počvovedenie, No. 3.
8. *Schwertmann, U.* (1959). Z. für Pflanzenern. Düng. und Bodenkunde **84**, 194.
9. *Šercelj, A.* (1969). Palinološke raziskave staropleistocenskih sedimentov iz Severne Hrvatske; Slovenska Akademija Znanosti in Umetnosti; XII/6. Ljubljana.
10. *Sokolova, T. A.* et al. (1968). The Study of Iron-manganese Concretions from a Strongly Podzolic Soil Profile; IX Inter. Congr. of Soil Sci. **4**, 459.
11. *Stritar, A.* (1964). Agrohemija, No. 7.
12. *Zeidelman, F. R.* et al. (1969). Počvovedenie No. 11.

Summary

Iron-manganese concretions, which are one of the characteristical morphological indications of pseudogley soils, occur in our pseudogleys very irregularly and in various ways.

The concretions in pseudogleys found in the southwest edge of the Pannonic basin are often relict ones, i.e. they were formed in the older Pleistocene or in the warm and humid climate in

the transition period between the Tertiary and Quaternary (villa-franck) or perhaps even in the Tertiary. The occurrence of such concretions cannot be a sole factor on the basis of which the characteristic and degree of surface gleysation may be judged.
The age of some pseudogley layers of the southwest edge of the Pannonic basin can sometimes be estimated on the basis of the morphology and the chemical and mineralogical composition of these concretions.

Résumé

Des concrétions manganiques ferrifères, qui sont un des symtômes morphologiques caractéristiques des pseudogleys, se trouvent très irrégulièrement dans nos pseudogleys et sous différentes formes. Les concrétions qu'on trouve dans l'angle Sud-Ouest du Bassin Pannonique, sont souvent reliques, ce qui signifie qu'elles se sont formées dans le plus vieux Pleistocène, ou dans le climat chaud-humide de la période de transition entre la formation tertiaire et quaternaire (Villa-Franchie), ou même dans le tertiaire. L'existence de ces concrétions ne peut pas être le seul facteur, selon lequel on pourrait juger la caractéristique et le degré d'humidification de la surface. L'âge de quelques couches des pseudogleys dans l'angle Sud-Ouest du Bassin Pannonique peut quelques fois être analysé sur la base de la morphologie et de la composition chimique et minéralogique de ces concrétions.

Zusammenfassung

Eisen-Mangan-Konkretionen, die eins der charakteristischsten Merkmale der Pseudogleye sind, kommen in unseren Pseudogleyen sehr unregelmäßig und in verschiedenen Arten vor. Die Konkretionen, die man in der Südwest-Ecke des Pannonischen Beckens findet, sind oft reliktisch, d. h., sie bildeten sich im älteren Pleistozän oder im warm-feuchten Klima der Übergangszeit zwischen Tertiär und Quartär (Villa-franchiana) oder vielleicht sogar im Tertiär. Das Vorkommen von solchen Konkretionen kann nicht der alleinige Faktor sein, nach dem man das Wesen und den Grad der Oberflächenvernässung beurteilen könnte. Das Alter einiger Pseudogley-Schichten in der Südwest-Ecke des Pannonischen Beckens kann gelegentlich aufgrund der Morphologie, der chemischen und mineralogischen Zusammensetzung dieser Konkretionen bestimmt werden.

Soil Morphology, Water Tables, and Iron Relationships in Soils of the Sassafras Drainage Catena in Maryland

By *D. S. Fanning**), *R. L. Hall***) and *J. E. Foss**)

Many of the toposequences of soils at low elevations in Maryland's Coastal Plain are drainage catenas. Within areas, the soils have formed from sediments of similar texture and mineralogy but differ in natural drainage or wetness because of differences in landscape position. The Sassafras catena of soils is formed from loamy sediments or loamy over sandy sediments. These soils occur extensively in Maryland, Delaware, and New Jersey. In this study they were examined in Worcester County, Maryland, the only Maryland county which directly borders the Atlantic Ocean, in conjunction with the detailed soil survey that has recently been completed of that county. In this county all elevations are below 17 meters (57 feet) and the well and very poorly drained soils in local areas often differ in elevation by less than 2 meters across gently undulating topography.

The first objective of the study was to examine water table fluctuations in the soils of the catena to determine whether the present wetness of the soils, as evidenced by the length of time each year that water tables remained above specified depths, was properly correlated with the morphological evidence of wetness used in classifying these soils in the U. S. soil taxonomic system (4). A second objective was to determine whether the greater content of free iron compounds in well as opposed to poorly drained members of the drainage catena was related to a) greater release of iron from primary minerals in the well drained soils, or to b) the instability of free iron compounds in the poorly drained soils.

Another publication [1]) will give further details of the water tables study including soil profile descriptions made at the study sites and interpretations of the data from the viewpoint of the use of these soils for agronomic or urban purposes.

Methods

Methods for Water Table Studies

Three sites were selected in Worcester County, Md., for each of the four soil series (Tab. 1) that represent the Sassafras drainage catena in this area. The sites were selected as being representative of the given soil series, as they were being mapped in Worcester County in 1964.

One 3 m (10-foot) and two 1.5 m (5-foot) wells were established at each site in August, 1964. Water-table depths were measured in these wells bi-weekly for 2 years. The wells consisted of non-perforated 7.5 cm (3-inch) downspouting in auger holes of similar diameter.

*) Dept. of Agronomy, University of Maryland, College Park, Md., USA

**) USDA, Soil Conservation Service, La Plata, Md., USA

[1]) *Hall, R. L., D. S. Fanning* and *J. E. Foss.* Water table fluctuations in loamy and sandy Coastal Plain soils differing in natural drainage. In manuscript. Planned as a Md. Agric. Expt. Sta. Misc. Publ.

The data from each well were graphed as water-table depth vs. time (e.g. Fig. 1). From the graphs the percentage of time during each of the 2 years (First year – September 1, 1964 to August 31, 1965; Second year – September 1, 1965 to August 31, 1966) that the water table stood above depths of 0, 75, 150, 225, and 300 cm was determined.

Near the end of the study a detailed soil profile description was prepared from a pit at each site. These descriptions were examined to determine if the soils, as previously identified as to soil series, properly fitted the subgroups into which the soil series had been placed (Tab. 1) in the U.S. Cooperative Soil Survey.

Rainfall data were obtained for the U.S. Weather Bureau station, at Snow Hill, which is centrally located within the sites. The most distant water table study site from this location was 14 kilometers.

Methods for the Iron Studies

The iron studies were of the free iron (dithionite extractable, determined by the method of *Fanning et al.* (3) and of the non-free or primary mineral iron (in silicates, ilmenite etc.). The non-free iron (Fe_{t-d}) was determined (following the approach of *Blume* and *Schwertmann* [1]) as the difference between the total iron in the samples (Fe_t) and the dithionite extractable iron (Fe_d). The total iron in the samples was determined by x-ray spectroscopy on 0.1 g powdered samples, which were ground in a Spex Mixer Mill and pelletized with a backing of chromatographic paper in a Carver Press at a pressure of 15,000 lbs./in.^{2} Silicate standards obtained from the U.S. National Bureau of Standards and the U.S. Geological Survey were used for calibration curves. The iron studies included soils from the same soil series as used for the water table investigation. However, the soils for the 2 studies were not taken from the same sites, although the soils for both studies were sampled in Worcester County. For the iron studies all four soil series were sampled within a few hundred meters of each other at each of 2 locations. This was done to control geographic parent material variability. In the water table study, no attempt was made to keep the sites of the different series close together.

Duplicate determinations of Fe_t and Fe_d were made on samples from each of the soil horizons recognized in profile descriptions. The duplicates values were averaged together since they checked each other very well. Out of 122 determination pairs (including Fe_t determinations for separated sand and clay fractions from B2 horizons, Tab. 7) the duplicate values differed from each other by as much as 0.1% Fe in only 2 cases. The values reported for various major horizons (Tab. 7) were weighted for the thickness of any subhorizons within them. For example, some B2 horizons were subdivided in sampling into B21 and B22 horizons and the data for these subhorizons were recombined by calculation and reported here for the whole B2 horizon (Tab. 7).

Results and Discussion

Morphology and Classification of the Soils

The subgroup classification of the four soil series by the U.S. soil taxonomic system is given in Table 1. All four series were developed from coarse texturel Coastal Plain sediments. Within the profiles of these soils, the B horizons had the finest textures, though even they were quite coarse (Tab. 2). Based on the data of Table 2, most of the soils at the water table study sites would be considered to be in the coarse loamy families of the U.S. soil taxonomic system and most of them had sandy substrata. Also, all but one of the sites were forested.

The soils at the water table study sites generally met the color criteria needed for their classification into the subgroup given for the respective soil series, Table 1. Colors are

Table 1

Subgroup classification, solum thickness, and moist colors of the A, B, and C1 horizons of the 4 soil series studied, based on 3 profile descriptions for each soil series (one description from each of the 3 water table study sites for each series)

	Soil Series			
Subgroup Classification	*Sassafras* Typic Hapludults	*Woodstown* Aquic Hapludults	*Fallsington* Typic Ochraquults	*Pocomoke* Typic Umbraquults
Solum Thickness (cm)	84	68	84	81
A horizons				
Matrix				
Hues-dominant	10YR	2.5Y	10YR	10YR
-other		10YR	2.5Y	5Y
Mean value	4.4	4.9	4.6	2.5
Mean chroma	3.1	3.0	1.9	1.0
B horizons (argillic horizons)				
Matrix				
Hues-dominant	7.5YR	2.5Y	5Y	5Y
-other	10YR	5Y and 10YR	2.5Y	10YR
Mean value	4.7	5.5	6.0	5.5
Mean chroma	5.4	3.7	1.2	1.5
Mottles				
No. of profiles having mottles of:				
- higher chromas		2	3	2
- lower chromas	1	3		
- chromas of 2 or less where matrix chroma was > 2.		3		
C1 horizons				
Matrix				
Hue-dominant	7.5YR	2.5Y	5Y	10YR
-other		5Y	10YR	2.5Y
Mean value	4.7	6.7	6.3	6.3
Mean chroma	6	1.3	1.7	1.3
Mottles				
No. of profiles having mottles in the C1	0	3	3	3

Table 2

Mean depth, particle size distribution, and free iron content (based on 3 samples for each soil series, one from each site) of the B2 horizons of the soils employed in the water table study

	Sassafras	*Woodstown*	*Fallsington*	*Pocomoke*
B2 horizon depth (cm)	38–83	33–65	40–78	45–80
% Sand	63	53	60	55
% Silt	23	36	28	26
% Clay	14	11	12	19
% Free Fe	0.87	0.53	0.46	0.07

the main criteria used in field mapping to separate these soils according to their degree of wetness under natural conditions. The profile descriptions showed that the soils at each of the sites selected to represent the Fallsington and Pocomoke series had dominant matrix chromas of 2 or less in their argillic horizons, enabling their classification in the wet suborder of Aquults*). One profile of the Procomoke soil, having a dominant argillic horizon chroma of 3, was an exception. The dominant chromas for the argillic horizons in each of the Sassafras and Woodstown profiles, which are classified in the better drained Udults, were greater than 2.

Within the Aquults (Tab. 1), soils at all the Pocomoke sites had thick, dark A horizons (note low color value) that qualified as umbric epipedons, thus supporting the classification of these soils as Umbraquults. The Fallsington soils had ochric epipedons (note A horizon moist color values > 3.5). One Fallsington site (No. 3, Tab. 6) had an epipedon that was dark enough and nearly (if not) thick enough to be umbric, and this site also was wetter than the other Fallsington sites.

Within the soils classed as Udults, soils at all the Sassafras sites had the colors of Typic Hapludults. Profile descriptions for the Woodstown soils indicated mottles in the argillic horizon as needed for the Aquic Hapludults classification, both mottles having chromas less than 2 and mottles having chromas higher than the matrix are required within 60 cm below the top of the argillic horizon. One of the 3 Woodstown profiles did not have the higher chroma mottles.

Descriptions of the profiles used in the iron study also showed the colors needed for the subgroup classification of the soil series as indicated in Table 1 except that the profiles selected to represent Woodstown were Typic (although close to Aquic) Hapludults and the Fallsington profile at location 1 (Tab. 7) was an Aquic Hapludult (although close to an Ochraquult).

Water Tables

Precipitation (as rain and snow) was below normal for the Worcester County area in both years of the water table study. In the second year the precipitation amounted to only slightly more than one-half of the mean annual rainfall for the Snow Hill station (Tab. 3).

*) The full definition of Aquults (Soil Survey Staff [4]) requires that these soils be saturated with water at some time during the year unless they are artificially drained

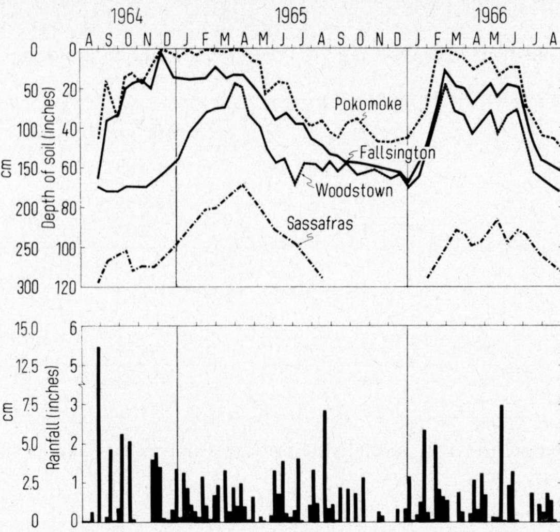

Fig. 1. Water table fluctuations from a selected 3-m (10-foot) well for each soil series and precipitation (each bar represents a five day period) during the course of the water table study

In spite of the precipitation deficiencies, the annual fluctuations of the water tables in each of the soil series (Fig. 1) followed the pattern that has come to be expected in Northeastern United States (2). In this area, water tables generally rise and are at the highest levels in the late autumn, winter, and early spring, when precipitation generally exceeds evapotranspiration and are at their lowest levels during late spring, summer, and early autumn, when evapotranspiration exceeds precipitation. This pattern is maintained even though summer precipitation normally exceeds winter precipitation.

In the sandy soils of the Sassafras catena, it was found that occasionally rainfall was sufficient to cause the water tables to move upward even in summer months (Fig. 1). Also, somewhat different patterns were observed in the two years of this study (Fig. 1), primarily because of much more rainfall in the late summer and autumn months of 1964 than in the corresponding months of 1965.

Table 3

Percent of year that water tables were above the 75-cm (30-inch) depth in soils of the Sassafras catena in each of 2 years (mean values)

Year	*Precipitation*)* (cm)	*Sassafras*	*Woodstown*	*Fallsington*	*Pocomoke*
		(% of year that water tables were above 75-cm depth)			
1	94	3	13	48	63
2	69	0	3	28	43
Ave.	81	2	8	38	53

*) At Snow Hill, Worcester County, Md., where mean annual precipitation is 124 cm

Table 4

Analysis of variance on data for percentage of year that water tables were above 75-cm depth

Source of Variance	*d. f.*	*Mean Square*	*F.*
Years	1	3,322	38.1 *)
Soil Series	3	11,045	126.7 *)
Soil Series X yrs.	3	198	2.3 N.S.
Sites within Soil Series	8	794	9.1 *)
Sites within Soil Series X yrs.	8	174	2.0 N.S.
Error	48	87	–

*) indicates significance at the 1 % level. N.S. indicates not significant at the 5 % level.

An analysis of variance was done on data for the percentage of each year that water tables were above the 75-cm depth (Tab. 3 and 4). Highly significant differences were found a) between the two years, with water tables remaining above the depth for longer periods in the wetter year, b) between the soil series, in the direction that was expected based on the morphology and classification of the soils, and c) between sites within soil series, e.g. note the differences between the Fallsington sites (Tab. 6).

The soil series, and sites within soil series, behaved similarly relative to each other in each of the 2 years leading to no significant differences for a) soil series by years, or b) sites within soil series by years (Tab. 4).

Good agreement was found in the data from the different wells at each site for each year (e.g. Tab. 6), including agreement between the 300-cm and 150-cm wells. This led to the small error term in the analysis of variance (Tab. 4), and also indicates that the water tables are seldom perched in the 0 to 300 cm depth range in these coarse textured soils. Better agreement between the data from wells at sites of coarse textured than at sites of finer textured soils was observed in an earlier study (2).

Table 5

Percent of the first year that water tables were above selected depths in the soil (pptn for yr. 94 cm at Snow Hill). Mean values from 3 sites for each soil series

Depth (cm)	(inches)	*Sassafras*	*Woodstown*	*Fallsington*	*Pocomoke*
		(% of year water table was above depth)			
0	0	0	0	0	9
75	30	3	13	48	63
150	60	16	38	84	90
225	90	35	97	100	100
300	120	66	100	100	100

Table 6

Percent of the first year that water tables remained above the 75-cm (30-inch) depth at Fallsington sites. Well 1 was a 300-cm well and wells 2 and 3 were 150-cm wells at each site. The data show reproducibility between wells at sites and differences between sites. The soil at site 3 was nearly an Umbraquult, whereas the soils at sites 1 and 2 were good Ochraquults

	Well 1	*Well 2*	*Well 3*	*Ave.*
	(% of year that water table was above 75-cm depth)			
Site 1	24	28	25	26
Site 2	46	48	46	47
Site 3	65	84	68	72

Table 7

Total iron (Fe_t), citrate-dithionite extractable free iron (Fe_d) and non-free iron ($Fe_{t\text{-}d}$) contents of A, and B2 horizon whole soils, and iron content (after removal of free iron, Fe_t *) of the B2 horizon clay (< 2 μ) and fine sand (100–250 μ) fractions of the four soils at each of the 2 iron study locations

	Location 1 – Soil Series				*Location 2 – Soil Series*			
	Sass.	Woods.	Falls.	Poco.	Sass.	Woods.	Falls.	Poco.
A horizons								
whole soil-Fe_t (%)	0.92	1.09	0.77	0.48	1.36	0.93	0.79	0.84
Fe_d (%)	0.30	0.47	0.29	0.06	0.52	0.28	0.18	0.19
$Fe_{t\text{-}d}$ (%)	0.62	0.62	0.48	0.42	0.84	0.65	0.61	0.65
B2 horizons								
whole soil-Fe_t (%)	1.74	1.62	1.79	0.88	2.52	1.74	1.30	0.91
Fe_d (%)	0.71	0.62	0.78	0.01	1.24	0.70	0.41	0.08
$Fe_{t\text{-}d}$ (%)	1.03	1.00	1.01	0.87	1.28	1.04	0.89	0.83
fine sand (100–250 μ)								
Fe_t*) (%)	0.19	0.22	0.32	0.19	0.51	0.86	0.97	0.49
clay (<2 μ) Fe_t *) (%)	3.55	3.39	3.28	2.75	3.94	4.19	3.14	3.21

Good agreement between soil wetness and soil morphology and classification was also reflected in the durations that water tables remained above other depths (Tab. 5).

Iron Relationships

Data from the iron studies (Tab. 7) indicated that the differences in color of the B horizons of the soils of the Sassafras catena (e.g. Tab. 1) are caused by differences in the content and distribution (mottles as opposed to no mottles) of the free iron oxides. The Pocomoke soils contained almost no free iron (Fe_d of Tab. 7). At location 1 (Tab. 7) the free iron contents of the A and B horizons of the Sassafras, Woodstown and Fallsington soils were similar, although profile description showed the B horizon free iron to be most concentrated into mottles in the Fallsington profile with no mottles in the Sassafras. At location 2 the B horizons contained progressively less free iron in going from the Sassafras to the Pocomoke soil.

Data also indicated a trend toward less non free iron ($Fe_{t\text{-}d}$) in the more poorly drained as opposed to the more well drained soils (Tab. 7). Thus the higher content of free iron in the better drained soils (Tab. 2 and 7) appears not to be caused by greater release of iron from primary minerals in the well drained soils, but rather by their better retention (as free iron oxides) of the iron that is released. As much or more iron appears to have been released from primary mineral sources in the more poorly drained soils, but a large part of that released appears to have left these soils in drainage waters. In making these conclusions it is assumed that these soils occur on geomorphically stable surfaces of the same age and that the parent material of the soils at each location was relatively uniform.

The iron content of the B2 horizon fine sand was lowest in the Sassafras and Pocomoke soils and highest in the soils of intermediate wetness at both locations (Tab. 7). The iron content of the B2 horizon clay on the other hand tended to decrease from the more well drained to the more poorly drained soils (Tab. 7). Since the different particle sizes are quite different in their iron content, particle size differences contribute to differences that were found in $Fe_{t\text{-}d}$ for the whole soils.

References

1. *Blume, H. P.* and *U. Schwertmann,* 1969. Soil Sci. Soc. Amer. Proc. **33,** 438–444.
2. *Fanning, D. S.* and *W. U. Reybold,* 1968. Maryland Agr. Exp. Sta. Misc. Publ. 662.
3. *Fanning, D. S., R. F. Korcak* and *C. B. Coffman,* 1970. Soil Sci. Soc. Amer. Proc. **34,** 941–946.
4. Soil Survey Staff, Soil Taxonomy. U. S. Dept. of Agric. Handbook. In preparation.

Summary

Studies were conducted of soil morphology and classification, of water tables, and of iron relationships, on soils of the Sassafras drainage catena in Worcester County, Maryland. The water table and soil morphology data indicated that the wetness of the soils is generally well correlated with the criteria used in placing these soils in subgroups of the U. S. soil taxonomic system. The iron studies indicated that the browner colors of the well drained soils is caused by their higher contents and more uniform distribution (lack of mottles) of free iron oxides. This difference appears to have been brought about not by a greater release of iron from primary minerals in the well drained soils. Rather, the difference, at least on these landscapes, appears to be more related to the instability and mobility of free iron compounds in certain zones of the wetter soils. Thus it is inferred that more iron has been leached away from the wetter soils, particularly from those with the black surfaces (umbric epipedons under natural conditions) in this area. These conclusions result from work on acid, quite sandy soils and from assuming that the undulating landscape surface across these catenas has been geomorphically stable for considerable time.

This paper is Scientific Art. No. A 1697 and Contribution No. 4457 of the Md. Agric. Exp. Sta., Dept. of Agronomy, College Park, Md., 20742.

Résumé

On a analysé la morphologie et la classification du sol, les nappes souterraines et le comportement du fer dans les sols de la chaine du drainage de Sassafras à Worcester County, Maryland. Les données du niveau de la nappe souterraine et de la morphologie du sol ont indiqué, que l'humidité du sol est, en général, en bonne relation avec les critères employés dans la classification de ces terres dans les sous-groupes du systéme taxonomique des sols américains. Les analyses du fer ont montré, que le brun plus foncé des terres bien drainées est dû à la teneur plus élevée et à la distribution plus uniforme (sans tâches) d'oxyde de fer libre. Il apparaît que cette différence n'est pas occasionnée par une altération plus poussée des minéraux ferrugineux primaires dans les terres bien drainées. Cette différence se ramène plutôt, au moins dans ces contrées, à l'instabilité et la mobilité des combinaisons de fer dans certaines zones de sols plus humides. On peut conclure, que plus de fer a été entraîné des sols les plus humides, particulièrement de ceux aux surfaces noires (epipedons umbriques sous conditions normales) dans ces régions. Ces conclusions sont le résultat de travaux sur des sols acides, plutôt sablonneux et sous l'hypothèse, que la surface onduleuse de cette contrée à travers ces chaines a été géomorphicalement stable pendant un temps considérable.

Zusammenfassung

Untersuchungen über Bodenmorphologie und Klassifizierung, Grundwasser und Eisenverbindungen wurden bei Böden der Sassafras drainage-Catena in Worcester County, Maryland, angestellt. Die Grundwasser- und Bodenmorphologie-Daten besagten, daß die Vernässung der Böden allgemein in Einklang ist mit den Kriterien, die bei der Einordnung dieser Böden in Untergruppen des amerikanischen Boden-Klassifizierungssystems verwendet werden. Die Untersuchungen beim Eisen ergaben, daß die braunere Farbe gut entwässerter Böden verursacht wird durch höheren Gehalt und einheitlichere Verteilung (keine Flecken) von freien Eisenoxiden. Dieser Unterschied ist offenbar nicht durch eine stärkere Lösung von Eisen aus primären Mineralen in gut entwässerten Böden verursacht worden. Eher ist dieser Unterschied, wenigstens in diesen Landschaften, wohl zurückzuführen auf die Instabilität und die Mobilität von Eisenverbindungen in bestimmten Zonen von nässeren Böden. So kann man folgern, daß mehr Eisen aus feuchteren Böden ausgelaugt wurde, besonders aus Böden mit schwarzer Oberfläche (dunkler Oberboden unter natürlichen Bedingungen) in diesem Gebiet.

Diese Folgerungen stammen aus der Arbeit über saure, ganz sandige Böden und von der Annahme, daß die wellige Landschaft quer durch diese Catena geomorphologisch eine bedeutende Zeitspanne hindurch stabil war.

The Influence of Iron and Aluminium Oxides on the Adsorption of Phosphate by some Seasonally Flooded Soils from East Pakistan

By *A. K. M. Habibullah, D. G. Lewis* and *D. J. Greenland**)

Introduction

Evidence for the importance of oxides and hydroxides of iron and aluminium in the fixation of phosphate by soils has been obtained previously from the decrease in sorption following chemical treatments designed to remove these "active" oxides. However, correlation between the changes in phosphate sorption and the amount and identity of the active oxides removed has not always been consistent. This resulted from (1) the assumption that all sorption was due to oxides of iron and (2) the inability of the earlier chemical procedures to remove iron selectively in the presence of aluminium or *vice versa*. Recent studies have shown that crystalline oxides of iron and aluminium are surface reactive (*Parks*, 1965; *Muljadi* et al., 1966; *Jurinak*, 1966; *Hingston* et al., 1968). Amorphous oxides are highly reactive and are known to be present in some soils in substantial amounts. Studies on Hawaiian latosols indicated that phosphate sorption increased with increasing abundance of amorphous hydrated oxides (*Fox* et al., 1968). Other workers (e.g. *Colwell*, 1959; *Gorbunov*, 1959; *Hsu*, 1965) have shown also that amorphous hydroxides of iron and aluminium adsorb more phosphate than the crystalline oxides and hydroxides.

There is little evidence available on (1) the nature of oxides and hydroxides in hydromorphic soils of the tropics and subtropics and (2) the relationship of these oxides to soil fertility. In this and a previous paper (*Habibullah, Greenland* and *Brammer*, 1971) characterisation of the oxides and hydroxides of iron and aluminium has been attempted for a range of hydromorphic soils in sub-tropical rice-growing areas and the significance of these oxides in the sorption of phosphate has been assessed.

Materials

Three soils, with gleyed surface horizons and parent material ranging in age from Recent to Tertiary sediments, were collected from the subtropical areas of East Pakistan. Series names and some characteristics of the soils are given in Table 1. In young alluvial soils of the Borda series, which are subjected to seasonal flooding for 6—8 months, iron hydroxides exist mainly in an amorphous form. In older soils of the Noadda series, the oxides tend to be crystalline, a substantial proportion occurring as concretions. The Chhiata series, representative of a surface-water gley, has severely restricted drainage due to a strongly developed ploughpan, resulting in the surface soil being more strongly reduced than the subsoil. *Brinkman* (1969/70) suggests that

*) Department of Agricultural Biochemistry and Soil Science, Waite Agricultural Research Institute, University of Adelaide, Glen Osmond, South Australia 5064.

hydromorphic weathering under these alternating oxidation-reduction conditions has resulted in a degradation of the clay lattices releasing both aluminium and silicon, which evidently occur as a gel complex of oxides of iron, aluminium and silicon. The mineralogy of these samples, some physical and chemical properties, and the forms of iron and aluminium oxides present have been described in detail elsewhere (*Habibullah, Greenland* and *Brammer,* 1971).

Methods

1. *Removal of active aluminium oxides*

Soil samples were shaken with 0.5 M $CaCl_2$ at pH 1.5 at a solid : liquid ratio of 1:200 for a period of 16 hr on an end-over-end shaker (*Tweneboah, Greenland* and *Oades,* 1967). After centrifuging, the residues were repeatedly re-shaken with 0.5 M $CaCl_2$ at pH 4.0 at a solid : liquid ratio of 1 : 100 until the pH of the washing solution reached 4.0. The residues were then washed once with 1 M $CaCl_2$ at pH 7.0, the supernatant discarded, and the residues washed with water to dispersion and finally dialysed against double-distilled water until salt free. The pH 1.5 extract and the combined pH 4.0 washing solutions were analysed to determine the amount of aluminium, iron and silicon brought into solution. Henceforth, this method of removal of aluminium will be called weak acid treatment.

2. *Removal of iron oxides*

"Free iron" was extracted by treatment with dithionite at pH 5, as recommended by *Bromfield* (1965). Following the weak acid treatment, soil samples (3 g) were heated in 50 ml 1.0 M sodium acetate buffer, pH 5.0 to 60 °C and reacted for 30 min with 2 g of a 1 : 1 mixture of sodium dithionite and sodium metabisulfite. After centrifugation, the residues were treated with 50 ml of pH 5 acetate buffer for 30 min at 60 °C. The whole process was repeated twice to ensure complete removal of iron oxides. The supernatants were analysed for iron, aluminium and silicon, and the residues washed to dispersion and dialysed. Unless otherwise stated, reference to dithionite-treated soils will mean that the soil has been subjected to weak acid treatment prior to dithionite treatment.

3. *Removal of amorphous alumino-silicates*

The carbonate dissolution technique of *Follet* et al. (1965) was employed for removal of amorphous alumino-silicates. The residues from acid and dithionite treatments were extracted once by shaking at 20 °C for 16 hr in 5 % Na_2CO_3 solution at a soil : solution ratio of 1 : 200. Subsequently the soils were treated twice with hot carbonate solution for 2 hr in a boiling water bath. The contents of aluminium and silicon in the supernatants were determined for all extracts. The residues were washed with water to dispersion and dialysed. Reference to carbonate treatment will imply that the samples had previously received both the weak acid and dithionite treatments.

4. *Determination of charge characteristics*

The positive and negative charges at pH 3.0 were determined for each soil initially and after each of the above treatments. The samples were repeatedly washed with 0.005 N caesium chloride solutions at pH 3.0 until no change in pH was observed. The total amounts of caesium and chloride retained by the samples were determined by X-ray fluorescence spectroscopy. After correction for entrained ions, the net contents of caesium and chloride were expressed as negative and positive charge respectively.

5. *Phosphate sorption isotherms*

a) Using ^{31}P

Samples of soil (300 mg) were normally shaken for 24 hr at 22 °C with 100 ml phosphate solutions ranging in concentration from 0 to 310 μg P/ml, adjusted to pH 3, with phosphoric acid.

Table 1

Description and some characteristics of the soils used

Series name	Great Soil Group	Duration of annual flooding	Horizon	Depth cm	Particle Size Distribution Sand	Silt	Clay	Principal Minerals *)
Chhiata	Surface-water gley	Intermittent	A	0—15	62	28	10	K, I, R, v, a, q, go, ha, gi
			B	20—30	55	28	17	K, I, R, v, a, q, go, ha, gi
Noadda	groundwater laterite-latosol intergrade	Intermittent	A	0—10	47	29	24	I, K, q, v, go, ha
			B	45—58	39	21	40	I, K, q, v, go, ha
Borda	Alluvium	6 to 8 months	A	0—15	34	39	27	I, V, k, q, a

*) K = kaolinite; I = illite or fine-grained mica; V = vermiculite; R = randomly interstratified material; q = quartz; go = goethite; ha = haematite; gi = gibbsite; a = amorphous material. Capital denotes major components.

Table 2

Amounts of Al, Fe and Si (mg/g oven dry soil) extracted by the successive treatments, and charges at pH 3.0 (me/100 g treated soil)

Treatments	Chhiata A					Chhiata B					Noadda A					Noadda B					Borda A				
	Al	Si	Fe	—	+	Al	Si	Fe	—	+	Al	Si	Fe	—	+	Al	Si	Fe	—	+	Al	Si	Fe	—	+
Untreated	—	—	—	3.0	1.1	—	—	—	5.1	1.5	—	—	—	2.9	3.0	—	—	—	6.3	6.5	—	—	—	8.2	2.8
Weak acid	2.7	0.1	nd	2.5	0.4	2.6	0.04	nd	5.3	1.0	3.15	0.10	0.11	3.6	2.5	3.13	0.14	0.08	7.0	3.5	5.0	0.19	0.33	10.0	1.8
Dithionite	0.78	0.02	4.54	1.5	0.6	0.86	0.02	6.0	4.7	1.1	0.5	—	11.0	3.5	2.1	—	—	26.1	6.5	2.8	0.18	0.08	6.47	9.1	2.1
Na carbonate	3.56	2.90	nd	0.3	0.1	4.52	1.92	nd	2.7	0.5	—	—	—	—	—	—	—	—	—	—	1.0	15.2	—	—	—
Ammonium oxalate	0.22	—	2.93	—	—	0.24	—	0.55	—	—	—	—	—	—	—	—	—	—	—	—	0.50	—	6.33	—	—

nd = not detectable — = no analysis

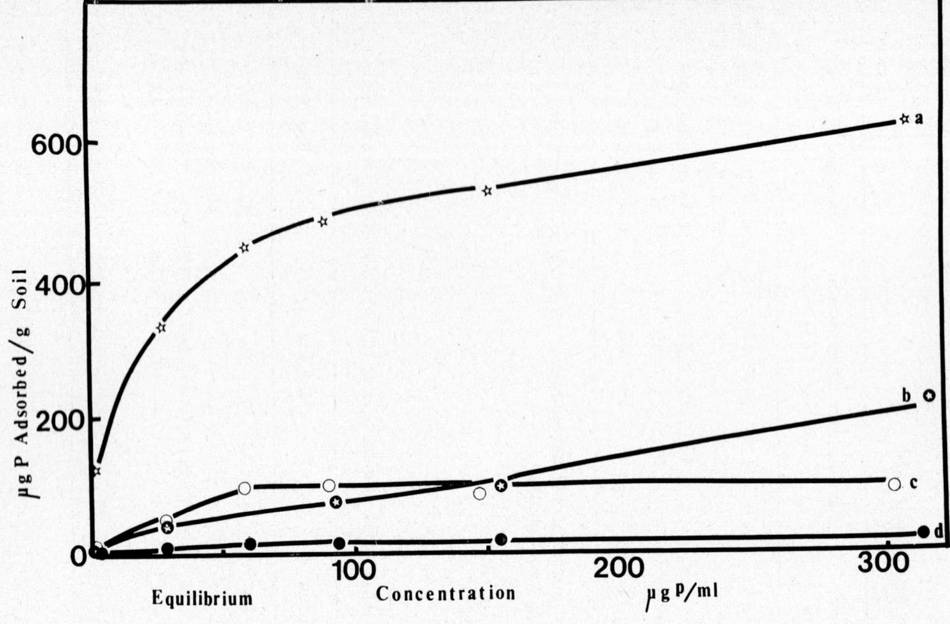

Figure 1

Phosphate adsorption isotherms for original and treated surface soils of Chhiata series

a = Untreated soil
b = After dilute acid treatment
c = After acid and dithionite treatments
d = After acid, dithionite and carbonate treatments

After centrifuging, the residues plus entrained liquid were weighed, dried at 70 °C, reweighed, then digested in 5 N HCl for 4hr, transferred to volumetric flasks and made to volume. The ^{31}P concentrations of the digests were determined, enabling the amount of phosphate retained by the soils to be calculated from the difference in phosphate released compared with soil which had not been shaken with the phosphate solutions.

b) Using ^{32}P

Soil samples (0.5 to 1 g) were shaken for 30 min with 100 ml of ^{32}P-labelled phosphate solutions ranging in ^{31}P concentration from 0.5 to 30 μg P/ml. For low concentrations of ^{31}P, a sample weight of 0.5 g was used; at higher concentrations, increased amounts of soil were used to ensure a reduction of at least 20 % in activity of the supernatant solution.

6. *Analytical*

Aluminium was determined colorimetrically using alizarin red S (*Bond*, 1957). Iron was determined by the thioglycollic acid method of *Sandell* (1959). Silica was determined by the molybdenum blue method (*Mullin* and *Riley*, 1955). The method of *Watanabe* and *Olsen* (1965), involving reduction of an antimony-enhanced phosphomolybdate by ascorbic acid, was used to determine ^{31}P. ^{32}P was determined by drying measured volumes of clear supernatant onto planchets and counting in a *Beckman-Low-β* instrument.

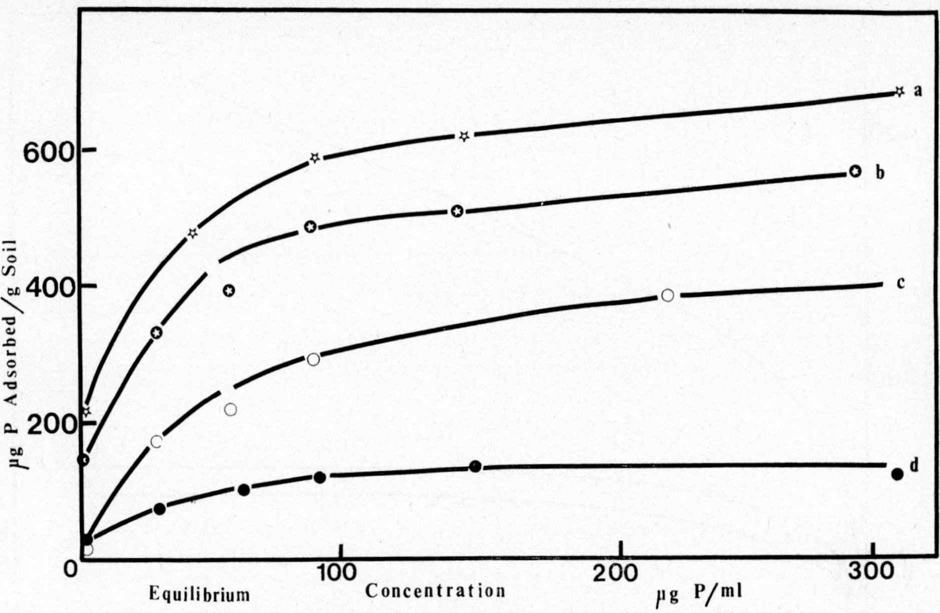

Figure 2

Phosphate adsorption isotherms for original and treated subsurface soils of Chhiata series

a = Untreated soil
b = After dilute acid treatment
c = After acid and dithionite treatments
d = After acid, dithionite and carbonate treatments

Results and Discussion

Chhiata soils

Figures 1 and 2 show the adsorption of phosphate at pH 3.0 by untreated and treated Chhiata surface and subsurface soils. Successive removal of active aluminium, free iron and carbonate-soluble amorphous material caused progressive decreases in the sorption of phosphate. For the surface soils the greatest change in sorption characteristics occurred after the dilute acid treatment, following which the amount of phosphate sorbed decreased to about 35 % of that adsorbed by the untreated soil. Appreciable amounts of aluminium but no detectable amounts of iron, were brought into solution, accompanied by a decrease in positive charge as shown in Table 2; this agrees with data given by *Tweneboah, Greenland* and *Oades* (1967).

Subsequent treatment with dithionite decreased the phosphate sorption by a further 20 %. This decrease should not be attributed solely to dithionite-reducible iron, as a substantial amount of aluminium (40 % of the acid-extractable Al) was also dissolved. The charge data given in Table 2 showed that the dithionite treatment decreased the negative as well as the positive charges. *Greenland, Oades* and *Sherwin* (1968) concluded from their studies on the forms and surface properties of iron oxides in soils that the

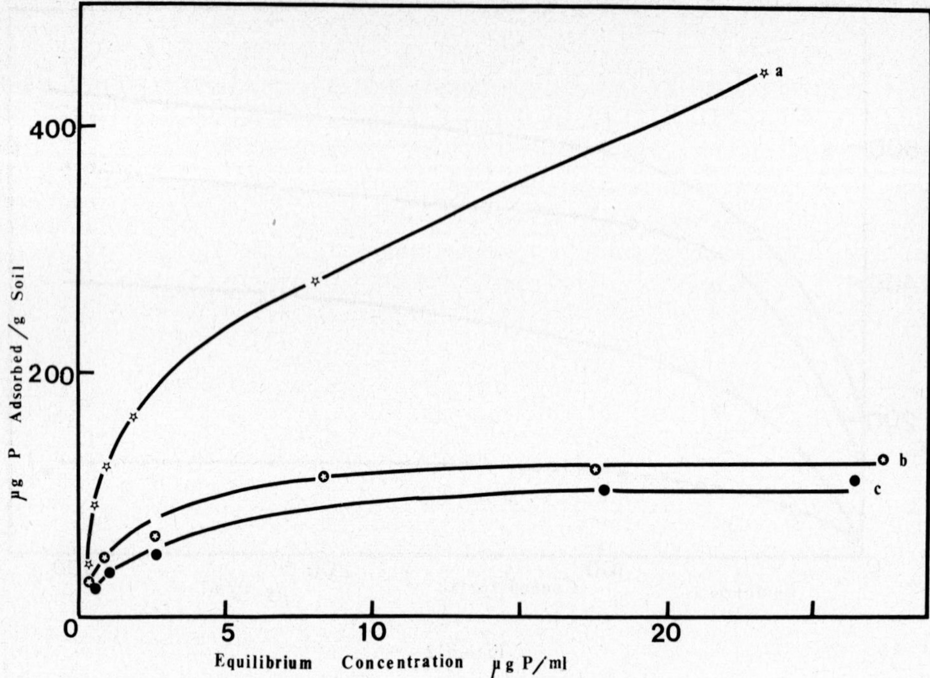

Figure 3
Phosphate adsorption isotherms for original and treated surface soils of Noadda series
a = Untreated soil
b = After dilute acid treatment
c = After acid and dithionite treatments

iron oxides in old lateritic soils were negatively charged due to adsorbed anions. *Hingston* et al. (1968) showed that the specific adsorption of silica increased the negative surface charge of iron oxides. The dissolution of some silica with the iron in the present studies also indicated that in these soils silica may have contributed to the negative charge carried by iron oxides.

In previous studies on this soil (*Habibullah, Greenland* and *Brammer,* 1971), it was found that the iron, aluminium and silicon existed as amorphous gel complexes. Electron micrographs showed that the clay particles were generally coated with very poorly organised material (*Habibullah, Greenland* and *Brammer,* 1971). Some electron-dense granular particles were distributed within the matrix of the gel-like material in the untreated clays but these were removed by dithionite treatment. The gel-like material which was unaffected by dithionite treatment was removed by carbonate treatment, resulting in a further decrease in negative charge. Considerable amounts of fine material were removed by the three treatments since the external surface area for the $< 2\,\mu$ fraction was reduced to less than half the original value. Phosphate sorption by the soil after

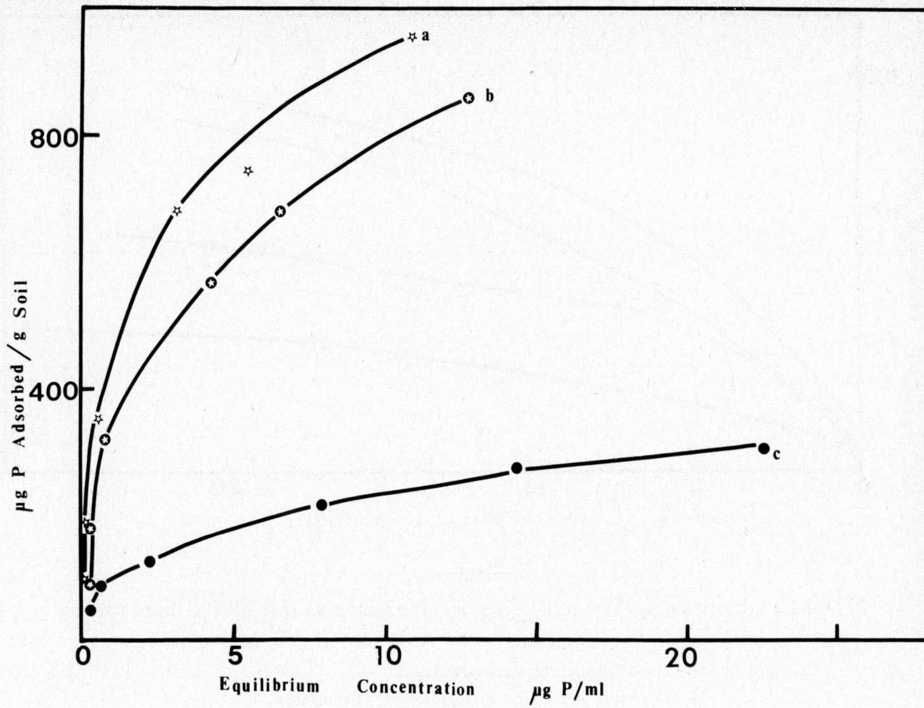

Figure 4

Phosphate adsorption isotherms for original and treated subsurface soils of Noadda series

a = Untreated soil
b = After dilute acid treatment
c = After acid and dithionite treatments

all treatments also decreased to a very low level, which may be ascribed to the aluminium atoms associated with the edges of the coarser particles of layer lattice minerals.

Although the B horizon soil contains twice as much fine fraction as the A horizon, the amount of phosphate sorbed was similar for both of the untreated samples. However, the sorption isotherms obtained for the treated B horizon samples show that iron oxides and amorphous alumino-silicates were responsible for more phosphate sorption than in the surface soils. In equilibrium with a concentration of 310 μ g P/ml, the sorption following acid dithionite and carbonate treatments was approximately 85, 60 and 20% respectively, of the amounts sorbed by the original soil. Lower sorption in the surface soil could be due to initial occupation of sites by organic material.

The changes in the sorption isotherms and the amounts of iron, aluminium and silicon dissolved by the treatments indicate that the aluminium oxides are the most important component responsible for phosphate sorption by surface soil. In the subsoil, dithionite-reducible iron and fine-grained alumino-silicate material brought into solution by carbonate are much more significant.

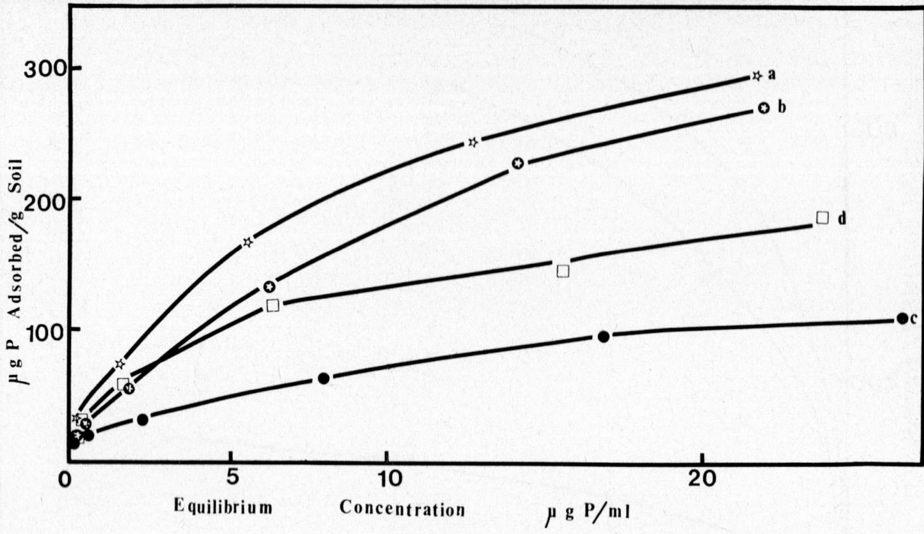

Figure 5

Phosphate adsorption isotherms for original and treated surface soils of Borda series

a = Untreated soil
b = After dilute acid treatment
c = After acid and dithionite treatments
d = After acid, dithionite and carbonate treatments

Noadda soils

Both the Noadda and Chhiata series have been developed on the same parent material but differ in drainage conditions. The amounts of aluminium, iron and silicon removed by the various treatments are given in Table 2. For the Noadda soils the dithionite-reducible iron was much higher than for the Chhiata soils. DTA traces, which showed an endothermic peak at about 120 °C and a broad water-loss peak between 250 and 425 °C, suggested that some of this iron was poorly ordered in the clay fractions of both surface and subsoil. However, some crystalline goethite and haematite were identified by X-ray diffraction techniques.

Figures 3 and 4 show the influence of removal of aluminium and iron oxides on phosphate sorption by Noadda surface and subsurface soils as determined at pH 3.0 using ^{32}P in dilute phosphate solutions. The phosphate sorption by the untreated Noadda surface soil was reduced by at least 60 % as a result of acid treatment but was little affected by removal of dithionite-reducible iron. The sorption data and the change in charge data (Tab. 2) following the treatments indicated that, as for the Chhiata soil, aluminium oxides were important in phosphate fixation in the surface soil. Although a small amount of amorphous iron oxides was brought into solution by the acid treatment, it amounted to less than 1 % of the total iron and so its contribution to phosphate sorption was considered insignificant.

In the subsoil, extraction of aluminium caused a decrease in phosphate sorption of only about 20 % whereas the dithionite treatment caused a further decrease of about 55 %. Again subsoils of both the Chhiata and Noadda series are similar, in that the iron oxide was the dominant cause of phosphate sorption.

Borda soils

The phosphate sorption isotherms of Borda surface soils are shown in Figure 5. Acid treatment caused phosphate sorption to decrease by about 10 %. The dithionite treatment caused a further decrease of at least 50 %. In contrast to the other soils, carbonate treatment increased the phosphate sorption to a level approximately 50 % greater than that for the dithionite-treated soils.

The Borda series is the youngest of the soils examined (< 200 yrs) and investigations by X-ray, DTA and infra-red-techniques did not reveal the presence of crystalline oxides of iron or aluminium. Electron microscopy showed that the clay platelets carried electron-dense material (*Habibullah, Greenland* and *Brammer*, 1971). The amount of iron extracted from this soil by treatment with ammonium oxalate at pH 3.2 in the absence of light (*Schwertmann*, 1964) was similar to that extracted by dithionite, indicating that most of the iron existed in amorphous forms. Much of the material is presumably newly precipitated and not inactivated by organic matter as are the iron oxides in other surface soils.

The increase in negative charge (Tab. 2) and an increase in surface area from 6 to 12 m^2/g following acid treatment indicate that aluminium oxides play a role in cementing the fine particles into larger aggregates. After dithionite treatment the surface area decreased to 9 m^2/g presumably due to removal of amorphous ferric hydroxide, which was also responsible for most of the original phosphate sorption. After carbonate treatment, which removed much larger amounts of silica than for the other soils, the surface area again increased from 9 to 13 m^2/g. This suggests that silica also could be involved in aggregating or enmeshing smaller particles, preventing complete dispersion and access of sites for phosphate sorption. It is also possible that silica could be occupying positive sites which become available for phosphate sorption following carbonate treatment. The extent of the decrease in phosphate sorption after dithionite treatment indicates that for the surface soil of Borda series iron oxides are more important than aluminium oxides in phosphate sorption. However, when amorphous silica was removed by carbonate treatment, sorption by the residue was equally important. Whether this sorption is due to alumino-silicate material alone or to other oxides previously protected by silica has not yet been established.

Conclusions

The data presented indicate that the relative importance of iron and aluminium oxides (or hydroxides) varies from soil to soil and with depth in the one profile. Except where much amorphous iron is newly precipitated from the reduced state, iron oxides in surface soils appear to be rather inactive in phosphate sorption, possibly because of prior occupation of sites by organic matter.

For the older soils, aluminium oxides seem to be the prime cause of phosphate fixation in the surface soils whereas iron oxides are much more significant in subsurface soils. In the young alluvial soils subjected to prolonged flooding each year, aluminium oxides were found to have a significant role as an aggregating or cementing agent. This aggregation may also limit access to potential sites of phosphate fixation on the amorphous iron oxides and alumino-silicates. *Deshpande* et al. (1968) and *Tweneboah* et al. (1967, 1969), have previously found that in many surface soils of the tropics and subtropics aluminium oxides play the dominant role in influencing physical properties. In the young soil amorphous silica is also implicated as a blocking or aggregating agent, preventing phosphate sorption on potential sites.

Acknowledgement

We are grateful to *Dr. H. Brammer* formerly of F. A. O. Soil Survey, East Pakistan, for providing the soil samples.

References

Bond, R. D.: The colorimetric determination of iron and aluminium. CSIRO Aust. Div. Soils Tech. Memo. No. 1/57 (1957).

Brinkman, R.: Ferrolysis, a hydromorphic soil forming processes. Geoderma **3**, 199—206 (1969/70).

Bromfield, S. M.: Studies on the relative importance of iron and aluminium in the sorption of phosphate by some Australian soils. Aust. J. Soil Res. **3**, 31—44 (1965).

Colwell, J. D.: Phosphate sorption by iron and aluminium oxides. Aust. J. Appl. Sci. **10**, 95—103 (1959).

Deshpande, T. L., Greenland, D. J. and *Quirk, J. P.:* Changes in soil properties associated with the removal of iron and aluminium oxides. J. Soil Sci. **19**, 108—122 (1968).

Follett, E. A. C., McHardy, W. J., Mitchell, B. D. and *Smith, B. F. L.:* Chemical dissolution techniques in the study of soil clays. Clay Minerals **6**, 23—34 (1965).

Fox, R. L., Plucknett, D. L. and *Whitney, A. S.:* Phosphate requirements of Hawaiian latosols and residual effects of fertiliser phosphorus. 9th Int. Cong. Soil Sci., Adelaine **1** or **2**, 301—310 (1968).

Gorbunov, N. I.: Importance of minerals for soil fertility. Soviet Soil Sci. No. 7, 755—767 (1959).

Greenland, D. J., Oades, J. M. and *Sherwin, T. W.:* Electron-microscope observations of iron oxides in some red soils. J. Soil Sci. **19**, 123—126 (1968).

Habibullah, A. K. M., Greenland, D. J. and *Brammer, H.:* Clay mineralogy of some seasonally flooded soils of East Pakistan. J. Soil Sci. **22**, 179—190 (1971).

Hingston, F. J., Atkinson, R. J., Posner, A. M. and *Quirk, J. P.:* Specific adsorption of anions on goethite. 9th Int. Cong. Soil Sci. Adelaine **1**, 669—678 (1968).

Hsu, P. H.: Fixation of phosphate by aluminium and iron in acid soils. Soil Sci. **99**, 398—402 (1965).

Jurinak, J. J.: Surface chemistry of hematite: Anion penetration effect on water adsorption. Soil Sci. Soc. Amer. Proc. **30**, 559—562 (1966).

Muljadi, D., Posner, A. M. and *Quirk, J. P.:* The mechanism of phosphate adsorption by kaolinite, gibbsite and pseudoboehmite. J. Soil Sci. **17**, 212—238 (1966).

Mullin, J. B. and *Riley, J. P.:* The colorimetric determination of silicate with special reference to sea and natural waters. Analytica Chim. Acta **12**, 162—176 (1955).

Parks, G. A.: The isoelectric points of solid hydroxides, and aqueous hydroxo complex systems. Chem. Rev. **65**, 177—198 (1965).

Sandell, E. B.: Colorimetric metal analysis. 3rd. Ed. Intersci., New York (1959).

Schwertmann, U.: Differenzierung der Eisenoxide des Bodens durch Extraktion mit saurer Ammoniumoxalatlösung. Z. Pflanzenernähr., Düng., Bodenkunde **105**, 194—202 (1964).

Tweneboah, C. K., Greenland, D. J. and *Oades, J. M.:* Changes in charge characteristics of soils affer treatments with 0.5 M calcium chloride at pH 1.5. Aust. J. Soil Res. **5**, 247—261 (1967).

Tweneboah, C. K., Kijne, J. W. and *Greenland, D. J.:* Influence of active aluminium oxides on water movement in soils. Aust. J. Soil Res. **20**, 325—331 (1969).

Watanabe, F. S. and *Olsen, S. R.:* Test of an ascorbic acid method for determining phosphorus in water and sodium bicarbonate extracts from soil. Soil Sci. Soc. Amer. Proc. **29**, 677—678 (1965).

Summary

The clay fractions of a range of soils from East Pakistan, previously characterised by X-ray diffraction, electron-microscopy and other methods have been used to determine the relative importance of different hydrous oxides to their physico-chemical characteristics. Phosphate sorption and charge properties have been measured after treatment at pH 1.5 to remove active aluminium hydrous oxides, dithionite reduction to remove hydrous oxides of iron and finally 5 % sodium carbonate to remove amorphous silica and disordered alumino-silicates.

The positive charges of the older soils decreased following the successive treatments to remove "active" aluminium and iron and amorphous alumino-silicates; phosphate sorption decreased most after removal of aluminium oxides from the surface soils, but in sub-surface soils after removal of iron oxides. Carbonate treatment of the young alluvial soil increased its surface area and the amount of phosphate sorbed, a result not observed for the other soils studied.

Résumé

Les fractions d'argile d'une groupe de sols du Pakistan, de l'Est caractérisées précédement par une diffraction radiologique, par la microscopie électronique et par d'autres méthodes, ont été utilisées pour déterminer l'importance relative des différents oxydes hydriques à leur caractéristiques physico-chimiques. La sorption des phosphates et les propriétés de charge ont été mesurées après un traitement à pH 1,5 pour extraire les actifs oxydes hydriques d'aluminium, une réduction hyposulfite pour ôter les oxydes hydriques de fer, et finalement 5 % du carbonate du soude pour extraire la silice amorphe et les alumino-silicates désordonnés.

Les charges positives des terres plus anciens, ont décru suivant les traitements consécutifs pour extraire l'aluminium et le fer «actifs» et les alumino-silicates amorphes; la sorption des phosphates a décru le plus après l'extraction des oxides d'aluminium des terres de surface, mais dans les terres de sous-surface, après l'extraction des oxides de fer. Un traitement au carbonate de la jeune terre alluviale en a augmenté la superficie aussi bien que la sorption des phosphates, résultat qui ne s'est pas montré pour les autres terres étudiées.

Zusammenfassung

An Tonfraktionen ostpakistanischer Böden, die vorher röntgenographisch und elektromikroskopisch beschrieben worden waren, wird der Einfluß verschiedener Hydroxide auf physikalisch-chemische Eigenschaften untersucht. Phosphatsorption und Ladungseigenschaften wurden bestimmt nach Behandlung mit einer $CaCl_2$-Lösung von pH 1,5 zur Entfernung aktiven Al-hydroxids, mit Dithionit(Fe-oxide) und danach mit 5 % Na_2CO_3 (amorphe Kieselsäure und schlecht kristallisierte Al-silicate).

Die positive Ladung der älteren Böden sinkt nach den drei Behandlungen. P-Sorption sinkt am stärksten in den Oberböden nach der pH 1,5-Behandlung, in den Unterböden nach Dithionitbehandlung. Die Carbonatbehandlung erhöht die spezifische Oberfläche und die P-Sorption der jungen alluvialen Böden, nicht dagegen die der anderen Böden.

Report on Topic 1.1: Sesquioxide Formation and -Transformation

*By J. van Schuylenborgh**)

Before going into the matter of summarizing the contributions, it seems useful to present a short introduction into the theoretical stability relations between the iron and manganese oxides and -hydroxides. It is expected to show that it is then possible to place the various contributions into a theoretical framework so that a clearer understanding can be obtained of some of the many processes which occur in hydromorphic soils.

One of the ways of comparing stabilities of reducible and oxidizable compounds is the construction of theoretical Eh-pH diagrams. To do so it is in the first place necessary to decide which compounds are stable and which are unstable. Table 1 shows the equa-

Table 1

Equations needed for establishing the thermodynamic stabilities of the various Fe(II) and Fe(III) oxides and hydroxides

Equations	ΔF_f° values used:	
$Fe(s) + {}^1/_2 O_2 \rightleftharpoons FeO(s)$ $\Delta F_r^\circ = -58.4$ kcal mole^{-1}	FeO	$-$ 58.4 kcal mole^{-1}
$FeO(s) + H_2O \rightleftharpoons Fe(OH)_2(s)$ $\Delta F_r^\circ = -0.5$ kcal mole^{-1}	$Fe(OH)_2$	$-$ 115.6 kcal mole^{-1}
$3Fe(OH)_2(s) \rightleftharpoons Fe_3O_4(s) + H_2(g) + 2H_2O$ $\Delta F_r^\circ = -9.7$ kcal mole^{-1}	Fe_3O_4	$-$ 242.4 kcal mole^{-1}
$Fe_3O_4(s) + 4H_2O \rightleftharpoons Fe_3(OH)_8(s)$ $\Delta F_r^\circ = +18.0$ kcal mole^{-1}	$Fe_3(OH)_8$	$-$ 451.2 kcal mole^{-1}
$Fe(OH)_3(s) \rightleftharpoons \gamma\text{-}FeOOH(s) + H_2O$ $\Delta F_r^\circ = -4.1$ kcal mole^{-1}	$Fe(OH)_3$	$-$ 166.0 kcal mole^{-1}
$\gamma\text{-}FeOOH(s) \rightleftharpoons \alpha\text{-}FeOOH(s)$ $\Delta F_r^\circ = -3.3$ kcal mole^{-1}	γ-FeOOH	$-$ 114.0[1]) kcal mole^{-1}
$2\gamma\text{-}FeOOH(s) \rightleftharpoons Fe_2O_3(s) + H_2O$ $\Delta F_r^\circ = -6.4$ kcal mole^{-1}	α-FeOOH	$-$ 117.3[1]) kcal mole^{-1}
$2\alpha\text{-}FeOOH(s) \rightleftharpoons Fe_2O_3(s) + H_2O$ $\Delta F_r^\circ = +0.2$ kcal mole^{-1}	$\alpha\text{-}Fe_2O_3$	$-$ 177.7 kcal mole^{-1}
	H_2O	$-$ 56.7 kcal mole^{-1}

*) Fysisch geografisch en bodemkundig laboratorium, Dapperstraat 115, Amsterdam-Oost, Niederlande.

[1]) Calculated from Eh, pH, and [Fe^{2+}] estimations in suspensions of the indicated minerals and aqueous solutions of hydroquinone.

tions needed for establishing the stabilities of the various oxides and hydroxides of iron and permits the conclusion that only magnetite and goethite can occur stably. In a similar way it can be decided that Fe^{3+} and Fe^{2+} are the dominant dissolved species of iron in the system Fe(s) — O_2(g) — H_2O(l).

The stability relations between magnetite and goethite as the stable solid phases on the one hand and of water and dissolved species on the other as function of Eh and pH are shown in Figure 1. The boundary between solids and dissolved species has been

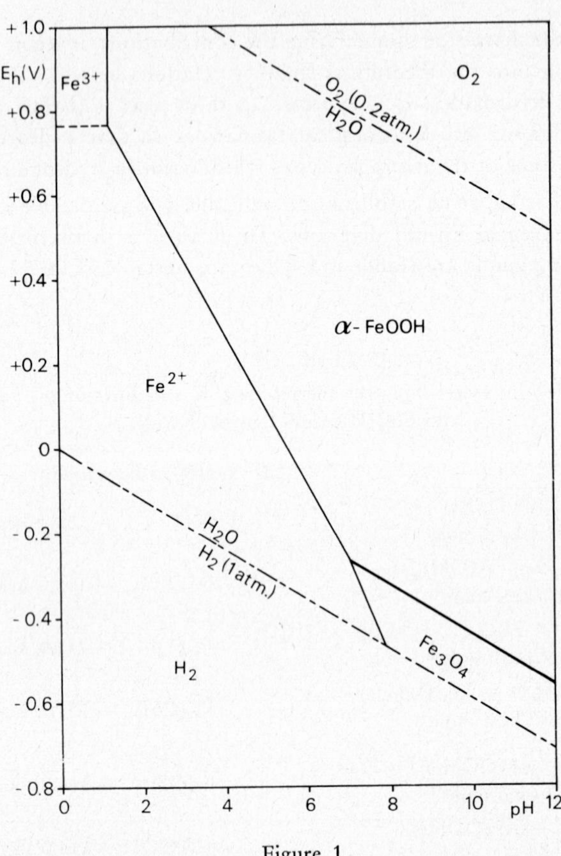

Figure 1

Stability fields of the stable Fe-phases in free water, at standard conditions. Boundaries of the solids at total activity of dissolved species of 10^{-5}.

$Fe_3O_4(s) + 2H_2O \rightleftharpoons 3\alpha\text{-}FeOOH(s) + H^+ + e$	$Eh = 0.15 - 0.06\ pH$
$3Fe^{2+} + 4H_2O \rightleftharpoons Fe_3O_4(s) + 8H^+ + 2e$	$Eh = 0.97 - 0.09\ lg\ [Fe^{2+}] - 0.24\ pH$
$Fe^{2+} + 2H_2O \rightleftharpoons \alpha\text{-}FeOOH(s) + 3H^+ + e$	$Eh = 0.69 - 0.06\ lg\ [Fe^{2+}] - 0.18\ pH$
$\alpha\text{-}FeOOH(s) + 3H^+ \rightleftharpoons Fe^{3+} + 2H_2O$	$lg\ [Fe^{3+}] = -1.3 - 3\ pH$
$Fe^{2+} \rightleftharpoons Fe^{3+} + e$	$Eh = 0.77 + 0.06\ lg \frac{[Fe^{3+}]}{[Fe^{2+}]}$
$2H_2O \rightleftharpoons O_2(g) + 4H^+ + 4e$	$Eh = 1.23 + 0.015\ lg\ \varrho\ O_2 - 0.06\ pH$

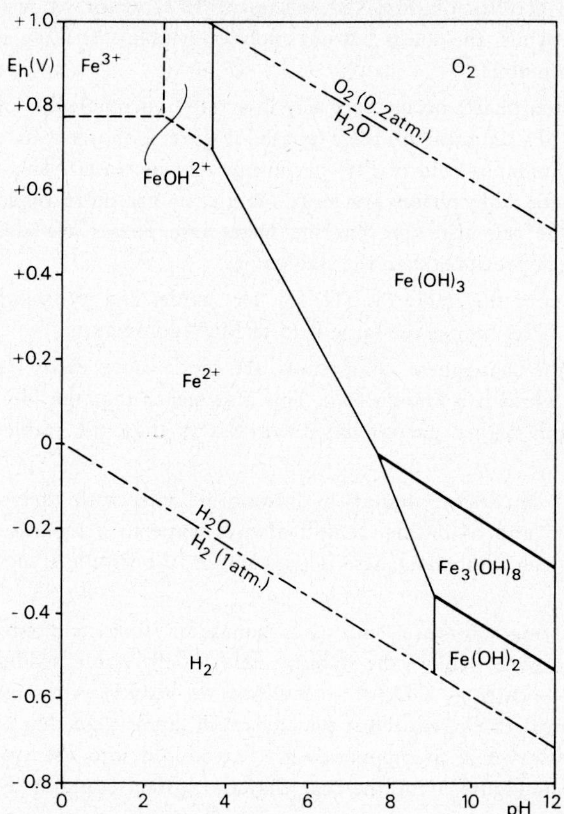

Figure 2

Stability fields of the metastable Fe-phases in free water, at standard conditions. Boundaries of the solids at total activity of dissolved species of 10^{-5}.

$3Fe(OH)_2(s) + 2H_2O \rightleftharpoons Fe_3(OH)_8(s) + 2H^+ + 2e$	$Eh = 0.20 - 0.06\ pH$
$Fe_3(OH)_8(s) + H_2O \rightleftharpoons 3Fe(OH)_3(s) + H^+ + e$	$Eh = 0.43 - 0.06\ pH$
$Fe(OH)_2(s) + 2H^+ \rightleftharpoons Fe^{2+} + 2H_2O$	$\lg [Fe^{2+}] = 13.3 - 2\ pH$
$3Fe^{2+} + 8H_2O \rightleftharpoons Fe_3(OH)_8(s) + 8H^+ + 2e$	$Eh = 1.37 - 0.09 \lg [Fe^{2+}] - 0.24\ pH$
$Fe^{2+} + 3H_2O \rightleftharpoons Fe(OH)_3(s) + 3H^+ + e$	$Eh = 1.06 - 0.06 \lg [Fe^{2+}] - 0.18\ pH$
$Fe(OH)_3(s) + 2H^+ \rightleftharpoons FeOH^{2+} + 2H_2O$	$\lg [FeOH^{2+}] = 2.4 - 2\ pH$
$Fe^{2+} + H_2O \rightleftharpoons FeOH^{2+} + H^+ + e$	$Eh = 0.92 + 0.06 \lg \frac{[FeOH^{2+}]}{[Fe^{2+}]} - 0.06\ pH$
$Fe^{3+} + H_2O \rightleftharpoons FeOH^{2+} + H^+$	$\lg \frac{[FeOH^{2+}]}{[Fe^{2+}]} = pH - 2.5$
$Fe^{2+} \rightleftharpoons Fe^{3+} + e$	$Eh = 0.77 + 0.06 \lg \frac{[Fe^{3+}]}{[Fe^{2+}]}$
$H_2O \rightleftharpoons O_2(g) + 4H^+ + 4e$	$Eh = 1.23 + 0.015 \lg \varrho O_2 - 0.06\ pH$

drawn at the total activity of dissolved species of 10^{-5}, which value is assumed to be the activity above which the solids become mobile (soluble). Striking is the small field in which goethite is mobile.

As the metastable iron phases occur especially in active hydromorphic soils, it is desirable to prepare an Eh-pH diagram of these phases. Figure 2 shows such a diagram. It is evident that the dominance field of Fe^{2+} is considerably increased. This permits the conclusion that the metastable phases are more mobile, or are more readily reduced than the stable ones. One can also say that the metastable phases are already reduced at higher partial oxygen pressures than the stable ones.

The Eh-pH diagram of the stable Mn (II, III, IV) oxides and hydroxides so far known is shown in Figure 3. Striking is the large field of Mn^{2+} dominance.

This means that the manganese compounds are much more easily reduced than the ferric compounds, which is a known fact. This also means that the Mn (III, IV) oxides are reduced at much higher partial oxygen pressures than the stable and metastable ferric oxides.

The conclusion can be drawn that in hydromorphic soils with their alternating conditions of reduction and oxidation, it will always come to a separation (by diffusion when reduced) of iron and manganese depositions in the profile if no interfering substances are present.

However, if interfering substances such as carbonate or silicic acid were present, things could be changed. Figure 4 shows the stability fields of the stable products in the system (M : Fe or Mn)(s) — O_2(g) — CO_2(g) — SiO_2(a,s) — H_2O(l). Although the dominance field of Mn^{2+} is considerably reduced it remains much larger than that of Fe^{2+}. A similar conclusion can be drawn if S-compounds are introduced into the system. An Eh-pH diagram is shown in Figure 5 for the case that the system contains S-compounds at a total activity of 10^{-2}.

Although organic substances can complicate the whole matter because of their capability to form stable metal-complexes and although there is a limited possibility to form mixed crystals [Mn(II) may be replaced by Fe(III) and Mn(IV) by Fe(III)] resulting in stability diagrams in which the solid-solution boundaries approach each other, it is fairly safe to conclude that the already mentioned statement on the reducibility of Mn- and Fe-compounds is quite correct.

Based on this knowledge and taking into account the soil-hydrology, hydromorphic features can be expected as indicated very schematically and very much idealized in Figure 6.

An example of the latter case is represented by one of the profiles of *Brümmer*'s contribution (see his Tab. 1). The horizon of maximum iron accumulation is at a greater depth and at a lower Eh-value than the horizon of maximum manganese accumulation. Moreover the table shows that sulphides occur at the lowest redox-levels, which is confirmed by Figure 5.

Apart from these more or less horizontal and short distance redistributions of iron and manganese, *Fanning*, *Hall*, and *Foss* showed that also a long distance process occurred in gley soils. They were able to demonstrate that in wet soils a considerable amount of iron is leached from the profile.

As reduction can be considered to be a process consuming electrons, electrons have to be produced by another, an oxidation, process. One of the most important redox half-cells in soils is the $H_2O/O_2(g)$ couple:

$$2H_2O \rightleftharpoons O_2(g) + 4H^+ + 4e \qquad (1)$$
$$Eh = 1.23 + 0.015 \lg \varrho O_2 - 0.06 \, pH$$

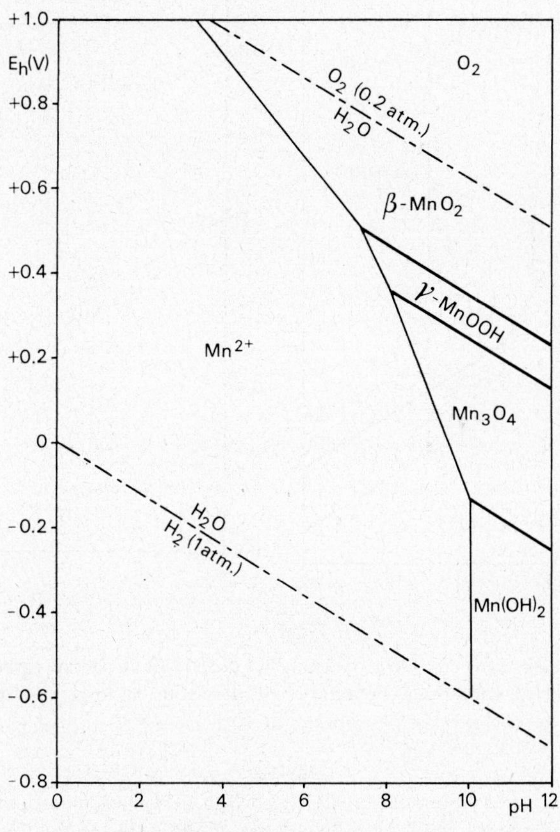

Figure 3

Stability relations in the system Mn(s) — $O_2(g)$ — H_2O at standard conditions. Boundaries of the solids at total activity of dissolved species of 10^{-5}.

$3Mn(OH)_2(s) \rightleftharpoons Mn_3O_4 + 2H_2O + 2H^+ + 2e$	$Eh = 0.47 - 0.06 \, pH$
$Mn_3O_4(s) + 2H_2O \rightleftharpoons 3\gamma\text{-}MnOOH(s) + H^+ + e$	$Eh = 0.85 - 0.06 \, pH$
$\gamma\text{-}MnOOH(s) \rightleftharpoons \beta\text{-}MnO_2(s) + H^+ + e$	$Eh = 0.95 - 0.06 \, pH$
$Mn^{2+} + 2H_2O \rightleftharpoons Mn(OH)_2(s) + 2H^+$	$\lg [Mn^{2+}] = 15.2 - 2 \, pH$
$3Mn^{2+} + 4H_2O \rightleftharpoons Mn_3O_4(s) + 8H^+ + 2e$	$Eh = 1.80 - 0.09 \lg [Mn^{2+}] - 0.24 \, pH$
$Mn^{2+} + 2H_2O \rightleftharpoons \gamma\text{-}MnOOH(s) + 3H^+ + e$	$Eh = 1.45 - 0.06 \lg [Mn^{2+}] - 0.18 \, pH$
$Mn^{2+} + 2H_2O \rightleftharpoons \beta\text{-}MnO_2(s) + 4H^+ + 2e$	$Eh = 1.25 - 0.03 \lg [Mn^{2+}] - 0.12 \, pH$
$2H_2O \rightleftharpoons O_2(g) + 4H^+ + 4e$	$Eh = 1.23 + 0.015 \lg \varrho O_2 - 0.06 \, pH$

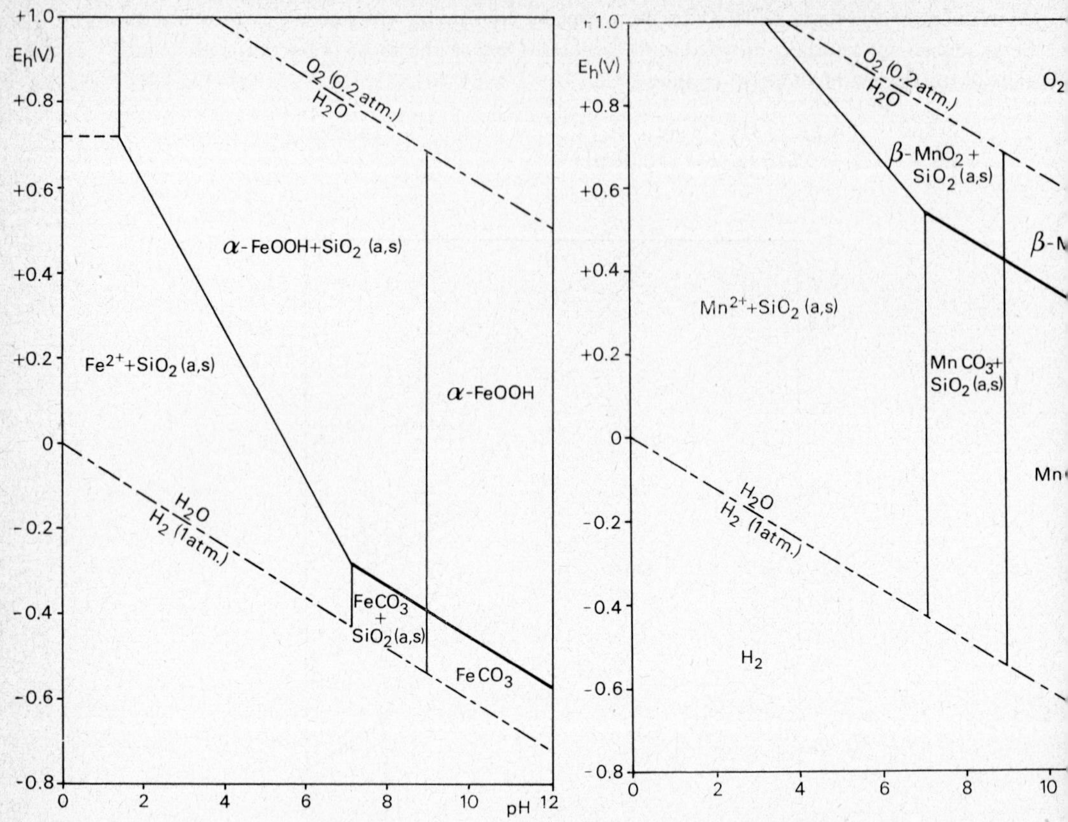

Figure 4a

Stability fields in the system Fe(s)-O_2(g)-CO_2(g)-SiO_2(a,s)-H_2O at partial carbon dioxide pressure of 10^{-2} and at standard conditions. Boundaries of the solids at total activity of dissolved Fe-species of 10^{-5}.

Figure 4b

Stability fields in the system Mn(s)-O_2(g)-CO_2(g)-SiO_2(a,s)-H_2O at partial carbon dioxide pressure of 10^{-2} and at standard conditions. Boundaries of the solids at total activity of dissolved Mn-species of 10^{-5}.

So, if oxygen-gas is withdrawn from the system electrons are produced which then can serve to reduce Mn(III, IV) and Fe(III) compounds. Microorganisms and organic matter can achieve this and this has been clearly shown by *Brümmer*. Also *Fanning, Hall*, and *Foss* showed that a high organic matter content (umbric epipedon) leads to a servere reduction and loss of iron. Finally *Brümmer* showed that mottles and concretions are especially formed around pores (entrapped air), carbonate shells (high pH-value) and on Fe(III)-hydroxide rims around weathering iron minerals which can be easily explained by considering the various oxidation reactions presented in the figures 1 to 3. The accumulation of iron and manganese around shells of diatoms is difficult to explain.

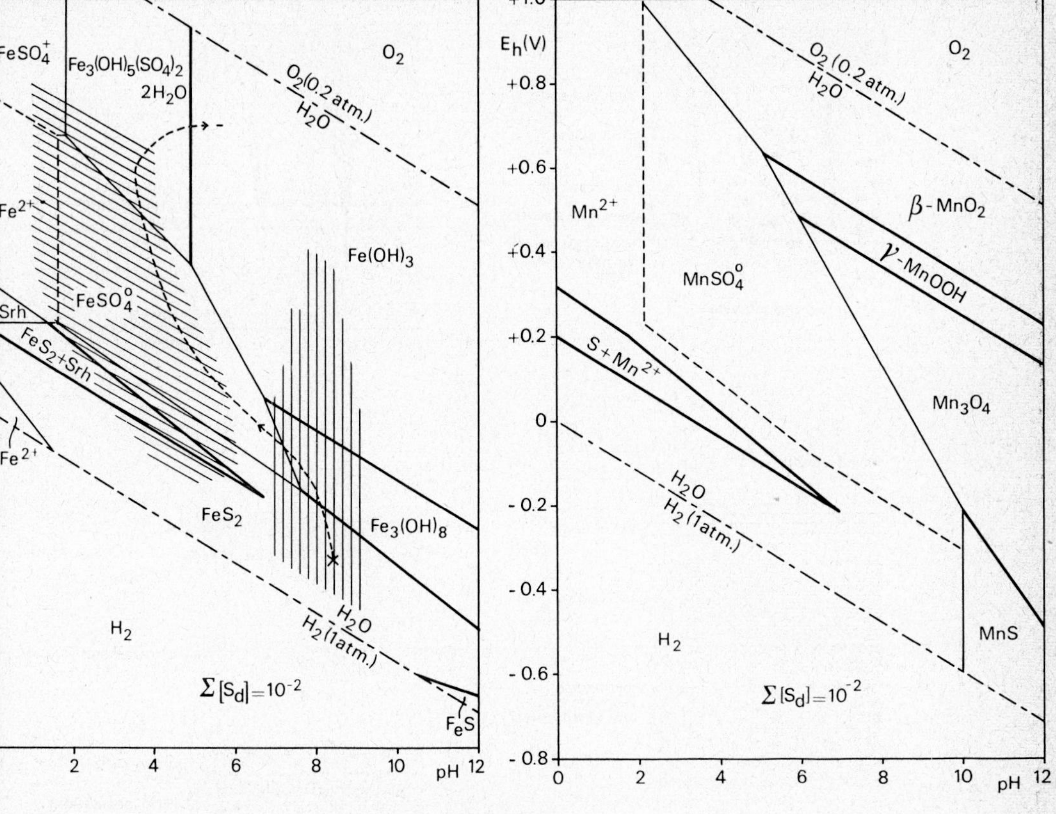

Figure 5a

Stability fields in the system Fe(s)-O_2(g)-S(s)-H_2O at total activity of dissolved S-species of 10^{-2} and at standard conditions. Boundaries of the solids at total activity of dissolved Fe-species of 10^{-5}.

Figure 5b

Stability fields in the system Mn(s)-O_2(g)-S(s)-H_2O at total activity of dissolved S-species of 10^{-2} and at standard conditions. Boundaries of the solids at total activity of dissolved Mn-species of 10^{-5}.

Ottow investigated especially the reduction mechanism. He suggested that gley formation can be represented in the way *Arden* did:

$$2Fe(OH)_3(s) + Fe^{2+} + 2H_2O \rightleftharpoons Fe_3(OH)_8(s) + 2H^+ \quad (2)$$

(brown) (green-grey)

As the calculated equilibrium constant is $10^{-10.5}$, and although the formation of green-grey spots does not necessarily mean the formation of $Fe_3(OH)_8$, it must be stated that this process is only possible if energy is supplied to produce the Fe^{2+}-ions, needed to shift the reaction to the right side. These Fe^{2+}-ions can be formed by the interference

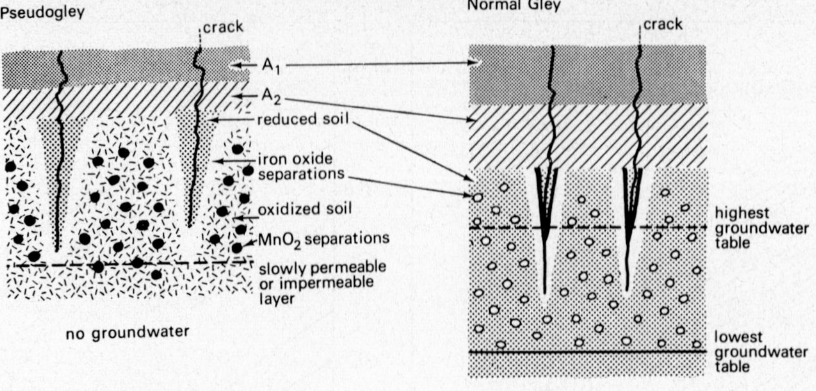

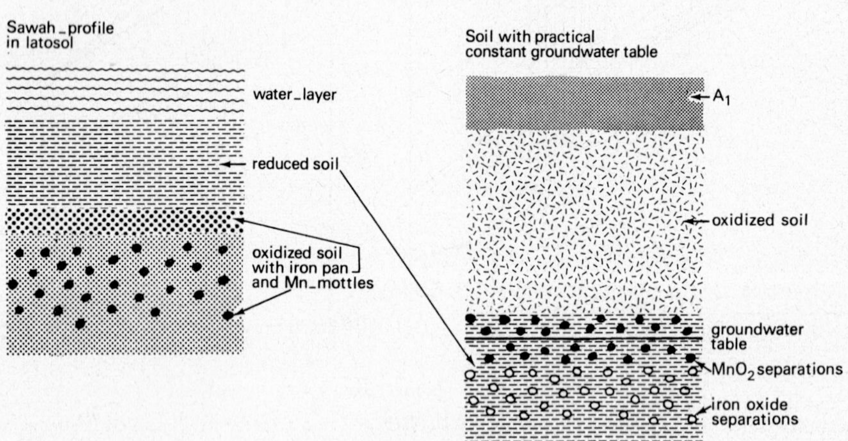

Figure 6

Iron and manganese separations in hydromorphic soils.

of micro-organisms which produce electrons from the decomposition of readily available organic matter.

Now, *Ottow* believes on many grounds that anaerobic, N_2-fixing *Clostridia* are responsible for this. The grounds are the following: they are 1) capable to reduce iron; 2) anaerobic; 3) widely distributed in any soil; 4) capable of forming spores under unfavourable conditions; and they are 5) covering their nitrogen-demand by fixing atmospheric N_2. Finally, 6) waterlogged soil show remarkably high N_2-fixation rates, provided some fermentable organic matter is present.

Furthermore *Ottow* thinks that the facultative anaerobic iron reducing bacteria, such as *Bacillus sphaericus* and *B. pumilus*, are only important in the first phases after water-saturation because of their facultative anaerobic way of living and often complex nutritional requirements. According to *Ottow* the three steps in gley-formation are therefore:

1. Inorganic fermentation by *Clostridium* species:

$$\text{energy source} \xrightarrow[\text{dehydrogenase}]{} e + H^+ + ATP + \text{endproducts} \quad (3)$$

2. $Fe(OH)_3(s)$ as electron acceptor:

$$Fe(OH)_3(s) + 3H^+ + e \rightleftharpoons Fe^{2+} + 2H_2O \quad (4)$$

3. Gley formation:

$$2Fe(OH)_3(s) + Fe^{2+} + 2H_2O \rightleftharpoons Fe_3(OH)_8(s) + 2H^+ \quad (5)$$

The rôle of micro-organisms in the reduction process can also be intermediate. They are able to produce from fresh organic material decomposition products such as poly-phenolic acids. These are fairly strong reducing agents and especially fungi are capable to produce such substances. From the standard redox potentials of known poly-phenolic acids, such as protocatechuic acid and gallic acid (which are shown to be present in many soils), it can be concluded that these are very easily capable to reduce Mn(III, IV) compounds but hardly Fe(III) compounds. The fact that *Miehlich* and *Zöttel* found that a vegetation of spruce as compared to one of oak and beech led to a considerably increased Mn mobility and hardly to an increased Fe mobility could point to the above proposed mechanism.

The question why in some cases goethite and in other instances amorphous ferric hydroxide and lepidocrocite are formed under alternative reduction and oxidation conditions is difficult to answer. It seems to depend on the dynamics of the following processes: Assuming the presence of goethite or magnetite at some place in the gley horizon, reduction can be represented by:

$$\alpha\text{-}FeOOH(s) + 3H^+ + e \rightleftharpoons Fe^{2+} + 2H_2O \quad (6)$$
$$Eh = 0.69 - 0.06 \lg [Fe^{2+}] - 0.18 \text{ pH}$$

$$Fe_3O_4(s) + 8H^+ + 2e \rightleftharpoons 3Fe^{2+} + 4H_2O \quad (7)$$
$$Eh = 0.97 - 0.09 \lg [Fe^{2+}] - 0.24 \text{ pH}$$

Oxidation during periods of drought:

$$Fe^{2+} + 2H_2O \rightleftharpoons \gamma\text{-}FeOOH(s) + 3H^+ + e \quad (8)$$
$$Eh = 0.86 - 0.06 \lg [Fe^{2+}] - 0.18 \text{ pH}$$

or

$$Fe^{2+} + 3H_2O \rightleftharpoons Fe(OH)_3(s) + 3H^+ + e \quad (9)$$
$$Eh = 1.06 - 0.06 \lg [Fe^{2+}] - 0.18 \text{ pH}$$

Ageing can be represented by:

$$\gamma\text{-}FeOOH(s) \rightleftharpoons \alpha\text{-}FeOOH(s) \quad (10)$$
$$\Delta F_r^\circ = -3.3 \text{ kcal mole}^{-1}$$

or

$$Fe(OH)_3(s) \rightleftharpoons \alpha\text{-}FeOOH(s) + H_2O \quad (11)$$
$$\Delta F_r^\circ = -8.0 \text{ kcal mole}^{-1}$$

which processes are spontaneous from the energetic point of view. Now, if the ageing processes are proceeding slowly (which may be concluded from *Ćirić'* and *Škorić'* contribution) and the reduction and oxidation reactions quickly, it can be understood that $Fe(OH)_3$ and γ-FeOOH are predominantly present in active hydromorphic soils.

From the E° values of equations (6), (8), and (9) it can be concluded that the formation of goethite is favoured by low redox potentials, which means according to:

$$Fe^{2+} \rightleftharpoons Fe^{3+} + e$$
$$Eh = 0.77 + 0.06 \lg \frac{[Fe^{3+}]}{[Fe^{2+}]}$$

low $[Fe^{3+}]$ values. This is in perfect agreement with an earlier experience of *Schwertmann* who demonstrated that organic substances capable of complexing Fe^{3+} favoured the formation of goethite. Also high pH values would produce the same effect and this was shown by both *Schwertmann* and *Fischer*.

Also both *Schwertmann* and *Taylor* and *Fischer* consider the transformation of γ-FeOOH and $Fe(OH)_3$, respectively, as a three step mechanism:

(1) dissolution of lepidocrocite or ferric hydroxide; 2) formation of goethite nuclei; 3) growth of goethite crystals.

Each of these three steps can be rate determining. Dissolved silicic acid seems to retard or even to prevent the nucleation reaction. The presence of Cl^- ions completely inhibited the conversion.

Schwertmann and *Taylor* found that although the Fe^{2+} ion promoted the dissolution of γ-FeOOH (the promoting reaction being dependent on concentration), its concentration in the soil solution is too low to have any effect, whereas *Fischer* found that in the case of $Fe(OH)_3$ such concentrations were sufficiently high for its dissolution. Moreover, the pH level was of great importance as it appeared that the promoting effect of Fe^{2+} was maximum at a value of 6.5. It was believed by *Fischer* that the dissolution of $Fe(OH)_3$ was preceded by an adsorption of Fe^{2+} to the lattice. As the amorphous ferric hydroxide has at low pH values a positive charge adsorption of Fe^{2+} is practically impossible. At the pH values above the isoelectric pH adsorption is possible and then dissolution of $Fe(OH)_3$ too. As a conclusion it might be stated that the transformation if $Fe(OH)_3$ or γ-FeOOH into goethite requires a certain activation energy; it seems that the adsorption of Fe^{2+} delivers this energy.

Čirić and *Škorić* showed that it is possible to distinguish on morphological, mineralogical and chemical grounds between recent and relict iron and manganese concretions as results of pseudogleying. A interesting fact is that these authors consider the laterite soils as the tropical equivalents of the pseudogleys of the temperate zones, an idea with which the summarizer agrees with pleasure.

Finally *Fanning, Hall* and *Foss* concluded on the basis of water table, soil morphological, and chemical studies that the criteria used to classify hydromorphic soils on the subgroup level of the 7th Approximation of the American Soil classification system can be used very well to distinguish between the various hydromorphic soils. From the summarizers' own experience in classifying hydromorphic soils in the Netherlands, he can state that he agrees very well with this conclusion.

Rôle du Soufre dans la Pédogenèse et l'évolution des Charactères Physicochimiques dans les Sols Hydromorphes Littoraux des Régions Tropicales

Par *J. Vieillefon*)*

Introduction

Mis à part les dépôts de plages plus ou moins modelés en dunes et en terrasses essentiellement sableuses, les sols des régions littorales sont le plus souvent formés à partir de sédiments vaseux fins issus du démantèlement des couvertures latéritiques (au sens large) des bassins versants des fleuves tropicaux.

Sauf dans les cas où des cours d'eau importants amènent à la mer suffisamment de matériaux variés pour construire des deltas (Sénégal, Niger), l'embouchure des rivières se termine dans des estuaires généralement démesurés par rapport à l'alimentation actuelle de leurs cours supérieurs. Les estuaires de ces côtes à »rias« sont essentiellement dus à la liaison entre des phases érosives particulièrement agressives au Quaternaire ancien et un abaissement considerable du niveau marin. La marée se fait sentir très loin à l'intérieur des terres.

La construction de cordons littoraux à l'embouchure, au cours de phases transgressives, liée à des circulations d'eau principalement dues au mouvement des marées, a favorisé la sédimentation d'importantes masses de vases fines, qui ont été colonisées au fur et à mesure de leur exondation par une formation végétale caractéristique, la mangrove. C'est le cas pour les estuaires du Saloum et de la Casamance, au Sénégal.

Dès leur fixation par la mangrove ces vases subissent une évolution rapide, et grâce à la liaison étroite existant entre les conditions de submersion, la végétation et le régime hydrique, on dispose d'une gamme de sols en voie d'évolution dans lesquels de nombreuses caractéristiques pédologiques évoluent sous nos yeux.

Les sols formés sur ces sédiments fluvio-marins ont fait l'objet de nombreuses études, axées principalement sur l'évolution produite par des aménagements destinés à les rendre cultivables (9, 10, 1, 2, 3, 4, 5).

La chronoséquence des mangroves aux tannes

Les profils caractéristiques de la chronoséquence ont été définis par rapport aux changements affectant principalement le régime hydrique et la végétation, c'est pourquoi nous passerons en revue rapidement ces deux facteurs avant d'aborder la morphologie des profils (12).

*) Centre ORSTOM de Dakar (Sénégal)

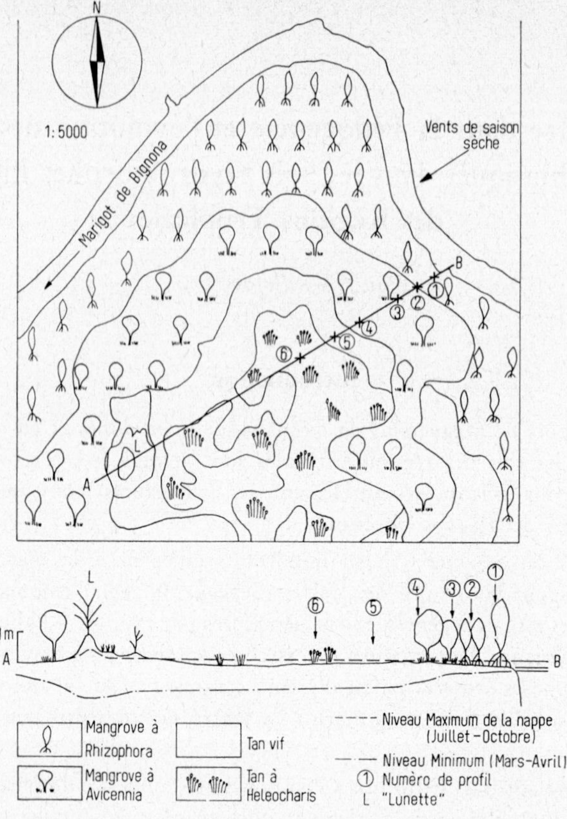

Figure 1

1. *Régime hydrique*

L'extention progressive par accrétion des bancs de vase colonisés par la mangrove oppose un frein à la submersion régulière par les marées en reculant progressivement sa limite interne. Le piège que constituent les racines des palétuviers contribue d'ailleurs à ce phénomène en exhaussant le niveau du sol par les dépôts de matières en suspension.

Une importante zone intérieure de l'estuaire ne se trouve plus inondée que par les marées de vives eaux, puis par les seules grandes marées. La zone la plus interne (tanne) peut même être presque complètement soustraite à la submersion par l'eau salée ou saumâtre, n'étant plus inondée qu'au cours de la saison des pluies.

Une tranche de sol de plus en plus épaisse se trouve ainsi progressivement soumise à des alternances de dessiccation et d'engorgement, produisant d'importants changements non seulement sur les caractèristiques physico-chimiques des sols que nous envisagerons plus loin, mais également sur le modelé.

2. *Végétation* (fig. 1)

C'est encore le régime hydrique qui commande la succéssion des groupements végétaux. Dans les zones les plus internes, il est fortement influencé par les alternances climatiques.

En effet, au défaut de submersion par les marées qui s'intensifie des mangroves vers les tannes s'ajoute une évaporation très intense, surtout en saison sèche. Les remontées capillaires provoquent une salure accrue de la nappe des tannes qui influe fortement sur la végétation.

Ainsi, du marigot bordé d'une frange plus ou moins épaisse de grands *Rhizophora racemosa,* on passe à une formation moins dense à *Rhizophora mangle,* puis au dessus des marées moyennes de vives eaux, à une formation moyennement dense à Avicennia nitida, qui disparait brusquement au seuil des tannes.

On passe alors à une bande de sol très salé sans végétation, puis enfin, vers le centre du tanne à une prairie à halophytes, là où persistent le plus longtemps les inondations d'eau douce de la saison des pluies.

Les traces de racines de Rhizophora que l'on retrouve en profondeur dans tous les profils (fig. 2a) permettent de penser que l'ensemble de la séquence de sols s'est formée à partir du sol de mangrove très humifère que l'on observe en bordure du marigot et que ce sont les variations du régime hydrique (raréfaction des submersions par les marées, évaporation croissante) qui sont responsables de la différenciation progressive des groupements végétaux: au fur et à mesure que la submersion diminue et que la salure affecte les horizons supérieurs, les Rhizophoras sont remplacés par les Avicennia plus résistants à la salure. Ces derniers disparaissent lorsque le sol s'assèche trop et devient trop salé, et il ne reparait une prairie rase à halophytes que lorsque la submersion annuelle due aux pluies est suffisamment longue.

La topographie favorable à ces variations du régime hydrique résulte de l'évolution même du sédiment d'où proviennent les sols, par tassement et deshydratation, aux quels peut s'ajouter la déflation éolienne, l'ensemble de ces phénomènes produisant un approfondissement de la zone centrale des tannes.

3. *Morphologie des sols* (fig. 2a)

Sous la mangrove à Rhizophora le sol est très fibreux, d'une teinte uniforme gris bleuté et gorgé d'eau. Un peu plus à l'intérieur de la formation, l'horizon supérieur s'éclaircit, la densité des fibres diminue.

Sous Avicennia, à l'éclaircissement du profil se superpose un brunissement dû probablement au type d'enracinement différent de ces palétuviers; simultanément la consistance devient moins ferme dans l'horizon moyen et la plasticité augmente.

Dans le tanne sans végétation, sous un horizon de surface de faible épaisseur poudreux très salé, les modifications sont plus importantes: une structure à tendance prismatique se développe sur 10 à 15 cms, tandis que la teinte grise s'agrémente de fines taches jaunes ou rouges; au dessous, jusqu'à 40 à 50 cms de profondeur, la consistance plastique se généralise, devenant même fluante, tandis que se développe de nombreuses taches jaune vif, souvent à l'emplacement d'anciennes racines de Rhizophora.

Dans le centre du tanne, la structure prismatique gagne en profondeur, et l'horizon moyen comporte des taches plus beige que dans le profil précédent.

Ces différenciations de profil on été observée sur une distance relativement courte (500 à 600 mètres), sur un matérieu homogène, et très probablement dans un contexte climatique actuel.

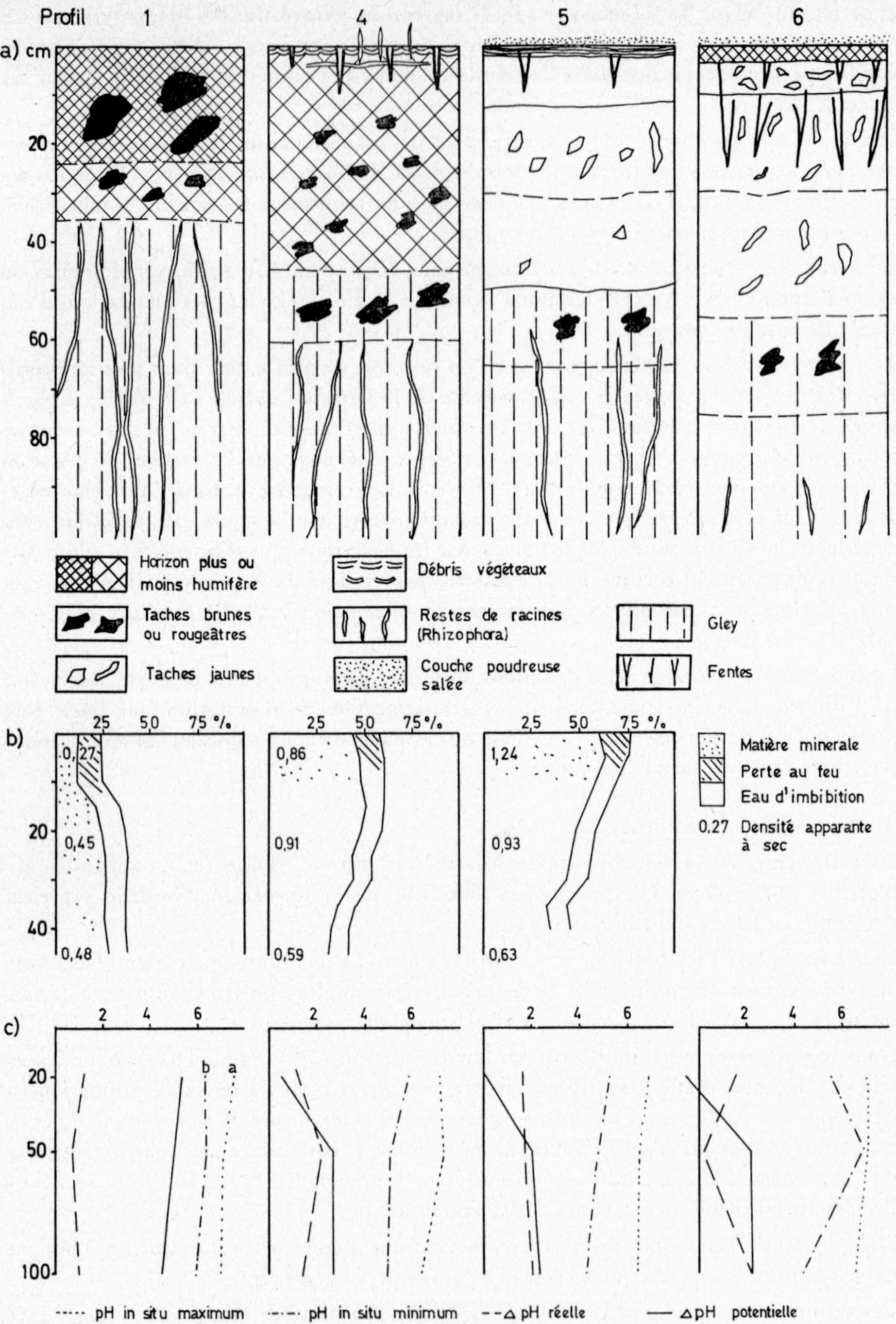
Profil 1 4 5 6
a) cm
20
40
60
80
Horizon plus ou moins humifère
Débris végétaux
Taches brunes ou rougeâtres
Restes de racines (Rhizophora)
Gley
Taches jaunes
Couche poudreuse salée
Fentes
b)
25 50 75 %
0,27
0,45
0,48
0,86
0,91
0,59
1,24
0,93
0,63
Matière minerale
Perte au feu
Eau d'imbibition
0,27 Densité apparante à sec
c)
2 4 6
b a
20
50
100
pH in situ maximum
pH in situ minimum
△ pH réelle
△ pH potentielle

Figure 2

Influence des éléments soufrés sur quelques caractèristiques évolutives

Nous étudierons tout d'abord l'évolution de quelques propriétés physiques du sol, puis le rôle des composés du soufre sur les propriétés physico-chimiques.

1. *Evolution des caractères physiques des sols*

Pour l'appréciation du tassement des sols on a utilisé des mesures de densité apparente. Sur les mêmes échantillons on a mesuré la teneur en eau en saison sèche ainsi que la perte au feu.

On a porté dans la figure 2b les pourcentages relatifs ces trois constituants »physiques« principaux de la séquence de sol de la mangrove au tanne.

On remarquera que dans le profil 1 (sols de mangrove à Rhizophora en bordure du marigot) les 15 cms supérieurs contiennent une grande quantité d'eau (environ 75 %) et beaucoup de matière organique; en profondeur il y a stabilisation à 25 % d'éléments minéraux, 10 % de matière organique et 65 % d'eau.

Dès le profil 4, et ceci ne fait que s'accentuer ensuite, il y a une nette perte d'eau dans les tranches supérieures, alors que vers 50 cms de profondeur, les pourcentages relatifs sont très proches des précédents.

Il se produit donc un fort tassement du sol dont la densité apparente, de 0,26–0,28 (horizon supérieur fibreux) à 0,48 (horizon profond) dans le sol de mangrove, passe à 1,24 (horizon supérieur sous la couche sursalée) à 0,63 (horizon profond) dans le tanne. Ce tassement est du surtout à la disparition de l'eau d'imbition et dans une moindre mesure à celle de la matière organique fibreuse qui formait la véritable armature du sol.

Un calcul approximatif a montré qu'une épaisseur de 1 mètre de sol de mangrove se réduit à 48 cms dans le tanne. Ceci permet de comprendre la morphologie de cuvette de ce dernier (fig. 1).

2. *Evolution du stock de soufre*

On ne reviendra pas sur l'orgine du soufre bloqué sous forme réduite qui est accumulé dans les sols de mangrove, dès leur sédimentation sous l'eau, mais surtout grâce à leur colonisation par les palétuviers du genre Rhizophora. Dans ce sol les teneurs courantes atteignent 40 ou même 50 pour 1000 en soufre total, dont la plus grande partie sous forme de sulfures de fer et de pyrite. Ceci explique que l'on trouve peu de fer sous d'autres formes dans ces sols, en particulier dans la solution du sol. En quelque sorte le sol de mangrove bloque le fer du milieu sous forme de sulfures.

Dès que le sol subit dans ses horizons supérieurs des alternances de dessiccation et d'engorgement, ce stock de soufre réduit est progressivement oxydé. Nous avons montré par ailleurs (13) qu'une phase de lessivage des fractions oxydées et de désagrégation des fractions réduites était nécessaire pour la poursuite de l'oxydation.

On observe en effet que les produits soufrés suivent un cycle annuel calqué sur le cycle climatique, au cours duquel se situe une phase d'oxydation (saison sèche) ainsi qu'une phase de réduction (hivernage), mais dont la résultante est une diminution progressive du stock réduit.

L'oxydation des sulfures peut produire du soufre élémentaire, en général quand l'assèchement est rapide, mais le plus souvent le stade ultime est le stade sulfate ou acide sulfurique, qui conduit à une forte acidification du milieu sur laquelle nous reviendrons plus loin.

3. *Influence sur l'état du fer*

Le fer libéré par l'oxydation des sulfures est en partie repris dans des combinaisons sulfatées, qui par hydrolyse, conduisent à la formation de sulfates »basiques« comme la jarosite, qui a été identifiée dans ces sols.

C'est ce minéral, de couleur jaune vif, qui est responsable des taches que l'on observe dans les sols de tannes. Mais la formation de ces sulfates basiques a une autre importance influence sur le comportement physique de ces sols: elle les rend très plastiques (consistance de beurre), ce qui est une caractèristique des »cat-clays« définis par les auteurs néerlandais.

L'évolution des résidus de l'oxydation des sulfures ne s'arrête pas là.

Dans l'horizon supérieur des tannes à halophytes, puis plus profondément dans les sols hydromorphes qui en sont issus, la jarosite se décompose, les sulfates sont entraînés, et le fer restant se trouve en partie bloqué, sous forme oxydée cette fois, et forme des gaines racinaires de grande dureté (»iron-pipe« des auteurs anglo-saxons).

Le fer libéré peut être dosé dans la solution du sol; en hivernage la concentration de Fe_2O_3 dans ces solutions augmente fortement quand on passe des mangroves aux tannes de 2 à 6 mg/l à plus de 100 mg/l en particulier on peut observer à la surface du tanne à halophytes des dépôts d'hydroxydes ferriques. Le chevelu racinaire des Héléocharis est marqué de fines taches rouilles, tandis qu'en profondeur les anciennes racines de Rhizophora sont gainées de beige.

4. *Influence sur le pH des sols*

Les cycles d'oxydation et de réduction du soufre agissent fortement sur le pH des sols. Nous avons déjà exposé (11) le résultat des études de variations du pH et du potentiel d'oxydo-réduction des sols au cours du cycle annuel. Il a été remarqué ainsi qu'à la différence des »paddy soils«, dans lesquels les variations de pH et de Eh sont toujours de sens différents et d'amplitude correspondante, les phénomènes sont plus complexes dans les tannes où l'oxydation des sulfures et la mise en solution des produits d'oxydation fausse le jeu des équilibres physico-chimiques.

En effet c'est souvent au début de la saison des pluies qui suit une saison sèche que les acides sont mis en solution, provoquant un abaissement du pH alors que le potentiel d'oxydo-réduction s'abaisse lentement à cause de l'engorgement. Néanmoins des processus de réduction interviennent au cours de l'hivernage, concuremment avec des processus de lessivage, pour diminuer l'acidité du milieu.

L'entrainement en profondeur des solutions acides a été observé dès les premiers stades de transformation des sols de mangrove, et dans la plupart des sols le pH est toujours plus bas en profondeur; il s'abaisse ainsi jusqu'à un mètre de profondeur environ et remonte ensuite.

La spectaculaire baisse de pH que l'on observe lors du simple sèchage à l'air d'échantillons de sols de mangrove pendant lequel le pH peut passer de la neutralité à moins de 2, bien que l'oxydation qui en est la cause n'affecte qu'une faible fraction des sulfures, n'est pas observée dans la nature.

En effet le dessèchement est loin d'être complet, même dans le centre du tanne, où dans les 5 cms supérieurs, la teneur en eau ne descent pas au-dessous de 30 % par rapport au poids de sol sec.

Mais il faut noter également que seule une fraction de soufre réduit qui a été »mobilisée« en condition d'engorgement est susceptible de s'oxyder. Et comme cette fraction mobilisable est proportionnelle au stock total, l'acidiffication potentielle diminue notablement quand on passe des mangroves aux tannes.

Ainsi les amplitudes de variations du pH vont en diminuant des mangroves aux tannes, bien que ces derniers aient un pH in situ plus acide que les mangroves.

On a déterminé les variations du pH dans la séquence de sols, d'une part des valeurs mesurées sur échantillon frais (eau intersticielle) et sèché à l'air, d'autre part des valeurs minimales et maximales mesurées in situ (fig. 2 c, courbes a et b) qui correspondent approximativement aux valeurs de saison sèche et d'hivernage.

On remarque d'abord que, quelle que soit la profondeur dans le profil les valeurs maximales (courbe a) sont toujours voisines de 7. Les conditions d'engorgement de l'hivernage favorisent donc une remontée du pH, probablement par lessivage des acides formés en saison sèche et aussi par réduction des sulfates. Les valeurs minimales in situ (courbe b) sont naturellement toujours inférieures aux précèdentes, d'autant plus que l'on passe des mangroves aux tannes. Mais il est important de noter que cet abaissement est d'autant plus prononcé que l'on descend dans le profil; il est la conséquence du lessivage en profondeur des solutions acides. Le pH après sèchage est influencée par le stock de soufre réduit présent dans le sols, étant entendu qu'une simple fraction de ce stock, mais qui lui est proportionnelle (13) est susceptible de s'oxyder par sèchage à l'air. C'est pourquoi les mesures à 20 cms donnent dans ce cas et seulement pour les tannes des valeurs supérieures au pH de saison sèche. En effet un minimum d'humidité est nécessaire pour l'oxydation des sulfures, et pour les faibles taux de soufre réduit (cas des tannes), le sèchage à l'air provoque un arrêt précoce de l'oxydation.

De l'action tampon due au régime hydrique de ces sols, directement lié aux alternances climatiques, il résulte que l'acidification réelle, telle qu'elle peut être appréciée par les mesures périodiques in situ, augmente, quoique légèrement, des mangroves aux tannes (de 0,9 à 2,4 unités pH en moyenne) alors que l'acidification potentielle, mesurée par différence entre les échantillons frais et sèchés à l'air, décroît sensiblement dans la même séquence (de 4,95 à 0,9 unités pH en moyenne) (fig. 2 c).

5. *Influence de l'évolution du soufre sur le complexe absorbant*

L'étude du complexe absorbant de ces sols pose des problèmes délicats, tant en raison des transformations profondes qui affectent les échantillons quand ils sont préparés pour l'analyse, que par leurs fortes teneurs en sels solubles. En supposant que la solution du sol se trouve en équilibre avec le complexe absorbant constitué par les éléments minéraux et organiques du sol, on peut avoir une idée des échanges qui ont lieu en comparant les compositions ioniques des solutions du sol à des époques différentes du cycle annuel, hivernage et saison sèche.

Si l'on compare les résultats des analyses d'anions et de cations dans la solution du sol, on remarque une concentration assez forte (en saison sèche par rapport à l'hivernage) mais variable suivant les ions (fig. 3).

Pour l'ion SO4– cette augmentation est surtout sensible dans le tanne où la concentration en sulfates est déjà forte en hivernage. Dans l'horizon de surface elle passe ainsi de

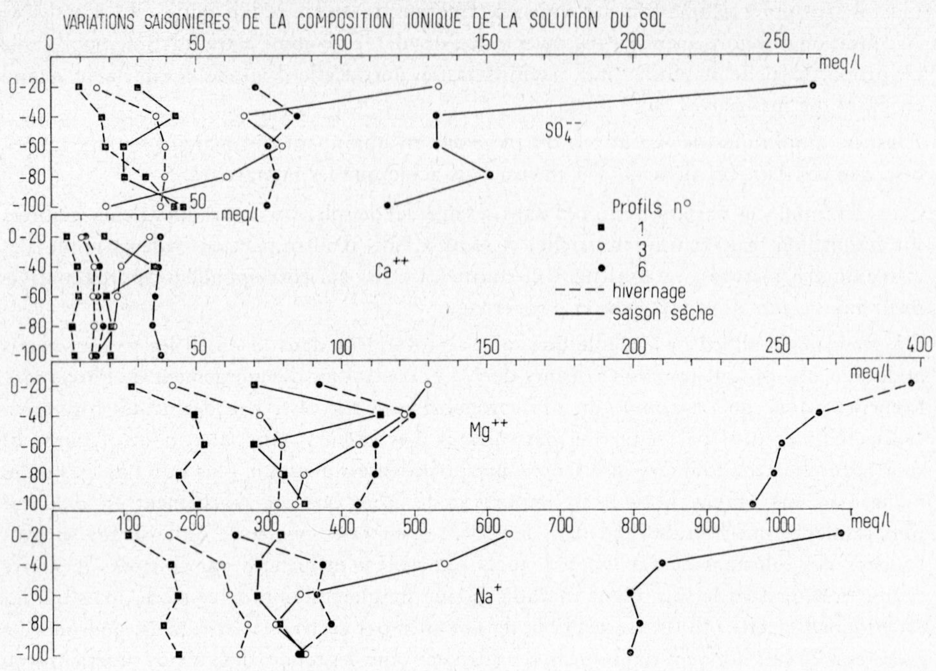

Figure 3

71 à 262 meq par litre. Cette concentration est principalement due à l'oxydation des sulfures.

Pour les cations l'augmentation est également spectaculaire, dans le rapport 1 à 4 pour le sodium, 1 à 2 pour le magnésium et le calcium.

Cependant il convient de voir quelle part prend la simple évaporation dans ces phénomènes de concentration. En corrigeant les chiffres obtenus précédemment par la teneur en eau des échantillons analysés aux deux époques, on tentera de faire apparaître ce qui revient plutôt aux échanges entre les cations adsorbés sur le complexe et ceux de la solution. Dans ce cas la différence est nettement moins forte mais encore sensible pour l'ensemble des cations échangeables dans le même ordre que précèdemment Na $>$ Mg $>$ Ca $>$ K.

Cependant la différence entre mangroves et tannes est nettement moins marquée et en particulier les ions Ca et K passent en solution en quantités équivalentes dans l'ensemble de la séquence: 1 à 3 meq pour le Ca et 0,3 à 1 meq pour le K. Par contre l'augmentation de Na est plus forte dans les tannes, surtout en profondeur, et pour Mg elle est plus importante dans l'ensemble du profil.

Il semble donc, en résumé, que des échanges aient lieu entre le complexe absorbant et la solution du sol au cours du cycle annuel, mais ils seraient d'importance moyenne et probablement liés au cycle d'oxydation-réduction des composés du soufre.

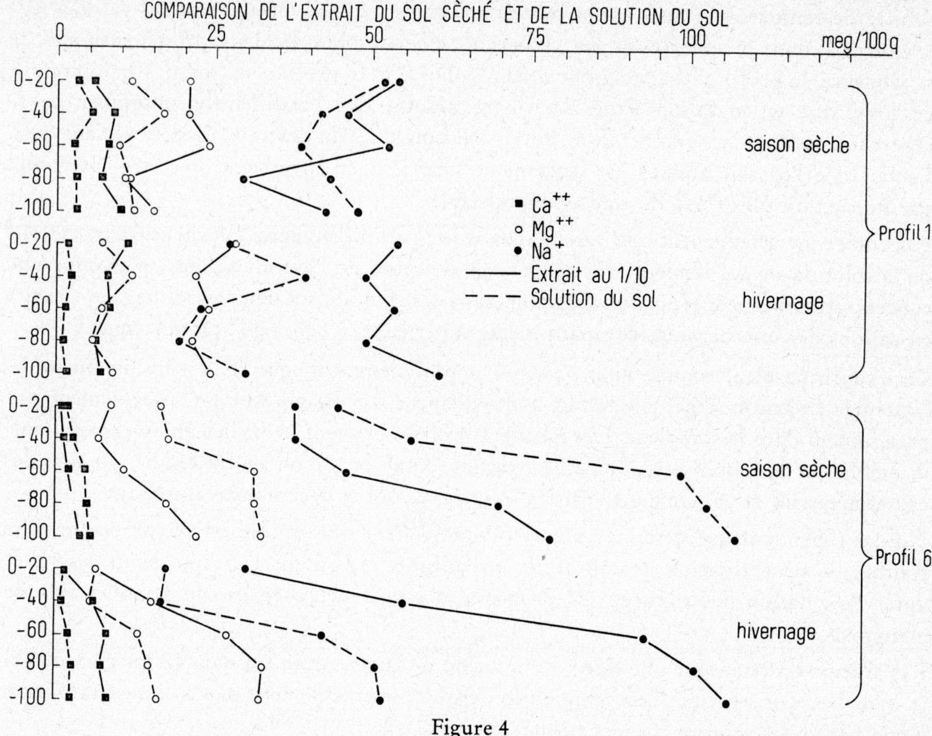

Figure 4

Pour tenter d'évaluer l'influence de ce cycle du soufre sur les transformations possibles du complexe, on peut comparer la composition ionique des solutions obtenues à partir du sol sèché à l'air (extrait au 1/10) à celle de la solution du sol.

En hivernage, le sèchage à l'air amène une plus grande concentration de l'extrait aqueux que de la solution du sol. Nous avons vu en effet que la recharge de la nappe par les pluies fait de la solution du sol un milieu drainant pour les ions. Mais lors du sèchage l'oxydation des sulfures intervient pour accentuer la désorption; la différence entre les quantités d'ion sulfate dans l'extrait aqueux et dans la solution du sol est en effet beaucoup plus élevée dans les mangroves que dans les tannes, par rapport à l'ion chlorure. Pour les cations la différence est assez importante pour Na, qui accompagne Cl, mais elle n'est pas négligeable pour le Ca, qui suit l'augmentation de Mg; par contre K est peu affecté.

Inversement, sur les échantillons de saison sèche, où, comme nous l'avons vu se passe un phénomène de concentration de la solution du sol par évaporation, l'extrait aqueux est généralement moins riche en ions, sauf pour l'ion sulfate, toujours du à l'oxydation des sulfures pendant le sèchage.

Cette oxydation est cependant moins forte que pour les échantillons, prélevés en hivernage, ce qui prouve bien que la période d'hivernage mobilise une partie du soufre réduit, qui pourra s'oxyder à la saison sèche suivante. Dans tous les profils du tanne ainsi que dans ceux de la mangrove à Avicennia, l'extrait aqueux est moins riche en cations que la solution du sol, en saison sèche.

A titre de comparaison nous avons porté dans la figure 4 les teneurs en trois cations, Ca, Mg, et Na, dans la solution du sol et l'extrait aqueux pour les deux profils extrêmes de la séquence, le profil n° 1 (mangrove à Rhizophora) et le profil n° 6 (tanne à halophytes), en hivernage et en saison sèche. La figure montre que l'assèchement saisonnier ne se répercute que sur la concentration de la solution du sol, l'extrait aqueux variant peu. Le fait que l'extrait aqueux est légèrement supérieur en hivernage doit être interprêté par une action plus forte du soufre »mobilisable«.

Par contre cet assèchement, qui fait que dans le profil de mangrove les teneurs en cations de la solution du sol tendent à se rapprocher de celles de l'extrait aqueux, provoque une concentration beaucoup plus considérable de la solution du sol dans les tannes, les teneurs en cations de cette dernière devenant même supérieures à celles de l'extrait aqueux.

Ceci confirme bien, comme nous l'avons vu précèdemment, que si la solution du sol se concentre en saison sèche, elle le fait non seulement par évaporation, mais également par prélèvement dans le complexe. Des échanges inverses peuvent avoir lieu en hivernage, mais il semble que la mobilisation, puis l'oxydation d'une partie du soufre réduit soit une des causes majeures de ces échanges entre la solution du sol et le complexe absorbant.

Notons cependant que certains auteurs (8) prétendent que ce rôle est peu important, les courbes de neutralisation de sols riches en sulfures présentant la même pente avant et après l'oxydation des sulfures. Ce problème n'a pas encore été résolu pour les sols de mangrove.

Par ailleurs on remarque une légère diminution de la teneur en Ca dans la solution du sol et dans l'extrait aqueux. Cette diminution est vraisemblablement due à la neutralisation d'une partie des solutions acides formés.

Les quantités de Ca présentes sont cependant largement insuffisantes et on n'observe pas de relation nette entre le pH après séchage et la proportion de Ca dans le complexe, comme cela a été avancé parfois (5).

Conclusions

Au cours de la formation et de l'évolution d'une séquence de sols caractéristique du biotope des mangroves en climat tropical, on peut distinguer quatre phases majeures dans lesquelles le cycle des composés soufrés joue un rôle important.

La première phase commence avec la sédimentation du matériau vaseux, et se poursuit jusqu'à la colonisation par la mangrove à Rhizophora. A la fin de cette phase le sédiment a atteint son altitude maximum et se trouve consolidé par la prolifération des racines des palétuviers. Il s'enrichit ainsi fortement en matière organique et son potentiel d'oxydo-réduction devient largement négatif. Les phénomènes de réduction peuvent y être intenses et affecter aussi bien le fer ferrique, qui est un des constituants des matériaux transportés, que les sulfates, qui proviennent essentiellement de l'eau salée qui imprègne le sédiment. La réduction des sulfates est intense et aboutit au blocage du fer réduit disponible sous forme de sulfures de fer, ou mieux de pyrite. Cette dernière précipite surtout dans et au voisinage des racines. Cette pyrite est dite secondaire (6, 7).

Au cours de la seconde phase le régime de submersion par la marée se trouve progressivement modifié et avec lui le régime hydrique des sols. Cela provoque un début de tassement du sol, une diminution de sa teneur en eau et en matière organique, et des changements de végétation. L'horizon supérieur commence à évoluer et l'oxydation des sulfures s'y amorce, tandis que la solution du sol se concentre.

La troisième phase est caractèrisée par le passage d'un régime de submersion bi-quotidien à mensuel avec de l'eau plus ou moins salée (respectivement caractèristique des première et seconde phase), à un régime de submersion annuel avec de l'eau douce. C'est le régime des tannes où l'on peut distinguer deux cas: soit submersion de courte durée, évaporation intense, oxydation intense des sulfures mais peu de possibilités de lessivage des solutions acides, soit submersion de longue durée, lessivage des solutions acides, lessivage des sels momentané, contrebalancé par l'évaporation en saison sèche. Au cours de cette phase l'oxidation des sulfures gagne en profondeur et une grande partie des solutions acides produites sont entraînées en profondeur. Une partie du fer libéré entre dans la combinaison de sulfates basiques (jarosite), mais il en reste beaucoup en solution.

Pendant la quatrième phase, ce qui a débuté au cours de la phase précèdente se généralise. Le sol évolue alors sous un régime d'engorgement temporaire et il se développe un pseudogley typique. Le fer y est relativement mobile. Les sulfates basiques disparaissent par hydrolyse et à leur place les hydroxydes ferriques cristallisent.

Les étapes succèssives de l'évolution de ces sols sont marquées par les transformations que subissent les racines des palétuviers. Dans le sol de mangrove les racines ne se décomposent pas mais s'enrichissent en pyrite intra et extra-cellulaire. Dans le tanne, la matière organique disparaît mais l'empreinte des racines est conservée par les précipitations de jarosite. Ensuite l'hydrolyse de cette dernière est suivie de la diffusion du fer qui cristallise en hydroxydes à la périphérie, construisant des gaines de grande dureté qui attestent la présence de la mangrove lors de la formation du sol.

References

1. *Hart, M.G.R.* (1959), Plant and Soil n° 11, 215–236.
2. *Hart, M.G.R.* (1962), Plant and Soil n° 1, 87–98.
3. *Hart, M.G.R.* (1963), Plant and Soil n° 1, 106–114.
4. *Hesse, P.R.* (1961), Plant and Soil n° 4, 335–346.
5. *Horn, M.E., Hall, V.L., Chapman, S.L., Wiggins, M.M.* (1967), Soil Sc. Proc. **31**, 108–114.
6. *Pons, L.J.* (1965), Bulletin n° 82, Agric. Exper. Stat. Paramaribo 141–162.
7. *Pons, L.J.* (1970), Publ. 16 Cent. Landbouwpublikaties Wageningen 93–107.
8. *Rasmussen, K.* (1961), Transformations of inorganic sulphur compounds in soil. Thèse, Copenhague 176 p.
9. *Tomlinson, T.E.* (1957), Emp. J. of Exp. Agric. **25**, 108–118.
10. *Tomlinson, T.E.* (1957-b), Trop. Agric. n° 1, 41–50.
11. *Vieillefon, J.* (1968), Com. VIè Conf. Bien. Ass. Sc. Ouest Afr. Abidjan, 11 p. multig.
12. *Vieillefon, J.* (1969), Science du Sol n° 2, 115–148.
13. *Vieillefon, J.* (à paraître), Contribution à l'étude du cycle du soufre dans les sols de mangroves. Centre ORSTOM de Dakar, 33 p.

Résumé

Par l'étude détaillée d'une chronoséquence de sols de mangroves et de tannes sous climat tropical humide, l'auteur met en évidence le rôle des composés du soufre dans la différentiation des profils et dans l'évolution de l'acidité et du complexe absorbant des sols d'origine fluviomarine.

Dans les conditions naturelles, un équilibre s'établit entre l'oxydation des composés réduits et les mécanismes de neutralisation et de lessivage des composés oxydés.

L'influence de la topographie et des alternances climatiques est particulièrement soulignée.

Summary

On the basis of detailed study of a chronosequence of soils of mangroves and of salt-plans under humid tropical climate, the author highlights the role of sulphur compounds in the differentation of profiles and in the evolution of the acidity of the absorbing complex of the soils of fluvio-marine origine.

Under natural conditions an equilibrium is established between the oxidation of the reduced compounds and the mechanisms of neutralisation and of the washing of the oxidized compounds. The influence of the topography and the climatic alternations is particularly stressed.

Zusammenfassung

Durch das eingehende Studium einer Chronosequenz von Böden von Mangrove- und Salzflächen im feucht-tropischen Klima weist der Autor die Rolle der Schwefelverbindungen in der Differenzierung der Profile und der Entwicklung der Versauerung und des Absorptions-Komplexes von Böden fluvio-mariner Herkunft nach.

Unter den natürlichen Bedingungen stellt sich ein Gleichgewicht zwischen der Oxydation der reduzierten Komponenten und der Mechanismen der Neutralisation und Auslaugung der oxydierten Komponenten ein.

Der Einfluß der Topographie und der klimatischen Veränderungen wird besonders hervorgehoben.

Modellversuche zur Sulfat- und Carbonatmetabolik hydromorpher Böden

Von *H.-S. Grunwaldt**), *J. Günther***) und *D. Schroeder****)

Arbeiten zur Genese der Marschen (1) und über den Schwefelhaushalt schleswig-holsteinischer Böden (4) ließen einen engen Zusammenhang zwischen redoxpotentialbedingten Veränderungen der Schwefelformen und dem Bestand an Carbonaten hydromorpher Böden erkennen. Vor allem bei der Geogenese von Schlicken (2) und bei der Pedogenese von Vorland- und Koogmarschen (2, 3) laufen intensive Umsetzungsprozesse an Sulfaten, Sulfiden und Carbonaten ab, die die Entwicklung und die Eigenschaften der Böden in der Marsch wesentlich mitbestimmen.

Unter anaeroben Bedingungen werden im Schlickstadium aus dem Meerwasser stammende Sulfate der Porenlösung reduziert und schwerlösliche Eisensulfide akkumuliert. Wird bei der Auflandung der reduzierte mineralische Schwefel unter aeroben Verhältnissen wieder oxydiert, so zerstört die dabei gebildete Schwefelsäure Carbonate unter Bildung von Ca-Sulfaten. Schwefelsäureüberschuß kann zu vollständiger Entkalkung und anschließender Versauerung führen. Daneben bewirkt das bei der Zersetzung von primärer organischer Substanz entstehende Kohlendioxid ebenfalls eine Carbonatauflösung.

Um diese Prozesse der Sulfat- und Carbonatmetabolik, die nur indirekt aus Beobachtungen im Gelände und aus den Ergebnissen von Bodenanalysen erschlossen wurden, direkt aufzuklären, wurden Modellversuche unter kontrollierten Bedingungen und unter Einsatz von Radioisotopen durchgeführt.

Versuchsdurchführung

Die Untersuchungen, die sich über einen Zeitraum von 75 Wochen erstreckten, erfolgten an Modellsubstanzen in einer Perkolationsanlage und gliederten sich in zwei Abschnitte, eine einleitende Reduktionsphase und eine sich unmittelbar anschließende Oxydationsphase. Angelegt wurden drei Versuchsglieder (A, B, C) mit je vier Parallelen. Bei allen Versuchsgliedern hatte die Modellsubstanz, von der jeweils 200 g in Perkolationszylinder gefüllt wurden, folgende Zusammensetzung:

40	Gew.-%	Quarzsand	(mit H_2O_2 und HCl gereinigt)
30	„	Ton	(mit Mg belegt)
20	„	Org. Subst.	(getrocknetes und gemahlenes Kleegras)
6,25	„	$CaCO_3$	(aus $CaCl_2$ gefällt)
3,75	„	$Fe(OH)_3$	(aus $FeCl_3$ gefällt)

Die Perkolationssäulen der Versuchsglieder A und B wurden während der Reduktionsphase ständig mit einem nach *Schmaltz* synthetisch hergestellten und auf pH 8 eingestellten Meerwasser und die

*) Landwirtschaftliche Untersuchungs- und Forschungsanstalt Kiel, BRD
**) 6239 Diedenbergen, Gartenstraße 9, BRD
***) Institut für Pflanzenernährung und Bodenkunde d. Universität Kiel, BRD

des Versuchsgliedes C mit destilliertem Wasser überstaut. Zur Unterscheidung der Sulfate des Meerwassers und des Schwefels der organischen Substanz erfolgte beim Versuchsglied A eine Markierung des Meerwassersulfates mit S-35 (60 μCi je 1 l Meerwasser) und zur Unterscheidung des Carbonat-Calciums vom Calcium des Meerwassers und der organischen Substanz bei den Versuchsgliedern B und C eine Markierung des Carbonats mit Ca-45 (1000 μCi je 100 g $CaCO_3$). Über eine halbautomatische Zuleitung und einen besonderen Auffangmechanismus wurde eine Durchlaufgeschwindigkeit der Perkolate von 100 ml in vierzehn Tagen eingestellt.

Nach 45 Wochen erfolgte die Überleitung der Reduktionsphase in die Oxydationsphase, die sich über einen Zeitraum von 30 Wochen erstreckte. Dabei wurden die Perkolationssäulen aller Versuchsglieder von oben belüftet und in vierzehntägigen Abständen mit einer derart bemessenen Menge an destilliertem Wasser beschickt, daß jeweils 100 ml Lösung in die Vorlagen perkolierten.

Die Veränderungen der Schwefelformen und -gehalte, die Carbonatumsetzungen, der Abbau der organischen Substanz sowie die Mobilität der Eisenverbindungen wurden bei allen Versuchsgliedern und in beiden Versuchsabschnitten durch die Untersuchung der Perkolate und der Modellsubstanzen mit chemischen, elektrometrischen und radiochemischen Methoden verfolgt.

Ergebnisse

1. Versuchsabschnitt: Reduktionsphase

Intensive mikrobielle Zersetzungsprozesse, die eine bedeutende Vergrößerung des Substanzvolumens bewirkten, leiteten die 45-wöchige Reduktionsphase ein. Dabei sanken die pH-Werte vom anfangs alkalischen in den schwach sauren Bereich. Zugleich fielen die Redoxpotentiale auf –100 mV und darunter ab. Nach 3–5 Wochen setzte bei Meerwasserperkolation eine intensive Sulfidbildung ein, die zur Schwärzung der Modellsubstanz führte. Bei Zufuhr von destilliertem Wasser war diese Sulfidfärbung nur schwach ausgeprägt.

Die elektrische Leitfähigkeit der Perkolate sank bei allen Versuchsgliedern mit zunehmender Versuchsdauer. Sie lag bei Meerwasserperkolation in den ersten zehn Versuchswochen über der des zugeleiteten Meerwassers, danach deutlich darunter.

Sulfate wurden durch destilliertes Wasser nur in geringem Maße, und zwar fast ausschließlich in den ersten Versuchswochen, ausgewaschen. Sie wurden aus der organischen Substanz, der einzigen S-Quelle dieses Versuchsgliedes, freigesetzt. Damit sank der Gesamtschwefelgehalt während der Reduktionsphase von 140 auf 115 mg S je 100 g Modellsubstanz ab. Der Anteil reduzierter S-Verbindungen am Gesamt-S erhöhte sich dagegen von 8 auf 32 %, während sich der Anteil des Sulfatschwefels von 9 auf weniger als 1 % und der des organisch gebundenen Schwefels von 83 auf 68 % verringerte.

Bei Meerwasserzufuhr lagen die Sulfatgehalte der Perkolate zunächst über denen des Meerwassers, nach der achten Woche jedoch darunter. Nur in den ersten Versuchswochen erfolgte eine stärkere Freisetzung und Auswaschung von Sulfatschwefel aus der organischen Substanz. Während der gesamten Reduktionsphase wurden 40 % der mit dem Meerwasser zugeführten Sulfate reduziert und als Sulfid festgelegt. Der Gesamtschwefelgehalt erhöhte sich in diesem Zeitraum im Mittel von 225 auf 600 mg S je 100 g Modellsubstanz. Dabei stieg der Anteil der reduzierten mineralischen Schwefelverbindungen am Gesamt-S von 5 auf 77 %, wobei mehr als 90 % dieser Fraktion aus dem Sulfat des Meerwassers stammten, während sich die Anteile des Sulfatschwefels von 45 auf 7 % und des organisch gebundenen Schwefels von 50 auf 16 % verringerten.

Die Calciumgehalte der Perkolate stiegen zunächst bei allen Versuchsgliedern in den ersten sechs bis acht Wochen beträchtlich an, sanken dann aber mit fortschreitender Versuchsdauer kontinuierlich ab. Während der gesamten Reduktionsphase wurde durch destilliertes Wasser nur 10 % weniger Calcium als durch Meerwasser ausgewaschen. Bei Meerwasserperkolation stammten 47 % des Calciums der Perkolate aus dem Meerwasser, 27 % aus der organischen Substanz und nur 24 % aus den Carbonaten der Modellsubstanz. Bei Perkolation von destilliertem Wasser wurden 42 % des ausgewaschenen Calciums aus der organischen Substanz und 58 % aus den Carbonaten der Modellsubstanz freigesetzt. Im Verlauf der Reduktionsphase wechselten diese Anteile jedoch beträchtlich. So erfolgte im ersten Drittel bei allen Versuchsgliedern eine besonders intensive Freisetzung des Calciums der organischen Substanz, die im weiteren Versuchsablauf auf unbedeutende Anteile abfiel. In dieser Anfangsphase, die durch intensive Zersetzungsprozesse an der organischen Substanz gekennzeichnet war, erfolgte auch eine verstärkte Carbonatauflösung; sie nahm bei Meerwasserperkolation kontinuierlich ab, hielt sich bei Perkolation von destilliertem Wasser aber bis zum Ende der Reduktionsphase auf bedeutend höherem Niveau. Während der gesamten Reduktionsphase wurden bei Zufuhr von destilliertem Wasser insgesamt 23 %, bei Meerwasserzufuhr nur 12 % der ursprünglich in der Modellsubstanz enthaltenen Carbonate zerstört, so daß die $CaCO_3$-Gehalte von 6,25 auf 4,8 bzw. 5,5 % absanken. Eine Beziehung zwischen Carbonatauflösung und Intensität der Sulfidbildung war nicht feststellbar.

Während der Reduktionsphase wurde die organische Substanz durch intensive Zersetzungs- und Gärungsprozesse in beträchtlichem Umfang zu Kohlendioxid und organischen Säuren abgebaut, und zwar bei Zufuhr von destilliertem Wasser mit 73 % stärker als bei Meerwasserzufuhr mit 45 %. Damit verringerten sich die Gehalte an organischer Substanz von 20 auf 5 bzw. 11 %.

Die Eisengehalte der Perkolate stiegen bis zur sechsten Woche stark an, sanken dann jedoch mit einsetzender Sulfidbildung zunehmend ab. Im gesamten anaeroben Versuchszeitraum war die Eisenauswaschung durch destilliertes Wasser höher als durch Meerwasser und betrug 30 bzw. 20 % des ursprünglich in der Modellsubstanz enthaltenen $Fe(OH)_3$.

2. Versuchsabschnitt: Oxydationsphase

Die während der 30-wöchigen Oxydationsphase alternierende intensive Austrocknung und Bewässerung mit destilliertem Wasser bewirkte eine Sackung der Modellsubstanz sowie durch die Bildung von Schrumpfrissen eine Absonderung von Segregaten. Durch die Belüftung stiegen die Redoxpotentiale in den positiven Bereich. Von den oberen zu den unteren Zonen der Säulen fortschreitend setzte zugleich die Oxydation der Sulfide ein, wobei die ursprünglich schwarzen Farbtöne der Modellsubstanz durch graue bis braune ersetzt wurden. Die pH-Werte stiegen vom schwach sauren in den alkalischen Reaktionsbereich.

Die elektrische Leitfähigkeit der Perkolate sank bei den Versuchsgliedern mit vorheriger Zufuhr von Meerwasser nach dem Einleiten der Oxydationsphase durch die Auswaschung der Meerwasserrestsalze in den ersten 10 Wochen stark, danach schwächer ab, wobei eine enge Beziehung zu den Chloridgehalten der Perkolate bestand. Auch beim Versuchsglied mit vorheriger Zufuhr von destilliertem Wasser verringerte sie sich deutlich.

Bis zur 10. Woche sanken bei vorheriger Meerwasserzufuhr die anfänglich noch relativ hohen Sulfat- und Calciumgehalte der Perkolate ebenfalls steil ab, stiegen dann jedoch wieder stark an; d. h. von diesem Zeitpunkt ab wurden die Sulfide oxydiert, und die entstehende Schwefelsäure bewirkte eine verstärkte Carbonatauflösung und Sulfat- sowie Calciumauswaschung. 90 % des ausgewaschenen Sulfates stammten aus dem festgelegten Meerwassersulfat und 83 % des Calciums der Perkolate aus den Carbonaten der Modellsubstanz. Während der Oxydationsphase sank der Gesamtschwefelgehalt im Mittel von 600 auf unter 300 mg S je 100 g Modellsubstanz; hierbei verringerte sich der Anteil des reduzierten mineralischen Schwefels am Gesamt-S von 77 auf 25 %, während sich der des Sulfatschwefels von 7 auf 35 % sowie der des organisch gebundenen Schwefels von 16 auf 40 % erhöhte. Monosulfide waren am Ende der Oxydationsphase nicht mehr feststellbar. Die Carbonatgehalte nahmen in diesem Zeitraum um weitere 21 % von 5,5 auf 4,2 % $CaCO_3$ ab. Ausgewaschen wurde jedoch nur etwa ein Drittel des freigesetzten Calciums.

Beim Versuchsglied mit vorheriger Zufuhr von destilliertem Wasser erfolgte im Zeitraum von der 10. bis 30. Woche nur eine geringe Sulfatbildung aus den Sulfiden, die während der Reduktionsphase aus dem Schwefel der organischen Substanz gebildet wurden. Der Gesamtschwefelgehalt verringerte sich nur von 115 auf 100 mg S je 100 g Modellsubstanz, wobei sich der Anteil des reduzierten mineralischen Schwefels am Gesamt-S von 32 auf 15 % verringerte, der des organisch gebundenen Schwefels von 68 auf 85 % erhöhte und der des Sulfatschwefels weiterhin weniger als 1 % ausmachte. Der $CaCO_3$-Gehalt nahm nur um 0,15 % $CaCO_3$ oder 2,5 % des ursprünglichen Gehaltes im Ausgangsmaterial ab.

Von besonderem Interesse ist das Äquivalentverhältnis von aufgelösten Carbonaten und gebildeter Schwefelsäure während der Sulfidoxydation, das theoretisch und auch auf Grund von Untersuchungen an Vorlandmarschen (1) bei 1 liegen müßte. Für den Oxydationsabschnitt von der 10. bis 30. Woche, in dem die freien Meerwassersalze überwiegend ausgewaschen waren und die Sulfidoxydation vorherrschte, wiesen bei den Versuchsgliedern mit vorhergehender Meerwasserperkolation die ausgewaschenen Calcium- und Sulfatmengen jedoch im Mittel nur ein Äquivalentverhältnis (mval Ca : mval SO_4) von 0,38 auf. Berechnete man die auf Grund der Chloridauswaschung und der Na/Cl-, K/Cl- und Mg/Cl-Verhältnisse im Meerwasser zu erwartenden Na-, K- und Mg-Gehalte der Perkolate, so zeigte sich, daß die gemessenen Na- und K-Werte wesentlich über den berechneten lagen. Die gegenüber den freien Meerwasserrestsalzen zusätzlich ausgewaschenen Kationen konnten nur von den Austauschern stammen, von denen sie durch Ca-Ionen der aufgelösten Carbonate verdrängt worden waren. Die Berechnung des Äquivalentverhältnisses von ausgewaschenem plus sorbiertem carbonatischen Calcium zu freigesetztem Sulfat ergab dann auch einen dem theoretischen Wert nahekommenden Quotienten von 1,05. In Übereinstimmung mit diesem Befund zeigten Untersuchungen über die Zusammensetzung des Kationenbelages, daß der Ca-Sättigungsgrad der mineralischen und organischen Austauscher während der Oxydationsphase von 19 auf 65 % angestiegen war, der Na- und K-Sättigungsgrad dagegen von 50 auf 8 % bzw. von 11 auf 6 % abgenommen hatte. Der Mg-Sättigungsgrad wies am Anfang und am Ende der Oxydationsperiode einen Wert um 20 % auf.

Die Gehalte an organischer Substanz veränderten sich im Versuchsgebiet mit vorheriger Zufuhr von destilliertem Wasser nur unwesentlich, nahmen aber beim Meerwasserversuchsglied weiterhin von 11 auf 6 % ab.

Die Auswaschung des Eisens sank während der Oxydationsphase in kurzer Zeit auf geringe Werte ab und hatte insgesamt in diesem Versuchsabschnitt eine nur unwesentliche Abnahme des Fe-Gehaltes in der Modellsubstanz zur Folge.

Diskussion

Die durchgeführten Modellversuche zeigen, daß in einem Material, das neben silikatischen Bestandteilen ausreichende Mengen an leicht umsetzbarer organischer Substanz, an Carbonaten, an mobilem Eisen sowie an löslichem Sulfat oder einer anderen mobilisierbaren Schwefelquelle enthält, in Abhängigkeit von den jeweils herrschenden Redoxpotentialen in alternierenden Reduktions- und Oxydationsphasen Prozesse ablaufen können, die die Bindungs- und Zustandsformen der Elemente Schwefel, Eisen, Calcium und Kohlenstoff wesentlich verändern. Derartige Bedingungen sind nur in hydromorphen Böden gegeben; sie sind vor allem charakteristisch für die Marschen, deren Ausgangsmaterial – der Schlick – bei der Materialzusammensetzung die genannten Voraussetzungen erfüllt, und deren Pedogenese durch die Aufeinanderfolge von Reduktions- und Oxydationsphase gekennzeichnet ist.

Unter reduzierenden Verhältnissen werden die Sulfate der Porenlösung sowie aus der organischen Substanz freigesetzter Schwefel zu Schwefelwasserstoff umgeformt, der nach Reaktion mit zweiwertigem Eisen als Sulfid festgelegt wird. Auf Grund des höheren Normalpotentials des Systems Fe^{3+}/Fe^{2+} gegenüber den Redoxpaaren des Schwefels werden bei langsam absinkenden Redoxpotentialen die Fe-Verbindungen bereits vor den S-Verbindungen reduziert und unterliegen daher z. T. der Verlagerung. Der Schwefelwasserstoff wird dagegen bei ausreichenden Gehalten an mobilem Eisen unmittelbar gebunden. Eine stärkere Sulfidakkumulation ist nur bei stetig fließender Schwefelquelle möglich. Dabei ermöglicht kontinuierlich zugeführtes sulfatreiches Wasser eine Anreicherung reduzierter mineralischer S-Verbindungen in relativ kurzer Zeit, während eine kontinuierliche Zufuhr (Sedimentation) schwefelhaltiger organischer Substanz nur über einen längeren Zeitraum zu vergleichbar hohen Gehalten führen kann. Im durchgeführten Modellversuch bewirkten ein Liter Meerwasser und 300 g organische Substanz die gleiche Sulfidakkumulation.

Die primäre organische Substanz wird im Verlauf der Redoxprozesse als Energiequelle der Mikroorganismen zu einem hohen Anteil zu Kohlendioxid oder organischen Säuren abgebaut. Der dadurch bedingte hohe CO_2-Partialdruck und eine schwach saure Reaktion der Porenlösung bewirken die Bildung mobiler Hydrogencarbonate. Je intensiver die Verwesungsprozesse der organischen Substanz ablaufen und je Ca-ärmer die Porenlösung ist, um so stärkere Carbonatverluste treten auf. Da in den Modellversuchen bei Perkolation mit destilliertem Wasser sowohl der Abbau der organischen Substanz als auch die Carbonatauflösung erheblich größer waren als bei Meerwasserperkolation, ist anzunehmen, daß reduzierende Verhältnisse in limnischen und fluviatilen Sedimenten eine stärkere Entkalkung bewirken als in marinen Sedimenten vergleichbarer Zusammensetzung.

Unter oxydierenden Bedingungen werden die unter anaeroben Verhältnissen akkumulierten schwerlöslichen Sulfide zu Schwefelsäure umgeformt, die äquivalente Mengen an Carbonaten zerstört. Während die Austauscher limnischer und fluviatiler Sedimente bereits ursprünglich überwiegend mit Calcium belegt sind, werden bei marinen Sedimenten die ursprünglich sorbierten Na- und K-, später auch Mg-Ionen erst nach der Ca-Freisetzung aus den Carbonaten von den Austauschern verdrängt. Höhere Ca-Verluste durch Auswaschung treten erst auf, wenn die Austauscher weitgehend mit Calcium abgesättigt sind. Der in der Oxydationsphase stattfindende Abbau der organischen Substanz hat einen wesentlich geringeren Einfluß auf die Carbonatlösung, da das entstehende Kohlendioxid in die Atmosphäre entweichen kann.

Übersteigt die Schwefelsäurebildung den Carbonatgehalt in Äquivalenten, so kommt es nicht nur zur vollständigen Auflösung der Carbonate, sondern auch durch Austausch der Ca-Ionen gegen H- und Al-Ionen zu einer Versauerung. Dieses Stadium wurde in den vorliegenden Modellversuchen zwar nicht erreicht, doch ist bei geringerem Carbonatgehalt, längerer Reduktionsphase mit Abbau größerer Mengen an organischer Substanz und/oder stärkerer Sulfidakkumulation und entsprechender Schwefelsäurebildung eine völlige Carbonatzerstörung und Versauerung durchaus möglich. Es ist anzunehmen, daß auf diese Weise die in Schweden von *Wiklander* und Mitarbeitern (5) beschriebenen und nach ihrer Entwässerung stark versauerten Gyttjen entstanden sind. Die gleiche Auswirkung ist von mehrfach alternierenden Reduktions- und Oxydationsphasen zu erwarten. So wird in den Salzmarschen der Nordseeküste nach hochauflaufenden Fluten und intensiven Niederschlägen das bereits überwiegend aerobe Milieu zeitweise wieder durch reduzierende Bedingungen ersetzt. Die Rückstände der Vegetation liefern die benötigte umsetzbare organische Substanz. Mit großer Wahrscheinlichkeit erfolgte die Entkalkung der von *Brümmer*, *Grunwaldt* und *Schroeder* (3) untersuchten stark versauerten Marschen Nordfrieslands durch die für diese Landschaft charakteristische Sulfat- und Carbonatmetabolik im Vorlandstadium, d. h. bereits vor ihrer Eindeichung.

Für andere hydromorphe Böden – Gleye, Auen, Moore – haben die aufgezeigten Prozesse wegen unzureichender Gehalte an Sulfaten und/oder organischer Substanz sowie z. T. zu hoher Redoxpotentiale eine wesentlich geringere Bedeutung. Nur in seltenen Fällen, z. B. in den mit carbonat- und sulfathaltigem Flußwasser überschwemmten Auen der Jungmoränenlandschaft Schleswig-Holsteins kann es im jahreszeitlichen Wechsel zu einer allerdings nur schwach ausgeprägten Sulfid- und Schwefelsäurebildung und zu entsprechenden pH-Schwankungen zwischen den Nässe- und Trockenphasen kommen (4).

Literatur

1. *Brümmer, G.:* Untersuchungen zur Genese der Marschen. Diss. Kiel 1968.
2. *Brümmer, G., Grundwaldt, H. S.* und *Schroeder, D.:* Gehalte, Oxydationsstufen und Bindungsformen des Schwefels in Schlicken und Salzmarschen. Z. Pflanzenern. u. Bodenkde. 1971a (im Druck).
3. *Brümmer, G., Grundwaldt, H. S.* und *Schroeder, D.:* Gehalte, Oxydationsstufen und Bindungsformen des Schwefels in Koogmarschen. Z. Pflanzenern. u. Bodenkde. 1971b (im Druck).
4. *Grundwaldt, H. S.:* Untersuchungen zum Schwefelhaushalt schleswig-holsteinischer Böden. Diss. Kiel 1969.
5. *Wiklander, L., Hallgren, G.* und *Jansson, E.:* Lantbrukshögsk. Ann. **17**, 425–440, 1950.

Zusammenfassung

Eine Mischung aus Sand (40 %), Ton (30 %), leicht umsetzbarer organischer Substanz (20 %), Calciumcarbonat (6,25 %, mit Ca-45 markiert) und Eisenhydroxid (3,75 %) wurde durch Überstauung und Perkolation mit synthetischem Meerwasser (mit S-35 markiert) bzw. H_2O 45 Wochen künstlich reduziert, und anschließend 30 Wochen alternierend intensiv belüftet sowie mit H_2O bewässert.

Während der Reduktionsphase erfolgten starker Abbau der organischen Substanz mit Bildung von CO_2 und organischen Säuren, schwache Versauerung der Porenlösung mit teilweiser Auflösung der Carbonate sowie Reduktion von Fe-Verbindungen, später von Sulfaten und aus organischer Substanz freigesetztem Schwefel mit Bildung von Eisensulfiden. Meerwasserperkolation bewirkte eine starke Sulfidakkumulation in kurzer Zeit.

In der Oxidationsphase folgten aufeinander: Auswaschung der freien Restsalze, Oxidation der Sulfide und durch die dabei gebildete Schwefelsäure Carbonatzerstörung in äquivalenten Mengen. Das freigesetzte Calcium verdrängte zunächst bevorzugt austauschbares Na und K, später auch Mg und wurde erst mit zunehmender Ca-Sättigung merklich ausgewaschen.

Der weitere Abbau organischer Substanz war hier für die Carbonatzerstörung unwesentlich.

Sulfatreduktion, Sulfidoxydation und Carbonatauflösung werden von den Gehalten an reduzierbaren Sulfaten, leicht umsetzbarer organischer Substanz und Carbonaten sowie von der Dauer alternierend auftretender Reduktions- und Oxidationsphasen gesteuert und sind für die Geogenese und Pedogenese der Marschen von entscheidender Bedeutung.

Summary

A mixture of sand (40 %), clay (30 %), easily decomposible organic substance (20 %), calcium carbonate (6.25 %, marked with Ca–45) and ferric hydrate (3.75 %) was artificially reduced by flooding and percolation with synthetic sea water (marked with S–35) or H_2O resp., during 45 weeks, followed by 30 weeks of alternating intensive aeration and H_2O irrigation.

During the reduction phase a strong decomposition of the organic substance took place with formation of CO_2 and organic acids, slight acidification of the pore solution with partial dissolution of the carbonates and reduction of the ferrous compounds, later on of sulphates and of nascent sulphur from organc substances accompanied by the formation of iron sulphides. The sea water percolation caused a strong accumulation of sulphides in a short time.

The sequence during the oxidation phase was: washing out of the free residual salts, oxidation of the sulphides and destruction of the carbonates in equivalent quantities by the sulphuric acid thus produced. The freed calcium displaced first exchangeable Na and K, and later Mg, and was not washed out to a marked extent before increased Ca saturation.

The further decomposition of organic matter had no effect on the destruction of carbonate.

Sulphate reduction, sulphide oxidation and carbonate dissolution are controlled by the contents of reducible sulphates, easily decomposible organic substance and carbonates, as well as by the duration of alternating reduction and oxidation phases, and are essential for geogenesis and pedogenesis of the marshes.

Résumé

Un melange de sable (40 %), d'argile (30 %), d'une substance organique facilement transformable (20 %), Carbonate de calcium (6,25 %, marqué avec Ca-45) et Hydroxyde de fer (3,75 %) a été réduit artificiellement par submersion et percolation d'eau de mer synthétique (marqué avec S-35), ou bien H_2O, pendant 45 semaines, et ensuite alternativement aéré et arrosé avec H_2O pendant 30 semaines.

Pendant la phase de réduction eut lieu une grande décomposition de substances organiques avec production de CO_2 et d'acides organiques, une faible acidification des solutions contenues dans les pores, avec une dissolution partielle des carbonates, et aussi une réduction des combinaisons de fer; et plus tard des sulfates et du soufre provenant des substances organiques, avec production de sulfures de fer. Une percolation d'eau de mer a eu pour conséquence une grande accumulation de sulfures en peu de temps.

Pendant la phase d'oxydation on a observé successivement: lessivage du sel resté libre, oxydation des sulfures et déstruction des carbonates par le développement d'acide sulfurique en quantités équivalentes. Le calcium libéré supprimait d'abord préférentiellement Na et K échangeable, plus tard aussi Mg, et était considérablement lessivé seulement après une saturation de plus en plus forte en Ca.

La décomposition du reste des substances organiques n'avait pas d'influence sur la déstruction des carbonates.

La réduction des sulfates, l'oxydation des sulfures, et la dissolution des carbonates sont en relation avec la teneur en sulfates réductibles, en substances organiques et carbonates facilement transformables, et avec la durée des phases de réduction comme celles d'oxydation alternantes, et sont essentielles pour la géogenèse et pédogenèse des polders.

Mechanisms of Accumulation and Distribution of Calcium Carbonate in Marsh Soils of The Lower Mesopotamian Plain

By *Adnan Hardan* and *A. Kh. Abbas**)

The Lower Mesopotamian Plain is a very flat plain of silt loam, silty clay loam, silty clay, and clay soils with gradient over long distance of less than 6 cm/kilometer and mean annual rainfall of winter type of less than 150 millimeters under extremely hot and cloudless summers. Extensive haurs, permanent marshes, flood marshes, and waterlogging, with their boundaries being greatly influenced by flooding of the Twin Rivers, are dominating the southern part of the Plain (Fig. 1). In time of flood the rivers spread out over the flat lands and over rice growing lands as guided by farmers where they lose their turbulance and deposit their sediments. At the end of the flooding period and rice growing season the surface dries and salinization by evaporation of ground water from soil surface starts.

As a result of many centuries of irrigation sedimentation, the land has a typical meso-relief consisting of irrigation levees and depressions. Water accumulating in such depressions (resulting from floods, over irrigation, and shifting canals and branches) may or may not find its way back into the parent channel and thus creating temporary lakes and marshes. By continuous shifting system of water courses and irrigation channels over a long period of time, numerous minor depressions along the main canal could be isolated with no possible surface drainage.

Comprehensive characterizations of soils, geology, history of agriculture, irrigation and hydrology of the Mesopotamian Plain were published elsewhere (2, 3, 4, 17). These publications have indicated that most of the Lower Mesopotamian soils have been highly influenced by hydromorphic soil forming processes at one time or another.

All fluviatile, irrigation deposits and sediments, which have been largely determined by the subsequent irrigation systems, have a very high content of precipitated carbonates (20–30 % lime). The high content of lime was mainly attributed to water deposits (3, 4, 6). However, the precipitation of carbonates from irrigation water was also recognized (4, 11, 17).

Analyses of many soil samples within short horizontal distances and shallow depth (especially at the boundaries of marshes and depressions) have demonstrated considerable variations in lime content. Such local variations seem to result in a significant part from local physico-bio-chemical processes which may operate separately or jointly at the same time or at successive periods. Such processes may include quality of surface and shallow ground

*) Institute for Research on Naturel Resources, College of Agriculture, Abu-Ghraib, Iraq.

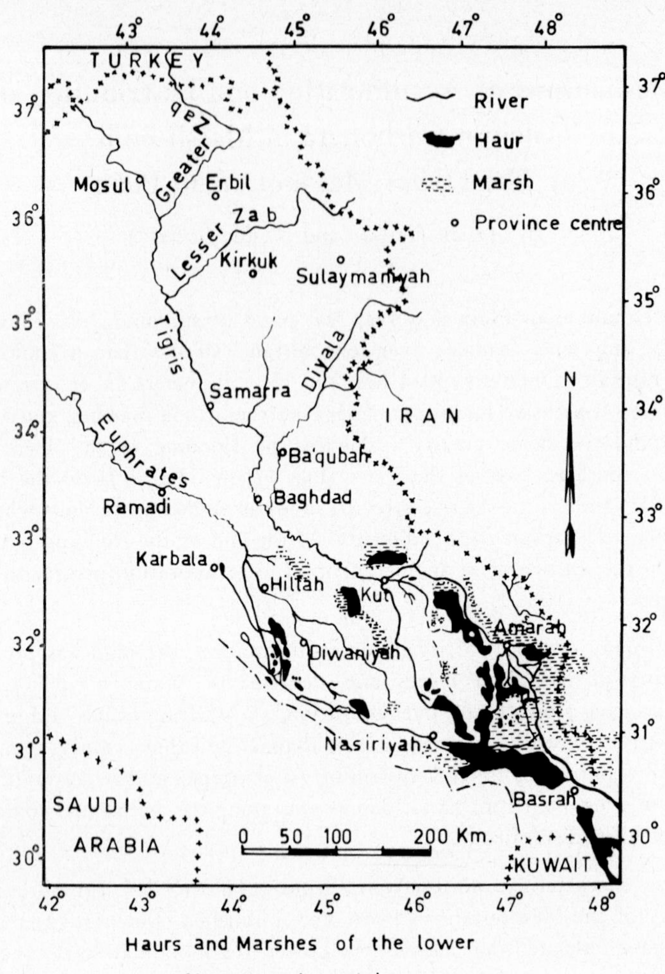

Haurs and Marshes of the lower Mesopotamian plain.

water and its interaction with soil, vegetation activity and CO_2 production, and biological sulfate reduction under anaerobic conditions.

The purpose of the present study is to investigate some of the pedogenetical processes which are associated with presently or previously water-logged depressional areas and which are influencing the accumulation and distribution of lime.

Many theoretical and experimental studies on precipitation and solubility of lime in aqueous solution were published (5, 8, 15, 18). The mechanisms of biological sulfate reduction and the role of CO_2 and their effects on Na_2CO_3 formation and sodic soils development and reclamation were investigated (1, 9, 10, 13, 16, 20).

Materials and Methods

Collection of water samples: water samples from 30 locations along the Tigris, 30 locations along the Euphrates, 5 locations along Shatt El-Arab, 2 locations along Diyala River, and 20 locations from marshes and haurs were collected and analysed during July of 1965 and 1966. A two liter bottle was thrown out into the river or haur and retrieved by a rope tied around its neck. The pH was measured immediately by means of a battery operated pH meter, then a drop of formaldehyde was added to the water to suppress biological activity and growth. The bottles were then corked and taken to the laboratory for analyses. Complete chemical analyses were carried out on all samples using the methods described by U.S. Salinity Laboratory (19). The analytical values required for predicting the precipitation or solubility of lime of some representing surface waters of the Lower Mesopotamian Plain are presented in table 1.

An experiment was also designed to study the precipitation or solubility of lime by saline ground water with and without organic matter and vegetation treatments. Two surface soils were used. Soil A (silt loam) was obtained from an older fluviatile terrace that has never been flooded due

Table 1

Saturation index of various mesopotamian waters

Type of water and location	pH	Ca^{++}	Total cations	Total alk. as HCO_3	$pK'_2-pK'_e$	pCa	pAlk.	pHc	Saturation index
			meq/l						
Tigris									
at Samarra	7.95	2.5	4.1	3.1	2.20	2.90	2.52	7.92	+0.03
at Baghdad	7.90	2.9	5.4	3.3	2.22	2.84	2.47	7.53	+0.37
at Kut	7.85	3.1	5.8	3.5	2.23	2.80	2.46	7.49	+0.36
at Amarah	8.05	3.6	6.8	3.6	2.24	2.75	2.45	7.44	+0.61
at Qurna	8.00	3.8	9.2	3.9	2.26	2.70	2.42	7.38	+0.62
Euphrates									
at Ramadi	7.85	2.8	6.2	3.2	2.23	2.85	2.50	7.58	+0.27
at Hillah	7.90	2.9	6.3	3.8	2.23	2.84	2.42	7.47	+0.43
at Nasiriya	7.95	3.3	10.2	4.2	2.27	2.78	2.37	7.42	+0.53
at Qurna	8.05	3.8	12.3	4.8	2.30	2.72	2.32	7.34	+0.71
Shat El-Arab									
at Basrah	7.95	3.8	14.5	5.0	2.31	2.72	2.30	7.33	+0.62
Diyalla									
at Baqubah	7.70	4.0	10.0	3.6	2.27	2.71	2.45	7.43	+0.27
Haur									
at Kut	8.00	4.1	13.0	4.4	2.30	2.68	2.37	7.35	+0.65
at Amarah	7.95	4.8	20.3	4.8	2.35	2.62	2.23	7.20	+0.75
at Diwaniya	7.95	4.8	18.4	5.6	2.34	2.62	2.25	7.21	+0.74
at Nasiriya	8.00	5.3	21.2	6.2	2.35	2.58	2.21	7.14	+0.86
at Basrah	7.95	4.5	28.0	6.5	2.39	2.65	2.20	7.24	+0.71

Table 2

Chemical characteristics of original soils and of ground water (GW)

Sample	pHe	EC	Ca+Mg	Na	Cl	SO_4	CO_3+ HCO_3	ESP	CEC	lime	gypsum	OM
					soluble ions							
		mmhos/cm			meq/l				meq/100 g		%	
Soil A	7.75	3.8	31.3	8.0	26.0	10.6	1.5	3.8	18.6	24.8	0.12	0.75
Soil B	7.85	2.6	18.8	7.3	14.8	11.2	1.2	5.1	20.0	23.2	0.14	0.84
GW	7.80	7.4	48.5	27.2	38.2	32.1	3.6					

to its high topographical position, with ground water table of more than 10 meters deep. Soil B (also silt loam) was obtained from flood marsh region which is regularly flooded and with ground water table at or near the soil surface. Some chemical characteristics of both soils and of the ground water (GW) are shown in table 2.

Each soil was air-dried, passed through 2 mm sieve and uniformly packed into 9 rust-proof cylindrical galvanized iron tanks, 60 cm long and 30 cm in diameter with each tank containing 58 kilograms of soil. Of each soil three tanks were thickly planted with millet-alfalfa seed mixture, three tanks were treated with organic matter (OM) (50 g of powdered barley straw were mixed with the bottom 10 cm layer of soil), and three tanks were neither treated with OM nor planted. Ground water was maintained at 50 cm depth by means of floats and was continuously delivered from separate reservoir to each tank. In order to establish germination and vegetation cover, two light-surface irrigations were given to all tanks. After that, no water was added to the soil surface and water flow through the soil was always upward from the fixed GW. The volunteering plants on the non-planted tanks were removed when appearing. The whole set up was placed in a lath house at the College of Agriculture at Abu-Ghraib and the experiment was carried out during the hot season (April to November). An equal depth of GW (22 cm) was allowed to evaporate or evapotranspirate from each tank before soil sectioning. At the end of the experiment, the soil in each tank was sectioned into six layers (10 cm each) and analysed according to the methods of U. S. Salinity Laboratory (19).

Means of the analytical values of 3 replicates are presented in table 3.

Results and Discussion

Langelier's saturation index (15) as presented by *Bower* et. al. (5) was used to predict the precipitation of $CaCO_3$ from representing Mesopotamian surface waters (tab. 1). The saturation index is the difference between the actual pH (pHa) and the calculated pH (pHc). Positive values of the index (pHa–pHc) indicate that $CaCO_3$ will precipitate from the water, while negative values indicate that water will dissolve $CaCO_3$. The pHc was calculated from the following equation:

$pHc = (pK'2 - pK'e) + pCa + pAlk$ where pK'2 and pK'e are the negative logarithms of the second dissociation constant for H_2CO_3 and the solubility constant of $CaCO_3$, respectively, and both constants are corrected for ionic strength. pCa and pAlk are the negative logarithms of the molal concentration of Ca and of the equivalent concentration of titrable base (CO_3 + HCO_3), respectively.

Table 3

Changes in pH, SAR, lime, soluble sulfate, and soluble carbonate + bicarbonate as influenced by organic matter (OM) and vegetation (Veg.) during evaporation of ground water (GW) from soil surface.

Soil Depth cm	Treatment: GW					GW+OM					GW+Veg.				
	pHe	SAR	SO_4 meq/l	CO_3+ HCO_3 meq/l	lime meq/100 g	pHe	SAR	SO_4 meq/l	CO_3+ HCO_3 meq/l	lime meq/100 g	pHe	SAR	SO_4 meq/l	CO_3+ HCO_3 meq/l	lime meq/100 g
Soil A															
0–10	−0.30	1.6	63.2	0.7	2.5	0.25	5.2	26.0	3.2	3.0	0.05	3.8	38.0	2.5	15.6
10–20	0.05	0.8	25.1	0.8	1.8	0.60	3.2	10.4	2.1	8.9	0.05	2.8	28.6	2.0	39.4
20–30	0.15	0.6	12.0	1.2	2.0	0.40	3.5	6.3	3.4	18.2	0.00	2.1	16.7	2.8	20.8
30–40	0.05	0.7	7.5	1.8	0.5	0.85	6.2	5.2	4.8	42.3	−0.10	1.0	10.7	2.3	3.9
40–50	0.00	0.8	8.2	1.3	0.8	0.40	7.6	1.5	4.6	28.4	−0.25	0.6	9.5	2.2	−4.3
50–60	−0.10	0.5	7.8	2.0	0.2	−0.35	1.3	−1.3	6.3	3.8	−0.20	0.9	8.1	2.6	−1.9
Soil B															
0–10	−0.25	1.8	65.8	1.2	3.8	0.15	3.2	23.0	4.5	5.1	0.00	4.5	30.0	3.2	25.1
10–20	0.00	1.1	20.4	1.0	2.3	0.35	4.7	7.8	3.8	12.2	0.00	3.4	25.1	4.1	43.7
20–30	0.15	0.6	13.0	2.3	1.9	0.50	5.2	4.2	3.5	21.3	0.05	3.0	16.8	3.1	14.2
30–40	0.10	0.8	8.3	1.9	0.6	0.80	7.8	5.1	5.3	58.0	−0.20	0.8	9.3	2.8	−2.0
40–50	0.00	0.6	8.6	2.6	0.2	0.65	8.2	1.0	5.1	36.8	−0.40	0.4	11.4	3.6	−12.8
50–60	−0.05	0.3	7.1	2.8	−1.5	0.15	2.6	0.5	6.8	7.1	−0.20	0.5	6.8	2.5	−4.2

Table 1 shows that the saturation index of each of the various waters of Iraq is positive, indicating the tendency for $CaCO_3$ precipitation from these waters. This tendency is in agreement with the actual experimental data on lime precipitation from Tigris and Euphrates waters during leaching (11). Although the saturation index gives only a qualitative estimate of precipitating or dissolving $CaCO_3$ for a given quality of water, the algebraic values of the index may indicate the relative quantities of precipitating or dissolving lime. The index values for both Tigris and Euphrates and their haurs increase toward the Arabian Gulf (tab. 1). Analyses of some ancient soil samples of the Lower Mesopotamian Plain indicated the trend of increasing lime content toward Shatt El-Arab (12).

Table 3 shows the changes in chemical characteristics of soil which are related to precipitation and solubility of lime as induced by GW, biological SO_4 reduction, and vegetation at different depths of soil. In the non-treated soils, there was a slight increase in lime at all depths except for the bottom soil layer (under the ground water table) for soil B where a slight decrease was observed. The changes in lime at different depths are corresponding with the changes in soluble HCO_3, SAR, and pH. The concentration of soluble SO_4 at different depths is closely correlated with the total salinity of the different soil layers and the SO_4 content in the GW (Tab. 2). The decrease in pH values of the submerged and top layers of both soils may be attributed to increasing CO_2 pressure at the bottom and to increasing electrolytes concentration at the top.

In comparing the data of GW with those of GW + OM treatments, great differences are recognized in the precipitation of lime, zone of accumulation, and the corresponding values of SAR, HCO_3, and pH in the soils. A relatively large amount of lime accumulated. Maximum accumulation was in the zone of 20–30 cm above GW. A corresponding increase in SAR values was due to inactivation of Ca and probably Mg as $CaCO_3$ and $MgCO_3$. Maximum increase in pH values at the 20–30 cm depth was due to the formation of HCO_3 and probably to the increase in exchangeable Na as a result of increasing SAR values. The SO_4 concentration in the different soil layers was much lower when OM was present. The reduction of soluble SO_4 explains the decrease in the concentration of SO_4 since all the favorable conditions are prevailing at this treatment (1, 10, 13, 20).

The changes induced by the vegetation as compared to the other treatments are manifested in the solubility and distribution of lime with respect to the depth of soil layer, and in the decrease of soil pH values at the lower layers of both soils. The production of CO_2 by plant roots seems to have increased CO_2 pressure (especially at lower depths where moisture content is near saturation) and thus resulting in solubility of some of the original lime in both soils. In the top layers (upper half of the soil) where the increase in CO_2 pressure is relatively low, due to better aeration, dissolving lime from the lower depths and additional lime from GW accumulated. The zone of lime accumulation in this treatment is about 20 cm higher than that of GW + OM treatment. Furthermore, the dissolving lime at the lower depths for soil B was appreciably more than that of soil A in spite of its higher original lime content (Tab. 2). The higher solubility of lime from soil B may be attributed to the different sources of lime in the two soils. Soil B was influenced by hydromorphic conditions for long time intervals and thus a large part of its lime may have been formed in place by one or more of the mechanisms under discussion. Soil A was never flooded (as mentioned in the materials and methods) and its lime content is mainly from the original sediments as calcite and other forms of $CaCO_3$ minerals.

Recognizing that lime formed in place by Physico-bio-chemical processes is more soluble than primary lime (7), could be a possible explanation for the difference in lime solubility and redistribution between the two soils. The decrease in pH values at the bottom soil layers is in accordance with the above explanation of CO_2 pressure.

In conclusion, the findings of this study indicate the significance of water quality, biological SO_4 reduction, and CO_2 production by vegetation and biological activities in accumulation and distribution of lime in the hydromorphic soil of the lower Mesopotamian plain. The precipitation of carbonates in place under the prevailing conditions may influence the agricultural development of such soils especially with respect to salinity, alkali, and water movement aspects. Therefore, full understanding of these mechanisms and their consequences is required for successful land development in this region.

References

1. *Abd-El-Malek, Y.*, and *S. C. Rizk* (1963). J. of Appl. Bact. **26,** 1.
2. *Adams, R.* (1965). Land behind Baghdad. The university of Chicago press. Chicago and London.
3. *Altaie, F. H.* (1968). The soils of Iraq. Ph. D. thesis. State university of Gent.
4. *Buringh, P.* (1960). Soils and soil conditions in Iraq. Baghdad.
5. *Bower, C. A.*, *L. V. Wilcox*, *G. W. Akin*, and *Mary G. Keyes* (1965). Soil Sci. Soc. Amer. Proc. **29,** 91–92.
6. *Dieleman, P. J.* (editor) (1963). Reclamation of salt affected soils in Iraq. International Inst. for Land Reclamation. Publication 11.
7. *Doneen, L. D.* (1964). Notes on water quality in agriculture. Dept. of Irrigation. University of California, Davis, Calif.
8. *Eaton, F. M.* (1950). Soil Sci. **69,** 123–133.
9. *Frear, G. L.*, and *J. Johnson* (1929). J. Amer. Chem. Soc. **51** (2), 2082–2093.
10. *Goertzen, J. O.*, and *C. A. Bower* (1958). Soil Sci. Soc. Amer. Proc. **22,** 36–37.
11. *Hardan, Adnan* (1964). Development of soil salinity and alkalinity under laboratory conditions. Ph. D. thesis. University of California, Davis.
12. *Hardan, Adnan* (1969). Removal of salts from undisturbed saline-alkali soil columns by different leaching waters. Centennial Proc. A. U. B., Beirut, pp. 409–431.
13. *Hardan, Adnan* (1970). Dating of soil salinity in the Mesopotamian plain. Symposium on the age of parent materials and soils. Amsterdam, Netherlands (in press).
14. *Janitzky, P.*, and *L. D. Whittig* (1964). J. Soil Sci. **15,** 145–157.
15. *Kelley, W. P.* (1951). Alkali soils, their formation, properties and reclamation. New York. Reinhold Publ. Corp.
16. *Langelier, W. F.* (1936). Amer. Water Works Assoc. J. **28,** 1500–1521.
17. *Ogata, G.*, and *C. A. Bower* (1965). Soil Sci. Soc. Amer. Proc. **29,** 23–25.
18. *Russel, J. C.* (1956). General soils for Iraq students. Mimeographed edition. Baghdad, Iraq.
19. *Tanji, K. K.*, and *L. D. Doneen* (1966). Soil Sci. Soc. Amer. Proc. **30,** 53–56.
U. S. Salinity Laboratory Staff (1954). Diagnosis and improvement of saline and alkali soils. Handbook No. 60.
20. *Whittig, L. D.*, and *P. Janitzky* (1963). J. Soil Sci. **14,** 322–333.

Summary

The accumulation and distribution of $CaCO_3$ by pedogenetical processes which are associated with previously or presently waterlogged depressional areas in the Lower Mesopotamian plain were studied.
Calculations of the "saturation index" for various waters of Tigris, Euphrates, Diyalla, Shatt-El-Arab, Marshes and Hours indicate the tendency for $CaCO_3$ to precipitate from all of these waters.
The role of shallow saline ground water (GW), vegetation, and biological SO_4 reduction in the accumulation and distribution of lime in relation to soil depth was also studied. The quality of GW induced small accumulation of lime throughout the soil depth, with maximum accumulation in the top 20 cm. Much higher amounts of lime accumulated from biological SO_4 reduction with a maximum at 20–30 cm above GW level and a corresponding decrease in SO_4 concentration. The vegetation has caused solution of some original lime from the bottom 20–30 cm, which has re-accumulated in the top soil layers, with a maximum at 40–50 cm above GW level. The solution of original lime induced by the vegetation seems to be higher in soil B than in soil A.

Résumé

L'accumulation et la distribution de $CaCO_3$ dans quelques processus génétiques, associés avec les régions antérieurement ou actuellement marécageuses, dans la plaine de Mésopotamie inférieure, ont été étudiés.
Des calculs de « l'index de saturation » pour des eaux diverses du Tigre, de l'Euphrate, du Diyalla, du Shatt-el-Arab, des marais et des saisons revèlent la tendance du $CaCO_3$ à précipiter de toutes ces eaux.
On a étudié l'importance de l'eau souterraine salée peu profonde, la végétation et la réduction biologique de l'ion SO_4 sur l'accumulation et la distribution de la chaux par rapport à la profondeur du sol. La qualité de l'eau souterraine a produit une petite accumulation dans les 20 cm en surface. Des quantités plus importantes de chaux s'accumulaient par réduction biologique du SO_4 au maximum dans les 20 à 30 cm au dessus du niveau de l'eau souterraine avec diminution correspondante de le concentration de SO_4. Le traitement de la végétation avait pour conséquence la solubilisation d'une quantité de chaux originelle provenant d'une profondeur de 20 à 30 cm qui s'est réaccumulée dans les couches supérieures avec un maximum à 40 à 50 cm au dessus du niveau de l'eau souterraine. La solubilité de la chaux originelle occasionnée par la végétation semble être plus élevée dans le sol B que dans le sol A.

Zusammenfassung

Ansammlung und Verteilung von $CaCO_3$ durch einige pedogenetische Prozesse, im Zusammenhang mit früher oder gegenwärtig vernäßten Niederungen in der Unteren Mesopotamischen Ebene, wurden untersucht.
Berechnungen zum „Sättigungsindex" für verschiedene Wässer des Tigris, Euphrat, Diyalla, Shatt el-Arab, für Marschen und Gezeiten zeigen die Tendenz für $CaCO_3$, sich aus all diesen Wässern niederzuschlagen. Die Rolle von schwach salinem Grundwasser, Vegetation, biologischer SO_4-Reduktion bei der Ansammlung und Verteilung von Kalk in Beziehung zur Bodentiefe wurde untersucht. Die Qualität des Grundwassers verursachte geringe Ansammlung von Kalk im ganzen Boden mit stärkster Konzentration bei 20 cm. Viel größere Kalkmengen sammelten sich durch biologische SO_4-Reduktion mit einem Maximum bei 20—30 cm über dem Grundwasserspiegel und einem entsprechenden Absinken der SO_4-Konzentration. Die Vegetation verursachte die Löslichkeit von etwas ursprünglichem Kalk vom Boden bei 20—30 cm, der sich wieder sammelte in den Schichten des Oberbodens bei 40—50 cm oberhalb des Grundwasserspiegels. Die Löslichkeit des ursprünglichen Kalks, die durch die Vegetation herbeigeführt wurde, scheint in Boden B höher zu sein als in Boden A.

Sonderformen hydromorpher Böden aus sulfatreichen Tonmergeln in Süddeutschland

Von *Siegfried Müller**)

Im süddeutschen Mesozoikum sind sulfat- und sulfidreiche Mergel und Schiefertone, insbesondere im Gipskeuper, weit verbreitet.

In den Verwitterungsdecken solcher Gesteine entstehen vielerorts hydromorphe Böden, die der normalen Entwicklung in schweren, basenreichen Substraten entsprechen. Im folgenden werden jedoch sapropelartige Sonderformen betrachtet, die vorzugsweise an lokale Konzentration von Gips oder Pyrit im Substrat gebunden sind. Wo in den Verwitterungsdecken solcher Gesteine organische Substanz und Luftabschluß zusammentreffen, entwickeln sich relativ rasch anaerobe Prozesse, die schwärzliche, sapropelartige Nester und Horizonte dichten Tones mit feinstverteilter, organischer Substanz hinterlassen. Diese Prozesse bzw. Produkte finden sich besonders weit verbreitet auf Gipskeuper am Fuß des Keuperstufenrandes im südwestdeutschen Schichtstufenland (4). Hier ist die Auslaugung der Basisgipse des Gipskeupers (km_1) für den Wasserhaushalt der Landschaft entscheidend ((3) S. 26). Die aus dem Keuperstufenrand austretenden Gewässer kommen wegen dieser Auslaugung in flache Senkungswannen und Dolinenfelder, die den Abfluß hemmen und dabei vernässen und vermooren. Der Keuperstufenrand ist deshalb von einer Kette von Niedermooren begleitet, die z. B. auch den Kern des Stuttgarter Talkessels bilden. In heutigen Moor- und Anmoorgleyen tritt hier gelegentlich Schwefelwasserstoff aus, häufiger findet man feinverteiltes Eisensulfid, und sehr weit verbreitet sind im Gipskeuper-Gebiet (dagegen nur vereinzelt auf den anderen sulfatreichen Substraten) die mit dem Lokalnamen „Sumpfton" bezeichneten schwärzlichen, dichten Tone, als Relikte der primären anaeroben Prozesse.

Die Dauer dieser Substratumformung ist nach den vorliegenden Beobachtungen relativ kurz. Kleine Nester von blauschwarzem Ton bilden sich an künstlich geschaffenen Feuchtstellen in gärtnerisch genutzten Pelosolen aus Gipskeuper schon in 5 bis 10 Jahren. Im Jahre 1961 wurde in einem Flachtal des Gipskeuperhügellandes bei Crailsheim (Nordwürttemberg) ein Hochwasser-Rückhaltebecken, der „Degenbachweiher", angelegt. Ende Mai wurde das Grünland überstaut. Nach wenigen Wochen trat am Auslauf unterhalb des Dammes viel Schwefelwasserstoff aus, d. h. die anaeroben Prozesse waren am Boden des Stauraumes in Gang gekommen. Rund zwei Jahre, bis 1963, hielt die intensive Schwefelwasserstoffproduktion an. Am Oberende des Staubereiches im Schilf- und Seggengürtel sind heute noch (1971) feinverteilte Eisensulfide in dem bläulich-schwarzen Sapropel des Weiherufers vorhanden.

Versuch

Nach diesem Ereignis wurden im Projektionsraum eines großen, vorwiegend im Gipskeuper liegenden Trinkwasserspeichers durch die Abteilung Wasserwirtschaft des Regierungspräsidiums

*) Geologisches Landesamt von Baden-Württemberg, Zweigstelle Stuttgart, BRD.

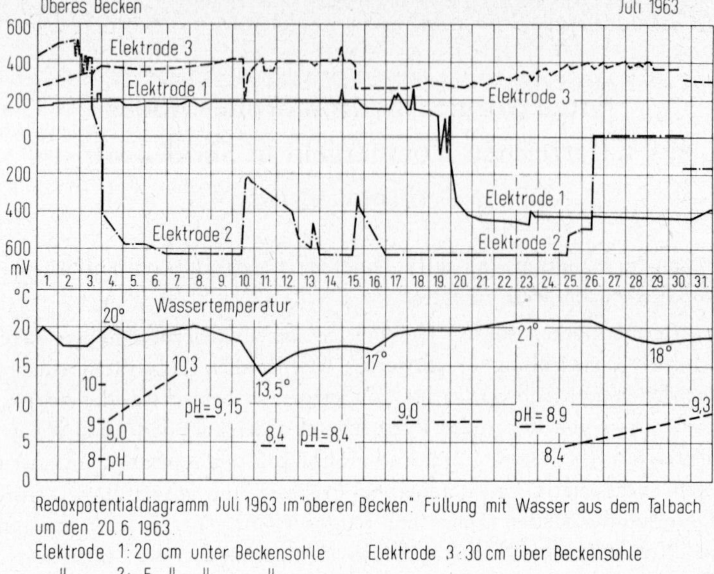

Redoxpotentialdiagramm Juli 1963 im "oberen Becken". Füllung mit Wasser aus dem Talbach um den 20. 6. 1963.
Elektrode 1: 20 cm unter Beckensohle Elektrode 3: 30 cm über Beckensohle
" 2: 5 " " "

Abbildung 1

Nordwürttemberg Versuchsteiche angelegt, da eine Schädigung des Trinkwassers durch H_2S befürchtet wurde. Zwei Versuchsbecken wurden mit Wasser aus dem Talbach gefüllt und die Entwicklung der Redox-Potentiale mit Hilfe vollautomatischer Registriergeräte über mehrere Jahre hinweg beobachtet.

Das „obere Becken" lag am Talrand in dolomitischen Mergelsteinen des anstehenden Gipskeupers Es erhielt noch Sickerwasserzutritte aus einer hier einmündenden Hangrinne.

Das "untere Becken" wurde auf den Talwiesen angelegt. Dabei wurde das auf dem rund 2 m mächtigen sandigen Schwemmlehm der Talsohle wachsende Gras bei der erstmaligen Beckenfüllung im Juni 1963 überstaut.

Ergebnisse

Das sehr umfangreiche Datenmaterial der Meßergebnisse zeigt eindeutig den zeitlichen Aspekt für das erste Auftreten anaerober Verhältnisse im oberen Becken.

Als Beispiel genügt das Meßdiagramm vom Juli 1963 (Abb. 1). Mitte Juni war das Becken gefüllt worden. Zunächst zeigen alle Elektroden oxydative Verhältnisse. Bereits nach rund 2 Wochen sinkt das Redox-Potential am Beckenboden (Elektrode 2) auf −600 mV ab, während es in 20 cm Tiefe (Elektrode 1) erst nach rund 5 Wochen ähnlich stark fällt und nahezu unverändert über die jahrelange Meßdauer hinweg im stark reduktiven Bereich zwischen −400 mV und −600 mV verbleibt. Viel größeren Schwankungen sind die Redoxpotentiale des von äußeren Einflüssen stärker betroffenen Beckenbodens (Elektrode 2) ausgesetzt, aber auch hier überwiegt der reduktive Bereich.

Diese Messungen im reinen Gipskeuper-Milieu bestätigen, trotz der relativ geringen Gehalte an organischer Substanz, daß die Tendenz zu anaeroben Prozessen von diesem Substrat sehr begünstigt wird und sich rasch manifestiert. Allerdings wurde auch nach vierjähriger Überstauung keine schwärzliche Verfärbung des Schlammes im Meßbereich beobachtet. Hierfür war das Angebot an organischer Substanz im oberen Becken offensichtlich zu gering.

Die Ergebnisse aus dem „unteren Becken", wo die Talwiese auf sandigem Auelehm überstaut wurde, interessieren hier nur im Vergleich zum Gipskeuperbecken. Es zeigte sich ein viel einheitlicheres Biotop, das, solange die organische Substanz in den auf die Überstauung folgenden 15 Monaten noch nicht aufgearbeitet war, ebenfalls sehr starke reduktive Phasen (bis −600 mV) aufwies. Nach dieser Zeitspanne traten die negativen Meßwerte deutlich zurück. Im oberen Becken blieb dagegen die Reduktionszone im Beckenboden über die ganze Meßdauer stabil, unabhängig von äußeren Umständen.

Im Modellfall hat sich also der sandige Auelehm der Talsohle als günstiger Puffer gegen den Einfluß sulfatreduzierender Bakterien erwiesen, wobei sich ein deutlicher Zusammenhang mit der SO_4-Konzentration in der Bodenlösung zeigt.

Aus Schlammproben vom 20. 12. 1966 liegen folgende Bestimmungen durch das Laboratorium der Abteilung Wasserwirtschaft des Regierungspräsidiums vor:

	SO_4 (mg/kg)	NO_3 (mg/l)
Unteres Becken	125,8	13,05
Oberes Becken	236,2	10,37

Th. Beck[1]) beantwortete die sich hier anschließenden mikrobiologischen Fragen folgendermaßen:

„1. Die Gesamtflora (Tab. 1) setzt sich neben Streptomyzeten und Sporenbildnern im wesentlichen aus ausgesprochenen Fäulnisbakterien und mit Ausnahme von Probe 3 aus verschiedenen Spirillen und Vibrionen zusammen.

2. Die ersten Versuche zur Auszählung der SO_4-reduzierenden Mikroben nach Plattenguß und Bebrütung unter O_2-Freiheit verliefen negativ. Titerbestimmung in flüssigen Medien, die S entweder nur als SO_4 oder auch als Eiweiß enthielten unter aeroben und anaeroben Bedingungen, erbrachten dann das in Tabelle 1 zusammengestellte Ergebnis. Trotz Schwärzung des Indikatorpapiers im Reagenzglasversuch waren die im annaeroben Bebrütungsversuch chemisch erfaßbaren H_2S-Mengen (Jod-Thiosulfat-Titration) auch bei längerer Züchtungsdauer nur sehr gering.

3. Trotz wiederholter Kulturansätze und verschiedenartiger Züchtungsbedingungen gelang bisher weder aus den Proben noch aus einem positiven SO_4-Reduktionsröhrchen die Isolierung der Erreger in Reinkultur. Die mikroskopische Untersuchung ergab Stäbchenbakterien und morphologisch unterscheidbar eine Vibrio- und mindestens zwei Spirillenformen. Außerdem ist es zumindest wahrscheinlich, daß streng anaerobe photosynthetische Purpurbakterien in den Proben 4 und 5 aktiv sind."

In die Untersuchungen von *Th. Beck* waren Proben aus dem Degenbachweiher (s. oben S. 131) eingeschlossen, in dessen Oberteil die Entstehung sapropelartiger Seeböden heute noch andauert. Sowohl in diesem Substrat (Tab. 1, Probe 1) wie im oberen Becken von Wielandsweiher (Tab. 1, Probe 4), wo die sulfatreiche Bodenlösung vorherrscht, wurde unter den anaeroben Bedingungen des Mediums B die stärkste H_2S-Bildung registriert.

[1]) Herr *Dr. Th. Beck*, Bayerische Landesanstalt für Bodenkultur, Pflanzenbau und Pflanzenschutz, hat in dankenswerter Weise die Fragen formuliert und bearbeitet.

Tabelle 1

Allgemeine mikrobiologische Charakterisierung und Nachweis von Sulfatreduzenten (Medium A) und Desulfhydranten (Medium B) in 10^{-1} bis 10^{-4} g Schlamm

	Probe	Gesamtkeime (aerobe) ($\cdot 10^{-6}$)	Anaeroben Titer	Schimmelpilze ($\cdot 10^{-3}$)	Steptomyceten (10^{-6})	H_2S nur aus SO_4 (*van Delden*) Medium A								H_2S aus SO_4 + Eiweiß (*Starkey*) Medium B							
						aerob				anaerob				aerob				anaerob			
						10^{-1}	10^{-2}	10^{-3}	10^{-4}	10^{-1}	10^{-2}	10^{-3}	10^{-4}	10^{-1}	10^{-2}	10^{-3}	10^{-4}	10^{-1}	10^{-2}	10^{-3}	10^{-4}
1	Degenbach Oberer See	12,4	$1 \cdot 10^5$	7,5	2,45	–	–	–	–	+++	+++	+++	+	++	+	–	–	+++	+++	+++	++
2	Degenbach	18.3	$5 \cdot 10^5$	18,0	4,80	–	–	–	–	+++	–	–	–	++	+	+	–	+++	+	(+)	–
3	Rötebach-Talsohle	1,65	$2 \cdot 10^3$	3,5	0,98	(+)	–	–	–	–	–	–	–	+++	++	–	–	–	–	–	–
4	Wielandsweiler Oberes Becken	4,00	$1 \cdot 10^7$	1,0	0,55	+	(+)	–	–	+++	+++	+++	+	+	–	–	–	+++	+++	+++	+++
5	Wielandsweiler Unteres Becken	8,60	$5 \cdot 10^7$	1,0	1,15	++	+	–	–	+++	+++	(+)	–	+++	+	–	–	+++	+++	–	–

Zeichenerklärung: +++ sehr starke H_2S-Bildung, ++ starke, + schwache O keine H_2S-Bildung, aber Wachstum, – keinerlei W.

Das heißt, daß dei Anwesenheit von SO_4 und von Eiweiß den mikrobiologischen Prozeß am meisten begünstigt.

Dieses Ergebnis findet eine Parallele in prähistorischen Befunden. Es handelt sich um die besonderen Konservierungsbedingungen der organischen Substanz in Grabhügeln aus sulfatreichen Tonmergeln, insbesondere bei dem großen hallstattzeitlichen Grabhügel „Magdalenenberg" (6) bei Villingen. Die Substratentwicklung in diesem rund 2500 Jahre alten Fürstengrab gehört zu der hier behandelten Sonderform der Hydromorphie.

In dem rund 8 m hohen Rundhügel mit etwa 100 m Durchmesser wurden um eine zentrale Grabkammer (8 × 5 × 1,5 m) aus Eichen- und Tannenbalken zunächst Buntsandsteinblöcke und dann ca. 44 000 m^3 Tone und Mergel aus der Verwitterungsdecke des den Hügel umgebenden Mittleren Muschelkalks aufgeschüttet. Die Entnahmefläche des Schüttungsmaterials in der unmittelbaren Umgebung ließ sich durch eine Bodenkartierung einigermaßen rekonstruieren (1). Schon in der Antike wurde durch einen zentralen Schacht die Hauptgrabkammer erbrochen und ausgeraubt. Sie und die einhüllende Blockpackung füllten sich durch den locker verfüllten Raubschacht mit Wasser, weshalb der Hügel seitdem wie ein großer Wasserbehälter wirkte, der stagnierendes Wasser in seinem Kern einschloß. Die sulfatreiche Hügelschüttung wurde den Verhältnissen entsprechend hydromorph verändert:

Das primär hellgraue Gestein und seine hellbraune Verwitterungsdecke sind homogen blaugrau bis blauschwarz verfärbt. Feinverteilter Kalk fehlt in der gesamten Hügelaufschüttung, obwohl anzunehmen ist, daß auch kalkreiches Rohmaterial zur Hügelschüttung verwandt wurde. Jedenfalls reicht heute der Kalk in der Umgebung des Hügels größtenteils bis zur Oberfläche. Unter dem Hügeldach liegen einige unveränderte Kalksteine. Vereinzelte Kalksteine im Hügel sind mulmig angelöst. Nach den genannten Umständen ist eine starke Entkalkungsphase zu vermuten, wie dies auch *Brümmer* (2) von den Marschböden berichtet.

Bislang liegen nur pH-Werte (KCl) vor. Sie betragen im Nord-Schnitt an der Hügelflanke:

Ungefähre Tiefe (m)	1	2	3	4	5	6	
pH (KCl)	4,9	5,0	5,8	6,5	6,0	6,9	(kalkiger Untergrund)

Ein auffälliges Phänomen ist die selektive Erhaltung der organischen Substanz. Während die Leichen der zahlreichen Nebenbestattungen und andere eiweißhaltige Substanzen im Hügel fast völlig zersetzt sind, blieben nicht nur die Hölzer der zentralen Grabkammer ausgezeichnet konserviert, sondern auch feinste Details der Vegetation in den zur Hügelschüttung ausgestochenen Erdziegeln, die etwa ⅓ des Schüttgutes ausmachen. In großen Mengen kommt das Moos Thuidium tamariscinum vor.

Die mikroskopische Untersuchung durch *U. Babel*[2]) hatte folgendes Ergebnis: „Die Zersetzungserscheinungen sind sehr gering. Zellulose ist unverändert, Pektin wahrscheinlich ebenso. Die Eiweiße [2]) – wie bei Blättern von Bäumen – als Blattbräunungsstoffe (sehr wahrscheinlich Gerbstoff-Eiweiß-Komplex) vor, so bei Thuidium; bei der anderen Art sind sie weitgehend entfernt

---

[2]) Herrn *Dr. U. Babel*, Hohenheim, danke ich für die freundlicherweise übernommene Untersuchung

(wahrscheinlich in Lösung abgeführt). Für die Zersetzungsbedingungen ist eine längere aerobe Phase auszuschließen."

Sowohl die Beobachtungen im Magdalenenberg wie in den Vesuchsbecken Wielandsweiler weisen darauf hin, daß in der anaeroben Phase der vorliegenden mikrobiologischen Prozesse die Eiweißstoffe leicht zersetzt werden, während die für die Zersetzung des Lignins erforderlichen aeroben Phasen bei den schweren Substraten fehlen. Dieselbe Gesetzmäßigkeit zeigen Grabhügel in Talsenken des Gipskeupers (7), die aus „Sumpfton" bestehen. Auch dort sind Grabkisten und Holzgeräte bestens erhalten, während von den Bestatteten oft nur noch der „Leichenschatten" zu erkennen ist.

Sulfatreiche Bodenlösung und hohes Angebot organischer Substanz führen also bei Luftabschluß relativ rasch zu starken mikrobiologischen Prozessen. Da diese Prozesse im Einzelfall oft durch Austrocknung gestoppt werden, ergibt sich eine starke Zersetzung der Eiweiße und eine Konservierung der Zellulose. Am ehesten scheint für diese Vorgänge *Potonié*'s Begriff des „Amphisapropels" angebracht (5), das bei hohem Angebot organischer Substanz in kurzfristigen Tümpeln entsteht, wobei Eiweißfäulnis, Dunkelfärbung durch Eisen(II)sulfide und Erhaltung eines Teiles des Stickstoffs kennzeichnend sind.

Literatur

1. *Beck, H.* und *Biel, J.:* „Germania" 1971 (im Druck).
2. *Brümmer, G.:* Untersuchungen zur Genese der Marschen. Diss. Kiel 1968.
3. *Müller, S.:* Mittlg. Ver. Forstl. Standortskunde u. Forstpflanzenzüchtung, Nr. 11, S. 3–60 (1961).
4. *Müller, S.:* Mitt. Dt. Bodenkdl. Ges. **1**, 73–79 (1963).
5. *Potonié, R.:* Z. Dt. Geol. Ges. **109**, 411–447 (1957).
6. *Spindler, K.:* Führer zum Magdalenenberg. Villingen 1970.
7. *Zürn, H.:* Fundberichte aus Schwaben. Neue Folge **15**, 154–155 (1959).

Zusammenfassung

Aus sulfatreichen mesozoischen Tonmergeln in Süddeutschland entstehen schon bei kurzfristiger Vernässung bläulichgraue, verdichtete Zonen mit kurzfristig vorhandenen Eisensulfiden und bleibender feinstverteilter organischer Substanz („Sumpfton"). Dauermessungen in Versuchsteichen zeigten schon nach Wochen extrem negative Redoxpotentiale. Bei Reichtum an organischer Substanz setzt starke H_2S-Entwicklung ein. Eiweiß aktiviert die mikrobiologischen Prozesse. In einem hydromorph überformten hallstattzeitlichen Grabhügel wurden Eiweiße vollständig zersetzt, wogegen Lignine sehr gut konserviert wurden.

Summary

Bluish colorations and iron sulfide formation are the results of waterlogging in mesozoic clayey marl of Southern Germany rich in sulphate. These processes have been followed by E_h mesurements which show values as low as – 600 mv after a few weeks of waterlogging. The presence of finely distributed organic matter is essential for these processes to develop. In a prehistoric tomb material rich in protein is readily decomposed under hydromorphic conditions whereas lignins are well preserved.

Résumé

Dans des sols composés de marne riches en sulfate du mésozoïque au Sud de l'Allemagne, de grandes transformations apparaissent déjà après une courte humidification. Les processus bactériens qui commencent alors, laissent des zones gris-bleuâtre concentrées à de sulfures de fer courte durée, et des zones de substances organiques très diffuses et de longue durée (« Argile de marais »). Des mesures prolongées des potentiel-Redox dans des étangs expérimentaux ont montré, que dans des sols subhydriques non travaillés des potentiels-Redox extrêmement négatifs apparaissent déjà après quelques semaines. Dans le cas, où de plus grandes quantités de substances organiques s'ajoutent, une forte production d'un sol subhydrique conduit directement au « Sapropel ». A cette occasion en présence de protéines le processus microbiologique est fortement activé. Des substances albumineuses, comme par exemple les cadavres dans une tombe du temps Hallstatt, sont presque entièrement décomposés; par contre les lignines (p. ex. bois et substances ligneuses) sont très bien conservés dans le milieu souvent sèchant, mais quandmême anaérobe. La dèsignation « Amphi-Sapropel » est donc proposée pour cette forme transitoire aux sols subhydriques.

Evolution of Clay Minerals in an Hydromorphic Soil of the Pampean Region of Argentinia

By *A. M. Iñiguez* and *C. O. Scoppa**)

Introduction

The Pampean Region is a wide sedimentary plain covered by loessic materials of quaternary age which lacks of woody vegetation. It covers some 500,000 km² and is located between 31° and 39° South Latitude and 57° and 65° West Longitude of Greenwich. Its climate varies from humid to semi-arid, and rainfall oscillates between 600 and 900 mm annually, the medium temperature ranges from 14 ° to 18 °C.

During the survey of a subregion (Pampa Ondulada) which covers some 49,200 km² there were identified a total of 113 soil series, most of which are classified in the Mollisol and Alfisol orders. Even though many of these series present a high degree of hydromorphism, none of them can be classified as typically gley. This is due to the fact that the great majority of soils poor in drainage always are high in exchangeable sodium that includes them with the alkali soils rather than the gley ones.

Only the LIMA series are close to the concept of gley soils the clay fraction of which has therefore been studied and compared with that of the well-drained soils.

Materials and Methods

The clay minerals were studied on the $< 2\,\mu$ and $< 0.02\,\mu$ fraction by X-rays diffractometry (analyzed by Materials Trials and Technological Investigations Laboratory) (CuK_{α}, 2 °/min) of non-treated, glycolated and heated (550 °C, 2 hours) samples. Quantitative estimation was done according to *Johns, Grim* and *Bradley* (7) with the exception of the interstratified minerals because they are not well defined and sometimes they appear in complex irregular interstratifications.

Infra-red-absorption was also applied using a Perkin-Elmer 125 spectograph with KBr pellets of a thickness of 0.195 g and a concentration of 0.60 %.

Characterization of the Lima Series

The Lima series is developed under gramineous and cyperaceous vegetation in small concave basins ($<$ 2 ha) of loessical accumulation (13) located in plain areas with slopes less than 0.5 % and normal/subnormal relief in the N.E. of the Province of Buenos Aires, Zárate and Bartolomé Mitre Counties.

Even though the water table is deep ($>$ 3 m) this soil remains covered with water during significant periods after each rain due to its topographic position an low perme-

*) Centre de Investigaciones de Resurcos naturales, Buenos Aires, Brasilia.

ability (< 0.125 cm/hours). The runoff is ponded and the drainage very poor. All of these facts would include this soil into the Pseudogleys. It is associated in the landscape to typic Argiudolls and vertic Argiudolls.

The altitude is 64 m over the sea level and the climate in its area of development is moderate humid (Thornmaite), with medium temperatures of 23.2 °C for the hottest month (January) and 9.5 °C for the coldest (July). The medium annual precipitation is 890 mm, with 265 mm for the three hottest months (December, January and February) and 122 mm for the three coldest (June, July and August).

The parent material of this soil is the so-called pampean loess in which the dominant clay mineral is illite (5). This material is different from the one found in Europe and in the United States for its origin is not glacial or periglacial. In fact this eolic sediment is originated by the accumulation of fine volcanic materials and products of the alteration and desintegration of acid and plutonic rocks of different ages. The first ones have their origin in the volcanic eruptions produced in the Cordillera de los Andes since the end of the Tertiary and during all the Quaternary. The second ones come from the peripheric sierras which contour this region by the West.

The coarse fraction of the C horizon (2) is composed of light minerals and 1 % of heavy minerals. Among the first, the dominant one is volcanic glass (39 %), followed in decreasing order of importance by lithic fragments (26 %), quartz (18 %), plagioclases (11 %) and orthoclases (4 %).

The heavy minerals are represented by opaques (29 %), hornblende (20 %) and epidote (11 %), followed by minor fractions of augite, hyperstens,biotite, muscovite, lithic fragments and apatite. Practically all of the minerals such as the plagioclases and the volcanic glass are fresh.

The soil profile has a pH (n KCl) of 4.7—5.0 in the A and between 5.3 and 5.8 in the B, a clay deficient A (30—32 %) and a clay enriched B (41—49 %), a CEC of 20—31 m. e./100 g with 76 (A) to 100 % (C) base saturation and Ca as a dominating cation.

Results

The X-ray diffraction diagrams (Fig. 1) and their quantitativ estimation (Tab. 1) show that in the < 2 μ fraction there exists a remarkable predominance of illite which is followed by very small quantities of kaolinite, montmorillonite (15 Å), interstratificates and a trace of felspars.

Montmorillonite slightly increases with depth and illite decreases in the same direction and with the same intensity and kaolinite remains constant. The interstratifications are irregular and of a illite-montmorillonite nature (10—14 Å). They are more abundant in the upper horizons.

The fraction < 0.5 μ contains a higher proportion of montmorillonite and interstratificates without changing the percentage distribution within the profile. The infra-red absorption spectrography did not add further informations.

Thus, the mineralogical composition of this soil indicates only a very slight differentiation in the clay minerals. This composition is in general very similar to that of the parent materials and other well-drained soils of this portion of the Pampean region (5, 6).

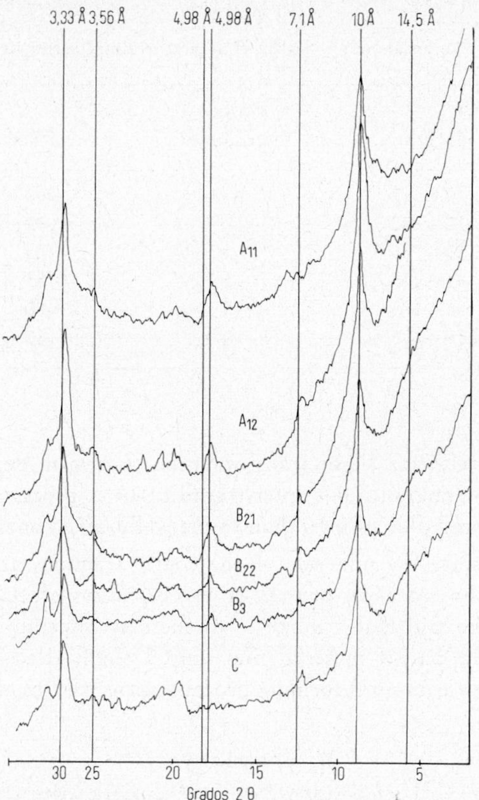

Figure 1

On the other hand, the clay mineralogy of a well-drained soil (Urquiza series, Typic Argiudoll) to which the Argiaquoll is associated in the landscape show (Tab. 2) that the differentiation in the clay minerals is much more evident as seen from a more pronounced decrease in illite and increase in montmorillonite with depth.

It could be deduced then that the clay evolution is inhibited by poor drainage. Probably this is due to the reductive conditions, and also to less intense biological activity of the present vegetation. The gramineae and cyperaceae which compose its vegetation and the organic matter content are very scarce in relation to those of the well-drained soils.

The minor evolution of clays is evident not only in its mineralogy but also in the total content of this fraction. Even though the parent materials is the same mineralogically and granulometrically, the B2t horizons of the associated well-drained soils always has higher clay contents by some 10 %.

On the other hand, the low percentage variations impedes a clear determination of the nature of these variations. It is very possible, having account of its distribution along the profile, that the increase of montmorillonite with depth is due to a fractionary lixiviation of the finest clay fraction, which is generally richer in montmorillonite. It

Table 1

Clay minerals composition (%) of the Lima series profile

Horizon	Depth	Mont-morillonite	Illite	Kaolinite
Al 1	0— 17	—	90	10
Al 2	17— 30	—	90	10
B 21	30— 85	5	85	10
B 22	85—135	5	85	10
B 3	135—185	10	80	10
C	185—200+	10	80	10

can not be discarded either a slight transformation process in depth of illite to montmorillonite via illite-montmorillonit interstratifications a process which would be less intensive in the hydromorphic profiles than in the welldrained ones.

In conclusion then, since the minerals of the coarse fractions are still fresh it is not possible to think of an intensive process of neoformation of clay due to pedological processes. So, it can be said that a majority of the clay minerals present in this profile are inherited from the parent material that only a slight selection of them has been produced through the various soil forming processes especially by differential lixiviation.

Table 2

Clay mineral composition (%) of the Urquiza series profile (6)

Horizon	Depth (cm)	Mont-morillonite	Illite	Kaolinite	Felspar
A 12	14— 28	10	85	5	—
B 1	28— 38	15	75	10	—
B 21	38— 70	20	72	8	—
B 22	70—100	25	65	5	5
B 31	100—130	30	65	—	5
B 32	130—180	30	60	5	5
Cca	200+	30	65	—	5

References

1. *Arens, P. L.* y *Etchevehere, P. H.:* Normas de Reconocimiento de Suelos. I.S.A. – I.N.T.A. Buenos Aires (1966).

2. *Arens, P. L.:* Actas de la Va. Reunión Argentina dela Ciencia del Suelo, Santa Fe (1969).

3. *De Fina, A. L.* y *Sabella, L. J.:* I.N.T.A. Centro de Investigaciones de Recursos Naturales. Suelos. Publicación № 116. Buenos Aires (1970).

4. *González Bonorino F.:* Revista de la Asociación Geológica Argentina, T XX, № 1, pp. 67–148. Buenos Aires (1965).
5. *González Bonorino, F.:* Argentina. J. Sedimentary Petrology **36**, 1026–1035 (1966).
6. *Iñiguez, A. M.* y *Scoppa, C. O.:* Revista de Investigaciones Agropecuarias, I.N.T.A., serie 3, vol. VII, № 1, Buenos Aires (1970).
7. *Johns, W, D., Grim, R. E.* and *Bradley, W. F.:* J. Sedimentary Petrology **24**, 242–251 (1954).
8. *Mejía, G., Kohnke, H.* and *White, S. C.:* Amer. Soil. Sci. Soc. Proc. **32**, 665–670 (1968).
9. *Rich, C. J.* and *Kunze, G. W.* (Editors): Soil clay mineralogy. A symposium, The University of North Carolina Press (1968).
10. *Scoppa, C. O.* y *Vargas Gil, S. R.:* Actas de la Va. Reunión Argentina de la Ciencia del Suelos. Santa Fe (1969).
11. *Soil Survey Staff:* Soil classification. A comprehensive system, 7th Approximation. S.C.S. U.S.D.A. – Washington, D.C. (1960).
12. *Soil Survey Staff:* Supplement to soil classification system (17th Approximation). S.C.S. U.S.D.A. – Washington, D.C. (1967).
13. *Tricart, J. L.:* La geomorfología de la Pampa Deprimida como base para los estudios edafológicos y agronómicos. Plan Mapa de Suelos de la Pampeana. I.S.A. – I.N.T.A. – Publicación interna (1968).

Summary

The clay mineralogy of a hydromorphic soil (Typis Argiaquoll) of the Argentinia Pampean Region shows a predominance of illite accompanied by very small quantities of kaolinite, montmorillonite and interstratificates. The amount of montmorillonite increases slightly with depth, whereas the amount of illite decreases and kaolinite remains constant. Since plagioclases and volcanic glass are virtually fresh in the soil many of the clay minerals found are inherited from the parent material. The montmorillonite of the subsoil may have come there by clay illuviation or from an illite → montmorillonite transformation. It is deduced, in general, that the evolution of the clay minerals is less in the hydromorphic than in the associated well-drained soils.

Zusammenfassung

Die Tonminerale eines hydromorphen Bodens (typischer Argiaquoll) in der argentinischen Pampa sind vorwiegend Illit, weiter sehr kleine Mengen von Kaolinit, Montmorillonit und Mixed-layer-Mineralen. Montmorillonit nimmt mit der Tiefe leicht zu, während Illit abnimmt und Kaolinit konstant bleibt. Da Plagioklase und vulkanische Gläser im Boden ganz frisch vorkommen, sind viele gefundene Minerale Reste des Ausgangsgesteins. Der Montmorillonit im Unterboden mag von einer Tonverlagerung oder einer Umbildung Illit → Montmorillonit stammen. Ganz allgemein folgert man daraus, daß die Entwicklung von Tonmineralen in hydromorphen Böden geringer ist als in den benachbarten gut entwässerten Böden.

Résumé

Les minéraux d'argile d'un sol hydromorphe (Argiaquoll typique) dans la pampa en Argentine se composent pour la plupart d'Illite, puis de très petites quantités de Kaolinite, de Montmorillonite et de minéraux interstratifiés. La Montmorillonite augmente légèrement avec la profondeur, tandis que l'Illite diminue et la Kaolinite reste constante. Puisque du plagioclase et de verres volcaniques se trouvent encore peu altérés dans le sol, beaucop des minéraux, qu'on a trouvés, sont hérités du matériau d'origine. La Montmorillonite dans le sous-sol peut provenir d'une accumulation d'argile, ou même d'une transformation Illite → Montmorillonite. En général on conclut de cela, que le développement des minéraux argileux dans des sols hydromorphes est moins important que dans les sols bien drainés voisins.

Report on Topic 1.2: Phosphates, Sulfates, Carbonates and Silicates in Hydromorphic Soils

By *E. P. Whiteside**)

This group of four papers[1]) was composed of *two reports* on soils as they occur in natural landscapes and two which apply some of the techniques of Experimental Pedology to testing of hypotheses of their genesis. All four assist in classification, amelioration and utilization of soils.

1. *J. Vieillefon,* discussed the role of sulfur in pedogenesis and the evolution of physical and chemical properties of littoral hydromorphic soils of tropical regions. He recognized four major stages in the course of the formation and evolution of a natural sequence of soils characteristic of the coastal mangrove areas in the tropical climate, of the estuaries in Senegal.

A somewhat parallel situation in a cool temperate landscape was demonstrated to us on the C tour in N. Germany where man made jetties, dikes and ditches are being used in stabilizing, reclaiming and utilizing areas of recent marine sediments.

2. *S. Müller* discussed the development of hydromorphic soils in older sulfate rich limy clays in southern Germany. Where the concentration of sulfate ions and organic substances occur together, exclusion of air favors anaerobic bacterial processes with water saturation of the materials and the development of low redox potentials. These processes may often be stopped by drying out, which destroys albumen and conserves cellulose. If they proceed sapropel results in the bottom of lakes where albumen putresence, dark colored FeS and nitrogenous deposits are observed.

In south Germany sulfate and sulfide rich marl or calcareous shales are widespread. In their weathering many hydromorphic soils result. These include Pseudogley-Pelosol, Pelosol-Gley and Clayey Meadow soils.

Examples of some of these were demonstrated on tours A and B of this Congress.

3. *H. S. Grunwaldt, I. Günther* and *D. Schroeder* reported on an Experimental Pedological study of a very convincing laboratory model for investigating changes in sulfates, carbonates and iron oxides in hydromorphic soils.

The authors offer plausible explanations of a number of natural phenomena observed in soil formation of hydromorphic soils that can be accounted for by this very discerning research model! Some of the formations to which these results apply were observed on tour C of this conference.

4. *A. Hardan* and *A. Kh. Abbas* reported on the mechanisms of accumulation and distribution of calcium carbonate in marsh soils of the Lower Mesopotamian Plain.

*) Dept. of Crop and Soil Sciences, Michigan State University, East Lansing, Mich. 48823, USA.

[1]) The paper of *C. O. Scoppa* was not read.

> The alluvial deposits along the Tigris and Euphrates they found contain 20 to 30% lime. This lime is inherited in part from the parent materials but enriched also by precipitation of carbonates from irrigation waters and ground waters.

The authors concluded that: the high percentage of carbonates in the river sediments, the composition of surface and ground water, the CO_2 from the roots of plants, and biological sulfate reduction play considerable roles in the precipitation, distribution and redistribution of carbonates in the soils of the Lower Mesopotamian Plain. These they feel have practical significance in the management and use of these soil areas.

It would be presumptious of me to try any further generalizations of these studies of soils quite different than those with which my own research and experience have dealt. Personally, I believe the combination of approaches illustrated in these papers, i.e. with soil landscapes, laboratory characterization of soil profiles (including their gaseous, liquid, and living phases) with plot or lysimeter studies, and their use or management implications are all essential to well rounded training of soil scientists. Even though each scientist must specialize further professionally this background is essential to the coordinating of activities within organizations, within countries and internationally to assure rapid progress of Soil Science and the greatest service of Soil Scientists to their fellowmen!

Pseudogleye und Gleye in der Bodengesellschaft der humiden, gemäßigt warmen Klimaregion

Von *E. Mückenhausen* *)

Einleitung

Bis vor etwa 40 Jahren wurden Grundwasser und Stauwasser als solche und in ihrer Wirkung auf den Boden nicht unterschieden. Die unter dem Einfluß von Grund- und Stauwasser entstehenden Böden wurden unter der Bezeichnung Mineralische Naßböden zusammengefaßt. In Mitteleuropa hat *Krauß* (1928) die spezifische Wirkung des Stauwassers und seine Wirkung auf den Boden zuerst erkannt. Bei der bodenkundlichen Kartierung Niedersachsens 1 : 200 000 wurden die staunassen Böden als Nasse Waldböden gesondert erfaßt (*Brüning* und *v. Hoyningen-Huene* 1940). *Laatsch* hat die Dynamik der staunassen Böden 1938 beschrieben und sie wegen des gefleckten Profilbildes Marmorierte Böden genannt. *Kubiena* nannte 1953 den staunassen Boden Pseudogley und begründete seine eigenständige Entstehung und Dynamik. Später wurden dann in dem Buch „Entstehung, Eigenschaften und Systematik der Böden der Bundesrepublik Deutschland" die Varianten des Pseudogleyes, vor allem seine Übergänge zu anderen Böden, dargestellt *Mückenhausen* u. a. 1962). In mehreren außerdeutschen Ländern ist der Pseudogley auch relativ früh als ein Boden mit spezifischen Eigenschaften erkannt, aber sehr verschieden benannt worden. Es sei hier nur auf die frühe Arbeit des Ungarn *Treitz* von 1912 hingewiesen. Wegen des häufig hellen, gelbgrauen Horizontes unter dem A_h-Horizont wurde der Pseudogley meistens als podsolierter Boden betrachtet. Da viele dieser Böden eine Tonumlagerung erfahren haben und dieser Vorgang früher als eine Art der Podsolierung angesehen wurde, war diese Bezeichnung konsequent, indessen unterblieb meistens eine hinreichende Berücksichtigung des Stauwassers. Die ausländische Literatur über diesen Gegenstand ist umfangreich und kann deshalb hier keinen Raum finden; es sei aber auf die Literaturangaben in *Mückenhausen* (1962) hingewiesen.

Entstehung und Wirkung des Stauwassers

Die Stauung des Niederschlagwassers im Pseudogley wird durch einen mehr oder weniger dichten Horizont (oder Schicht) im Unterboden (oder Untergrund) verursacht, der eine Stauwassersohle darstellt. Über der Stauwassersohle ist der Boden wasserundurchlässig; dieser Bodenbereich ist der Stauwasserleiter. Besitzt allerdings ein Boden im ganzen Profil (oft mit Ausnahme des A_h-Horizontes) keinen oder nur einen geringen spannungsfreien Porenraum, so wird das Wasser ganz oder überwiegend als schwach bewegliches Haftwasser festgehalten. Die Ansammlung von Stauwasser ist auch vom Relief abhängig.

*) Institut für Bodenkunde der Universität Bonn, BRD

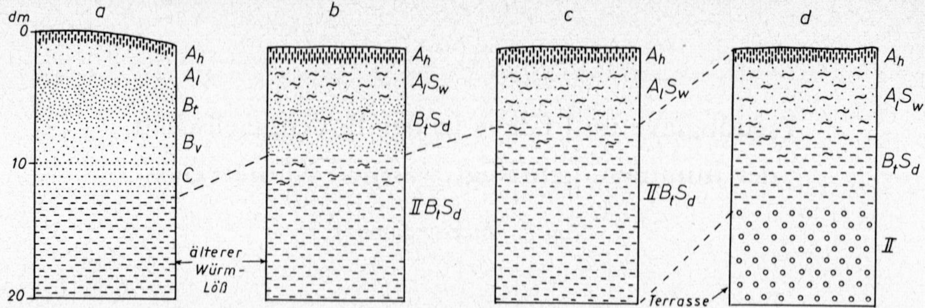

Abbildung 1

Schematische Darstellung der Bodengesellschaft im Bereich der Würm-Lösse, teils im Untergrund ältere Terrasse: a) Parabraunerde aus jungem Würm-Löß (mit Wasserabzug); b) Pseudogley aus jüngerem Würm-Löß über älterem Würm-Löß (ohne Wasserabzug); c) Pseudogley, obere Horizonte umgelagert, im Unterboden älterer Würm-Löß; d) Pseudogley aus älterem Würm-Löß über älterer Terrasse

Konvexe und hängige Geländelagen vermindern, konkave Formen verstärken die Stauwasserbildung. Abgesehen von den pedogenen und geomorphologischen Bedingungen hängt die Ansammlung von Stauwasser und Haftwasser von der Menge und der Verteilung der Niederschläge im Jahresablauf sowie von der Temperatur und der Luftfeuchtigkeit und damit von der Intensität der Verdunstung ab.

Die Stauwassersohle kann verschiedener Entstehung sein. Sie kann primär durch die geologische Schichtung gegeben sein, z. B. wenn Lößlehm oder Sand über einem tonigen Substrat liegt. Die Stauwassersohle kann aber auch einen dichten Horizont eines Paläobodens darstellen, dessen obere Horizonte abgetragen und anschließend fremdes, durchlässiges Material auf den erodierten Boden aufgetragen wurde. Schließlich entstehen viele Pseudogleye pedogenetisch durch die vertikale Tonverlagerung im Bodenprofil, wodurch die aus den oberen Horizonten stammende Tonsubstanz den Illuvialhorizont zunehmend dichter und schließlich zu einer Stauwassersohle macht. Diesem Pseudogley geht in der Pedogenese ein anderer Bodentyp vorauf, meist die Parabraunerde; er wird deshalb auch als sekundärer Pseudogley bezeichnet.

Bodengesellschaften des Pseudogleyes

Der Pseudogley wird in den Bodenlandschaften der humiden, gemäßigt warmen Klimaregion, die für Mitteleuropa typisch ist, jeweils von einer spezifischen Gesellschaft anderer Böden (Bodengesellschaft) begleitet. Dafür werden nachstehend einige charakteristische Beispiele aufgeführt.

Bodengesellschaft auf Würm-Löß

In der Würm-Eiszeit hat wahrscheinlich in drei Stadialen (Würm I, II und III) eine Aufwehung von Löß stattgefunden, der hauptsächlich in den Interstadialen und im Postglazial der Bodenbildung unterlag. Die Bodenbildungsvorgänge in den Stadialen waren nicht intensiv, sie haben aber, vor allem durch Kryoklastik, zur Dichtlagerung beigetragen

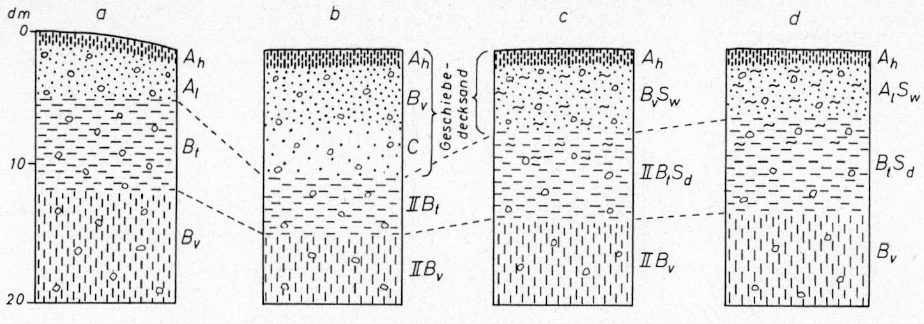

Abbildung 2

Schematische Darstellung der Bodengesellschaft im Bereich der Riß-Grundmoräne (Geschiebemergel): a) Parabraunerde aus Geschiebemergel, erodiert (mit Wasserabzug); b) Saure Braunerde aus Geschiebedecksand über B_t einer erodierten Parabraunerde aus Geschiebemergel (mit Wasserabzug); c) Pseudogley aus Geschiebedecksand über einem B_tS_d-Horizont eines erodierten Pseudogleyes aus Geschiebemergel (ohne Wasserabzug); d) Pseudogley aus Geschiebemergel (ohne Wasserabzug)

(*Rohdenburg* und *Meyer* 1968). Davon ausgehend können wir unterstellen, daß die Lösse der ersten zwei Stadiale (Würm I und II) stärker verwittert und dichter sind als der jüngste Würm-Löß (Würm III), dessen Bodenbildung nur im Postglazial stattfand. Vergleichende Beobachtungen in den Lößgebieten Mitteleuropas zeigen, daß der Pseudogley überwiegend aus älterem Würm-Löß hervorging, wogegen aus dem jüngeren Würm-Löß überwiegend die Parabraunerde (Abb. 1, a) entstand, die sich aus dem Rohboden über die Pararendzina und die Basenreiche Braunerde entwickelte. Für diese Bodenbildung (Chronosequenz) ist sehr entscheidend, daß Wasserabzug nach der Seite und (oder) nach der Tiefe vorhanden ist (Abb. 1, a). Wohl ist es möglich, daß bei ungestörter Entwicklung in ebener Landschaft die Parabraunerde aus jungem Würm-Löß eine starke Tonumlagerung und Verdichtung des B_t-Horizontes erfahren haben kann und somit schon eine Weiterentwicklung zum Pseudogley stattgefunden hat. Diese Entwicklung zum Pseudogley wird begünstigt, wenn eine dünne Decke aus jungem Würm-Löß über älterem Würm-Löß liegt (Abb. 1, b). Oft wird ein Pseudogley gefunden, bei dem der obere Profilbereich durch Soliplanation umgelagert ist (Abb. 1, c), wobei das umgelagerte Löß-Material teils älter und teils jünger sein kann. Wo älterer Würm-Löß die Oberfläche bildet, finden wir in der Regel den ausgeprägten Pseudogley, vor allem dann, wenn eine alte, stark verwitterte, dichte Flußterrasse in etwa 0,5 bis 1,2 m Tiefe ansteht (Abb. 1, d).

Die aufgezeigte Bodengesellschaft ist im Bereich der Bodenkundlichen Übersichtskarte von Bayern 1 : 500 000 (*Vogel* unter Mitarbeit von *Brunnacker* 1955) und der Bodenübersichtskarte von Nordrhein-Westfalen 1 : 300 000 (*Mückenhausen* und *Wortmann* 1953) gut ausgebildet; auf letzterer Karte besonders in der Niederrheinischen Bucht.

Bodengesellschaft auf der Riß-Grundmoräne

Der Geschiebemergel der Riß-Grundmoräne in Nordwesteuropa (Drenthe-Stadial und Warthe-Stadial) verwitterte in den folgenden Warmzeiten (Drenthe/Warthe- und Warthe/Weichsel=Würm) stark. Es entstand in diesen feuchten Warmzeiten zunächst eine Parabraunerde. Zu Ende der Warmzeiten wiesen die betreffenden Parabraunerden einen aus-

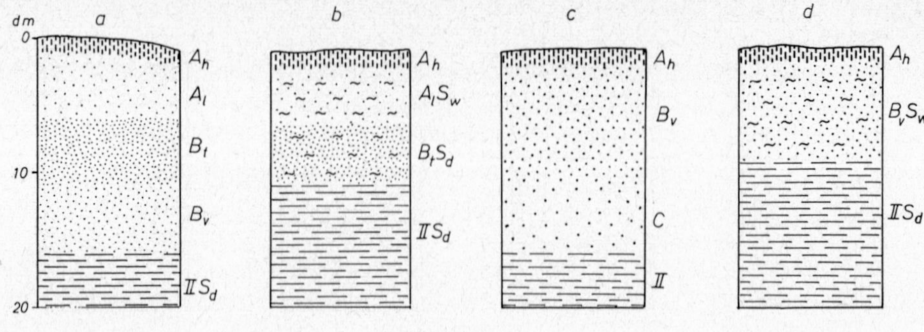

Abbildung 3

Schematische Darstellung der Bodengesellschaft im Bereich dichter Gesteine (Ton, Mergel) mit einer Löß- oder Sanddecke: a) Parabraunerde aus Löß über dichtem Gestein im Untergrund (mit Wasserabzug); b) Pseudogley aus Löß über dichtem Gestein (ohne Wasserabzug); c) Saure Braunerde aus Sand über dichtem Gestein (mit Wasserabzug); d) Pseudogley aus Sand über dichtem Gestein (ohne Wasserabzug)

geprägten B_t-Horizont auf. Nun wurde das Klima kühler und die Verdunstung geringer, so daß die Bodenentwicklung meistens zum Pseudogley ging. Wo das Wasser Abzug hatte (Hanglagen), blieb die Parabraunerde erhalten (Abb. 2, a), wenn auch eine mehr oder weniger starke Abtragung stattfand. Im Warthe-Stadial, besonders aber in der Würm-Eiszeit, erfolgte eine starke Umlagerung der oberen Bodenhorizonte (vor allem A_h und A_l) durch die Solifluktion, oder die weniger intensive, im schwach welligen Gelände ablaufende Soliplanation. Bei diesen Umschichtungsvorgängen wurden sowohl die oberen Horizonte abgetragen, als auch von anderer Stelle fremdes Material auf den freigelegten B_t-Horizont wieder aufgetragen. Das gemischte, überwiegend aus den oberen Horizonten von Parabraunerde und Pseudogley bestehende Material wird Geschiebedecksand oder Geschiebesand genannt. War der Auftrag des Geschiebedecksandes über dem alten B_t-Horizont (einer Parabraunerde oder eines Pseudogleyes) mächtig, so entwickelte sich in dem Geschiebedecksand eine Saure Braunerde mit alten Horizonten im Untergrund (Abb. 2, b). War aber der Geschiebedecksand weniger mächtig (etwa < 0,8 m) und ist das Gelände eben, so kam in dem Geschiebedecksand mit altem, dichtem Horizont im Untergrund der Pseudogley zur Entwicklung (Abb. 2, c). Natürlich gibt es auch Stellen, wo zwar die oberen Horizonte der ehemaligen Parabraunerde durch Soliplanation auf kurze Distanz verlagert wurden, wo aber kein oder nur wenig Material zugetragen wurde. Hier entstand ein ausgeprägter Pseudogley (Abb. 2, d), bei dem die Melioration durch Tieflockerung besonders wirksam ist. Enthält der Geschiebedecksand nur sehr wenig Tonsubstanz oder wurde etwas Flugsand aufgeweht, so hat sich oft Heide oder Beerkraut angesiedelt. Hier kamen Übergänge zwischen Pseudogley und Podsol zur Entwicklung mit besonders dichtem $B_{hs}S$-Horizont.

Die Bodengesellschaft der Riß-Grundmoräne in Nordwestdeutschland zeigen die Bodenkarte der Bundesrepublik Deutschland 1 : 1 Mill. (*Hollstein* 1963), die Bodenkarte von Nordrhein-Westfalen 1 : 500 000 (*Maas* und *Mückenhausen* 1970) und die Bodenkarte von Schleswig-Holstein 1 : 500 000 (*Stremme* 1970).

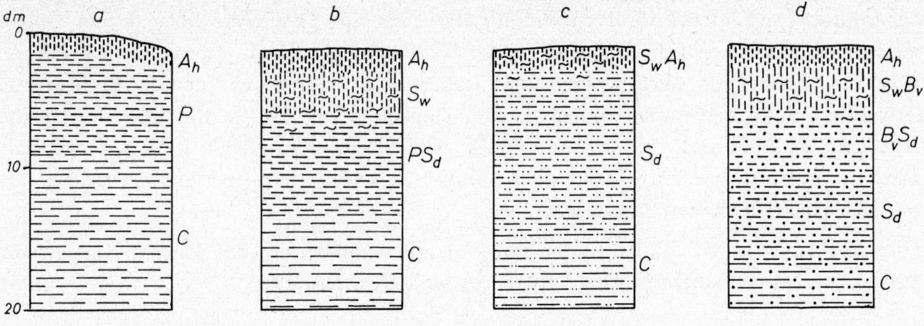

Abbildung 4

Schematische Darstellung der Bodengesellschaft im Bereich tonreicher Gesteine (Tone, Tonmergel): a) Pelosol aus Tonmergel (mit Wasserabzug); b) Pelosol-Pseudogley aus Tonmergel, oben kryoturbat verknetet (ohne Wasserabzug); c) Pseudogley aus schluffreichem Ton (mit Haftnässe, ohne Wasserabzug); d) Braunerde-Pseudogley aus sandigem Ton (vorwiegend Haftnässe; mit Wasserabzug)

Die Bodengesellschaft im Bereich dichter Gesteine mit Löß- oder Sanddecke

Wo dichte Gesteine, wie z. B. Ton, Tonmergel oder Schieferton, von Löß oder Sand überdeckt sind, hat sich eine Bodengesellschaft entwickelt, die stets den Pseudogley einschließt, besonders in ebenen und etwas muldigen Lagen.

Liegt eine Lößdecke von mehr als 1,2 m Mächtigkeit über einem dichten Gestein und ist Wasserabzug vorhanden, so bildet sich im mitteleuropäischen Klima die Parabraunerde (Abb. 3, a) über die bekannte Chronosequenz: Rohboden – Pararendzina – Basenreiche Braunerde – Parabraunerde. Besteht allerdings die Lößdecke aus umgelagertem, stark entbastem Lößlehm, so bildet sich unter den sonst gleichen Bedingungen die Saure Braunerde. Wenn die Lößdecke weniger als 1,2 m mächtig ist, so bildet sich in ebener Lage (mit wenig Wasserabzug) ein Pseudogley (Abb. 3, b). Auch in diesem Falle beobachten wir eine Tonverlagerung, wenn die Bodenbildung vom primären (kalkhaltigen) Löß ausging und die übliche Chronosequenz durchlief. Wahrscheinlich verlief sie aber schneller und unter Beteiligung zeitweiliger Nässe ab einer gewissen Bodentiefe. Zwischen den Bodentypen der Abbildungen 3, a und b gibt es viele Übergänge.

Die Gesellschaft der reinen Typen Parabraunerde und Pseudogley und die Übergänge zwischen diesen Typen, entstanden aus einer Lößdecke über dichtem Gestein, finden wir im Bereich des tonigen Keupers und Juras zwischen dem Rheinischen Schiefergebirge und dem Harz (*Hollstein* 1963, *Maas* und *Mückenhausen* 1970) sowie in Süddeutschland (*Müller, Opitz, Wacker* und *Werner* 1965).

Wird dichtes Gestein von Sand überdeckt, so hängt es von der Mächtigkeit der Sanddecke und dem Relief ab, welcher Bodentyp unter mitteleuropäischen Klimaverhältnissen gebildet wird. Ist die Sanddecke mächtiger als etwa 1,0 m, so entsteht bei Wasserabzug die Saure Braunerde (Abb. 3, c), vorausgesetzt, daß es sich um einen kalkfreien Sand handelt. Aus einem kalkhaltigen Sand würde nämlich die Parabraunerde mit gebändertem B_t-Horizont entstehen. Ist der Sand silikatarm und wird die Bodenentwicklung durch Heide, Beersträucher oder Koniferen stark beeinflußt (Rohhumusbildung), so kann sich selbstverständlich auch der Podsol entwickeln. Ist aber die Sanddecke über festem Gestein weniger als etwa 0,5 m mächtig und ist der Wasserabzug schlecht, so entsteht ein Pseudogley mit einem gut durchlässigen und daher leicht dränbaren, oberen Bodenbereich (Abb. 3, d). Zwischen diesen reinen Typen, nämlich Saure Braunerde (bzw. Parabraunerde oder Podsol) und Pseudogley, gibt es viele Übergänge. Neben Lößlehm und Sand kann die wasserdurchlässige Decke über dichtem Gestein auch ein periglazialer, mehr oder weniger sandig-lehmiger Schutt sein.

Die Gesellschaft dieser Böden findet man vor allem im Bereich des tonigen Keupers und Juras, wo Flugsand diese Gesteine überdeckt hat (*Hollstein* 1963).

Bodengesellschaft im Bereich tonreicher Gesteine

Aus den tonreichen Gesteinen, zu denen in Mitteleuropa vor allem die Tone und Tonmergel des Mittleren Muschelkalkes, des Keupers, des Juras und der Kreide sowie die pleistozänen Bändertone zählen, entstehen Böden mit meist über 50% Tonsubstanz (< 0,002 mm). Dementsprechend sind diese Böden bei Wassersättigung weitgehend dicht; sie enthalten meist unbewegliches Haftwasser, das in diesem Fall auch als Haftnässe bezeichnet wird.

In Lagen mit oberflächlichem Wasserabzug entsteht aus diesen tonigen Gesteinen der Pelosol (Abb. 4, a), ein Bodentyp, der durch seinen hohen Tongehalt eine spezifische Dynamik besitzt, hauptsächlich verursacht durch starkes Schwellen und Schrumpfen. Ist aber kein Wasserabzug möglich, kann aber das Wasser wenigstens in die oberen 0,3 m des Bodens eindringen und sich auch seitlich darin bewegen, so liegt ein Übergang zwischen Pelosol und Pseudogley, ein Pelosol-Pseudogley vor (Abb. 4, b). Häufig hat sich dieser Übergangsboden gebildet, wenn der obere Bodenbereich kryoturbat verknetet und womöglich dabei etwas Löß beigemengt worden ist. Es ist auch beobachtet worden, daß im Zuge der Bodenbildung (Entbasung und Tonverlagerung) aus Tonmergel ein oberer, durchlässigerer Bodenbereich entsteht, womit ebenfalls die Bedingungen für einen (lessivierten) Pelosol-Pseudogley gegeben sind. Aus kalkfreiem, schluffreichem Tongestein entsteht meistens ein Pseudogley, der gekennzeichnet ist durch einen nur geringmächtigen, durchlässigen Oberboden, unter welchem unmittelbar ein dichter S_d-Horizont folgt (Abb. 4, c). Diesem schluffreichen Boden fehlt die durch stärkeres Quellen und Schrumpfen verursachte Dynamik. Enthält das tonige Ausgangsgestein weniger Tonsubstanz (etwa < 45%) und einen gewissen Sandanteil, so kommt nicht der typische Pelosol zur Entwicklung, vielmehr entsteht unter dem A_h-Horizont ein brauner S_wB_v-Horizont, und darunter folgt ein dichterer B_vS_d-Horizont (Abb. 4, d). Es ist ein Übergang zwischen Braunerde und Pseudogley, ein Braunerde-Pseudogley, der vor allem bei Wasserabzug entstehen kann.

Diese aufgezeigte Bodengesellschaft ist vor allem verbreitet in Südwestdeutschland (*Müller, Opitz, Wacker* und *Werner* 1965), ferner auch in Ostwestfalen (*Maas* und *Mückenhausen* 1970) sowie in Südbelgien (*Steffens* 1970).

Bodengesellschaft im Bereich von rezenten und fossilen Böden aus paläozoischen Schiefern und Grauwacken

Als die Peneplain des Rheinischen Schiefergebirges sich am Ende des Tertiärs zu heben begann, wurde gleichzeitig der Abtrag der tertiären Böden (Graulehm, Rotlehm) der

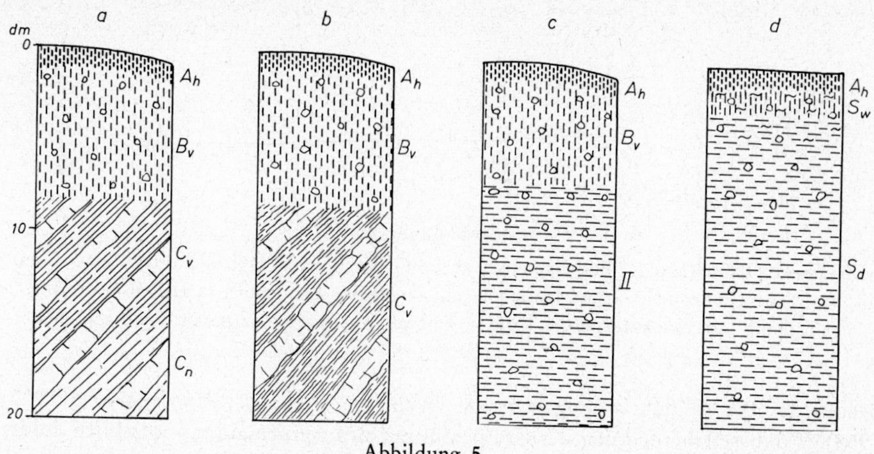

Abbildung 5

Schematische Darstellung der Bodengesellschaft im Bereich von rezenten und fossilen Böden aus paläozoischen Schiefern und Grauwacken: a) Saure Braunerde aus frischen Schiefern und Grauwacken (mit Wasserabzug); b) Saure Braunerde aus der (fossilen) Zersatzzone von Schiefern und Grauwacken (mit Wasserabzug); c) Saure Braunerde aus Schiefern und Grauwacken über solifluktivem, fossilem Graulehm (mit Wasserabzug); d) Pseudogley aus solifluktivem, fossilem Graulehm (Graulehm-Pseudogley; ohne Wasserabzug)

Peneplain in Gang gesetzt. Bei der Hebung zerbrach die Peneplain in Schollen, die jeweils um einen verschiedenen Betrag gehoben wurden. Wo die Hebung stärker war, wurden die alten Böden gänzlich abgetragen, so daß schließlich das frische Gestein wieder an die Oberfläche kam. Aus den freigelegten, wechsellagernden Schiefern und Grauwacken entstand im und nach dem Pleistozän in mehr oder weniger hängigen Lagen (mit Wasserabzug) ein Brauner Ranker und daraus die Saure Braunerde (Abb. 5, a). Da die Zersatzzone unter dem tertiären fossilen Boden sehr mächtig war, wurde diese bei der Hebung der Peneplain nicht in jedem Falle ganz abgetragen. Teilweise entwickelten sich infolgedessen der Ranker und die Saure Braunerde aus der Zersatzzone der Schiefer und Grauwacken (Abb. 5, b). Auf den tiefgreifend verwitterten Schiefern und Grauwacken der Zersatzzone verlief die Bodenbildung viel schneller als auf völlig frischem Gestein.

Wo die Hebung weniger stark war, wurde zwar der fossile Boden der Peneplain von höheren Lagen abgetragen, indessen blieb ein Teil am Unterhang erhalten (*Mückenhausen* 1953, *Schönhals* 1951, *Stöhr* 1966). Hierbei waren zwar die fluviatile Denudation und Erosion wirksam, aber die pleistozäne Solifluktion war entscheidender. Auf den von fossilen Böden befreiten Flächen entwickelten sich Ranker und Saure Braunerde. Nach der Entfernung des ehemaligen Waldes, d. h. bei Beginn der Ackerkultur, begann gleichzeitig auch ein von der Hangneigung abhängiger Abtrag der Sauren Braunerde, weniger des Rankers, da man diesen der Waldnutzung beließ. Das Braunerdematerial wanderte hangabwärts zum Unterhang, wenn nicht Schutzmaßnahmen (Terrassen) dies aufhielten. Durch diesen Abtrag wurde Braunerdematerial über den Graulehm (fossiler Boden) am Unterhang geschichtet. In dem Braunerdematerial ging die Braunerde-Dynamik weiter, wenn Wasserabzug gewährleistet war. Auf diese Weise entstand eine meist geringmächtige

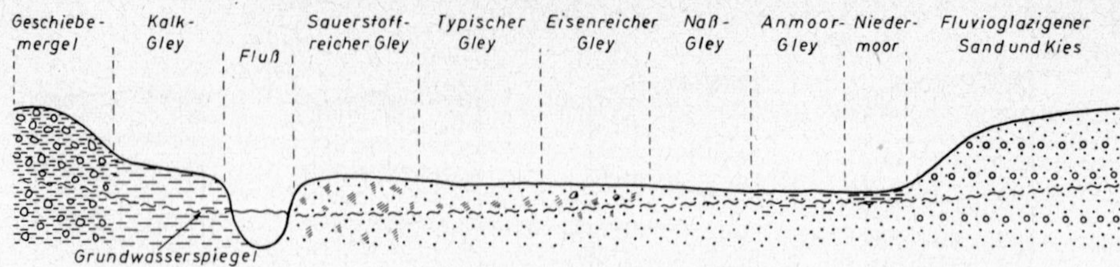

Abbildung 6

Schematische Darstellung der Bodengesellschaft der Gleye in einem breiten Tal oder einer Niederung mit wenig schwankendem Grundwasserspiegel, ausgefüllt mit lehmig-sandigem Sediment, linker Talhang aus Geschiebemergel, rechter Talhang aus fluvioglazigenem Sand und Kies

Braunerde über solifluktiv umgelagertem Graulehm (Abb. 5, c; *Mückenhausen* 1953 und 1958). Wo diese Überdeckung des Graulehms mit Braunerdematerial unterblieb, bildet der solifluktiv umgelagerte Graulehm auch heute noch die Oberfläche (*Mückenhausen* 1953, *Stöhr* 1966). Er ist primär sehr basen- und nährstoffarm, meist kaolinitreich, dicht und wasserstauend sowie schlecht dränbar. In seiner Dynamik ist dieser Boden ein extremer Pseudogley. Um die durch den Graulehm verursachten, spezifischen Eigenschaften (Wasserdynamik) in der Benennung hervorzuheben, wird er auch als Graulehm-Pseudogley bezeichnet (Abb. 5, d).

Bodengesellschaften der Gleye

Die Entstehung der im humiden, gemäßigt warmen Klima Mitteleuropas bekannten Gley-Typen ist abhängig von der Tiefe des Grundwassers unter der Oberfläche, von seiner Bewegung und von seinen Inhaltsstoffen sowie von der Bodentextur. Diese Entstehungsbedingungen stehen oft in Beziehung zu den Böden, mit denen die Gleye vergesellschaftet sind. Kalkhaltige terrestrische Böden haben in ihrer Gesellschaft den Kalkgley, wie das oft in den Tälern von Kreide-Kalk der Fall ist (*Maas* und *Mückenhausen* 1970). In Gebieten tonreicher Gesteine, z. B. des Keupers und Juras in Südwestdeutschland, tritt in den Tälern öfter ein Gley mit toniger Textur auf, den wir wegen seines spezifischen Wasserregimes Pelosol-Gley nennen (*Müller, Opitz, Wacker* und *Werner* 1965). In den Mittelgebirgen ist die Abhängigkeit der Gleye von den benachbarten Böden besonders deutlich. Im Bereich des Braunen Rankers und der Sauren Braunerde des Rheinischen Schiefergebirges finden wir in den Tälern Gleye, welche eine sandig-lehmige Textur und ein niedriges pH mit den Böden der Nachbarschaft gemeinsam haben. Meistens ist hier der Talboden (besonders der kleinen Täler) sehr uneben, und somit stellen sich sehr verschieden tiefe Grundwasserstände ein, die zu verschiedenen Gley-Typen führen, zumal dann, wenn noch vom Hang her Hangwasser verschiedener Menge und in verschiedener Tiefe zugeführt wird. Wo das Grundwasser so tief steht, daß über den G-Horizonten noch terrestrische Horizonte ausgebildet werden können, finden wir die Semi-Gleye.

Um in Abhängigkeit von den wichtigsten Bedingungen der Gley-Genese die Gesellschaft von Gley-Typen in einer Niederung oder einem Tal mit geringer Grundwasserstands-Schwankung zu verdeutlichen, sind in einer schematischen Darstellung (Abb. 6) die wichtigsten Gley-Typen zusammen dargestellt; als Beispiel wurde die Moränen-Landschaft der Würm-

Eiszeit Norddeutschlands gewählt. Bei dieser Darstellung sind Tiefe, Bewegung und Inhaltsstoffe des Grundwassers die entscheidenden pedogenetischen Bedingungen. Auf der linken Seite der Abbildung 6 steht Geschiebemergel an. Calciumhydrogencarbonathaltiges Wasser, das aus diesem ins Tal zieht, setzt im Talsediment Kalk ab; es entsteht am Talrand zum Geschiebemergel ein Kalk-Gley. Auf der rechten Seite des Flußbettes (Abb. 6) ist ein lehmig-sandiges Sediment angenommen, in welchem sich das Grundwasser gut bewegen kann; es folgt hier in Flußnähe der Spiegelschwankung des Flußwassers. Infolgedessen ist das Grundwasser hier in ständiger Bewegung, wodurch es nicht zur Reduktion kommt; es wird das A_h-G_o-Profil des sauerstoffreichen Gleyes gebildet. Etwas weiter vom Fluß entfernt wird die Bewegung des Grundwassers geringer; denn hier macht sich der Einfluß der Flußspiegel-Schwankung nicht oder nur noch wenig bemerkbar. Deshalb kann hier der typische Gley mit A_h-G_o-G_r-Profil entstehen. Etwa in gleichem Oberflächen- und Grundwasser-Niveau kann ein eisenreicher Gley entstehen, wenn das Grundwasser Eisenbicarbonat zuträgt, das an günstig belüfteten Stellen als Raseneisenstein ausgefällt wird. Mit zunehmender Entfernung vom Fluß senkt sich das Gelände langsam ab, und dementsprechend liegt auch zunehmend der Grundwasserspiegel höher (Abb. 6). Beeinflußt dieser bis zum A_h-Horizont entscheidend den Boden, so entsteht das A_hG_o-G_r-Profil des Naß-Gleyes und bei noch höherem Grundwasserspiegel beginnt die Moorbildung; es ist dies der Anmoor-Gley. Am rechten Talrand liegt das Gelände am tiefsten, es tritt Wasser aus dem fluvioglazigenen Sand und Kies ins Tal ein, so daß hier in einem (über der Oberfläche) stehenden Wasser ein Niedermoor gebildet wird.

Literatur

Brüning, K. und *von Hoyningen-Huene, P. F.:* Bodenkundlicher Atlas von Niedersachsen 1:200 000. I. A. Bodenkarte. Herausgegeben von: Wirtschaftswissenschaftliche Gesellschaft zum Studium Niedersachsens, Verlag Stalling, Oldenburg 1940.

Hollstein, W.: Bodenkarte der Bundesrepublik Deutschland 1:1 Mill. Bundesanstalt für Bodenforschung, Hannover 1963.

Krauß, G.: Die sogenannten Bodenerkrankungen. Jahresber. d. Deutsch. Forstvereins, 1928.

Kubiena, W. L.: Bestimmungsbuch und Systematik der Böden Europas. Verlag Enke, Stuttgart 1953.

Laatsch, W.: Dynamik der mitteleuropäischen Mineralböden. Verlag Steinkopff, Dresden und Leipzig 1938.

Mückenhausen, E.: Fossile Böden der nördlichen Eifel. Geol. Rundschau **41**, 253–268, 1953.

Mückenhausen, E. und *Wortmann, H.:* Bodenübersichtskarte von Nordrhein-Westfalen i. M. 1 : 300 000. Amt für Bodenforschung, Hannover 1953.

Mückenhausen, E.: Bildung und Umlagerung der Graulehme der Eifel. Fortschr. d. Geologie in Nordrhein-Westfalen. **2**, 495–502, Krefeld 1958.

Mückenhausen, E. unter Mitwirkung von *H. Heinrich, W. Laatsch* und *F. Vogel:* Entstehung, Eigenschaften und Systematik der Böden der Bundesrepublik Deutschland. DLG-Verlag, Frankfurt/M. 1962.

Mückenhausen, E. und *Maas, H.:* Deutscher Planungsatlas, Bd. Nordrhein-Westfalen, Böden 1 : 500 000, Akademie für Raumforschung, Hannover, in Zusammenarbeit mit der Landesplanungsbehörde des Landes Nordrhein-Westfalen, Düsseldorf 1970.

Müller, S., Opitz, R., Wacker, F. und *Werner, J.:* Deutscher Planungsatlas, Bd. Baden-Württemberg, Bodenübersicht 1 : 600 000. Geol. Landesamt Baden-Württemberg, Freiburg i. Br. 1965.

Rohdenburg, H. und *Meyer, B.:* Zur Feinstratigraphie und Paläopedologie des Jungpleistozäns nach Untersuchungen an südniedersächsischen und nordhessischen Lößprofilen. Göttinger Bodenkundliche Berichte, Nr. 2, 1–135, Göttingen 1968.

Schönhals, E. mit Beiträgen von *R. Knapp:* Bodenkundliche Übersichtskarte von Hessen 1 : 300 000. Hess. Landesamt für Bodenforschung, Wiesbaden 1951.

Steffens, R.: Die Böden von Belgisch-Lothringen (franz.). – Diss. Bonn 1970.

Stöhr, W. Th.: Übersichtskarte der Bodentypen-Gesellschaften von Rheinland-Pfalz 1 : 250 000. Geol. Landesamt Rheinld.-Pfalz, Mainz 1966.

Stremme, H. E.: Deutscher Planungsatlas, Bd. Schleswig-Holstein, Bodentyp und Bodenart 1 : 500 000. Geol. Landesamt Schleswig-Holstein, Kiel 1970.

Treitz, P.: Die Bildungsprozesse des Bodens im Osten des pannonischen Beckens. Jahresber. d. Kgl. Ungar. Geol. Reichsanstalt, 1912.

Vogel, F. unter Mitarbeit von *K. Brunnacker:* Bodenkundliche Übersichtskarte von Bayern 1:500 000. Bayer. Geol. Landesamt, München 1955.

Zusammenfassung

In den einzelnen Bodengesellschaften des humiden, gemäßigt warmen Klimas Mitteleuropas besitzen die Pseudogleye jeweils spezifische Eigenschaften, vor allem bezüglich der Textur und Texturschichtung sowie des Wasserregimes. Die Ursachen dafür sind hauptsächlich das geologische Substrat sowie die Landschafts- und Bodenentwicklung. Im Bereich der Lößgebiete entsteht vornehmlich der Pseudogley aus dem älteren, stark verwitterten Würm-Löß. Im Gebiet der Riß-Grundmoräne ist der B_t- bzw. der B_tS_d-Horizont eines erodierten, interglazialen bzw. interstadialen Bodens die wichtigste Ursache für die Pseudogley-Entstehung. Wo durchlässiges Material, wie Lößlehm oder Sand, dichtes Gestein überlagert, stellt letzteres die Stausohle des Pseudogleyes dar. In den deutschen Mittelgebirgen sind oft Reste älterer (fossiler) Böden die Ursache für die Ansammlung von Stauwasser und damit für die Entstehung des Pseudogleyes; besonders typisch sind solche Pseudogleye im Rheinischen Schiefergebirge, wo Reste tertiärer Böden (Graulehm) erhalten blieben.

In Tälern und Niederungen entstehen bei nahem, wenig schwankendem Grundwasserspiegel die verschiedenen Gley-Typen, und zwar in Abhängigkeit von der Tiefe des Grundwasserspiegels unter der Oberfläche, von der Bewegung und den Inhaltsstoffen des Grundwassers sowie von der Bodentextur. Mit zunehmender Höhe des Grundwasserspiegels entstehen sie in der Reihenfolge: typischer Gley, Naß-Gley und Anmoor-Gley. Stark bewegtes Grundwasser verhindert die Reduktion; dadurch kommt der sauerstoffreiche Gley zur Ausbildung. Wo Grundwasser Eisenbicarbonat zuführt, kann sich der eisenreiche Gley bilden; wo es Calciumhydrogencarbonat heranführt, kann der Kalk-Gley entstehen. In tonreichen Substraten der grundwassernahen Täler finden wir den Pelosol-Gley.

Summary

In the different soil associations of the humid temperate climate of Central Europe the pseudogleys show specific properties, especially in their texture, in the textural changes in the profile and in their moisture balance. The main causes of this are the parent material and the development of landscape and soils.

In the loess area the pseudogleys form mainly on the older, strongly weathered würmian loess. In the area of the ground moraine of the Riss ice age the main factor is the B_t- or the B_tS_d-horizon of an eroded soil, belonging to an interglacial or interstadial period. Where permeable material, such as loess-loam or sand is underlain by an impervious substrate, the latter is responsible for the perched water table and thus for the cause of the pseudogley. In the German middle mountains relicts of older (fossile) soils are often the cause of the accumulation of perched water, and thus for the formation of pseudogley. These sorts of pseudogleys are typical in the Rhenish Massif, where remnants of tertiary soils (greyloam) are preserved.

In valleys and depressions under the influence of a high groundwater table, different types of gleys are formed depending on the depth of the groundwater table, the chemical composition of the water and the soil texture. With rising groundwater table we find the following sequence: typical gley, wet gley, anmoor gley. Fast streaming groundwater inhibits reduction and a gley rich in oxygen develops. When the water contains iron-bicarbonate, there can be gley rich in iron; if it contains calcium-bicarbonate the lime-gley may be formed. In valleys with a high groundwater table on parent materials rich in clay, we find the pelosol-gley.

Résumé

Dans chaque association de sols du climat tempéré humide de l'Europe centrale les pseudogleys possèdent des qualités spécifiques, surtout dans la texture, le changement textural avec la profondeur et le régime hydrique. Les facteurs intervenant sont en premier lieu les matériaux géologiques, le développement géomorphologique et pédogénétique.

Dans la région lœssique les pseudogleys se trouvent de préférence sur le lœss wurmien inférieur, fortement altéré. Dans la zone de la moraine de fond du Riss ce sont préférentiellement les horizons B_t ou bien B_tS_d des sols tronqués des époques interglaciales ou interstadiales, qui donnent naissance aux pseudogleys. Dans les cas où des matériaux perméables comme les limons lœssiques ou le sable reposent sur un substrat imperméable, celui-ci conditionne le pseudogley. Dans les montagnes d'altitude moyenne de l'Allemagne centrale des restes de sols fossiles sont souvent la cause de la nappe phréatique perchée et ainsi de la formation du pseudogley. On trouve ces pseudogleys particulièrement dans le Massif Rhénan où des restes de sols tertiaires (Graulehm) ont été conservés.

Dans les vallées et les dépressions la nappe phréatique oscillante donne naissance à différents sols gleyifiés, en fonction de sa profondeur sous la surface, du movement et de la teneur en ions de l'eau ainsi que de la texture des sols. Avec une nappe phréatique ascendante nous trouvons la série suivante: gley typique, gley humide, gley tourbeux. Si l'eau se meut rapidement la réduction n'a pas lieu et on obtient un sol hydromorphe riche en oxygène (sauerstoffreicher Gley). Quand l'eau apporte du fer le gley peut être riche en fer, quand elle contient du bicarbonate de calcium un gley calcaire peut se former. Sur les substrats argileux des vallées où la nappe phréatique affleure presque nous trouvons le pélosol-gley.

Soil pattern and soil genesis in hydromorphic soils of brook valleys

By *J. Schelling* and *B. A. Marsman**)

Problem

Models can be used for the explanation of geographic soil variation and soil genesis, for geographic areas varying in size from the catchment areas of entire rivers to models of microscopic size. This study is limited to the catchment areas of several small brook valleys [1]), and at the lower end of the scale, to soil horizons of pedons.

When a model is constructed, it should be possible to use it for the prediction of the geographic variation of the real soil, within certain boundary conditions. In this study this means, that a string of real soil bodies occurs in the field, that can be predicted by means of a similar geographic model. In other words: recurring soil patterns occur in the field, that can be predicted with the aid of this geographic model. Predictions used in the survey of soils can be based on this kind of model, if a sufficiently close correlation with the visible characteristics of the landscape is present. The purpose of the investigation was also to develop a genetic model, similar to the geographic model. According to the facts gathered in this study, the genetic explanation solves only a part of the problem.

Method

Salland, the area under study (Fig. 1) is situated in The Netherlands east of the river IJssel, a tributary of the Rhine. The eastern border is formed by a push moraine, reaching up to 70 m above sea level. The general slope dips to the west. The area consists of a cover-sand landscape, with a large number of shallow brook valleys, and low cover-sand dune-ridges in between.

Table 1

Size, observation density and map scale of the study areas

Study area	1. Hellendoorn	2. Bathmen	3. Vloedgraven	4. Wesepe
Surface	16 ha	250 ha	2 ha	100 ha
Observations per ha	40	3—4	115	5
Scale of map	1 : 1,000	1 : 5,000	1 : 1,000	1 : 5,000

*) Netherlands Soil Survey Institute, Wageningen, The Netherlands.

[1]) The natural drainage system consists of small flat-bottomed longitudinal depressions, indicated here as brook valleys.

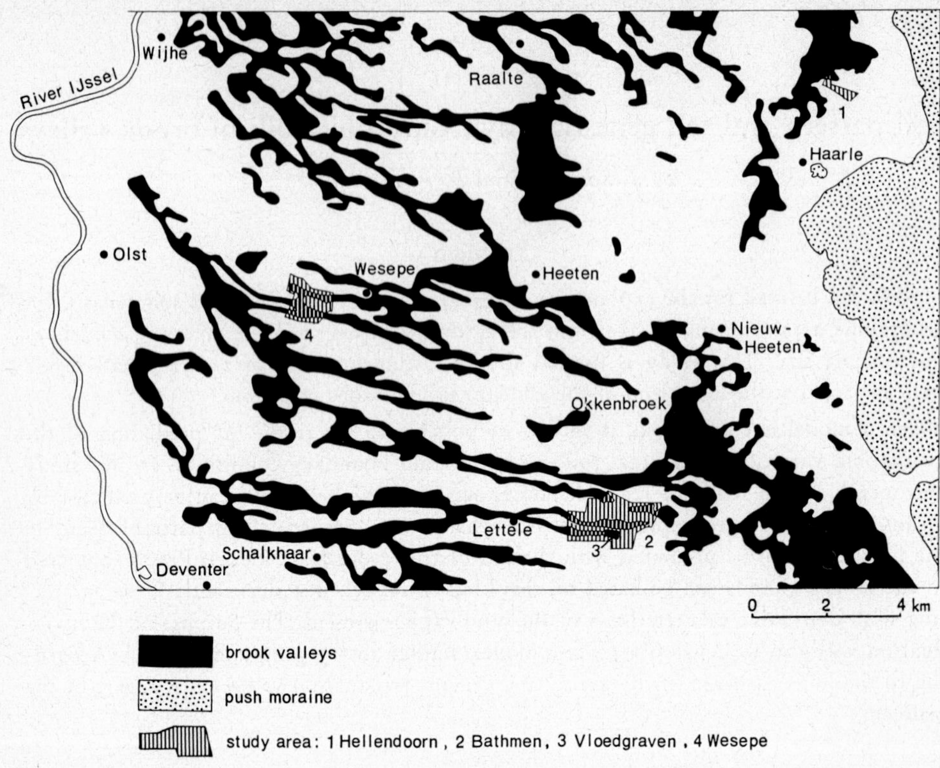

Figure 1

Distribution of brook valleys in a part of Salland and location of the study areas

On the basis of a soil survey (1 : 50,000, sheet 27 O) of the Salland area, four study areas were chosen. Two of these have already been described by *Knibbe* (1). Particulars of these four detailed soil surveys are given in Table 1.

In each of the small brook valleys in these four areas, recurring soil patterns were distinguished. These were related to the geomorphology of the landscape. Every delineated soil body was described in detail with respect to soil characteristics, topography, groundwater level, etc. These data were used for the division of each brook valley in sections, each indicated as the *actual soil pattern,* and consisting of a number of delineated soil bodies, indicated as phases of the pattern. From all the actual soil patterns an *idealized soil pattern* was constructed, being a model of the soil variation in each section, and in which the complete series of all possible successive phases are combined. The idealized soil pattern and the actual soil patterns were compared. The following data for the explanation of the soil genesis were collected:

— measurements of groundwater levels in groundwater tubes;
— measurements of hydraulic head (in addition to those of *Knibbe* [1]), in sets of 4–5 piezometers with lenghts varying from 1–6 m;
— measurements of redox potential, every month of the year, in two fixed positions, with electrodes at five depths between 15 and 95 cm and also additional measurements with portable electrodes;

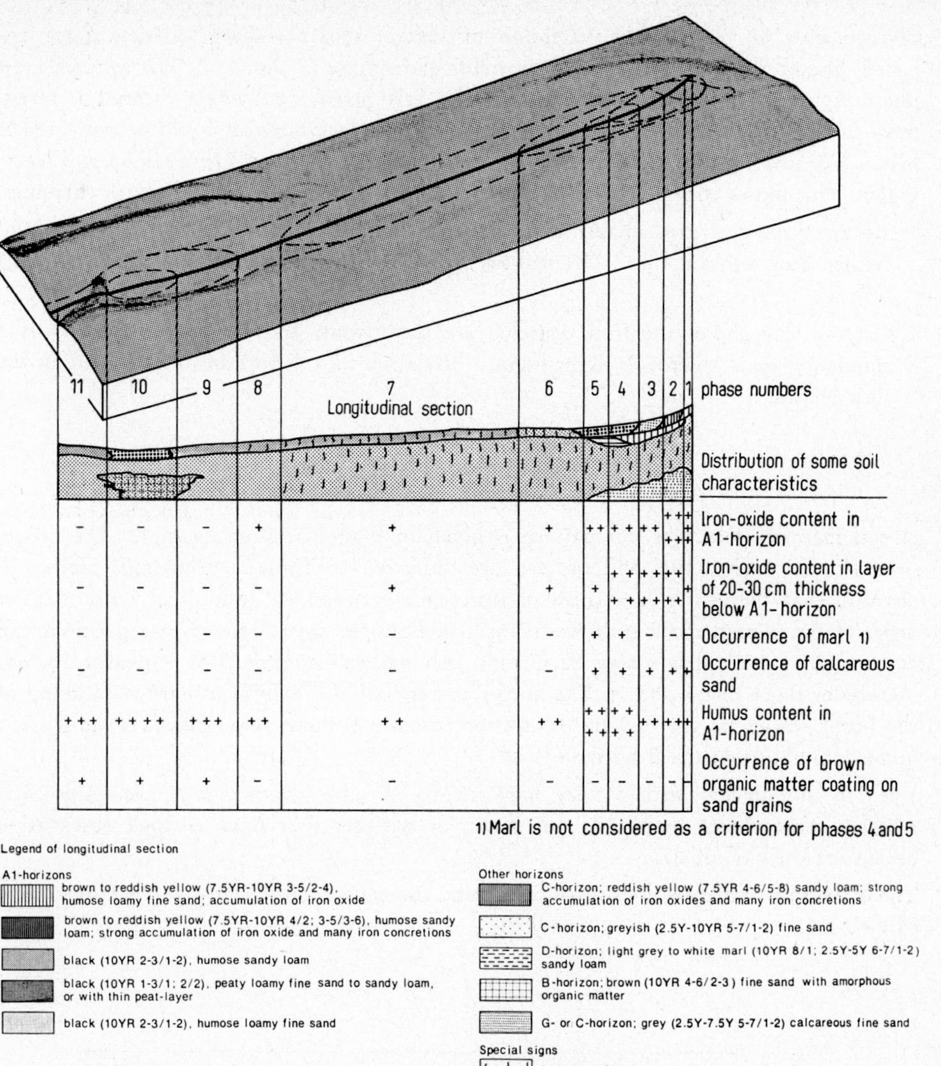

Figure 2
The idealized soil pattern

— samples were taken for determination of the general level of Fe_2O_3-content in some of the main horizons of extreme soil types.

Facts

The idealized soil pattern

A general model of the soil pattern, developed under the local external circumstances, is indicated as the idealized soil pattern (Fig. 2). The idealized soil pattern can be subdivided into 11 phases. The variation of several separate characteristics, along the centre line of the brook valley, is given for each phase in Figure 2. The soils of most phases belong to the Psammaquents (1); the first phases could be indicated as ferric, most of the others as mollic. Phases with a peaty surface horizon could be indicated as histic (psammatic) Umbraquepts, while some of the last phases are weak spodic intergrades. This figure contains all the relevant information. We stress here both extremes:

1. In the first upstream phases a strong accumulation of iron-oxides is present, and either they contain marl (Wiesenkalk), or the level of decalcification is the shallowest.
2. In the last phases the iron contents are the lowest, and brown mottling is at a minimum or is absent. A slight humus-illuviation in a B-horizon often occurs in the last phases.

The actual soil pattern

A soil map of an actual soil pattern is given in Figure 3 as an example. The phases occurring in each actual soil pattern are indicated in Table 2. From this table it is obvious, that there is a great deal of difference between the individual patterns. The order of the phases, moving downstream, is always the same. However, repetitions can occur, and several phases may be missing. All patterns contain 3 to 9 phases, including one or more ferric phases. The longer patterns, which exhibit a marked blocking of the brook valley at the end of the section, usually contain some phases with a weak humus illuviation in the B-horizon.

Even in the surveys with a very high density of observations, it is not quite clear whether some phases simply do not occur, or whether they have escaped observation because of their small size.

The dimension of the sections, each containing the actual soil pattern, varies from 100 m to 1—2 km.

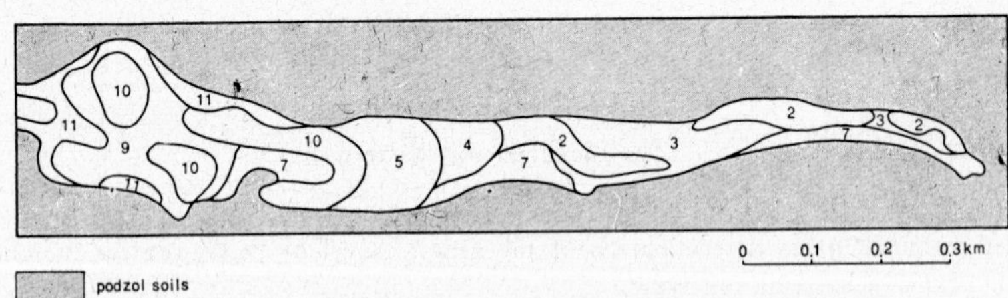

Fig. 3 Soil map of a part of study area 2 (Bathmen e), showing the actual soil pattern (see for particulars of the phase numbers Fig. 2)

Figure 3
Soil map of a part of study area 2 (Bathmen-e), showing the actual soil pattern (see for particulars of the phase numbers Fig. 2)

Table 2. Comparison between actual soil patterns and the idealized soil pattern

Study area	1 Hellendoorn			2 Bathmen					3 Vloed-graven		4 Wesepe			Frequency in %
Actual soil pattern / Complete series of phases in the idealized soil pattern 1)	a	b	c	a	b	c	d	e	a	b	a	b	c	
1	–	–	–	░	+	–	–	–	+	+	–	+	–	33
2	–	–	–	░	–	+	+	+	+	+	+	+	+	66
3	+	+	+	░	+	–	+	+	+	+	+	+	+	91
4 2)	–	+	+	░	–	–	–	+	░	–	–	+	+	45
5 2)	–	+	+	░	–	–	+	+	░	–	–	+	+	55
6	–	–	–	+	–	+	+	–	░	–	+	+	+	50
7	+	+	–	+	+	+	–	–	░	+	+	+	+	75
8	+	+	–	+	–	+	+	–	░	░	–	+	+	63
9	+	+	–	+	–	+	+	+	░	░	–	░	+	70
10	+	–	+	+	–	–	+	+	░	░	–	░	+	60
11	–	–	░	+	–	–	+	+	░	░	–	░	–	33
Total	5	6	4	6	3	5	8	7	3	4	4	8	9	

1) Soil phase numbers are identical to fig. 2

2) Marl is not considered as a criterion for phase 4 and 5

– not observed or absent

\+ present

 not studied (part of an actual soil pattern outside the soil map)

Table 3. Frequency of differences in hydraulic head between 1m and 5 or 6m depth in piezometers.

	Set nr.	Location in the pattern	Total number of measure-ments	Frequency of differences in hydraulic head											
Sets of piezo-meters in brook valleys (gley soils)	1	phase 2	46	–	15	24	7	–	–	–	–	–	–	–	–
	2	phase 2	8	–	1	7	–	–	–	–	–	–	–	–	–
	3	phase 3	49	–	3	31	13	2	–	–	–	–	–	–	–
	4	phase 9	6	–	–	4	2	–	–	–	–	–	–	–	–
Sets of piezo-meters in surroun-ding coversand landscape (hydro-morphic podzol soils)	5	–	45	–	–	–	–	–	–	–	–	6	16	18	5
	6	–	21	–	–	–	–	–	–	9	8	4	–	–	–
	7	–	6	–	–	–	–	–	–	1	2	–	1	2	–

½ cm classes: -1 -½ 0 +½ +1

5 cm classes: +5 +10 +15 +20 +25 +30 +35 +40

difference in hydraulic head in cm

← upward flow → ← downward flow →

Facts to be Used for the Genetic Explanation

Groundwater level

The general trend of the groundwater level in an E-W direction is parallel to the general slope of the area. In a N-S direction the microrelief is a pronounced alternation of small flat-bottomed brook valleys and low flattened dune ridges. In the wet periods the groundwater level under the ridges is higher than the level in the brooks, and causes

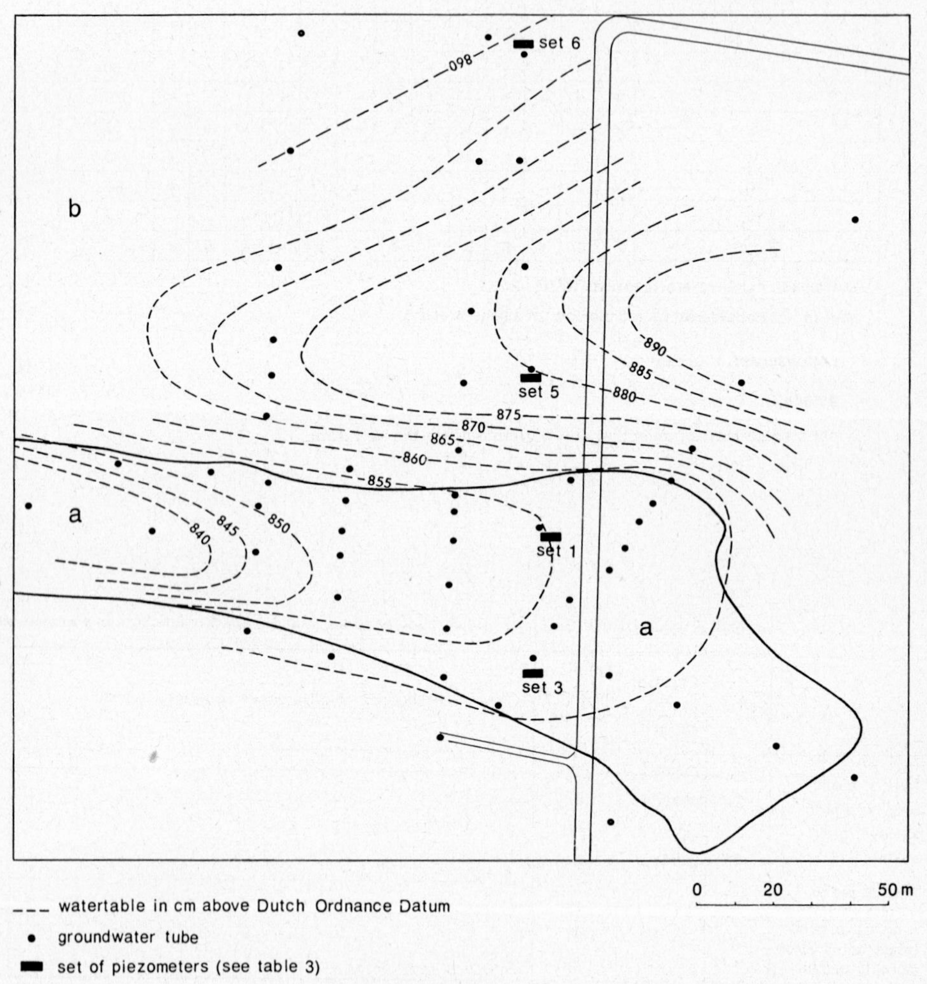

Figure 4

Water-table contour map of Vloedgraven (partly after *Knibbe*, 1969)

a flow of groundwater from the low ridges into the valleys (see Fig. 4). This difference gradually diminishes until it reaches almost zero in the summer.

There is also evidence that under these conditions some lateral transport over short distances occurs in sandy soils along the slope of the brook valleys.

Hydraulic head

In addition to the measurements reported by *Knibbe* (1), measurements of hydraulic head have been made in the Bathmen area. Both results are summarized in Table 3.

In the surrounding humus podzols a strong and continuous downward flow of the groundwater is indicated. In the brook valleys, however, both a weak upward and a weak downward flow of the groundwater is indicated by the hydraulic head.

No indications have been found that any difference occurs in the general tendencies of groundwater flow in the different phases within the pattern.

Redox potential

It was expected that differences in the redox potential might occur between the extreme phases, very rich or very poor in iron-oxides. In the permanent measuring positions (phase 2 and phase 9), no such difference was observed (see Fig. 5). The high negative values in the periods of high groundwater level gradually change into high positive values in spring. No essential difference between the two profiles was found.

In the measurements with portable electrodes the same tendencies were found.

Iron-oxide content

The iron-oxide contents, measured in 10% HCl, are high in the ferric layers in the phases 1 to 4: usually 10—30%, occasionally rising to 40—65%. In the C-horizon of these same soils the iron-oxide content is only 0.3—0.5%. In the last phases in the downstream part, the iron-oxide content in the A1-horizon is usually 1% or less, in the C-horizon 0.2%. In the surrounding hydromorphic humus podzols the iron-oxide contents are about 0.1—0.3%.

The groundwater throughout the pattern has a rather low Fe content, about 0.5 to 3.0 ppm.

Conclusion

Soil pattern

A recurring soil pattern was observed in the brook valleys that were surveyed. A very rigorous use of the pattern concept was not possible. The order of occurrence, if we accept that some repetitions can occur, is always identical. Some phases can be missing, and this can mean that they are very small and have escaped observation, or that they really do not occur. Even with this very dense net of observations we are not quite sure. At the upstream side we always find ferric soils, with high concentrations of iron-oxides in the top layers. In every actual soil pattern the iron content diminished in the

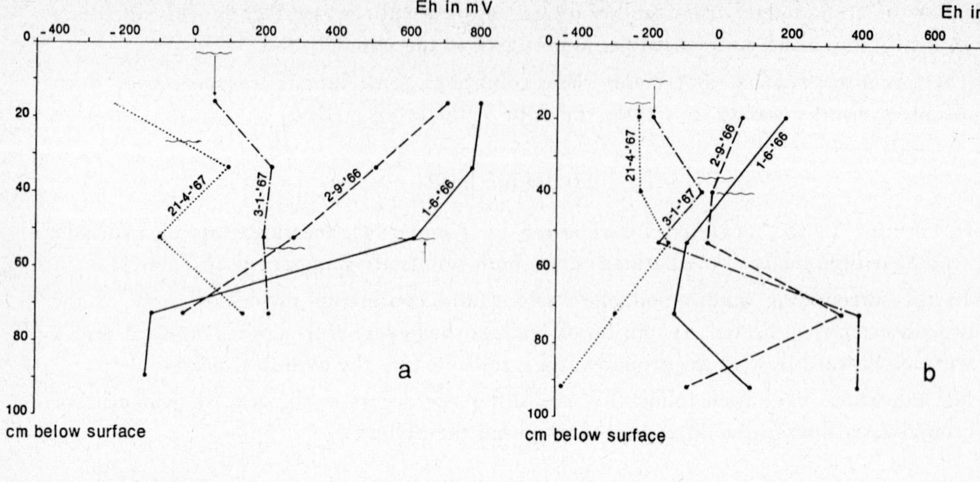

Figure 5

Variation of redox potential throughout the year in a soil with: a. strong accumulation of iron oxide (phase 2), b. very low iron-oxide content (phase 9)

downstream direction. Especially in those sections that are partly blocked at the downstream end, weak humus-illuviation occurs in the last phases. The relationship between the iron-oxide accumulation and $CaCO_3$ is as follows: the highest iron oxide concentration is usually in about the same phases as the shallowest level of decalcification (phases 2 and 3). The soft marl (Wiesenkalk) usually occurs in the phases 4 and 5. The marl formation is a fossil phenomenon from late-glacial periods, but the decalcification is probably a continuous process.

A good relationship exists between the geomorphologic units and the phases of the pattern. For soil survey purposes this is a very valuable phenomenon. The presence of local small occurrences of ferric soils, which were not limited to the first phases of the pattern only, could not be explained. It is possible that some relationship to more rapidly permeable layers in the subsoil could exist. No supporting evidence was found. In a few cases the upstream part of a section does not fit the idealized pattern.

Genetic explanation

Knibbe (1) already made clear that iron is removed from the surrounding humus podzols. The low iron contents in these soils, and the permanent downward flow of the groundwater in these parts of the landscape, support this conclusion (Fig. 6). This iron is transported into the soil pattern by the periodic upward flow of the groundwater in the brook valleys. Within the soil pattern it is only deposited in the first phases, and never in the last phases.

According to the redox potential, iron-oxide precipitation could occur throughout the pattern. A possible explanation for the absence of iron-oxide precipitation in the last

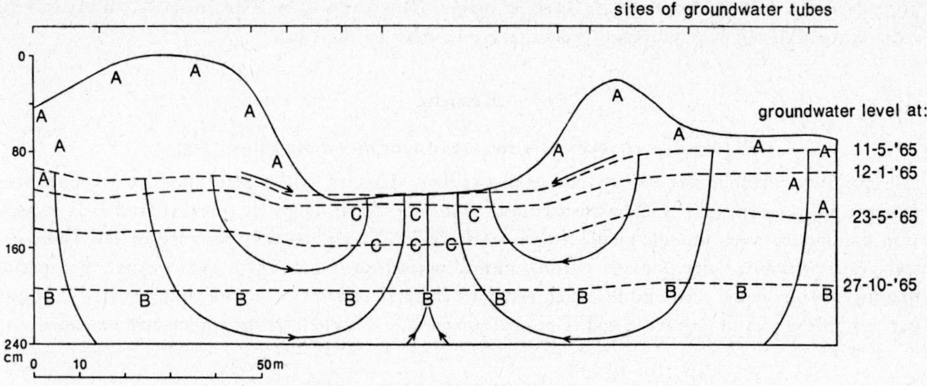

A zone of iron mobilisation and transport
B zone of predominantly iron transport
C zone of iron precipitation

Figure 6
Schematic diagram of the iron transport from humus podzol soils towards gley soils in a cross section near the piezometer sets nr. 5, 1 and 3 of Fig. 4

phases could be a chelating agent, in the form of organic substances. The occurrence of weak humus infiltrations in the B-horizon of these soils supports this supposition. In one of the last phases of the soil pattern, in a soil poor in iron-oxides, several deep piezometers were overflowing in spring with water having a low iron content. After the top 15 cm of the tube was emptied, it overflowed again in 1—10 minutes. The perforated stopper on the tube was covered with a thick coating of precipitated iron compounds and some thin iron-oxide films could be observed on the soil surface. Within the soil hardly any mottling occurs in these circumstances.

Acknowledgement

The authors are indebted to Drs. *A. D. van der Weij* for his measurements of redox potential.

References

1. *Knibbe, M.:* Gleygronden in het dekzandgebied van Salland. Pudoc. Wageningen (1969).
For the sake of brevity other references have been omitted.

Summary

The actual soil pattern in hydromorphic sandy soils in brook valleys follows certain trends, that are condensed into an idealized soil pattern. In the areas studied, the pattern begins with soils rich in iron, and ends with soils poor in iron compounds. Although water containing small amounts of iron periodically moves upwards everywhere in these soils from the surrounding podzols, iron only accumulates in certain places. This cannot be explained by differences in redox potential, but it is supposed chelating agents may be the cause.

Résumé

Repartition et genèse des sols hydromorphes dans vallées plates

La répartition actuelle des sols hydromorphes sableux dans les vallées plates obéit à des tendances précises qui peuvent être schématisées en une séquence idéale. Dans les terrains étudiés la succession commence avec les sols riches en fer et se termine avec les sols pauvres en fer. Dans ces sols l'eau, provenant des podzols voisins, monte périodiquement. Cette eau contient une petite quantité de fer lequel s'accumule seulement dans certains endroits. Ceci ne peut pas être expliqué par des différences de potentiel redox et on suppose que des chelates sont peut-être en cause.

Zusammenfassung

Aufeinanderfolge und Genese hydromorpher Böden in flachen Bachtälern

Das aktuelle Bodenmuster hydromorpher Sandböden in flachen Bachtälern zeigt deutliche Tendenzen auf, die zu einer idealen Aufeinanderfolge schematisiert wurden. In den untersuchten Gebieten fängt das Muster an mit Böden reich an Raseneisen und endet mit eisenarmen Böden. In diesen Böden steigt periodisch Wasser mit einem geringen Eisengehalt auf, das von den umgebenden Podsolen herrührt. Eisenakkumulationen treten aber nicht überall, sondern nur an gewissen Stellen auf. Aus Unterschieden im Redoxpotential kann dies nicht erklärt werden, weshalb vermutet wird, daß Chelate die Ursache sein könnten.

Factors Influencing Profile Development Exhibited by Some Hydromorphic Soils in Illinois

By *Neil E. Smeck* and *E. C. A. Runge* *)

Mollic Albaqualfs occur on the Peoria-loess covered Illinoian till plain in two distinct landscape relationships. In south-central and southern Illinois, Cisne, a Mollic Albaqualf, dominates the nearly level to moderately sloping uplands and constitutes 387,000 ha (11). In contrast, Denny, a Mollic Albaqualf occurring in northwestern and west central Illinois, occurs only sporadically in small isolated areas commonly called „gray spots“ and constitutes only 14,320 ha (11). Morphologically these soils are very similar and previous criteria for maintaining two series were regional occurrence, loess depth, and landscape position. Since morphology is an expression of genesis, similar mechanisms can reasonably be expected to be prominent in the development of both Denny and Cisne.

In Illinois and Iowa, there have been numerous studies undertaken involving a "maturity sequence" of loess-derived soils (2, 3, 4, 8, 15). It was generally concluded that the degree of profile development was related to the rate of loess deposition: Immature soils (Humic Gleys) resulting where the rate exceeded weathering and mature soils (Planosols) resulting where the rate was slow enough to permit significant weathering of the loess contemporaneous with deposition. However, in many of these studies, a large geographic span between profiles resulted in significant variation of many environmental factors, particularly climate, rendering results difficult to interpret. To eliminate most external environmental variation in the present study, soil development sequences were selected whose endmembers are separated by less than 60 m.

It is hypothesized that limited organic matter production in areas of Mollic Albaqualfs results in destabilization of upper horizons and therefore, accelerates profile development. Soil development is believed to be retarded as organic matter production increases due to: greater recycling of bases and plant nutrients, a greater buffering capacity; retardation of mineral weathering by formation of protective organic coatings on mineral surfaces; and decreased surface area exposed to weathering forces through the formation of stable soil aggregates.

Smeck and *Runge* have shown that organic matter production is not limited in Mollic Albaqualfs of northwestern and west-central Illinois (gray spots) by a phosphorus deficiency as gray spots are enriched in phosphorus at the expense of surrounding Aquolls. However, this does not eliminate other overriding limitations to organic matter production in gray spots nor phosphorus deficiencies limiting organic matter production on the extensive Mollic Albaqualf (Cisne) flats of south-central and southern Illinois.

---

*) Department of Agronomy, University of Illinois Urbana, Illinois, USA

The objectives of this study are: 1.) to examine factors which explain the regional and local distribution of Mollic Albaqualfs in Illinois, 2.) to investigate factors affecting organic matter production in areas of Mollic Albaqualfs, and 3.) to develop a model which will integrate the factors responsible for the formation of Mollic Albaqualfs.

Study areas

A study area was selected in each of two distinct landscape relationships in which Mollic Albaqualfs occur in Illinois. One study area was selected in Cass County and encompasses a "gray spot" which is a small delineation of Mollic Albaqualfs (Planosols) surrounded by Aquolls (Gleys). Six profiles were sampled in a straight line radiating from the center of the "gray spot" in a distance of 43 meters. In future references, the profiles will be referred to by site number (Fig. 6), site 1 occupying the center of the Mollic Albaqualf delineation and site 6 the outermost profile (Aquoll). From site 1 to site 6, the profiles gradually grade from a Mollic Albaqualf (Denny) to an Aquoll (Sable). The native vegetation is assumed to have been prairie grasses. The study area is nearly level and mantled by 380 cm of Peoria loess. *Frye* and *Willman* have radiocarbon dated Peoria loess at 17,000 to 20,000 years B.P. This study area is described in greater detail in another manuscript (12).

The second study area is located in Clark County on an extensive broad flat of Mollic Albaqualfs (Planosols). Clark County is located approximately 220 kilometers east-southeast of Cass County. In Clark County surficial Peoria loess, which is 0.75 to 1.50 m thick, is underlain by approximately 50 cm of reworked, weathered glacial till and/or Roxana loess. Beneath this zone, the B horizon of a Sangamon-age paleosol developed in Illinoian-age glacial drift is encountered. Clark County is characterized by a humid, temperate climate with an average annual temperature approximately 2 degrees higher and an average annual precipitation approximately 13 cm greater than Cass County. The study area is presently cultivated, but the vegetation at time of settlement was native prairie which is reported (7) to have been of a more patchy nature, due to islands of trees, than those of northern Illinois. The Clark County study area is nearly level with $<1/2\,\%$ slope.

On the nearly level upland flats in southwestern Clark County, the dominant soil is Cisne, a Mollic Albaqualf. Ebbert, an Agriaquic Argialboll, occurs in a slightly lower landscape position and Newberry, a Mollic Ochraqualf, generally occurs between Cisne and Ebbert. A transect composed of Cisne, Newberry, and Ebbert was sampled. The transect originates at the center of a small, approximately 0.2 ha, shallow (less than 0.15 m lower than Cisne) depression containing Ebbert, which is ringed by Newberry; which is, in turn, surrounded by Cisne. The transect spans a distance of 60 m.

Orientation of the Clark County traverse with respect to landscape position of the Mollic Albaqualf is opposite to the Cass County traverse. In Cass County, Aquolls predominate on the landscape and surround the small delineations of Mollic Albaqualfs; whereas in Clark County, Mollic Albaqualfs are extensive on the landscape with less well developed soils, such as Ebbert, occupying slight depressions. Transects in both areas are short (span <60 m) so as to essentially eliminate external environmental variation between profiles, but exhibit a wide range in degree of profile development. Soils within each transect reflect local influences on the development of Mollic Albaqualfs whereas differences between transects allow regional influences on Mollic Albaqualf development to be examined.

Experimental Methodes

Field Procedures

Six profiles in Cass County and three in Clark County were sampled in transects of the study areas. At each sample site, three cores, generally 7.6 cm diameter, were obtained so one could be used for description, one for bulk density, and one for bulk samples.

Laboratory Methods

Soil pH was measured with a Beckman pH meter using a 1:1 soil-water ratio. Available phosphorus was determined by a modification of the *Bray* and *Kurtz* (5) method in the University of Illinois Soil Testing Laboratory. The Fisher induction-carbon apparatus was employed to determine organic carbon content by a modification of the method described by *Jackson* (9).

An acid-free vandate-molybdate reagent was employed for determination of total phosphorus after digestion with perchloric acid according to the method of *Tandon* et al. (14). Percent transmittance at 400 mμ was measured with a Bausch and Lomb Spectronic 20 spectrophotometer.

Potassium was extracted from both air dry and moist (maintained at field moisture content) samples with ammonium acetate by the University of Illinois Soil Testing Laboratory. Potassium in aliquots of the extract was determined with a Coleman Jr. flame photometer. Values for moist samples were corrected for moisture content. Crystalline and amorphous iron oxides (free iron oxides) were extracted with sodium dithionite according to the method of *Kilmer* (10).

Results and Discussion*)

As an indication of the relative quantities of organic matter produced in soils of varying stages of development, the quantity of organic carbon in each profile to a depth of 230 cm was calculated. As expected, Mollic Albaqualfs have the lowest quantity of organic carbon in both development sequences (Tab. 1). Assuming that organic carbon is a valid estimate of organic matter production; that is, assuming that rates of mineralization of organic matter are constant within each development sequence, less organic matter is produced in areas of Mollic Albaqualfs than in the associated soils.

Soil pH was investigated as a factor which may promote differential organic matter production in the development sequences. In both study areas, the pH progressively decreases on approaching the Mollic Albaqualf end of the development sequences (Fig. 1 and 2). In Cass County, the acidity is not considered high enough, even at site 1, to cause nutrient deficiencies or toxicities of iron, aluminum, or manganese. However, the pH values of the Clark County soils, particularly from 25 to 75 cm in Cisne, are low enough to cause a phosphorus deficiency and/or toxicities of iron, aluminum, or man-

*) Due to space limitations, detailed profile descriptions, chemical, and physical data are not presented. Please refer to the following for that information: *Smeck, Neil E.*, Factors influencing development of Mollic Albaqualfs: Comparisons within and between two soil development sequences in Illinois. Ph.D. Thesis, University of Illinois, 1970.

Table 1

Total organic carbon and total phosphorus in soils comprising two development sequences

Study Area	Soil	Organic Carbon *) ($g/100\ cm^2$)	Total phosphorus *) PP2M	$g/100\ cm^2$
Cass County	Site 1	143	19,000	21.3
	Site 2	136	16,600	18.6
	Site 3	146	14,100	15.9
	Site 4	158	13,200	14.9
	Site 5	168	13,800	15.5
	Site 6	159	11,800	13.3
Clark County	Cisne	128	7,200	8.1
	Newberry	159	7,800	8.7
	Ebbert	207	10,300	11.6

ganese. Thus pH values reveal conditions which may limit organic matter production in soils of Clark County, particularly in the Mollic Albaqualfs.

Availability of potassium was also recorded in both transects to determine if potassium was a possible cause for reduced organic matter production in Mollic Albaqualfs. Only minimal differences were found in available potassium between end-members of the development sequences in both study areas (Fig. 3 and 4). In Clark County, Mollic Albaqualfs

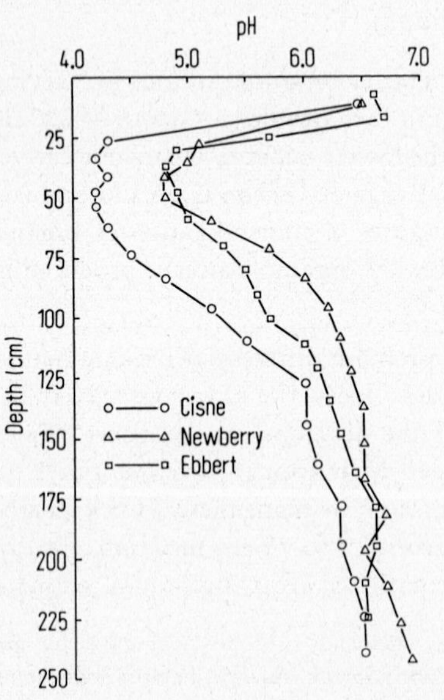

Figure 1

Distribution of pH values in Cisne, Newberry, and Ebbert soils from Clark County

*) Summarized to a depth of 230 cm

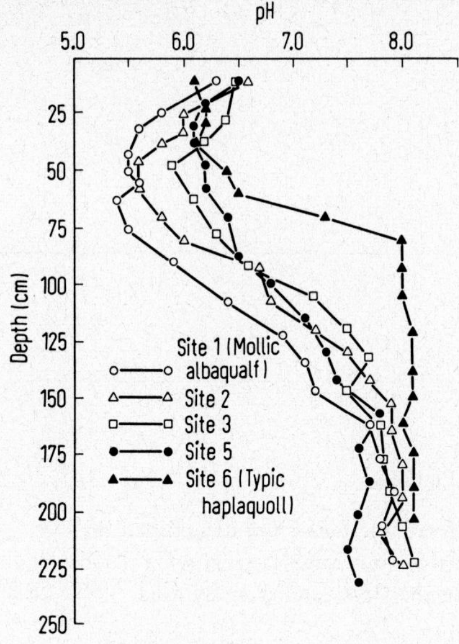

Figure 2

Distribution of pH values in five Cass County soils

tend to have less available potassium whereas in Cass County, Mollic Albaqualfs tend to have slightly higher available potassium. Limited vegetative production in areas of Mollic Albaqualfs can not be substantiated by available potassium due to the minimal differences found and the inconsistency between study areas.

In a previous paper (12), it was shown that the Cass County "gray spot" ist not phosphorus deficient but is in fact enriched in phosporus at the expense of surrounding soils. Thus

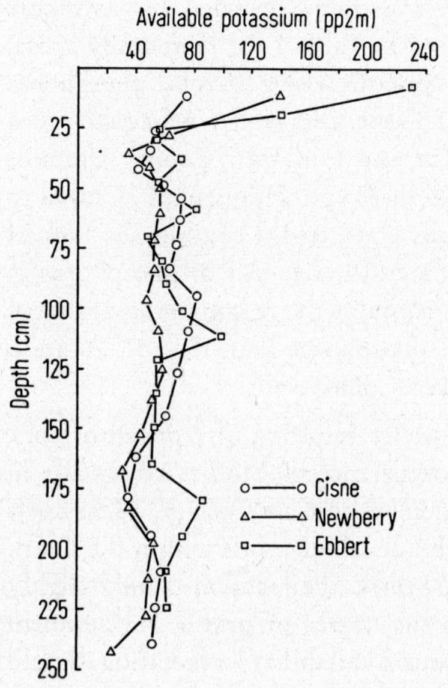

Figure 3

Available potassium determined on field-moist samples from Cisne, Newberry, and Ebbert soils in the Clark County study area

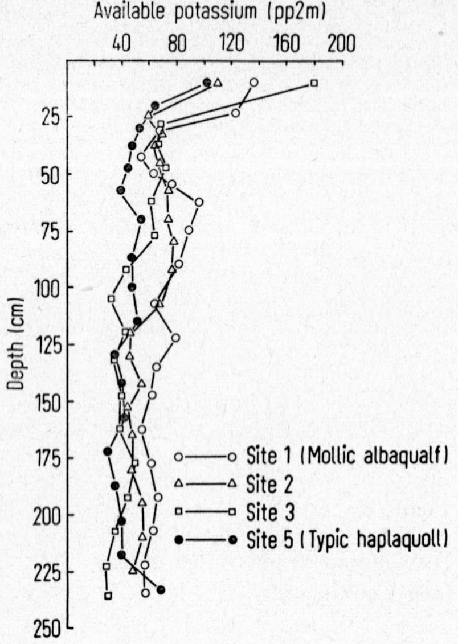

Figure 4

Available potassium determined on field-moist samples from several soils in the Cass County study area

phosphorus will not explain limited organic matter production in areas of Mollic Albaqualfs of Cass County but in Clark County a reverse relationship was found (Fig. 5). Ebbert has over three times more available phosphorus (Pl test) in the upper 25 cm than Cisne, a Mollic Albaqualf, and phosphorus remains higher throughout the profile. Thus in Clark County, our contention that areas occupied by Mollic Albaqualfs are nutrient deficient and unable to produce as much organic matter is substantiated by available phosphorus data.

Total phosphorus determinations substantiate the relationships revealed by available phosphorus. Total phosphorus distribution is summarized in Table 1 for both study areas. In Clark County, the least developed profile, Ebbert, contains 11.6 g of total phosphorus per 100 cm^2 as compared to only 8.19 per 100 cm^2 for Cisne, the Mollic Albaqualf, to a depth of 230 cm. Conversely, the Mollic Albaqualf at site 1 in Cass County contains 21.3 g per 100 cm^2 as compared to 13.3 g per 100 cm^2 in the Typic Haplaquoll at site 6 to a depth of 230 cm. In both areas, the depressional soils consistently contain the highest total phosphorus content. This has been attributed to lateral movement of phosphorus in landscapes (12). It should be noted that Ebbert, which contains the maximum quantity of total phosphorus in Clark County, contains less total phosphorus than the soil at site 6 which has the minimum total phosphorus content of Cass County soils.

Summarizing, pH limitations and/or posphorus deficiencies resulting in reduced organic matter production aid in explaining the widespread occurrence of Mollic Albaqualfs in Clark County as contrasted to their only sporadic occurrence in Cass County. These same variables will also account for the occurrence of less well developed soils within the Clark County traverse. However, within the Cass County traverse, the reaction is only slighly acid and phosphorus availability tends to increase as the degree of profile development increases. Consequently, if considering only phosphorus availability, vegetation should

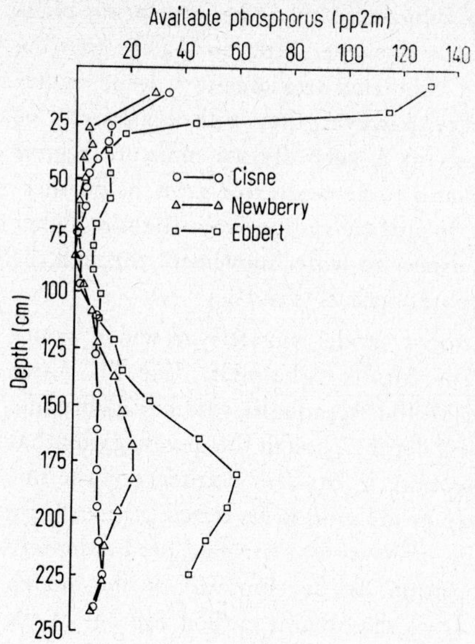

Figure 5

Available phosphorus (Pl test) in Cisne, Newberry, and Ebbert soils from Clark County

thrive in gray spots resulting in greater organic matter accumulation. Thus, if organic matter production is limited in "gray spots" of Cass County as hypothesized, there must be some other limiting factor which overshadows the influence of increased phosphorus availability.

Consequently, for the Cass County development sequence, it is alternatively proposed that organic matter production in the "gray spot" is limited by detrimental variation in the moisture regime during the growing season. This can best be illustrated with aid of a block diagram of the study area (Fig. 6). The zones of free iron accumulations are interpretated as indications of the shape and height of the water table. As a result of landscape position,

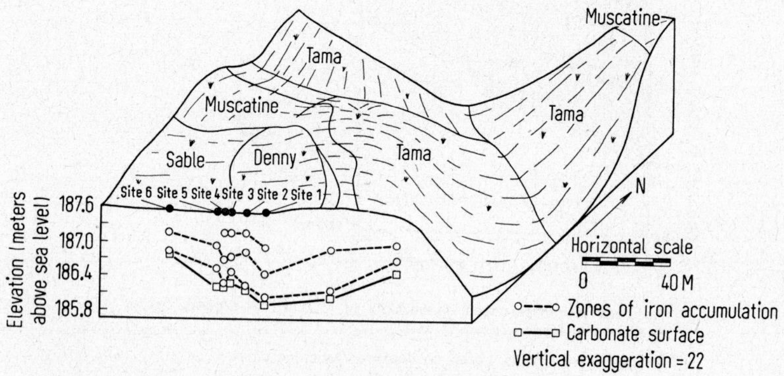

Figure 6

Block diagram of the Cass County study area illustrating flow lines, depth to carbonates, and landscape position of each soil

a shallow depression bordering a drainageway, it is suggested that in early spring plant growth is inhibited by ponding and excessive moisture. However, later during the growing season, "gray spots" tend to be more droughty than associated areas due to a deeper water table resulting from their proximity to drainageways; however, they will occasionally be surface ponded by heavy summer rains. This leads to a very diverse moisture regime which greatly reduces the number of plant species and total vegetative growth. Furthermore, "gray spots" are more intensely leached due to surface run-on from slightly higher adjacent areas, and a higher energy, more vertical aspect to water movement through the profiles as evidenced by the greater depth to carbonates beneath site 1 .

To provide an adequate summary to this investigation, a model was derived which would integrate the factors responsible for formation of Mollic Albaqualfs (Fig. 7). Three variables must be considered in the genesis of the Mollic Albaqualfs studied: a) organic matter production, b) leaching intensity, and c) loess depth. Though this investigation has been concerned mainly with organic matter production, it has also pointed out the importance of the other two variables. Organic matter production is regulated primarily by nutrient availability and moisture regimes. Leaching intensity is controlled predominately by the amount of precipitation and landscape position. In development of the model, relative organic matter production was estimated from the organic carbon content of the upper 75 cm of each profile. Relative leaching intensity was estimated by the depth of leaching of carbonates.

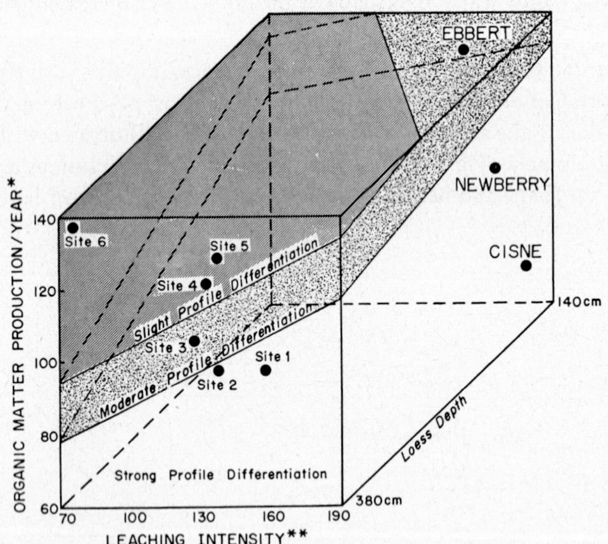

* Relative estimates based on quantity (g/100cm²) of organic carbon presently in upper 75cm. of soil.

**Relative intensities based on depth of leaching (cm.)

Figure 7

Generalized scheme for development of Mollic Albaqualfs

Discrete categories of profile differentiation are definitive by segregating the various degrees of development exhibited by soils of this study into classes designated as strong, moderate, and slight. Soils were defined as strongly differentiated if they possess a prominent A2 horizon; moderately differentiated if an incipient A2 horizon was present; and slightly differentiated if there was no observable development of an A2 horizon. The degree of profile differentiation exhibited by the soils in the study areas is shown in Fig. 7. Soil development increases as loess depth decreases, as leaching intensity increases, and as organic matter production decreases.

Extensive occurrence of Mollic Albaqualfs in Clark County as contrasted to only sporadic occurrence in Cass County can be attributed primarily to differences in loess depth. The Cass County study area is mantled by 380 cm of Peoria loess, whereas only 140 cm of Peoria loess mantles the Clark County study area. Two explanations are presented for increased weathering with decreasing loess depth. The presence of an acid Sangamon paleosol beneath the shallow loess of Clark County imposes a larger potential gradient of base and nutrient concentrations than exists in Cass County. Consequently, in Clark County, bases and nutrients are removed from the loess at a more rapid rate by leaching than in Cass County. Evidence of this phenomenon is provided by the relatively close association of Flanagan, an Aquic Argiudoll, and Cisne, a Mollic Albaqualf, both derived from contemporaneous loess but underlain by calcareous Wisconsinan drift and an acid Sangamon soil, respectively. Another explanation involves the relative rates of loess deposition in areas of thick loess as contrasted to areas of thin loess. It has been suggested (1, 2, 4, 8, 13, 15) that the rate of loess deposition was slow enough at considerable distances from the source, to permit a pronounced expression of soil forming processes even during the time of loess deposition. As a result of a much faster rate of deposition in Cass County, weathering essentially commenced with termination of loess deposition. *Beaver* et al. (1) indicate that time since to time during loess deposition constitutes a 1:1 ratio; thus, the effective age of Clark County soils may be twice that of Cass County soils.

Regional distribution of Mollic Albaqualfs is also influenced to a lesser extent by differences in organic matter production and leaching intensity. Organic matter production decreases as pH values and phosphorus availability decreases on traversing from Cass toward Clark County. As a result of higher average annual rainfall, the leaching intensity increases on moving from Cass to Clark County (Clark County receives approximately 13 cm more precipitation per year).

Within both development sequences, one variable responsible for differences in the degree of profile differentiation is organic matter production. In Clark County, organic matter production is limited in areas occupied by Cisne as a result of low pH's and/or phosphorus deficiencies. Enrichment of phosphorus and bases in Ebbert by lateral movement results in greater vegetative growth. In Cass County, organic matter production is limited in the gray spots by a detrimental moisture regime during the growing season. Another important variable causing variation in the stage of soil development in the Cass County traverse is increased leaching intensity in areas occupied by "gray spots" as a result of landscape position. In Clark County, this increased leaching does not occur due to the low relief of the streams and the impermeable Sangamon soil under the Peoria loess.

Two Mollic Albaqualfs, Cisne and Denny differing in regional occurrence, landscape position, and the depth of loess, are chemically quite different, but the genesis of both can be quite satisfactorily explained with the same model. This model was derived to integrate the important variables in the present study, but with a knowledge of the assumed environmental constants, can be applied to other soil sequences.

References

1. *Beavers, A. H., Fehrenbacher, J. B., Johnson, P. R.,* and *Jones, R. L.*: Soil Sci. Soc. Amer. Proc. **27,** 408–412, 1963.
2. *Bray, R. H.*: A chemical study of soil development in the Peorian loess region of Illinois. American Soil Survey Assoc. Bul. **15,** 58–65, 1934.
3. *Bray, R. H.*: The origin of horizons in claypan soils. Amer. Soil Survey Assoc. Bul. **16,** 70–75, 1935.
4. *Bray, R. H.*: Soil Sci. **43,** 1–14, 1937.
5. *Bray, R. H.,* and *Kurtz, L. H.*: Soil Sci. **59,** 39–45, 1945.
6. *Frye, J. C.,* and *Willman, H. B.*: Classification of the Wisconsin stage in the Lake Michigan glacial lobe. Illinois State Geol. Sur. Cir. 285, 1960.
7. *Hilgard, E. W.*: Botanical features of the prairies of Illinois in ante-railroad days. Unpublished manuscript deposited in the library of the Illinois Historical Survey. University of Illinois (undated).
8. *Hutton, C. E.*: Soil Sci. Soc. Amer. Proc. **12,** 424–431, 1947.
9. *Jackson, M. L.*: Soil Chemical Analysis. Prentice-Hall, Inc., Englewood Cliffs, N.J., pp. 208–211, 1958.
10. *Kilmer, J.*: Soil Sci. Soc. Amer. Proc. **24,** 420–421, 1960.
11. *Runge, E. C. A., Tyler, L. E.,* and *Carmer, S. G.*: Soil type acreages for Illinois Ill. Agr. Exp. Sta. Bul. 735, 1969.
12. *Smeck, Neil E.,* and *Runge, E. C. A.*: Soil Sci. Soc. Amer. Proc. (In press), 1971.
13. *Smith, G. D.*: Illinois loess. Ill. Agr. Exp. Sta. Bul. 490, 1942.
14. *Tandon, H. L. S., Cescas, M. P.,* and *Tyner, E. H.*: Soil Sci. Soc. Amer. Proc. **32,** 48–51, 1968.
15. *Ulrich, R.*: Soil Sci. Soc. Amer. Proc. **14,** 287–295, 1949.

Summary

Morphologically similar Mollic Albaqualfs in Peoria loess on the Illinoian till plain occur a) dominating nearly level to moderately sloping upland in southern Illinois (Cisne), and b) in sporadic small shallow depressions or "gray spots" in northwest and -central Illinois (Denny). A model was developed (based on studies of soil sequences sampled in a single 40–60 meter transect in each area) which indicates that, compared to less developed Mollisols in the same area, Mollic Albaqualf development can be related to loess depth, leaching intensity, and organic matter production (resulting in more rapid development of eluvial and illuvial horizons). Lower organic matter production in Mollic Albaqualfs appears to be caused by nutrient deficiencies (Cisne) or a detrimental moisture regime (Denny).

Résumé

Des Mollic Albaqualfs, morphologiquement analogues, en lœss péorique et sur un terrain agricole en Illinois (Etats Unis) se recontrent: 1) prédominants dans le plateau horizontal, parfois ondulé du Sud-Illinois (Cisne), et 2) sporadiques dans des petites dépressions ou « tâches grises » au Nord-Ouest et moyen Nord-Ouest d'Illinois (Denny). Un modèle a été construit d'après des études sur des séquences de sols dans une seule coupe transversale de 40–60 m dans chaque région. Ce modèle prouve, que les Mollic Albaqualfs, comparés avec les Mollisols moins développés des mêmes régions, se développent – à cause d'une moindre profondeur du lœss – avec une plus grande intensité du lessivage et une moindre production de matière organique, ce qui entraîne un développement plus rapide des horizons éluviaux et illuviaux. La production moindre de matière organique est donc causée par la manque de substances nutritives (Cisne) ou par un degré d'humidité défavorable (Denny). Les sols dans des dépressions ont la plus haute teneur en P dans les deux régions, à cause d'un mouvement latéral dans les paysages.

Zusammenfassung

Morphologisch ähnliche Mollic Albaqualfs in peorischem Löß auf einer Ackerbaufläche in Illinois kommen vor: a) vorherrschend im nahezu flachen bis leicht hügeligen Hochland in Süd-Illinois (Cisne) und b) sporadisch kleinen flachen Niederungen oder „grauen Flecken" im Nordwesten und mittleren Nordwesten von Illinois (Denny). Ein Modell wurde aufgrund von Studien von Bodensequenzen entwickelt in einem einzigen 40—60 Meter langen Querschnitt auf jedem Gebiet. Dieses Modell zeigt, daß im Vergleich zu den weniger entwickelten Mollisols im selben Gebiet sich die Mollic Albaqualfs infolge einer geringeren Lößtiefe entwickeln, mit einer größeren Auswaschungsintensität und geringeren Produktion von organischer Substanz, was eine schnellere Entwicklung eluvialer und illuvialer Horizonte mit sich bringt. Die geringere Produktion von organischer Substanz wird wohl durch Nährstoffmängel (Cisne) oder durch einen nachteiligen Feuchtehaushalt (Denny) verursacht. Böden in Niederungen haben den höchsten P-Gehalt in beiden Gebieten infolge einer lateralen Bewegung in den Landschaften.

Die Stellung der Stagnogleye in der Bodengesellschaft der Schwarzwaldhochfläche

Von *V. Schweikle**)

Einleitung

Stagnogleye wurden im Schwarzwald auf Buntsandstein beschrieben (9, 11, 13, 14). Der Oberboden ist fahl, sauer, naß und basenarm; der Unterboden relativ tonreich. Die Ursache der Vernässung kann litho-, pedo-, anthropo- und/oder topogen sein (1, 2, 4, 5, 6, 7, 10, 12). Das Ausmaß der Vernässung dieser und benachbarter Böden war zu quantifizieren. Die Folgen der Vernässung könnten sich zeigen im Ausmaß der Tonmineral- und Sesquioxidverwitterung (3). Bei pedogen hellem Oberboden waren von Interesse Richtung, Art, Intensität und Gradient des Sesquioxidtransports und der Ort der Sesquioxidanreicherung.

Landschaft und Böden

Landschaft

Der Buntsandstein ist seit dem Tertiär Hebungs- und somit Erosionsgebiet. Dieses ist heute eine Schichtfläche, die durch tiefeingeschnittene Täler zergliedert ist. Die sandigen bis tonigen Sedimente des Bundsandsteins sind durch Ton, Hämatit und/oder Kieselsäure verkittet. Das Klima ist perhumid und atlantisch, was sich deutlich in der Klimaxvegetation (Buchen-Tannenwald) zeigt.

Böden

In dieser Landschaft gibt es Stagnogleye, die nach Vorkommen, Entwässerungsmodus und Fläche gegliedert werden. Drei Fälle wurden unterschieden:

a) ein großflächig staunasses Gebiet im Talanfang ist Quellgebiet,

b) eine staunasse Zone am flachen Oberhang entwässert flächig und

c) kleine vernäßte Dellen im Plateau.

Im Fall b) wurden Flächen gefunden, bei denen der staunassen Zone hangabwärts kragenförmig Böden folgten, die als sesquioxidreich angesprochen wurden (sog. Ockererden). Diese Bodenlandschaften wurden untersucht (siehe Abb. 1a und b).

Die Bodentypen

Die wichtigsten Bodentypen dieser Kleinlandschaften sind Stagnogley, Ockererde und Braunerde.

a) Braunerde: $O_{f/h}$-A_h-B_v-C_v-Profil

b) Ockererde: O_f-A_h-B_{ov}-B_{gv}-C_v-Profil

c) Stagnogley: O_f-A_h-A_{eg}-B_g-C_g-C_v-Profil

---

*) Abteilung Allg. Bodenkunde der Universität Hohenheim, 7 Stuttgart-Hohenheim, BRD.

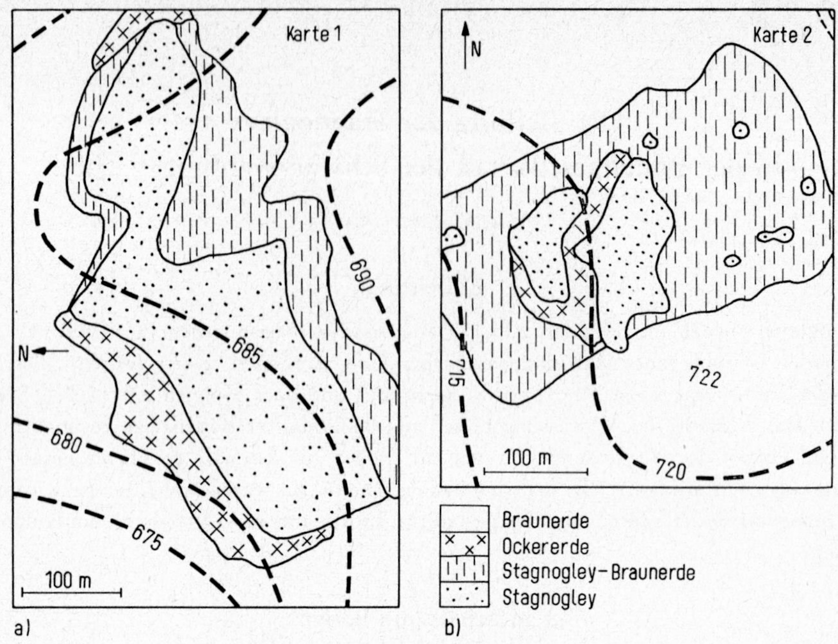

Abbildung 1

Bodenlandschaft bei a) Grömbach (Kreis Freudenstadt) und b) Oberkollwangen (Kreis Calw)

Die Ursachen der Vernässung

Topogene Ursache

Die Tatsache, daß nur Senken im Hochplateau, nie große ebene Flächen vernäßt sind, zeigt die große Bedeutung des Reliefs für die Umverteilung des Wassers in der Landschaft.

Lithogene Ursachen

Wasserstau in Böden ist die Folge einer zu geringen Wasserleitfähigkeit des Unterbodens, die bedingt sein kann durch das Gefüge des Bodens und/oder des Gesteins. Die Ursachen einer Gefügeänderung im Boden können sein: unterschiedliche Lagerungsart der Partikel bei sonst gleicher Korngrößenverteilung oder unterschiedliche Korngrößenverteilungen bei Schichtwechsel. Deshalb wurden an Stechzylinderproben und Steinen die gesättigte Wasserleitfähigkeit als Merkmal des Gefüges und an dispergierten Proben mit Sieben und aräometrisch die Korngrößenverteilung in Verbindung mit Indexelementen (Gesamtzirkon in der silikatischen Feinerde) als Merkmale eines Schichtwechsels gemessen.

Die Ergebnisse (s. Abb. 2a und b) zeigen, daß die kf-Werte mit zunehmender Staunässe im Profil von oben nach unten schneller abnehmen und daß die Tongehalte im Stagnogley nach unten zunehmen. Das letztere Ergebnis gilt nicht für alle Landschaften, d. h., daß die Lagerungsart entscheidend sein könnte (geringe Schluffgehalte!). Sandsteine sind praktisch wasserundurchlässig. Die Profile sind, nach den Zr-Daten, geschichtet.

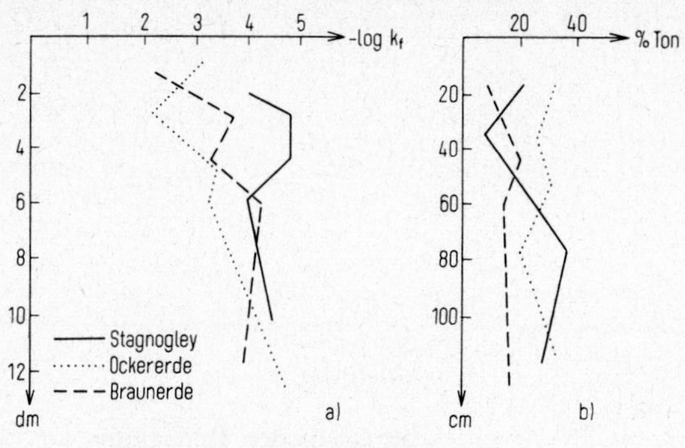

Abbildung 2

Wasserleitfähigkeit (a) und Tongehalt (b) von Stagnogley, Ockererde und Braunerde

Pedogene Ursachen

Tonilluviation kann zur Verdichtung des Unterbodens mit nachfolgendem Wasserstau führen. Mikromorphologische Untersuchungen zeigten, daß die Intensität der Tonverlagerung unabhängig vom Vernässungsgrad ist.

Anthropogene Ursachen

Böden können bei entsprechender Disposition und unsachgemäßer Bewirtschaftung der Vegetation vernässen (hier: Waldverlichtung durch Waldweide und Kahlschlag). Wurzelreste im Stagnogley-B_g-Horizont konnten mit ^{14}C auf ein Alter von 2400 ± 50 Jahren datiert werden. Der menschliche Einfluß ist also nicht Ursache, sondern verschärfender Faktor der Vernässung.

Das Ausmaß der Vernässung

„Vernässung" beinhaltet hier Luftmangel im Boden durch Wasserüberschuß. Dabei kann entweder der Effekt selber oder dessen Wirkungen gemessen werden.

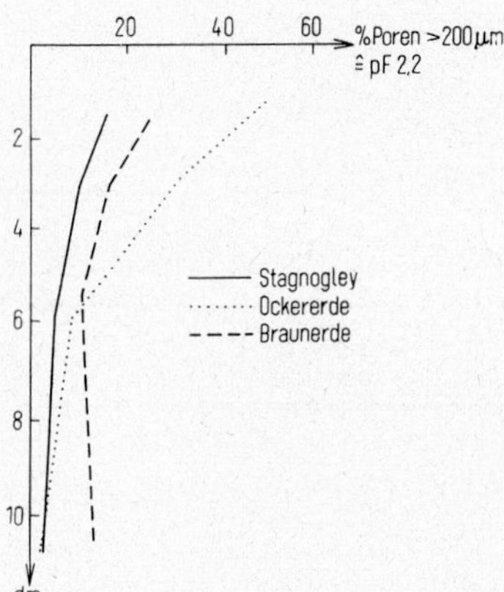

Abbildung 3

Gehalt an Grobporen in Stagnogley, Ockererde und Braunerde

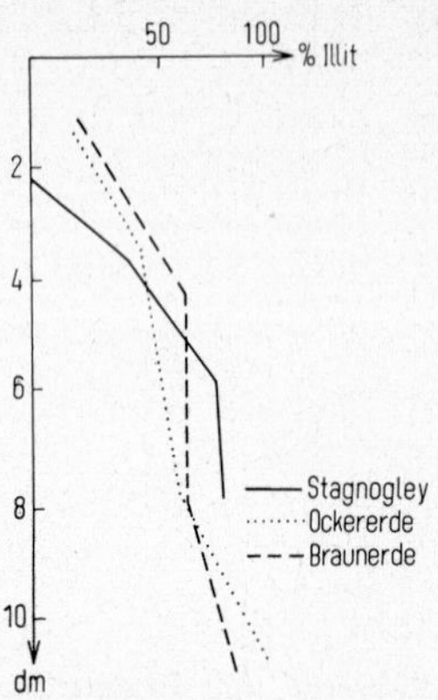

Abbildung 4

Illitgehalt der Tonfraktion von Stagnogley, Ockererde und Braunerde

Maximale Luftvolumina in Stagnogley, Ockererde und Braunerde

Bei bekannter Porengrößenverteilung kann durch Messung der Tension (bzw. des Wassergehaltes) das jeweilige Luftvolumen in Böden ermittelt werden. Die Porengrößenverteilung wurde an Stechzylindern im Labor mit Membranmethoden und die Tension im Feld mit Tensiometern gemessen.

Die Menge an Poren > 200 μ nimmt in der Reihe Ockererde > Braunerde > Stagnogley ab (s. Abb. 3), während die maximalen Tensionen aus 2 Meßjahren der Reihe Braunerde (pF2) > Ockererde > Stagnogley folgten.

Geringe Luftvolumina in Böden bedeuten schlechten Gasaustausch und bei belebten Böden O_2-Mangel und damit reduzierende Verhältnisse. Mit Pt-Elektroden wurden im Feld die E_H-Werte potentiometrisch und die ODR polarographisch und mit Glaselektroden die pH-Werte im Labor potentiometrisch gemessen. Die ODR sind in der Ockererde sehr hoch und im Stagnogley sehr niedrig; das bedeutet oxidierende Verhältnisse im ersten und stark reduzierende im zweiten Fall. Die pH-Werte liegen in allen Fällen bei 3,5 bis 4 und haben somit auf die unterschiedlichen rH-Werte dieser Böden keinen Einfluß.

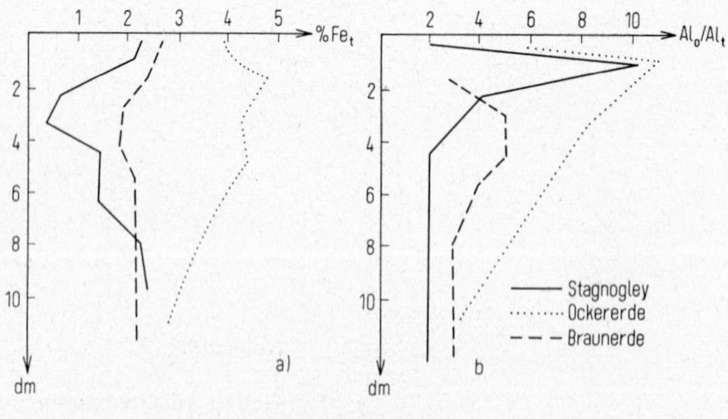

Abbildung 5

Sesquioxidgehalte in Stagnogley, Ockererde und Braunerde

Folgen der Vernässung

Der Bestand an Leichtmineralarten und Sesquioxiden war in den untersuchten Böden identisch. Unterschiedlich waren nur beim Beginn der Bodenentwicklung das Ausmaß der Durchlüftung bzw. der Vernässung und die Gehalte an Leichtmineralen und Sesquioxiden.

Die Wasserbewegung

Der Augenschein ließ eine laterale Bewegung des Wassers vom Stagnogley zur Ockererde annehmen. kf-Messungen machten diese Annahme wahrscheinlich und HTO-Impfungen bewiesen sie.

Das Makro- und Mikrogefüge

Mit zunehmender Vernässung bleiben lithogene Merkmale wie porphyrisches Mikrogefüge mit Skel-, Mo- und Masepie und kohärentes bis grobaggregiertes Makrogefüge infolge gehemmter biotischer Aktivität länger erhalten.

Tonmineralumbildung

Niedere pH-Werte ließen erwarten, daß lithogene Tonminerale zu pedogenen umgebaut werden würden. Röntgenographische Tonmineralanalysen zeigten, daß die Tonmineralumbildung mit zunehmender Vernässung in der Grenzzone von Auflage- zu Mineralhorizont zunimmt, insgesamt aber, betrachtet man Profile, abnimmt. Aus Illit entstehen unregelmäßige Wechsellagerungsminerale, in der Ockererde zusätzlich Montmorillonit und in der Braunerde Bodenchlorit (s. dazu Abb. 4).

Sesquioxidumlagerung

Aus den Kartierbefunden abgeleitet, wurde postuliert, Sesquioxide würden vom Stagnogley zur Ockererde verlagert werden. Al und Fe wurden kolorimetrisch im Oxalat-(O) und röntgenographisch im Gesamtextrakt (t) bestimmt. Ergebnisse siehe Abb. 5a und b. Hohe Fe-Gehalte bei hohen Fe-Aktivitätskoeffizienten (bis 0,25) sprechen für eine Verlagerung von Fe vom Stagnogley zur Ockererde. Al_o/Al_t nimmt ab in der Reihe Ockererde $>$ Braunerde $>$ Stagnogley, der Tonmineralumbau in der Reihe Braunerde $>$ Ockererde $>$ Stagnogley. Das Maximum im Al_o/Al_t-Verhältnis in der Ockererde muß also durch Al-Einlagerung dort entstanden sein. Bei überall gleichen pH-Werten in der Landschaft und gleichem Fällungsort von Fe und Al muß geschlossen werden, daß diese Elemente als Metallchelate wandern, die bei oxidierendem Milieu (als Polymer?) gefällt werden.

Literatur

1. *Albert, R.* und *Köhn, M.:* Zeitschrift f. Forst- und Jagdwesen, Band 62, 411–436 (1930).
2. *Albert, R.* und *Köhn, M.:* Zeitschrift f. Forst- und Jagdwesen, Band 64, 352–360 (1932).
3. *Gebhardt, H.:* Diss. Göttingen 1964.
4. *Grupe, O.:* Zeitschr. f. Forst- und Jagdwesen, Jg. 41, 3–14 (1909).
5. *Grupe, O.:* Intern. Mitt. f. Bodenkunde Band **13,** 99–106 (1926).
6. *Habig, F.:* Diss. Hann.-Münden, Göttingen 1952.
7. *Hoppe, W.:* Zentralblatt f. Mineralogie, Geologie und Paläontologie, Abt. B, 384–392 (1925).
8. *Hornberger, A.:* Intern. Mitt. Bodenkunde **3,** 353 (1913).

9. *Jahn, R.:* Mitt. Ver. forstl. Standortskunde **6**, 39–56 (1957).

10. *Klöck, W.* und *Ehrhardt, F.:* Forstwissenschaftl. Zentralblatt, Teil C, 70. Jg., 287–303 (1951).

11. *Kwasnitschka, K.:* Standortsuntersuchungen im südl. Schwarzwald. Diss. Freiburg 1954.

12. *Linstow, O. v.:* Intern. Mitt. f. Bodenkunde, Band 12, 173–179 (1922).

13. *Ramm, K.:* Berichte des Württ. Forstvereins, 1908.

14. *Regelmann, K.:* Erläuterungen zu den geol. Blättern 1 : 25 000. Obertal-Kniebis 7415/7515 Stuttgart 1907, Baiersbronn 7416 Stuttgart 1908, Wildbad 7417 Stuttgart 1913.

Zusammenfassung

Die Entstehung von Stagnogleyen ist topo- und lithogen. Der Wasserüberschuß in Stagnogleyen führt zu Luftmangel und, da diese Böden belebt sind, O_2-Mangel, der reduzierende Verhältnisse zuläßt. Die niederen pH-Werte führen zum Abbau der lithogenen illitischen Tonminerale, wobei Staunässe den Abbau in A_h-Horizonten fördert, in B_g-Horizonten hemmt. Staunässe hemmt auch die Belebung des Unterbodens und damit die Entstehung pedogenen Gefüges. Sesquioxide werden — organisch gebunden — vom Stagnogley zur Ockererde verlagert. Dabei regeln die Chelatoren das Fällungsverhalten.

Summary

The formation of Stagnogleys is topo- and lithogenic. The surplus of water in Stagnogleys is responsible for the lack of air and, because of biological activity, lack of O_2, which induces a reducing milieu. The pH is very low and allows the hydrolysis of lithogenic mica clay. The surplus of water favours the disintegration of clay in the A-horizon and a slowing down in the B-horizon. It also slows down microbial activity in the subsoil and thereby the development of a pedogenetic fabric. Sesquioxides are transported in metalorganic compounds from the Stagnogley to the Ockererde (soil with infiltrated Al, Mn and Fe). The precipitation of these compounds is ruled by organic ligands.

Résumé

La formation de stagnogleys est topogène et lithogène. Le surplus d'eau dans les stagnogleys produit un manque d'air, et, parce que ces terrains sont biologiquement actifs, un manque d'O_2, qui provoque des conditions réductrices. Les valeurs basses de pH mènent à une diminution des argiles illitiques lithogènes dans la mesure ou la stagnation de l'eau favorise leur destruction en A_h, mais l'arrête en B_g. L'humidité amassée arrête aussi l'activité biologique du sousol et en conséquence la formation d'une structure pédogénétique. Les sesquioxydes sont transférés – organiquement liés – du stagnogley au sol ocreux. A cette occasion les chelates conditionnent la réaction de précipitation.

Genese und Ökologie von Hangwasserböden

Von *H.-P. Blume* *)

Unter Hangwasserböden sollen Böden verstanden werden, deren Genese entscheidend durch oberflächennah und -parallel ziehendes Hangwasser beeinflußt wurde. Die Beobachtung z. B. von Quellaustritten lehrt nämlich, daß Wasser am Hang nicht nur auf der Oberfläche als *Hangflußwasser* abfließt, sondern sich auch im Boden seitlich als *Hangzugwasser* zu bewegen vermag. Das Verhalten des Hangzugwassers läßt sich durch Markierung der Bodenlösung mit einem Tracer verfolgen (2, 3).

Bei einer Pseudogley-Parabraunerde aus Löß über Mergelton in Mittelhanglage unter Laubwald mit 820 mm Jahresniederschlag ergab eine Flächenmarkierung mit Tritium eine relativ starke laterale Wasserbewegung oberhalb des nahezu grobporenfreien Mergeltons und eine schwächere im A_l–B_t-Übergangsbereich, der gleichfalls durch eine mit der Tiefe stark abnehmende Wasserleitfähigkeit gekennzeichnet ist (s. Abb. 1). Die laterale Bewegung erfolgte dabei in einem Zeitraum, in dem vorübergehend selbst der Oberboden nahezu wassergesättigt war. Spätere Linienimpfungen fielen in eine Zeit, in der zunächst der gesamte Boden stärker ausgetrocknet war und später nur der Unterboden für einige Wochen Wassersättigung aufwies. Es kam nur zu einer seitlichen Wasserbewegung im Unterboden und zwar mit deutlich abgeschwächter Geschwindigkeit, sobald das markierte Wasser in den Mergelton eingedrungen war.

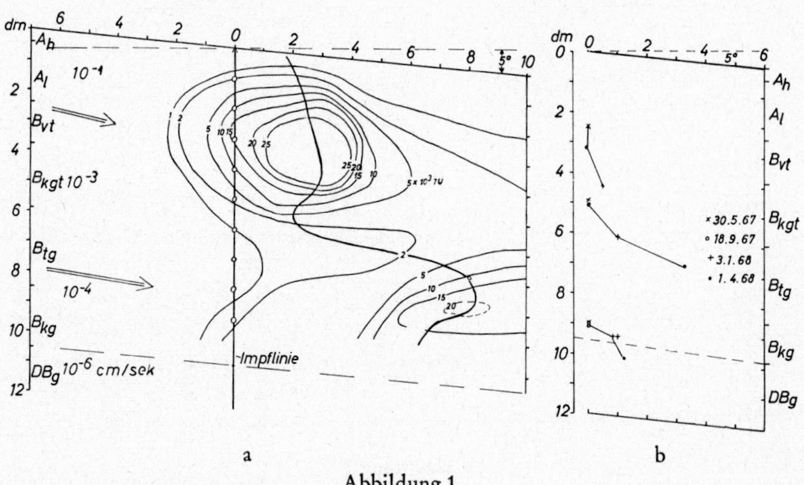

Abbildung 1

Wasserbewegung in einer Pseudogley-Parabraunerde aus Löß über Mergelton im Hardthäuser Wald NO Neuenstadt; (a) Weisserleitfähigkeit und Tracerverteilung 4 Monate nach vertikaler HTO-Flächenimpfung in 10–100 cm Tiefe; (b) Lage der Tracermaxima 4, 7 und 10 Monate nach hangparallelen HTO-Linienimpfungen in 25, 50 und 90 cm Tiefe [1]).

*) Institut für Bodenkunde der Techn. Universität Berlin

[1]) Einzelheiten siehe (3).

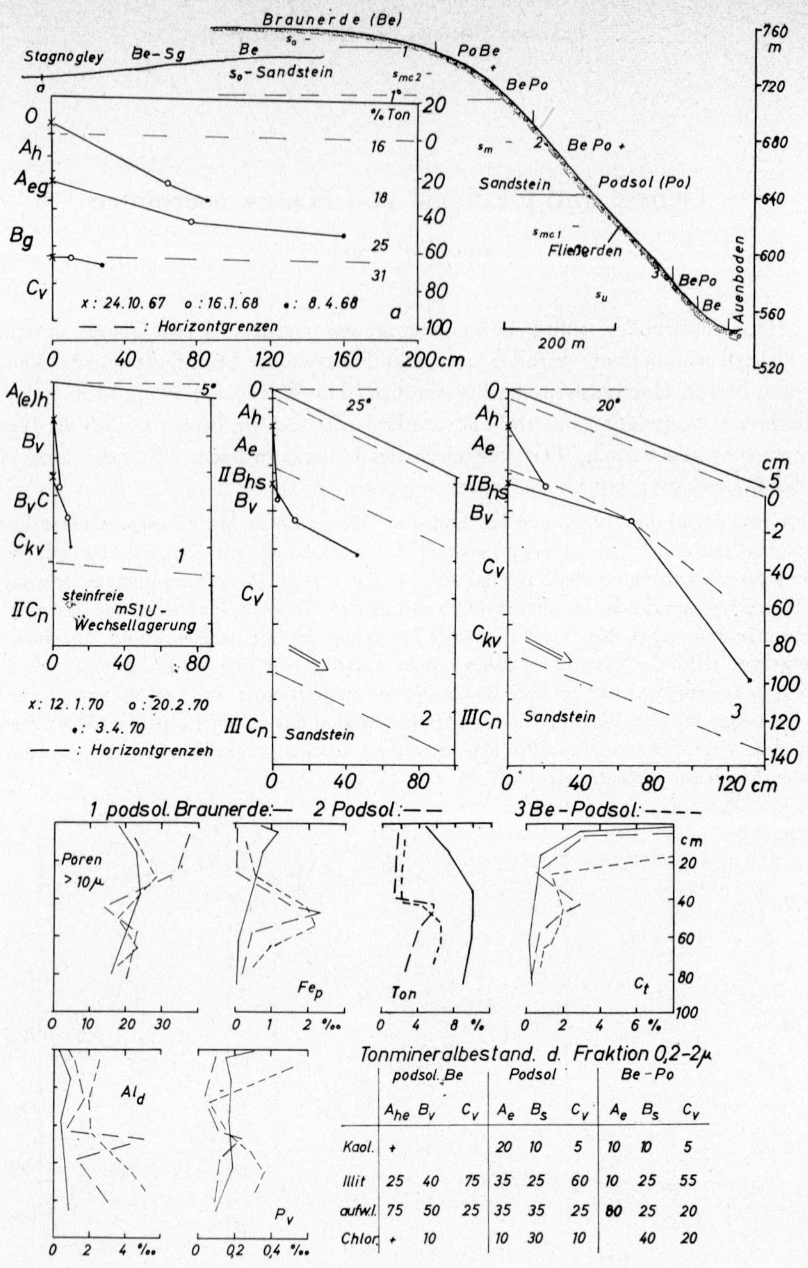

Tonmineralbestand. d. Fraktion 0,2–2μ

	podsol. Be			Podsol			Be-Po		
	A_{he}	B_v	C_v	A_e	B_s	C_v	A_e	B_s	C_v
Kaol.	+			20	10	5	10	10	5
Illit	25	40	75	35	25	60	10	25	55
aufw.l.	75	50	25	35	35	25	80	25	20
Chlor.	+	10		10	30	10		40	20

Abbildung 2

Lage der Tracermaxima mehrere Monate nach hangparallelen THO-Impfungen in verschiedenen Tiefen eines Stagnogleys unter Fichte in Mittelposition einer flachgeneigten Hochfläche bei Grömbach (a) [1]), sowie podsolierter Böden eines Sandsteinhanges unter Fichte bei Klosterreichenbach im Schwarzwald (1–3; Al_d = dithionitlösliches Al, Fe_p = pyrophosphatlösliches Fe, P_v = HCl-lösliches P; die dargestellten Horizontmächtigkeiten entsprechen nicht denen der analysierten Profile, sondern wurden denen der HTO-Impfstellen angepaßt).

[1]) nähere Charakterisierung des Bodens siehe (4).

In den Unterböden zweier Sandstein-Podsole unter Fichte in Steilhanglage des Schwarzwaldes wurde bei 1500 mm Jahresniederschlag trotz nennenswerter Grobporengehalte eine oberflächenparallele Wasserbewegung festgestellt (s. 2 und 3 in Abb. 2). Das Wasser bewegte sich in den Bleichhorizonten noch vertikal, in den tonreicheren und grobporenärmeren B-Horizonten dagegen seitlich. Die ein halbes Jahr lang 14tägig gemessenen Tensionen streuten zwischen 10 und 100 cm Wassersäule, so daß der Unterboden auch kurzfristig wassergesättigt gewesen sein könnte. Bohrstockerkundungen ergaben, daß in 120–140 cm Tiefe längerfristig sehr langsam ziehendes Wasser auftrat, auf dessen „Polster" dann in Feuchtperioden kurzfristig eine raschere laterale Bewegung stattfand. In einer Podsol-Braunerde (1) trat demgegenüber fast keine seitliche Bewegung auf (obwohl Tensiometer zeitweilig Stauwasser in 80 cm Tiefe anzeigten), wofür wahrscheinlich relativ kleiner Wasser-Einzugsbereich, geringe Hangneigung und fehlende Korngrößendifferenzen mit der Tiefe gleichermaßen verantwortlich sind. Demgegenüber konnte auf einer benachbarten Sandstein-Hochfläche trotz einer Hangneigung von nur 1–2° in einem Stagnogley eine starke laterale Wasserbewegung festgestellt werden (s. a in Abb. 2). Im Unterschied zur Podsol-Braunerde waren hier das Wasser-Einzugsgebiet größer und deutliche Tongehaltsunterschiede zwischen Ober- und Unterboden vorhanden.

In einer Bodencatena aus tonreichem Geschiebemergel unter Buchen/Tannen-Mischwald mit 800 mm Jahresniederschlag waren die Hangglieder ständig feuchter als die Kuppe. Das Verhalten des Wassers ließ sich aus mehrjährig durchgeführten Wassergehaltsmessungen rekonstruieren (s. Abb. 3) [1]). Danach bewegte sich die Hauptmenge des Bodenwassers am Hange nicht vertikal, sondern bei starker Wasserleitfähigkeitsabnahme mit zunehmender Bodentiefe in Richtung des Hanges verschoben (a). Das Wasser durchzog hierbei mit geringer Geschwindigkeit den Geschiebemergel und trat dann an der Hangstufe teilweise wieder in das Solum der Unterhangböden ein und zwar in Feuchtjahren noch Wochen nach den letzten Regenfällen (c). Anhaltende Starkregen führten bei Wassersättigung der Unterböden kurzfristig auch zu rascher lateraler Wasserbewegung im grobporenreichen Oberboden; das Wasser zog dann oberflächennah talwärts, teilweise sogar auf der Bodenoberfläche (b).

Die Beispiele lassen erkennen, daß es zu einem episodischen Abweichen von der der Schwerkraft folgenden Wasserbewegung in Hangböden, in denen die Wasserleitfähigkeit mit zunehmender Bodentiefe stark abnimmt, kommt, sobald sie wassergesättigt sind. Geschwindigkeit und Dauer der lateralen Bewegung sind dabei von der Wasserleitfähigkeit, der Niederschlagsintensität, dem Gefälle und der Größe des Wassereinzugsgebietes abhängig.

Im Prinzip müßte bereits im ungesättigten Hangboden eine laterale Bewegung auftreten können, sofern sich Fein- und Mittelporensystem mit der Tiefe stark ändern. Der Nachweis einer solchen Bewegung unter Feldbedingungen steht jedoch noch aus. Da die Schwerkraft wirksam bleibt, zieht das Hangwasser mit gegenüber der Bodenoberfläche stärkerem Neigungswinkel talwärts. Langsam ziehendes, aber gleichzeitig nahezu alle Hohlräume ausfüllendes Wasser wirkt dabei wie Stauwasser und wäre als *Hangstauwasser* (s. Abb. 3a u. b) zu bezeichnen, dem das (meist nur kurzfristig bei Starkregen) in hangparallel verlaufenden Grobporen rasch fließende *Hangsickerwasser* (s. Abb. 3b) gegenübersteht. Ist die Wasserleitfähigkeit des Gesteins bei nennenswerter Wasserkapazität nicht nur beträchtlich niedriger als im Solum, sondern auch absolut niedrig und ist ein hoher hydrostatischer Druckgradient wirksam, bewegt sich das Wasser mit gegenüber der Bodenoberfläche geringerem Neigungswinkel talwärts und kann dann am Unterhang oder einer Geländestufe in das Solum übertreten. Dieses *Hanggrundwasser* (s. Abb. 3c) tritt naturgemäß vor allem dort auf, wo grobporenfreie Gesteinsschichten am Hang ausstreichen. Begünstigt wird diese

---

[1]) Einzelheiten siehe (1).

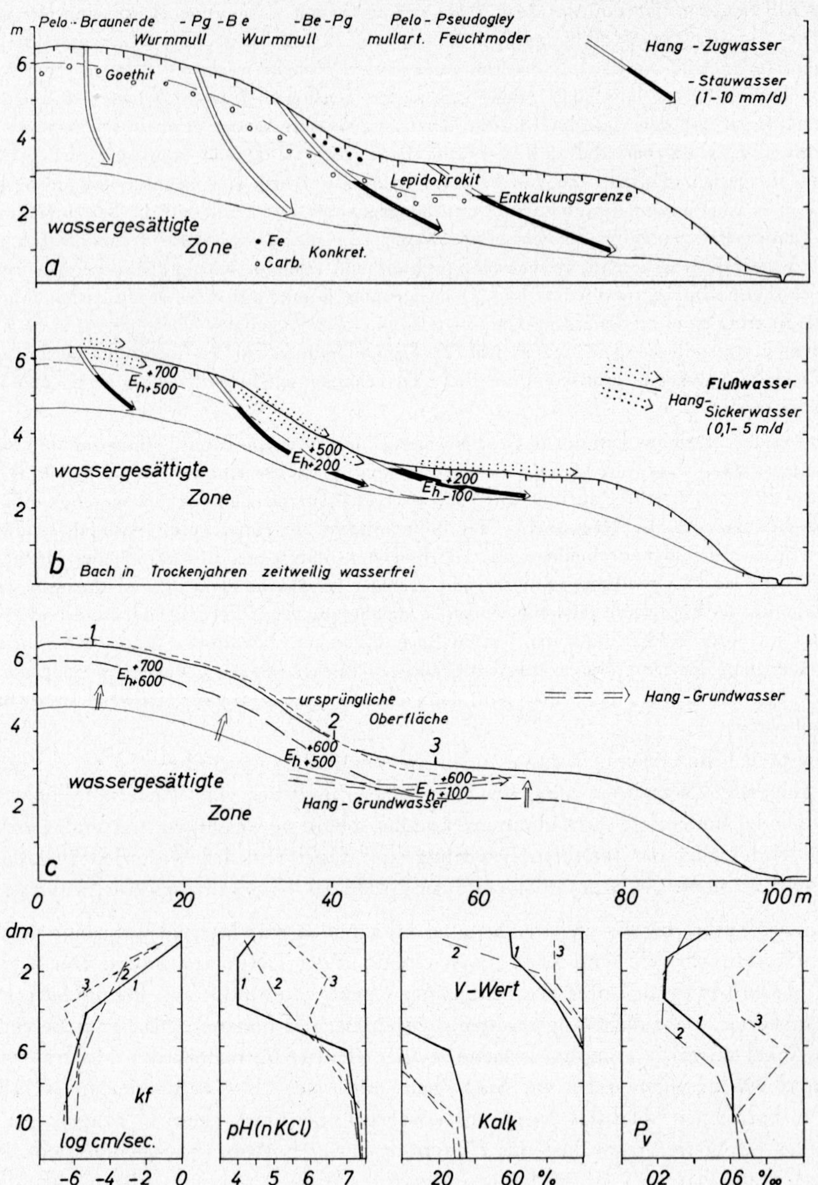

Abbildung 3
Wasserdynamik und Bodenkennwerte einer Bodencatena aus tonreichem Würm-Geschiebemergel bei Aach-Linz in Oberschwaben; Verhalten des Wassers bei Regenfällen in einem Trockenjahr (a) sowie bei Starkregen (b) und nach Regenfällen (c) in einem Feuchtjahr.
(P_v: in 30%igem heißem HCl lösliches P)

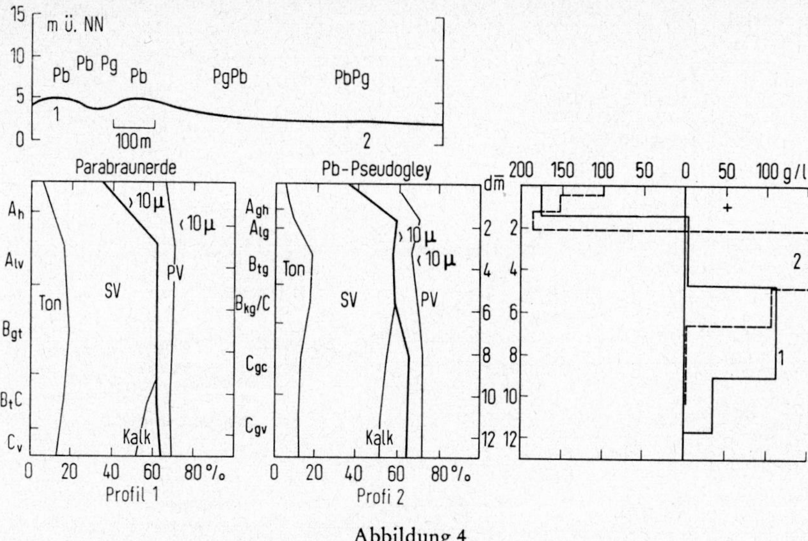

Abbildung 4

Porung, Kalk- und Tongehalt sowie Tonbilanz einer Kuppen-Parabraunerde und eines Flachhang-Pseudogleys aus lehmigem Würm-Geschiebemergel unter Laubwald mit 560 mm Jahresniederschlag bei Siggen in Schleswig-Holstein (Tonbilanz basiert auf Feinsandquarz als Index; dargestellt wurden die Tiefenfunktionen der Abweichungen vom ursprünglichen Zustand im g/l).[1]

Bewegungsrichtung dort, wo im Boden zusätzlich ein Tensionsgradient (etwa durch starke Transpiration) gegenüber dem Gestein vorliegt.

Hangzugwasser vermag nun die Bodengenese in mannigfacher Weise zu beeinflussen. Hangzugwasser induziert zwar prinzipiell keine Prozesse, die nicht auch in Plateaulage auftreten; es vermag aber viele Prozesse wie Entsalzung und Versalzung, Entcarbonatisierung und Carbonatisierung, Entbasung und Neutralisation, Marmorierung und Konkretionsbildung, Naßbleichung und Sesquioxidakkumulation, Podsolierung und möglicherweise auch die Lessivierung erheblich zu intensivieren. Da hierbei auftretende Umlagerungen nicht selten über die Grenzen eines Pedons hinausgreifen, können Hangbodengesellschaften mit verarmten Oberhangböden und angereicherten Unterhangböden entstehen. Die Art der Wirkung hängt dabei vom Klima, Hangneigung und -form, Gestein und Entwicklungszustand der Glieder einer Hangbodengesellschaft gleichermaßen ab, was im folgenden an einigen Beispielen demonstriert werden soll.

In der in Abbildung 3 dargestellten Bodencatena führte Hangstauwasser zeitweilig zu Sauerstoffmangel und damit niedrigen Redoxpotentialen, wodurch die Hangböden gegenüber der Kuppe pseudovergleyten: es entstanden im grobporenreichen Mittelhang-Oberboden Konkretionen, ansonsten Rostflecken und in carbonatfreien Horizonten überdies Lepidokrokit. Gleiches gilt für einen Flachhang-Pseudogley aus nordischem Geschiebemergel (s. Abb. 4). In den rostfleckigen Hangbodenhorizonten treten dabei häufig Pseudogleyphänomene (gebleichte Aggregatoberflächen) und Gleyphänomene (verrostete Aggregatoberflächen) nebeneinander auf, weil zeitweilig Hangstauwasser, zeitweilig Hanggrundwasser wirksam ist. Die starke Konkretionsbildung unmittelbar

[1]) Einzelheiten siehe (1).

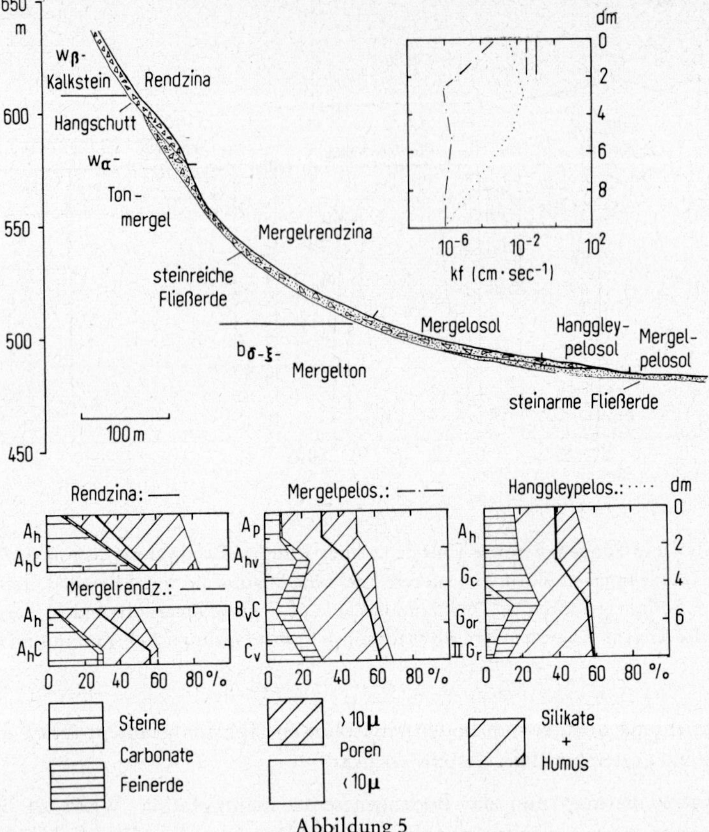

Abbildung 5

Kennwerte einer Hangbodengesellschaft im Albtrauf bei Ehingen, Südwürttemberg (Rendzinen und Mergelrendzinen unter Laubwald, Pelosole unter Wechselweide bzw. Acker).

über dem Mergelton der Pseudogley-Parabraunerde der Abb. 1 ist ebenfalls die Folge starker Hangwasserbewegung in diesem Bereich.

Über Monate anhaltende Oberbodenvernässung durch sehr langsam ziehendes Hangstauwasser führte beim Stagnogley der Abb. 2 zur Naßbleichung und damit zur lateralen Fortfuhr von gelöstem Fe und Mn. Naßbleichung durch Hangwasser läßt sich in perhumiden Bereichen des Schwarzwaldes selbst bei Hangneigungen von über 10° beobachten, sofern bei absolut niedriger Wasserleitfähigkeit große Differenzen zwischen Ober- und Unterboden auftreten, was z. B. für Stagnogleye aus lehmigen s_u-Fließerden über tonig verwitterten, paläozioischen Tuffen zutrifft.

Abbildung 3 ist zu entnehmen, daß die Oberbodenhorizonte am Mittelhang stärker als die der Kuppe entbasten, weil Hangsicker- und Hangstauwasser zusätzlich wirkten. Im Bereich der konkaven Hangstufe wurden demgegenüber offensichtlich gelöste Verwitterungsprodukte durch Hanggrundwasser zugeführt, die die Entbasung des Oberbodens verzögerten und zu einer Phosphatanreicherung führten. In der norddeutschen Moränenlandschaft (Abb. 4) verzögerte Hanggrundwasser offensichtlich die Entkalkung, wobei zudem etwas Sekundärkalk im Unterboden akkumuliert wurde. Als Folge geringerer Entkalkungstiefe wurde Ton weniger weit aus dem Ober- in den Unterboden umgelagert. Die Intensität der Tonverlagerung war trotzdem nicht geringer als bei der

Kuppen-Parabraunerde, wie die Tonbilanzen erkennen lassen. Möglicherweise wurde die Lessivierung durch Hangsickerwasser sogar forciert.

Abbildung 5 zeigt ein Beispiel für starke Carbonatakkumulation durch Hanggrundwasser. Infolge einer Wechsellagerung von Kalkstein und Tonmergeln treten am Albtrauf des südwestdeutschen Schichtstufenlandes Kalkstein-Hangschutt und tonreiche Fließerden mit wechselnden Steingehalten auf, wobei die Wasserleitfähigkeit der daraus entstandenen Pelosole und Rendzinen mit dem Steingehalt zunimmt. Im Bereich der Pelosole am Unterhang weisen die als Hanggleypelosole bezeichneten Profile periodisch starke Vernässung, stark marmorierte Unterböden und sehr viel Feinerdekalk als Sekundärfällung im Oberboden auf. Hanggleypelosole haben sich dort gebildet, wo steinreiche Fließerden auf steinarmen, schwerdurchlässigen Fließerden ausdünnen und demzufolge Hanggrundwasser bis an die Oberfläche gelangt. Interessant ist dabei, daß die Sekundärfällung nicht zu einer Einlagerungsverdichtung, sondern zu einer starken Lockerung des Oberbodens führte. Verbreiteter als die geschilderten Hanggleypelosole mit starker Carbonatakkumulation sind Böden, die bereits tiefgründig entkalkt waren, bevor ihren oberen Horizonten durch oberflächennah ziehendes Wasser Carbonate erneut zugeführt wurden. Es ist zu vermuten, daß es zu dieser Carbonatzufuhr erst kam, als infolge ackerbaulicher Nutzung der Wasserentzug durch die Vegetation abnahm, so daß mehr Hangwasser auftreten konnte. Ähnliches wurde in Westaustralien beobachtet, wo die Unterhänge weiter Weidegebiete 10–30 Jahre nach der Kultivierung Salzschäden aufzuweisen beginnen, weil die Rodung der natürlichen Vegetation die Hangzugwasserbewegung förderte und damit zu einer Konzentrierung geringer Salzmengen in bestimmten Landschaftsteilen führte (5).

Die Podsole der in Abbildung 2 dargestellten Hanglandschaft des Sandstein-Schwarzwaldes sind auf grobkörniges und nährstoffarmes Gestein sowie kühlhumide Klimaverhältnisse (1500 mm, 7,0 °C) zurückzuführen. Stärkere Podsolierung erfolgte allerdings nur bei Hanglage sowie gleichzeitig höheren Tongehalten im Unter- gegenüber dem Oberboden. Außerdem ist für die Hangpodsole ein starker Wechsel der Bleichhorizontmächigkeiten zwischen 10 und 100 cm charakteristisch. Die in Abbildung 2 dargestellten Tracerversuche haben gezeigt, daß im wesentlichen Hangzugwasser dafür verantwortlich zu machen sein wird. Über eine Intensivierung der Podsolierung wird Hangzugwasser auch die Ursache für starke Bodenchloritbildung in den Podsol-B-Horizonten sein. Demgegenüber scheint das Hangstauwasser der Stagnogleye einer Al-Chloritisierung aufgeweiteter Illite entgegen zu wirken (1).

Ökologisch ist die Wirkung des Hangzugwassers je nach den herrschenden Verhältnissen unterschiedlich zu bewerten. Die Wasserversorgung wird naturgemäß verbessert, abgesehen von manchen Oberhanglagen. Hangstauwasser verschlechtert demgegenüber oft in starkem Maße die Sauerstoffversorgung; niedrige Redoxpotentiale wirken sich dann allerdings positiv auf die Verfügbarkeit von Fe, Mn, Mo und P aus. Durch Hangzugwasser verarmen insbesondere die oberen Horizonte der Oberhangböden an verfügbaren Nährstoffen rascher als vergleichbare Plateauböden, während den Unterhangböden gelöste Verwitterungsprodukte und damit Nährstoffe nicht selten durch Hanggrundwasser zugeführt werden. Besonders starke Verluste an Fe, Mn und P, wahrscheinlich auch an Co, Cu und Mo ergeben sich schließlich bei Stagnogleyen durch langsam ziehendes Hangstauwasser.

Danksagung

Schwarzwald- und Albtraufcatena wurden von Hohenheimer Studenten kartiert und untersucht; die Körnungs- und Porungsanalysen der Schwarzwaldcatena verdanke ich Herrn *Uzunoglu*, Hohenheim, die des Tonmineralbestandes Herrn *Röper*, Berlin; die Wasserbewegungsstudien erfolgten in Zusammenarbeit mit Herrn *Münnich* und Herrn *Zimmermann*, Heidelberg, und wurden von der Deutschen Forschungsgemeinschaft finanziell unterstützt.

Literatur

1. *Blume, H.-P.*: Stauwasserböden; Schriftenr. Univ. Hohenheim, Ulmer Stuttgart, 1968.

2. *Blume, H.-P.*, *Münnich, K. O.*, and *Zimmermann, U.*: Tritium taging of soil moisture; in IAEA: Use of Isotope and Radiation Techniques in Soil Physics and Irrigation Studies; Intern. Atomic, Wien 1967.

3. —: Z. Pflanzenernähr. und Bodenkunde **121**, 231–245, 1968.

4. *Schweikle, V.*: Die Stellung der Stagnogleye in den Bodengesellschaft der Schwarzwaldhochfläche auf s_0-Sandstein. Diss. Hohenheim, 1971.

5. *Smith, S. T.*: J. Agric. West Australia **2**, 3–9, 1961.

Zusammenfassung

Hangzugwasser tritt episodisch in Hangböden mit zur Tiefe hin stark abnehmender Wasserleitfähigkeit auf, sobald diese nahezu wassergesättigt sind. Hangzugwasser vermag den Ablauf vieler bodenbildender Prozesse erheblich zu intensivieren und wirkt sich dadurch teils positiv teils negativ auf das Pflanzenwachstum aus.

Summary

In slope soils lateral water movement takes place periodically when the water conductivity decreases with depth and the soil is nearly saturated with water. Soil slope water intensifies different soil forming processes such as desaturation or saturation with bases, decalcification or calcification, surface water gleying or podzolization, which influence the soil ecology in different ways.

Résumé

Un courant d'eau latéral se produit épisodiquement dans des sols de pente avec une perméabilité très décroissante en profondeur, aussitôt qu'ils sont à peu près saturés d'eau. Le courant d'eau latéral peut fortement intensifier le déroulement de beaucoup de processus de pédogenèse des sols, et a par cela un effet en partie positif comme en partie négatif sur la croissance des plantes.

Site Relationships, Properties and Morphology of High-arctic Hydromorphic Soils on Devon Island, N.W.T., Canada

By *Brian T. Bunting* *)

Introduction

Investigations of soils of ill-drained areas in High-Arctic lands in North America usually refer to mantles of wet "Meadow Tundra" soils of flatlands and "Upland Tundra" on slopes (30), though *McMillan* (20) referred to soils of the Queen Elizabeth Islands as being more properly regarded as *Polar* and *Ivanova* (1961) also stressed that Arctic soils should be distinguished from Tundra soils. Emphasizing morphological and chemical characteristics both American and Russian studies concur that the arctic lowland profile is "primarily one of gleization in a low-temperature environment" (30) and "forms a closed stagnant system which prevents the removal of the products of soil formation" (13). Within Russian classification schemes High-Arctic hydromorphic soils have been termed Humus-Gley, Superficial Gley-freezing and Arctic-Tundra Humus-calcareous soils (11, 29, 13). In North America, apart from the catenary and complex ground patterns worked out by *Tedrow* and associates (21), one may refer to the subgroups of Pergelic Cryaquents, Cyrofluvents, Cryaquepts and Cryumbrepts as those units which may most possibly relate to Arctic hydromorphic soils as cited by the USDA (28). Such classes are subdivided on the bases of depth, soil temperature, texture and other physical properties. In Canada (7) the subgroups discerned are Cryic Humic Gleysols, and Orthic, Rego and Carbonated subgroups of the Cryic Gleysol group, as well as the Cryic Fibrisols, Mesisols and Humisols of the Organic order. In both the U.S. and Canadian systems differentiation of cryic soils is attained at both great group level and at a local level for series definition, perhaps reflecting the local importance of delineating areas of permafrosted soils and frigid (<8 °C mean annual temperature) growth areas at the margins of settled areas, or those of intensive forestry. Thus present criteria for mapping soils of cold regions are not appropriately elaborated for use in the far north.

Presence of hydromorphism in Arctic soils is usually related to bluegray subsoil colors, with meagre evidence of root channel mottling (13), weak mottling of the surface layer (9, 10) or prominent mottling in Histic Cryaquepts of subarctic-subalpine areas in Alaska (1). Hydromorphism in Arctic soils has been attributed to several major causes. It was early credited to the presence of the underlying permafrost layer (22); to the addition of groundice melt in the brief thaw period (19); to low evaporative conditions in the humid summer (25); to the dominance of silt particles in moist lowland colluvial and soliflual deposits; to erratically-distributed and mixed or buried organic materials of high moisture-holding capacity (27); to poorly-integrated drainage patterns (31); thixotropic or soliflual characteristics of the surface mantle and cryogenic mixing (16); the high mois-

*) Dept. of Geography, McMaster University, Hamilton, 16, Ontario, Canada

ture-holding capacity of surface organic matter (3, 4) and to the repletion of mobile compounds which cannot be leached, a feature termed retinitized permafrost (17).

Description of the Study Area

The purpose of this paper is to record some morphological characteristics of soil studied by the author in the southwest of Devon Island, North West Territories, bounded by Gascoyne Inlet to the west and Radstock Bay to the east. An important part of the research was the establishment of the origin and source of alluvium in the area, and the assessment of the extent of hydromorphism in the soil profiles at various altitudes above sea level.

The area forms part of the Lancaster Plateau at elevations of 200–350 m, based on Silurian limestone, bordered by a complex of Holocene raised beaches, niveo-alluvial plains and peat-bordered fresh-water lakes below a level of 110 m, which height is the maximum height of marine deposits. The geographic co-ordinates are 74° 40′; 91° 30′ W. It is perhaps appropriate when correlating studies of High-Arctic hydromorphic soils to attempt to find analogous areas and therefore some of the major macroclimate and geomorphic characteristics of the area may first be outlined.

The snow-free growth period may be estimated at 85 days and snow cover lasts from September 12 to June 26 with a mean annual depth of 47 cm. Mean annual snowfall is <100 cm, and mean annual precipitation is from 150 to 200 mm. The summer period has a rainfall (June–August) of 60 to 80 mm, falling on 30 days, with humid southerly or northwesterly air masses providing a further 30 days of low cloud, fog or mist. The degree-day (hours above 6 °C) total for Resolute, 160 km to the west is 630 hours. The July mean temperature is 6 °C, the mean annual maximum is 11 °C.

The Silurian limestone plateaux are largely covered by fell-field and barrens (24), while the lowland marshes have a fairly continuous cover of dwarf willow shrub, sedges (Carex sp.), Poa and Puccinellia grasses, moss-lichen heath and occasional Saxifraga, Papaver and Pedicularis on drier peat hummocks and biologically-enriched sites.

It would be inappropriate to compare this area with the north Alaskan slope, which has a milder climate and an extensive littoral or deltaic character. The closest Russian analog is the Silurian limestone of Vaygach Island (70° N, 60° E) (13) and comparison with Bol' Shoy Lyakhovskiy Island (73° N, 142° E) (19), or Wrangel Island (70° N, 70° W) (29), is inappropriate for there acid tundra soils are developed in Quaternary silty clay loams on acid volcanic rocks. However Vaygach Island has a wetter – (312 mm rain) – though equally cold summer climate – (4.7 to 5.9 °C) – when compared to Devon Isand.

Soil Descriptions

Five sites have so far been studied on Devon Island, each using several profiles, the first four profiles represent a continuous altitudinal sequence within a low-order drainage basin. Profile (1) relates to soil development in an ill-drained area of patterned ground at a height of 62 m, continuously moistened by snow-melt until late July. An adjacent lower (54 m) area of grass-moss "meadow tundra" (profile 2) was associated with this first area. A third area, at 49 m, represents a drier post-glacial silt accumulation with intercolated organic layers and ground-ice at depth. A fourth related site is one the coastal lowland in the same drainage basin at 8 m above sea level. A fifth site at 35 m was chosen as representing a soil compacted by solifluction on a beach gravel deposit.

The first profile occurs in a field of stone-rimmed polygonal ground, which superficially resembles a sequence of self-delimiting pedons. However (figure 1) a 10 metre sketch-

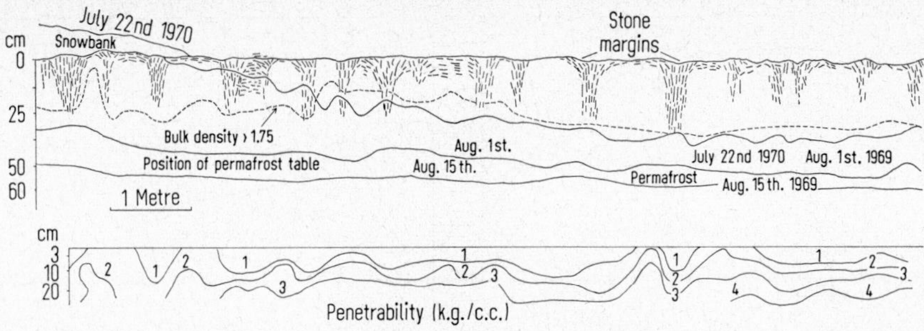

Figure 1

Thaw period lowering of permafrost, field bulk density and soil penetrability in a polygonal field, 1969–1970

section shows, that these surface stone patterns are largely extinguished within half the total soil depth above permafrost. The permafrost table recedes at a rate of 0.9 cm/day during the thaw period and much snowmelt water is rapidly moved laterally through the stone stripe system. The lower half of the soil mantle has a high degree of compaction expressed by massive structure, low penetrability, high bulk density and very low capillary conductivity. It is this C horizon, not solely the permafrost table, which provides the impermeable substrate in the thaw season.

Field observation and analysis show the low organic matter content, which is erratically distributed and of cumulic character. The material is remarkably gravelly, the matrix is compact, loamy, with structural forms apparent on drying. Though field moisture contents (mid-August) are low in the compact horizon at 20–60 cm, the field capacity is at 11.8 percent. The lateral width of the polygon cell – a self-delimiting pedon – approximates to 1.35 m, ranging from 45 to 185 cm ϕ. The polygonal forms are slightly oblate, the ratio of downslope length: cross-slope width varying from 1.21 to 1.43. A modal pedon was established, 1.37 m in width, 65 cm in depth, and analyses for 98 samples were placed on a co-ordinate system (Fig. 2b). The resultant distribution shows a shallow surface layer, reaching to 10–15 cm depth, affected by pedogenetic change – organic matter concentration, calcium mobilization, significant decrease of pH and electrical conductivity, decreased bulk density, development of fine structural forms and continuous pore systems. In contrast the gross outline of the compacted subsoil and the particle distribution throughout the modal profile shows a shallowly-domed feature. When subjected to canonical trend surface analysis, the data for ten variables (A to M, Tab. 1) showed the form of fig. 2b, with a root of 0.9643 (i.e. a 10 percent probability that the resulting trend is due to chance), the accociated equation being $U = 0.199\,A + 0.197\,B \ldots + 0.613\,L + 0.631\,M$. This explains the influence of the variates of soluble calcium and alkalinity, and indicates the pedogenic alteration at the surface. A second canonical root explaining variations of gravel and sand had a root of 0.9327 (15 percent probability level) and showed $U = 0.629\,A + 0.616\,B + 0.132\,C + 0.150\,D \ldots$. The other variants contributed little to the trend.

Features of gleying are relatable to a uniform gray colour within the compact material above permafrost which is only faintly mottled. Pedogenesis is evident in the surface

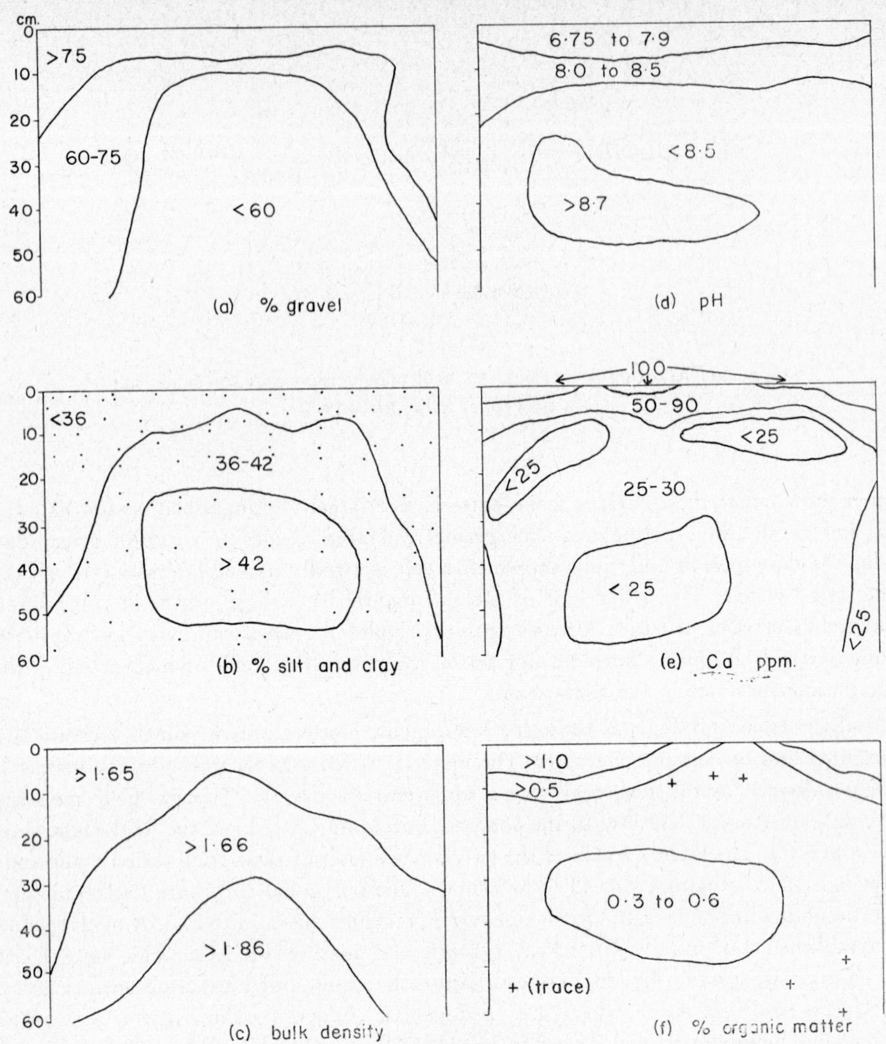

Figure 2
Distribution of selected physical and pedogenetic characters in a modal polygonal cell. Diagram b shows the sampling points

horizons (Fig. 2d–f) on a more intensive scale than envisaged by *Ugolini* (33) in a similar feature in north-east Greenland which contained a "Miniature Arctic Brown soil".

Downslope from the polygonal field is a grassy cover of Meadow Tundra at 53 m elevation. The profiles studied occur in a receiving site and lateral surface seepage from the former area has been proved using Rhodamine T dyes and tracings of choride peaks in drainage waters traversing the meadowland and derived from snowmelt upslope. Vegetation cover comprises Carex stans, Poa sp., Salix artica and mosses, especially Calliergon

Table 1

Analysis of polygon core material

Horizon	Depth (cm)	Sample depth (cm)	(A) Gravel >2 mm (%)	(B) Sand coarse 2000– (%)	medium 500– (%)	fine 250 (%)	(C) Silt coarse 50– (%)	medium 20– (%)	fine 5– (%)	(D) Clay <2 μ (%)
A1	0–4	2.5	73	17.8	22.1	14.4	11.0	19.8	10.4	4.8
A2	4–20	10	36	9.6	13.2	11.3	17.8	24.4	15.9	7.8
C1	20–45	28	66	13.1	19.0	10.6	13.7	18.2	15.3	10.1
C21	45–60	50	57	26.1	20.1	11.3	10.6	10.3	15.2	6.4
C22	60–70	65	67	19.4	14.7	12.4	5.9	9.7	21.8	15.4

(E) Field moisture (%)	(F) Organic matter (%)	(G) Bulk density (gm/cc)	(H) Liquid limit (%)	(I) pH 1:2.5 H_2O	(J) Elec. Cond. milli-mhos (sat.)	(K) CEC meq./100 gm	(L) Ca^+ ppm	(M) H_2CO_3 ppm	(N) Pene-trability (kg/cm^2)
21	0.85	1.42	29.7	7.8	2.4	7.4	77.5	124.8	0.4
16	0.41	1.64	36.5	8.2	5.6	11.6	71.5	112.1	0.1
8	0.37	1.88	37.8	8.1	9.0	8.8	32.5	57.4	2.2
8	0.43	2.01	22.2	8.3	6.6	10.2	22.5	47.2	4.7
17	0.62	1.95	22.9	8.4	6.6	4.8	27.5	42.6	5.0

Analysis of profile 2

Horizon	Field moisture (%)	Organic matter (%)	Gravel (%)	Sand (%)	Silt (%)	Clay (%)	Bulk density (gm/cc)	Liquid limit (%)	pH	CEC (meg/ 100 g)	Elec. Cond. (mmhos)
F1	148	98.4	–	–	–	–	0.175	–	8.10	18.0	54.00
A1	163	45.1	22.9	48.4	37.9	13.7	1.23	44.7	5.85	30.0	0.76
C11	21	9.8	49.5	35.6	43.9	20.9	1.61	47.9	7.85	16.6	2.51
C12	25	n.d.	33.3	43.7	49.1	22.7	1.45	44.1	7.85	15.6	1.38
C2	21	2.7	28.2	37.9	42.4	19.7	1.52	36.4	8.0	14.8	1.70
Cz	33	n.d.	13.8	32.7	54.7	12.6	1.44	33.8	7.70	13.2	1.38

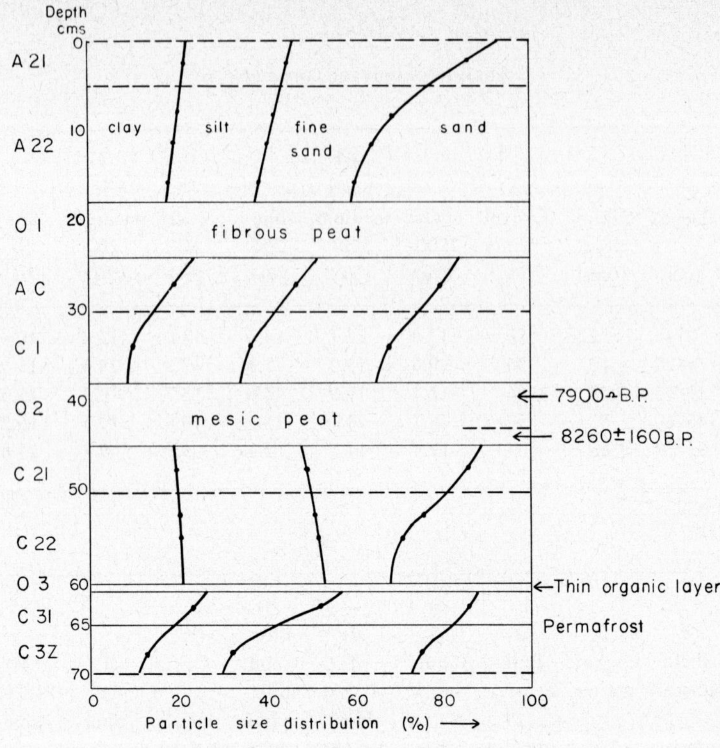

Figure 3

Stratigraphy, texture and horizonation in Profile 3

and Meesia trifaria. The most noticeable features are the acidity of the upper mineral profile; the tendency to aggregation on drying and the surficial fibric to mesic organic surface. In this shallow soil, features of compaction are lacking and the gravel content is relatively low. The soil is a Cumulic Cryaquept or Rego-humic Gleysol in the Canadian system (1970), and corresponds to an intergrade between Meadow Tundra and Bog in Tedrow's scheme (31).

The third profile studied, at 50 m elevation, represents an important stratigraphic marker and a parent material of fine sand-silt calibre, which form of material is widespread in Arctic lowlands, its origin usually attributed to wind action (23), or to "intensive physical weathering of mineral grains in a cold climate with a silt size being the lower limit of dispersion" (18). In this instance the immediate source of the parent material is referred to an alluvial or niveo-alluvial origin. There are three lines of evidence to support this view – visual observation of intensive presently-active surface transport of fine sediment along micro-rills, stone stripes and pediments at times of maximum thaw; sedimentary layering and pseudo-platy structures in present profiles; variation of texture with profile depth and with distance from local source within the drainage basin, which may be related to variations of snowmelt-induced run-off in Holocene time.

Pedologically the soil shows marked structure development in the surface horizons, which have low bulk density and a high liquid limit. The organic matter is distributed as macro-channel infillings and discrete buried peaty layers (Figure 3) show that each mineral layer is finer in its upper part which finer material is succeeded by a discrete and continuous organic layer. The lower part of the O_{2b} horizon has been dated at 8260 ± 160 BP (Sample number GSC 1479, Radiocarbon Laboratory, Geological Survey of Canada, 1971), the uppermost portion has been allotted a provisional date of 7,900 BP (GSC 1503). This peat is largely a moss peat, dominated by Meesa triquetra, a common component of wet tundra and rare in the High Arctic. Other characteristics of the moss debris would confirm the development of a plant cover in a warmer environment than now, closer to sea level in view of the rapid Holocene uplift in the area (2). Saturated conductivity of this soil is appreciable, despite a relatively low degree of alkalinity (pH 7.3–8.0). The high fine silt and clay content, organic matter linings and presence of buried peats promote some moisture impedence, though low chromas and weak fine mottles only occur in horizons immediately adjacent to permafrost at 55–60 cm.

Profiles on similar material at lower elevation (prof. 4) show shallover depth to permafrost, lower values and chromas, no regular development of organic layers and greater admixing of organic matter. A prominent feature of such profiles are the linear reddish channel linings in the upper horizons.

Analysis of profile 4

Horizon	Depth (cm)	Particle size distribution: gravel <5 mm (%)	coarse sand 2000– (%)	medium sand 500– (%)	fine sand 250– (%)	coarse silt 50– (%)	medium silt 20– (%)	fine silt 5–2 (%)	clay <2 μ (%)	field moisture (%)
A1	0–6	12.2	4.8	22.1	30.7	11.2	10.5	10.1	10.6	52.3
C1g	6–22	3.0	2.9	22.8	25.2	12.8	12.2	12.4	11.7	42.6
C21	22–34	1.7	5.3	24.6	28.7	13.3	9.7	10.6	7.8	44.2
C22	34–45	1.9	4.8	22.7	26.2	12.5	10.3	11.4	11.1	31.9
C_z	45–50	3.8	8.7	19.9	30.6	10.3	10.7	9.5	10.4	44.8

liquid limit (%)	organic matter (%)	L.O.I at 550 °C (%)	L.O.I at 850 °C (%)	$CaCO_3$ (%)	pH	E.C. (mmhos)	Cl^- (ppm)	Ca (meq/100 gm)
74.5	19.3	23.2	37.0	22.5	8.0	2.42	10.5	27.8
69.1	19.9	25.3	37.6	27.1	8.1	1.27	11.3	21.3
58.7	17.3	22.5	34.4	25.5	8.0	1.73	10.6	26.5
63.6	20.3	25.2	34.9	16.7	7.9	2.41	10.4	26.2
–	16.7	21.1	26.7	21.7	7.8	4.65	10.4	49.3

Table 2
Analysis of profile 3

Horizon	Depth (cm)	Organic matter (%)	Particle size distribution (%) sand 2000–200 μ	fine sand 200–20 μ	silt 20–2 μ	clay <2 μ	Texture class	Bulk density (gm/cc)	pH H_2O 1:2.5	CEC (meq/ 100 gm)	Liquid limit (%)
A21	0–5	2.6	13.9	41.2	24.2	20.7	silt loam	1.03	7.7	15.2	58.9
A22	5–8	3.4	36.2*	24.4	20.2	19.2	coarse	1.02	6.8	18.2	61.3
01b	8–24	92	compacted fibric peat, undated					0.18	7.3	–	–
IIAC	25–30	1.0	20.2	32.9	27.8	19.1	loam	1.43	7.3	16.6	51.6
IIC1	20–38	1.4	27.7	36.2	26.3	9.8	coarse	1.98	6.9	19.8	50.9
02b	38–45	89	Mesic (Hemic) peat, C14 dated at 40–45 cm					0.12	6.1	–	–
IIIC21	45–50	0.9	13.9	37.2	29.3	19.6	silt loam	1.28	7.4	19.4	48.9
IIIC22g	50–60	1.3	30.2	17.9	31.5	20.7	silt loam	1.83	7.6	13.4	50.5
03b	60–61	–	–	–	–	–	no analysis	–	–	–	–
IIIC3g	61–65	1.5	13.2	32.6	31.1	23.1	silt loam	1.53	7.3	9.2	59.7
IIIC3z	65+	4.1	24.7	43.2	19.5	12.6	coarse loam	1.67	8.0	6.2	34.7

The final profile studied relates to a soil developed in a fossil soliflual lobe which has overrun a beach ridge at a height of 35 m. The surface is covered by slightly rounded gravels <10 cm ϕ, and a 20 percent cover of Arctic birch. In this soil a high proportion of the matrix material is fine sand, organic content is well-diffused and the presence of rounded gravels at certain depths (14–50 cm) promotes high poroosity and relatively low liquid limit.

Discussion

The hydromorphic features of the High-Arctic sub-zone of the Tundra area and the Polar area are limited to recent fine-textured materials in ill-drained lowlands or sites adjacent to late thaw-season snowmelt. A generalized profile would show three dominant features: wet fibric or hemic organic layers dominated by moss and lichen, reddish-brown channel linings in the A horizons; moderate value, low chroma C horizons with organic admixture and weak soft calcereous concretions. The recent age of these materials (<4,000 BP), the shallow depth to permafrost (< 50 cm), the continuous presence of thaw-derived runoff water in summer and the development of broad (>2 m) polygonal ground forms without marginal depressions promote an environment in which the soil is continuously wetted at the surface and is uniformly calcereous, but with saline ground water in the relatively uncompacted subsurface. Such soils may be referred to the Cryic (or else Pergelic) Carbonated Humic Gleysols.

At higher topographic levels, areas of patterned ground show markedly compacted subsoils, gley features are rare in the upper horizons and considerable mobilisation of calcium and magnesium is evident in the upper 15–20 cm of profiles, accompanied by structural forms which are of granular or coarse crumb type. Gley features are weakly expressed in the central portion (20–40 cm) of profiles with a total depth to permafrost of 60–80 cm at the end of August. Marked lateral and vertical changes in gravel content in the profile influence moisture holding capacity, structural stability and root distribution in these soils. Most profiles show increased roundness and size diminution of gravels with depth (6). The modal particle size of lower soil horizons lies between 14 and 160 μ, with a mean size at c 40 μ; clay contents are less than 20 percent and carbonate-rich materials, on drying, form weak, coarse, subangular-blocky platy or prismatic units. There is a slight increase in heavy mineral content in the layers above the permafrost table. Evidence for chemical weathering is meagre. DTA analysis of the surface material of profile 3 shows two endothermic features at low temperature: water loss at 122 °C, loss of adsorbed water on clay particles at 307 °C and, at 578 °C, the α to β quartz transition. Exothermic peaks occur at 210 °C – the loss of water of crystallization and at 690 °C, probably relatable to magnesium carbonate. Thermogravimetric analysis shows changes at 112 °C – organic-matter water loss; at 228 °C – interlayer water loss and at 345 °C – possibly relatable to the presence of sodium carbonates. No other appreciable reactions were present above this temperature. X-ray diffractograms of three samples show a slight increase of hydromica compared to an analysis of the parent dolomitic siltstone, thus confirming the results of *Hill* and *Tedrow* (12) from southern Alaska. On stable sites with gravelly surface material overlying compact moistened beach debris, above 15 m altitude, there is evidence of recrystallized alkaline salts and carbonates on the undersides of stones. However, this is much more marked on high plateau sites with in situ bedrock debris.

In conclusion one must stress three features of the High Arctic environment which would seem to mitigate the continuous development of hydromorphic soils and differentiated gley profiles. First is the fact that the thaw period is short (c 80–10– days) and the rapid initial run-off of thaw water is expressed in a high peak of stream runoff (8), which provides water to the coastland sites and surface drying of all but the lowest sites is intense. Second, rapid isostatic uplift of Arctic coastlands (c 1 m per century (2)), leads to stream incision and progressive surface drying, except near lakes; third, rapid soil freezing in early September causes soil drying and particle dehydration in the frozen period (26).

In the previous studies, variation of chemical characteristics have been invoked as indications of pedogenesis in Arctic regions. Studies emphasising physical properties, soil atmosphere, moisture movement and the distribution of organic materials might prove more useful to the understanding of the dynamics of High Arctic hydromorphic soils.

References

1. *Allan, R. J.* et al.: Soil Sci. Soc. Am. Proc. **33**, 599–605, 1969.

2. *Blake, W.*: Can. Jnl. Earth Sci. **7**, 2, 634–664, 1970.

3. *Bunting, B. T.*, and *Hathout, S. A.*: Geogr. Annlr. **52**, A, 3–4, 209–212, 1970.

4. *Bunting, B. T.*, and *Hathout, S. A.*: Physical characteristics and chemical properties of some High-Arctic organic materials from Southwest Devon Island. Soil Sci. (in press), 1971.

6. *Bunting, B. T.*, and *Jackson, R. H.*: Geogr. Ann. **52**, A, 3–4, 194–208, 1970.

7. Canada Dept. Agriculture: The System of Soil Classification for Canada. Queen's Printer, Ottawa, pp. 249, 1970.

8. *Cook, F. A.*: Geogr. Bull. **9**, 3, 262–268, 1967.

9. *Day, J. H.*: Characteristics of soils of the Hazen Camp area, Northern Ellesmere Island, N.W.T. Soil Res. Inst., Contribution No. 121, D. Phys. R. (G) Hazen 24, pp. 28, 1964.

10. *Federoff, N.*: Science du Sol. **2**, 77–110, 1966.

11. *Gerasimov, I. P.*, and *Glazovskaya, M. A.*: Fundamentals of Soil Science and Soil Geography. Israel Program Sci., Transl., Jerusalem, 1965.

12. *Hill, D. E.*, and *Tedrow, J. C. F.*: Am. Jnl. Sci. **259**, 2, 84–101, 1961.

13. *Ignatenko, I. V.*: Sov. Soil Sci. **9**, 991–998, 1966.

14. *Ignatenko, I. V.*: Sov. Soil Sci. **9**, 1216–1229, 1967.

15. *Ivanova, E. N., Rozov, N. N., Erokhina, A. A.* et al.: Sov. Soil Sci. **11**, 7–23, 1961.

16. *James, P. A.*: Arctic and Alpine Research **2**, 4, 293–302, 1970.

17. *Karavaeva, N. A.*, and *Targul'yan, V. O.*: Sov. Soil Sci. **12**, 36–46, 1960.

18. *Karavaeva, N. A.*: Trans. 8th Int. Cong. Soil Sci. **V**, 57, 501–505, 1964.

19. *Karavaeva, N. A., Solokov, I. A.*, et al.: Sov. Soil Sci. **7**, 756–766, 1965.

20. *McMillan, N. J.*: Jnl. Soil Sci. **11**, 131–139, 1960.

21. *MacNamara, E. E.*: Soils of the Howard Pass area, Northern Alaska. Arctic Inst. America, Special Report, pp. 125, 1964.

22. *Nikiforoff, C. C.*: Soil Sci. **26**, 61–81, 1928.

23. *Pewe, T. L.*: Geol. Soc. Am. Bull. **66**, 699–724, 1955.

24. *Polunin, N.*: Botany of the Canadian Eastern Arctic, Pt. III. Vegetation and Ecology. Dept. Mines, Ottawa, Nat. Bull. No. 104, pp. 304, 1948.

25. *Polyntseva, O. A.*: Soils of the South-western part of the Kola Peninsula. (1962), Israel Program Sci. Transl., 1958.

26. *Schenk, E.*: Fundamental processes of freezing and thawing in relation to the developments of permafrost. In: Arctic and Alpine Environment. Indiana Univ. Press, 229–236, 1967.

27. *Schwertmann J. H.*, and *Taylor, R. S.*: Quantitative data from a patterned ground site over permafrost. U.S. Army CRREL Report No. 96, pp. 76, 1965.

28. Soil Survey Staff: Supplement to Soil Classification System (7th Approximation). Soil Conservation Service, U.S. Dept. Agriculture, Washington, D.C., pp. 207, 1967.

29. *Svatko, N. M.*: Sov. Soil Sci. **1**, 91–98, 1958.

30. *Tedrow, J. C. F.*, and *Cantlon, J. E.*: Arctic **11**, 3, 166–179, 1958.

31. *Tedrow, J. C. F.*: J. Soil Sci. **19**, 1, 197–204, 1968.

32. *Tedrow, J. C. F.*: Soils of the Subarctic regions. In: Ecology of the Subarctic Regions. UNESCO Proc. Helsinki Symp., 189–205, 1970.

33. *Ugolini, F. C.*: Soils of the Mesters Vig District, Northeast Greenland. Meddelelser om Grønland, **176**, 2, 1–25, 1966.

Summary

Profiles and physical properties of five High-Arctic hydromorphic soils are described. Recent soils show surface mottling, gray subsurfaces and much frost disturbance, older soils on elevated sites show structural development and other pedogenetic features relatable either to surface leaching or to accumulation of soluble materials in summer-dried horizons dependent on the degree and depth of moisture impedence, which in some cases is related to compacted subsurface horizons. C 14 dating of buried moss peats proves accumulation of niveo-alluvial sediment as a parent material throughout Holocene times.

Résumé

Les profils et qualités physiques de cinq sols hydromorphes du Haut Arctique sont décrits. Les sols jeunes montrent des tâches à la surface, un sous-sol gris et beaucoup de perturbation par le froid, les sols plus vieux, dans des positions plus hautes, font voir un développement structurel et d'autres traits pèdogènètiques qui peuvent être expliqués par le lessivage ou une concentration de substances solubles dans des horizons très secs. Ils dépendent du degré et de la profondeur du niveau imperméable, qui résulte quelques fois des horizons compacts des sous-sols. La datation C 14 de la tourbe de mousse enterrée montre une accumulation de sédiments nivéo-alluviaux qui se comportait en roche-mère pendant l'holocène.

Zusammenfassung

Profile und physikalische Eigenschaften von fünf hocharktischen hydromorphen Böden werden beschrieben. Junge Böden zeigen Rostfleckung an der Oberfläche, grauen Unterboden und starke Frostverwürgung, ältere Böden in höheren Lagen zeigen eine strukturelle Entwicklung und andere pedogenetische Züge, die entweder auf Oberflächenauswaschung oder Ansammlung von löslichem Material in sommertrockenen Horizonten zurückzuführen sind. Sie sind abhängig vom Grad und der Tiefe der Feuchtestauung, die in einigen Fällen von kompakten Unterboden-Horizonten verursacht sind. C14-Datierung an begrabenen Moostorfen zeigt Ansammlung von niveo-alluvialem Sediment, das während des Holozäns Ausgangsmaterial war.

Properties and Development of Hydromorphic Mineral Soils in Various Regions of Canada

By *J. A. McKeague, J. H. Day* and *J. S. Clayton* *)

Mineral soils that are saturated with water and under reducing conditions during some period of the year are classified in the Canadian System (3) as Gleysolic soils. They are recognized by matrix colors of low chroma sometimes accompanied by mottles within 50 cm of the mineral surface as well as by the associated hydrophytic vegetation and by their occurrence in nearly level to depressional positions in the landscape. Gleysolic soils are bounded rather indefinitely on the less hydromorphic side by the somewhat gleyed soils of other orders, and on the more hydromorphic side by Organic soils from which they are separated arbitrarily on the basis of thickness of peat. Gleysolic soils may have organic surface layers as thick as 60 cm if derived largely from *Sphagnum*, or 40 cm if derived from mixed vegetation.

Soils of the Gleysolic order (mainly Gleysols, FAO; Aqu Suborders, U.S.A.) are subdivided into three great groups (Fig. 1): Humic Gleysols (mainly Mollic Gleysols, FAO; mainly Aquolls, U.S.A.) have well developed mineral-organic surface horizons; Gleysols (various Gleysols and some Fluvisols, FAO; mainly Aquepts, U.S.A.) lack well developed mineral-organic surface horizons; Eluviated Gleysols (some Planosols, FAO; mainly Aqualfs, U.S.A.) have horizons of clay eluviation and illuviation. Subgroups of the three great groups, some of which are indicated in Figure 1, are separated on the basis of several factors and named:

Orthic – have a B (horizon), do not deviate from the central concept of the great group
Rego – lack a B horizon
Fera – have a prominently rusty mottled B horizon in which dithionite-extractable Fe has accumulated (some would be classified as pseudogley in Europe)
Cryic – have permafrost within 1 m of the mineral surface
Lithic – have less than 50 cm of mineral soil overlying rock

Saline and Carbonated subgroups are also separated.

The purposes of this paper are to relate the distribution of hydromorphic soils to physiography, to characterize some specific pedons of Gleysolic soils associated with other soils in typical landscapes of several regions of Canada, and to indicate some concepts of genesis of these soils.

Distribution and area of hydromorphic soils

Gleysolic soils occur in all regions of Canada; rarely as the dominant soils in the landscape, commonly as the subdominant soils in humid areas and frequently as inclusions

*) Soil Research Institute, Canada Departement of Agriculture, Ottawa, Ontario

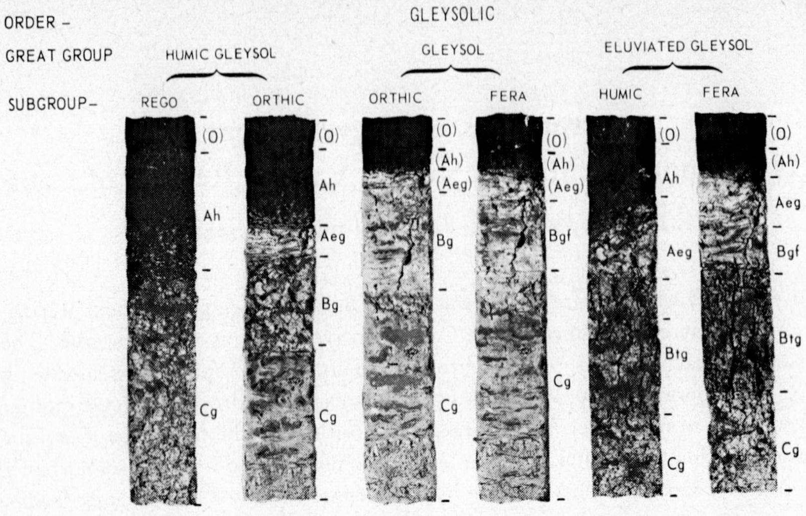

Figure 1
Representation of some profiles of Subgroups of the Gleysolic Order.

occupying undrained depressions. Because soil surveys have not been done of much of the Canadian Shield and of most of Northern Canada (north of 60° N), and because Gleysolic soils occur usually as subordinate members of a soil association, an accurate estimate of their areal extent cannot be given. However, a crude estimate based upon the soil map of Canada (Fig. 2) prepared for the FAO/UNESCO World Soil Map Project indicates that they occupy nearly 10 % of the land area and that nearly 2/3 of the about 1×10^6 km^2 of these soils occurs north of 60° N where few areas of soils have been surveyed. Organic soils occupy approximately another 10 % of the area and thus total area of hydromorphic soils in Canada is estimated to approach 20 %.

The distribution of Gleysolic and Organic soils in Canada (Fig. 2) is related to the broad physiographic patterns (1). Gleysolic soils are dominant in parts of: alluvial river plains, glacial lake plains and areas of former marine submergence. Significant examples are the Fraser Lowland of British Columbia, the Mackenzie delta on the Arctic coast, the Glacial Lake Agassiz basin in the Manitoba plain, the Great Slave plain in the Northwest Territories and areas of former marine submergence in the Hudson Bay Lowland and the St. Lawrence Lowland of Ontario and Quebec. Organic soils are dominant in similar areas of low relief, but they occur mainly where such areas are within the Boreal Forest region. They are of minor occurrence in the grassland plains or in the Arctic and Sub-Arctic areas of tundra or tundra-forest transition.

The occurrence of both Gleysolic and Organic soils as subdominant elements of the soil landscape is determined largely by local patterns of relief and drainage. Thus they are found in areas of complex undulating and rolling topography in undrained or partially drained depressions where excess moisture accumulates. Such depressions occur in the extensive areas of glacial drift in the Interior Plains. Organic and Gleysolic soils as well as many lakes occur in the undrained depressions of the ice-scoured, thinly till covered Precambrian Shield regions. They occur less extensively in the river valleys and lower slopes of the dissected uplands and plains of the Appalachian region of eastern Canada, and they are of minor occurrence in the rugged mountains and dissected plateaus of the western Cordilleran region where valleys are narrow and deeply incised.

Sites and Soils

1. A Humic Gleysol in an area of discontinuous permafrost was characterized by *Day* and *Rice* (5). The site was a level to gently sloping area of a terrace of the Mackenzie river in the Northwest Territories at 65° 42′ N, 126° 51′ W (Fig. 2). Mean daily maximum and minimum air temperatures were –1 °C and –11 °C respectively and precipitation which was concentrated in the summer, totalled 32 cm. The average frost-free period was 87 days and there were 746 growing day degrees (C) in this period. The vegetation, typical of poorly drained sites in the boreal regions was dominated by black spruce (*Picea mariana*), tamarack (*Larix laricina*), willow (*Salix* spp.) and a ground cover of mosses, Labrador tea (*Ledum groenlandicum*), blueberry (*Vaccinium* spp.) and sedge (*Carex aquatilis*). The soil, a Cryic Carbonated Rego Humic Gleysol had 18 cm of organic material overlying

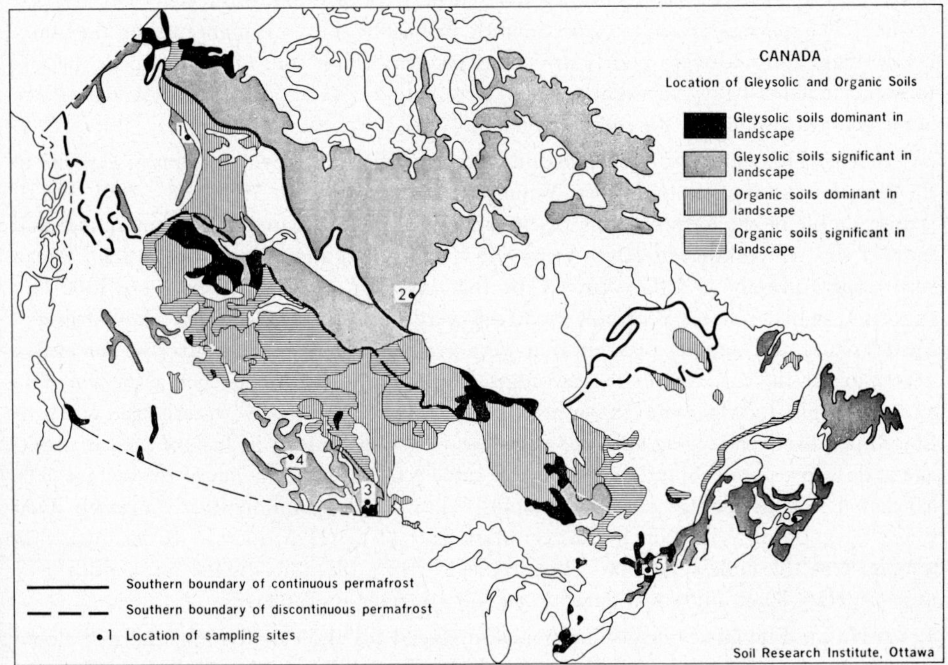

Figure 2

Map of Canada showing areas where Gleysolic and Organic soils are dominant (>50 %) and subdominant (>20 %). The sites discussed in the paper are numbered 1 to 6. The map was based on the soil map of Canada prepared for the FAO/UNESCO project (World Soil Resource Report 33, 1968).

25 cm of black (10YR 2/1) friable, calcereous silt loam alluvium. The glacial till below 25 cm was dark grayish brown to olive brown (2.5Y 4/3), mottled, gravelly loam with permafrost at 97 cm. The soil was associated with Cryic Eutric Brunisols (Cryochrepts) in the well to imperfectly drained sites on the terrace. Some analytical data for the Humic Gleysol are given in Table 1.

2. A Cryic Orthic Gleysol developed in sandy marine deposits in a nearly level area at McConnel River, Northwest Territories in the Hudson Bay Lowland at 60° 50′ N, 94° 25′ W (Fig. 2) is an example of a Gleysol with permafrost in the tundra. Mean daily maximum and minimum temperatures were –8 °C and –15 ° respectively and the annual precipitation, which was concentrated in the June to September period, was 28 cm. The average frost-free period was 71 days and there were 222 growing day degrees (C) in that period. The main plant species in this treeless area include *Empetrum*, *Vaccinium*, *Carex* and *Eriphorum*. The water table was at 15 cm in August 1970 and permafrost occurred at depths of 30 to 60 cm. The surface horizon of the soil, 17 cm of grayish brown (2.5Y 5/2), structureless, mottled (10YR 5/8) fine sandy loam was underlain by olive gray 5Y 5/2) grading to dark gray (N4/) unmottled fine sandy loam to 42 cm and by prominently mottled gravelly coarse sand between 42 cm and the permafrost at 55 cm. The soil was reduced as indicated by Eh readings of 100 to 200 mv of partially oxidized samples stored at 3 °C in plastic bags and by a marked positive reaction to *Bachelier's* (1969) test for Fe^{+2}. The soil was associated with Sombric Brunisolic soils (Cryumbrepts) on the sandy beach ridges and with very poorly drained, dark gray (N/4) soils unmottled near the surface and mottled below in slightly lower terrain that was almost devoid of vegetation. Some analytical data for the soil are given in Table 1.

3. A Rego Humic Gleysol developed in calcareous clay in a level to depressional site in the glacial Lake Agassiz basin near Winnipeg, Manitoba at 49° 39′ N, 97° 07′ W (Fig. 2) is an example of the meadow soils of the subhumid interior plains. The mean annual and summer soil temperature at 50 cm were 4.7 °C (air, 2.5°) and 13.1 °C (air, 18.5°). Mean soil temperature above 5 °C occurred for 168 days (air, 183) and there were 1200 day degrees C when soil temperatures at 50 cm were above 5 °C (air, 1750 days degrees). Mean annual and summer precipitation were 51.7 cm and 22 cm respectively. The native vegetation at the cultivated site was sedges (*Carex* spp.) and grasses such as *Beckmannia* and the original surface may have been peaty. The soil is usually waterlogged for prolonged periods in the spring and also after heavy rains because of its lack of surface drainage and its low permeability, and the water table is usually within 2 m of the surface. The associated soils at slightly higher elevations (½ m or less) are imperfectly drained Rego Black (Cryoboroll). The soil has a very dark gray (5Y 3/1) A horizon 10 cm thick that tongues into the underlying rusty mottled, calcareous, montmorillonite-mica, dark grey (5Y 4/1) clay. Some analytical data for the soil are given in Table 1.

4. A Humic Eluviated Gleysol developed in glacial till and cumulic material in a closed depression in the Touchwood Hills, Saskatchewan at 51° 31′ N, 104° 23′ W is one type of Gleysolic soil occurring as the poorly drained associate of the sequence of soils depicted in Figure 3. Such sequences are very common in morainic topography in the semi-arid to subhumid plains of western Canada. The mean annual and summer soil temperatures 4 °C (air, 1 °C) and 13 °C (air, 16 °C). Mean soil temperatures above 5 °C occur on 160 days (air, 171 days) and there are 1070 day degrees C when soil temperatures are above

Table 1

Analytical data for soil 1–6

Horizon	Depth (cm)	Sand (%)	Clay (%)	Bulk Density (g/cm^3)	Organic C (%)	Organic N (%)	pH (0.01 M $CaCl_2$)	$CaCO_3$ equiv. (%)	Fe_t (%)	Fe_d (%)	Fe_o (%)	Al_o [3] (%)	Minerals in the <2 μ fraction [4]
Soil 1													
Oh	13–0	–	–		41	1.24	6.9	0.0		0.64	–	–	
Ahk	0–25	22	5.5		9.6	0.42	7.1	3.2	1.9	0.26	0.60	–	
IICkg	25–97	44	24		0.7	0.08	7.7	12.0	2.2	0.24	0.42	–	
Soil 2													
Bg	0–17				1.2	0.31	5.8		4.0	1.6	0.28	–	
Cg	17–42				1.3	0.28	5.6		3.6	1.1	0.49	–	
Soil 3													
Apg	0–10	3.7	73	1.3	2.1	0.27	7.0 [1]	0.3	2.7	0.36	0.5	–	
Ckg1	10–30	4.0	71	1.3	0.3	0.08	8.0	1.5	0.44	0.17	0.3	–	
Ckg2	30–60	4.5	70	1.3	0.0	0.09	7.8	4.7	2.4	1.6	0.3	–	
Ckg3	60+	3.8	74	1.4	0.1	0.06	7.9	9.9	4.1	3.2	0.2	–	
Soil 4													
Ah	0–17	22	26		4.9	0.51	5.2	0	3.2	1.7	0.24	0.11	Mi, Mo = V = K
Aheg	17–30	20	26		2.2	0.07	5.7	0	3.0	1.4	0.78	0.07	Mo = Mi, K, V
Btg	40–60	17	38		0.6	0.02	6.1	0	3.9	2.1	0.39	0.07	Mo = Mi, V = K
IIBCg	100–140	42	21		0.2	0.21	5.4	0	–	–	0.27	0.03	V, Mo = Mi, K, C
IICkg	140–200	47	21		–	–	7.2	16		1.6	0.14	0.02	Mo, Mi = V = K, C
Soil 5													
Ah	0–9	50	7	0.94	5.3	0.30	5.2	0		2.0	0.18	0.11	V, C, Mo, Mi
Aeg	9–20	55	4	1.6	0.9	0.05	4.8	0		0.43	0.09	0.08	V, C, Mo, Mi
Bgf	20–35	66	7	1.7	–	0.02	5.5	0		0.70	0.38	0.22	Mi, C, Mo V
Bg	35–48	82	4	–	0.2	–	5.5	0	4.0	0.8	0.21	0.10	Mo, V, C, Mi
Ckg	80–100	69	3	1.7	0.3	–	7.2	6.6	4.2	0.5	0.09	0.03	Mi, Mo, C

Horizon	Depth (cm)	Sand (%)	Clay (%)	Bulk Density (g/cm³)	Organic C (%)	Organic N (%)	pH (0.01 M $CaCl_2$)	Base[2]) Sat. (%)	$CaCO_3$ equiv. (%)	Fe_t (%)	Fe_d (%)	Fe_o (%)	Al_o[3]) (%)	Minerals in the < 2 μ fraction[4])
Soil 6														
Aegj	0–11	15	10	1.7	0.6	0.04	3.6	43	0	4.2	0.5	0.05	0.11	Mi, K, ML, Mo
Btg	11–17	12	23	–	1.0	0.09	3.8	49	0	4.2	0.6	0.24	0.19	Mi, K, ML, Mo
Btgf	17–25	10	22	1.6	0.3	0.05	4.0	46	0		0.28	0.33	0.20	Mi, K, ML, V
BCg	25–38	13	19	1.9	0.1	–	4.1	54	0		0.83	0.25	0.15	Mi, K, ML, V
C	38–100	14	17	2.0	0.1	0.03	6.2	100	0		0.65	0.12	0.07	– – – –
Ck	180+	20	27	2.0	–	–	7.1	100	0.5		0.72	0.11	0.08	Mi, K, ML, V

1) pH in water

2) Base saturation, NaCl-extractable (Ca + Mg)/(Ca + Mg + Al) × 100 (*Clark*, 1965)

3) The subscipts t, d, and o refer to total, dithionite-extractable and oxalate-extractable

4) The clay minerals are listed in order of abundance. V = vermiculite, C = chlorite, Mo = montmorillonite, Mi = mica, ML = mixed layers, K = kaolite. Quartz and feldspar were also present in all horizons, and goethite and hematite in some horizons.

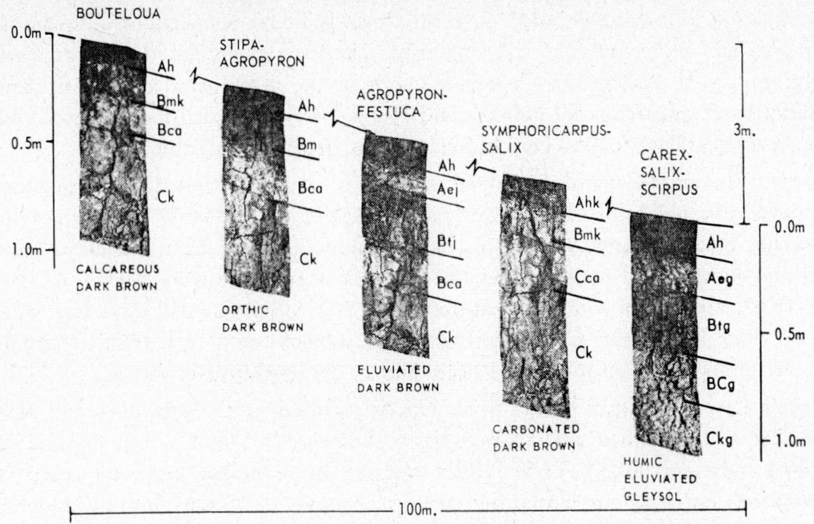

Figure 3

A representation of the sequence of soils and vegetation occurring from the crest of a knoll to a depression in the grassland region of Saskatchewan in the area of soil 4.

5 °C (air, 1410 day degrees). Mean annual and summer precipitation were 41 cm and 18 cm respectively. The vegetation at the site was sedge (*Carex*) and that of the associated soils is indicated in Figure 3.

The soil, a Humic Eluviated Gleysol, had a fibrous layer and a black, silt loam Ah horizon 17 cm thick. A dark gray, platy, mottled Aheg horizon and a transitional ABg horizon overlay the drab gray, well developed prismatic, silty clay loam Btg horizon. Below 1 m, the soil was prominently mottled and free carbonates occured at 140 cm.

Some soils occupying similar depressions are Humic Gleysols; others in shallow depressions, have prominent light-colored Ae horizons. These depressions are usually flooded by runoff water from the spring snowmelt for about two months and occasionally by heavy rains. The sola are commonly dry in late summer. Similar soils occur on nearly level terrain in more humid areas. Analytical data for the soil described are given in Table 1.

5. A Fera Humic Gleysol developed in level alluvial stratified very fine sandy loam overlying clay in the Ottawa Valley, Ontario at 45° 19′ N, 75° 32′ W represents a type of Gleysolic soil having a marked accumulation of "free" iron but little accumulation of clay in the B horizon. The mean annual and summer soil temperatures at 50 cm are 7.3 °C (air, 5.6°) and 14.7 °C (air, 19.3°). Mean soil temperatures above 5 °C occur on 211 days (air, 199) and there are 1830 day degrees C with soil temperatures above 5 °C (air, 2050). Mean annual and mean summer precipitation are 85 cm and 23 cm respectively. The water table was at the surface for more than a month in the spring and within a meter during most of the year. The vegetation was a mixed deciduous forest including red maple (*Acer rubrum*) birch (*Betula papyrifera*) and poplar (*Populus*). The soil described in detail elsewhere (11) had a black (10YR 2/1) Ah horizon overlying an olive gray (5Y 5/2) mottled Aeg horizon.

The underlying Bgf was composed of approximately equal proportions of strong brown (7.5YR 5/6) and olive gray (5Y 5/2) material. The mottles decreased with depth to the underlying clay at 110 cm. The associated soils in the area included Melanic Brunisols (Hapludolls) on calcareous till uplands and Humo-Ferric Podzols (Haplorthods) on sand ridges. Analytical data for the Fera Humic Gleysol are given in Table 1.

6. A Fera Eluviated Gleysol developed in till derived from red shale and sandstone in a nearly level area of Hants Co., Nova Scotia at 45° 11′ N, 63° 44′ W represents Gleysolic soils having B horizons with marked accumulations of "free" iron and clay. The mean annual and summer soil temperatures (50 cm) at a nearby site were 7.9 °C (6°, air) and 15 °C (16.6°, air). Mean soil temperatures above 5 °C occur for 212 days (air, 203) and there are 1540 day degrees C with soil temperature above 5 °C (air, 1600). Mean annual and mean summer precipitation are 106 cm and 23 cm respectively.

The vegetation was mainly black spruce (*Picea mariana*) with *Sphagnum* and *Hypnum* mosses. The soil described and characterized elsewhere (11) had a thin organic surface horizon, a light gray (2.5Y 7/1.5) faintly mottled Ae, over Btg and Btgf (clay and Fe accumulation) horizons dominated by brownish yellow (10YR 6/6) mottles, underlain by weak red to reddish brown (2.5YR 4/3), MnO_2 mottled till. The associated soils were Gray Luvisols (Boralfs or Udalfs) and Dystric Brunisols (Dystrochrepts or Cryochrepts). Analytical data for the soil are presented in Table 1.

Discussion

The weak development of the two northern Gleysolic soils (soils 1 and 2), as indicated by the absence of eluvial and illuvial horizons and by the presence of carbonate in the surface mineral horizon of soil 1, is thought to be due largely to the cold climate and the resulting permafrost that prevents downward movement of water. Mixing of the surface horizons by frost action was probably also a factor. Large areas of Gleysolic soils occur in northern Canada even in areas of limited precipitation and they have been studied little. They probably are similar to the Gley soils of the Tundra Taiga permafrost zone of Russia (6, 8). Laboratory studies have shown that reducing conditions develop slowly in waterlogged soil maintained at temperatures below 5 °C (10) but these soils are saturated for prolonged periods. *Ivarson* (7) has shown that a rich microflora exists in soils in the region of soil 1. The low C/N ratio of soil 2 is noteworthy.

The Rego Humic Gleysol from Manitoba (soil 3), and similar soils having Bg horizons (Orthic Humic Gleysols), represents a kind of Gleysolic soil that occur widely. The development of a mineral-organic surface horizon with or without an overlying peaty layer, gleying, some structural change and some removal of carbonates near the surface occurs in poorly drained sites with a variety of vegetative cover including forest, grass, sedge and moss in a wide variety of parent materials in many regions. The moisture regimes of such soils vary from ponding in the spring and dry conditions in the summer to continually moist or saturated. No specific differences in soil properties have been established for Humic Gleysols occurring under grass or sedge in the cool, subhumid prairie region and those developed under forest in humid areas although the environments differ widely. With drainage, Humic Gleysols in the warmer areas are commonly among the most productive soils.

Eluviated Gleysols such as soil 4 are thought to develop in sites where appreciable net downward movement of water occurs, but few studies (12) of the moisture regime of such soils have been done in Canada. These soils are similar to Luvisolic soils but they are saturated with water and under reducing conditions for appreciable periods. Soils occurring in closed depressions in semi-arid areas may or may not have eluvial (Ae) and illuvial (Bt) horizons and it is not possible to predict whether a Humic Gleysol or an Eluviated Gleysol will occur in a given depression. Probably the permeability of the underlying material and the depth of the depression are among the critical factors. The closed depression in which these soils occur are obstacles to the efficiency of large scale farming operations but are useful as sources of native hay and as habitats for wildlife, especially waterfowl.

Significant translocation of clay was evident in the Humic Eluviated Gleysol (soil 4) both from the nearly-continuous, thin clay skins on peds of the Bt horizon and from the particle-size data. Organic matter had accumulated at the surface and some leaching of carbonates had occurred although the uppermost 60 cm may have been cumulic material devoid of carbonates. Most of the extractable Fe was amorphous (16) and extractable Al values were very low. The clay mineralogy, typical of soils of the region except that more kaolinite was present, indicated little weathering of phyllosilicates. Similar soils in Manitoba have been characterized by *Michalyna* (13).

The development of the Fera Humic Gleysol (soil 5) is thought to have resulted from the low permeability of the underlying clay and the consequent high water table for prolonged periods. Intense reduction occurs near the surface organic-rich horizon in the spring and some of the Fe brought into solution is deposited, presumably, as the water table recedes. Water moves upward from the water table during dry periods of the summer and some Fe from below probably is deposited in the B horizon. Much of the deposited Fe crystallizes to goethite as unlike the Podzolic soils, little organic matter or Al is associated with the Fe. The high content of ferromagnesian minerals (11) in the soil provides an abundant source of Fe. Weathering of phyllosilicates is slight involving some decrease of mica and development of chloritized vermiculite in the upper horizons. Upward movement of carbonated water from the water table presumably restricts weathering and maintains a high level of base saturation of the solum.

The Fera Eluviated Gleysol (soil 6) is waterlogged in the spring and after heavy rains and it may be that a perched water table above the very dense, slowly permeable C horizon is involved rather than a groundwater table. Significant leaching must have occurred, however as the Ae horizon was depleted of clay and Fe, carbonates had been removed from the upper 180 cm and bases had been depleted from the solum to the extent that exchangeable Al occupied about $^1/_2$ of the exchange sites. The Fe accumulated in the B horizon probably was derived from the Ae horizon. The apparent weathering of mica to montmorillonite in the Ae horizon was much less pronounced than that characteristic of Podzolic soils (2) and the B horizons lacked the amorphous clay, organic matter and extractable Al characteristics of podzolic B (spodic) horizons. In many respects this soil resembles those classified as pseudogley in Europe (14). Similar soils have been characterized in Canada by *McKeague* (9), *Pawluk* (15) and *Michalyna* (13).

Soils classified as Gleysolic in Canada have a wide range of properties, degrees of development and environment. They include some similar to Regosolic (Entisols), Chernozemic

(Mollisols), Luvisolic (Alfisols), Brunisolic (Inceptisols) and Podzolic (Spodosols) soils. The common features of Gleysolic soils are those associated with wetness and reduction. Whether these features are recognized most appropriately at the order level or at a lower categorical level remains an open question of less importance than the nature of the soils and the characteristics that permit the distinction of Gleysolic soils from associated soils to be made consistently.

Acknowledgments

We wish to acknowledge the contributions of:

R. E. Smith and associates, Manitoba Soil Survey – information on soil 3; *N. M. Miles* – clay mineralogy of soil 4; Cartographic Section – Figure 2; Bio-Graphic Section – Figure 1 and 3; *R. K. Guertin* and *B. Sheldrick* – analytical data.

References

1. *Bostock, H. S.*: Physiographic subdivisions of Canada. In: Geology and Economic Minerals of Canada, R. J. W. Douglas, ed., Geol. Survey Canada, Queen's Printer, Ottawa, 1970.
2. *Brydon, J. E., Kodama, H.*, and *Ross, G. J.*: Trans. 9th Intern. Congr. Soil Sci. **III**, 41–51, 1968.
3. Canada Department of Agriculture: The System of Soil Classification for Canada. Queen's Printer, Ottawa, 1970.
4. *Clark, J. S.*: Can. J. Soil Sci. **45**, 311–322, 1965.
5. *Day, J. H.*, and *Rice, H. M.*: Arctic **17**, 223–236, 1964.
6. *Ivanova, Ye. N.*: Soviet Soil Sci. 733-744, 1965.
7. *Ivarson, K. C.*: Arctic **18**, 256–260, 1965.
8. *Karavayeva, N. A., Sokolov, J. A., Sokolova, T. A.*, and *Targuel'yan, V. V.*: Soviet Soil Sci. 756–766, 1965.
9. *McKeague, J. A.*: Can. J. Soil Sci. **45**, 49–62, 1963.
10. *McKeague, J. A.*: Can. J. Soil Sci. **45**, 199–206, 1965.
11. *McKeague, J. A., Nowland, J. A., Brydon, J. E.*, and *Miles, N. M.*: Characterization and classification of five soils from eastern Canada having prominently mottled B horizons. Can. J. Soil Sci. **51** (in press), 1971.
12. *Meyboom, P.*: Hydrology **4**, 38–62, 1966.
13. *Michalyna, W.*: Can. J. Soil Sci. **51**, 23–36, 1971.
14. *Mückenhausen, E.*: Sci. Sol. **1**, 20–29, 1963.
15. *Pawluk, S.*: Can. J. Soil Sci. **51**, 113–1234, 1971.
16. *Schwertmann, U.*: Z. Pflanzenernähr. Düng. Bodenk. **84**, 194–204, 1959.
17. *St. Arnaud, R. J.*, and *Mortland, M. M.*: Can. J. Soil Sci. **43**, 336–349, 1963.
18. World Soil Resource Report 33: Definition of soil units for the soil map of the world. FAO/UNESCO Project, FAO, Rome, 1968.

Summary

Soils of the Gleysolic order in Canada have a wide range of properties and degrees of development, from the weakly differentiated soils with shallow permafrost in northern areas to strongly differentiated, eluviated soils having weathered eluvial horizons and illuvial horizons of hydrated iron oxide and clay accumulation in humid and subhumid temperate regions. The common features of these soils are excessive wetness, periodic reducing conditions and association with hydrophytic vegetation. Gleysolic soils are divided among three great groups: Gleysols, lack both well-developed mineral-organic surface horizons and horizons of clay eluviation and illuviation; Humic Gleysols, have a well- developed mineral organic surface horizon but lack distinct horizons of clay eluviation and illuviation; Eluviated Gleysols have well-developed horizons of clay eluviation and illuviation. Many Gleysolic soils of the three great groups have organic surface layers (peat). If the thickness of the peat exceeds 60 cm os *Sphagnum* or 40 cm of mixed peat, the soil is classified in the Organic order. Soils of these two orders (hydromorphic soils) occupy about 20 % of the land area of Canada.

Résumé

Les sols de la classe des gleys au Canada ont un grand nombre de propriétés et de degrés de développement, depuis les sols faiblement différenciés, avec un permafrost peu profond dans les régions du nord, jusqu'aux sols considérablement différenciés et lessivés, qui ont des horizons éluviaux et illuviaux d'hydroxyde de fer et des accumulations d'argile dans les zones humides et subhumides.

La ressemblence entre ces sols est une humidité extrême, des conditions de réduction périodiques et une association avec une végétation hygrophile.

On divise les gleys en trois groupes:

1) Les gleys sans horizon de surface minéralo-orginique bien développé, et sans horizon de lessivage et d'illuviation de l'argile.

2) Les gleys humiques avec des horizons de surface minéralo-organiques bien développés, mais sans horizon de lessivage et sans illuviation d'argile prononcé.

3) Les gleys lessivés avec des horizons bien développés de lessivage et d'illuviation d'argile.

Beaucoup de gleys des trois grandes groupes ont des couches de surface organique (Tourbe).

Quand l'épaisseur de la tourbe dépasse 60 cm pour le *Sphagnum* ou 40 cm pour la tourbe mélangée, on classe le sol comme sol organique. Les sols de ces deux classes (sols hydromorphes) occupent environ 20 % du territoire canadien.

Zusammenfassung

Die Böden aus der Klasse der Gleye in Kanada haben eine große Zahl von Eigenschaften und Entwicklungsstadien, angefangen von schwach differenzierten Böden mit wenig tiefem Permafrost in nördlichen Gebieten bis zu stark differenzierten, ausgelaugten Böden, die verwitterte Eluvialhorizonte und Illuvialhorizonte von hydratisiertem Eisenoxid haben und Lehmanhäufung in humiden und subhumiden gemäßigten Gebieten. Das Gemeinsame dieser Böden ist extreme Vernässung, periodisch wechselnde Bedingungen und Verbindung mit hydrophytischer Vegetation. Gleye unterteilt man in drei große Gruppen: Gleye ohne gut entwickelte mineralisch-organische Oberbodenhorizonte und Horizonte von Tonauswaschung und -einlagerung, Humus-Gleye, die gut entwickelte mineralogisch-organische Oberbodenhorizonte haben, aber ohne ausgeprägte Horizonte mit Tonauswaschung und -einlagerung; ausgewaschene Gleye mit gut entwickelten Horizonten von Tonauswaschung und -einlagerung. Viele Gleye der drei großen Gruppen haben organische Oberflächen-Schichten (Torf). Wenn die Mächtigkeit des Torfs 60 cm von *Sphagnum* oder 40 cm von gemischtem Torf überschreitet, wird der Boden als organischer Boden klassifiziert. Böden dieser beiden Klassen (hydromorphe Böden) nehmen rund 20 % des kanadischen Gebietes ein.

Bericht über Thema 2.1: Pedogenetische Grundlagen

Von *J. Gerasimov**)

Den ihrem Charakter nach unterschiedlichen Vorträgen war gemeinsam, daß sie allgemeine pedogenetische Fragen am Beispiel konkreter Landschaften besonders kühlfeuchter Gebiete behandelten, so daß ein enger Zusammenhang zum Thema 2.2 bestand. Dadurch brachten sie auch sehr nützliche neue Informationen über „Pseudogleye" und „Gleye" in Westdeutschland, den Niederlanden, den Vereinigten Staaten und Kanada.

Eine wesentliche Frage war die nach den Faktoren, die die Bildung verschiedener hydromorpher Böden bestimmen. Der Vergleich zwischen Faktorenkonstellation und Profilaufbau war in dem Beitrag von *J. A. McKeague* und Mitarb. weiträumig, so daß klimatische Unterschiede bedeutsam waren, in dem von *N. E. Smeck* und *E. C. A. Runge* engräumig, so daß lokale Bedingungen und Prozesse der Bodenbildung in den Vordergrund traten. Der Vortrag von *J. A. Schelling* und *B. A. Marsman* behandelte die Bildung des Bodenmusters in Abhängigkeit vom Relief und stellte einen wertvollen Beitrag zu der allgemeinen Theorie der „Catena" auf biogeochemischer Grundlage dar. Die allgemeine Schlußfolgerung aus diesen Informationen ist, daß „Pseudogleye" und „Gleye" in verschiedenen Varianten weit verbreitet sind und daß ihre Bildung nicht nur auf einen Faktor zurückgeführt werden kann, sondern auf eine jeweils typische Kombination mehrerer (klimatischer, hydrologischer, lithologischer u. a.).

Gleichzeitig wurden aufgrund dieser Untersuchungen allgemeine Fragen über die Genese dieser Böden besprochen und — was besonders interessant war — wertvolle Ergebnisse und Meinungen über die Rolle der Oxydation und Reduktion von Fe und anderen Elementen für deren Wanderung im Bodenprofil unter Anreicherung in Form von Konkretionen und Flecken vorgetragen. Dazu trat der Transport von einem Boden zum anderen. Es sollen in dieser Beziehung die Vorträge von *V. Schweikle* und *H. P. Blume*, in welchen die Ergebnisse von ausführlichen Felduntersuchungen besprochen wurden, besonders erwähnt werden.

Der Vortrag von *B. T. Bunting* war den Gleyböden der arktischen Zone gewidmet, bedauerlicherweise der einzige über dieses Thema. Unter dem Einfluß von Permafrost und entsprechenden Deformationen stehen nicht nur die heutigen Böden der Arktis, sondern auch viele Paläoböden Europas waren unter Periglazialbedingungen. Es wurde daher der Vorschlag gemacht, während des nächsten bodenkundlichen Kongresses ein Symposium über rezente und reliktische kryogene Gleye durchzuführen.

*) Geographisches Institut, Akademie der Wissenschaften, Moskau 17, UdSSR.

Pseudopodzolation and its Manifestation in the Soils of the USSR

By *S. V. Zonn* *)

General Description

Pseudopodzolization is a process simulating the podzolization through the formation of a bleached horizon. The bleaching results from the low content of iron and partial loss of clay.

Therefore, unlike podzolic soils where the A_2 is rich in quartz and low in oxides, in pseudo-podzolic soils this horizon is formed as a result of lessivage (A_2l) and is often enriched in free iron oxides (A_2lf) of low mobility (Tamm). Acid hydrolysis of minerals does not occur or is only slight. Therefore, a relative accumulation of quartz is only weak. The horizon is clayed-compacted and often enriched with free iron oxides (B_tf).

Due to their textural profile the soils are characterized by an alternating dry and wet period in the upper layer yielding the features of pseudogleying.

The mobilization and migration of Fe results in the formation of a bleached horizon poor in silt and Fe. This phenomenon is often caused not by Fe removal but by the transformation of mobile forms into crystallized ones on drying.

Such soils are formed from Brown Forest Soils via Brown Forest Lessive Soils followed by Brown Pseudopodzolic Soils. This evolution occurs under mull or a mull like type of humus. A primary way of such soil formation is on 1 two-layered deposits with a lighter upper and a heavier lower layer within 1 m depth or a concretionary or lateritic blocky allochthonous layer developed at earlier stages of soil formation. The diagnostic factors of these soils are the same as in the first case (evolutional). The soils described are referred to as podzolic, podzols or gley podzolic soils.

Under such names the soils are known not only in the temperate warm zone but in the humid subtropical zone. *Polynov* who was against this point of view wrote: "Even if we admit the genetic relation between these soils (krasnozem and zheltozem, *Zonn*) and podzols, it is impossible to refer them to podzolic soils as it is impossible to refer serozem to chernozem ..." Nevertheless, they are referred to subtropical yellow podzolic soils or podzols.

Pseudopodzolic soils occur in the Baltic area, Byelorussia, piedmont area of the Carpathians, the Transcarpathians (the Ukraine), in the Primorye Territory of the Far East, in West Georgia and in the Lenkoran region of Azerbaijan.

A rainy season (2 to 6 months) is typical of these regions. During this season there fall about 60–78 % of annual precipitation. The mean annual temperature varies between 1.8 and 14.7 °C. The temperature is mainly responsible for the differences in the nature and intensity of pseudopodzolization the latter increasing with temperature.

---

*) Institute of Geography, Academy of Science, Moscow, USSR

Table 1

Precipitation and Temperature Conditions of Pseudopodzolic Soil Formation

Regions	Rainy season, months	Precipitation total	Precipitation per rainy season	Mean annual temperature, t °C
1	2	3	4	5
1. The Transcarpathians	June–July	800–900	480–540 (60 %)	+8 - +9
2. Primorye Territory of the Far East	July–Sept.	600	400 (70 %)	+ 1.8
3. Lenkoran region in the Azerbaijan SSR	Sept.–Dec.	700–900	420–540 (70 %)	+14.1
4. West Georgia	Sept.–Apr.	1300–1400	1000–1100	+14.7

In addition to these regions, the brown pseudopodzolic soils have been described from many other piedmont and mountainous areas of the Caucasus, Altai, Sayany, the Urals, in the plains of the Smolensk and Moscow regions and in other areas.

The pseudopodzolic soils develop in temperate warm and subtropical climate under a forest vegetation, where intensive decomposition and mineralization of organic residues are observed, this being different from podzols.

Some analytical data of pseudopodzolic soils in various regions of the USSR are shown in Table 2.

Pseudopodzolic soils of varions regions

The pseudopodzolization is best shown in **temperate warm climate** with a mean annual air temperature between 8 and 9 °C, a wet period in summer and no winter soil freezing. This is typical of the Transcarpathians.

Under such condition the textural differentiation occurs within 220–250 cm of depth. The clay maximum is observed in Btf_3horizon (170–180 cm). The clay redistribution takes place in an acidic medium at low humus content (Tab. 2).

The relatively high loss of Al and Fe and increase in SiO_2 are observed in the upper 50 cm (A_1, A_2l and A_2lB) Below these horizons Al and Fe gradually increases but SiO_2 decreases. Total Ca and Mg is low troughout the profile. The clay is higher in total Fe and partially in Al in the A_2lB and Bt. As compared to other soils, these soils are poor in mobile and crystallized forms of Fe. The mobile forms decrease and the crystallized forms of Fe increase with depth. This indicates their illuvial accumulation together with the clay. The soils are rather high in exchangeable H + Al as compared to other soils of this type.

Under the condition of **autumn three-month overmoistening,** followed by deep winter freezing at constantly high relative air humidity (Primorye Territory of the Far East) the textural differentiation in the soils developed on residual deposit of granite gneiss is confined to a layer of only up to 110 cm thickness. The maximum clay accumulation occurs in a weakly acidic medium and at a rather high humus content.

It has a lower content of total Al and a higher content of Fe in clay than in soil; The reason for this is a relatively weak erosion of the soil-forming rock due to high mechanical dissection. Because of this, the bulk soil composition shows the composition of primary minerals of rock enriched with Al.

Iron leaves the crystal lattice quicker in the wet season, is redistributed over the entire profile and then converted to crystallized forms. In B and C horizons Fe is represented by these forms only. In the A_2l the clay is very low in total Al and Fe.

The soil is rich in exchangeable Ca and particularly Mg due to its supply from the ocean water. The base saturation is above 75 % in the surface soil and up to 85 % in the subsoil. This is caused by the humate and humate-fulvate composition of humic compounds as well as by high content of free iron oxides. Only the upper pseudopodzolized layer is poor in these forms. By this these soils differ from true podzols.

The manifestation of the pseudopodzol formation in the **subtropics** also depends on the duration, intensity and the time of starting of the rainy season. Under the condition of **three-month autumn-winter humid season** (420–540 mm), and extremely dry summer period (Lenkoran) the textural differentiation occurs in the layer not more than 75–100 cm thick being most intensive in the upper 30 cm where, however, the clay content is still as high as 25–28 %. The lessivage occurs in a weakly acidic medium and, probably, it is connected with the movement of fulvo acids deep into the profile. This is supported by a decreasing ratio of C_h:C_f (Tab. 2). The humus maximum is in the A_1. The accumulation of total Si and loss of total Al and Fe in the surface soil is not connected with podzolization, as the total Al of the clay remains constant over the entire profile and only the amount of Fe in A_1 and A_2l horizons considerably drops as compared to B horizon. The A_2l is rather poor in mobile Fe. The distribution of crystallized forms of Fe shows their slight lessivation. The redistribution of oxides are observed in a soil highly saturated with exchangeable Ca and Mg, the saturation reaching 97–98 % and, therefore, has nothing to do with podzolization.

Under the **condition of five-six-month humid season,** the precipitation in the autumn-winter-spring period amounting to 1000–1100 mm (West Georgia), the pseudopodzolization reaches its maximum.

The textural differentiation extends to a depth of up to 160 cm with a maximum of clay removal in the upper 70 cm. The removal occurs in a strongly acidic medium, fulvo acids prevailing (C_h:C_f – 0.60–0.29). The humus accumulation is insignificant.

The profile consists of a pseudopodzolic layer (0–133 cm) including A_1, A_2l, B_1 and B_2f and the underlaying layer. The upper layer is characterized by the accumulation of SiO_2 and low content of Al_2O_3 and Fe_2O_3.

Pseudopodsolization in the B is marked by an accumulation of Fe in the form of concretions and fragments of lateritic blocks in B_2. This horizon is the main impervious layer. The concretions and blocks have quartzy-aluminium-ferruginous composition. The behaviour of Al is contrary to that of Fe. If the soil would have been podzolised all eluvial horizons would have much lower clay, total Fe and Al. Moreover a lower content of mobile and crystalline forms of Fe would be present in bleached horizons.

Table 2

Characteristics of Brown Pseudopodzolic Soils of Temperate Warm Regions of the USSR

Depth (cm)	Clay <0.001 mm (%)	pH H_2O	Humus %	Bulk soil composition (%)						$\frac{SiO_2}{Al_2O_3}$	$\frac{SiO_2}{Fe_2O_3}$	Exchangeable cations (meq/100 g)			Total	Ca + Mg % of total	$C_h : C_f$	Clay composition %			Fe — %	
				SiO_2	Al_2O_3	Fe_2O_3	MnO	CaO	MgO			Ca	Mg	H+Al				SiO_2	Al_2O_3	Fe_2O_3	Tamm	Mehra+Jackson
The Transcarpathians (profile 27, L. K. Tselishcheva) homogenous loam																						
0–10	14.9	5.5	2.27	83.29	8.98	3.15	0.14	1.21	0.38	15.9	65.5	12.1	1.3	1.7	15.1	88.7	0.72	53.64	28.09	9.03	0.54	1.05
25–35	14.3	5.0	0.38	82.38	9.22	2.97	0.07	0.61	0.39	15.2	72.5	2.8	1.4	1.9	6.1	69.9	0.44	53.62	28.36	9.42	0.61	0.94
40–50	17.2	4.8	0.28	81.74	9.94	3.66	0.07	0.85	0.53	14.1	59.4	2.8	1.1	2.4	6.3	62.0	n. d.	51.95	28.87	11.17	0.48	n. d.
70–80	25.3	4.6	0.21	79.25	11.49	4.81	0.07	0.72	0.41	11.6	44.0	3.4	2.0	3.3	8.7	62.0	n. d.	52.50	28.90	12.01	0.39	1.33
100–110	26.8	4.8	0.16	78.17	12.29	4.98	0.10	0.83	0.55	10.4	43.5	4.9	2.7	3.4	11.0	69.0	n. d.	53.48	28.31	10.97	0.31	1.62
140–150	26.9	5.0	0.12	77.39	12.66	6.10	0.19	0.77	0.53	10.3	33.8	6.6	4.3	2.6	13.3	82.0	n. d.	53.81	29.51	11.15	0.27	1.81
170–180	31.0	5.1	n. d.	77.35	12.07	6.70	0.19	0.89	0.78	10.9	33.8	n. d.	n. d.	n. d.	n. d.	n. d.	n. d.	53.51	27.35	12.27	0.22	2.83
210–220	27.1	5.2	n. d.	79.47	11.72	4.48	0.10	0.77	0.62	11.5	46.0	n. d.	n. d.	n. d.	n. d.	n. d.	n. d.	54.26	28.47	10.96	0.17	2.04
200–270	25.1	5.2	n. d.	79.11	11.94	4.88	0.07	0.83	0.51	11.2	43.0	n. d.	n. d.	n. d.	n. d.	n. d.	n. d.	53.95	28.20	10.86	0.12	1.94
Primorye Territory of the Far East (profile 8.03) granite eluvium																						
1–10	10.2	5.9	6.90	59.17	27.41	7.44	n. d.	1.05	1.01	3.7	21.5	3.4	20.0	7.2	30.6	76	1.63	57.64	16.04	9.62	1.06	3.40
10–20	11.4	6.1	2.52	60.64	27.19	6.65	n. d.	1.90	0.64	3.7	24.0	7.2	6.6	4.6	18.4	75	0.71	53.61	13.12	6.38	0.81	3.00
30–40	21.4	6.2	2.02	49.27	38.97	7.68	n. d.	0.40	0.27	2.2	17.1	10.3	12.2	3.5	26.0	86	0.68	49.26	21.21	12.98	1.12	6.84
70–80	35.2	5.6	1.33	50.04	35.81	7.63	n. d.	0.33	0.25	2.4	17.3	8.7	10.9	3.9	23.5	83	0.89	48.20	22.72	13.95	0.70	7.63
100–110	26.6	5.4	n. d.	49.34	40.99	6.13	n. d.	1.01	0.17	2.4	21.0	8.4	10.0	4.4	22.8	81	n. d.	48.58	18.88	13.77	0.64	6.13
140–150	12.3	5.2	n. d.	47.67	41.21	6.39	n. d.	2.40	0.32	2.0	19.8	11.2	10.0	4.4	25.6	83	n. d.	–	24.04	16.58	0.67	6.39

Table 2 (contd.)

Characteristics of Pseudopodzolic Soils of Subtropical Regions of the USSR

Dept (cm)	Clay <0.001 mm (%)	pH H_2O	Humus %	Bulk soil composition (%)						$\frac{SiO_2}{Al_2O_3}$	$\frac{SiO_2}{Fe_2O_3}$	Exchangeable cations (meq/100 g)				Ca+Mg % of total	$C_h : C_f$	Clay composition %			Fe — %	
				SiO_2	Al_2O_3	Fe_2O_3	MnO	CaO	MgO			Ca	Mg	H+Al	Total			SiO_2	Al_2O_3	Fe_2O_3	Tamm	Mehra+Jackson
Zheltozem-highly pseudopodzolic – Lenkoran (profile 8106, R. V. Kovalev, 1966)																						
0–5	25.2	6.0	5.17	70.13	15.25	5.25	0.23	1.04	1.31	7.8	39.0	16.8	6.7	0.2	23.4	98.4	1.01	55.43	28.29	10.40	0.98	2.12
25–30	28.8	5.7	1.16	68.04	15.77	5.95	0.26	0.58	1.68	7.5	28.2	11.0	6.0	0.1	17.5	97.1	0.68	52.95	29.28	12.70	0.74	2.78
45–50	41.2	5.4	0.51	63.00	20.20	7.68	0.15	1.25	1.92	5.2	21.0	15.6	10.1	0.3	26.2	98.1	–	–	–	–	0.87	2.87
70–75	39.6	5.4	0.55	60.24	21.61	8.73	0.14	1.35	1.93	4.8	20.0	17.3	11.1	0.1	28.9	98.3	0.45	52.56	28.94	14.90	–	–
110–115	17.6	5.9	0.10	38.39	22.45	8.68	0.13	1.45	1.52	4.4	19.4	16.7	9.9	0.1	27.1	98.1	–	–	–	–	–	–
140–145	13.8	5.6	–	54.72	23.79	8.03	0.15	1.82	2.92	4.4	18.2	16.5	8.3	0.1	25.3	98.0	–	51.55	28.81	14.41	–	3.25
Zheltozem-pseudopodzolic – West Georgia (S. V. Zonn, N. K. Shonia, 1971, profile 2)																						
0,12	7.8	4.8	6.35	78.71	11.79	5.02	0.09	0.57	1.87	10.4	42.2	7.9	2.9	2.3	13.1	82.0	0.62	53.17	30.69	11.89	1.06	2.99*
16–35	11.0	4.7	2.20	77.93	12.21	5.86	0.12	0.42	1.57	10.9	35.0	3.2	1.0	2.0	6.2	67.0	0.29	52.09	29.56	14.07	0.86	3.79
42–70	14.3	4.5	0.53	76.56	14.72	5.13	0.10	0.48	1.60	8.8	39.8	2.9	0.5	2.7	6.1	56.0	–	52.09	29.86	13.45	0.50	3.28
75–105	18.0	4.6	0.35	75.70	13.22	6.00	0.10	0.44	1.62	9.8	34.0	4.6	0.6	3.6	8.8	60.0	–	52.01	30.43	14.27	0.63	3.33
110–133	18.1	4.7	0.30	75.36	13.91	5.81	0.08	0.53	1.61	9.2	34.8	4.4	0.5	4.1	9.0	54.0	–	50.13	31.71	13.73	0.41	3.63
135–160	22.4	4.8	0.11	62.82	22.36	10.48	0.07	0.35	1.76	4.7	16.9	4.7	0.3	4.4	8.4	47.0	–	50.00	32.76	13.14	0.44	5.56
170–205	22.0	5.2	0.04	64.00	21.21	10.18	0.04	0.76	1.90	5.3	16.9	9.9	3.9	4.0	17.8	78.0	–	49.85	30.79	13.11	0.82	5.19
Concretions	–	4.9	0.4	58.64	16.90	19.38	0.23	0.33	1.46	5.9	8.0	4.4	6.3	0.97	11.7	91.0	–	–	–	–	–	–

*) Acc. to Mehra and Jackson, excluding mobile Fe (acc. to Tamm).

Thus, the pseudopodzolization in humid subtropics is characterized by low content of Al and Fe in the mineral part, low content of Al in the clay, and redistribution of Fe in the upper layer without Fe removal to lower horizons.

Most of the studied soils are distinguished by the composition of clay minerals. The soils of the Transcarpathians have high content of hydrous mica, mixed-layered clays throughout the profile and slight differentiation of the profile by mineralogical composition. The soils of Lenkoran region have minerals of montmorillonite group, very low content of kaolin and high content of amorphous material. In contrast, chlorite-like minerals, hydrous mica, kaolin mineral and quartz prevail in the soils of West Georgia. The features of clay content differentiation are summarized in table 3.

Table 3
Textural Differentiation in Pseudopodzolic Soils of Various Regions

Region	Depth of layer with textural differentiation (cm)	Depth of clay maximum (cm)	Depth of lessivated layer (cm)
The Transcarpathians	220–250	170–180	40–50
Primorye Territory	110	70–80	30–40
Lenkoran region	75–100	40–50	30
West Georgia	160	135–160	70

Conclusion

The given concepts about the pseudopodzolization in the soils of the USSR extend our knowledge about the diversity of processes of forest soil formation. At the same time, they necessitate the revision of the existing viewpoint of the podzol formation and podzolic soils.

It should be mentioned that our concepts on pseudopodzolization differ from those suggested by *Duchaufour, Mückenhausen* et al. However, the difference of opinion cannot be a serious handicap to understanding each others' point of view of the genesis of this, probably, wide group of soils; on the contrary it may contribute to the establishment of a basis for further soil studies and correlation with similar soils of other countries.

Finally, we do not discuss pseudogley soils proper. They are found in the USSR and studied as an independent group of soils. These were distinguished by *Sibirtsev* who named them "ilovok".

Summary

The process of pseudopodzolisation is considered as a specific process observed under conditions of increased seasonal moistening. The following main regions in which this phenomenon occurs are distinguished: the region adjoining the Baltic Sea, Byelorussia, the Transcarpathians, the Primorye Territory of the Far East, the subtropical area of the West Georgia and the Lenkoran area of Azerbaijan. The paper presents the genetic characteristics of the typical soils within these regions.

Résumé

Nous devons considérer le processus de la pseudopodsolisation comme un processus spécifique sous des conditions d'une humectation saisonnière renforcée. Les régions principales, dans lesquelles ce phénomène se produit, sont les suivantes: la région autour de la Mer Baltique, la Biélorussie, les Transcarpates, le territoire Primorye de l'Extrême Orient, la région subtropicale de la Géorgie occidentale et le territoire Lenkoran en Azerbaidjan. Ce rapport a pour sujet les caractéristiques génétiques des sols typiques de ces régions.

Zusammenfassung

Man muß den Prozeß der Pseudopodsolisation als einen spezifischen Prozeß unter den Bedingungen verstärkter jahreszeitlicher Vernässung betrachten. Die Hauptgebiete, in denen dieses Phänomen vorkommt, werden unterschieden: das Gebiet um die Ostsee, Weißrußland, die Transkarpathen, das Primory-Gebiet im Fernen Osten, das subtropische Gebiet in Westgeorgien und das Lenkoran-Gebiet in Azerbaijan. Der Vortrag behandelt die genetischen Eigenarten der typischen Böden in diesen Gebieten.

Gley Soils in the Midland Valley of Scotland

By *D. Laing* *)

Parent Materials and Climate

The Midland Valley of Scotland is a broad undulating lowland tract stretching across the heart of the country from the North Sea to the Atlantic Ocean and covering an area of approximately 1,165,000 hectares. It is separated by geological faulting from the Highlands in the north and from the Southern Uplands in the south. The rocks of the Midland Valley consist of a succession of Old Red Sandstone and Carboniferous sediments, gently folded and containing contemporaneous lavas and tuffs together with igneous intrusions of various ages.

While the greater part lies below the 150 m level, some areas especially along its margins rise to over 300 m, and in some instances, to over 600 m. The average annual rainfall ranges from 500 mm along the east coast to over 1500 in the west while the average mean temperature over the area ranges from 3.5 °C in February to 15 °C in July. In their Assessment of Climatic Conditions in Scotland based on accumulated temperature and potential water deficit, *Birse* and *Dry* (1970) divide the country into four broad physiographic regions with approximate altitude limits.

Range	Description
0–200 m	Lowland
200–400 m	Foothill
400–800 m	Upland
> 800 m	Mountain

The scope of this paper will be confined mainly to soils occurring within the Lowland and Foothill regions of the Midland Valley. Arable cultivation seldom extends above 300 m, so that these regions embrace the agricultural areas of this part of the country. Some of the best farmland in Scotland is found here, and, as imperfect and poor drainage conditions exist over almost half the area, the importance of gley soils can readily be appreciated. The average annual accumulated temperature, measured in day degrees C above a base temperature of 5.6 °C, varies from around 1500 at altitudes of 50 m to about 1000 at 300 m while the potential water deficit measured in millimetres ranges from 77 on the east coast to 2 on the west. The more favourable climatic conditions, together with fine-textured and generally more base-rich parent materials are responsible for a wider

*) Department of Soil Survey. The Macaulay Institute for Soil Research, Aberdeen, Scotland

range of soil types than are found in the Upland and Mountain regions of Scotland (*Glentworth*, 1966).

As a consequence of the ice-movements which took place during the Pleistocene Period the Midland Valley is now covered by glacial till and by fluvio-glacial and solifluction deposits. These superficial deposits constitute the main soil parent materials.

Soil Classification

The terms used in Scotland to classify the soils are given in Table 1, in which they are compared with the equivalent terms employed by *Mückenhausen* (1959) and with the F.A.O. / U.N.E.S.C.O. nomenclature proposed for the Soil Map of Europe on the scale of 1:1,000,000 (E.C.A. Working Party on Classification and Survey, 1970). The generalized distribution of gley soils in the lowland regions of the Midland Valley of Scotland is shown in Figure 1. In this district, peaty podzols and iron podzols with imperfect drainage are not extensive and the majority of the soils are classed either as members of the brown forest soil group or within the group of gleys and related soils. Throughout the text of this paper, soils in which the drainage class is imperfect are frequently referred to as "imperfectly drained soils"; in the same way, soils placed in the poor drainage class are termed "poorly drained". The main morphological characteristics of the above groups are discussed below.

Table 1
Principal Gley Soils in Lowland areas of the Midland Valley of Scotland
(based on "Principal Soils of Scotland" – Nomenclature Correlation – *R. Glentworth*. Trans. Int. Soc. Soil Sci. Comm. II and IV, 1966)

Soil Survey	*Mückenhausen*	F.A.O./U.N.E.S.C.O.
Brown Forest and related soils		
Brown Forest Soils with gleying	Pseudogleys-Braunerden	Gleyic dystric and eutric Cambisols
Gley and related soils		
Noncalcareous gleys (surface-water)	Pseudogleys	Eutric Gleysols
Noncalcareous gleys (ground-water)	Mull gleys	Eutric Gleysols
Peaty gleys	In part Stagnogleys and Anmoor soils	Humic Gleysols
Warp gleys	Mull Gleys	Gleyic eutric Fluvisols

Brown Forest Soils with Gleying

Towards the eastern end of the Midland Valley, there is an absence of strongly gleyed soils, due partly to the low rainfall, but more especially, to the fact that the glacial deposits which have been derived from Old Red Sandstone rocks are of medium to coarse texture and relatively porous. Thus the dominant drainage category is imperfect and brown forest soils with gleying occur extensively, covering more than twice the area

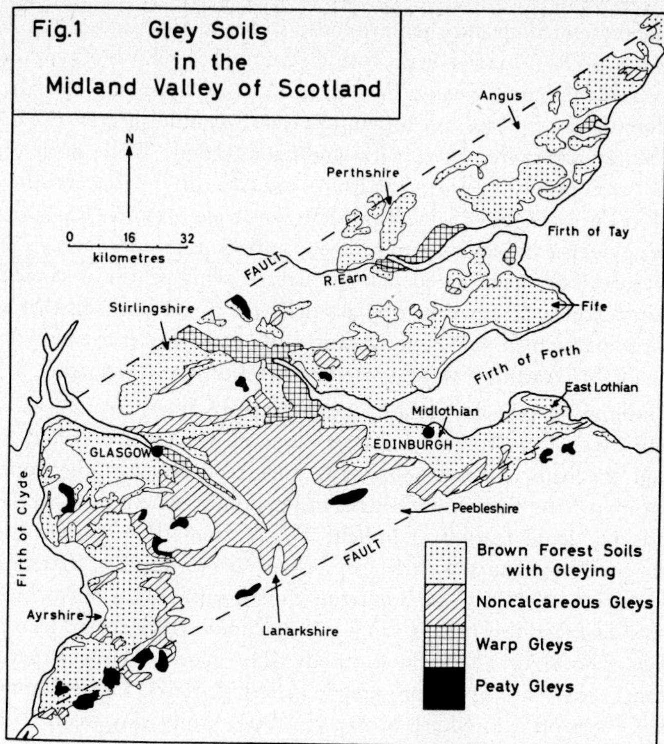

covered by gleys. South of the River Tay, in the county of Fife, the dominant soil parent material in the lowland areas is till derived mainly from Lower Carboniferous sediments. The finer texture of this till causes greater restriction to water movement and gley characteristics become more pronounced throughout the soil profiles than in the soils derived from Old Red Sandstone tills. While the dominant drainage category is still imperfect, a higher proportion of the soils are poorly drained. Typical soils derived (a) from Old Red Sandstone and (b) from Carboniferous parent materials are now described.

(a) From Old Red Sandstone Parent Materials

The dominant mineral in the clay fraction of soils derived from Old Red Sandstone tills is illite; small amounts of gibbsite are present but are confined to the S and B horizons. An important feature of these soils, particularly where the relief is gently undulating to gently rolling, is the evidence of water-sorting in the upper horizons of the profile, so that the texture in these layers is coarser than that of the underlying till. It is believed that much of the water-sorting and translocation of clay took place under periglacial conditions during the Würm period.

A typical profile from North-east Angus at an altitude of 100 m and under a rainfall of 760 mm (potential water deficit 25–50 mm) has a dark grey brown (10YR4/2) loam topsoil with moderate medium subangular blocky structure. The underlying $B_2(g)$ horizon is a reddish brown (5YR4/3) sandy loam with medium subangular blocky structure, which, as a result of water-sorting, is weakly developed. A $B_3(g)$ horizon is not always present, but, when it does occur, it is reddish brown (5YR5/3) to reddish grey (5YR5/2) and has a subangular blocky structure, often with slight induration. While both the $B_2(g)$ and $B_3(g)$ horizons have reddish yellow (5YR6/6) mottles, in the former the mottles are prominent and in the latter only faint. Both horizons have grey (5YR5/1) ped faces. The $B_3(g)$ also shows evidence of water-sorting. The C horizon is a reddish grey (5YR5/2) loam with a subangular blocky tending to platy structure. This profile is typical of soils in which a medium texture (20 per cent clay-particle size < 1.4 μm) together with a slight induration or compaction in the B horizon is responsible for preventing free drainage throughout. A notable feature is the absence of mottles in the C horizon.

The origin of induration (which is related to one type of fragipan) and its occurrence in podzolic soils of the east of Scotland has been discussed by *Romans* (1962). Induration is less common in the brown forest soils with imperfect drainage developed on finer-textured parent materials. To the south-west, in Perthshire, where the Old Red Sandstone till is of sandy clay loam texture, a profile, 45 km from the previous one and under similar climatic conditions has the dark grey brown surface horizon characteristic of this group of brown forest soils. Only one B horizon is distinguishable, a B(g) which is generally duller in colour, dark reddish brown (5YR4/2) as compared with reddish brown in the previous profile. The texture is loam or sandy clay loam and the structure is strong subangular blocky; there are many prominent yellowish red (5YR5/6) mottles and grey ped faces. The C horizon is a reddish brown (5YR4/3) sandy clay loam with subangular to angular blocky structure, frequent distinct yellowish red mottles and grey faces to peds. The B horizon is not indurated or compacted. There appears to have been no water-sorting throughout this profile and the clay content of all horizons is over 22 per cent.

The gley characteristics of these brown forest soils are not sufficiently well defined to warrant classing them as gley soils and it is suggested that they rank as weak pseudogleys or as transition forms between pseudogley and braunerde. In the proposed F.A.O./U.N.E.S.C.O. scheme, the nearest equivalent are gleyic dystric cambisols although, in some cases, cultivated soils are sufficiently rich in bases to make them gleyic eutric cambisols.

(b) From Carboniferous Parent Materials

Shale and sandstone are the main rock components in the tills derived from Carboniferous sediments which occur extensively in Fife. In a typical imperfectly drained brown forest soil with gleying, kaolinite and illite are the dominant clay minerals and montmorillonite is present in small amounts. A profile from east Fife at an altitude of 41 m and under a rainfall of 760 mm (potential water deficit about 60 mm) has a surface horizon of dark grey brown (10YR4/2) fine sandy clay loam with strong medium angular blocky structure and a few faint strong brown (7.5YR5/6) mottles. There is a sharp change into a light brownish grey (10YR6/2) $B_2(g)$ horizon of sandy clay loam texture with coarse angular blocky structure and many coarse prominent strong brown mottles. The $B_2(g)$ merges into a $B_3(g)$ horizon of greyish brown (10YR5/2) sandy clay loam with coarse angular blocky tending to prismatic structure; frequent distinct strong brown mottles are present and there are grey (10YR6/1) coatings on peds. At 61 cm, the B_3(g) merges into the C(g) horizon, a brown (7.5YR5/2) clay loam with coarse angular blocky to prismatic structure. There are frequent strong brown mottles and grey (N 5/0) coatings on peds. Soils of this type show evidence of seasonal water-logging and display throughout their profiles distinct ochreous and grey mottles. These are essential characteristics of the pseudogley (*Mückenhausen*, 1963). In the proposed F.A.O./U.N.E.S.C.O. system, the soil is classed as a gleyic eutric cambisol.

Gleys and Related Soils

(a) Surface-water Gleys

The clay mineralogy of surface-water gleys changes little down the profile; illite and kaolinite predominate and some montmorillonite is present. The soils have well-defined gley characteristics. A poorly drained soil also from east Fife at an altitude of 145 m and under rainfall conditions similar to the previous profile, has a dark greyish brown (2.5Y4/2) surface horizon of sandy clay loam texture with medium coarse angular blocky structure and few faint fine yellowish brown (10YR5/6) mottles. The Bg horizon is a grey brown (2.5Y5/2) clay loam with coarse angular blocky tending to prismatic structure and few distinct strong brown mottles. There is a gradual change into a dark grey (N4/0) Cg horizon of clay loam to clay texture with massive structure breaking, when the soil dries, to coarse prismatic and there are few fine strong brown (7.5YR5/6) mottles. In this soil, the effects of gleying are pronounced in the S and Bg horizons while the Cg retains the dark grey colour of the parent material. Although classed by the Soil Survey of Scotland as a surface-water gley, it still shows sufficient evidence of a fluctuating water table to warrant classification as a pseudogley. In the F.A.O./U.N.E.S.C.O. scheme, it is a eutric gleysol.

Further to the west, in Stirlingshire, the effects of increasing rainfall and finer-textured parent materials become more marked; poorly drained gley soils are more extensive and cover a greater proportion of the area than in the eastern parts of the Midland Valley. Many of the poorly drained soils approach the category of mull gleys or, on the F.A.O./U.N.E.S.C.O. system, eutric gleysols. A typical profile from south Stirlingshire, at an altitude of 107 m and under annual rainfall of 1000 mm (Potential water deficit 15 mm), has a dark greyish brown (10YR4/2) S horizon with massive, tending to weak angular blocky, structure and with prominent yellowish brown (10YR5/8) mottles. This is underlain by a Bg/Cg layer, a transitional horizon of grey (N5/0) clay with massive structure and diffuse yellowish brown (10YR5/6) mottles. The Cg horizon is a dark yellowish brown (10YR4/4) clay varying in colour to very dark grey (N3/0) below 89 cm. The structure is massive and there are a few diffuse yellowish brown mottles. This profile is a surface-water gley developed on drumlinoid topography which is typical of this area.

In Ayrshire, near the south-western end of the Midland Valley, rainfall is higher than in the areas already described and there is a wide development of surface-water gleys and of brown forest soils with gleying, the former being more extensive and covering over 25 per cent of the total. A typical poorly drained soil developed on till derived mainly from Lower Carboniferous sediments occurs at an altitude of 207 m and under a rainfall of over 1100 mm (potential water deficit 10 mm). A dark grey brown (10YR4/2) silt loam with medium prismatic structure and few faint ochreous mottles overlies an Ag horizon of grey brown (2.5Y5/2) silty clay loam with medium prismatic structure and few faint ochreous mottles. The Bg horizon is pale brown (10YR5/3) to light brownish grey (10YR6/2) clay with coarse prismatic structure and coarse strong brown (7.5YR5/8) mottles. Gleying is more intense and the grey colour (N5/0) darker in the lower than in the upper part of the horizon. Mottles are diffuse yellowish brown (10YR5/6) and become darker with depth. The Bg merges into the Cg horizon, a dark grey (N4/0) clay with massive structure; gleying is strong along old root channels and iron oxide accumulations are present as "drain-pipes". These soils have the structure and gley characteristics of mull gleys and their percentage base saturation is sufficiently high for them to be classed as eutric gleysols in the F.A.O./U.N.E.S.C.O. system.

(b) Ground-water Gleys

In certain low-lying areas, under a rainfall of over 1200 mm, small areas of gleys soils develop which have poor and very poor natural drainage. The poorly drained soils are mull gleys in the European classification and eutric gleysols in the F.A.O./U.N.E.S.C.O. scheme. Those with very poor drainage are generally characterized by organic-rich surface horizons, strong gleying in the Bg and Cg horizons and a near-absence of ochreous mottles (*Mitchell* and *Jarvis,* 1965). They have affinities to both anmoor and stagnogley in the European system and are classed as humic eutric gleysols in the F.A.O./U.N.E.S.C.O. scheme. In Scotland, the poorly drained mineral soils are called non-calcareous gleys and the very poorly drained with organic-rich surface layers are peaty gleys.

Warp Soils

Extensive areas of ground-water gley soils are developed on the low raised beach deposits which extend along the estuaries of the Rivers Tay, Earn and Forth. Occurring at elevations of between 8 and 10 metres, these deposits consist largely of silty clay or clay silt laid down in Boreal times some 8,000 years ago as a result of marine encroachment following a period of low sea-level. In the deposits bordering the Tay and its tributary the Earn, the clay contents are frequently over 40 per cent while percentages of silt are normally as high or sometimes higher. Bordering the estuary of the River Forth, percentages of clay can be as high as 70. The dominant clay mineral is illite and some kaolinite is also present while gibbsite occurs in the Bg and Cg horizons. A typical profile from the River Forth deposit at an altitude of 16 m and under a rainfall of 880 mm (potential water deficit 25–50 mm) has a dark grey brown (2.5Y4/2) silty clay loam surface horizon with medium subangular blocky structure, frequent diffuse ochreous mottles and dull grey gleying throughout. This is underlain by a transitional horizon of greyish brown (2.5Y5/2) to olive grey (5Y5/2) silty clay loam with a weak medium prismatic to massive structure. There are many diffuse ochreous mottles and moderate dull grey gleying. At 41 cm, there is a clear change to a dark grey silty clay (5Y4/1) with a weak coarse prismatic structure, diffuse ochreous mottles and strong grey gleying. This horizon merges at 56 cm into a dark grey (10YR4/1) silty clay with prominent dull grey gleying and frequent well-developed iron oxide concretions in the shape of "drain-pipes" round old root channels. Percentage clay rises from 31 in the surface horizon to 43 in the lower Cg while percentage silt is over 44 throughout the profile, reaching 58 in the Cg. These are the best examples of mull gleys in the district and, on the F.A.O./U.N.E.S.C.O. scheme they are classed as gleyic eutric fluvisols or fluvi-eutric gleysols.

Land Use Capability

The general variations in soil texture and structure and in resulting drainage conditions have a marked effect on the Land Use Capability of the Soils. At the north-east end of the Midland Valley, the principal soils are brown forest soils with gleying. These soils have minor physical limitations and require little artificial drainage. In consequence, they have high agricultural potential and provide some of the best farm-land in Scotland.

To the south and south-west, under a higher annual rainfall, fine-textured soils derived from Lower Carboniferous sediments are imperfectly drained brown forest soils and poorly drained surface-water gleys. Artificial drainage is essential for these soils which have serious physical limitations and, in most cases, require careful agriculture management.

Because of their high clay and silt contents, the poorly drained ground-water gleys developed on estuarine deposits require special cultivation practices but can, with proper treatment, provide good farmland for a variety of crops. Bordering the estuaries of the Rivers Tay and Earn, this variety covers a wider range than along the estuary of the River Forth, where, because of finer soil texture and higher rainfall, the limitations to agricultural practices are more severe.

In certain low-lying areas, especially in the extreme west, ground-water gleys have developed with poor and very poor drainage. While drainage conditions of the former can be improved sufficiently to maintain good grassland, use of the very poorly drained soils is restricted to rough grazing or forestry.

Conclusions

Parent material and climate play important parts in determining the occurrence and distribution of major soil groups in the Midland Valley of Scotland. As the rainfall increases and the texture of the soil parent material becomes finer, gley characteristics become more prominent and structures change from medium subangular blocky to coarse prismatic and even massive. These variations in soil properties are reflected in the pattern of Land Use Capability, the physical limitations of the soils increasing in severity from north-east to south-west.

Acknowledgement

I should like to thank colleagues of the Soil Survey of Scotland for unpublished profile descriptions and other soil data used in the preparation of this paper.

References

Birse, E. L. and *Dry, F. T.*, 1970. Assessment of Climatic Conditions in Scotland I. Map and Explanatory Pamphlet. Macaulay Institute for Soil Research, Aberdeen.

Glentworth, R., 1966. Soils of Scotland. Transact. Meeting Comm. II and IV Int. Soil Sci. Soc., Aberdeen, 401–409.

Mitchell, B. D. and *Jarvis, R. A.*, 1956. The Soils of the Contry round Kilmarnock. (Sheet 22 and part of Sheet 21). Mem. Soil Surv. Scot. Edinburgh: H.M.S.O.

Mückenhausen, E., 1959. Die wichtigsten Böden der Bundesrepublik Deutschland. Verlag Kommentator, Frankfurt a. M.

Mückenhausen, E., 1963. Science du Sol. No. **1**, 21–29.

Romans, J. C. C., 1962. J. Soil Sci. **13**, 20–10.

E. C. A. Working Party on Classification and Survey. 1970. Elements of the Legend for the Soil Map of Europe at the scale of 1:1,000,000 – Soil Resources Development and Conservation Service, Land and Water Development Division. F. A. O., Rome.

Summary

The principal gley soils occurring in lowland regions of the Midland Valley of Scotland are described and their generalized distribution is shown on a map. The terms used in Scotland to classify the soils are compared with those used by *Mückenhausen* and with the F.A.O./U.N.E.S.C.O. nomenclature prepared for the Soil Map of Europe. Evidence is presented showing that parent material and climate play important parts in determining the distribution of major soil groups which, in turn, strongly influences the pattern of Land Use Capability.

Résumé

Les principaux gleys dans les bas terrains du Midland Valley (Ecosse) sont décrits, et leur distribution est montrée à l'aide d'une carte. Les termes utilisés en Ecosse pour classer les sols sont comparés avec ceux de *Mückenhausen* et avec ceux de la FAO/UNESCO nomenclature, qui a été prèparèe pour une carte géologique des sols d'Europe. Il est évident, que le matériau de base et le climat jouent un grand rôle dans le déterminisme de la distribution des principaux groupes de sols qui, en retour, influencent grandement les possibilités d'utilisation du sol.

Zusammenfassung

Die hauptsächlichen Gleye in den Niederungen des Midland Valley (Schottland) werden beschrieben, und ihre Verbreitung wird auf einer Karte gezeigt. Die Termini, die man in Schottland zur Klassifizierung der Böden verwendet, werden mit denen von *Mückenhausen* und mit der F.A.O./U.N.E.S.C.O.-Nomenklatur, die für eine Bodenkarte Europas vorbereitet wurde, verglichen. Der Nachweis wird geführt, daß Ausgangsgestein und Klima eine wichtige Rolle in der Bestimmung der Verbreitung größerer Bodengruppen spielen, und diese Verbreitung beeinflußt ihrerseits in hohem Maße das Muster der Landnutzungsmöglichkeit.

Study of Soils in the Drumlin Belt of North Central Ireland

By *M. Walsh* *) and *F. de Coninck* **)

Introduction

The drumlin belt of north-central Ireland occupies an area of over 1 million hectares. Enclaves-5 to 10 hectares – of undulating topography, locally known as "rockland", and more extensive lacustrine and alluvial flats occur between the drumlins. Proximity of bedrock to the surface and frequent rock outcrop clearly distinguish the "rockland" from the drumlins. The dominant slopes on the former range from 2 ° to 5 ° and, on the latter from 7 ° to 15 °. The altitude varies between 50 and 70 m O.D.

Carboniferous limestones, shales and sandstones, and Ordovician shales and sandstones form the main bedrocks. These are largely mantled by glacial till which is moulded into classically shaped drumlins with a "stoss" end facing the source of ice movement. The geological composition of the till in the drumlins and in the rockland is essentially that of the underlying bedrock.

The climate is cool temperate oceanic – Cfb (*Köppen*), AC'_2rb_2 (*Thornthwaite*) – with a mean annual temperature of 8 ° to 9 °C. Mean annual precipitation varies from 1,500 mm in the west to 890 mm in the east and is fairly well distributed throughout the year.

Problem

Fine-textured aquepts occur on many of the till drumlins regardless of changes in parent material or slopes. Soils on associated rockland differ little in texture from drumlin aquepts but they generally have a better natural drainage and a wider variety of profile development. Aquepts, aqualfs, udalfs, ochrepts and orthods occur in varying complexes on rockland.

Quinn and *Ryan* (1962) and *Mulqueen* and *Burke* (1967) have highlighted the difficult problems of drainage and of soil management for agricultural purposes on till drumlin aquepts. The rockland soils are generally more amenable to agriculture.

This study is an attempt to explain the genesis of and the difference between some drumlin aquepts and associated rockland soils.

Soils and Methods

Morphology

Five soil profiles, three on till drumlins and two on associated rockland, were described and sampled. The parent materials of the drumlin soils consist of till, derived mainly from siliceous

*) Soil Survey, An Foras Taluntais, Johnstown Castle, Wexford, Ireland

**) Geological Institute, State University Ghent, Rozier 44, Ghent, Belgium

limestone (soil 1), calcareous shale (soil 2) and interbedded shales and sandstones (soil 3). The parent materials of the rockland soils, 4 and 5, are similar to those of soils 2 and 3. A rockland soil on siliceous limestone is not included because of its similarity with that on calcareous shale.

For morphological details, the following two descriptions are given. Both are on calcareous shale, profile 2 is the drumlin soil, profile 4 the rockland soil.

The drumlin soil is generally wet throughout the year and so is described in the wet state. The rockland soil, however, is generally moist and is described in this state.

Profile 2 – Alfic Haplaquept on Drumlin

0–5 cm: A11; Clay; grey yellowish brown (10 YR 4/3) *); weak coarse granular; friable; abundant fine roots; clear smooth boundary to:

10–23 cm: A2g; Clay; yellow brownish grey (10 YR 5/2) with common light brown (7.5 YR 5/6) mottles along root channels; few micropores; weak coarse prismatic breaking to medium angular blocky; slightly sticky, slightly plastic; common roots; clear wavy boundary to:

10–23 cm: A2g; Clay; yellow grey (10 YR 5/2) with common light brown (7.5 YR 5/6) mottles along root channels; few micropores; weak coarse prismatic breaking to medium angular blocky; slightly sticky, slightly plastic; common roots; clear wavy boundary to:

23–42 cm: B1g; Clay; yellowish brown (10 YR 5/6) with many coarse prominent grey (2.5 Y 6/0) mottles; massive; sticky, plastic; common roots; gradual smooth boundary to:

42–55 cm: B2tg; Clay; grey (2.5 Y 5/0) with many prominent coarse yellowish brown (10 YR 5/6) mottles; massive; sticky, plastic; few roots; gradual smooth boundary to:

55–75 cm: C1g; Clay; yellowish brown (10 YR 5/5 – 5/6) with many prominent yellow brownish grey (10 YR 5/0) mottles; massive; sticky, plastic; few large decaying roots; very gradual smooth boundary to:

75–100 cm: C2g; Similar to Clg but with greenish grey colours in matrix.

Profile 4: Typic Haplaquept on Rockland

0–5 cm: A11; Clay; yellow brownish grey (10 YR 4/2); moderate medium granular and fine subangular blocky; friable; abundant roots; clear smooth boundary to:

5–13 cm: A12; Clay; yellow brownish grey (10 YR 5/1) with common distinct fine light brown (7.5 YR 5/6) mottles; moderate medium subangular blocky; friable; frequent roots; clear smooth boundary to:

13–25 cm: A2; Clay; yellow brownish grey (10 YR 6/1) with few distinct fine light brown (7.5 YR 5/6) mottles along root channels; moderate medium and coarse subangular blocky; friable; common roots; clear smooth boundary to:

25–40/45 cm: B2g; Clay; yellow brownish grey (10 YR 6/1) with common distinct fine light brown (10 YR 5/6) mottles; moderate coarse prismatic; slightly plastic, slightly sticky; grey (2.5 YR 6/0) clay cutans on the major ped faces; many fine pores in interiors of peds; common roots along ped faces; clear wavy boundary to:

40/45 cm: R; Weathering calcareous shale.

The three drumlin soils have a rather similar horizonation and morphology and are classified as alfic haplaquepts. The difference between Bg and Cg is based on the difference in structure (weak coarse prismatic in the Bg merging gradually with massive in the Cg).

Soils 4 and 5 on the rockland are classified as a lithic haplaquept and a typic haplorthod respectively.

Morphological differences between drumlin and rockland soils are confined to differences in structure and consistency. The former have a very weak crumb structure in the surface horizon,

---

*) Soil colours refer to field-wet *Munsell* colour notation

are weak coarse prismatic in the Bg and massive in the Cg with a sticky and plastic consistency throughout. The latter soils are moderately strong granular in the surface horizon and moderate subangular blocky in the B(g) and have a friable consistency throughout.

None of the soils possess a water-table. The colours of the drumlin soils indicate active oxidation and reduction processes while those of the rockland soils are more homogeneous.

The organic matter content is generally higher and plant remains are less humified in the drumlin soils than in the rockland soils.

Despite a textural increase in the B horizon, continuous clay skins were not observed in the field. Illuviation of fine soil material was, however, apparent along prism faces.

Analytical methods

Analytical data include particle size distribution, pH, organic carbon and total elemental analyses determined by conventional methods. Fe and Al extracted by dithionite - citrate treatment on the $< 2\,\mu$ fraction (*Mehra* and *Jackson*, 1960, *De Conick* et al., 1968) were determined. X-Ray diffractograms were prepared from the silt fraction and the < 2 micron fraction before dithionite-citrate treatment. Following treatment, the clay samples were again X-rayed in the following ways: (i) Mg saturated, (ii) Mg saturated, solvated with glycol, (iii) K saturated, (iv) during gradual heating of both Mg and K saturated to 550 °C. Thin sections were prepared from oriented and undisturbed soil samples for micromorphological examination.

Results and Discussion

Micromorphology *)

Micromorphology shows clear differences between the drumlin and the rockland soils. The s-matrix of the drumlin soils is dense with a porphyroskellic related distribution. That of soil 4 is somewhat denser and has more regularly shaped voids suggesting a more orderly packing of the material. Soil 5 due to the presence of many fecal pellets, has loosely packed s-matrix with agglomeroplasmic related distribution. The general colour of the s-matrix is darker than that of the corresponding drumlin soil due a more homogeneous distribution of iron within the horizons.

The plasmic fabric of the A horizons of the drumlin soils varies from silasepic to weak skel-insepic. The A horizon of soil 4 has a weak skel-masepic fabric. The lower horizons of the drumlin soils have strongly developed skel-vo-masepic as well as some enclaves of clinobimasepic and omnisepic fabric. Many separations consist of original argillans being reincorporated into the s-matrix. The plasma separations are best preserved where coated with sesquioxidic material but are in the course of disruption where bleached and free of sesquioxides. The lower horizons of soil 4 are also skel-vo-masepic but the plasma separations are more strongly oriented and apparently more stable than in the drumlin soils.

Asepic plasmic fabric characterises the entire profile of soil 5. This contrasts strikingly with the corresponding drumlin soil which displays the best developed skel-vo-masepic fabric.

Voids with or without interconnections are more plentiful in the rockland than in the drumlin soils. The latter have a greater proportion of planar and channel voids to vughs

*) the terminology employed is that of *Brewer*, 1964

than the former. This indicates a greater amount of stress due to swelling and shrinking in the latter than in the former soils.

The voids in the drumlin soils are mainly irregular meta- and orthochannels with some meta- and ortho-skew planes and meta- and orthovughs. Some vesicles occur in the lower horizons of soil 3. The rockland soils contain mainly orthovughs and -channels with very few planar voids. Metavoids are also present in soil 4.

Many cutans of plasmic and sesquioxidic material occur in the lower horizons of the drumlin soils. They are present to a lesser extent in soil 4 and almost completely absent from soil 5 apart from a few neo-ferrans in the surface horizon. The argillans and ferriagillans of the drumlin soils often have a disrupted structure. They are much larger than the more tightly packed illuviation ferriargillans of soil 4. The latter also have a stronger and more continuous orientation. The drumlin (ferri)argillans appear to result from illuviation and localized mass movement of plasmic material. The most pronounced plasma concentrations are present in soil 3 which has the highest sand and lowest clay contents of all the soils. Neo-ferrans and quasi-ferrans, many originating from plant remains, are most common in the drumlin soils. Many quasi-ferrans in the lower horizons of the drumlin soils occur within void argillans forming compound pedological features. Ferrans occur rarely in the rockland soils.

Glaebules, consisting mainly of sesquioxidic nodules and concretions, are common in the drumlin soils. They originate mainly from plant remains in the surface horizons and from plasma separations and concentrations in the lower horizons. The nodules are generally large, irregularly shaped, diffuse and undifferentiated while the concretions,

Table 1

Mechanical (pipette) and Chemical Analyses

Horizon	% C. Sand 2000–200 μ	F. Sand 200–50 μ	Silt 50–2 μ	Clay 2 μ	C (%)	pH	Free Al_2O_3 (%)
Profile 2							
A_{11}	7	8	43	42	10.3	6.1	1.09
A_{12}	6	9	41	44	6.2	6.2	0.56
A_2	9	10	38	43	2.1	6.4	1.29
B_{1g}	5	6	40	49	1.0	7.1	1.04
B_{2g}	6	6	35	53	0.7	7.2	1.72
C_{1g}	7	7	36	50	0.7	7.4	1.92
C_{2g}	6	6	42	46	0.9	7.5	1.39
Profile 4							
A_{11}	4	5	41	50	8.8	5.1	0.61
A_{12}	6	6	42	46	4.3	5.0	1.04
A_2	5	5	44	46	2.6	5.1	0.56
Bg/R	3	4	37	56	1.2	5.3	0.73

also diffuse, consist mainly of a single outer band. Glaebules are also common in soil 4 but are rarely seen originating from plant remains even in the surface horizon. Here the glacbules consist mainly of discrete, undifferentiated spherical nodules. These nodules are smaller, more clearly expressed and apparently more stable than in the drumlin soils. Glaebules are almost totally absent from soil 5.

Fecal pellets are present in the surface horizons of all the soils. In the drumlin soils they are irregularly shaped and seem to be easily disrupted. The pellets of the rockland soils have smoother outlines and a more intensely mixed matrix giving a more stable appearance. Fecal pellets, often enclosed in voids, occur throughout soil 5. Thus, a more effective biological activity is present in the rockland than in the drumlin soils.

Mineralogy

The silt fraction (50 μ–20 μ) is composed mainly of quartz, chlorites, micas and felspars. Soil 3 has the lowest amount of quartz. The B horizons generally contain more weatherable minerals than the A horizons. There is little difference in composition between drumlin and rockland soils which are derived from similar parent materials.

The clay mineralogical analyses of the $< 2\ \mu$ fractions show a rather uniform composition: the most important components are illite, quartz, kaolinite and 14 Å minerals which are mostly chlorites and intergrades chlorite-vermiculite or illite-vermiculite. Swelling minerals

Table 2

Free iron content (% Fe_2O_3) in total soil ($<$ 2 mm) and clay ($<$ 2 μm)

Profile and Horizon	soil	clay	Profile and Horizon	soil	clay
1 Drumlin			3 Drumlin		
O_1	0.3	1.72	A_{11}	2.0	3.28
A_1	0.6	0.63	A_{12}	3.6	6.58
A_{2g}	0.6	0.95	B_{1g}	2.9	6.53
B_{1g}	3.8	7.92	B_{2g}	3.1	8.40
B_{2g}	3.6	7.01	C_{1g}	–	8.15
C_g	3.4	5.86	4 Rockland		
			A_{11}	1.9	1.66
2 Drumlin			A_{12}	2.5	2.65
A_{11}	0.9	1.81	A_2	2.8	2.22
A_{12}	1.9	1.23	$B_{g/R}$	2.8	2.99
A_2	2.3	2.79	5 Rockland		
B_{1g}	3.8	6.19	A_{11}	3.7	8.62
B_{2g}	3.5	5.98	A_{12}	4.0	10.40
C_{1g}	3.0	6.19	B_{2ir}	3.9	15.61
C_{2g}	2.7	5.17	C	2.4	12.74

are present only in a few horizons. The B horizons of the 3 drumlin soils have lepidocrocite, but this mineral is absent in the rockland soil.

Interesting evolutions in the clay mineral composition are present within some profiles (weathering of chlorite, and chloritisation of both vermiculite and illite) but these do not seem to be in relation with the special character of the drumlin soils and the difference in behaviour with the rockland soils. Although montmorillonitic minerals are mostly absent, micromorphological studies point to the presence of strong forces causing stress and mass movement in the soil. This indicates that swelling minerals are not necessary to cause strong swelling and shrinking in the soil.

Another interesting feature is the presence of lepidocrocite in the drumlin soils and its absence in the other soils. Although the free iron content is about the same in both, only the drumlins have this iron mineral, which is typical for poorly drained soils.

Some profiles show a slight increase of quartz in the A horizon, but this alone is not responsible for the poor structure as previously thought. The amount of quartz is not higher in the drumlin than in the rockland soils, and is comparable to many other soils showing good structure and good drainage.

Chemical Analyses

All the drumlin profiles show an increase in clay content in the B2g. The pH is normally lower in the rockland than in the drumlin soils, probably due to the better natural drainage of the former (Tab. 1).

The free iron content in the total soil and in the clay fraction shows some striking differences (Tab. 2). In the surface horizons of the drumlin soils the free iron content in total soil and clay is similar. This may mean that the distribution is equal in the clay and total soil or that it is distributed proportionately between the two fractions. The same feature occurs in the whole profile of soil 4 (the rockland).

However, the free iron content of the clay fraction in the B horizons of the drumlin soils is generally double that in the total soil. This indicates that most of the free iron is present in the clay fraction or that it is easily dispersible or finely divided on the clay particles.

This feature is consistent with the micromorphological observations. These show very many small but strong iron accumlations in the A horizons of the drumlin soils and throughout profile 4, while in the B horizons the iron oxides are regularly distributed throughout the whole matrix in the form of weak diffuse accumulations.

It is possible that in the drumlin soils, due to the strong stress, clear nodules or concretions never have time to form as the incipient iron accumulations are continually being disrupted and displaced. In profile 4, however, strongly pronounced iron accumulations occur in the form of nodules or as part of ferriargillans associated with meta-voids. These special forms of iron accumulation seem to form a frame, helping to maintain the rigidity of the soil mass.

The total elemental analyses did not show significant differences in the various horizons of the profiles and it was not possible to draw clear conclusions from them.

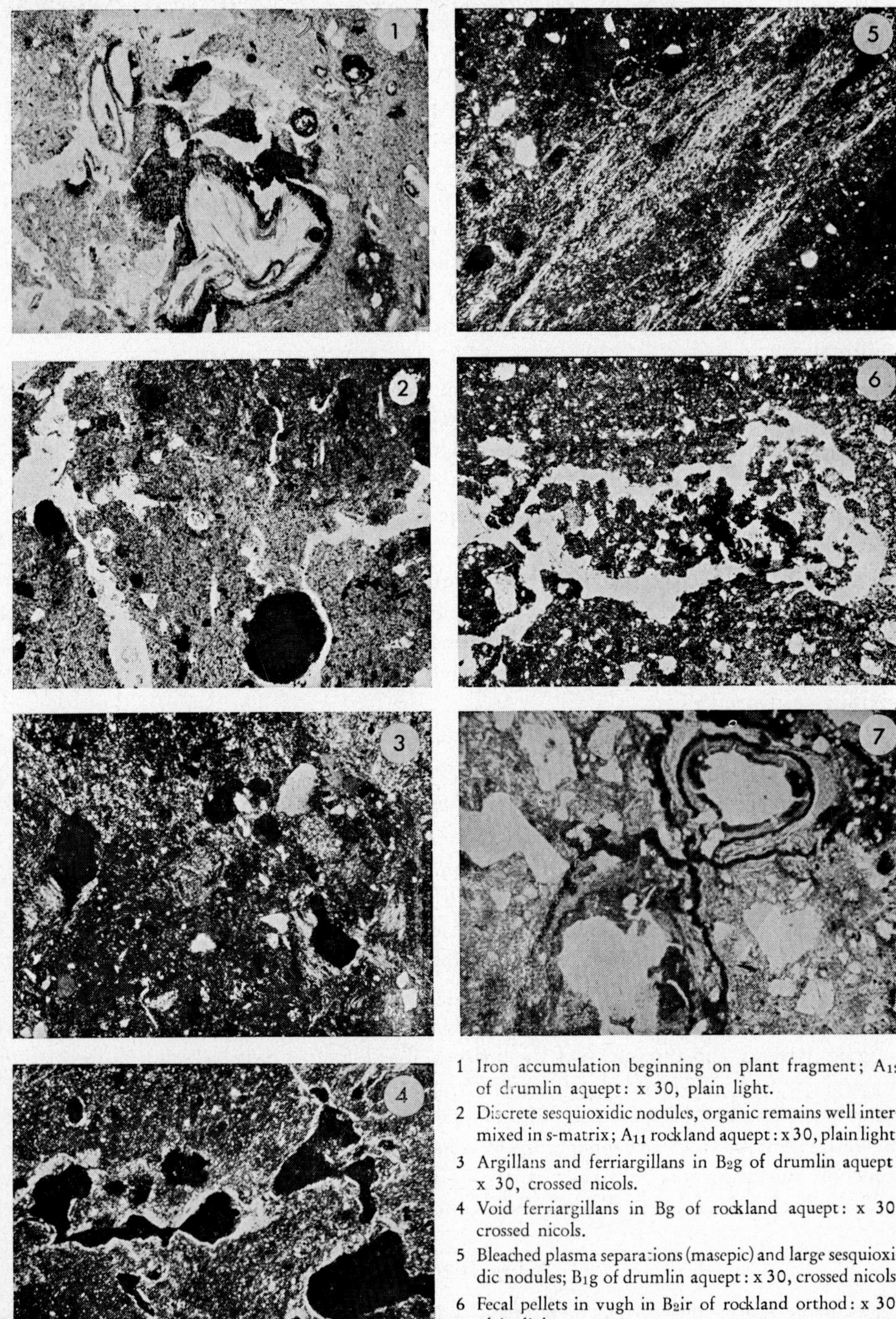

1 Iron accumulation beginning on plant fragment; A_{12} of drumlin aquept: x 30, plain light.

2 Discrete sesquioxidic nodules, organic remains well intermixed in s-matrix; A_{11} rockland aquept: x 30, plain light.

3 Argillans and ferriargillans in B_2g of drumlin aquept: x 30, crossed nicols.

4 Void ferriargillans in Bg of rockland aquept: x 30, crossed nicols.

5 Bleached plasma separations (masepic) and large sesquioxidic nodules; B_1g of drumlin aquept: x 30, crossed nicols.

6 Fecal pellets in vugh in B_2ir of rockland orthod: x 30, plain light.

7 Compound pedological feature-void ferriarigillans with quasi-ferrans - B_2g of drumlin aquept: x 80, plain light.

Conclusion

The drumlin soils behave differently under agriculture from the rockland soils.

There is no consistent difference in weathering and composition of the clays between soils on similar parent materials. There appears to be no relationship between the mineralogical and physico-chemical composition and the different behaviour of the soils. The amount of quartz in the clay fraction is not, as originally held, responsible for the poor structure of the drumlin soil (*Mulqueen* and *Burke*, 1967).

Soil structure is weak and ill-defined in the drumlin soils whereas it is moderately strong and more clearly defined in the rockland soils. Consistency in the natural state is generally sticky and plastic throughout the year in the former but generally friable in the latter soils.

Micromorphologically the soils differ most in the occurrence and nature of voids, cutans, glaebules and fecal pellets. The drumlins have a lower porosity with fewer and more irregularly shaped voids, but a greater proportion of planar voids, the latter being an expression of greater stress in the soil.

The weaker orientation of the cutans in the drumlins suggest a more intense, localised disturbance of the plasmic material.

The distribution of different free-iron features in the profiles – large diffuse accumulations in the drumlins, and small, discrete nodules and ferriargillans in rockland – again points to strong and continuous rearrangement of the soil mass due to internal stress phenomena in the former. In the latter, they form stable aggregates which seem to lend rigidity to the soil.

The nature of the pores and low porosity in the drumlin soils may result partly from pressure exerted by the moving ice-mass during drumlin formation.

The rockland soils are developed on morainic material which was probably deposited when the ice-mass was melting and not subjected to great pressures as above.

The fecal pellets indicate a more affective and deeper biological activity in the rockland than in the drumlin soils. The rockland soil 5, derived from Ordovician material, with its abundant fecal pellets and almost complete absence of plasma aggregates and glaebules, offers a greater contrast with its corresponding drumlin soil than that of the soils derived from Carboniferous materials.

In our opinion the evolution of these soils must have originated from differences in original packing and proximity of the bedrock. These factors have caused a difference in natural drainage. We could clearly establish that in the drumlins existing pores are closed soon after they had been formed, while in the rockland many of the pores are stabilized by ferriargillans. Since the mineralogical composition is identical in both cases we must conclude that the poorer drainage causes a higher stress within the soil mass, closing the pores before they can be stabilized and maintain themselves.

Acknowledgement

The authors express their thanks to the field and laboratory staff of the National Soil Survey, An Foras Taluntais, Johnstown Castle, Wexford (Ireland), and to the staff of the soil laboratories of the Geologisch Institute, Rijksuniversiteit, Ghent (Belgium).

References

Brewer, R., 1964 – Fabric and Mineral Analysis of Soils: John Wiley & Sons, Inc., N. Y.

De Coninck, Fr. Herbillon, A. J., Travernier, R. and *Fripiat, J. J.*, 1968 – 9th Int. Congr. Soil Sci. Adelaide. **IV**, 353–365.

Mehra, O. P., Jackson, M. L., 1960 – Clays Clay Miner. **5**, 317–327.

Mulqueen, J., Burke, W., 1967 – Research on Drumlin Soils: An Foras Taluntais, Dublin.

Quinn, E., Ryan, P., 1962 – Transact. Joint Meeting Comm. IV and V. Int. Soc. Soil Sci. Palmerston North 639–646.

Summary

Five soils representing some of the more important variations in the drumlin belt of north-central Ireland are studied. Three of the soils, aquepts, occur on drumlins and two, an aquept and an orthod, occur on associated rockland. Both groups of soils occur on corresponding parent materials but have contrasting morphological characteristics. Differences in chemical, physico-chemical, mineralogical and micromorphological properties are discussed. A tentative explanation for the varying characteristics and behaviour of the two groups of soils is given.

The main differences between the soil are believed to be originally due to their mode of deposition.

Résumé

Cinq sols représentant quelques-unes des plus importantes variations dans le Drumlin Belt (Nord de l'Irlande centrale) ont été examinés.

Trois des sols, Aquepts, se trouvent sur Drumlins, et deux, un Aquept et un Orthod, sont sur le « rockland » associé. On trouve les deux groupes de sols sur des matériaux parentaux correspondants, mais ils ont des caractéristiques morphologiques contrastés. Les différences en composition chimique, physico-chimique, minéralogique et micro-morphologique sont discutées. Un essai est fait pour une explication des deux groupes de sols. Les différences principales entre les sols proviennent probablement de leur mode de dépôt.

Zusammenfassung

Fünf Böden als einige der wichtigeren Vertreter im Drumlin Belt (Nord-Mittelirland) werden untersucht. Drei der Böden, Aquepts, kommen auf Drumlins vor, und zwei, einen Aquept und einen Orthod, findet man im angrenzenden Felsengebiet. Beide Bodengruppen trifft man auf entsprechenden Ausgangsgesteinen, aber sie haben konstrastierende morphologische Merkmale. Unterschiede in chemischen, physiko-chemischen, mineralogischen und mikromorphologischen Eigenschaften werden diskutiert. Ein Erklärungsversuch für die unterschiedlichen Merkmale und das Verhalten der beiden Bodengruppen wird gegeben. Die Hauptunterschiede zwischen den Böden sind wahrscheinlich ursprünglich durch die Ablagerungen bedingt.

Some Characteristics of Alluvial Soils in the Trent Valley, England

By *E. M. Bridges* *)

Introduction

The river Trent is one of the largest rivers in Britain with a drainage basin of approximately 10,500 km^2. It drains a considerable area of the counties of Staffordshire, Derbyshire, Nottinghamshire and Lincolnshire, and has the rivers Dove, Derwent, Tame, Soar and Idle as its larger tributaries. At present, the discharge of the river, measured near Nottingham, ranges from a daily winter average of 109 cumecs to a daily summer average of 51 cumecs. Variation in flow, particularly during the Pleistocene, must have been considerable as is indicated by the nature of the deposits which remain. Coarse fluvio-glacial debris has been succeeded by finer sediment lying upon a more restricted flood plain.

The river Trent has an ancestry which can be traced back as far as the Tertiary, when the present drainage pattern was initiated (10, 11). During the Pleistocene, several important changes took place which had considerable bearing on the distribution of fluvial deposits which have become the parent materials of the soils of today. The course of the Trent has been diverted twice; first the Lincoln gap and then to its present course. The path of these previous river courses can be traced by the presence of associated deposits known as the Hilton, Beeston and Floodplain terraces (3, 14, 15, 16). Evidence available suggests that periglacial activity has affected the older gravel features laid down by the Trent. Sections from the Hilton terrace in the grounds of the University of Nottingham School of Agriculture indicate festooning, and the complex textural pattern ovserved on the Beeston terrace indicates that it too has been affected. However, the floodplain terrace does not appear to have any periglacial features, showing only its original current bedding. Postglacial or Holocene time has been characterised by alluvial infilling. This material, much finer in texture, has infilled the valley downstream from Nottingham to levels just below the Floodplain terrace. Upstream from Nottingham the fine-textured alluvium covers the extensive alluvial area at the confluence of the Trent, Derwent and Soar where it is underlain by undissected gravels of the floodplain stage.

The Soils

Soils developed upon the alluvial materials of the Trent Valley and its tributaries can be seen to comprise an association of soils with distinctive characteristics arising from their situation, parent materials, hydrological relationship and state of maturity. Linking all of these factors together is the site where these soils are formed. A similar approach has been adopted in studies of the alluvial soils of semi-arid areas (8).

*) University College of Swansea, Great Britain

Channel deposits

Within the limits of the channel of the river sorted materials of all texture ranges occur which are still essentially not soils. They have not completed the processes of "ripening" (13). Moreover, they are still subject to movement by the river. These materials consist of gravels and sands revealed at periods of low flow, together with silts and muds temporarily deposited by the river.

Soils of recent flood levee deposits

Physically ripened, but chemically and biologically unripened materials have accumulated on the river side of flood banks built between 50 and 100 years ago. These deposits are still layered showing that little homogenization has been acheived since their deposition. As they are immediately adjacent to the river, their texture is coarse, but layers of sand are interleaved with finer organic-rich material.

Soils of the levees

Associated with the natural flood banks of the Trent are sandy soils which drain rapidly after flooding and show few signs of gleying in the first 50 cm. Enrichment by organic matter has darkened the surface horizon and structural development has taken place down to about 50 cm. The material below is lacking in structure and at the same time shows increasing effects of gleying. Black concretionary accumulations become obvious between 50 cm. and 1 m. and below 1 m. mottling occurs. These soils seem to have achieved a degree of maturity, for they are not layered. Biological processes have thoroughly mixed the successive additions brought by flooding. Chemical ripening has begun as is indicated by the smaller content of free iron oxides of the surface horizons compared with lower in the profile. These soils grade imperceptibly into the floodplain further away from the river where drainage conditions are poor.

Soils of the floodplain

Away from the slight rise of the levees, the active floodplain of the Trent appears virtually level, but a closer inspection shows the ground surface to have a complicated micro-relief. This results from the constant migration of the river over its floodplain in the process of meandering. Some recently abandoned channels remain as a series of pools but others only fill with water at times of flood. Soil formation in these old channels has frequently taken place in strongly gleyed sands and gravels lying beneath a thin cover of humose silty clay loam. Between these channels deeper floodplain soils occur which consist of a considerable depth (up to 2 m.) of clay or silty material overlying gravels. These deeper soils of the Trent floodplain appear to be relatively mature. Each flood increment has been incorporated into the profile which has little evidence of layering. Profiles described from the Trent and Derwent alluvium in a previous survey demonstrate this point (2). However, layers of greatly differing texture deeper in the profile do not become much modified and may influence the moisture relationships of the overlying soil.

These soils have a well-developed profile with blocky structures in the A horizon and prismatic structures in the B horizon. It is apparent, that clay is migrating to lower horizons, but the texture and amount of clay is such that it cannot be detected by mechanical analysis alone and thin-section evidence is necessary before the presence of a Bt horizon can be proved. The fine texture of these soils restricts drainage, and in spite of well developed fissures, the soils usually show signs of gleying below about 20 cm. Intense gleying is frequently found on the structure faces in the B horizon. Ferromanganese concretions are common, indicating the mobility of iron and manganese in gleyed conditions (4). No free calcium carbonate occurs in these soils which are leached during the periods of low ground-water; pH values normally lie between pH 5.0 and pH 6.0.

Colours of these alluvial soils on the floodplain are usually dark grey (10YR3/1) or dark greyish brown (10YR4/2) on the Munsell charts, and this is indicative of the moderately high amounts (8–13 %) of incorporated organic matter in the surface horizons. Amounts decrease with depth but usually are still in excess of those of "upland" soils.

Soils of anthropic (warp) deposits

The natural process of sedimentation has been used to raise the level of low-lying areas near the mouth of the Trent. The river is tidal, 7 km north of Newark, and the constriction of the estuary gives a rapid tidal rise and slow ebb along the lower reaches. There are also large quantities of silt carried by the river from upstream as well as that scoured from the bed by the flood tide. A system of sluices allows the water to flood the low-lying land quickly and evenly, its sediment is deposited and the remaining water is conducted back into the river. By this process, known as warping, successive layers of silt are deposited. The level of the land is raised and its fertility is improved. Between 2 and 3 mm of silt may be deposited from any one tide, and up to 1 m of material has been deposited in this manner. The warping process was developed in the mid 18th century and has been carried on until the present day (7). The age of these soils is therefore rather variable, and some variation in soil maturity can be expected.

A typical profile has a very dark greyish brown Ap horizon with well-formed subangular blocky structures and a moderate amount of well-incorporated organic matter. In older warp soils, this horizon may be devoid of free calcium carbonate but the present author's observations in Trent Valley and those of Heathcote in Yorkshire, indicate that younger warp soils contain unleached carbonates. Structure in the horizon beneath is dependent upon age as well as texture. Older profiles have a prismatic structure, and development of the B horizon is indicated by the presence of browner colours in better drained soils. Below 40 cm structural development is less obvious, little pedological differentiation can be seen, and most profiles still retain the laminae resulting from the original deposition. Gleying is evident from the mottling associated with the different laminae, and these lower horizons are usually strongly calcareous. Drainage conditions of warp soils are variable, but are dependent partly upon the underlying deposits which may be sandy, silty, clayey or peaty.

Soils of the river terraces

The parent materials of these soils were laid down during the evolution of the Trent Valley in the Pleistocene. Although there is a considerable range in the age of parent materials, the soils upon them are not of equivalent antiquity. The river terraces are composed of a mixture of materials including sands and gravels intermixed with silts and clays. These materials have been affected by a periglacial activity during the later phases of the Pleistocene, and the older Hilton and Beeston gravels have been contorted and some of the underlying Keuper Marl incorporated within the terrace material. This has resulted in extremely complex gleying patterns within soils. *Hallsworth* and *Ahmad* (6) in describing soils on the Hilton terrace in the Soar tributary of the Trent state that the parent materials are fluvio-glacial, mostly locally derived, composed of interbedded sand gravel and clay. "Where the clay layers occur drainage is considerably impeded, the soil development shows the characteristic symptoms of mottling and ironstone concretions may occur." Thus, although the major part of these deposits is coarse and permeable, the inter-bedded clay layers markedly affect the drainage.

Observations upon the soils derived from these deposits throughout the Trent Valley indicate that few freely drained soils occur on them. However, gleying in most of these soils is confined to the deeper horizons, leaving the upper 50 cm with imperfect or free drainage. The younger Floodplain terrace downstream at Girton does not appear to have undergone the intense periglacial activity which affected the older terraces. In the area north of Newark the Floodplain terrace appeared to be formed from undisturbed current-bedded sands and gravels, the drainage through which was unhindered by clay layers. *Jarvis* (9) draws attention to similar relationship between the river terraces of the Thames in the Reading district.

East of Newark the sands and gravels of the terraces are found as elevated areas which have been either left as heathland, or have been extensively planted with conifers. Without the continual disturbance of agricultural cultivations the soils have become very acid in their surface horizons and podzolisation has begun. The complete podzol profile does not develop because poor drainage in the soil below 25 or 30 cm inhibits the accumulation of iron. Even so, isolated examples of iron enrichment do occur, forming an intermittant Bfe horizon. The characteristic features of the profile are the black humose A horizon containing bleached sand grains followed by a compact, weakly structured eluvial horizon. The effects of gleying become marked below this eluvial horizon including mottling and the presence of ferromanganese concretions. Standing water was encountered at 60 cm below the surface of the soil, but subsoil conditions were relatively drier.

North of Newark it appears that the floodplain terrace has been dissected in response to a lower sea level during the late Pleistocene and that there has been subsequent infilling of the valley by finer-grained alluvium. At Girton a section in a gravel pit revealed that soil formation had taken place in the surface of the fluvioglacial terrace materials, and had subsequently been covered by the more recent clayey alluvium. Inundation and deposition seem to have been fairly rapid, and the clay in the lower layers of the recent alluvium has sealed and protected an older soil beneath. Except for some slight rusty encrustations around dead root channels, this buried soil does not have features of gleying other than iron-oxide encrusted roots and has the profile of a brown earth.

Conclusions

The alluvial deposits of the Trent basin comprise the parent materials of an interesting group of soils which have been described briefly in this paper. Although of common origin, the parent materials are varied in their physical characters because sorting accompanied fluvial transport. Thus there are clear differences between the textures of soils on terraces, levees and floodplain.

Whilst not directly related to the geological age of the parent material, an age sequence can be discerned in the earlier stages of change from sediment to soil. Following the physical ripening process, biological and chemical changes begin which gradually produce a soil profile. Laminae from annual floods are present in the younger soils, but are seen to be progressively incorporated in older soils. However, some of the strong textural contrasts resulting from the original sedimentation persist below the soil profile. These can influence the soil moisture regime. On the river terraces a soil maturity sequence becomes impossible to follow because of the effects of land use. However, subsoil characters in the soils of the Beeston and Hilton terraces appear to be related to periglacial episodes absent in the deposits of the younger Floodplain terrace.

A maturity sequence may be discerned in the development of structure. Channel bed deposits have no pedological organisation, and the contemporaneous laminated deposits have a platy structure related more to their mode of deposition than to soil formation. Increasing structural maturity can be observed from younger to older warp soils with the development of blocky A horizons and prismatic B horizons. Floodplain soils often have deep horizons and a very well developed structure which suggests that these soils have achieved a considerable degree of maturity.

In spite of different topographical situations and age of deposit, gleying is a process of soil formation which is common to all of these alluvial soils. With the very immature soils, gleying is associated with the laminae produced by deposition, but in more mature soils, with the developing soil structures. The surfaces of peds and the linings of pores in older soils become reduced by the presence of stagnant water giving them a grey coloration which contrasts with the mottled unreduced ped interiors. Both short and long term saturation can occur in these soils. In the coarse-textured soils of the old river terraces, hydrological conditions are dependent upon rainfall (17). Seasonal wetness is a feature also of the soils of the flood plain, but superimposed upon it is the influence of the water level of the river. The terrace soils appear to correspond to the group of epihydromorphic soils, and the floodplain soils to a group of amphihydromorphic soils (5).

The chemical reducing conditions which brought about gleying result also in the increased mobility of certain elements, notably iron and manganese. Concretionary material is present in all these soils, and the indications are that the origin of it "can be attributed to an upward movement of materials from the lower horizons in the rising water-table of winter. Analyses of the water ... have revealed abnormally high contents of iron and manganese suggesting that the solution of these elements occurs in the very mottled and bleached layers of the subsoil, most probably under anaerobic conditions." (1). Concretions may vary in amount from horizons with scattered nodules to horizons in which the greater proportion appears to be of concretionary material. Concretions also occur as patterning on the structure faces of well developed Bg horizons in soils of the floodplain.

The mineral soils discussed in this report are all characterised by incorporation of organic matter, particularly in the surface horizon. In the almost freely drained soils of the levees amounts are not much greater than in normal "upland" soils. The wetter and finer-textured soils of the floodplain generally have higher amounts, and there is a persistence of organic matter to greater depth compared with other mineral soils. Peaty soils are not a feature of the upper and middle Trent basin, but they do occur in the lower basin in north Nottinghamshire and Lincolnshire. There is an accumulation of blown sand along the eastern bank of the Trent in north Lincolnshire upon which a range of soils from regosols to groundwater podzols have formed. These, and the peaty soils are both outside the scope of the present paper.

The Trent Valley has an association of inter-related relief, parent materials and soils. Characteristics of these soils indicate that they have a development sequence which can be traced through the earlier stages of soil development. Later stages are more difficult to follow because of the differences in land use, and no clearly defined maturity sequence can be seen on the older terraces. As there is considerable range in the maturity of these soils, classification by conventional methods is unrewarding. An approach using geomorphology in conjunction with soil features appears to offer the most scope in mapping, interpreting and using the soils of these and similar alluvial areas.

References

1. *Ahmad, N.*: A pedological study of the soils of the University Farms with reference to the development of morphological features associated with impeded drainage. Unpubl. Ph. D. thesis, University of Nottingham, 1957.
2. *Bridges, E. M.*: Soils and land use in the district north of Derby. Mem. Sol Survey of Gt. Britain, Harpenden, 1966.
3. *Clayton, K. M.*: E. Mid. Geogr. **1** (7), 31–40, 1957.
4. *Crawford, D. V.*: Studies on the growth of ferromanganese concretions. Welsh Soils Discussion Group Report **10**, 25–31, 1969.
5. *Gracanin, M.:* Bull. Sci. Zagreb 14A (3–4) pp. 2, 1969.
6. *Hallsworth, E. G.*, and *Ahmad, N.*: Iron pan formation in the soils of the University Farms. Report of the School of Agriculture, University of Nottingham, 31–35, 1957.
7. *Heathcote, W. R.*: J. Soil Sci. **2** (2), 144–162, 1951.
8. *Holmes, D. A.*, and *Western, S.*: J. Soil Sci. **20**, 23–37, 1969.
9. *Jarvis, R. A.*: Soils of the Reading district. Mem. Soil Surv. Gt. Britain, Harpenden, 1968.
10. *King, C. A. M.*: Geomorphology. In: Nottingham and its region. British Association for the Advancement of Science, 1966.
11. *Linton, D. L.*: Adv. Sci. **7**, 449–456, 1951.
12. *Nixon, M.*: The River Trent. In: Nottingham and its region. British Association for the Advancement of Science, 1966.
13. *Pons, L. J.*, and *Zonneveld, I. S.*: Soil ripening and soil classification. Rept. 13 Internat. Inst. Land Reclamation and Improvement, Wageningen, 1965.
14. *Posnansky, M.*: Proc. Geol. Assoc. Lond. *71*, 285–311, 1960.
15. *Straw, A.:* E. Mid. Geogr. **3** (4), 171–189, 1963.
16. *Swinnerton, H. H.*: The problem of the Lincoln Gap. Trans. Lincs. Nats. Union 145–153, 1937.
17. *Thomasson, A.*, and *Robson*: J. Soil Sci. **18**, 329–340, 1967.

Summary

Soil profiles developed from alluvial parent materials upon the present channel deposits, the flood levee deposits , the levees to the active flood plain in the valley of the river Trent, England, possess features which show an increasing maturity, especially by homogenization of the fluvial layering, leaching, development of horizons and structure, incorporation of organic matter as well as by movement of iron and manganese. Soils on the older river terraces are much altered by differences in land use, so that a complete sequence cannot be studied throughout all the geomorphological subdivisions.

However, all these soils are gleyed. Although soils formed from alluvium are diverse, they are generally grouped together. A geomorphological approach to classification gives an acceptable solution to the wide variation encountered in these soils.

Résumé

Les profils des sols qui se sont développés aux défens de sédiments alluviaux audessus des sédiments actuels de rigoles, de dépôt argileux alluviaux et de ceux de la plaine fluviale et de la vallée du Trent (Angleterre), possèdent des symptômes, qui caractérisent une évolution plus poussée du profil, surtout par l'homogénisation de la stratification fluviale, le développement des horizons et des structures, l'incorporation de substances organiques, et même par le mouvement du fer et du manganèse. Les sols sur des terrasses fluviales plus vieilles ont beaucoup changé à cause des différences dans l'utilisation du terrain, de sorte qu'une séquence complète n'a pu être analysée dans toutes les subdivisions géomorphologiques. Cependant tous les sols sont gleyifiés. Bien que les sols alluviaux se distinguent l'un de l'autre, on les groupe en général ensemble. Un essai de classification géomorphologique est une solution acceptable étant donnée la grande variation que ces sols présentent.

Zusammenfassung

Bodenprofile, die sich aus alluvialen Sedimenten über den gegenwärtigen Rinnensedimenten entwickelt haben, wie aus Hochflutlehm und Ablagerungen in der Flutebene des Flußtales des Trent (England) besitzen Merkmale, die auf zunehmende Profilentwicklung deuten, besonders durch Homogenisierung der fluvialen Schichtung, Horizont- und Gefügeentwicklung, Einwaschung organischer Substanz, ebenso wie Eisen- und Manganbewegung. Böden auf älteren Flußterrassen haben sich durch Unterschiede in der Landnutzung stark verändert, so daß vollständige Sequenzen in keiner der möglichen geomorphen Untereinheiten untersucht werden konnten. Alle diese Böden sind jedoch vergleyt. Obwohl alluviale Böden sich voneinander unterscheiden, werden sie im allgemeinen zusammen gruppiert. Eine auf geomorphologischer Grundlage vorgenommene Klassifikation ist eine annehmbare Lösung im Hinblick auf die große Variationsbreite, die diese Böden aufweisen.

Interpretations of Mottled Profiles in Surficial Ultisols and Fine-grained Pennsylvanian Age Sandstones*)

By *Walter E. Grube*, Jr., *Richard M. Smith* and *Rabindar N. Singh* **)

The soil and rock profiles discussed in this paper were taken from north central Preston County, West Virginia, within the parallels of 39° 30′ and 39° 40′ N Latitude and 79° 35′ and 79° 45′ W Longitude in the unglaciated Allegheny Plateau.

The soil profiles studied developed under Northern Hardwood Forest (19) from the Lower Mahoning sandstone, an argillaceous sandstone which was deposited in a complex river channel system, producing a vertically continuous sandstone often reaching 15 to 20 meters in thickness. This study involved not only the surficial soil profiles to depths approaching 100 cm, but also the properties of underlying weathered and unweathered rock. Rotary drilling provided columns of crushed rock samples in depth increments of 32 cm to total depths of 9 to 18 meters. At each rock-column sampling site, soils were sampled by morphological horizons. Petrographic examination of thin sections of rock and soil was supplemented by chemical analyses for sulfur, exchangeable cations, exchangeable aluminum, free iron (oxalate extract), acidity and other elemental constitution. Clay mineralogy of several particle size separates was determined by X-ray diffraction and DTA analyses after removal of free sesquioxides. Laboratory methods followed *Jackson* et al. (9), *Jackson* (7, 8) and *Rich* (14).

The soils developed from the Lower Mahoning sandstone are classified, according to the current 7th Approximation, Comprehensive System of Soil Classification, in the Great Groups, Dystrochrepts, Fragiudults and Hapludults. The Dystrochrepts include the Dekalb series (Sols Bruns Acides), discussed in detail by *Baur* and *Lyford* (1). The Fragiudults on residual sandstone (Cookport series) are so classified because of low exchangeable bases and an apparent argillic horizon including or underlain by a fragipan or "siltpan" as originally described by *Smith* and *Browning* (16). The Hapludults are strongly leached and have argillic horizons but lack fragipans and low chroma mottling (Gilpin and related series). In the terminology used by *Mückenhausen* (11) it appears that Fragiudults discussed in this paper might be classified as "Mitteldurchschlämmte Pseudogley-Braunerde", with the diagnostic fragipan horizon occurring in the lower B (or g) and upper C horizons, immediately on fine grained sandstone. *Mückenhausen* (11) Profil 23 might be similar to the West Virginia Fragiudults if it were underlain by weathered, fine-grained sandstone at 100 cm depth, with stone fragments at shallower depths. *Grossman* and *Carlisle* (5) have presented a comprehensive review of the occurrence and properties of fragipans in soils of the eastern United States. This review suggests that fragipans in soils on consoli-

*) Published with the approval of the Director of the West Virginia Agricultural Experiment Station as Scientific Paper No. 1174. This work was supported in part on grant No. 14010EJE by the Water Quality Office, Environmental Protection Agency.

**) Division of Plant Sciences, West Virginia University, Morgantown, USA

dated sediments may have received less attention than such horizons in soils on glacial, loessial or unconsolidated alluvial deposits.

Results and Discussion

The dull gray, unweathered sandstone, commonly 5 to 10 meters thick, attains different properties when subjected to natural oxidative processes. Throughout both lateral and vertical extent, dominant grain size may vary from silt (2 to 50 microns) to medium sand size (250 to 500 microns) with 10 to 20 % clay (<2 microns).

The minute black spots observed in the unweathered sandstone have been shown, through microscopic examination, to be at least partly authigenic pyrite. Upon exposure to the oxidation and leaching process of natural weathering, the pyritic sulfur which is widely disseminated in small fractional percentages, is converted to sulfuric acid and the pyritic iron is converted to ferric oxides. The acids dissolve the easily-soluble bases originally present, and the cations are removed along with sulfate in leaching waters, leaving a residue of resistant quartz, iron oxides, certain clay minerals and exchangeable aluminum in the weathered zone.

Surfaces of the sandstone bedding planes separated by weathering and unloading of the Lower Mahoning often are partially coated with mosaics of dark bluish or purplish gray or black, commonly considered to be high in manganese dioxides. Analyses of the sandstone surfaces including black coatings showed total Fe_2O_3 content of 3.7 % versus 1.1 % for the interior; free iron (Fe_2O_3) was 2.15 % versus 0.35 %, for surface and interior, respectively. Manganese was less than 10 ppm (0.001 %) throughout.

Petrographic examination of thin sections of the weathered sandstone indicated some residues of pyrite completely enclosed by iron oxides. This pyrite appeared to be well protected from further rapid oxidative decomposition by the products of its own destruction. The interfacial zone between the soil morphological C horizon and bedrock, about 1.3 to 1.6 meters in the profiles discussed here, is comprised of easily broken sandstone or siltstone fragments, the surfaces of which are light gray (low chroma and high value). Other faces of individual fragments often contain residues of the dark purplish gray or black coatings. The low chroma surfaces of the weathered sandstone may be continuous with the vertically elongated low chroma zones in overlying soil. Iron analyses have showed that the grayish white (low chroma) zones of this weathered sandstone at the contact with soil profiles is low in iron (1.6 % total and 0.7 % free Fe_2O_3) compared to high chroma interiors (5.3 % total and 2.3 % free).

Black mottling on faces of small peds is common in fragipans. The coloration may be random throughout the horizon, but often a pattern of planes parallel to the soil surface appears, which suggests a structure residual from the iron oxide coated thin-bedded sandstone below. Analysis of several examples of the black ped coatings showed, as in the case of the underlying rock, an increase in iron content over that of the ped interior, and no detectable change in manganese.

Low chroma faces of rock fragments taken from the Cx and R horizon (site L) and a soil ped removed from the overlying Bx horizon show diffuse boundaries suggesting that the low chroma material is not a secondary deposit of illuvial material.

The mechanical analysis shows in the low chroma material 10.1 % sand, 52.8 % silt and 36.5 % clay, in the high chroma material 41.5, 36.1 and 22.2 % of these fractions. Microscopic observation of the size separates indicates that the high chroma sand fractions contain many multi-grain fragments of sandstone, strongly stained and probably cemented with iron oxides, whereas such fragments are largely absent from the low chroma sand and silts which are dominated by white or colorless quartz.

Measurements of bulk densities of fragipan block samples at field moisture and again at oven dryness by a glass bead displacement method showed small but consistently measurable shrinkage. At site E, mean field moisture was 21.1 % (by weight), bulk densities were 1.57 g per cc (moist), 1.66 g per cc (oven dry), and COLE (4) was 0.016 ± 0.004. At site L, mean field moisture was 19.1 %, bulk densities were 1.63 g per cc (moist), 1.73 g per cc (oven dry) and COLE was 0.020 ± 0.010. These magnitudes of volume change are sufficient to open cracks as wide as 1.0 mm between large (approximately 100 mm diameter) soil structural prisms in fragipans during extremely dry seasons since each large structural prism has strong internal cohesion and would be expected to shrink as a unit.

A feature illustrated by thin sections is the relative abundance of irregular voids greater than 0.05 mm in diameter, which either are discontinuous or are connected by much smaller diameter openings. Microscopic point counts have indicated that 6 percent of these fragipans (by volume) consists of such voids with smallest diameters greater than 0.05 mm. Without these large pores the bulk densities, obviously, would be about 0.15 g per cc higher, and porosity correspondingly lower. The fact that they are surrounded by finer pores probably prevents them from filling with water under most circumstances. Therefore, they are largely non-functional for water movement or water retention.

Thin sections also show oriented double-refracting bodies in the matrix and partially coating the interiors of certain voids, but no thick nor continuous clay skins in large pores nor coating soil peds.

Chemical and mineralogical properties

The soil properties investigated, involving soil peds and bleached surfaces as well as the soil profiles are given in Table 1. The soil particle size distributions of the bleached and ped interiors vary significantly. Bleached material consists mainly of silt and clay, whereas ped interiors contain 41 % sand. Mineralogical studies showed that bleached surfaces are completely devoid of amorphous material and consist mainly of resistant clay minerals. On the other hand, ped interiors contain a considerable amount of fine clay and amorphous material (Tab. 2) in addition to the resistant clay minerals.

Mechanical analysis (Tab. 1) of two soil profiles shows that the clay content increases with depth. Similarly the ratio of fine to coarse clay also increases with depth. Ratios for the Ap and B_2t horizons at site E are 0.70 and 0.95, respectively. At site L these ratios are 0.96 and 1.07, respectively, for A and B horizons. These findings indicate some migration of fine clay from upper horizons to lower horizons.

There are some strong evidences, such as decrease in sand fraction in B horizon of one soil, of textural variation in the soil parent material. On the other hand another profile does not show a decrease in sand fractions with depth. However, the bleached Bx tongues of this soil contain only 10 % sand compared to 41 % for the ped interiors. The absence of amorphous

Table 1

Some Physical and Chemical Properties of Two Soil Profiles

Location	Horizon	Depth cm	pH in H_2O (1:1)	Organic Matter %	Free Fe_2O_3 %	CEC per 100 g meq	Exchangeable Cations per 100 g: Ca meq	Mg meq	K meq	meq	Al % Saturation	Mechanical analysis: 0.05 mm	0.05–0.002 mm	0.002 mm	Textural Class
E	Ap	0–20	5.7	4.0	2.3	14.5	11.20	0.30	0.10	0.1	0.7	20.3	58.6	21.1	silt loam
	B_1	20–30	5.5	3.4	2.3	15.2	10.20	0.20	0.09	0.7	4.6	24.1	49.0	26.9	loam
	B_2t	30–48	5.2	2.9	2.4	15.5	3.80	0.05	0.11	3.1	20.0	11.9	57.1	30.9	silty clay loam
	Bx_1	48–54	4.7	2.8	2.5	17.5	2.30	0.15	0.11	4.5	25.7	6.7	58.8	34.4	silty clay loam
	Bx_2	54–68	4.7	0.1	2.5	18.5	2.40	0.30	0.11	5.9	31.9	13.3	54.2	32.5	silty clay loam
L	A_1	0–18	3.9	6.9	1.9	7.1	1.10	0.14	0.28	3.6	50.7	33.6	42.1	24.3	loam
	A_3	18–30	4.0	4.2	2.1	7.0	0.40	0.08	0.15	2.9	41.4	31.2	44.6	24.2	loam
	B_2t	30–48	4.2	1.1	3.3	7.4	2.00	0.15	0.16	4.2	56.7	32.8	37.1	30.1	clay loam
	Bx_1	48–66	4.0	0.2	2.8	5.4	1.10	0.14	0.15	3.4	63.0	41.1	35.1	24.0	loam
	Bx_2	66–107	4.1	0.1	2.0	5.8	0.80	0.13	0.15	3.8	65.5	41.6	40.0	18.0	loam
Procedure				*Jackson* (1958)	*Jackson* (1956)	*Rich* (1961)			*Jackson* (1958)				*Jackson* et al. (1950)		

Table 2

Clay Mineral Composition of Two Soil Profiles in Clay Fractions *)

Location	Horizon	Kaolinite		Mica		Vermiculite		Montmorillonite		Amorphous		Quartz	
		2–0.2 μ	<0.2 μ	2–0.2 μ	<0.2 μ	2–0.2 μ	<0.2 μ	2–0.2 μ	<0.2 μ	2–0.2 μ	<0.2 μ	2–0.2 μ	<0.2 μ
E	Ap	4	2	1	–	3 **)	2 **)	–	1	P	P	P	P
	B_1	4	2	2	1	2 **)	1	–	1	P	a	P	P
	B_2t	4	2	3	1	2	1	1	2	P	a	P	P
	Bx_1	4	2	3	1	2	1	1	2	P	a	P	P
	Bx_2	4	2	3	2	1	1	1	2	P	a	P	P
	Hi-Chroma	4	1	3	2	1	2	1	2	a	a	P	P
	Lo-Chroma	4	2	2	1	1	1	–	–	–	P	P	P
L	A_1	3	2	1	1	2 **)	2	–	1	P	P	P	P
	A_3	4	2	2	1	1 **)	1	–	1	P	P	P	P
	B_2	4	2	3	1	1	1	1	1	P	a	P	P
	Bx_1	4	3	3	1	1	1	1	2	P	a	P	P
	Hi-Chroma	4	2	3	2	1	1	1	1	a	a	P	P
	Lo-Chroma	4	2	3	1	1	–	–	–	–	P	P	P

Key: Amorphous and quartz only: P = present; a = abundant
Layer Silicates, only: – = absent; 1 = Trace or very low; 2 = low; 3 = medium; and 4 = high (upto 50 % of total fines).

*) Data obtained from x-ray, DTA and chemical analyses.
**) Non-collapsible vermiculite (Aluminum-interlayered).

and fine clay in this material indicates a lack of major transportation and deposition of foreign material in the bleached zone. The presence of bleached zones around small channels supports the idea that water movement through these channels may bave removed cementing material from the coarse fractions and as a result intensified their weathering. Free and total iron oxide contents of bleached zones (low chroma) were 0.43 und 1.22 % at Site E and 0.35 and 1.72 % at Site L. Percentages of free iron oxides from the corresponding interior peds (high chroma) were 3.08 und 2.29, whereas percentage of total iron oxides were 4.80 and 4.52, respectively.

Clay mineral composition of the coarse and fine clay fractions of various horizons and of high and low chroma materials is presented in Table 2. Mineral contents of both soil profiles are strongly influenced by the underlying residue which contains kaolinite, mica and small amounts of vermiculite and montmorillonite. Clay from bleached material (low chroma) separated from the Bx horizons showed lower amounts of mica than the clay from the interior of peds. This indicates greater weathering of mica in this zone. Lack of increase in vermiculite would result from removal of this clay by solution permeating through this zone. Absence of highly mobile montmorillonite in this zone further supports leaching or destruction in this zone.

In weathered parent material and B horizons there is expanding vermiculite which collapses on K saturation. Vermiculite in A horizons collapses only on heating to 300 or 550 C. The reason for the prominence of the vermiculite in the A horizons is not certain. Probably, as has been shown by other workers (3, 6, 15, 13), the increase in the proportion of vermiculite to mica nearer the surface resulted from the removal of weathering products in solution and continuous replenishing of vermiculite by weathering of mica. The interpretation is supported by increase in mica with depth. Considering the low pH values of these soils profiles, it is assumed that montmorillonite formed in parent rock under saturated conditions and was protected by coarse fractions or coatings during pyrite oxidation and soil development. This has been observed by some other workers (20).

Conclusions

Lower Mahoning sandstone at depths below the land surface greater than 6 meters is weathered appreciably only within a few cm of old fracture planes. The unweathered sandstone, consisting mainly of quartz, kaolinite and mica is low chroma throughout, weathering first to pale olive or olive yellow (5Y, 6/4 to 7.5Y, 6/3), and later to shades of yellow, brown, red, purple and black. Chemical analyses suggest that all of these colors may be strongly influenced by iron compounds. Quantities of manganese are very low. The unweathered light gray sandstone lacks iron coloration except for small black bodies (or specks) which are at least partly pyrite.

Gentle land slopes and slowly permeable sandstone strata parallel to the land surface may account for initial impedence of drainage and initiation of fragipans in material of intermediate texture and appreciable but small shrinkage capacity (COLE).

At relatively high exchangeable Al levels represented, only the fine, easily dispersible clays (montmorillonite and amorphous) are eluviated from A horizons and from low chroma zones through B, C, and R (rock) horizons along widely spaced structural cleavages.

Associated soils lacking argillic horizons (Dystrochrepts) occur on slightly coarser textured and more permeable sandstone than Fragiudults. In addition, the fines in Dystrochrepts are largely immobile because of high percentage saturation with Al and very low content of mobile clay species.

References

1. *Baur, A. J.*, and *Lyford, W. H.*: Sols Brun Acides of the northeastern U.S. In: Selected Papers in Soil Formation and Classification. SSSA Special Publ. No. 1. Soil Sci. Soc. Amer., Madison, Wisc., 1967.

2. *Brewer, R.*: Fabric and Mineral Analyses of Soils. John Wiley, N.Y., 1964.

3. *Douglas, L. A.*: Clay mineralogy of a Sassafras Soil in New Jersey, 1965.

4. *Franzmeier, D. P.*, and *Ross, S. J.*, Jr.: Soil Sci. Soc. Amer. Proc. **32**, 573–577, 1968.

5. *Grossman, R. B.*, and *Carlisle, F. J.*: Fragipan soils of the eastern United States. In: Adv. Agron. **21**, 237–275, 1969.

6. *Hathaway, J. C.*: Clays and Clay Minerals, Natl. Acad. Sci. – Natl. Res. Council. Pub. **395**, 74–86, 1955.

7. *Jackson, M. L.*: Soil Chemical Analysis – Advanced Course, published by Author, Madison, Wisc., 1956.

8. *Jackson, M. L.*: Soil Chemical Analysis, Prentice-Hall, Englewood Cliffs, New Jersey, 1958.

9. *Jackson, M. L.*, *Whittig, L. D.*, and *Pennington, R. P.*: Soil Sci. Soc. Amer. Proc. **14**, 77–81, 1950.

10. *Krumbein, W. C.*, and *Pettijohn, F. J.*: Manual of Sedimentary Petrography, pg. 21. Appleton–Century – Crofts, N.Y., 1966.

11. *Mückenhausen, E.*: Entstehung, Eigenschaften und Systematik der Böden Deutschlands, DLG-Verlag, Frankfurt, 1962.

12. *Patton, B. J.*, *Beverage, W. W.*, and *Pohlman, G. G.*: Soil Survey of Preston County, West Virginia. U. S. Dept. Agric., Washington, D. C., 1959.

13. *Rich, C. I.*: Clays and Clay Minerals, 5th Conf. 203–212, 1958.

14. *Rich, C. I.*: Soil Sci. **92**, 226–231, 1961.

15. *Rich, C. I.*, and *Obenshain, S. S.*: Soil Sci. Soc. Amer. Proc. **19**, 334–339, 1955.

16. *Smith, R. M.*, and *Browning, D. R.*: Soil Sci. **62**, 307–317, 1946.

17. Soil Survey Staff. Soil Classification – A Comprehensive System – 7th Approximation. U. S. Dept. Agric., U. S. Govt. Printing Office, 1960.

18. Soil Survey Staff. Soil Survey Manual. U. S. Dept. Agric. Handbook, No. 18, pg. 194. U. S. Govt. Printing Office, 1951.

19. *Strausbaugh, P. D.*, and *Core, E. L.*: Flora of West Virginia, Part I, 2nd Ed. West Va. Univ. Bulletin, Series 70, No. 7–2, 1970.

20. *Uchiyama, N.*, *Masui J.*, and *Shoji, S.*: Soil Sci. Plant Nutr. (Tokyo) **14**, 125–132, 1968.

Summary

High chroma mottling on sedimentary sandstone parent rock underlying the soil profiles originated from oxidation of authigenic pyrite observable in low chroma sandstone below about six meters depth. Low chroma "bleached" streaks in the lower Bx and C soil horizons are zones of intense leaching of ped and rock faces. The clay mineralogy of the soil strongly reflects that of the underlying sandstone parent material. Locally significant variations in the properties of the Lower Mahoning sandstone account for the development thereon of soils representing three Great Groups.

Résumé

Un aspect fortement tacheté sur du grès sédimentaire comme rochemère audessous des profils des sols, provenait de l'oxydation de pyrite authigénique (visible dans le grès bigarré inférieur, audessous de 6 m de profondeur). Des rayures, peu développées et décolorées, dans les horizons inférieurs des sols Bx et C sont des zones d'un lessivage fort de surfaces des peds et des minéraux. La minéralogie de l'argile reflète à un haut degré celle du matériel gréseux. Des variations d'une importance locale dans les qualités du grès inférieur Mahoning illustrent la formation des sols, qui représentent trois groupes supérieurs.

Zusammenfassung

Starke Farbfleckigkeit auf sedimentärem Sandstein als Ausgangsmaterial unter den Bodenprofilen stammte aus Oxidation von authigenem Pyrit, zu beobachten in tiefem buntem Sandstein unterhalb 6 m Tiefe. Geringmächtige „gebleichte" Farbstreifen in den unteren Bx- und C-Bodenhorizonten sind Zonen starker Auslaugung der Boden- und Gesteinsflächen. Die Tonmineralogie spiegelt in starkem Maße die des unterlagernden Sandstein-Ausgangsmaterials wider. Lokal bedeutsame Varianten in den Eigenschaften des tieferen Mahoning-Sandsteins erklären die Entstehung von Böden, die drei Obergruppen darstellen.

Verbreitung und Eigenschaften von Pseudogleyen und Gleyen aus Kalken der Oberkreide und deren Umlagerungsprodukten

Von *R. Lüders**)

Einführung

Böden aus Kalkgestein machen unter den mitteleuropäischen Klimabedingungen eine Entwicklung durch, die von der Rendzina zur Terra fusca führt (vgl. 10). Mit diesem Entwicklungsablauf verringert sich die Sickerwassermenge der Böden, wodurch sich ihre weitere Entwicklung verzögert (7). Dennoch wird nur sehr selten von der Entstehung pseudovergleyter Böden gesprochen.

Dies ist insbesondere darauf zurückzuführen, daß sich die Böden aus Kalkgestein im südlichen Niedersachsen vorwiegend in Kamm- und Hanglagen befinden. Ihre Entwicklung und die Ausbildung ihrer Eigenschaften beruhen auf dem meist durchlässigen Ausgangsgestein, dem teilweise oberflächlichen Abfluß des Niederschlagswassers, der Erosion von Bodenmaterial und der geringen Entwicklungstiefe der Böden. Eine Entstehung von Pseudogleyen und Gleyen ist somit nicht zu erwarten.

In ebenen Lagen und bei pleistozäner Beeinflussung herrschen dagegen ganz andere Bedingungen, insbesondere dann, wenn nicht harte Kalke, sondern etwas weichere, tonige Kalkmergel bis Mergelkalke (etwa 65–75 % $CaCO_3$) das Ausgangsgestein bilden.

Beschreibung des Untersuchungsraumes

Der Untersuchungsraum am Stadtrand von Hannover kann als ein flachwelliges bis ebenes Übergangsgebiet bezeichnet werden (vgl. 6), das sich zwischen dem norddeutschen Flachland mit den pleistozänen und holozänen Sedimenten im N und dem mesozoischen Bergland mit den lößbedeckten Börden und Becken im S erstreckt. In diesem Übergangsgebiet kommen die mesozoischen Gesteine bereits an die Oberfläche. Sie sind mindestens vom Eis der Saale-Eiszeit überfahren worden, das hier seine Spuren hinterlassen hat.

Bei fehlender (wieder abgetragener) oder nur unbedeutender pleistozäner oder jüngerer Bedeckung besteht das Bodenausgangsgestein im Untersuchungsgebiet am östlichen Stadtrand von Hannover aus Kalkmergeln der Oberkreide (Campan) und deren Umlagerungsprodukten (2).

Das Klima kann innerhalb der Flachlandsklimate als zum „Kontinentalen Klimaraum Niedersachsens“ gehörig (1) gekennzeichnet werden. Die Niederschläge (im Jahresmittel etwa 600 mm) sind relativ gleichmäßig über das Jahr verteilt, jedoch mit einem Minimum im Februar und einem Maximum im Sommer. Die Verdunstung ist relativ hoch; der Niederschlagsüberschuß beträgt weniger als 200 mm.[1])

---

*) Niedersächsisches Landesamt für Bodenforschung, Hannover-Buchholz, BRD.

[1]) Im folgenden sind Analysendaten verwertet, für die ich insbesondere den Herren Dr. Renger (Nieders. Landesamt für Bodenforschung) und Dr. Rösch (Bundesanstalt für Bodenforschung) zu danken habe.

Die von Staunässe geprägte Bodengesellschaft

Der Kalkmergel, als das Ausgangsgestein der Böden, ist ziemlich tief verwittert. Bei der Kartierung erkennt man z. B. bis 1 m unter Geländeoberfläche folgende Merkmale des Cv-Horizontes: Der obere Teil ist plastisch, darunter wird das Gestein etwas locker und schließlich zunehmend fest und dicht. Mit diesen Veränderungen gehen eine Zunahme des Kalkgehaltes und eine relative Abnahme des Tongehaltes einher. Das Gesamt-Porenvolumen ist sehr gering. Es kann 70 cm unter der Geländeoberfläche nur noch etwa 34 % betragen. Die Wasserdurchlässigkeit ist ebenfalls sehr gering, und entsprechend der Porenverteilung (grobe Poren 1–2 %, mittlere Poren 9–11 %, feine Poren 22–25 %) kann nur relativ wenig Wasser pflanzenaufnehmbar gebunden werden.

Diese Eigenschaften führen bei geringmächtigem Solum bereits dazu, daß in den Cv-Horizonten bei Feldkapazität Luftmangel eintritt (vgl. 8) und sich nach starken Niederschlägen in dem an Grobporen reicheren A-Horizont Stauwasser bildet. Die Böden besitzen somit neben Eigenschaften von Rendzinen auch solche von Pseudogleyen. Dies wird im Cv-Horizont durch schwache Eisenfleckung angezeigt.

Die Eigenschaften der Böden aus dem Kalkmergel werden außerdem häufig durch eine ältere Bodenbildung (vgl. 12) geprägt, die als Terra fusca-Relikt angesehen werden kann. Es handelt sich um eine gelbliche Tonschicht mit Tongehalten (<2 μ) um 60 %. Sie ist durch vollständige Entkalkung des Ausgangsgesteins entstanden und besteht (Tab. 1) überwiegend aus Montmorillonit und Quarz (vgl. 4, 11). Auf Grund von Fremdbeimengungen durch gröbere pleistozäne und jüngere Sedimente ist jedoch insbesondere der Quarz- und Feldspatanteil gegenüber dem Kalkmergel erhöht.

Tabelle 1

Röntgenographische Analyse des Lösungsrückstandes des Kalkmergels (Tongehalt < 2 μ im Lösungsrückstand 67–68 %)

Hauptkomponente	Nebenkomponente	Spuren
Montmorillonit, Quarz	Muskovit (-Illit), Kaolinit	Feldspat

Dieser Ton tritt überall dort als geringmächtige, oft nur wenige Zentimeter starke Schicht auf, wo die Oberflächenform sein Vorhandensein zuläßt und die kaltzeitliche Kryoturbation nicht zu stark war. In ganz flachen Senken erreicht er bis zu etwa 15 cm Mächtigkeit.

Häufig bildet die Tonschicht die Grenze zwischen dem mit nordischen Geschieben durchsetzten Ap-Horizont und dem Cv-Horizont aus Kalkmergel (Abb. 1). Auch in diesem Falle sind die vorherrschenden Tonminerale des Ap-Horizontes Montmorillonite. Die Tonschicht bildet die Oberfläche des Kalkmergels auch dann, wenn das Kalkgestein von mächtigeren pleistozänen Sedimenten bedeckt ist. Somit ist ihr Alter als prä-saaleeiszeitlich bestimmt.

Die aus Kalkmergel entstandenen Böden, die bereits bei fehlender Tonschicht Pseudogley-Eigenschaften aufweisen (Pseudogley-Rendzinen), werden bei vorhandener Tonschicht

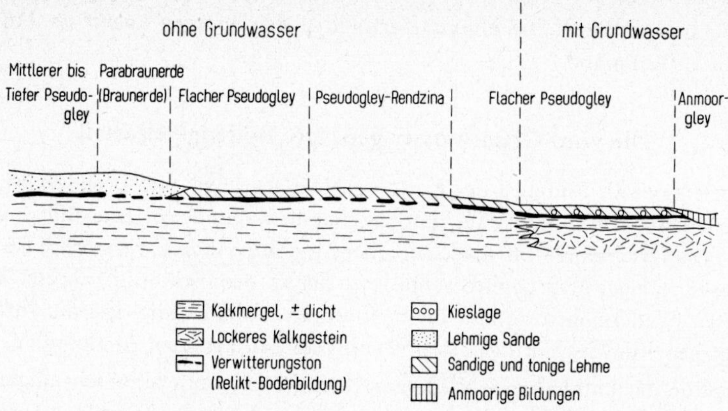

Abb. 1 Schematische Übersicht über die Vergesellschaftung der Böden

zwischen Ap- und Cv-Horizont zu sehr flachen Pseudogleyen (Abb. 1) infolge der mit der Quellung verbundenen Abdichtung des Untergrundes. Der Ap-Horizont dieser Böden ist meistens kalkhaltig, einerseits weil Kalkgestein in der Umgebung angeschnitten und durch die Ackergeräte verbreitet wird, andererseits weil der Flugstaub der Zementfabriken der Umgebung einer Entkalkung entgegenwirkt (vgl. 9).

Die hier verbreitete Bodengesellschaft besteht nicht nur aus einem Mosaik von Pseudogley-Rendzinen und Pseudogleyen aus Kalkmergel, sondern daneben auch bei zunehmend mächtiger werdender pleistozäner Bedeckung aus Übergangsbildungen zwischen sandig-lehmigen Parabraunerden (Braunerden) und Pseudogleyen (Abb. 1). Häufig geht die Verteilung der Böden aus ihrer Höhenlage im Gelände (die meist nur um wenige Dezimeter differiert) und aus ihrer Oberflächenform hervor.

Die Böden dieser Gesellschaft werden als Ackerland genutzt. Eine Bodenmelioration müßte bei den flachen Böden aus Kalkmergel darauf abzielen, die Wasserdurchlässigkeit und die nutzbare Feldkapazität zu erhöhen.

Die von Staunässe und Grundwasser geprägte Bodengesellschaft

Während in der ersten Bodengesellschaft kein Grundwasser auftritt, ist die zweite in einem wahrscheinlich kaltzeitlichen, flachen Rinnensystem entstanden, das auch heute Grundwasser führt. Es fließt in umgelagertem (oder nachträglich karstähnlich aufgelockertem) Kalkgestein (Abb. 1), das in den etwas höheren Lagen von dichtem Kalkmergel bedeckt ist. Darüber folgen die montmorillonitische Tonschicht (deren Alter hier geringer sein kann) und der entkalkte A-Horizont. Zwischen Tonschicht und A-Horizont ist örtlich eine geringmächtige Kieslage vorhanden. In etwas tieferen Lagen des Geländes sind anmoorige Oberböden und örtlich geringmächtige Niedermoore entstanden. Unter dem dichten Kalkmergel befindet sich wenigstens zu Beginn der Vegetationszeit örtlich gespanntes Grundwasser. Dieses hat keinen unmittelbaren Einfluß auf den Boden und seine Eigenschaften. Es liefert aber einen Hinweis auf die geringe Durchlässigkeit des Kalkmergels.

Die vorherrschenden Böden sind flache Pseudogleye und Anmoorgleye sowie Übergangsbildungen zwischen beiden. Die Anmoorgleye verlieren bei tiefen Grundwasserständen

den Grundwasseranschluß. Die Nutzung erfolgt in den höheren Lagen als Ackerland, in den tieferen als Grünland.

Die vom Grundwasser geprägte Bodengesellschaft

Diese Einheit kann als Endglied der Kette von Umlagerungs- und Lösungsvorgängen der Kalke angesehen werden. Sie ist aus spätglazialer Kalkmudde (3) entstanden, die sich infolge der Lösungsvorgänge im Kalkstein, hervorgerufen durch vermutlich kaltes, CO_2-reiches Wasser, in einer ursprünglich abflußlosen Senke, dem Seckbruch, abgesetzt hat. Darüber wuchsen Niedermoortorfe auf, die meistens ebenfalls kalkhaltig sind. Ihre Mächtigkeit beträgt heute durchschnittlich etwa 50 cm. Daneben kommen Anmoorgleye vor.

Die K-Sorption der kalkhaltigen Niedermoore und Anmoorgleye ist sehr ungünstig. Deshalb ist Kalimangel der Pflanzen, insbesondere bei dem hohen N-Angebot, zu erwarten (5). Infolge der sehr hohen Wasserdurchlässigkeit (kf-Werte über 200 cm/Tag) der überwiegend aus Calciten der Schluff- und Tonfraktion bestehenden Kalkmudde, bereitet die Entwässerung nur infolge der ungenügenden Vorflut Schwierigkeiten. Die Böden werden ausschließlich als Grünland genutzt.

Literatur

1. *Dammann, W.*: Physiologische Klimakarte Niedersachsens. N. Arch. f. Nieders. **18**, 287–298 (1969).
2. *Dietz, C.*: Geologische Karte von Niedersachsen 1 : 25 000, Ms. Nieders. Landesamt für Bodenforschung, Hannover.
3. *Dietz, C., Grahle, H.-O.* und *Müller, H.*: Geol. Jb. **76**, 67–102 (1958).
4. *Gebhardt, H.* und *Lüders, R.*: Z. Pflanzenernähr. Bodenkunde **127**, 154–167 (1970).
5. *Kuntze, H.* und *Leisen, E.*: Kali-Briefe, Fachgeb. 10, 1. Folge, S. 1–11 (1970).
6. *Lüders, R.*: Entwurf einer Bodenübersichtskarte im Maßstab 1 : 300 000 für die Umgebung von Hannover. Z. Pflanzenernähr. Bodenkunde **124**, 29–36 (1969).
7. *Meyer, B.*: Zeitmarken in der Entwicklung mitteldeutscher Löß- und Kalksteinböden. Trans. 7. Int. Congr. Soil Sci. Madison **4**, 177–183 (1960).
8. *Müller, W., Renger, M.* und *Voigt, H.*: Zur Kennzeichnung und Melioration staunasser Böden. Dieser Band S. 639.
9. *Przemeck, E.*: Landw. Forsch. **23**, 204–213 (1970).
10. *Scheffer, F., Welte, E.* und *Meyer, B.*: Z. Pflanzenernähr. Düng. Bodenkunde **90**, 18–36 (1960).
11. *Schwertmann, U.*: Z. Pflanzenernähr. Düng. Bodenkunde **95**, 209–227 (1961).
12. *v. Zezschwitz, E., Lohmeyer, W.* und *Hermann, H.-O.*: Decheniana **118**, 222–234 (1967).

Zusammenfassung

In ebenen Lagen sind am Stadtrand von Hannover aus Kalkmergeln der Oberkreide (65–75 % $CaCO_3$) Pseudogley-Rendzinen und Pseudogleye entstanden. Ursachen hierfür sind das wenig durchlässige, an Grobporen arme Gestein (C-Horizont) und eine prä-saaleeiszeitliche, überwiegend aus montmorillonitischem Ton bestehende Bodenbildung, deren Reste häufig die Begrenzung zwischen Ap- und Cv-Horizont bilden.

Ein im Gelände nur wenig tiefer gelegenes, wahrscheinlich kaltzeitliches Rinnensystem mit locker gelagertem Kalkgestein führt Grundwasser, das im Endglied der Umlagerungs- und Lösungsvorgänge, in der sehr stark durchlässigen Kalkmudde, nahe an die Oberfläche tritt.

Summary

Pseudogley-rendzinas and pseudogleys developed from calcareous marl of the Upper Cretaceous (65–75 % $CaCO_3$) in plain layers on the outskirts of the city of Hanover. The reasons for this are rocks of low permeability, of few coarse pores (C horizon) and a pre-Saale glacial epoch soil formation, consisting mainly of montmorillonitic clay, the remainders of which often form the boundary between Ap and Cv horizons.

A channel system of probably glacial epoch origin situated only a little lower in the field with loosely deposited limestone carries groundwater which after re-shifting and solution processes in the highly permeable lake marl ultimately rises close to the surface.

Résumé

Dans des zones plates aux environs de la ville de Hanovre des rendzina-pseudogleys, ainsi que des pseudogleys, se sont constitués aux dépens de marnes calcaires de la craie supérieure (65–75 % de $CaCO_3$). La cause de celà est une roche peu perméable et pauvre en macropores (horizon C) et la formation de sols pré-Saaliens, composés surtout d'argile montmorillonitique, dont les restes forment souvent la limite entre les horizons Ap et Cv.

Un système de rigoles se trouvant seulement un peu plus bas dans le terrain datant probablement de l'epoque froide contenant un calcaire en dépôt peu dense, amène des eaux souterraines qui par une série de processus de redistribution et de dissolution, affleurent finalement à la surface, au sein d'un turf calcaire très perméable.

Genetische Verhältnisse und Klassifikation hydrogener Böden der Tschechoslowakei

Von *J. Pelisek**)

Hydrogene Prozesse und somit auch die Bildung hydrogener und hydromorpher Böden hängen namentlich von der Menge und Beständigkeit des tieferen und höheren Grundwassers im Bodenprofil während des Jahres ab. Danach kann man sämtliche hydrogenen und hydromorphen Böden im Gebiet der Tschechoslowakei in 3 Gruppen einteilen:

1. Hydrogene Böden,
2. Semihydrogene Böden,
3. Hydrogen-terrestrische Böden.

Hydrogene Böden

Bildung und Entwicklung hydrogener Böden werden hauptsächlich durch einen im bestimmten Bereich beständigen oder schwankenden Wasserspiegel bedingt. Diese Böden befinden sich in der Regel in den Talebenen längs der Flüsse und werden namentlich im Frühling oder Herbst auch mehrmals überflutet. Nach der Intensität des Gleyprozesses und Höhe des Gleyhorizontes unterteilt man in a) Gleye, b) Semigleye und c) Vergleyte Alluvialböden. Die Gleye bilden sich unter dem Einfluß eines beständig hochliegenden Grundwasserspiegels. Durch Reduktionsprozesse wahrscheinlich vorwiegend mikrobieller Natur versumpft der Gleyhorizont und nimmt grünliche, bläuliche oder gräuliche Farben an.

Den Bodentyp oder die taxonomische Einheit erster Ordnung stellt hier der Gley mit der Horizontfolge $A_0 - A - G - C$ dar. Die Bodenformen sind: torfiger Gley, torfig-humoser Gley und humoser Gley. Eine spezielle genetische Stellung nehmen die Gleye an Gewässerrändern mit Wasservegetation ein. Die Gleye sind namentlich in den Niederungen und Hügelländern verbreitet, weniger in den Gebirgen. Die Niederungsgleye sind reich an Mineralstoffen und Stickstoff. Sie sind hauptsächlich auf Alluvionen ausgebildet.

Die Semigleye entstehen vor allem in den Talgebieten mit schwankendem Grundwasserspiegel. Im Frühling und Herbst wird das ganze Bodenprofil vernäßt, stellenweise überschwemmt. Mit dem Absinken der Wasserläufe sinkt das Grundwasser auf ein bestimmtes Niveau, wo es den überwiegenden Teil des Jahres verbleibt. Mit ihm fällt die obere Grenze des Gleyhorizonts zusammen. Der A_g-Horizont zeigt Rostflecken und Eisen- oder Manganeisenkonkretionen, da hier sowohl Reduktions- als auch Oxidationsprozesse ablaufen. Es folgt der ständig reduzierte G-Horizont.

Den Bodentyp stellt hier der Semigley mit einem A_0-A-A_g-G-C-Profil dar. Die Bodenformen sind: typischer Semigley, humoser Semigley, versalzter Semigley und deren Kombinationen, z. B. humoser, versalzter Semigley. Man unterteilt die Semigleye auch in solche mit geringem (30–50), mittlerem (50–100) und tiefem Gleyhorizont (100–150).

*) Forstliche Hochschule Brno, CSSR

Die Vergleyten Alluvialböden (A_0-A-A_g-G-C-Profil) kommen in gelegentlich überschwemmten Talebenen vor, wo der Grundwasserspiegel stark schwankt und sich ebenso wie die Gleyhorizonte 2 m und tiefer unter Flur befindet. Stellenweise beginnt im oberen Bodenhorizont die Ausbildung von Schwarzerden oder Braunerden, auf kalkhaltigen Alluvionen des Donaubeckens auch von Pseudorendzinen. Wenn in 100–150 cm Tiefe wasserführende Terrassen-Schotter oder -Sande anstehen, liegt der Horizont mit Eisenflecken und Konkretionen nahe der Grenze zwischen Deckschicht und Schotter bzw. Sand. Diese Böden sind vorwiegend in den flachen Randgebieten der Niederungs-Talauen verbreitet.

Vergleyte Alluvialböden treten in typischer, humoser und versalzter Form auf.

Die genetische Reihe hydrogener Böden in den Niederungen der CSSR besteht aus: 1. Subaquatischen Gleyen, 2. Typischen Gleyen (torfig, humos, torfighumos u. a.), 3. Semigleyen (typisch, humos, versalzt u. a.) sowie 4. Vergleyten Alluvialböden (typisch, humos, versalzt u. a.).

In den Gebirgstälern sind hydrogene Böden in folgender Weise mit semihydrogenen verzahnt: 1. Gleye, 2. Semigleye und 3. Gleypodsole.

Semihydrogene Böden

Semihydrogene Böden sind hauptsächlich in den Hügel- und Gebirgslandschaften der CSSR verbreitet. Semihydrogene Prozesse werden durch gestautes Niederschlagswasser vor allem im Frühling und im Herbst bedingt. Der Wechsel von Reduktions- und Oxidationsprozessen prägt sich morphologisch aus. In Wäldern ist die Humusform ± mächtiger Rohhumus, darunter liegen ein gräulicher oder bräunlichgrauer A-Horizont und ein marmorierter und konkretionärer, 60–150 cm mächtiger Bg-Horizont.

Der Grundbodentyp ist der Pseudogley (A_0-A-B_g-C-Profil), der vorwiegend auf tonig-lehmigen bis tonigen Substraten vorkommt. – Bodenformen sind typische und humose Pseudogleye. Anzeichen von Tonverlagerung liegen nicht vor. Die Böden sind ± sauer, wenig durchlässig und schlecht durchlüftet. Stellenweise entstehen pseudovergleyte Podsole mit verdichtetem Untergrund.

Die genetische Reihe semihydrogener Böden in den Hügel- und Gebirgslandschaften besteht aus: 1. Pseudogley, 2. podsoliertem Pseudogley und 3. pseudovergleytem Podsol (schwach, mittel und stark).

Hydrogen-terrestrische Böden

Diese Böden kommen in Niederungs-, Hügel- und Gebirgslandschaften vor. In ihnen sind zwei bodenbildende Prozesse derart kombiniert, daß der obere Teil des Profils terrestrisch und der untere hydrogen geprägt ist. In den Niederungsgebieten treten vergleyte Schwarzerden, Braune Waldböden und Graue Waldböden auf, in den Gebirgen dagegen hauptsächlich vergleyte Rostfarbige Waldböden, Dunkle Schokoladenbraune Waldböden und Humuseisen-Podsole.

Zusammenfassung

Es werden nach Profilmorphologie und Wasserhaushalt folgende Bodengruppen unterschieden: 1. Hydrogene Böden: a) Gleye, b) Semigleye, c) Vergleyte Alluvialböden; 2. Semihydrogene Böden: ± podsolierte Pseudogleye; 3. Hydrogen-terrestrische Böden: vergleyte Formen verschiedener Bodentypen. Diese Böden nehmen charakteristische geomorphe Positionen ein.

Summary

According to morphology and water regime the following soil groups can be distinguished: 1. Hydrogenic soils: a) gleys, b) semigleys, c) gleyed alluvial soils; 2. Semihydrogenic soils: pseudogleys, ± podzolised; 3. Hydrogenic – terrestric soils: gleyed forms of various great soil groups. These soils occupy characteristic geomorphological positions.

Résumé

Selon leur morphologie et le regime d'eau les groupes des sols suivants sont distinguées: 1. Sols hydrogènes: a) gleys, b) semigleys, c) sols alluviaux; 2. Sols semihydrogènes: pseudogleys ± podsoliques; 3. Sols hydrogène-terrestre: formes à gley de divers types de sols. Ce sols occupent des positions geomorphologiques caracteristiques.

Bericht über Thema 2.2: Pseudogleye und Gleye kühlfeuchter Gebiete[1])

Von *Gj. Janeković**)

D. Laing berichtete über Böden aus glazialen und fluvioglazialen Sedimenten im Midland Valley (Zentral-Schottland). Substrat, Relief und Niederschlagsmenge bestimmen Bodengesellschaft und Nutzungspotential. Die besten landwirtschaftlichen Böden befinden sich im trockeneren Hügelgebiet der lehmigen Braunerden und Pseudogleye, wo die Drainage des Bodens nur hie und da nötig war. Im feuchteren oder tiefer gelegenen Gebiet mit tonigeren Pseudogleyen bis Mullgleyen ist die Drainage unbedingt nötig, wobei die ungünstigsten landwirtschaftlichen Bedingungen im Gebiet der schlecht drainierten Böden mit hohem Grundwasser (Mullgley) vorkommen.

M. Walsh und *F. de Coninck* haben im Norden Zentral-Irlands festgestellt, daß die feinkörnigen Böden der 5 bis 10 ha großen Drumlins („till-drumlin-Haplaquepts" $\simeq$ „Pseudogleye") und die vergesellschafteten steinigen („Rockland"-) Böden zwar ähnliche chemische und mineralogische Eigenschaften, aber völlig verschiedene Nutzungsmöglichkeiten besitzen. Die ungünstige Struktur der Drumlin-Böden ist nicht durch die große Menge an Quarz in der Tonfraktion verursacht, sondern vielmehr durch den stark „sepischen" Charakter des Bodenplasmas.

E. M. Bridges hat am Beispiel der Bodengesellschaft des Trent-Tales in England gezeigt, daß die oft einheitlich als Gleye klassifizierten Böden des alluvialen Gebietes sich in Bezug auf die Luft- und Wasserdurchlässigkeit und Wasserdynamik unterscheiden. Dies hängt ebenso von physikalisch-chemischen Eigenschaften ihrer Profile wie von der Lage ihres Entstehungsorts im Flußtal ab.

W. E. Grube, R. M. Smith und *R. N. Singh* untersuchten die Entstehung der bis in größere Tiefe buntgefärbten Dystrochrepts, Hapludults und Fragiudults (etwa „Sauerbraunerde", „stark durchschlämmte Parabraunerde" und „Parabraunerde-Pseudogley") aus feinkörnigem Mahoning-Sandstein. Es wurde festgestellt, daß die tiefgehende Buntheit des Bodensubstrats durch Pyritverwitterung verursacht wird. Hydromorphe oder pseudohydromorphe Buntheit des B_2t-Horizonts im Fragiudult und im oberen Teil des Fragipans sind Resultate einer sauren Auslaugung sowie einer Ausfällung von Fe-Oxiden in schwarzen Überzügen entlang von Kluftwänden und anderen Bodenporen.

R. Lüders berichtete über eine Kalklandschaft mit dünner Geschiebelehmdecke bei Hannover, wo kleine Höhenunterschiede im flachwelligen Gelände mit entsprechenden Variationen des Bodensubstrats (Oberkreidekalke und deren umgelagerte Verwitterungsprodukte) verbunden sind und drei charakteristische Bodenkomplexe verursachen. Im ersten beruht die Hydromorphie der Böden ausschließlich auf Staunässe, die das flache Relief

*) Institut für Bodenkunde, Vinkovačka 57, 54000 Osijek, Jugoslawien.

[1]) Die Beiträge von *S. V. Zonn* und *J. Pelíšek* wurden nicht vorgetragen.

verursacht (Ackergebiet), im zweiten auf Staunässe und auf zeitweilig hohen Grundwasserständen (Acker-Grünlandgebiet), im dritten auf dem starken Einfluß des Grundwassers (Grünlandgebiet).

Außerhalb des Programms sprach *I. P. Gerasimov* über „Russische genetische Bezeichnungen ‚Podsol' und ‚Gley' und ihre Derivate ‚Pseudopodsol' und ‚Pseudogley'". In der Diskussion wurde der Vortrag von *Gerasimov* als ein interessanter Beitrag zur Vereinheitlichung der bodenkundlichen Terminologie aufgefaßt, der jedoch einer weiteren eingehenden Diskussion bedürfte.

Die Vorträge waren eine Bestätigung oder Ergänzung unseres Wissens, daß die Entstehung und Eigenschaften des dichten Horizonts im Bodenprofil („Staukörper", „Stauwassersohle"), durch welchen Niederschlagwasserstau und damit Pseudovergleyung verursacht werden, sehr verschiedener Art sein können und daß pseudohydromorph gefleckte Profile auch durch Pyritverwitterung entstehen können.

Die Tatsache, daß in den Vorträgen Pseudogley und Gley als Glieder charakteristischer Bodengesellschaften in einem großräumigen Gebiet betrachtet werden, stellt schon selbst einen bedeutenden Fortschritt dar. Konsequenterweise liegt dann der Schwerpunkt der Forschung auf der Bodengesellschaft und nicht auf dem Bodentyp.

Charakteristische ökologische Eigenschaften verschiedener Landschaften hängen — als Einheit — nicht nur von den Eigenschaften einzelner Glieder (d. h. Bodentypen und ihrer Übergangsformen), sondern auch von Relief, Mikrorelief, Ausgangsgesteinen, hydrologischen Bedingungen und Klima, also von der Bodengesellschaft, ab. Einzelne Bodenkomplexe können in Bezug auf ihr Produktionspotential und ihren Bedarf an meliorativen und agrotechnischen Maßnahmen völlig verschiedenartig sein. Dies kommt besonders in den Beiträgen von *D. Laing* und *R. Lüders* zum Ausdruck.

Planosols

By *R. Dudal**)

Planosols were introduced as a great soil group in the 1938 USDA Soil Classification (*Baldwin* et al., 1938). The term "Planosol" was coined to name soils occurring on level relief, affected by seasonal waterlogging and having a bleached surface horizon abruptly overlying a claypan or a cemented hardpan. Because of the influence which relief and poor drainage appeared to have on their formation Planosols were considered to be "intrazonal". Outside the United States the Planosol concept received little recognition. Planosols with a bleached surface horizon were often considered to be "podzolic" soils. In other instances Planosols were grouped with the Pseudo-Gley soils on account of the occurrence of surface waterlogging. Since Planosols were not systematically separated from other soils with which they have some features in common, their importance and worldwide distribution have been underestimated. It is attempted here, on the basis of new insights in their genesis, of their specific use capability and of international correlation studies, to promote the Planosol concept to a separate entity in international soil classification.

Genesis

By the 1930's it was realized that certain soils which were called "podzolic" on the basis of textural differentiation or of the occurrence of a bleached surface horizon, did not develop under the influence of the podzolisation process. It was recognized that, through the process called "lessivage" or "argilluviation", fine clay and the ferric iron bound to it could be translocated mechanically, without destruction, from surface horizons and accumulate in so-called textural or argillic B horizons. Though a considerable amount of the total clay in the B horizon resulted from weathering in place the translocation of fine particles was sufficiently significent for a textural differentiation to develop within the profile. This was not the case however for the so-called "claypan soils" or Planosols the study of which revealed that argilluviation only could not account for the strongly expressed textural differentiation by which they are characterized.

In 1934, *Smith* suggested that the development of claypans was essentially due to the formation of colloidal material in place and to its flocculation in the presence of electrolytes from stagnant groundwater. *Nikiforoff* and *Drosdoff* (1943) attributed the strong textural differentiation within a claypan soil to the destruction of a large part of the clay minerals, especially of the montmorillonite group, in the upper part of the profile. They considered that the E horizon could be the product of degradation of the claypan but did not elaborate on the mechanism of this degradation process. *Gorshenin*

*) Soil Resources, Development and Conservation Service, Land and Water Development Division, FAO, Rome.

(1955) describes "podzolic solodized soils" in Western Siberia in which the whitish surface horizons and strong textural differentiation are considered to be a relict from older solodized soils, thus implying a polygenetic origin. In the USSR, *Rozanov* (1957) pointed out that strong bleaching of surface horizons, accompanied by marked textural differentiation, takes place under the influence of excess surface water rather than through podzolisation. *Dolgova* (1962) suggested that whitish surface horizons overlying heavy clays in the Smolensk area are related to binary alluvial deposits. In France, *Servat* (1966) suggested that in certain instances textural differentiation is due to a lateral movement of clay and is not necessarily related to an illuvial clay accumulation. In order to distinguish these two processes he introduced the term "sols lavés" in opposition to "sols lessivés".

Though the studies referred to above all touch upon certain of the important factors which influence the development of Planosols, it is only recently that *Brinkman* (1970) described a hydromorphic soil forming process — called "ferrolysis" — which may explain the genesis of Planosols. The process consists of cation exchange reactions involving iron in repetitive reduction-oxidation cycles, taking place under conditions of alternating wetness and dryness. *Brinkman* (1970) describes ferrolysis as follows:

> "During the anaerobic phase, free iron is reduced with concurrent oxidation of organic matter and formation of hydroxyl ions. The ferrous iron displaces exchangeable cations and the displaced cations are leached (or partly leached in the case of aluminium) during the early part of the reduced phase.
>
> During the following aerobic phase, ferrous iron is oxidized producing ferric hydroxide and hydrogen ions. The hydrogen ions displace the exchangeable ferrous iron and corrode the octahedral layers of the clay minerals at their edges. At the same time, there is equivalent diffusion of hydrogen against aluminium, some magnesium and other ions released from the octahedral lattice edges.
>
> Thus, in every cycle, cations are leached and a part of the clay lattice is destroyed. With continued ferrolysis a seasonally wet soil, even if originally base saturated, can eventually develop to a grey, unstable, silty or sandy soil with low clay content and very low cation exchange capacity."

The process affects mainly clay minerals of the swelling type which are more readily destroyed because of the large amount of ferric iron which can be accommodated through their high cation exchange capacity. Clays with less exchange positions are also affected but the process is much slower. Following the destruction of the clay silica goes into solution. Depending upon the degree of leaching of the soil in the early part of the reduced phase, the aluminium may accumulate, may be removed in depth or may become fixed by inter-laying in the remaining clay which leads to the formation of soil chlorite. The lowering of the cation exchange capacity in these soils therefore results from clay destruction or from the formation of soil chlorite. Iron may be removed from the soil or may accumulate on top of the impervious horizon in the form of stains, concretions or thin cemented iron sheets.

The formation of Planosols is obviously distinct from podzolisation in which clay decomposition is dependent on stable organic compounds rather than on exchange reactions involving iron. Argilluviation is often associated with the formation of Planosols in that illuvial clay accumulation may lead to the development of a slowly permeable subsurface horizon. It is felt e.g. that solodization is merely a form of Planosol formation in which seasonal water stagnation results from the development of an impervious natric B horizon. Argilluviation however, is not necessarily a major factor of the textural differentiation in Planosols. The same applies to the occurrence of lithological discontinuities which may favour the formation of Planosols but are not a prerequisite for their development.

Further proof will be needed that ferrolysis plays a determining role in the formation of Planosols, however, this hypothesis is corroborated by a great number of field observations in different parts of the world.

Morphology

Since the formation of the light textured albic E horizon of Planosols is governed by alternating wetness and dryness it is found that its development normally starts where these conditions are most pronounced namely at the top of the slowly permeable or impervious horizon. This horizon may consist of a strongly developed argillic B horizon, a heavy textured parent material, a soil layer containing swelling clays, a fragipan or a duripan, a material compacted as a result of periglacial phenomena, a permafrost horizon or a combination of several of these horizons. If the slowly permeable horizon is an argillic B horizon and an E horizon has already formed as a result of argilluviation one observes that clay destruction and bleaching firstly show in the lower part of the E horizon. Depending on the degree of seasonal wetness, the process may progressively affect the entire E horizon and involve the upper part of the B horizon. The horizon sequence of solods — which are considered to be a special form of Planosols — offers a clear illustration of this process: a strong bleaching of the E horizon which is most pronounced in the "silica cap" forming at the top of the B horizon which in turn degrades in depth. Planosols developing in association with Luvisols*) though being acid in the E horizon may keep a medium to high base saturation in the B horizon. When occurring in association with Acrisols, Planosols are normally acid throughout. It should be noted that even when argilluviation is active in materials containing swelling clays, oriented clayskins may not be present since those that form smear out over ped surfaces with successive churning (*Fedoroff*, 1968).

When Planosols develop from Luvic Phaeozems, Luvic Chernozems or Greyzems the albic E horizon forming on top of the argillic B horizon may still be overlain by a mollic A horizon. In this case the A horizon often shows silica flour on the structural ped surfaces.

A bleached light textured surface layer may develop directly from a heavy textural parent material without argilluviation taking a part in the formation of the Planosol. An initial stage of this development can be observed on slowly permeable materials,

---

*) The terms Planosols, Vertisols, Luvisols, Podzoluvisols, Acrisols, Chernozems, Phaeozems, Greyzems, Podzols and Arenosols used in this text are the ones which have been adopted for the FAO/UNESCO Soil Map of the World (FAO, 1968—1970).

on heavy alluvial deposits, on non-mulching Vertisols or on weakly solodized Solonetz in which a thin whitish surface layer or bleached spots and a loss of structure occur at the surface. As the E horizon becomes thicker seasonal waterlogging becomes more pronounced and the Planosol develops by the progressive degradation of the clay material along a horizontal front. The degradation of such a "claypan" was admirably described by *Nikiforoff* and *Drosdoff* (1943):

> "The uppermost part of the claypan undergoes degradation over about 2 inches. The claypan in this layer first breaks into small sharp angular fragments. Later the edges of the fragments become bleached and softer. Bleaching penetrates the fragment along the fine pores and fissures until the whole fragment is thoroughly bleached. In this condition the fragments loose the sharpness of their edges and become crumblike and less compact. At the same time abundant podzolic flour appears in the interstices between the aggregates on their surface and even in the finest pores. Finally, the crumbs disintegrate entirely into a more or less mellow mass and the segregation of large iron manganese concretions takes place."

Bleached horizons which develop on top of a fragipan have often been considered a buried E horizons. It is more likely that they develop by local clay destruction resulting from seasonal water stagnation within the profile. When the bleaching reaches high up in the surface of the profile it is felt that such soils should also be included with the Planosols.

It is possible that permafrost layers in areas with a marked dry season may act as an impervious subsurface layer over which an albic E horizon destruction could develop. The occurrence of Planosols in permafrost areas may therefore be possible.

Since the intensity of the clay destruction is related to the degree of seasonal wetness, it appears that the thickness of the E horizon may vary rather strongly with little differences in relief. In local depressions E horizons may reach more than 1 m in depth. It should be noted that soils in which E horizons exceed 125 cm in depth — which may occur in tropical areas — are no longer included with the Planosols but are grouped with the Albic Arenosols. Such coarse textured E horizons form one of the parent materials in which tropical humic Podsols may develop (*Platteborze*, 1970).

As noted above the formation of Planosols may be favoured by original stratification in parent materials. However the binary nature of these materials is not a prerequisite for this kind of soil development. Indeed strongly contrasting textural differentiation within soils can be the result of pedogenetic processes.

Distribution

Since the factors which favour the formation of Planosols are those which induce poor external and internal drainage during some part of the year, they are generally found in level topography, on heavy textured or compacted materials and under climatic conditions which cause surface wetting alternating with drought.

The largest extensions of Planosols are known to occur in areas which are transitional between semi-arid and humid climates and especially on the fringes of regions where soils with a mollic A horizon are dominant. This is the case for the Planosols found in the Pampa and in the regions of Entre Rios and Corrientes in Argentina, in the Chaco in Paraguay, in the south western part of the Mato Grosso in Brazil, in Uruguay, in the border areas of the mid-western Prairies in the United States, on the fringes of the chernozemic belts in Bulgaria, Hungary, Rumania. In the USSR soils with a morphology comparable to Planosols have been reported to occour in association with meadow chernozemic soils in Western Siberia (*Ufimtseva*, 1968) and with meadow chernozemic-like soils in the eastern and central Amur region (*Liverowski* and *Roslikova*, 1962). The latter soils — called "podbel" in the USSR — extend into the Sanchzhan Plains in China where they are known under the name of "beidzhan-tu" or white clays. Planosols may also occur in the Grey forest soil region of the USSR. The seasonal excess of water in Spring due to thawing of the snow and the temporary imperviousness of the frozen subsoil are likely to favour Planosol formation. The intensive deposition of amorphous silica silt sprinkling on structural ped surfaces in the Grey forest soils of the Russian plains (*Kovda* et al., 1968) seems to support this assumption.

Though the largest extension of identified Planosols is in forest-steppe transitional regions, Planosols are also found in a wide range of other environments. Under mediterranean climatic conditions, Planosols are found in Algeria, Greece, Israel, Italy, Morocco and Portugal. Under temperate conditions Planosols are known to occur in central and south western France. They are found in Canada under boreal conditions and may occur at a comparable latitude in the USSR. In subtropical areas Planosols are known to occur in the south eastern United States, in South Africa, in Chad, in Australia, in Botswana and in Chile. In tropical areas Planosols have been identified in Burma, the Cameroons, Cambodia, Ghana, Indonesia, Kenya, Malawi, East Pakistan, Peru, Thailand and Togo. Although overall climatic conditions in these regions are different the areas where Planosols develop have a common soil climate characterized by an alternation of strong wetting and drying.

Nomenclature and classification

On the basis of the strongly leached surface horizon overlying a layer of clay or cemented material at varying depth below the surface, a number of Planosols (from L. planus, flat, level) have been named after the podzolic terminology and classified accordingly, e.g. clay Podzols (pp)*) (*Georgievski*, 1888), sols podzoliques à pseudogley (pp) (*Bornand* et al., 1968), Podbels (*Liverovski* and *Roslikova*, 1962), gley meadow Podzols (*Nikiforoff*, 1937), strongly surface gleyed sod podzolic soils (pp) (*Ufimtseva*, 1968), pseudo-podzolic soils (*D'Hoore*, 1964), pseudo-podzolised Smolnitzas and pseudo-podzolised cinnamonic soils (*Koinoff*, 1966), bluff Podzols (*Moss*, *St. Arnaud*, 1955), salt earth Podzols (*Kubiena*, 1953), podzolic solodized soils (*Gorshenin*, 1955) and paleopodzols (*Desaunettes*, 1964). The name Pseudo-Podzols proposed by *Gerasimov* (1960) seems to include both Planosols and Luvisols, two major groups which are strikingly different both in genesis and in morphology, and for which, in either case, the use of the podzolic nomenclature is no longer justified (*Dudal*, 1970). Soils comparable to Planosols have been distinguished under a number of other names,

*) (pp) pro parte: at least a part of the soils known under these names seem to fit the characteristics of Planosols.

such as Paragleys (*Gerasimova,* 1968), soluri podzolice pseudogleizate (pp) (*Chiritza* et al., 1967), sols lessivés à pseudogley avec horizon B de couleur foncée (*Conea* et al., 1964), Brunizems planosolicos (FAO, 1966), low humic Gley soils (*Dudal* and *Moormann,* 1964), Beidzhan-tu (*Liverovski* and *Roslikova,* 1962), solos argiluviados parahidromorficos (*Carvalho Cardoso,* 1965), duplex soils with bleached A2 horizons (*Northcote,* 1965), epihydromorphic soils (pp) (*Gracanin,* 1969), Vertisols dégradés (*Bocquier,* 1964), Staublehme (*Fink,* 1964), Albaqualfs and Argialbolls (Soil Survey Staff, 1960—1967), Planosol-Solod intergrades (*Thorp* and *Bellis,* 1960), Nazaz soils (*Dan* et al., 1969).

On account of surface waterlogging Planosols are often grouped with Pseudo-Gley soils. It is felt, however, that a difference must be made between both soil groups considering the difference in their morphology and in the processes which govern their formation. Besides surface gley features Planosols show clay destruction which proceeds along a horizontal plane overlying a slowly permeable or impervious layer. It is this process which is mainly responsible for the strong textural differentiation. In Pseudo-Gley soils which have an argillic B horizon the textural differentiation is primarily due to argilluviation. Clay destruction as a result of seasonal waterlogging also occurs in soils showing glossic degradation (*Dudal,* 1970) however clay destruction is limited to selective drainage ways, such as tongues, fissures, cracks or ped surfaces.

In the FAO/Unesco Soil Map of the World the Planosols have been distinguished at the highest level of generalization. They have been defined as soils having an albic E horizon abruptly overlying a slowly permeable or impervious horizon — exclusive of a spodic B horizon — showing features associated with wetness in at least a part of the E horizon. The albic E horizon is a horizon from which clay and free iron oxides have been removed or in which the oxides have been segregated, to the extent that the colour of the horizon is determined primarily by the colour of the sand and silt particles rather than by coatings on these particles. The dominant colours in the matrix of at least a part of the E horizon have moist and dry chroma of 2 or less. This definition of the E horizon allows for the distinction of Planosols from soils which merely consist of superposed deposits of different texture. Planosols have been further subdivided as follows:

Eutric Planosols have a base saturation of 50 percent (by NH_4OAc) or more in the impervious horizon down to 125 cm from the surface. They are common in mediterranean regions where they occur in association with Luvisols.

Dystric Planosols have a base saturation of less than 50 percent (by NH_4OAc) at least in some part of the impervious horizon within 125 cm of the surface. These soils are found to occur in association with Acrisols or with Podzoluvisols.

Mollic Planosols have a mollic A horizon and are found in association with Luvic Phaeozems, Luvic Chernozems or Greyzems.

Humic Planosols are those which have an umbric A horizon or an O horizon which develops in areas with prolonged wet seasons.

Solodic Planosols have an impervious horizon with a sodium saturation of more than 6 percent. They occur widely in association with Solonetz and Solodized Solonetz soils.

Gelic Planosols are those which show permafrost within 200 cm of the surface. This unit is foreseen for Planosols which may occur in Arctic areas however their distribution has not yet been ascertained.

Objections may be raised to the fact that the soils listed above are grouped within one major unit in spite of certain differences in their morphology and of their occurrence under different climatic conditions. The differences between the Planosols described here are felt to be secondary to the major features, the genetic processes and the soil forming factors which they have in common. Their occurrence under different climates reflects their intrazonal character in the same way as the distribution over a wide range of latitude of other generally accepted units – such as Vertisols, Andosols, Arenosols and Podzols – reflects their dependency on certain parent materials and soil climatic conditions which are not necessarily bound to the overall climate.

Management

The morphology and the soil forming processes which are active in Planosols call for specific management techniques. The growth of plants on Planosols is impeded by waterlogging in the wet season, severe drought in the dry season, a limited rooting depth, a lack of nutrients and very often also of micro-nutrients. Large areas of Planosols lie idle. Where they are occupied they are mainly used for grassland and to a certain extent for rice, wheat, maize or millet. Attempts have been made to improve these soils for the purpose of increasing yields and for widening the range of crops which could be grown.

Melioration techniques based on tile drainage have often proved to be unsatisfactory. Tiles at best remove only one of the impediments, namely, the surplus water during the wet season. During the dry season the moisture supply fails as before and even more so as a result of rapid removal of occasional precipitations. Even during the wet season tile drains may not be effective if they are laid in the compact subsoil. In this respect it is found that soils with E horizons ranging from 60 to 80 cm depth are much easier to handle than those where the impervious layer occurs at shallow depth. Planosols have been subjected to subsoiling and, in certain cases, to deep ploughing, with a view to improve rooting depth and moisture retention by breaking up the compact layer. It is to be noted that the regulation of the water regime of these soils is not only a matter of soil aeration and moisture supply but is required to stop the breakdown of the cation exchange complex which occurs as a result of alternating wetness and dryness and to improve the bearing capacity — both for animals and for mechanical equipment — which is strongly reduced during the wet season. With regard to irrigating swelling clays, it should be pointed out that an artificially created excess of water during a part of the year may hasten or induce Planosol formation. A degradation of heavy clays under irrigation has been described in Hungary by *Szabolcs* (1968). Irrigation of solodic Planosols especially must be handled with great care.

The strong loss of nutrients which Planosols suffer in the surface layers as a result of their formation has to be balanced by adequate fertilizer applications and by amendments of lime. Applications of micro-nutrients are mostly required. On the other hand, Planosols may in extreme cases suffer from aluminium toxicity. Surface structure of

Planosols requires to be improved through appropriate tillage, adapted crop rotations, and possibly by soil conditioning techniques.

It is obvious that melioration techniques of Planosols are to be determined by the cropping pattern which is envisaged, the characteristics of the different types of Planosols, the climatic conditions under which they occur and the economic feasibility. It would be beyond the scope of this paper to elaborate on management aspects, however, attention is drawn to the general pattern of melioration techniques which need to be applied in relation to the inherent characteristics of Planosols and of the processes which govern their formation.

Conclusions

The formation of light textured and bleached surface soil horizons in Planosols can be ascribed to a hydromorphic soil forming process, called ferrolysis, consisting of cation exchange reactions involving iron in respective reduction-oxidation cycles taking place under conditions of alternating wetness and dryness.

Argilluviation may account in part for the textural differentiation in Planosols but does not necessarily play a major role.

As in the case of Pseudo-Gley soils seasonal surface waterlogging is an important factor in the formation of Planosols, however, in the latter the processes involved reach well beyond a mere surface gleying.

Stratified parent materials may favour the formation of Planosols but are not a prerequisite for strong textural differentiation.

The major zone of the occurrence of Planosols is the one which is transitional between semi-arid and humid climates, the so called forest-steppe. However, Planosols are also found in other environments where a combination of parent materials and soil climatic conditions favour their development.

Since Planosols have been called by a great number of different names their identity has long been misappreciated. On the basis of their genesis, the factors of their formation, their wide distribution, and their specific management requirements Planosols deserve to be clearly separated from Podzolic soils and Pseudo-Gley soils.

In order to promote comparative studies and the transfer of experience and knowledge over country boundaries Planosols have been distinguished at a high level of generalization in the FAO/Unesco Soil Map of the World.

References

Baldwin, M., Kellogg, C. E. and *Thorp, J.:* Soil classification. In: Soils and Men, Yearbook of Agriculture, United States Department of Agriculture, Washington (1938).

Bocquier, G.: Présence et caractères des solonetz solodisés tropicaux dans le bassin tchadien. Comptes rendus 8-ème Congr. Int. Sci. Sol, V, **76**, 687—695, Bucarest (1964).

Bornand, M., Callot, G. and *Favrot, J. C.:* La carte pédologique du Val d'Allier au 1/100.000. Bull. Ass. franc. Étude Sol **6**, 21—29 (1968).

Brammer, H.: The soils of East Pakistan in relation to agricultural development. Pak. J. Soil Sci., II., **1** (1964).

Brinkman, R.: Ferrolysis, a hydromorphic soil forming process. Geoderma **3** (3), 199—206 (1970).

Carvalho Cardoso de J. V.: Os solos de Portugal. 1-A. Secretaria de Estado da Agricultura, Direccao Geral dos Servicos Agricolos, 362 p., Lisboa (1965).

Chiritza, C. D., Păunescu, C. and *Teaci, D.:* Solurile României. Ed. Agrosilvică, 179 p., 100 plates. Bucuresti (1967).

Conea, Ana, Popovăţ, Angela and *Rapaport, Camelia:* Les "Smonitzas" (Vertisols) et leurs termes de transition vers d'autres types de sols au sud de la Roumanie. Trans. 8th Int. Congr. Soil Sci., V, **30**, 263—274, Bucharest (1964).

Dan, J., Yaalon, D. H. and *Koyumdjisky, H.:* Catenary soil relationships in Israël. Geoderma **2** (2), 95—130 (1969).

Desaunettes, J. R.: Le paléopodzol de Xanthi. Sci. Sol **2** (1964).

D'Hoore, J. L.: Soil map of Africa, scale 1 : 5,000,000, Explanatory Monograph. CCTA **93**, 205 p., 6 maps, Lagos (1964).

Dudal, R.: Étude morphologique et génétique d'une séquence de sols sur limon loessique. Agricultura 1/2/2, 119—163, Louvain (1953).

Dudal, R.: 90 years of "Podzolic" Soils. Technical and economical bulletins, Series C, Pedology 18. Geological Institute, Bucharest (1970).

Dudal, R. and *Moormann, F. R.:* Major soils of Southeast Asia. J. trop. Geogr. **18**, 54—80 (1964).

Food and Agriculture Organization of the United Nations: Definitions of soil units for the Soil Map of the World. World Soil Recources Reports **33**, 72 p. and subsequent supplements, Rome (1968—1970).

Food and Agriculture Organization of the United Nations: Meeting of the Soil Correlation Committee for South America. World Soil Recources Reports **30**, 66 p., Rome (1966).

Fedoroff, N.: Genèse et morphologie de sols à horizon B textural en France Atlantique. Science du Sol I, 29—65 (1968).

Filipovski, G. and *Ćirić, M.:* Soils of Yugoslavia (Zemljista Yugoslavye). Yugoslav Soc. Soil Sci. **9**, 500 p., Belgrade (1969).

Fink, J.: Die Böden Niederösterreichs. Jahrbuch für Landeskunde von Niederösterreich **36**, 965—988 (1964).

Georgievski, A.: Angaben über russische Bodenuntersuchungen. Kreis Luga (Gvt. St. Petersburgh), IV (1888).

Gerasimov, I. P.: Gleyey pseudo-podzols of Central Europe and the formation of binary surface deposits. Soils and Fertilizers, XXIII, **1**, 1—7 (translated from Russian: Izv. Akad. Nauk., ser. geogr., 1959, **3**, 20—30) (1960).

Gerasimova, M. I.: Types of gley phenomena in Carpathian foothill soils. Trans. 9th Int. Congr. Soil Sci. IV, 433—439, Adelaide (1968).

Gorshenin, K. P.: Soils of Southern Siberia (from the Urals to the Baykal). Izv. An. SSSR. In: *Ufimtseva, K. A.*, 1968 (85), Moscow (1955).

Gračanin, M.: Zur Klassifikation Hydromorpher Böden. Bull. scient., section A, **14**, 3—4, 78—79 (1969).

Koinoff, W.: Soils with mediterranean character in Bulgaria. Trans. Conf. Medit. Soils, Soc. Esp. Ciencia del Suelo, 156—162, Madrid (1966).

Kovda, V. A., Vasil'yevskaya, V. D., Samoylova, Y. M. and *Yakushevskaya, I. V.:* Differentiation of weathering and soil formation products on the Russian Plain. Soviet Soil Sci. **7**, 867—879 (1968).

Kubiëna, W. L.: The soils of Europe. Thomas Murby and Co., 317 p., London (1953).

Liverovski, Yu. A. and *Roslikova, V. I.:* Genesis of some meadow soils in the maritime territory. Soviet Soil Sci. **8**, 814—823 (1962).

Moss, H. C. and *St. Arnaud, R. J.:* Grey wooded (podzolic) soils of Saskatschewan, Canada. J. Soil Sci., VI, **2**, 293—311 (1955).

Nikiforoff, C. C. and *Drosdoff, M.:* Genesis of a clay pan soil, II, Soil Sci. **56**, 43—62 (1943).

Northcote, K. H.: A factual key for the recognition of Australian soils (2nd ed.) C.S.I.R.O., Div. Soils 2/65, 112 p., Adelaide (1965).

Platteborze, A.: Contribution à l'étude des dépôts sableux anciens et des podzols de basses altitudes au Cambodge. Pedologie XIX, **3**, 357—386 (1969).

Rozanov, B. G.: The nature of the contact between the bleached horizon of soils on binary parent materials. Pochvovedenie **6**. In: *Gerasimov, I. P.*, 1960 (42) (1957).

Servat, E.: Sur quelques problèmes de cartographie pédologique en région méditerranéenne. Comptes rendus Conf. Sols Médit., Soc. Esp. Ciencia del Suelo, 407—411, Madrid (1966).

Szabolcs, I.: Degradation of irrigated Rice soils in Hungary. Proc. Nat. Acad. Sci. India, Section A. XXIX, I, 15—22 (1960).

Smith, G. D.: Experimental studies on the development of heavy claypans in soils. Research Bull. **210**. Agr. Exp. St., Col. Agr., Univ. Missouri (1934).

Thorp, J. and *Bellis, E.:* Soils of the Kenya Highlands in relation to landform. Trans. 7th Int. Congr. Soil Sci., IV, 329—334, Madison (1960).

Ufimtseva, K. A.: Present and relict properties of West Siberian Lowland soils. Soviet Soil Sci. **5**, 586—594, Moscow (1968).

U.S.D.A., Soil Survey Staff, Soil Conservation Service: Soil Classification, a comprehensive system (7th Approximation) and subsequent supplements, 265 p., Washington (1960—1967).

Summary

The term Planosol, introduced in the USDA Soil Classification in 1938, was coined to include the "claypan soils" showing a strongly leached surface horizon overlying a slowly permeable or impervious subsurface layer. The identity of these soils has long been misappreciated because of a lack of a satisfactory explanation of their genesis. Recent studies suggest that Planosols are formed by a hydromorphic soil forming process, called ferrolysis. It consists of a destruction of clay caused by cation exchange reactions involving iron in repetitive reduction-oxidation cycles taking place under conditions of alternating wetness and dryness. The formation of Planosols, which is clearly distinct from podzolization, may be favoured by argilluviation or by lithological discontinuities but neither are prerequisites for their development.

The morphology of different Planosols is reviewed in relation to the nature of the slowly permeable layer over which they develop. A study of their distribution indicates that they occur mainly in a forest-steppe zone which is transitional between semi-arid and humid climates. However, they also occur in other environmental conditions where certain parent materials and soil climatic conditions favour their development.

An attempt is made to establish a correlation between the great number of names under which Planosols have been distinguished. Attention is drawn to the specific management techniques which are needed to make effective use of Planosols.

A proposal is made to retain the name Planosol for international usage on the basis of the subdivision adopted for the FAO/Unesco Soil Map of the World.

Résumé

Le terme «Planosol», introduit dans la classification des sols des Etats-Unis en 1938, fut créé pour inclure les sols à «claypan» qui présentent un horizon de surface fortement lessivé reposant sur un sous-sol très peu perméable ou imperméable. Par suite du manque d'explication satisfaisante de leur pédogenèse l'identité de ces sols a été longtemps méconnue. Des études récentes suggèrent que les Planosols sont formés par un processus hydromorphique, appellé ferrolyse. C'est une destruction de l'argile causée par des réactions cationiques entraînant le fer dans des cycles répétés d'oxydo-réduction sous des conditions d'alternance de sécheresse et d'humidité. La formation des Planosols, qui est parfaitement distincte de la podzolisation, peut être favorisée par un lessivage de l'argile ou par des discontinuités lithologiques mais aucune de ces conditions n'est nécessairement préalable à leur développement.

La morphologie des divers Planosols est passée en revue en rapport avec la nature de l'horizon peu perméable à partir duquel ils se développent. Une étude de leur distribution montre qu'ils occupent principalement la zone de forêt-steppe qui forme la transition entre les climats semiarides et humides. On les trouve aussi dans d'autres conditions, partout où certains matériaux originels et conditions pédoclimatiques favorisent leur évolution.

On a essayé d'établir une corrélation entre les principaux noms sous lesquels les Planosols ont été distingués. L'attention a été attirée sur les aménagements spécifiques nécessaires pour l'utilisation effective de ces sols.

Il est proposé de retenir le terme de «Planosol» pour l'usage international sur la base des subdivisions adoptées dans la légende de la Carte mondiale des sols FAO/Unesco.

Zusammenfassung

Der Ausdruck „Planosol", 1938 eingeführt in die USDA-Bodenklassifikation, sollte *Claypan*-Böden einschließen, die über einem wenig oder undurchlässigen Unterboden einen stark ausgewaschenen Oberboden zeigen. Da die Genese dieser Böden unklar ist, wurden bisher sehr verschiedene Böden als Planosole bezeichnet. Neuere Untersuchungen lassen erkennen, daß der Hauptbildungsprozeß dieser hydromorphen Böden die sog. Ferrolyse ist. Sie besteht aus einer Tonzerstörung durch wiederholten Fe-Austausch während alternierender Trocken-(Oxydations-) und Naß-(Reduktions)phasen. Tonauswaschung und Körnungsschichtung vermögen diesen Prozeß, der von der Podsolierung verschieden ist, zu fördern, sind jedoch nicht seine Voraussetzung.

Es wird die Morphologie verschiedener Planosolprofile im Hinblick auf die Art der undurchlässigen Schicht diskutiert. Sie treten vor allem in der Waldsteppe, d. h. im Übergang semiarid-humid auf, sind jedoch nicht hierauf beschränkt. Die Nomenklatur der Böden dieser Gruppe wird kritisch beleuchtet und Hinweise auf spezifische Nutzungsverfahren werden gegeben. Es wird vorgeschlagen, den Begriff Planosol beizubehalten als Gruppe bei der FAO/Unesco-Weltbodenkarte.

Note sur la Pedogenese des Sols Lessivés à Pseudogley sur Limons anciens des Basses Vosges et de Lorraine

Par *Ph. Duchaufour, M. Becker, J. M. Hetier* et *F. le Tacon* *)

Introduction

Les sols lessivés à pseudogley sur limons anciens, généralement acides, sont très fréquents en Lorraine: dans certains cas, le matériau d'origine est hétérogène et formé d'un mélange de limons éoliens avec des éléments du substratum géologique (par exemple, argile triasique). Dans d'autres cas, le matériau orginel est parfaitement homogène, et constitué de limons éoliens pouvant atteindre trois mètres, comme l'a montré l'un de nous (9). Les courbes cumulatives de la fraction 2 μ à 2000 μ sont superposables sur toute l'épaisseur du profil; seule la fraction fine (inférieure à 2 μ) a pu subir un entraînement par lessivage et »colmater« les horizons inférieurs de type argillique B_t. C'est seulement ce deuxième cas que nous étudierons ici.

Le profil de ce type de sol est relativement constant: il comporte, sous un horizon humifère A_0A_1 (moder) ou A_1 (mull), un horizon A_{2g} de couleur brun clair ou gris clair, souvent parsemé de taches rouilles, surmontant un horizon B_1 plus ou moins riche en concrétions et enfin, un B_g ou B_{tg} enrichi en argile, à traînées verticales blanches sur fond ocre (horizon »glossique« souvent très tassé à la base: fragipan).

En fait, l'étude approfondie des corrélations »sol-végétation« effectuée en forêt (1) montre que le type de végétation forestière plus ou moins hygrophile est bien en relation avec la hauteur et la durée des nappes temporaires perchées; par contre, il n'est pas lié étroitement aux caractères classiques des pseudogley: présence de concrétions en A_2 et de bandes décolorées en B_g: d'où l'idée que les profils de pseudogley pouvaient être tantôt »fonctionnels«, tantôt »non fonctionnels«, beaucoup d'entre eux ayant un caractère »relique« et se trouvant sans relation avec la végétation actuelle.

Des observations comparables ont été faites en Autriche (4) et en Allemagne (7). La classification autrichienne distingue les pseudogley fossiles des pseudogley actuels. *Mückenhausen* décrit des »plastosols« en Allemagne occidentale dont les caractères rappellent les horizons B_g »glossiques« des limons rissiens de Lorraine: l'évolution de ces sols se serait poursuivie d'abord au cours de l'interglaciaire à climat chaud Riss-Wurm, puis les bandes blanches glossiques se seraient formées au cours des phases glaciaires du Wurm ancien; ces paléosols auraient donc été remaniés en surface au cours du Wurm et auraint subi une évolution
auraient donc été remaniés en surface au cours du Wurm et auraient subi une évolution

Édute Micromorphologíque des Paléosols

Malgré l'homogénéité granulométrique du matériau originel, mis en évidence par l'un de nous, l'étute micromorphologique montre au sein du limon, l'existence de deux couches superposées:

---

*) C. N. R. S. et C. N. R. F., Nancy, France.

1) une couche »remaniée« en surface d'épaisseur variable

2) une couche en place correspondant à l'horizon glossique B_g

Il existe entre les deux couches, une discontinuité brutale que montrent bien les lames minces.

Microstructure de la zone superficielle remaniée

La partie supérieure est caractérisée par un fond matriciel à plasma isotrope où existent souvent des concrétions qui sont en général »héritées« de phases hydromorphes antérieures (horizon A).

La base de cet horizon (B_1) montre nettement le remaniement (par cryoturbation) de la partie supérieure de l'horizon B glossique: les argillanes anciennes sont brisés, déplacés, et les fragments sont repris dans le fond matriciel (papules); mais on note aussi la présence de minces argillanes, presque décolorées, revêtant les fentes de retrait et qui résultent d'un lessivage récent de l'argile "très peu accentué en raison de l'acidité du milieu). Ces argillanes blanchies correspondent aux »argillanes d'illuviation secondaire« de *Federoff* et *de Coninck*: elles résultent d'une migration d'argile qui s'est effectuée en milieu mal aéré après réduction partielle et ségrégation du fer: ce lessivage récent est de toute évidence, postérieur au remaniement périglaciaire de la couche superficielle.

Microstructure de l'horizon B_g relique

Les bandes glossiques decolorées, qui caractérisent cet horizon, sont généralement en place, non perturbées, c'est-à-dire à orientation verticale dominante; mais elles ont le plus souvent été amputées et remaniées à la partie supérieure par cryoturbation, de sorte qu'elles sont rarement complètes. Lorsqu'elles sont complètes, elles comportent trois parties, en allant du centre vers l'extérieur (voir fig.): 1) un fin limon quartzeux blanc résultant de la pénétration d'un ancien horizon A_2 dégradé et décoloré dans les fentes de retrait; 2) des argillanes dites »de dégradation« résultant de la déferrification et de la »désorientation« d'anciennes argillanes ocres, ferrugineuses; 3) vers l'extérieur, d'épaisses ferri-argillanes ocres, à structure feuilletée: il s'agit d'argillanes d'illuviation primaire de *Fedoroff* (2) qui résultent de l'entraînement d'argiles ferrugineuses, en milieu aéré, qui s'est effectué au cours des phases les plus anciennes de la pédogénèse.

Le plus souvent, cet horizon, tronqué, ne montre plus les entonnoirs de limons quartzeux: seul subsiste un réseau dense et profond de bandes d'argillanes d'illuviation secondaire et primaire au sein de la masse du plasma ocre, souvent très dense (»fragipan«).

On voit donc que, malgré son homogénéité granulométrique initiale apparente, ces limons anciens offrent deux couches distinctes, l'une encore en place (Btg), l'autre profondément remaniée en surface: seule la couche supérieure a été affectée par l'évolution récente et a pris de ce fait, des caractères pédogénétiques différents suivant le drainage et la végétation locaux.

La couche supérieure remaniée par cryoturbation possède certains caractères hérités de phases antérieures: outre les caractères de microstructure particulière visibles à la base de la couche cryoturbée dont il a été déjà fait mention, on peut signaler les concrétions

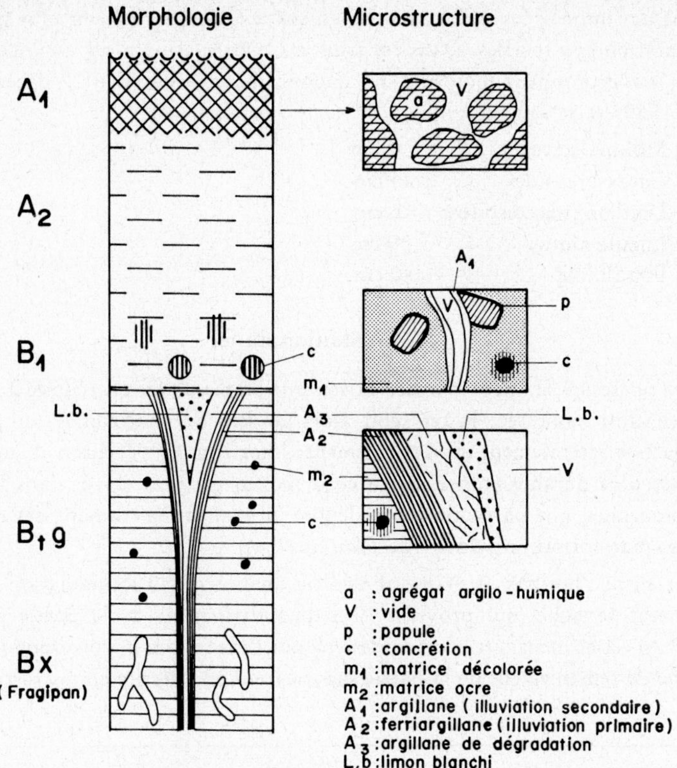

Evolution recente des Horizons remanies

anciennes qui sont visibles à l'œil nu, même en station drainée. Ces concrétions sont à bord arrondi à l'inverse des concrétions récentes qui sont irrégulières.

Il n'en reste pas moins que la plupart des caractères des horizons superficiels résultent d'une évolution récente, postglaciaire et sont en relation étroite avec la végétation et les conditions locales de milieu: on note en particulier une corrélation positive entre les facteurs suivants: 1) types de végétation herbacée; 2) niveau moyen de la nappe perchée; 3) redistribution du fer; 4) type d'humus; 5) structure des horizons superficiels. Le lessivage de l'argile est au contraire très discret et peu différent d'un type à l'autre: nous avons signalé le très faible développement des »argillanes d'illuviation secondaire«, résultant d'un lessivage récent: l'enrichissement de l'horizon B_1 en argile est à peine sensible à l'analyse.

Type de végétation et niveau des nappes

Il a été possible de distinguer cinq types d'associations végétales herbacées correspondant à un niveau moyen de la nappe de plus en plus profond: les associations les plus hygrophiles (types 1 et 2) sont caractérisées par la dominance d'espèces sociales; alors que les associations des milieux les mieux drainés en surface, comportent un plus grand nombre d'espèces, non ou peu sociales. Dans ces trois cas, l'association a été désignée par l'espèce dominante. La profondeur moyenne des nappes, mesurée entre le 17 décembre 1968 et le 10 juin 1969 est la suivante:

Type 1 – Molinia cœrulea : 2 cm
Type 2 – Carex brizoïdes : 11 cm
Type 3 – Deschampsia cœspitosa : 16 cm
Type 4 – Luzula albida : 30 cm
Type 5 – Poa chaixii : 40 cm

Redistribution du fer

Pendant les phases où la nappe perchée existe, une partie du fer est réduite à l'état ferreux et se trouve ainsi mobilisée; le fer subit alors au sein de l'horizon A_2 un entraînement orienté à la fois latéralement et verticalement; l'horizon A_2 s'éclaircit d'autant plus que la nappe est plus durable et que son niveau moyen est plus élevé; dans les profils les plus hydromorphes, une partie du fer se dépose localement en formant des taches rouilles irrégulières (marmorisation »floue« de *Plaisance* (8)).

Au contact entre l'horizon A et B_g, il s'édifie un horizon d'accumulation »secondaire« de fer à l'état ferrique, qui provient de l'appauvrissement de la partie supérieure de l'horizon A en cet élément: cet horizon désigné par l'expression B_1 correspond sensiblement avec la zone de remaniement de la partie supérieure de B_g décrite en microstructure: il s'y

	Couleur A_2			Fer A_1%	Fer B_1%	Fer B_1%/Fer A_1
Type 1	gris clair	10	YR 7/1	0.24	2.11	8.80
Type 2	gris clair	2,5	Y 7/2	0.26	1.82	7.01
Type 3	gris clair	10	YR 7/2	0.29	1.57	5.41
Type 4	brun pâle	10	YR 6/3	0.70	1.58	2.26
Type 5	brun pâle	10	YR 6/3	0.61	1.55	2.54

forme souvent, par précipitation du fer, des concrétions ferro-manganiques irrégulières qui peuvent devenir très grosses dans les zones d'émergence des nappes. On note, d'après les chiffres portés sur le tableau, la teneur progressivement croissante de cet horizon en fer libre lorsqu'on va des sols les mieux drainés vers les sols les plus hydromorphes: au total, »l'indice d'entraînement« (Fer B_1/Fer A_2) augmente de 1 à 4 du type 1 au type 5.

Cette évolution peut être matérialisée par le tableau suivant montrant le passage du type le plus hydromorphe (1) au type le moins hydromorphe (5). Les chiffres correspondent à une moyenne de six profils.

Tant pour la couleur que pour la teneur en fer de A_2, on note une discontinuité bien visible entre les types 1 à 3 et les types 4 et 5: ceci confirme les indications données par le niveau moyen des nappes; les trois premiers sols sont des sols »hydromorphes« fonctionnels; les deux derniers sont plus proches, au moins en ce qui concerne l'évolution récente, de »sols bruns acides«.

Types d'humus et structure

Les types d'humus et la structure des horizons supérieurs sont en relation étroite avec ces caractères évolutifs: les deux premiers types sont caractérisés par des »hydromoder« (parfois hydromor) pour le type 1) à structure »fondue« franchement défavorable.

L'humus de type 3, presque constamment aéré présente déjà une ébauche de structure grumeleuse, c'est un hydromull. La structure en grumeaux polyédriques caractéristiques des mull n'apparaît que pour les types 4 et 5. Ces différences de structure et de types d'humus peuvent être mises en parallèle avec l'aération de l'horizon supérieur: lorsque celle-ci est suffisante, les lombrics édificateurs de structure sont favorisés; de plus, la teneur en fer ferrique, qui est le meilleur liant des agrégats argilo-humiques, est, nous l'avons vu, relativement élevée. Lorsque l'hydromorphie prolongée de l'humus provoque une baisse de son aération, la disparition des lombrics et la mise en solution d'une partie du fer, sont à l'origine d'une dégradation partielle de structure.

Conclusion

Il semble bien que la plupart des sols sur limons de Lorraine aient subi le remaniement superficiel que nous venons de décrire: leur complexité même s'explique par l'importance des phénomènes périglaciaires dans cette région: il est probable que dans d'autres régions, plus méridionales, le remaniement superficiel contemporain du Wurm a été plus limité, et localisé à la partie tout à fait superficielle du profil, voire inexistant. Mais les phases de la pédogénèse n'en sont pas moins visibles; comme partout, il existe des pseudogley »fonctionnels«, d'autres »non fonctionnels«. Les premiers conservent leur caractère hydromorphe dans les horizons A, et leur humus mal structuré de type hydromoder. Les seconds, au contraire, peuvent être recolonisés par une végétation forestière climatique, en même temps que le niveau moyen de la nappe s'abaisse: on note alors une évolution des horizons humifères de surface vers un humus aéré de type mull, la végétation de type hydrophile laissant la place aux espèces non sociales du mull; il est même possible d'observer une légère brunification superficielle, la partie inférieure de l'horizon A_2 restant très blanchie: dans ce cas particulier, il y a alors divorce apparent entre les caractères des horizons supérieurs et ceux des horizons inférieurs.

De tels profils ont été décrits et observés par l'équipe de cartographie de l'I. N. R. A. dans la région de Dijon (Forêt de Longchamp), qui a été moins soumise que la Lorraine aux phénomènes de cryoturbation.

On se trouve finalement en présence de deux types de pseudogley non fonctionnels à horizon profond glossique: 1) le type bourguignon qui est un sol polygénétique à légère brunification superficielle; 2) le type lorrain, plus complexe, dont la couche superficielle remaniée évolue, selon les conditions écologiques locales, tantôt vers un sol brun acide, tantôt vers un sol hydromorphe plus ou moins blanchi ou »marmorisé« en surface. Dans les deux cas, la partie profonde du profil est un paléosol.

Le profil le plus complexe, sur couche remaniée, pose un problème de classification et de nomenclature difficile à résoudre; la classification française porte généralement l'accent sur l'évolution récente du profil en liaison avec les conditions de végétation et de station actuelles: c'est donc l'évolution récente de la couche superficielle qui doit être prise en considération: on pourrait proposer, suivant le degré d'hydromorphie du profil, les deux dénominations suivantes:

Sol brun acide, sur paléosol glossique (ou fragipan)

Pseudogley podzolique sur paléosol glossique (ou fragipan).

De toutes façons, l'ancienne dénomination »sol lessivé à pseudogley« est à proscrire, d'abord parce qu'en fait ce vocable désigne non pas un seul type de pédogénèse mais plusieurs, ensuite parce que le phénomène de »lessivage« est un processus ancien qui ne correspond pas à la pédogénèse actuelle.

Bibliographie

1. *Aussenac, G.* et *Becker, M.*: Ann. Sci. Forest., **25** (4), 291–232 (1968).
2. *Fedoroff, N.*: Les dépôts de particules migrant en suspension à travers les sols – Colloque de micromorphologie des sols, Grignon, non paru (1970).
3. *Fedoroff, N.* et *Rossignol, J. P.*: Bull. A.F.E.S., **5**, 37–52 (1969).
4. *Fink, J.*: Mitteil. der Österr. Bodenkundl. Gesellsch., **13**, 95 p. (1969).
5. *Hetier, J. M.*, *Lapa, M.* et *Le Tacon, F.*: Etude micromorphologique de quelques sols de l'Est de la France – Colloque de micromorphologie des sols, Grignon, non paru (1970).
6. *Jamagne, M.* et *Fedoroff, N.*: Mém. h. sèr. Soc. Géol. France, **5**, 73–79 (1969).
7. *Mückenhausen, E.*: Entstehung, Eigenschaften und Systematik der Böden der Bundesrepublik Deutschland – DLG Verlags GmbH – Frankfurt am Main, 148 p., 60 pl. (1962).
8. *Plaisance, G.*: Les sols à marbrures de la forêt de Chaux. Thèse Doctorat Etat, Fac. Sci. Nancy, 250 p. (1965).
9. *Le Tacon, F.*: Contribution à l'étude des sols d'un massif forestier des Basses-Vosges. Thése Université Nancy (1966).

Résumé

L'étude micromorphologique montre que les sols lessivés à pseudogley sur limons anciens en Lorraine, sont en fait des profils complexes, malgré l'apparente homogénéité granulométrique de la roche-mère. La couche inférieure est un ancien horizon B_t »glossique« et à fragipan, datant d'une période antewurmienne. Seule la partie supérieure cryoturbée et solifluée, a évolué de façon différente suivant les conditions de végétation et de drainage locales; la durée et la profondeur de la nappe perchée conditionnent la formation de types d'humus ou de structure différents (mull ou hydromoder), et la redistribution du fer, de plus en plus marquée au fur et à mesure que l'hydromorphie augmente.

On passe ainsi du sol brun acide à mull en milieu assez drainé, au pseudogley décoloré à A_2 parsemé de taches rouilles et de concrétions irrégulières en condition de forte hydromorphie.

Zusammenfassung

Die mikromorphologische Untersuchung zeigt, daß die Pseudogleye aus alten Lehmen in Lothringen in Wirklichkeit komplexe Profile sind, trotz der anscheinenden granulometrischen Homogeneität des Ausgangsgesteins. Die untere Schicht ist ein alter „glossischer" Horizont B_t und aus fragipan, das aus einer Periode vor dem Würm stammt. Nur der obere Teil ist kryoturbat und solifluidal gestört; er hat sich je nach den Bedingungen der lokalen Vegetation und der Entwässerung verschieden entwickelt. Die Dauer und die Tiefe des stehenden Grundwassers bedingen die Bildung verschiedener Humustypen oder Strukturen (Mull oder Hydromoder) und die Verteilung von Eisen, die sich immer mehr abzeichnet, je nach Zunahme der Hydromorphie.

Man kommt so vom braunen sauren Mullboden in hinreichend entwässerter Umgebung zum gebleichten Pseudogley mit A_2, der durchsetzt ist von rostfarbenen Flecken und unregelmäßigen Konkretionen unter den Bedingungen starker Hydromorphie.

Summary

The micromorphologic study shows that the pseudogleyed Grey-brown podsolic soils on ancient mud in Lorraine are really complex profiles in spite of the granulometric homogeneity of the basic rock. The lower layer is an ancient B_t "glossic" and with fragipan, dating from a pre-wurmean period. Only the upper cryoturbated and solifluxed part developed in a different manner, depending upon the vegetative conditions and local drainage; the duration and depth of the covering layer create the basis for the formation of humus types or of different structures (mull or hydromoder), or the re-distribution of iron, gradually more marked in proportion to the increased hydromorphy.

One passes thus from acid brown soil with mull in adequately drained surroundings to a discoloured pseudogley with interspersed rusty spots and irregular concretions in the state of strong hydromorphy.

Interactions de l'Hydromorphie et du Lessivage Exemple d'une Séquence de Sols Lessivés à Hydromorphie Croissante sur Limons Quaternaires du Sud-Ouest du Bassin de Paris

Par *N. Fedoroff**)

Les sols lessivés hydromorphes sur limons quaternaires sont communs dans la plupart des régions de France. A l'échelle du paysage, leur degré d'hydromorphie est fonction de la topographie, de l'âge des limons, de leur épaisseur et de la nature du substratum. A l'échelle de la France, le lessivage est dominant dans le Nord et le Nord-Est, tandis que l'hydromorphie l'emporte dans le Sud-Ouest.

La séquence étudiée est située la forêt de Marchenoir, (forêt en bordure de la Beauce, à 15 km au Nord de la vallée de la Loire). Les sols sont développés sur des limons identiques par leur composition et leur âge, mais dont le substratum est constitué en bordure de la forêt par du calcaire et au centre par des produits de décarbonation de la craie. Dans cette séquence, on retrouve les principaux types de sols lessivés hydromorphes existant en France, il était donc intéressant d'étudier sur cette séquence dont les facteurs de variations sont limités, les interactions entre l'hydromorphie et le lessivage.

I. Géneralités

Le climat du Sud-Ouest de la Beauce et de la forêt de Marchenoir est du type atlantique (10°7 et 631 mm de moyenne annuelle). Pendant la période végétative, le déficit moyen des précipitations sur l'évapotranspiration est de 250 mm. Un tel climat favorise un engorgement hivernal qui peut se prolonger jusqu'au mois de mai dans les sols mal drainés.

Le soubassement de la forêt de Marchenoir est constitué de craie enfouie sous trente mètres d'argiles à silex. Sous le plateau beauceron, la craie et ses produits résiduels plongent sous des calcaires aquitaniens.

A la fin du Tertiaire, des argiles montmorillonitiques à graviers quartzeux se sont épandues irrégulièrement.

Au Quaternaire, toute la région a été recouverte de limons. Deux épandages ont été mis en évidence. L'un relativement ancien pourrait dater du Riss, l'autre plus récent s'est mis en place au Würm. Les limons (toujours décarbonatés) contiennent une proportion assez importante de sables grossiers et de graviers. Leur fraction argileuse est constituée de montmorillonites et de kaolinite, les minéraux illitiques sont quasi absents.

Sur les calcaires, l'épaisseur des limons ne dépasse guère le mètre. Quand le calcaire est massif, l'horizon au contact est argileux et les sols sont lessivés, bien drainés (unité

*) Laboratoire de Géologie-Pédologie E.N.S.A. de Grignon (78), France.

cartographique 1). Là où il a été cryoturbé, les sols sont bruns lessivés. Lorsque l'épaisseur des limons décroit, essentiellement à proximité et sur le flanc des vallées, nous observons une juxtaposition de sol brun lessivé et de sol brun (unité cartographique 2).

Sur les argiles à silex, les limons sont en moyenne plus épais que sur le calcaire. Les sols lessivés légèrement dégradés de l'unité cartographique 4 présentent les premiers caractères hydromorphes vers le milieu du B (nous ne les avons pas pris comme terme de comparaison). Les sols lessivés à drainage défavorable de l'unité 7 présentent des caractères hydromorphes dès le AB. Les limons de cette unité épais de plus 120 cm reposent sur un cailloutis de silex relativement perméable. Si l'épaisseur des limons est comprise entre 120 et 80 cm, ces sols sont classés dans l'unité 6, si elle est inférieure à 80 cm dans l'unité 8. Les sols lessivés mal drainés de l'unité 8 présentent des caractères hydromorphes presque dès le sommet du A_1. Les limons de cette unité reposent sur des argiles à plinthite quasi-imperméables. Sur les flancs des vallées, quand les limons reposent sur un gravier de silex assez perméable, on y observe des sols lessivés dégradés à drainage déficient (unité 3) et des sols lessivés légèrement dégradés également à drainage déficient (unité 5).

Les sols de fond de vallée à substratum d'argiles à silex sont mal drainés (unité 10).

Nous sommes en présence d'une séquence à hydromorphie croissante dont les diverses unités sont dispersées dans le paysage, en fonction de la nature du substratum sur lequel repose les limons.

II. Variation des Caracteres du Lessivage en Fonction d'une Hydromorphie Croissante

Nous comparerons dans cette séquence de sols lessivés à hydromorphie croissante:

- le degré de lavage et l'épaisseur des horizons A;
- la forme du contact entre les A et les B;
- la nature des dépôts illuviaux, leur importance et leur distribution dans les horizons B.

Les horizons A des sols lessivés bien drainés sur substratum calcaire, sous forêt comme sous culture, sont moyennement lavés. Sur le terrain, on ne distingue pas de véritable A_2, mais un A_3 de couleur brun jaune (10 YR 5/6). En lames minces, on constate que tous les grains du squelette sont revêtus et qu'il existe un plasma assez abondant entre les grains, l'assemblage plasmique est squel-insépique moyennement développé. Leur teneur en argiles est de l'ordre de 25 %.

Le lavage des horizons A des autres sols de cette séquence est sensiblement le même, quelque soit leur hydromorphie. Tous ces horizons sont fortement lavés. Sur le terrain, on distingue un A_2, jaune brun à jaune brun clair à l'état frais (10 YR 6/8 à 10 YR 6/4) devenant plus clair à l'état sec: brun très clair (10 YR 7/4 à 10 YR 8/4). En lames minces, on constate qu'un nombre encore notable de grains du squelette sont revêtus, mais qu'il ne reste plus de plasma entre les grains; l'assemblage plasmique est silasépique. Leur teneur en argiles est toujours voisine de 15 %.

L'hydromorphie n'a donc pas dans cette séquence d'action directe sur l'intensité du lavage des horizons A. Le lavage nettement plus faible des horizons A des sols sur substratum calcaire est du à l'abondance du calcium, remonté par la flore et la faune.

L'épaisseur des horizons A des sols lessivés bien drainés sur substratum calcaire ne dépasse pas 30 cm.

L'épaisseur des horizons A est maximum dans les sols à drainage déficient (50–60 cm), dans ceux à drainage défavorable, elle décroît légèrement (50 cm) pour se réduire considérablement dans ceux qui sont mal drainés (30 cm). Nos observations sont analogues à celles de *R. B. Daniels, E. E. Camble* et *L. A. Nelson* (1967). En Caroline du Nord, comme dans la forêt de Marchenoir, le lessivage le plus intense se produit lorsque la nappe a un battement important. Dans les sols les plus mal drainés, à battement plus faible, son épaisseur se réduit.

La transition entre les A et les B des sols lessivés bien drainés sur substratum calcaire se fait sur une épaisseur variant entre 4 et 10 cm. En lames minces, des dépôts argileux apparaissent dès le sommet de cette transition, devenant de plus abondants avec la profondeur en même temps que les domaines biréfringents se développent.

Dans les sols à drainage déficient, la transition entre les A et les B est distincte. Mais ce n'est pas une limite uniquement pédogénétique, elle est aussi celle des limons récents qui, dans ces sols, sont relativement mal intégrés à la pédogénèse antérieure. A la base des A, on observe des films argileux sur les agrégats sur le terrain comme en lames minces, c'est-à-dire qu'il y a dans les limons récents un début de développement de sol lessivé surimposé à la pédogénèse antérieure.

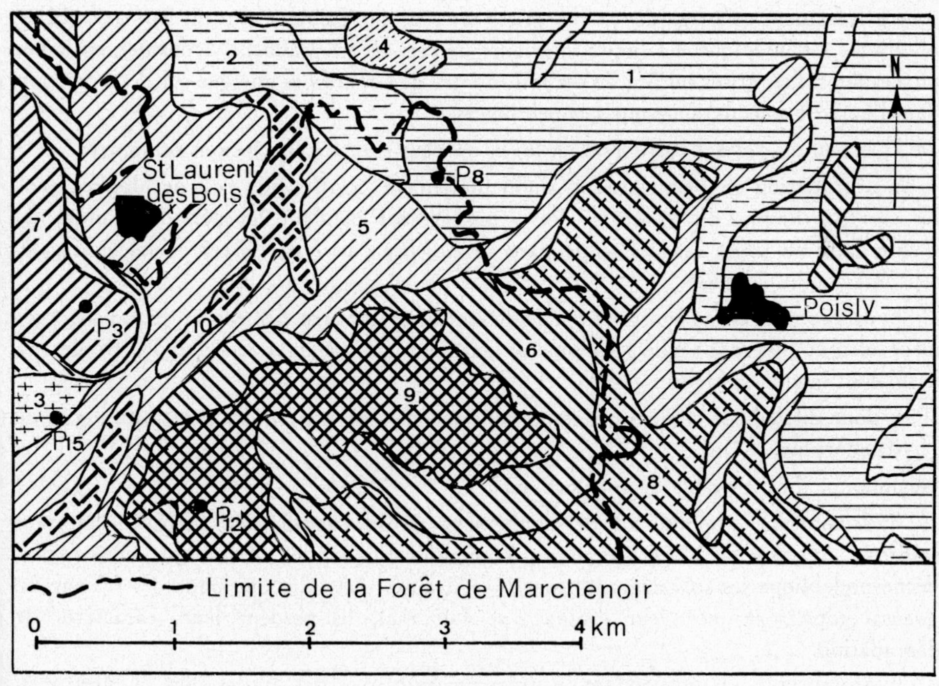

Figure 1
Répartition des sols de la forêt de Marchenoir et des confins Sud-Ouest de la Beauce (voir l'explication dans le texte).

Dans ces sols, la partie supérieure de la véritable transition entre les A et B a donc disparu, il ne reste plus que la partie moyenne et inférieure de l'horizon A et B (horizon de dégradation). Un limon totalement lavé y remplit les fissures entre les agrégats de la surstructure. Il occupe un volume qu'on peut estimer sur le terrain à 5 %. Cette dégradation affecte presque toute l'épaisseur du Bt. En lames minces (figure 4), les cavités et les fissures les plus larges sont partiellement remplies d'un limon lavé non trié, tandis que leurs bords ainsi que ceux des vides de dimensions moyennes, sont tapissés de lits, les uns limoneux, les autres argileux.

Dans les sols à drainage défavorable, la transition entre les A et les B se fait par l'intermédiaire d'un horizon AB. Il est constitué de petits agrégats polyédriques dont l'intérieur est brun jaune, tandis que l'extérieur est formé d'un limon fortement lavé. Le fond matriciel de ces agrégats renferme de nombreux revêtements argileux intégrés, à forte orientation, tandis que leur bordure est formée de limon fortement lavé, le degré de lavage variant considérablement d'un point à un autre. Une partie des vides est tapissée de revêtements limoneux ou limono-argileux. Cet horizon peut atteindre 20 cm d'épaisseur. Sa limite inférieure est toujours distincte.

Dans les sols mal drainés, la transition entre les A et les B se fait encore par un horizon AB, mais il est bigarré, rouille et gris. Les taches rouilles ont une texture argilo-limoneuse tandis que celle des grises est limono argileuse. Tapissant les vides des taches rouilles, on observe des revêtements jaunes à faible biréfringence, tandis que dans les taches grises, ils sont gris blanc. Le lavage des taches grises est toujours faible à moyen, leur assemblage plasmique est insépique. La limite inférieure de cet AB est graduelle. L'examen en lames minces des taches grises du Btg de ces sols montre que ces taches quelque soit leur position dans l'horizon sont toujours quelque peu lavées.

De l'examen du contact entre les A et les B, on peut tirer les conclusions suivantes:

– la dégradation est partiellement, sinon totalement, fossile. Elle s'est développée dans les sols sur limons du bassin de Paris uniquement pendant les périodes froides du Quaternaire au cours desquelles, pendant la majeure partie de l'hiver, le sol était gelé, sous une couche de neige.

– l'hydromorphie est au contraire particulièrement active actuellement. (C'est un engorgement surtout hivernal.) Elle l'est plus aujourd'hui que pendant les périodes froides où le sol était inactif en hiver.

Il est donc difficile de comparer dans cette séquence l'interaction de la dégradation et de l'hydromorphie.

Néanmoins, il est possible de conclure que:

– l'hydromorphie s'oppose au développement de la dégradation; cette constatation confirme l'opinion de *V. O. Targulayn* (communication orale). Il constate qu'en région derno-podzolique les sols dégradés sont bien drainés mais, dès que pour des raisons, en général topographiques, leur drainage se fait mal, ils perdent leurs caractères de dégradation.

– l'hydromorphie, en provoquant la déferrification, rend les argiles plus mobiles: c'est le cas des taches grises. Pourquoi le lavage des taches grises n'est-il jamais parfait, même au sommet du AB, et pourquoi l'observe-t-on sur une grande épaisseur dans le Btg? Il est actuellement difficile de répondre.

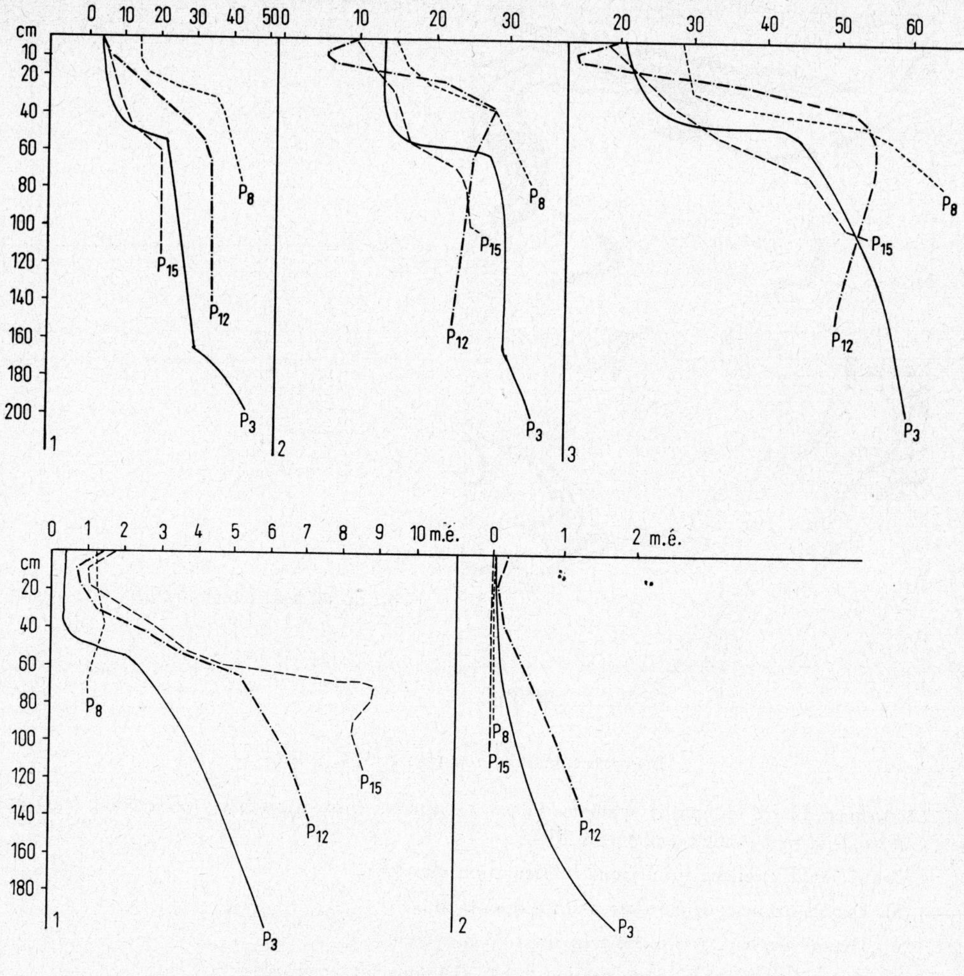

Figure 2

Courbe de distribution de la fraction argileuse (1), du fer libre (2), du fer total (3), et des ions magnésium (1) et sodium (2) fixés sur le complexe adsorbant.

P_8 – Sol lessivé bien drainé.
P_{15} – Sol lessivé dégradé à drainage déficient.
P_3 – Sol lessivé à drainage défavorable.
P_{12} – Sol lessivé mal drainé.

Morphologiquement, on peut dire que l'hydromorphie provoque une dilution de la dégradation, la diffusant dans la masse des horizons en même temps qu'elle diminue le degré de lavage.

Les horizons Bt des sols lessivés bien drainés sont argileux (plus de 40 % d'argile dans la masse du Bt et plus de 50 % au contact du substratum calcaire). Sur le terrain, on observe de nombreux revêtements à la surface des agrégats. En lames minces (figure 3), la majeure partie des vides inter et intra-agrégats est tapissée de dépôts argileux brun jaune à orientation moyenne, une partie importante de ces dépôts est intégrée au fond matriciel; cer-

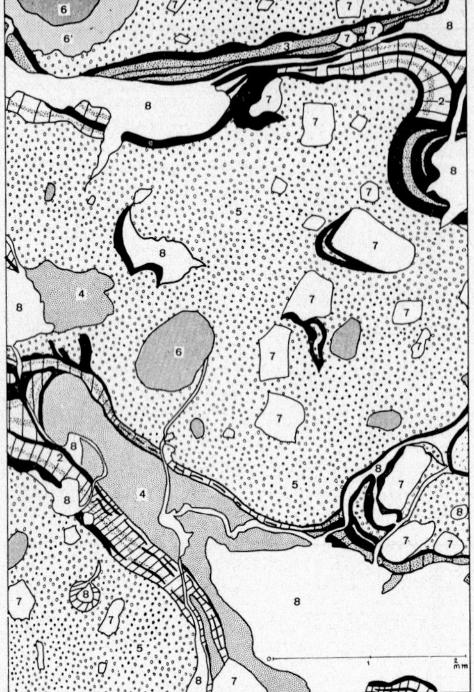

Figure 3

B_2t du sol lessivé bien drainé.

Légende commune aux figures 3, 4, 5 et 6.

Le premier chiffre indique le symbole. Le ou les chiffres entre parenthèses correspond (ent) au numéro de la figure où ce symbole est utilisé:

1 (3–4). Dépôts argileux brun jaune à orientation moyenne.

1 (5). Dépôts argileux jaune clair à forte orientation.

1 (6). Dépôts argileux gris blanc à orientation moyenne.

2 (3). Amas argileux bruns à orientation faible, à limons fins et grossiers.

2 (4). Dépôts limono-argileux brun foncé à orientation faible.

3 (4). Dépôts limoneux triés.

4 (4). Limon lavé non trié.

3 (3). et 2 (5). Fond matriciel.

5 (4). Fond matriciel à assemblage plasmique in-squelsépique.

2 (6). Fond matriciel à plasma gris blanc à assemblage squelsépique.

3 (6). Fond matriciel à plasma gris blanc à assemblage ma-squel-insépique.

4 (3)., 6 (4) et 5 (5). Pédorelique ferrugineuse.

4 (5). Dépôts ferrugineux tapissant des vides.

6 (4) et 5 (6). Imprégnation ferrugineuse.

5 (3), 7 (4) et 6 (5–6). Grains du squelette (sables et graviers).

7 (6). Racines.

6 (3), 8 (4–6) et 7 (5). Vides.

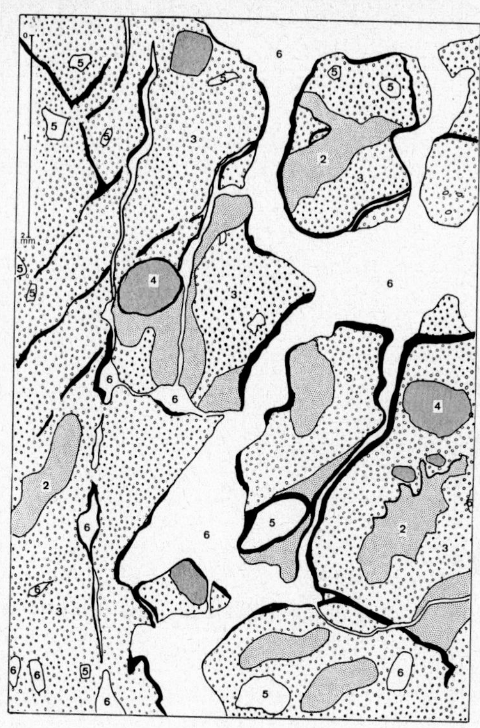

Figure 4

A et B du sol lessivé à drainage déficient.

tains des dépôts intégrés sont suffisamment déformés pour pouvoir être décrits comme un assemblage plasmique masépique. Vers la base du Bt, on observe des amas argileux à orientation faible toujours intégrés au fond matriciel.

Dans les sols à drainage déficient, on trouve sur presque toute l'épaisseur du Bt dans les vides inter-agrégats de la sur-structure du limon lavé non trié. Leurs bords et ceux des vides de taille moyenne sont tapissées de dépôts à lits, les uns limoneux, les autres argileux. La proportion de lits argileux augmente assez régulièrement avec la profondeur. Les dépôts argileux brun jaune à orientation moyenne n'existent que dans les vides les plus étroits, en général intra-agrégats. La proportion de dépôts intégrés est faible. En fait, dans ces sols, il n'existe pas de véritable B_2t.

Dans les sols à drainage défavorable, la teneur en argiles croît régulièrement avec la profondeur (figure 2).

Les petits prismes du B_1tg sont revêtus d'une argile limoneuse grise, tandis que dans leur sein, on observe des revêtements argileux brun jaune. Les grands prismes du B_2tg sont revêtus d'argile grise. Sur ces prismes, des traces de gley ont été observées. En lames minces, dans le B_1tg, le plasma des zones déferrifiées est encore partiellement lavé. Dans les vides majeurs, on y observe des dépôts à lits, les uns argileux, les autres limono argileux. Au sommet du B_2tg (figure 5), les plages grises ne sont pas lavées, leur assemblage plasmique est insépique, par place masépique. La plupart des vides y sont tapissés de revêtements argileux jaunes. Approximativement, la moitié des revêtements y sont intégrés. Dans les

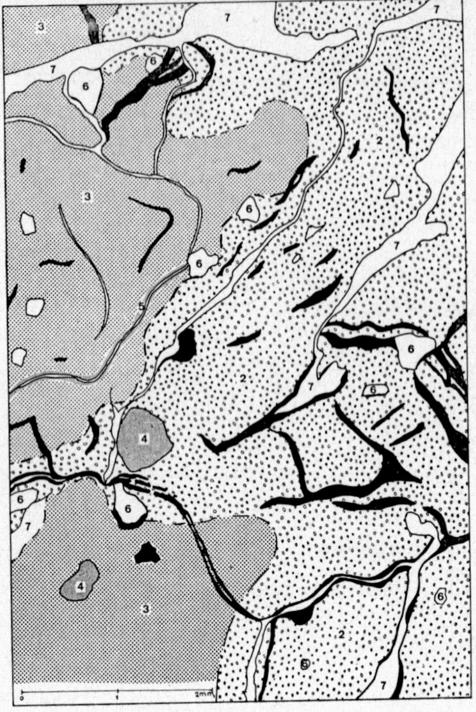

Figure 5

B_2tg du sol lessivé à drainage défavorable

zones ferrugineuses, on observe des revêtements brun jaune dans les vides, mais très peu de ces revêtements sont intégrés au fond matriciel. Vers 150 cm, les revêtements relativement minces confluent pour donner un revêtement gris blanc épais (visible sur le terrain à la surface des prismes).

Dans les sols mal drainés, la teneur en argiles croît aussi régulièrement avec la profondeur. Sur le terrain, les revêtements sont difficiles à distinguer, ils sont peu visibles dans les taches grises et à la surface des »slickensides«. En lames minces, dès le sommet du B_2tg, les dépôts argileux gris blancs se concentrent en grande masse (figure 6). En plus des dépôts, dans les taches grises, il existent des zones à assemblage plasmique polymasépique à coté de zones à assemblage insépique. Les dépôts argileux sont quasi-absents dans les taches rouilles. Les »slickensides« sont recouverts de revêtements argileux gris-blanc.

De l'examen des dépôts illuviaux, de leur importance et de leur distribution dans les horizons B, on peut tirer les conclusions suivantes:

– l'hydromorphie provoque la dissociation du complexe argiles-oxydes de fer; cette dissociation ne se produit au moment de la mise en suspension que dans les sols les plus mal drainés; dans les autres sols, elle a lieu pendant la migration, plus ou moins bas dans le profil, en fonction du degré d'hydromorphie;

– en l'absence d'hydromorphie, les dépôts illuviaux sont moins abondants et surtout moins profonds; les horizons Bt de sols bien drainés sont moins épais que ceux des sols mal

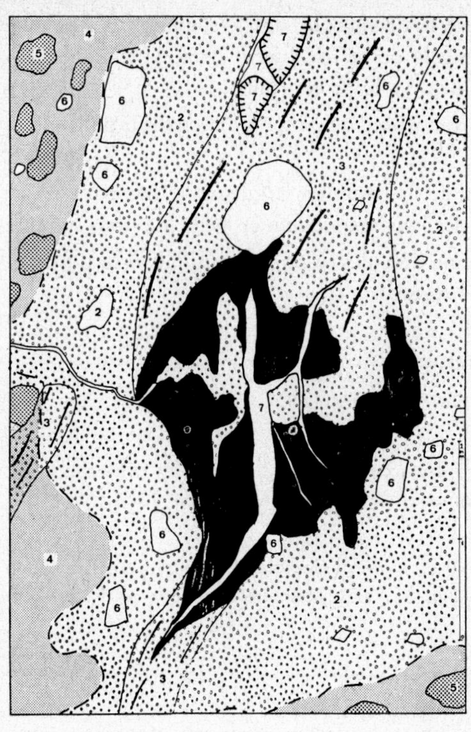

Figure 6

B_2tg du sol lessivé mal drainé.

drainés. Dans les sols mal drainés, le degré d'hydromorphie ne parait pas avoir une influence significative sur l'importance des dépôts illuviaux;

– sur la distribution des dépôts dans l'horizon Btg, l'hydromorphie n'a qu'une action indirecte, en effet, elle agit d'une part sur la structure et la porosité de l'horizon Btg, et d'autre part, sur la dispersibilité des argiles. Un horizon constamment noyé ou même humide, a une structure massive où les vides sont uniquement d'origine biologique: ils sont donc beaucoup moins nombreux et les dépôts s'y concentrent en grosse masse, tandis que dans un horizon à structure fragmentaire, les dépôts se disséminent dans tout l'horizon. Une forte hydromorphie induit à la base des B une concentration d'abord en magnésium, puis en sodium, ions qui augmentent la dispersibilité des argiles, cela se traduit dans les sols mal drainés, par l'apparition de »slickensides« et de zones à assemblage poly-masépique (figure 6).

Conclusion

L'étude des sols de cette séquence montre que l'hydromorphie agit sur le lessivage, soit directement, soit indirectement.

L'épaisseur du A_2 dépend du battement de la nappe.

La morphologie de l'horizon de transition AB est fonction de la durée d'engorgement en milieu réducteur. Le lavage des plages déferrifiées du AB est d'autant plus important que l'engorgement est moindre.

Les dépôts argileux ne prennent un caractère hydromorphe dès le sommet du B_2tg que dans les sols les plus engorgés. Dans les autres sols, on ne les observe qu'au niveau du B_3tg. Le degré de lavage du A_2 ne dépend pas du degré d'hydromorphie.

Sur la distribution des dépôts argileux, l'hydromorphie n'agit qu'indirectement par l'intermédiaire de la porosité et de la structure.

L'hydromorphie augmente la dispersibilité de la fraction argileuse d'une part en la déférrifiant, d'autre part en la saturant par des ions magnésium et même des ions sodium.

La dégradation dans ces sols est fossile. Elle ne s'est développée qu'en l'absence d'hydromorphie ou en présence d'une hydromorphie légère.

Bibliographie

Daniels, R. B., Gamble, E. E. et *Nelson, L. A.* (1967), **104**, 364–369.

Fedoroff, N. (1968), Sc. du Sol **1**, 29–63.

Fedoroff, N. (1971), Morphologie et classification des accumulations de particules minérales ayant migré en suspension et des horizons qui les contiennent. Doc. ronéotypé, Grignon. 20 p.

Jamagne, M. (1966), Sc. du Sol **2**, 41–64.

Jamagne, M. et *Fedoroff, N.* (1969), Comparaison micromorphologique de quelques sols sur limon du bassin parisien. Colloque sur les limon du bassin de Paris. Mémoire hors série n° 5, S. G. F. pp. 73–80.

Résumé

L'auteur étudie les interactions de l'hydromorphie et du lessivage sur une séquence de sols limoneux localisée dans la forêt de Marchenoir (Sud-Ouest du bassin de Paris). En bordure de la forêt, les limons reposent sur du calcaire, au centre sur des argiles à silex. Sur un substratum calcaire, les sols lessivés sur limons ne présentent jamais d'hydromorphie. Sur les argiles à silex, le degré d'hydromorphie des sols sur limons est fonction de la pente et de la perméabilité du substratum. Sur les pentes, on observe des sols lessivés dégradés à drainage déficient. En position horizontale, si le substratum est légèrement perméable, les limons portent des sols lessivés à drainage défavorable, s'il est quasi-imperméable des sols lessivés mal drainés.

Il constate que l'épaisseur du A_2 dépend du battement de la nappe. Il est maximum dans les sols à drainage défavorable. La morphologie de l'horizon de transition AB est fonction de la durée d'engorgement. Les dépôts argileux ne prennent un caractère hydromorphe dès le sommet du B_2tg que dans les sols les plus engorgés. Par contre, le degré de lavage du A_2 ne dépend pas du degré d'hydromorphie.

L'hydromorphie agit indirectement sur la distribution des dépôts argileux par l'intermédiaire de la porosité et de la structure.

Zusammenfassung

Der Autor erforscht die Wechselwirkung der Hydromorphie und der Auswaschung auf einer Abfolge von Lehmböden im Walde von Marchenoir (SW des Pariser Beckens). Am Rande des Waldes liegen die Lehme auf Kalkgestein, in der Mitte auf Feuersteinlehm. Auf einer Kalkunterlage zeigen die Parabraunerden aus Lehm keine hydromorphen Eigenschaften.

Auf Feuersteinlehm ist der Grad der Hydromorphie der Lehmböden eine Auswirkung des Hanges und der Durchlässigkeit des Substrates. An den Hängen findet man degradierte Parabraunerden mit ungenügender Entwässerung, in ebener Lage hat der Lehm Parabraunerden mit ungünstiger Entwässerung, wenn die Unterschicht nur schwach durchlässig ist, wenn sie undurchlässig ist, schlecht entwässerte Parabraunerden.

Er stellt fest, daß die Dichte des A_2 von der Schwankung des Grundwassers abhängt. Ein Höchststand ist in den Böden mit schlechter Entwässerung. Die Morphologie des Übergangshorizonts AB hängt ab von der Dauer der Stauung. Tonablagerungen nehmen nur in den am meisten angestauten Böden vom B_2gt ab einen hydromorphen Charakter an. Dagegen hängt die Auswaschung des A_2 nicht vom Grad der Hydromorphie ab.

Die Hydromorphie wirkt indirekt auf die Verteilung der Tonablagerungen mit Hilfe der Porosität und der Struktur.

Summary

The author examines the interaction of hydromorphy and lixiviation on a sequence of loamy soils, located in the Marchenoir forest (south-west of the Paris basin). On the borders of the forest, the loam lies on calcareous soil; in the center, however, it lies on clayey flint. Over a calcareous substratum, the lixiviated soils on the loam never show hydromorphy. Over the clayey flint the degree of hydromorphy of the soils on top of the loam is related to the slope and the permeability of the substratum. On the slopes one can observe soils deteriorated by lixiviation and having deficient drainage. In a horizontal position lixiviated soils with unfavourable drainage are found on top of loam, where the substratum is slightly permeable; where the substratum is quasi-impermeable, poorly drained lixiviated soils are found on top of loam.

It was stated by the author that the thickness of the A_2 is related to the fluctuations in the groundwater level. It is at its maximum in soils with unfavourable drainage. The morphology of the horizon of transition AB is related to the duration of the impedance. The clayey deposits assume a hydromorphic character starting at the peak of the B_2tg and in the soils which are most impeded. On the contrary, the degree of the washing out of A_2 does not depend on the degree of hydromorphy.

The hydromorphy acts indirectly on the distribution of the clayey deposits by affecting porosity and the structure.

Sur la Genèse de Sols Limoneux Hydromorphes en France

Par *J. C. Begon* et *M. Jamagne**)

Introduction

Les formations limoneuses couvrent de grandes superficies dans les deux bassins sédimentaires français les plus importants: le bassin de Paris et le bassin d'Aquitaine. Sur ces dépôts, on peut observer de nombreux types de sols présentant des caractères d'hydromorphie marqués.

Il nous est apparu que malgré des origines, des évolutions génétiques et des contextes paysagiques sensiblement différents, on aboutissait, à un stade d'évolution donné de ces matériaux, à une convergence de faciès due précisément à ces conditions d'hydromorphie. L'étude détaillée de la genèse et de la répartition des sols dans ces deux grandes régions nous a permis de préciser les principales voies évolutives conduisant à cette convergence de faciès, sur la base de l'examen des profils et de leur caractérisation analytique et micromorphologique.

Les sols dans le paysage

La couverture limoneuse du bassin parisien, d'origine essentiellement éolienne, recouvre un ensemble de plateaux faiblement ondulés, à drainage externe lent. Les limons du piémont pyrénéen résultent d'un tri et d'une altération après dépôt de matériaux arrachés aux pyrénées: formations de mollasses et alluvions des grandes vallées.

Limons loessiques du bassin parisien

Les dépôts les plus récents — pléistocène supérieur — comportent à l'origine des teneurs en argile voisines de 15—17 %, en calcaire de 12—14 %; celle en limon de la taille 2—50 microns étant généralement supérieure à 75 % dans les matériaux décarbonatés. Ils comportent encore, à côté du quartz une certaine réserve en minéraux altérables. — Des limons plus anciens, de la base du «cycle récent» et de la partie supérieure du «cycle ancien» (*Bordes*, 1954), s'observent soit en couverture continue, soit en plages plus ou moins étendues là où l'érosion a éliminé les dépôts récents. Leur teneur en argile est supérieure et ils sont généralement très pauvres en minéraux altérables.

L'influence des climats du type périglaciaire se marque assez fréquemment au contact entre dépôts successifs: cryoturbation ou solifluxion, tandis que celle de conditions climatiques plus chaudes sur les limons anciens s'exprime par la présence de couleurs plus rougeâtres que celles des dépôts du pléistocène supérieur. — Le climat actuel de la région est du type atlantique. Il est relativement frais, avec une température annuelle

*) INRA - Paris - France.

moyenne de 9 °—10 °C, tandis que la pluviosité annuelle est de 650—900 mm, avec une répartition assez régulière.

Liées à la distribution dans le paysage de ces différentes couvertures limoneuses, plusieurs associations de sols peuvent être distinguées qui regroupent les principaux types de sols développés sur limon dans le nord de la France. On peut y reconnaître les différents stades de la séquence chronologique évolutive sur limons épais: altération — illuviation — dégradation de l'horizon «argillique» avec apparition de conditions d'hydromorphie de plus en plus accentuées, liées à la formation d'un horizon compact du type fragipan.

Les premiers stades de cette séquence sont décrits par ailleurs (*Jamagne*, 1964–1970).

Les phénomènes d'hydromorphie apparaissent au stade du sol lessivé à pseudogley, pour atteindre un maximum d'intensité dans les sols lessivés «dégradés» hydromorphes, ou glossiques à pseudogley. Dans ce dernier cas, la nappe est perchée sur l'horizon compact de profondeur et l'hydromorphie apparaît donc comme typiquement secondaire, c'est-à-dire consécutive à l'évolution générale du sol. Cette évolution poussée s'observe essentiellement sur des limons relativement anciens, de la base du cycle récent. La durée d'évolution pédogénétique apparaît donc ici comme prépondérant.

Dans des situations topographiques de légère dépression, où les phénomènes d'engorgement sont particulièrement importants, ces sols lessivés glossiques à pseudogley peuvent faire place progressivement à des «sols fortement lessivés hydromorphes» très proches des «planosols». Ce dernier type de sol peut également s'observer lorsqu'une couverture peu épaisse de limon repose sur un substrat imperméable, les conditions d'hydromorphie intervenant dès lors, dès le début de l'évolution pédogénétique.

Les limons du piémont pyrénéen

La séquence chronologique est encore la même, mais l'altération est ici nettement plus importante et l'hydromorphie est apparue beaucoup plus tôt dans l'évolution pédogénétique. Les produits de piémont déposés dans les vallées constituent des nappes alluviales, dont chacune correspond à une glaciation quaternaire. Elles sont constituées d'un matériau grossier où l'on retrouve surtout les galets de granites, gneiss et micaschistes, quartz et quartzites ... Elles supportent un manteau limoneux qui provient essentiellement d'un dépôt par la rivière et, pour une part variable, de l'altération de la partie supérieure du matériau grossier. Ce limon a subi lui-même une altération poussée, qui se traduit à la fois par la disparition des minéraux les plus fragiles (micas, feldspaths...) et la fragmentation des quartz en éléments plus fins.

Les sols qui se sont développés sur ces limons s'appellent communément «sols de boulbène». Ce sont des sols polyphasés qui ont évolué sous les climats chauds des interglaciaires de type méditerranéen.

Actuellement le climat est du type tempéré humide, avec une température annuelle moyenne voisine de 12 °C et une pluviosité annuelle qui s'étale entre 600 et 1000 mm suivant la proximité du massif pyrénéen. Ce climat est caractérisé par l'alternance d'un hiver pluvieux et d'une sécheresse estivale marquée. Bien que ces sols soient d'âge différent, l'étude de leur répartition sur les terrasses alluviales montre que le stade d'évolution du matériau n'est que secondairement lié au facteur temps. Cette répartition est

— ou a été — en relation avec un certain nombre de «contextes paysagiques» où divers processus d'hydromorphie ont pu jouer avec une intensité et une durée variables, à des stades plus ou moins précoces de l'évolution.

Dans les vallées alluviales les battements saisonniers de la nappe phréatique — hydromorphie primaire — ont joué un rôle essentiel dès les premiers stades de l'évolution. L'hydromorphie secondaire est liée ici à la fois à l'apparition de l'horizon illuvial et à une augmentation de la compacité du matériau en voie d'altération; ce n'est qu'un peu plus tard qu'elle est venue, suivant les cas, prendre le relais ou ajouter son effet à celui de la nappe phréatique:

Sur terrasses en pente ou dans le cas de limons particulièrement épais, l'hydromorphie secondaire a tenu le rôle principal; les sols sont surtout des sols lessivés glossiques à pseudogley.

Dans le cas général les sols ont tous été des amphigleys. Les battements de la nappe phréatique ont fortement accéléré la «descente» de l'horizon Bt dans le profil, et son concrétionnement par des oxydes de fer et manganèse. Les effets de l'hydromorphie secondaire s'en sont trouvé alors considérablement aggravés et le sol a évolué rapidement vers un «planosol» typique.

Enfin, quand le sommet de l'horizon Bt s'est trouvé à même hauteur que le soubassement grossier, il s'est formé une carapace ferrugineuse appelée localement grepp. Ce sol est un sol hydromorphe à accumulation de fer.

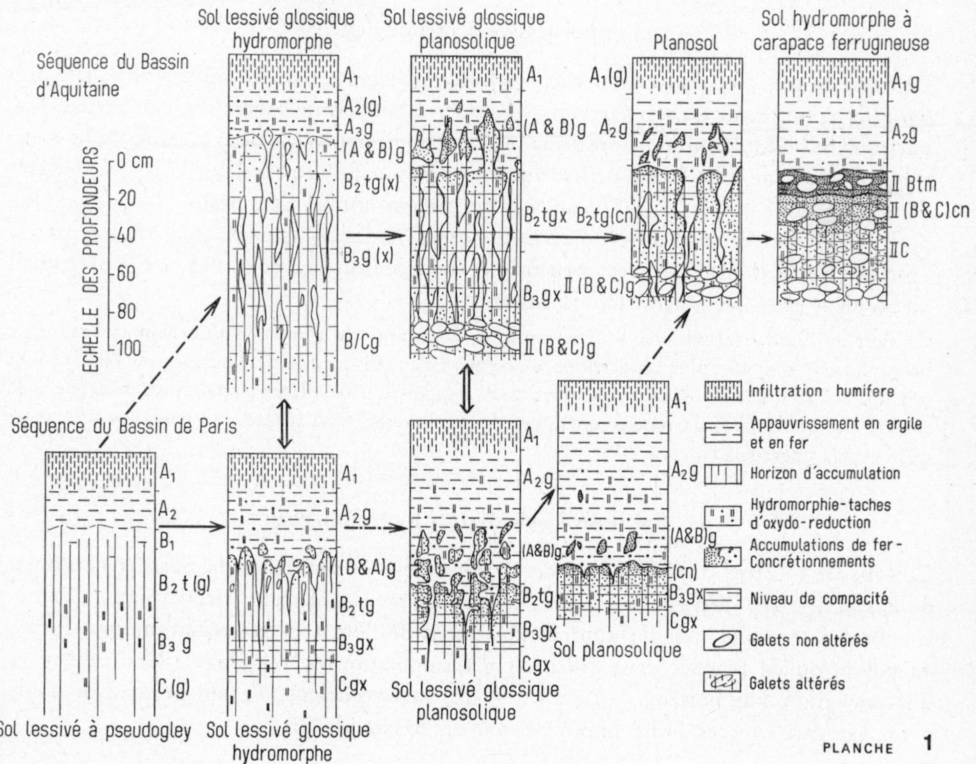

PLANCHE 1

Sur les mollasses, l'hydromorphie secondaire s'est ajoutée aux effets d'une nappe perchée sur un substrat imperméable. Le sol est du type lessivé glossique «à tendance planosolique».

Comparaison des types d'évolution

Nous comparons ci-dessous les six principales unités de sols limoneux hydromorphes qui représentent à nos yeux les étapes essentielles de l'évolution dans les régions naturelles concernées. Elles se regroupent en quatre types principaux: sol lessivé à pseudogley, sol lessivé «glossique» hydromorphe, sol lessivé du type «planosol» et sol hydromorphe à carapace ferrugineuse, ou «sol à grepp».

Les analogies et différences observées sont discutées de manière à mettre en évidence les éléments diagnostiques de ces sols hydromorphes, c'est-à-dire susceptibles de «caractériser» les processus communs de leur pédogenèse.

Macromorphologie

La planche 1 donne une représentation schématique des différents stades d'évolution des deux séquences étudiées. Les profils types des deux séquences sont placés en vis-à-vis quant ils correspondent à un même stade d'évolution. L'espacement laissé entre profils voisins est fonction de leur degré de parenté.

Sol lessivé à pseudogley

Ce type de sol, d'une extension relativement importante dans le *Bassin de Paris*, présente de nombreuses taches d'oxydo-réduction, modérément contrastées, au contact des horizons Bt et B_3, là où intervient une modification importante de la qualité de la structure: polyédrique dans le Bt, prismatique grossière et faiblement lamellaire, localement, dans le B_3. Il s'agit là d'un niveau à engorgement annuel temporaire. L'épaisseur des horizons est moyenne et diffère peu de celle des stades d'évolution non affectés par la «pseudogleyification». Les faces structurales verticales des niveaux B_3g et Cg présentent une couleur grise liée à l'état réduit du fer.

On note ainsi, en relation avec une désaturation croissante du complexe absorbant et l'influence de conditions toujours plus réductrices, d'une part l'envahissement de la masse de l'horizon Bt par des taches d'oxydo-réduction, d'autre part l'apparition de plages appauvries en argile à la surface des agrégats de la partie supérieure de cet horizon, qui dénote une tendance déjà marquée vers la dégradation.

Sol lessivé «glossique» hydromorphe

Ce type de sol, très caractéristique de certaines régions naturelles du nord et de l'ouest du *Bassin de Paris*, présente une altération importante des éléments structuraux de l'horizon Bt qui se traduit par un approfondissement de l'horizon A_2, pénétrant sous forme de poches ou de langues dans l'horizon d'accumulation («Tonguing»). Ceci amène la différenciation d'un horizon — Bg et A — très caractéristique, où sont présents de nombreux agrégats reliques du Bt, imprégnés par des oxydes de fer.

La partie inférieure du Bt, l'horizon B_3g, et très fréquemment le C, présentent une compacité très forte liée à une structure grossièrement prismatique à sous-structure lamellaire («fragipan»). Des revêtements d'illuviation «secondaire» déferrisés s'observent sur les faces verticales de la structure ainsi que, mais en plus discret, dans la masse de l'horizon.

La matrice du A_2 est très claire, tachetée par des plages d'oxydation parfois légèrement indurées; sa structure est fréquemment du type feuilleté. La limite très irrégulière et localement interrompue entre les horizons appauvris et enrichis en argile est très caractéristique. L'épaisseur du A_2 est plus importante que dans le cas précédent, mais de façon très irrégulière; celle du B_2t est modérément importante; celle du B_3gx est grande.

Dans la région du *Piémont Pyrénéen,* la morphologie générale du profil reste la même, mais ici les caractères liés au tassement du matériau sont reconnaissables sur toute la hauteur de l'horizon Bt. On n'observe jamais cependant d'horizon du type fragipan, ni de localisation aussi nette des revêtements argileux aux faces verticales des prismes. De nombreuses plages reliques du Bt subsistent là aussi dans la partie supérieure du profil, si bien qu'on décrit souvent un horizon A et Bg plutôt qu'un A_3g.

En effet, il semblerait que ces reliques constituent ici des lieux de précipitation préférentielle pour les solutions du sol et gênent ainsi l'apparition d'un «mottling» classique. L'ennoiement saisonnier des horizons de surface ne se signale guère ici que par une couleur grisâtre et par une structure tantôt feuilletée, tantôt du type massif.

Planosol

Sur le *Piémont Pyrénéen* les reliques de l'ancien horizon A et B sont presque disparues et le contact entre horizons A_2 et Bt devient abrupt.

Le passage entre ces deux horizons est souligné par des différences très nettes dans leur morphologie:

L'horizon A_2 possède une structure massive, souvent avec un débit lamellaire très grossier. Sa couleur est gris clair, voire blanche au contact même du Bt sur un liseré de 2 à 5 cm de largeur.

L'horizon Bt est concrétionné et de couleur brune, surtout au contact du A_2. La structure lamellaire est très nettement développée, alors que la sur-structure prismatique est moins exprimée que dans le sol lessivé glossique.

L'intensification simultanée des conditions réductrices et des phénomènes d'illuviation peut amener dans le *Bassin de Paris* l'apparition de types de sols très analogues. On y observe également la disparition progressive des reliques du Bt situées dans l'A_2, une discontinuité granulométrique beaucoup plus marquée entre l'horizon A_2g et le B_2tg, enfin un blanchiment de l'horizon appauvri qui se marque là encore par une sorte de liseré, interprété comme le résultat d'une circulation latérale à ce niveau de solutions très réductrices. L'horizon «fragipan» est toujours présent avec toutes ses propriétés essentielles.

Il faut cependant noter dans le cas où l'évolution par hydromorphie est très marquée, la présence d'un niveau assez important de concrétionnement ferromanganique généralement localisé à la partie supérieure de l'horizon compact, et qui peut donce être noté B_3gcn (cf. Planche 2 - b).

Sol hydromorphe à carapace ferrugineuse, ou sol à «grepp»

Ces sols sont typiques des boulbènes du *Sud-Ouest*. La carapace mise à part, les caractères sont les mêmes que dans le planosol; on note seulement le blanchiment complet de l'horizon A_2, et la disparition de son débit lamellaire. La limite supérieure de la carapace est abrupte, régulière et interrompue; le passage à la grave altérée se fait par l'intermédiaire de l'horizon II(B et C)cn. Sa structure est le plus souvent du type «poudingue», parfois feuilletée en rebord de plateau.

Données analytiques

D'un ensemble de données analytiques nous ne presentons que les variations de la teneur en argile et fer libre DEB, de la capacité d'échange cationique de l'argile et de la densité apparente.

De l'examen des trois premiers diagrammes (cf. planche 2 — a, b, c), il ressort deux points essentiels.

Les sols du piémont pyrénéen se différencient de ceux du bassin parisien par de plus fortes teneurs en argile dans les horizons profonds, des teneurs en fer libre plus fortes dans l'ensemble du solum et des valeurs de la capacité d'échange de l'argile plus faibles. L'ensemble de ces caractères traduisant vraisemblablement un degré d'altération plus poussé du matériau parental des sols de boulbènes.

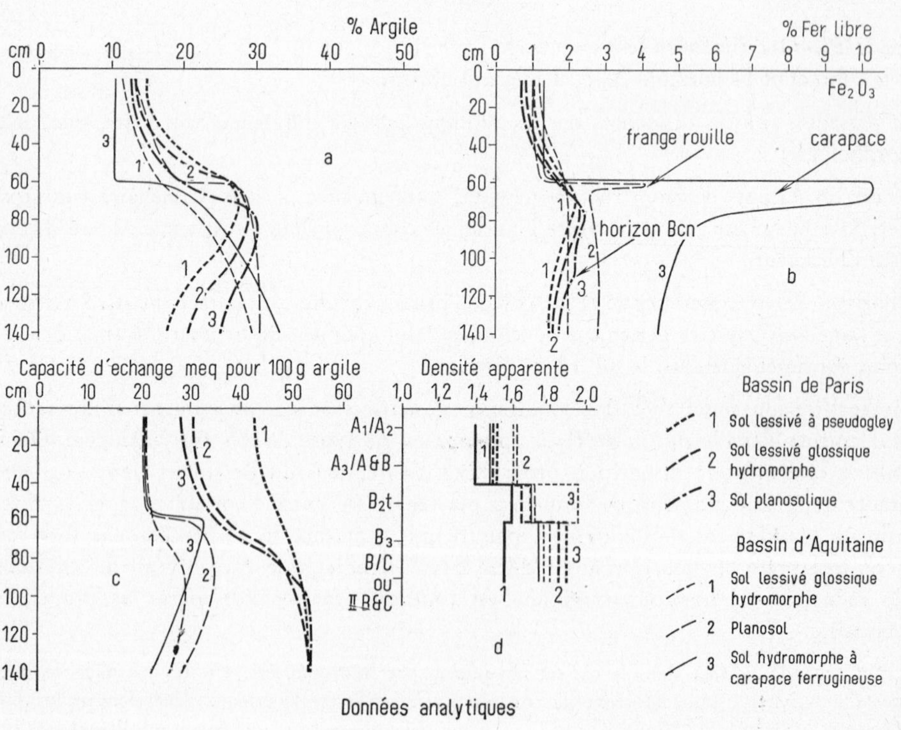

Données analytiques

PLANCHE 2

Ces sols présentent cependant une certaine convergence quand on compare des stades d'évolution analogues. En effet, le degré de déformation des courbes semble bien être lié à l'intensification du processus d'hydromorphie:

l'épaississement de l' horizon Bt et l'apparition de faibles capacités d'échange de l'argile dans les horizons supérieurs, surtout visibles sur les sols du bassin de Paris et qui traduisent une certaine altération des phyllites avec apparition d'intergrades alumineux (confirmée par les analyses minéralogiques),

l'apparition d'un palier sur les courbes de distribution de l'argile qui traduit une discontinuité texturale de plus en plus marquée entre horizons A et Bt, caractéristique des sols planosoliques,

l'apparition d'un maximum du taux de fer libre au niveau d'un horizon du type B cn. Dans les sols du bassin parisien ce phénomène est discret; il est particulièrement spectaculaire sur les sols à carapace de l'Aquitaine en raison des caractéristiques particulières du matériau parental.

Un dernier graphique représentant les variations de la densité apparente (cf. planche 2-d) met surtout en évidence la compacité des horizons profonds de ces sols.

Parmi les autres déterminations que nous avons pu faire, une autre donnée significative paraît être la valeur généralement élevée du taux de magnésium échangeable dans les horizons profonds, qui peut être mise en relation avec l'intensité de l'hydromorphie et des problèmes d'altération.

Caractères Micromorphologiques

Ces caractères sont rangés dans un tableau synthétique de façon à montrer dans quelle mesure leur apparition, développement, ou disparition, peuvent être liés au degré d'évolution de ces sols. Aussi, pour simplifier, nous n'avons retenu dans les deux cas que des sols qui nous semblent illustrer le mieux les principales étapes de la séquence évolutive — théorique — commune aux deux régions (voir schéma — planche 1).

D'autre part, nous nous sommes surtout intéressés aux horizons principaux où le processus d'hydromorphie a engendré le plus de caractères particuliers.

L'examen de ce tableau met en évidence un certain nombre de modifications suivant les stades d'évolution du sol:

une augmentation dans l'hétérogénéité du squelette et du plasma,

le passage progressif d'un assemblage plasmique du type squelsepique à un assemblage masepique, voire lattisepique dans les planosols,

le passage, dans l'horizon A_2', d'un assemblage élémentaire du type intertextique-granulaire à un assemblage granulaire dominant, l'assemblage du Bt restant du type porphyrique,

la diminution du nombre de chenaux et de cavités dans l'horizon Bt, au profit d'abord de tubules et de fentes de joints, puis de striotubules et fentes déviées.

Stades d'évolution → Unités de description ↓	Sol lessivé à pseudogley	Sol lessivé glossique hydromorphe	Sol lessivé glossique hydromorphe	Planosol	Sol hydromorphe à grepp
	Sols sur limons du *bassin de Paris*		Sols sur limons du *bassin d'Aquitaine* (piément pyrénéen)		
Squelette	quartz, feldspaths, biotite, minéreaux lourds . . . fraction 2—50 μ dominante			plus riche en sables	+ morceaux de roche fraction 0,2—5 mm dominante (gros quartz fendillés, avec inclusions ferriques sur mollasse)
	homogène	assez homogène	hétérogène	très hétérogène (strio-tubules ± jointifs)	idem dans les formes peu cristallisées
Distribution	au hasard	au hasard — limon fin redistribué	au hasard > en rubans; en groupe, au hasard ou en rubans dans les glosses	en bandes > au hasard > en groupe	au hasard > en groupe sur grepp
Plasma	assez hétérogène argilo-ferrique, bien orienté, imprégnations ferriques	très hétérogène argilo-ferrique, bien orienté, nombreux dépôts d'oxydes	très hétérogène argilo-ferrique, bien orienté, nombreuses imprégnations et dépôts	très hétérogène argilo-ferrique, bien orienté, très nombreux glébules et dépôts	homogène ferrique, ± isotrope, + cimentation par des gels sesquioxydiques
Séparations	sur squelette, en plages et en bandes	sur squelette, en bandes, en plages subcutaniques	en bandes, subcutaniques, sur squelette dans les glosses	en plages, en bandes, subcutaniques, sur squelette et glébules	en plages sur les glébules
Assemblage plasmique	in-squelsepique à ma-in-squelsepique	in-ma-squelsepique, localement squelmasepique et vosepique	(squel)-vo-orthobimasepique à lattisepique	(squel)-lattisepique localement vosepique	undulique ou isotique
Structure de base	squel > plasma > vides	squel > plasma ≫ vides	squel > plasma ≫ vides	squel > plasma ≫ vides	squel > plasma ≫ vides
Assemblage élémentaire	granulaire à intertextique en A_2	idem en A_2 + glosses	granulaire en A_2 + glosses	idem.	granulaire dans les tubules

d'évolution → Unités de description ↓	Sol lessivé à pseudogley	Sol lessivé glossique hydromorphe	Sol lessivé glossique hydromorphe	Planosol	Sol hydromorphe à grepp
	Sols sur limons du *bassin de Paris*		Sols sur limons du *bassin d'Aquitaine* (piémont pyrénéen)		
Vides	vides d'entassement et cavités ortho en A_2		idem en A_2 et glosses		
	cavités et chenaux	assez nombreux en B_2t + chambres fentes jointives en B_3	idem + nombreuses à très nombreuses fentes de joint et fentes déviées, recoupant toutes les structures et du type méta en B_2t et B_3	vides peu nombreux: vides d'entassement au pourtour des striotubules, chenaux passant à des tubules (cf. ci-dessous)	chenaux très peu nombreux évoluant très rapidement en tubules (cf. ci-dessous)
Traits pédologiques	ferriargilanes nombreux, certains très ferriques, simples ou composés, sur chenaux			assez nombreux, surtout ferriques	peu nombreux et ferriques
	squeletanes, manganes, sesquanes nombreux		nombreux en B_3	nombreux en B_2t et B_3	très nombreux
Cutanes	cutanes de diffusion peu nombreux		très nombreux, ± sur fentes	très nombreux	peu nombreux
	fragments de cutanes peu nombreux	assez nombreux	très nombreux	nombreux	—
		argilanes secondaires nombreux	très nombreux	nombreux	—
Glébules	nodules ferriques et halos glébulaires	nodules et concrétions en A_2, ségrégations en Bt	idem A_2 nombreux nodules et ségrégations en Bt	nodules et concrétions accrétionnaires très nombreux (provoquant l'éclatement des quartz au cours de leur croissance) avec papules et cutanes intégrés	
	quelques cristallites	cristallites		restant isolés	cimentés entre eux
Tubules	isotubules et striotubules	striotubules	striotubules larges jointifs formant très souvent la trame même de la S/matrix du Bt		tubules assez nombreux
		quelques papules	papules peu nombreux	papules assez nombreux	papules assez nombreux
Pédoreliques		quelques fragments de concentrations redistribués	nombreux fragments de cutanes et fragments arrondis du fond matriciel redistribués dans les chenaux et dans les tubules		

l'importance croissante des cutanes «d'illuviation hydromorphe», fortement déferrisés, d'argilanes de diffusion, et de fragments de ferriargilanes intégrés,

l'importance croissante des phénomènes de redistribution des pédoreliques: concentrations plasmiques argilo-ferriques, paillettes micacées,

l'importance croissante de ségrégations et dépôts ferrugineux variés.

Dans le grepp intervient une cimentation ferrugineuse de ces ségrégations et dépôts qui sont particulièrement nombreux, avec une modification du fond matriciel (assemblage plasmique du type undulique à isotique).

Il faut remarquer cependant que les sols du piémont pyrénéen s'originalisent par un degré d'intensité plus important des processus, plutôt liés semble-t-il à la nature des matériaux et au contexte géographique.

Conclusions

Ce qui vient d'être exposé montre nettement l'importance tant des facteurs climatiques que paysagiques sur le développement dans des matériaux limoneux d'une évolution de type hydromorphe.

Les sols étudiés dans les deux bassins d'Aquitaine et de Paris présentent de nombreuses convergences.

Au plan morphologique d'abord: la structure massive, grossièrement prismatique avec tendance lamellaire, la compacté importante des horizons Bt, l'apparition d'un bariolage à orientation verticale très typique, les limites de plus en plus tranchées entre A_2 et Bt.

Au plan analytique les variations simultanées de certains critères nous semblent caractéristiques: la discontinuité de plus en plus brutale entre la teneur en argile du A et du Bt, la déferrisation croissante en surface, la diminution de la C.E.C. de l'argile dans l'A_2, l'augmentation très nette de la densité apparente en B, l'apparition de valeurs relativement élevées en Mg échangeable dans le bas du profil.

Quant aux données micromorphologiques, on retrouve partout une hétérogénéité assez marquée dans la distribution du squelette et la nature du plasma, avec apparition de traits pédologiques typiques: glébules ferriques, argilanes et ferri-argilanes plus ou moins complexes, sesquanes et squeletanes, argilanes déferrisés d'hydromorphie, fentes jointives et déviées dans les horizons Bt très denses.

Au demeurant, indépendamment de ces éléments, des différences ou similitudes ont pu être notées entre les deux régions naturelles étudiées, qui nous ont permis de mettre en évidence:

d'une part le rôle prédondérant du facteur temps dans l'évolution d'une couverture limoneuse épaisse de plateau, où l'hydromorphie est pratiquement toujours secondaire, c'est-à-dire la conséquence de processus d'illuviation marqués,

d'autre part le rôle précoce, primaire, que peut jouer l'hydromorphie quand sont réunies des conditions particulières de paysage ou de matériaux,

enfin que l'effet de cette hydromorphie, primaire ou secondaire, va toujours dans le sens d'une accélération des processus d'évolution.

Les problèmes de systématique que posent ces sols sont par ailleurs importants et rappellent les difficultés d'une distinction claire entre sols à pseudogley, sols lessivés hydromorphes, sols lessivés glossiques. sols hydromorphes lessivés ...

Bibliographie sommaire

Begon, J. C.: Aspects micromorphologiques de la genèse des sols de boulbènes. Bull. A.F.E.S. No. spécial (sous-presse) (1971).

Bernot, J.: Annales E.N.S.A. de Toulouse **10**, 3—107 (1965).

Bordes, F.: Arch. Inst. Pal. hum. Mém. n° 26, Paris (1954).

Brewer, R.: Fabric and Mineral analysis of soils. John Wiley, London (1964).

Duchaufour, Ph.: L'évolution des sols. Masson et Cie, Paris (1968).

Dudal, R.: Agricultura **1**, 2ème sér., n° 2, 119—163, Louvain (1953).

Fedoroff, N.: Science du sol 29—63 (1968).

Fedoroff, N. et *Rossignol, J. P.:* Bull. A.F.E.S. **5**, 37—52 (1969).

Jamagne, M.: Pédologie XIV (2), 228—342, Gand (1964).

Jamagne, M.: Some micromorphological aspects of soils developed in loess deposits of Northern France. C. R. 3ème Réunion Intern. de Micromorphologie. Wroclaw (sous-presse) (1969).

Jamagne, M.: C. R. Acad. Sc. Paris **270**, 1773—1775 (1970).

Lieberoth, I.: Albrecht-Thaer-Archiv **8**, H. 6/7, Berlin (1964).

Marty, J. R.: Les boulbènes. Caractères et propriétés physiques. Conséquences agronomiques. Thèse I.N.R.A. Toulouse, 135 p. (1969).

C.P.C.S.: Classification des Sols. I.N.R.A., Versailles (1963—1967).

Résumé

L'étude comparée des sols développés sur les formations limoneuses des bassins de Paris et d'Aquitaine a permis de montrer qu'on aboutit, à un stade d'évolution donné, à une convergence de faciès due au développement des processus d'hydromorphie. Cette convergence se marque à la fois dans la morphologie des sols, dans leurs propriétés physicochimiques et leurs caractères micromorphologiques. Les voies évolutives suivies par la pédogenèse dans les deux cas se différencient en raison des conditions de matériaux et de paysages propres aux régions étudiées.

Dans le bassin parisien le rôle du facteur temps est prépondérant dans l'évolution d'une couverture loessique de plateau, où l'hydromorphie est pratiquement toujours la conséquence de processus d'illuviation marqués. Dans le bassin d'Aquitaine, et plus précisément dans les vallées, la nappe phréatique a joué un rôle important dès les premiers stades de l'évolution. Il en est résulté à la fois une accélération et une plus grande intensité des processus.

Zusammenfassung

Die vergleichende Untersuchung der Böden, die sich auf Lehmformationen des Pariser und des Aquitanischen Beckens entwickelt haben, zeigte, daß man, beim gegenwärtigen Entwicklungsstadium, zu einer Übereinstimmung des Erscheinungsbildes, bedingt durch die Entwicklung der Prozesse von Hydromorphie, gelangt. Die Übereinstimmung äußert sich zugleich in der Morphologie der Böden, in ihren physikalisch-chemischen Eigenschaften und ihren mikromorphologischen Eigenheiten. Die Entwicklungsphasen in der Pedogenese in den beiden Fällen unterscheiden sich durch die Beschaffenheit des Materials und der Landschaften in den untersuchten Gebieten. Im Pariser Becken herrscht der Faktor Zeit in der Entwicklung einer Lößdecke des Plateaus vor, wo die Hydromorphie eigentlich immer sekundär ist, d. h. die Folge bestimmter Auswaschungsprozesse. Im Aquitanischen Becken, genauer in den Tälern, hat das Grundwasser eine wichtige Rolle in den ersten Stadien der Entwicklung gespielt. Daraus ergab sich zugleich eine Beschleunigung und größere Intensität der Prozesse. Der Nachweis dieser Entwicklungsphasen bringt eine bestimmte Anzahl von Einzelheiten, die zum besseren Verständnis der Genese und Klassifikation dieser Böden geeignet sind.

Summary

Comparison of the soils developed on the clay formations of the Paris and the Acquitaine basins showed that at their present stage of development a similarity of the phenotypes due to the development of the process of hydromorphy.

The morphology, physical-chemical properties and micro-morphological characteristics of the soils are also similar, but they differ in their pedogenic evolutionary stages. This is due to differences in the nature of the materials and the landscapes in the regions considered.

In the Paris basin the time factor predominates in the development of a loess covering of the plateau and hydromorphy, i. e. certain leaching processes, is almost always a secondary factor. In the Acquitain basin, more precisely in the valleys, ground water played an important role in the early stages of development causing an acceleration and intensification of the processes.

Les Sols Lessivés à Pseudogley des Terrasses de la Tîrnava Mare (Plateau de Transylvanie)

Par *C. Orlenu, C. Papadopol, M. Cicotti, F. Popescu, E. Dulvara* et *P. Vasilescu**)

Les sols lessivés diverses stades de pseudogleyification sont très répandus dans la partie centrale du Plateau de Tîrnave (Plateau de Transylvanie) et tout spécialement sur l'interfleuve des Tîrnava Mare-Olt. Le stade le plus avancé de pseudogleyification on le trouve sur les formes de relief les plus plates de terrasse — plate-forme à altitude de 500 à 560 m. Le substratum est dominé par le facies argileuse d'une epaiseur de 4 à 5 m ou plus; parfois à cailloutis roulés en base. Le climat est caracterisé par une température moyenne annuelle de 7—9 °C et une pluviométrie de 600—700 mm. La végétation naturelle consiste de Quercus petraea et Q. robur où les près à Nardus stricta sont très fréquentes. Le drainage naturel est lent.

Morphologiquement, les sols lessivés à pseudogley montrent une succession d'horizons caractéristique pour un sol lessivé, marqué war une hydromorphie temporaire (Alg-A2g-B2tg-B3). L'horizon éluvial (E = A1g + A2g, environ 40 cm) est blanchâtre (sec: 10YR 7/3, 7/2, 8/2; humide: 10YR 5/2, 6/2) avec de taches et petites concrétions ferri-manganèsifères formées surtout en base, au-dessus de l'horizon Bt. L'horizon illuvial (I = B2tg, environ 40 cm) ist tachteté de fréquemment 5Y 6/3, 7/3 et 10YR 5/6, 5Y 6/3 à état sec. le matériau originel (MO = B3) est 5Y 7/3 à l'état sec. et 5Y 6/2, 6/1 à l'état humide. Il est a noter la présence des concrétions bien développés et les pénétrations de l'horizon éluvial surtout par les traces des racines dans l'horizon illuvial. La structure d'horizon éluvial est lamellaire et celle de l'horizon illuvial prismatique ou polyédrique angulaire. La texture, grossière dans l'horizon éluvial devient très fine dans l'horizon illuvial; le passage est très brusque sans horizon de transition.

Interprétation des données analytiques

D'un noubre de 22 profiles magistrals étudiés, nous présentons les résultats d'un profil-type situé au sud-sud est de Saroş (district de Sibiu) sur un terrain plat d'une terrasse plate-forme à alt. abs. de 510 m sous une végétation foréstière de Quercus petraea et Q. robur. La composition granulométrique et le complex adsorbant sont présentées dans la figure, la composition chimique du sol, d'humus et d'argile dans le tableaux.

L'horizon éluvial, caractérisé par une faible téneur en argile comme suite de sa migration, est par contre très riche en sable fin ou le quartz représent le minéral dominant. Le caractère oligobasique (jusqu'à 20 cm) et oligomesobasique (de :0 à 40 cm) est souligné aussi par teneur en aluminium mobile et par le pH acide. La teneur en humus est réduite, sauf en surface où l'on obsèrve un fort processus de bioaccumulation. La dominance des acides fulvique sur les acides huminiques resulte du rapport CH:CF. L'ana-

*) Institut Geologique, SOS Kisseleff 2, Bukarest, Rumänien.

lyse totale de l'argile montre la présence d'une quantité de SiO_2 comme le montre aussi les analyses de la fraction argileuse < 0,001 mm en infrarouges et rayons X. Le rapport Al_2O_3/Fe_2O_3 est bas (0,34). Par contre, les valeurs des rapports $Si_2O_3:Al_2O_3 + Fe_2O_3$ et $SiO_2:Al_2O_3$ sont hateus ce qui montre un appauvrissement de l'argile en oxides der fer, soit à cause de sa migration, soit de l'accumulation sous forme des concretions. L'analyse en rayons X montre une faible cristalisation des minéraux (surtout pour l'échantillion de surface), les maximum de difraction etant très petits et difficilement à identifier. La kaolinite et l'illite sont présentés dans tout l'horizon. Le vermiculite et le montmorillonite sont faiblement représentés.

L'horizon illuvial est caractérisé par une forte accumulation d'argile d'illuviation. En utilisant «la teneur moyenne d'argile (< 0,002 mm) en rapport avec le microsquelette (2—0,002 mm)» (A) qui presente la valeur 89 nous avons calculés la quantité d'argile éluvié («e») et illuvié («i»). Etant donnée que ces deux quantités sont égales (2796,80) nous pouvons dire que le plus de l'horizon illuvial provienne de l'horizon éluvial. Les indices d'antraînement d'argile calculés en raport du valeur A (7,2) et à l'argile sans humus et carbonates (3,75) mettent en édidence une forte concentration d'argile sur une petite profondeur. Le complèxe adsorptif est saturé mais l'aluminium présente des valeurs élevées. La teneur en humus est très basse et sa composition est marquée par une dominance des acides fulviques sur les acides humiques réduite. On trouve aussi des formes de ces acides liés au calcium. Les valeurs des oxides libres sont plus elevées que dans l'horizon éluvial, comme suite de leur accumulation dans cet horizon. L'analyse totale de l'argile montre la présence de SiO_2. Les valeurs des rapports $SiO_2:(Al_2O_3 + Fe_2O_3) = 2{,}74 — 2{,}65 — 2{,}69$ et $SiO_2:Al_2O_3 = 2{,}02 — 1{,}97 — 2{,}00$ sont basses et sensiblement egales entre l'horizon illuvial et le matériau originel. L'analyse au rayons X nous indique une forte accumulation d'illite, de vermicullite et de montmorillonite et l'analyse en infrarouge, une diminuation du taux de quartz et la presence d'illite et de la kaolinite.

La transition entre l'horizon éluvial et illuvial est abrupte et bien visible tant morphologiquement (couleur, structure, texture) qu'analytiquement (indice de lessivage).

Le matériau originel étudié dans ce profil a été apprécié comme présent à partir de 100 cm. Il est caractérisé par une teneur d'argile constante jusqu'à 200 cm de profondeur. Cette homogèneïté confirme l'idée de la migration d'argile d'horizon éluvial dans l'horizon illuvial.

Considérations générales

Les sols lessivés à pseudogley étudiés, représentent un des stades les plus avancés de pseudogleyification, processus favorisé par le relief plat et le substratum lithologique fort argileux. L'intensité de la pseudogleyification est mise en évidence par la présence des taches, des séparations ferri-manganèsifères et petits nodules, qui apparaissent dès la surface du sol. Le caractère de planosol, est marqué par la faible teneur en argile de l'horizon éluvial, par la limite abrupte sans horizon de transition vers l'horizon illuvial fort enrichi en argile. Il est completé par la couleur blanchâtre de l'horizon éluvial (grâce à l'accumulation résiduelle du quartz) et la couleur jaune-rougeâtre de l'horizon illuvial (enrichi en oxydes de fer), par le passage brusque d'une structure lamellaire à

Composition a) du sol, b) d'humus et c) d'argile

a) Profondeur cm	Concrétions Fe-Mn (%) mm		Oxides libres (%)*)		Al mobile méq/ 100 g	pH (H_2O)	C_t (%)
	2—0,2	0,2—0,02	Fe_2O_3	R_2O_3			
— 8	0,4	6,7	1,12	1,32	4,0	4,4	2,74
— 20	2,6	7,4	1,26	1,60	4,2	4,4	0,97
— 40	2,8	7,3	1,75	2,25	2,4	4,8	0,36
— 60	0,2	2,4	1,84	2,89	8,6	5,2	0,25
— 8	0,2	3,5	2,25	2,37	5,6	5,4	0,15
— 100	0,3	3,2	—	—	2,3	5,6	0,16
— 120	0,3	4,4	2,14	2,44	0,7	6,0	0,11
— 140	0,3	3,8	—	—	0,1	6,6	
— 160	0,1	3,3	1,97	3,25	0,8	7,1	
— 180	0,2	3,3	—	—	0,1	7,2	
— 200	0,1	3,7	2,38	2,65	0,5	7,4	

b) % de C_t en Acides**) humiques (H)			fulviques (F)			C_H/C_F
libre/ R_2O_3	Ca	tot	libre/ R_2O_3	Ca	tot	
12,8	0,4	13,2	22,6	0,0	22,6	0,59
12,6	0,0	12,6	25,2	0,0	25,2	0,50
10,8	0,0	10,8	25,1	0,1	25,1	0,43
10,0	4,0	16,0	12,0	8,0	20,0	0,80
6,7	6,7	13,4	13,3	6,7	20,0	0,66

*) d'après *Mehra* et *Jackson*

**) d'après *Kononova* et *Belcikova*

c) % du matériau igné										Oxides libres (%)	
	SiO_2	Al_2O_3	Fe_2O_3	TiO_2	MnO	P_2O_5	CaO	MgO	K_2O	Na_2O	Fe_2O_3	R_2O_3
20— 40	57,99	25,80	8,74	1,34	0,08	0,14	0,81	1,84	2,40	0,86	2,19	2,25
60— 80	54,23	26,88	10,74	0,73	0,06	0,07	1,95	2,43	2,22	0,69	2,84	2,94
100—120	53,69	27,13	10,97	0,83	0,03	0,05	1,96	2,37	2,12	0,85	2,92	3,01
180—200	54,43	27,13	10,91	0,75	0,02	0,06	1,50	2,07	2,20	0,93	2,11	2,16

une structure prismatique ou polyèdrique angulaire associé avec les changements dans le teneur d'Al, du taux de saturation en bases et du pH.

Les sols présentés peuvent être classifiés comme des Albaqualfs dans la 7-ême Approximation ou comme de Planosols dans «la définition des unités des sols pour la carte des sols du monde», elaborée par FAO en 1968.

La fertilité naturelle de ces sols est très faible. Elle est due principalement à leur acidité et la forte teneur en argile de l'horizon illuvial. Favorisé par le relief plat et l'argilosité marquée, le drainage naturel est très lent ce qui provoque un excès temporaire d'eau, l'imperméabilisation de l'horizon illuvial et une pseudogleyification intense.

Leur mise en valeur, nécessite l'application d'un projet d'amélioration, qui doit comprendre la plantation des forêts, l'instalation d'un réseau de drainage, l'application des amendaments calcaires pour remonter le pH et éviter les phénomènes de toxicité due à la présence d'aluminium échangeable, l'application des fumures organiques et des engrains chimiques.

Bibliographie

David, M.: Geneza, evoluţia şi aspecte de relief ale Podişului Transilvaniei. Revista V. Adamachi, Iaşi XXXI, 1—2 (1945).

Török, Z.: Cercetări geologice în judeţul Tîrnava-Mare Sighişoara (1933).

Orleanu, C.: Stiinţa Solului 7, nr. 2, Bucareşti (1969).

Orleanu, C. et *Dulvara, E.:* Contributions à l'interprétation des donnés sur la composition mecanique des sols lessivés. Studii tehnice şi economice seria C., nr. 18, Bucureşti (1970).

Cernescu, N.: Clasificarea solurilor cu exces de umiditate. Cercetări de pedologie, Ed. Academiei RPR (1961).

Cernescu, N. et *Florea, N.:* Lista sistematică a solurilor din RPR. Studii de biologie şi ştiinţe agricole, Timişoara, 1—2, tom. IX. Ed. Academiei RPR (1962).

Dudal, R.: 90 Years of Podzolic Soils. FAO, Roma (1969).

Dudal, R.: Soils Classification — 7th Approximation. U.S. Depart. of Agriculture (1960).

Dudal, R.: Definitions of Soils Units for the Soil Map of the World. FAO, UNESCO, n. 33 (1968).

Résumé

Selon leur morphologie et les résultats des analyses les sols lessivés à pseudogley des terrasses de Tîrnava Mare (Plateau de Transsylvanie) peuvent être comptés aux «Planosols».

Zusammenfassung

Nach Profilmorphologie und Analysenergebnissen können die Pseudogley-Lessivés der Tîrnava Mare-Terrassen (Transsylvanisches Plateau) zu den „Planosolen" gerechnet werden.

Summary

According to morphology and analytical results, podzolic forest soils with surfacewater gley on the Tîrnava Mare terraces (Transylvania plateau) belong to the "Planosol" group.

Comparative Study of Planosols in Romania

By *Ana Conea, C. Oancea, Angela Popovăţ, Camelia Rapaport, Irina Vintilă* *)

Introduction

Soils with genesis and properties influenced by a temporary surface water excess occur in different parts of Romania. There are regions in which surface waterlogging affects an important part of the areas used mainly as arable land, thus, influencing negatively the agricultural production.

Among these pseudogleyed or pseudogleyic soils those belonging to the so called "planosols" are the most widespread in the sense they have been defined and introduced into the former American Classification (3) and taken over into the list of soils of FAO for the World Soil Map (10). In Romania, up to the present such a soil unit has not been separated in the existing soil classifications. According to the intensity of pseudogleyization, the soils presenting the diagnostic features of planosols have been included either in "soluri argiloiluviale podzolite" or "podzolice pseudogleizate" (equivalent to pseudogleyed brun lessivé or lessivé soils with moderate or strong depletion of bases in the upper horizons), or in "soluri pseudogleice argiloiluviale podzolite" or "podzolice" (respectively, brun lessivé or lessivé — pseudogley soils, subdivided according to the base saturation of the eluvial horizon). Among these soil units, which in "Clasificarea morfogenetică a solurilor României" (21) are included in four distinct soil types, the planosols have been called, according to different authors, by various names, including, as in other countries, such terms as "podzolit" or "podzolic" (11), due to the presence of a more or less developed eluvial horizon. So as to emphasize the argilluvial character of the genetical process, besides these terms another one has been always used — frequently "argiloiluvial" or "silvestru". Thus, planosols have been considered as having a B horizon formed mainly by clay translocation.

The genesis of a planosol formed in a depression in which the B horizon is "compact and has a low permeability due to the clay accumulation, as well as to the sinking of the material" and in which "a dense packing of particles with low pore volume was achieved", has been discussed by *Cernescu* as far back as 1945 (7).

In Romania, planosol-forming conditions such as flat relief, slightly permeable subsurface horizon and climate with wet and dry periods during the year, occur especially in plain, piedmont and plateau regions with mean annual rainfall of 540–755 mm and mean annual temperature of 7.5 to 10.8 °C. In moister regions the lack of a dry season and, in drier regions, the lack of a flat relief or of a shallow impermeable layer, are factors limiting planosol formation; in both cases there are some exceptions.

The distribution of planosols in Romania is shown in fig. 1. Table 1 presents diagnostic analytical data for different planosols of the various regions.

*) Research Institute for Soil Science, Bucharest, Romania.

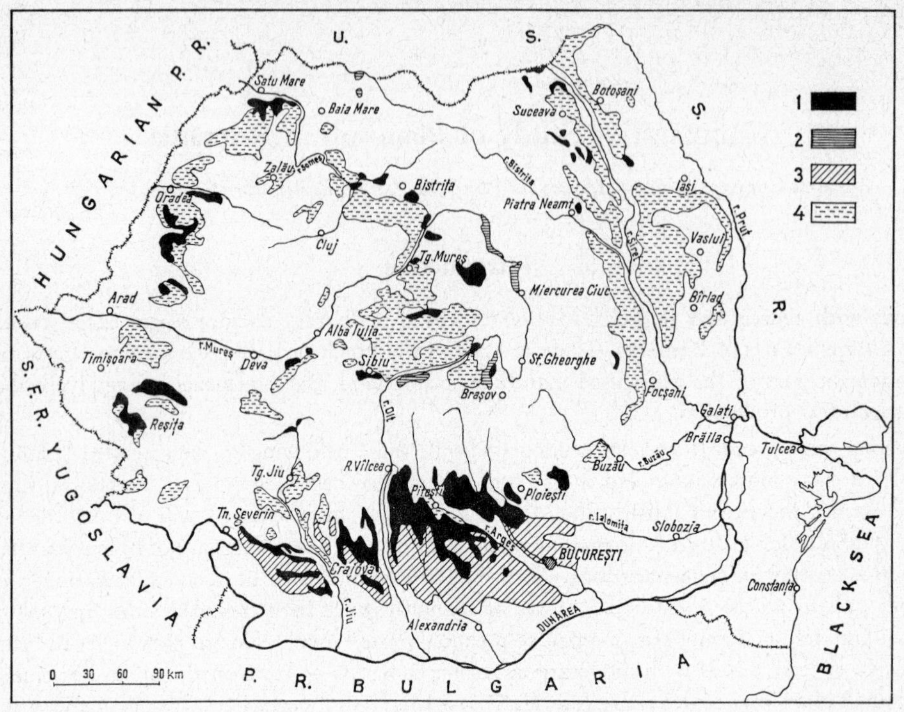

Figure 1

Distribution of Planosols in Romania

1, Planosols; 2, Lessivé soils with glossic degradation and Planosols on lower terraces; 3, Vertisols, Brun-lessivé soils and Planosols in depressions; 4, Brun-lessivé soils and Planosols on flat summits.

Getic Piedmont and Lower Danube Plain (South Romania)

These soils are characterized by:

horizons	thickness cm	% clay	% base sat.
A	32–44	16–27	18–63
B		54–59	>50 (>65)

The textural differentiation increases and the degree of base saturation decreases from south to north (fig. 2 b), and is lower under forests than under crops (16).

The changes of the soils from south to north are associated with:

	T °C	rainfall mm	water sat.
S	10.8	600	<
N	<8	750	>

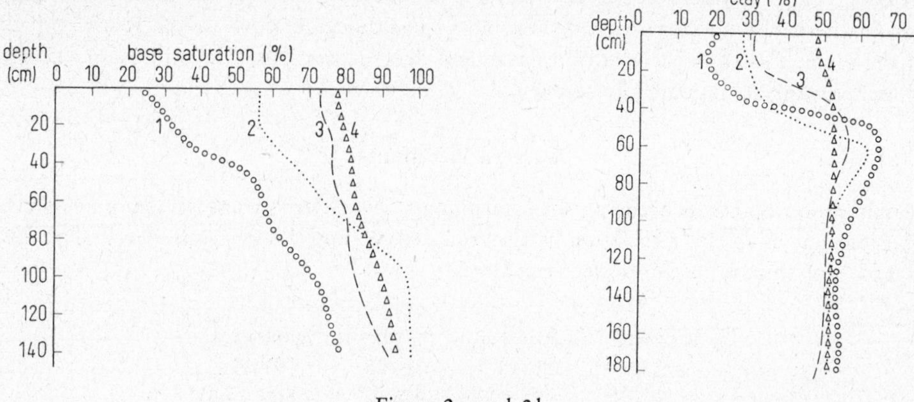

Figure 2 a and 2 b

Clay content (fig. 2 a) and base saturation (fig. 2 b) of three Planosols (1, 2, 3 from N to S) and a Vertisol (4).

Apart from the degree of albic horizon development and of the amounts of ferromanganese seggregations, there are some planosols with the upper part of Bt horizon strongly pseudogleyed (chromas ≤ 2 predominate) and others with mottling, sometimes very weak or even without reduction spots in one of the Bt horizons. The latter may be considered as the "driest" planosols in Romania.

Most planosols in South Romania have either very dark coloured, sometimes black, Bt horizons (frequently 10YR $<3/<1.5$), with somewhat higher organic matter, or a reddish one (7.5YR and redder with chromas of 2 and greater). The black Bt horizons present large slickensides and are characterized, as compared to the reddish ones, by greater cation exchange capacities (e.g. in a black Bt: 54 % clay, CEC = 43 me; in a reddish one: 61 % clay, CEC = 35 me). Both Bt horizons indicate genetic relationship between planosols and associated soils. Thus, in the southern part of their distribution area planosols are associated with vertisols (pellic) and intergrades to them or to soils known in Romania as "sol brun roscat" due to the reddish colour of their Bt horizons (8). The intergrades towards these soils are characterized either by abrupt boundaries between eluvial and Bt horizons and weaker textural differentiation, or by gradual boundaries and greater textural differentiation.

The features of reddish Bt horizons (and especially the presence of thick, distinct clay skins) show that they are formed as a result of clay translocation into an initial permeable parent material. The features of black B horizons (similar to those of vertisols occurring in the region) suggest a primary clayey material, to whom a more or less argilluviation is associated (fig. 2 a).

Both planosols, with black and reddish Bt horizons from the Getic Piedmont, Lower Danube Plain and higher river terraces are ancient soils originating at least from the last interglacial. Within the same region, on lower terraces, young planosols, frequently with a dark B horizon, occur; their formation is connected with the presence of a clayey parent material. Northward, in the Subcarpathian region, planosols occur only on lower terraces, being relatively young soils developed on clayey alluvia. On higher levels, on flat areas, the Bt horizons are affected by a glossic degradation. In the southern part of the Plain, planosols occur only in large and deep depressions, where the water excess is due to water accumulated by seepage.

Western Piedmonts

In this region planosols occur on some piedmonts, river terraces and seldom on summits of piedmont hills, in association with brun lessivé and lessivé soils. Generally, the planosols of this region are characterized by:

horizons	thickness cm	% clay	% base sat.
A	27–44	16–25	27–64
B		47–60	>50 (>65)

Being developed on less uniform materials than those of South Romania, the planosols of this region are generally less clayey and more variable in texture. Except some planosols developed on level summits of piedmont hills, most of them formed on materials initially slightly permeable.

Planosols of Western Piedmonts present, generally, a strong pseudogleyization, morphologically expressed by the presence of an horizon in which reduction colours predominate, thought part of them seem to have a relatively long dry season (14).

Transsilvania (Central part of Romania)

In this region the presence of planosols is generally connected with the level surfaces of plateaus and terraces. The parent material of fluvial origin, probably explains the wide range of their clay content in Bt horizon. These planosols are characterized by:

horizons	thickness cm	% clay	% base sat.
A	30–40	13–30	19–77
		52–64	>50 (>65)

In the warmer and drier climate of the central part of Transsilvania, planosols occur on various levels, some of them being young, others ancient; at the contact zone of the Plateau with the mountains and in the intermount depressions, they occur generally on lower levels, especially on the 18–22 m river terraces, being thus, younger. On upper levels a glossic degradation of Bt horizon occurs. Planosols of this region are characterized by a longer water excess period, all soils having horizons in which reduction colours predominate.

Planosols occurring on the greatest volcanic plateau in Romania were formed from volcano-sedimentary parent material, mainly andesite agglomerates on high altitude (800–900 m and higher) at a mean annual temperature of about 6 °C, e.g. a frigid soil temperature regime (22) and a mean annual rainfall >750 mm, but 1.5–2 months without precipitations during the summer season (12).

The solum is rich in silt (2–50 μm). More than 65 % < 50 μm (about 35 % being silt) are characteristic for the eluvial horizon and > 85 % (about 60 % being clay), for the illuvial one. A fragipan increases the compactness of Bt horizon and determines the occurrence of the upper limit of impermeable layer above the limit of Bt horizon. In deforested areas, or even under spruce forests, 5–20 cm an organic peat horizon is formed especially of Sphagnum (12, 9). The waterlogging period is very long, sometimes all year, which causes bog formation and peat development, the latter overlying in some cases, directly the impermeable horizon.

These soils have been called "soluri dernopodzolice pseudogleice" or "podzoluri puternic pseudogleizate (pseudogleice)" and "soluri pseudogleice podzolice turboase" (12).

In the above mentioned soil-forming conditions a strong acidity seems to occur in the eluvial horizon, certified also by the presence of oligotrophic mosses. Only the uppermost part of the profile is unsaturated and acid, but base saturation rapidly increases downwards, exceeding 50 % and even 65 % in the upper B_t.

Moldavia (North-east of Romania)

In this part of the country planosols cover small areas on some terraces and piedmonts, as well as one some summits of the plateau (5); they are associated with brun lessivé and lessivé soils. The soils developed on river terraces do not seem to present different features as compared to those formed on similar relief in other regions.

The planosols developed on plateau, mostly on loesslike deposits, are characterized by:

horizons	thickness cm	% clay	% base sat.
A	25–40	20–30	~ 50
B		42–55	> 70

The water excess period in this region is short and soil horizons with dominant chromas ≤ 2 are not characteristic for these soils. It seems that these planosols developed on permeable materials, have impermeable layers due to clay accumulation and that they are younger than other planosols developed in a similar way.

Conclusions

From the existing data it results that for the achievement of a sufficient impermeable claypan in order to cause water stagnation, an amount of at least 45 % clay is necessary (s. table). Most planosols in Romania contain between 50 and 60 % clay in the Bt; these horizons are very compact and, in South Romania, they locally consist of swelling clays.

Besides the high clay content of the soils, the claypans occurring at small depths, generally up to 40 cm, called by Mückenhausen (15) "prejudicial" levels, aggravate their improvement. Within these 40 cm the eluvial horizons are slightly to strongly unsaturated, while immediately below them the base saturation is more than 50 %, frequently more than 65 %.

Due to the small thickness of the unsaturated upper eluvial horizon, the cultivated soils that have never been fertilized or limed exhibit higher base saturation, both for Al and

MAIN FEATURES of ELUVIAL HORIZONS		LAND USE	N	THICKNESS of ELUVIAL HORIZON (cm)		CLAY <2µ (%)				SAND 0,2-2 mm (%)				C E C (me/100g)			
						A		Bt		A		Bt		A		Bt	
CLAY CONTENT %	BASE SATURATION %			RANGE	$\bar{X}$	RANGE	$\bar{X}$	RANGE	$\bar{X}$	RANGE	$\bar{X}$	RANGE	$\bar{X}$	RANGE	$\bar{X}$	RANGE	$\bar{X}$
a. GETIC PIEDMONT AND LOWER DANUBE PLAIN																	
<20	<30	FOREST	5	35 -50	43,6	14,1-20,0	17,4	48,2-64,3	59,0	8,0-31,0	17,2	1,9-17,3	8,4	9,1-12,2	10,1	30,8-40,3	35,5
	30 - 35	AGRIC.	3	38 - 41	39,0	15,0-16,9	16,0	51,3-54,9	53,7	12,0	12,0	3,1 - 6,8	5,0	11,0-13,1	12,1	30,8-34,5	33,4
		FOREST	12	36 - 46	40,3	14,0-20,0	18,1	46,0-64,8	56,8	2,8-15,0	7,3	0,8 - 8,0	3,7	8,3-23,8	15,8	26,7-39,8	34,5
	>55	AGRIC.	3	40 - 42	41,0	16,9-19,1	18,0	51,0-62,0	57,0	4,9-7,2	6,0	0,9 - 2,1	1,7	12,0-14,0	13,0	37,0-38,2	37,5
>20	<30	AGRIC.	3	30 - 40	35,0	20,8-29,1	24,7	54,0-60,1	56,6	—	13,0	—	6,0	15,1-18,2	17,0	35,0-37,0	36,4
		FOREST	4	32 - 43	35,8	21,0-27,0	24,0	54,1-65,2	57,5	3,9 - 5,2	4,7	1,8 - 3,0	2,5	14,7-28,0	22,3	33,3-40,4	38,3
	30 - 55	AGRIC.	16	18 - 50	34,9	21,1-30,1	24,5	48,0-67,2	58,9	4,1-11,3	8,2	0,7 - 3,4	2,2	12,4-23,3	16,8	27,1-45,0	39,1
		FOREST	18	16 - 45	32,3	21,2-35,0	25,6	52,0-69,0	60,0	0,9-19,1	5,9	0,9 - 8,1	2,7	16,8-30,9	24,1	30,8-49,0	38,9
	>55	AGRIC.	17	22 - 47	35,4	22,0-34,0	26,9	47,1-68,0	58,5	1,9-11,1	6,5	1,0 - 6,9	2,3	11,7-25,2	19,4	21,8-49,2	37,8
		FOREST	19	24 - 45	34,6	20,0-30,1	24,7	47,0-67,0	57,0	2,0 - 9,2	3,5	0,9 - 6,2	2,5	18,9-38,0	26,7	24,8-48,1	36,7
AGRICULTURAL SOILS			42	18 - 50	35,0	15,0-34,0	24,5	47,1-68,0	57,8	1,9-12,0	6,2	0,7 - 6,9	2,6	11,0-25,2	18,0	21,8-49,2	38,0
FOREST SOILS			58	16 - 50	35,5	14,0-35,0	23,0	46,0-69,0	58,4	0,9-31,0	6,6	0,8 -17,3	3,3	8,3-38,0	21,8	24,8-49,0	37,1
b. WESTERN PIEDMONTS																	
<20	<30	AGRIC.	2	34-35	34,5	16,0-17,0	16,5	53,0	53,0	0,8-1,2	1,0	0,6-0,8	0,7	10,0-11,6	10,8	27,3-29,4	28,0
	30 - 55	AGRIC.	1	—	37,0	—	18,0	—	48,2	—	0,9	—	0,6	—	12,2	—	34,1
	>55	AGRIC.	1	—	27,0	—	16,0	—	49,1	—	1,0	—	0,5	—	13,0	—	33,3
>20	<30	FOREST	1	—	40,0	—	25,0	—	57,0	—	—	—	—	—	20,1	—	34,1
	30 - 55	AGRIC.	4	32-48	39,8	21,1-29,1	25,3	52,0-73,0	60,0	—	—	—	—	15,0-19,2	18,0	35,2-47,7	40,4
		FOREST	1	—	41,0	—	21,0	—	47,0	—	0,9	—	2,1	—	13,1	—	36,6
	>55	AGRIC.	3	20-35	28,3	20,0-34,0	25,0	52,1-64,2	56,7	2,1-11,0	6,5	0,8-3,0	2,0	14,0-23,9	17,7	30,0-41,0	36,3
AGRICULTURAL SOILS			11	20-37	34,3	16,0-34,0	22,1	48,0-73,0	55,7	0,8-6,5	3,2	0,5-2,0	1,4	10,0-23,9	16,0	27,3-47,7	36,6
FOREST SOILS			2	40-41	40,5	21,0-25,0	23,0	47,0-57,0	52,0	—	0,9	—	2,1	13,1-20,1	16,5	34,1-36,6	35,3
c. TRANSILVANIA																	
<20	<30	FOREST	1	—	52,0	—	19,0	—	59,1	—	—	—	—	—	11,1	—	35,2
	>55	AGRIC.	2	26-49	37,5	11,0-16,0	13,0	97,0-58,0	52,5	21,1-27,9	24,5	14,0	14,0	10,1-13,9	12,0	38,1-38,9	38,5
		FOREST	3	30-42	36,5	16,0-19,3	17,4	54,0-66,1	61,3	1,0-17,2	8,7	2,9-15,1	8,3	19,0-22,0	21,0	41,1-62,1	50,2
>20	30-55	AGRIC.	8	28-45	36,9	23,0-32,4	28,4	54,0-77,0	64,2	3,0-7,2	5,7	1,0-4,2	2,3	16,1-20,2	18,5	30,0-46,0	38,0
		FOREST	10	24-44	34,2	23,0-31,0	27,0	51,0-65,0	57,9	1,0-7,2	3,3	0,5-7,0	2,5	16,0-26,3	21,0	28,0-38,3	33,3
	>55	AGRIC.	8	25-65	39,6	20,8-32,0	25,3	47,1-74,2	56,0	3,1-23,0	7,6	0,7-5,1	2,8	17,0-22,1	19,3	29,2-47,1	37,0
		FOREST	5	20-38	30,4	27,0-32,0	30,0	54,0-74,0	62,0	0,3-15,0	4,4	0,3-9,1	1,8	20,0-34,1	24,7	29,0-41,1	34,0
AGRICULTURAL SOILS			18	25-65	38,4	11,0-32,0	25,3	47,0-77,0	59,2	3,1-27,9	9,5	0,7-14,0	4,2	10,1-22,1	17,8	29,2-47,1	37,7
FOREST SOILS			19	20-52	34,5	16,0-32,0	25,8	51,0-74,0	59,8	0,3-17,2	4,9	0,3-15,1	4,0	11,1-34,1	21,9	28,0-62,1	36,7
d. MOLDAVIA																	
>20	>55	FOREST	1	—	36,0	—	23,7	—	45,9	—	1,1	—	1,7	—	16,8	—	29,8

MAIN FEATURES of ELUVIAL HORIZONS		LAND USE	BASE SATURATION (%)						pH_{H_2O}						ORGANIC MATTER (%)					
			A_1		A_2		Bt		A_1		A_2		Bt		A_1		A_2		Bt	
CLAY CONTENT %	BASE SATURATION %		RANGE	$\bar{X}$	RANGE	$\bar{X}$	RANGE	$\bar{X}$	RANGE	$\bar{X}$	RANGE	$\bar{X}$	RANGE	$\bar{X}$	RANGE	$\bar{X}$	RANGE	$\bar{X}$	RANGE	$\bar{X}$
a. GETIC PIEDMONT AND LOWER DANUBE PLAIN																				
<20	<30	FOREST	16,0-28,1	21,5	12,0-40,9	25,7	58,9-71,2	64,8	4,40-5,33	4,90	4,32-5,51	4,98	5,51-5,60	5,54	2,01-7,73	4,27	0,90-2,41	1,54	0,39-0,71	0,58
	30 - 35	AGRIC.	50,1-53,6	52,0	50,3-52,6	51,0	63,3-69,0	68,0	5,39-5,50	5,43	5,31-5,80	5,53	5,59-5,81	5,70	1,29-2,50	1,87	0,58-2,10	1,20	0,60-0,80	0,70
		FOREST	31,3-54,1	43,5	20,0-57,1	23,3	48,1-91,0	67,1	4,70-5,78	5,23	4,51-5,70	5,05	5,10-6,71	5,76	2,41-9,63	5,77	0,60-2,91	1,84	0,30-1,40	0,69
	>55	AGRIC.	59,0-60,0	59,5	56,1-58,3	57,1	67,9-70,1	69,0	5,59-5,72	5,65	5,58-5,65	5,60	5,81-6,71	6,25	1,38-2,10	1,77	0,58-1,10	1,00	0,78-1,11	1,00
>20	<30	AGRIC.	28,8-30,0	29,7	31,0-61,0	42,0	56,0-62,1	58,3	4,71-5,11	4,93	5,01-5,33	5,13	5,10-5,41	5,30	1,90-2,41	2,10	0,80-1,60	1,17	0,71-0,82	0,73
		FOREST	12,1-24,0	20,0	15,1-23,4	18,0	52,0-69,9	59,7	4,50-4,72	4,70	4,41-4,89	4,62	5,18-5,62	5,30	4,82-19,90	11,4	1,69-2,82	2,55	0,60-1,10	0,80
	30 - 55	AGRIC.	33,0-54,8	45,6	36,0-66,2	46,9	59,8-77,0	63,4	4,90-5,70	5,31	5,21-5,90	5,46	5,32-6,51	5,69	1,29-4,80	2,43	0,90-1,90	1,19	0,50-1,52	0,86
		FOREST	35,0-54,2	44,7	15,0-59,0	36,3	51,0-78,6	62,2	4,90-5,51	5,25	4,60-5,70	5,03	5,10-5,84	5,40	3,10-18,2	8,48	1,41-5,00	2,73	0,40-1,10	0,80
	>55	AGRIC.	56,0-76,8	64,0	49,8-77,0	62,5	57,0-81,1	72,5	5,20-6,32	5,65	5,10-6,20	5,67	5,60-7,78	5,91	1,70-5,32	3,05	0,78-3,60	1,71	0,70-1,50	0,84
		FOREST	56,0-77,0	64,8	23,0-74,1	45,7	56,0-77,0	67,9	5,22-5,60	5,63	4,80-6,32	5,23	5,23-6,72	5,61	2,72-15,8	7,21	1,29-4,70	2,28	0,49-1,89	0,83
AGRICULTURAL SOILS			28,8-76,8	54,4	31,0-77,0	54,8	56,0-81,1	69,4	4,90-6,32	5,45	5,01-6,20	5,54	5,10-7,78	5,77	1,29-5,32	2,59	0,58-3,60	1,40	0,50-1,52	0,86
FOREST SOILS			12,1-77,0	47,0	12,0-74,1	36,6	48,1-91,0	65,0	4,40-6,60	5,19	4,32-6,32	5,07	5,10-6,72	5,57	2,01-19,90	7,63	0,60-5,00	2,38	0,30-1,89	0,77
b. WESTERN PIEDMONTS																				
<20	<30	AGRIC.	26,1-26,2	26,0	26,3-28,4	27,0	69,0-71,0	70,0	5,00-5,20	5,10	5,00-5,10	5,05	4,90-5,10	5,00	3,63-3,90	3,77	1,62-2,10	1,86	0,89-0,91	0,90
	30 - 55	AGRIC.	—	51,3	—	54,4	—	79,8	—	5,40	—	5,51	—	6,30	—	2,62	—	1,39	—	0,80
	>55	AGRIC.	—	61,0	—	64,2	—	90,0	—	5,52	—	5,52	—	7,10	—	2,81	—	1,83	—	1,10
>20	<30	FOREST	—	23,0	—	45,9	—	66,0	—	5,00	—	5,61	—	5,57	—	9,61	—	4,20	—	2,31
	30 - 55	AGRIC.	40,0-54,0	49,0	47,1-58,3	55,4	59,1-76,3	68,8	4,81-5,21	5,10	4,70-5,38	5,16	5,31-5,62	5,41	1,61-3,81	2,65	0,91-1,32	1,10	0,72-0,84	0,80
		FOREST	—	40,0	—	51,3	—	73,8	—	5,00	—	5,00	—	5,61	—	3,70	—	1,82	—	0,61
	>55	AGRIC.	59,0-67,8	62,7	54,1-63,0	58,7	62,0-68,0	65,0	5,05-5,70	5,35	5,10-5,65	5,28	5,40-5,81	5,60	1,80-4,05	2,57	0,50-2,08	1,20	0,50-0,91	0,70
AGRICULTURAL SOILS			26,1-67,8	52,2	26,3-64,2	54,2	59,1-90,0	71,0	4,81-5,70	5,28	4,70-5,65	5,30	4,90-7,10	5,88	1,61-4,05	2,84	0,50-2,10	1,35	0,50-1,10	0,82
FOREST SOILS			23,0-40,0	31,5	45,4-51,3	48,3	66,0-73,8	69,9	5,00	5,00	5,00-5,61	5,30	5,57-5,61	5,59	3,70-9,61	6,66	1,82-4,20	3,01	0,61-2,31	1,46
c. TRANSILVANIA																				
<20	<30	FOREST	—	12,3	—	19,0	—	71,0	—	4,81	—	5,02	—	5,81	—	2,41	—	1,12	—	0,40
	>55	AGRIC.	55,0-70,9	62,9	60,0-80,0	70,0	79,0-81,0	80,0	5,20-6,31	5,76	5,30-6,90	6,10	6,00-6,21	6,10	1,51-2,59	2,05	0,80-0,98	0,89	0,40-0,60	0,50
		FOREST	57,0-60,1	58,5	33,0-53,0	47,0	64,0-87,0	73,0	5,00-5,40	5,30	4,81-5,22	5,00	5,20-6,20	5,70	4,51-13,2	7,57	1,30-4,10	2,77	0,50-0,70	0,60
>20	30-55	AGRIC.	32,3-51,5	45,7	46,2-59,1	52,3	65,8-75,0	70,0	4,70-5,50	5,13	5,00-5,54	5,24	5,12-6,72	5,55	1,40-4,50	2,67	0,60-2,10	1,36	0,40-1,52	0,98
		FOREST	35,3-51,7	42,0	27,0-47,1	39,1	54,1-81,0	67,2	4,80-5,64	5,10	4,80-5,42	5,14	5,11-6,30	5,55	4,90-10,7	6,65	1,30-2,81	2,65	0,60-1,81	0,96
	>55	AGRIC.	57,2-85,3	73,0	67,2-84,1	76,8	75,0-86,0	81,0	5,70-6,99	6,05	5,51-6,90	6,24	5,51-6,92	6,33	2,21-4,94	3,19	0,58-2,83	1,70	0,36-2,22	1,21
		FOREST	61,9-66,2	63,3	37,2-69,0	53,6	54,1-72,1	64,4	5,50-5,65	5,57	4,80-5,50	5,20	5,12-5,50	5,38	3,21-7,00	5,11	1,80-2,92	2,32	0,30-2,22	1,22
AGRICULTURAL SOILS			32,3-85,3	59,8	46,2-84,1	65,4	65,8-86,0	76,1	4,70-6,99	5,55	5,00-6,90	6,10	5,12-6,92	5,98	1,40-3,19	2,83	0,58-2,83	2,36	0,36-2,22	1,03
FOREST SOILS			12,3-66,2	47,1	19,0-69,0	41,5	54,1-87,0	68,1	4,80-5,65	5,19	4,80-5,50	5,12	5,11-6,30	5,56	2,41-13,2	6,15	1,12-4,10	2,50	0,30-2,22	0,94
d. MOLDAVIA																				
>20	>55	FOREST	—	59,8	—	54,8	—	71,1	—	5,48	—	5,08	—	5,55	—	4,16	—	1,59	—	0,93

A2 horizons, as compared to soils with similar texture but occurring under native vegetation.

In view of the high amounts of exchangeable aluminium, especially in Bt horizons (19), liming appear to be an efficient measure for improving the planosol's. Dystric planosols, such as they have been defined in FAO List of Soils, have not been identified in Romania. In regions with precipitations < 650 mm, mean annual temperature $\geq 10\,^{\circ}C$ and with draught periods during the summer, as it occurs in South Romania, planosols are submitted to a longer dry period, while in more humid and colder regions water excess periods are long or very long.

Usually, the removal of excessive water from cultivated planosols is assured by land shaping in strips. One of the best prospective measure appear to be the deep loosening of the soil that can transform spring excessive moisture into a potential reserve for crops during the summer dry season. Experimental results obtained on some planosols located in the Getic Piedmont emphasized the importance of the deep loosening without inverting the soil; otherwise, by mixing the soil horizons, the clay increased in the surface layer. By this, the water storing capacity increased in the very surface soil and waterlogging developed, whereas the air porosity is lowered below the limit necessary for a normal growth of crops. On some planosols situated under more humid climatic conditions, and especially on those affected by peat formation artifical drainage would be necessary.

References

1. *Asvadurov, H.:* St. tehn. şi econ. Seria C, nr. 17 Pedologie, 269–331. Bucureşti (1970).
2. *Asvadurov, H., Opriş, M., Neacşu Marcela:* St. tehn. şi econ. Seria C, nr. 17 Pedologie, 189–267. Bucureşti (1970).
3. *Baldwin, M.:* Proc. and Papers 1st. Inst. Congr. Soil. Sci 4, 276–282 (1938).
4. *Bălăceanu, V.:* St. tehn. şi econ. Seria C, nr. 17 Pedologie, 135–187. Bucureşti (1970).
5. *Butnaru, N., Pleşa, D.:* Stiinţa solului 2/1964, 17–30. Bucureşti (1970).
6. *Canarche, A., Boeriu, I., Iancu, C.:* (in press). Dieser Band S. 631.
7. *Cernescu, N.:* Bul. Fac. de Agronomie din Bucureşti, nr. 3, p. 1–14. Bucureşti (1945).
8. *Conea, Ana, Popovăţ, Angela, Rapaport, Camelia:* VIIIe Congrès Int. Sci. Sol, Bucarest, V, 263–274 (1964).
9. *Cucută, Al.:* St. tehn. şi econ. Seria C, nr. 14, Pedologie, 87–130. Bucureşti (1964).
10. *Dudal, R.:* Definitions of soil units for the soil map of the world. World Soil Resources Reports, nr. 33 FAO, Rome (1968) (and Supplements nr. 37, 38 / 1969).
11. *Dudal, R.:* St. tehn. şi econ. Seria C, nr. 18, Pedologie, 573–593. Bucureşti (1970).
12. *Iakob, S.:* Stiinţa solului nr. 3/2, 168–180. Bucureşti (1965).
13. *Koinov, V.:* Smolniţî Bălgarii i ih osobenosti. Pocivî Iugovostocinoi Evropî. Materiali mejdunarodnodo simpoziuma po pocivovedenie, iuni 1963, Sofia, Balgaria, Izd. Balgarskoi Ak. Nauk (1964).
14. *Munteanu, I.:* Stiinţa solului nr. 4/1969, 12–14. Bucuresti (1969).
15. *Mückenhausen, E.:* St. tehn. şi econ. Seria C, nr. 18, Pedologie, 77–92. Bucureşti (1970).
16. *Nicolae, C.:* Lucrările ameliorative ale solului acid argilos de la Albota-Argeş. In simpozionul Internaţional – Lucrările de bază ale solului, Bucureşti 22–30 VI 1970, 187–198 (1970).

17. *Păunescu, C., Chiriţă, C.*: St. tehn. şi econ. Seria C, nr. 18, Pedologie, 344–355. Bucureşti (1970).

18. *Rapaport, Camelia, Popovăţ, Angela*: Stiinţa Solului, nr. 2/1964. Bucureşti (1964).

19. *Vintilă, Irina*: St. tehn. şi econ., Seria C, nr. 18, Pedologie, 401–413. Bucureşti (1970).

20. Third Soil Correlation Seminar for Europe: Bulgaria, Greece, Romania, Turkey, Jugoslavia, World Soil Resources Reports, 19; FAO of the United Nations, United Nations, Educational Scientific and cultural Organization, 1965. Rome.

21. Stiinţa Solului, nr. 3/1969, 89–94. Bucureşti (1969).

22. Soil Taxonomy of the National Cooperative Soil Survey, Soil Survey, Soil Conservation Service U. S. Dep. of Agric. (1970).

Summary

In Romania, planosols are of different origin. Some have impermeable horizons developed by clay migration (those formed on loess and loesslike deposits); others have a small amount of migrated clay which accumulates in upper part of horizons developed from a clayey parent material, sometimes swelling clays. For planosols developed from pyroclastics, fragipan constitutes the impermeable horizon. There are planosols developed on uniform parent material (of the same origin and with the same texture), as well as on bi- or multistratified ones.

Some of the planosols are young, of Holocene age, as those developed on the lower terraces and even on alluvial terraces; others are more ancient, with Bt horizon older than Late Pleistocene. Most of the planosols from Getic Piedmont and the Lower Danube Plain belong to the latter category, the relief on which they occur being of Lower Pleistocene age. These planosols are similar to those of north Bulgaria as far as the physico-chemical features, water regime and age is concerned (13, 20). Those occurring in Moldavia are younger and, if they are developed on loess, they have not a very clayey Bt horizon. The Transsilvanian planosols are more varied as regards age and parent material. Most of them, as those formed on river terraces in the Subcarpathian region, south and east of the Carpathian Mountains, are characterized by long periods in which the soils are saturated in water. From this point of view they can be compared with those of Central Europe.

Résumé

Les planosols ont été classés en Roumanie comme des sols bruns lessivés, des sols lessivés ou des pseudogleys. Ils sont caractérisés par:

1. Un minimum de 45 % d'argile, nécessaire à la formation d'un clay-pan suffisamment imperméable; mais la plupart accusent 50–60 % d'argile. Au Sud du pays, cet horizon présente des caractères vertiques.

2. Le clay-pan se trouve rarement à plus que 40 cm de profondeur. Les horizons éluviaux sont faiblement jusqu'à fortement désaturés, tandis que dans l'horizon Bt le degré de saturation en bases augmente jusqu'à 50 %, fréquemment 65 %. On n'a pas identifié des planosols dystriques.

3. La désaturation superficielle explique les valeurs élevées du degré de saturation en bases acquises par les horizons éluviaux chez les planosols mis en culture. Les amendements calcaires sont nécessaires dans le cas des planosols à horizons éluviaux fortement désaturés. Ceux-ci ont des quantités appréciables d'aluminium échangeable dans leurs horizons Bt.

4. On distingue, dans la partie sud du pays, des planosols à périodes sèches assez longues (ils sont approximativement semblables à ceux du nord de la Bulgarie); les planosols de Transsylvanie et de régions de collines sont caractérisés par de longues, voire même très longues périodes à humidité excessive, de même que ceux des pays à climat plus humide et plus froid.

L'élimination de l'eau stagnante s'obtient par le labour en billons. Parmi les méthodes d'amélioration envisagées, le défoncement profond du sol est une des plus efficaces.

5. Les planosols de Roumanie sont d'origine et d'âge différents. Ceux développés sur lœss ou matériaux lœssiques ont des clay-pans formés par migration d'argile; d'autres ont des horizons Bt développés dans des matériaux originels argileux et d'autres ont des fragipans imperméables (surtout ceux formés sur des pyroclastites).

Zusammenfassung

Die verdichteten staunassen Böden (Planosole) wurden in Rumänien als pseudovergleyte Parabraunerden oder als Pseudogleye klassifiziert. Sie sind gekennzeichnet durch:

1. Ein Minimum von 45 % Ton ist für die Bildung eines dichten undurchlässigen Bt-Horizonts erforderlich; der größte Teil enthält 50–60 % Ton. Im Süden des Landes entwickelten sich diese Horizonte aus aufgeweichtem tonigen Ausgangsmaterial.

2. Dieser verdichtete Horizont befindet sich selten tiefer als 40 cm. Die Eluvationshorizonte sind schwach bis stark entbast, während die Basensättigung im Bt-Horizont bis 50 %, oft mehr als 65 % ansteigt. Planosole mit entbasten Bt-Horizonten wurden nicht gefunden.

3. Die nur flachgründige Entbasung erklärt die hohe Basensättigung der Eluvationshorizonte der kultivierten Planosole. Die Planosols mit stark entbasten Eluvationshorizonte müssen gekalkt werden, da in deren Bt-Horizonten erhebliche Mengen von Al auftreten.

4. Im Süden des Landes befinden sich Planosole mit ziemlich langen Trockenphasen ähnlich denen Nord-Bulgariens; diejenigen Siebenbürgens und der Hügelgebiete sind gekennzeichnet durch lange oder sehr lange Feuchtphasen und ähneln daher denjenigen der Länder mit einem feuchterem und kühlerem Klima. Die Beseitigung des Stauwassers wird durch Dammkultur gesichert. Ein der wirksamsten Verbesserungsmethoden ist diejenige der Tieflockerung.

5. Die Planosols Rumäniens sind verschiedenen Ursprungs und Alters. Bei denen aus Löss oder lössähnlichem Material entstand der verdichtete Horizont durch die Tonverlagerung; bei anderen entwickelten sich die Bt-Horizonte auf tonhaltigem Ausgangsmaterial, während wieder andere, insbesondere die aus Pyroklastika, einen undurchlässigen Fragipan besitzen.

Report on Topic 2.3: Hydromorphic Soils of Temperate-Mediterranean Regions[1])

By *Fiorenzo Mancini* *)

In his review on Planosols (an early definition is given 1938 in "Soils and Men" p. 1174 and 991) *R. Dudal* stressed that argilluviation, frequent in many Planosols, does not seem sufficient to explain the abrupt change in texture between $A_1 + A_2$ and B, the strong diminution of the base exchange capacity and the increase in aluminium. He pointed out that the hypothesis of *Brinkman* (1970) called "ferrolysis" appears to be the best for explaining in the alternative of wetness and drying the reduction of iron, the destruction of clay and at the end of the cycle again the oxidation phenomena. Typical of the transitional areas from forest steppe to forest these soils have been described also in mediterranean and tropical countries, Australia included. The A_2 is improving in thickness with time and reaches in the tropics 1 or 2 m.

Concerning the soils management the author mentioned that many planosols have been degraded with wrong irrigation practices, as Szabolcs has shown for Hungary.

The author explains why in the FAO classification the Planosols are separated at high level of classification. The actual definition:

"Soils having an albic E horizon overlying a slowly permeable horizon (e. g. a heavy argillic B horizon, a heavy clay, a fragipan); showing features associated with wetness at least in a part of the E horizon."

A complete and exhaustive definition is needed, as *B. W. Avery* pointed out; and I believe that we have to give clear boundaries between Planosols and Pseudogleys.

In the paper of *Ph. Duchaufour* and collaborators on the pedogenesis of the "limons anciens" the distinction between "pseudogleys fonctionnels" and "non fonctionnels" is of a considerable interest. The latter show relict characters (a layer more or less strongly reworked by cryoturbation during the last glaciation, followed by an old glossic Bg horizon), depending on several factors. The "pseudogleys fonctionnels" have mull humus, a slight brunification and a non hydrophilous vegetation. Concerning the classification the old soil has to be mentioned ("sol brun acide sur paléosol glossique"). The old definition "sol lessivé à pseudogley" has to be abandoned because leaching is not actual.

N. Fedoroff showed in a study of the interaction between hydromorphism and leaching that

the history of the pedogenesis and in this case of the deposition during the Pleistocene of beds of "Limons" is essential, hydromorphism has direct and indirect influence on leaching, thickness of the A_2 is related with the water table fluctuations, morphology

*) Department of Applied Geology, University of Florence, Firenze, Italy.

[1]) The paper of *C. Orleanu* et al. was not read.

of the transition horizon AB is influenced by the length of the saturation with reduction environment, clay deposits assume hydromorphic features in the $B2_{tg}$ only in the more saturated soils whereas in the other cases the phenomenon starts in the $B3_{tg}$ and that hydromorphism increases clay dispersion with deferrification and saturation with magnesium and even sodium.

J. C. Begon and *M. Jamagne* concluded from a comparison of the soils derived from pleistocene "limons" in the basin of Paris and that of Acquitaine (especially near to the Pyrenees) that

both climate and landscape are important for the development of an hydromorphic evolution in these silty materials; time is the predominant factor where in the plateaus the thickness of the limons is notable, there hydromorphism is secondary, consequence of illuviation process; hydromorphism can play an important role when landscape and parent material are favourable and that hydromorphism always has the effect of accelerating the pedogenetic evolution.

The paper by *A. Conea* et al. is a clear review of the planosols in Romania. Planosols are widespread in the different regions of that country even, and this is not the case in other areas, on rather recent surfaces. For their formation a minimum of 45 % of clay is needed. The clay pan is always at shallow depth (40 cm). Many of the subtypes foreseen in the FAO scheme are present except of course the Gelic.

The conclusions that can be drawn by all those papers and the discussion that they arose are:

1) — With the advancement of mapping hydromorphic soils were found very frequently also in mediterranean and submediterranean areas. Many of these soils are present in plateaus, terraces etc. that is in non recent surfaces.

2) — Exact history of the landscape evolution and of the soil genesis are needed.

3) — Accurate absolute chronology of the different variations in climate of the past seems every day more necessary.

4) — Quantitative classification with clear boundaries among these soils will be an invaluable tool both for practical and theoretical purposes.

Planosols of Portugal

By *J. Carvalho Cardoso* and *M. Teixeira Bessa**)

Planosols of Portugal

The Order of Hydromorphic Soils includes in Portugal those mineral soils characterized by an excess of water all or part of the time, which causes intense reduction in all or part of the profile. They may have or not eluvial horizons (A_2). Those without A_2 are usually Gley Soils and may occur on several igneous or metamorphic rocks, sandstones, conglomerates, shales, marls, limestones and alluvium or colluvium. According to their secondary soil-forming processes they are considered intergrades to other Orders, which is indicated at the Subgroup level. Those with A_2 horizon are, in general, Planosols, i.e., soils with a bleached A_2 horizon overlying a heavy argillic B horizon, showing features associated with wetness; the transition between these two horizons is abrupt; in the A_2, at least in its lower part, there is an accumulation of free iron, frequently in form of concretions.

The detailed soil survey of the country, made at the scale of 1 : 25,000, which covers already more than 4,000,000 hectares, has shown that Planosols occur in comparatively small areas of flat or slightly concave topography in the plains of the Pliocene or early Pleistocene deposits of Southern Portugal. They are usually developed on clayey sandstones or conglomerates or claystones.

Due to the poor internal and external drainage and the presence of a perched water table during the wet season, natural vegetation is limited to herbaceous plants, mostly gramineous. In contrast to adjacent areas, where green-oaks, cork-oaks, olive-trees, umbrella-pines and others grow very well, trees are not found on these soils. The treeless areas of Planosols are therefore very well detected in aerial photographs.

Most of the Planosols of Portugal occur in the transition between the Iberomediterranean and the Submediterranean ecological zones, characterized by an Emberger's pluviothermal coefficient varying from 50 to 75, a Giacobbe's summer coefficient equal or above 0.5 and an annual thermal range equal or above 26 °C.

The commonest type of climate under which these soils are formed is $C_1 B'_2 s_2 a'$, which means that it is dry sub-humid (Ih = −10.6), second mesothermic (Ep = 807 mm), has a large excess of water in winter (Iu = 26.5) and a thermal efficiency in summer lower than 48 % (C = 45.9 %).

A few climatic data for the area of the Roxo Valley (latitude 38° N, altitude above sea level 100 m), where Planosols are quite frequent, follows:

*) Estação Agronómica Nacional and Serviço de Reconhecimento e de Ordenamento Agrário. Lisboa, Portugal

Annual rainfall = 650 mm
Summer rainfall (June-July-August) = 22 mm
Annual mean temperature = 16.5 °C
Mean temperature of the coldest month (January) = 9.6 °C
Mean temperature of the hottest month (July or August) = 23.4 °C
Mean of the highest daily temperatures = 31.7 °C
Mean of the lowest daily temperatures = 5.0 °C
Emberger's pluviothermal coefficient = 67
Giacobbe's summer coefficient = 0.69
Annual potential evapotranspiration = 807 mm

The hydric balance shows that the rainfall exceeds the needs of water from November through March (hydric superavit = 214 mm); from April through June vegetation consumes all the water stored in the soils, the symptoms of shortage of moisture being evident already in June; frome July through October aridity conditions prevail (hydric deficit = 371 mm).

The general morphological description of the Planosols of Portugal is the following:
A 1: 20 to 35 cm thick; brown or dark brown; sandy loam or loamy sand; with some coarse fragments of quartz or quartzites and sometimes a few iron-concretions; weak fine granular structure; very friable or friable; pH 5.0 to 6.5. Gradual or clear transition to:

A 2: 10 to 20 cm thick; whitish brown or light yellowish brown; sandy loam or loamy sand; with some coarse fragments of quartz or quartzites and some iron-concretions, the size and number of which increase with depth; structureless or weak fine granular structure; very friable or loose; pH 5.0 to 6.5. Abrupt transition to

B 2, B 2g: 20 to 60 cm thick; yellowish-brown mottled with gray, blue and yellow; sandy clay loam to clay with some coarse fragments of quartz or quartzites; weak coarse prismatic or massive structure; very firm and very or extrememely hard; pH 5.0 to 6.5.

C, Cg: Parent material from the weathering of sandstones or conglomerates cemented by clay material, usually with yellow, gray and blue mottles.
Physical and chemical data of a selected profile (P.292-Aljustrel) are presented in Table 1.

From these data and from the study of many other profiles it has been concluded that organic matter of the Al is, in general, about 1 %, decreasing rapidly with depth; exchange capacity reaches the highest value in the B_2 horizon and the lowest in the A_2; Ca is the dominant cation, but Mg follows it rather closely, particularly in the B horizon, where it may represent about 40 % of the CEC; Na increases slightly with depth, degree of base saturation is rather high, above 75 %, and increases with depth, being the pH around 6.0; bulk weight is higher in the A_2; permeability is very low or zero in the B_2; stability of microstructure is high; field capacity is medium to high.

A mineralogical study of the sand fraction of the same selected profile (P. 292) is shown in Table 2.

The light fraction is mostly made up of quartz and the heavy fraction, which amounts to 5—7 % of the total, has opaque minerals and also tourmaline, zircon, sphene, and staurolite; and it is clear there is no any lithological discontinuity along the profile till the C_2 horizon.

Table 1
Physical and chemical analysis of a Planosol

Horizon	A 1	A 2	B 21 g	B 22 g	C 1 g	IIC 2 g
Depth (cm)	0—10	10—25	25—45	50—80	80—95	95—120
Coarse sand (%)	41.0	39.4	38.3	29.6	49.3	30.7
Fine sand (%)	31.5	26.6	19.7	26.3	11.0	20.2
Silt (%)	15.8	17.0	15.2	13.0	8.5	11.9
Clay (%)	11.7	17.0	26.8	31.1	31.2	37.2
Organic C (%)	0.5	0.27	0.2	0.07		
Total N (%)	0.039	0.037	0.025	0.017		
C/N	12.8	7.3	8.0	4.1		
Free iron (%)	0.48	0.57	0.69	0.68	0.77	0.45
Carbonates (%)	0.0	0.0	0.0	0.0	0.0	5.5
pH	6.0	6.0	5.9	6.0	6.6	8.2
Exchangeable cations (me/100 g):						
Ca	3.6	4.15	7.1	9.5		
Mg	1.68	3.1	4.35	6.2		
K	0.09	0.1	0.06	0.06		
Na	0.24	0.2	0.19	0.3		
H	1.5	2.5	1.7	1.6		0.5
Sum of bases	5.31	7.39	11.7	16.06		33.0
CEC	7.11	10.09	13.4	17.66		33.5
Base saturation (%)	79	75	87	91		99
Bulk weight (g/cm³):						
air dry	1.54	1.37	1.19	1.22	1.19	1.06
Max cap.	1.54	1.37	1.16	1.15	1.09	0.99
Porosity (%)	36.99	36.5	41.3	42.3	39.7	51.6
Expansib. (%)	0.0	0.0	3.27	6.9	9.27	7.87
Stability of microstructure:						
Middl.	3.45	23.3	7.73	7.69	6.04	4.02
Alten	95.8	96.3	98.0	97.8	97.5	98.8
Max. W. H. Cap. (%)	24.2	26.7	36.0	36.8	36.5	52.4
Water (%) at:						
pF 2.0	16.2	13.6	28.6	28.8	24.4	29.3
pF 2.7	11.8	12.8	14.8	18.4	22.3	22.1
pF 4.2	3.7	5.3	9.8	11.9	17.8	17.4
Avail. water	12.5	8.3	18.8	16.9	6.4	11.9
Permeability:						
Initial (cm/h)	2.07	3.8	9.8	3.44	8.98	18.9
Constant (cm/h)	2.36	3.0	5.97	2.56	5.78	10.25

Clay fraction studies made by chemical analysis, DTA and X rays have shown that Planosols contain mostly montmorillonoids, illite and kaolinite. Total chemical analysis of the clay fraction of the $B_{22}g$ horizon of the same profile revealed the following composition (%): Moisture 9.0, loss on ignition 10.8, SiO_2 52.6, R_2O_3 25.2 (Fe_2O_3 3.5,

Table 2

Mineralogical analysis of the sand fraction of a Planosol

Horizon Depth (cm)	A 1 0—10	A 2 10—25	B 21 g 25—45	B 22 g 50—80	IIC 2 g 95—120
Light fraction (%)	95.32	92.67	94.38	93.44	95.97
Quartz	97	95	95	100	95
Feldspat	3	5	5		5
Heavy fraction (%)	4.68	7.33	5.62	6.56	4.03
Tourmaline	Tr.	5	6	14	7
Zircon	—	8	6	6	5
Sphene	Tr.	2	3	4	4
Staurolite	—	2	1	1	2
Epidote	—	—	—	—	1
Opaque min.	Tr.	83	84	75	81

Al_2O_3 21.4, TiO_2 0.3), leading to the following molecular ratios: $SiO_2/R_2O_3 = 3.8$, $SiO_2/Al_2O_3 = 4.2$, $SiO_2/Fe_2O_3 = 40.1$ and $Fe_2O_3:Al_2O_3 = 0.1$.

The micromorphological study of a selected profile has shown some interesting features. The A_2 horizon has a plectoamictic fabric grading to porphyropeptic in some spots. Mineral grains, mainly of quartz and of the coarse and fine sand sizes, are imbedded in a peptized plasma which forms not only coatings but also intergranular braces; this plasma has many-shaped cavities, mostly macropores, the diameter of which goes up to 3 mm; but in a few areas porosity is almost nil. Plasma is made up of abundant silt particles imbedded in an isotropic ground mass of iron oxides and some silicate clay; it is brown in reflected light.

Around the larger cavities or macrovoids there are comparatively wide concentric rings or halos of yellowish plasma, which is dark yellow or orange-coloured in reflected light. These halos are probably concentrations of iron brought upwards in waters ascending the capillary tubes, which has been diffused across the walls of the voids.

There are some black sesquioxidic concretions (red in reflected light) with some quartz particles in its interior; they seem to correspond to ancient voids which have been filled up gradually. It is possible that the halos described above are the preliminary phase of the formation of concretions.

The presence of some narrow subparallel horizontal cracks separating bands of identical fabric indicates that the horizon has a weak platy structure and an isobanded type of fabric.

The $B_{22}g$ horizon shows a much smaller quantity of voids than the A_2 horizon, the fabric being much closer to the porphyropeptic than to the plectoamictic. But a few macrovoids are still evident with the same type of halos found in the A_2. The plasma is somewhat similar to that of the A_2 horizon but the quantity of birefringent clay minerals is much higher. There are some ferri-argillans mostly around the mineral grains and the walls of channels; very few are found on the surfaces of peds. The skeleton of the fabric is mainly made up of quartz particles of coarse and fine sand sizes; many silt particles are imbedded in the plasma, as in the A_2 horizon. There are some sesquioxidic concretions, with mineral grains included in them, which are round-shaped and up to 1—2 mm in diameter. The pattern of the cracks indicates that the horizon has a pedality of the angular blocky or prismatic types.

There are many indications that the clayey B_2 horizon was formed mostly by formation of colloidal material "in situ", but accumulation of clay by argilluviation has also contributed to it.

During the wet season the upper layers of the soil are saturated with water and a perched water table is formed over the B_2 horizon, inducing reduction and solubilization of iron. During the dry season water evaporates or drains along preferential drainage ways. Ferrous iron concentrates then, mostly around small roots and precipitates as ferric iron, forming ferruginous mottles and concretions, mainly in the lower part of the A_2 horizon.

In a few cases, solodization-like processes seem to contribute to the formation of Planosols in Southern Portugal, as it is suggested by the comparatively high content of exchangeable sodium in the soil.

This kind of pedogenesis, responsible for the formation of Planosols, is also evident in all argiluviated soils of Southern Portugal whenever drainage is imperfect. As a matter of fact, A_2 horizons are never found in well drained argiluviated soils, but immediately develops when drainage conditions turn poorer showing that another soil forming process is also taking place. Thus, the presence of an A_2 horizon is a typical characteristic of all intergrades Argiluviated soils – Planosols in Southern Portugal.

Most of the Planosols of Portugal may be included in the Typic or Aeric Albaqualfs of the American classification and belong to the Eutric Planosols of the FAO-UNESCO legend for the Soils Map of the World.

Due to the very slow permeability of the B horizon they are very wet during the rainy season; in the summer they are usually very hard. As artificial drainage is very difficult to establish, they are only suitable for pasture under dry-farming; under irrigation they are mainly suitable for paddy rice.

Summary

Planosols of Portugal are characterized and their macro- and micromorphological, physical, chemical and mineralogical properties are described. Information is given about the prevailing soilforming factors, namely climate, vegetation, parent material and topography. The respective pedogenesis, systematics and suitability under dryfarming and irrigation are considered.

Résumé

Les planosols du Portugal sont caractérisés, et les qualités macro- et micromorphologiques, physiques, chimiques et minéralogiques sont décrites. Des indications sont données sur les facteurs prédominants et formateurs du sol, avant tout le climat, la végétation, la roche mère et la topographie. Quelques réflexions sont faites sur la pedogenèse actuelle, la systématique et la qualification pour l'agriculture avec ou sans irrigation.

Zusammenfassung

Planosole Portugals werden charakterisiert und makro- und mikromorphologische, physikalische, chemische und mineralogische Eigenschaften werden beschrieben. Über die vorherrschenden bodenbildenden Faktoren, vor allem Klima, Vegetation, Ausgangsgestein und Topographie wird berichtet. Einige Überlegungen zur jeweiligen Pedogenese, Systematik und Eignung mit und ohne Bewässerung werden angestellt.

Pseudogleye in Waldgebieten Ostthraziens (Türkei)

Von *A. Irmak* und *D. Kantarci**)

Beschreibung des Gebietes

Das Istranca-Massiv bildet die Wasserscheide zwischen dem Ergene-Becken, dem Schwarzen Meer und dem Marmara-Meer. Es fällt von 1031 m im N zum Bosporus ab und wird um Instanbul zu einer wenig zertalten, schwachwelligen Fastebene. Auf dieser liegt das Untersuchungsgebiet, der Belgrader Wald. Die östlichen und nordöstlichen Teile Thraziens sind meist mit neogenen carbonatfreien, kiesig-sandig-lehmigen Ablagerungen bedeckt. Außerdem treten paläozoische schiefrige Schluffsandsteine, Grauwacken und eozäne Kalke sowie an manchen Stellen Gneise, kristalline Schiefer und Quarzite auf.

Das Klima ist (Tabelle 1, 21jähriges Mittel) feucht, mesothermal, maritim getönt und weist ein mäßiges Wasserdefizit im Sommer auf (Symbol nach *C. W. Thornthwaite* B_3, B'_2, 5, b'_4).

Verbreitung und Eigenschaften der Pseudogleye

Verbreitung in Abhängigkeit von Relief und Gestein

In Ostthrazien sind Pseudogleye im Gebiet des Belgrader Waldes weit verbreitet (kommen auch in den niedrigen Lagen der NW-Abdachung des Istranca-Gebirges zum Schwarzen Meer vor, aber — nach bisherigen Kenntnissen — nicht im Ergene-Becken). Sie sind — wie Tabelle 2 zeigt — besonders an Ebenheiten bzw. bei stärker hängigem Relief an Oberhänge gebunden.

Bevorzugte Ausgangsgesteine sind die lehmig-tonigen bzw. tonunterlagerten neogenen Sedimente sowie tiefgründig und skelettarm verwitterte paläozoische Sedimente und kristalline Schiefer mit mächtigen, wasserstauenden Zersatzzonen. Aus Tabelle 2 geht eine enge Beziehung zwischen Pseudovergleyung und Tongehalt des Solums bzw. des Untergrundes hervor.

Die tonigen Unterbodenhorizonte (B_t) oder -schichten sind kohärent im feuchten, grobprismatisch oder grobblockig im trockenen Zustand.

Wasserhaushalt von Pseudogleyen

Pseudogleye sind stets tiefgründig. Um ihren Wasserhaushalt zu kennzeichnen, wurden in typischen Profilen Feldkapazität (FK) und Totwasser (PWP) bestimmt (Tab. 3).
Die kapillare Wasserkapazität hängt von der Textur ab. Nach Erreichen der kapillaren Wasserkapazität haben die angeführten Böden einen Wasserüberschuß von 344 bis

---

*) Istanbul Üniversitesi Orman Fakültesi, Toprak Ilmi ve Ekoloji Kürsüsü, Büyükdere – Istanbul, Türkei.

Profilmorphologie von Pseudogleyen

Im folgenden seien einige typische Profile nach Farbe (Munsell), Gefüge, Durchwurzelung, Durchlässigkeit, Körnung und Besonderheiten kurz beschrieben (Abkürzungen s. Fußnote)*):

Nr. 25 Fahlerde-Pseudogley aus neog. Lehm unter Quercus dschohorensis + Castanea sativa u. Carpinus betulus + Arbutus unedo (4) Mespilus germanica (2), Erica arborea (2) u. Crataegus monogyna (2) in 110 m-Plateau mit 5 % E:

O	2 — 0 cm:	zersetzte Laubschicht, Mull				
A_h	0 — 4 cm:	7,5 YR 3	krümelig	st. durchwurzelt	permeabel	sL
A_{el}	4 — 19 cm:	10 YR 7/3	f subang. granular	st. durchwurzelt	permeabel	stL (braune Ko)
AB	19 — 35 cm:	10 YR 6/4 (fleckig)	f subang. granular	st. durchwurzelt	permeabel	stL (braune Ko)
BA	35 — 55 cm:	7,5 YR 6/4 (fleckig)	subang. granular	st. durchwurzelt	permeabel	stL (braune Ko)
Bst	55 — 84 cm:	5 YR 4/4 — 2,5 YR 4/8	subang. blockig (mprism)	st. durchwurzelt	schw. permeabel	lT braune Ko
BCgr	84 — 104 cm:	5 YR 6/2 /2,5 YR 4/8	subang. blockig (mprism)	m durchwurzelt	schw. permeabel	lT (fleckig)
Cgr	>104 cm:	5 YR 7/1 — 2,5 YR 4/8	subang. blockig (mprism)	kaum durchwurzelt		lT fleckig

Nr. 4 Pseudovergleyte Pelosol-Braunerde aus neog. tonigem Lehm unter Quercus dschohorensis + Carpinus betulus + Crataegus monogyna (2) u. Sorbus torminalis (1) in 140 m-Plateau mit 5 % Westneigung:

O	3 — 0 cm:	Laubschicht, 0,5 cm Mull				
A_h	0 — 4 cm:	7,5 YR 3	g krümelig	Wurzelfilz	permeabel	lT
B_v	4 — 40 cm:	7,5 YR 6/4	m-g blockig	st. durchwurzelt	permeabel	lT
B_t	40 — 64 cm:	7,5 YR 5/4	g blockig, massiv	m. durchwurzelt	impermeabel	T
Cgo	64 — 130 cm:	7,5 YR 5/4	g blockig, massiv	schw. durchwurzelt		lT braune Ko
Cgr	>130 cm:	5 YR 7/1				

Nr. **26** *Pseudogley-Parabraunerde* aus neog. Lehm über ton. Lehm unter Quercus pedunculiflora u. Carpinus betulus + Castanea sativa + Sorbus torminalis (+) in 90 m. Hangfuß mit 5 % Südneigung:

O	2 — 0 cm:	Laubschicht, Mull				
A_h	0 — 3 cm:	7,5 YR 3	krümelig	s. st. durchwurzelt	permeabel	stL
A_{el}	3 — 14 cm:	10 YR 7/3	m subang. granular	s. st. durchwurzelt	permeabel	tL
AB	14 — 20 cm:	10 YR 5/3	(subang.) blockig	s. st. durchwurzelt	permeabel	lT
B_{ts}	20 — 47 cm:	5 YR 5/4	(subang.) prism.	s. st. durchwurzelt	schw. permeabel	lT Häu.
BCgo-gr	47 — 80 cm:	5 YR 7/6				
		/2,5 YR 4/6	(subang.) prism.	m. durchwurzelt	permeabel	Häu. braune Ko
IIgo-gr	>80 cm:	5 YR 7/6				
		YR 4/6	g (subang.) blockig	kaum durchwurzelt	schw. permeabel	lT fleckig (braune Ko)

Nr. 22 *Pseudovergleyte Parabraunerde-Braunerde* aus paläoz. Grauwacke unter Quercus pedunculiflora + Carpinus betulus u. Fagus orientalis + Erica arborea (r) in 100 m. Hang mit 16 % Südneigung:

O	3 — 0 cm:	Laubschicht, Mull				
A_h	0 — 4 cm:	7,5 YR 3	krümelig	s. st. durchwurzelt	permeabel	lT
A_l	4 — 16 cm:	7,5 YR 5/4	m. blockig	s. st. durchwurzelt	permeabel	lT
B_t	16 — 34 cm:	7,5 YR 5/4	ang.-blockig (prism.)	s. st. durchwurzelt	permeabel	T
B/C	34 — 54 cm:	10 YR 5/6	ang.-blockig (prism.)	s. st. durchwurzelt	schw. permeabel	T + 5 % Grus, Ko.
C_v	>54 cm:	10 YR 8/6				
		/2,5 YR 4/8	g blockig, massiv	kaum durchwurzelt	schw. permeabel	T + 15 % Grus

*) f, m, g = fein, mittel, grob; ang. = angulär; prism. = prismatisch
s. st., st., m., schw. = sehr stark, stark, mäßig, schwach
Ko. = Konkretionen; Häu. = Tonhäute

Tabelle 1

Klimatische Wasserbilanz (n. *Thornthwaite*) im Belgrader Wald

		J	F	M	A	M	J	J	A	S	O	N	D	Jahr
T^{+} °C		4,7	4,9	5,8	12,1	14,8	19,1	21,6	21,8	18,4	14,5	10,9	7,2	
PET	mm	11	12	18	42	79	110	132	125	87	59	34	19	728
N	mm	160	112	118	52	36	39	30	36	79	97	131	177	1067
△WG	mm	—	—	—	—	−43	−57	—	—	—	+38	+62	—	100
WV	mm	100	100	100	100	57	—	—	—	—	38	100	100	100
ET	mm	11	12	18	42	79	96	30	36	79	59	34	19	515
WD	mm	—	—	—	—	—	14	102	89	8	—	—	—	213
WÜ	mm	149	100	100	10	—	—	—	—	—	—	35	158	552
LF %		85	83	83,5	81	83	81	80	79	81	84	86	85	

T = mittl. Temperatur, PET = potentielle und ET = wirkliche Evapotranspiration,
N = mittl. Niederschlag, △WG = Veränderung des Bodenwassers,
WV = Wasservorrat im Boden, WD = Wasserdefizit, WÜ = Wasserüberschuß,
LF = rel. Luftfeuchte

453 mm. Nach *Cepel* (1969) versickern sämtliche zur Bodenoberfläche gelangenden Niederschläge, da der Wald einen guten Schluß hat und der Oberboden porenreich ist (Humusform Mull).

In den Sommermonaten Juni bis September entsteht wegen geringer Niederschläge ein Wasserdefizit von 213 mm (s. Tab. 1). Das über schwer durchlässigen Horizonten oder Schichten gestaute Wasser wird dann für die Evapotranspiration verbraucht, so daß der Boden austrocknet. Diese ausgeprägte, klimabedingte Wechselfeuchte ist die Voraussetzung für die Bildung der Pseudogleye dieser Gebiete.

Tabelle 2

Flächenanteil (%) von Pseudogleyen in Abhängigkeit von Relief und Textur im Gebiet des Belgrader Waldes (1424 ha)

	Sediment-textur	Lehm sand. L	(L)	ton. L.	L über ton. L	ton. L über L	mehr-schichtig	alle			
Hangneigung %	Anteil %	10	28	28	31	1	2	100			
									O	M	U**)
Rücken 0—8	13	50	50	88	100	100	—	78			
Hang 9—16	36	40	58	89	100	—	100	82	86	76	81
Hang 17—32	28	18	29	81	100	100	100	42	35	45	41
Hang 33—48	13	17	17	—	87	—	100	26	67	21	11
Hang 49—70	3,5	—	—	100	100	—	—	17	50	14	0
Becken	1	—	—	100	100	—	—				
Talsohlen	5	33	100	100	100	—	—				
alle	100	s*) 14	17	17	8	—	—				
		st 11	23	68	90	100	100				

*) s, st = schwache, starke Pseudogleye

**) OMU = Ober-, Mittel-, Unterhang

Tabelle 3

Wasserkenndaten von Pseudogleyen

	Bodenarten (mm bis 1 m)				Profil Nr. (mm bis 1,5 m)			
	Sandiger Lehm	Lehm	Ton. Lehm	Ton	25	4	26	22*)
FK	250	354	435	535	526	653	587	519
PWP	117	145	269	397	216	404	304	318
nFK	133	209	166	138	310	249	283	201

*) bis 1,20 m

Tabelle 4

Relative Häufigkeit von Bäumen und Sträuchern in gut und schlecht gedränten Böden des Belgrader Waldes

	In reinen Beständen		In Mischbeständen	
	durchlässig	undurchlässig	durchlässig	undurchlässig
Quercus dschohorensis	25	75	44	66
Quercus frainetto und Quercus pedunculiflora	42	58	70	30
Quercus pedunculiflora	53	47	60	40
Fagus orientalis	81	19	39	61
Castanea sativa	54	46	36	64
Carpinus betulus	48	52	32	68
Sorbus torminalis	—	—	35	65
Acer campestre	—	—	55	45
Populus tremula	—	—	22	78
Erica arborea	40	60	38	62
Pirus piraster	—	—	8	92
Mespilus germanica	—	—	24	76
Phillyrea latifolius	—	—	43	57
Arbutus unedo	33	67	34	66
Crateagus monogyna	—	—	33	67
Rosa sp.	—	—	—	100
Asparagus acutifolius	—	—	45	55
Cistus salviafolius	20	80	47	53
Spartium junceum	—	—	100	—
Alnus glutinosa	100	—	80	20

Tabelle 5

Relative Häufigkeit (%) der Durchwurzelungstiefe von Bäumen und Sträuchern in Böden unterschiedlicher Dränung bei verschiedener Bodentextur

Durchwurzelungstiefe (cm)	Durchlässigkeit	Sandiger Lehm			Lehm			Toniger Lehm			Lehm üb. tonig. Lehm		
		+	±	—	+	±	—	+	±	—	+	±	—
> 120		10	—	—	6	7	5	—	—	—	—	—	—
60 — 120		90	—	33	76	43	16	62	43	28	100	14	26
30 — 60		—	100	67	18	50	74	38	29	47	—	86	64
15 — 30		—	—	—	—	—	5	—	21	18	—	—	10
0 — 15		—	—	—	—	—	—	—	7	7	—	—	—

Ökologische Folgerungen

Zwischen der natürlichen Dränung der Böden und der Häufigkeit der verschiedenen Baum- und Straucharten bestehen Zusammenhänge (s. Tab. 4). Manche Arten (Fagus orientalis, Spartium junceum, Alnus glutinosa) meiden die Staunässe ganz. Die Intensität der Bewurzelung der Bäume ist in den pseudovergleyten Horizonten schwächer (Tab. 5).

Zusammenfassung

Es wird über das Vorkommen von Pseudogleyen in Waldgebieten Ostthraziens in der Türkei berichtet. Geländeform, Ausgangsgestein und Klima sowie Bodenfeuchtigkeitsverhältnisse und Textur werden besprochen. Die Untersuchungen haben ergeben, daß Pseudogleye hauptsächlich im winterfeuchten Klima entstehen. Zudem sind die besondere topographische Lage, die lockere Deckschicht und deren Tiefgründigkeit sowie die mechanische Zusammensetzung unterliegender Schichten von Einfluß.

Summary

Pseudogleys under forest in East Thracia, Turkey, are described with regard to parent material (mostly neogenic loams and clays), climate (wet winter and dry summer) and topography. With regard to the latter the percentage distribution of pseudogleys in various topographic positions is shown. Data on the water regime of the soils and their texture are given.

Résumé

Ce rapport a trait aux pseudogleys des forêts de la Thrace orientale en Turquie. Le climat, la topographie et les roches-mères, ainsi que l'économie de l'eau du sol et la texture sont décrites. Les recherches ont montré, que des pseudogleys se produisent avant tout sous un climat d'hiver humide. En outre la situation topographique, la composition de la couche superficielle meuble, ainsi que la profondeur et la composition mécanique du sous-sol ont une influence.

L'Hydromorphie dans les Sols des Régions Tropicales à Climat Soudanien d'Afrique Occidentale

Par *B. Kaloga**)

Dix années de prospections pédologiques effectuées à diverses échelles (1/10 000ème à 1/500 000ème) au Mali (Haute-Vallée du Niger et études de détail diverses), au Sénégal (degré carré de Dalafi) et en Haute-Volta (bassins versants des Voltas Blanche et Rouge, et secteur Centre-Sud), ont permis d'analyser les différents types d'hydromorphie qui affectent fréquemment les sols des régions tropicales à climat soudanien.

Le Milieu

Les régions étudiées sont soumises au *climat* soudanien I des météorologues ou climat tropical pur des hydrologues (8) caractérisé par: une saison sèche bien marquée qui dure 5 à 6 mois, une saison des pluies unique pendant laquelle 70 à 75 % des précipitations tombe en trois mois et une température moyenne annuelle oscillant autour de 28 °.

Sur des *roches mères* variées (grès du continental terminal, grès siliceux primaires, et surtout formations birrimiennes: granites et migmatites, schistes et quartzites, roches basiques diverses), le modelé est en général celui de plaines, à pentes faibles à très faibles, dominées par des buttes cuirassées plus ou moins nombreuses, des inselbergs rocheux et éventuellement la »falaise« des grès primaires.

Les *reliefs* témoins appartiennent aux groupes de surfaces a) antéquaternaires et b) quaternaires.

L'essentiel de la plaine est entaillé dans les matériaux kaolinitiques hérités des surfaces anciennes. Lorsque l'entaille a atteint la roche peu altérée, il se développe une altération de type montmorillonitique: c'est le cas sur une partie appréciable du territoire de Haute-Volta.

Dresch (2) qualifie ainsi le réseau hydrographique de ces régions: »les rivières ne constituent pas l'axe d'un réseau hydrographique organisé, elles ne rassemblent pas les eaux de la plaine. Aussi le déficit d'écoulement est-il énorme. L'écoulement ne s'organise que par secteurs discontinus. Un bas-fond est souvent un niveau de base local«.

En conclusion, les caractéristiques climatiques, jointes aux caractéristiques géomorphologiques, sont très favorables au développement dans les sols des mécanismes et des caractères d'hydromorphie. – Au Mali, la nappe fluctue dans les sols inondés des zones basses et dans la plupart des sols exondés. – Dans le Centre-Sud de la Haute-Volta, et sur le degré carré de Dalafi, les nappes sont rares dans les sols exondés. L'hydromorphie dans ces sols est essentiellement due à un engorgement sans action de nappe. Ce phénomène est lié, en Haute-Volta, à un abaissement du niveau de base des rivières.

*) Centre ORSTOM de DAKAR (Sénégal)

L'hydromorphie dans les sols de régions soudaniennes du Mali

Nous étudierons deux toposéquences caractéristiques sur matériau kaolinitique qui ne sont en fait que les deux termes de la toposéquence théorique complète: une sur le glacis et une dans une plaine d'inondation.

a) Toposéquence sur le glacis:

La différenciation des sols de glacis est fonction entre autres facteurs des conditions de drainage:

1. bons drainages interne et externe: sol ferrugineux tropical de couleur rouge et à profil peu différencié.
2. drainage interne moyen, drainage externe bon: sol ferrugineux tropical à pseudogley de profondeur. Le profil ressemble au précédent dans sa partie supérieure. Il s'éclaircit progressivement en profondeur et comporte à la base un horizon ocre clair à plages blanchâtres, ou blanchâtre (si l'engorgement est très marqué), à nombreuses taches ou taches et concrétions rouille.
3. drainage interne et externe médiocres: sol ferrugineux tropical lessivé hydromorphe. L'ensemble du profil s'éclaircit et les horizons de pseudogley remontent:

en surface: gris clair (gris bleuté à taches et canalicules rouille dès que le drainage externe est mauvais), sableux, structure typiquement massive;

vers 15 à 20 cm: beige ocre, sableux à sablo-argileux, souvent à quelques taches et concrétions rouille;

vers 50 à 60 cm: beige clair, puis blanchâtre à nombreuses taches et concrétions rouille, avec souvent un intense concrétionnement à niveau supérieur bien tranché (niveau d'engorgement temporaire intense), structure polyédrique mal développée en profondeur, avec une cohésion d'ensemble forte.

Vers 1,60 m à 2 m cuirasse de nappe.

b) Toposéquence dans les plaines d'inondation

Une des toposéquences les plus caractéristiques est celle que nous avons observée dans la plaine d'inondation du fleuve Niger à Bankoumana.

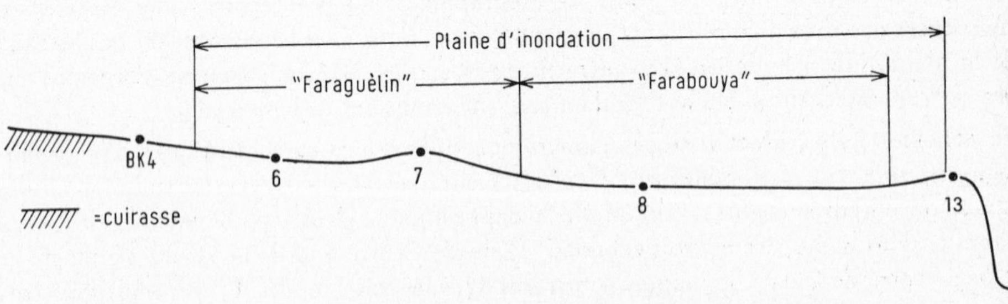

1. Le **profil BK 4** est un sol ferrugineux tropical lessivé à pseudogley de profondeur, avec intense concrétionnement puis cuirasse à faible profondeur.

2. Profil BK 6

0–11 cm: gris blanchâtre légèrement bleuté avec des plages gris plus foncé; très nombreux canalicules rouille et taches ocre; faiblement humifère; limono-sableux; structure massive à débit par gros blocs; cohésion très forte; porosité faible.

11–56 cm: gris clair intensément ponctué et vermiculé de fines taches et canalicules ocre, rares concrétions ocre; faiblement humifère; argileux; structure polyédrique large à tendance prismatique s'élargissant vers le bas, assez bien développée; revêtement humifère gris foncé sur certaines faces d'agrégats et dans certains canalicules; cohésion des agrégats forte; bonne porosité tubulaire.

56–135 cm: gris clair avec dans le haut des revêtements humifères gris foncé sur les faces des agrégats; très nombreuses taches et concrétions rouille et ocre, la plupart des concrétions sont friables; argileux; structure cubique grossière assez bien développée, devenant polyédrique, moins grossière et mieux développée dans la partie inférieure; cohésion des agrégats très forte.

135–190 cm: gris clair bleuté, marbré de plages ocre-rouille; très nombreuses concrétions rouge foncé; argileux; malléable.

à 190 cm: gris clair beuté marbré de taches ocre et noires avec des concrétions rouille; taches et concrétions diminuent en profondeur tandis que la couleur gris clair bleuté devient dominante.

Ce sol est soumis à un engorgement de surface par inondation et à un engorgement de profondeur par action de nappe fluctuante. En surface, l'engorgement n'est pas très marqué. Ses effets se limitent à un éclaircissement de la couleur, accompagné d'une ségrégation ferrugineuse peu intense. La tendance à la gleyification (couleur bleuté) est surtout due à la nature asphyxiante du matériau constitutif, limono-sableux à sables fins. La couleur gris blanchâtre faiblement bleuté, la structure massive, la cohésion d'ensemble forte, la texture limono-sableuse à limono-argileuse, sont les caractéristiques distinctives de ce type de sol hydromorphe dans la Haute-Vallée du Niger. Ils sont désignés en Malinké sous le nom de »faraguèlin«, de »fara« = sol inondé, et »guèlin« = dur. L'engorgement de profondeur commence à 56 cm. Il se manifeste par un éclaircissement de la couleur, une forte redistribution du fer, une structure cubique grossière. Il est plus intense et plus durable dans les deux derniers horizons à pseudogley typique (horizons marbrés). A la base du profil, il est quasi-persistant: le pseudogley cède progressivement la place au gley.

3. Profil BK 7

L'engorgement de profondeur peut être moins persistant dans les sols du type BK 6 qui présentent alors en profondeur un pseudogley à taches et une structure polyédrique moyenne à sous-structure polyédrique fine dès que la texture devient argileuse, et que l'engorgement est assez intense. Cette structure s'élargit avec la profondeur. C'est le cas du profil BK 13. On retrouve partiellement ce phénomène dans le profil BK 7. Celui-ci se distingue du BK 6 par un deuxième horizon à texture argileuse et à structure polyédrique moyenne et petite bien développée.

4. Profil BK 8

0–15 cm: cultivé; finement piqueté de taches gris bleuté dominantes, et de taches ocre et jaunes; paraît faiblement humifère; argileux; structure polyédrique grossière bien développée, sous-structure polyédrique moyenne et petite assez bien développée; cohésion d'ensemble faible; bonne porosité d'agrégats et bonne porosité tubulaire grossière.

15–35 cm: couleur identique mais où le gris n'est pas dominant; paraissant faiblement humifère; argileux; structure polyédrique petite très bien développée devenant par endroits polyédrique moyenne; faces des polyèdres recouvertes de matière organique de migration brun grisâtre; cohésion d'ensemble faible.

35–70 cm: ocre brunâtre à fines concrétions rouille cassables à l'ongle; faiblement humifère; argileux; structure prismatique large assez bien développée, sous-structure polyédrique grossière et moyenne, moyennement développée; cohésion des gros prismes assez forte.

70–110 cm: gris blanchâtre à très nombreuses concrétions arrondies, rouille, non cassables entre les doigts et nombreuses taches ocre et jaunes; argileux; structure prismatique grossière bien développée; cohésion des agrégats très forte.

110–140 cm: très nombreuses taches rouille, moyennes à très petites, dominantes, et taches gris blanchâtres; nombreuses concrétions rouille parfois noires au centre; argileux, structure peu développée, (horizon très humide): amorce d'un réseau de fines fentes de retrait délimitant de grands polyèdres.

Ce sol est soumis à un double engorgement de surface par inondation (0–35 cm), et de profondeur par action d'une nappe fluctuante (à partir de 70 cm). Entre les deux existe une zone d'engorgement moins intense. En profondeur, l'engorgement est longuement persistant (nappe à 1,5 m à la fin de la saison sèche) et donne un pseudogley modal: intense mobilisation et redistribution du fer, structure élargie de type prismatique; cohésion des agrégats très forte. En surface l'engorgement est brusque, intense, mais très temporaire: la ségrégation ferrugineuse est assez diffuse, la structure est fine et très bien développée.

Lorsque la structure n'est pas dégradée par la culture, elle est grumeleuse à grenue très bien développée dans les zones à forte densité radiculaire, polyédrique moyenne très bien développée ailleurs. Les racines aident donc à l'affinement de la structure mais ne jouent pas un rôle prépondérant dans sa genèse. En effet, la structure des sols du type BK 6 reste massive malgré la présence de très nombreuses racines. Cette structure fine de surface, corrélative d'une cohésion d'ensemble faible, est la caractéristique distinctive essentielle de ces sols. Leurs noms vernaculaires: sols »bouya« (faciles à travailler) ou »dakissèdougou« (sols à aspect de graines d'Hibiscus sabdariffa) sont très précis et évocateurs.

5. Profil BK 13

Localement, dans la même plaine, mais en dehors de la toposéquence décriti ici, la présence de mares temporaires permet le développement de sols à hydromorphie persistante sur l'ensemble du profil. Sur les bords de la mare de Soungou, les sols se rapprochent du profil BK 8, mais la structure est plus grossière et liée à l'engorgement plus persistant; structure polyédrique grossière très bien développée, à surstructure cubique large (5 à 55 cm). En dessous de 55 cm, le sol est presque malléable.

Dans le profil BK 13 situé au fond de la mare, l'engorgement est persistant sur la totalité du profil. L'accumulation de matière organique y est plus élevée que dans les sols du type BK 8.

0–30 cm: gris bleuté à nombreuses et fines alvéoles tapissées de brun rouille; humifère, argileux; structure polyédrique à cubique large; grandes fentes de retrait en surface; humide à partir de 5 cm; porosité type mie de pain.

30–45 cm: lit de sables grossiers non cohérent, avec quelques poches argileuses.

45–110 cm: gris clair bleuté à grandes taches rouille dominant le fond gris; argileux; structure inappréciable (trop humide). Nappe à 110 cm.

à 110 cm: nappe.

Conclusion

L'étude de cette toposéquence permet d'établir le schéma de différenciation suivant:

Engorgement	Texture	Sols
a) persistant		à pseudogley modaux à structure grossière/large prismatique/cubique
b) 1 temporaire et intense	α) argileuse	à pseudogley à structure petite de type polyédrique
2 temporaire et faible	β) non argileuse	à pseudogley modaux à structure large ou massive

La différenciation des sols à structure grossière ou massive nécessite un amortissement de l'intensité des alternances d'humectation et de dessication.

L'Hydromorphie dans les sols du Centre-Sud de la Haute-Volta et du degré carré de Dalafi (Sénégal)

a) Les sols sur matériau kaolinitique

1. Les sols des glacis sur matériau kaolinitique ancien

Les matériaux bigarrés à faciès typique de pseudogley: grandes taches rouille ou rouges dominantes, anastomosées sur un fond rose pâle, blanc rosé, gris clair plus ou moins blanchâtre, sont d'anciens matériaux sous cuirasse. Ils affleurent ou presque, ou constituent les horizons B des sols ferrugineux tropicaux remaniés. Les caractères de la ségrégation ferrugineuse sont ainsi principalement hérités des matériaux anciens dans les sols ferrugineux tropicaux et sont indépendants des conditions actuelles d'hydromorphie.

Cependant des phénomènes d'engorgement actuel apparaissent assez fréquemment dans ces sols. Ils se traduisent en surface dans les matériaux d'apport récent par une couleur gris clair parfois bleuté à fines taches rouille ou ocre, une matière organique peu abondante mais à rapport C/N relativement élevé. En profondeur, dans les matériaux à pseudogley hérité, leurs effets ne sont pas discernables de ceux des facteurs anciens. Les sols se rapprochent morphologiquement des sols ferrugineux tropicaux hydromorphes du Mali.

sur alluvions et colluvions argileuses

Sur la route de Koudougou à Tenado, 2,4 km avant la Volta Noire, sur une large plaine non inondable à pente très faible (environ 0,5 %, s'étendant sur 5 km) on trouve sous savanne à Anogeissus leiocarpus Combretum sp. arborescents ou par endroits à Acacia seyal, Anogeissus leiocarpus avec Mytragyna inermis, Balanites aegyptiaca le profil le suivant:

0–14 cm: gris brun rouge 5 YR 5/2; humifère; limono-argileux; structure prismatique moyenne à grossière bien développée; sous-structure polyédrique grossière à large, à tendance prismatique.

14–24 cm: gris-brun, 10 YR 5/2 à assez nombreuses petites concrétions rouille non cassables entre les doigts; humifère; structure variable: tantôt polyédrique grossière, moyenne et petite assez bien à bien développée selon les endroits, tantôt polyédrique très grossière moins bien développée à surstructure prismatique grossière; cohésion d'ensemble moyenne.

27–42 cm: brun plus clair 10 YR 5,5/3, à assez nombreuses très petites taches et concrétions rouille; encore humifère; argileux; structure polyédrique grossière moyenne à fine assez bien développée; cohésion d'ensemble moyenne à faible selon endroits.

42–58 cm: brun jaune clair, 10 YR 6/4, à nombreuses petites concrétions rouille, non cassables à la main; argileux; structure polyédrique grossière, et moyenne à fine assez bien développée, surstructure prismatique moyenne à petite; cohésion d'ensemble faible.

58–160 cm: gris blanchâtre 10 YR 7/1 à nombreuses taches ocre à rouille pâle, diffuses; argileux, structure prismatique à polyédrique à angles rentrants fréquents, à arêtes très vives, de taille très petite ou fine avec alors une tendance à l'écaille; les agrégats s'individualisent par desquamation successive; structure très bien développée, les agrégats s'éboulent au moindre choc; cohésion d'ensemble très faible.

La structure s'affine et est mieux développée à mesure que le pseudogley s'affirme. Ce phénomène s'observe également à l'échelle du paysage: »la relation de cause à effet liant ce type de structure à l'hydromorphie peut être établie empiriquement par l'observation de chaînes de sols où l'on voit, en descendant la pente, cette structure apparaître en même temps que le pseudogley et affecter progressivement l'ensemble du profil« (1). Le très bon développement de structure très fine par desquamation successive est le résultat de tensions gagnant progressivement le centre des unités structurales plus grandes. En profondeur, ces tensions naissent des alternances d'humectation et de dessication.

Au Sénégal Oriental, les sols hydromorphes de glacis sur matériaux colluviaux argileux ont une faible tendance vertique: la structure est prismatique grossière dans la partie supérieure du profil, puis prismatique petite à très petite, à faces de décollement horizontales à revêtements argileux mats. A la base du profil, la structure est prismatique moyenne à petite, à faces de décollement obliques à revêtements argileux mats, parfois striées. On observe souvent des revêtements de sables fins blanchis sur les faces des agrégats.

Les sols des dépressions et plaines alluviales:

Leur différenciation est identique à celle des sols du Mali.

b) Les sols sur matériau montmorillonitique

Leur différenciation dépend des conditions du drainage interne dans le profil, liées à la position topographique et à la proportion de minéraux gonflants:

Capacité de Gonflement	Humectation	Drainage Interne	Sols
Elevée	Suffisante de l'ensemble du profil	Mauvais	Vertisols
		Moyen à Bon	Sols bruns eutrophes
Moyenne à Faible	Suffisante limitée à la partie supérieure du matériau gonflant	Très mauvais à la parte superieure du matériau gonflant	Sols à faciès morphologique de solonetz solodises
	Suffisante de l'ensemble du profil	Variable	Sols bruns eutrophes

Lorsque vertisols et sols bruns eutrophes sont soumis à un engorgement intense mais de faible durée, on peut y observer des taches rouille ou brun rouille se superposant à la couleur brune du sol, mais pas de taches éclaircies. Cet engorgement peut se traduire dans les sols bruns eutrophes, par une structuration prismatique petite ou polyédrique grossière à petite très bien développée. Lorsque l'engorgement est intense et prolongé, il induit dans les vertisols, une tendance à la gleyification: couleur grise à tendance bleuté. Dans les sols bruns eutrophes, l'engorgement prolongé induit une ségrégation ferrugineuse du type pseudogley: couleur pâle ou gris blanchâtre à taches rouille, rouges, parfois à concrétions ferrugineuses rouille et ferro-manganifères noires. Cette condition n'est le plus souvent réalisée qu'en profondeur. En somme, la ségrégation ferrugineuse, surtout du type pseudogley, n'apparaît que difficilement dans les vertisols et les sols bruns eutrophes. Cela peut être dû à une mobilité réelle faible du fer, dans ces sols, celui-ci étant plutôt intégré dans le réseau des argiles, ou (et) à une stabilité particulière du complexe argilo-humique de couleur foncée.

Par contre dans les sols à faciès solonetz ou solonetz solodisés, l'engorgement généralement bien prononcé au-dessus du matériau gonflant, induit un pseudogley par une couleur gris blanchâtre à gris clair à taches ocre et rouille dans la partie supérieure du matériau gonflant et une couleur gris beige à gris blanchâtre à taches rouille, brun rouille ou ocre dans les matériaux superficiels sableux.

Conclusion

L'hydromorphie est un processus de différenciation important sur les glacis soudaniens. L'engorgement temporaire se traduit dans les sols kaolinitiques par un pseudogley à taches ou à taches et concrétions ou, dans certaines conditions, par une structure relativement fine de type polyédrique ou prismatique. Mais les caractères de pseudogley peuvent être principalement hérités de pédogénèse anciennes (sols à pseudogley hérité). Dans les sols montmorillonitiques, le pseudogley n'apparaît facilement que dans les sols de type solonetzique.

Bibliographie

1. *Boulet, R.*: Etude pédologique de la Haute-Volta Region Centre-Nord, 1968, ORSTOM Centre de DAKAR.
2. *Dresch, J.*: Revue de Géomorphologie Dynamique, 1, **4**, 39–44 (1953).
3. *Kaloga, B.*: Modernisation rurale dans la Haute-Vallée du Niger Mission LEYNAUD-ROBLOT. Reconnaissance pédologique de la Haute-Vallée du Niger – Bureau pour le Développement de la Production Agricole (B.D.F.A.) (1961 a).
4. *Kaloga, B.*: Etude pédologique de diverses vallées et plaines de la République du Mali. Cuvette de Sourbasso. ORSTOM Centre d DAKAR (1961 b).
5. *Kaloga, B.*: Etude pédologique de diverses vallées et plaines de la République du Mali. Cuvette de Ségala. ORSTOM Centre de DAKAR (1961 c).
6. *Kaloga, B.*: Reconnaissance pédologique des bassins versants des Voltas Blanche et Rouge. I. Etudes Pédologiques. ORSTOM Centre de DAKAR (1964).
7. *Kaloga, B.*: Etude pédologique de la Haute-Volta Région Centre-Sud. ORSTOM Centre de DAKAR (1969).
8. *Rodier, J.*: Régions hydrologiques de l'Afrique Noire à l'Ouest du Congo. ORSTOM, Paris, Mémoire n° 6, 1 vol. (1964).

Résumé

Dans les régions tropicales à climat soudanien de l'Afrique occidentale, les caractéristiques climatiques, géomorphologiques et pédologiques favorisent le développement de l'hydromorphie dans les sols.

Il s'agit d'une hydromorphie temporaire dont les manifestations morphologiques, variables selon son intensité, sa durée et la nature du matériau dans lequel il a lieu, sont le développement d'un pseudogley modal plus ou moins marqué et d'une structure petite à fine.

Zusammenfassung

In den tropischen Gebieten mit sudanesischem Klima in West-Afrika begünstigen die klimatischen, geomorphologischen und pedologischen Eigenschaften die Entwicklung der Hydromorphie in den Böden.

Es handelt sich um eine zeitweilige Hydromorphie, deren morphologische Manifestationen, variabel je nach ihrer Intensität, Dauer und Eigenschaft des Materials, in dem es stattfindet, sind:

- die Entwicklung eines modalen, mehr oder weniger ausgeprägten Pseudogleys,
- die Entwicklung einer kleinen bis feinen Struktur.

Summary

The climatic geomorphological and pedological characteristics in the tropical regions of Sudanese climate of Western Africa favour the development of hydromorphy in the soils.

This is a temporary hydromorphy, the morphological manifestations of which, variable according to its intensity, its duration and the nature of the material wherein it takes place are:

— the development of a moderate pseudogley, more or less marked

— the development of a structure from small to fine.

Hydromorphie et Formation de Plinthite dans les Sols des Plaines Herbeuses de Colombie

Par *A. van Wambeke* *)

Situation

La plupart des sols hydromorphes des plaines herbeuses qui s'étendent à l'Est de la Cordillère des Andes en Colombie présentent à une profondeur de 1 à 2 mètres des horizons fortement tachetés et gleyifiés. Ces horizons sont les plus caractéristiques dans les vastes régions à pente quasi nulle, où l'inondation périodique annuelle alterne avec une période de sécheresse de plusieurs mois. On estime que la superficie occupée par ces sols en Colombie dépasse largement les deux millions d'hectares (*Undp/Fao* et al. 1964). On les trouve entre 2° et 7° de latitude N, à moins de 500 m d'altitude.

Les sols hydromorphes des plaines Colombiennes s'observent sous climat tropical à saison sèche bien définie. Selon *Köppen-Geiger* (1954) le climat appartient à la classe Aw. La région bénéficie en moyenne de 1700 à 2000 mm de pluies dont quatre-vingt dix pourcents tombent en une seule saison pluvieuse; pendant la saison sèche le temps est dominé par les alizés qui rabaissent l'humidité de l'air à 44 %. Le nombre de mois à précipitation inférieure à 50 mm varie de 1 à 4.

La région est située dans l'immense géosynclinal qui borde la Cordillère des Andes et s'étend vers l'Est jusqu'aux boucliers des Guyanes et du Brésil. *Oppenheim* (1942) et *Hubach* (1954) considèrent que les llanos se sont constitués par une série d'affaissements suivis du colmatage par les produits d'érosion arrachés à la chaine montagneuse des Andes. C'est une plaine d'aggradation qui ne présente que des déclivités générales minimes dirigées vers l'Est et le Nord.

Blydenstein (1967) a décrit les types de végétation de la plaine. Les associations rencontrées sur les sols hydromorphes à plinthite sont principalement herbeuses; sa composition floristique est essentiellement définie par la profondeur moyenne des eaux d'inondations: la savane à *Leptocoryphium lanatum* domine aux endroits qui sont inondés en saison des pluies sous moins de 10 cm d'eau, tandis que la Savane à *Mesosetum* s'établit sous des lames d'eau qui peuvent atteindre 40 cm. Il subsiste dans ces plaines quelques rares ilôts à végétation arborée dense de faible hauteur, sans que des différences dans la constitution des sols ou du relief puissent expliquer le changement dans le couvert végétal.

Propriétés Essentielles des Sols Hydromorphes

Les matériaux dans lesquels se sont dévéloppés les profils proviennent de l'altération des roches sédimentaires qui forment la Cordillère des Andes. Il s'agit essentiellement de roches riches en quartz et argiles diverses. Ces produits d'altération ont été repris par les cours

*) Geologisch Instituut, Rijksuniversiteit Gent, Belgie.

d'eau et transportés vers la plaine. Certains avancent l'hypothèse que le vent ait en partie repris les sédiments; en effet, les distributions granulométriques des terres évoquent un triage intense des particules.

La séquence d'horizons dans tous les profils est très régulière: la couche humifère de 30 cm d'épaisseur environ repose sur un horizon A2 gris sans taches de rouille. Il passe graduellement, vers 80 cm de profondeur, à un horizon devenant plus argileux (de 15 % dans l'A_2 à 30 % environ) dans lequel la proportion de taches rouges augmente avec la profondeur; vers 150 cm ils occupent 50 % du matériau et peuvent prèsenter des couleurs 10 R 4/6 à 4/8 qui contrastent nettement avec la teinte de fond grise (10 YR 6/1). Certaines taches rouges sont dures et ne peuvent que difficilement être brisées entre les doigts. L'ensemble de l'horizon tacheté est ferme. Le sol peut aisément être travaillé à la pelle. On n'a pas constaté dans les profils fraîchement creusés des phénomènes d'induration irréversible qui affectent l'entièreté de l'horizon; le durcissement se limite aux concentrations d'oxydes de fer qui se présentent isolément et dont les dimensions ne dépassent que rarement 2 cm. Les propriétés analytiques et morphologiques d'un profil caractéristique sont renseignées ci-après (série Guanapalo, description de H. Toquica in *Undp/Fao* et al. 1964).

Série Guanapalo (profil T-35)

0–10 cm: $A_{11}g$; Gris très foncé (10 YR 3/1) à l'état humide; limon fin; structure grumeleuse moyenne; friable, non collant, non plastique, nombreux pores entre les agrégats, racines abondantes; limite graduelle et régulière.

10–35 cm: $A_{12}g$; Gris très foncé (10 YR 3/1) à l'état humide, limon fin; massif, très friable, légèrement plastique et légèrement collant, nombreux pores fins; racines et macrorganismes abondants; limite graduelle et régulière.

35–83 cm: A_2g; Brun grisâtre (10 YR 5/2) à l'état humide, avec trainées de matière organique dans les pores tubulaires des racines, le sol broyé est gris foncé (10 YR 4/1); limon fin; massif, friable, légèrement plastique et légèrement collant; rares racines; nombreux pores fins et moyens; limite diffuse et régulière.

83–113cm: ACg; Gris clair (10 YR 6/1) à l'état humide; le sol broyé est gris (10 YR 5/1); limon argileux fin; massif; friable; plastique et collant; pas de racines; nombreux pores fins; limite graduelle et régulière.

113–153 cm: C_1gcn; Gris brunâtre clair (10 YR 6/2) à l'état humide avec taches et concrétions rouges (2.5 YR 4/8) occupant environ 30 %; brun rougeâtre clair (2.5 YR 6/4) à l'état broyé; limon argileux fin; massif; ferme; plastique et collant; pas de racines; peu de pores fins; limite graduelle et régulière.

153–170 cm: C_2gcn; Gris clair (10 YR 6/1) à l'état humide avec 50 % de taches et concrétions, brun jaunâtre foncé (10 YR 4/8); le sol broyé est brun jaunâtre (10 YR 5/6); limon argileux fin; massif; ferme; plastique et collant; racines absentes; nombreux pores fins.

Dans le cas de profils développés dans des matériaux homogènes, les horizons plinthiques contiennent plus d'oxydes de fer libres que les horizons immédiatement supérieurs. En moyenne, ils renferment environ 2.5 % de Fe_2O_3 libre dans les terres de texture moyenne (horizon Cgcn).

Analyses (Instituto Geográfico »Agustín Codazzi«, Bogotá, Colombia)

Horizon	Profondeur cm	Analyse granulométrique (μ, %)							
		0 2	2 20	20 50	50 105	105 250	250 500	500 1000	1000 2000
$A_{11}g$	0—10	13.7	24.8	43.4	17.4	0.5	0.2	—	—
$A_{12}g$	10—35	16.6	26.0	40.6	16.0	0.6	0.2	—	—
A_2g	35—83	24.4	21.6	39.9	12.8	0.8	0.5	—	—
ACg	83—113	31.0	22.0	31.9	13.5	1.1	0.5	—	—
C_1gcn	113—153	31.3	23.8	31.5	9.6	3.3	0.5	—	—
C_2gcn	153—170	34.0	19.5	30.6	10.8	2.5	1.6	0.8	0.2

Horizon	Matière organique			pH	Capacité d'échange des cations	Cations échangeables méq/100 g						Saturation	Fe_2O_3 libre
	C %	N %	C/N	(H_2O)	méq/100 g	Ca	Mg	K	Na	Al	H	%	%
$A_{11}g$	2.50	0.18	13.9	4.45	11.0	0.17	0.16	0.20	0.11	1.97	10.4	6.0	0.61
$A_{12}g$	1.44	0.12	12.0	4.60	7.5	0.13	0.04	0.10	0.07	1.91	7.17	4.5	0.54
A_2g	0.35	0.05	7.0	4.65	8.0	0.15	0.11	0.16	0.15	2.04	7.40	7.2	0.45
ACg	0.19	0.04	4.7	4.70	5.0	0.17	0.14	0.15	0.07	2.40	4.43	10.7	0.61
C_1gcn	0.14	0.04	3.5	4.70	6.5	0.15	0.22	0.12	0.10	3.00	5.96	9.0	2.38
C_2gcn	0.13	0.02	6.5	4.95	5.8	0.25	0.15	0.13	0.07	3.19	5.21	10.3	2.64

Analyse: Instituto Geográfico, Bogotá.

Les Niveaux Indurés

La plaine inondable où se situent les profils à plinthite a localement été disséquée par des cours d'eau; ceux-ci ont creusé leur lit à une dizaine de mètres au dessous du niveau moyen de la plaine. Ils ont provoqué aux abords immédiats des chenaux un abaissement permanent de la nappe phrèatique. A ces endroits, l'horizon tacheté est complètement induré et se présente sous forme d'une cuirasse. Elle peut apparaître à la surface du sol après l'enlèvement des horizons superficiels par l'érosion.

La position des horizons à accumulation d'oxydes de fer non indurés dans le paysage semble correspondre au niveau de la nappe phréatique avant la dissection de la plaine. Cette accumulation de nappe se transforme en cuirasse lors de l'abaissement du niveau d'eau et de la formation d'un paysage d'érosion par le réseau hydrographique. Les cuirasses se présentent d'abord en couronne à la limite des replats disséqués; ils gagnent de l'extension à l'intérieur du plateau au fur et à mesure que le niveau d'eau s'approfondit.

Interprétation

Les relations pédogénétiques ont été vérifiés lors la prospection de plus de 13 millions d'hectares dans les »Llanos« de Colombie. Sans vouloir exclure d'autres modes de formation, la position des sols à cuirasse dans ces plaines herbeuses semble confirmer que les accumulations ferrugineuses sont avant tout le résultat de l'action de nappes dans des paysages à relief plat, à évacuation des eaux difficile. L'induration ne se produit que lors de l'abaissement du niveau d'eau. Il en résulte que ces enrichissements en fer peuvent se produire dans des dépôts de composition très variée; d'autre part, ils ne sont pas exclusivement liés à des types de profils, d'horizons pédologiques, ou des modes d'altération spécifiques, si ce ne sont ceux propres à l'hydromorphisme.

Par leur position dans le paysage, plusieurs cuirasses ferrugineuses d'autres régions qui occupent des reliefs plats surélevés, ont été assimilées à des anciens niveaux pénéplanés, c.-à-d. à des surfaces d'érosion. L'éxemple cité permet de concevoir également la formation de cuirasses ferrugineuses dans des régions d'aggradation.

L'extension considérable des horizons plinthiques dans les plaines herbeuses de Colombie, incite à croire que le fer accumulé provient essentiellement de migrations verticales dans le profil, et que le transport latéral n'a dans ce cas pas un rôle prépondérant dans la génèse de la plinthite.

Conclusions

En ce qui concerne les aspects taxonomiques, il apparaît que les conditions hydriques favorables à la formation de la plinthite, et celles qui causent son induration sont très différentes.

Les matériaux qui s'indurent sont le produit de cycles géo- et pédogénétiques posthumes. Les niveaux indurés et les horizons à plinthite non – indurée appartiennent à des types de pédogénèse différents. Ils devraient normalement être separés dans les classifications pédogénétiques. Ils traduisent en effet des conditions écologiques diamétralement opposées.

D'un point de vue utilisation des sols, on doit considérer que la plinthite est le résultat de processus de formation de longue durée; les pratiques culturales agricoles, mis à part le drainage artificiel, ne peuvent avoir que peu d' effet sur son déroulement. D'autre part, peu d'exemples sont connus où la simple élimination du couvert végétal entraine une induration irréversible d'un horizon.

Du fait que les sols à plinthite sont géographiquement groupés dans certaines régions à caractères semilaires, une classification qui veut respecter ou se rapprocher de cette association naturelle, doit définir et utiliser ses critères de telle manière que les sols à plinthite se regroupent le plus possible dans une seule classe de niveau hiérarchique élevé.

Bibliographie

Blydenstein, J.: Ecology, **48** (1), 1–14 (1967).

Hubach, E.: Significado geológico de la llanura oriental de Colombia. Informe nº 1004, Ministerio Minas y Petroleos, Rep. de Colombia, 56 p. (1954).

Koeppen-Geiger: Klima der Erde. Justus Perthes, Darmstadt (1954).

Oppenheim, V.: Rasgos geológicos de los »Llanos« de Colombia oriental. Inst. Museo de la Univ. Nac. de la Plata. Notas del Museo de la Plata, Geología. Nº 21, Vol. 7, 229–245. Argentina (1942).

Undp/Fao/Instituto Agustín Codazzi: Estudio de los Recursos Agropecuarios de los Llanos Orientales de Colombia, Bogotá (1964).

Résumé

Les sols hydromorphes des plaines orientales de Colombie sont décrits brièvement. Dans les régions, qui sont inondées chaque année, mais se dessèchent pendant la saison sèche, la plinthite se forme dans le fond du profil.

Les terrains où de la plinthite se forme dans les Llanos sont des surfaces d'aggradation. Les conditions hydrologiques qui sont nécessaires pour l'accumulation du fer, diffèrent de celles qui amènent le durcissement. Dans les Llanos l'abaissement du niveau de l'eau souterraine entraine l'induration. On estime que les pratiques agricoles ne provoquent que très rarement le durcissement des horizons du sol dans les tropiques.

Zusammenfassung

Hydromorphe Böden in den östlichen Ebenen Kolumbiens werden kurz beschrieben. In Gebieten, die jährlich überflutet werden, aber während der trockenen Jahreszeit austrocknen, bildet sich Plinthit im unteren Teil der Bodenprofile. Die Landschaften, in denen sich Plinthit bildet, sind Verebnungsflächen. Hydrologische Bedingungen, die nötig sind, Eisen anzusammeln, sind verschieden von denen, die Verhärtung verursachen. In den Llanos ist die Senkung des Grundwassers notwendig zur Härtung. Man nimmt an, daß ackerbauliche Nutzung sehr selten die Bodenverhärtung in den Tropen verursacht.

Summary

Hydromorphic soils of the Eastern Plains of Colombia are briefly described. In areas which are flooded annually, but dry out during the dry season, plinthite is forming in the lower part of the soil profile.

The landscapes where plinthite forms in the Llanos are aggradational surfaces. Hydrologic conditions which are necessary for the accumulation of iron are different from those which cause induration. In the Llanos, lowering fo the water table is necessary for hardening. It is thought that agricultural practices very seldom cause the induration of soil horizons in the tropics.

Pseudovergleyung in ferrallitischen Böden aus Metamorphiten

Von *H. Fölster**)

Die behandelten Böden sind nach der Orstom-Klassifikation (1) als sols ferrallitiques faiblement – moyennement désaturés einzustufen und entstammen dem Niederschlagsbereich von 1200 bis 2000 mm in Nigeria. Die Vegetation ist Übergangs- und Regenwald. In der ferrallitischen Bodendecks dieser Region ist absolute Anreicherung von Eisen im Solum ein durchaus charakteristisches Phänomen. Die wichtigste Ursache ist ein mechanischer Prozeß, nämlich die Sortierung und selektive Anreicherung von Krusten- und Konkretionsschutt im Laufe vergangener Abtragungsphasen. Soweit die absolute Anreicherung während der Bodenbildungsphasen auf chemischem Wege erfolgte, sind zwei Grundsituationen am meisten verbreitet:

a) Die Anreicherung liegt im Niveau des Grundwasserspiegels, wo sie lateral und vertikal gespeist sein kann. Ein in den Kreidesandsteinen Nigerias häufiger Sonderfall ist die Ausbildung von Eisenkrusten an den Quellaustritten am Hang über undurchlässigen Schichten. In beiden Fällen ist eine Bindung der Anreicherungszone an die eigentliche Bodendecke nicht zwangsläufig (Abb. 1a).

b) Die Anreicherung liegt innerhalb der Bodendecke eines – in der Regel flacheren – Hanges. Die Eisengehalte wachsen allmählich hangabwärts und deuten damit darauf hin, daß es sich um eine laterale Verlagerung von Eisen innerhalb der Bodendecke handelt. In Abbildung 1b ist die horizontale und vertikale Eisenverteilung innerhalb einer solchen Bodendecke modellhaft gezeigt. Die Verteilung ist unbeeinflußt von mechanischer Anreicherung, denn die Böden sind in diesem Fall allein aus dem Saprolith von Metamorphiten und Migmatiten hervorgegangen. Der Eisengehalt der Saprolithe – wegen des Substanzverlustes im Zuge der Kaolinisierung bereits das Ergebnis einer milden relativen Anreicherung – liegt in SW-Nigeria zwischen 4 und 7% (örtlich bis 12%) Fe_2O_3. Die Grenze zwischen Boden und Saprolith ist morphologisch dort festgelegt, wo die sichtbaren Indizien einer vertikalen Eiseneinwaschung aufhören (s. unten).

Das Beispiel zeigt den graduellen lateralen Anstieg des Eisengehaltes und die Massenleistung lateralen Transportes, aber auch die auf 2–3 m begrenzte Tiefenwirkung der vertikalen und horizontalen Eisenverlagerung. Man muß hieraus folgern, daß die Wasserbewegung in diesen ferrallitischen Böden aus Metamorphiten tatsächlich lateral gerichtet ist und oberflächennah erfolgt. Das gilt zumindest für den Teil der Wasserbewegung, welche den Transport des Eisens übernimmt. Daß es sich hierbei in erster Linie um Gravitationswasser handelt, ist leider nicht durch Untersuchungen zum Jahresfeuchtegang zu belegen, trotzdem aber wohl eine naheliegende Schlußfolgerung. Da die organischen und anorganischen Transportformen des Eisens mehr oder minder oxidations- und ausfällungsempfindlich sind, dürfte eine solche Verlagerungsleistung nur bei relativ schnellem

*) Institut für Bodenkunde und Waldernährung der Universität Göttingen, BRD.

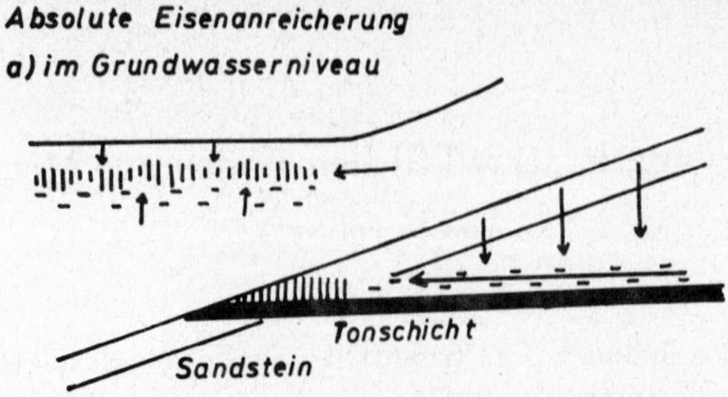

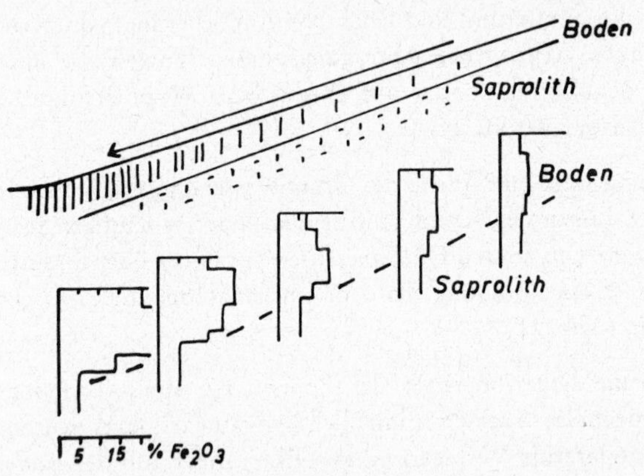

Abbildung 1

Absolute Eisenanreicherung a) im Grundwasserniveau und b) durch laterale Umverteilung in der Bodendecke. b) mit Darstellung der horizontalen und vertikalen Eisenverteilung.

Absolute iron accumulation a) at groundwater level, b) through lateral redistribution in the soil mantle. b) with lateral and vertical iron distribution shown.

Transport gewährleistet sein, wobei episodisch-periodische Luftverdrängung dem Vorgang nur dienlich sein kann. Eine solche episodisch-periodische Sättigung ist in der Tat auch zu beobachten und findet ihren Niederschlag in einer mehr oder minder ausgeprägten Fleckigkeit der meisten Plateau- und Hangböden.

Allerdings wird diese Erscheinung zunächst dadurch etwas unterdrückt, daß schon der Saprolith selbst gefleckt ist. Diese rotweiße Saprolithfleckung – von *Campbell, Mohr* u. a. (5) generell als Ergebnis schwankenden Grundwasserstandes gedeutet – ist jedoch nicht hydromorph. Grundwasser tritt hier überhaupt nur im Talungsbereich sowie gelegentlich in kleinen Taschen über dem frischen Gestein auf (Abb. 2), während der Hauptteil des Soproliths davon frei ist. Das Fehlen oder Vorhandensein von Grundwassereinfluß drückt sich morphologisch in folgender Weise aus: Im nicht-hydromorphen Saprolith lehnt sich die Fleckung eng an die primäre Mineralverteilung im Gestein an. Die Rotflecken ent-

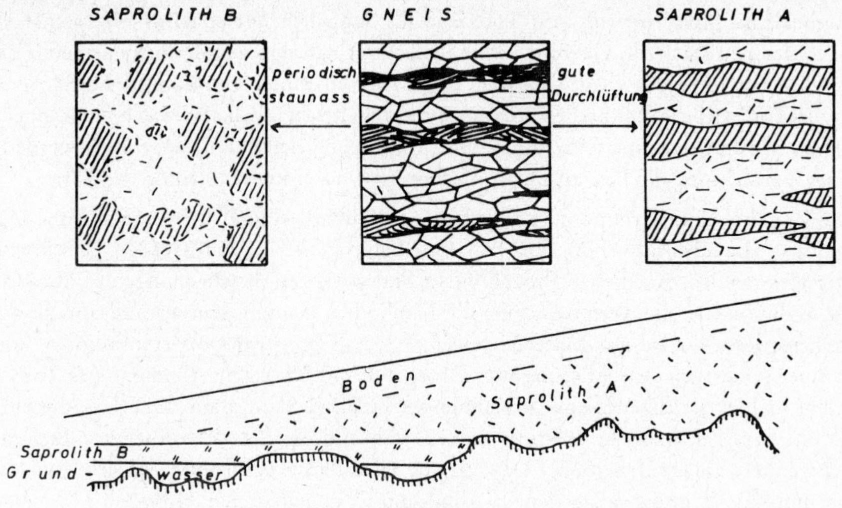

Abbildung 2
Einfluß der Wassersättigung auf die Saprolithmorphologie.
Morphology of the saprolite in relation to water saturation.

standen aus den Aggregaten oder Lamellen dunkler Silikate – in Abbildung 2 Biotitlamellen im Gneiss – durch Eisenfreisetzung und mehr oder minder vollständiger Kaolinisierung der Silikate. Das Eisen wurde schon am Ort seiner Freisetzung sofort wieder oxidiert und ausgefällt.

Nicht so im Falle des Saprolith B (Abb. 2). Wo immer eine höhere Sättigung des Saprolithen einen längeren Diffusionsweg des Eisens ermöglichte, finden wir eine schwammartig-diffuse Fleckenstruktur, welche die ursprüngliche Mineralverteilung im Gestein nicht mehr reflektiert. Die hellen Flecken erhalten statt der weißen eine Grautönung. Unter ständigem Grundwasser herrscht diese vor, die Chromaflecken werden unterdrückt.

Aus der Verteilung dieser Strukturunterschiede kann man schließen, daß der Saprolith A wohl als permanent feucht, aber auch permanent ungesättigt gelten kann. Der Sättigungsgrad wird allerdings mit den Niederschlägen, der Hanglage und vor allem der Art des Saproliths – in erster Linie seinem Tongehalt – variieren. Da hier ungesättigte Wasserbewegung mit fehlender Eisenverlagerung zusammentrifft, wird so die Annahme gestützt, daß das Gravitationswasser in der Tat für die laterale Verlagerung des Eisens verantwortlich ist.

Fragen wir zunächst nach der Ursache dieser für die Eisenverlagerung notwendigen episodisch-periodischen Auffüllung des Porenraumes im Bodenbereich. In der Porenverteilung (s. Abb. 3) zeigen die Böden die Tendenz – von unten nach oben – einer erheblichen Zunahme des Grobporenanteils von etwa 5 auf 10–23 % und einer entsprechenden Abnahme der Mittelporen von 15–20 % auf 3–8 %. Diese Veränderungen sind das Ergebnis folgender pedogenetischer Prozesse:

a) Der Saprolith enthält aus Feldspat, Hornblenden und vor allem Glimmer gebildete Grobkaolinite, die im Bodenbereich zu Tongröße zerfallen. Gleichzeitig beobachtet man eine erhebliche Mobilisierung von Ton. Die im Saprolith nur spärlich vertretenen Tonkutanen nehmen stark zu. Obwohl vertikale Tonverlagerung gerade in tonärmeren Böden nicht fehlt, gibt es jedoch viele Anzeichen dafür (6), daß eine kleinräumig-lokale Umverteilung von Ton vorherrscht. Beide Prozesse müssen wahrscheinlich als das Ergebnis einer pulsierenden Wasserbewegung (Auffüllung und Entleerung der Poren) angesehen werden, die zu einer Verdichtung des hier als Diffusionshorizont bezeichneten Profilteiles führt.

b) Die Zunahme der Grobporen nach oben ist natürlich einmal das Ergebnis der Durchwurzelung, die ebenfalls bewirkt, daß das heterogene Saprolithgefüge zerstört, d. h. homogenisiert wird. An diesem Prozeß wirkt und wirkte auch sehr maßgeblich die Bodenfauna, insbesondere die Termiten, mit, die Feinboden aus dem Untergrund auf die Oberfläche befördern. Da sie nur Material feiner als 0,5–1 mm transportieren können, kommt es zu einer selektiven Anreicherung von Grobsand und Kies. Die Abnahme des Tons nach oben hin ist hier gleichzeitig eine Abnahme des Feinbodens und auf diese Ursache zurückzuführen. Dieser Prozeß ist am intensivsten während ökologisch trockenerer Phasen der Vergangenheit abgelaufen (3, 2). Das auf die Oberfläche geförderte Material wurde am Hang umgelagert und bildete den in Abbildung 3 angedeuteten Hillwash (4), von dem Schichten aus verschieden alten Phasen bekannt sind. Der grundsätzlich gleiche Prozeß der Feinboden-Ansammlung auf der Oberfläche läuft heute mit stark verminderter Intensität ab; das Feinmaterial verbleibt – vermindert um ausgespülten Ton – auf der unter der Vegetationsdecke stabilen Oberfläche.

Das durch Humus, Wurzeln und Eisenoxid stabilisierte Grobporenvolumen des Homogenisierungshorizontes ist in der Lage, selbst Starkregen sehr schnell aufzunehmen. Der leichten Aufnahme des Niederschlagswassers steht eine gehemmte Weiterleitung im Bereich des Diffusions-Horizones gegenüber, wo sich Gesamtporenraum und insbesondere das Grobporenvolumen stark verengen. Wenn nicht der autochthone Saprolith an die Oberfläche tritt, sondern diese von einer mächtigeren Pedisediment-Auflage gebildet wird, sieht die Situation anders aus. Je mächtiger gerade der Schuttkörper wird, desto mehr verflacht der Homogenisierungshorizont, der dann gewissermaßen vom Schuttkörper verschluckt wird. Die selektive Grobsand- und Kiesanreicherung bleibt dann ebenfalls auf den Schutt beschränkt, so daß der Diffusionshorizont mit seinem verengten Hohlraumvolumen direkt unter dem Schutt ansteht. Die Behinderung der vertikalen Wasserbewegung erfolgt dann an dieser Grenze, das laterale Hangwasser bewegt sich im Schutt, in dem dann auch die Eisenanreicherung erfolgt.

Im autochthonen Saprolith-Boden bildet der D-Horizont den Staukörper und zeigt auch die ersten morphologischen Auswirkungen der Staunässe. Pedogenetisch gesehen ist dieser Horizont in jungen Böden zunächst nur ein Einwaschungshorizont, in den Eisen aus dem Ho-Horizont verlagert wird. Dies Eisen entstammt dem Lösungsangriff auf die meist etwas und z. T. wesentlich härteren Rotflecken, die durch mechanische Durchmischung nicht zerstört werden. Sie unterliegen dabei einer langsamen Verkleinerung und Zurundung. Es entstehen konkretionsähnliche Körper, die hier jedoch aus einem Lösungsprozeß gebildet wurden und als Pseudokonkretionen bezeichnet werden. Die mechanische und chemische Verminderung des Fleckenskeletts (analytisch das nach Einweichen in Hexametaphosphat unter mäßig hartem Wasserstrahl stabile Skelett > 2 mm) nach oben hin ist aus Abbildung 3 ersichtlich. Das gelöste Eisen wird teils lokal, teils vertikal umverteilt. Soweit es in den Diffusionshorizont einwandert, färbt es die ehemals weißen Bereiche des

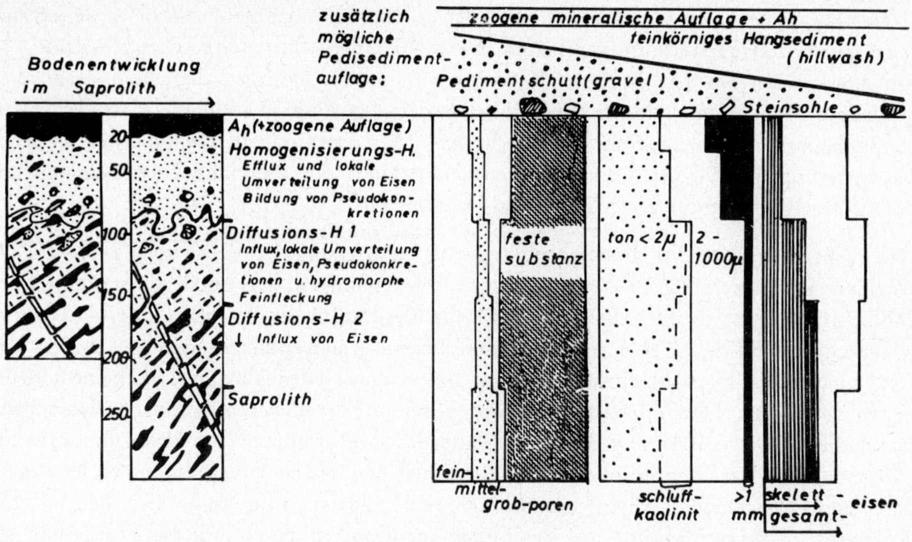

Abbildung 3
Bodenentwicklung, Horizontierung und analytische Daten ferrallistischer Böden (Modellbild).
Formation, horizons and analytical data of ferrallitic soils (model).

Saprolithen gelb- bis rotbraun. Die Verteilung ist in gut dränierten Böden diffus und unregelmäßig.

In älteren Böden ist dieser im wesentlichen nur durch Eisen-Influx gekennzeichnete Horizont weiter in die Tiefe abgesunken, während der Lösungsangriff auf die Fleckenstrukturen auf tiefere Bereiche unterhalb des Ho-Horizontes übergegangen ist. Deren Zurundung und damit die Entstehung von Pseudokonkretionen findet jetzt auch im D-Horizont statt. Das Ausmaß der vertikalen Eisenverlagerung kommt in der Verteilung des Gesamteisens zum Ausdruck (Abb. 3). Allerdings verbergen sich hierin noch weitere Prozesse, wie z. B. die laterale Eisen-Umverlagerung, die relative Anreicherung von Fleckenskelett im Ho-Horizont durch die Entnahme von Feinboden (hillwash), und u. U. auch Einwaschung von Eisen aus dem Schutt, welche das Ausmaß von vertikalem Eisen-Efflux aus dem Ho-Horizont verschleiern kann.

Die Morphologie des Diffusionshorizontes wird schon durch die Überlagerung der Saprolith-Fleckung durch die diffusive Fleckung aus dem Eisen-Influx kompliziert. Darüber lagert sich wiederum – und das schon in Böden an gut dränierten Standorten des Oberhanges – als Ergebnis einer episodisch-periodischen Vernässung eine hydromorphe Feinfleckung. Sie wird schon recht bald von gelegentlichen Bleichungshöfen an Wurzelbahnen, Manganausscheidungen auf Aggregatoberflächen, Ferrikutanen und fleckenhaften Eisenanreicherungen begleitet. Die Tönung der Feinfleckung bleibt relativ hell, da es sich bei dem im Zuge dieser Vernässung umverlagerten und wieder auskristallisierten Eisenoxid ausschließlich um Goethit handelt. Je mehr diese typischen Staunässebegleiter makro- und mikromorphologisch in Erscheinung treten, desto mehr wandelt sich die Färbung der Grundmasse von Braun über Graubraun und Orangegrau nach Gelbgrau. Der Grund liegt darin, daß immer mehr von dem Hämatit, der im Saprolith das fast ausschließliche Kristallisationsprodukt darstellt, aufgelöst und in Goethit übergeführt wird. Dieser Prozeß geht am langsamsten bei den dichtesten Fleckenresten voran. Doch werden diese Reste ja in gerundete Pseudokonkretionen übergeführt und treten deshalb nicht mehr so flächenhaft in Erscheinung. Zum anderen lagert sich jetzt aber Eisenoxid in die (aus der weiteren Verwitterung von Silikaten entstandenen) Hohlräume der Pseudokonkretionen und auf deren Oberflächen ab und kristallisiert als Goethit aus.

Wie vorher erwähnt, tritt diese morphologische Auswirkung der Vernässung zuerst im D-Horizont in Erscheinung. Dies mag damit zusammenhängen, daß durch die ständige Entnahme von Wasser im Ho-Horizont durch die Vegetation die Episoden längster Wassersättigung tatsächlich im oberen D-Horizont liegen. Andererseits ist dies gleichzeitig der Ort, wo ständig Eisen hineintransportiert und ausgeschieden wird, jedoch keine Durchmischung erfolgt. Dies dürften Bedingungen sein, unter denen sich eine hydromorphe Feinfleckung recht leicht entwickelt. Innerhalb des D-Horizontes tritt Hydromorphie zunächst und am stärksten im oberen Teil auf. Zwischen den in ihm ablaufenden Prozessen und der Hydromorphie scheint eine kausale Verknüpfung insofern zu bestehen, als die dort recht intensive Mobilisierung des Eisens durch episodisch-periodische Vernässung ermöglicht bzw. sehr gefördert wird. Es überrascht deshalb auch nicht, wenn mit zunehmender Vernässungsneigung – also beispielsweise hangabwärts – die Mächtigkeit gerade dieses Horizontes wächst und damit zugleich das Profil vertieft wird.

Von dieser Veränderung am Hang wird auch der Ho-Horizont erfaßt. Auch er wird heller, bleicher und feinfleckig, so daß schließlich die makromorphologisch sonst so auffällige Grenze zwischen D- und Ho-Horizont verloren geht und nur noch mikromorphologisch nachweisbar bleibt.

Der in Abbildung 4 dargestellte Formenwandel versteht sich einmal als Funktion der Hangposition, als Formenwandel von Ober- zu Unterhang, und ist dann mit gleichsinnig steigender Eisenanreicherung verbunden. Diese kann zur Zementierung von Matrixbereichen zwischen den Pseudokonkretionen führen und ist in älteren Böden zur Ausbildung massiver Eisenkrusten fortgeschritten. Gleichzeitig gibt Abbildung 4 die Beziehung

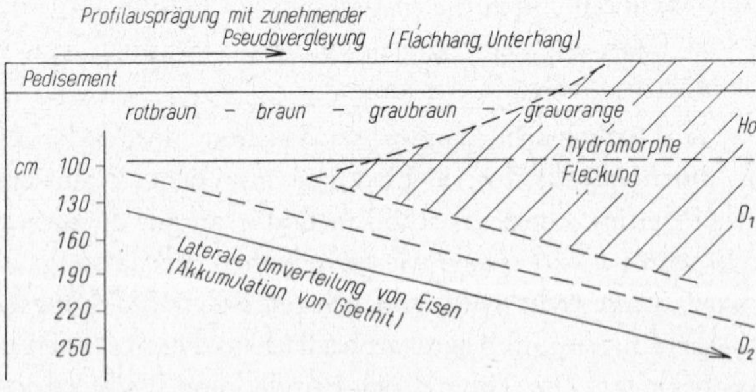

Abbildung 4

Bodenformenwandel als Funktion steigender Vernässung.
Change of profile characteristics with deteriorating drainage
(degree of, position on slope, precipitation).

zwischen Bodenausbildung und Hangneigung wieder, in diesem Falle ohne bzw. mit nur schwacher zusätzlicher Eisenanreicherung. Letztere Hydro-Sequenz der Bodenformen zeigt in vieler Beziehung eine Ähnlichkeit mit der niederschlagsbedingten Hydro-Sequenz, die vom Übergangswald in das Gebiet des Regenwaldes mit mehr als 2000 mm Niederschlag und praktisch permanenter Bodenbefeuchtung reicht. Auch dieser Formenwandel wird charakterisiert durch wachsende Profiltiefe (D-Horizont) und zunehmende Aufhellung der Matrixfärbung von Rotbraun nach Gelbgrau. Wie sehr das Bodenwasserregime dieser Sequenzen vergleichbar ist, wie sich überhaupt der Jahresgang der Wassersättigung in diesen Böden gestaltet, das wäre einer dringenden Untersuchung wert.

Literatur

1. *Aubert, G.*, et *Ségalen, P.*: Projet de classification des sols ferrallitiques. Cah. ORSTOM, sér. Pédol., IV, nº 4, 97–112 (1966).
2. *Fölster, H.*, und *Ladeinde, T. A. O.*: Pedologie (Gent), XVII, 212–231 (1967).
3. *Fölster, H.*: Slope development in SW-Nigeria during late Pleistocene and Holocene. Göttinger Bodenkundliche Berichte, 10, 3–56 (1969).
4. *Fölster, H.*: Ferrallitische Böden aus sauren metamorphen Gesteinen in den feuchten und wechselfeuchten Tropen Afrikas. Göttinger Bodenkundliche Berichte, 20 (1971).
5. *Mohr, E. C. J.* and *van Baren, F. A.*: Tropical Soils. Interscience Publishers Ltd. London (1954).
6. *Stoops, G.*: Pedologie (Gent), XVIII, 110–149 (1968).

Zusammenfassung

Der Beitrag befaßt sich mit dem Einfluß und der Bedeutung von Stauwasservergleyung auf die ferrallitische Bodenbildung aus Saprolithen metamorpher Gesteine. Da diese Pedogenese eine Kompaktierung des Unterbodens und eine Porenvergröberung im Oberboden zur Folge hat, erzeugt sie Bedingungen, die eine episodisch-periodische Vernässung begünstigen. Prozesse und Profilentwicklung werden beschrieben, ebenso der charakteristische Bodenformenwandel mit zunehmender Vernässung am Hang (verbunden mit lateraler Eisenverlagerung), mit sinkender Hangneigung und mit steigenden Niederschlägen.

Summary

The contribution deals with the influence and importance of impeded drainage on ferrallitic soil formation on saprolites of metamorphic rocks. As such pedogenesis results in a compaction of the subsoil and an increase of the volume of coarse pores in the surface soil, conditions favouring episodic to periodic saturation are being created. The author describes processes and profile development as well as the characteristic change of profile morphology with growing impeded drainage along the slope (incorporating lateral iron accumulation), with decreasing slope gradient and with increasing precipitation.

Résumé

Cette contribution a trait à l'influence et à l'importance de la gleyification par défaut de drainage sur la formation ferralitique d'un sol saprolitique de roches métamorphiques. Comme cette pedogenèse a pour conséquence un tassement du sous-sol et une augmentation du volume des pores grossiers à la surface, elle produit des conditions, qui favorisent une humidification épisodique à périodique. Les processus et le développement des profils sont décrits, ainsi que les changements caractéristiques de la morphologie du profil avec augmentation de l'insuffisance de drainage le long de la pente (liée à l'accumulation latérale de fer), avec pente progressivement décroissante et précipitations croissantes.

Sites D'hydromorphie dans les Régions à Longue Saison Sèche D'Afrique Centrale

Par *M. Brabant* *)

La région étudiée se situe au Nord du Cameroun entre le 8ème et le 9ème parallèle de part et d'autre du 14ème méridien, sous un climat soudanien à deux saisons bien contrastées, dont une saison sèche de 6 mois. Des travaux récents de cartographie ont révélé que les sols hydromorphes, qui se trouvent habituellement dans des dépressions ou sur des plateaux mal drainés, peuvent être situés ici sur des pentes ou des sommets bien drainés.

1. *Données sommaires sur le milieu* (Fig. 1)

La région constitue le haut bassin versant du fleuve Bénoué (73 000 km^2) qui connaît actuellement une phase d'érosion agressive.

Trois zones s'individualisent successivement vers le centre du bassin: une zone amont, une zone médiane, et une zone aval. Le passage de l'une à l'autre est progressif et l'ensemble est interprété comme une vaste séquence liée à un cycle d'érosion-sédimentation. En amont, les glacis peu érodés portent des sols et altérations épaisses, riches en kaolinite. Dans la zone médiane plus érodée, ils sont limités au sommet de buttes dont la taille diminue progressivement et qui disparaissent totalement des glacis de l'aval très érodés. Au centre du bassin, des masses de sédiments déposés au cours du quaternaire constituent des plaines alluviales de part et d'autre du fleuve.

Les sols sur alluvions quaternaires ou sur les granites de la zone aval, subissant une érosion très active, peuvent être considérés comme les plus récents.

Dans ces paysages, l'hydromorphie se manifeste en présence de nappes permanentes, temporaires ou des eaux de submersion.

Les nappes permanentes sont des nappes générales conformes à la topographie, à mouvements latéraux lents, alimentées par les infiltrations pluviales, subissant des battements de grande amplitude à l'échelle de l'année et de faible amplitude à l'échelle des averses.

Les nappes temporaires sont des nappes perchées de saison pluvieuse, alimentées directement par les eaux pluviales, pouvant subir des mouvements latéraux assez rapides en fonction des averses.

La submersion survient durant les crues dont les eaux débordent et inondent les plaines alluviales. Les eaux se retirent à la décrue, mais la submersion peut se prolonger dans les zones les plus basses.

2. *Les sols et les sites d'hydromorphie*

2.A. *Zone amont* (fig. 1A)

*) Orstom, B.P. 193, Yaoundé, Cameroun.

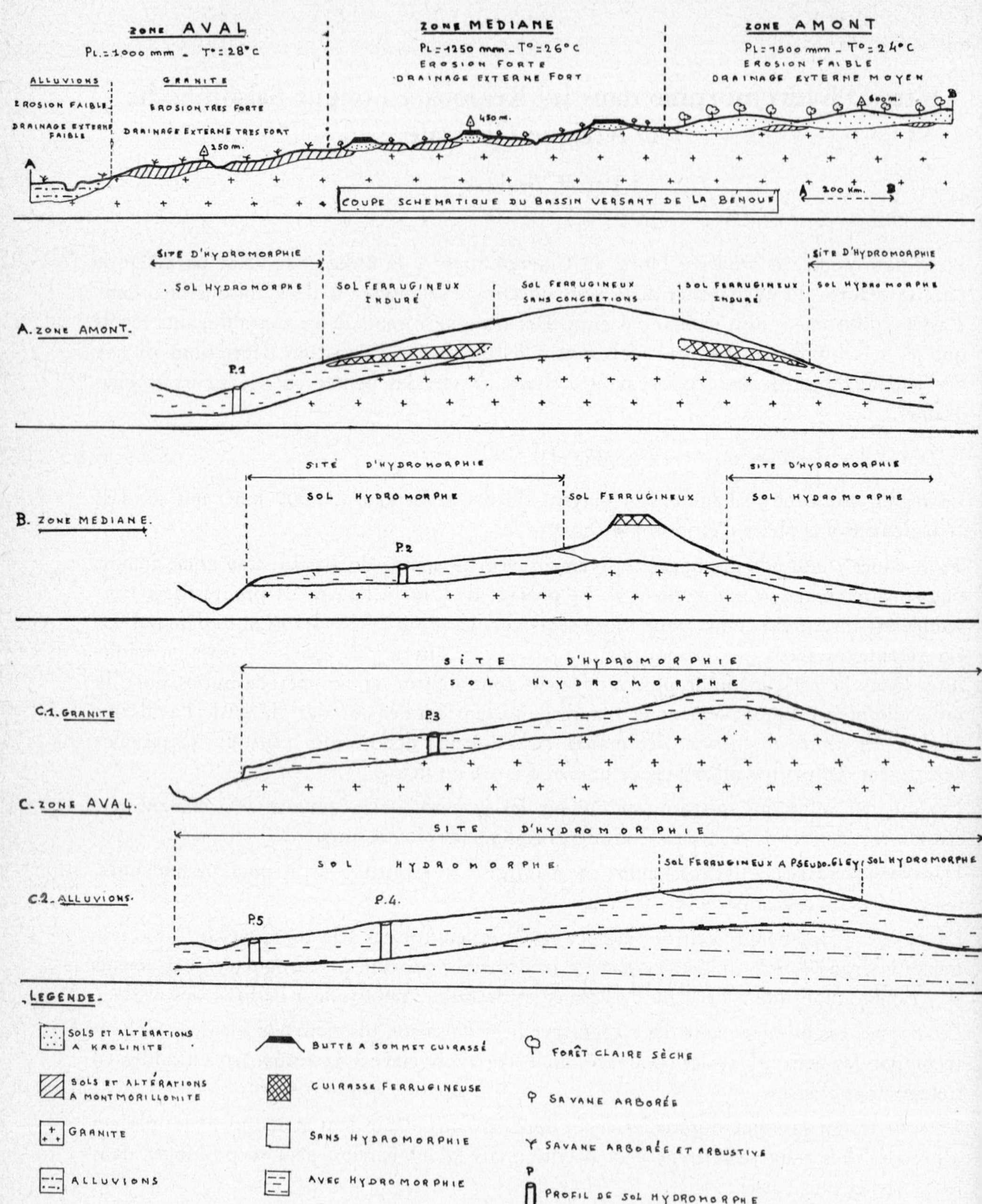

Fig: 1. Sites d'hydromorphie.

Une nappe générale se maintient en permanence dans les sols ou les altérations. La toposéquence habituelle comporte l'association suivante:

— sol ferrugineux tropical lessivé sans concrétions[1]), riche en kaolinite (50 % de l'association);
— sol ferrugineux tropical lessivé induré[2]), riche en fer et en kaolinite (30 % de l'association);
— sol hydromorphe à pseudo-gley peu lessivé[3]), contenant des argiles gonflantes en profondeur.

Le sol hydromorphe est relativement peu différencié; il comporte (fig. 2.1.):

— un horizon humifère gris sombre, à taches rouille; peu compact; sableux; assez riche en matière organique;
— un horizon Bfe, de couleur plus claire; assez compact; sablo-argileux; contenant de nombreuses concrétions noires à cortex rouille, des quartz grossiers, des fragments de roche ferruginisée et des gravillons ferrugineux;
— un horizon B2t verdâtre à taches rouille; argilo-sableux; structure cubique à prismatique avec faces de glissement à la base; très dur à l'état sec et plastique à l'état humide; contenant d'abondantes cutanes grises et quelques parties gris clair localisées à la surface de certains agrégats;
— à la base, présence d'une nappe ou passage brutal à la roche peu altérée.

Ainsi, dans les paysages de l'amont, à drainage externe modéré, recevant 1500 mm de pluies alimentant des nappes permanentes, les sites d'hydromorphie sont limités à la partie basse des glacis.

2.B. *Zone médiane* (fig. 1B)

Des nappes temporaires se forment en saison pluvieuse dans les sols et les altérations peu épaisses, riches en argiles gonflantes. La toposéquence habituelle comporte au sommet une butte résiduelle, formée d'une cuirasse ferrugineuse surmontant un horizon rubéfié à kaolinite, puis un sol hydromorphe à pseudo-gley lessivé[4]) occupant le reste du glacis.

Morphologie du sol hydromorphe (fig. 2.2):

— l'horizon supérieur est remarquable par le fait qu'il est constitué uniquement par des produits de déjections de vers de terre, atteignant 45 à 50 cm d'épaisseur; l'horizon est brun, sablo-limoneux à sableux, très poreux;
— au-dessous, un horizon A/E grisâtre, à taches rouille; sableux à sablo-argileux; contenant des volumes blanchis trés sableux; à la base, nombreux éléments grossiers de nature quartzeuse; la transition avec les horizons B est brutale;
— horizon B2t gris-olive à taches rouille; argilo-sableux à argileux; structure cubique à prismatique avec faces de glissement à la base; faible porosité; nombreuses concrétions ferrugineuses noires à cortex rouille et cutanes d'illuviation grisâtres;
— horizon Bca, plus ou moins riche en nodules calcaires; argilo-sableux; à structure large et à faces de glissement;
— puis passage progressif à un horizon BC et à la roche peu altérée.

---

[1]) Ferric Luvisol (FAO), Haplustalf (USDA).

[2]) Plinthic Luvisol (FAO), Plintustalf (USDA).

[3]) Ocraqualf (USDA).

[4]) Gleyic Luvisol (FAO), Albaqualf (USDA).

Fig: 2. SCHEMAS DE PROFILS

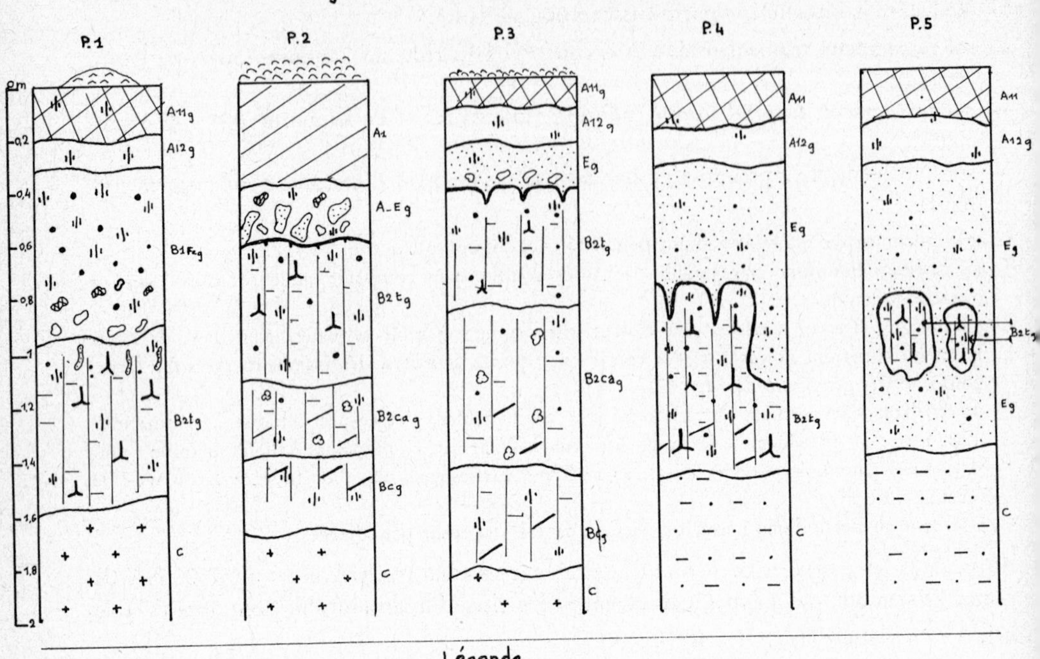

Légende

- Déjections de vers de terre
- h. humifère
- h. humifère d'origine biologique
- Volume albique
- h. albique
- Structure prismatique ou cubique
- Structure columnaire
- Face de glissement oblique
- Pseudo-gley
- Concrétion ferrugineuse dure
- Accumulation ferrugineuse friable
- Elément grossier
- Cutane d'illuviation
- Nodule calcaire

La transition brutale entre les horizons E et B est associée à une différence de comportement hydrodynamique. Le microrelief très tourmenté à cause des déjections de vers favorise les infiltrations dans les horizons supérieurs sableux, poreux, rapidement saturés. Puis les eaux pluviales atteignent les horizons B à montmorillonite, provoquant des phénomènes de gonflement tels que la porosité et la perméabilité diminuent fortement. Le drainage interne devient très déficient dans les horizons inférieurs fonctionnant alors comme niveau imperméable. Ceci induit une circulation latérale des eaux drainant les horizons supérieurs.

Dans les paysages de la zone médiane, à bon drainage externe, recevant en moyenne 1250 mm de pluies alimentant des nappes perchées temporaires, l'hydromorphie occupe une grande partie des glacis et une différenciation morphologique apparait dans les profils.

2.C. *Zone aval* (fig. 1C)

2.C.1. *Sur granite*

Dans un paysage pédologique à très bon drainage externe, où les altérations sont riches en montmorillonite et où se forment des nappes perchées en saison pluvieuse, des sols hydromorphes très lessivés[5]) occupent souvent toute l'étendue des glacis.

Le sol hydromorphe (fig. 2.3.) est caractérisé par la différenciation de l'horizon E albique en contact très brutal avec un épais horizon B. Ce sol comporte:

— un horizon humifère gris à taches rouille, formé en partie par des produits de déjection de vers de terre; sableux; assez poreux;
— un horizon de transition plus clair; sableux; structure massive;
— un horizon E, très blanchi; sableux; structure particulaire; très friable; contenant quelques concrétions ferrugineuses et souvent de nombreux quartz grossiers;
— un horizon B2t, gris à taches rouille; sablo-argileux à argileux; structure prismatique et souvent columnaire au sommet; faible porosité; contenant des concrétions ferrugineuses et quelques cutanes d'illuviation;
— un horizon B2ca, gris à gris olive; sablo-argileux; structure prismatique à cubique et faces de glissement à la base; riche en nodules calcaires;
— un horizon B3, gris à gris olive; argilo-sableux; structure large et nombreuses faces de glissement;

Passage progressif à la roche altérée.

2.C.2. *Sur alluvions* (fig. 2.4)

Les matériaux contenant montmorillonite et kaolinite sont soumis à l'action de nappes permanentes, de nappes temporaires perchées et parfois des eaux de submersion, dans un paysage à mauvais drainage externe.

Les sites d'hydromorphie ont une très large extension sur les glacis et les sols hydromorphes sont remarquables par le fort développement des horizons E albiques.

Le profil du sol hydromorphe[6]) est le suivant (fig. 2.4.):

— un horizon humifère; gris sombre; sableux; structure massive; passant graduellement à un horizon de transition gris à taches rouille;
— un horizon E très blanchi et très pauvre en colloïdes; structure particulaire; contenant quelques petites concrétions ferrugineuses; en contact très brutal et souvent glossique avec:
— un horizon B2t gris olive à taches rouille; sablo-argileux à argileux; structure columnaire ou prismatique; plastique à l'état humide et très dur à l'état sec; faible porosité; contenant des cutanes d'illuviation et des concrétions ferrugineuses.

Cet horizon passe très progressivement au matériau alluvial.

Dans certains profils (fig. 2.5.) l'horizon E pénètre profondément en langues dans l'horizon B et il arrive même que des volumes entiers d'horizons B2t soient complètement isolés dans un horizon albique très épais.

Dans la zone aval, sous une pluviosité de 1000 mm, les sites d'hydromorphie prennent une grande extension dans des conditions de drainage externe, soit favorables, soit au

[5]) Ochric Planosol (FAO).

[6]) Glossaqualfs (USDA).

contraire déficientes, sur des matériaux contenant toujours des argiles gonflantes. La différenciation morphologique des profils est très marquée.

3. *Déductions de ces observations morphologiques*

Dans le bassin de la Bénoué, malgré une saison sèche de 6 mois, la genèse des sols hydromorphes est très fréquente. Leur extension varie en sens inverse de la pluviosité totale annuelle.

L'hydromorphie, qui peut se manifester sur toute l'étendue des glacis, ne dépend pas de la position topographique conditionnant le drainage externe. Mais, elle paraît *étroitement liée à la nature minéralogique* des produits de la pédogénèse (présence d'argiles gonflantes) et à leur arrangement, agissant sur le comportement hydrodynamique des horizons.

Les différenciations morphologiques les plus accentuées sont observées dans les sols hydromorphes considérés comme les plus récents.

La morphologie des profils exprime deux types d'hydromorphie:

— une «hydromorphie statique» de milieu confiné qui se manifeste au contact des nappes permanentes ou temporaires à faibles mouvements latéraux. Ces conditions favorisent les accumulations de fer, argile, calcaire et probablement des néosynthèses d'argiles. On observe alors des horizons verdâtres, à taches rouille et concrétions ferrugineuses, argileux, compacts, à faible porosité, à structure large, riches en argiles gonflantes. Le terme ultime de cette évolution serait le vertisol.

— une «hydromorphie dynamique» de milieu non confiné au contact de nappes temporaires circulant au-dessus d'horizons peu perméables. Ces conditions sont favorables au lessivage des fractions fines, à la lixiviation d'éléments solubles et à la destruction probable de certaines fractions minéralogiques. On observe, dans ce cas, un matériau blanchi, sableux, friable, à structure particulaire, formant des volumes de tailles diverses ou un horizon E albique. Le terme de cette évolution serait un sol tropical très lessivé.

Ces sols hydromorphes à horizon E sont comparables à d'autres sols mondialement répandus et très diversement dénommés: Leached pallid soils (*Watson*, 1962), Sols à horizons blanchis (*Brabant*, 1967), Sols hydromorphes lithomorphes (*Martin*, 1968), Ferrolysed soils (*Brinkman*, 1969), certains Albaqualfs (USDA) et Planosols (FAO).

Tous ont en commun un horizon E albique, très pauvre en colloïdes, dont l'évolution serait due à des conditions physico-chimiques particulières créés par un certain type d'hydromorphie. En zone tropicale, ce processus, qui se fait en milieu faiblement acide et en absence de sodium, doit être distingué de la solodisation, se produisant en milieu alcalin et en présence de sodium, malgré une certaine convergence morphologique (*Brabant*, 1967).

Une série d'études a récemment débuté au Cameroun sur la dynamique actuelle de ces sols hydromorphes.

Bibliographie

Aubert, G.: Classification des sols utilisée par la section de Pédologie de l'Orstom (1965).

Brabant, P.: Contribution à l'étude des sols à horizons blanchis dans la région de Garoua (Nord-Cameroun) (1967).

Brabant, P.: Notice explicative de la carte de reconnaissance pédologique. Feuille de Rey-Bouba (à paraître). Orstom-Yaoundé.

Brinkman, R.: Géoderma **3**, 199—205 (1969).

Martin, D.: Les sols hydromorphes à pseudo-gley lithomorphes du Nord-Cameroun. Orstom-Yaoundé (1968).

Watson, J. P.: Soils and Fertilizers, 25 p., I., 4 (1962).

Résumé

Au Cameroun, sous climat à longue saison sèche, on observe fréquemment des sols hydromorphes dans le bassin versant de la Bénoué (73 000 km^2). L'hydromorphie peut se manifester sur des pentes ou des sommets bien drainés. De l'amont du bassin vers l'aval, où se trouvent les sols les plus récents, la différenciation morphologique des profils s'accentue. Les sites d'hydromorphie paraissent indépendants de la pluviosité et de la topographie mais en *relation avec la nature minéralogique* des produits de la pédogénèse. La différenciation morphologique exprime une *«hydromorphie statique»* de milieu confiné et une *«hydromorphie dynamique»* de milieu non confiné.

Zusammenfassung

Im fluviatilen Benoue-Becken (Kamerun) sind unter einem Klima mit langer Trockenzeit hydromorphe Böden weit verbreitet. Die Hydromorphie kann sich an Hängen oder auf Kuppen mit guter Drainage ausprägen. Vom Oberlauf- zum Unterlaufgebiet mit seinen rezenteren Böden verstärkt sich die morphologische Differenzierung der Profile. Die hydromorphen Standorte erscheinen unabhängig von Niederschlagshöhe und Relief, aber in Beziehung zum Mineralbestand der Böden. Die morphologische Differenzierung drückt eine „statische Hydromorphie" in den bedeichten und eine „dynamische Hydromorphie" in den nicht bedeichten Gebieten aus.

Summary

In the fluviatile basin of the Benoue (Cameroon) under a climate with a long dry season hydromorphic soils occur frequently. The hydromorphism can be manifested on slopes or on well drained summits. From the uplands to the lowlands with the more recent soils the morphological differentiation is accentuated. The sites of hydromorphism appear independent of rainfall and topography but in relation to the mineralogical nature of the products of soil formation. The morphological differentiation expresses a "statical hydromorphism" in the embanked regions and a "dynamical hydromorphism" in the not embanked ones.

Report on Topic 2.4: Hydromorphic Soils of mediterranean and tropical Areas[1])

By *V. A. Kovda* *)

We have listened and discussed very profound and impressive scientific lectures on hydromorphic gley- and plano-soils of the arctic, cool, temperate, subtropical and tropical areas of the different continents of the earth. Our outstanding colleagues *Carvalho Cardoso* et al., *Irmak* et al., *Kaloga, Van Wambeke,* and *Fölster* have demonstrated the broad existance of hydromorphic soils in the mediterranean and tropical regions. But the full impact of all this communications can be much better evaluated if considered in the light of the global picture of pedohydromorphism of the various climatical and geochemical environments of the continents.

It is important to keep in mind that the soil formation is based not only on vertical water infiltration, lessivage and eluviation-illuviation processes. These are the purely automorphic soils. All the groundwater soils are characterized by a permanent or temporate *ascending* of capillary solutions under the influence of evaporation and transpiration. Hence, groundwater soils (ortho hydromorphic) are geochemically affected by horizontal importation of dissolved compounds, mobilized in other areas. The soils of the slopes are affected by local redistribution of mobile compounds through lateral migration of the perched free water. Without acceptance of these postulates it is impossible to destinguish the main groups of hydromorphic soils.

Refering to the above mentioned papers and to the studies done in the USSR one can present the following conception of the formation and evolution of the hydromorphic (and particularly of the gley) soils.

The phenomenon of hydromorphic (groundwater) soil formation is not simply excess of water deficiency of oxygen this being part of any kind of hydromorphic soil formation. Most important is the fact that groundwater soils (and particularly gley soils) belong to the accumulative type of relatively young watersedimented plains and terraces, having poor drainage. This first type of the conditions always predestine the more or less definite (regular, periodical) existence of the mechanical and geochemical accumulation of the fine earth, colloidal and dissolved compounds being deposited by the inflowing passing and evapotranspirating surface and subsoil ground waters. Examples of this specific geochemical conditions are given to us during this conference in plenty. As a rule, the areas where hydromorphic soils exist are the flat depressions and lowlands, rivers and sea coasts low terraces, deltas, mangrove and estuaries, intermountain semiclosed plains and valleys, or the periferical parts of the slopes of the fans. Fine silt and claylike Pliocen-Quaternary deposits are the dominant type of parent soil forming

*) Sub-Faculty of Pedology, Moscow State University, Moscow, V-234, USSR.

[1]) The paper of *Brabant* is not included.

material. Climate can vary. Periodical temporate inundations coupled with shallow level of stagnant subsoil ground water (0,5—3—5 m) are always an obligatory factor of gley soil formation and of mechanical accumulation of particles and chemical deposits imported by incoming waters (allochtonic gley soils).

Tectonical uplifting of the lowlands and the changes in the course of the rivers and positions of the deltas can reduce and finaly stop the inundations and mechanical sedimentation. But permanent ascension and evapotranspiration of capillar moisture moving from ground water towards the surface will continuously deliver new portions of different dissolved salts and compounds of iron, manganese, aluminium, silicium, phosphorus and even trace elements and mobile humus. Luxurient cover of the swampy plants, grasses and trees growing in the described hydromorphic conditions results in biogenic accumulation of humus and important chemical elements in the soils as well.

Depending on the aridity of the climate and on the degree of the natural drainage of the land, the biogeochemical ratio of incoming and leached compounds in the hydromorphic gely soils will be most variable. As a scheme this can be illustrated as following:
a) In the gley soils of the arid deserts- accumulation of soluble salts, calcium carbonate, montmorillonite, silica, iron and manganese oxides (black medical mud, moist solonchaks, swampy, meadow gley soils).

b) In the gley soils of the semi-arid climate- accumulation of calcium and sodium carbonate, montmorillonite, iron and manganese oxides, silica (meadow gley soils, verty and planosoils, solodi).

c) In the gley soils of the humid subtropical and tropical conditions-accumulation of oxides of iron, manganese, silicon as well as illite and kaolinite (ground water laterite plinthite, hardpans, meadow gley soils, turf soils).

d) In the gley soils of the humid temperate and cool conditions — accumulation of concretionary forms of the oxides of iron and manganese (Ortstein, Eisenstein), silica, illite and montmorillonite (gley podsolic soils, gley meadow soils, swampy turf gley soils, planosols, podsols).

e) In the gley soils of the permafrost areas — accumulation of concretionary forms of oxides of iron, manganese and silicon and of illite and montmorillonite (gley permafrost soils, tundra gley soils, swampy gley soils).

f) In the soils of the sea coasts, mangrove, estuaries, gyttja, etc. conditions accumulation of soluble salts, (iron, manganese and aluminium sulphates, metal sulfides, free sulfuric acid (acid sulfate soils).

All these soils as soon as they have stagnated shallow ground waters near the surface and ascending capillary fringe are strongly affected by the contemporary reduction and gley forming processes (Eh can be –200 to +200 mV), they have specific H_2S and methane smell and blue, green, ochre, and olive colours and spots. Their pH can be 4—8 (excluding sulfuric acid soils having pH 2—3). Paddy rice soils are the example of man made hydromorphic gley soils. Described groups of hydromorphic soils represent *ortho*gley soils characterised by the actual presence of the underground water and actual accumulation of one or another group of chemical compounds and neoformations. Long duration of hydromorphic conditions as a rule is followed by a strong hydrogenic accumulation of mobile, semi-mobile, and immobile mineral and organomineral compounds in the lower horizons of soils and parent sediments (concretions and strata of salts, horizons of organosesquioxides, silica deposites, secondary amorphous, cryptocrystallized, thixotropic clay).

Permeability of soils for descending (infiltrating) water is getting more and more reduced. Reciprocally this leads to the formation of impermeable horizons and to the occurance of the suspended perched waters in the upper parts of the soil profile.

It is known that glaciations (and pluvial periods) are responsible for the existance of the global great plains of alluvial and fluvioglacial genesis. This very time (postglacial, postpluvial) was facilitating the broadest expansion of the hydromorphic and gley forming processes in the Pleistocene and Holocene. Neotectonic uplift of the Pliocenic, Pleistocenic and Holocenic great alluvial plains and terraces was followed by the disappearance of the excess of water; ground water level became much deeper. The hydromorphic soils of uplifted fluviate plains in the course of Holocene were converted into paleohydromorphic soils and till now provote and support the reductive processes in the soils. To my opinion this type of gley formation would be correct to call paragley (neoeluvial gley) soils as soon as a phenomenon of a geochemical accumulation no longer exists.

On the contrary perched (suspended) soil water (in the absence of ground water) in spite of the low permeability is pushing the general process of leaching, destruction and degradation of primary and secondary minerals. It seems that many planosols, gley-podsolic soils and pseudogleys belong to this group. This neoeluvial gley forming process must be strongly separated and distinguished from the first accumulative one.

In the subtropical and tropical areas as in any other climatical condititions one can observe both variants of the gley formation.

In the light of the considered scheme of the transformation of the pure hydromorphic landscape with the ground water hydromorphism after the tectonic uplift into paleohydromorphic landscape one has to accept the idea that *ortho*gley soils located on the lowest geomorphic surfaces are the earliest stages of the evolution of the soils. On the contrary the neoeluvial gley usually located on higher geomorphic levels of the land are a much later stages of the soil forming process.

The formation of the internal impermeable horizons in the gley soils of the second type is a result of the previously existing geochemical accumulation of the cementing materials leading to evapotranspiration of the ascending fringe of ground water.

For this second form of gley a negative material budget of soil formation is typical due to dominating leaching. Eluviation of the top horizons of these soils and illuviation of the lower strata reinforced strongly the phenomena of their cementation and argillization. In the morphology, chemistry and mineralogy of these gley soils the signs (properties) of the past influence of ground water and of contemporary influence of perched infiltrating water will be combined.

The third group of gley forming process has no influence of ground water in the past. They belong to the class of the pure automorphic (autochtonic) residual soils never affected with the geochemical accumulation of the material mobilized and transported from outside.

General material budget of soil formation in the soils of this class is negative: domination of destruction of minerals and leaching of mobile products.

The final result, degree and depth of leaching depend on the water regime of the soils. In the cases of periodical domination of evapotranspiration part of dissolved material moving down will be deposited as iron-manganese, calcareous concretions, silicon and clay films and even cemented horizons formed either by one or a mixture of these compounds.

This process resulted in the development of impermeable B and C horizons provoking temporarly the overmoisturing of soils and the existence of perched lenses of free water. In this third case reduction and gley horizons are fully automorphic, that is of illuvial-eluvial origin. And namely this very type of gley may be called actually "pseudogley". It can be the most leached and unfertile soil. As Mückenhausen showed the lithological differences of the parent material particularly facilitate occurences at the perched water and the formation of eluvial pseudogley soils.

It is evident that all the properties of the described main groups of gley soils are very different in their history of formation, in the type of water regime and dissolved material budget, in pH and Eh dynamics, in potential fertility and reclamation requirements.

Morphological Changes of Soils by Paddy Rice Cultivation

By *M. Otowa**)

Introduction

Paddy soils in Japan are mostly distributed in flood plains and some of them on uplands of old alluvium covered with or without volcanic ash. In the hilly regions paddy rice is also raised on terraced slopes. In Northern Japan organic soils are used as paddy fields after drainage and mineral soil dressing.

Soil survey of paddy soils based principally on *Kamoshita's* classification scheme was initiated in 1953 (1, 2, 3). At present time the greater part of paddy soils have been surveyed and re-organization by means of soil series has been started (4).

But classification problems of paddy soils have not been solved enough; one of the reasons of which probably originates in the fact that the effects of paddy rice cultivation on the morphology of soils have remained unclarified. In summer paddy soils are submerged by irrigation water and a reducing condition develops, especially in surface soils; in autumn irrigation water is removed and an oxidizing condition prevails, especially in well-drained soils. These alternations impart some characteristic morphological features to paddy soils.

Method

The author described paddy soils in Japan derived from various soils including Fluvisols, Gleysols, Andosols, Cambisols, Histosols, Lithosols, and considered morphological changes specific to various soil groups.

Results and Discussions

1. *Fluvisols*

Location: Sekijo-machi, Ibaraki Prefecture (approx. 36° N, 140° E).

Topography and parent material: levee, alluvium.

Apg** 0–17 cm Gray (5Y5/1), loam, few cloudy rusty mottles, weak subangular blocky, slightly sticky, somewhat compact.

B21gir 17–19 cm Gray (5Y5/1), loam, common thready and filmy rusty mottles, weak subangular blocky, slightly sticky, compact.

B22gmn 19–24 cm Gray (5Y4/1), loam, many concretionary (rich in manganese) cloudy and thready rusty mottles, weak subangular blocky, slightly sticky, somewhat compact.

Clg 24–45 cm Grayish yellow brown (10YR4/2), loam to clay loam, gray mottles occupying one third of the upper part of this horizon, decrease with depth and occupy one fifth in the lower

*) Hokkaido National Agricultural Experiment Station Hitsujigaoka, Sapporo, Japan.

**) Nomenclature of horizons is based on Soil Survey Manual (1962) modified by M. Otowa.

part, no rusty mottles, weak subangular blocky, partly weak granular, slightly sticky, somewhat compact.

C2 45 cm+ Grayish yellow brown (10YR4/2), clay loam, gray mottles occupy one tenth of the upper part, no rusty mottles, weak subangular blocky, partly weak granular, few very fine and fine pores.

This profile has no signs of the gleying effects of ground water within 1 m from the surface and gleying is wholly attributed to submerging in summer. The reducing condition develops first of all in the plough layer supplied with organic matter and gradually extends to the subsoil. In this case the upper 24 cm – A and B horizons – have gray matrix with rusty mottles and in the C horizons gray mottles decrease with depth. In the B horizons, iron and manganese have been illuviated.

The analytical data are shown in Table 1.

This profile was described from a soil which had been planted with rice for about thirty years. But the morphological changes of these Fluvisols on which rice cultivation has been continued for a long time, especially the degree of gleying, are not yet known. In other words it is difficult to decide whether a soil which has thick gray horizons with rusty mottles originally belongs to the Fluvisols or not. But, in any case, morphological changes in soils by paddy rice cultivation are most clear in the Fluvisols.

2. *Gleysols (I)*

In Gleysols one often finds difficulty to distinguish the effects of paddy rice cultivation on the morphology of soils. In some cases, it is difficult to recognize morphological changes. When marshy or swampy Gleysols (Hydraquent) are used as paddy fields a reducing condition persists longer as compared to soils without irrigation in summer. Under paddy rice cultivation, generally, in the upper part of the solum, greenish colours disappear and grayish colors predominately occur. Precipitated iron oxides impart a brownish appearance.

Location: Naoetsu-shi, Niigata Prefecture (approx. 37° N, 138° E).

Topography and parent material: Flood plains, alluvium.

Apg 0–10 cm Gray (10Y4/1), heavy clay, common cloudy and filmy rusty mottles, massive, sticky, very loose.

AG 10–19 cm Gray (N4.5/), heavy clay, few thready rusty mottles, massive, very sticky, very loose.

Gl 19–93 cm Gray (10Y5/1), light clay, many thready and tubular rusty mottles, massive, sticky, loose.

G2 93 cm+ Greenish gray (7.5GY5/1), light clay, no rusty mottles.

This profile is characterized by a thick gray horizon with many rusty mottles underlain by a greenish gray horizon with no mottles.

To the contrary, in coarse-textured soils with a low ground water level iron and manganese illuviations are distinct. In extreme cases, profiles similar to Gleyic Podzols are formed. The areas of such types of soils are called "degraded paddy fields" in Japan.

Location: Matsukawa-mura, Nagano Prefecture (approx. 36 ° N, 138 ° E).

Topography and parent material: flood plains, alluvium.

Apg 0–17 cm Gray (7.5Y5/1), loam, no rusty mottles, weak subangular blocky, slightly sticky loose, few subangular and rounded gravel (0.5–2 cm).

A2g 17–19 cm Gray to light gray (upper part 7.5Y6/1, lower part 7.5Y7/1), sandy loam, few thready rusty mottles, massive, non-sticky, somewhat compact, few subangular and rounded gravel (0.5–2 cm).

B21gir 19–27 cm Gray (7.5Y6/1), sandy loam, abundant thready rusty mottles, massive, non-sticky, somewhat compact, few subangular and rounded gravel (0.5–2 cm).

B22gmn 27–44 cm Brown (7.5YR4/4) mottled, coarse sandy loam, concretionary and cloudy rusty mottles coat nearly whole matrix, massive, non sticky, somewhat compact, few subangular and rounded gravel (0.5–2 cm).

B23gmn 44–65 cm Dull yellowish brown (10YR4/3) mottled, loamy coarse sand, coated with rusty mottles, single grain, non sticky, loose, few subangular and rounded gravel (0.5–2 cm).

C 65 cm+ Grayish yellow (2.5Y7/2), loamy coarse sand, few subangular and rounded gravel (0.5–2 cm).

This profile has a light gray A2 horizon and well-developed B horizons.

3. *Gleysols (II)**)

Because this group of soils already have gleyed horizons prior to paddy rice cultivation, the effeects of such are indistinct. Moreover, owing to low permeability illuviations of manganese and iron are slight, though in the subsoil one can often notice "common to many" thready and cloudy rusty mottles.

Location: Asahikawa-shi, Hokkaido (approx. 44° N, 143° E).

Topography and parent material: gently sloping terrace, old alluvium.

Apg 0–10 cm Yellowish gray (2.5Y5/1), light clay, common filmy and thready rusty mottles, massive, sticky, loose, common micro pores, few very fine pores.

B21g 10–20 cm Light gray (7.5Y7/1), light clay, many thready and cloudy rusty mottles, weak angular blocky, very sticky, somewhat compact, broken thin cutans possibly of clay minerals with organic matter, common micro pores.

B22g 20–45 cm Light gray (7.5Y7/1), heavy clay, common cloudy rusty mottles, weak prismatic break down to medium angular blocky, very sticky, somewhat compact, few micro and fine pores.

Clg 45–73 cm Light gray (7.5Y7/1), light clay, many cloudy rusty mottles, weak prismatic break down to medium angular blocky, very sticky, compact.

C2 73 cm+ Brown (10YR4/4), heavy clay, weak prismatic, common olive gray vein, compact.

This profile has greenish tints throughout the solum comparing with that of the adjoining vegetable field without irrigation in summer.

4. *Andosols*

The changes of morphology of Andosols by paddy rice cultivation are somewhat peculiar. In plough layers which are usually darkcolored horizons rich in organic matters, if one observes them in autumn after drainage, changes due to submerging are difficult to be found, namely, rusty mottles are hardly recognized. Moreover, such gleying in subsoils as in Fluvisols is seldom perceived. But, as Andlsols are generally permeable, in paddy fields on which rice cultivation extends over a long time, well-developed iron and mangnese illuvial horizons can be detected by chemical analysis.

Location: Hata-mura, Nagano Prefecture (approx 36° N, 138° E).

*) These soils which derived mostly from clayey old alluviums are called "Pseudogleys" in Hokkaido, Japan (6). But, although clay contents usually increase with depth, argillic horizons have ben not yet identified.

Topography and parent material: terrace, volcanic ash.

Apg 0–10 cm Brownish black to black (6.25YR2/1), light clay, no rusty mottles, weak subangular blocky, sticky, loose,

Bgirmn 18–24 cm Brownish black (7.5YR3/1), clay loam, upper part common cloudy rusty mottles, lower part few rusty mottles rich in manganese, massive, slightly sticky, compact, few very fine and fine pores.

A3 24–37 cm Dull yellowish brown and grayish yellow brown (10YR5/4 and 10YR4/2), field texture clay loam, no rusty mottles, massive, sticky, somewhat compact, common very fine and fine pores.

B 37 cm+ Yellowish brown (10YR5/8), field texture clay loam, no rusty mottles, massive, sticky, loose, common very fine and fine pores.

In this profile, the brownish black to black plough layer has no rusty mottles and the brownish black second horizon which has only common rusty mottles is an iron and manganese illuvial horizon. Below this one can hardly recognize the gleying effects of submerging in summer.

5. *Cambisols**)

Unfortunately, the author has no opportunity to investigate aged paddy soils derived from this type of Cambisols, therefore he can only refer to their general tendency of morphological changes caused by paddy rice cultivation. As far as he knows, this group of soils have a stronger tendency of gleying in subsoils than that of Andosols, but less than Fluvisols. Subsoils are characterized by precipitations of iron and manganese rather than gleying.

Location: Hamamatsu-shi, Shizuoka Prefecture (approx. 35° N, 138° E).

Topography and parent material: very gently sloping terrace, old alluvium.

Apg 0–13 cm Grayish olive (5Y4/2), light clay, common filmy and thready rusty mottles, weak subangular blocky, loose, few very fine and fine pores.

B21mo 13–28 cm Bright brown to orange (7.5YR5.5/8), heavy clay, thready and filmy rusty mottles rich in manganese, few thready gray mottles, weak angular blocky, sticky, somewhat compact.

B22 28–42 cm Bright brown (7.5YR5/7), heavy clay, few thready rusty and gray mottles, weak angular blocky, sticky, somewhat compact.

B23 42–71 cm Bright yellowish brown (10YR6/7), heavy clay, few rusty mottles, weak angular blocky, very sticky, somewhat compact.

IIC 71 cm+ Gravel layer, rounded weathered and strongly wathered (1–10 cm).

This profile was taken from a field which had been planted with rice for about twenty years. The plough layer has common rusty mottles and the subsoil common rusty mottles rich in manganese. Thready gray mottles are perceived down to the B22 horizon.

6. *Histosols*

Histosols distributed in warmer regions are used as paddy fields after drainage and dressing of mineral soil materials. To eliminate harmful effects of organic layers and

*) Cambisols discussed here are soils which are called "Red-Yellow Soils" in Japan. Although some scientists regard them as Red-Yellow Podzolic soils (7), argillic horizons have been not yet identified.

increase soil fertility, soil dressing is frequently performed by farmers. In consequence of this, upper mineral layers become thicker year by year, and organic layers almost become buried soils.

Location: Bibai-shi, Hokkaido (43 ° N, 142 ° E).

Topography and parent materials: back-marsh, highmoor.

Apg 0–16 cm Dark olive gray (2.5GY4/1), clay loam, common filmy and thready rusty mottles, very weak angular blocky, sticky, loose, few very fine and fine pores.

A12g 16–22 cm Brownish black (5YR2.5/1), clay loam, few filmy rusty mottles, massive, slightly sticky, loose.

Pl 22–38 cm Very dark brown (7.5YR2/3), highmoor (Sphagnum, Carex Middendorffii), H4.

P2 38–65 cm Dark reddish brown (5YR3/5), high moor (Sphagnum, Carex Middendorffii, Oxycoccus palustris), H2–3.

P3 65–78 cm Dark reddish brown (5YR3/6), transitional moor (Carex Middendorffii, Sphagnum, Oxycoccus palustris), H3.

P4 78 cm+ Black (10YR1.7/1), lowmoor (Osmunda cinnamomea).

In this profile, the upper 22 cm is composed of carried materials and its lower part – A12g – is mixed with the underlying organic layers. But one can hardly recognize significant changes in organic layers due to paddy rice cultivation, though in this case the Pl layer indicates higher humification.

7. *Lithosols*

Location: Tsuyama-shi, Okayama Prefecture (approx. 35 ° N, 134 ° E).

Topography and parent material: end of gentle ridge, tertiary shale.

Apg 0–12 cm Gray (7.5Y5/1), heavy clay, many filmy and thready rusty mottles, weak subangular blocky, sticky, loose.

A12g 12–20 cm Olive gray (2.5GY5/1), heavy clay, common filmy and thready rusty mottles, massive, sticky, loose, common micro and very fine pores.

Cg 20–27 cm Dark greenish gray to greenish gray (7.5GY4.5/1), clay loam, common filmy rusty mottles, rusty thin layer (dark reddish brown) on the surface of underlying parent rock, massive with remnants of rock structure, compact.

R 27 cm+ Parent rock, very compact, dug with as spade, inner part grayish olive to olive yellow (5Y6/2.5), brown coating and manganese oxide on the surface of cracks.

In this profile, the vertical movement of irrigation water is impeded by the presence of bed rock, and only the surface gleying is remarkable. With regard to gleyed horizons, greenish tints become stronger downward. Parent rock which one can dig with a spade has iron and manganese precipitations in the cracks.

Conclusions

Morphological changes of soils by paddy rice cultivation, contrary to our anticipations, are not always noticeable. Such noticeable changes as in "degraded paddy fiels" are considered to be rather exceptional. Therefore, it may be said that most paddy soils can be regarded as land-use phases of original soils.

To the contrary, for some soils having iron and manganese illuvial horizons, which developed over a certain limit, it may be necessary to prepare "hydragric" subgroups (8).

Table 1

Analytical data of soils described

Soil groups	Horizons	Mechanical composition (mm) coarse sand 2–0.2	fine sand 0.2–0.02	silt 0.02–0.002	clay <0.002	Ph H_2O	KCl	y_1	C %	C/N	Free oxides % Fe_2O_3	Mn_3O_4	Phosphate absorption coefficient	CEC me/100 g	Degree of base saturation %
Fluvisols	Apg	3.1	56.7	28.3	11.9	5.5	4.4	0.9	1.31	8	1.97	0.019	849	11.5	73
	B21gir	3.0	58.3	26.7	12.0	5.9	4.6	0.3	1.15	10	2.78	0.035	802	10.5	83
	B22gmn	2.2	55.1	29.3	13.4	6.7	5.4	0.0	0.88	10	2.63	0.124	851	12.6	98
	Clg	0.7	49.5	34.8	15.0	7.0	5.5	0.0	0.56	9	2.55	0.100	804	14.0	103
	C2	0.8	42.9	39.1	17.2	6.9	5.4	0.0	0.62	11	2.62	0.094	878	14.9	100
Gleysols (I)	Apg	0.3	15.1	38.5	46.1	4.8	3.9	16.0	3.82	10	2.36	0.014	1200	33.3	60
	AG	0.3	14.4	37.8	47.5	5.0	4.0	7.1	3.41	10	2.46	0.017	1230	33.3	66
	Gl	1.4	20.7	42.2	35.7	5.1	3.8	20.0	0.61	6	4.41	0.016	1070	29.9	68
Gleysols (I)	Apg	21.5	37.6	27.3	13.6	5.5	4.6	0.8	2.86	9	0.54	0.014	445	8.3	67
	A2g	39.0	32.7	20.3	8.0	5.9	4.7	0.4	0.94	10	0.99	0.012	277	3.4	79
	B21gir	43.8	29.0	18.6	8.6	6.1	5.0	0.2	1.00	11	3.45	0.028	487	3.8	89
	B22gmn	60.4	23.3	11.7	4.6	6.2	5.2	0.1	0.40	10	1.27	0.116	184	3.2	81
	B23gmn	73.7	15.3	8.0	3.1	6.3	5.5	0.1	0.15	10	1.11	0.033	207	1.9	110
	C	91.7	7.1	0.3	0.9	6.2	5.8	0.0	0.13	23	0.25	0.010	46	0.4	300
Gleysols (II)	Apg	5.1	15.8	42.2	36.9	4.9	3.8	14.8	2.90	12	1.31	0.022	678	16.9	33
	B21g	4.7	14.6	44.9	35.8	4.6	3.5	3.6	0.60	8	0.83	0.010	585	14.3	26
	B22g	2.3	6.2	46.2	45.3	4.6	3.4	39.9	0.33	5	0.53	0.001	719	19.9	40
	Clg	4.4	9.4	44.0	42.2	4.5	3.2	26.0	0.19	6	0.82	tr.	602	19.9	62
	C2	2.7	5.1	37.0	55.2	4.4	3.1	25.3	0.20	6	1.19	tr.	794	26.6	59

Table 1 (contd.)

Analytical data of soils described

Soil groups	Horizons	Mechanical composition (mm) coarse sand 2–0.2	fine sand 0.2–0.02	silt 0.02–0.002	clay <0.002	Ph H_2O	Ph KCl	y_1	C %	C/N	Free oxides % Fe_2O_3	Free oxides % Mn_3O_4	Phosphate absorption coefficient	CEC me/100 g	Degree of base saturation %
Andosols	Apg	4.6	29.8	38.3	27.3	5.9	4.8	0.7	6.83	13	2.53	0.022	1960	24.0	56
	Bgirmn	12.1	34.1	36.4	17.4	6.3	5.1	0.2	5.50	15	6.60	0.246	2060	21.1	67
	A3	8.1	62.4	24.5	5.0	6.5	5.3	0.1	3.18	13	4.14	0.120	2290	13.8	63
	B	10.1	59.6	21.8	8.6	6.8	5.5	0.0	0.92	10	4.42	0.103	1640	10.4	76
Cambisols	Apg	10.1	30.2	26.1	33.6	5.6	4.3	3.3	1.56	13	3.81	0.008	528	12.4	37
	B21mo	7.5	21.1	22.1	49.3	6.4	5.5	0.2	0.74	14	5.52	0.021	786	13.6	53
	B22	7.2	20.1	24.0	48.7	5.7	4.7	1.2	0.44	11	5.52	tr.	908	10.8	46
	B23	7.0	22.1	22.9	48.0	5.2	4.2	7.0	0.28	9	5.68	tr.	594	8.7	39
Histosols	Apg	4.2	41.1	30.7	24.0	5.1	4.0	4.8	6.74	15	2.04	0.032	708	27.2	47
	A12g	6.2	43.5	26.4	23.9	5.0	4.1	5.0	14.1	21	1.87	0.029	922	39.1	45
Lithosols	Apg	1.4	8.2	27.9	62.5	4.6	3.7	39.8	3.25	9	1.13	0.005	1260	36.5	51
	A12g	1.6	11.5	28.4	58.5	4.6	3.7	44.3	1.49	8	1.37	0.006	1090	33.5	54
	Cg	9.7	45.6	26.7	18.0	4.7	3.8	29.5	0.27	7	1.52	0.008	900	23.7	62
	R	3.3	4.6	25.8	66.3	4.4	3.5	74.5	0.25	5	2.21	0.009	1000	36.0	36

But surface gleying itself which can be produced by paddy rice cultivation for only ten years or so is not aquate for the definition of subgroups.

Acknowledgments

The author wishes to express his sincere thanks to Prof. *Dr. K. Kawaguchi* and his colleagues, Kyoto University, for their support in field work. He also thanks *Dr. M. Oyama,* National Institute of Agricultural Sciences, and Prof. *Dr. S. Sasaki,* Hokkaido University, for their invaluable advice.

References

1. *Kamoshita, Y.*: J. Imp. Agr. Exp. Station, **3,** 401–420 (1940).
2. *Uchiyama, N.*: Morphology of paddy soils (Japanese) (Chikyu-shuppan, Tokyo) (1949).
3. *Oyama, M.*: Bull. Nat. Inst. Agr. Sci. Series B, **12,** 303–372 (1962).
4. *Matsuzaka, Y.*: Bull. Nat. Inst. Agr. Sci. Series B, **20,** 155–349 (1969).
5. *Otowa, M.*: Bull. Nat. Inst. Agr. Sci. Series B, **18,** 1–48 (1967).
6. *Matsui, T.* et al.: Soils in Northern Hokkaido, Japan (Hokkaido Development Bureau, Sapporo) (1967).
7. *Ritchie, T. E.*: Reconnaissance soil survey of Japan, Summary – NRS, GHQ, SCAP, Report No. 110-I (1951).
8. U. S. Soil Surv. Staff: Soil Classification. A Comprehensive System. 7th Approximation, U. S. Dept. Agr., Soil Conserv. Serv. (1960).

Summary

To clarify the effects of paddy rice cultivation on the morphology of soils, the author described paddy soils in Japan derived from various soils including Fluvisols, Gleysols, Andosols, Cambisols, Histosols, Lithosols, and considered morphological changes specific to them.

Morphological changes of soils by paddy rice cultivation are not always noticeable. Therefore, it may be said that most paddy soils can be regarded as land-use phases of original soils. But, for some soils having iron and manganese illuvial horizons which developed over a certain limit, it may be necessary to prepare "hydragric" subgroups. On the contrary, surface gleying itself which can be produced by paddy rice cultivation for only ten years or so is not adequate for the definition of subgroups.

Résumé

Pour rendre clair l'effet d'une culture de riz sur la morphologie des sols, l' auteur a décrit des sols de riz au Japon, qui sont dérivés de différents sols. Notamment les Fluvisols, les Gleys, les Andosols, Cambisols, Histosols et Lithosols, et il considère les transformations morphologiques, qui leur sont spécifiques.

Des transformations morphologiques des sols par des cultures de riz ne sont pas toujours observées. Pour cette raison on pourrait dire, qu'on peut estimer la plupart des sols de riz comme des phases d'utilisation des terrains originaux. Mais, pour quelques sols, qui ont des horizons de précipitation de fer et manganèse, qui se sont développés au dessus d'une certaine limite, pourrait-il être nécessaire, de former de nouveaux sous-groupes «hydragriques».

D'autre part la gleyification de la surface elle-même, qui peut être seulement produite par la culture du riz en 10 années environ, n'est pas suffisante pour une définition des sous-groupes.

Zusammenfassung

Um die Auswirkung der Reisanpflanzung auf die Bodenmorphologie zu klären, beschrieb der Autor Reisböden in Japan, die von verschiedenen Böden einschließlich Fluvisolen, Gleyen, Andosolen, Cambisolen, Histosolen und Lithosolen abgeleitet sind, und betrachtete morphologische Veränderungen, die für sie spezifisch sind. Morphologische Veränderungen von Böden durch Reisanpflanzung sind nicht immer bemerkbar. Deshalb könnte man sagen, daß man die meisten Reisböden als Phasen der Landnutzung von ursprünglichen Böden betrachten kann.

Aber für einige Böden, die Eisen- und Mangan-Fällungshorizonte haben, die sich über eine bestimmte Grenze hinaus entwickelt haben, mag es notwendig sein, „hydragrische" Untergruppen zu bilden. Andererseits ist die Oberflächenvernässung selbst, die durch Reisanflanzung in nur etwa 10 Jahren bewirkt werden kann, nicht ausreichend für die Definition von Untergruppen.

Hydromorphic Soil Characteristics in Alluvial Soils in Connection With Soil Drainage

By *C. van Wallenburg**)

Introduction

The alluvial soils in The Netherlands are formed in material which was deposited both by the sea and by rivers. As a result of initial soil formation processes (4), either an A-Cg-G or an A-C-Cg-G profile has developed from an A_o-G profile in these marine or fluviatile sediments.

The Cg-horizon in these alluvial soils is characterized by the appearance of distinct brown and grey mottles in a brown-grey to grey coloured soil.

In the Soil Classification System of The Netherlands soils in which such a Cg-horizon commences at a depth of < 50 cm are classified among the hydromorphic soils and are described as "soil with characteristics associated with wetness" (1, 2). In the U.S.A. Soil Classification they belong to the Aquepts.

The alluvial soils are frequently artificially drained; as a result many soils are no longer permanently or periodically saturated with water. The soil drainage situation, however, varies from one area to another and there are quite wide variations in the depth to groundwater.

Those who make use of soil maps are not only interested in the characteristics and properties of the soil, but also in the soil drainage situation. In this connection they require information as to the depth to the water table and the state of the groundwater level throughout the year. When the Soil Classification System for The Netherlands was established, it was decided to classify the present-day soil drainage situation separately and to detach this from the hydromorphic classes of the soil classification. Therefore the present-day drainage situation is indicated by means of phases, known as water-table classes. The average yearly fluctuation of the water table and the present-day soil drainage situation are indicated in the soil maps by means of these water table classes (3).

The point of departure in the design of the water-table classes is the average state of the groundwater level throughout the year (Fig. 1). The peak of the curve gives the mean highest water-table level (MHW) and the trough gives the mean lowest water table (MLW).

Each water-table class is defined by the mean highest water table or by a combination of the mean highest water table and the mean lowest water table.

The system of water-table classes which is used for the soil map of The Netherlands, on a schale of 1 : 50,000, is shown in Table 1.

*) Netherlands Soil Survey Institute, Wageningen, The Netherlands.

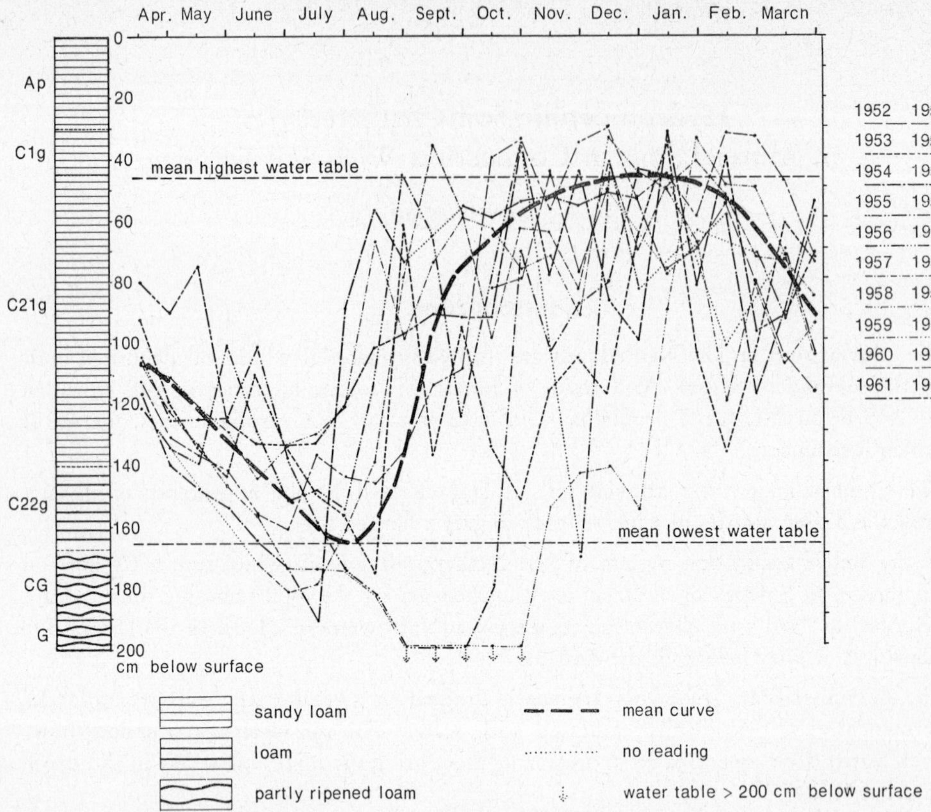

Figure 1

Time-curves of the changes in the water table and mean curve of the water table of a key tube for the years 1952—1962 inclusive (14 day's reading). The tube has been placed in a medium textured young marine clay soil with a moderatly humose A1-horizon and water-table class VI (data from the 'Archives for Ground Water Levels', T.N.O., Delft, The Netherlands)

Table 1

Main scheme of water-table classes

Water-table classes	I	II	III	IV	V	VI	VII
Mean lowest water table (MLW)	—	—	< 40	> 40	< 40	40—80	> 80 cm below surface
Mean highest water table (MHW)	< 50	50—80	80—120	80—120	> 120	> 120	> 120 cm below surface

Problem

The use of the water-table classes for the classification of alluvial soils leads to some problems. The alluvial soils are mostly to be found in polders, where they are artificially drained. From area to area and from place to place the MHW varies from 20 to 100 cm below surface and the MLW from 80 to 250 cm below surface.

It can be readily understood that the hydrological conditions have changed substanticially in most cases since the initial soil formation. Even so, most of the alluvial soils belong among the hydromorphic soils. In the development of the Soil Classification System for The Netherlands the gley phenomena which are the result of the present-day drainage situation were not separately differentiated. It is therefore not readily possible to use also the hydromorphic criteria of the soil classification for mapping the water-table classes. A connection between the hydromorphic classes of the soil classification and the water-table classes does not form a generally applicable rule.

This is mostly indeed the case in those soils in which the process of physical ripening is not entirely completed or in which peat layers are present. The mapping of the water-table classes in this case leads to no difficulties and these soils will therefore not be taken further into consideration.

In the case of the remaining alluvial soils it is necessary to investigate whether there are hydromorphic profile characteristics which can give indications concerning the MHW and MLW and the present-day soil drainage situation. If there are hydromorphic phenomena present by means of which the groundwater level and the soil-drainage situation can be determined — then these characteristics must in addition be mappable.

Method

In places where the groundwater levels have been measured during several years, there the profiles have been examined and described in detail. In this connection special attention is devoted to the following:

1. Brown mottles, the upper boundary of the brown mottles, the nature and intensity of the mottles, the contrast between the brown mottles and the matrix colour.

2. The matrix colour of the soil and the variations of this with depth which occur.

3. The grey mottles, the upper boundary of the grey mottles, their nature and colour and their contrast with the matrix colour.

4. The depth and characteristics of the G-horizon.

The MHW and MLW are determined on the basis of measurements of groundwater levels during many years. These values are compared with the above-mentioned hydromorphic profile characteristics.

Results and Discussion

The most important profiles having clear hydromorphic characteristics are shown very roughly and schematically in Figure 2.

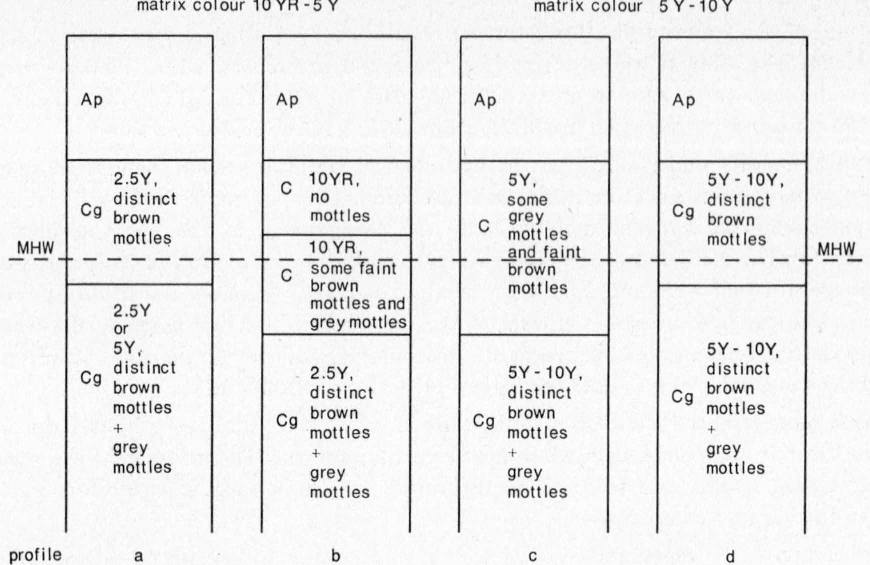

Figure 2

Some models of hydromorphic marine clay soils with a MHW of 45 cm below surface

The hue of the matrix colour of the Cg-horizon in the soils investigated varies from 10 YR-7.5 Y. The hue of the brown mottles varies from 5 YR-10 YR. The grey mottles mostly have a hue of 2.5 Y-10 G and a chroma of 1 or less.

The various hydromorphic profile characteristics are described below one by one in connection with the MHW and MLW.

Brown mottles — the "normal" profile image

Distinct brown mottles are found in most soils in layers which are above the level of the MHW (Fig. 2a, 2d, and 3).

Most alluvial soils also have Cg-horizons; these horizons, despite the fact that they are never or only during very short periods saturated with water, still show distinct gley phenomena, namely brown mottles in a brown-grey to grey-coloured soil (mottling, "Eisenfleckigkeit", "Marmorierung"). Some of the brown mottles came into existence during the initial soil formation through oxidation of FeS_2 (Pyrite) and free iron. The iron settles as iron oxide at those places where air can easily enter, for example along cracks and root channels.

During the process of physical ripening the matrix colour also changes, namely from blue to blue-grey into brown-grey or grey. The result of these processes is a heterogeneous pattern of brown mottles of varying size, form and intensity in a brown-grey or grey-coloured soil mass.

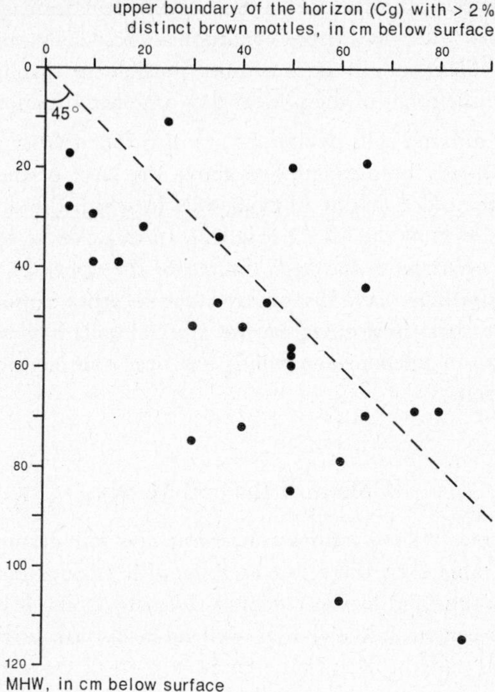

Figure 3

Relation between upper boundary of the horizon with distinct brown mottles and the MHW

It has not been possible to separate the brown mottles which came into existence during the initial soil formation from those brown mottles which are connected with the present-day soil drainage situation. The first-mentioned are fossil (relict) features. It is thus also not possible to take the upper boundary of the brown mottles as a norm for a reasonable estimation of the MHW.

It has been noted though that the intensity of the brown mottles, the contrast with the matrix colour and the nature of limitation alter in relation with the increase in groundwater influence. Close to the G-horizon one mostly finds sharply limited brown mottles. These changes however, vary quite a lot from soil to soil and are largely dependent on the texture. They usually give insufficient information regarding the level of the MHW.

Brown mottles — Variations on the "normal" profile image

Soils also occur in which the Cg-horizon with distinct brown mottles only begins below the level of the MHW (Fig. 2b, 2c, and 3). Amongst other places, they are found in those areas where the parent material has a Munsell colour of 10 YR (for example, polders in the freshwater tidal area).

During or after silting the circumstances were favourable for an intensive homogenization whereby the brown mottles were either never present or they speedily disappeared.

According to the position of the MHW, the present-day drainage situation does not correspond in this case with the former conditions. These soils are "wetter" than they appear (Fig. 2b). In these soils it is sometimes possible to distinguish those mottling phenomena which are the result of the present-day drainage situation.

In the grey-coloured alluvial soils deviations are also found from the rule that distinct brown mottles can already be distinguished above the level of the MHW. Profiles are to be found among the older marine alluvial soils in which the distinct brown mottles only begin below the level of the MHW (Fig. 2c). In this case an intensive homogenization has usually not occurred or has been limited to the upper 20 to 40 cm of the profile. The brown mottles must have disappeared due to other causes or never have been present. It is possible that these older marine alluvial soils have layers which are relatively poorer in iron, a phenomenon which has been thoroughly investigated and is well known in sand soils.

Colour of the Soil Matrix

The matrix colour gives no indications concerning the soil drainage situation. In one and the same water-table class there can be soils with various matrix colours, such as grey-coloured marine soils and brown-coloured river-clay soils. A brown-coloured layer with distinct mottles can lie just above as well as below the level of the MHW. The colour of the alluvial soils in The Netherlands is more a characteristic of the parent material and usually has no connection with the soil drainage situation.

It has been noted, however, that changes in matrix colour with depth, for example from brown to brown-grey in a certain soil, can sometime give indications concerning the MHW.

Grey mottles

Distinct grey mottles are always found between the MHW and the MLW (Fig. 4) Deviations from this rule practically never occur. The upper boundary of the horizon with distinct grey mottles lies some 10 to 50 cm below the MHW. The position of this layer with respect to the MHW is dependent on texture, the nature of the parent material, the soil structure, etc.

By means of regional studies it is possible locally to determine the connection between MHW and the depth at which the layer with distinct grey mottles begins, with greater accuracy (Fig. 5).

The criterion "distinct grey mottles" can, however, not be so exactly described as to be able to be used for all alluvial soils. In brown and brown-grey soils the contrast between the grey mottles and the matrix colour is distinct to prominent; in grey soils, on the contrary, it is distinct to faint.

Attempts have been made to relate the clarity of the grey mottles to a colour criterion. For this purpose the colour of the matrix of the layer immediately above the G-horizon, a layer which is practically always saturated with water, is taken as the norm for the

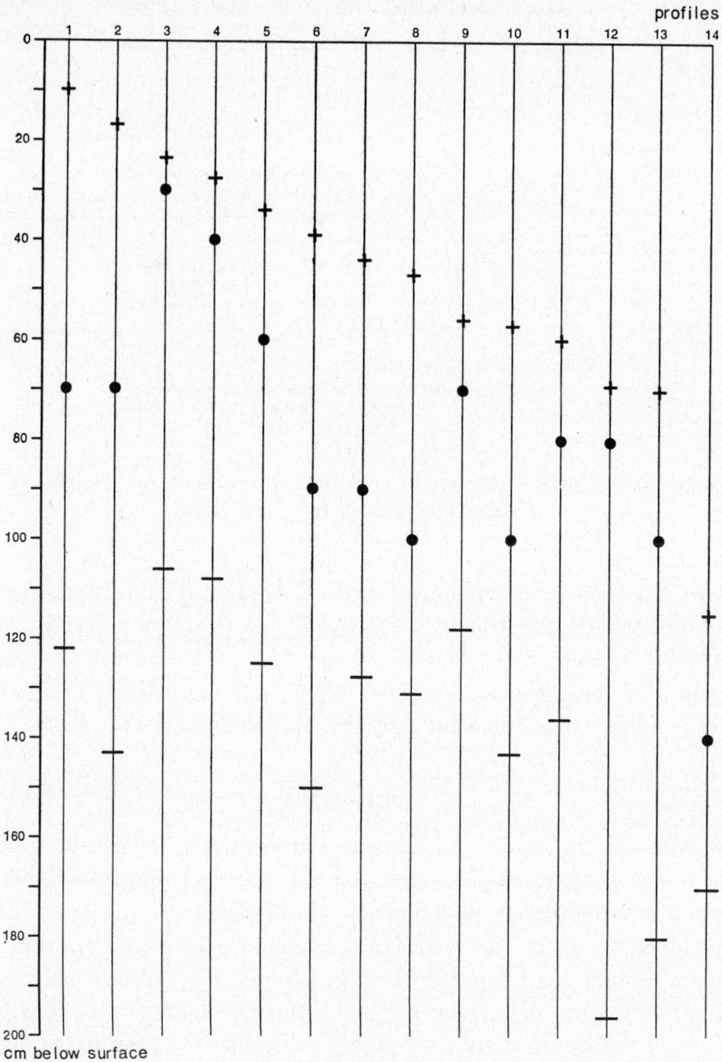

Figure 4
Position of upper boundary of distinct grey mottles (●) between MHW (+) and MLW (—) of 14 soil profiles

colour of the grey mottles. This also leads to difficulties, most particularly in the case of soils which originated from deposits of differing age.

G-Horizon and MLW

The MLW is connected with the depth of the G-horizon. Considerable differences have been noted, however, from one area to another which are usually related to texture,

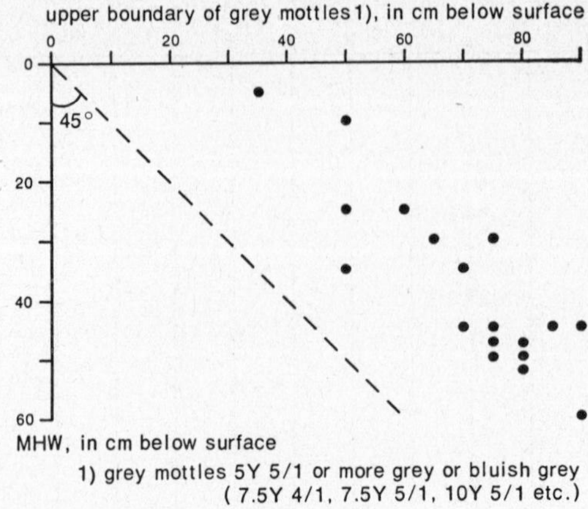

Figure 5

Relation between upper boundary of grey mottles and MHW for lake,bottom soils (marine clay soils in reclaimed lakes)

soil structure and organic-matter content in the G-horizon (Fig. 6) Intense grey to blue-coloured G-horizons (matrix colours 5 Y 4/1 to 10 G 4/1) are only found when organic matter is present.

Regional study of the connection between MLW and the position of the G-horizon, usually gives sufficient indications for a reliable estimation of the MLW.

Conclusions

In most alluvial soils the brown mottles which originated in the course of the physical ripening have not disappeared. They give the soil a distinctly hydromorphic character: Brown mottles in a brown-grey to grey-coloured soil mass.

Because the alluvial soils in The Netherlands occur in polders and are thus artificially drained, a discrepancy has frequently crept in between the hydromorphic criteria used for soil classification and the present-day soil drainage situation. It is usually not possible to separate the brown mottles which are related to the present-day soil drainage situation from those formed during the process of physical ripening.

The presence of brown mottles at a certain depth in the profile does not give any reliable indication as to the water-table class to be used and the corresponding soil-drainage situation.

In the majority of soils the brown mottles begin above the level of the MHW. The matrix colour of the soil or of the horizon also gives no indication as to the water-table classes to be used. The matrix colour of the soil is usually closely related to the characteristics of the parent material. The distinct grey mottles which occur between the MHW and the MLW and the position of the G-horizon are of importance for characterization of the soil drainage situation. It is, however, not possible to establish a generally valid criterion "distinct grey mottles" for all alluvial soils.

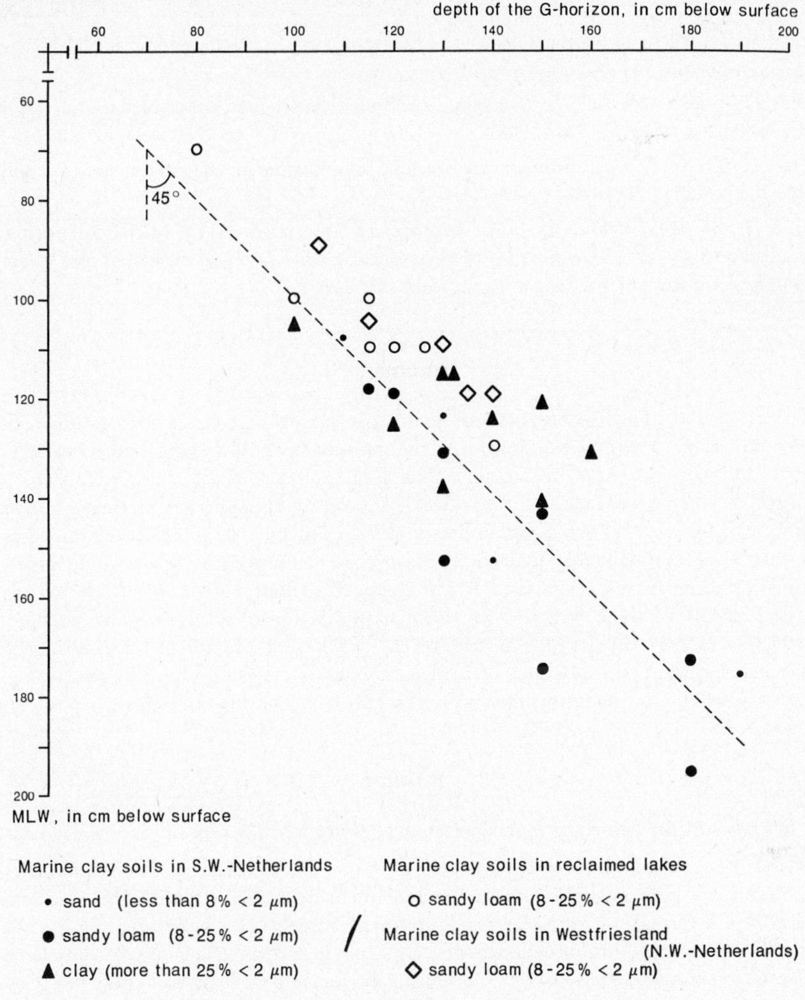

Figure 6

Relation between the depth of the G-horizon and the MLW

In the utilization of water-table classes it is therefore desirable that those hydromorphic phenomena first be investigated and described which are related to the MHW (distinct grey mottles) and to the MLW (position of the G-horizon).

Such an investigation can be carried out in a satisfactory and appropriate manner in places where the water-tables have been measured during a long period. Regional application of hydromorphic profile characteristics investigated in this manner, can often give satisfactory results, especially if they are employed in connection with other profile characteristics (structure, texture) and characteristics derived from the landscape.

References

1. *Bakker, H. de*: Hydromorphic soils in the System of Soil Classification for the Netherlands. Trans. Symposium on pseudogleys and gleys. Stuttgart (1971).
2. *Bakker, H de* and *Schelling, J.*: Systeem van Bodemclassificatie voor Nederland. De Hogere Niveaus. Pudoc, Wageningen (1966).
3. *Heesen, H. C. van*: Presentation of the seasonal fluctuation of the water table on soil maps. Geoderma **4**, 257–279 (1970).
4. *Pons, L. J.* and *Zonneveld, I. S.*: Soil ripening and soil classification. Initial soil formation of alluvial deposits with a classification of the resulting soils. International Inst. for Land Reclamation and Improvement, Wageningen, Publ. 13 (1965).

Summary

The alluvial soils of The Netherlands were for the major part made into polders and subsequently subjected to artificial drainage. As the present-day soil drainage situation may generally not be derived from the hydromorphic class of the soil classification system for The Netherlands to which a given soil belongs, it was decided to set up an additional drainage classification, based on mean highest and lowest groundwater levels. For practical soil survey purposes it was necessary to look for mappable hydromorphic profile characteristics, that would give reliable indications of these water-table classes. It was impossible to establish a set of relations valid for all the alluvial soils of the country. Only regional application of specified hydromorphic profile characteristics, such as distinct gley mottles or the depth of the G-horizon, can often give satisfactory results, whereas the presence of brown mottles at a certain depth in the profile or the matrix-colour of the soil does not indicate reliably to which water-table class a soil belongs.

Résumé

La liaison entre les caractéristiques hydromorphes des sols alluviaux et le drainage actuel

En Hollande les sols alluviaux se trouvent surtout dans les polders, où ils sont artificiellement drainés. Les classes hydromorphes du système hollandais de classification des sols ne donnent pas en général une information suffisante sur le drainage actuel. C'est pour cela qu'on a décidé de créer une classification additionnelle du drainage par le moyen d'une répartition des niveaux de la nappe phréatique, déterminés par le niveau moyen le plus haut et le plus bas. Cependant l'application dans la cartographie pose des problèmes. On n'a pas, à vrai dire, réussi à déterminer les caractéristiques hydromorphes des profils de tous les sols alluviaux, lesquelles donnent de sûres indications sur les niveaux de la nappe phréatique. Seule l'application régionale de certaines caractéristiques hydromorphes des sols, comme par ex. les tâches gris claires ou bien la position de l'horizon G, donne en général des résultats satisfaisants. Au contraire, la présence des tâches brunes dans une certaine profondeur du sol ou la couleur du sol ne donne pas une indication sûre sur les niveaux de la nappe phréatique qui doivent être cartographiés.

Zusammenfassung

Der Zusammenhang zwischen hydromorphen Bodenmerkmalen und Grundwasser

In den Niederlanden sind die Marsch- und Auenböden meistens in Polder gelegt und werden seitdem künstlich entwässert. Die jeweilige Zugehörigkeit zu einer der hydromorphen Klassen des niederländischen Systems der Bodenklassifikation sagt oft wenig aus über die aktuellen

Grundwasserverhältnisse. Es wurde deshalb eine zusätzliche Klassifikation geschaffen, in der die Böden anhand mittlerer, höchster und tiefster Grundwasserstände in sog. Grundwasserstufen eingeteilt sind. Bei der Anwendung in der Kartierung, wobei man sich auf Bodenmerkmale stützen möchte, von denen jeweils auf die aktuelle Grundwasserstufe zu schließen ist, ergaben sich Schwierigkeiten. Es zeigte sich, daß hydromorphe Bodenmerkmale, die für alle Marsch- und Auenböden des Landes gleichbedeutend sind, nicht angegeben werden können. Nur regionale Anwendung von bestimmten hydromorphen Bodenmerkmalen, wie z. B. deutliche graue Flecken oder die Lage des G-Horizonts, führt meistens zu guten Ergebnissen. Dagegen geben Eisenfleckigkeit auf einer bestimmten Tiefe im Bodenprofil oder die Hauptfarbe des Bodens keinen zuverlässigen Hinweis auf die vorliegende Grundwasserstufe.

Hydromorphic Soils in the System of Soil Classification for the Netherlands

By *H. de Bakker**)

Introduction

As the name indicates The Netherlands is a low-lying country. This is true not only in the topographical sense but also in the hydrological sense; due to its low surface elevation above sea level and its climatic conditions, it is also low with respect to the groundwater level. As a consequence there are many hydromorphic soils.

During the years 1952—1955, the Committee on Agro-hydrological Research gathered data on the depth and fluctuation of the groundwater level. This was done four times a year in 23,000 wells, every two weeks in 2000 wells (tubes), and 65 wells were observed daily; the observation density amounted to approximately one well per square km, observation has been continued since then with a density of one well per 10 square km. It can be demonstrated from these data that in winter nearly 50 % of the area has a groundwater level shallower than 40 cm below the surface and in only 3 % it is deeper than 2 m; in summer in only 1 % of the area is the level of the ground water shallower than 40 cm whilst in 11 % it is deeper than 2 m. This means that in 88 % of the Dutch soils the groundwater level is between 40 cm and 2 m deep in the growing season (Tab. 1).

Table 1

Depth of groundwater table in The Netherlands in winter and summer (20)

Depth classes (cm)		0—20	20—40	40—70	70—100	100—140	140—200	> 200
% of area	winter	24	25	27	11	7	3	3
	summer	0	1	14	19	28	27	11

It is clear from the above-mentioned facts that the majority of the Dutch soils are semi-terristric according to *Mückenhausen* (11) or at least transitions to this "Abteilung". According to the Soil Map of The Netherlands, scale 1 : 200,000 (Stichting voor Bodemkartering, 1961, 1965) only 20 % of the soils are classified as "high". According to the nomenclature of this map "high" means: "developed without the influence of groundwater", this is almost the same description as that for the terrestric soils in the German system (11). The remaining 80 % are reclaimed holocene coastal marshes, backswamps

*) Netherlands Soil Survey Institute, Wageningen, The Netherlands.

behind the natural river levees, and different hydromorphic soils in the pleistocene district, and are mostly sandy soils.

The influence of man on these soils was not confined to reclamation and the subsequent change in vegetation, manuring and fertilizing, plowing etc., but many of these soils had to be embanked and all of them had to be drained artificially (tile-drains or furrows, ditches, canals, sluices and pumping stations).

Problem

The genesis of the hydromorphic characteristics in many of these soils took place before embankment and artificial drainage; in most of the soils in the polders (the former coastal marshes) it occurred d u r i n g the artificial drainage (19) and most probably all these characteristics changed more or less during and after drainage. In any case it is clear that a part of these characteristics is not in agreement with the actual groundwater regime in many soils.

Some important questions which arose during the development of the Dutch system of soil classification (3) were:

1. Must hydromorphic classes correspond with actual or former hydrological conditions?
2. What kind of definable criteria had to be chosen to define the hydromorphic classes?
3. How were these classes to be arranged at the different levels of the system?

No general criteria could be found to satisfy question 1, defining classes which reflected the present-day soil-drainage situation. Therefore it was decided to classify the actual-drainage separately. Seven so-called water-table classes are distinguished, defined both on the basis of depth below surface and the mean yearly fluctuation of the water table (7, 18). On the soil maps these classes are handled as a kind of phases to be used within every mapping unit. The difficulties in indentifying these classes in the field in certain Dutch soils are discussed by *Van Wallenburg* (19).

This paper deals mainly with the questions 2 and 3, i.e. the classification of hydromorphic soils and the criteria used to do so. Because of the many changes in the original natural drainage situation, these criteria are based upon phenomena which may be fossil or partly a reflection of still-active processes.

Method

During the several stages of approximation of the system, about 2,000 soils have been described and sampled, many of them near the wells mentioned in the first section. These descriptions have been made in order to assay the concept-criteria of the system such as: colour, textural and organic matter content classes, intensity of pedogenic features such as illuviation of clay and organic matter, etc. Several criteria and combinations of criteria to be used for the separation of hydromorphic and non-hydromorphic soils were tested in many places in the field and especially were checked against the old concepts of "high", "medium high" and "low" from the 1: 200,000 map (Stichting voor Bodemkartering, 1961). At the same time sample areas have been surveyed in many districts to evaluate the usefulness and mappability of the proposed mapping units.

Classification

In this section a description will be given of the criteria employed in the system, and of the classes formed therein. In the next section both criteria and classes will be discussed and compared with foreign literature.

Criteria

a. Absence of iron coatings on sand grains.

It is self-evident that this criterion is only applicable for the coarse-textured soils (in the Dutch textural diagram this means: material with both less than 8 % clay and more than 50 % sand).

Examination of many sandy soils, whether drained or not, showed that the sand grains in the subsoil are "clean", i.e. are without iron coatings. This is true indeed, not only for soils with high water tables, but also for artificially drained soils.

b. Brown and grey mottles, regarded together with matrix colours.

This has been defined thus: brown ("rust") mottles together with matrix colours with chroma 2 or less (Munsell Soil Color Charts); grey mottles having one unit in chroma less and/or 2.5 units yellower than the matrix colour. *Schelling* (14) commented on these "classical" gley phenomena at the Congress in Madison.

c. Reduction.

The occurrence of a Gr-horizon[1]) needs no explanation.

d. Physical ripening.

Fine-textured young sediments in the tidal area and also sediments on lake bottoms contain a lot more water (4—5 times as much) than well-drained soils of the same texture. The process of gradual (chiefly irreversible) dehydration of these soils-to-be, after embankment and subsequent drainage, is called physical ripening. This is one of the three aspects of the pedogenic process "initial soil formation" (*Pons* and *Zonneveld,* 1965). The physical ripening of soil material is rather easy to estimate in the field with the help of the soil consistency, from which these authors (p. 75) derived 5 classes.

According to the same authors (p. 53) "the upper three feet of an unripe sediment which is suddenly subjected to optimum drainage will take 50—100 years to become ripe". The subsoil ripens more slower than the subsurface soil and the topsoil, but in some cases the ripening of the subsoil is retarded or stopped completely. This may be caused by seepage or by a shallow occurrence of acid sulphate clay (catclay). These examples are soils with a "non-ripened subsoil", which is, in the Dutch system, a hydromorphic characteristic.

e. Peat.

Besides deep peat soils, there are also several kinds of intergrades between peat soils and mineral soils, viz. mineral soils with a peaty topsoil, peat soils with a mineral topsoil, mineral soils with a peaty subsoil and mineral soils with a shallow intermediate peat layer. In the Dutch system the boundary between mineral soils and peat soils is defined as follows: mineral soils must have less than 40 cm of peat within a depth of 80 cm.

---

[1]) Horizon nomenclature according Arbeitsgemeinschaft Bodenkunde (1965).

Within the mideral soils a peaty topsoil, a peaty subsoil and an intermediate peaty layer are used as hydromorphic characteristics.

Classes

The Dutch system is a categorical system with five main classes called "orders". These orders are subdivided into 13 suborders, 25 groups and 60 subgroups[2]). More than half of these subgroups (38) are hydromorphic soils, the 11 subgroups of the peat soils included.

a. Peat soils.

From the above-mentioned criteria only physical ripening is used to define one group (with only one subgroup), namely "initial raw peat soils". These soils are rare, in fact they are only found in those very few places where the peat is still growing.

b. Podzol soils.

These soils are characterized by a podzol-B-horizon. There are two hydromorphic groups, one having a peaty topsoil and/or an intermediate peaty layer (peaty podzol soils), and the other without iron coatings on the sandgrains below the B2-horizon (ordinary hydropodzol soils). Both groups are united into one suborder (hydropodzol soils) and each is subdivided into 4 subgroups on kind and thickness of topsoil.

One subgroup of the "ordinary hydropodzol soils" is very widely distributed (some 400,000 hectares), namely the 'veld' podzol soils (typic Humaquod). These soils have a dark humiferous topsoil (5—10 % organic matter), a conspicuous A2 is usually lacking, the B-horizon has thin coatings of amorphous organic matter on the sandgrains and the iron content is nearly zero. The B-horizon is not often cemented and root penetration is moderately deep (8).

c. Brick soils.

These soils have a textural-B-horizon, defined on clay content, structure and textural differences between A, B and C. They are subdivided into a hydromorphic (gray A2 and brown mottles and manganese concretions in the B2) and a non-hydromorphic suborder, both with one group. The first-mentioned group has two subgroups, based on textural differences in the topsoil. Within the non-hydromorphic group there are two subgroups with brown mottles in the B2, intergrading to the afore mentioned two hydromorphic subgroups.

d. Earth soils.

These soils have a dark Ah-horizon ("schwarzerde-ähnlich"), a peaty topsoil or an intermediate peaty layer and no illuvial B-horizon.

The soils of the suborder of the hydroearth soils are defined by means of the whole collection of criteria from the foregoing section, each with a depth criterion (e.g. G_r-horizon within 80 cm, brown and grey mottles within 50 cm). They are subdivided into 3 groups, a peaty, a sandy and a clayey one. The peaty group has 2 subgroups, one with a firm subsoil and one with a non-ripened subsoil. The latter is a part of unit 4 from *Edelman's* map (5) with the addition of "catclay". The group of sandy

---

[2]) For detailed information and definitions of the differentiating criteria and classes, see the extensive English summary of the Dutch system in *De Bakker* en *Schelling* (1966, pp. 171—201).

hydroearth soils has 3 subgroups: two classical sandy "gley" soils with brown or black (dark grey) topsoil, namely the brown and black 'beek' earth soils. The third ('goor' earth soil) has no classical gley phenomena, i.e. no brown or grey mottles, no classical Go-Gro-Gor-Gr-horizon sequence; sometimes a very weakly developed podzol-B is present. According to *Haans* et al. (8), there are striking differences in root penetration between the 'beek' and 'goor' earth soils. In the clayey hydroearth soils there are four subgroups, viz. one with a peaty subsoil, one with a non-ripened subsoil and both other subgroups are deeply ripened and mineral, they differ in thickness of their Ah-horizon.

e. Vague soils.

These soils may have a Bv-horizon, but many have a C- or Go-horizon below a weakly developed Ah-horizon. The soils of the suborder of the initial vague soils have non-ripened material within 20 cm depth and are not subdivided at group-level, but have two subgroups based on differences in ripening of the topsoil. Both subgroups are found in the tidal marshes and tend to correlate with the frequency of flooding. The suborder of the hydrovague soils is subdivided into sandy and clayey groups, the first group has only one subgroup, the typical soil for the sandy part of the polders. The clayey group has three analogous subgroups as in the earth soils, viz. one with a peaty subsoil, one with a non-ripened subsoil and the deep mineral soils. The last-mentioned are the most extensive soils of order 5: nearly all marine polders and the backswamp soils of the riverine district fit into this subgroup.

Discussion and Conclusion

Typical for the solution of the problems in the classification of hydromorphic soils in The Netherlands are the following:

1. Characteristics are defined separately, more or less free from the "soil-as-a-whole"
2. These characteristics are the means of identification of the hydromorphic soils.
3. The features used to classify the hydromorphic soils need not be in equilibrium with the present-day situation, in fact in many cases they are fossil.
4. The actual drainage is classified according to the depth and fluctuation of the groundwater table.
5. Hydromorphic soils are not assembled into one class on the highest level of the system, but are distinguished as separate suborders within every order of mineral soils, and there is further subdivision on a still lower level.

A search for analogous points in the literature revealed only a few similarities.

With respect to points 1 and 2: only in the USA and in the DDR are there "characteristics associated with wetness" (15), or "Hydromorphe Unterbodenhorizonte" and "Hydromorphiemerkmale" (6), and classes made with these features (Aqu..., hydromorphe Böden). The key of soil colour in *Kubiëna*'s system (9) tends to go in this direction. In other systems this analytical method has not been chosen (2, 4, 11, 12), e.g. the "sols hydromorphes" (class X of *Aubert*, 2) are defined on the basis of the supposed soil-forming process: "Sols dont les caractères sont dus à une évolution dominée par l'effet d'une excès d'eau..."

In no system is there an explicit pronouncement regarding point 3: only *Lieberoth* (10) states that it is necessary "die aktuellen Wasserverhältnisse gesondert zu charakterisieren und zusätzlich zu Bodenformen anzugeben". On the other hand there are many examples of soil maps (especially large-scaled) on which drainage classes are defined (18).

Only in the USA system are hydromorphic classes separated in the same way as in the Dutch system (there has been an exchange information between the drafters of both systems since the third Approximation in 1954).

This is not the place to defend point 5, but it is clear to us that the hydromorphic humus podzols ('veld' podzol soils) in particular, are a separate "Bodentyp". Lack of classical gley phenomena (no iron segregation, no grey mottles, no Gr-horizon), strongly developed Bh-horizon (but no B_s) and strong weathering in the upper part of the solum (unpublished data from Crommelin) justify a place within the podzols and not a place as an intergrade (Gley-Podsol or Podsol-Gley).

References

1. *Arbeitsgemeinschaft Bodenkunde*: Die Bodenkarte 1 : 25 000. Anleitung und Richtlinien zu ihrer Herstellung. Hannover, Niedersächsisches Landesamt für Bodenforschung (1965).
2. *Aubert, G.*: Classification des sols. Tableau des classes, sous-classes, groupes et sous-groupes de sols utilisés par la Section de Pédologie de l'O.R.S.T.O.M. Cahiers ORSTOM Pédologie **3**, n° 3, p. 269–288 (1965).
3. *De Bakker, H.* en *Schelling, J.*: Systeem van bodemclassificatie voor Nederland. De hogere niveaus. With Eng. summary. Pudoc, Wageningen (1966).
4. *Duchaufour, P.*: Précis de Pédologie. Paris (1965).
5. *Edelman, C. H.*: Soils of The Netherlands. North Holland Publ. Cy., Amsterdam (1950).
6. *Ehwald, E.*: Leitende Gesichtspunkte einer Systematik der Böden der DDR als Grundlage der land- und forstwirtschaftlichen Standortkartierung. Sitzungsberichte, Bd. XV, Heft 18, p. 5–55 (1966).
7. *Haans, J. C. M. F.*: Enkele aspecten van de waterhuishouding van Nederlandse gronden. In: Bodemkunde, voordrachten, gehouden op de B-cursus "Bodemkunde", p. 143–155. 's-Gravenhage (1961).
8. *Haans, J. C. M. F.*, *Houben, J. M. M. Th.* and *van der Sluijs, P.*: Properties of hydromorphic sandy soils in relation to root growth. Trans. Symposium on pseudogleys and gleys. Stuttgart (1971).
9. *Kubiëna, W. L.*: Bestimmungsbuch und Systematik der Böden Europas. Stuttgart (1953).
10. *Lieberoth, I.*: Die Bodenformen der landwirtschaftlich genutzten Standorte in der DDR. Sitzungsberichte, Bd. XV, Heft 18, p. 57–78 (1966).
11. *Mückenhausen, E.*: Entstehung, Eigenschaften und Systematik der Böden der BRD. Frankfurt a. Main (1962).
12. *Němeček, J.*: Průzkum zemědelských půd ČSSR. Souborná metodika (1967).
13. *Pons, L. J.* and *Zonneveld, I. S.*: Soil ripening and soil classification. Initial soil formation in alluvial deposits and a classification of the resulting soils. Publ. **13**, IILC, Wageningen (1965).
14. *Schelling, J.*: New aspects of soil classification with particular reference to reclaimed hydromorphic soils. Trans. 7th Intern. Congr. Soil Sci. Soc. Madison **IV**, 218–224 (1960).
15. *Soil Survey Staff*: Soil classification, a comprehensive system, 7th Approximation. Washington. USDA, Soil Conservation Service. Supplement to the 7th Appr. (1960/1967).

16. *Stichting voor Bodemkartering*: Bodemkaart van Nederland, schaal 1 : 200 000. Wageningen (1961).

17. *Stichting voor Bodemkartering:* De bodem van Nederland, toelichting bij de Bodemkaart van Nederland, schaal 1 : 200 000. Wageningen (1965).

18. *Van Heesen, H. C.*: Geoderma 4, 257–278 (1970).

19. *Van Wallenburg, C.*: Hydromorphic soil characteristics in alluvial soils in connection with soil drainage (1971). Dieser Band S. 393.

20. *Visser, W. C.*: De landbouwwaterhuishouding van Nederland. COLN rapport 1. 's-Gravenhage (1958).

Summary

The diagnostic criteria used to define hydromorphic classes in the system of soil classification for The Netherlands are:

a. Absence of iron coatings on sand grains,

b. Brown and grey mottles, considered in conjunction with matrix colours,

c. Reduction,

d. Physical ripening,

e. Peat layers in mineral soils.

The diagnostic criteria mentioned under item a, b, and e need not reflect the present day soil drainage situation. Actual drainage is classified separately.

The Dutch system of soil classification has 5 orders, 13 suborders, 25 groups, and 60 subgroups. More than half of these subgroups (38) are hydromorphic soils, including the 11 subgroups of the peat soils. These subgroups and the criteria with which they have been defined are discussed in this paper.

Résumé

Les sols hydromorphes dans le système hollandais de classification des sols

Les critères diagnostiques utilisés pour la définition des classes hydromorphes du système hollandais de classification des sols sont les suivants:

a. Pas de revêtements de fer sur les grains de sable,

b. Des tâches brunes et grises par rapport à la teinte matricielle d'ensemble,

c. Phénomènes de réduction,

d. Déperdition de l'eau initiale dans des sédiments récents,

e. Des couches de tourbe dans des sols minéraux.

Les critères diagnostiques des points a, b et e ne reflètent pas toujours l'oscillation de la nappe phréatique récente. Le drainage actuel est classifié séparément.

Dans le système hollandais il y a 5 ordres, 13 sous-ordres, 25 groupes et 60 sous-groupes. Plus de la moitié des sous-groupes sont des sols hydromorphes, les 11 sous-groupes des sols tourbeux y compris. Ces sous-groupes et leurs critères diagnostiques sont les sujets traités dans cet article.

Zusammenfassung

Die hydromorphen Böden im niederländischen System der Bodenklassifikation

Im niederländischen System der Bodenklassifikation sind folgende entscheidende Merkmale zur Abgrenzung der hydromorphen Bodeneinheiten benützt worden:

a. die Abwesenheit von Eisenhäutchen,

b. braune und graue Sprenkelung, zusammen betrachtet mit der Hauptfarbe,

c. Reduktion,

d. physische Reifung,

e. Moorschichten in Mineralböden.

Die unter a, b und e genannten Merkmale hängen nicht immer mit der heutigen Grundwasserschwankung zusammen; der aktuelle Entwässerungszustand der Böden wird separiert angegeben. Die holländische Bodenklassifikation zeigt 5 Ordnungen, 13 Unterordnungen, 25 Gruppen und 60 Untergruppen auf. Bei mehr als der Hälfte der Untergruppen handelt es sich um hydromorphe Böden, mit Inbegriff der 11 Untergruppen der Moorböden. Diese Untergruppen und ihre entscheidenden Merkmale, wodurch sie definiert sind, werden in diesem Aufsatz erläutert.

Zur Stellung der Gleye und Pseudogleye in verschiedenen Klassifizierungssystemen

Von *Diedrich Schroeder**)

In früheren Arbeiten (18–21) wurde vorgeschlagen, alle Böden, deren Morphe vorherrschend durch Grund- und Stauwasser-bedingte Prozesse und Merkmale geprägt wird, als h y d r o m o r p h e Böden in einer Kategorie eines morphogenetisch definierten Klassifizierungssystems einzuordnen. Dabei wurde im Zusammenhang mit der Diskussion über die Stellung aller hydromorphen Böden (19) auch die Einordnung der Gleye und Pseudogleye in verschiedenen Klassifizierungssystemen behandelt. Es zeigten sich extrem unterschiedliche Möglichkeiten der Einstufung: Von der Zusammenfassung aller hydromorphen Böden in einer Abteilung oder Klasse auf dem höchsten Niveau des Systems (z. B. 1, 6, 25) bis zur weitgehenden Aufteilung der hydromorphen Böden in niederen Kategorien (z. B. 11, 22). Das westdeutsche System (12, 16) nimmt dabei insofern eine Mittelstellung ein, als die hydromorphen Böden zwar in der höchsten Kategorie eingruppiert, aber verschiedenen Abteilungen zugeordnet werden, wobei Gleye als semiterrestrische Böden und Pseudogleye als terrestrische Böden in verschiedenen Abteilungen stehen.**)

Stellung der Gleye und Pseudogleye in neueren Klassifizierungssystemen (ab 1966)

Bei der kritischen Prüfung der Stellung der Gleye und Pseudogleye in verschiedenen Klassifizierungssystemen ist es zweckmäßig, zwischen Systemen zu unterscheiden, die vorwiegend praktischen Zwecken – vor allem als Grundlage für die Bodenkartierung in kleineren und größeren Regionen – dienen, und „natürlichen“, intrinsischen Systemen, in denen die Vielfalt der Böden möglichst nach einem einheitlichen Ordnungsprinzip gruppiert wird, um innere Zusammenhänge oder Unterschiede deutlich zu machen. Es wäre zu erwarten, daß in „praktischen“ Systemen eine stärkere Gliederung auf niederem Niveau, in „natürlichen“ Systemen eine Zusammenfassung auf höherer Ebene zu finden ist.

Zur ersten Gruppe wird hier das System der Deutschen Demokratischen Republik (*Ewald* 1966), das der Niederlande (*de Bakker* und *Schelling* 1966), das von *Fitzpatrick* (1967) vorgeschlagene System sowie die der Weltbodenkarte von *Kovda, Rozanov* und *Samoylowa* (1969) und der geplanten Weltbodenkarte der FAO/UNESCO (*Bramao* und *Dudal* 1969, *Kovda* und *Rozanov* 1970) zugrunde liegende Gruppierung der Böden gerechnet. In der zweiten Gruppe stehen die Vorschläge von *Muir* (1969), *Chiriţă, Florea, Paunescu* und *Teaci* (1969), *Gracanin* (1969) und *Schroeder* (1969, 1970).

*) Institut für Pflanzenernährung und Bodenkunde der Christian-Albrechts-Universität, 23 Kiel, BRD.

**) Der Arbeitskreis für Bodensystematik in der Deutschen Bodenkundlichen Gesellschaft hat inzwischen am 10. und 11. März 1971 beschlossen, Pseudogleye, Stagnogleye, Gleye, Auen und Marschen in einer neu gebildeten Abteilung „Hydromorphe Böden“ zusammenzufassen.

Im System der DDR werden nach *Ehwald* (1966) alle Böden mit ausgeprägten Hydromorphiemerkmalen oberhalb 60–70 cm unter Flur als hydromorphe Böden zusammengefaßt und den anhydromorphen Böden gegenübergestellt. Nach Art des Wassereinflusses (Stauwasser oder Grundwasser) erfolgt eine Unterteilung in Staugleye (mit Marmorierungs- oder Aderhorizont), Grundgleye (mit Rostabsatzhorizonten und/oder bleichen Gleyhorizonten) und Amphigleye (mit Marmorierungs-, Ader- und Gleyhorizonten). Nach dem Hydromorphiegrad wird in semihydromorphe (Mineral-)Böden, vollhydromorphe Mineralböden und (voll-)hydromorphe organische Böden unterteilt. Die Moore stehen als vollhydromorphe organische Böden bei den Amphigleyen. Die Kennzeichnung der Marmorierungs- und Gleyhorizonte sowie des Hydromorphiegrades erfolgt nach *Morgenstern* und *Thiere* (1970), *Thiere* und *Morgenstern* (1970) sowie *Morgenstern* (1970) nach einer Hydromorphieskala, die sich aus Anteil und Kombination von Braun- und Graumatrix sowie nichtkonkretionärer und konkretionärer Eisenanreicherung ergibt. In diesem System sind somit alle hydromorphen Böden in einer Klasse vereinigt; es wird nach Stauwasser- und Grundwassereinfluß unterschieden; als Kriterien dienen Hydromorphiemerkmale ohne Differenzierung zwischen reliktischen oder rezenten Merkmalen.

Im Klassifizierungssystem der Niederlande (*de Bakker* und *Schelling* 1966) werden „Hydroböden" als Böden definiert, die permanent oder periodisch mit Wasser gesättigt, künstlich gedränt oder unter feuchten Bedingungen gebildet sind. Als diagnostische Merkmale dienen Rostflecken, Konkretionen, torfiger Oberboden oder Torflagen im Boden sowie Gley-Horizonte. Es erfolgt keine Unterscheidung zwischen fossilen (oder reliktischen) und rezenten hydromorphen Böden. Die Hydroböden sind nicht in einer Ordnung auf dem obersten Niveau des Systems vereint, sondern verteilen sich auf eine Ordnung – Torfböden – und vier Unterordnungen – Hydropodsole, Hydrobrickböden, Hydroerdböden und Hydrovage-Böden –. Zwischen Stau- und Grundwasserböden wird nicht unterschieden. Mit dieser Einordnung der hydromorphen Böden steht das niederländische System der 7th Approximation (1967) *) nahe.

Fitzpatrick (1967) beschreitet bei seinem Vorschlag zur Gruppierung der Böden einen neuen Weg, indem er die Böden durch Bodenformeln beschreibt, die aus genau definierten Horizontsymbolen und aus der Horizontmächtigkeit gebildet werden, und dann die durch diese Bodenformeln gekennzeichneten Bodengruppen in einem ad hoc – Verfahren in 23 Klassen nebeneinander anordnet. Hierbei wird unterstellt, daß es kein einheitliches Prinzip gäbe, um die Böden hierarchisch zu ordnen. Die hydromorphen Böden stehen in zwei nicht näher definierten Klassen: den Subgleysolen und den Supragleysolen, die wohl den Grundwasserböden und den Oberflächenwasser- (oder Stauwasser-) böden gleichgesetzt werden dürfen.

Der russischen Weltbodenkarte von *Kovda, Rozanov* und *Samoylova* (1969) liegt eine regionale Gliederung der Erdoberfläche in acht globalen „boden-geochemischen Formationen" zugrunde. Nach dem Entwicklungszustand werden fünf Klassen unterschieden, von denen drei durch Hydromorphie gekennzeichnet sind: Hydroakkumulative Böden (Unterwasserböden), Hydromorphe Böden und Paläohydromorphe Böden. Die rezenten hydromorphen Böden sind in einer Klasse vereinigt, ohne daß jedoch zwischen

*) In der Ergänzung der 7th Approximation von 1967 ist die Einordnung der hydromorphen Böden gegenüber der von 1960 nur insofern verändert, als die Aquerts bei den Vertisolen entfallen sind.

Grundwasser- und Stauwasserböden unterschieden wird. Wie bei *Kubiena* (1953) und *Mückenhausen* (1962) sind die Unterwasserböden abgetrennt. Neu ist die Bildung einer besonderen Klasse für reliktische hydromorphe Böden.

Im Entwurf der Internationalen Weltbodenkarte der FAO/UNESCO (*Bramao* und *Dudal* 1969; *Kovda* und *Rozanov* 1970) sind Kartiereinheiten einer Kategorie (ohne hierarchische Ordnung) gebildet worden, die kein neues Klassifizierungssystem, sondern nur eine Kartenlegende darstellen sollen. In dieser Legende sind Böden mit Hydromorphiemerkmalen und vorherrschenden hydromorphen Prozessen als Gleysole (Grundwasserböden) zusammengefaßt. Die Stauwasserböden gehören zum Teil zu den Planosolen, zum Teil sind sie auf andere Bodeneinheiten aufgeteilt. Auen und Moore stehen gesondert als Fluvisole und Histosole.

In den bisher besprochenen fünf Gruppierungsvorschlägen mit angewandter Zielsetzung werden somit von allen Autoren unterschiedliche Wege eingeschlagen, um die hydromorphen Böden in ein Klassifizierungssystem oder eine Kartenlegende einzuordnen. Ähnlich kontrovers sind die Auffassungen bei den Verfassern natürlicher Systeme.

Muir (1969) stuft die hydromorphen Böden erst in der dritten Kategorie der Abteilung (nach Ordnung und Unterordnung) ein. Die Salisole, Calcisole, Basidisole und Acidisole werden hier in Aerasole und Gleysole unterteilt und diese wieder anhand der Hydromorphiemerkmale in verschiedenen Bodentiefen in Orthogleysole (Grundwasserböden) und Vadose Gleysole (Oberflächenwasserböden) aufgegliedert. Die Organosole bilden dagegen eine eigene Ordnung.

Demgegenüber ordnen *Chiriţă, Florea, Paunescu* und *Teaci* (1969), *Gracanin* (1969) und *Schroeder* (1969, 1970) zwar alle hydromorphen Böden auf oberstem Niveau ein. *Chiriţă* und Mitarbeiter trennen jedoch noch auf dieser Ebene zwischen mineralischen und organischen hydromorphen Böden, während *Gracanin* auf der nächst niederen Stufe in Epihydromorphe (durch Niederschlags- und Überflutungswasser vernäßte), Hypohydromorphe (durch Grundwasser vernäßte) und Amphihydromorphe Böden unterteilt. *Schroeder* schließlich unterscheidet innerhalb der hydromorphen Böden nur zwischen Stauwasser- und Grundwasserböden, wobei die Grundwasserböden weiter in Auen, Marschen, Gleye und Moore untergliedert werden.

Überblickt man alle genannten neueren Systeme (deren Aufzählung nicht vollständig ist) auch hinsichtlich der Stellung anderer Bodengruppen, so fällt auf, daß die hydromorphen Böden – und zwar unabhängig vom Zweck der Systeme – so unterschiedlich eingestuft werden wie es bei keiner anderen Bodengruppe festgestellt werden kann. Dabei ist es überraschend, daß in fast allen Fällen keine Argumente zu finden sind, warum die hydromorphen Böden in höheren oder niederen Kategorien stehen und zusammengefaßt oder aufgeteilt werden, und warum zwischen Grundwasserböden und Stauwasserböden unterschieden wird oder nicht.

Kriterien für die Einstufung der Gleye und Pseudogleye in ein Klassifizierungssystem

Als Einstufungskriterien für die Klassifizierung von Böden stehen auf den Boden einwirkende Faktoren, im Boden ablaufende Prozesse und am Boden feststellbare Merkmale zur Verfügung. Es besteht weite Übereinstimmung, daß nur bodeneigene

Merkmale zur Gruppierung herangezogen werden sollten. Da aber die Merkmale das Ergebnis von Prozeßabläufen sind, und diese durch eine bestimmte Faktorenkonstellation ausgelöst und gesteuert werden, stehen infolge der kausalen Verknüpfung prinzipiell alle drei Kriterien gleichberechtigt nebeneinander. Es ist eine Frage des Wissensstandes und der gewünschten Aussagekraft, welches Glied der Kausalkette: Faktoren – Prozesse – Merkmale gewählt wird. Am sinnvollsten wäre es, alle drei Kriterien heranzuziehen; damit wäre die Stellung der Böden in einem morphogenetischen Klassifizierungssystem am umfassendsten beschrieben (s. Klassifizierung der hydromorphen Böden nach prägendem Faktor, ablaufenden Prozessen und resultierenden Profilmerkmalen; *Schroeder* 1967, 1969).

Die Verwendung von Merkmalen allein ist bei den hydromorphen Böden (hier den Gleyen und Pseudogleyen) problematisch. So sind Böden mit hydrogenen Merkmalen (Marmorierung, Aderung, konkretionärer und nichtkonkretionärer Eisenanreicherung, Oxydations- und Reduktionshorizonten), in denen aber das Stau- bzw. Grundwasser nicht mehr wirksam ist und in denen keine Redox- und Diffusionsvorgänge ablaufen, pedogenetisch und ökologisch keine hydromorphen Böden mehr. Entscheidend für den aktuellen pedogenetischen Status und zugleich für den ökologischen Zustand dieser Böden sind nicht die reliktischen hydrogenen Merkmale (obwohl sie im Extremfall, z. B. bei verfestigtem G_0-Horizont auch noch ökologisch wirksam sein können), sondern in der Regel andere Prozesse und Merkmale, die durch die Abwesenheit von stagnierendem Wasser gekennzeichnet sind. In diesen Fällen wären – da noch nicht eindeutig zwischen rezenten und reliktischen hydrogenen Merkmalen unterschieden werden kann – Merkmale als Einteilungskriterien ungeeignet. Da Redox- und Diffusionsprozesse schwer zu erfassen und noch schwerer zu quantifizieren sind, bleibt nur die Möglichkeit, das „Wasserregime" zu kennzeichnen, z. B. durch den mittleren Stand des Grundwasserspiegels und die Amplitude seiner Schwankung bzw. bei Stauwasser den Wechsel von nassen und trockenen Phasen. Wenn man anerkennt, daß der „Faktor" Wasser bei den hydromorphen Böden gleichzeitig ein Bodenmerkmal ist (so wie das Gestein des Solums bei den lithomorphen Böden), so wäre auch bei Berücksichtigung des Wasserregimes die Forderung, nur nach bodeneigenen Merkmalen zu klassifizieren, erfüllt.

Trotzdem sollten bei der Argumentation, ob die hydromorphen Gleye und Pseudogleye zusammengefaßt in einer Klasse stehen oder auf verschiedene Klassen aufgeteilt werden sollen, die Prozesse im Vordergrund stehen. Die durch stagnierendes*) Wasser ausgelösten Redox- und Diffusionsprozesse (*Brümmer* 1971) sind das gemeinsame und verbindende Charakteristikum von Gleyen und Pseudogleyen, das zwingend ihre Zusammenfassung in einer Kategorie oder Klasse erfordert (es wäre z. B. auch abwegig, die durch Perkolationsverlagerungsprozesse geprägten Lessivés nach anderen Kriterien auf andere Bodenklassen aufzuteilen). Andererseits fordert die Differenzierung dieser Prozesse nach Intensität, Richtung und Dauer in Grundwasserböden – mit durchgehendem Grundwasserspiegel im Solum und variierender Amplitude der Grundwasserschwankung – und Stauwasserböden – mit temporär und periodisch auftretendem Stauwasser – genauso zwingend die Unterteilung der Gleye und Pseudogleye innerhalb der hydromorphen Böden auf nächst niederem Niveau (für die Ansprache im Gelände müssen selbstver-

*) d. h. weder perkolierendes, ascendierendes oder erodierendes, sondern „stehendes" Wasser (s. *Schroeder* 1967).

ständlich die resultierenden Merkmale bzw. das Wasserregime – s. o. – herangezogen werden).

Diesen Überlegungen werden nur die Vorschläge von *Ehwald* (1966), *Schroeder* (1966, 1967), *Gracanin* (1969) und *Chiriță* und Mitarbeiter (1969) voll gerecht, sowie mit gewisser Einschränkung das System von *Fitzpatrick* (1967), der Sub- und Supragleysole trennt, sie aber mangels einer höheren Kategorie nicht als Gleysole zusammenfaßt.

Hinsichtlich der Trennung von rezenten und reliktischen hydromorphen Böden liegen nur Vorschläge von *Schroeder* (1967) und *Kovda* und Mitarbeitern (1969) vor. Nach dem ersten Autor werden Böden mit hydrogenen Merkmalen, in denen der prägende Faktor Wasser und die durch ihn ausgelösten Prozesse ausgeschaltet sind, als Reliktgleye und -pseudogleye bezeichnet und – kombiniert mit der den rezenten Zustand kennzeichnenden Typenbezeichnung – z. B. als Reliktpseudogley-Lessivé oder Reliktgley-Podsol eingeordnet, d. h. auf andere Klassen entsprechend ihrer neuen Genese aufgeteilt. Nach *Kovda* und Mitarbeitern (1969) stehen diese Böden als paläohydromorphe Böden in einer besonderen Klasse, was sicherlich nicht gerechtfertigt ist. Diese Reliktböden können nicht nur, sondern müssen anderen Klassen zugeordnet werden, da in ihnen nach Ausschaltung des Wassereinflusses eben andere Prozesse ablaufen.

Zur Sonderstellung der Marschen

Marschen sind wie die Gleye Grundwasserböden; sie werden auch in den meisten Klassifizierungssystemen nicht gesondert gruppiert. Im westdeutschen System werden sie jedoch wegen des besonderen Ausgangsmaterials und der spezifischen Sedimentationsbedingungen von den Gleyen abgetrennt (*Mückenhausen* 1962). Doch sind dies Kriterien, die vorwiegend für die Geogenese, weniger für die Pedogenese der Marschen relevant sind. Es wird daher vorgeschlagen – wie bei der Unterscheidung zwischen Pseudogleyen und Gleyen – als Argument für die Abtrennung von den Gleyen die Differenzierung in den Redox- und Diffusionsprozessen heranzuziehen. In den Marschen laufen auf Grund des an primärer organischer Substanz, Sulfaten und Carbonaten reichen Ausgangsmaterials spezielle Prozesse der Sulfat-Carbonatmetabolik ab (*Grunwaldt, Günther* und *Schroeder* 1971), die in Gleyen (und Pseudogleyen) nicht oder nur sehr selten auftreten.

Literatur

1. *Avery, B. W.*: A classification of British soils. VI. Congr. Intern. Science du Sol, Vol. E, 279, Paris 1956.
2. *Bakker, de, H.* und *Schilling, J.*: Systeem van bodemclassificatie voor Nederland. Soil Survey Institute, Wageningen 1966.
3. *Bramao, D. L.* und *Dudal, R.*: The First Draft Soil Map of the World. Bull. Intern. Soc. Soil Sci. Nr. 34, 1969.
4. *Brümmer, G.*: Redox-Prozesse in Böden. In diesem Buch S. 17. 1971.
5. *Chiriță, C., Florea, N., Paunescu, C.,* und *Teaci, C.*: St. Sol. Vol. 7, Nr. 3, 89, Bucuresti 1969.
6. *Duchaufour, P.*: Précis de Pédologie. Masson-Verlag, Paris 1965.
7. *Ehwald, E.*: Sitzg. Ber. Akad. d. Landw. Wissensch. Bd. XV, H. 18, S. 5, 1966.
8. *Fitzpatrick, E. A.*: Geoderma **1**, 91, 1967.

9. *Gracanin, M.*: Bull. Scient. A 14, 78, 1969.
10. *Grunwaldt, H.-S., Günther, J.* und *Schroeder, D.*: In diesem Buch, S. 115, 1971.
11. *Ivanova, E. N.* und *Rozov, N. N.*: Classification of soils and the soil map of the USSR. Trans. 7th Intern. Congr. Soil Sci. Vol. IV, 77, Madison 1960.
12. *Kubiena, W. L.*: Bestimmungsbuch und Systematik der Böden Europas. Ferdinand Enke Verlag, Stuttgart 1953.
13. *Kovda, V. A., Rozanov, B. G.* und *Samoylova, Y. M.*: Soviet Soil Sci. H. 1, 1, 1969.
14. *Morgenstern, H.*: Albr. Thaer-Archiv **14**, 483, 1970.
15. *Morgenstern, H.* und *Thiere, J.*: Albr.-Thaer-Archiv **14**, 587, 1970.
16. *Mückenhausen, E.*: Entstehung, Eigenschaften und Systematik der Böden der Bundesrepublik Deutschland. DLG-Verlag, Frankfurt 1962.
17. *Muir, J. W.*: J. Soil Sci. **20**, 153, 1969.
18. *Schroeder, D.*: Genesis and classification of hydromorphic soils. Proc. XI. Pacific. Science Congr., Vol. 6, Div. Meet. **7**, 10, Tokyo 1966.
19. *Schroeder, D.*: Z. Pflanzenernähr., Bodenkde. **116**, 199, 1967.
20. *Schroeder, D.*: Hydromorphe Böden. In: Bodenkunde in Stichworten, Verlag Ferdinand Hirt, Kiel 1969.
21. *Schroeder, D.*: Mitt. Dtsch. Bodenkl. Gesellsch. **10**, 280, 1970.
22. Soil Classification, a comprehensive system, 7th Approximation. U.S. Dept. of Agric., 1960.
23. Supplement to Soil Classification System (7th Approxamation). U.S. Dept. of Agric., 1967.
24. *Thiere, J.* und *Morgenstern, H.*: Albr.-Thaer-Archiv **14**, 413, 1970.
25. *Volobuyev, V. R.*: Sov. Soil Sci., Nr. 12, 1237, 1964.

Zusammenfassung

Die neueren Bodenklassifizierungssysteme (seit 1966) werden hinsichtlich der Stellung der Gleye und Pseudogleye kritisch beleuchtet. Es zeigt sich, daß die Gleye und Pseudogleye – wie auch in älteren Systemen – sehr unterschiedlich eingestuft werden: von der Zusammenfassung in einer Kategorie des Systems auf oberstem Niveau bis zur Aufteilung auf verschiedene Klassen in verschiedenen Ebenen.

Es wird vorgeschlagen, die Gleye und Pseudogleye auf Grund der in ihnen ablaufenden im Prinzip gleichen Redox- und Diffusions*prozesse* als hydromorphe Böden in einer Kategorie eines morphogenetischen Klassifizierungssystems einzustufen und sie nach der Differenzierung dieser Prozesse nach Intensität, Richtung und Dauer im Grundwasser- und Stauwasserbereich auf dem nächst niederen Niveau als Gleye und Pseudogleye zu unterteilen. Für die Notwendigkeit, innerhalb der Grundwasserböden die Marschen von den Gleyen abzuteilen, wird die spezielle Sulfat-Carbonatmetabolik der Marschen angeführt.

Die Einstufung von reliktischen und rezenten hydromorphen Böden wird diskutiert.

Summary

The level of the position of gleys and pseudogleys within various modern soil classification systems varies widely. It is proposed to unite the two soil groups to one category – hydromorphic soils – on the basis of the reduction and diffusion processes commonly occurring in these soils. A further subdivision, on the basis of intensity, direction and length of these processes, into gleys and pseudogleys is proposed. The separation of the marsh soils from the gleys is based on their particular carbonate and sulphate regime. The problem of relict hydromorphic properties is discussed.

Résumé

Les plus récents systèmes de classification des sols, depuis 1966, sont examinés d'une façon critique en ce qui concerne la position des gleys et des pseudogleys. On constate que, comme d'ailleurs dans les systèmes plus anciens, les gleys et les pseudogleys sont classés d'une façon très différente. Ils sont soit groupés dans une seule catégorie au niveau le plus élevé, soit repartis en différentes classes à des niveaux variés.

On propose de grouper les gleys et les pseudogleys en une seule catégorie de « Sols Hydromorphes » à cause de l'analogie des processus de réduction-oxydation (redox) et de diffusion dont ils sont affectés. La subdivision en gleys et pseudogleys est faite sur la base de la différenciation de ces processus d'après leur intensité, direction et durée selon qu'il s'agit d'une nappe phréatique (permanente) ou d'une nappe perchée (temporaire).

Pour pouvoir séparer les sols des plaines maritimes à l'intérieur des sols à nappe phréatique, il est proposé de se baser sur le metabolisme sulfate-carbonate particulier qui les caractérise. Le problème des sols hydromorphes fossiles et récents est également discuté.

Physical Properties and Water Relations of Hydromorphic Soils

T. J. *Marshall* *)

This review will introduce the papers that are to be given on "Behaviour of water in hydromorphic soils" and on "Water regime in hydromorphic soils". A number of these papers refer to one or other of the terms in the water balance equation and it will therefore be convenient to use that equation as a starting point. In addition, since we are concerned in this meeting with soils that are often persistently wet, it will be appropriate to deal with some of the physical properties that are greatly affected by high water content. In general this introduction will touch on causes and effects of waterlogging but will leave the remedies for "Amelioration of hydromorphic soils".

The water balance equation for a given area of land and a given period of time is

$$P = U + E + L + \Delta S$$

where P is the precipitation, U is underground drainage, E is evapotranspiration, L is the lateral run-off of surface and shallow seepage water, and ΔS is change in soil storage. Of these items L will be negative when run-on exceeds run-off, and for stagnant conditions ΔS will be near zero for long periods. Various combinations of values for these items can obviously bring about waterlogging and various man-made controls can be exerted over some of them to reduce it.

Underground drainage

The importance of natural drainage can best be illustrated by stating what has been done to improve on it. Artificial drainage is practiced over about 100 million hectares of land throughout the world, much of which is in humid temperate areas according to *Framji* and *Mahajan* (1969). The Netherlands with 1.5 million ha of drained land, including 0.5 million tile drained, provides a good example of the intensive development of drainage in a country with 2.5 million ha of cultivated land.

Our concern at the moment is with natural rather than artificial underground drainage. The soil property most often affecting the deep percolation of water in hydromorphic soils is the hydraulic conductivity of a subsoil horizon. This is particularly the case in pseudogleys where a temporary perched water table rather than a permanent country water table is often the cause of gleying. Two of the papers to be given cover the restriction placed on underground drainage by subsoil of low conductivity. In neither case did the layer appear to be wholly restrictive in holding back water. *Stahr* used a neutron moisture meter together with pore space and hydraulic conductivity measurements on water saturated cores and *Benecke* used tensiometers, a neutron moisture meter, and tritium to study movement through a restricting layer in a pseudogley. In his experiments,

*) Division of Soils, CSIRO, Adelaide, Australia.

Benecke used an empirical exponential relation between hydraulic conductivity and potential to calculate the conductivity over the range of unsaturation found in his two principal horizons. He was then able to determine the amount of deep percolation by means of Darcy's equation. Field work of this sort poses problems from hysteresis and instrument error. But wet soils are ideally suited for the use of tensiometers and *Benecke*'s experiment provides a good and rather unusual example of their use in a flow problem under field conditions.

As will be seen from these two papers, it is difficult to measure natural (in contrast to artificial) underground drainage. Current work of my colleagues in the Division of Soils, CSIRO, undertaken for this purpose in a region in southern Australia with a wet winter and a dry summer may perhaps be of interest. *Holmes* and *Colville* (6) used large and deep non-weighable lysimeters to isolate the drainage water and obtained the water content of the soil in them with a neutron moisture meter. Water tables were adjusted by pumping from the lysimeters to keep them comparable with levels outside. With rainfall amounting to 428, 748, and 515 mm in the three successive years of their experiments, they found that the amount of underground drainage to the water table from grassland was 40, 134, and 72 mm respectively.

There was an important practical consequence of this work. It showed that the underground drainage was sufficient to guarantee a most valuable supply of water in the shallow aquifers of the region for use in developing supplementary irrigation in the dry season.

These investigations were extended to allow a comparison to be made of underground drainage under a forest of *P. radiata* and under grass land on a plain free from the complications of run-off (6). In work that is being prepared for publication *Colville* analysed the water table levels and *Allison* measured the content of naturally occurring tritium in the groundwater. It is apparent from the results that more water percolated to the groundwater system under grass than under forest. This is shown clearly by the tritium contents of water samples taken right at the top of the groundwater. These were found to have consistently greater values under grass than under forest. In this work, tritium with its half-life of 12 years has proved to be a useful guide to the relative rates of underground drainage to these shallow groundwaters.

Evapotranspiration

The difference between deep percolation under forest and under grass that I have just discussed is due to the effect of type of plant cover on evapotranspiration. Differences between evapotranspiration from land with perennial and annual vegetation can be especially notable in an area with a marked dry season. This is shown very clearly by the development of seepage areas in south-western Australia following the replacement of native vegetation by crops and pastures. Under rather different climatic conditions, *Wilde* et al. (11) also found that swamps developed on a gley-podzolic soil in northern Wisconsin, U.S.A., after felling of forests.

Although progress has been made on direct methods for measuring actual evapotranspiration, there is not yet a routine method available for doing this. We are faced with the necessity of getting it by difference after measuring all the other items in the water balance equation or else using values of potential evapotranspiration estimated from meteorological data. Using a correlation procedure, *Troll* and *Wohlrab* in Topic 3.2 compare measured water content values of a drained gley soil with those calculated from meteorological data by the methods of *Thornthwaite* (based on temperature) and *Haude* (based on temperature and humidity) for estimating potential evapotranspiration. The results show that two meteorological elements are better than one for this purpose. Because temperature data are readily available, *Thornthwaite*'s method is widely used; but for universal application the theoretical basis and range of meteorological parameters used for example by *Penman* become desirable for calculating potential evapotranspiration.

Penman (9) makes use of heat budget, vapour pressure, temperature, and wind speed in his method for calculating evaporation from a free water surface. With suitable adjustment for the albedo and roughness of a vegetated surface, potential evapotranspiration can be estimated from this. Difficulty arises in applying any of these methods when there is a shortage of water serious enough to depress transpiration, because then the actual evapotranspiration falls short of the estimated potential value. There is a good deal of interest at present in working out models that allow for the effect of changing water content of the soil upon transpiration.

Run-off

Run-off of water ranging from zero in the late summer to the whole of the precipitation in two winter months is described by *Vlahinić* and *Resulović* on a pseudogley soil with a subsoil of very low hydraulic conductivity. *Wittman* discusses in his paper the effect of lateral contributions of water to the water economy of pseudogleys.

Storage

The properties most affecting soil storage – pore space and pore size distribution – receive incidental attention in many of the papers to be given. One unusual aspect of storage is introduced in Topic 3.1 by *Zrubec* and *Kutilek* who found that removal of free iron from hydromorphic soil increased the amount of water adsorbed at a given relative vapour pressure. The explanation proposed by them is that free iron coatings increase the wetting angle for water. *El Ashkar* et al. (3) and *Prebble* and *Stirk* (10) have found a similar effect of removing iron in the range between 0.3 and 15 bars suction but their explanations turn on structure changes due to removal of iron rather than on wetting angle change. Wetting angle has been insufficiently studied in soils except in the rather extreme case of water-repellent sands. In these sands microbial remains are considered by *Bond* and *Harris* (1) to be the agents increasing the wetting angle.

Measurements of water content made on samples and, *in situ*, using neutron scattering, gamma ray transmission and indirectly through meteorological data are reported in both Topics 3.1 and 3.2. One difficulty associated with measurements in wet soils is mentioned by *Stahr*. This is that the seal between the soil and the lining of an access hole for a neutron probe can be uncertain, especially in a brittle iron pan horizon when the water is at a positive hydrostatic pressure. There is the same uncertainty about the seal when water enters rapidly after a dry period into a soil that is subject to volume change by shrinking and swelling. As a check against errors from this cause, *Stahr* used gravimetric measurements of water content and also tensiometers which could presumably be inserted in his soils with less risk of channelling the flow.

Thomasson measured groundwater levels in different groups of gleyed soils not affected by run-on or run-off water. From these and other soil data he determined that the soils increased in wetness from gleyed brown earth, through calcareous gley to noncalcareous gley. *Resulovič*, *Vlahinič* and *Bisic-Hajn* using gamma ray transmission found their pseudogley to be moist or wet most of the time down to 100 cm depth.

In these cases the basic problem was to get rid of surplus water, but in many pseudogleys there is the double problem of a surplus in one season and a deficit in the other. In these circumstances the upward supply of water from groundwater to the root zone can sometimes be critical to plant growth during the rainless periods. When the hydraulic conductivity of the soil is known as a function of the suction, it is possible to calculate the maximum height above the water table to which water can be supplied at a particular rate. This has previously been done for the supply of water to the root zone by *Wind* (12, 13). For this purpose *Darcy*'s equation can be used in the integral form as given by *Benecke* in his paper. *Sunkel* and *Renger*, *Strebel*, *Giesel*, and *Lorch*, have made interesting experimental observations on the upward movement of groundwater using this and other methods. They have shown how the texture of fairly sandy or silty soils affects the supply from the water table.

The husbanding of excess water for its later use is a problem that concerns both the engineer with his dams and the agriculturalist with his controls over soil storage. With increasing demands for fresh water in most parts of the world, there is a growing need to manipulate the water budget for the conservation and later use of water. Under some circumstances this can be as important as is its disposal by artificial drainage at times of excess.

Aeration

Insufficient oxygen frequently limits the activities of plant roots and aerobic microorganisms in wet soils. However, the partial pressure of oxygen can fall much lower (and carbon dioxide can rise much higher) than in the atmosphere before the effect of poor aeration is seriously felt. The resulting gradient in partial pressure is usually great enough to maintain sufficient exchange with the atmosphere by diffusion until the air-filled pore space, ε, approaches a low level of about one tenth of the soil volume. The coefficient of diffusion for soil that is not too wet depens on ε in a fairly simple way and not on pore size. However in wet soil ε will include pores blocked off by water films and the geometry of the pore space has then a pronounced effect (2). Hence a satisfactory lower level of ε cannot be stated at all critically.

The rate of diffusion of a gas through water is less than it is through air by a factor of about 10^{-4}. Since movement through a water film is a necessary step in the supply of oxygen from the soil air to a root, much use has been made of the platinum electrode method of *Lemon* and *Erickson* for measuring oxygen diffusion rate. In this method oxygen is reduced electrochemically at a fine platinum wire inserted in the soil and the current consumed in this reduction is measured. Using this method attempts have been made to determine critical flux rates of oxygen for growth of roots. The applicability to unsaturated soil has however been placed in doubt by *McIntyre* (7) after a thorough examination. He considers that, with uncertain and irregular thickness of film around the electrode, the flux of oxygen through the film may not have an overwhelming influence on the current. He concludes that none of the critical figures for plant growth obtained by this method can be accepted with assurance. However although intrinsic values may be unreliable, the method may be of use for correlation purposes.

In the saturated system, molecular oxygen soon disappears after waterlogging has occurred and oxidation- reduction reactions are then of more practical interest than oxygen diffusion. For waterlogged soil, the succession of events that accompanies changes in redox potential has been reviewed by *Parr* (8) who also discusses some physical consequences in the clogging of drains with bacterial slimes and hydrated iron, aluminium, and manganese oxides.

Kowalik will discuss conditions necessary for gleying. He has worked out the depth at which gleying will commence in wet soil using calculations based on air-filled pore space, diffusion and respiration coefficients, and other relevant parameters of the soil. On the basis of this work he sets up recommendations for preventing gleying. A paper to be presented by *Renger* et al will deal with the influence of a water table on aeration of soil at various heights above it. Here pore size distribution indirectly affects diffusion of air since it influences the amount of pore space that is free of water at any given height.

Structure and strength

The shear strength of soils decreases with increasing water content. Any disturbance or manipulation of soil when it is wet by the treading of animals or the use of tillage implements, can therefore shear the soil aggregates readily. Bonds within sheared aggregates are weakened by the separation of clay particles in the presence of water and the soil remains vulnerable to dispersion. A method for determining the maximum water content at which a soil can be sheared and remoulded without dispersing visibly on rewetting is used as a stability test by *Emerson* and *Smith* (4).

One consequence of unstable structure is that aggregates break down readily to provide fine particles which are then more easily moved by water in the processes of erosion or illuviation. *Becher* and *Hartge* will discuss the downward movement of fine material within the profile. They have compared two soils – a parabraunerde and a pseudogley – occurring close together, one with and one without an illuvial clay horizon. They suggest the following novel explanation for this difference. Where the water table is deep, the potential gradient is steeper and the pore space is less full of water than where it is shallow. Hence water moves faster microscopically and so transfers more material downward in the soils that have the deeper water table.

Thomasson will discuss the water regimes of gleyed clayey soils that can be attributed at least in part to their structural condition. Activities of plant roots and of fauna together with some seasonal shrinking and swelling of the soil were believed to assist water movement through certain of their soils. Certainly under climatic conditions where desiccation is severe the effects of shrinkage on the subsequent entry and movement of water in clay soils can be quite pronounced.

Conclusion

The papers that I have briefly touched on include an unusual number with measurements made in the field. There is always some reluctance to leave the controlled conditions of the laboratory for the hazards of the field experiment and hence the interest shown here is quite notable. Successful applied work on artificial drainage and water balance has shown what can be accomplished. It seems now that theory and methods have advanced far enough for well-planned field experiments on soil water and physical properties to offer reasonable prospects of giving useful results. Nevertheless complexities in designing experiments and difficulties in using the instruments remain. When these papers are given in full a good opportunity will be available for reviewing the progress being made in field work.

References

1. *Bond, R. D.*, and *Harris, J. R.*: The influence of the microflora on the physical properties of soils. 1. Effects associated with filamentous algae and fungi. Aust. J. Soil Res. **2**, 111–122, 1964.
2. *Currie, J. A.*: Gaseous diffusion in porous media. Part 3, Wet granular materials. Brit. J. Appl. Phys. **12**, 275–281, 1961.
3. *El Ashkar, M. A.*, *Bodman, G. B.*, and *Peters, D. B.*: Sodium hyposulphite-soluble iron oxide and water retention by soils. Proc. Soil Sci. Soc. Amer. **20**, 352–356, 1956.
4. *Emerson, W. W.*, and *Smith, B. H.*: Magnesium, organic matter and soil structure. Nature **228**, 453–454, 1970.
5. *Framji, K. K.*, and *Mahajan, I.K.*: Irrigation and drainage in the world. A global review. Int. Comm. on Irrigation and Drainage, New Delhi, 1969.
6. *Holmes, J. W.*, and *Colville, J. S.*: On the water balance of grassland and forest. Trans. 9th Int. Congr. Soil Sci., Adelaide **1**, 39–46, 1968.
7. *McIntyre, D. S.*: The platinum microelectrode method for soil aeration measurement. Advan. Agron. **22**, 235–283, 1970.
8. *Parr, J. F.*: Nature and significance of inorganic transformations in tile-drained soils. Soils and Ferts. **32**, 411–415, 1969.
9. *Penman, H. L.*: Natural evaporation from open water, bare soil and grass. Proc. Roy. Soc. A, **193**, 120–145, 1948.
10. *Prebble, R. E.*, and *Stirk, G. B.*: Effect of free iron oxide on range of available water in soils. Soil Sci. **88**, 213–217, 1959.
11. *Wilde, S. A.*, *Steinbrenner, E. C.*, *Pierce, R. S.*, *Dosen, R. C.*, and *Pronin, D. T.*: Influence of forest cover on the state of the groundwater table. Proc. Soil Sci. Soc. Amer. **17**, 65–67, 1953.
12. *Wind, G. P.*: A field experiment on capillary rise of moisture in a heavy clay soil. Neth. J. Agri. Sci. **3**, 60–69, 1955.
13. *Wind, G. P.*: Capillary rise and some applications of the theory of moisture movement in unsaturated soils. Inst. Land Wat. Mgmt. Res. Netherlands. Tech. Bul. **22**, 1961.

Summary

The water relations, aeration and structure of soils that are wet for protracted periods are discussed in relation to causes and physical effects of waterlogging. The water balance equation is used as a basis for introducing a number of the papers that are to be given.

Two aspects of underground drainage are dealt with: the influence of a subsoil horizon of low hydraulic conductivity; the measurement of deep percolation of water under natural rather than artificial drainage.

Methods of estimating evapotranspiration from meteorological data range from those that depend empirically on one parameter such as temperature to those more theoretically based on heat budget, temperature, vapour pressure, and wind speed. The effect of plant cover on evapotranspiration and drainage can be considerable in particular circumstances and examples of this are given. A number of the submitted papers deal with water content and suction of hydromorphic soils and this subject is discussed in relation to the transmission of groundwater upward to the rooting zone.

Diffusion of gases through the gas-filled pore space usually keeps soils sufficiently aerated for roots and microorganisms provided this space is greater than about one tenth of the soil volume. However no critical limit can be given because some of the gas-filled pore space is blocked off by water films. The usefulness of the platinum electrode for measuring the oxygen flux through these films in unsaturated soil is in some doubt.

Soil structure is particularly vulnerable to deformation in wet soil. Some causes and effects of the shearing and dispersing of weakened aggregates are outlined.

Résumé

Le comportement de l'eau, l'aération et la structure des sols humides pendant une longue période, sont discutés en relation avec les causes et les effets physicaux de l'excès d'eau. L'équation de bilan hydrique est prise comme base pour une introduction de quelques rapports présentés. Deux aspects d'un drainage du sousol sont discutés: l'influence d'un horizon de sousol d'une conductibilité hydraulique très basse, et la mesure de la percolation en profondeur de l'eau, sous un drainage naturel ou bien artificiel. Les méthodes d'estimation de l'evapotranspiration selon les données météorologiques vont de celles, qui se servent de manière empirique d'un paramètre comme la température, jusqu'à celles, qui se fondent plus théoriquement sur le bilan de la chaleur, température, pression de vapeur et la vitesse du vent. L'effet d'une couverture de plantes sur l'évaporation et le drainage peut être essentiel sous certaines conditions. Des exemples ont été donnés.

Plusieurs rapports en prévision traitent de la teneur en eau et du potentiel de l'eau des sols hydromorphes, et ce thème est discuté en relation avec la remontée capillaire de la nappe souterraine vers la zone des racines. La diffusion de gaz à travers les pores, maintient en général les sols suffisamment aérés pour les racines et les microorganismes, pourvu que cet espace soit supérieur à peu prés au dixiéme du volume du sol. Cependant on ne peut pas donner une limite critique, parce que quelques-unes des pores remplies de gaz sont bloquées par un film d'eau. L'avantage d'une électrode de platine pour la mesure de la sortie d'oxygène de ce film est discutable. La structure du sol est particulièrement instable dans un sol mouillé. Quelques raisons et quelques effets de la rupture et de la dispersion des agrégats peu resistants sont mises en évidence.

Zusammenfassung

Wasserhaushalt, Durchlüftung und Struktur von Böden, die längere Zeit hindurch vernäßt sind, werden in Beziehung auf die Ursachen und physikalischen Auswirkungen der Staunässe behandelt. Die Wasserbilanzgleichung wird als Grundlage für einige vorliegende Vorträge als Grundlagen genommen. Zwei Aspekte der Unterboden-Entwässerung werden behandelt: Der Einfluß eines Unterboden-Horizonts niedriger hydraulischer Leitfähigkeit; die Messung von Tiefensickerung des Wassers unter natürlicher wie unter künstlicher Entwässerung. Die Methoden, die Verdunstung aus meteorologischen Daten zu bestimmen, reichen von solchen, die empirisch einen Parameter, wie die Temperatur, zu Hilfe nehmen, bis zu solchen, die sich mehr theoretisch auf Wärmehaushalt, Temperatur, Dampfdruck und Windgeschwindigkeit gründen. Die Auswirkung einer Pflanzendecke auf Verdunstung und Entwässerung kann unter besonderen Bedingungen beträchtlich sein; Beispiele dafür werden beigebracht.

Eine Anzahl der angekündigten Vorträge behandelt den Wassergehalt und die Saugspannung hydromorpher Böden, und dieses Thema wird in Beziehung auf das Eindringen des Grundwassers in die Wurzelzone behandelt. Die Diffusion von Gasen durch den gaserfüllten Porenraum hält die Böden für Wurzeln und Mikroorganismen gewöhnlich hinreichend durchlüftet, vorausgesetzt, dieser Raum ist größer als etwa ein Zehntel des Bodenvolumens. Trotzdem kann man keine kritische Grenze angeben, weil einige der gaserfüllten Porenräume durch Wasserfilm blockiert sind. Die Brauchbarkeit der Platinelektrode zur Messung von Sauerstoffaustritt durch diesen Film ist etwas umstritten. Die Bodenstruktur ist besonders anfällig gegen Deformierung im nassen Boden. Einige Gründe und Auswirkungen beim Zerkleinern und Verteilen aufgeweichter Aggregate werden hervorgehoben.

Energy Relationships of Water in Hydromorphic soils as Infuenced by Free Iron

By *F. Zrubec**, and *M. Kutílek***

Dynamics and accumulation of free (non-siliceous) iron in hydromorphic soils have been widely studied including the micromorphological research. However, more detailed studies about the role of non-siliceous iron in hydromorphic soils upon the soil water relationships are still lacking. Regarding the general relationships between soil water and free iron, *Fridland* and *Dolgov* (1961) have found a positive influence of goethite in soils upon the hygroscopic coefficient and wilting point. *Hung Kun* and *Chen Tsen* (1959) have proved that free iron of latosols causes an increase in specific surface area and that the deferration resulted in an increase of the free adsorption energy of water vapor and a decread of available moisture. The disagreement of the last statement with the results of *El Ashkar* et al. (1956) would be explainable on the basis of micromorphology and of the different forms of iron accumulation. The influence of free iron upon the soil water is induced indirectly, too, by the aggregation action of iron and by the reduced swelling owing to the presence of iron oxide films except in latosols.

The present paper deals therefore with the influence of free iron upon soil water and the results obtained with samples from hydromorphic soils are compared with results from illuvial horizons of illimerized soils (lessivé). The different origin of free iron resulting in different morphology and accumulation forms offers the opportunity of a better explanation of the existing soil water relationships.

Materials and Methods

Samples from gley horizons of gley soils of Eastern and Southern Slovakia and samples from illuvial horizons of illimerized soils (lessivé) of Eastern Slovakia were used. The total number of samples was 28, taken from 10 localities. Results of 5 typical samples are demonstrated in this paper. Analytical characteristics of these soils are given in Table 1. Mineralogical analysis (X-ray diffraction, DTA-DTG, and electron microscopy) have shown that the clay fraction consists mainly of montmorillonite, illite, and interstratified minerals while the amounts of chlorite and kaolinite were very low.

The work was carried out with original samples prepared as fine earth and with deferrated samples where the nonsiliceous iron was removed by $Na_2S_2O_4$. In some tests, aliquot portions of original soils were treated by 0.3 M Na acetate for the sake of gaining comparable results. The procedure of treating the sample was analog to that one of deferration.

Adsorption isotherms were determined gravimetrically at 25 °C and evaluated according to the BET method. The specific surface S was calculated using monomolecular water w_m (%) and supposing the area occupied by 1 H_2O molecule to be 10.8A², i. e. $S = 36.1\ w_m\ /\ m^2 \cdot g^{-1}\ /$.

*) Research Institute of Soil Science, Bratislava

**) Dept. of Irrigation and Drainage of Technical University, Prague, Czechoslovakia

Table 1

Analytical characteristics of the samples

No.	Horizon	Depth (cm)	Clay < 1 μ (%)	Organic C (%)	CEC meq./100 g	Free Fe_2O_3 (%)
1	A(G)	10–20	49,3	1,46	40,6	4,00
2	G	90–100	71,5	0,44	51,8	4,60
3	G_{Ca}	80–90	24,1	0,45	23,7	2,94
4	B	55–65	27,4	0,14	13,6	4,10
5	B	35–45	30,8	0,50	23,6	3,80

The contact angle was measured directly. One water drop was applied on the oriented layer of sample and the contact angle was measured microscopically.

Swelling was characterized by the increase of thickness of thin (0.3 mm) oriented layers dried over P_2O_5 and wetted above 3% H_2SO_4. The increase in thickness of the wetted sample h was measured microscopically and compared with the original thickness of the dry sample h_0, as a reference value.

The moisture retention curves were determined on original undisturbed samples and on disintegrated samples (fine earth) either in original state or, alternatively after removal of free iron. The classical methods were used in appropriate suction ranges, i. e. the pressure table, pressure plate or membrane and exsiccator methods.

Results and Discussion

The evaluated parameters of adsorption isotherms are presented in Table 2. Deferration generally results in reduction in surface area S and in adsorption energy of the first molecular layer (see the value of the constant C). Calculating S of the free iron oxide itself from the difference in vaper adsorption before and after deferration the figures for the hydromorphie soils vary considerably, generally being higher than those of montmorillonite and comparable only to those humus in some instances. The constant C if calculated correspondingly yields extremely high values up to 90.

The reduction of S and C after deferration is more pronounced with hydromorphic soils than with illuvial horizons of illimerized soils. Specific surface and the adsorption energy (of the 1st. monolayer) of free iron of hydromorphic soils is higher than the corresponding values of free iron of illuvial horizons. Since the nonsiliceous free iron is crystallized to a higher degree in illuvial horizons than in gley horizons we are allowed to conclude that the above discussed properties are more developed in amorphous free iron than in cristallized forms of free iron.

In the wet branch of the isotherms the number of molecular layers ($w_{0.95}/w_m$) is higher after deferration. Similarly, the water capacity $(dw/d\,\psi)_{0.95}$ increases after deferration of the sample (ψ = suction [cm of water]). Both phenomena are evidently affected by the high value of the contact angle of water on free iron and by the resulting reduced capillary condensation of water in samples containing free iron. The reduced swelling

Table 2

Parameters of the adsorption isotherms of water vapor on original samples, deferrated samples (a) and samples treated by Na acetate (b) respectively

No.	From BET eq. S $[m^2 \cdot g^{-1}]$	C	W_m [%]	S of free Fe_2O_3 $[m^2 \cdot g^{-1}]$	$\frac{W_{0.95}}{W_m}$	0.95 $[cm^{-1} \times 10^{-3}]$
1	109.7	14.2	3.4	451.4	3.74	0.12
1a	75.1	8.1	2.05		8.37	0.45
1b	93.1	12.2	2.58		5.03	0.27
2	162.4	18.5	4.50	812.0	3.85	0.18
2a	112.4	5.9	3.11		7.64	0.47
2b	149.8	12.1	4.15		4.61	0.32
3	93.2	24.6	2.58	1160.0	3.10	0.04
3a	59.2	20.3	1.64		6.28	0.11
4	55.2	11.0	1.53	257.6	3.00	0.04
4a	36.7	7.7	1.00		8.36	0.19
4b	47.2	10.3	1.31		4.95	0.08
5	82.0	16.9	2.27	304.0	4.20	0.06
5a	62.1	9.8	1.72		8.75	0.21
5b	73.6	12.2	2.04		4.85	0.11

(Tab. 3) due to the presence of iron oxide particles on the solid surface of expandable minerals plays a role in slighter sorption of water vapor at high rel. tension of water vapor, too.

Table 3

Some physical properties of original, deferrated (a) and Na acetate treated (b) samples respectively. Available moisture is given before (B) and after (A) disintegration of the sample

No.	Θ°	Swelling $\frac{h-h_0}{h_0} \cdot 100$ (%)	Available moisture (FC – WP) % A	B	Bulk density ϱ_B $[g/cm^3]$
1	55	19.7	32.70	11.50	1.26
1a	36	26.8	30.00	–	–
1b	42	–	–	–	–
2	45	24.3	29.50	10.06	1.18
2a	23	31.2	30.70	–	–
2b	36	–	–	–	–
44	–	17.4	25.80	9.70	1.56
4					
4a	–	27.3	25.70	–	–
5	–	18.2	21.83	7.45	1.62
5a	–	29.0	28.65	–	–

It can be concluded further that free iron stimulates the formation of the structurally oriented first molecular layer of water while the structural arrangement of water molecules in the more distant molecular layers are less influenced by free iron than by the solid surface of silicates, expecially of clay minerals.

As allready mentioned, the original samples or Na-treated samples have a higher value of contact angle Θ than the deferrated samples (Tab. 3). The highest value of Θ in samples from A horizons is supposed to be due to a higher content of humus.

In the moisture retention curves, the above discussed properties are reflected in combination with aggregation and swelling effects. The disintegration of samples exerts a main influence upon the moisture retention curves in the wet region up to approx. 10 bars for clays and up to 1 bar for sandy loams. To avoid confusion, only disintegrated samples are comparable. With the exception of the dry region (above approx. 5.5 pF), deferration results in increase of moisture by 6 to 12 % of moisture by weight in clayeyhydromorphic soils. Higher values were obtained again for samples low in humus. In samples from illuvial horizons, the increase was less distinctive with a maximum value of 7 %. The alteration of available water capacity (FC–WP) due to deferration was not distinct and it had not a unique tendency, with the exception of sample No. 5. However, the real conditions of supplying of the plant roots by soil water should be analyzed as a flow problem, and the values of transport coefficients (diffusivities and unsaturated hydraulic conductivities) would be needed.

References

Desphande, T. L., Greenland, D. J., and *Quirk, I. P.* (1968). J. Soil Sci. **19**, 108–122.

El Askhar, M. A., Bodman, G. B., and *Peters, D. B.* (1956). Soil Sci. Soc. Amer. Proc. **20**, 352–356.

Fridland, V. M., and *Dolgov, S. I.* (1961). Dokl. AN SSSR **138**, 1187–1189.

Houng Kun, and *Chen Tsen* (1959). Soil Sci. Soc. Amer. Proc. **23**, 270–273.

Summary

The influence of free (non siliceous) iron in hydromorphic soils upon soil water was judged by analyzing the adsorption isotherms of water vapor and soil moisture retention curves of the original and deferrated soil samples. Free iron influences the soil specific surface area according to its degree of crystallization, amorphous forms having extremely high values. The adsorption energy of a monomolecular layer of water is increased by free iron while it disturbes the structural arrangement of water molecules in the further layers. The wetting angle is increased by free iron, especially by the crystalline forms. The capillary condensation of water vapor is therefore reduced. The moisture retention curves show lower retention of water because of the above mentioned facts and owing to the restricted swelling of clays.

Résumé

L'influence des formes libres (non silicatées) de fer dans des sols hydromorphes sur l'humidité du sol a été examinée par des méthodes indirectes, qui analysaient chaque fois les isothermes d'adsorption de la vapeur d eau et la courbe graphique de la tension capillaire mesurés sur échantillons originaux ou déferrifiés.

Le fer libre influence la surface spécifique du sol selon son degré de cristallisation, les formes amorphes ont des valeurs extrèmement hautes de surface spécifique. L'énergie d'adsorption de la couche monomoléculaire de l'eau augmente par la présence de fer libre, tandis que dans les autres couches moléculaires d'eau la disposition structurelle des molécules est perturbée par le fer libre. Le degré de l'humidification augmente par la présence de fer libre, particulièrement lorsqu'il s'agit de formes cristallines. A cause de cela la condensation capillaire de la vapeur d'eau est réduite par la présence de fer libre. Les courbes graphiques de la tension capillaire montrent une tension d'eau plus basse en présence de fer libre, à cause des faits ci-dessus mentionnés et du gonflement limité des argiles.

Zusammenfassung

Der Einfluß von freien (nicht silikatischen) Formen von Eisen in hydromorphen Böden auf die Bodenfeuchtigkeit wurde durch indirekte Methoden untersucht, die jeweils die Adsorptions-Isothermen von Wasserdampf und Saugspannungskurven der ursprünglichen Bodenproben und der Bodenproben nach Entfernung von freiem Eisen analysierten.

Freies Eisen beeinflußt die bodenspezifische Oberfläche gemäß seinem Kristallisationsgrad; die amorphen Formen haben extrem hohe Werte der spezifischen Oberfläche. Die Adsorptionsenergie der monomolekularen Wasserschicht wächst durch die Anwesenheit von freiem Eisen, während in den anderen molekularen Schichten die strukturelle Anordnung von Wassermolekülen durch freies Eisen gestört wird. Der Benetzungsgrad wächst durch die Anwesenheit von freiem Eisen, und die kristallinen Formen steigern seinen Wert noch deutlicher. Die kapillare Verdichtung von Wasserdampf wird deshalb durch die Anwesenheit von freiem Eisen reduziert. Die Saugspannungskurven zeigen niedrigere Wasserspannung durch die Anwesenheit von freiem Eisen wegen der oben erwähnten Fakten und der begrenzten Quellung von Tonen.

Der Einfluß von Wassersättigung und Wasserdruckgradient auf den Transport von Feinmaterial im Boden[1])

Von *H. H. Becher**) und *K. H. Hartge***)

Einführung

In Mitteleuropa sind Parabraunerden und Pseudogleye und deren Übergänge in verschiedenen geologischen Ausgangsmaterialien zu finden, so auch in Löß. Die genannten Bodentypen und ihre Übergänge treten besonders im Löß auf kürzester Entfernung nebeneinander auf. Wie Felduntersuchungen anderer Autoren (1) ergeben haben, sind die Parabraunerden mit dem für sie typischen B_t-Horizont in der Regel in größerer Entfernung vom Grundwasserstand bzw. in hydrologisch höher liegenden Positionen anzutreffen, während die in den benachbarten, tiefer liegenden Positionen vorkommenden Böden meist als Pseudogleye angesprochen werden.

Hier stellt sich die Frage, wie es möglich ist, daß im Fall der Parabraunerde sich ein Verdichtungshorizont ausgebildet hat, der vielfach auch stauend wirkt, daß aber im Fall des Pseudogleys ein derartig ausgeprägter Verdichtungshorizont nicht zu beobachten ist. Denn für diese engräumige Vergesellschaftung von Parabraunerden und Pseudogleyen darf man wohl davon ausgehen, daß der pro Flächeneinheit fallende Niederschlag für beide Bodentypen gleich ist. Darüberhinaus muß man annehmen, daß der die Bodenoberfläche erreichende Niederschlag zumindest unter natürlicher Vegetation größtenteils am Aufschlagsort versickert; denn die als Beweis für einen Oberflächenabfluß notwendigen Kolluvien über den Pseudogleyen neben den Parabraunerden fehlen meistens. Folglich ist die Gesamtperkolation sowohl durch die höher gelegenen Parabraunerden als auch durch die tiefer liegenden Pseudogleye gleich groß. Eine Erklärung für die zu beobachtende unterschiedliche Durchschlämmung trotz gleicher Perkolation muß deshalb in Infiltrationsunterschieden zu suchen sein.

Erste Hinweise für die Richtigkeit dieser Vermutung brachte die in Abbildung 1 dargestellte Verteilung der organischen Substanz in Stechzylinderproben eines A_e-Sandes, nachdem an ihnen über längere Zeit Messungen der ungesättigten Wasserleitfähigkeit in Doppelmembran-Druckapparaten (4) vorgenommen worden waren.

Material und Methodik

Um Verlauf und Ausmaß des Stofftransports unter verschiedenen Wassersättigungsbedingungen zu untersuchen, wurden zwei Versuchsreihen angesetzt.

1. Gereinigter Quarzsand 0,5–1,0 mm ∅ wurde in miteinander wasserdicht verklebte Plastikrohr-Segmente eingefüllt und dieser Sand mit trockenem Ton beschichtet oder mit einer Tonsuspension

[1]) Die Untersuchungen wurden durch Mittel der DFG ermöglicht

*) Freising-Weihenstephan, Institut f. Bodenkunde, T. U. München, BRD

**) Institut f. Bodenkunde, T. U. Hannover, BRD

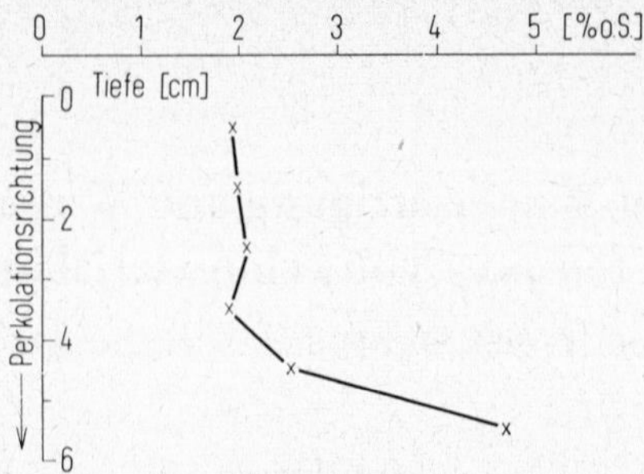

Abbildung 1

Verteilung der organischen Substanz in Stechzylinderproben aus A_e-Sand nach mehrmonatiger ungesättigter Perkolation mit dest. Wasser

Distribution of organic matter of soil sample cores consisting of A_e-sand after several months of percolation time in the unsaturated status

perkoliert. Wurde keine Tonsuspension verwendet, so wurde mit H_2O dest. perkoliert, und zwar bei Anstauung bis zur Bodenoberkante (= gesättigt), bei ~ 10 cmWS Saugspannung (= teilgesättigt) oder bei ~ 10–50 cmWS Saugspannung (= ungesättigt). Das Perkolationswasser wurde (Zeit: 8 h) innerhalb jeder Versuchsreihe mit gleicher Tropfgeschwindigkeit allen Versuchsgliedern zugegeben, um eine einheitliche Perkolatmenge sicherzustellen. Die Versuchsanordnung ist in Abbildung 2 zu sehen.

2. A_h-Material einer degr. Schwarzerde aus Löß wurde in Stechzylinder eingefüllt und bei 0 cmWS, 145 cmWS und 200 cmWS Saugspannung mit annähernd gleichen Perkolationsraten 3 Monate lang mit H_2O dest. perkoliert, das mit NaN_3 zur Unterbindung von Bakterienwuchs versetzt war.

Nach Versuchsende wurde die Zylinderfüllung bei beiden Versuchsreihen schichtweise entnommen und das Ton : Sand-Verhältnis durch Siebung bzw. die Körnungen $< 6\ \mu - < 0{,}2\ \mu$ nach der

Abbildung 2

Versuchsanordnung für die Modellböden; 2. Flasche von rechts zeigt Trübung durch Ton

Arrangement for studying model soils; second to the right bottle showing turbidity by migrated clay

Pipettmethode, z. T. nach vorheriger Zentrifugierung bestimmt. Da unter natürlichen Bedingungen Regenwasser auf die Bodensubstanz einwirkt, wurde zur Dispergierung des Lösses nur destilliertes Wasser verwendet.

Ergebnisse und Diskussion

Modellboden aus Sand und Ton

Bei allen Untersuchungen des Tontransportes trat im Sand beim ungesättigten Versuchsglied eine Trübung des perkolierten Wassers zuerst auf. Die Trübung war hier, wie andeutungsweise Abbildung 2 zeigt, bis Versuchsende am deutlichsten. Der vom Perkolat ausgewaschene Ton wurde quantitativ bestimmt. Die relativen Mengen (gesättigt = 1) sind in Abbildung 3 für die einzelnen Versuchsreihen wiedergegeben. Eine Betrachtung

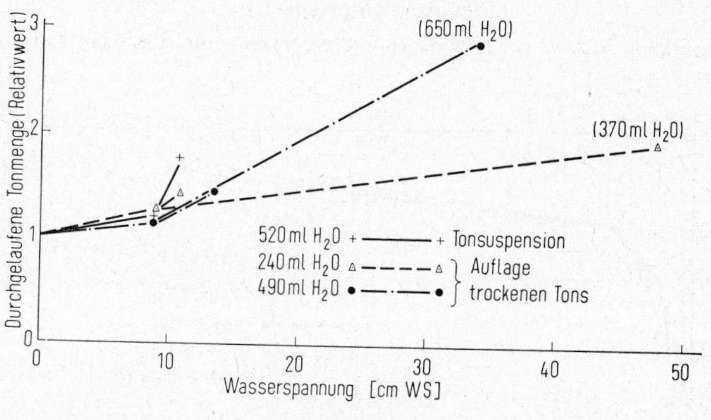

Abbildung 3

Durchgelaufene relative Tonmenge in Abhängigkeit von der Wassersättigung in Sandsäulen (durchgelaufene Tonmenge bei Wassersättigung = 1)

Relativ amounts of percolated clay depending on degree of water saturation in sand columns (amount of percolated clay at water saturation = 1)

der Relativmengen des ungesättigten Versuchsgliedes läßt deutlich erkennen, daß die durchgelaufene Tonmenge sowohl von der Saugspannung, d. h. vom erzeugten Unterdruck, als auch von der perkolierten Wassermenge abhing.

Auch die Tonverteilung nach Perkolation der Tonsuspension zeigt einen deutlichen Einfluß des Wassersättigungsgrades (Abb. 4). Bei voller Wassersättigung war der Tongehalt am Anfang der Sandsäule viel höher als an ihrem Ende. Bei abnehmender Sättigung wurde dieser Unterschied immer kleiner, weil der Ton infolge der größeren hydraulischen Gradienten tiefer in die Bodensäule hineintransportiert wurde.

Sinngemäß das gleiche Verhalten zeigte sich, wenn die gesamte Tongabe zu Versuchsbeginn auf die Säule aufgebracht und dann mit dest. Wasser perkoliert wurde. Die geringste Tonmenge wurde hier bei wassergesättigtem Boden bewegt, wie der hohe Tongehalt am Oberende der Säule (Abb. 5) erkennen läßt. Insgesamt ist die Menge des bewegten Tones im Vergleich zur perkolierten Wassermenge hier sehr viel kleiner. Bei anhaltender Per-

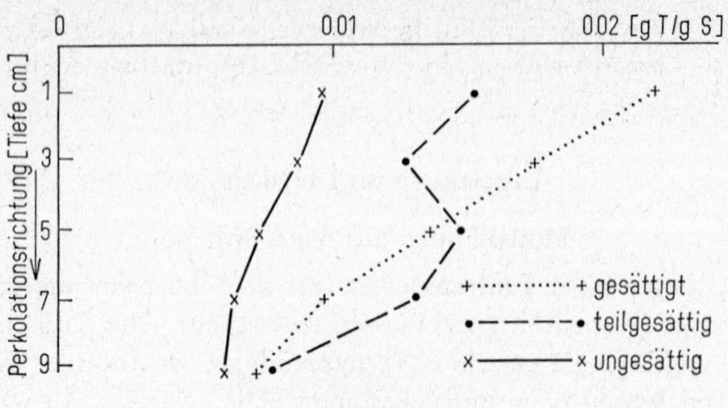

Abbildung 4

Tonverteilungsprofil in Sandsäulen in Abhängigkeit von der Wassersättigung (Tonsuspension perkoliert)

Clay distribution in sand columns depending on water saturation (clay suspension)

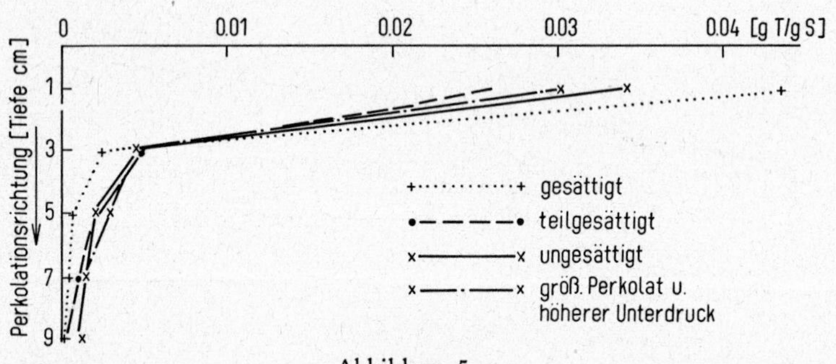

Abbildung 5

Tonverteilungsprofile in Sandsäulen in Abhängigkeit von der Wassersättigung (Auflage trockenen Tons)

Clay distributions in sand columns depending on water saturation (superimposed layer of dry clay)

kolation wäre erst nach längerer Zeit eine Verteilung zu erwarten, die der in Abbildung 4 gezeigten ähnelt.

Löß-Material

Während die Modellversuche die in den Abbildungen 4 und 5 gezeigten eindeutigen Ergebnisse lieferten, lassen die Versuche mit dem Löß keine signifikanten Texturveränderungen in Abhängigkeit von der Transportstrecke erkennen. Dies dürfte wohl in dem niedrigen pH (3,5) des Substrats begründet sein, denn nach Untersuchungen von *Schwertmann* (6, 7) ist die Tonfraktion $< 0{,}2\,\mu$ nur im pH-Bereich zwischen 5 und 7 dispergierbar und somit wanderungsfähig.

Dagegen bewirkte in diesem Versuch die 3-monatige Perkolation mit H_2O dest. (pH 7,1), das mit NaN_3 zur Unterbindung von Bakterienwuchs versetzt war, eine Erhöhung der pH-Werte des anfänglich sauren Bodens (pH 3,5). Diese Erhöhung war, wie Abbildung 6 zeigt, um so größer, je geringer die Wassersättigung war, und kann nur auf Austausch-

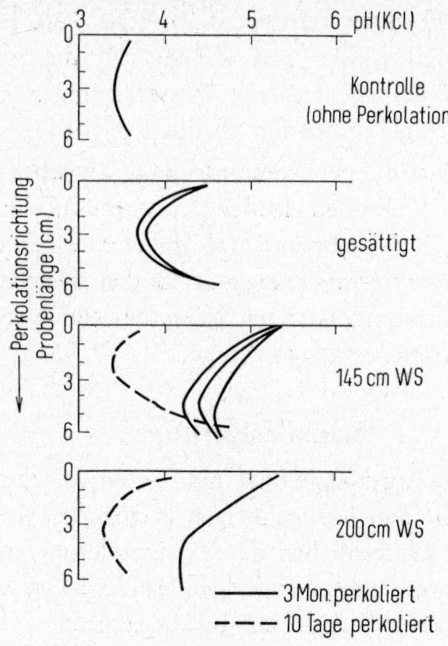

Abbildung 6

pH-Werte in Stechzylinderproben aus Löß bei unterschiedlicher Wassersättigung (Perkolationswasser = pH 7,1, ~ 700 ml entspr. 116 mm)

pH-values in soil sample cores of loess at different water saturation (perkolating water = pH 7,1, ~ 700 ml = 116 mm)

reaktionen zwischen dem Na des NaN_3 und dem Al des Bodens beruhen, die bei der langen Versuchsdauer nicht auszuschließen sind. Die in Abbildung 6 (145 und 200 cmWS) gestrichelt dargestellten pH-Profile zweier Proben nach 3 Monaten, bei denen infolge Undichtigkeiten die Perkolation nach 10 Tagen unterbrochen wurde, lassen das Eindringen der Perkolationslösung in die Mittel- und Feinporen bis zu diesem Zeitpunkt erkennen. Bei allen über die gesamte Untersuchungsdauer perkolierten Proben ist ein besonders starker pH-Anstieg am Oberende der Bodensäulen = Eintritt des Perkolationswassers zu erkennen. Die Abbildung zeigt also ein Anfangsstadium der Entwicklung, deren Ende wahrscheinlich ein einheitliches pH ist, das dem der Perkolationslösung entspricht. Die Abbildungen 5 und 6 zeigen gewisse Ähnlichkeiten, obwohl der verursachende Mechanismus verschieden ist.

Daß die Austauschreaktionen im wassergesättigten Zustand langsamer vonstatten gehen als im wasserungesättigten, ist darauf zurückzuführen, daß ein großer Teil des Perkolationswassers durch die weitesten Kanäle abfließt, während in den feineren Poren infolge langsamerer Wasserbewegung eine Verdrängung der Bodenlösung durch das Perkolationswasser und damit ein Austausch nur in geringem Umfang stattfindet. In den ungesättigten Proben sind dagegen gerade diese letzteren Poren wesentlich am Transport beteiligt, so daß dank hoher Druckgradienten mehr Perkolationswasser diese Poren durchströmt. Das gleichzeitig dichter an der Porenwand vorbeifließende Perkolationswasser erleichtert die Austauschvorgänge, die schließlich einen schnelleren pH-Ausgleich in einem größeren Teil der Gesamtprobe bedingen.

Dieses Ergebnis leitet direkt über zu den Resultaten von *Fanning* und *Carter* (3), *Carter* und *Fanning* (2) und *Keller* und *Alfaro* (5), die feststellten, daß die Entsalzung von bewässerten Böden mit weniger Wasser erfolgen kann, wenn der Zustand der gesättigten Perkolation dabei vermieden wird.

Es zeigt sich hier somit, daß ein enger Zusammenhang zwischen dem Verlauf des Transportes und Austausches von Kolloiden, Molekülen und Ionen und dem die Perkolation erzwingenden Druckgradienten besteht und daß daher alle mit der Wasserbewegung gekoppelten Transport- und Austauschvorgänge im Boden wie Salztransport, Versauerung und Tonverlagerung im Bereich ungesättigter Wasserbewegung stärker sind bzw. schneller ablaufen als bei wassergesättigten Porensystemen.

Schlußfolgerungen

Aufgrund der beschriebenen Ergebnisse darf man wohl annehmen, daß die Häufigkeit größerer Wassersättigung mit den dazugehörigen geringeren Wasserdruckgradienten eine wesentliche Ursache für das Unterbleiben der Tonwanderung in den Pseudogleyen darstellt. Der gleiche Mechanismus müßte auch bei Pseudogleyen die Entkalkung des Substrates gegenüber weniger nassen Standorten verlangsamen.

Literatur

1. *Bally, F.*: Habilitationsschrift, TU Hannover 1970.
2. *Carter, D. L.* und *Fanning, C. D.*: Soil Sci. Soc. Amer. Proc. **28**, 564–567 (1964).
3. *Fanning, C. D.* und *Carter, D. L.*: Soil Sci. Soc. Amer. Proc. **27**, 703–706 (1963).
4. *Henseler, K. L.* und *Renger, M.*: Z. Pflanzenern., Bodenkunde **122**, 220–228 (1969).
5. *Keller, J.* und *Alfaro, J. F.*: Soil Sci. **102**, 107–114 (1966).
6. *Schwertmann, U.*: Mitt. DBG **4**, 129–130 (1965).
7. *Schwertmann, U.*: Int. Clay Conf. Proc. Vol. **I**, 683–690 (1969).

Zusammenfassung

Parabraunerden und Pseudogley kommen oft auf engem Raum nebeneinander vor. Trotz gleicher Niederschlags- und Versickerungsmengen haben sie sich, bedingt durch das Relief, zu verschiedenen Bodentypen entwickelt.

Die Tonwanderung, einer der hauptsächlichen Unterschiede zwischen diesen Bodentypen, ist, wie Versuche an Modellböden aus Sand und Ton und an Lößproben zeigten, stark vom Wassersättigungsgrad des Bodens abhängig.

Je stärker und häufiger die Wassersättigung des Bodens im Bereich von pF 0–2,3 ist, desto geringer sind Tonverlagerung und chemische Beeinflussung durch das Perkolationswasser. Je geringer und seltener die Wassersättigung ist, desto stärker sind die nach Niederschlägen auftretenden Wasserspannungsgradienten und damit sowohl die Schleppkraft des perkolierenden Wassers als auch die Austauschreaktionen mit dem Boden.

Summary

Grey-brown-podsolic soils and pseudogleys, often near by, have developed different soil types due to relief despite equal amounts of precipitation and infiltration. The cause for this phenomenon must be sought in different infiltration processes. Studies were therefore undertaken on model soils and disturbed samples of loess, the results of which showed that greater transport of clay occurred in grey-brown podsolic soils due to partial saturation developing higher suction gradients and greater transportation of clay than occurred in pseudogleys. Moreover, clay only can migrate if the pH is between 5 and 7. The reactions between infiltration water and soil matrix are also considered.

Résumé

Des sols lessivés et des pseudogleys se trouvent souvent l'un à côté de l'autre à courte distance. Malgré qu'ils aient les mêmes quantités de précipitation et d'écoulement, ils sont devenus des sols de type différent en raison du relief.

La migration d'argile, une des principales différences entre ces systèmes de sols, dépend à un haut degré de la saturation en eau du sol, comme des expériences dans des sols-modèle en sable et argile, ou sur des échantillons de lœss l'ont montré.

Plus la saturation du sol par l'eau est élevée et fréquente, dans la domaine de pH 0–2,3, plus l'entraînement de l'argile et l'action chimique de l'eau d'infiltration diminuent d'intensité. Plus cette saturation par l'eau faible et rare, plus forts sont les gradients de tension de l'eau pénétrant dans le sol aprè les pluies, ainsi que la force d'entraînement de l'eau de percolation et aussi l'intensité des réactions d'échange.

Die Ermittlung der Tiefensickerung aus Pseudogleyen

Von *P. Benecke**)

Zielsetzung

Ziel der Untersuchung ist die unmittelbare Ermittlung der Tiefensickerung als Glied der Wasserhaushaltsgleichung für Waldbestände

$$Kr + St = ET + A + S + R \qquad (1)$$

Kr = Kronentrauf (durchtropfender Niederschlag), St = Stammabluaf, ET = Evapotranspiration, A = Oberflächen- und oberflächennaher Abfluß (hier ist A = O), S = vertikale Tiefensickerung, R = Vorratsänderung.

Die übrigen Glieder in Gleichung (1) werden direkt gemessen, die Evaporation allerdings nur unter bestimmten Voraussetzungen (s. u.) sonst wird sie als Restgröße bestimmt. Ein Vergleich mit der Methode der Bestimmung der Gesamtverdunstung mit Hilfe der Energiebilanz wird durchgeführt. Außerdem erscheinen solche Untersuchungen für eine Systematik der Pseudogleye geeignet. Aus ihnen ist eine quantitative Defination der „Ver nässungsneigung" eines Bodens abzuleiten, die als Komplement einer „dynamischen" Version der Feldkapazität aufzufassen ist (s. *Benecke*, 1970).

Methodische Vorüberlegungen

Grundlage sind fortgesetzte Tensionsmessungen in verschiedenen Tiefen. Vorausgesetzt werden im Meßbereich eine wurzelfreie Zone (in Pseudogleyen gewöhnlich schon in geringer Tiefe vorhanden, vielfach als Staukörper) und eine vernachlässigbar geringe seitliche Wasserbewegung innerhalb des Meßbereiches. Die Wahl der Methode für die Bestimmung der Sickerrate hängt entscheidend davon ab, ob die Wasserbewegung im ganzen Profil abwärts oder im oberen Profilabschnitt nach oben gerichtet ist und demzufolge eine „Wasserscheide" existiert. Bei ausschließlicher Abwärtsbewegung setzt sich die an der Profilbasis herrschende Sickerrate aus durchströmendem Überschußwasser und Vorratsänderungen zusammen. Da die Strömungsvorgänge ± unabhängig von Vorratsänderungen stattfinden, müssen außer dem Wassergehalt die Durchlässigkeit der einzelnen Schichten in Abhängigkeit von Saugspannung bzw. Wassergehalt bestimmt sowie das hydraulische Potentialgefälle gemessen werden. Mit Hilfe der Darcy-Gleichung (Gl. 7) lassen sich dann die Sickerraten ermitteln. Ein prinzipiell ähnlicher Weg besteht darin, empirisch oder rechnerisch Vergleichsprofile der Saugspannung für bekannte Flußraten aufzustellen und durch Vergleich mit den gemessenen Saugspannungsprofilen die Flußraten zu ermitteln (vgl. Abb. 5). In beiden Fällen ist es nicht gleichgültig, welche Abschnitte des Saugspannungsprofils zum Vergleich bzw. zur Berechnung herangezogen werden. Die Wurzelzone scheidet zumindest für die Vegetationsperiode hierfür aus. Dagegen sind die Bedingungen im Pseudogley-Staukörper günstig. Für eine Pseudogley-Braunerde wurden die in Abbildung 1 dargestellten Beziehungen zwischen Durchlässigkeit, Saugspannung und Tiefe gefunden. Nimmt

*) Institut für Bodenkunde und Waldernährung der Universität Göttingen, BRD.

man konstante Flußraten ohne Verdunstung an, so errechnen sich mit Hilfe der aus der Darcy-Gleichung abgeleiteten Beziehung

$$h = \int_{\psi_h}^{\psi_0} \frac{d\,\psi}{\frac{q}{k} - 1} \tag{2}$$

h = Höhe über einem Bezugsniveau $h_0 = 0$, ψ = Saugspannung des Bodenwassers (cm WS), ψ_0, ψ_h = Werte für ψ in der Höhe h_0 bzw. h, q = vertikal abwärts gerichteter, konstanter Fluß des Bodenwassers $\left[\frac{cm^3}{cm^2\,Tag}\right]$, k = Durchlässigkeit (als Funktion von ψ) $\left[\frac{cm}{Tag}\right]$ (aus Abb. 1)

die in Abbildung 2 dargestellten Saugspannungsprofile.

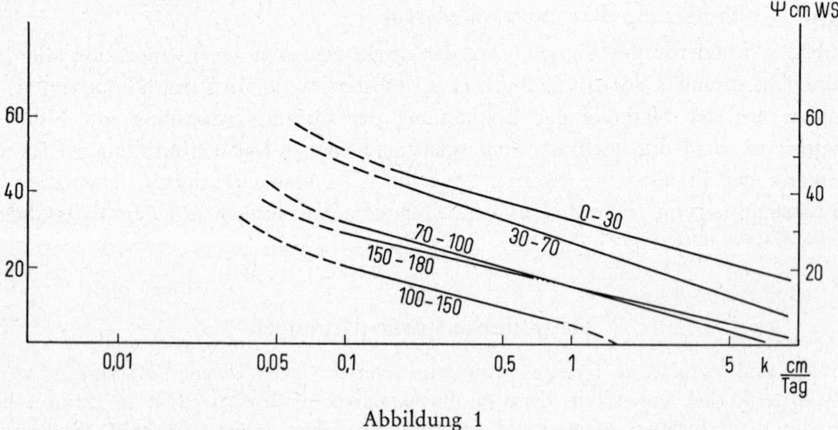

Abbildung 1

Der Staukörper von 100—150 cm weist über einen längeren Vertikalabschnitt gleichbleibende Saugspannungswerte auf, so daß man hier sichere Saugspannungsmessungen durchführen und zugleich sicher sein kann, daß das hydraulische Gefälle $\frac{\partial \Phi}{\partial z} = \frac{\partial \psi}{\partial z} + 1 \approx 1$ ist (z = vertikale Koordinate, $\Phi = \psi + z$ = hydraulisches Potential).

Beim zweiten Fall ist durch hohe Verdunstung und/oder anhaltendes Trockenwetter eine unterirdische „Wasserscheide" entstanden. Jetzt ist es wesentlich vorteilhafter, einen direkt aus der Kontinuitätsgleichung entwickelten Ansatz zugrunde zu legen. Wenn die Wasserscheide unterhalb der Wurzelzone liegt, lassen sich Versickerung und Verdunstung getrennt erfassen und bestimmen. Für vertikale Wasserbewegung ergibt sich aus der Kontinuitätsgleichung

$$\frac{\partial q}{\partial z} = -\frac{\partial \Theta}{\partial t} \tag{3}$$

Θ = Wassergehalt $\left(\frac{cm^3}{cm^3}\right)$ t = Zeit (Tage)

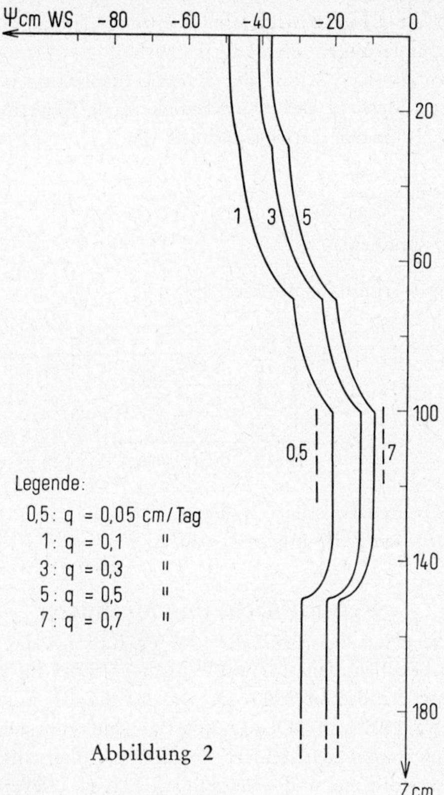

Abbildung 2

Durch Integration erhält man

$$q_2 - q_1 = - \int_{z_2}^{z_1} \frac{\partial \Theta}{\partial t} \, dz$$

Da in Wasserscheidenhöhe keine Strömung stattfindet, ist hier q = 0. Kennzeichnet man diese Ebene durch die Ordinate z_w, so ergibt sich für den Fluß in der Tiefe z unterhalb z_w

$$q_z = - \int_{z_w}^{z} \frac{\partial \Theta}{\partial t} \, dz \tag{5}$$

Wählt man die Tiefe $z = z_{max}$ so, daß darunter allenfalls vernachlässigbare Wassergehaltsänderungen auftreten, so wird die Flußrate gleich der Sickerrate, und die Sickermenge beträgt

$$\int_{t_1}^{t_2} q_{z_{max}} \, dt = - \int_{t_1}^{t_2} \int_{z_w}^{z_{max}} \frac{\partial \Theta}{\partial t} \, dzdt \tag{6}$$

Das rechte Integral entspricht der Wassergehaltsänderung, die innerhalb $t_2 - t_1$ zwischen z_w und z_{max} auftritt. Sie kann durch Summieren über die Wassergehaltsänderungen in den Schichtelementen zwischen z_w und z_{max} bestimmt werden.

Entsprechend ergibt sich die Evapotranspiration während des gleichen Zeitraums durch Summieren der Wassergehaltsänderungen aller Lagen oberhalb z_W. Der von Niederschlägen in den Boden eingedrungene Anteil (Kr+St) ist der Evapotranspirationen zuzurechnen. Gl. 6 eröffnet ferner einen Weg zur Messung der Durchlässigkeit als Funktion von Wassergehalt bzw. Saugspannung und Tiefe. Nach der Darcy-Gleichung ist

$$k = \text{Durchlässigkeit} \left(\frac{\text{cm}}{\text{Tag}}\right) \tag{7}$$

$\text{grad}\,\phi$ = hydraulischer Gradient

Substitution in Gleichung 6 ergibt für die Tiefe z

$$k_z \approx \frac{\int_{t_1}^{t_2} \int_{z_W}^{z} \frac{\partial \Theta}{\partial t}\, dzdt}{(\overline{\text{grad}\,\phi})\;(t_2 - t_1)} \tag{8}$$

$\overline{\text{grad}\,\phi}$ = mittlerer hydraulischer Gradient zwischen den Zeitpunkten t_1 und t_2

Versuchsfläche und Methoden

Die Untersuchungen werden seit dem Frühjahr 1968 im Rahmen des Solling-Projektes*) durchgeführt. Die Versuchsflächen befinden sich unter Buchenaltholz mittlerer bis geringer Bonität in der Hochregion dieser Landschaft (500 m). Das Klima ist rauh (Jahresmitteltemperatur 6,5 °C, Niederschläge etwa 1100 mm). Der feinplattige und glimmerreiche Buntsandstein geht ab etwa 4 m Tiefe in eine zunehmend feinere Zersatzzone über, die mit ausgeprägter Grenze bei etwa 1,50 m von einer dichten und wenig durchlässigen Fließerde überlagert wird. Über diesem Staukörper folgt bei etwa 70 cm eine lößreiche, lockere und durchlässige Fließdecke (vgl. Abb. 1). Der Boden ist eine saure, lockere Pseudogley-Braunerde mit Moder.

Methoden

Kontinuierliche Tensionsmessungen: Tensiometerfelder um einen Stamm (s. Abb. 3) wurden in 5facher Wiederholung angelegt. Die Tensiometer sind in 5 Tiefen mit je 40 Wiederholungen in den drei oberen und je etwa 30 in den beiden unteren Tiefen angeordnet.

Ungesättigte Leitfähigkeit:

1. an 250-m³-Stechzylinderproben nach Renger und Henseler (1969),
2. an sog. „Langzylindern" von 1,10 m Länge mit 30 cm ϕ, (Benecke, 1970).
3. an 2 × 2 × 2 m³ großen Bodenmonolithen, die in situ freigelegt, mit einer kräftigen Plastikfolie umgeben und wieder verfüllt wurden („Solling-Permeameter"). Unter einer Schutzhütte zum Ausschalten der Niederschläge wurde diesen Permeametern bis zum Strömungsgleichgewicht (Tensiometermessung) gleichmäßig Wasesr zugeführt. Aus diesem Zustand sowie der nachfolgenden Entwässerung wurde die Durchlässigkeit als Funktion der Saugspannung und der Tiefe ermittelt (Gl. 7 u. 8).
4. Soweit möglich, wurden die laufenden Messungen ebenfalls herangezogen (Gl. 8).

Wassereinnahmen: Kronentrauf und Stammablauf wurden getrennt gemessen.

*) Eine von der DFG geförderte Gruppenarbeit unter Leitung von *H. Ellenberg*, im Rahmen des IBP.

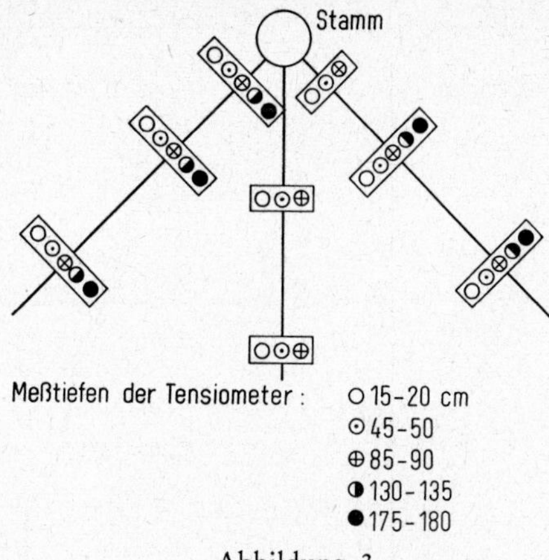

Abbildung 3

Ergebnisse

Niederschlagreiche Herbstperiode (Abb. 4)

Die Saugspannungsprofile spiegeln entsprechend den Witterungsbedingungen die Durchlässigkeiten der Horizonte und Schichten wieder. Ein Vergleich mit den für den Fall konstanter Strömungen bei verschiedenen Flußraten errechneten Profilen (Abb. 2) läßt erkennen, daß während dieser Periode ± Gleichgewicht zwischen dem aus Kronentrauf und Stammablauf gebildeten Niederschlag und der Tiefensickerung bestand. Dies wird

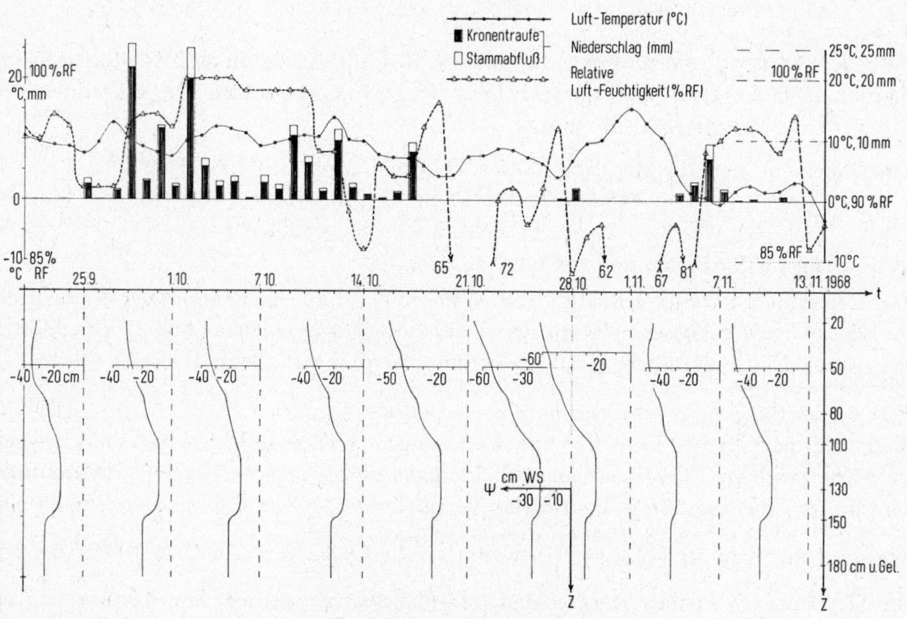

Abbildung 4
Niederschlagsreiche Herbstperiode

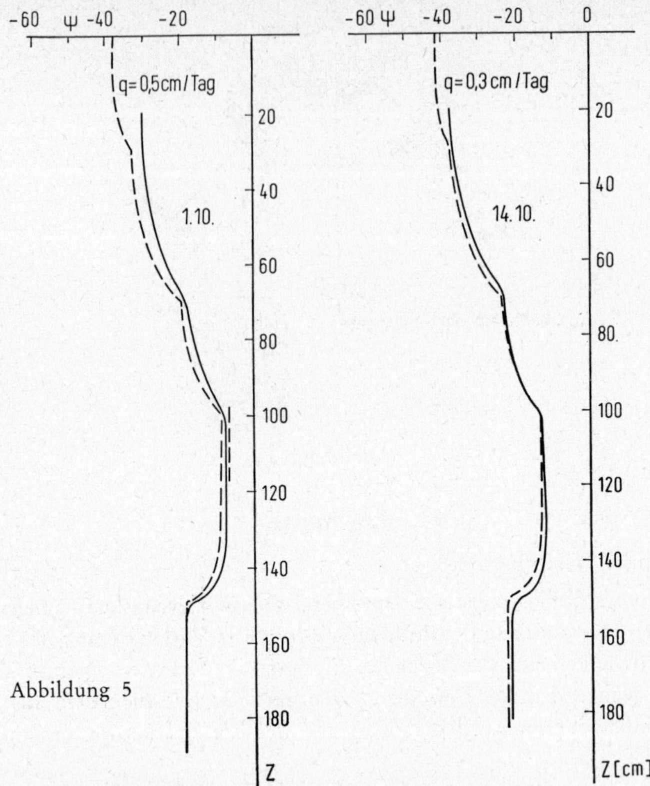

Abbildung 5

besonders an den Profilen vom 1. 10. und 14. 10. deutlich, die in Abb. 5 zusammen mit den aus Abb. 2 stammenden (gestrichelten) Saugspannungsprofilen für Sickerraten von 5 bzw. 3 mm/Tag dargestellt sind.

Die Bilanz (in mm) für den dargestellten Zeitraum ergibt nach Gl. (1):

$$116{,}6 + 25{,}2 + 12{,}4 - 142{,}6 = 11{,}6$$
$$Kr + St + \triangle R - S = ET$$

also je Tag für S 5,3 mm und für ET 0,43 mm.

Der Berechnung der Sickerraten (s. Tab. 1) liegt Gl. (7) zugrunde unter Verwendung der in 125 cm Tiefe gemessen ψ-Werte bzw. der daraus abgeleiteten (Abb. 1) Durchlässigkeitswerte. Der hydraulische Gradient konnte hier praktisch gleich 1 gesetzt werden.

Fast niederschlagsfreie, sehr warme Sommerperiode (Abb. 6)
Rechts der gestrichelten Linie liegende Werte zeigen abwärts gerichtete und links liegende aufwärts gerichtete Wasserbewegung an. Schneidet die ausgezogene Linie (= hydraulische Gradienten) die zugehörige gestrichelte Vertikalachse, so hat sich an dieser Stelle eine Wasserscheide gebildet ($\frac{\partial \phi}{\partial z} = 0$). Damit ist die Ordinate z_w in Gl. (5) bekannt, und die Sickermengen können entsprechend Gl. (6) bestimmt werden. Die Versickerung erfolgte vom 19. 7. bis 6. 8. 1969 ausschließlich aus dem Vorrat und betrug insgesamt 5,2 mm ≙ 0,29 mm/Tag.

Tabelle 1
Tiefensickerung während einer niederschlagsreichen Periode

ψ cm WS in 125 cm Tiefe	k $\frac{cm}{Tag}$	q $\frac{cm^3}{cm^2\,Tag}$	$\triangle$t Tage	S mm
17	0,17	0,17	2,65	4,5
16	0,18	0,18	3,7	6,6
12	0,42	0,42	3,44	**14,4**
9	0,55	0,55	2,4	13,4
12	0,42	0,42	3,2	13,4
7	0,70	0,70	6,9	48,3
0	1,50	1,50	1,6	24,0
6	0,75	0,75	1,85	14,0
15	0,22	0,22	1,32	3,0
Σ			27,06	142,6

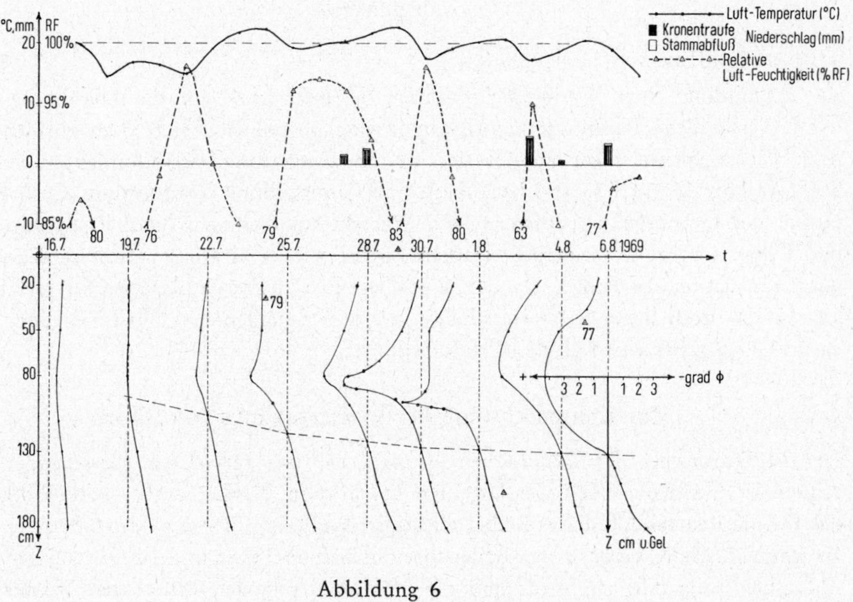

Abbildung 6

Demgegenüber betrug die Gesamtverdunstung aus Vorratsänderungen im Boden 41,5 mm, aus Kronentrauf und Stammabfluß 13,1 mm, als Interzeption 6,7 mm, zusammen also 61,3 mm ≙ 3,4 mm/Tag. Die relativ geringe Verdunstung erklärt sich offensichtlich aus der stark abnehmenden Beweglichkeit des Bodenwassers. In den 3 Tagen vor der betrachteten Periode wurden (bei noch relativ niedrigen ψ-Werten und entsprechend höheren k-Werten) ausschließlich aus Vorräten des Bodens 15 mm ≙ 5 mm/Tag verdunstet.

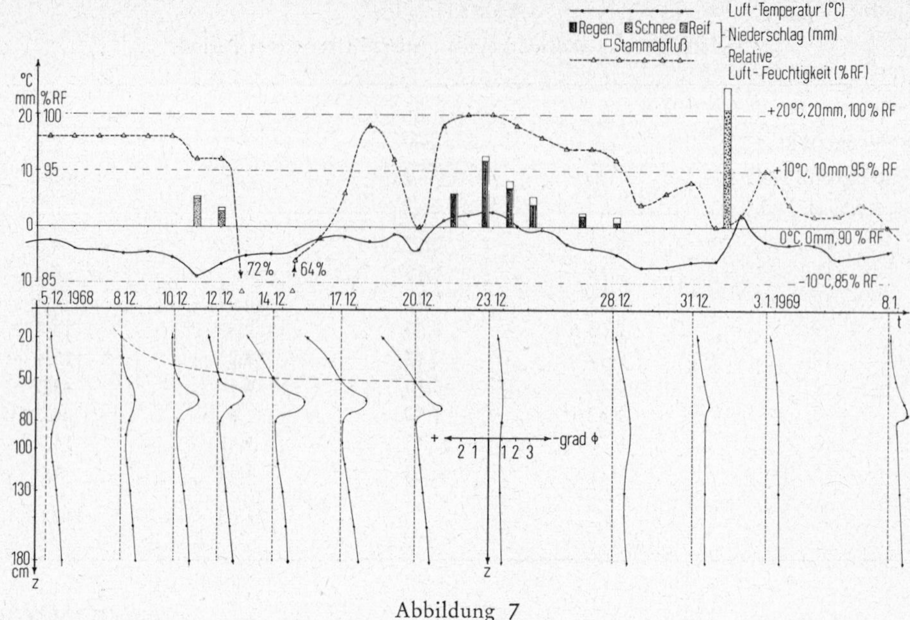

Abbildung 7

Trockene und kalte Winterperiode (Abb. 7)

Die Ausbildung einer Wasserscheide dürfte in erster Linie auf die Abkühlung und die damit verbundene Potentialerniedrigung in den oberen Bodenschichten zurückzuführen sein. Dafür spricht nicht zuletzt das weitere Anwachsen des Gradienten auch nach Schneefall am 11./12. 12., also nach Ausschluß unmittelbarer Verdunstung. Es ist Kondensation und Gefrieren des aufsteigenden Wassers anzunehmen. Nach Temperaturanstieg und Regen am 23. 12. zeigt der Gradient sofort wieder abwärts gerichtete Wasserbewegung für das ganze Profil. Da der Wurzeleinfluß zu vernachlässigen ist, erlaubte die hier relativ hoch liegende Wasserscheide in situ-Messungen der Durchlässigkeit entsprechend Gl. (8) über einen großen Profilabschnitt.

Zur Kennzeichnung des Wasserregimes von Böden

Der Indikatorwert der Pseudogleymerkmale für das tatsächlich herrschende Wasserregime ist unsicher. Wenn die jeweilige Dauer von Naß-, Feucht- und Trockenphase das für die Beurteilung dieser Böden wichtigste Kriterium ist, so stellen sich zwei Fragen: In welchem Maße vernäßt der Boden bei durchschnittlicher und bei maximaler Niederschlagsbelastung und wie groß sind die möglichen pflanzenverfügbaren Wasservorräte? Die Begrenzung der Feldkapazität sollte gerade für Pseudogleye neu überdacht werden. Es erscheint sinnvoll, sie als die den durchschnittlichen Niederschlägen entsprechende Feuchte zu definieren. Der verbleibende Luftgehalt (in der Hauptwurzelzone oder einer Standardtiefe) könnte als Maß für den Vernässungsgrad dienen. Als Beispiel einer solchen Grenze sei die in Abbildung 2 dargestellte ψ-Funktion für $q = 3$ mm/Tag genannt.

Der durchschnittliche Feuchtezustand unter Berücksichtigung der Vegetation ließe sich von der ψ-Funktion ableiten, die sich für eine Sickerrate entsprechend der Differenz aus

Niederschlägen und Verdunstung ergibt, hier die ψ-Funktion für q = 1 mm/Tag. Wahrscheinlich wäre ferner der durch diese Grenze und den permanenten Welkepunkt definierte Wassergehalt ein zweckmäßiges Maß für die Austrocknungsneigung. Eine Ausgangsgröße für die Bestimmung der Vernässungsneigung wäre die ψ-Funktion für ein q, das der durchschnittlichen höchsten Niederschlagsbelastung (einschließlich Schneeeschmelze) entspricht, hier 8 mm/Tag. Die entsprechenden Luftgehalte verschiedener Böden wären empirisch in Klassen abgestufter Vernässungsneigung einzuteilen.

Literatur

Benecke, P.: Mitt. Dtsch. Bodenkundl. Gesellsch. **11**, 47—56 (1970).

Blume, H.-P.: Stauwasserböden, Arb. Univ. Hohenheim **42**, Ulmer, Stuttgart (1968).

Brülhart, A.: Mitt. Schweiz. Anst. f. d. Forstl. Versuchswesen **45**, 127—232 (1969).

Childs, E. C.: An introduction to the physical basis of soil water phenomena. John Wiley and Sons Ltd., London (1969).

Renger, M. und *Henseler, K. L.:* Z. f. Pflanzenernähr. und Bodenkunde **122**, 220—228 (1969).

Renger, M., Giesel, W., Strebel, O. und *Lorch, S.:* Z. f. Pflanzenernähr. und Bodenkunde **126**, 15—35 (1970).

Rose, C. W.: Agricultural Physics. Oxford: Pergamon Press (1966).

Zakosek, H.: Abh. Hess. L.-Amt Bodenforsch., H. 32, 63 S. (1960).

Zusammenfassung

Wege zur Ermittlung der Tiefensickerung auf der Grundlage fortgesetzter Tensiometermessungen in verschiedenen Bodentiefen werden erörtert. Abhängig davon, ob im ganzen Profil abwärts gerichtete Wasserbewegung herrscht oder ob sich eine „Wasserscheide" gebildet hat, oberhalb derer sich das Wasser aufwärts bewegt, werden die Bestimmungen entweder durch Ermittlung der Flußraten an der Basis des Profils oder durch Feststellung der Wassergehaltsabnahme zwischen der Wasserscheide und der Profilbasis ausgeführt. Einige Beispiele für Wasserhaushaltsbilanzen nach vorheriger Bestimmung der Tiefensickerung werden angeführt. Anschließend werden einige Gedanken zur Kennzeichnung von Pseudogleyen bzw. des Wasserregimes von Böden vorgetragen.

Summary

Methods for determining deep-seepage by means of continued measurements with tensiometers at various soil depths are discussed. Depending on whether downward water movement in the whole soil profile occurs or whether a water divide has been established above which the water moves upwards, the determination is achieved either by calculating the rate of flow at the bottom of the profile or by determining the change in water content between the water-divide and the bottom of the profile. Example of the water balance under different weather conditions are given. In either case the deep seepage has been determined before the balance was set up. Finally reflections upon the characterization of Pseudogleys, or rather the water regime of soils, are presented.

Résumé

Des méthodes pour découvrir une infiltration profonde sur la base de mesures tensiométriques continues à différentes profondeurs, ont été discutées. Selon qu'il existe un mouvement d'eau vers le bas dans le profil entier, ou qu'une ligne de partage des eaux s'est constituée, au dessus de laquelle l'eau monte, les déterminations sont faites, soit par l'enrégistrement des quantités d'eau mésurée à la base du profil, soit en déterminant la diminution de la teneur en eau entre la ligne de partage et la base du profil. Quelques exemples sont donnés pour des bilans d'économie de l'eau après une détermination préalable de l'infiltration profonde. Ensuite quelques idées sur la détermination des pseudogleys, ou bien du régime de l'eau des sols ont été exposées.

Section 1. Development of hydromorphic profile features.
1.1. Physical bases.

Physical Theory of Depth of Gleysation

By *Piotr Kowalik* *)

Symbols

D_g – coefficient of oxygen diffusion through soil gas pores [cm^2sec^{-1}], D_o – coefficient of oxygen diffusion through atmosphere [cm^2sec^{-1}], E_h – redox potential of soil [mVolt], f_x – oxygen flux through soil profile [$mgcm^{-2}sec^{-1}$], L – depth of "biological active" layer soil or depth of gleysation / for $x > L$, $q = 0$/ [cm], t – time [sec], T – temperature [°C], q – respiratory activity of soil, biological demand / uptake / of oxygen [mg cm^{-3} sec^{-1}], x – depth into soil profile, zero at the surface [cm], ε_o – total porosity / volume of pores divided by volume of soil sample / [cm^3cm^{-3}], ε_g – gas porosity / volume of gas pores in soil divided by volume of soil sample / [cm^3cm^{-3}], $\varkappa_o$ – concentration of oxygen in atmosphere [mg cm^{-3}], $\varkappa$ – concentration of oxygen in soil air [mg cm^{-3}], Θ – soil moisture content [cm^3cm^{-3}], α, γ, α_1, γ_1 – coefficients.

Theory

Gley soils have moist, sticky and cool-coloured / gray, green or blue / lower part of profile. A gley was first described and defined by *Wysocki* (1905) In soil chemistry usually soil is called gleyed, when:

$$\frac{E_h}{30} + pH < 20 \tag{1}$$

according to *Serdobolski* (5). Thus from (1) E_h is lower more or less than +150 — +300 mVolts in gleyed soils. For this values of E_h concentration of free gas oxygen in soil air and soil water is low and very close to zero (2, 6, 8).

One could describe for soil profiles with gleysation:

$$\left.\begin{array}{l} O \leq x \leq L, t \geq O, \varkappa_o \geq \varkappa O, q > O \\ X < L, \quad t \geq O, \varkappa \approx O, \quad q \approx O \end{array}\right\} \tag{2}$$

Description of flux of oxygen from atmosphere into soil profile could be, according with first Fick's law:

$$fx = -Dg \frac{\partial \varkappa}{\partial \varkappa} \tag{3}$$

Conservation equation is:

$$\frac{\partial (\varkappa \cdot \varepsilon g)}{\partial t} = -\frac{\partial f_x}{\partial x} - q \tag{4}$$

*) Technical University of Gdańsk, Poland

and:

$$\frac{\partial (\varkappa \cdot \varepsilon g)}{\partial t} = \frac{\partial}{\partial x}\left(D_g \cdot \frac{\partial \varkappa}{\partial x}\right) - q \tag{5}$$

When we assume steady stade (gleysation is stable):

$$\frac{\partial (\varkappa \cdot \varepsilon g)}{\partial t} = O \tag{6}$$

and

$$\frac{\partial}{\partial x}\left(Dg \cdot \frac{\partial \varkappa}{\partial x}\right) = q \tag{7}$$

Solution, when D_g and q are constant through the profile, according to *Romell* (7) is:

$$\varkappa = \varkappa_0 - \frac{2D_g}{q}\left(2Lx - x^2 \right) \tag{8}$$

Nonanalytical solution of equation (5) is possible to obtain for nonhomogenous soil profile and for transient state, when q (x, t, Θ, T, OM content), Dg (x, t, T, εg) and ε_g (x, t, Θ, soil structure), from equation:

$$\cdot \varkappa \frac{\partial}{\partial t} \varepsilon_g (x, t, \Theta) + \varepsilon_g (x, t, \Theta) \cdot \frac{\partial \varkappa}{\partial t} = \frac{\partial \varkappa}{\partial x} \cdot \frac{\partial}{\partial x} D_g (x, t, \Theta, T) + D_g (x, t, \Theta, T) \cdot \frac{\partial^2 \varkappa}{\partial x^2} - q (x, t, \varkappa, \Theta, T) \tag{9}$$

but solution is complicated.

For many cayses it would be better to use the equation (9) and its solutions than simple one, but the main line of thinking is still the same in complicated and simple solutions. Solution (8) is juite enough for good understanding physical sense of gley phenomena in soil profiles.

Discussion and Results

A gleysation starts and exists in soil profiles below a depth of L. Thus, from equation (8), when x = L and ϰ = O:

$$L = \sqrt{2 \cdot \varkappa_0 \cdot \frac{D_g}{q}} \tag{10}$$

In atmosphere $\varkappa_0 = 0.2972 \text{ mg cm}^{-3}$ and:

$$L = 0.771 \cdot \sqrt{\frac{D_g}{q}} \tag{11}$$

Equation (11) is put in graphical form on figure 1.

Coefficient D_g is function of gas porosity ε_g and soil structure (1, 3, 4), according to:

$$D_g = \alpha_1 \cdot \varepsilon_g^{\gamma 1} \tag{12}$$

Thus:

$$L = 0.771 \cdot \alpha_1^{1/2} \cdot \varepsilon_g^{\gamma 1/2} \cdot q^{-1/2} \tag{13}$$

or

$$L = \alpha \cdot \varepsilon_g^{\gamma} \cdot q^{-1/2} \tag{14}$$

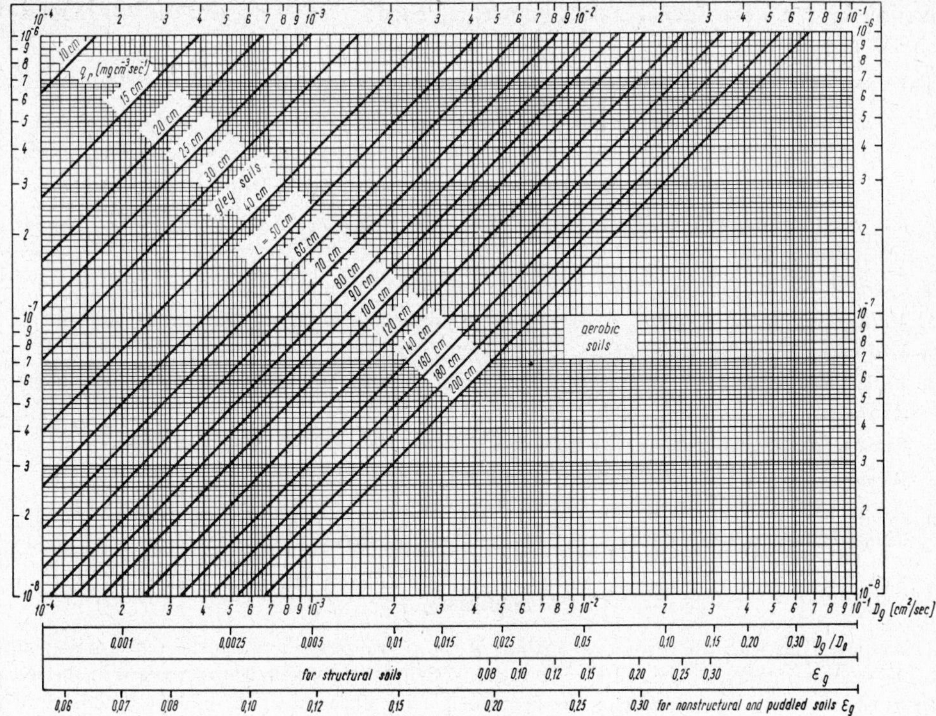

Depth of gleysation L is, according to (14), depending on soil structure, compaction and moisturing, what influence on value of ε_g, α and γ. Influence on L has also "biological activity" q, depends on organic matter content, amount and type of microorganisms, temperature and moisture content in soil.

One can obtain from figure 1 values of L and some new data about optimal or upper limit of depth of ground water table, as a field drainage criterium. For irrigation practice is important to know, that when for example $q = 3 \cdot 10^{-7}$ mg cm^{-3} sec^{-1} and we want to have the gley lower 100 cm below surface, the coefficient D_g could be higher that $5 \cdot 10^{-3}$ cm^2 sec^{-1} or $D_g/D_o = 0.025$. After irrigation we should keep soil moisture level lower than a certain value Θ, connected with $D_g/D_o \geq 0.025$. When a soil has a bad structure, ε_g one or few days after irrigation should be for example 0.21, but for a soil with good structure 0.09.

Conclusions

Struggle against gleysation could happen by two different ways:

1.) by lowering biological activity q. Increasing of content of organic matter (OM) and temperature gives higher q and decreasing of depth of gleysation L;

2.) by increasing a diffusion of oxygen from atmosphere into soil, what is more or less possible by soil water management and keeping good structure deep in the soil (high ε_g and D_g).

The theory of depth of gleysation should be further checked and verified in field research.

References

1. *Bakker, J. W.* and *Hidding, A. P.*: Neth. J. Agric. Sci., **18**, 37–48, (1970).
2. *Bolt, G. H., Janse, A. R. P.* and *Koenigs, F. F. R.*: Basic elements of soil chemistry and physics. IAC, Wageningen (1966).
3. *Currie, J. A.*: Brit. J. Appl. Phys., **11**, 314–324 (1960).
4. *Millington, J. R.* and *Quirk, J. P.*: Transport in porous media. Trans. 7th Int. Congr. Soil Sci., Madison, USA, **1**, 97–103 (1960).
5. *Musierowicz, A.* and *Uggla, H.*: General forestial soil science. PWRiL, Warszawa / in polish (1964).
6. *Patrick, H.* and *Mahapatra, I. C.*: Advances in Agronomy, vol. **20**, 323–359 (1968).
7. *Romell, L. G.*: Meddel. Statens Skogsföksanstalt, **19** (2), 125–359 (1922).
8. *Turner, F. T.* and *Patrick, W. H.*: Chemical changes in waterlogged soils as a result of oxygen depletion. Trans. 9th Int. Congr. Soil Sci., Adelaide/Austria, **4**, 53–65 (1968).

Summary

This report deals with the theoretical analysis of the relationships between the depth of gleying L, the moisture tension of the soil Θ, respiration activity ε, the coefficient of oxygen in the soil air χ, the structure of the soil etc. The depth of gleying depends on the biological activity of the soil q and the penetration of atmospheric oxygen into the soil. The latter is a function of the structure and wetness of the soil. The results of the analyses are given as a function.

Résumé

Ce rapport a trait à l'analyse théorique des relations entre la profondeur de la gleyification L, la teneur en humidité du sol Θ, l'activité de respiration q, la perméabilité du sol ε, le coefficent d'oxygène dans l'air du sol χ, la structure du sol etc. La profondeur de la gleyification dépend de l'activité biologique du sol q et de la pénétration d'oxygène de l'atmosphère dans le sol. Ce dernier est une fonction de la structure et de l'humidité du sol. Les résultats des analyses sont représentés sous la forme d'une fonction.

Zusammenfassung

Der Vortrag befaßt sich mit einer theoretischen Analyse der Beziehungen zwischen Tiefe der Vergleyung L, Bodenfeuchtegehalt Θ, Atmungsaktivität q, Bodendurchlässigkeit ε, Oxigen-Koeffizient in der Bodenluft ϰ, Bodenstruktur etc. Die Tiefe der Vergleyung ist abhängig von der biologischen Aktivität des Bodens q und des Eindringens von Sauerstoff aus der Atmosphäre in den Boden. Das letztere ist eine Funktion der Bodenstruktur und der -feuchte. Ergebnisse der Analyse werden in Form einer Funktion dargestellt.

Characteristiques de régime d'écoulement sur Pseudogley

Par *M. Vlahinić* et *H. Resulović* *)

Introduction

La connaissance des rapports qui s'établissent entre les propriétés du sol, le régime d'écoulement et les précipitations est nécessaire pour une solution correcte de la protection contre les inondations et du drainage, de même que pour une conservation améliorée du sol et de l'eau. Cela a été remarqué par de nombreux savants (3, 5).

De nombreux chercheurs proposent, en partant des rapports établis entre précipitations et écoulement, un concept de classification hydrologique du sol (2) en vue de regrouper les sols qui ont un potentiel d'écoulement similaire.

Nous sommes intéressés en agriculture par la question de savoir ce que devient l'eau qui arrive au sol par voie de précipitations, quel en est le volume qui s'infiltre par rapport à celui qui s'écoule. Cela prend une importance particulière quand il s'agit d'un sol très fortement représenté sur un territoire, comme c'est le cas du pseudogley en Bosnie, où il occupe 300.000 ha de terrain environ.

Localité des recherches

On avait procédé à recherches sur un champ d'essais aux environs de Tuzla (Bosnie septentrionale, Yougoslavie) du 1er octobre 1968 au 31 mars 1971. Ce lot se trouve sur une terrasse presque plate située dans la vallée de la rivière de la Spreča, sur un terrain que caractérise une géomorphologie légèrement plastique, à la hauteur d'environ 235 m au-dessus du niveau de la mer, avec une inclination d'environ 1 % de l'est à l'ouest. Le terrain, jadis couvert de broussailles, a été transformé en 1965 en sol arable, durant l'année 1968/69 a été laissé en jachère, et pendant les années 1969/70 et 1970/71 ensemencé de blé. L'expérience a été fondée sur une superficie de 21,7 ha dans le but d'examiner un système et un degré optima de drainage ; c'est ainsi que 41 % de la surface ont été drainés par canaux ouverts avec ados bien bombés, 35 % l'ont été drainés par drainage souterrain, et 24 % ont été laissés sans drainage (lot témoin). La longueur moyenne du lot est de 560 m environ (dans le sens de l'inclination du terrain) et sa largeur est de 390 m.

Climat : La somme annuelle moyenne du précipitations (sur une suite de 55 ans) sur le territoire examiné est de 953 mm, la somme maximale atteint 1344 mm et la somme minimale 676 mm. Le maximum mensuel des précipitations se situe aux mois de juin (113 mm) et de mai (105 mm), et le minimum aux mois de février (50 mm) et de janvier (58 mm) ; le diapason de variations des précipitations le plus large tombe en juin et en octobre, ce qui a une incidence défavorable sur la réalisation des délais agrotechniques en temps voulu.

La température annuelle moyenne de l'air est de 10,2 °C, tandis que l'évapotranspiration potentielle annuelle moyenne est de 704 mm.

La somme des précipitations en 1968/69 a été de 957 mm, en 1969/70 de 992 mm, et pendant 6 mois de 1970/71 de 390 mm.

---

*) Faculté d'agronomie, Sarajevo, Yougoslavie

Le substrat géologique est formé par des argiles diluviales imperméables d'une épaisseur de 7 à 10 m, sous lesquelles sont situées des couches de sable et de cailloux d'une moindre épaisseur.

Le sol est un pseudogley avec des propriétés physiques et chimiques très défavorables. Par sa composition mécanique, la couche superficielle est dominée par la fraction de limon (68 %), tandis que la teneur en argile (<0,002 mm) va croissant en profondeur (22 % dans la couche superficielle, 40–50 % dans les couches inférieures). La perméabilité du sol, faible dans la couche arable ($K = 5{,}0 \times 10^{-4}$ cm/sec), se réduit avec la profondeur, de sorte que dans la couche de 80–150 cm celui-ci devient entièrement imperméable, ce qui a une grande influence sur le régime des eaux et celui de l'écoulement.

Méthode de travail

Le jaugeage du débit a été effectué dans le canal collecteur principal au moyen d'un déversoir Cipoletti incorporé. Entre le 1. 10. 1968 et le 1. 7. 1970 le niveau d'eau au déversoir a été enregistré avec le niveau zéro d'une échelle, tous les matins à 7 heures, et à partir de cette dernière date on a incorporé au déversoir un limnigraphe (type *Valdaï*) ; les jauges volumétriques du débit (type *Infeld*) ont été installées le 1. 1. 1971 sur drainage croisé (la surface de versant étant de 0,4 ha) et sur canal ouvert (surface de versant de 0,5 ha).

Régime d'écoulement

Ecoulement annuel et mensuel

En égard aux propriétés du sol et du substrat géologique, l'écoulement sur le sol examiné se fait par voies superficielle et subsuperficielle, alors que l'écoulement souterrain ou de fond n'existe pas sur ce type de sol, ce qui nous a permis un contrôle plus exact et une quantification de l'écoulement.

L'écoulement superficiel a lieu lorsque l'intensité des précipitations devient supérieure à la vitesse d'infiltration de l'eau dans le sol, de même que lorsque la fonte des neiges a lieu pendant que le sol est gelé ou entiérement saturé. Cet écoulement dans la partie supérieure du lot est favorisé aussi par des pentes plus considérables créées par des ados entre les canaux ouverts.

L'écoulement subsuperficiel a lieu lorsque l'eau infiltrée rencontre une couche imperméable (située ici à 40 cm environ sous la surface – sol arable approfondi) sur laquelle elle s'écoule au ralenti jusqu'aux canaux et drains.

L'écoulement annuel total au cours de l'annèe hydrologique 1968/69 a été de 368 mm, en 1969/70 il a atteint 417 mm, et pendant 6 moins de l'année 1970/71 il a été de 203 mm. Mis en rapport avec les précipitations, le coefficient annuel d'écoulement était de 0,38 la première année, de 0,42 la deuxième, soit 0,40 en moyenne. Un tableau plus complet est donné par l'aperçu d'écoulement par mois (fig. 1), qui laisse voir sa modification dynamique au cours de l'année. Elle est beaucoup plus importante pendant la partie plus froide de l'année que pendant celle plus chaude. Pendant la période chaude, à cause d'une évapotranspiration renforcée, la plupart des précipitations s'infiltrent et renouvellent la réserve du sol en eau, de sorte que l'écoulement est diminué. Par contre, pendant la période plus froide de l'année, lorsque le sol est saturé ou gelé, l'évapotranspiration est très basse et la totalité des précipitations s'écoule. L'écoulement atteint son coefficient maximum en janvier et février (environ 1,0 ; en janvier 1971 il a été de 1,49 à cause de la fonte des neiges tombées le mois prècèdent) ; un coefficient d'ècoulement légèrement inférieur est obtenu en mars, novembre et décembre (0,5–0,7), considérablement diminué en avril, mai,

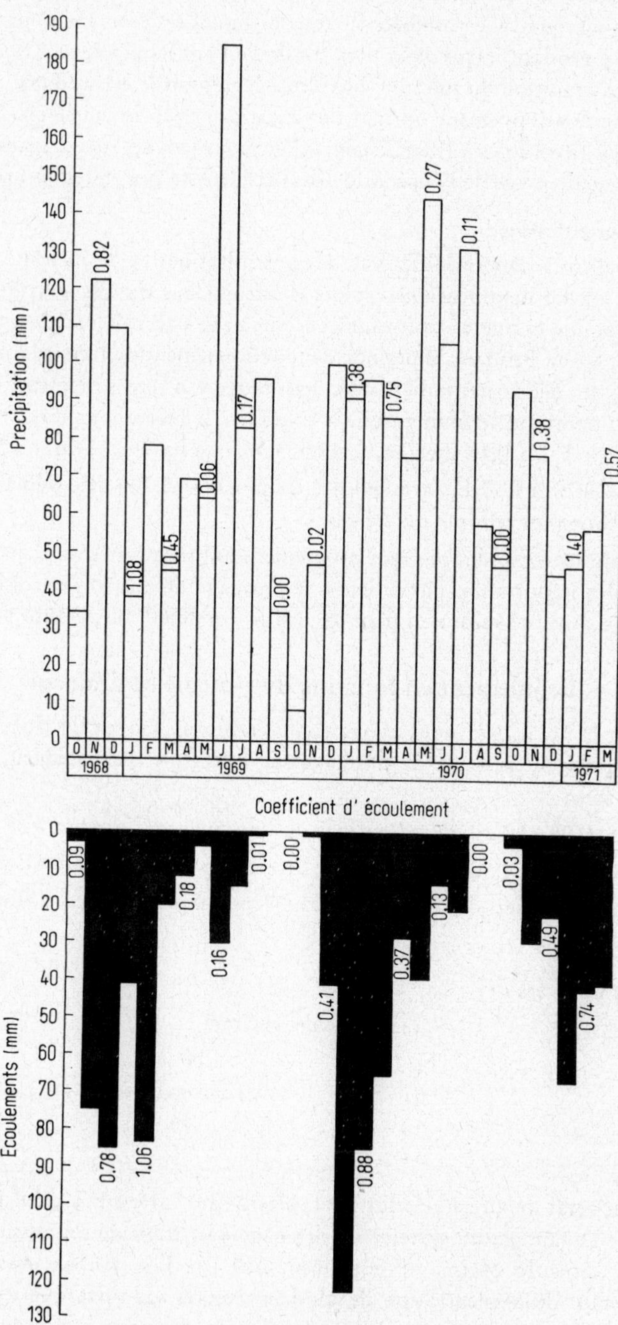
Precipitation (mm)
190
180
170
160
150
140
130
120
110
100
90
80
70
60
50
40
30
20
10
0
0.82
1.08
0.45
0.06
0.17
0.00
0.02
1.38
0.75
0.27
0.11
0.00
0.38
1.40
0.57
O N D J F M A M J J A S O N D J F M A M J J A S O N D J F M
1968
1969
1970
1971
Coefficient d' écoulement
Ecoulements (mm)
0
10
20
30
40
50
60
70
80
90
100
110
120
130
0.09
0.78
1.06
0.18
0.16
0.01
0.00
0.41
0.88
0.37
0.13
0.00
0.03
0.49
0.74

Figure 1

juin et juillet (0,1–0,3), tandis qu'en août, septembre et octobre il n'y a pratiquement pas d'écoulement (0,0) ; les pluies tombées sur un sol arable desséché ne provoquent pas d'écoulement, alors que celles tombées sur un sol mouillé s'écoulent pour la plupart. Un écoulement éléve pendant la partie la plus froide de l'année témoigne d'un excédent d'eau qui entrave la préparation du sol aux semailles en temps utile en automne et au printemps et qui menace le développement normal des cultures agricoles sur ce sol là où il n'existe pas de conditions favorables à l'écoulement. C'est pourquoi ces sols demandent un système de drainage adéquat en vue de l'évacuation des excédents d'eau en temps utile.

Débits journalier et horaire

A cause d'un substrat imperméable, lors des précipitations et de la fonte des neiges il se produit sur ce sol des modifications rapides de débit dans de très courts intervalles. Dès que la couche arable arrive à saturation, l'écoulement s'accroît rapidement pour tomber rapidement peu aprés. Pendant la période de fonctionnement du limnigraphe, du 1. 7. 1970 au 31. 3. 1971, le débit journalier maximal moyen a été enregistré le 30. 12. 1970 à 1,26 l/sec/ha ; pourtant, le limnigraphe a enregistré le même jour les variations de débit suivantes (fig. 2) : à 1 h 0,18 l/sec/ha, à 17 h 3,37 l/sec/ha et à 24 h 1,30 l/sec/ha.

Au cours de 17 heures le dèbit a augmenté de plus de 18 fois. Ce débit a été provoqué par des précipitations et la fonte des neiges.

Des changements aussi rapides peuvent provoquer des processus érosifs, surtout sur des sols à inclination plus importante. Par ailleurs, le drainage de tels sols nécessite un réseau de canaux ayant la capacité suffisante pour accueillir des débits aussi hautes.

Ecoulement en fonction du système de drainage

Entre le 1. 1. et le 31. 3. 1971 nous avons voulu établir au moyen de jauges volumétriques du débit l'influence du systéme de drainage sur le régime d'écoulement, de sorte qu'on a contrôlé le débit :

1. – sur 0,4 ha (100 × 40 m) d'une surface drainée par drainage croisé (N° 1)
2. – sur 0,5 ha (250 × 20 m) d'une surface drainée par canaux ouverts avec ados (N° 2)
3. – sur le champ entier de 21,7 ha (560 × 390 m) d'une surface drainée de manières diverses (N° 3)

L'écoulement total a été de:

	Ecoulement en mm		
	N° 1	N° 2	N° 3
en janvier	61	en dérangement	66
en février	42	46	42
en mars	34	36	40

Un écoulement total mesuré sur le lot N° 1, légèrement inférieur à celui mesuré sur le lot N° 2 démontre l'avantage du système de drainage par drainage souterrain. Cet avantage ressort mieux dans le régime d'écoulement (fig. 2). Les canaux ouverts avec ados réduisent le temps de concentration de plusieurs heures, de sorte que les crues d'écoulement croissent plus rapidement mais durent moins. Le drainage souterrain favorise l'infiltration des eaux de précipitations, ce qui augmente la voie d'évacuation de l'eau et, partant,

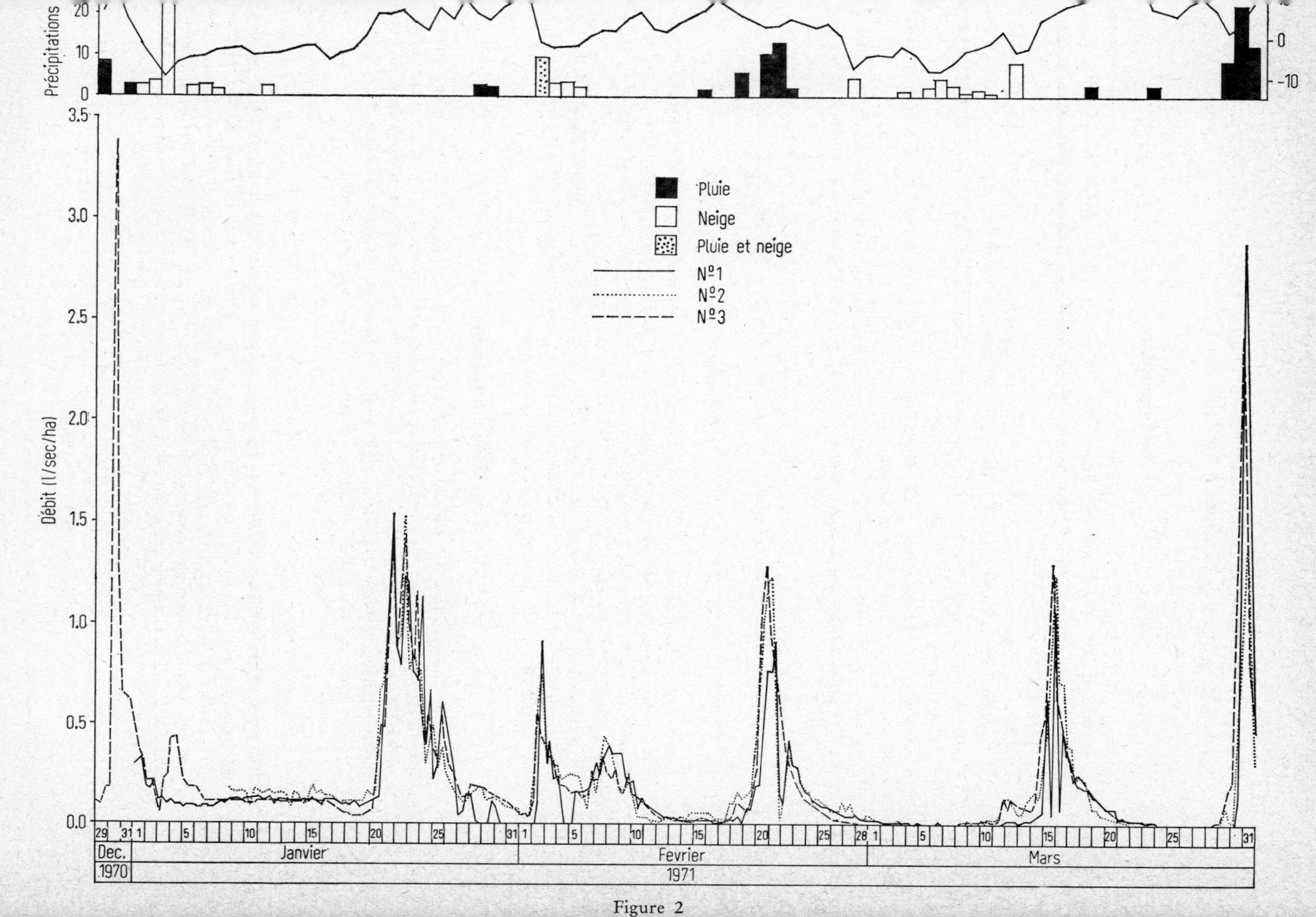
Précipitations
20
10
0
0
-10
Débit (l/sec/ha)
3.5
3.0
2.5
2.0
1.5
1.0
0.5
0.0
Pluie
Neige
Pluie et neige
Nº1
Nº2
Nº3
29
31
1
5
10
15
20
25
31
1
5
10
15
20
25
28
1
5
10
15
20
25
31
Dec.
Janvier
Fevrier
Mars
1970
1971

Figure 2

le temps de concentration ; cela a une incidence favorable à l'approvisionnement du sol en eau dans les périodes de sécheresse marquée.

Bibliographie

1. *Bogges, W. R., Russell, R. L.*, and *Gilmore, A. R.*: Precipitation and Water-Yield Relationships on the Lake Glendale Watershed; Bulletin No 713, p. 1–35, University of Illinois, 1965.
2. *Chiang, S. L.*, and *Peterson, G. W.*: Journal of Soil and Water Conservation **25**, No 6, p. 225–227, Ankeny, Iowa, 1970.
3. *Hale, D. D.*, and *Beasley, R. P.*: Hydrologic Investigations of the Burge Branch Watershed; Research Bulletin No 863, p. 1–43, University of Missouri, Columbia, 1964.
4. *Hlavek, R.*: Les bassins versants représentatifs de l'Orgeval; BTGR No 89, p. 1–42, CERAFER, Antony, Paris, 1967.
5. *Saxton, K. E.*, and *Whitaker, F. D.*: Hydrology of a Claypan Watershed: Research Bulletin No 974, p. 1–47, University of Missouri, Columbia, 1970.
6. *Whipkey, R. Z.*, and *Fletcher, P. W.*: Precipitation and Runoff from Three Small Watersheds in the Missouri Ozarks; Research Bulletin No 692, p. 1–26; University of Missouri, Columbia, 1959.
7. *Vlahinić, M.*, et *Resulović, H.*: Le regime d'écoulement sur le pseudogley dans le bassin versant de la rivière de Spretcha, Symposion on Posavina, Zagreb, p. 233–240, 1971.

Résumé

Des contrôles de deux ans et demi des conditions d'écoulement dans un pseudogley d'argile diluviale en position à-peu-près horizontale ont montré, que d'une pluviométrie annuelle de 975 mm environs 40 % (390 mm) s'écoulent, avec des maxima (100 %) se produisant en hiver, et des minima (0 %) en été.

Le maximum absolu d'un mois était 0,48 litre/sec/hect. (129 mm), le maximum absolu d'une heure était 3,37 litre/sec/hect. Un drainage souterrain a une meilleure influence sur les conditions de l'écoulement qu'un drainage par canaux avec ados.

Zusammenfassung

$2^1/_2$jährige Untersuchung der Abflußverhältnisse auf einem Pseudogley aus diluvialem Ton in nahezu ebener Lage zeigte, daß von 975 mm Jahresniederschläge etwa 40 % (390 mm) abfließen, wobei Maxima (100 %) im Winter und Minima (0 %) im Sommer auftreten. Das absolute Monatsmaximum betrug 0,48 l/sec/ha (129 mm), das absolute Stundenmaximum 3,37 l/sec/ha. Dränung wirkt auf die Abflußverhältnisse günstiger als Grabenentwässerung.

Summary

The study of the discharge conditions of a pseudogley of diluvial clay in nearly plane position – carried out over $2^1/_2$ years – revealed that of 975 mm annual rainfalls, about 40 % (390 mm) flow away, whereby maximum (100 %) occur in winter and minimum (0 %) in summer. The absolute monthly maximum amounted to 0.48 l/sec./ha (129 mm), the absolute hourly maximum was 3.37 l/sec./ha. Draining has a more favourable effect on the discharge conditions than a ditch system.

Report on Topic 3.1: Behavour of Water in Hydromorphic Soils

By *E. C. Childs*

The five papers in this group are very diverse, but can nevertheless be grouped for economy of discussion. On the one hand there are those papers in which the emphasis is on the effects which the characteristics of gley and pseudogleys have on the equilibrium and movement of soil water. In this group are the papers by *Zrubec* and *Kutilek* and by *Vlahinić* and *Resulović*. On the other hand there are those papers in which the emphasis is laid on the general theory of water movement or gas applied to the special circumstance associated with gley formation with a view to throwing light on the mode of formation. In this group are the papers of *Becher* and *Hartge*, of *Benecke* and *Kowalik*.

The discussion of these two groups must proceed along somewhat different lines. In the first mentioned group there can be little of the speculation and controversy which inevitably accompanies any but the most elementary discussion of soil forming processes. Rather, the questions that arise must be mainly strictly technical ones, relating to the validity of the inferences drawn from the evidence presented, and even to the validity of the description of the phenomena and events recorded in these papers.

In the second group, there must arise a discussion of the very relevance of the phenomena reported to the question of the pedogenic processes which contribute to the formation of gley and pseudogley profiles. Since all soil profiles are the consequence of two effects, chemical reactions and the transport of the products of reaction; and since the transport of the products is almost wholly in solution or suspension in moving water, it is natural that a study of water movements is vital to an understanding of profile development. Fortunately the theory of water movement in the soil profile is one of the branches of soil science which has made great advances in recent decades. But also the partition of the pore space between air and soil solution, which arises from the development of the pore water profile as a consequence of water movements, is an important factor in the chemical and biochemical weathering reactions themselves, and this contributes a second reason for the importance of a consideration of the equilibrium and movement of pore water in the soil profile.

In this group of soils which we are accustomed to call gleys or pseudogleys, the water plays a dominant role, as indicated by the name of the soil family, namely hydromorphic soils. There is therefore some responsibility laid upon us, as specialists in the study of soil water, to make some progress in our contribution to the elucidation of the processes of soil formation in this group.

I conceive it to be my function, in summarizing these papers and introducing the discussion, to draw attention to features which seem to me not only to deserve further attention but are capable of receiving some further development here and now through the interplay of scientists with different experiences and different points of view. I hope I do not have to say that I do not necessarily imply disagreement with the authors of the papers when I draw attention to such features.

The paper by *Zrubec* and *Kutilek* is based, if I understand it correctly ,on the geometry and surface reactions of clay minerals on the one hand and clay minerals coated with non-siliceous iron on the other. Secondarily the degree of crystalisation of the iron coating is relevant. The deposit of amorphous iron might be expected to depress the surface charge of the micelle, since Fe forms a colloid with positive surface charge in contrast to the negative charge associated with the faces, at least, of clay minerals; and secondly it might be expected to increase the specific surface area, more so for a rougher than in a more highly crystallised state of the iron deposit.

Such effects may be examined by observing the form of the water content versus suction curve, here called the adsorption isotherm. The first stages of adsorption reflect the surface area, which is calculable, upon certain suppositions, from the BET equation of analysis of the dry end of the isotherm. This also provides a measure of the energy of adsorption at this stage.

When, however, rather more water is absorbed, the roughness of the surface has less effect on the remote water bound at lower suctions, for this is in equilibrium in accordance with a mechanism of Gouy-Chapman type, with a balance between attraction to the electrically charged surface and thermal diffusion. The amounts of water absorbed at these stages of low suction are measurable from the swelling.

Hence, if the deposit of iron increases the surface and depresses the charge of the micelle, one expects to detect the former by an increase of adsorption at high suction but a decrease at low suction, as compared with iron-free clay minerals. The authors present tables showing both these effects. They, however, interpret the absorption of water at the low suction range in terms of the contact angle of bulk water as measured by placing a drop of water on a thin layer of oriented material. I think some discussion might follow if this diversity of interpretation is held to be of consequence.

There is said to be a discernible difference between the behaviour of hydromorphic soils and illuvial horizons of lessivé soils, explicable maybe on the basis of the more complete crystallisation of the iron in the latter. But a close examination of the tables does not entirely confirm this finding. The degree of reduction of surface area is not markedly dissimilar, although on the basis of the few samples presented one may detect a difference in respect of the swelling at higher water contents. The spread of reduction of adsorption energy is so wide as to hide any but very large differences. It may seem desirable to discuss further whether the reported effects distinguish gley formation specifically.

Dr. F. Koenigs, Dr. T. J. Marshall, Prof. *Dr. K. H. Hartge* and *Prof. G. H. Bolt* intervened in discussion, from which it emerged that there was no uniform opinion about either the facts or the interpretation. Other workers have found a looser binding of water at low contents and tighter at high contents in amorphous than in well crystallised forms. The observed effects might be due to the experimental procedures of iron removal; and explanations in terms of wetting angle compete with the Gouy-Chapman layer hypothesis. The authors were not present to reply to the discussion.

The paper by *Vlahinić* and *Resulović* reports the observed and, later, recorded run off from a complete experimental area of 21.7 ha of gley soils near Tuzla (Bosnia, Yugoslavia) as well as for separate subplots of open drained land (0.5 ha) and under drained (cross drained) land (0.4 ha). The whole area was in part drained by open channels with cambered land between (41 %), by under drains (35 %), the remainder being undrained land as a control. The area had been brought into cultivation in 1965, having been scrubland.

The soil is distinctly lighter in texture at the surface (silt 68 %, clay 22 %, $K = 5 \cdot 10^{-4}$ cm sec^{-1}) than at 80—150 cm deep (clay 40—50 %, $K = 0$). Daily readings of run-off water in the period 1 October 1968 to 1 July 1970 were followed by recording from that date .

The subplots were recorded from 1 January 1971.

Because of the impermeability of the subsoil, the records are capable of interpretation with some precision. Both the collected run-off over long periods (one year, one month) and records of instantaneous run-off rate confirm what had been noted by other investigators on earlier occasions. The run off is negligibly small in the dry months of late summer and sometimes early autumn, when the excess of evaporation over rainfall has depleted the soil water by the maximum amount, and can rise to account wholly for the precipitation in mid-winter. Indeed, delayed snowmelt produces values of the ratio $\frac{\text{precipitation}}{\text{run-off}}$ which are misleadingly above unity.

The instantaneous run-off records show extremely close reflection of momentary incidence of rainfall, with rapid rises to sharp peaks followed by rapid fall of the run-off rate. The necessity for drainage of such land is evident if it is to be brought into production.

Certain comparisons are drawn between the monthly run-off amounts in the months of January, February and March for the different sub-plots, from which comments are made as to the beneficial effects of under drainage as compared with open drains. The instantaneous records are said also to support these views. However, the differences are not great and few comparisons are so far available, so perhaps judgement may be suspended.

To turn to the paper by *Kowalik*, one notes an exercise in the interdiffusion of oxygen in the soil pore air. The general thesis is that at the depth L of the gley horizon the oxygen content χ is very close to zero, while at the surface it equals the content χ_0 in the free atmosphere. These conditions present known boundary conditions for the solution of the equation of interdiffusion of oxygen in the bioactive layer of thickness L. For the steady state this is

$$\frac{d}{dx}\left(D\frac{d\chi}{dx}\right) = q \qquad (7)$$

where D is the coefficient of interdiffusion of oxygen through the soil, x is depth from the surface, and q is the bioactivity measured as the rate of oxygen uptake. The equation number corresponds to that in the author's paper. To solve this analytically the author assumes D and q to be constant throughout the profile, down to depth L, and he also implies, but does not state, that the flux is zero here, i. e. that q suddenly changes to zero beyond L. Then the solution is

$$\chi = \chi_0 - \frac{q}{2D}(2Lx - x^2) \tag{8}$$

If one makes no assumptions about the steady state and about uniformity of the profile, the solution must be by complicated numerical methods, but the solution (8) enables one to obtain a picture of what is happening.

The gley zone is taken to exist beyond a depth L, at which χ is zero, hence from (8)

$$L = \sqrt{\frac{2\chi_0 D}{q}} = 0.771 \sqrt{\frac{D}{q}} \qquad (10)\ (11)$$

The author then suggests that gleysation may be resisted by reducing q or by increasing D, the latter by soil water management. Both of these measures should have the effect of increasing L, the thickness of the bioactive layer. No doubt the discussion will proceed around these proposals.

Prof. *G. H. Bolt* questioned the value of conclusions which were based on assumptions of the constancy of diffusivity and of bioactivity down the profile to the depth of gleysation. The nature of the variation of bioactivity, for example, might be impossible to specify. The author was not present to reply, but *Dr. E. C. Childs* drew attention to the author's admission that an assumption of such constancy might not be tenable, but that nevertheless light might be thrown quantitatively on the relationships in question.

We turn now to two papers which deal essentially with soil water movement. That by *Becher* and *Hartge* is concerned mainly with the transport of the clay fraction by seepage water. In two sets of experiments, one with coarse quartz sand and the other with loess material, the authors percolate water down columns with different degrees of suction at the base, which maintain different pore water contents from saturation, through "partial saturation", down to „unsaturation". In some cases clay is suspended with water, and in others the clay is placed as a dry layer on top of the column. In both cases more clay emerges from the base of the column of sand when the suction is high and the water content low than in the reverse condition, and naturally when the amount of percolation is greater. The complementary effect is observed, that more clay is found in the column when sectioned at the close of the percolation period when the sand is saturated than when it is unsaturated, and that on the whole, the extra retained clay is collected higher in the column. The authors ascribe these effects as being due to the high hydraulic gradient in unsaturated material draining clay deeper; but this needs discussion. At depth the clay is not in fact greater for unsaturated than for saturated columns; and great hydraulic gradients in unsaturated material are not to be assumed everywhere simply because the base suction is high.

In loess material little change of texture after percolation is observed. The initial pH of the percolating water is 7.1, for it contains NaN_3 as a sterilizing agent. The loess pH is 3.5 at the beginning, and presumbly because of exchange of Na^+, changes down the profile with time. The change is greater for high base suctions than with saturated columns, and greater at the top than at the base. This effect is ascribed to flow being confined to wider channels in the saturated state, and no doubt this will be a subject for discussion too.

The application of these results is to clarification of the fact that in one and the same material, such as loess, in one and the same rainfall zone, pseudogleys may be formed in low-lying areas of high water table and parabrown earths, with characteristically heavy B_t horizons, in nearby higher areas with deep water tables, with transition soils between. But two different mechanisms are postulated in the two different materials, and in fact different kinds of curves are observed, so the matter is wide open to discussion.

Professor *G. H. Bolt, Dr. T. J. Marshall* and *Dr. E. C. Childs* remarked upon various aspects of the detailed pattern of flow in the experimental columns as to which the reported experiments provided no information. The distribution of potential gradients in the column, the flux intensity at various levels, and the pattern of distribution of the pores in space, as well as in size, all must be taken into account in predicting the transport of solids. Prof. *Hartge* replied to the discussion, from which it emerged that there was general agreement.

Finally there is the paper by *Benecke,* which sets out to solve the water balance equations in the soil profile in both wet circumstances, with downward percolation everywhere, and in dry weather following rain when there may be upward movement in the upper part of the profile with downward movement at greater depths. The pore water profile is recorded by means of tensiometers in replicated sites.

If both the water content and the hydraulic conductivities (permeability) are known over the whole range of suctions, the rate of flow may be calculated everywhere from Darcy's law.

For the validity of the analysis it is important that there should be no loss of water by absorption at root surfaces, only by flow into and out of the cross sections which limit the flow column. Pseudogley soils are particularly suitable on this account.

When the flow is downward everywhere and is assumed to be at a steady state, the well known equation

$$h - h_o = \int_{\psi_o}^{\psi_h} \frac{d\psi}{1 - q/K} \tag{2}$$

applies, where ψ_h and ψ_o are the suctions at levels h and h_o respectively, and K is the hydraulic conductivity, dependent upon the suction.

When there is a water divide, at which the flow rate is zero, being upward above this level and downward below it, one may find the downward flow out of the profile by equating it to the rate of loss of soil water between the water divide and a lower boundary below which the water content does not change, and the net evapotranspiration (evapotranspiration minus precipitation) by the loss of soil water between the water divide and the surface. It is not clearly explained how one recognizes the position of the water divide.

Experiments were carried out from early in 1968 on land under old beechwood at a height of about 500 m, with a harsh climate. About 70 cm. of permeable loess is found over a slightly permeable horizon to 1.5 m, where shattered parent material continues to the Buntsandstone at 4 m. The soil is acid porous pseudogley-brown earth.

As well as the tensiometer profiles, hydraulic conductivities were determined.

During periods of heavy rain the suction profiles reflect the conductivity profile, and often there is agreement with the steady flow equation, indicating that the percolation is in balance with the precipitation.

In a dry summer season percolation is derived wholly from stored water between July 19 and August 6, 1969 and amounted to about 5.2 mm per day, while the total evaporation was 61.3 mm, of which 6.7 mm was from canopy interception, 13.1 mm was from rainfall at the ground and stem flow, and 41,5 was from soil water storage depletion. Similar calculations were made with high lying water divides in cold dry weather in December.

The author suggests that characteristics of water regions favouring gley formation need consideration in the light of these experiments, taking into account the durations of the wet, moist and dry phases. He suggests that an appropriate definition of field capacity in these circumstanes is the water content during average rainfall.

There is much to be considered in this paper, for although the experiments were conducted upon gley soil, it is not immediately evident how the gley formation depends upon alternations of pore water profile of the kind so clearly described and accounted for.

Dr. A. Feodoroff and Prof. *Dr. H. Blume* asked technical questions about the experimental error of the measurements, particularly of tensiometer readings, and about the extent to which lateral water movement might need to be included in the estimate of the water balance. Tensiometer readings vary laterally to a degree which is only small compared with experimental error.

Characteristics of the Moisture Regime in Pseudogley as Detremined by the Gamma - Meter

By *H. Resulović, M. Vlahinić* and *Dž. Bisić-Hajro* *)

The moisture regime is the change of water content in the soil from layer to layer for a certain period of time. Measuring is important from the point of view both of the ecology and of the pedodynamic and pedogenetic processes in the soil. Its changes serve as the necessary indicator for the direction of its regulation in order to establish optimal conditions for the growth of plants.

Examination of the moisture regime in pseudogleys a widely spread soil type in Yugoslawia, is very important for solving the problem of cultivation. It has been one of the main preoccupations of our research workers during the last decade.

In our investigation we wanted to obtain the data about the degree of wetting and the intensity of the exchange of moisture through the soil profile. Our next task was to find out and to determine the distribution ob the wet, moist and dry phase in a pseudogley predominantly produced by rain water. And finally we wanted to test the possibilities of the application of the gamma-meter in a low permeable soil as pseudogley is.

Some Principles of the Measuring of Moisture by the Gamma Meter

There are different methods of the stationary examination of moisture in soil. The radiation methods are particularly convenient for this purpose because they measure moisture in the natural conditions, in undisturbed soil, and in the whole layer, not only at one point as it is done by the other methods.

In this paper we used the gammascopic method. This method is not specified only for the measurement of the soil moisture, as the neutron method for instance, but as well for measuring the soil density (4).

This method consists in the absorbtion of the gamma-rays (2) which depends upon the water content in the soil. Thus moisture can be measured and indicated by the attenuation of the gamma-rays passing through the constant layer of the soils. The degree of the attenuation of the gamma-rays depends upon their energy and upon the thickness and density of the material.

Cobalt-60 (with a half life of 5.3 years) was used as the radioactive source. Attenuation of the gamma-quanta with the energy of 1.33 and 1.17 MeV is conditioned mainly by the Compton effect (98.0–99.9 %, according to Dimitriew) which ends in operating of the gamma-quanta with the atom electrons.

General Characteristics of the Pseudogley Investigated

Pseudogleys in Bosnia-Herzegovina cover a surface of 300.000 ha (in Yugoslawia about 4,000.000 ha). They are located chiefly in the plain and on moderate slopes and therefore

*) Agricultural Falculty, Sarajewo, Yugoslavia.

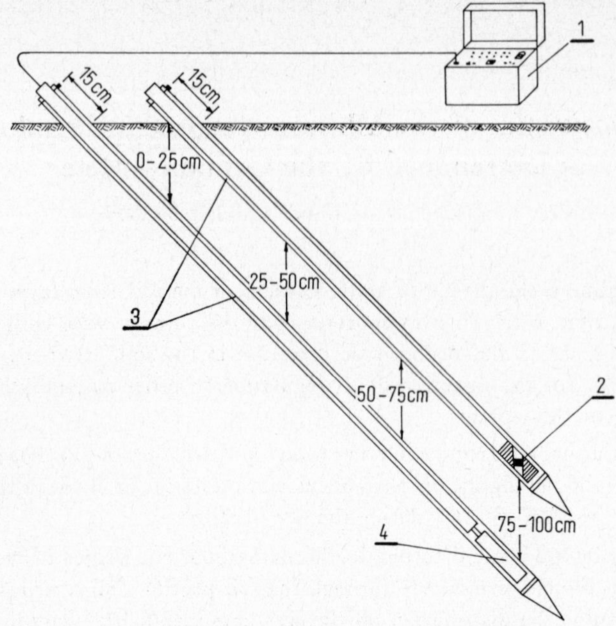

Fig. 1

suitable for intensification of the agricultural production. An most cases it is a soil with the shallow plough layer (ca. 20 cm) bellow which are layers with very low permeability. The wet climate in this area conditions a stagnation of the surface water, particularly in the winter-spring period.

The pseudogley investigated is a primary pseudogley, located in a plain near Tuzla. Non-permeable layers of the diluvial loam go down to ca. 10 m.

The average rainfall is 953 mm (50 years' average) and the average annual temperature is 10,4 °C. Rainfall in 1970 was 1052 mm. The soil receives moisture only from rainfall.

The pseudogley has a permeability of 1,16 x 10^{-4} cm/sec in the surface laver, and 10^{-6} cm/sec. in the deeper layers (Resulovic et 1l, 1971). The silt content (2–60 μ) is 46–69 %, the clay content 22–44 %. The pH (KCl) is between 4.14 and 4.60, the humus content in the surface layer is 2.4 %, and in the deeper layers 0.6 %.

Moisture was measured at a depth of 0–25, 25–50, 50–75 and 75–100 cm every 10 days of an average, in 4 repetions. Four pairs of the bore holes were established in a distance of 80 cm and a depth of 100 cm. A pair of aluminium tubes (the lower one for the detector, the upper one for the radioactive source) was put in each pair of the bore holes.

This instrument works on the principle of the vertical radiation of soil.

The initial moisture content was determined by the gravimetric method and served as the basis for all further investigations. Besides that bulk density was mesured in the beginning. Measurings were taken from April 1970 to April 1971 (36 measurings in total).

During the usage of the gamma-meter, samples for the gravimetric determination of moisture were taken from time to time.

Results of the investigation are shown by the curves for each depth, and wet, moist and dry phases were particularly expressed. As a wet phase we took water contents corresponding to values 0.3 at and as a dry phase such corresponding to < 15 at.

Values in between we marked as the moist phase. Water contents at 0.3 and 15 at were determined by the "porous plate" resp. pressure membrane method.

The used gamma-meter in the whole pF rouge can be used in the whole pF range and for temperatures between –15 and –50 °C, and with an accuracy of 1.5–2 %.

Results and Discussion

As can be seen from figure 2, the moisture content varied as follows:

Depth cm	Minimal moisture	Maximal content	Difference
	(vol %)		
0–25	18.5	58.8	40.3
25–50	24.0	54.6	30.6
50–75	30.6	50.5	19.9
75–100	31.6	46.4	15.0

The data show that the greatest oscillation of moisture were in the surface layer and the smallest in the deepest layer.

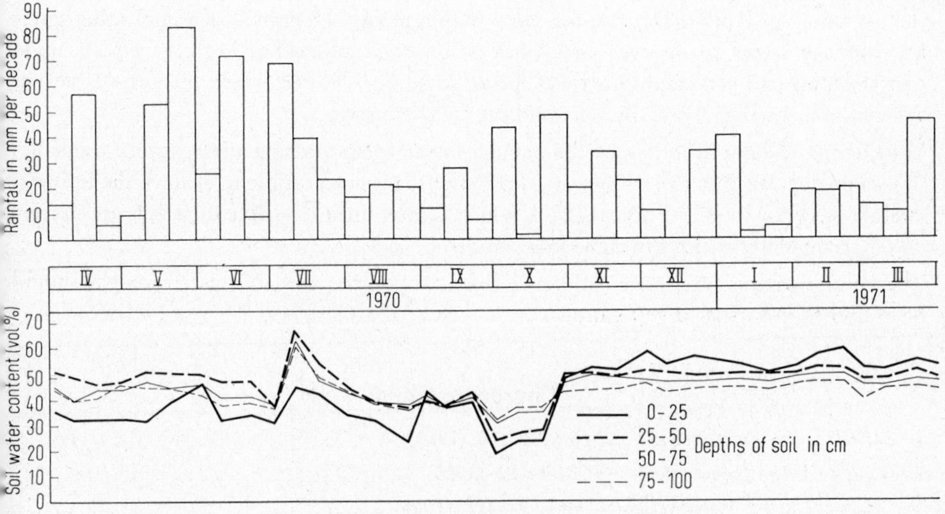

Fig. 2

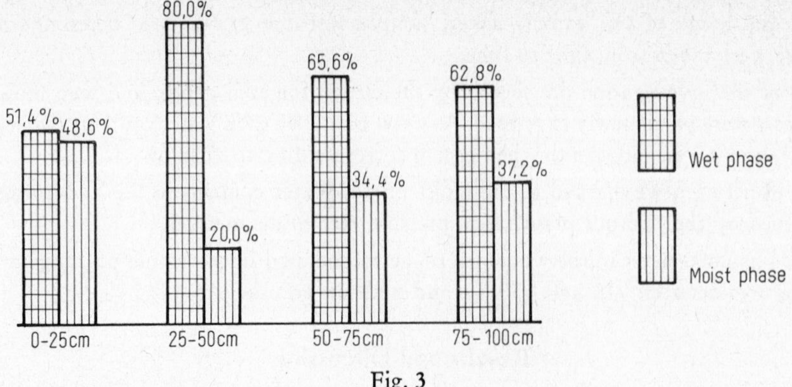

Fig. 3

Extremely high values in July 1970 at the depths below 25 cm (61.5–66,6 %), are probably erranous.

Figure 3 shows that the wet phase dominates in all layers of the pseudogley. It occured in 52.7–80.5 % cases. It was longest at the depth of 25–50 cm (80.5 %) and shortest in the surface layer 0–25 (52.7 %). Lower moisture content in the surface layer can be explained by different scattering conditions of the gamma rays. *Preobraženskaja* (5) got similar results.

The longest wet phase in the layer 25–50 cm is probably caused by the fact that this area was primarily covered with forest vegetation, leading to an accumulation of gravitation a water.

A dry phase did not appear during the investigated period.

The data show that the main problem of the pseudogley in this area is a very long wet phase. It was, for example, present in the whole profile from the end of October 1970 to the beginning of April 1971, i. e. for more than 5 months. Removal of this surplus water by drainage seems to be necessary. Such a long wet phase has negative effects upon winter-crops, and sometimes prevents spring sowing to be performed in time, as well as the autumm sowing, especially when wheat follows maize.

Considering the applicability of the gamma-meter for measuring the moisture dynamics in pseudogley, we think that there is a limitation: it is not possible to achieve the intimate contact between the tubes and the soil, which creates an inter-space in which gravitation water accumulates which can cause false results.

The volume of this inter-space and its influence upon the real soil water content should be examined in further investigations.

Literature Cited

1. *Čabart, J. N.*: Počvovedenie, No 6, 101–103 (1960).
2. *Danilin, A. J.*: Počvovedenie, No 7, 74–83 (1955).
3. *Dmitriev, M. T.*: Počvovedenie, No 2, 97–106 (1966).
4. *Gurr, C. G.*: Soil Sci. **94**, No 4, 224–230 (1962).

5. *Preobraženskaja, M. V.*: Počvovedenie, No 10, 105–109 (1959).
6. *Resulović, H., Vlahinić, M.,* and *Bisić-Hajro, Dž.*: Karakteristike režima vlažnosti, vodno-fizičkih i fizičko-mehaničkih svojstava pseudogleja u slivu rijeke save. (Characteristics of moisture regime, water-physical and physical-mechanical properties of pseudogley in the River Sava watershed). Symposion on Posavina, Zagreb, 195–203 (1971).
7. *Vlahinić, M.,* and *Resulović, H.*: Režim oticanja na pseudogleju u slivu rijeke Spreče (The regime of runoff in pseudogley in the River Spreča watershed). Symposion on Posavina, Zagreb, 233–241. (1971).
8. Izmeritel vlažnosti počv Gamma-Metodom M-30 M. Riga, SSSR (1962).

Summary

Investigations of the moisture regime were made in the primary pseudogley in the area around Tuzla (Bosnia, Yugoslavia).

The investigations showed that:

- the greatest oscillations of the temporary water contents are in the surface layer (0-25 cm) and the smallest in the deepest layer (75-100 cm);
- the whole profile examined (0-100 cm) is characterized by the domination of wet phase, which occurs in 52.7–80.5 cases;
- the longest wet phase was in the 25-50 cm layer and lasted 8 months; in other layers it was somewhat shorter, but it did not last less than 5 months;
- a dry phase did not occur, which indicates that the main problem in this area is the removal of surplus water;
- difficulties in creating in intimate contact between the tubes and the soil creating an inter-space in which gravitational water accumulates. This may cause false measurement and therefore puts in question the applicability of this method to soils of low permeability.

Résumé

Les recherches du régime de l'humidité furent exécutées dans le pseudogley primaire, dans la région de Tuzla (Bosnia, Jugoslavie).

Les recherches ont montré que:

- les plus grandes oscillations de l'humidité actuelle existent dans la couche de surface (0–25) et les plus réduites dans la couche la plus profonde (75–100).
- le profil examiné complètement (0–100) se caractérise par la dominance de la phase humide, qui se produit dans 52,7–80,5 % des cas.
- la phase humide la plus longue a été determinée dans la couche de 25 à 50 cm pendant 8 mois. Elle était d'une durée un peu plus courte que dans d'autres couches, mais pas plus courte que cinq mois.
- la phase sèche ne se produisait pas ce qui indique, que le problème principal dans cette région est l'évacuation de l'eau excédentaire.
- les difficultés dans l'établissement d'un contact étroit entre les tubes et le sol produisent la formation d'un creux dans lequel s'accumule l'eau de gravitation, ce qui peut être la source des erreurs de mesure et met en question l'applicabilité de cette méthode dans les sols de perméabilité réduite.

Zusammenfassung

Die Forschungen zum Feuchtehaushalt wurden im primären Pseudogley im Gebiet um Tuzla (Bosnien, Jugoslawien) angestellt.

Die Untersuchungen ergaben, daß

— die größten Schwankungen in der zeitweiligen Feuchtigkeit in der Oberflächenlage (0—25), die geringsten in der tiefsten Lage (75—100) vorkommen.

— das ganze untersuchte Profil (0—100) durch das Vorherrschen der nassen Phase geprägt ist, die in 57,7—80,5 % der Fälle vorkommt.

— die längste feuchte Phase in der Lage von 25—50 cm vorkam; sie dauerte 8 Monate; in anderen Lagen war sie etwas kürzer, aber nicht kürzer als 5 Monate.

— die Trockenphase nicht vorkam; das Hauptproblem in diesem Gebiet ist also die Ableitung des überschüssigen Wassers.

— Schwierigkeiten bei der Schaffung eines engen Kontakts zwischen Röhren und Boden einen Zwischenraum entstehen lassen, in dem sich das absinkende Wasser sammelt. Dies mag eine Fehlerquelle bei der Messung sein, und es stellt deshalb die Anwendbarkeit dieser Methode in geringmächtigen durchlässigen Böden in Frage.

Zum Wasseraufstieg aus dem Grundwasser in den Wurzelraum

Von *R. Sunkel**)

Fragestellung

Die Wasserversorgung von Kulturpflanzen ist unter mitteleuropäischem Klima auf leichten Böden nicht gesichert. Deshalb hat das zusätzliche Wasserangebot aus dem Grundwasser in Niederungslandschaften eine entscheidende Bedeutung. Bei einer Grundwasserabsenkung, z. B. durch Wasserwerke, werden daher Pflanzenwachstum und Ertrag stark beeinflußt.

Der Grundwassereinfluß auf das Pflanzenwachstum wird von Durchwurzelungstiefe und kapillarem Wasseraufstieg bestimmt. Bei Kenntnis von Aufstiegshöhe und transportierter Wassermenge können mittels einer Bodenkartierung, bei der die Durchwurzelungstiefe mit erfaßt wird, Flächen abgegrenzt werden, auf denen infolge der Grundwasserabsenkung Schäden für das Pflanzenwachstum zu erwarten sind.

Um die Höhe des kapillaren Wasseraufstiegs zu ermitteln, wurden Aufstiegsgeschwindigkeit und damit die transportierte Wassermenge in verschiedenen Tiefen von 8 grundwasserbeeinflußten Böden aus sandigem Ausgangsmaterial in situ gemessen.

Material und Methoden

Die Messungen wurden auf ausschließlich tonarmen pleistozänen Tal- und Terrassensanden der Ems durchgeführt, die gelegentlich bindigere Zwischenlagen aufwiesen. Der Kapillaraufstieg des Bodenwassers wurde mittels einer Apparatur von *Czeratzki* (1968) im Gelände in verschiedenen Bodentiefen in 6 Wiederholungen gemessen. Unter Vakuum stehende 50-ml-Saugbecher werden dabei von oben auf den freigelegten Boden gesetzt und die je Zeiteinheit aufgenommene Wassermenge mittels Büretten gemessen. Die Steiggeschwindigkeit VS, bezogen auf 1 cm WS Druckdifferenz, wird wie folgt berechnet:

$$VS = \frac{Q}{F \cdot t \cdot (A - H - \tau)} \left(\frac{cm}{sec} \cdot cm\ WS^{-1} \right)$$

Q = aufgesaugte Wassermenge (cm^3)
F = Fläche der Saugbecher (cm^2)
t = Zeit (sec)
A = Arbeitsunterdruck (cm WS)
H = Höhe der Wassersäule zwischen Saugbecher und Meßbürette (cm WS)
τ = Bodenwasserspannung (cm WS)

Außer dem Kapillaraufstieg wurde im Gelände noch die Bodenwasserspannung τ mit Tensiometern in 5 Wiederholungen gemessen. Der mittlere Fehler des Mittelwertes betrug bei diesen

*) Landesanstalt f. Immissions- u. Bodennutzungsschutz, 43 Essen, BRD.

beiden Methoden durchschnittlich 16 bzw. 2,9 %. Im Labor wurden Wassergehalt (WG), Poren- und Korngrößenverteilung ermittelt.

Ergebnisse

Die Porengrößenverteilungen einiger repräsentativer Profile (Abb. 1) zeigen ausnahmslos den für Sandböden typischen hohen Anteil an Grobporen. Das Volumen der Mittel- und Feinporen ist außer in den humosen Horizonten sehr niedrig, woraus eine geringe Wasserkapazität und eine niedere ungesättigte Leitfähigkeit resultiert.

Die mit der Apparatur von *Czeratzki* gemessene Steiggeschwindigkeit ist im Meßbereich unabhängig von der an der Kontaktstelle zwischen Saugbecher und Boden bestehenden Druckdifferenz (A - H - τ). Sie ist — bezogen auf die Ansprüche der Pflanzen — auch in vom Grundwasser nicht beeinflußten Horizonten beträchtlich (0,1 bis 5 mm/d bei einer Druckdifferenz von 100 cm WS) und nimmt nach einem anfänglich stärkeren Abfall über längere Zeit (gemessen bis zu 8 Stunden) nur noch wenig ab.

Bei Annäherung an den Grundwasserbereich in 10-cm-Schritten steigt die aufgenommene Wassermenge sprunghaft bis auf das etwa 100fache an. So beträgt die Steiggeschwindigkeit in Vohren z. B. in den oberen 1,1 m 3 bis $10 \cdot 10^{-9}$ cm/sec · cm WS^{-1}, in 1,23 m Tiefe

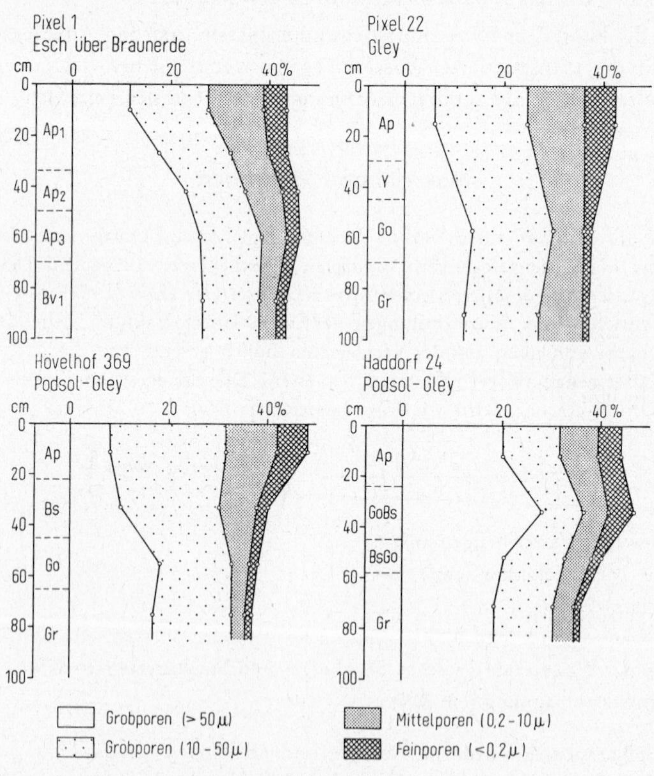

Abbildung 1

Porengrößenverteilungen typischer Profile

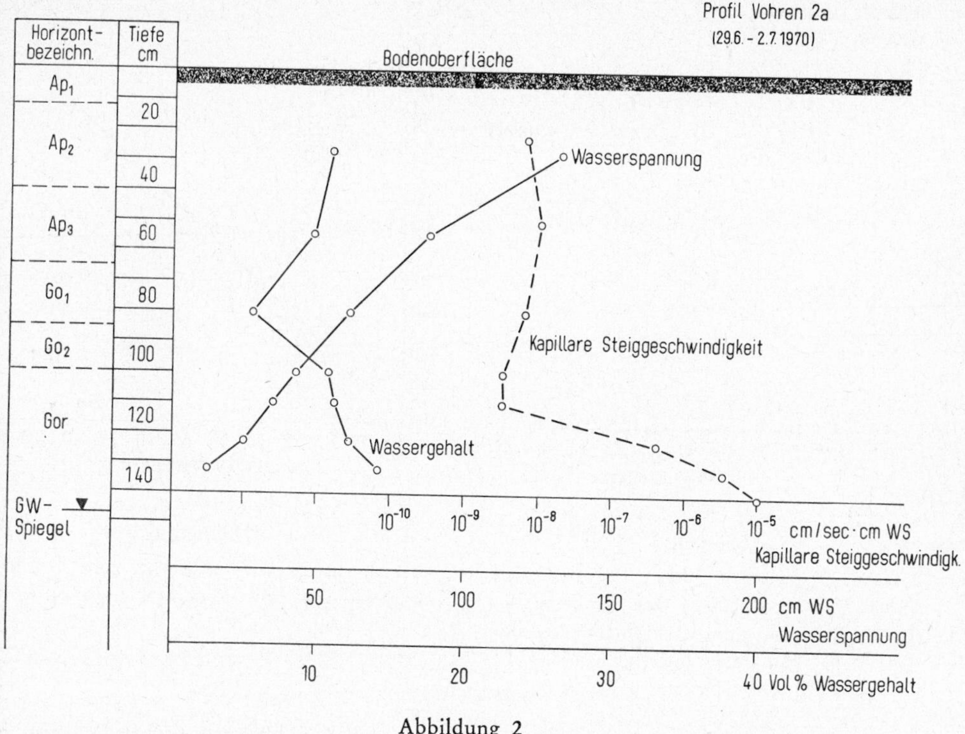

Abbildung 2

Wassergehalt, Wasserspannung und kapillare Steiggeschwindigkeit bei Profil Vohren 2 a

$4 \cdot 10^{-7}$ und erreicht 7 cm über dem Grundwasserspiegel einen Wert von 10^{-5} (Abb. 2). Bei allen übrigen Profilen (mit Ausnahme von Pixel 1, bei dem der Grundwasserbereich nicht erreicht wurde) zeigte sich das gleiche Bild, wenn auch nicht immer so ausgeprägt. Zusammen mit der Beobachtung, daß die aufgenommene Wassermenge in Grundwasserhorizonten über die Meßzeit konstant bleibt, ist dieser sprunghafte Anstieg ein deutlicher Hinweis auf eine kapillare Nachlieferung aus dem Grundwasser. Er ist zu erklären durch höheren Porenfüllungsgrad der grundwassernahen Horizonte und der damit verbundenen besseren Wasserleitfähigkeit. Der Abstand zwischen der tiefsten Meßstelle mit noch relativ geringer Steiggeschwindigkeit VS und dem Grundwasserspiegel ist ein Maß für die maximale Aufstiegshöhe.

Bei den verschiedenen Standorten ist diese kapillare Aufstiegshöhe unterschiedlich; denn obgleich der Ton- und Schluffgehalt der über dem Grundwasserspiegel liegenden Bodenhorizonte sehr einheitlich ist (0,2 bis 4,2 % Ton, 0,5 bis 7,4 % Schluff, Ton + Schluff mit einer Ausnahme < 5,2 %), unterscheiden sie sich dagegen in der Sandfraktion, die zwischen 10 und 90 % Feinsand (fS, $\varnothing$ 60 bis 200 μ) enthält. Die Höhe des kapillaren Wasseraufstiegs korreliert also eng mit dem Feinsandanteil der Sandfraktion (Abb. 3), wobei Standort Vohren herausfällt. Bei bis zu 50 % Feinsandanteil beträgt die Aufstiegshöhe 25 bis 35 cm, sie nimmt linear zu und erreicht bei 90 % fS 70 cm. Der Boden

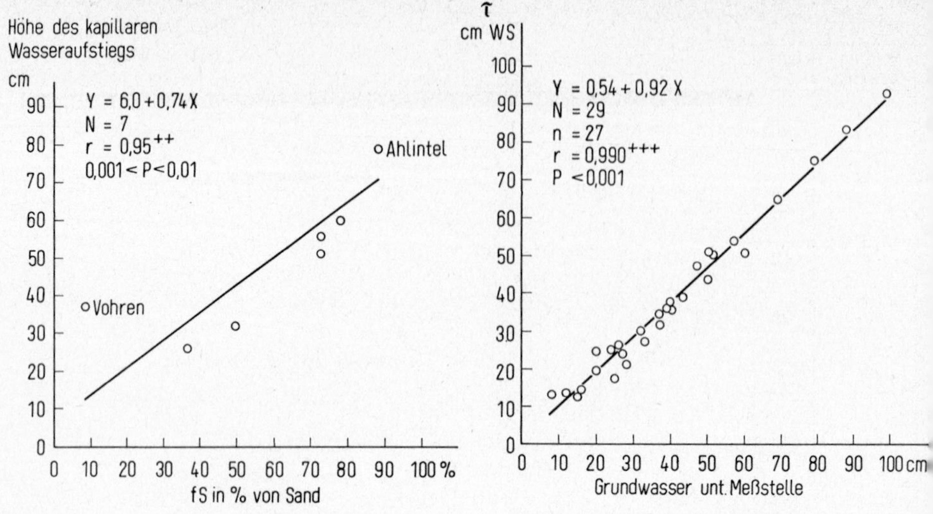

Abbildung 3

Beziehung zwischen dem Feinsandanteil (fS %, ⌀ 60 bis 200 μ) der Sandfraktion (⌀ 60 bis 2000 μ) und der Höhe der kapillaren Wasseraufstiegs

Abbildung 4

Beziehung zwischen Abstand vom Grundwasserspiegel und Bodenwasserspannung τ

mit diesem hohen Feinsandanteil hat allerdings auch den höchsten Gehalt an Ton + Schluff (10 %), so daß die relativ große Aufstiegshöhe dadurch mit verursacht sein kann. Im Bereich des kapillaren Wasseraufstiegs ist bei diesen reinen Sandböden die Beziehung zwischen Abstand vom Grundwasserspiegel und der Bodenwasserspannung τ (in cm WS) sehr eng und streng linear (Abb. 4), aber der Regressionskoeffizient ist wider Erwarten $\neq 1$, weil die Wasserspannung langsamer zunimmt, als dem Abstand vom Grundwasserspiegel entspricht, und ein schwaches, nach unten gerichtetes Gefälle des hydraulischen Potentials besteht.

Diskussion

Bei der Messung der kapillaren Steiggeschwindigkeit sind die Unterschiede zwischen den 6 Parallelbestimmungen beträchtlich (Fehler ± 16 %). Der Bestimmungsfehler ist wesentlich kleiner (± 3 %), wenn man die zeitlich aufeinanderfolgenden Messungen eines Saugbechers bei konstanter Steiggeschwindigkeit im Grundwasserbereich zugrunde legt. Der große Fehler bei den 6 Parallelbestimmungen beruht also im wesentlichen auf Bodenunterschieden. Trotz dieser starken Streuung der Einzelwerte ist die Methode von *Czeratzki* für die vorliegende Fragestellung gut verwendbar, weil die gemessenen Unterschiede um ein Vielfaches größer sind, insbesondere zwischen den Werten im Oberboden und im Grundwasserbereich (Abb. 2). Aber auch verhältnismäßig geringe Unterschiede sind z. T. statistisch noch gesichert, wie die in Tabelle 1 zusammengefaßten Ergebnisse einer Varianzanalyse der Werte von Profil Pixel 1 zeigen.

Tabelle 1

t-Werte für die Unterschiede zwischen den Mittelwerten der kapillaren Steiggeschwindigkeit der einzelnen Meßtiefen von Profil Pixel 1

Gruppe	Meßtiefe cm	VS	f %	I	II	III	IV	V	VI	VII
							t-Werte			
I	30	3,2	18		6,22***	0,47	4,77***	2,64*	3,49**	4,58***
II	65	6,5	11	6,22***		5,75***	10,99***	8,86***	9,71***	10,80***
III	122	3,4	6	0,47	5,75***		5,24***	3,11**	3,96***	5,05***
IV	172	0,6	6	4,77***	10,99***	5,24***		2,13*	1,28	0,19
V	200	1,8	16	2,64*	8,86***	3,11**	2,13*		0,85	1,94
VI	212	1,3	10	3,49**	9,71***	3,96***	1,28	0,85		1,09
VII	226	0,7	6	4,58***	10,80***	5,05***	0,19	1,94	1,09	
				VS = 3,2	6,5	3,4	0,6	1,8	1,3	0,7

VS = kapillare Steiggeschwindigkeit in $10^{-8} \frac{\text{cm}}{\text{sec}} \cdot \text{cm WS}^{-1}$

f % = relativer Fehler

N = 6 Wiederholungen

n = 35 Freiheitsgrade

$t_{0,05}$ = 2,23

$t_{0,01}$ = 3,17

$t_{0,001}$ = 4,49

* = wesentlicher Unterschied

** = Unterschied signifikant

*** = Unterschied hoch signifikant

Es wurde gesagt, daß die Wasseraufnahme durch die Saugbecher auch in grundwasserfernen Horizonten beträchtlich ist. Aus folgenden Gründen wird die Ansicht vertreten, daß hier keine kapillare Nachlieferung aus dem Grundwasser mehr vorliegt:

1. Stetiger Abfall der VS-Werte in grundwasserfernen Horizonten, dagegen Einstellung eines Gleichgewichtes im Grundwasserbereich.
2. Sprunghafter Anstieg der VS-Werte und des Wassergehaltes zwischen zwei benachbarten Meßtiefen bei Annäherung an den Grundwasserbereich in 10-cm-Schritten (Abb. 2).
3. Die Wassermenge, die in grundwasserfernen Horizonten aufgenommen wird, entspricht dem Wassergehalt einer verhältnismäßig dünnen Bodenschicht.
4. Fehlender Wasseranstieg aus dem Grundwasser trotz hoher negativer Potentialgradienten im Oberboden.

Der Anstieg der VS-Werte bei Annäherung an den Grundwasserbereich war bei allen Grundwässerböden so deutlich, daß daraus auf eine entsprechend starke Abnahme des Kapillaraufstieges bei sich vergrößerndem Flurabstand geschlossen werden muß und es gerechtfertigt erscheint, den Abstand zwischen der tiefsten Meßstelle mit noch geringen VS-Werten und dem Grundwasserspiegel als maximale Aufstiegshöhe anzusehen.

Die Wassermenge, die in 12 cm Tiefe von Profil Haddorf 24 innerhalb von 8 Stunden aufgenommen wurde, betrug bei einer Druckdifferenz von $A - H - \tau$ = 400 cm WS 2,4 mm. Bei einem Wassergehalt von 18 Vol.-%, von denen bei der angelegten Saugspannung $A - H$ = 450 cm WS ($\triangleq$ pF 2.65) 7,4 Vol.-% an den Saugbecher abgegeben werden können, entspricht das der Wassermenge aus einer 3,3 cm mächtigen Bodenschicht.

Die Annahme, daß dieses Wasser nicht aus dem Grundwasser aufgestiegen ist, wird noch durch eine hoch signifikante Korrelation zwischen pF- und VS-Werten aus dem grundwasserfernen

Bereich aller Versuchsstandorte gestützt ($r = -0{,}60$; $N = 27$; $P < 0{,}001$), die noch etwas enger wird, wenn man die VS-Werte ebenfalls logarithmisch aufträgt ($r = -0{,}69$; $B = 0{,}47$). Körnung und C-Gehalt hatten keinen gesicherten Einfluß auf die Korrelation, obwohl bei diesen Sanden eine hoch signifikante, enge Beziehung zwischen C- und Wassergehalt besteht ($r = +0{,}81$).

Unterschiede in den VS-Werten können bei diesen Böden also zu knapp 50 % aus Änderungen der pF-Werte erklärt werden. Da Körnung und C-Gehalt ohne gesicherten Einfluß sind, müssen zur Erklärung für die restliche Streuung in erster Linie Unterschiede in der Bodenstruktur herangezogen werden, die nicht durch Zahlenwerte erfaßt worden sind und sich deshalb einer statistischen Berechnung entziehen.

Die Abhängigkeit der kapillaren Aufstiegshöhe von der Körnung der Sande (Abb. 3) macht es notwendig, letztere bei den eingangs erwähnten Kartierungen zu berücksichtigen, um den Grundwassereinfluß auf den Pflanzenertrag richtig beurteilen zu können.

Da das aufgenommene Wasser den Saugbechern aus vielen Richtungen zuströmt, ist der aus dem Grundwasser kapillar aufgestiegene Anteil mit dieser Methode nicht quantitativ erfaßbar, was vor allem bei lehmigen Böden mit großer Aufstiegshöhe und geringer Aufstiegsrate bedeutsam ist. Bei Sandböden erreicht letztere, wie gezeigt wurde, bei Annäherung an die Grundwasseroberfläche um wenige Zentimeter plötzlich einen solch hohen Wert, daß bei ökologischer Fragestellung der aus dem Bodenwasservorrat stammende Anteil vernachlässigt werden kann.

Frage des Vorsitzenden: Für welchen Untersuchungszweck ist die beschriebene Methode geeignet und wo sind ihre Anwendungsgrenzen.

Czeratski: Die Methode ist als Feldmethode konzipiert. Sie kann aufgrund ihres Aufbaues die Labormethoden zur Messung der kapillaren Leitfähigkeit nicht ersetzen; denn sie liefert keine absoluten Meßzahlen, mit denen ein Vergleich verschiedener Böden hinsichtlich ihrer kapillaren Leitfähigkeit möglich ist, sondern relative Werte für den Vergleich von verschiedenen Behandlungen auf ein und demselben Boden. Vor allem scheint sie für die Fragestellung geeignet, die der Referent behandelt hat.

Literatur

Czeratzki, W.: Landbauforschung Völkenrode **18**, 1–8 (1968).

Zusammenfassung

Es wurden Aufstiegsgeschwindigkeit, Wassergehalt und pF-Werte in 8 grundwasserbeeinflußten Böden aus Sand gemessen. Die nach *Czeratzki* ermittelte Aufstiegshöhe korreliert eng mit dem Feinsandanteil im Sand ($r = 0{,}95$). Dessen Körnung ist also bei der Beurteilung des Wasseraufstiegs zu berücksichtigen. Im Kapillarsaum ist die Beziehung zwischen Abstand vom Grundwasserspiegel und Wasserspannung (cm WS) sehr eng und streng linear ($r = 0{,}990$). Die durch die Saugbecher auch in grundwasserunbeeinflußten Horizonten aus dem Haftwasser aufgenommene Wassermenge (0,1 bis 5 mm/d) korreliert hoch signifikant, aber nicht sehr eng mit der Bodenwasserspannung ($r = 0{,}69$).

Summary

Capillary rise from groundwater was measured in 8 sandy soils. The capillary rise – determined by *Czeratzki's* method – correlates with the proportion of fine sand ($r = 0{,}95$). Particle size distribution within the sand fraction is therefore important in estimating the water supply. At ground water horizons, the relationship between the distance from ground water level and tension is very close and strictly linear (r = 0,990). In horizons above the ground water the water acquired from it amounted to 0,1–5 mm/d and was negatively correlated with water tension (r = 0.69).

Résumé

La rapidité de la montée capillaire, la teneur en eau et les valeurs pH dans 8 sols sableux et influencés par la nappe souterraine ont été mesurées. La hauteur de la montée, mesurée d'après la méthode *Czeratzki,* sont en corrélation étroite avec la proportion de sable fin (r = 0,95). La granulométrie de ces sables doit donc être prise en considération dans l'analyse de la montée de l'eau. Dans la frange capillaire la relation entre la distance du niveau de la nappe souterraine et de la tension de l'eau (en cm WS) est très étroite et absolument linéaire (r = 0,990). De même, la quantité d'eau extroite de la phase capillaire à l'aide d'une pompe aspirante, dans les horizons non influencés par la nappe souterraine, est en corrélation significative peu étroite avec la tension capillaire de l'eau du sol.

Langjährige Ermittlung des Bodenfeuchteverlaufes eines Gleys mit abgesenktem Grundwasser; Vergleich zwischen Wassergehaltsmeßwerten und den aus meteorologischen Daten errechneten Werten

Von *V. Troll, C. Langner* und *B. Wohlrab**)

Einleitung

Im Zusammenhang mit Feldversuchen, durch die geprüft wird, ob und in welcher Weise eine tiefgreifende Grndwasserabsenkung die Ertragsleistung von Gleyen des mittleren Erfttales (westl. Köln) beeinflußt (2, 6), wurden auf standörtlich sonst vergleichbaren Gleyen innerhalb und außerhalb des Absenkungsgebietes über längere Zeit hinweg sowohl Bodenwassergehaltsbestimmungen als auch agrarmeteorologische Messungen durchgeführt.

1. Es soll nachgewiesen werden, wie durch den Grundwasserentzug die Bodenwasserverhältnisse verändert werden.
2. Mit Hilfe von agrarmeteorologischen Daten soll geprüft werden, ob die Untersuchungsstandorte hydrometeorologisch vergleichbar sind.
3. Es soll untersucht werden, inwieweit zwischen den aus meteorologisch abgeleiteten Bodenfeuchten und den gemessenen Bodenfeuchten Beziehungen gesichert werden können.

Methoden

Die Wassergehalte des Bodens wurden in 10-cm-Schichten bis zu 1 m Tiefe mit jeweils fünf Parallelen gravimetrisch bestimmt, und zwar in etwa wöchentlichem Turnus während der Vegetationszeit, in der Regel unter drei verschiedenen Feldfrüchten. Die Umrechnung der gewichtsprozentualen Wassergehalte erfolgte über das Trockenraumgewicht auf Volumenprozent und weiterhin in mm Wasser (3). Aus den meteorologischen Daten (Niederschlag, Lufttemperatur und rel. Luftfeuchte) wurden nach folgendem Ansatz tägliche Wasserbilanzen errechnet:

$$B_i = B_{i-1} + N_i - V_i \quad (i = 2,3 \ldots 214)$$

B_i = Bodenfeuchte am Tag i; beginnend am 1. 3.
N_i = Niederschlag am Tag i
V_i = Verdunstung am Tag i

Nach den vorliegenden Erfahrungen konnte zum 1. März, dem Beginn des Rechenganges, vom Zustand der Wassersättigung ausgegangen werden.

Der Verdunstungsanspruch der Atmosphäre (V_i) wurde nach den Methoden von *Haude* (1) und von *Thornthwaite* (5) bestimmt. *Thornthwaite* berücksichtigt dabei nur die Tages-

*) Landesanstalt f. Immissions- u. Bodennutzungsschutz, Essen, BRD

mitteltemperatur (bei vorgegebener geographischer Lage), *Haude* hingegen die 14.00-h-Temperatur und die Luftfeuchte zu demselben Zeitpunkt.

Diskussion der Ergebnisse

1. Über die Unterschiede zwischen den Bodenwasserverhältnissen des Gleys mit und ohne Grundwasseranschluß liegen bisher ausgewertete Ergebnisse von einzelnen Vegetationsperioden vor (4). Um das Gesamtverhalten über einen 12jährigen Zeitraum (1959–1970) hinweg in geeigneter Weise transparent zu machen, wurden alle jeweils 10 cm schichtweise unter Zuckerrüben gemessenen Bodenwassergehalte der beiden Standorte (Gley mit und Gley ohne Grundwasseranschluß) miteinander korreliert. Zur Verrechnung kamen dabei je Schicht 325 Wertepaare (3250 Einzelmeßwerte). Abbildung 1 läßt erkennen, daß die größte Übereinstimmung in den oberen Bodenschichten besteht. Mit der Tiefe nehmen die Korrelationen in der Regel ab. Die Abnahme ist jedoch nicht stetig. Zwischen den Schichten (0–20 cm), (20–30 cm), (30–40 cm) und (40–50 cm) ist sie geringer, ebenso zwischen (70–80 cm), (80–90 cm) und (90–100 cm). In diesem letzten Bereich schwankt der Grundwasserstand ($\bar{x}$ = 86 cm; s = ± 19 cm). Die erstgenannte geringere Abnahme in den oberen Bodenschichten bedeutet, daß dort offensichtlich die auf beiden Standorten ähnlichen Witterungsverhältnisse dominieren, während sich unterhalb der Tiefe von 50 cm der Unterschied im Grundwasseranschluß bemerkbar macht. Trotz des unregelmäßigen Kurvenverlaufes zeigt sich also recht deutlich, daß in den tieferen Bodenschichten infolge der Dominanz des Grundwassereinflusses die Bodenwasserverhältnisse beider Standorte sehr stark voneinander abweichen (niedrige Korrelationen). Erst oberhalb 50 cm uFl ist mit Korrelationskoeffizienten ≧ 0,55 eine Annäherung in der Bodenfeuchte beider Standorte festzustellen. Der Wechsel vollzieht sich offensichtlich in der Schicht 40–50 cm. Das ergibt sich noch klarer aus den kanonischen Korrelationen, deren Kurve im oberen Teil eindeutig

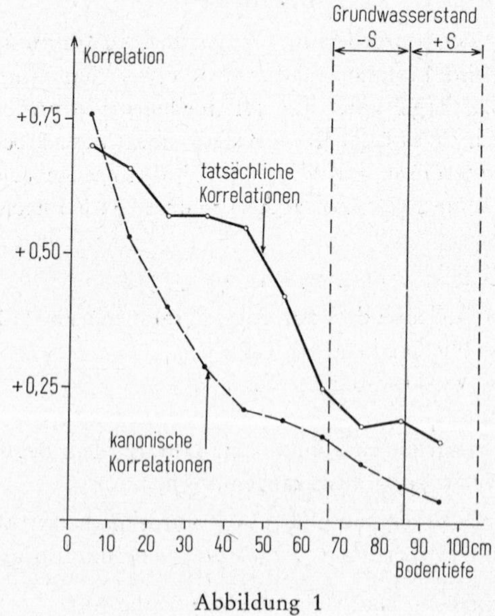

Abbildung 1

exponentiell verläuft. Das Verfahren der kanonischen Korrelationsanalyse eignet sich demnach in diesem Fall recht gut für die Herausarbeitung solcher Unterschiede.

2. Die Aussage, daß die zur Tiefe hin stark abnehmende Korrelation der Bodenwasserverhältnisse eindeutig auf den Unterschied „vorhandener und fehlender Grundwasseranschluß" zwischen den beiden untersuchten Gleyen zurückzuführen ist, wurde durch einen Vergleich der hydrometeorologischen Verhältnisse überprüft. Zu diesem Zweck sind für den Zeitraum 1961–1969[1]) die klimatischen Wasserbilanzen beider Standorte zueinander in Beziehung gesetzt. Für beide Standorte erfolgte dabei eine Festlegung:

$$\max (B_i) = 125 \text{ mm}$$
$$\min (B_i) = 0 \text{ mm}$$

In Abbildung 2 erscheinen 2 Ausgleichgeraden, die sich aufgrund einer Regression von 206 Wertepaaren ergeben. Annähernd diagonal verläuft die Gerade (TH), die auf Bilanzen beruht, bei denen die Verdunstung nach *Thornthwaite* ausschließlich mit Hilfe der Lufttemperatur berechnet wurde. Die Beziehung (Y = 0,97 + 1,04 X) ist sehr straff (R^2 = 0,92) und bringt somit zum Ausdruck, daß sich die beiden Untersuchungsstandorte hinsichtlich ihrer hydrometeorologischen Verhältnisse nahezu entsprechen. Nicht so straff ist die Korrelation, die auf Bilanzierungen beruht, bei denen die Verdunstung nach der Methode von *Haude* berechnet wurde. Dies beruht auf der in die Regression eingeschlossenen Variabilität der unterschiedlichen Luftfeuchten bei der *Haude*'schen Schätzung. Die Gerade (H) setzt im übrigen auf der Y-Achse bei 10 mm an und liegt im Bereich niedriger Bodenfeuchte über der Geraden (TH), ein Hinweis darauf, daß der Standort mit Grundwasseranschluß in – ausschließlich – hydrometeorologischer Sicht „nach *Haude*" als etwas feuchter anzusprechen ist als der Standort ohne Grundwasseranschluß. Da die Methode von *Haude* die Luftfeuchte berücksichtigt, berechtigt diese Information zu folgendem Schluß: Die Pflanzenbestände verdunsten bei Bodenfeuchte aus dem Grundwasser und erhöhen damit die Luftfeuchte. So wird eine weitere Austrocknung des Bodens über den

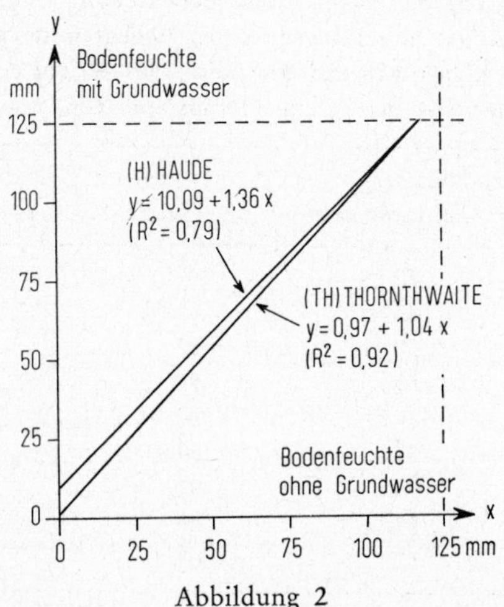

Abbildung 2

[1]) Von den Jahren 1959 und 1960 standen leider keine ausreichenden oder zuverlässigen Daten zur Verfügung.

grundwasserbeeinflußten Schichten verringert. Es handelt sich also unmittelbar um einen Grundwassereinfluß, der durch die nach *Haude* berechneten Werte im Vergleich mit dem Verfahren *Thornthwaite* zutage tritt.

3. Die aufgestellten klimatischen Bodenwasserbilanzen der beiden Untersuchungsstandorte – mit einer theoretisch und einheitlich festgelegten Wasserkapazität des Bodens – legten schließlich einen statistischen Vergleich mit den tatsächlich gemessenen Bodenwassergehalten nahe. Korreliert wurden für 9 Jahre (1961–1969) die nach *Haude* bzw. *Thornthwaite* theoretisch ermittelten Bodenfeuchtewerte jeweils mit den unter Zuckerrüben gemessenen Bodenwassergehalten der Schichten (0–30 cm), (30–60 cm) und (60–90 cm), und zwar sowohl für den Gley ohne (A) als auch für den Gley mit Grundwasseranschluß (B). Aus Tabelle 1, in der die multiplen Bestimmtheiten zusammengestellt sind, ist zu entnehmen, daß diese mit wenigen Ausnahmen signifikant sind und bei den auf „*Haude*" beruhenden Rechenwerten eine Bestimmtheit von mehr als 50 % aufweisen. Durch die Berücksichtigung eines linearen Zeitfaktors über die Monate März bis September (s. Tab. 2) wird die prozentuale Bestimmtheit noch um mindestens 12 % auf 69 bzw. 66 % erhöht. Es bleibt zu prüfen, ob weitere Polynom-Angleichungen die Aussagekraft der theoretischen Bodenfeuchteverläufe noch weiter verbessern können. In jedem Falle (Tab. 1 u. 2) ist aber die *Haude*'sche Methode der *Thornthwaite*'schen Berechnung, die eine wesentlich geringere Bestimmtheit zeigt, überlegen, da offensichtlich die Berücksichtigung der relativen Luftfeuchte bei der rechnerischen Ermittlung des Bodenfeuchteverlaufes in unserem Klima nicht zu vernachlässigen ist. Tabelle 3 bringt die Korrelationen zwischen den theoretischen Bodenfeuchtewerten (mit der Verdunstungsberechnung von *Haude* bzw. *Thornthwaite*) und den tatsächlichen Bodenwassergehalten getrennt für die 3 Tiefenstufen (0–30 cm), (30–60 cm) und (60–90 cm). Auch hierbei ist generell

Tabelle 1

Bestimmtheiten (P (Ho) = 0,05) der theoretischen Bodenfeuchte (mit der Verdunstungsschätzung nach *Haude* bzw. *Thornthwaite*) aus den gemessenen Bodenfeuchtewerten (0–30 cm), (30–60 cm) und (60–90 cm) unter Zuckerrüben während der Jahre 1961–69 auf einem Standort ohne (A) und mit Grundwasser (B) bei einem Flurabstand von $\bar{x}$ = 86 cm ± 19 cm

	A (ohne Grundwasser)		B (mit Grundwasser)		Zahl der
Jahr	*Haude*	*Thornthwaite*	*Haude*	*Thornthwaite*	Meßtage
1961	75 %	72 %	—*)	50 %	18
1962	65	45	62 %	53	21
1963	81	38	87	—*)	22
1964	84	61	82	43	25
1965	53	—*)	42	33	29
1966	—*)	53	54	—*)	15
1967	69	35	91	69	26
1968	63	53	64	46	25
1969	54	32	63	41	25
1961–69	53	40	54	38	206

*) — = Wert ist nicht signifikant

Haude's Ansatz der Verdunstungsberechnung besser. Für den grundwasserfreien Standort ergibt sich in der Schicht (60–90 cm), wie nicht anders zu erwarten, eine engere Korrelation als für den grundwasserbeeinflußten Standort ($\bar{x}$ = 86 cm, s = ± 19 cm).

Um ein weiteres Verfahren zur Prüfung der Vergleichbarkeit der hydrometeorologischen Verhältnisse anzuwenden, wurden wechselweise Beziehungen abgeleitet (Tab. 3, unterer

Tabelle 2

Bestimmtheiten (P (Ho) = 0,05) der theoretischen Bodenfeuchte (mit der Verdunstungsschätzung nach *Haude* bzw. *Thornthwaite*) aus den gemessenen Bodenfeuchtewerten (0–30 cm), (30–60 cm), (60–90 cm) und einem linearen jährlichen Zeitfaktor unter Zuckerrüben während der Jahre 1961–1969 auf einem Standort ohne (A) und mit Grundwasser (B) bei einem Flurabstand von $\bar{x}$ = 86 cm ± 19 cm

Jahr	A (ohne Grundwasser) *Haude*	*Thornthwaite*	B (mit Grundwasser) *Haude*	*Thornthwaite*	Zahl der Meßtage
1961	83 %	89 %	71 %	92 %	18
1962	90	73	80	75	21
1963	93	55	93	54	22
1964	90	66	91	58	25
1965	93	—*)	50	48	29
1966	76	—*)	72	—*)	15
1967	84	56	96	71	26
1968	64	60	68	56	25
1969	54	—*)	78	55	25
1961–69	69	47	66	49	206

*) — = Wert ist nicht signifikant

Tabelle 3

Korrelation (P (Ho) = 0,05) zwischen theoretischer Bodenfeuchte (nach *Haude* bzw. *Thornthwaite*) und gemessener Bodenfeuchte (0–30 cm), (30–60 cm) und (60–90 cm) auf Standorten (Zuckerrüben) ohne (A) und mit Grundwasser (B) (1961–1969)

	Theoretische und gemessene Bodenfeuchte A		B	
Bodentiefe	*Haude*	*Thornthwaite*	*Haude*	*Thornthwaite*
(0–30 cm)	+ 0,71	+ 0,61	+ 0,72	+ 0,61
(30–60 cm)	+ 0,69	+ 0,58	+ 0,69	+ 0,56
(60–90 cm)	+ 0,54	+ 0,52	+ 0,44	+ 0,37

	Theoretische (A) und gemessene Bodenfeuchte (B)		Theoretische (B) und gemessene Bodenfeuchte (A)	
Bodentiefe	*Haude*	*Thornthwaite*	*Haude*	*Thornthwaite*
(0–30 cm)	+ 0,64	+ 0,57	+ 0,70	+ 0,61
(30–60 cm)	+ 0,65	+ 0,53	+ 0,68	+ 0,58
(60–90 cm)	+ 0,45	+ 0,35	+ 0,59	+ 0,51

Block). D. h., die tatsächlich gemessenen Wassergehalte des Gleys ohne Grundwasseranschluß sind mit dem berechneten Bodenfeuchtegang vom Standort mit Grundwasseranschluß korreliert und umgekehrt. Das Ergebnis dieser Rechnung unterstreicht die schon getroffene Aussage, daß witterungsbedingte Unterschiede zwischen den beiden Standorten nicht ins Gewicht fallen.

Mit Hilfe der kanonischen Korrelationen und ihrer normierten variablen Koeffizienten ist es möglich, den Zusammenhang zwischen meteorologisch berechneten und gemessenen Bodenfeuchten noch näher zu beleuchten (s. Tab. 4). Auf dem Standort ohne Grundwasser ist die maximale Korrelation, die zwischen linear transformierten Werten bestehen kann, so ausgewiesen, daß *Thornthwaite*'s Verdunstungsschätzung absolut im Verhältnis zu *Haude*'s Schätzung wie 1:10 steht. Für die gemessene Bodenfeuchte hat die Tiefenstufe (30–60 cm), (0–30 cm) und im umgekehrten Sinne (60–90 cm) abnehmend Bedeutung. Auf dem grundwasserbeeinflußten Standort ist das Verhältnis zwischen *Thornthwaite* und *Haude* absolut wie 1:4. Dies bedeutet, wie schon aus Abbildung 2 hervorgeht, daß bei Grundwassereinfluß das Verhältnis enger oder der Unterschied zwischen den Verdunstungsschätzungen größer ist. Die Bodenschicht (30–60 cm) ist auf diesem Standort von ähnlicher Bedeutung wie die Krume, da sie nicht so leicht austrocknet. Dafür sprechen kapillarer Wasseraufstieg und Verdunstung der Pflanzen aus dem Grundwasserreservoir.

Tabelle 4

Kanonische Korrelationen (P (Ho) = 0,001) und kanonische Variable (normiert) zwischen der theoretischen Bodenfeuchte (nach *Haude und Thornthwaite*) auf Standorten (Zuckerrüben) mit und ohne Grundwasser (1961–69)

Standort ohne Grundwasser				
Gemessene Bodenfeuchten			Theoretische Bodenfeuchten	
		Kanonische Korrelation = 0,73		
mit den Variablenkoeffizienten				
(0–30 cm)	0,0329		*Haude*	0,0269
(30–60 cm)	0,0524		*Thornthwaite*	- 0,0021
(60–90 cm)	- 0,0083			
Standort mit Grundwasser				
Gemessene Bodenfeuchten			Theoretische Bodenfeuchten	
		Kanonische Korrelation = 0,74		
mit den Variablenkoeffizienten				
(0–30 cm)	0,0340		*Haude*	0,0239
(30–60 cm)	0,0361		*Thornthwaite*	- 0,0059
(60–90 cm)	- 0,0096			
Standort ohne Grundwasser			*Standort mit Grundwasser*	
Gemessene Bodenfeuchten			Theoretische Bodenfeuchten	
		Kanonische Korrelation = 0,72		
mit den Variablenkoeffizienten				
(0–30 cm)	0,0403	(0,51)	*Haude*	0,0245
(30–60 cm)	0,0089	(0,11)	*Thornthwaite*	- 0,0026
(60–90 cm)	0,0292	(0,36)		

Endlich sollen die meteorologisch berechneten Bodenfeuchten auf dem grundwasserbeeinflußten Standort mit den gemessenen Bodenfeuchten auf dem grundwasserfreien Standort kanonisch korreliert werden. Auch hier liefert *Haude* den weitaus größeren Teil der Information (ca. 9:1). Nun hat die Bodenschicht (0–30 cm) das größte Gewicht; es folgt die dritte Schicht (60–90 cm) und weitaus geringer die zweite Schicht (30–60 cm). Auch hieraus kann wieder entnommen werden, daß nach der Krume die grundwasserführende Schicht (60–90 cm) auf die meteorologisch berechneten Bodenfeuchten einen höheren Einfluß nimmt als die mittlere Tiefenstufe (30–60 cm).

Literatur

1. *Haude, W.*: Mitt. d. Deutschen Wetterdienstes Nr. 8, Bad Kissingen, 1954.
2. *Krämer, F.*: Bayer. Landw. Jahrb. **44**, H. 3, 1967.
3. *Langner, C.*: Ber. a. d. LA f. Bodennutzungsschutz des Landes NRW, H. 3, Bochum, 1962.
4. *Langner, C.* und *Krämer, F.*: Forschung u. Beratung, Reihe B, H. 10, Hiltrup, 1964.
5. *Uhlig, S.*: Ztschr. f. Acker- und Pflanzenbau, **109**, H. 4, 1959.
6. *Wohlrab, B.*: Forschung u. Beratung, Reihe C, H. 9, Hiltrup, 1965.

Zusammenfassung

1. Die kanonische Korrelationsanalyse erlaubt im Falle vergleichbarer Standorte mit und ohne Grundwassereinfluß abzuschätzen, inwieweit ein statistisch bemerkbarer Grundwassereinfluß über dem Grundwasserspiegel stattfindet.

2. Die aus meteorologischen Daten berechnete Bodenfeuchte ermöglicht, Standorte hydrometeorologisch zu vergleichen.

3. Standorte, die sich hinsichtlich des Grundwassereinflusses unterscheiden, können analog zu Punkt 1 und 2 mit Hilfe der Beziehung zwischen meteorologisch abgeleiteten Bodenfeuchten und gemessenen Bodenfeuchten hydrometeorologisch gedeutet werden.

Es läßt sich anhand der Untersuchung der drei Fragenkomplexe statistisch nachweisen, daß es einen unmittelbaren und einen mittelbaren Einfluß des Grundwassers auf die Bodenfeuchte oberhalb des Grundwasserspiegels gibt. Einmal kann durch kapillaren Wasseraufstieg die Bodenfeuchte oberhalb des Grundwasserspiegels erhöht werden, zum anderen kann durch Verdunstung der Pflanzen aus dem Grundwasserreservoir eine Austrocknung hangender Schichten verhindert werden.

Summary

1. Correlation analysis permits the estimation – in the case of comparable locations with and without groundwater influence – of the extent that a statistically definable groundwater-influence exists above the groundwater-level.
2. Humidity calculated on the basis of meteorological data allows comparison of locations on a hydrometeorological basis.
3. Locations which differ regarding the groundwater influence can be hydrometeorologically characterized similarly to points 1 and 2 on the basis of the relation between meteorologically derived humidities and mesured humidities.

It can be statistically proved by examination of the three problem groups that there is a direct and an indirect influence of the groundwater on soil moisture above the groundwater-level. For example soil moisture can be increased by capillary water rise and also drying out of upper layers can be counteracted by evaporation of the plants from the groundwater reservoir.

Résumé

1. L'analyse d'une corrélation permet en cas de stations comparables (avec ou sans l'influence de la nappe souterraine) d'évaluer, en quelle mesure une influence de la nappe souterraine, visible par statistique, existe au dessus du niveau de la nappe souterraine.
2. L'humidité du sol, calculée d'après les données météorologiques permet de comparer des stations hydro-météorologiquement.
3. Les stations, qui se distinguent à l'égard d'une influence de la nappe souterraine, peuvent être interprétées hydro-météorologiquement – comme aux paragraphes 1 et 2 – avec l'aide des relations entre les humidités du sol calculées météorologiquement, et les humidités du sol mesurées.

On peut prouver statistiquement à l'aide des analyses des trois questions, qu'il existe une influence directe et indirecte de la nappe souterraine sur l'humidité du sol au dessus du niveau de la nappe souterraine. D'une part l'humidité du sol peut être augmentée au dessus du niveau de la nappe souterraine par une montée d'eau capillaire, d'autre part le dessèchement des couches plus élevées peut être freiné par l'évapotranspiration de la reserve d'eau de la nappe souterraine.

Factors Influencing the Water regimes of Gleyed Clayey Soils in moist temperate Regions

By *A. J. Thomasson* *)

Under temperate climates, slowly permeable clayey soils are subject to waterlogging owing to the excess of rainfall over potential transpiration during the winter half of the year. The degree of waterlogging is a result of interactions between climate, semi-permanent soil properties, land use and ameliorative treatments. Their effect on water regime is best studied in soils with impermeable or slowly permeable horizons within the profile, which are not subject to surface flooding from major streams, do not occur on depressed sites receiving run-off from the immediate environs, do not have a permeable substratum saturated with ground-water and hence are waterlogged primarily as a result of slow disposal of precipitation.

Methods

Soil water regimes were studied at 59 sites in England (Fig. 1) during the period 1963–70. Chief technique consisted of recording water-levels in auger holes bored to a depth of 30, 60 and 130 cm at each site (1, 3, 4). These were visited at intervals of 7–14 days during the period of waterlogging, and were often emptied of water to ensure that levels in the holes were representative of conditions in the surrounding soil. Grassland, arable and woodland sites on a wide range of soils were recorded together with "improved" sites resulting from drainage treatments – subsoiled, tiled or mole drained.

A number of sites in woodland or permanent grass were continued for two or more years, but arable sites were normally closed after one year. Some sites were reinstalled after drainage treatment to assess its effect. The results presented here are from 59 sites (95 site/years) conforming to 3 major soil groups of widespread occurrence in lowland parts of England.

Soils

The soils considered all contain impermeable or slowly permeable layers within the profile. They are waterlogged as a result of poor acceptance of incident rainfall as opposed to rising ground-water, flood water or incoming surface water from higher land. The three soil groups are described below and are classified according to the 7th Approximation (5).

a) Surface-water Gleys
   Non-calcareous (within 45 cm) hydromorphic, clayey, or loamy over clayey, with impeded drainage. Greyish ($\leq$ 2 chroma) mottling or ped face colours within 45 cm. Mainly > 40% clay in all horizons below 45 cm. Formed in clayey drift or sedimentary deposits.

---

* Soil Survey of England and Wales, Shardlow Hall, Derby, England.

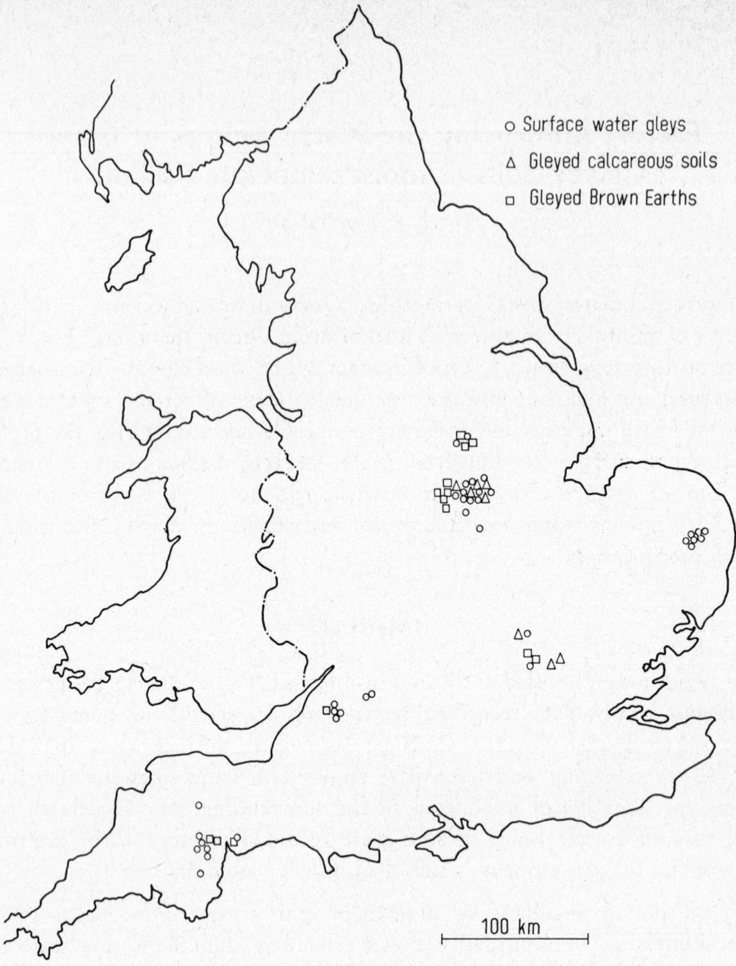

7th Approximation: Aqualfs, Aquepts, Ochraquepts; including Vertic intergrades.

Structure: A horizons – variable according to land use.
B horizons – angular blocky or prismatic.
C horizons – weak blocky, platy or massive.

b) Gleyed Calcareous Soils

Calcareous (within 45 cm), hydromorphic or semi-hydromorphic, clayey soils with impeded drainage. Greyish (≤ 2 chroma) mottling mainly below 45 cm. > 40% throughout most profiles. Formed in calcareous, clayey, drift or sedimentary deposits.

7th Approximation – Aquic or Vertic Eutrochrepts.

Structure: A horizons – variable according to land use.
B horizons – angular blocky.
C horizons – weak blocky, platy or massive.

c) Gleyed Brown Earths

Non-calcareous, semi-hydromorphic, mainly loamy over clayey. Greyish (≤ 2 chroma) mottling absent within 45 cm, but ochreous mottling may be present. Mainly possessing clay enriched B horizons, but lithological discontinuities common. Formed in red marls (Triassic, Permian), Clay with Flints (over Chalk), shales, loamy or clayey drift or sedimentary deposits. 7th Approximation: Typudalfs with Aquic and Vertic intergrades, Aquic Palaeudalfs, Dystrochrepts.

Structure: A horizons – variable according to land use.
B horizons – angular blocky.
C horizons – angular blocky or platy.

Results

The records of water-levels during one winter are presented in Figure 2 for a Surface-water Gley and a Gleyed Brown Earth site to clarify the origin of the terms W_{30} and W_{60} (number of days waterlogging within 30 cm and 60 cm depth).

To compare the duration of waterlogging in different years and in soils widely separated or under different climates it is necessary to express the duration of waterlogging against a climatic parameter. Effective rainfall (R_e) is defined as actual rainfall from July 1st to

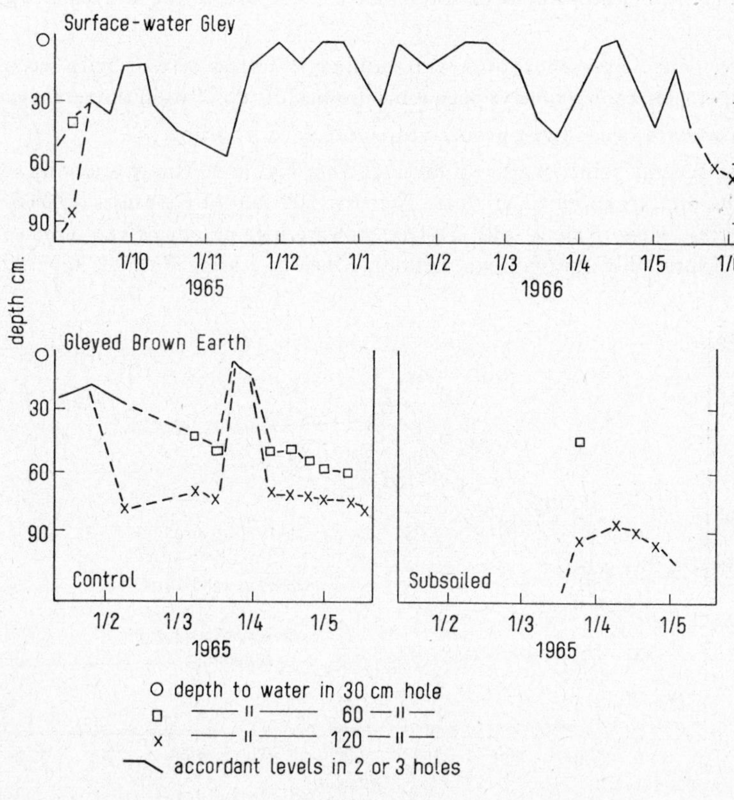

Figure 2

Water levels in two representative soils

July 1st for a station within 15 km of the recording site, minus mean summer potential transpiration (E_t) for the general area of the site (2). This represents a compromise with the availability of climatic data. Rainfall data was available for a close network of stations. Potential transpiration measurements are less frequently made, and some stations changed their method of calculation during the years 1963–70. Fortunately variation in R_e is mainly dependent on annual rainfall which commonly has a standard deviation of over 20 % in England. Standard deviation of E_t is less than 5 %. Summer E_t (April 1st to September 30th) was preferred to annual E_t as a compromise for soils under contrasting land use – arable, grassland and deciduous woodland – and hence with differing abilities to transpire at the potential rate. Finally it was necessary to express results in relation to climate to compensate for over or under representation of particular soil types in atypical years.

The results of 95 sets of observations similar to those of Figure 2 are presented in Figures 3–6, using W_{30} or W_{60} as the y axis and R_e as the x axis. Sites are distinguished according to:

(1) Soil Group – Surface-water Gleys, Gleyed Calcareous Soils, Gleyed Brown Earths.

(2) Land use – arable (including temporary leys in an arable system), grassland, woodland (mainly mature deciduous forest but one orchard in the Gleyed Brown Earth group).

(3) Improvement – presence of a functioning drainage system with recognisable outlets, or sites known to have been mole drained or subsoiled in the recent past.

Sites which were recorded two or more years are joined by a line.

A number of general points can be established from Figure 3. The relationship of waterlogging to R_e appears to be curvilinear. The first 100 mm of R_e causes a steep increase in waterlogging. Most of these soils are free of waterlogging during the summer months when E_t is appreciably greater than rainfall, hence increasing R_e adds few extra days

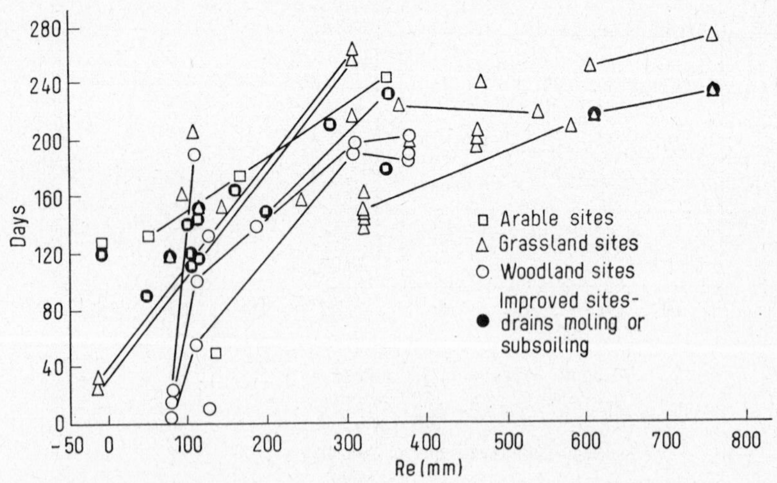

Figure 3
Surface water gleys: Days waterlogging within 60 cm depth/effective rainfall (R_e)

waterlogging above 300 mm. Although a few sites show appreciable waterlogging at –14 mm R_e, it is unlikely that any of these soils would be waterlogged at –100 R_e. Land use differences exert a strong influence at low R_e levels (–50 to 150). The effect of drainage treatments is relatively slight. In Figure 4 the relationship of W_{30} to R_e is much weaker. Drainage measures appear to have more influence at 30 cm than at 60 cm.

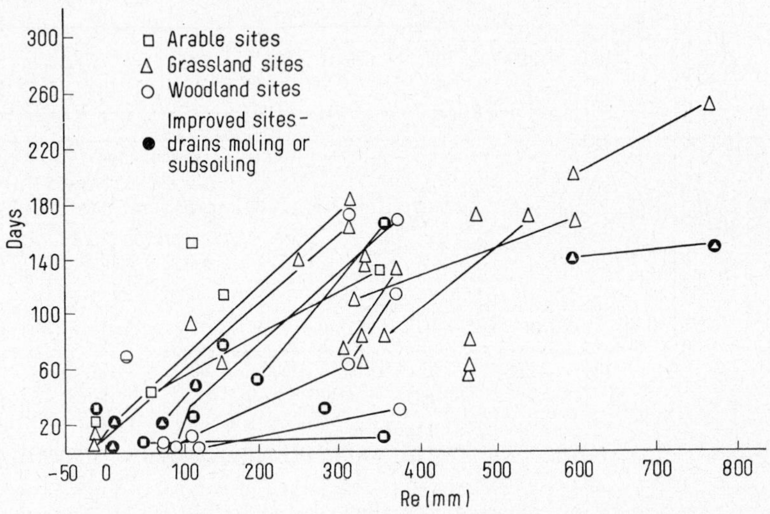

Figure 4

Surface water gleys: Days waterlogging within 30 cm depth/effective rainfall (R_e)

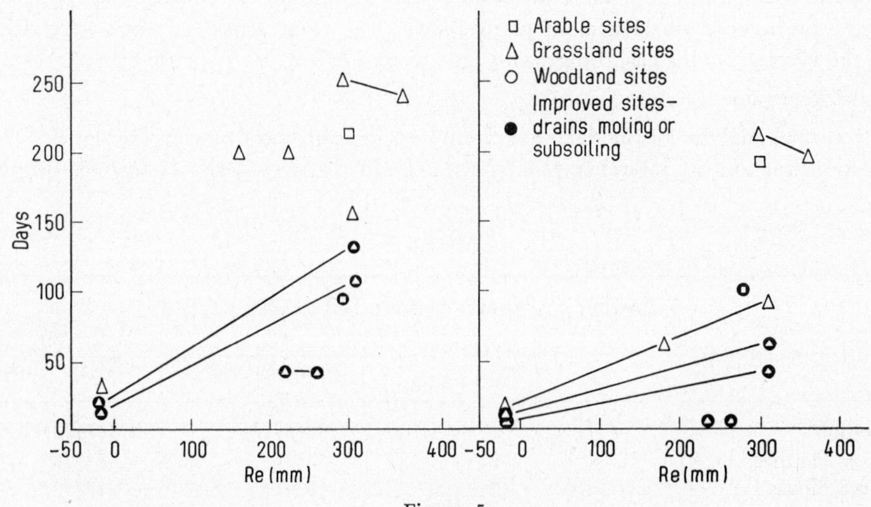

Figure 5

Gleyed calcareous soils: Days waterlogging within two depths/effective rainfall (R_e)

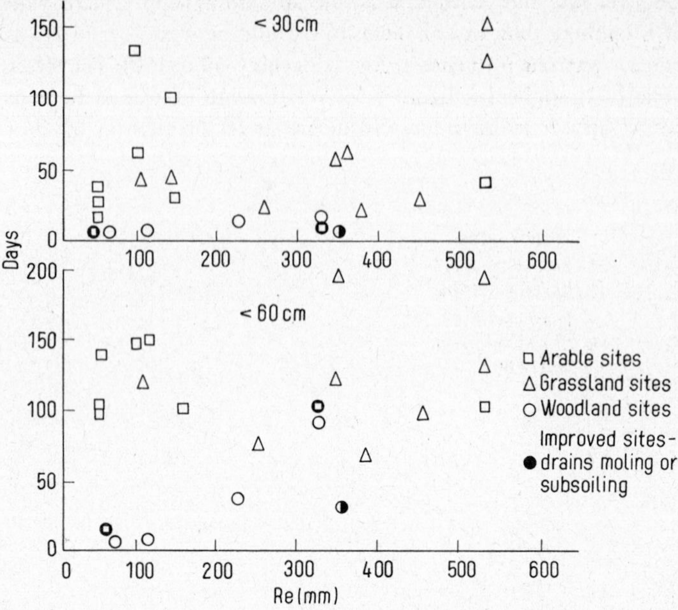

Figure 6

Gleyed brown earths: Days waterlogging within two depths/effective rainfall (R_e)

The Gleyed Calcareous Soils (Fig. 5) are a small sample in which the chief feature is that drained sites are obviously drier than undrained sites. Unimproved sites show a relationship to R_e similar to Surface-water Gleys.

In the Gleyed Brown Earth group, (Fig. 6) regression with R_e is virtually non-existant. This pattern can be considered as a result of the suppression of climatic influences by intrinsic or induced differences in permeability. The three improved sites were drier than the average for the group suggesting that these soils are also responsive to treatment.

Parallel Regression Analysis.

For statistical analysis all the data was fitted into straight lines, varying the slope of the regression line and its intercept with the y axis. In real terms, this is an over-simpli-

Table 1

Analysis of Variance between Soil Groups

	DF	W_{30} Mean Squares	W_{60} Mean Squares
Regression	1	125655**	167172**
Between Parallels	2	12521*	24506*
Between Slopes	2	8391*	12759*
Residual	90	1984	2690

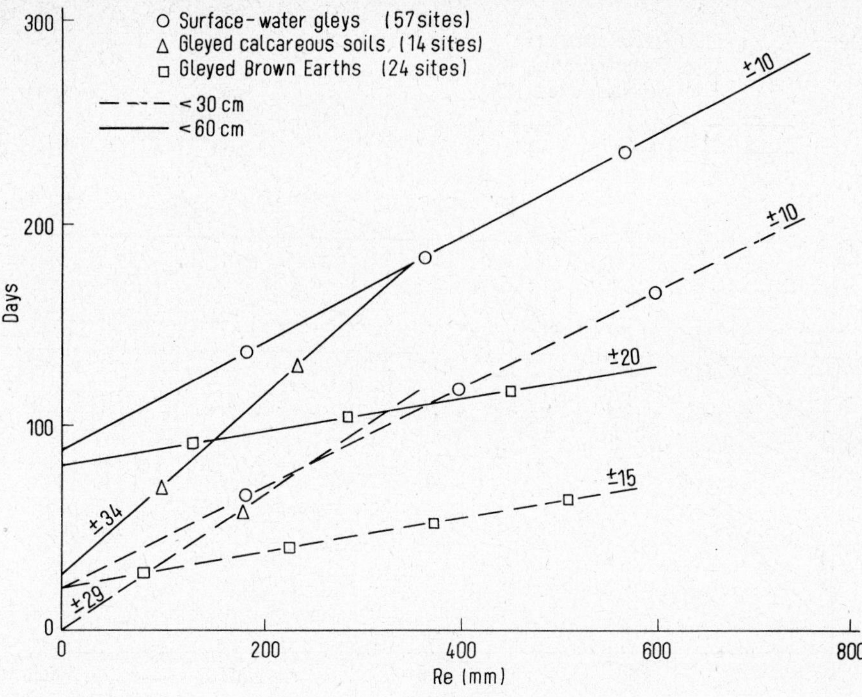

Figure 7

Mean regression lines: Days waterlogging within 30 cm und 60 cm/effective rainfall (R_e) and standard errors of intercepts (±n days)

fication. For most individual sites the relationship of W_{30} or W_{60} to R_e is a curving function, steep at low R_e, and flattening at high R_e levels. The ultimate upper limit is the total number of days in the year; a secondary upper limit is the excess of E_t over rainfall during some part of the summer at all sites. Straight line regression was, however essential to assess the significance of differences between soil groups, land use or drainage treatment.

It is meaningful over a limited range of R_e which is variable between different groups of soils and sites.

Table 1 and Figure 7 summarise the main statistical results. Over the whole set of data there is a highly significant ($p = < 1\%$) regression for W_{30}/R_e and W_{60}/R_e. Between soil groups regression lines for Surface-water Gleys and Gleyed Calcareous Soils are significantly different from Gleyed Brown Earths both in slope and intercept but probably do not differ from each other. The small sample of Gleyed Calcareous Soils influences this conclusion. The slope for Gleyed Brown Earths is much flatter than for the other two groups.

Land use effects in undrained Surface-water Gleys are given in Figure 8. Although there are no significant differences at p. 5% level, the general sequence of increased

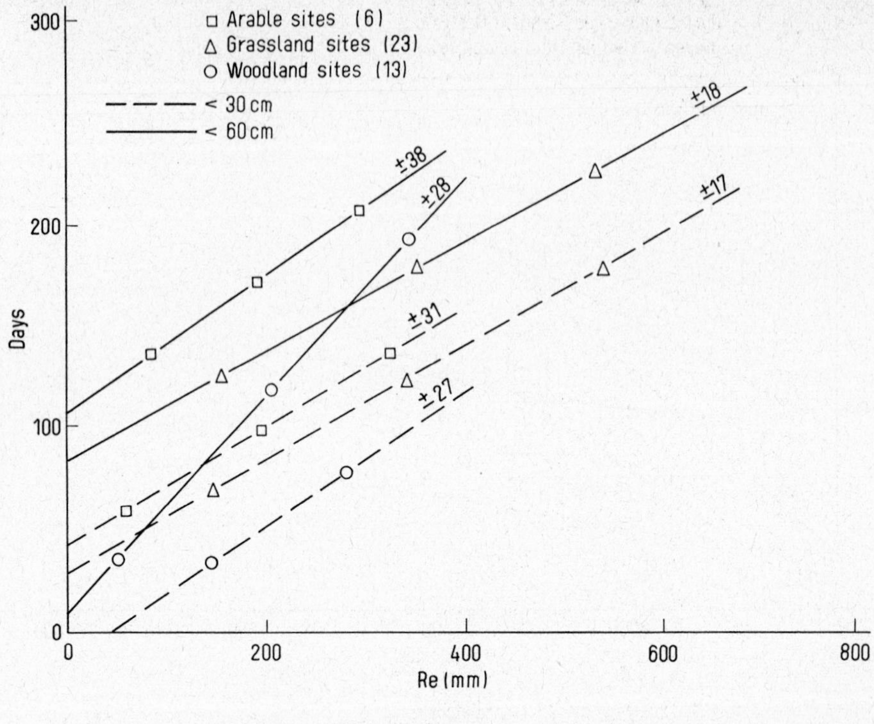

Figure 8

Undrained surface-water gleys: Regression of days waterlogging/effective rainfall (R_e) and standard errors of intercepts (± n days)

waterlogging – arable > grassland > woodland is apparent up to 300 mm R_e for both W_{30} and W_{60}.

In Figures 9 there is a significant (p. < 5 %) difference between the lines for drained and undrained Surface-water Gleys (excluding woodlands) for W_{30} but no significant difference for W_{60}. At low R_e levels the drained sites are marginally wetter than undrained sites, probably due to a preponderance of arable soils in this part of the distrubution. The same tendency is apparent in the convergence of the W_{30} lines.

The Gleyed Brown Earths (Figure 10) raise a number of problems which emphasise the difference between this and the other soil groups. After excluding improved sites and woodlands, the remaining sites as a whole show no significant regression. This is mainly accounted for by the results for arable sites concentrated mainly at less than 300 mm R_e. Grassland sites show weak regression but are mainly above 300 mm R_e. When the two groups are fitted as parallels, there is a significant (p. < 5 %) difference in favour of grassland. Table 2 expresses this situation in simpler terms showing that a relatively small R_e on arable sites gives a similar degree of waterlogging to a large R_e on grassland sites.

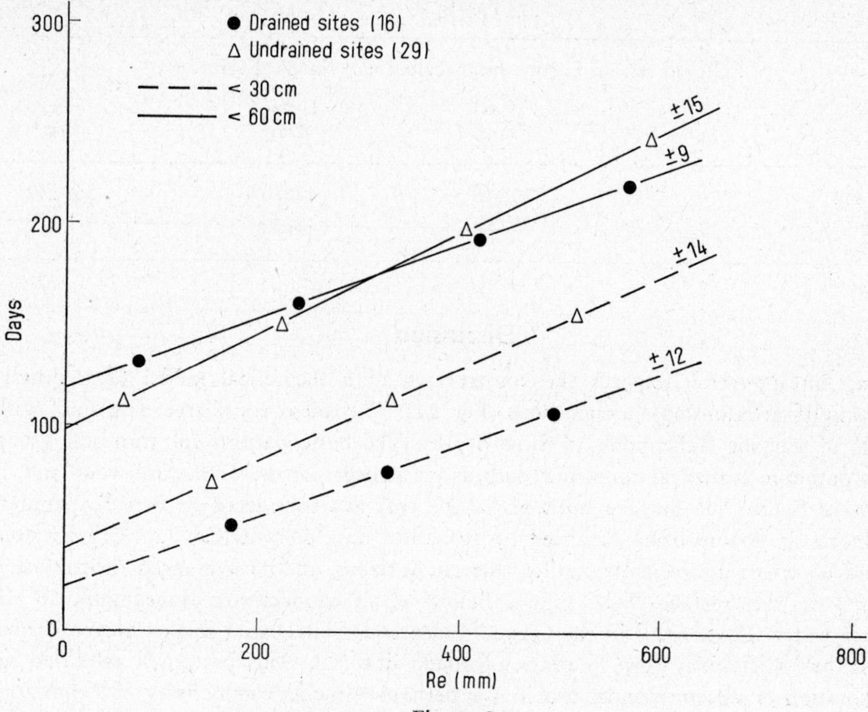

Figure 9

Surface-water gleys, excluding woodland sites: Regression of days waterlogging/effective rainfall (R_e) and standard errors of intercepts (± n days)

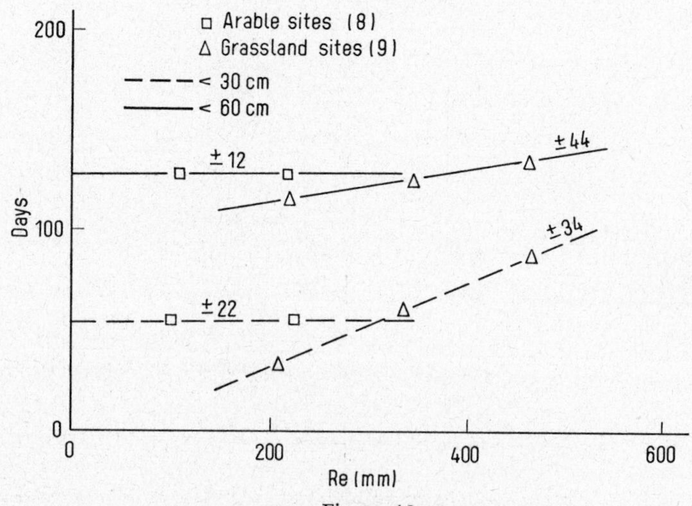

Figure 10

Undrained gleyed brown earths: Regression of days waterlogging/effective rainfall (R_e) and standard errors of intercepts (± n days)

Table 2

Gleyed Brown Earths: mean values and standard errors	W_{30} Days	W_{60} Days	R_e mm
Grassland	60±16	125±16	351±52
Arable	55±15	122±8	150±58

Discussion

Further interpretation requires the construction of a theoretical model of hydraulic conductivity relationships in these soils (Fig. 11). The soil is considered as a sink, with outlets of varying dimensions at three depths. The basic pattern for each soil group under optimum structural conditions such as permanent pasture or mature woodland, is shown in Figure 11. Surface horizons (0–30 cm) are considered as broadly similar, differences in texture being balanced by structural development. Conductivity between 30 and 60 cm is appreciably smaller than A horizons, the most marked deterioration occuring in the Surface-Water Gleys. Below 60 cm conductivity is negligible in the Surface-water Gleys, small in the Gleyed Calcareous Soils, better in the Gleyed Brown Earths, but sufficiently low to restrict through drainage. This pattern is modified by deterioration of structure under arable use, perhaps reducing conductivity of A horizons by half together with some deterioration of the 30–60 cm layers.

The model is conceptual rather than empirical for a number of reasons. The precise conductivity of individual layers is less important in terms of waterlogging than the relationship of layers to each other. In these soils conductivity is dependent on soil

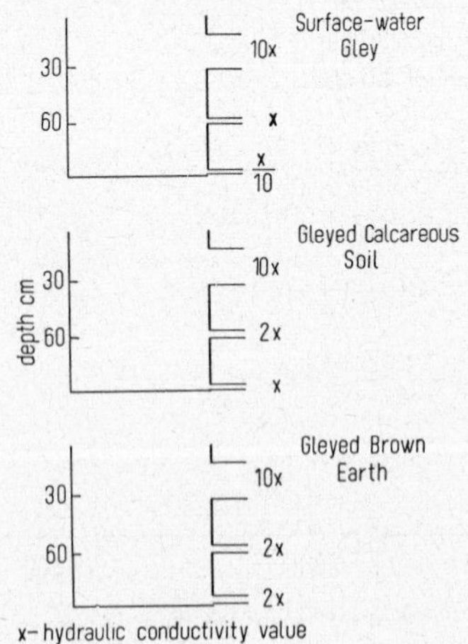

Figure 11

General permeability relationships under optimum prevailing structural conditions structure which is a transient property in the upper 60 cm. Finally a sequence of conductivity values adequate to deal with water at low R_e may cause prolonged waterlogging at high R_e.

Conventional drainage measures – tile drainage or drainage with permeable back-fill – tend primarily to accelerate the removal of water from A horizons. They also have an appreciable effect on deeper horizons in the Gleyed Calcareous Soils and the Gleyed Brown Earths, provided that structure has not been severely damaged by farming practices.

In the Surface-water Gleys, removal of water from deeper horizons cannot be achieved without secondary measures to improve their overall conductivity. Mole-drainage and subsoiling in dry soil are the chief methods by which this has been attempted under English conditions. Many of the drained sites in Figs. 2 and 3 have been subjected to one or other of these measures. Yet the difference between drained and undrained sites is not impressive. Two main reasons for this situation can be recognised. One is probably incorrect timing, moling or subsoiling when soil conditions were too moist to achieve adequate shattering. The other is the failure to recognise the importance of cropping on the soil water regime. Improvements achieved by drainage measures can be quickly negated by a sequence of arable crops under average soil management.

In the Gleyed Calcareous Soils conventional drainage measures and cheaper alternatives such as mole-drainage over a skeletal tile system (e. g. 40–80 m spacing) have had considerable success. Deep subsoiling (60–75 cm) is effective in some Gleyed Brown Earths even without a tile drainage system (3), the improvement in both soil groups being sufficient to counter land use effects.

Acknowledgments

I thank my colleagues in the Soil Survey of England and Wales for their cooperation in accumulating these results. I am grateful to staff of the Agricultural Development and Advisory Service and the Forestry Commission who also supplied information.

References

1. *Clayden, B.*: Soils of the Exeter district. Mem. Soil Surv. Gt. Br. (1971).
2. M.A.F.F.: Potential transpiration. Ministry of Agriculture, Fisheries and Food. Tech. Bull. No. 16, London HMSO (1967).
3 *Thomasson, A. J.*, and *Robson, J. D.*: J. Soil Sci., **18**, 329–340 (1967).
4. *Thomasson, A. J.*: Soils of the Melton Mowbray district. Mem. Soil Surv. Gt. Br. (1971).
5. U.S.D.A.: Soil classification – a comprehensive system. United States Department of Agriculture (1960).

Summary

Soil water regimes were studied at 59 sites in England during the period 1963–70. The sites were classified according to soil properties (soil groups), land use and drainage treatment. The relationship between waterlogging at 30 and 60 cm depth and effective rainfall was subjected to parallel regression analysis to evaluate site differences. The results show that even within generally clayey soils differences in water regime are expressed as differences in gley morphology, that land use also exerts a considerable influence on water regimes, and that the effectiveness of drainage measures varies between different soil groups.

Résumé

Les régimes hydriques du sol ont été étudiés sur 59 sites en Angleterre pendant la période 1963–1970. Les sites étaient classés selon les propriétés du sol (groupes de sols), l'utilisation du terrain et leur traitements par le drainage.
Les relations entre la stagnation de l'eau à 30 et à 60 cm de profondeur, et la pluie nette ont été soumis à une analyse de régression pour estimer les différences entre les sites. Les résultats ont montré que même dans les sols en majeure partie argileux les différences de régime hydrique se manifestaient par des différences dans la morphologie de la gleyfication et que l'utilisation du terrain avait aussi une forte influence sur les régimes hydriques et que l'efficacité des mesures de drainage est variable, selon les différents groupes de sols.

Zusammenfassung

Der Bodenfeuchtehaushalt wurde an 59 Standorten in England zwischen 1963–70 studiert. Die Standorte waren eingeteilt nach Bodeneigenschaften (Bodengruppen), Landnutzung und Behandlung durch Dränung. Die Beziehung zwischen Wasserstauung in 30 und 60 cm Tiefe und effektivem Regenfall wurde einer parallelen Regressionsrechnung unterzogen, um Standortunterschiede herauszuarbeiten. Die Ergebnisse zeigen, daß sogar innerhalb meist lehmiger Böden Unterschiede im Wasserhaushalt sich als Unterschiede in der Gleymorphologie ausdrücken, daß Landnutzung auch einen beträchtlichen Einfluß auf die Wasserhaushalte ausübt und daß die Wirksamkeit der Dränungsmaßnahmen bei verschiedenen Bodentypen variiert.

Über den Wasser- und Lufthaushalt von stau- und grundwasserbeeinflußten Zweischicht-Bodenprofilen

Von *M. Renger*[1]), *O. Strebel*[2]), *W. Giesel*[1]) und *S. Lorch*[1])

Einleitung

Die Unterschiede im Wasser- und Lufthaushalt zwischen stau- und grundwasserbeeinflußten Zweischicht-Bodenprofilen wurden in Abhängigkeit von folgenden Faktoren untersucht:

1. Tiefenlage eines Stau- bzw. Grundwasserspiegels
2. Mächtigkeit der oberen Schicht (Löß)
3. Textur und Gefüge des Untergrundes

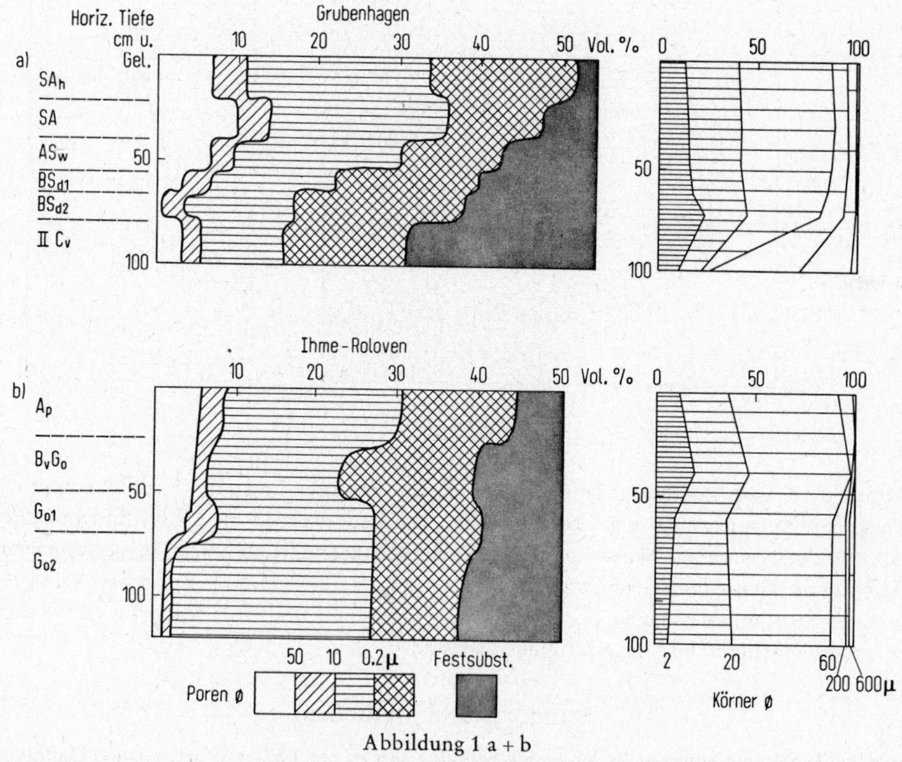

Abbildung 1 a + b

---

[1]) Niedersächsisches Landesamt f. Bodenforschung, 3 Hannover-Buchholz, BRD.
[2]) Bundesanstalt für Bodenforschung, 3 Hannover-Buchholz, BRD.

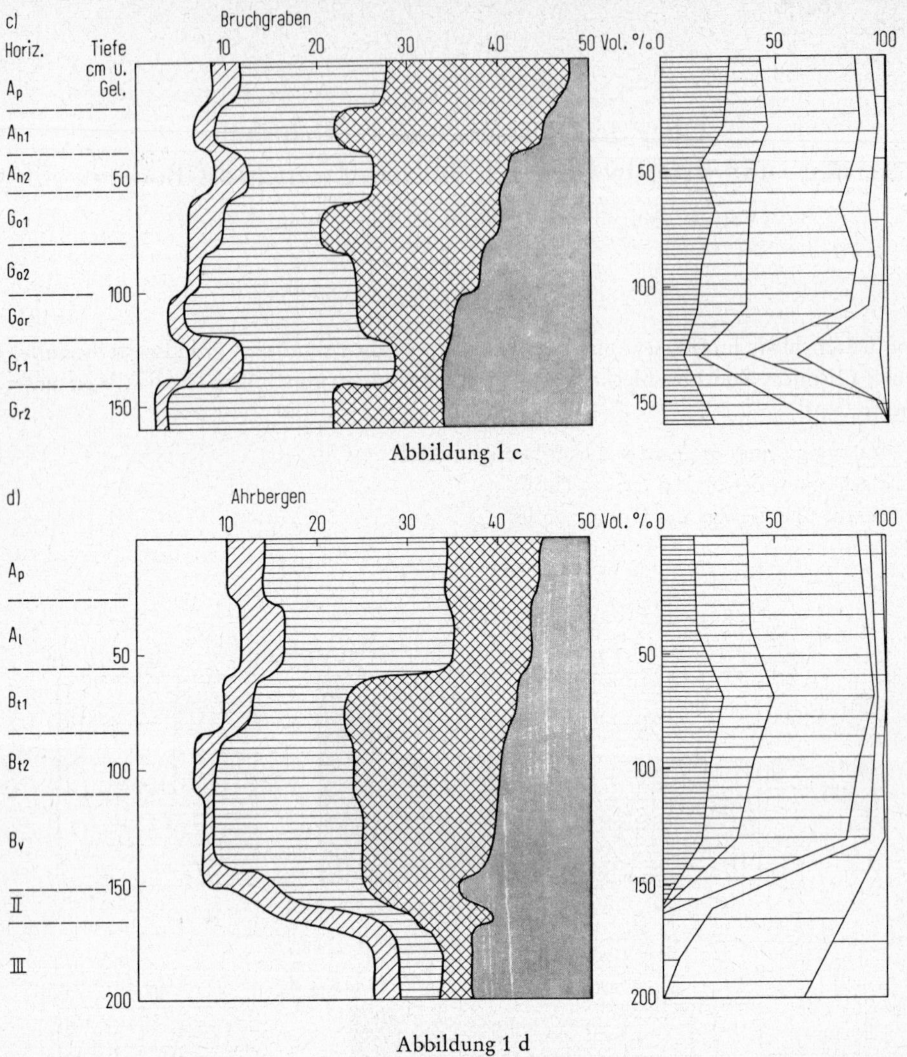

Abbildung 1 c

Abbildung 1 d

Damit wird eine Analyse des Einflusses dieser Faktoren auf die Komponenten der Wasserhaushaltsgleichung angestrebt. Zu diesem Zweck wurden an 6 Löß-Bodenprofilen im Gelände regelmäßige Wasserspannungs- und Wassergehaltsmessungen in verschiedenen Tiefen sowie Stau- und Grundwasserstandsmessungen durchgeführt. Außerdem erfolgten im Laboratorium Messungen der Porengrößenverteilung und der Wasserdurchlässigkeit im wassergesättigten und ungesättigten Zustand.

Standorte und Methoden

Standorte: Die untersuchten Bodenprofile befinden sich in der Lößlandschaft südlich Hannover. Sie stehen bis auf die Profile Pseudogley – Grubenhagen und Parabraunerde – Einbeck (Grünland) unter Ackernutzung.

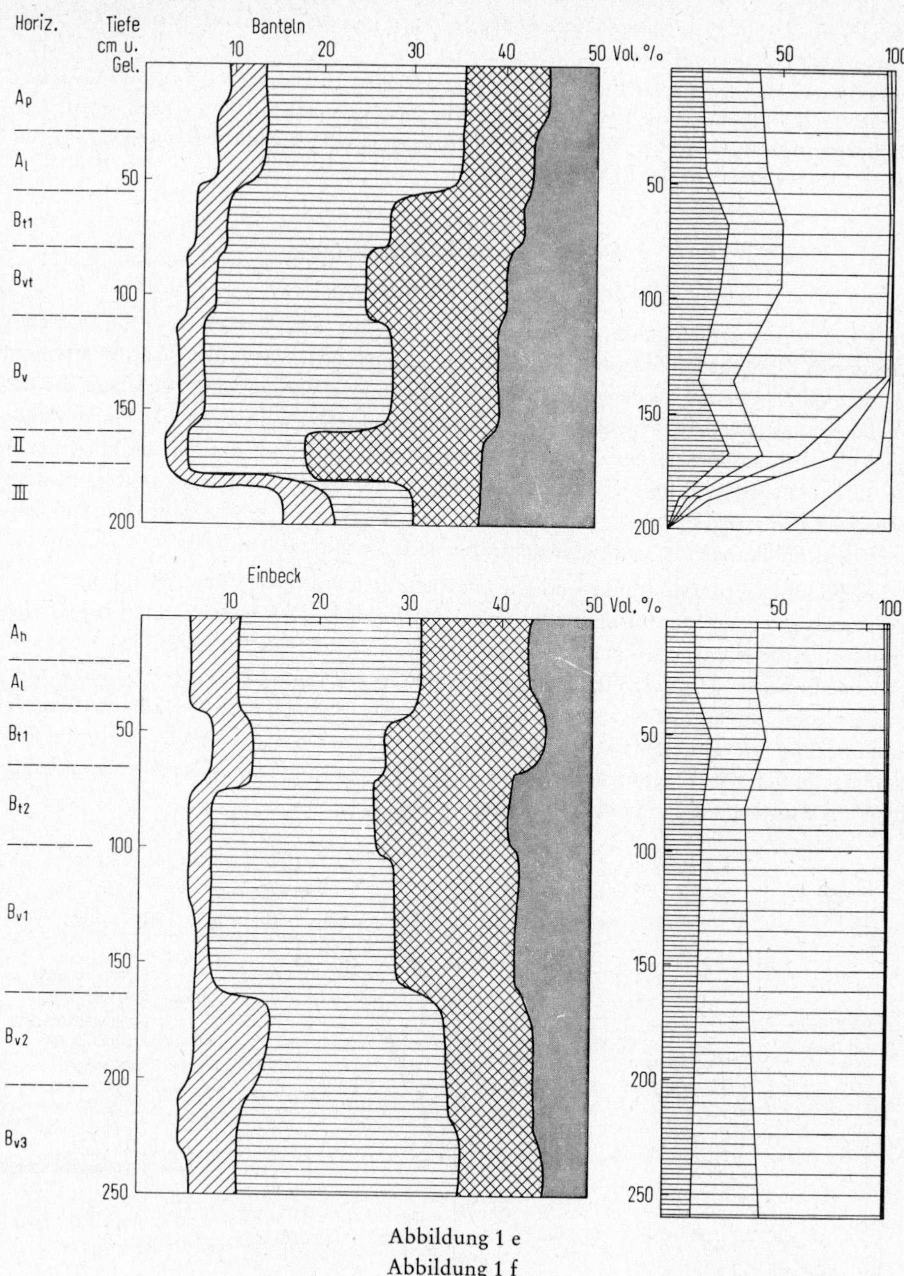

Abbildung 1 e
Abbildung 1 f

Körnung und Porengrößenverteilung dieser Böden sind in Abbildung 1 dargestellt.

Methoden

Gelände: Wasserspannung: verschiedene Tiefen, Hg-Tensiometer. Wassergehalt: Bohrstockproben, Trocknung bei 105 °C, bei Profil Ahrbergen zusätzlich Wassergehaltsänderung: Gammadoppelsonde (5, 6); Grundwasserspiegel: Schreibpegel; Wasserdurchlässigkeit (gesättigt): Bohrloch-Methode nach *Hooghoundt-Ernst.*

Laboratorium: Porengrößenverteilung: poröse Platten und Druckmembranen nach *Richards* und *Fireman* (3); Korngrößenverteilung: Vorbehandlung mit H_2O_2 und Natriumpyrophosphat, Sieb- und Pipettanalyse nach *Köhn*; Wasserdurchlässigkeit: gesättigt: Stechzylindermethode (2), ungesättigt: Doppelmembran-Druckapparatur (4).

Ergebnisse und Diskussion

Niederschlagsreiche Witterungsperiode

Um den Einfluß der eingangs erwähnten Faktoren auf den Wasser- und Lufthaushalt in niederschlagsreichen Witterungsperioden zu untersuchen, wird die Feuchteverteilung 2–3 Tage nach höheren Niederschlägen in Zeiten geringer Verdunstung betrachtet. Es hat sich dann im Boden ein Wasserspannungsprofil eingestellt, welches in der Bodenkunde häufig als „Feldkapazität" bezeichnet wird. Man muß sich jedoch darüber im klaren sein, daß 1. der Begriff „Feldkapazität" ursprünglich nur auf durchlässige und homogene Bodenprofile angewandt wurde und daß 2. je nach Bodenart und Profilaufbau zum Zeitpunkt der „Feldkapazität" noch eine deutliche Versickerung vorhanden ist.

Die in Abbildung 2 für Gley und Pseudogley dargestellten Wasserspannungsprofile zeigen bei gleichem Grund- und Stauwasserspiegel keine Unterschiede. Dies bedeutet, daß bei *gleicher* Porengrößenverteilung im Wurzelraum auch in der Durchlüftung dieser Böden keine Unterschiede bestehen. Die auftretenden Unterschiede im Luftgehalt (Abb. 2) sind auf Unterschiede in der Porengrößenverteilung zurückzuführen (Abb. 1). Der Verlauf der Wasserspannung und die Durchlüftung sind sehr stark von der Tiefenlage des Wasserspiegels abhängig. Je tiefer z. B. der Grundwasserspiegel liegt, um so größer ist nach einem Niederschlag die Wasserspannung in der Wurzelzone (Abb. 3).

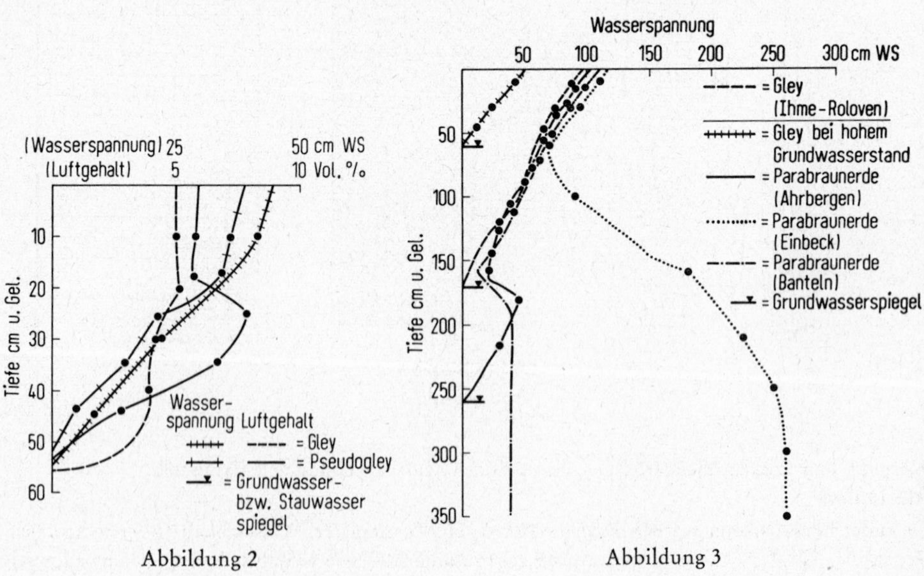

Abbildung 2

Abbildung 3

Die Beziehung zwischen Tiefenlage des Wasserspiegels und der Höhe der Wasserspannung ist jedoch auch vom Profilaufbau und bei Zweischichtprofilen insbesondere von der Art des Untergrundes abhängig. Bei sprunghaften Änderungen der Porengrößenverteilung innerhalb des Profils können plötzliche und starke Änderungen der Wasserspannung auftreten. Beispiele hierfür zeigt Abb. 3. Bei der Parabraunerde Ahrbergen steht in ~ 1,5 m u. Gel. kiesiger Sand an. An der Grenze vom Löß zum kiesigen Sand der Niederterrasse ändert sich, wie aus Abb. 1d hervorgeht, die Porengrößenverteilung und damit verbunden die Beziehung Wasserdurchlässigkeit – Wasserspannung sehr stark (Abb. 4), und zwar derart, daß die Grenzschicht zwischen Löß und Sand als Stauschicht wirkt.

Außer Tiefenlage des Grundwasserspiegels und Art des Untergrundes ist für den Verlauf der Wasserspannung auch die Mächtigkeit des Lößes entscheidend. Z. B. würden bei dem Profil Parabraunerde – Banteln bei einer Lößmächtigkeit von nur 50 cm (Bodenoberfläche in Abb. 3 in 110 cm Tiefe) im Löß Wasserspannungswerte von etwa 20–40 cm WS und entsprechend geringe Luftgehalte auftreten. Kurzfristig würden sogar noch geringere Werte erreicht, da mit Abnahme der Lößmächtigkeit das Speichervermögen für Niederschläge ebenfalls abnimmt.

Außerdem steht bei geringmächtigen Lößschichten für die Entwässerung ein geringerer hydrostatischer Druck zur Verfügung als bei mächtigen, falls es zu einer vollständigen Wassersättigung kommen sollte. Dies ist aber nur bei Böden mit höheren Luftdurchtrittspunkten (Fehlen von gröberen Poren) der Fall. Vernässung und damit eine Verschlechterung der Durchlüftung nehmen also mit abnehmender Lößmächtigkeit zu. Aus Abbildung 3 ist weiterhin zu ersehen, daß beim Profil Einbeck (mächtiger Löß mit sehr tiefem Grundwasserspiegel) der Wasserspannungsverlauf zwar im oberen Profilteil (bis 60 cm

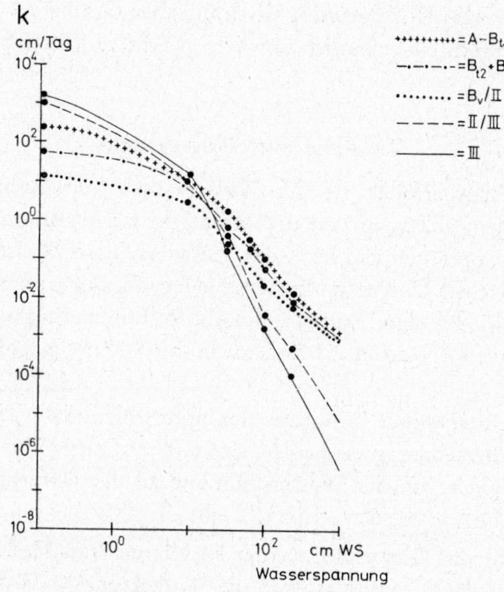

Abbildung 4

Beziehung zwischen Wasserdurchlässigkeit (k) und Wasserspannung (ψ) für Profil Ahrbergen

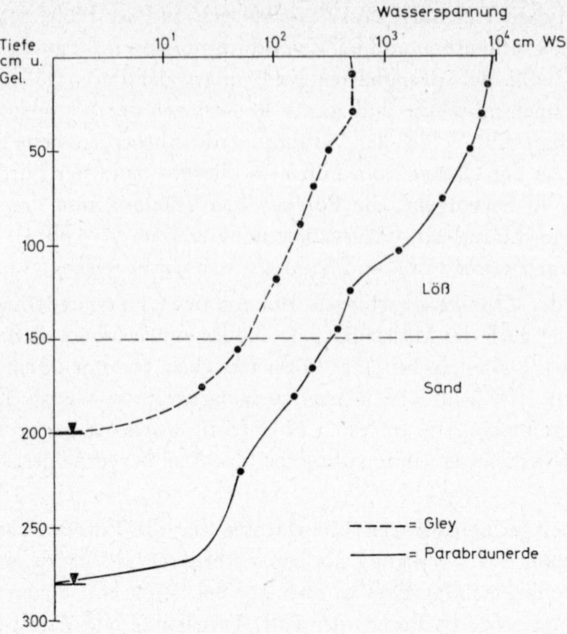

Abbildung 5
Wasserspannungsverlauf während Trockenperioden bei einem Gley (Ihme-Roloven) und einer Parabraunerde (Ahrbergen)

Tiefe) der Geraden für das Gleichgewicht (hydraulischer Gradient = 0) sehr nahe kommt, bis in 350 cm Tiefe jedoch eine deutlich abwärts gerichtete Wasserbewegung (= Versickerung) anzeigt.

Trockene Witterungsperiode

In trockenen Witterungsperioden ist der Wasser- und Lufthaushalt von Zweischicht-Bodenprofilen vor allem abhängig von der Mächtigkeit des Lößes und seinem Anteil an Poren 50–0,2 μ, dem Vorhandensein bzw. der Tiefenlage eines Wasserspiegels und schließlich von der je nach Art des Untergrundes verschiedenen kapillaren Nachlieferung aus dem Grundwasser. Obwohl bei den Profilen in Abb. 5 Lößmächtigkeit, Anteil der Poren 50–0,2 μ sowie Evapotranspiration etwa gleich hoch sind, treten große Wasserspannungsunterschiede auf.

Die Ursache dieser Unterschiede kann aus der unterschiedlichen Tiefenlage des Wasserspiegels und aus der Beziehung zwischen Menge und Aufstiegshöhe der kapillaren Nachlieferung in Abhängigkeit von der Wasserspannung an der Untergrenze der Wurzelzone abgeleitet werden (Abb. 6).

In Abbildung 6 ist für das Gleyprofil aus der kapillaren Aufstiegshöhe zu erkennen, daß etwa 1–2 mm/Tag aus dem Grundwasser in die Wurzelzone (0–10 dm u. Gel.) aufsteigen. Bei der Parabraunerde (Profil Ahrbergen, Abb. 7) steigt dagegen praktisch kein Wasser aus dem Grundwasser in die Wurzelzone auf.

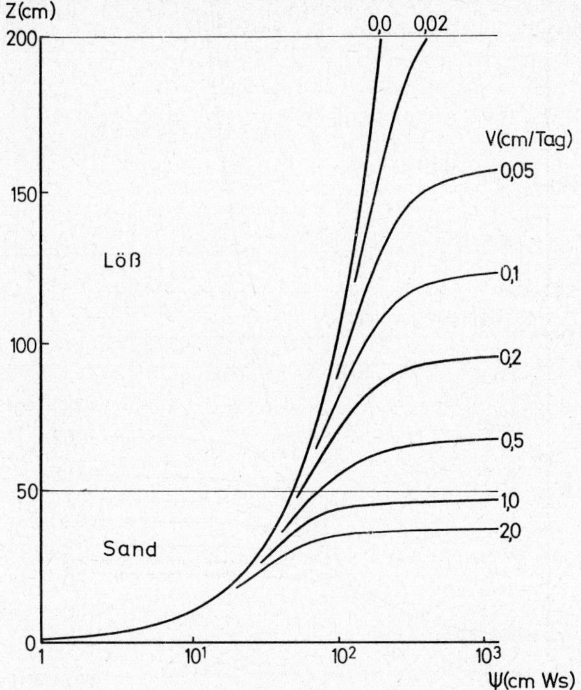

Abbildung 6
Beziehung zwischen kapillarer Aufstiegshöhe (z), Aufstiegsrate (v) und Wasserspannung (ψ) (Gley, Ihme-Roloven)

Eine ähnliche Situation ist bei Pseudogley-Profilen gegeben, wenn die kapillare Nachlieferung aus dem Stauwasserspiegel nach dessen Verschwinden (in der Regel spätestens gegen Ende der Feuchteperiode) aufhört.

Die in Abbildung 6 und 7 dargestellten Wasserspannungsprofile bei stationärem kapillarem Aufstieg wurden aus

$$v = k\left(\frac{d\Psi}{dz} - 1\right) \tag{1}$$

gewonnen, wobei v die Bewegung des Wassers $\left[\frac{cm^3}{cm^2 \cdot Tag}\right]$, k die Wasserdurchlässigkeit [cm/Tag], ψ die Wasserspannung [cm] und z die Höhe über dem Grundwasserspiegel [cm] ist.

Diese Gleichung wurde in der Form

$$\psi = \int_0^z \left(\frac{v}{k} + 1\right) dz \tag{2}$$

vom Grundwasserspiegel z = 0 bis zu jeder Profilhöhe z numerisch integriert, wobei k = k(z) aus der bis zu der Tiefe z schon durchgeführten Integration gewonnen wurde. Hierfür

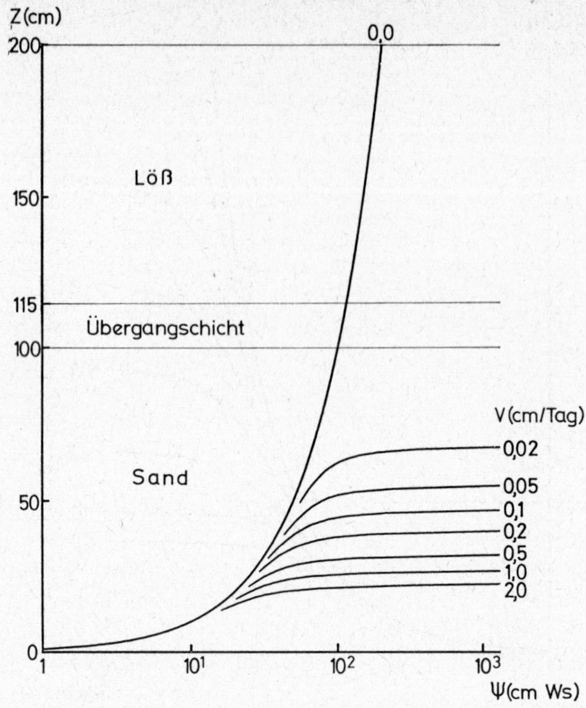

Abbildung 7
Beziehung zwischen kapillarer Aufstiegshöhe (z), Aufstiegsrate (v) und Wasserspannung (ψ) (Parabraunerde, Ahrbergen)

wurde der in der Tiefe z schon berechnete Wert für ψ benutzt, um aus der Beziehung ψ:k den entsprechenden k-Wert für die weitere Integration über einen kleinen, aber endlichen Bereich Δz zu gewinnen.

Das Verfahren wurde für spezielle Beziehungen $k = k(\psi)$ zuerst von *Rijtema* (7) benutzt. In Tabelle 1 sind für einige wichtige Bodenarten die auf diese Weise berechneten kapillaren Aufstiegshöhen für bestimmte Aufstiegsraten angeführt.

Wasserbilanz

Mit einer solchen Analyse der Einzelfaktoren Stau- bzw. Grundwasserspiegel, Mächtigkeit des Lößes und Art des Untergrundes sind Aussagen über den Einfluß dieser Faktoren auf einzelne Komponenten der Wasserhaushaltsgleichung möglich.

Die qualitative Darstellung des Zusammenhanges der genannten Größen (Abb. 8) geht davon aus, daß jeweils nur ein Faktor (z. B. Grundwasserspiegel) variiert. Häufig findet man jedoch bei Geländeprofilen Änderungen nicht nur eines, sondern gleichzeitig mehrerer Faktoren vor.

Tabelle 1: Kapillarer Aufstieg aus dem Grundwasser in verschiedenen Bodenarten

Bodenart	Kapillare Aufstiegshöhe *) (cm) bei Aufstiegsraten (cm/Tag) von: 1	0,5	0,2	0,1	0,05
kiesiger Sand	26	31	39	46	59
lehmiger Sand	39	55	85	116	154
feinsandiger Mittelsand	36	44	55	64	73
schluffiger Ton					
(nicht verdichtet)	11	16	29	47	74
(verdichtet)	7	10	16	26	40
toniger Schluff (Löß)	66	85	117	147	185

*) angenommene Wasserspannung in der Aufstiegshöhe z (Untergrenze der effektiven Wurzelzone) = 10^3 cm WS.

Bei einer quantitativen Abschätzung einzelner Komponenten des Wasserhaushaltes geht man am zweckmäßigsten von den beiden Extremen aus, um die möglichen Fehler möglichst klein zu halten.

Die Grundwasserneubildung (Differenz aus Versickerung und kapillarem Aufstieg) wird relativ hoch und die aktuelle Evapotranspiration niedrig sein, wenn die Lößmächtigkeit gering ist, der Grundwasserspiegel tief liegt und wenn unterhalb des Lößes Sand ansteht (Abb. 8). Da unter diesen Bedingungen keine kapillare Nachlieferung aus dem Grundwasser in den Wurzelraum stattfindet, kann für die Abschätzung von Grundwasserneubildung und Evapotranspiration folgendes relativ einfache Modell zugrunde gelegt werden: Die Lößmächtigkeit beträgt 50–60 cm, dem Löß folgt Sand, der Grundwasserspiegel liegt $>$ 2 m u. Gel.

Unter normalen klimatischen Verhältnissen im Raum Südhannover und im Mittel einer Fruchtfolgeperiode kann man bei einem solchen Profil von folgenden Bedingungen ausgehen:

mittlere Winterniederschläge (November bis März)	225 mm
mittleres Speicherdefizit an Bodenwasser im Herbst (Differenz zwischen Wassergehalt im Herbst und Frühjahr)	50 mm
mittlere Evapotranspiration (November bis März)	50 mm
Grundwasserneubildung (November bis März)	125 mm

Für die Monate April bis Juni kann unter Ackerland bei mittleren Niederschlägen je nach der Niederschlagsverteilung eine Grundwasserneubildung von 75–125 mm angenommen werden. Während der Monate Juli bis Oktober gelangt bei einem solchen Profil in Jahren mit mittleren Niederschlägen kein Niederschlagswasser ins Grundwasser. Die Grundwasserneubildung liegt daher bei solchen Profilen bei 200–250 mm/Jahr. Die Evapotranspiration

Faktoren		Evapotranspiration	Kapill. Aufstieg	Versickerung	Grundwasser-neubildung *)
Wasserspiegel:	hoch tief während der Veg.-Periode fehlend		↑ ++)	**↑**	↑
Lößmächtigkeit:	hoch gering	**↑**	↓	**↓**	**↓**
Textur des Untergrundes:	dichter Ton Sand lehm. Sand sand. Lehm tonig. Schluff		↓	**↓**	↓

*) Differenz Versickerung – kapillarer Aufstieg.

**) Die eingetragenen Pfeile geben die Richtung an, in der die einzelnen Faktoren zunehmen. Die Stärke der Pfeile ist ein Maß für den Grad der Zunahme.

Abbildung 8

Einfluß von Tiefenlage des Wasserspiegels, Lößmächtigkeit und Textur des Untergrundes auf die Komponenten der Wasserhaushaltsgleichung

(einschließlich Interception) ergibt sich als Differenz zum Jahresniederschlag von 650 mm und beträgt 400–450 mm/Jahr.

Eine relativ geringe Grundwasserneubildung findet dagegen statt, wenn das Wasserangebot für die Pflanze bei gleichzeitig ausreichender Luftversorgung hoch ist. Dieses hohe Wasserangebot ist gegeben bei großer Lößmächtigkeit und mittleren Grundwasserständen (2–1,5 m u. Gel.). Unter diesen Bedingungen ist die Wasserversorgung der Pflanze optimal. Die aktelle Evapotranspiration wird sich daher von der potentiellen Evapotranspiration nur wenig unterscheiden.

Bei Jahresniederschlägen von 650 mm und einer potentiellen Evapotranspiration von etwa 500–550 mm/Jahr ergibt sich eine Grundwasserneubildung von 100–150 mm. Die Grundwasserneubildung schwankt nach diesen beiden Beispielen unter Ackerland zwischen 100 mm (~ 15 %) und 250 mm (~ 40 %).

Voraussetzung für solche quantitativen Abschätzungen ist die Kenntnis von Einzeldaten über den Wasserhaushalt bestimmter Standorte (vgl. 1). Dann ist mit der vorher erläuterten Analyse der Einzelfaktoren eine relativ sichere Beurteilung von neuen Standorten ohne größere Schwierigkeiten möglich.

Literatur

1. *Giesel, W., Lorch, S., Renger, M., Strebel, O.*: Isotopes in Hydrology, IAEA, 663–672 (1970).
2. *Hartge, K. H.*: Z. Kulturtechn. **2,** 103–114 (1961).
3. *Hartge, K. H.*: Z. Kulturtechn. **6,** 193–206 (1965).
4. *Henseler, K. L.,* und *Renger, M.*: Z. Pflanzenernähr., Bodenkunde **122,** 220–228 (1969).
5. *Lorch, S.*: Z. Geophysik **33,** 403–414 (1967).
6. *Lorch, S.*: Automatische Registrierung der Feuchtdichte der Wassergehaltsänderung eines Bodens durch Messung der Absorption von Gammastrahlen (Geländemessungen). – Z. Pflanzenernähr., Bodenkunde (im Druck).
7. *Rijtema, P.*: An analysis of actual evapotranspiration. – Agricult. Research Reports no 659, Centre for Agricult. Public. and Documentation, Wageningen (1965).

Zusammenfassung

Es wurden die Unterschiede im Wasser- und Lufthaushalt zwischen stau- und grundwasserbeeinflußten Zweischicht-Bodenprofilen in Abhängigkeit von der Tiefenlage eines Stau- bzw. Grundwasserspiegels, Mächtigkeit der oberen Schicht (Löß) und Textur und Gefüge des Untergrundes näher untersucht. Zu diesem Zweck wurden an 6 Löß-Bodenprofilen im Gelände die Wasserspannungen, Wassergehalte und Wasserspiegel, im Labor die Porengrößenverteilung und Wasserdurchlässigkeit in Abhängigkeit von der Wasserspannung gemessen.

In niederschlagsreichen Perioden hängen Wasserspannungsverlauf und Durchlüftung des Wurzelraumes von Porengrößenverteilung, Tiefe des Wasserspiegels, Lößmächtigkeit und Textur des Untergrundes ab.

In trockenen Witterungsperioden ist der Verlauf der Wasserspannung vor allem von der kapillaren Nachlieferung abhängig, die von Tiefenlage des Wasserspiegels und der Textur des Untergrundes beeinflußt wird.

Zum Schluß wird der Einfluß der anfangs genannten Faktoren auf Komponenten der Wasserbilanz näher untersucht.

Summary

The difference in water and aeration conditions between two-layer groundwater soils, and two-layer soils with impeded drainage, is analysed with special regard to the influence of the three following factors: Depth of the temporary (perched) and ground water tables, thickness of the upper layer (loess layer) and the texture and structure of the lower layer.

Field mesurements of soil-moisture suctions, soil-water contents and of water table depths were made on six two-layer loess profiles. The pore size distribution of the various soil horizons and the hydraulic conductivity at different suctions were determined in the laboratory on core samples.

In moist periods the soil moisture suction and air content within the root zone depend on the pore size distribution, water depth, thickness of loess, and texture of the lower layer.

In dry periods the soil moisture suctions depend on the thickness of the loess layer and the content of medium pores (50–0.2 μm diameter) and mainly on the capillary rise of water from the water table which itself depends on the depth of the water table and the texture of the lower layer.

Finally the influence of the factors mentioned previously on the components of the water balance are described.

Résumé

Dans des profils à deux couches influencés par les eaux de retenue et la nappe phréatique, on a recherché les différences régime d'eau et d'air, en fonction de l'emplacement du niveau de la nappe phréatique, de l'épaisseur de la couche supérieure lœss) et des texture et structure du sous-sol.

A cet effet, on a mesuré sur place, dans 6 profils de lœss, les tensions d'eaux, teneur d'eau et niveau de la nappe et en laboratoire, les différentes formes de porosité et la perméabilité, en fonction de la tension d'eau.

En période de précipitations abondantes, la courbe de la tension d'eau et l'aération de la zone radiculaire dépendent de l'arrangement de l'édifice poreux, la profondeur de la nappe, l'épaisseur du lœss et la texture du sous-sol.

En période sécheresse, la courbe de la tension d'eau dépend avant tout de l'apport capillaire. Celui-ci change en fonction de la profondeur de la nappe et la texture du sous-sol.

On a recherché pour finir, l'influence de chacun des facteurs (niveau de la nappe, épaisseur du lœss et texture du sous-sol) sur certains facteurs du bilan hydrique.

Some Principles with Respect to the Interpretation of Suction Profiles in the Field (Comment to the Paper by Renger et al.)

By *G. H. Bolt* *) and *F. F. R. Koenigs* *)

Main principle: Watermovement in soil is governed by the gradient of the hydraulic potential, H. The hydraulic potential is the sum of the waterpressure potential, P (which, if negative, is usually referred to as matric potential) and the gravity potential, G.

Simplifying assumptions:

The density of the soil water phase is constant and equal to 1 gram per cm^3; the acceleration of the gravity field is constant and equal to 10^3 cm sec^{-2}. In that case the waterpotentials may be expressed in units of pressure. Selecting mbar as pressure unit, one finds $G = \triangle h$ mbar (h in cm). In this terminology Darcy's law, governing waterflow, reads:

$$v = -K \text{ grad } H$$

with v in cm^3 water per cm^2 crossection of soil column, per second and K in cm sec^{-1} per mbar cm^{-1}.

1. *Equilibrium situation*

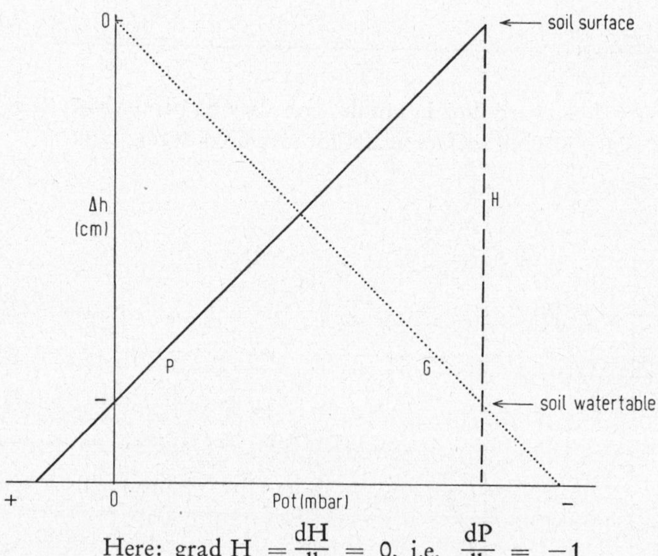

Here: $\text{grad } H = \frac{dH}{dh} = 0$, i.e. $\frac{dP}{dh} = -1$

*) Labor für Agrikulturchemie, Abt. Bodenchemie und Bodenphysik, Landwirtschaftliche Hochschule, Wageningen, Niederlande.

2. *Non-equilibrium*

$$\text{In general: } v \downarrow \quad \text{for } \frac{dH}{dh} = > 0 \quad \text{i.e. } \frac{dP}{dh} > -1$$

$$v \uparrow \quad \text{for } \frac{dH}{dh} = < 0 \quad \text{i.e. } \frac{dP}{dh} < -1$$

2.1. *Stationary flow*

$$\text{Condition: } \frac{d\Theta}{dt} = 0, \text{ or v independent of h.}$$

2.1.1. Stationary downward flow at constant K, e.g. profile just saturated during rain with intensity R = K cm sec^{-1}.

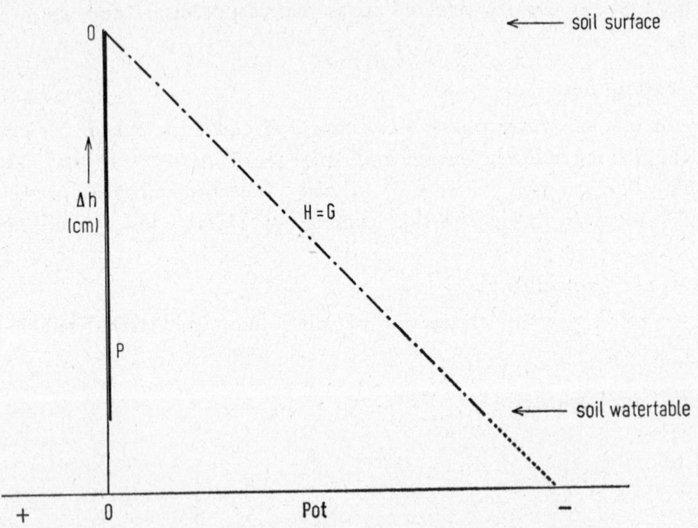

2.1.2. Stationary downward flow in profile with varying permeability (e.g. $K_u = K_l = K$; $K_m = 1/6$ K); soil surface again just saturated during rain.

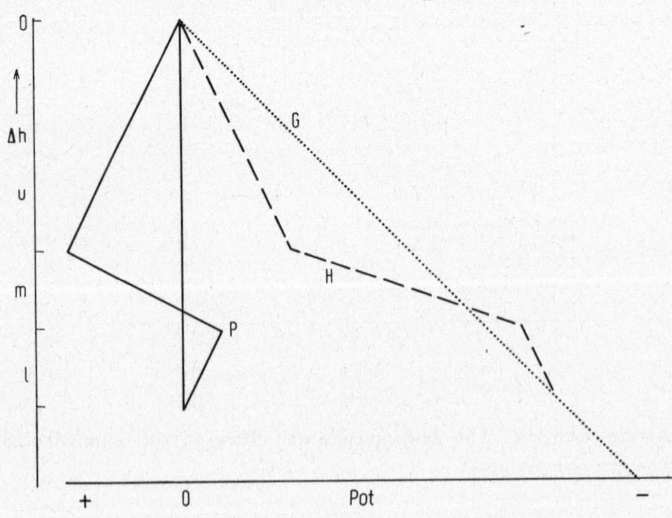

$$\text{Condition: } v = -K_u \left(\frac{dH}{dh}\right)_u \equiv -K_m \left(\frac{dH}{dh}\right)_m \equiv -K_l \left(\frac{dH}{dh}\right)_l$$

2.1.3. Stationary downward flow as in 2.1.1., but rain intensity decreased; without air entry (a) and with air entry (b).

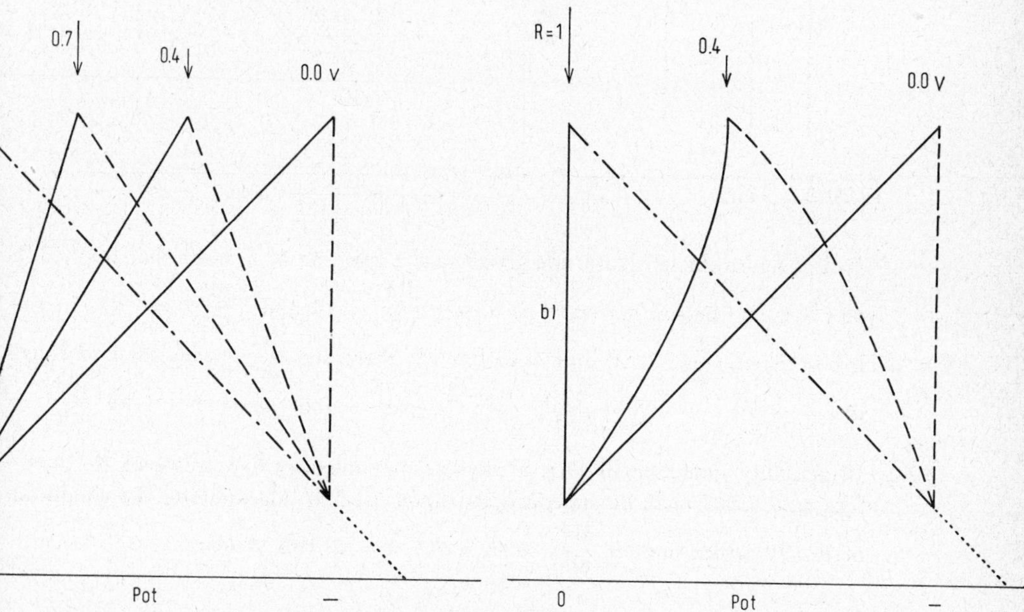

Ad(a): As no water has to be removed from the soil, the new equilibria are established immediately with change in rain intensity.

Ad(b): In the saturated zone $\frac{dH}{dh}$ is the same, both in b and in a, whereas in the unsaturated zone grad H has to increase because of decreasing K.

2.2. *Transient flow*

The transitional system is governed by the conservation equation, which in the one dimensional system reads:

$$\frac{d\Theta}{dt} = -\frac{dv}{dh},$$

or in general: depletion of the moisture content at a certain position implies that the waterflux is increasing in the direction of flow.

2.2.1. In order to demonstrate the trajectory of the P-curve during the drainage process it is first assumed that this process takes place at a constant value of K. In that hypothetical situation the sudden transition from R = 1 to R = 0 yields the following curves.

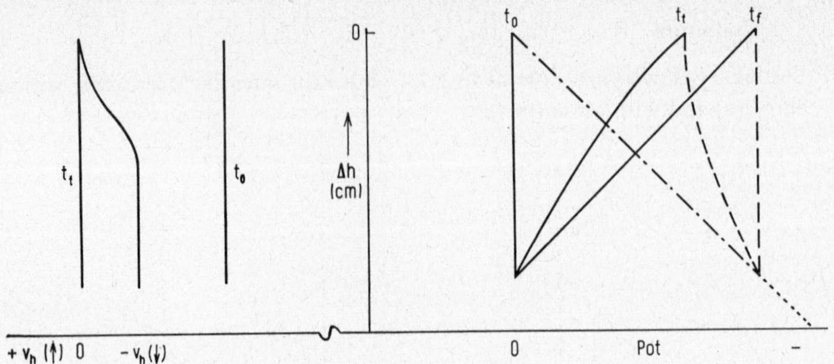

In this figure the left hand side gives v_h as a function of h. Note that for $R = 0$ at $t > 0$, at the soil surface $v = 0$, so $\frac{dH}{dh} = 0$ and $\frac{dP}{dh} = -1$. In the lowest part $\frac{dv}{dh} = 0$ and $v = 0.4\ v_{t_0}$, therefore $\frac{dH}{dh}$ constant and equal to $0.4 \left(\frac{dH}{dh}\right)_{t_0}$. In the upper part v decreases and consequently also $\frac{dH}{dh}$.

2.2.2. In actuality depletion of Θ is always accompanied by a decrease of K, therefore case 2.2.1. must be superimposed upon 2.1.3. b. Maintaining the condition of $R = 0$ which implies $\frac{dH}{dh} = 0$ at $h = 0$, $t = t_t$, this yields:

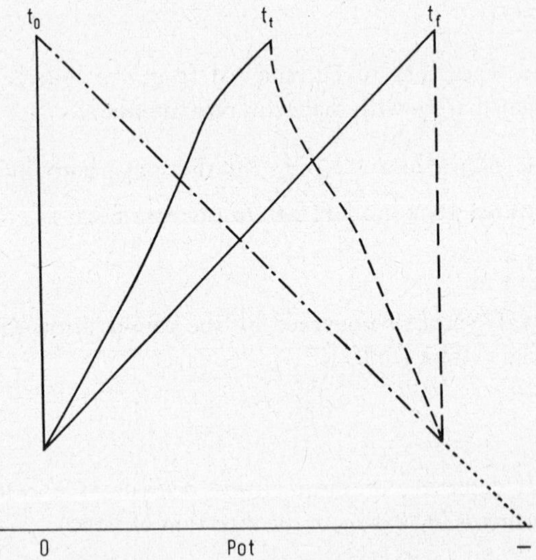

Again the gradient $\frac{dH}{dh}$ in the lower zone is equal to $0.4 \left(\frac{dH}{dh}\right)_{t_0}$, with increasing height it increases because of the decrease in K, but it becomes 0 near the surface because v is equal to 0 there.

Obviously the interpretation of field data for the above situation (transition from saturated downward flow to equilibrium with a fixed groundwater table) is complicated by the possibility of inhomgeneities in the profile (c.f. case 2.1.2.). Then the trajectory during saturated downward flow is still reflected to a certain degree in the transition stage. Thus interpretation of the trajectory in the transition stage necessitates knowledge of the latter during the preceeding saturated-flow stage.

All the above cases are comparitively simple as they involve only drainage of an initially saturated profile following cessation of rain, while maintaining a watertable at relatively shallow depth. Nevertheless the interpretation of experimentally determined water potential curves then appears in need of

a. the potential curves during saturated flow, in order to spot initial irregularities in the profile;

b. an estimate of the flux as a function of depth during a transient situation, which implies knowledge of the change of the moisture content, $d\Theta/dt$, at different positions;

c. data on unsaturated conductivity in the range concerned.

A separate issue is the potential profile during the wetting up of soils, especially those with a deep groundwater table. The nearly saturated profile is then hardly ever reached, except above poorly permeable layers or in the case of extreme hysteresis. The drying out of such profiles becomes rather complicated as then the drying zone usually overlies a zone which is still wetting up simultaneously. Naturally hysteresis will then play an important role.

Der Einfluß eines Fe-Bändchen-Mikrohorizonts (thin iron pan) auf den Wasser- und Lufthaushalt von Mittelgebirgsböden

Von *K. Stahr* *)

Problemstellung

Böden mit Fe-Bändchen-Mikrohorizont (Bb) kommen im gemäßigt humiden bis perhumiden Klimabereich auf basenarmen Gesteinen im Glazial- oder Periglazialgebiet der letzten Eiszeit vor [1]. Crompton (1956) beschrieb die Profilmorphologie solcher Böden, das Auftreten in verschiedenen englischen Landschaften und diskutierte die Hypothese, daß Fe an der Grenze vom wassergesättigten Oberboden zum durchlüfteten Unterboden oxidiert und festgelegt wird. Fitzpatrick (1956) verglich schottische und norwegische Vorkommen und schloß aus der Morphologie auf Entstehung im Periglazialbereich. McKeague u. a. (1967) gaben nach detaillierten morphologischen und chemischen Untersuchungen an, daß Fe- und Fe-Mn-Bändchen zu unterscheiden seien, ließen aber die Genese offen. Sie vermerkten, daß der Name Iron-Pan für unterschiedliche Phänomene verwandt wird. In Deutschland erkannte Jahn (1957) als erster die morphologischen und standortskundlichen Besonderheiten solcher Böden und trennte sie von Podsolen ab. Müller (1967) vertrat – in Kenntnis der Ent- und Bewaldungsgeschichte – ihre spät-mittelalterliche Entstehung sowie ihre Entwicklung aus Braunerden oder Podsolen. Der Verfasser versuchte, den Wasser- und Lufthaushalt sowie den Einfluß des Bb auf Umlagerungsprozesse in Böden und Landschaft analytisch zu erfassen.

Untersuchungsmaterial und -methoden

Untersuchungsgebiet und -objekte

Untersucht wurde die Mittelgebirgslandschaft des Nordschwarzwaldes. Mittel- bis grobkörnige triadische Quarzsandsteine, die hämatitisch oder kieselig gebunden sind und 1–10 % Ton (in sehr tonreichen Lagen bis 25 %) enthalten, sitzen in Mächtigkeiten bis 200 m dem kristallinen Grundgebirge auf. Die bis auf 1100 m ü. NN reichenden Höhen erhalten bei atlantischer Klimatönung und Jahresmitteltemperaturen von 5,5–6,5 °C ca. 1600 bis 2300 mm Niederschlag/Jahr. Die Böden liegen zum allergrößtenTeil in den häufig geschichteten Schuttdecken, Fließerden und Moränen der letzten Kaltzeit, nur selten im anstehenden Gestein (Abb. 1).

Innerhalb einer Landschaft, die gekennzeichnet ist durch kleinere Hochflächen, flache Kuppen, mäßig steile bis schroffe Hänge, Kare und tiefeingeschnittene Täler mit kleiner Aue, kommen solche Böden in verschiedenster Position vor, jedoch in unterschiedlicher Ausprägung. Während auf den Hochflächen (sog. Grinden) die Böden mit stärkerer Naßbleichung dominieren, treten am Hang jene mit Podsolierung und Sesquioxidanreicherung (Bs) auch unter dem Bb hervor. Die beschriebenen und untersuchten Profile liegen am Hochflächenrand und Oberhang und unterscheiden sich in Podsolierung und Naßbleichung sowie der Mächtigkeit des Bb.

---

*) Abt. Allgemeine Bodenkunde, Universität Hohenheim, 7000 Stuttgart 70, BRD

[1]) Placaquods n. d. 7th Approximation

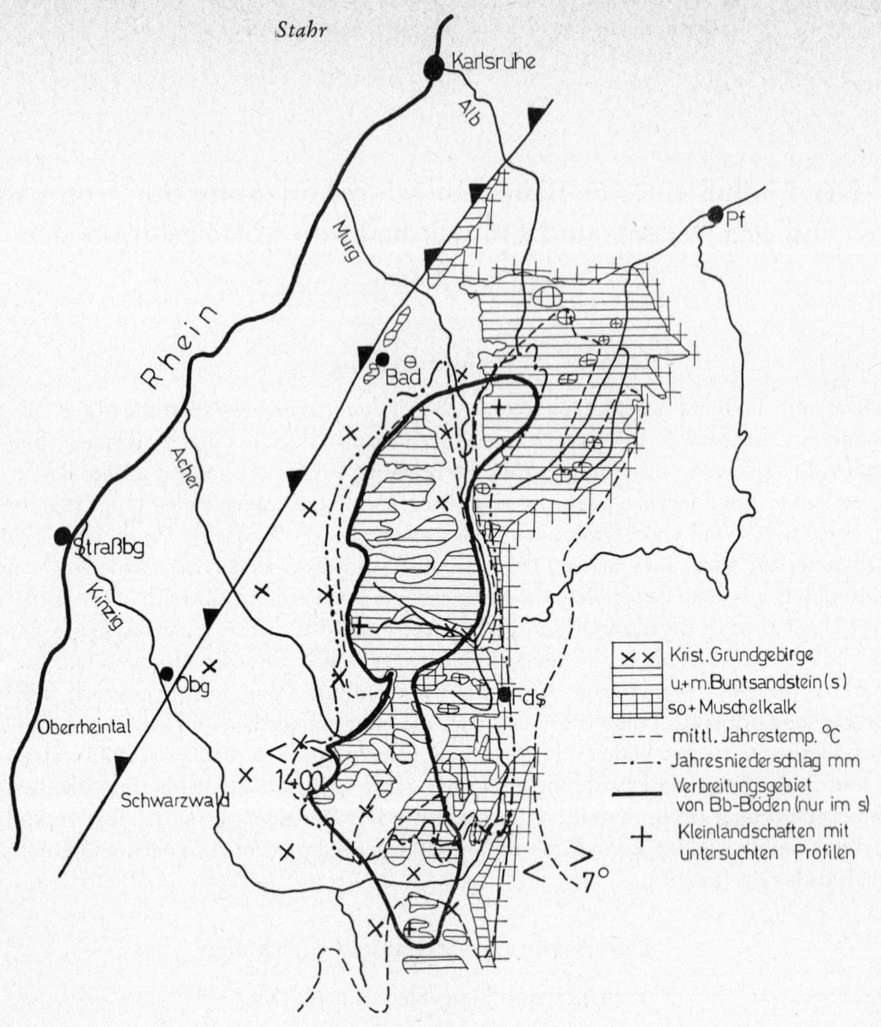

Abbildung 1
Geotektonische und klimatische Übersichtsskizze des Nordschwarzwaldes mit Verbreitungsgebiet von Bändchenböden

Ein typisches Profil hat folgendes Aussehen (– – = gleitender Übergang, —— = scharfe Grenze):
L – Of, 15–17 cm: gebleichte, kaum humifizierte Reste von Vaccinien, Sphagnen und Coniferen.
– – –
Oh, 15–0: schwarz N1/0, völlig humifizierter Pechhumus, wenig Mineralkörner, pH 2,4–3,0, C ca. 40 %.
– – –
Ah, 0–3: schwarz/graubraun N1/0–2,5Y 5/2, gebleichte Quarzkörner und Pechhumus, wenig Steine, pH 3,1.
– – –
Ae(o) 3–20/: grau-braun 2,5Y 5/2, singulär, gebleichte Quarzkörner, locker, Steine 10–30 %, pH 3,3, C 1 %.
– – –

Aeg 20–50: gelbgrau 10YR 4/3–5Y 6/2, rötliche und braune Flecken, S–Sl, gebleichte Quarzkörner, mäßig dicht, Steine 10–40 %, pH 3,5–4,0, C 0,3–0,7 %, häufig Wurzelfilz.

====

Bb 50: 2–8 mm mächtig, oft 2–3geteilt, dunkelrot 10R 3/6, hüllig, hart, spröde, Steine, pH 4,0–4,3, C 1,0–2,5 %.

———

Bs 50–65 cm: rot 2,5YR 5/8, diffuse Fe-Ausscheidung, selten Mn-Flecken, Sl–S, hüllig – singulär, häufig plattig, mäßig dicht bis dicht, Steine 20–40 %, pH 4,0–4,2, C ~ 0,1 %.

-‑ – –

C 65+: rot 10R 4/3–10R 5/4, Sl-S, plattig, Steine ~ 40 %, pH 4,3–4,6, C <0,1 %.

Untersuchungsmethoden

Oxalatlösliches Fe, Mn, Al: nach *Tamm* und *Schwertmann,* in (10).

Dithionitlösliches Fe, Mn, Al: nach *Jackson,* in (10).

Gesamtgehalte Fe, Mn, Al: Röntgenfluoreszenz.

Körnung: >2 mm Trockensiebung, 2 mm–63 μm Naßsiebung, <63 μm Aräometeranalyse nach *Casagrande,* in (10).

Porung pF <0,6: Sandbad, pF 1,8–2,5: Niederdruckapparatur nach *Czeratzki,* pF 4,0: Hochdruckapparatur nach *Richards,* pF 4,7: hygroskopische Salze, in (10).

Wasserleitfähigkeit: mit Permeameter nach *Kmoch,* in (10).

Wassergehalte: mit Neutronen-Sonde der Fa. Berthold.

O_2-Diffusion: nach *Wriley* und *Tanner,* in (10).

Redoxpotential: nach *Blume* (1968).

Ergebnisse

Sesquioxidverteilung (s. Tab. 1)

Kann man primär gleichmäßige Verteilung aller Elemente im Solum annehmen, dann genügen Gehaltsanalysen zum Nachweis von Umlagerungen. In erster Näherung gilt diese Voraussetzung als erfüllt, wenn die Primärschichtung durch Bodenfließen zerstört wurde, nur geringe Körnungsunterschiede auftreten und der heutige C-Horizont in verschiedenen Böden annähernd gleiche Ergebnisse liefert. Aus Tab. 1 erhellt also, daß einer Eluviation in den Oberböden eine Anreicherung in den Unterböden, insbesondere im Bb entspricht. Überschlägiger Vergleich ergab ein Defizit von 1–10 kg Fe/m^2 bei Gesamtgehalten von ca. 20 kg Fe/m^2 bis 1 m Tiefe. Profile mit stärkerer Naßbleichung zeigten höhere Verluste als diejenigen, bei denen die Podsolierung überwog. Für Mangan konnten ähnliche Verhältnisse gefunden werden. Gleichwohl wurde im Profil als auch beim Vergleich verschiedener Pedons einer Catena gefunden, daß Mn weiter wandert als Eisen.

Körnung und Porung (Abb. 2a und b)

Ob sich der Bb-Horizont an einer lithogenen Körnungs- bzw. Porungsgrenze bildete, konnte auf Grund von Feldbeobachtungen nicht geklärt werden. Obwohl einzelne Profile geschichtet waren und dabei z. T. in Deck- und Basisfolge (nach Schilling u. a. 1962) ge-

Tabelle 1

Mn- und Sesquioxidgehalte ($^0/_{00}$, bei Mn ppm) eines typischen Bändchen-Podsol-Profils (x_o = oxalat-, x_d = dithionitlöslich, x_t = Gesamtgehalt)

Horizont	Tiefe cm	Fe_o	Fe_d	Mn_d	Al_d	Al_t	Fe_t	Mn_t	Fe o	Fe d–o	Fe t–d
Ae	– 50	0,1	0,2	0,2	0,3	28	5	~400	0,1	0,1	4,8
Aeg	– 80	0,1	0,3	0,4	0,4	29	5	~400	0,1	0,2	4,7
Bb	80	37	62	12	2,6	28	70	~500	37	25	7,0
Bs	–110	2	5	16	0,9	28	13	~500	2,0	3,0	8,0
C	110	0,5	2	12	0,4	27	8	~450	0,5	1,5	6,0

gliedert werden konnten, zeigten Analysendaten von 7 Profilen jedoch keine Bindung des Bb an Schichtgrenzen. Lediglich im Oberboden (Ah-Ae) tritt eine deutlichere Differenzierung durch höhere Schluff- sowie Fein- und Mittelsandgehalte bzw. niedrigere Grobsand- und Steingehalte auf (Abb. 2a). Da die Körnung keine Diskontinuität am Bb erbrachte, mußte auf unterschiedliche Lagerung geprüft werden.

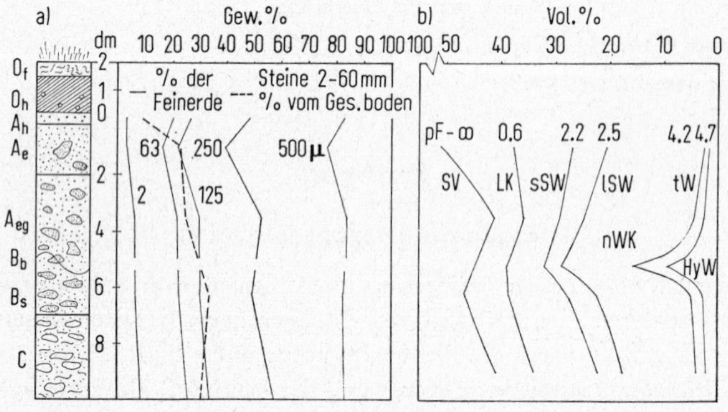

Abbildung 2

Korngrößenverteilung (a) und Porengrößenverteilung (b) von Bändchenböden im Nordschwarzwald (Mittel aus 7 Profilen, Einzelproben: a) 70, b) 420), SV = Substanz-Sickerwasser, lSW = langsames Sickerwasser, nWK = nutzbare Wasserkapazität, tW = Totwasser, HyW = hygroskopisches Wasser

Die S-förmige Tiefenkurve des Porenvolumens hat ihr Minimum im unteren Ae und ihr Maximum unterhalb des Bb-Horizonts im Bs. In den Fein- (tW) und Feinstporen (HyW) verändert sich der Kurvenlauf zu einem einzigen prominenten Maximum am Bb. Eine Einlagerungsverdichtung durch in Hohlräumen abgesetzte amorphe und später kristallisierte Fe-Oxide kann aus den Daten nur dann befriedigend erklärt werden, wenn man annimmt, daß im Bb vor der Eisenabscheidung gleiches oder höheres PV als im Bs vorhanden war.

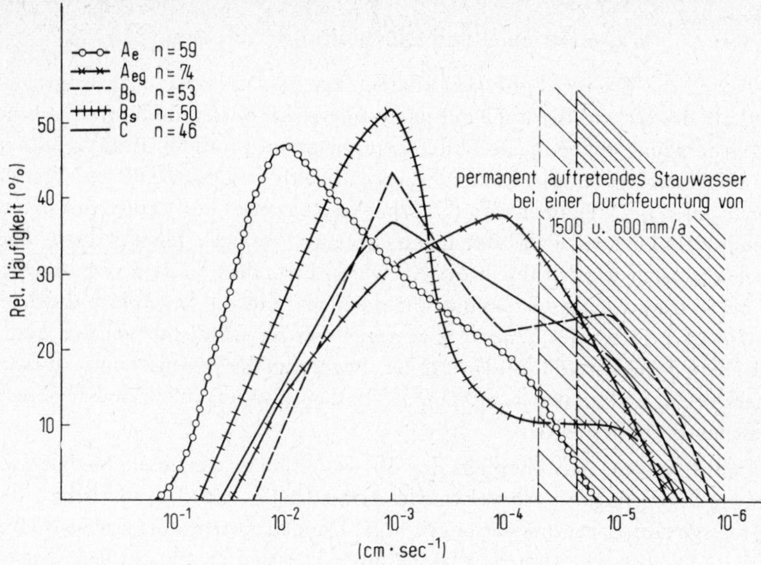

Abbildung 3

Relative Häufigkeit der Wasserleitfähigkeit (Kf, Schritte von ganzen Zehnerpotenzen) von Einzelproben aus Bändchenböden im Nordschwarzwald

Wasserleitfähigkeit (Abb. 3)

Nach Feldbeobachtungen tritt oberhalb des Bb an Wegeinschnitten und Profilgruben Wasser aus. Auch die Porenverteilung läßt eine schlechte Leitfähigkeit des Bb erwarten.

Die aus den Verteilungskurven ersichtlichen Leitfähigkeiten sind mäßig bis gut und zwar sowohl im Ae als auch im Bs und C, dort jedoch mit einem größeren Anteil schlechter dränender Poren. Unerwarteterweise ist hiernach der am wenigsten durchlässige Horizont der Aeg. Auffallend ist die Kurve des Bb mit ihrem zweigipfeligen Maximum bei 10^{-3} und 10^{-5} cm/sec, sowie ähnliche Verhältnisse im Bs.

Solche Verhältnisse wurden von Hartge (zit. in 8) mit dem Vorhandensein mehrerer Porensysteme begründet. Hier ließe sich auf ein feineres Porensystem schließen, das sich durch die Ausfällung von Sesquioxiden gebildet hat. Das gröbere ließe sich durch noch vorhandene Grobporen oder durch bei Bruch des verhärteten und spröden Bb entstandene grobe Risse erklären. Um dies zu prüfen, wurden Bb-Stücke in eine Sandschüttung (Kf etwa 10^{-1} cm/sec) mit heißem Silikonfett eingebettet. Die an diesen Modellen gemessenen Werte lagen mit Ausnahme eines Wertes (10^{-6}) ebenfalls im Bereich 10^{-3} bis 10^{-4} cm/sec. Damit wäre davon auszugehen, daß die Gefahr des Aufstaus von Wasser vor allem im Aeg groß ist, der im Boden also Stauwasserleiter und Stauwasserträger ist. Der Bb liegt nur in seinem zweiten niedrigerem Maximum im Stauwasserbereich, während in tieferen Horizonten kein, im Ae seltener Wasserstau zu befürchten ist.

Zu den Laborermittlungen liefen Feldmessungen parallel, die gewonnene Erkenntnisse erhärten als auch weitere Gesichtspunkte mitbeleuchten sollten.

Wassersättigung und Durchlüftung (Abb. 4a und b)

In Abb. 4a sind die Wassergehalte als Differenz zur Feldkapazität aufgetragen. Die Stauzone oberhalb des Bb und die Zone mit nur wenig Sickerwasseranteil unterhalb heben sich als vom Niederschlag unabhängige Differenzierungen im Profil ab. Andererseits treten bei extremen Niederschlagsverhältnissen nahezu gleichzeitig im gesamten Profil Wassergehaltsänderungen auf. Dies dokumentiert das schnelle Reagieren des Gesamtprofils auf starke Wassergehaltsänderungen, wird aber durch den nur 14tägigen Meßrhythmus überbetont. Diese Beobachtungen werden durch die Kf-Werte, besonders die relativ gute Durchlässigkeit des Bb, gestützt. Daher ist es unwahrscheinlich, daß die Ergebnisse durch eine evtl. mangelhafte Abdichtung der Sondenrohre gegen den Bb verfälscht wurden, zumal Bohrlöcher im Stauwasserbereich infolge labiler Lagerung der Körner und Aufschwimmen bereits nach wenigen Minuten verschlämmt werden, also auch die Sondenrohre bald fest eingebettet worden sein dürften.

Abb. 4b läßt erkennen, daß oberhalb des Bb während des gesamten Meßzeitraumes das Luftvolumen sehr gering ist. An verschiedenen Meßstellen wurden parallel zu den ermittelten Wassergehalten Feuchtemessungen mit Doppelrohrtensiometern nach *Völkner* *) durchgeführt. Die hier ermittelten Schwankungen korrelierten gut mit den Wassergehaltsschwankungen. Im Meßzeitraum wurden nur Werte von pF 1,8–0 gemessen, in einigen Fällen sogar geringe hydrostatische Drucke ermittelt. Die Umrechnung in Wassergehalte war insofern unbefriedigend, als mit Tensiometern nur Punktmessungen erfolgen und die Parallelenzahl nicht ausreichte.

Redoxpotentiale und Sauerstoffdiffusion

Aus allen vorangegangenen Messungen muß man einen Mangel an Durchlüftung und niedrige Redoxpotentiale zumindest im Oberboden und im Aeg erwarten, während im Unterboden, wo einerseits dauernd lufterfüllte Poren vorhanden sind, andererseits kaum organische Substanz vorhanden ist und drittens die Bodenlösung bereits die Barriere aus oxydierten Stoffen im Bb passiert hat, höhere Werte auftreten sollten.

Die gemessenen Werte lagen bis auf wenige Ausnahmen zwischen + 800 und – 100 mV. Die Interpretation einzelner Meßwerte ist infolge geringer Parallelenzahl und unterschiedlichen Kontakts schwierig. Mit guter Konstanz wurden allerdings am Bb hohe Potentiale um + 800 mV ohne Jahresgang gemessen. Die übrigen Meßtiefen über und unter dem Bb zeigten deutliche Jahresgänge mit hohen und mittleren Werten in den Sommermonaten und niedrigen Werten von + 200 bis + 300 mV in den Herbstmonaten.

Besser interpretierbar erscheinen die O_2-Diffusionswerte. Hier wurden bei einer Variation von $1 \cdot 10^{-8}$ bis $5 \cdot 10^{-7}$ g $O_2 \cdot cm^{-2} \cdot min^{-1}$ nach der Tiefe zu abnehmende Werte gemessen. Die Abnahme von ~ 30 cm bis ~ 1 m ließ sich meistens annähernd mit dem Faktor 0,5 beschreiben.

Am Bb traten die größten Schwankungen auf, die den ganzen Wertebereich überstrichen. Es konnte allerdings keine Korrelation zu den Wassergehaltsschwankungen hergestellt werden. Erstaunlich ist weiterhin, daß über dem Bb, allerdings in der Minderzahl der Fälle geringere, darunter höhere Werte erreicht wurden. Da diese anomale Verteilung nur in

*) Die verwandten Tensiometer wurden bei G. Völkner in Krefeld, BRD, gebaut.

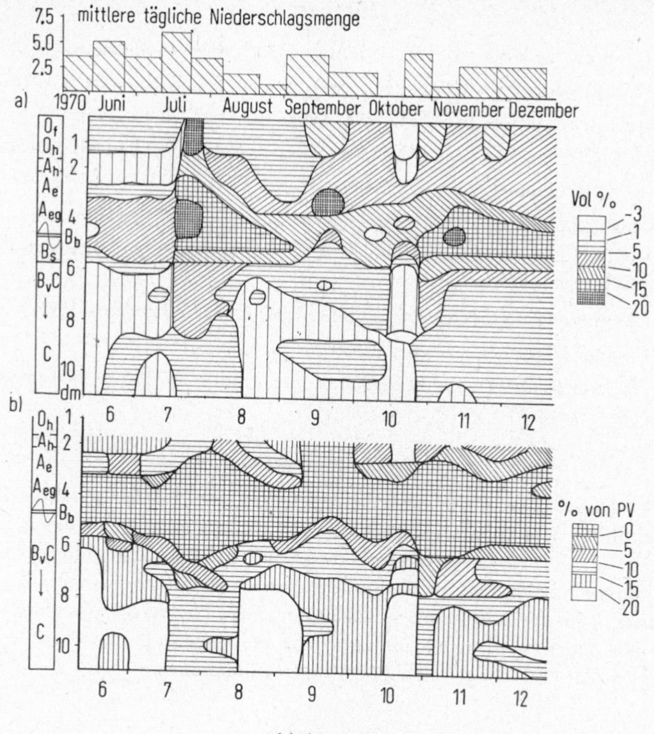

Abbildung 4

Wasser- und Lufthaushalt eines Bändchenpodsols im Nordschwarzwald an flachem Osthang, ca. 950 m ü. N.N. (Meßstelle Hohloh 2 bei Kaltenbronn)

a) Wassergehalte in Vol.-% als Differenz zur Feldkapazität

b) Luftgehalte in % des Porenvolumens

wenigen Fällen auftritt und auch im gleichen Profil Umkehrungen unterworfen ist, läßt sich auf einen seitlichen Ausgleich schließen.

Schlußfolgerungen

Die Böden sind infolge Flachgründigkeit und Wasserüberschuß ungünstig. Letzterer ist nicht nur durch ihre geringe Wasserdurchlässigkeit, sondern mehr noch durch die hohen Niederschläge und niedrigen Temperaturen bedingt. Bemerkt werden muß jedoch, daß Trockenperioden mit Wassermangel kaum auftreten dürften, andererseits die Sauerstoffversorgung der Böden nicht so gering ist, wie zu erwarten war. Der Bb-Horizont selbst bildet aufgrund seiner mechanischen Eigenschaften die Untergrenze für die Durchwurzelung. Für den Wassergang ist er nur als Untergrenze eines schlecht leitenden Körpers zu verstehen. Bei Redoxpotential und Sauerstoffdiffusionsrate bestehen wahrscheinlich Gradienten. Für Umlagerungen in Böden bildet der Bb-Horizont keine so undurchlässige Barriere, wie aus der Profilmorphologie gefolgert werden könnte.

Literatur

1. *Blume, H. P.*: Stauwasserböden, Arb. d. Landw. Hochschule Hohenheim, **42**, 1968.
2. *Crompton, E.*: Rapports VIe Congr. Int. de la Sc. du Sol, Paris, Vol. E V **25**, 155-161, 1956.
3. *Fitzpatrick, E. A.*: J. of Soil Sc. **7**, 248–254, 1956.
4. *Jahn, R.*: Mitt. d. Ver. für forst. Standortskunde und Forstpflanzenzüchtung Nr. 6, 1957.
5. *McKeague, I. A.*, *Schnitzer, M.*, and *Heringa, P. K.*: Can. J. Soil Sc. **47**, 23–27, 1967.
6. *McKeague, I. A.*, *Pamman, A. W. H.*, and *Heringa, P. K.*: Can. J. Soil Sc. **48**, 243–253, 1968.
7. *Müller, S.*: Süddeutsche Waldböden im Farbbild. Schriftenr. der Landesforstverw. Baden-Württemberg Bd. **23**, 1967.
8. *Scheffer-Schachtschabel*, Lehrbuch der Bodenkunde, 7. Aufl., Stuttgart 1970.
9. *Schilling, W.*, und *Wiefel, H.*: Ztschr. Geologie H. **4**, 428–460, 1962.
10. *Schlichting, E.*, und *Blume, H. P.*: Bodenkundliches Praktikum, Parey, Hamburg 1966.

Zusammenfassung

Im kühlfeuchten Nordschwarzwald kommen Böden aus basenarmem Sandstein-Periglazialschutt vor, deren podsolierte und (oder) naßgebleichte Oberböden nach unten durch einen stark verhärteten, 2–8 mm dicken Fe(C,Mn)-Anreicherungshorizont (Bb) abgeschlossen sind. Feld- und Laboruntersuchungen zeigten, daß im Bb Stoffe aus dem Oberboden – im Profil – und aus höher gelegenen Pedons – in der Landschaft – abgelagert sind. Die starke Vernässung und schlechte Durchlüftung der Böden wird trotzdem mehr auf die ungünstige Porengrößenverteilung und Wasserleitfähigkeit der Oberböden selbst (Ae–Aeg) zurückgeführt.

Summary

In the cool and humid northern part of the Black Forest one comes across alkaline-deficient sandstone-periglacial sediment whose podzolised and/or wet-bleached uppersoils are bound at the under side by a considerably hardened 2 to 8 mm (Fe (C, Mg) enrichment horizon (Bb). Field and laboratory tests have shown that substances from the uppersoil — in profile — and from higher situated pedons — in the landscape — are deposited in Bb. The heavy water-logging and the poor aeration of the soil is, in spite of this fact, more due to the unfavourable distribution of pore spaces and to the water conductibility of the uppersoils (Ae - Aeg).

Résumé

Dans le nord humide-froid de la Forêt-Noire se trouvent des sols en grès-éboulis periglacial (pauvre de bases), dont les surfaces podsolées et/ou blanchisés par l'humidité sont isolées à la base par un horizon enrichi de C, Mn fortement durci de 2–8 mm d'épaisseur de Fe (Bb).

Les analyses de laboratoires et des champs ont montrées, que dans le Bb des substances de la surface – en profil – et des pédons situés plus haut – dans le champ – sont déposées. La grande humidification et la mauvaise aération des sols est quandmème attribuée à la distribution défavorable des grandeurs poreuses et à la capacité des surfaces (Ae–Aeg) de conduire de l'eau.

Der Wasserhaushalt von Pseudogleyen unter Grünlandnutzung in verschiedenen Klimabezirken Bayerns

Von O. *Wittmann*[*])

Eine sichere Beurteilung des Wasserhaushalts von Pseudogleyen allein nach den Hydromorphiemerkmalen und dem Profilaufbau ist nicht möglich. Selbst bei systematischer Typisierung der Merkmale staunasser Böden bleibt die darauf gestützte hydroökologische Beurteilung problematisch (7). Die besten Beziehungen sind noch innerhalb einer begrenzten, klimatisch und vom Bodenausgangsmaterial her einheitlichen Landschaft zu erwarten. Der ökologische Vergleich von Pseudogleyen verschiedener Bodenlandschaften läßt sich hingegen nur mit Hilfe aufwendiger langjähriger Meßreihen des Ganges der Bodenfeuchte gegen nur mit Hilfe aufwendiger langjähriger Meßreihen des Ganges der Bodenfeuchte (vgl. (1)) oder mit Hilfe der Vegetation anstellen. Die Beurteilung durch Pflanzengesellschaften maligen Untersuchung gleich einen Mittelwert zu liefern. Auf diese Weise wurden 103 wiesengenutzte Pseudogley-Standorte in verschiedenen Klimabezirken Bayerns hinsichtlich des durchschnittlichen pflanzenwirksamen Wasserhaushaltes charakterisiert. Die Beurteilung erfolgte mit dem in Abbildung 1 wiedergegebenen Schema (9) nach Ermittlung des jeweiligen Anteils von Trocken-, Frische- und Feuchte- bzw. Nässezeigern an den einzelnen Beständen[1]). Maßgeblich waren dabei die Feuchtezahlen nach *H. Ellenberg* (5).

Ein Vergleich von Bodenfeuchtemeßreihen des Deutschen Wetterdienstes in Würzburg (2) und aus der Literatur (8, 1) mit den nach dieser Einteilung für die Meßorte ermittelten oder geschätzten ökologischen Feuchtegraden brachte erste Hinweise, daß sich im prozentualen Anteil von Trocken-, Frische- und Feuchte- bzw. Nässezeigern eines Wiesenbestandes die langjährige Dauer von Trocken-, Frisch- und Feucht- bzw. Naßphasen[2]) in den obersten 2 bis 3 dm des Bodenprofils während der Hauptwachstumsmonate Mai bis August (also ihre Dauer unter den Bedingungen der langjährig mittleren Niederschläge) gleichermaßen prozentual widerspiegelt. Durch die Möglichkeit einer solchen Betrachtungsweise wird die Aussage der nachfolgenden Ergebnisse insbesondere für den Bodenkundler wesentlich erweitert.

Bei den untersuchten Böden handelt es sich um Pseudogleye vergleichbaren morphologischen Ausbildungsgrades mit lehmig-sandigen bis schluffig-lehmigen S_w-Horizonten und tonig-lehmigen bis tonigen S_d-Horizonten aus Substraten des Keupers, des Lias und des Doggers, aus Löß- und Decklehmen sowie aus Jungmoränenablagerungen. Zum Vergleich werden nicht hydromorph geprägte Böden (51 Standorte) in wenig entwässerter ebener, schwach muldiger oder Hangfußlage herangezogen (Pelosole, Kalkhaltige Pelosole, Pelosol-

[*]) Bayerisches Geologisches Landesamt, München 22, BRD

[1]) Zur Angleichung an die ökologischen Feuchtegrade in der Kartieranleitung der Geologischen Landesämter und in der DIN 4220 wurde das bisherige Dreieck etwas abgeändert und „feucht" in „mäßig feucht" sowie „sehr feucht" in „feucht" umbenannt

[2]) Verwendete Einteilung: trocken pF $>$ 3,85, frisch pF 3,85–2,8, feucht, naß pF $<$ 2,8

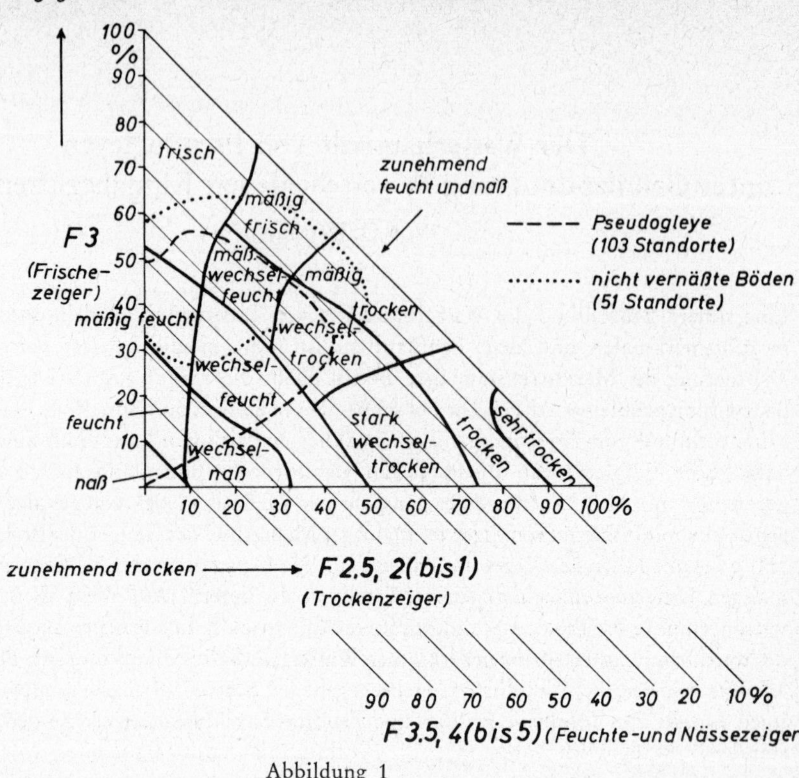

Abbildung 1

Braunerden, Braunerden aus Deckschichten über tonigem Unterboden, Parabraunerden aus Decklehmen).

Die bearbeiteten Landschaften lassen sich nach ihren mittleren Trockenheitsindizes folgendermaßen ordnen:

A. Steigerwaldvorland und Steigerwald (Blattgebiete Iphofen, Scheinfeld. Wiesentheid) mit Trockenheitsindizes von 30–35 noch trocken (Jahresniederschläge 600–650 mm, Jahrestemperaturen 7 – > 8 °C) [3]).

B. Mittelfränkisches Sandsteinkeuperbecken und Albvorland (Blattgebiete Ansbach Süd, Hilpoltstein) mit Trockenheitsindizes von 35–40 Übergangsgebiet von trocken nach mäßig feucht (Jahresniederschläge 600–750 mm, Jahrestemperaturen 7–8 °C).

C. Südbayerisches Moränen- und Schottergebiet (Blattgebiete Landsberg a. Lech und Markt Schwaben) mit Trockenheitsindizes von 50–70 feucht bis sehr feucht (Jahresniederschläge 800–1000 mm, Jahrestemperaturen 7–8 °C).

Ergebnisse

Die gesamte hydroökologische Streubreite aller untersuchten Standorte geht – getrennt nach Pseudogleyen und nicht hydromorph geprägten Böden – aus der Abbildung 1 hervor.

---

[3]) Alle Klimaangaben nach Klimaatlas von Bayern 1952

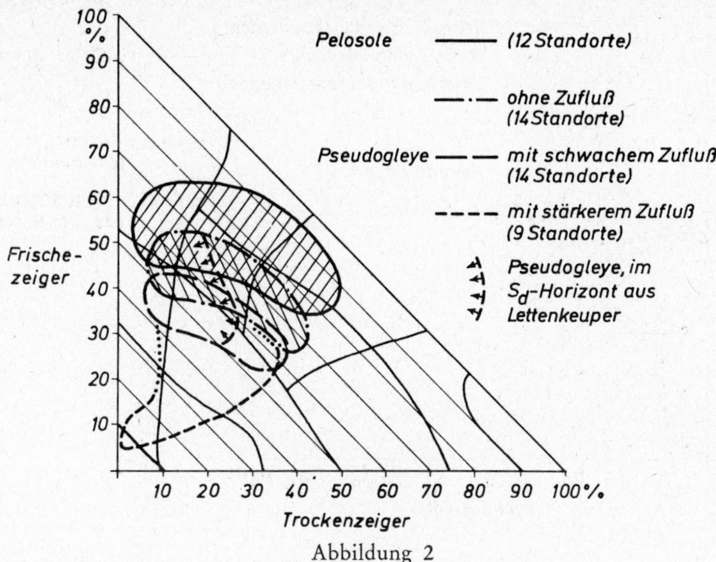

Abbildung 2

Im Klimabezirk A (Abb. 2) bestehen alle Standorte zumindest im Unterboden aus Tonsteinverwitterung des Gips- und Lettenkeupers. Die Böden ohne Nässemerkmale (Pelosole und Kalkhaltige Pelosole) bieten je nach Lage und Exposition (Ebene, Hangfuß oder Mulde) mäßig trockene, mäßig frische, frische, mäßig wechselfeuchte oder wechseltrockene Bedingungen.

Pseudogleye ohne seitlichen Zufluß liegen im mäßig wechselfeuchten und wechseltrockenen Bereich; dabei zählen die wechseltrockenen, auf Gipskeuper (50–60 % Ton, 20–30 % Schluff im S_d-Horizont) beschränkten, zu denen mit den längsten Trockenphasen in Bayern überhaupt. Bei den Pseudogleyen aus Lettenkeuper (50–60 % Ton, 30–40 % Schluff im S_d-Horizont) kommt es nicht zu Wechseltrockenheit. Eine Erklärung dafür bietet der höhere Schluffanteil im S_d-Horizont. Ein Einfluß größerer nutzbarer Feldkapazität der lehmigen S_w-Horizonte auf die Verringerung des Trockenheitsgrads war zu vermuten. Zu den aus Bodenart und Humusgehalt errechneten Werten ergaben sich jedoch keine Beziehungen.

Seitlicher Wasserzuschuß bedingt im Trockengebiet starke Veränderungen. Schon bei schwachem Zufluß stellen sich mäßig feuchte und wechselfeuchte Verhältnisse ein. Bei zunehmend stärkerer Wasserzufuhr entstehen wechselnasse, feuchte, im Extrem sogar nasse Pseudogleye. Wasserzustrom an der Oberfläche und in Deckschichten verlängert somit die Feucht- und Naßphasen auf Kosten der Trocken- und der Frischphasen.

Auch die etwas höhere Klimafeuchtigkeit im Bezirk B (Abb. 3) bringt eine deutliche Verschiebung des Bodenwasserhaushalts in den feuchteren Bereich mit sich. Die primäre Klimawirkung ist dabei im Abbau der Trockenphasen zu sehen. Pelosole, Kalkhaltige Pelosole und Braunerden mit tonigem Unterboden aus Tonen des Sandsteinkeupers und des Jura erweisen sich vorherrschend als mäßig feucht, wechselfeucht und zum Teil als frisch. Auch die Pseudogleye aus Tonen des Lias und Doggers (50–60 % Ton, 30–40 % Schluff im S_d-Horizont; Blatt Hilpoltstein), (10) stellen bei vergleichbarer Materialbeschaf-

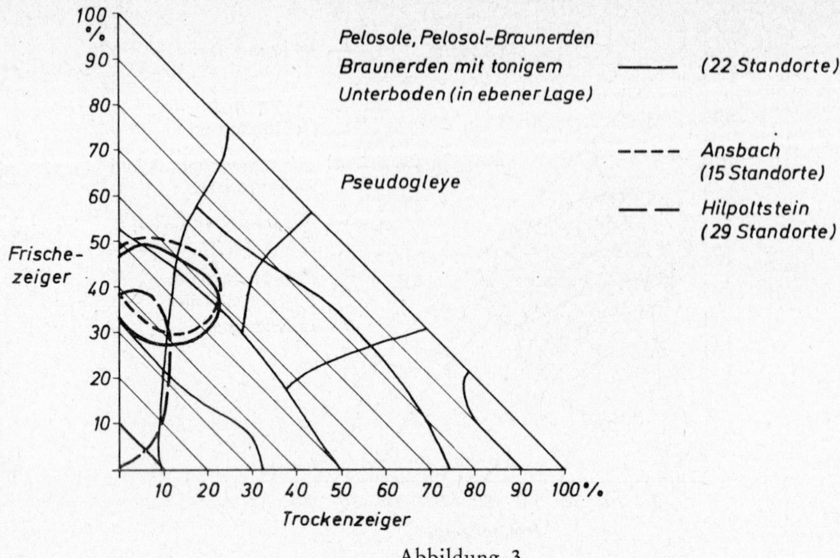

Abbildung 3

fenheit der Vegetation mehr Wasser zur Verfügung als die des Lettenkeupers. Austrocknung macht sich offensichtlich kaum bemerkbar, denn ihre hydroökologische Streubreite reicht von mäßig feucht über feucht bis naß bei stärkerem seitlichem Zufluß.

Anders verhalten sich die Pseudogleye alter Landoberflächen aus schluffreichen Deckschichten über tonig-sandiger bis lehmig-toniger Sandsteinkeuperverwitterung (30–45 % Ton, [20–]30–45 % Schluff im S_d-Horizont; Blatt Ansbach Süd), (3). Ihr Feuchtegrad umfaßt die Stufen mäßig feucht und wechselfeucht und reicht auch noch nach frisch und mäßig wechselfeucht hinein. Somit stimmen diese Böden im Wasserhaushalt mit den oben angeführten nicht hydromorph geprägten des Klimabezirkes B weitgehend überein. Der Grund dafür ist darin zu suchen, daß die ausgeprägten Staunässemerkmale teilweise fossil sind und daß unter dem S_d-Horizont oft durchlässigere sandige Schichten folgen.

Im Klimagebiet C (Abb. 4) sind für Parabraunerden aus würmzeitlichen Decklehmen über Rißmoränen in weitgehend ebener Lage frische bis mäßig wechselfeuchte (bei 30–40 % Ton und 40–50 % Schluff im B_t-Horizont; Blatt Landsberg), (4) und frische bis mäßig feuchte Verhältnisse (bei 20–30 % Ton und 60–70 % Schluff im B_t-Horizont; Blatt Markt Schwaben), (6) kennzeichnend. Die Pseudogleye des schluffreichen Decklehms (20–30 % Ton, 60–70 % Schluff im S_d-Horizont; Markt Schwaben) sind als mäßig feucht anzusprechen. Auf Blatt Landsberg gibt es auf der Altmoräne keine Pseudogleye. So wurden solche aus schluffreichen Jungmoränenablagerungen (40–50 % Ton, 30–40 % Schluff im S_d-Horizont, in 4–9 dm Tiefe kalkhaltig) zum Vergleich herangezogen. Sie geben frische, mäßig feuchte und wechselfeuchte Standorte ab.

Trotz wesentlich höherer Klimafeuchtigkeit liegen die Pseudogleye hydroökologisch im gleichen Bereich wie die des Klimagebietes B. Die Tendenz in Richtung zum nassen Standort ist sogar geringer. Im Vergleich zu den tonigen Böden des Bezirkes B werden die größeren Niederschlagsmengen des Bezirks C durch die lehmige Beschaffenheit der

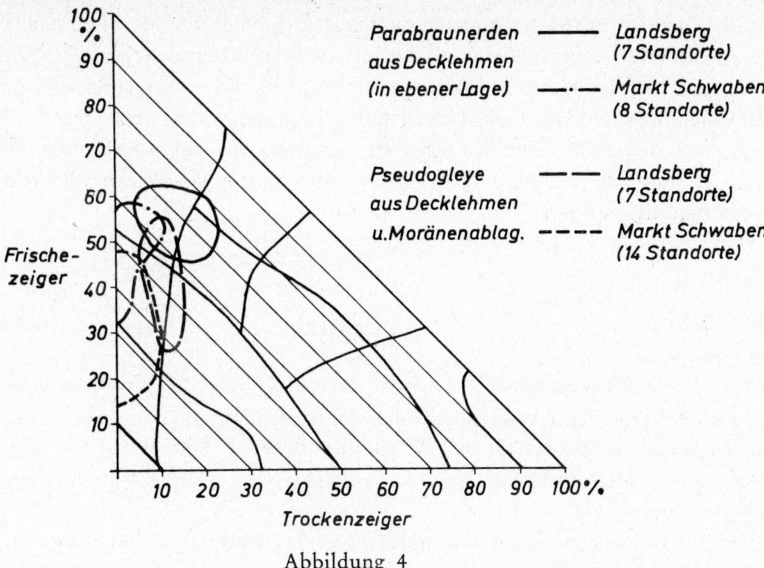

Abbildung 4

Böden offensichtlich kompensiert. Zusätzlich bestehen noch auffallende Unterschiede innerhalb des Klimabezirks C in der Form, daß sowohl Pseudogleye als auch Parabraunerden auf Blatt Markt Schwaben eindeutig feuchter sind. Hier bedeutet höherer Schluffgehalt vermehrte pflanzenwirksame Bodenfeuchtigkeit und allgemein stärkere Staueigenschaften der gesamten Lehmdecke.

Die aufgezeigten großen ökologischen Unterschiede innerhalb der Pseudogleye können bei einer Regulierung des Wasser- und Lufthaushaltes im Falle der Ackernutzung nicht unberücksichtigt bleiben. Die folgenden Gedanken mögen dazu einige Anregungen geben. Durch die standortskundliche Auswertung von Landessortenversuchen in Nordbayern konnten für eine Reihe von Feldfrüchten diejenigen mittleren Feuchtegrade (beurteilt auf der Basis der Einteilung in Abbildung 1, die gleichermaßen für Äcker gültig ist) ermittelt werden, bei denen diese ihre optimalen Erträge bringen: frisch für Winterweizen, Sommerweizen und Wintergerste, mäßig frisch für die meisten Kartoffelsorten, für sehr stärkereiche frisch bis mäßig feucht. In Richtung mäßig trocken oder mäßig feucht und wechselfeucht fallen die Erträge allgemein ± stark ab. Die Sommergerstenerträge liegen bei frisch, mäßig frisch und mäßig trocken auf etwa gleichem Niveau (10). Daraus folgt, daß als Meliorationsziel der frische (bis mäßig frische) Standort zu gelten hat. Um dorthin zu gelangen, müssen bei mäßig feuchten, feuchten und nassen Pseudogleyen zunehmende Wassermengen abgeführt werden. Das gleiche trifft für wechselfeucht zu, jedoch sind hier bereits Trockenperioden während der Vegetationszeit zu beseitigen. Bei den wechseltrockenen Pseudogleyen nehmen die Trockenphasen im Vorsommer und im Sommer schon einen so großen Raum ein, daß auch die Frühjahrswasserüberschüsse des Durchschnittsjahres kaum ausreichen, um sie in Frischphasen überzuführen. Durch Entwässerung entsteht bestenfalls ein mäßig trockener Standort. Wasserverteilende und -ausgleichende Maßnahmen – zeitlich und vom Profil her gesehen – sind hier angebracht. Der mäßig wechselfeuchte Standort ist ausgeglichener; nur geringe Korrekturen in ähnlicher Richtung sind notwendig.

Wenn in Dränversuchen in klimatrockeneren Gebieten die am stärksten entwässerten Parzellen oft keine höheren Erträge bringen als die unbehandelten, so deshalb, weil mehr oder weniger wechselfeuchte Standorte in mäßig trockene etwa gleicher Leistungsfähigkeit umgewandelt wurden. Der beste Beweis dafür liegt dann vor, wenn zugleich das Ertragsoptimum auf den nicht oder nur schwach entwässerten, tief gelockerten Flächen erzielt wird. In Jahren mit trockener Witterung werden solche Tendenzen verstärkt, in niederschlagsreichen abgemildert.

Literatur

1. *Blume, H. P.*: Stauwasserböden. – Arb. d. Univ. Hohenheim, **42,** Stuttgart 1968.
2. Deutscher Wetterdienst, Agrarmeteorologische Beratungsstelle Würzburg-Stein: Agrarmeteorologischer Monatsbericht für den Würzburger Raum. – Würzburg 1968–1970.
3. *Diez, Th.*: Erläuterungen zur Bodenkarte von Bayern 1 : 25 000 Blatt Nr. 6729 Ansbach Süd. – München 1966.
4. *Diez, Th.*: Erläuterungen zur Bodenkarte von Bayern 1 : 25 000 Blatt Nr. 7931 Landsberg a. Lech. – München 1967.
5. *Ellenberg, H.*: Vegetation Mitteleuropas mit den Alpen. – Einführung i. d. Phytologie 4/2, Stuttgart 1963.
6. *Rückert, G.*: Erläuterungen zur Bodenkarte von Bayern 1 : 25 000 Blatt Nr. 7837 Markt Schwaben. – München 1967.
7. *Thiere, J.*, und *H. Morgenstern*: Albrecht Thaer Archiv **14,** 5, Berlin 1970.
8. *Wieners, K. A.*: Z. f. Acker- u. Pflanzenbau **106,** Berlin 1958.
9. *Wittmann, O.*: Bayer. Landw. Jahrb. **8,** München 1969.
10. *Wittmann, O.*: Erläuterungen zur Bodenkarte von Bayern Blatt Nr. 6833 Hilpoltstein. – München 1971.

Zusammenfassung

Pseudogleye mit langen regelmäßigen Trockenphasen während der Vegetationszeit (wechseltrocken) sind nach den Untersuchungen an relativ trockenes Klima (Trockenheitsindex < 35) gebunden. Höhere Klimafeuchtigkeit bewirkt primär einen Abbau der Trockenphasen, offensichtlich mehr zu Gunsten der Feucht- als der Frischphasen, vergleichbares Substrat vorausgesetzt (vorherrschender Feuchtegrad mäßig feucht; Modifikationen durch Unterschiede im bodenartlichen Profilaufbau). Zunehmender seitlicher Wasserzufluß verändert die hydroökologischen Verhältnisse nach wechselfeucht → wechselnaß → feucht (→ naß) im Trockengebiet, nach feucht → naß unter feuchteren Klimabedingungen. Einer Verlängerung der Feucht- und Naßphasen steht eine eindeutige Minderung der Frisch- und gegebenenfalls der Trockenphasen gegenüber. Aus all dem läßt sich ableiten, daß die hydroökologische Streubreite von Pseudogleyen mit zunehmender Klimafeuchtigkeit enger wird.

Bei einer Regelung des Wasser- und Lufthaushalts in der für Ackernutzung anzustrebenden Richtung zum frischen (bis mäßig frischen) Standort bedürfen mäßig wechselfeuchte und wechseltrockene Pseudogleye nur schwacher oder keiner Entwässerung, dafür wasserverteilender und ausgleichender Maßnahmen.

Summary

Pseudogleys with extended regular dry phases during the growing season (alternating dry) are associated with relatively dry climates (dryness index <35). A wetter climate primarily causes reduction of the dry phases, apparently rather in favour of the humid than of the fresh phases, provided there is comparable substratum (predominant degree of humidity, modifications due to differences in the profile structure of the nature of the soil). Increased lateral water inflow changes the hydroecological conditions after alternate humid → alternate wet → humid (→ wet) in the dry area, after humid → wet under wetter climatic conditions. Prolonged humid and wet phases are opposed by a definite curtailment of the fresh, and in certain cases, of the dry phases. From this it can be deduced that the hydro-ecological distribution of pseudogleys will decrease with increasing climatic humidity.

In regulating the water and air toward a fresh (up to medium fresh) environment which is the target for agricultural utilisation, moderately alternating humid and alternating dry pseudogleys need little or no drainage; instead water distribution and equalisation are needed.

Résumé

Les pseudogleys avec de longues et régulières phases de sécheresse pendant la végétation (sécheresse alternante) sont liés, d'après les analyses, à un climat relativement sec. (Index de sécheresse <35). Une humidité plus élevée du climat cause surtout une réduction des phases de sécheresse, évidemment plus en faveur des phases d'humidité, que des phases fraîches, pourvu que le substratum soit comparable (degré prédominant d'humidité modéré; modifications liées à de différences dans la composition texturale du sol).

Une augmentation de l'apport latéral de l'eau change les proportions hydroécologiques en direction d'humide-variable → variable → humide (→ saturé) dans les régions sèches, envers humide → saturé, sous des conditions de climat plus humides. A une prologation des phases humides et des phases saturées s'oppose une réduction nette des phases fraîches, et le cas échéant des phases de sécheresse. On peut déduire de tout cela, que l'amplitude de la distribution écologique des pseudogleys devient de plus en plus étroite avec l'humidité croissant du climat.

Afin de régulariser l'économie de l'eau et de l'air en vue de l'utilisation agricole et pour obtenir un milieu humide, mais sans excès, les pseudogleys à phases alternantes humides et sèches, ne sont guère améliorés par le drainage mais ils réclament des mesures tendant à égaliser la distribution de l'eau.

Report on topic 3.2: Regime of Hydromorphic Soils

By *F. F. R. Koenigs* *) and *G. H. Bolt* *)

The papers to be summarized may be divided into two groups. In the first group the main emphasis is placed on statistical comparison between the moisture regimes of pseudo-gley and related soils. In the second group of papers more attention is paid to watermovement in profiles where reduction may have occurred or is likely to occur. Starting with the first group it is of interest to mention that each author has used different methods of analysis.

Resulovic et al., investigating primary pseudo-gleys, use a double tube gamma ray method for following the moisture content with time and depth. Though authors voice some doubt about the validity of their measurements in the surface layer, their results seem quite plausible. If a permeable toplayer overlies a poorly permeable subsoil, then the upper part of the impermeable layer should remain saturated longest of all. The result is that in these soils the layer from 25—50 cm has a matric suction less than 0.3 bar during 80 % of the year of measurement.

Troll et al., compare the gravimetric moisture content of a very deeply drained gley soil with that of a gley soil with the watertable at about — 90 cm. In their particular case the influence of depth of groundwatertable shows up only at depths below 50 cm, the upper layer being rather insensitive towards depth of groundwater. Nevertheless the transpiration of sugarbeets is higher for the system with high watertable which, no doubt, is caused by capillary rise. Calculated waterbalances, using evaporation according to Haude, give a reasonable check with measured moisture content in the case under investigation.

Thomasson assesses the moisture regime of surface-water gleys, gleyed calcareous soils and gleyed brown earths measuring the watertable. The results are expressed as "days with watertable higher than — 30 c. q. — 60 cm", and are related to the effective rainfall (Re), i. e. actual rainfall minus potential evaporation during the summer. Though the choice of the last parameter is subject to some doubts, statistical treatment reveals that this relation differs significantly for surfacewater gleys and gleyed brown earths. With the first there is an increase of "wet days" with Re, for the latter not. Venturing into pedology we suggest that the permeability of the gleyed brown earth profiles is positively correlated with the local Re-value as, otherwise a different profile should have developed on the sites with high Re. As expected, drainage helps to decrease the number of "wet days" (with watertable above — 30 cm) of the surface-water gleys.

Wittmann assesses the hydro-ecology of pseudo-gleys and surrounding soils under the same climate by determining the plant species present. This analysis provides an indication of the moisture status during the growing season, as averaged over many years.

*) Labor für Agrikulturchemie, Abt. Bodenchemie und Bodenphysik, Landwirtschaftliche Hochschule, Wageningen, Niederlande.

The results indicate on one hand that pseudo-gleys and surrounding non-gleyed soils often still have the same moisture regime. In sites with a high proportion of "wettness-indicator species", however, only pseudo-gleys are found. The agriculture consequences of the above for different crops are discussed.

The second set of papers deals with soil-water movement.

Sunkel tries to measure the velocity of capillary rise by measurement of the flow velocity through a ceramic plate in contact with the soil- a known suction being applied through the plate. He correctly criticizes this method which, although it might give some indication of the availability of water to plant roots, does not yield information as to whether the removed water is derived from the immediate environment or perhaps comes from the groundwater.

Stahr tries to determine whether a thin iron pan underlying a pseudogley hampers the water movement and gas exchange.

The permeability measurements indicate that in most cases water movement is not restricted by the iron pan but by the gleyed horizon, which is water saturated the year round.

Renger et al., investigate the water and air regime in löss derived soils, They pay special attention to the influence of the depth of the watertable and the presence of coarse textured deeper layers. The most important results are that shortly after cessation of rain, the matric suction at the surface is higher with increasing groundwater depth and that a sand layer above the ground-water retards the establishment of the equilibrium profile. For the drying case the capillary rise corresponding to different values of upward flux is constructed with the aid of unsaturated conductivity data up to a matric suction of 1 bar. For sand the capillary rise becomes allready limited to a small value for very small values of upward flux. Loam or clay overlying such a sand will thus become effectively separated from the ground-water once the ground-water table sinks below a depth within the sand layer equal to its small value of capillary rise. So a sandy subsoil with a deep groundwater table will, in the wet season, usually exhibit moisture contents in the loamy topsoil in excess of the equilibrium values. In contrast it may effectively prevent capillary ascent towards the topsoil in the dry season.

In addition to the above remarks, directed specifically towards the papers presented at this meeting, we should like to make a few comments of a more general nature.

It was a good idea, it seems to us, of the organizing Committee to invite a few stray soil physicists to participate in this meeting of sections V & VI. At the same time, we must admit, we have sometimes felt a bit like the odd men out. We gather, the effect would be the same for a lonely soil surveyor present in a meeting of section I. We better face up to the fact that the daily preoccupations of members of these different groups are mutually diverse to such a degree that communication often becomes difficult. We in soil physics are primarily concerned with "the" process of transport in soils, looking for physically well-defined parameters, which allow us to interpret unambiguously some, often rather simple, phenomena that do occur, or at least might occur, in soils. It must be admitted that in doing so, there is a tendency among soil physicists to value scientific integrity to such a degree, that we often rather talk clearly about idealized situations, than indulge in vague guesses about what might be going on in a particular practical case, for which a sufficient knowledge of the mentioned relevant parameters is lacking. At a moment that a reappraisal of the merits of scientific research seems rather urgent, a restoration of contacts between the people in the field, who are faced with the most complex systems, and those who are used to think in terms of fairly idealized situations seems long overdue.

Against this background the present attempt towards a confrontation of the two groups was a good start, but lest this effort was in vain we should like to urge all concerned to build out this confrontation towards contacts in depth, well beyond the simple establishing of the fact that these groups at present are more or less transmitting on a different wave length.

In addition to the present start here in Hohenheim we should like to mention to you that the American Soil Science Society in their meetings of this August arranged for a special symposium on the "Field Soil Moisture Regime" where amongst others *Dr. Klute* presented a review of "the state of the art", which comments, according to eye witnesses, on these difficulties arising from the absence of an insight into the values of the relevant parameters under field conditions. In the second place we might refer to some remarks made by *Dr. Zaslavski* at the recent ISSS meetings in Israel, stressing the possible importance of the variability of these parameters in time and in position in addition to their mean value. This might serve as a warning against an all-out effort to obtain mean values in the field and then apply our theories without paying attention to the fact that limitations with respect crop growth could be dominated by extreme values rather than by the mean values.

Let us finish with expressing the hope that in the near future we actively indulge in cooperation between the different branches of soil science.

Einfluß der O_2-Versorgung der Wurzeln auf Mineralstoffaufnahme und Pflanzenwachstum

Von *H. Marschner**)

Hydromorphe Böden sind dadurch charakterisiert, daß in bestimmten Bodentiefen entweder permanent (Gley) oder periodisch (Pseudogley) das gesamte Porenvolumen mit Wasser gefüllt ist. Die Behinderung des Pflanzenwachstums auf vielen Böden dieser Art ist stark, jedoch nicht als Folge von Wasserüberschuß (vgl. das sehr gute Pflanzenwachstum in Hydroponik), sondern infolge eines gehemmten Gasaustausches von O_2/CO_2. Der schlechte Gasaustausch bei hohem Wassergehalt des Bodens kommt dadurch zustande, daß die O_2-Diffusion in der Gasphase 10^4 mal rascher erfolgt als in der wäßrigen Phase. In Tabelle 1 sind zunächst übersichtsmäßig diese Beziehungen dargestellt. Die O_2-Diffusionsrate nimmt mit zunehmender Bodentiefe zwar in jedem Fall ab, sie sinkt jedoch drastisch im Bereich des kapillaren Aufstieges des Grund- bzw. Stauwassers. Dies ist auch der Bereich, in den die Wurzeln der meisten Pflanzenarten bereits nicht mehr eindringen (s. u.). Bei niedrigen O_2-Diffusionsraten im Boden ist dementsprechend das Pflanzenwachstum stark beeinträchtigt. Natürlich handelt es sich dabei um einen Summeneffekt verschiedener Faktoren; bei verschieden hohem Wasserspiegel des Bodens wird nicht nur die O_2-Diffusionsrate beeinflußt, sondern damit auch der durchwurzelbare Raum verändert, und als Folge davon die Möglichkeit zur Nährstoffaufnahme, die Bodentemperatur usw. In der folgenden Übersicht soll näher auf einige Einzelfaktoren eingegangen werden, die für die Summenwirkung: gehemmter Gasaustausch hydromorpher Böden → gehemmtes Pflanzenwachstum verantwortlich sind.

Tabelle 1

Beziehung zwischen Tiefe des Grundwasserspiegels, O_2-Diffusionsrate ($g \times 10^{-8}$ cm/min) im Boden und Relativerträgen bei Sojabohnen (40)

Bodentiefe in cm	O_2-Diffusionsrate bei Grundwasserspiegel von 45 cm	30 cm	O_2-Diffusionsrate	Relativerträge
5	11,5	28,0	24	85
15	3,5	17,5	19	100
25	2,5	7,5	15	86
35	2,0	3,5	10	67
45	2,0	3,5	5	47

*) Institut für Pflanzenernährung d. Techn. Universität Berlin

Tabelle 2

Beziehung zwischen O_2-Partialdruck in der Nährlösung und relativer P- und K-Aufnahme sowie K/Na-Verhältnis in Sprossen von Tomatenpflanzen (17)

O_2-Partialdruck %	Aufnahme Phosphat	Aufnahme Kalium	K/Na in den Sprossen
21	100	100	50,8
5	56	75	39,4
0,5	30	37	26,5

Mineralstoffaufnahme

Auf Grund der engen Zusammenhänge zwischen dem Atmungsstoffwechsel höherer Pflanzen und der Mineralstoffaufnahme wird bei O_2-Mangel im Substrat die Mineralstoffaufnahme sofort beeinträchtigt. Bei Verminderung des O_2-Partialdruckes von 21 % sinkt die Mineralstoffaufnahme zunächst nur wenig, unter 10 % stärker und unter 5 % drastisch ab. Dies zeigt sich z. B. bei dem in Tabelle 2 dargestellten Versuch über die Aufnahme von Kalium und Phosphat.

Bei Absinken des O_2-Partialdruckes wird jedoch die Aufnahme der einzelnen Mineralstoffe nicht in gleichem Maße beeinträchtigt. Das bekannteste Beispiel hierfür ist der Vergleich zwischen Kalium und Natrium; bei sinkendem O_2-Partialdruck wird die Kaliumaufnahme stärker gehemmt als die Natriumaufnahme, das K/Na-Verhältnis verschiebt sich somit in den Pflanzen zugunsten von Natrium (Tab. 2).

Diese Verschiebung des Mineralstoffverhältnisses in den Pflanzen in Abhängigkeit von der O_2-Versorgung der Wurzeln läßt sich nicht nur in Wasserkulturversuchen, sondern auch in Böden nachweisen, wie ein Beispiel bei *Citrus sinensis* zeigt (Tab. 3). Dabei kommt auch zum Ausdruck, daß diese Verschiebung des Mineralstoffverhältnisses nicht auf das Kationenpaar K/Na beschränkt ist, sondern auch beim Vergleich Phosphat/Chlorid auftritt. Allgemein läßt sich bei O_2-Mangel ein Absinken der Aufnahmerate der Nährstoffionen feststellen, während die Aufnahmerate der sogenannten Ballastionen wie Natrium und Chlorid nicht absinkt oder sogar zunimmt. Die Erklärung hierfür liegt darin, daß

Tabelle 3

Einfluß des O_2-Partialdruckes im Boden auf Trockengewicht und Mineralstoffgehalt der Sprosse von Citrus sinensis (20)

O_2-Partialdruck in mm Hg	Trockengewicht der Sprosse in g	Mineralstoffgehalt in mg K	P	Na	Cl
152	17,0	244	17	4	29
13	17,0	202	15	13	30
0,3	11,0	142	9	11	39

Tabelle 4

Einfluß des Na-Sättigungsgrades eines Bodens und des Zusatzes von Vama („Bodenverbesserungsmittel“ Vinylacetat Maleinsäure) auf Wachstum und Na/K-Verhältnis in Luzernepflanzen (5)

Na-Sättigungs-grad in %	Zusatz	Sproß-Trocken-substanz in g	Gehalt in mval/100 g TS K	Na	K/Na
15,2	0,2 % Vama	10,9	67,0	11,8	5,7
	—	11,0	70,5	19,4	3,6
39,3	—	5,4	56,9	50,8	1,1
	0,2 % Vama	9,8	61,1	27,4	2,2

Atmungsenergie bevorzugt aufgenommen werden, bei O_2-Mangel diese Bevorzugung oder Selektivität abnimmt und somit die Ballastionen relativ stärker aufgenommen werden. Eine zweite, insbesondere für das Natrium diskutierte Möglichkeit ist die Existenz einer Effluxpumpe, die Natrium aus den Zellen wieder unter Aufwendung von Atmungsenergie herauspumpt (31), bei O_2-Mangel somit die Natriumaufnahme ansteigt.

Gerade dieser Gesichtspunkt der abnehmenden Selektivität bei O_2-Mangel im Boden gewinnt heute sehr große Bedeutung, da z. B. auf Böden mit höherem Natriumsättigungsgrad häufig infolge schlechter Bodenstruktur auch O_2-Mangel im Boden herrscht, die Natriumaufnahme dementsprechend im Verhältnis zu Kalium hoch ist und das Pflanzenwachstum dadurch stark beeinträchtigt wird.

Dies geht aus dem folgenden Beispiel hervor (Tab. 4). Allein der Zusatz eines Bodenverbesserungsmittels wirkt hier auf dem Wege über Verbesserung des Gasaustausches in Richtung auf Erweiterung des K/Na-Verhältnisses in den Pflanzen. Es wäre allerdings bei derartigen Versuchen im Boden zu einseitig, diese erhöhte Selektivität ausschließlich im Zusammenhang mit der erhöhten Atmungsrate der Wurzeln zu sehen, dem verbesserten Wurzelwachstum (16) kommt dabei ebenfalls eine große Bedeutung zu (s. u.).

Verfügbarkeit der Mineralstoffe

Eine Verschiebung des Mineralstoffverhältnisses in den Pflanzen bei O_2-Mangel im Boden als Folge von Wasserüberschuß kann aber auch mit Veränderungen in der Pflanzenverfügbarkeit der Mineralstoffe zusammenhängen und ist von besonderer ökologischer Bedeutung. Das bekannteste Beispiel hierfür ist die Erhöhung der Pflanzenverfügbarkeit von Mangan und Eisen bei absinkendem Redoxpotential im Boden. Insbesondere wegen der Schwerlöslichkeit stehen die höherwertigen Mangan- und Eisenverbindungen den Pflanzen zur Aufnahme praktisch nicht zur Verfügung. Die Aufnahme erfolgt vielmehr – wenn von der Aufnahme in Chelatform abgesehen wird – vorwiegend in der reduzierten Form als Mangan^{+2}- bzw. Eisen^{+2}-Ionen. Absinken des O_2-Partialdruckes im Boden, normalerweise die Nährstoffionen aus einem Ionengemisch unter Aufwendung von z. B. bei Wasserüberschuß, erhöht somit die Pflanzenverfügbarkeit dieser beiden Nährstoffe, insbesondere an Mangan. Das Redoxpotential im Boden sinkt vor allem dann ab, wenn sich viel zersetzungsfähige organische Substanz im Boden befindet (Tab. 5).

Tabelle 5

Einfluß der Überstauung eines Bodens und von organischer Substanz auf das Redoxpotential und die Konzentration an Mangan und Eisen in der Bodenlösung (22)

Tage nach der Überstauung	ohne organische Substanz Redoxpotential E_H mV	ppm Mn	ppm Fe	mit organischer Substanz Redoxpotential E_H mV	ppm Mn	ppm Fe
1	+490	0,4	0,6	– 10	0,6	1,2
4	+490	0,6	0,5	+110	6,5	1,8
7	+550	0,1	0,7	+220	4,5	1,1

Es läßt sich immer wieder nachweisen, daß an dieser Reduktion von Mangan und Eisen Bodenmikroorganismen in entscheidendem Maß beteiligt sind und deshalb nach Zufuhr von organischer Substanz und entsprechend hoher bodenbiologischer Aktivität der O_2-Partialdruck und das Redoxpotential bei gehemmtem Gasaustausch rasch absinken.

Diese Erhöhung der Pflanzenverfügbarkeit von Mangan und Eisen mit absinkendem Redoxpotential des Bodens hat durchaus positive Aspekte, sofern die dadurch freigesetzten Mengen an diesen beiden Schwermetallen nicht zu groß sind. Vermutlich ist ein niedriges Redoxpotential zumindest in Mikrobereichen von Böden mit höheren pH-Werten überhaupt eine wichtige Voraussetzung für eine ausreichende Versorgung der Pflanzen mit Mangan und Eisen. Sehr häufig wird jedoch bei starkem Absinken des Redoxpotentials im Boden insbesondere die Manganverfügbarkeit derart erhöht, daß starke Wachstumsdepressionen und Manganvergiftungen der Pflanzen infolge zu hoher Manganaufnahme auftreten; diese Gefahr ist besonders bei niedrigem pH-Wert des Bodens ausgeprägt (Tab. 6).

Demgegenüber tritt bei niedrigem Redoxpotential Toxizität infolge überschüssiger Eisenaufnahme bei den meisten Kulturpflanzen seltener auf, vermutlich weil die Reduktion des Mangans leichter erfolgt als die von Eisen (22), und außerdem die meisten Pflanzen sehr viel empfindlicher gegenüber Manganüberschuß sind. Eine Ausnahme bildet der Reis, der wahrscheinlich infolge Adaptation eine große Toleranz gegenüber hohen Mangan-

Tabelle 6

Einfluß einer 3-tägigen Überstauung des Bodens auf Ertrag und Mn-Gehalt bei Luzerne (12)

Behandlung g $CaCO_3$	Behandlung Überstauung	pH	Tr. S. g	Mn-Gehalt ppm
0	0	4,7	3,1	426
0	+	4,8	1,2	6067
20	0	7,3	5,7	99
20	+	7,2	3,0	954

Tabelle 7
Beziehung zwischen Wassergehalt des Bodens, Redoxpotential und N_2-Verlust durch Denitrifikation
Modellversuche, 250 g Boden + 50 mg NO_3-N. Versuchsdauer: 15 Tage

Wassergehalt des Bodens in %	Redoxpotential E_H in mV	N_2-Abgabe aus dem Boden in mg
34 (FK)	+ 610	2,1
41	+ 550	3,5
48 (WS)	+ 310	29,5
48 + org. Sbst.	n. b.	49,1

gehalten zeigt, bei dem aber häufiger physiologische Störungen infolge überschüssiger Eisenaufnahme auftreten (30, 36).

Das Absinken des Redoxpotentials im Boden mit Erhöhung des Wassergehaltes kann aber auch die Pflanzenverfügbarkeit eines anderen Nährstoffes beeinträchtigen. Dafür liefern die in letzter Zeit stark beachteten Denitrifikationsvorgänge im Boden ein instruktives Beispiel. Stickstoffverluste durch Denitrifikation spielen offenbar eine größere Rolle im Boden als bisher allgemein angenommen wird (1). Ein Modellversuch von *Meek* et al. (23) liefert dafür ein interessantes Beispiel (Tab. 7).

Bei Wassersättigung des Bodens werden innerhalb von 15 Tagen ca. 60 %, bei gleichzeitigem Vorhandensein von organischer Substanz sogar praktisch 100 % des zugesetzten NO_3-N denitrifiziert und entweichen als N_2. Es ist wahrscheinlich, daß diese Denitrifikationsprozesse besonders in nährstoffreichen, wechselfeuchten Böden mit hoher bodenbiologischer Aktivität eine größere Rolle spielen. Unter Feldbedingungen läßt sich auch wahrscheinlich machen, daß bei einer Nitratverlagerung im Bodenprofil in tiefere Bodenschichten aufgrund des dort herrschenden niedrigeren Redoxpotentials ein großer Anteil denitrifiziert wird und dadurch nicht ins Grundwasser gelangt (23). Dieser Gesichtspunkt hat insbesondere im Zusammenhang mit Fragen der Umwelthygiene und Grundwasserverschmutzung große Bedeutung und zeigt die Fragwürdigkeit, aus einfachen Bilanzberechnungen auf die Anteile der Grundwasserverschmutzung zu schließen. Eine schlechte Bodendurchlüftung und Denitrifikation können also auch positive Seiten haben.

Wurzelwachstum

Ein weiterer wichtiger Aspekt ist die Verbindung zwischen dem O_2-Partialdruck im Boden und dem Wurzelwachstum. Darüber gibt es eine große Zahl von Untersuchungen; zusammenfassende Darstellungen für landw. Kulturpflanzen finden sich z. B. bei *Geisler* (8, 9, 10) und insbesondere für Obstgehölze bei *Weller* (37). Hier sollen diese Zusammenhänge nur an wenigen Beispielen demonstriert werden.

Bei dem absinkenden O_2-Partialdruck im Boden sinkt, bei den einzelnen Kulturpflanzen zwar etwas unterschiedlich, in der Tendenz aber gleich, das Wurzelwachstum vor allem unter 15 % O_2 stetig ab (Abb. 1). In Abwesenheit von Sauerstoff ist das Wurzelwachstum äußerst schwach oder stagniert. Unter normaler Bedingung im Boden muß man dabei

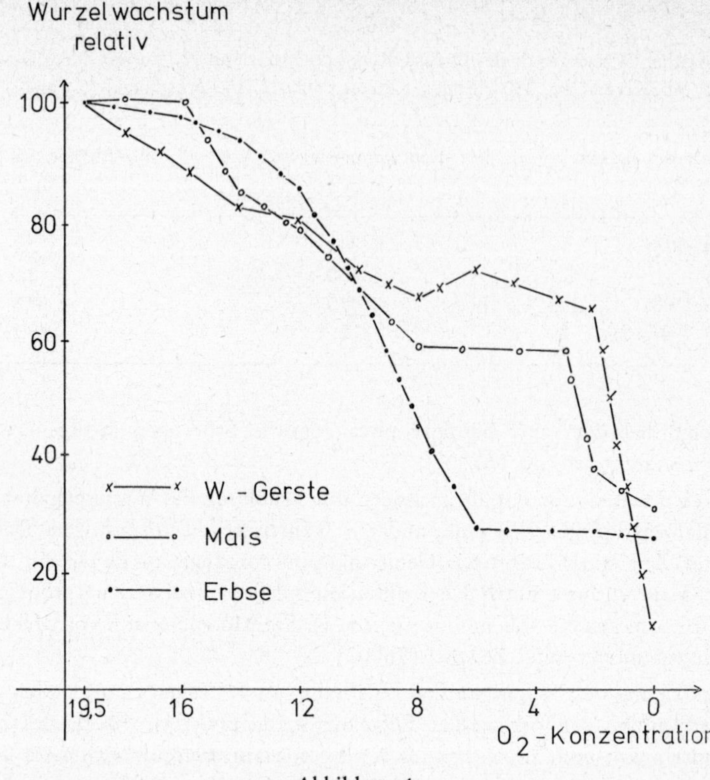

Abbildung 1
Einfluß der O_2-Konzentration in den Wurzelzonen auf die Wurzellänge bei verschiedenen Pflanzenarten. Relativzahlen (8)

berücksichtigen, daß mit Absinken des O_2-Partialdruckes ein ähnlicher Anstieg im CO_2-Partialdruck verbunden ist. Diese Proportionalität ist aus den verschiedensten Gründen (Variation im Respirationsquotienten, Löslichkeit von CO_2 im Wasser, pH-Wert usw.) zwar nicht streng stöchiometrisch, in der Tendenz aber klar vorhanden (14).

Der CO_2-Partialdruck selbst hat wiederum, unabhängig vom jeweiligen O_2-Partialdruck, einen Einfluß auf das Wurzelwachstum. Im Bereich bis zu 2% läßt sich dabei ein ausgesprochenes Optimum feststellen (8, 9) bei höheren CO_2-Konzentrationen lassen sich sehr schnell Hemmung der Zellteilungsrate der Wurzelspitzen (41) und dementsprechende Hemmungen des Wurzelwachstums nachweisen.

Somit kommt unter normalen Bedingungen die Hemmung des Wurzelwachstums bei gehemmtem Gasaustausch im Boden nicht nur durch den abnehmenden O_2-Partialdruck, sondern auch durch den zunehmenden CO_2-Partialdruck zustande. Dies konnten *Michael* und *Bergmann* (25) auch bei Untersuchungen über den Einfluß der Wassersättigung des Bodens auf das Wurzelwachstum von Roggenpflanzen demonstrieren (Tab. 8).

Bei hohem Wassergehalt des Bodens nimmt das Längenwachstum der Wurzeln stark ab, Zusatz von Aktivkohle im Boden hebt diesen Hemmeffekt auf und bewirkt sogar eine

Tabelle 8

Beziehung zwischen Wurzelwachstum von Roggenkeimpflanzen und Wassergehalt des Bodens. Versuchsdauer: 14 Tage

Bewässerung in % der WK des Bodens	Wurzellänge in cm Kontrolle	+ 1% Aktivkohle
30	509	676
50	507	676
70	465	694
90	365	627

Förderung des Wurzelwachstums. Die Wirkung der Aktivkohle kann – neben Entfernung von toxisch wirkenden organischen Verbindungen (evtl. Gärungsprodukte) – vor allem in der Bindung von CO_2 gesehen werden, wodurch die nachteilige Wirkung des Wasserüberschusses weitgehend kompensiert wird. Diese Aussage konnte von *Bergmann* (3) u. a. dadurch wahrscheinlich gemacht werden, daß bei Wasserüberschuß Zusatz von $CaCO_3$ eine ähnliche Förderung des Wurzelwachstums bewirkte wie Aktivkohle.

Die Beziehung zwischen O_2-Partialdruck und Wurzelwachstum läßt sich auch am Beispiel der Wirkung von Bodenverdichtung und dem Grund- und Stauwassereinfluß deutlich demonstrieren. Bei Dichtlagerung wird vor allem der Anteil der groben, luftführenden Poren vermindert, der Gasaustausch in diesen Zonen der Bodenverdichtung ist entsprechend gehemmt und damit auch das Eindringen der Pflanzenwurzeln (35).

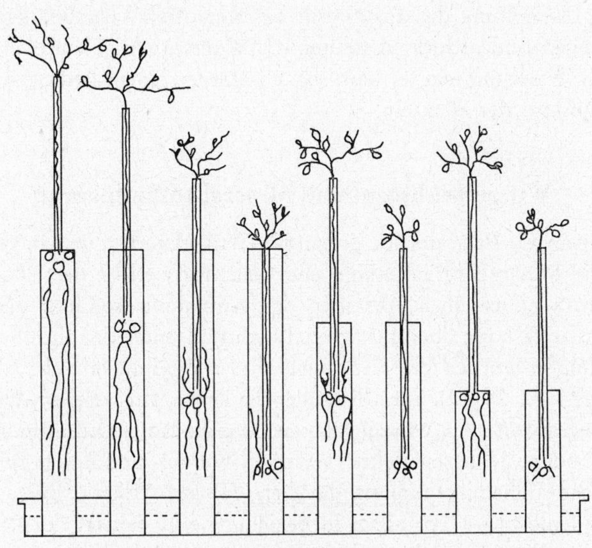

Abbildung 2

Schematische Darstellung der Beziehung zwischen Wurzelwachstum bei Kartoffelpflanzen in verschiedenen Gefäßsystemen und dem Spiegel von O_2-armem Wasser (- - - -), (39)

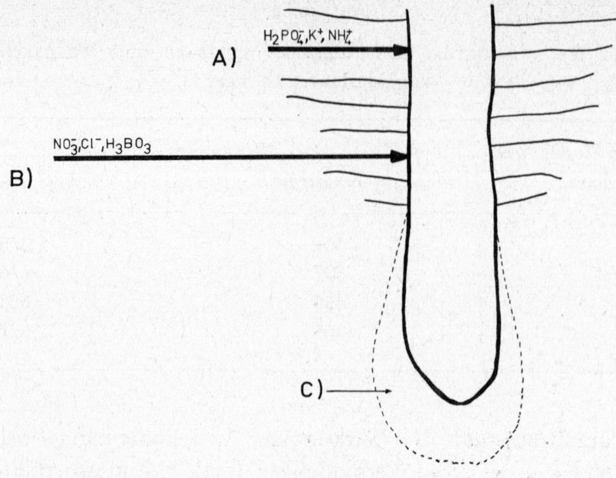

Abbildung 3
Schematische Darstellung der Möglichkeiten der Mineralstoffverlagerung zur Pflanzenwurzel im Boden. A.) Diffusion, B.) Massenströmung, C.) „2-Phaseneffekt"

Für die hier zu behandelnde Fragestellung ist aber noch wichtiger die Beziehung zum Bodenwassergehalt selbst. Befindet sich im Bodenprofil ein von stehendem Grund- oder Stauwasser weitgehend gesättigter Horizont, dann stellen die Pflanzenwurzeln ihr Wachstum bereits im Bereich des kapillaren Aufstiegs ein, d. h. einige cm oberhalb des Wasserspiegels (13). Dies konnte auch eindrucksvoll von *Wiersum* (39) am Beispiel des Wurzelwachstums der verschiedensten Pflanzenarten demonstriert werden. Abbildung 2 zeigt die schematische Darstellung der Ergebnisse bei Kartoffeln. Unabhängig von der Höhe der darüberliegenden Bodenschichten stellten die Wurzeln einige cm oberhalb des Grundwasserspiegels ihr Wachstum ein, es kam sogar unter extremen Bedingungen zur Umkehrung des Geotropismus der Wurzeln.

Wurzelwachstum und Mineralstoffaufnahme

Dieses bei niedrigem O_2-Partialdruck gehemmte Wurzelwachstum hat verschiedene Konsequenzen für die Mineralstoffaufnahme und den Stoffwechsel der Pflanzen; es kommt nicht nur zu einem allgemeinen Absinken der Aufnahme, sondern die Aufnahme der einzelnen Mineralstoffe kann über das Wurzelwachstum unterschiedlich beeinflußt werden. In den letzten Jahren wurden die Kenntnisse dieser Zusammenhänge wesentlich weiterentwickelt (2, 15, 24, 27, 28, 29), vor allem über die Frage, auf welchem Wege die im Boden vorhandenen Mineralstoffe zur Wurzel gelangen, welche Rolle Diffusion, Massenströmung, Wurzelwachstum oder „2-Phaseneffekte" zwischen Wurzel- und Boden spielen (Abb. 3). Es herrscht weitgehende Übereinstimmung darüber, daß bei Mineralstoffen, deren Konzentration in der Bodenlösung – vor allem in Beziehung zum Bedarf der Pflanzen – niedrig ist, also z. B. Kalium und Phosphat, der Transport zur Wurzel vorwiegend durch Diffusion erfolgt. Demgegenüber herrscht bei Mineralstoffen, die in der Bodenlösung in höherer Konzentration vorliegen – absolut oder im Verhältnis zum Bedarf – (dies trifft z. B. meist für Calcium zu) beim Transport zur Wurzel die „Massenströmung“ mit der Bodenlösung (Transpirationseinfluß) vor. Demzufolge wird eine Hemmung des Wurzelwachstums die Aufnahme der durch Diffusion zur Wurzel verlagerten Mineralstoffe stärker beeinträchtigen als die durch „Massenströmung“ verlagerten. Daher hat auch die Durchwurzelungsintensität für die Phosphataufnahme eine größere Bedeutung als z. B. für die Nitrataufnahme (6, 38). Und schließlich werden insbesondere in der Spitzenregion der Wurzeln durch besonders intensive Abscheidung organischer Substanzen Bedingungen geschaffen, die eine Abgrenzung zwischen Wurzel und Boden überhaupt schwierig machen („2-Phaseneffekt“) und in denen für die Mineralstoffaufnahme besondere Bedingungen herrschen können (18, 21).

Niedriger O_2-Partialdruck kann somit die Mineralstoffaufnahme in quantitativer und qualitativer Weise entweder direkt über Hemmung der Atmungsintensität der Wurzeln oder indirekt über Hemmung des Wurzelwachstums beeinflussen.

Umgekehrt beeinflußt natürlich auch das Mineralstoffangebot das Wurzelwachstum, indem es – sofern die Bedingungen ein Wurzelwachstum erlauben – auch in tiefen Bodenzonen mit erhöhtem Mineralstoffangebot auch zu verstärktem Wurzelwachstum kommt (3, 11, 39).

Wurzelwachstum und Wuchsstoffbildung

Es ist jedoch zu einseitig, ein gehemmtes Pflanzenwachstum auf Böden mit niedrigem O_2-Partialdruck ausschließlich mit einem gestörten Mineralstoffhaushalt der Pflanzen in Verbindung zu bringen. Da die Wurzeln höherer Pflanzen neben der Funktion bei der Mineralstoff- und Wasseraufnahme auch noch wichtige Bildungsorte von Wachstumsregulatoren sind, wirkt sich die Hemmung des Wurzelwachstums auch noch tiefgreifend auf den Gesamtstoffwechsel der Pflanzen aus. So werden in den wachsenden Wurzeln in der Spitzenzone Cytokinine und Gibberelline gebildet, die nach Verlagerung in den Sproß dort wesentlich in den Proteinstoffwechsel (Cytokinin) und das Streckungswachstum (Gibberellin) eingreifen. Hemmung des Wurzelwachstums durch Überstauung des Bodens führt deshalb zu einer Verminderung der Verlagerung dieser Wachstumsregulatoren in den Sproß. Dies zeigt die Tabelle 9 am Beispiel der Gibberellinsäurekonzentration im Exsudat von Tomatenpflanzen und der entsprechenden Zuwachsraten des Sprosses. Ähnliche Ver-

Tabelle 9
Einfluß der Überstauung des Wurzelsystems von Tomatenpflanzen auf die Zuwachsrate des Sprosses und die Gibberellinsäurekonzentration im Exsudat (33)

Tage Überstauung	Zuwachsrate des Sprosses in mm/Tag	Gibberellinsäurekonzentration im Exsudat in mg
0	4,0	5×10^{-2}
1	4,5	2×10^{-3}
2	3,5	2×10^{-3}
3	0,5	0

Tabelle 10
Einfluß verschieden langer Überstauung des Wurzelsystems auf den Cytokiningehalt des Exsudats von Sonnenblumen (4)

Tage Überstauung	Cytokiningehalt relativ	Symptome am Sproß
0	100	—
2	51	Hemmung des Längenwachstums
4	38	starke Chlorose

hältnisse liegen bei den Cytokininen vor (Tab. 10). Diese in den wachsenden Wurzeln gebildeten Cytokinine sind u. a. für das Gleichgewicht Proteinsynthese/Proteinabbau in den Sprossen verantwortlich, bei niedrigem O_2-Partialdruck im Boden sind deshalb verstärkter Proteinabbau in den Sprossen und Chlorosen vorwiegend das Ergebnis verminderter Cytokininproduktion in den Wurzeln.

Diese beiden Beispiele demonstrieren, wie komplex die Wirkung eines durch Wasserüberschuß und niedrigen O_2-Partialdruck im Boden gehemmten Wurzelwachstums auf die Stoffproduktion sein kann.

Adaptation an niedrigen O_2-Partialdruck

Die Pflanzen haben in der Natur eine Vielzahl von Möglichkeiten entwickelt, sich an extreme Standorte anzupassen, so auch an solche mit niedrigem O_2-Partialdruck. Hierfür sind der Sumpfreis oder auch bestimmte, für nasse Standorte geeignete Grünlandpflanzen sehr gute Beispiele. Aber auch die anderen Kulturpflanzen zeigen zumindest die Fähigkeit einer gewissen Adaptation an niedrigen O_2-Partialdruck im Boden. Diese Adaptation erfolgt dadurch, daß entweder das Gewebe einer Pflanze eine größere Toleranz vor allem gegenüber hohen Mangankonzentrationen besitzt (7, 26) oder bei diesen Pflanzen O_2 aus dem Sproß in die Wurzel und den unmittelbar umgebenden Boden (Rhizosphäre) verlagert wird (19). Dadurch entsteht in unmittelbarer Wurzelnähe ein Milieu mit höherem O_2-Partialdruck. Voraussetzung für einen verstärkten O_2-Transport aus dem Sproß in die Wurzel ist vor allem das Vorhandensein eines sogenannten Luftleitgewebes (Aerenchym) in Form von größeren Interzellularen, in denen eine rasche O_2-Diffusion aus dem Sproß in die Wurzel möglich ist.

Hinsichtlich der Ausbildung dieses Luftleitgewebes bestehen artspezifische Unterschiede. Bei normaler Anzucht beträgt die relative „Porosität" der Wurzeln gegenüber O_2 aus dem Sproß z. B. bei Reis, Mais und Gerste: 1,0; 0,25 und 0,10 (19). Werden die Pflanzen von Beginn des Wachstums an überstaut, so läßt sich innerhalb art- und sortenspezifischer Grenzen eine Adaptation feststellen, das Luftvolumen des Wurzelgewebes nimmt deutlich zu (Tab. 11).

Die O_2-Diffusion aus dem Sproß in die Wurzel und den umgebenden Wurzelraum läßt sich nicht nur in Laborversuchen nachweisen, sondern zeigt sich z. B. auch im Freiland an den

Tabelle 11

Einfluß der Überstauung des Wurzelsystems auf Wurzelwachstum und Porosität der Wurzeln (42)

Pflanzenart	Wurzellänge in cm		Porosität*) der Wurzeln in %	
	Kontrolle	überstaut	Kontrolle	überstaut
Mais	47	17	7	16
Sonnenblumen	33	15	5	11
Weizen	23	10	3	8

*) Porosität = Anteil des Luftvolumens im Wurzelgewebe

Oxidationshüllen um die Pflanzenwurzeln in Reduktionshorizonten, besonders deutlich natürlich bei den hierfür besonders adaptierten Pflanzenarten (32, 34).

Diese Adaptation ist zwar in begrenztem Umfang bei allen Pflanzenarten möglich, man sollte diese Fähigkeit jedoch auch nicht überbewerten. Im allgemeinen erlaubt sie den Pflanzen das Überleben unter Bedingungen mit niedrigem O_2-Partialdruck, für ein optimales Pflanzenwachstum ist diese Adaptation aber nicht ausreichend. Diese Adaptation ersetzt somit nicht eine Bodenmelioration bei Böden mit niedrigem O_2-Partialdruck.

Literatur

1. *Atanasiu, N., A. Westphal* und *A. K. Banerje*: N-Bilanzrechnungen mittels ^{15}N im N-Düngungsverfahren, Landw. Forsch., 20. Sonderheft, 85–93 (1966).
2. *Barber, S. A., J. M. Walker* and *E. H. Vasey*: Mechanisms for the movement of plant nutrients from the soil and fertilizer to the plant root. J. agric. Food Chem. **11,** 204–207 (1963).
3. *Bergmann, W.*: Wurzelwachstum und Ernteertrag. Z. Acker- u. Pflanzenbau **97,** 337–368 (1954).
4. *Burrows, W. J.* and *D. J. Carr*: Effects of flooding the root system of sunflower plants on the cytokinin content in the xylem sap. Physiol. Plant. **22,** 1105–1112 (1969).
5. *Chang, C. W.* and *H. E. Dregne*: Effect of exchangeable sodium on soil properties and on growth and cation content of alfalfa and coton. Soil Sci. Soc. Amer. Proc. **19,** 29–35 (1955).
6. *Cornforth, L. S.*: Relationship between soil volume used by roots and nutrient accessibility. J. Soil Sci. **19,** 291–301 (1968).
7. *Finn, B. J., S. J. Bourget, K. F. Nielson* and *B. K. Dow*: Effects of different soil moisture tensions on grass and legume species. Can. J. Soil Sci. **41,** 16–23 (1961).
8. *Geisler, G.*: Bodenluft und Pflanzenwachstum unter besonderer Berücksichtigung der Wurzel. Arbeiten der LH Hohenheim Bd. **40,** Eugen Ulmer Verlag, Stuttgart (1967).
9. *Geisler, G.*: Über den Einfluß von Unterbodenverdichtungen auf den Luft- und Wasserhaushalt des Bodens und das Wurzelwachstum. Landw. Forsch. 22. Sonderheft, S. 61–69 (1968).
10. *Geisler, G.*: Einfluß der Sauerstoffkonzentration (O_2) in der Bodenluft auf das Wurzellängenwachstum und die Trockensubstanzbildung von Mais, Gerste und Ackerbohnen bei verschiedenem Bodenwassergehalt. Z. Acker- u. Pflanzenbau **130,** 189–202 (1969).
11. *Gliemeroth, G., G. Kahnt* und *N. Sidiras*: Einwirkungen von Unterbodenverdichtungen auf Wurzelwachstum und Nährstoffhaushalt. Landw. Forsch. 22. Sonderheft, S. 70–77 (1968).

12. *Graven, E. H., O. J. Attoe* and *D. Smith*: Effect of liming and flooding on manganese toxicity in alfalfa. Soil Sci. Soc. Amer. Proc. **29**, 702–706 (1965).

13. *Greenwood, D. J.*: Effect of oxygen distribution in the soil on plant growth. In: Root Growth, Ed. W. J. Whittington, Butterworth, London (1968).

14. *Hack, H. R. B.*: An application of a method of gas microanalysis to the study of soil air. Soil Sci. **82**, 217–231 (1956).

15. *Halstead, E. E., S. A. Barber, D. D. Warncke* and *J. B. Bole*: Supply of Ca, Sr, Mn, and Zn to plant roots growing in soil. Soil Sci. Soc. Amer. Proc. **32**, 69–72 (1968).

16. *Heimann, H.*: Irrigation with saline water and ionic environment. „Potassium Symposium" Bern, 173–220 (1958).

17. *Hopkins, H. T., A. W. Specht* and *S. B. Hendricks*: Growth and nutrient accumulation as controlled by oxygen supply to plant roots. Plant Physiol. **25**, 193–208 (1950).

18. *Jenny, H.*: Pathways of ions from soil into root according to diffusion models. Plant and Soil **25**, 265–289 (1966).

19. *Jensen, C. R., L. H. Stolzy* and *J. Letey*: Tracer studies of oxygen diffusion through roots of barley, corn, and rice. Soil Sci. **103**, 23–29 (1967).

20. *Labanauskas, C. K., L. H. Stolzy, L. J. Klotz* and *T. A. de Wolfe*: Effects of soil temperature and oxygen on the amounts of macronutrients and micronutrients in citrus seedlings (Citrus sinensis var. Bessie). Soil Sci. Soc. Amer. Proc. **29**, 60–64 (1965).

21. *Matar, A. E., J. L. Paul* and *H. Jenny*: Two-phase experiments with plants growing in phosphate-treated soil. Soil Sci. Soc. Amer. Proc. **31**, 235–237 (1967).

22. *Meek, B. D., A. J. Mackenzie* and *L. B. Grass*: Effects of organic matter, flooding time, and temperature on the dissolution of iron and manganese from soil in situ. Soil Sci. Soc. Amer. Proc. **32**, 634–638 (1968).

23. *Meek, B. D., L. B. Grass* and *A. J. Mackenzie*: Applied nitrogen losses in relation to oxygen status of soils. Soil Sci. Soc. Amer. Proc. **33**, 575–578 (1969).

24. *Mengel, K., H. Grimme* und *K. Németh*: Potentielle und effektive Verfügbarkeit von Pflanzennährstoffen im Boden. Landw. Forsch. **33**, 16. Sonderheft, 79–81 (1969).

25. *Michael, G.* und *W. Bergmann*: Bodenkohlensäure und Wurzelwachstum. Z. Pflanzenernähr., Düngung, Bodenkunde **65**, 180–194 (1954).

26. *Morris, H. D.* and *W. H. Pierre*: Minimum concentration of Mn necessary for injury to various legumes in culture solution. Agron. J. **41**, 107–112 (1949).

27. *Nye, P. H.*: The effect of the nutrient intensity and buffering power of a soil, and the absorbing power, size and root hairs of a root, on nutrient absorption by diffusion. Plant and Soil **25**, 81–105 (1966).

28. *Nye, P. H.*: Processes in the root environment. J. Soil Sci. **19**, 204–215 (1968).

29. *Oliver, S.* and *S. A. Barber*: An evaluation of the mechanism governing the supply of Ca, Mg, K and Na to soybean roots (Glycine max.). Soil Sci. Soc. Amer. Proc. **30**, 82–86 (1966).

30. *Park, Y. D.* and *A. Tanaka*: Studies of the rice plant on a "Akiochi" soil in Korea. Soil Sci. Plant Nutr. **14**, 27–34 (1968).

31. *Pitman, M. G.* and *H. W. Saddler*: Active sodium and potassium transport in cells of barley roots. Proc. Natl. Acad. Sci. **57**, 44–52 (1967).

32. *Raalte, M. H. van*: On the oxidation of the environment by the roots of rice (Oryza sativa L.). Hortus Botanicus, Bogoriensis, Java, Syokubutu-Iho. **1**, 15–34 (1943).

33. *Reid, D. M., A. Crozier* and *B. M. R. Harvey*: The effects of flooding on the export of gibberellins from the root to the shoot. Planta **89**, 376–379 (1969).

34. *Sachert, H.*: Untersuchungen über die Beziehungen zwischen Milieu und Wurzelfunktion bei Salicornia brachystacha G. F. W. Meyer und einigen anderen Halophyten. Biol. Zbl. **87,** 173–206 (1968).

35. *Schuurman, J. J.*: Effects of soil density on root and top growth of oats. Proc. Internat. Sci. Symp. Brno 1966, p. 103–120.

36. *Tanaka, A., R. P. Mulleriyawa* and *T. Yasu*: Possibility of hydrogen sulfide induced iron toxicity of the rice plant. Soil Sci. Plant Nutr. **14,** 1–6 (1968).

37. *Weller, F.*: Die Ausbreitung der Pflanzenwurzeln im Boden in Abhängigkeit von genetischen und ökologischen Faktoren. Arbeiten der LH Hohenheim, Bd. **32,** Egen Ulmer Verlag, Stuttgart (1965).

38. *Wiersum, L. K.*: Uptake of nitrogen and phosphorus in relation to soil structure and nutrient mobility. Plant and Soil **14,** 62–70 (1962).

39. *Wiersum, L. K.*: Potential subsoil utilization by roots. Plant and Soil **27,** 383–400 (1967).

40. *Williamson, R. E.*: The effect of root aeration on plant growth. Soil Sci. Soc. Amer. Proc. **28,** 86–90 (1964).

41. *Williamson, R. E.*: Influence of gas mixtures on cell division and root elongation of broad bean, Vicia faba L. Agron. J. **60,** 317–321 (1968).

42. *Yu, P. T., L. H. Stolzy* and *J. Letey*: Survival of plants under prolonged flooded conditions. Agron. J. **61,** 844–847 (1969).

Zusammenfassung

Auf Grund der engen Zusammenhänge zwischen Atmungsstoffwechsel der Wurzeln höherer Pflanzen und der Mineralstoffaufnahme hat die O_2-Versorgung der Wurzeln einen quantitativ und qualitativ starken Einfluß auf die Mineralstoffaufnahme. Mit abnehmendem O_2-Partialdruck, besonders unter 10 %, sinkt die Aufnahmerate z. B. bei K und P viel stärker ab als bei Na oder Cl, so daß das Mineralstoffverhältnis ungünstiger wird.

Mit abnehmendem O_2-Partialdruck kann sich infolge sinkenden Redoxpotentials die Verfügbarkeit von Fe und besonders Mn stark erhöhen. Dies ist besonders ausgeprägt in Böden mit hoher Zersetzungsrate der organischen Substanz. Toxisch hohe Fe- und Mn-Aufnahme der Pflanzen ist die Folge.

Stärkeres Absinken des O_2-Partialdruckes führt oft zu Hemmungen des Wurzelwachstums. Dabei spielt außerdem der jeweilige CO_2-Partialdruck eine Rolle. Da zwischen Wurzelwachstum und Mineralstoffaufnahme über Massenströmung, Diffusion und „2-Phaseneffekt" enge Wechselwirkungen bestehen, kann der O_2-Partialdruck die Mineralstoffaufnahme auch indirekt über das Wurzelwachstum beeinflussen.

Ein großer Teil der in den Sprossen wirkenden Wachstumsregulatoren, wie Cytokinine und Gibberelline, wird in den wachsenden Wurzeln gebildet. Hemmung des Wurzelwachstums als Folge von niedrigem O_2-Partialdruck kann deshalb auch zum Mangel an diesen Wachstumsregulatoren im Sproß und damit zu Chlorosen und Hemmung des Sproßwachstums führen.

Eine Adaptation des Wurzelwachstums an niedrigen O_2-Partialdruck im Wurzelraum ist bei den meisten Pflanzenarten nachweisbar, bei einzelnen Pflanzenarten, z. B. Sumpfreis, besonders ausgeprägt. Dabei entwickelt sich durch Ausbildung größerer Interzellularen ein Durchlüftungssystem (Aerenchym), welches eine O_2-Verlagerung aus dem Sproß in das Wurzelgewebe und sogar in den umgebenden Wurzelraum ermöglicht. Diese Adaptation erlaubt den meisten Kulturpflanzen ein Wachstum auch bei niedrigem O_2-Partialdruck im Boden, ist aber nicht ausreichend für ein optimales Wachstum der Pflanzen.

Summary

Due to intimate interrelation between respiratory metabolism of the roots of higher plants and the absorption of mineral matter, the supply with O_2 of the roots has a strong influence on the mineral matter absorption with regard to quantity and quality.

With decreasing O_2 partial pressure, particularly under 10 %, the rate of absorption declines, e. g. more markedly with potassium and phosphate, much less, however, with sodium or chloride. Changes in the relation between the mineral matters in the plants to the detriment of the mineral matters, vital for life, will be the result.

With diminishing O_2 partial pressure, the redox potential will drop at the same time, whereby the availability for the plants of iron and above all of manganese can rise conserably. This applies above all to soils with a higher content of easily decomposable organic substance, combined with marked soil biological activity. Excessive absorption of iron and particularly of manganese, in unison with iron and manganese toxicity in the plants, are the consequence. Stronger decrease of the O_2 partial pressure will often lead to retardations in the growth of the roots. In this reciprocal effect the prevailing CO_2 partial pressure plays a particular role. Since close reciprocal effects exist between root growth and mineral matter absorption via mass flow, diffusion and "Two phase effect", the O_2 partial pressure can affect the mineral matter absorption also indirectly by way of root growth.

A great part of the growth regulators such as cytokinine and gibberelline active in the shoots are produced in the growing roots. Restrained roots growth as the result of low CO_2 partial pressure can therefore bring forth also deficiency of these growth regulating agents in the sprout. Chlorosen and restrained sprout growth with low O_2 partial pressure in the soil must not necessarily mean lack or excess mineral matter, but can also be the result of deficiency in growth regulating agents.

An adaptation of the root growth to low O_2 partial pressure in the root space is provable in most kinds of plants, being particularly marked in some species of plants such as swamp rice. Hereby anatomical alterations of the roots will develop, by the formation of larger sized intercellulars an aeration system is formed (aerenchym) which facilitates an O_2 transfer from the sprout into the root texture and even into the surrounding root space. This adaptation permits most of the cultured plants to grow also with low O_2 partial pressure in the soil, being, however, not adequate to ensure the best possible growth of the plants.

Résumé

Etant donné les relations étroites entre les èchanges respiratoires de racines de plantes supérieures et l'absorption de substances minérales, le revitaillement des racines en O_2 exerce une influence considérable sur l'absorption de substances minérales en ce qui concerne la quantité et la qualité. Plus la pression partielle de O_2 est réduite, notamment au-dessous de 10 %, plus le degré d'absorption diminue p. ex. pour le potassium et le phosphore, par contre il diminue moins pour le sodium ou le chlore. Il en résulte de changements dans la proportion des substances minérales chez les plantes au détriment des substances minérales nécessaires à la vie.

La diminution de la pression partielle de O_2 entraîne en même temps une réduction du potentiel normal d'oxydo-réduction ce qui peut considérablement augmenter la teneur des plantes en fer et surtout en manganèse. Ceci est surtout le cas pour les sols ayant une forte teneur en substances organiques facilement solubles liée à une haute activité biologique du sol. Il en résulte une absorption excessive de fer et surtout de manganèse entraînant une toxicité de fer et de manganèse chez les plantes.

Une diminution plus forte de la pression partielle de O_2 amène souvent une croissance ralentie des racines. Lors de cette interaction, la pression partielle de CO_2 respective joue encore un rôle particulier.

Etant donné qu'il y a des interactions étroites entre la croissance des racines et l'absorption des substances minérales moyennant le courant des masses, la diffusion et « l'effet des 2 phases », la pression partielle de O_2 peut également exercer une influence indirecte sur l'absorption des substances minérales par l'intermédiaire de la croissance des racines.

Une grande partie des régulateurs de croissance agissant dans les pousses, tels que les cytocinines et les gibberelines, prend naissance dans les racines croissantes. C'est pourquoi le ralentissement de la croissance des racines à la suite d'une baisse de pression de O_2 peut aussi entraîner un manque de ces régulateurs de croissance dans la pousse. Les chloroses et un ralentissement de la croissance des pousses par suite d'une baisse de pression partielle de O_2 dans le sol peuvent être dus au manque de régulateurs de croissance.

Une adaption de la croissance des racines à une pression partielle basse de O_2 dans les racines peut être démontrée pour la plupart des types de plantes, elle est particulièrement forte pour certains types de plantes, p. ex. de riz des marais. Cela entraîne des changements anatomiques des racines : à la suite de la formation d'intercellulaires importantes, un système d'aération (aerenchym) se développe, système qui permet un déplacement de O_2 depuis la pousse dans le tissus des racines et même dans l'espace environnant le système radiculaire. Cette adaption permet une certaine croissance des plantes cultivées, même en milieu déficient en oxygène, mais elle ne permet pas la croissance optimale.

Morphogenetische Wirkung der O_2- und CO_2-Konzentrationen im Boden auf das Wurzelsystem unter Berücksichtigung des Bodenwassergehaltes

Von *G. Geisler* *)

Einführung

Die Bedeutung der Bodendurchlüftung für das Wachstum von Kulturpflanzen ist allgemein anerkannt (15). Dagegen liegen noch wenige Angaben über quantitative Beziehungen zwischen der O_2- bzw. CO_2-Konzentration und dem Pflanzenwachstum, insbesondere deren Einfluß auf die Wurzelentwicklung vor. Die meisten Untersuchungen beschränken sich auf den Nachweis von grundsätzlichen Tendenzen in den Wirkungen dieser Faktoren (5, 8, 9, 10, 13, 17). Von besonderem Interesse wäre der Nachweis von Grenzwerten, bei denen als Folge von O_2-Mangel oder CO_2-Überschuß im Boden das Wachstum der Wurzeln eingeschränkt bzw. unterbunden wird. Hierbei ist neben der morphogenetischen Wirkung dieser Faktoren auf das Wurzelwachstum auch ihr Einfluß auf das Gesamtwachstum der Pflanze von Bedeutung.

Untersuchungen zur morphogenetischen Wirkung der Bodenluft sind auch insoweit von Interesse, als O_2- und CO_2-Konzentrationen im Boden nicht nur auf das Wurzelwachstum, sondern auch auf andere physiologische Vorgänge, insbesondere die Nährstoffaufnahme, einwirken (14). Unter Feldbedingungen wird es grundsätzlich nicht möglich sein, den Einfluß der Verlagerung von Wurzelzonen im Boden im Hinblick auf die Nährstoffaufnahme von der unmittelbaren Wirkung der O_2- bzw. CO_2-Konzentration auf Aufnahme und Transportvorgänge in der Wurzel zu trennen.

Die Schwankungsbereiche für die O_2- bzw. CO_2-Konzentration in Böden können mit Werten von 0 bis 21 Vol.-% bzw. < 1 bis ~ 16 Vol.-% angenommen werden. Als Folge vornehmlich von Änderungen des Bodenwassergehaltes treten stärkere Schwankungen auf. Hierbei sind mit einem hohen Bodenwassergehalt regelmäßig niedrige O_2- und hohe CO_2-Konzentrationen (12) verbunden. Daher sind die Wurzelsysteme der Kulturpflanzen während der Vegetationszeit zum Teil extremen Konzentrationen unterworfen. Dies macht auch eine Untersuchung der Nachwirkung extremer, insbesondere niedriger O_2- bzw. hoher CO_2-Konzentrationen auf das Wurzelwachstum notwendig.

Der Bodenwassergehalt beeinflußt die Diffusionsbedingungen. In Böden dürfte – im Gegensatz zu homogenen Systemen – allerdings im Bereich zwischen Feldkapazität und permanentem Welkepunkt keine lineare Korrelation zwischen dem wasserfreien Porenvolumen und der Gasdiffusion anzunehmen sein (3, 4).

Bei der Beurteilung der physiologischen Wirkung der beiden Gase unter Feldbedingungen ist ferner darauf hinzuweisen, daß die Verteilungsmuster der O_2- bzw. CO_2-Konzentration im Hinblick auf die Wirkung der beiden Gase berücksichtigt werden müssen. Grundsätz-

*) Institut für Pflanzenbau und Pflanzenzüchtung, Universität Kiel, BRD

lich kann dabei angenommen werden, daß zwischen der Porengröße und O_2-Konzentration eine positive, dagegen zur CO_2-Konzentration eine negative Korrelation besteht (12). Sofern die Pflanzenwurzeln daher in groben Poren wachsen, kann die Sauerstoffversorgung auch dann noch relativ günstig sein, wenn das Luftvolumen insgesamt abnimmt.

Versuchsmaterial und Methodik

Die Untersuchungen wurden an Gerste, Mais und Ackerbohnen (und in einigen Experimenten an Erbsen) in Erdkulturgefäßen mit einer Höhe von ca. 50 cm durchgeführt. Als Substrat diente ein Gemisch aus humosem Boden und Sand, das ein relativ lockeres Gefüge hatte (Feldkapazität bei ca. 18 Vol.-%, Welkepunkt bei ca. 6 Vol.-%). Die auf der ganzen Länge perforierten Kulturgefäße (Kunststoffröhren) mit einem Durchmesser von 5 cm wurden in größeren gasdichten Gefäßen zusammengefaßt. Diese Gefäße wurden mit entsprechenden Gasgemischen (O_2 bzw. CO_2) ständig begast.

Die Bodenwassergehalte wurden durch Einfüllen des entsprechend aufgesättigten Versuchsbodens variiert, während des Versuches dann nicht mehr kontrolliert. Die Wurzeln wuchsen also jeweils in einen Boden mit einem bestimmten Anfangswassergehalt hinein. Dies entspricht grundsätzlich den Bedingungen im Felde. Wasser wurde ausschließlich durch Transpiration entzogen, da die Gefäße abgedichtet waren. Durchwurzelte Bodenpartien waren bei Versuchsende bis nahe an den Welkepunkt verarmt, nicht durchwurzelte Zonen zeigten dagegen noch die ursprünglichen Wassergehalte.

Die Gase wurden vor Eintritt gemischt und auf ihre Zusammensetzung geprüft und die Durchflußmenge eingestellt; die O_2-Konzentration wurde mit einem Sauerstoffanalysator von *Beckmann* und die CO_2-Konzentration stichprobenartig titrimetrisch bzw. als Differenz zur Änderung des O_2-Gehaltes bestimmt.

Nach Abschluß der Versuche wurden Wurzellänge und andere morphologische Merkmale des Wurzelsystems sowie Trockensubstanzwerte für Sproß und Wurzeln bestimmt.

Ergebnisse

Einfluß der O_2-Konzentration der Bodenluft (Tab. 1)

Das Wurzellängenwachstum wird bei Gerste mit steigender O_2-Konzentration bis zu ca. 6 bis 8 % O_2 gefördert, bei Mais bis ca. 8 bis 10 % und bei Ackerbohnen bis ca. 14 % O_2. Eine weitere Steigerung mit höheren O_2-Konzentrationen bis 20 % läßt sich aus den vorliegenden Daten nicht nachweisen. In allen drei Fällen ist bei absolutem O_2-Mangel das Wurzellängenwachstum unterbunden.

Anders als beim Wurzellängenwachstum ist bei allen untersuchten Kulturpflanzen eine Zunahme der Trockensubstanzmenge – auch bei absolutem O_2-Mangel – nachzuweisen. Bei Gerste wird das Maximum bei ungefähr 10 bis 12 % O_2, bei Mais bis 16 % O_2 und bei Ackerbohnen bei 10 % O_2 gefunden. Die Reaktion der Pflanzen auf die O_2-Konzentration in der Bodenluft ist also durch Optimumbeziehungen gekennzeichnet.

Einfluß der CO_2-Konzentration der Bodenluft (Tab. 2)

Für das Wurzellängenwachstum der Gerste (und auch der anderen Pflanzen) ist der Bereich von ca. 1 bis 2 % CO_2 optimal; hier finden sich auch die maximalen Trockensubstanzwerte. Unter- und (besonders) Überschreiten dieses Optimums schränkt immer das

O_2-Konzentration in der Bodenluft und Wurzellängenwachstum (Zuwachsrate in cm) sowie Trockensubstanzbildung (Zuwachsrate in mg) der Gesamtpflanzen (Versuchsdauer 9 Tage)

Pflanze	Merkmal	Vol.-% O_2 in der Bodenluft 0	2	4	6	8	10	12	14	16	20	$\bar{x}$	GD 5 %	GD 1 %
Gerste	Wurzellänge *)	0,3	2,1	4,3	10,3	9,3	10,7	10,4	8,6	10,1	8,7	7,5	0,9	1,6
	Trockensubstanz	51	61	77	81	93	105	106	91	94	94	85	8,7	11,7
Mais	Wurzellänge **)	0,0	6,0	13,4	16,4	17,9	21,0	18,3	19,8	20,1	19,5	15,2	4,3	5,5
	Trockensubstanz	162	261	333	396	373	397	414	483	521	428	377	34,8	47,5
Acker-	Wurzellänge	0,4	7,4	14,8	15,8	17,9	18,2	19,7	20,6	19,4	21,7	15,6	3,0	3,8
bohnen	Trockensubstanz	39	54	140	171	208	214	175	170	143	153	147	21,0	28,7

*) mittlere Länge der Keimwurzeln

**) Länge der ersten Keimwurzeln

Tabelle 2

CO_2-Konzentration in der Bodenluft und Wurzellängenwachstum (Zuwachsrate in cm) sowie Trockensubstanzbildung (Zuwachsrate in mg) der Gesamtpflanze bei Gerste (Versuchsdauer 17 Tage)

Merkmal	Vol.-% CO_2 in der Bodenluft 0,05	0,5	1,0	2,0	4,0	8,0	16,0	$\bar{x}$	GD 5 %	GD 1 %
Wurzellänge *)	29,5	28,8	30,2	36,8	26,8	24,7	22,8	28,5	5,5	7,5
Trockensubstanz										
Sproß	88	77	116	92	77	61	67	83	14,1	19,0
Wurzel	36	44	48	40	36	25	25	36	9,1	13,1
Summe	124	121	164	132	113	86	92	119		

*) mittlere Keimwurzellänge

Tabelle 3

Kurzfristige Änderungen der O_2-Konzentration an der Wurzeloberfläche und Wurzellängenwachstum von Erbsen (nach *Geisler* 1963)

Vorbehandlung Vol.-% O_2	für 28 h Vol.-% O_2	Wachstum in 28 h (cm)
21	21	2,05
21	3	1,03
3	21	1,87
3	3	0,94

Wurzellängenwachstum und die Gesamtwachstumsleistung der Pflanzen ein. Sehr hohe CO_2-Konzentrationen von 8 bis 16 % werden aber offensichtlich von den Pflanzen noch toleriert.

Einfluß von Änderungen in der O_2-Konzentration (Tab. 3 und 4)

Kurzfristige Änderungen in der O_2-Versorgung führen zu sofortigen Reaktionen im Längenwachstum der Wurzeln. Diese Vorgänge laufen in wenigen Stunden ab, wobei Nachwirkungen offensichtlich nicht bestehen. Auch eine Unterbrechung der O_2-Konzentration für 10 Tage führte nicht zu einer Änderung des Wachstumspotentials der Wurzeln.

Einfluß der O_2-Konzentration der Bodenluft und des Bodenwassergehaltes (Tab. 5)

Bei allen drei Pflanzen wird das Wurzellängenwachstum zwischen Welkepunkt und Feldkapazität ausschließlich durch die O_2-Konzentration bestimmt. Wechselwirkungen zwischen O_2-Konzentration und Bodenwassergehalt lassen sich nicht nachweisen. Das Massenwachstum der Pflanzen wird dagegen durch den Bodenwassergehalt in dem hier angegebenen Bereich positiv beeinflußt (Mais > Gerste > Ackerbohnen). Gleichzeitig läßt sich nachweisen, daß mit zunehmendem O_2-Gehalt bis etwa 10–16 % die Trockensubstanzbildung gefördert wird. Wechselwirkungen zwischen O_2-Konzentration und Bodenwassergehalt mit Wirkung auf die Trockensubstanzbildung treten nicht auf.

Tabelle 4

Langfristige Änderungen der O_2-Konzentration an der Wurzeloberfläche und Wurzellängenwachstum von Erbsen (nach *Geisler* 1963)

Vorbehandlung (Vol.-% O_2)	Länge der Hauptwurzeln (cm)	für 10 Tage (Vol.-% O_2)	Zuwachs in 10 Tagen (cm)
21	34,2	21	20,7
3	23,7	3	4,8
21	34,2	3	2,6
3	23,7	21	21,9

O_2-Konzentration in der Bodenluft sowie Bodenwassergehalt und Wurzellängenwachstum (Zuwachsrate in cm) sowie Trockensubstanzbildung (Zuwachsrate in mg) der Gesamtpflanzen (Relativwerte bezogen auf das jeweilige Versuchsmittel = 100)

Pflanze	Merkmal	Wasser (Vol.-%)	Vol.-% O_2 in der Bodenluft 0	2	4	6	8	10	12	14	16	20	$\bar{x}$	GD 5 %	1 %
Gerste	Wurzellänge	8	0	36	82	126	126	118	140	140	131	131	103		
		12,5	4	68	87	125	132	128	118	123	141	131	105		
		17	3	25	53	127	118	132	128	107	125	102	92		
		$\bar{x}$	2	43	74	126	126	126	129	123	132	122	100	11,5	14,7
	Trockensubstanz	8	38	53	61	61	70	70	84	78	70	67	65		
		12,5	52	87	105	115	118	120	117	119	111	111	106		
		17	77	92	119	123	142	160	164	138	140	140	129		
		$\bar{x}$	56	77	95	99	110	117	122	112	107	106	100	11,3	14,9
Mais	Wurzellänge	8	0	11	53	86	82	150	153	137	157	150	98		
		12,5	0	24	90	114	146	155	147	155	162	156	115		
		17	0	34	77	94	102	120	105	113	115	111	87		
		$\bar{x}$	0	23	73	98	110	142	135	135	145	139	100	11,5	14,7
	Trockensubstanz	8	40	43	49	52	64	70	67	80	81	67	61		
		12,5	57	65	97	125	116	123	119	123	130	99	105		
		17	58	93	118	140	132	140	147	171	185	151	134		
		$\bar{x}$	52	67	88	106	104	111	111	124	132	106	100	11,0	15,0
Ackerbohnen	Wurzellänge	8	0	37	71	86	102	119	126	124	139	155	96		
		12,5	5	49	89	113	126	144	148	140	136	168	111		
		17	2	44	89	95	107	109	118	123	116	124	93		
		$\bar{x}$	2	43	83	98	112	124	131	129	131	149	100	12,9	16,4
	Trockensubstanz	8	23	52	70	81	105	109	114	119	130	113	92		
		12,5	21	58	107	114	115	131	131	125	118	105	102		
		17	28	39	101	124	150	154	126	123	103	110	106		
		$\bar{x}$	24	50	93	106	123	132	124	122	117	109	100	11,1	15,2

Tabelle 6

O_2-Konzentration an der Wurzeloberfläche und Seitenwurzelbildung bei Erbsen (nach *Geisler* 1967)

Vol.-% O_2	Anzahl der Nebenwurzeln 1. Ordnung	2. Ordnung*)	3. Ordnung**)	Länge der Hauptwurzel (cm)	Wurzeln je 1 cm Hauptwurzel***)
20	206	122	0	75	ca. 300
<10	89	47	13	25	ca. 1800

*) an einer Wurzel 1. Ordnung

**) an einer Wurzel 2. Ordnung

***) Schätzwerte

Einfluß der O_2-Konzentration auf die Seitenwurzelbildung (Tab. 6)

Unter dem Einfluß niedriger O_2-Konzentrationen werden absolut weniger Seitenwurzeln angelegt. Dabei tritt eine Beschleunigung der Entwicklung im Wurzelsystem insoweit auf, als Seitenwurzeln höherer Ordnung früher angelegt werden als bei günstiger O_2-Versorgung. Da gleichzeitig auch das Wurzellängenwachstum erheblich eingeschränkt ist, führt diese Reaktion des Wurzelsystems zu einer erheblich dichteren Durchwurzelung des Bodens, wobei allerdings nur ein relativ kleines Bodenvolumen erfaßt wird.

Diskussion

Das Längenwachstum der Wurzeln wird wesentlich durch die O_2-Konzentration in der Bodenluft kontrolliert. Die Wachstumsraten liegen in Abhängigkeit von der O_2-Konzentration zwischen einer völligen Unterbindung und maximalem Längenwachstum. Die untersuchten Arten zeigen hierbei unterschiedliche Optimalwerte. Allerdings bestehen keine Optimumbeziehungen, sondern kritische Grenzwerte. Diese liegen bei Gerste und Mais zwischen 8 und 10 Vol.-% O_2 in der Bodenluft, bei Ackerbohnen ist ein höherer Grenzwert (> 10 % O_2) nachzuweisen. Charakteristisch ist die Reaktion der Längenwachstumsrate aller untersuchten Arten insofern, als sich mit Überschreiten der kritischen O_2-Konzentration das Lägenwachstum mit zunehmenden O_2-Konzentrationen (bis zu 20 % O_2) nicht mehr ändert.

Auch ältere Untersuchungen weisen auf derartige kritische Werte hin. Eine einheitliche Vorstellung über begrenzende O_2-Konzentrationen konnte allerdings noch nicht erarbeitet werden, vermutlich infolge unterschiedlicher Diffusionsbedingungen in den untersuchten Böden.

Zwischen Gesamtwachstum der Pflanze, dargestellt als Trockensubstanzbildungsrate, und O_2-Konzentration in der Bodenluft bestehen Optimumbeziehungen. Hierbei sind mittlere Werte (zwischen 10 und 15 % O_2) offensichtlich günstiger als hohe (um 20 %).

Geringere Erträge sehr gut durchlüfteter Böden sind auch in Felduntersuchungen nachgewiesen worden (18). Allerdings wurde dies meist auf eine bei guter Durchlüftung verringerte Zufuhr an Wasser und Nährstoffen zurückgeführt. Unsere Untersuchungen weisen darauf hin, daß auch die O_2-Konzentration ursächlich an einer geringeren Trockensubstanzbildung beteiligt sein kann. Inwieweit dies eine Folge gesteigerter Respirationsraten im Wurzelsystem in Abhängigkeit vom O_2-Druck ist, läßt sich aus den vorstehenden Untersuchungen nicht ableiten.

Von besonderem Interesse ist das Wurzellängenwachstum bei Änderungen in der O_2-Konzentration der Bodenluft, die regelmäßig auftreten dürften. Die Untersuchungen zeigen, daß die Längenwachstumsrate der Wurzeln kurzfristig – innerhalb weniger Stunden – auf Änderungen der O_2-Konzentrationen reagiert, soweit kritische Konzentrationen hierbei unterschritten werden. O_2-Konzentrationen unterhalb der kritischen Werte zeigen keine Nachwirkung, beeinträchtigen also nicht das Wachstumspotential der Wurzel; es wurde vielmehr nachgewiesen, daß mit Wiedereinsetzen höherer O_2-Konzentrationen sofort eine maximale Längenwachstumsrate erreicht wird. Bei einer Übertragung dieser Ergebnisse auf Feldbedingungen muß man berücksichtigen, daß bei Änderung der O_2-Konzentration sich nicht nur die Längenwachstumsrate der Wurzeln ändern, sondern auch im Boden (z. B. bei gestauter Nässe) toxisch wirkende Bestandteile gebildet werden können. Wenn daher nach längerem O_2-Mangel Schädigungen der Pflanzen, insbes. auch des Wurzelwachstums, nachgewiesen werden, sind diese auf derartige Bestandteile zurückzuführen.

Das rasche Reagieren des Wurzellängenwachstums auf Änderungen in der O_2-Konzentration ist durch Änderungen der Mitosehäufigkeit in den meristematischen Geweben der Wurzelspitzen zu erklären (19), die durch die O_2-Konzentration gesteuert wird. Inwieweit das Zellstreckungswachstum durch O_2 kontrolliert wird, scheint bisher noch nicht untersucht zu sein. Der Längenzuwachs der Wurzel durch Streckung vorhandener Zellen dürfte relativ rasch begrenzt werden.

Zum Einfluß der CO_2-Konzentrationen auf das Wurzellängenwachstum weist die Literatur unterschiedliche Ergebnisse auf. In älteren Untersuchungen wurde meist mehr als 1 % bereits als schädigend betrachtet (16). Hier wird dagegen eine Optimumbeziehung zwischen Wurzellängenwachstum und CO_2-Konzentration mit Optimalwerten bei etwa 1–2 % nachgewiesen. Diese Feststellung wird durch neuere Untersuchungen (6) gestützt, die gezeigt haben, daß in den Wurzelgeweben regelmäßig CO_2-Konzentrationen zwischen 4 und 5 % vorliegen. Wahrscheinlich ist das Konzentrationsgefälle zwischen Wurzel und umgebendem Substrat der kontrollierende Faktor. Konzentrationen, die eine CO_2-Ableitung aus dem Wurzelgewebe verhindern bzw. zu einer Aufnahme von CO_2 aus dem Substrat führen, dürften für das Wurzelwachstum ungünstig sein. Neuere amerikanische Untersuchungen (11) zeigen, daß noch wesentlich höhere Konzentrationen (5–10 % CO_2) von den Wurzeln ohne Einfluß auf ihr Längenwachstum toleriert werden.

In diesem Zusammenhang ist darauf hinzuweisen, daß die physiologische Wirksamkeit der „Kohlensäure" durch deren pH-abhängige Dissoziation bestimmt wird. Bei pH > 6 liegt ein erheblicher Teil des CO_2 als HCO_3^- vor. Da die Aufnahme von CO_2 dem Konzentrationsgefälle zwischen Wurzel und Substrat folgt, während HCO_3^- nur sehr langsam in die Wurzelgewebe eintritt, bewirken höher pH-Werte eine physiologische Entgiftung des CO_2. Die von Wurzeln tolerierten CO_2-Konzentrationen können also verschieden sein; dies dürfte auch bei Annahme gleicher metabolischer Prozesse für CO_2 und HCO_3^- in der Wurzel gelten.

Auch hohe CO_2-Konzentrationen (bis 16 Vol.-%) werden noch toleriert, zwar unter erheblicher Einschränkung des Wurzellängenwachstums und der Massenentwicklung, aber doch ohne Absterben der Pflanze.

Die für das Wurzellängenwachstum gefundenen Optimumbeziehungen zur CO_2-Konzentration gelten grundsätzlich auch für die Trockensubstanzbildung der Gesamtpflanze. Von besonderem Interesse ist hierbei, daß sehr niedrige CO_2-Konzentrationen immer zu einer Reduktion der Gesamttrockensubstanzbildung in der Pflanze führen. Es kann hierbei angenommen werden, daß bei geringen CO_2-Konzentrationen der Bodenluft eine Ableitung von CO_2 aus den Wurzelgeweben in einem unphysiologisch hohen Umfang vorliegt. Wechsel in Bodenwassergehalt und O_2-Konzentration der Bodenluft sind für das Wurzelwachstum regelmäßig auftretende Bedingungen, mithin auch solche des Luftvolumens und der O_2-Diffusion. Wechselwirkungen zwischen diesen Größen auf das Wurzelwachstum sind aber für den Bereich zwischen permanentem Welkepunkt und Feldkapazität in den vorliegenden Untersuchungen nicht nachzuweisen, was insbesondere darin zum Ausdruck kommt, daß im Bereich der kritischen O_2-Konzentrationen (zwischen 8 und 10 % bei Gerste und Mais) der Wassergehalt das Wurzellängenwachstum nicht bestimmt. Hieraus muß unter Berücksichtigung der starken Abhängigkeit des Wurzellängenwachstums von der O_2-Konzentration (die im kritischen Bereich bereits mit Änderungen von 1 bis 2 % O_2 in der Bodenluft nachweisbar wäre) geschlossen werden, daß der Bodenwassergehalt (zumindest zwischen Welkepunkt und Feldkapazität die O_2-Diffusion zur Wurzeloberfläche nicht beeinflußt hat.

Besonders interessant ist die gleichwohl außerordentliche starke Abhängigkeit des Gesamtwachstums (Trockensubstanzbildung) vom Wassergehalt. Zunächst ist festzustellen, daß auch bei absolutem O_2-Mangel noch eine erhebliche Trockensubstanzbildung stattfindet; in allen O_2-Konzentrationsbereichen ist eine positive Korrelation zwischen Bodenwassergehalt und Trockensubstanzbildung nachzuweisen.

Änderungen im O_2-Gehalt der Bodenluft bewirken auch Änderungen in der Wurzelverzweigung. Mit O_2-Konzentrationen unterhalb der kritischen Grenzen nimmt die absolute Anzahl der Seitenwurzeln/Pflanze zwar ab, die Bildung von Seitenwurzeln höherer Ordnung aber zu. Seitenwurzeln dritter Ordnung wurden ausschließlich bei O_2-Mangel nachgewiesen. Dies kann allgemein als eine Beschleunigung von Alterungsprozessen gedeutet werden.

Die dichte Durchwurzelung feuchter Bodenzonen ist also in erster Linie durch dichtere Stellung der Seitenwurzeln infolge Hemmung des Wurzellängenwachstums zu erklären. Dazu tritt dann die raschere Bildung von Seitenwurzeln höherer Ordnung (2). Wie frühere Untersuchungen gezeigt haben, kann dadurch bei Unterschreiten kritischer O_2-Konzentrationen der Dichtegrad des Wurzelsystems um das Hundertfache erhöht werden (9).

Schlußfolgerungen

Die O_2-Konzentrationen in der Bodenluft spielen eine dominierende Rolle in der Morphogenese des Wurzelsystems, wobei kritische O_2-Konzentrationen in einem relativ niedrigen Bereich (zwischen 6 bis 12 %) bei allen Kulturpflanzen angenommen werden können. Erst bei Unterschreiten dieser Konzentrationen kommt es zu entsprechenden Reaktionsmechanismen des Wurzelsystems. Diese Mechanismen sind als zweckmäßig für Wasser- und Nährstoffaufnahme zu werten, da sie zu langsamer Ausarbeitung des Wurzelsystems und zu größerer Oberfläche des Wurzelsystems in

Bereichen mit günstigen Wasser- und Nährstoffgeboten führen. Die Wurzeln werden durch O_2-Mangelsituationen offensichtlich nicht in ihrem Wachstumspotential beeinträchtigt, so daß bei Erhöhung der O_2-Konzentration an der Wurzeloberfläche die Wurzelspitzen sofort wieder mit einer maximalen Wachtumsrate in den Boden vorzudringen vermögen.

Literatur

1. *Boynton, D.*, and *Reuther, W.*: Proc. Amer. Soc. Hort. Sci. **36**, 1–6 (1939).
2. *Bryant, A. E.*: Plant Physiol. **9**, 189–391 (1934).
3. *Curie, J. A.*: Brit. J. Appl. Phys. **12**, 275–281 (1961).
4. *Curie, J. A.*: J. Sci. Food. Agric. **13**, 380–385 (1962).
5. *Erickson, L. C.*: Amer. J. Bot. **33**, 551–561 (1946).
6. *Fadeel, A. A.*: Physiol. Plant. **17**, 1–13 (1964).
7. *Geisler, G.*: Plant Physiol. **38**, 77–80 (1963).
8. *Geisler, G.*: Plant Physiol. **40**, 85–88 (1965).
9. *Geisler, G.*: Bodenluft und Pflanzenwachstum unter besonderer Berücksichtigung der Wurzel. Arb. Landw. Hochschule Hohenheim Bd. 40 (1967).
10. *Gingrich, J. R.*, and *Russel, M. B.*: Ang. J. **48**, 517–520 (1965).
11. *Grable, A. R.*, and *Danielson, R. E.*: Soil Sci. Soc. Amer. Proc. **29**, 233–237 (1965).
12. *Hack, H. R. B.*: Soil Sci. **82**, 217–231 (1956).
13. *Leonard, O. A.*, and *Pinckard, J. A.*: Plant Physiol. **21**, 18–36 (1946).
14. *Robertson, R. N.*: The uptake of minerals. In *Ruhland, W.*: Handbuch der Pflanzenphysiologie, Berlin–Göttingen–Heidelberg, Band **IV**, 243–279 (1958).
15. *Russel, M. B.*: Agronomy **2**, 253–301 (1952).
16. *Stolwijk, K. J.*, and *Thimann, K. V.*: Plant Physiol. **32**, 513–519 (1957).
17. *Stolzy, L. H.*, *Letey, J.*, *Szuszkiewicz, T. E.*, and *Lunt, O. R.*: Soil Sci. Soc. Amer. Proc. **25**, 463–467 (1961).
18. *Williamson, R. E.*: Soil Sci. Soc. Amer. Proc. **28**, 86–90 (1964).
19. *Williamson, R. E.*: Agron. J. **60**, 317–321 (1969).

Zusammenfassung

Es wurde die Wirkung von CO_2- und O_2-Konzentration in der Bodenluft, z. T. unter Variation des Wassergehaltes zwischen Welkepunkt und Feldkapazität, auf Wurzel- und Sproßwuchs untersucht.

Zwischen Wurzellängenwachstum und O_2-Konzentration besteht bis 8–10 (Gerste, Mais) bzw. 10–14 Vol.-% (Ackerbohnen) eine nahezu lineare positive Beziehung, darüber kein Einfluß. Bei Unterschreiten kritischer Grenzwerte in der O_2-Zufuhr zur Wurzeloberfläche ändert sich das Längenwachstum innerhalb von Stunden. Die Vitalität wird aber nicht eingeschränkt; vielmehr wird bei günstiger Versorgung wieder maximales Wachstum erreicht. Alle untersuchten Arten erreichen maximalen Massenwuchs bei mittleren O_2-Konzentrationen (etwa 10 Vol.-%).

Zwischen CO_2-Konzentration und Wurzellängenwachstum bestehen Optimumbeziehungen mit maximalen Zuwachsraten im Bereich von 1–2 Vol.-% CO_2 in der Bodenluft.

Summary

The effect of the concentrations of CO_2 and O_2 in the soil air on the growth of roots and shoots was examined, at water contents between wilting point and field capacity. There was an almost linear positive correlation between the increase of root length and O_2 concentrations of up to 8–10 Vol.-% with barley and maize, or 10–14 % with beans. Beyond this, no influence was apparent.

If the O_2 supply to the root surface fell below the critical margin, the growth in length changed within hours. The vitality however was not impaired, but means of a more favourable O_2 supply, maximum growth could be reached again. All the species tested reached maximum increase in dry matter with medium O_2 concentrations (about 10 Vol.-%).

Between CO_2 concentration and increase in root length optimum correlation exists wixh maximum growth rates to the extent of 1–2 Vol.-% CO_2 in the soil air.

Résumé

On a étudié l'influence d'une concentration de CO_2 et de O_2 dans l'air du sol sur la croissance des racines et des pousses, notamment sous une variation de la teneur d'eau entre le point où ils se fanent et la capacité au champ.

Entre la croissance des racines et la concentration de O_2 existe une relation positive à peu près linéaire – jusqu'à 8–10 Vol.% (haricots) – mais au dessus il n'y a pas d'influence. Le dépassement de valeurs limites dans l'apport de O_2 à la surface des racines change la croissance en quelques heures. D'ailleurs la vitalité n'est pas limitée, au contraire, on atteint avec une fourniture favorable de nouveau un accroissement maximal. Toutes les espèces examinées atteignent un accroissement maximal sous une concentration moyenne de O_2 (à peu près 10 Vol.%).

Entre le concentration de CO_2 et la croissance en longueur des racines existent des relations optimales avec des quotients d'accroissement maximals dans le domaine de 1–2 Vol.% de CO_2 dans l'air du sol.

Properties of Hydromorphic Sandy Soils in Relation to Root Growth

By *J. C. F. M. Haans, J. M. M. Th. Houben* and *P. van der Sluijs* *)

Introduction

In The Netherlands there are large areas with hydromorphic sandy soils, that is to say sandy soils with, at least during part of the year, groundwater levels at less than approx. 50 cm below the surface. Their extent is approx. 700,000 ha, or half of the total area of sandy soils.

Typical soils which are found in these regions are 'beek' earth soils (A-Cg-G-profiles), 'goor' earth soils (A-C-profiles) and 'veld' podzol soils (A-B-C-profiles) (1). 'Beek' earth and 'goor' earth soils are 'Gleyböden' in the German classification (8) and mollic psammaquents in the U.S. classification (12), but the first with, and the second without, classical hydromorphic phenomena in the form of gley. The 'veld' podzol soils are 'Gleypodzolböden' and humaquods in the German and U.S. classifications respectively. The A-horizons of the soils usually have a thickness of approx. 25 cm. The A-horizon may locally have a thickness of up to 50 cm or more, as a consequence of the addition during many centuries of earth manure (soils with a plaggenepipedon, Aan-horizon, 'enk' earth soils, plaggepts or 'Eschböden'). The parent material for all soils is wind-deposited cover sand. The horizon successions, some physical data and the mean winter and summer groundwater levels (MHW and MLW) are shown in figure 1. The 'beek' earth soils are found in the flat valleys of the small streams which traverse the cover-sand region, the 'veld' podzol, the 'goor' earth and the 'enk' earth soils are found on the slightly higher areas in between.

The soils are mostly used for grassland, but are also used as arable land. Because they are coarse textured, the soils have a low moisture-holding capacity, except for the A-horizon, which is humiferous. As a consequence, depth to groundwater is a very important factor for the potential of the soils for agricultural use. A second important factor is rooting depth: the better the root penetration, the less vulnerable the soils are to deep groundwater levels. For the evaluation of the soils for agricultural purposes and for soil-survey interpretation, knowledge of root growth and the soil factors influencing it is therefore indispensable. The object of the present study was to seek out the connection between root growth and the soil characteristics put in evidence by soil survey.

Several workers have concluded that in sandy soils high bulk density and mechanical impedance are often limiting factors for root growth (3, 14, 6, 5, 7, 10). The penetrometer is sometimes used to characterise soil strength or mechanical impedance by measuring the resistance of a soil to penetration, and relating these measurements to root penetration. It

*) Netherlands Soil Survey Institute, Wageningen, The Netherlands.

was found that high penetration resistance limits, or even prevents, root growth (13, 2). These aspects were given due consideration in the present study.

Method

Roots were counted in the four soils at a large number of places, selected in farm fields used either for grassland or for arable crops. The investigations took place in 1968, 1969 and 1970; in addition, data from the year 1958 could also be used. The profiles investigated comprised soils ploughed to normal depth (approx. 25 cm) and soils loosened to a depth of 80 to 150 cm (either as soil improvement or in connection with the laying of pipelines).

Roots were counted on the face of a profile pit. The roots are brought into relief by washing the pit face with a fine water spray (11). A frame (width 60 cm) with a network of wires (5 × 5 cm) is placed against the face of the pit and the roots are counted in each partition. The results are presented per horizontal layer of 5 cm as the mean number of roots per 50 cm² (total number of roots in a pertinent layer, divided by 6). The counting not only gives information about the distribution of roots in the profile layers, but also about the total quantity of roots and the rooting depth.

For the cultivated crops the counting was done directly after harvest and on the grassland in September and October.

Table 1

Mean number of roots per 50 cm² in soil layers and mean rooting depth in cm in four soils (1968—1970)

Soil units	→	'Beek' earth soil			'Goor' earth soil			'Veld' podsol soil			'Enk' earth soil	
Crop	→		grain	grass		grain	grass		grain	grass		grass
Number of profiles investigated	→		6	8		14	19		24	23		12
	*)	*)			*)			*)			*)	
Mean number of roots per 50 cm²	5—10	Apg	30	55	Ap	35	45	Ap	28	40	Aanp	55
	10—15	Apg	26	35	Ap	31	33	Ap	25	30	Aanp	33
	30—35	Cg	4	4	C	6	3	B2	14	14	Aan	11
	45—50	Cg	1	1	C	2	1	B3	4	6	Aan	10
	60—65	Cg	1	1	C	—	—	C	—	1	A1	7
	75—80	Cg	—	—	C	—	—	C	—	—	Cg	1
Mean rooting depth (cm)			65			50			55			80

*) Depths and horizons to which the countings refer.

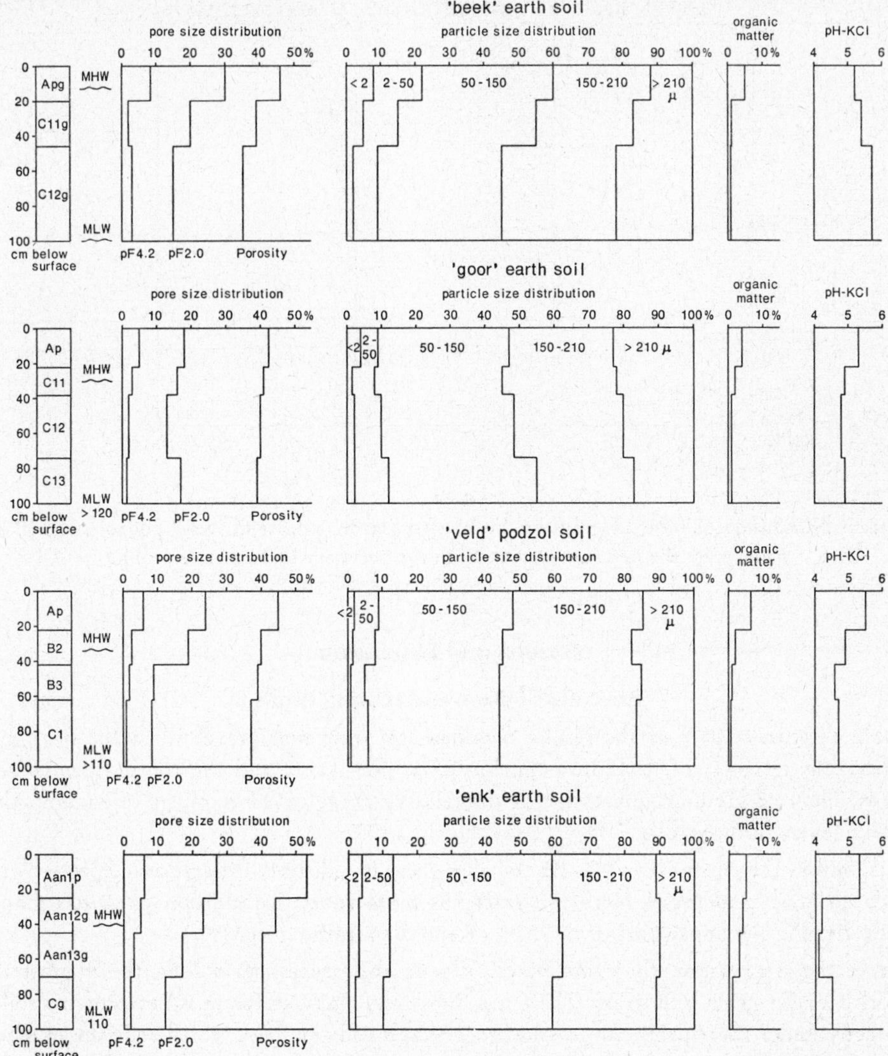

Figure 1

Horizon succession, mean winter and summer groundwater levels (MHW and MLW) and some physical and chemical data of 'beek' earth, 'goor' earth, 'veld' podzol and 'enk' earth soils

In each pit a profile description was made and, moreover, the penetration resistance was measured with a penetrometer at the places where the roots were counted (constant-rate-of-penetration type; cone size 1 cm^2; top angle 60°). This was done in spring or autumn when the soil was moist. Groundwater levels were measured several times during the year.

The most important results are discussed in this paper. Fuller results will be published elsewhere.

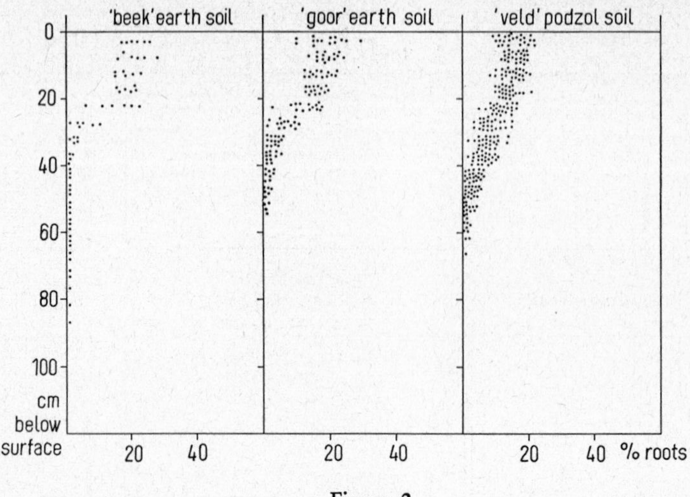

Figure 2

Percent distribution of roots of grain on 'beek' earth, 'goor' earth and 'veld' podzol soils. (Each point gives the percentage of roots in the pertinent layer of one profile)

Results and Discussion

Root distribution and rooting depth

Table 1 shows a part of the results obtained for grain and grassland in the four soil types;; the numbers of roots in a number of profile layers and the rooting depths are given. Figure 2 gives an impression of the relative range of the numbers of roots in the profile layers in three soils.

It is only in the Ap-horizon (0—25 cm) that there is a distinct difference in root growth between grain and grass. Here the grass has more roots; in addition grass has many more roots in the upper part of the Ap-horizon than in the lower (9).

Under the Ap-horizon there are practically no differences per soil in the number of roots between grain and grass. There are, however, many differences between the soils. Directly under the Ap-horizon of the 'goor' earth and the 'beek' earth soils the number of roots decreases sharply, and only a few roots appear in the C- en Cg-horizons. In the 'beek' earth soils, however, the average depth of rooting is greater than in the 'goor'

Table 2

Mean rooting depth in humus podzol soils in different years and with various crops

	Grain				Sugar beet	Grass		
Year	1958	1968	1969	1970	1968	1958	1968	1969
Rooting depth	55	55	60	60	55	55	60	60

earth soils (65 and 50 cm respectively). In the 'veld' podzol soils roots penetrate to a depth of an average of 55 cm; since there are still many roots in the B2-horizon, a lesser number in the B3- and practically none in the C-horizon, the decrease in the number of roots in this case is not so abrupt. In the 'enk' earth soils there are many roots in the Aan-horizon, practically none in the Cg-horizon; the rooting depth in this case depends on the thickness of the Aan-horizon. In summary, the percent distribution of the roots between the Ap-horizon and the layers thereunder is roughly as follows: in the 'beek' earth soils 10—15 % of the total number of roots appears under the Ap-horizon, in the 'goor' earth soils 5—10 %, in the 'veld' podzol poils 20—30 %, and in the 'enk' earth soils 40—60 %.

Variations in the weather conditions from year to year had no influence on the depth of rooting. This is illustrated in Table 2 for the 'veld' podzol soils. The rooting depth is practically the same in the various years of investigation and there are no differences between the crops. This was also the case in other soils investigated.

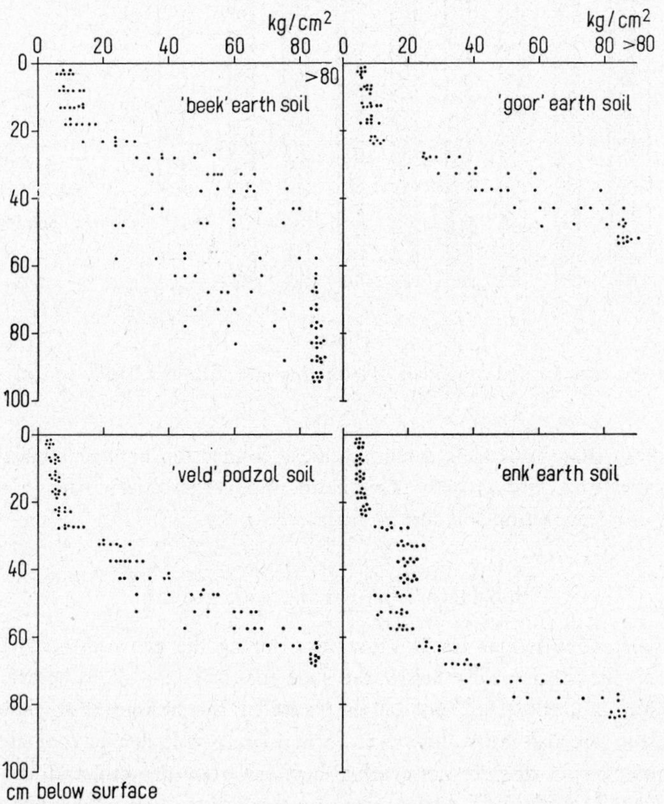

Figure 3

Penetration resistance in profiles of 'beek' earth soil, 'goor' earth soil, 'veld' podzol soil and 'enk' earth soil. (7 replicate measurements in each layer; time early spring; arable land)

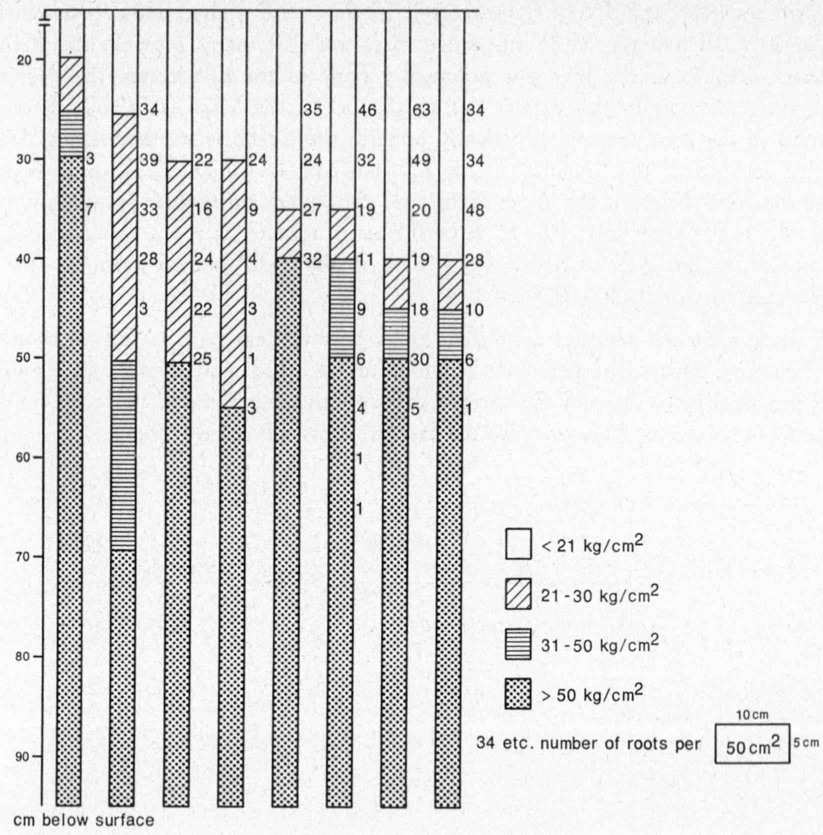

Figure 4
Penetration resistance and number of roots in eight different 'veld' podzol profiles

It is clear that in these four soils there is a close connection between the morphological soil characteristics and root growth. This is an important observation in relation with the possibility of interpreting soil survey maps.

Soil factors influencing root growth

Measurements of groundwater levels show that during the growing season the groundwater levels remain considerably below the root zone (> 1—1.20 m below the surface). Lack of aeration can, therefore, not be the cause of the limited root penetration. The pH of the subsoil was also not so low as to form a limiting factor in root growth.

There was, however, a distinct connection between root growth and the presence of macroscopically clearly visible perforations in the soil and also between root growth and the penetration resistance.

The penetration resistances of all four soils are low in the Ap-horizon (Fig. 3) and the number of roots is high. The Aan-horizon also has a low resistance, there are numerous

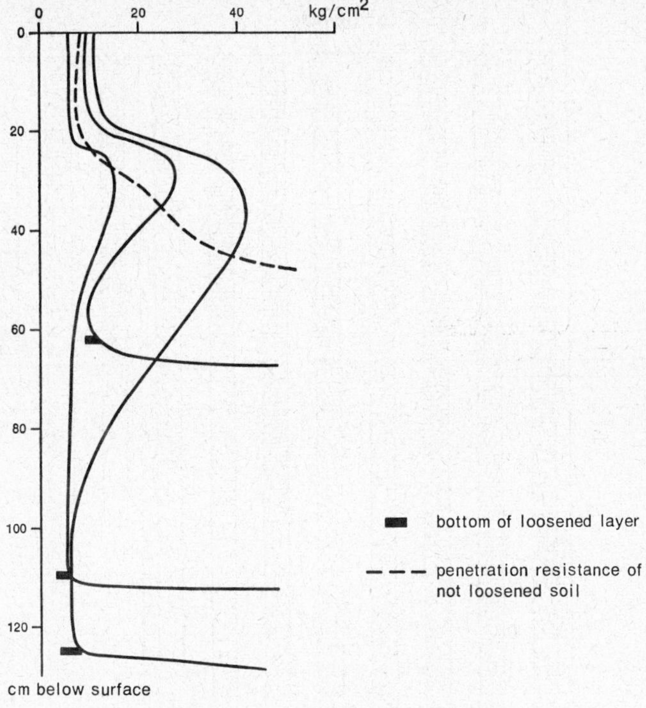

Figure 5
Penetration resistance in deeply loosened soils (arable land)

perforations and this horizon is well rooted. In the C-horizon of the 'goor' earth soils, perforations are barely perceptible and the penetration resistance increases rapidly with depth and the number of roots decreases rapidly. In the B2-horizon of the 'veld' podzol soils perforations are present, to a lesser extent also in the B3, but they disappear in the C-horizon. In consequence with this fact, the penetration resistance increases less rapidly in this case and the number of roots decreases less rapidly than in the 'goor' earth soils. The Cg-horizon of the 'beek' earth soils shows a considerable range in penetration reistance. This is a consequence of the fact that there are continuous perforations penetrating deeply into the soil and also remnants of root channels from a former forest (Alnetum). It is especially deeper in the profile that remnants of tree roots are still present in these channels. In those places where the old channels are present, the penetration resistance is low and the roots of arable crops can penetrate deeply, locally to a depth of 1 m, and as a result the average rooting depth is greater in these soils than in the 'veld' podzol and 'goor' earth soils.

It appears from the data collected from all soils that when the penetration resistance in a soil layer is greater than 30—50 kg/cm², the perforations are missing and no, or practically no roots appear. With a penetration resistance of less than 30 kg/cm² the number of roots can vary widely. Figure 4 illustrates this for eight 'veld' podzol soil profiles. This corresponds with the findings of (13) and (2) among others.

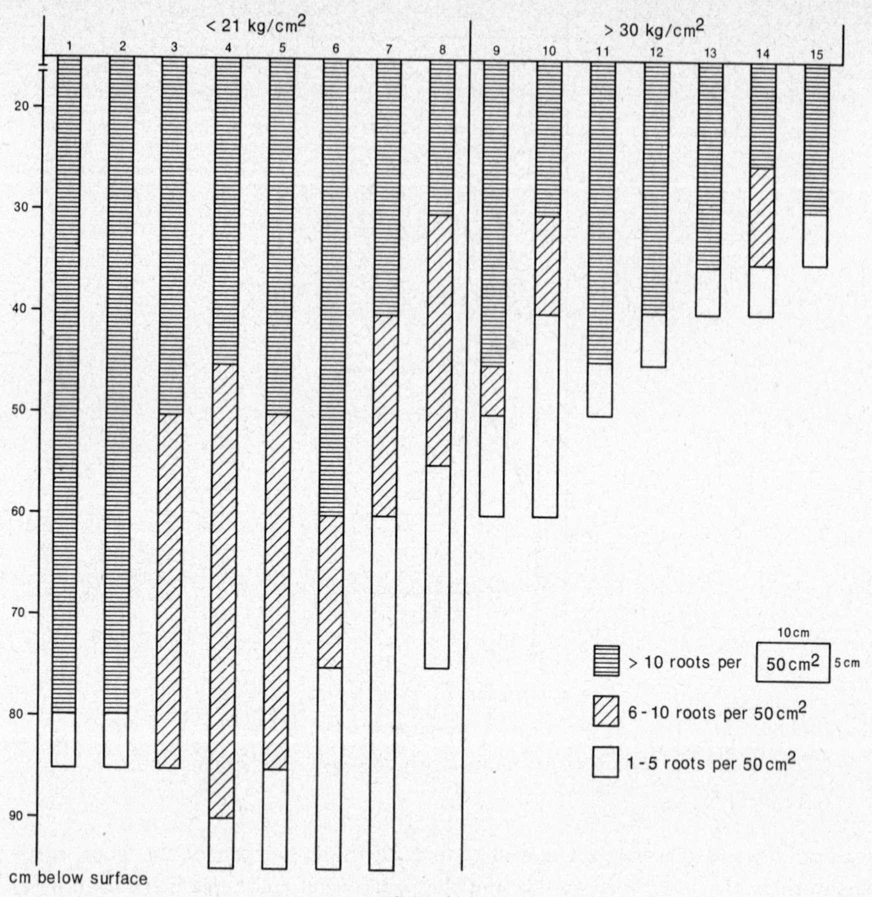

Figure 6

Root growth under the Ap-horizon in deeply loosened soils. Profiles 1—8: penetration resistance < 21 kg/cm² immediately under the Ap-horizon. Profiles 9—15: penetration resistance > 30 kg/cm² immediately under the Ap-horizon

Root penetration in deeply loosened soils

In view of the fact that soil strength is clearly the limiting factor in root penetration, it is of interest to study the results of root countings in deeply loosened soils. It might be reasonable to expect that the loosening of the subsoil would improve the conditions for root growth.

It appears from Figure 5 that in these soils the penetration resistance is low down to great depth. A layer with a higher resistance is often present unter the Ap-horizon. Such a more or less compacted layer (traffic pan) occurs as a result of soil management — due to the driving of machines and vibrations transmitted into the soil thereby (4). The influence of this compaction on root growth in deeply loosened soils is demonstrated in Figure 6. When the penetration resistance under the Ap-horizon is low (< 21 kg/cm²), the roots penetrate to great depth and in fairly large numbers throughout the profile (profiles no. 1 — 8). When, however, the resistance under the Ap-horizon is high (> 30 kg/cm²), the root growth ceases rapidly (profiles no. 9 — 15) despite the fact that the resistance in the subsoil is low. Deep loosening does not, therefore, always have a lasting favourable effect on the root growth. This is still further emphasised when one takes into account that as a result of the deep loosening the system of perforations originally present is destroyed so that rooting is no longer possible.

Conclusions

The root growth in each of the four soils is closely connected with the morphological characteristics of the profiles, such as they are determined by soil survey. Differences in crops and annual variations in the weather conditions make only subordinate differences in root growth. There is though a distinct disparity between the root growth of grain an that of grass in the Ap-horizon.

Roots only grow in the B- and C-horizons when macroscopically visible perforations are present. If these are lacking, then the penetration resistance of the soil, measured with a penetrometer, is mostly more than 30—50 kg/cm² and there are no roots present. In these soils the soil strength is clearly the limiting factor for root penetration.

Deep loosening of the soil lowers the penetration resistance of the soil and the mechanical impedance to root growth. The originally present channels are, however, destroyed. Moreover, under the Ap-horizon compacted layers (traffic pans) can occur as the result of the driving and the vibration of machines. When the penetration resistance in such a layer is greater than 30 kg/cm², root growth in the loosened subsoil is prevented.

References

1. *Bakker, H. de* en *Schelling, J.*: Systeem van bodemclassificatie voor Nederland. De hogere niveaus. Pudoc, Wageningen (1966).
2. *Dam, J. G. C. van* en *Hulshof, J. A.*: Med. Dir. Tuinb. **30**, nr. 5, 186–190 (1967).
3. *Goedewagen, M. A. J.* et al.: Wortelgroei in gronden bestaande uit een bovengrond van klei en een ondergrond van zand. Versl. Landb. Onderz., nr. 61.7, Wageningen (1955).
4. *Haan, F. A. M. de* en *Wind, G. P.*: Tijdschr. Kon. Ned. Heidemij **77**, 244–249 (1966).
5. *Hidding, A. P.*: De doorwortelbaarheid van zandlagen. Rapport **12**, Instituut voor Cultuurtechniek en Waterhuishouding, Wageningen (1961).
6. *Jonker, J. J.*: Bewortelingsonderzoek en ondergrondbewerking in de Noordoostpolder. Van Zee tot Land, nr. 25. Tjeenk Willink, Zwolle (1958).
7. *Loeters, J. W. J.* en *Bakermans, W. P. A.*: IBS Med. 267. Med. Dir. Tuinb. **27**, 565–572 (1964).
8. *Mückenhausen, E.*: Entstehung, Eigenschaften und Systematik der Böden der BRD. D.L.G.-Verlags-GmbH, Frankfurt a. Main (1962).
9. *Schuurman, J. J.*: Bewortelingsproblemen op grasland. In: De Plantenwortel in de Landbouw, p. 168–177. Staatsdrukkerij, 's-Gravenhage (1955).
10. *Schuurman, J. J.*: Plant and soil **12**, 352–374 (1965).
11. *Schuurman, J. J.* and *Goedewagen, M. A. J.*: Methods for the examination of root systems and roots. Pudoc, Wageningen (1965).

12. Soil Survey Staff: Soil Classification, a comprehensive system, 7th Approximation. Soil Conservation Service, Washington, USDA. Supplement to 7th Appr. (1960/67).

13. *Taylor, H. M.* and *Burnett, E.*: Soil Sci. **98**, 3, 174–180 (1964).

14. *Wiersum, L. K.*: Plant and Soil **IX**, 1, 75–85 (1957/58).

Summary

The connection between root growth and morphological characteristics of some typical hydromorphic sandy soils in The Netherlands was examined by counting roots on the face of profile pits. Roots only grow in B- and C-horizons when macroscopically visible perforations are present. If these are lacking the penetration resistance is mostly very high. Obviously soil strength is the limiting factor of these soils. Loosening of the subsoil improves conditions for root growth, but penetration of roots into the loosened subsoil may be hampered if a more or less compacted layer (traffic pan) is present directly underneath the Ap-horizon.

Résumé

En comptant les racines sur la paroi du profil on recherche la liaison entre l'enracinement et les propriétés morphologiques d'un certain nombre de sols sableux hydromorphes typiques en Hollande. Il semble que les racines peuvent pousser dans les horizons B et C seulement s'ils présentent des pores macroscopiques bien visibles. S'ils manquent, la résistance de pénétration est en général très haute. Il est évident que la résistance mécanique de ces sols est un facteur restrictif. L'ameublissement du sous-sol améliore le développement radiculaire; mais la présence d'une couche plus ou moins compacte directement sous l'horizon Ap peut empêcher la croissance des racines dans le sous-sol ameubli.

Zusammenfassung

Der Zusammenhang zwischen Bewurzelung und morphologischen Eigenschaften einiger typischer hydromorpher Sandböden in den Niederlanden wurde durch das Zählen von Wurzeln an Profilwänden untersucht. B- und C-Horizonte werden nur dann durchwurzelt, wenn sichtbare Poren vorhanden sind. Wenn diese fehlen, ist der Eindringungswiderstand meistens sehr hoch. Es ist augenfällig, daß die Festigkeit bei diesen Böden der beschränkende Faktor ist. Lockerung des Untergrundes verbessert die Voraussetzungen für die Durchwurzelung. Wenn der Boden aber direkt unter der Krume infolge von Bodenbearbeitung und -befahrung verdichtet ist, wird das Eindringen von Wurzeln in den gelockerten Untergrund sehr erschwert.

Zum Bioelement-Haushalt von Wald-Ökosystemen auf wechselfeuchten Standorten

Von *B. Ulrich* und *R. Mayer**)

Unsere Untersuchungen haben den Bioelement-Haushalt eines Wald-Ökosystems auf einem wechselfeuchten Standort zum Gegenstand. Unter Bioelementen werden diejenigen chemischen Elemente verstanden, die am Stoffhaushalt von Ökosystemen quantitativ wesentlich beteiligt sind. Nicht alle Bioelemente sind Nährstoffe (z. B. Al, Cl), und nicht alle Nährstoffe sind quantitativ wesentlich am Bioelement-Haushalt beteiligt (z. B. manche Spurennährstoffe).

Die untersuchte Fläche liegt im Solling auf einem Buntsandstein-Plateau in etwa 500 m über NN. Das langjährige Niederschlagsmittel beträgt etwa 1100 mm, die Jahres-Mitteltemperatur liegt bei 6,5 °C. Auf der Fläche stockt ein 125-jähriger Buchenbestand.

Das Bodenprofil ist zweischichtig. Über dem anstehenden mittleren Buntsandstein, der aus einer dünnplattigen Wechselfolge von glimmerreichen Sandsteinen und Tonsteinen besteht, liegt eine parautochthone Solifluktionsdecke mit einer Mächtigkeit von 100–150 cm. Als Periglazialbildung ist sie aus der Verwitterungsdecke des Buntsandsteins entstanden. Sie hat einen hohen Skelettanteil und ein hohes Raumgewicht.

Über dieser ganz vom Buntsandstein geprägten Fließerde-Decke liegt eine ebenfalls parautochthone Löß-Fließerde mit einer Mächtigkeit von 50–70 cm. Sie ist vermutlich durch Aufarbeitung und Verlagerung über geringe Distanzen aus älteren Lößablagerungen entstanden, wobei bei ihrer Bildung ein mehr oder weniger großer Skelettanteil aufgenommen wurde. Diese Löß-Fließerde ist stark sauer und gekennzeichnet durch ein sehr niedriges Raumgewicht und ein stabiles Gefüge.

Dem Bodenprofil fehlt – von einer sehr schwachen Podsolierung in den obersten cm abgesehen – eine ausgeprägte Horizontierung (2). Es ist eine pseudovergleyte Lockerbraunerde mit Moder. Die besonderen Wasserverhältnisse an diesem Standort prägen auch den Bioelement-Kreislauf, weil dieser mit dem Kreislauf des Wassers zu einem erheblichen Anteil gekoppelt ist.

Einen Einblick in den Bioelement-Haushalt eines Ökosystems erhält man über die Inventur der Bioelementvorräte im Ökosystem und in Teilen des Ökosystems (Kompartimenten) sowie durch die Messung von Bioelement-Transportraten zwischen dem Ökosystem und seiner Umgebung sowie zwischen den Kompartimenten untereinander (8). Die Kenntnis dieser Größen, der Kapazität der Kompartimente und der Intensität der Bioelementflüsse kann zu einem Verständnis der Kinetik der Bioelementflüsse führen.

Hier soll insbesondere über die Messung der Transportraten berichtet werden (vgl. (7)).

Beim Transport der Bioelemente über größere Strecken innerhalb des Ökosystems oder durch seine Grenzflächen ist fast immer das Wasser, Niederschlags- oder Bodenwasser, das

---

*) Institut f. Bodenkunde u. Waldernährung, Universität Göttingen, BRD

Transportmedium. Zur Ermittlung dieser Bioelementflüsse genügt es also, die transportierten Wassermengen zu messen und deren Bioelementkonzentration zu bestimmen. Aus diesem Grund war die Messung der Bioelementflüsse weitgehend verbunden mit der Messung der entsprechenden Wasserhaushaltsgrößen.

Als Transportraten sind besonders interessant die Bioelement-Einnahmen (Input) des Ökosystems sowie der Verlust (Output) an das Wasser des tieferen Untergrundes, das Oberflächenwasser oder die Atmosphäre.

Als Kompartimente, deren Abgrenzung zunächst ganz frei vorgenommen werden kann (1), wurden solche Teile des Ökosystems ausgewählt, deren Input und Output meßtechnisch leicht zu erfassen sind. In Abbildung 1 sind die Kompartimente durch numerierte Kästen symbolisiert. Die Transportwege der Flüsse sind als Pfeile gezeichnet.

Die Transportraten (Flüsse) sind in folgender Weise zu messen:

1. An der Oberfläche des Bestandes; Messung des Bioelement-Input. Transportmedium ist das Niederschlagswasser. Aus meßtechnischen Gründen erfolgte die Messung tatsächlich in Bodennähe auf einer benachbarten Freifläche.
2. An der Bodenoberfläche. Transportmedium sind die Laubstreu und der Bestandesabfall sowie das Niederschlagswasser, das sich zusammensetzt aus der Kronentraufe und dem Stammablauf.
3. Innerhalb des Bodens, insbesondere oberhalb und unterhalb des Hauptwurzelraumes sowie an der Untergrenze des durchwurzelten Bodens. Transportmedium ist das Sickerwasser.

Die Erfassung der mit den Niederschlägen gekoppelten Bioelementflüsse erfolgte in Regenmessern. Diese wurden nach einzelnen Niederschlägen geleert und ihr Inhalt wurde auf Bioelementgehalte untersucht.

Die Streu wurde in Trichtern aufgefangen und chemisch analysiert. Das Sickerwasser im Boden wurde an der Grenze Humusauflage/Mineralboden in einfachen Trichterlysimetern aufgefangen, in 50 und 100 cm Tiefe mit Unterdrucklysimetern. Als solche dienten keramische Saugplatten aus gesintertem Al_2O_3, an denen dieselbe Saugspannung angelegt wird, die auch im umgebenden Boden herrscht (3, 4). Dadurch ist gewährleistet, daß das Lysimeter auch ohne seitliche Begrenzung die Lösungsmenge auffängt, die in derselben Zeit einen entsprechenden Bodenquerschnitt in dieser Tiefe passieren würde. Die Platten wurden seitlich und von unten in das Bodenprofil eingebracht, so daß der darüberliegende Boden nicht gestört wurde und die Tätigkeit der Wurzeln in diesem Boden nicht beeinträchtigt war.

Sämtliche Messungen erfolgten in mehrfacher Wiederholung, so daß eine statistische Bearbeitung der Meßergebnisse möglich war. Im Gegensatz zur Messung der Streu und der Niederschläge ist die Erfassung des Sickerwassers mit Lysimetern verhältnismäßig kompliziert. Die Zahl der Wiederholungen war hier eng begrenzt und es war notwendig zu überprüfen, ob die Meßergebnisse der Lysimeter flächenrepräsentativ sind. Aus diesem Grund wurde unmittelbar an dem Lysimeter-Meßplatz eine Messung der mit den Niederschlägen gekoppelten Bioelementflüsse während eines begrenzten Zeitraumes vorgenommen. Auf diese Weise konnte eine Korrektur für die Abweichung der Bioelement-Flüsse unmittelbar am Lysimeter-Meßplatz gegenüber dem Gesamtbestand vorgenommen werden.

Ein Output in die Atmosphäre dürfte bei den untersuchten Bioelementen Na, K, Ca, Mg, Al, N, P, S und Cl nicht ins Gewicht fallen, wenn man von gasförmigen Stickstoffverlusten absieht. Ebenso spielt der Oberflächenabfluß an diesem Standort keine Rolle.

Für das Gesamt-Ökosystem und für die einzelnen Kompartimente können Bilanzen (Wasser-Bilanz, Bioelement-Bilanzen) aufgestellt werden, die in der Form der allgemeinen Kontinuitätsgleichung (vgl. (5) S. 239) lauten:

$$\frac{\partial Z_v}{\partial t} = -\operatorname{div} \overrightarrow{J_Z} + q(Z) \tag{1}$$

Hierbei ist Z_v eine extensive Zustandsvariable (z. B. die Masse, die Energie, eine Ionensorte usw.), die volumbezogen ist. q(Z) steht für eine allgemeine Quellfunktion, d. h. für die Erzeugung oder die Vernichtung von Z innerhalb des betrachteten Kompartiments. $\overrightarrow{J_Z}$ ist ein Flußfaktor der Größe Z.

Handelt es sich bei Z um eine Variable mit konservativen Eigenschaften wie z. B. die Gesamtmasse oder die Gesamtenergie, dann wird q(Z) gleich Null. Dasselbe gilt für die einzelnen Elemente, wenn man ihre Bindungsform unberücksichtigt läßt. In diesem Fall wird Gleichung (1) zu

$$\frac{\partial Z_v}{\partial t} = -\operatorname{div} \overrightarrow{J_Z} \tag{2}$$

Da auf dem untersuchten Standort seitliche Wasserbewegungen in einer bevorzugten Richtung keine Rolle spielen, trägt nur der vertikale Niederschlags- und Sickerwasserstrom zum Transport der Bioelemente durch das Ökosystem oder durch die Bodenschichten bei. Gleichung (1) kann daher geschrieben werden

$$\frac{\partial Z_v}{\partial t} = -\frac{\partial \overrightarrow{J_Z}}{\partial_z} + q(Z) \tag{3}$$

wobei z die vertikale Richtung bezeichnet.

Um die Bilanz für ein System aufzustellen, muß Gleichung (3) über den Bilanzzeitraum t integriert werden:

$$Z = \int_{t_0}^{t} \left(-\frac{\partial \overrightarrow{J_Z}}{\partial_z} + q(Z) \right) \partial t \tag{4}$$

In der Bioelement-Bilanz des Gesamt-Ökosystems entfällt der Quellterm entsprechend Gleichung (2), sofern wir nicht die Bindungsformen der Elemente berücksichtigen. Demnach ist, entsprechend Gleichung (4), die Differenz zwischen Input und Output allein auf eine Vorratsänderung innerhalb des Systems zurückzuführen.

In Tabelle 1 wird die Bilanz für den Zeitraum eines Jahres (Juni 1969 bis Mai 1970) wiedergegeben. Die Zahlen repräsentieren die an den verschiedenen Stellen des Ökosystems gemessenen Flüsse. Ein Vergleich zwischen dem Gesamt-Input (Zeile 1) und dem Gesamt-Output (Zeile 8) zeigt, daß während des Bilanzzeitraumes innerhalb des Gesamt-Ökosystems der Vorrat an Na, K, Ca, Mg und S im Rahmen der statistischen Genauigkeit unverändert geblieben ist.

Das Ökosystem verliert mehr Al und Cl, als ihm durch die Niederschläge zugeführt wird. Es ist jedoch nicht auszuschließen, daß dieser Effekt ganz oder teilweise durch Veränderung der Bodenlösung bei der Passage durch die keramischen Lysimeterplatten zustande kam. Innerhalb des Ökosystems findet eine Vergrößerung des Vorrats an N, P und Fe statt.

Wir können davon ausgehen, daß sich der Boden an diesem Standort im stationären Zustand befindet, daß sich also beispielsweise der Vorrat an austauschbaren Kationen ebensowenig ändert wie die Bioelement-Vorräte in der Humusauflage. Für alle Teilsysteme im stationären Zustand wird damit in den Gleichungen (1) bis (4) die linke Seite, der Vorratsterm, gleich Null. Dies gilt nicht für das Teilsystem „Pflanze", denn diese vergrößert mit ihrem Holzzuwachs laufend den Bioelement-Vorrat.

Aufgrund dieser Überlegung, die durch monatliche Untersuchung der austauschbaren Kationen über 1 Jahr experimentell überprüft und für zutreffend befunden wurde, kann aus der Differenz der Bioelementflüsse, die am Boden auftreffen (Tab. 1, Zeile 5) und dem Bioelement-Output in 100 cm Tiefe (Tab. 1, Zeile 8) die Netto-Bioelementaufnahme durch die Wurzeln berechnet werden.

Die Messungen, über die hier berichtet wird, konnten bisher für den Zeitraum von 18 Monaten ausgewertet werden. Es darf angenommen werden, daß die Bioelement-Bilanzen für andere Jahre nicht wesentlich von der in Tabelle 1 gegebenen Bilanz abweichen, vorausgesetzt daß keine extremen Klimabedingungen auftreten und keine Eingriffe in das Ökosystem erfolgen.

Tabelle 1

Jahresbilanz der Bioelemente (Juni 1969 bis Mai 1970) in kg/ha
125jähriger Buchenbestand Solling B 1

Bioelemente in	Na	K	Ca	Mg	Al	Fe	Mn	N	P	Cl	S
(1) Freiland-Niederschlag	7.3	2.0	12.4	1.79	3.1	1.17	0.22	23.9	0.48	17.8	24.8
(2) Kronentraufe	11.3	18.1	26.6	3.45	1.5	1.51	2.81	22.5	0.58	38.0	40.8
(3) Stammablauf	2.3	7.5	5.8	0.69	0.3	0.30	0.88	2.6	0.02	6.5	16.5
(4) Streu (nach *Pavlov* 1971)	0.9	21.9	15.0	1.46	0.5	1.96	6.59	53.0	4.30	0.8	3.2
(5) Summe (2) bis (4)	14.5	47.5	47.4	5.60	2.3	3.77	10.30	78.1	4.90	45.3	60.5
(6) Sickerwasser aus Humusauflage*)	12.9	40.4	39.8	4.67	5.6	1.34	6.48	76.8	4.80	38.3	43.9
(7) Sickerwasser in 50 cm Tiefe	6.7	2.3	14.3	2.03	7.6	0.08	4.07	5.8	0.01	36.5	12.5
(8) Sickerwasser in 100 cm Tiefe	8.8	1.6	14.1	2.40	10.3	0.07	4.27	6.2	0.01	28.6	19.8
(9) t-Test Zeile (8) geg.Zeile(1)	n. s.	n. s.	n. s.	n. s.	*	***	***	***	*	*	n. s.

Sicherheitswahrscheinlichkeit für den t-Test: *** = 99.9 %, ** = 99 %, * = 95 %, n. s. < 95 %

*) Wegen fehlender Wurzeln in den Humuslysimetern geben diese Werte nicht die natürlichen Verhältnisse wieder (7).

Anders sieht es aus, wenn Bilanzen für kürzere Zeiträume aufgestellt werden. Hier spielen kurzfristige Einflüsse eine Rolle, Abweichungen der Einflußfaktoren werden nicht ausgeglichen und den Vorratsveränderungen innerhalb der Kompartimente kommt eine wesentliche Bedeutung zu. Zur Ermittlung der in kürzeren Zeiträumen transportierten Bioelement-Mengen ist es wichtig, die Kinetik der Flüsse zu kennen, d. h. für den Ausdruck $\partial J_Z / \partial z$ eine integrierbare Zeit-Funktion zu finden. Solche Funktionen werden auch als Transfer-Funktionen bezeichnet, denn sie beschreiben den zeitlichen Verlauf der Übertragung (Transfer) von einem Kompartiment zum anderen (1).

Die Transfer-Funktionen sind in Abbildung 1 mit $f_{i,j}$ bezeichnet, wobei i und j für das Ausgangs- bzw. das Ziel-Kompartiment stehen. Nicht für alle Bioelementflüsse können solche Funktionen aufgestellt werden. Beispielsweise würde die Angabe einer Transfer-Funktion für den Bioelement-Input aus der Atmosphäre voraussetzen, daß Niederschlagshöhe und -verteilung vorhersagbar sind.

Für andere Flüsse konnte eine Transfer-Funktion gefunden werden oder doch zumindest eine Funktion, die eine Voraussage der Bioelement-Flußgröße bei Kenntnis einfach zu messender Wasserhaushaltsgrößen zuläßt. Abbildung 2 gibt einen Überblick, welche Flüsse gemessen wurden und welche Transfer-Funktionen aufgestellt werden konnten. Die Zahlenwerte bezeichnen die durchschnittlichen monatlichen Flußgrößen. Die Gültigkeit der Transfer-Funktionen, die aus einer modellmäßigen Vorstellung über das Ökosystem gewonnen wurden, sind an den real gemessenen Zahlen zu überprüfen. Die Überprüfung erfolgte mit Hilfe der Regressionsanalyse.

Im einzelnen konnten die Bioelementflüsse auf folgende Weise erklärt und durch eine mathematische Beziehung beschrieben werden (die Bezeichnungen $J_{i,j}$ beziehen sich auf die Abbildungen 1 und 2):

1. Der mit den Bestandesniederschlägen gekoppelte Bioelementfluß $J_{2,3}$ kann bei Kenntnis der Niederschlagshöhe und der Stammablaufmenge berechnet werden, denn zwischen diesen Größen und der Bioelement-Konzentration besteht ein Zusammenhang, der statistisch hoch gesichert ist.

   Beispiel: Kalium

   Berechnung der Kaliummenge M_K (g-ion/ha) aus den Konzentrationen c_i bzw. c_j (µg-ion/l) und der Niederschlagshöhe N_i (mmN) bzw. Stammablaufmenge N_j (mmN) durch die Beziehung:

   $$M_K = 10^{-2} \left(\sum_i c_i N_i + \sum_j c_j N_j \right)$$

   wobei für die Konzentrationen die Regressionsgleichungen gelten:

   $$\lg c_i = 2.085 - 0.590 \lg N_i; \quad r = 0.89^{+++}$$
   $$\lg c_j = 2.846 - 0.754 \lg N_j; \quad r = 0.83^{+++}$$

2. Der mit dem Streufall gekoppelte Bioelementfluß $J_{9,7}$ kann in einem sommergrünen Laubwald als ein jährlich einmal auftretendes Ereignis angesehen werden; eine Transfer-Funktion erübrigt sich also.

3. Die Freisetzung der Bioelemente aus der Streu und ihr Übergang in die Bodenlösung kann (6) für einige Elemente (K, P, N) mittels einer e-Funktion berechnet werden, in die als Parameter die Bioelementmengen im jährlichen Streufall, eine elementspezifische Geschwindigkeitskonstante und der zeitliche Abstand zum Anfangstermin der Streu-

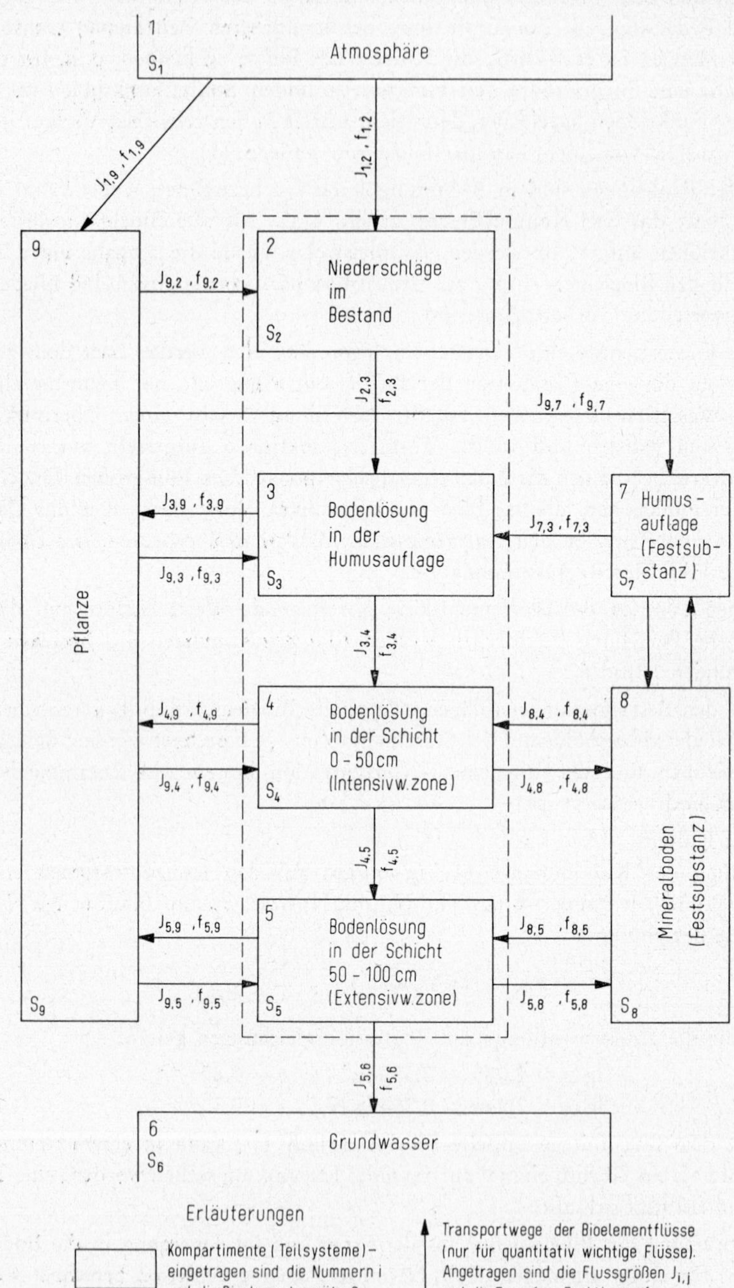
1
Atmosphäre
S1
J1,9 , f1,9
J1,2 , f1,2
9
Pflanze
S9
J9,2 , f9,2
2
Niederschläge
im
Bestand
S2
J2,3 f2,3
J9,7 , f9,7
3
Bodenlösung
in der
Humusauflage
S3
J3,9 , f3,9
J9,3 , f9,3
7
Humus-
auflage
(Festsub-
stanz)
S7
J7,3 , f7,3
J3,4 f3,4
4
Bodenlösung
in der Schicht
0 - 50 cm
(Intensivw. zone)
S4
J4,9 , f4,9
J9,4 , f9,4
J8,4 , f8,4
J4,8 , f4,8
8
Mineralboden
(Festsubstanz)
S8
J4,5 f4,5
5
Bodenlösung
in der Schicht
50 - 100 cm
(Extensivw. zone)
S5
J5,9 , f5,9
J9,5 , f9,5
J8,5 , f8,5
J5,8 , f5,8
J5,6 f5,6
6
Grundwasser
S6
Erläuterungen
Kompartimente (Teilsysteme) - eingetragen sind die Nummern i und die Bioelementvorräte Si
Transportwege der Bioelementflüsse (nur für quantitativ wichtige Flüsse). Angetragen sind die Flussgrößen Ji,j und die Transfer-Funktionen fi,j

Abbildung 1

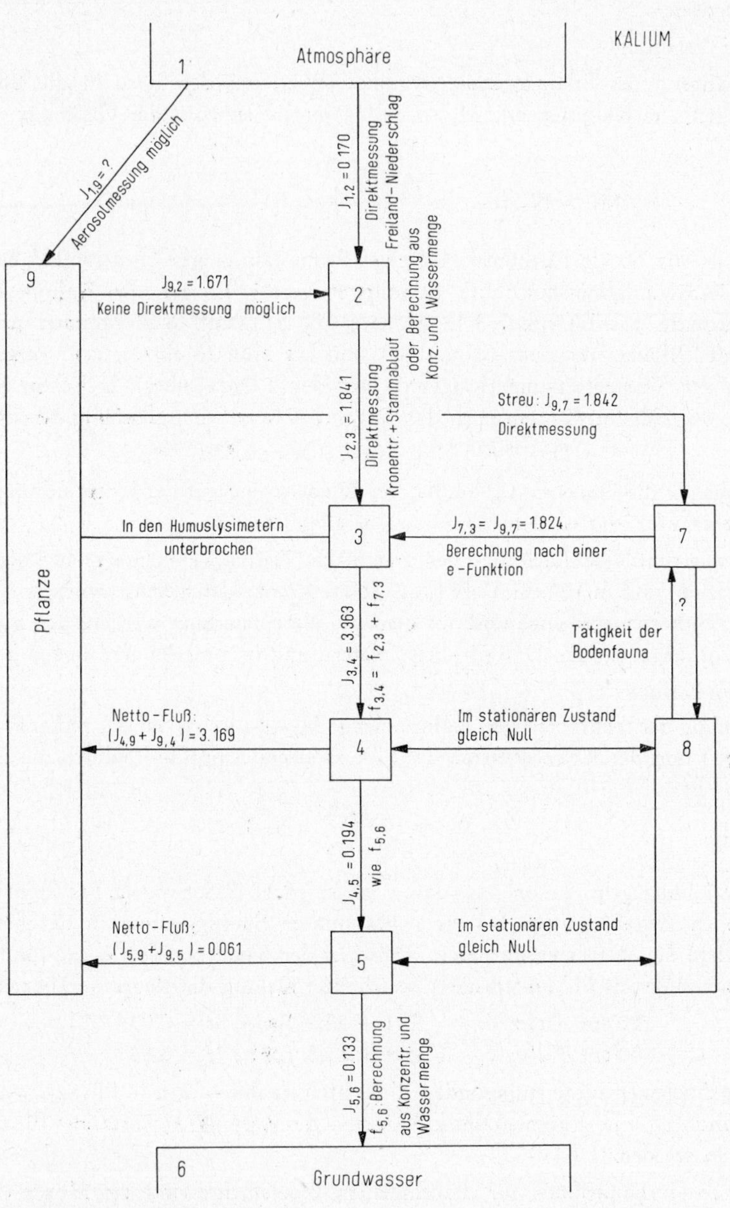

Direkt gemessene Flüsse:

$J_{1,2}$ = Freiland-Niederschlag
$J_{2,3}$ = Kronentraufe + Stammablauf
$J_{3,4}$ = Humuslysimeter
$J_{4,5}$ = Unterdrucklys. (50 cm Tiefe)
$J_{5,6}$ = Unterdrucklys. (100 cm Tiefe)
$J_{9,7}$ = Streu nach PAVLOV

Alle übrigen Flüsse wurden unter Annahme des stationären Zustandes als Differenzen berechnet.
Die Zahlenwerte haben die Dimension kg / ha · Monat

Abbildung 2

zersetzung (hier: Oktober) eingehen, außerdem als Korrektur Temperatur- und Niederschlagsdaten.

Beispiel: Kalium

Die während des Bilanzierungszeitraumes (t_2–t_1) aus der Streu in die Bodenlösung übergegangene Kaliummenge M_k (g-ion/ha) ergibt sich aus der Gleichung

$$M_K = N_o \left(e^{-\frac{\ln 2}{T_o} t_2} - e^{-\frac{\ln 2}{T_o} t_1} \right) + D$$

Dabei ist für N_o der Kaliumvorrat eines Streu-Jahrganges (in g-ion/ha) einzusetzen. Die Geschwindigkeitskonstante („Halbwertszeit") T_o hat für Kalium den Wert 2.28 Monate, für Phosphor 4.42 Monate, für Stickstoff 6.37 Monate. Anfang und Ende des Bilanzzeitraumes (t_1 und t_2) sind als Monate einzusetzen, gerechnet vom Beginn der Streuzersetzung (festgesetzt auf den 1. November). D ist ein Korrekturfaktor, der sich für Kalium nach der folgenden Regressionsgleichung berechnet:

$$D = 0.635\ N_{B1} - 43.07; \quad r = 0.776^{+++}$$

Dabei hat D die Dimension g-ion/ha, der Niederschlag auf der Untersuchungsfläche B1 (Kronentraufe) N_{B1} wird in mmN = l/m² eingesetzt.

4. Die Bioelementflüsse durch die Ebenen in 50 cm Tiefe ($J_{4,5}$) (Untergrenze der Intensivwurzelzone) und in 100 cm Tiefe ($J_{5,6}$) (Untergrenze der Extensivwurzelzone) können aus der Sickerwassermenge und aus dem pF-Wert berechnet werden, der während des Sickervorganges an den Unterdrucklysimetern und im umgebenden Boden herrschte.

   Beispiel: Kalium

   Berechnung der transportierten Kaliummenge M_K (g-ion/ha) aus der Sickerwassermenge N_i (l/m²) und der Konzentration des Sickerwassers c_i (μg-ion/l) durch die Beziehung:

$$M_K = 10^{-2} \left(\sum_i c_i N_i \right)$$

   Die Beziehung geht davon aus, daß i verschiedene Sickerwasser-Fraktionen zu verschiedenen Zeitabschnitten bei einer bestimmten Saugspannung in der betreffenden Bodentiefe die Meßebene passieren. Zwischen der Konzentration c_i (μg-ion/l) und der Saugspannung (als pF ausgedrückt) besteht für Kalium die Regressionsbeziehung:

$$50\ \text{cm Tiefe:}\quad c_i = -23.1 + 22.8\ (pF)_i; \quad r = 0.93^{+++}$$
$$100\ \text{cm Tiefe:}\quad c_i = -\ 5.4 + 11.8\ (pF)_i; \quad r = 0.60^{+}$$

5. Andere Bioelementflüsse, insbesondere die Nettoaufnahme durch die Pflanzenwurzeln ($J_{4,9} + J_{9,4}$ und $J_{5,9} + J_{9,5}$) können unter Annahme des stationären Zustandes für den Boden berechnet werden.

   Die Transfer-Funktionen für die einzelnen Bioelemente sind bei *Mayer* (7) zusammengestellt.

Literatur

1. *Atkins, G. L.*: Multicompartment Models for Biological Systems. Methuen & Co. Ltd., London, 153 S. (1969).

2. *Benecke, P.* und *Mayer, R.*: Ecological Studies **2** (Springer Verl. Berlin), 153–163 (1971).
3. *Cole, D. W.*: Soil Sci. **85**, 293–296 (1958).
4. *Czeratzki, W.*: Z. Pflanzenern., Düng., Bodenkunde **87**, 50–56 (1959).
5. *Haase, R.*: Thermodynamik der irreversiblen Prozesse. Steinkopff Verl., Darmstadt, 552 S. (1963).
6. *Jenny, H., S. P. Gessel* und *F. T. Bingham:* Soil Sci. **68**, 419–432 (1949).
7. *Mayer, R.*: Bioelement-Transport im Niederschlagswasser und in der Bodenlösung eines Wald-Ökosystems. Diss. Univ. Göttingen.
8. *Ulrich, B.*: Intern. Atomic Energy Agency, Techn. Rep. Ser. No. 65, Wien, S. 121–127 (1966).

Zusammenfassung

In einem 125-jährigen Buchenbestand, der auf einer pseudovergleyten Lockerbraunerde stockt, wurden Untersuchungen über den Bioelement-Haushalt durchgeführt. Es wird insbesondere über die Messung der Bioelementflüsse und über die Ergebnisse der Bilanzierung für das Gesamt-Ökosystem und für Teilsysteme (Kompartimente) berichtet. Mit Transfer-Funktionen wird der Übergang der Bioelemente zwischen den Kompartimenten sowie der Bioelement-Austausch des Ökosystems mit der Umgebung beschrieben.

Summary

Investigations of the cycling of bioelements in a forst ecosystem were carried out in a 125 year old beech stand growing on a Pseudogley Lockerbraunerde in the Solling mountains (500 m above sea level). Data are given for the annual balance of the bioelements. Special attention is given to the development of transfer functions for the bioelement flux between the compartments of the ecosystem and between the ecosystem and its environment.

Résumé

Dans une plantation de hêtres existant déjà depuis 125 années sur un sol brun poreux à pseudogley, des études ont été faites concernant la teneur en bioéléments. Ce rapport a trait principalement à la mesure des circuits des bioéléments et aux données des bilans obtenus pour l'écosystème dans son ensemble, et pour les systèmes partiels (compartiments). Les fonctions de « transfert » renseignent sur les passages de bioéléments d'un compartiment à l'autre et sur les échanges avec l'environnement.

Vergleichende Untersuchungen zur ökologischen Beurteilung von Pseudogleyen für die obstbauliche Nutzung

Von *F. Weller* *)

Pseudogleye und verwandte Bodentypen werden in den wärmeren Teilen Südwestdeutschlands nicht selten obstbaulich genutzt, da Ackerbau erschwert oder unmöglich ist und Grünland wenig Gewinn abwirft. Aber auch die obstbauliche Nutzung dieser Böden ist vielfach problematisch. Deshalb wurden sie in vergleichende Untersuchungen an Obstbäumen auf verschiedenen typischen Böden Südwestdeutschlands einbezogen. Diese Untersuchungen erstreckten sich auf einen Vergleich der Wuchs- und Ertragsleistung von Apfelbäumen (vereinzelt auch anderer Obstarten) und deren Wurzelverteilung im Boden, auf die Wasserversorgung der Bäume und die Stickstoffnachlieferung aus dem Boden.

Wuchs- und Ertragsleistung der Bäume

Um Bewirtschaftungsunterschiede auszuschließen, wurden für den Leistungsvergleich vor allem solche Anlagen ausgewählt, in denen mindestens eine bestimmte Sorten-Unterlagen-Kombination bei einheitlicher Bewirtschaftung auf mindestens zwei verschiedenen Böden stand. In diesen Anlagen wurden Versuchsglieder aus durchschnittlich 10 Bäumen gleicher Sorte und Unterlage auf einheitlichem Boden ausgewählt und deren Leistungen einem oder mehreren entsprechenden Versuchsgliedern auf anderen Böden innerhalb der gleichen Anlage gegenübergestellt.

Aus dem vorliegenden umfangreichen Material läßt sich nach der bisherigen Auswertung bereits feststellen, daß übereinstimmend mit den Angaben von Autoren aus anderen Gebieten (z. B. 2, 5) die Leistungen der Bäume durch Stauwassereinwirkung im Oberboden fast stets negativ beeinflußt wurden. Dieser negative Einfluß zeigte sich bei der Wuchsleistung schon in den ersten Standjahren, während der Fruchtertrag pro Baum auf den Pseudogleyen zunächst teilweise sogar höher war als auf den tiefgründigen Vergleichsböden (Tab. 1).

Tabelle 1

Wuchs und Ertrag von vierjährigen Apfelbäumen (Roter Berlepsch/M IV) auf zwei Böden

Boden	Ertrag pro Baum (kg)	Durchschnittl. Länge der Jahrestriebe (cm)	Grundfläche der Baumkrone (m^2)
Parabraunerde aus Hang-Kolluvium	4,0	60	5,0
Pseudogley-Pelosol aus Opalinuston	7,3	10	1,75

*) Forschungsstelle für Standortskunde der Universität Hohenheim, 7981 Bavendorf, BRD.

Tabelle 2

Relative Ertragsleistung einiger Apfelsorten auf vier Böden innerhalb einer einheitlich bewirtschafteten Anlage (Unterlage M IX, 6.–10. Standjahr)
(Pb = Parabraunerde aus Löß (LL) (schwach pseudovergleyt), Pg-Pb = Zweischicht-Parabraunerde aus LL über Lettenkeuper-Ton (LK) (mäßig pseudovergleyt), Pg-Pl = Pseudogley-Pelosol aus LK, Pg = Pseudogley aus LL); nach rechts zunehmende Wechselfeuchte

	Boden			
Apfelsorten	Pb	Pg-Pb	Pg-Pl	Pg
Cox Orange	100	79	43	.
Goldparmäne	100	84	70	.
Boskoop	100	.	92	62

Das dürfte auf Veränderungen des Assimilat- und Wuchsstoffhaushalts der in ihrem Wachstum gehemmten Bäume beruhen, die zu verstärkter Blütenbildung und höherem Fruchtansatz führen. In den Folgejahren erwiesen sich jedoch meist die Bäume auf den tiefgründigen Böden dank ihres größeren Kronenvolumens den kleinkronigen Bäumen auf den Pseudogleyen trotz deren höherer Behangdichte als überlegen. Bei mehrjährigen Anlagen war deshalb fast stets auch der Ertrag mit zunehmendem Stauwassereinfluß geringer, wofür Tabelle 2 ein Beispiel zeigt (nach 6). Bei der Sorte Goldparmäne variierte die Ertragsleistung auf den untersuchten Pseudogleyen zwischen rd. 40 und 110 % (vorwiegend zwischen 50 und 75 %) derjenigen von Bäumen auf tiefgründigen Lehmböden (Löß-Parabraunerden, kolluviale Braunerden etc.). Das sind ähnliche Größenordnungen wie auf flachgründigen, trockenen Rendzinen, Rankern und erodierten Braunerden über durchlässigem Gestein. Zusätzlich wiesen die Pseudogleye auch einen erhöhten Prozentsatz abgängiger Bäume auf, in extremen Fällen gelegentlich sogar Totalausfall.

Allerdings ergaben sich teilweise erhebliche Unterschiede zwischen den verschiedenen Arten, Sorten und Unterlagen. Die Staunässe-Empfindlichkeit ist hoch bei Süß- und Sauerkirschen, unter den Apfelsorten besonders hoch bei Cox Orange, geringer bei Goldparmäne und vor allem bei Boskoop (Tab. 2) sowie höher bei den Apfelunterlagen des schwachwachsenden Typs M IX als bei den stärker wachsenden Typen M IV und M XI.

Diese Beispiele zeigen, wie Pseudogleye den Anbauerfolg im Obstbau beeinträchtigen können und welche Anpassungsmöglichkeiten durch eine entsprechende Auswahl der Obstarten, -sorten und -unterlagen bestehen.

Wurzelverteilung in den Böden

Ursache der unterschiedlichen Empfindlichkeit der Arten und Unterlagen können Unterschiede u. a. im Sauerstoffbedarf der Wurzeln oder in der Empfindlichkeit gegenüber CO_2 und anderen Ausscheidungen sein; doch ist auch eine unterschiedliche räumliche Anpassungsfähigkeit der Wurzelsysteme an die jeweiligen Verhältnisse denkbar. So behalten manche Unterlagen, wie z. B. die Myrobalane, den tiefstrebenden Habitus ihrer

Wurzelsysteme auch in Pseudogleyen ± bei, während andere in Pseudogleyen auffallend flacher wurzeln als in tiefgründigen, gut durchlüfteten Böden, wie dies auch von verschiedenen Waldbäumen bekannt ist. Dadurch wird die Hauptmasse der Gerüstwurzeln in den noch relativ gut durchlüfteten Horizonten des Oberbodens konzentriert. So reagieren in der Regel die Sämlingsunterlagen der Apfelbäume. Wurzeln > 10 mm ∅ waren in den tiefgründigen Lehmböden noch bis rd. 2 m, in den Pseudogleyen fast nur in den oberen 30 cm festzustellen. Die Wurzeln in den durchlässigen Böden hatten fast alle eine hellbraune Rinde und einen runden oder ovalen Querschnitt, in den wechselfeuchten Böden dagegen eine schwarzbraune Rinde und häufig einen sehr unregelmäßigen Querschnitt, der offensichtlich durch ein partielles Absterben und das dadurch

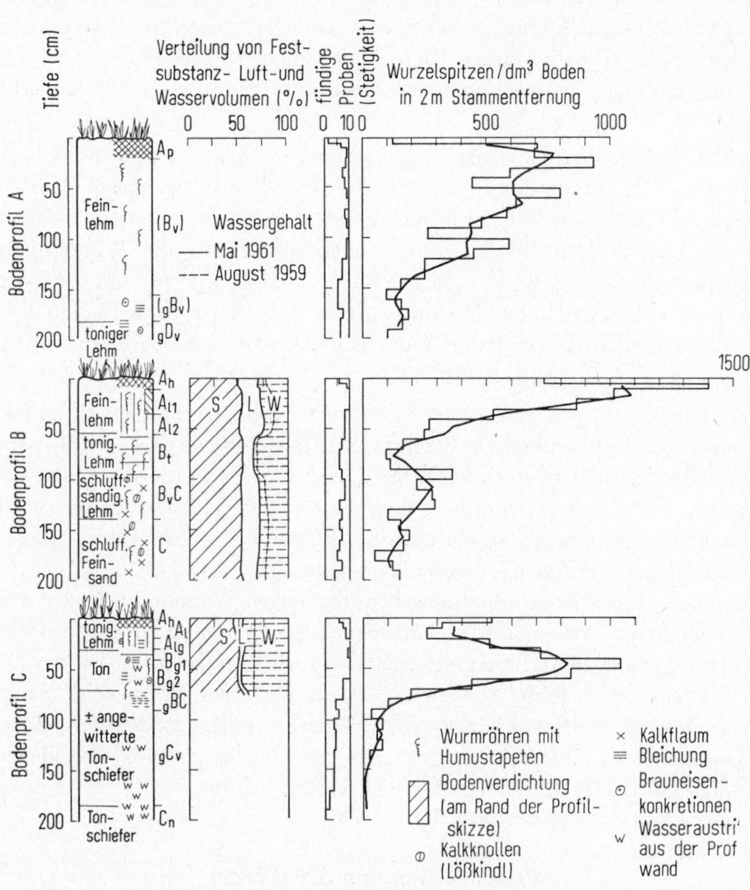

Abbildung 1

Vertikale Verteilung der Saugwurzeln 30jähriger Apfelbäume auf Sämlingsunterlage in 2 m Entfernung vom Stamm unter Rasen

A: Künstlich umgelagerte Parabraunerde aus Löß (im Untergrund Lettenkeuper-Ton);
B: Ungestörte Parabraunerde aus Löß; C: Pelosol-Parabraunerde-Pseudogley aus Opalinuston

bedingte ungleichmäßige Dickenwachstum in den verschiedenen Richtungen entstanden war. Staunässehorizonte zeigten außerdem teilweise einige mm weit um die stärkeren Wurzeln blauschwarze Reduktionsfarben, die nach Luftzutritt schnell verschwanden.

Ähnliche Befunde an Apfelbäumen sind aus anderen Gebieten bereits mehrfach mitgeteilt worden (v. a. 5). Dort wie auch in unseren Profilschnitten wurden aber nur die gröberen, verholzten Wurzeln erfaßt, die das Gerüst der Wurzelsysteme aufbauen. Wichtiger für die Aufnahme von Nährstoffen und Wasser sind die jungen, unverkorkten Wurzelenden notwendigen Auszählungen (7) ergaben bei 20–30jährigen Apfelbäumen, daß auch wurzeln ersetzt werden müssen. Die für eine genauere ökologische Beurteilung der Böden notwendigen Auszählungen ergaben bei 20—30jährigen Apfelbäumen, daß auch in gut durchlüfteten, tiefgründigen Lehmböden die Wurzelspitzendichte bereits in den obersten 20 bis 30 cm maximal ist, sofern nicht durch eine tiefgreifende Bodenbearbeitung Störungen erfolgen. Darunter nahm die Wurzelspitzendichte allmählich ab, ohne jedoch in der maximal erschlossenen Tiefe von 2 m den Wert Null zu erreichen. Die Abnahme mit der Tiefe ließ vielfach deutliche Beziehungen zu den Bodenverhältnissen erkennen.

In physikalisch wenig differenzierten Böden (Pararendzinen aus Löß, Kolluvien, künstlich umgelagerte Parabraunerden u. ä.) war die Abnahme in der Regel ± gleichmäßig (Abb. 1, Profil A). Hingegen fand sich in einer Parabraunerde ein auffallendes Minimum innerhalb des ausgeprägten Bt-Horizontes, unterhalb dessen die Wurzelspitzendichte im kalkreichen Würmlöß nochmals deutlich anstieg (Abb. 1, Profil B). Auffallend war dabei die Parallelität zum Luftvolumen. Ganz im Gegensatz dazu fanden sich in den Pseudogleyen ausgeprägte Maxima der Wurzelspitzendichte gerade innerhalb der schlecht durchlüfteten Staubereiche (Abb. 1, Profil C).

Diese Maxima befanden sich stets 10 bis 30 cm unterhalb des von den stärkeren Gerüstwurzeln noch dicht durchwurzelten Bereichs. Zur Tiefe hin ging dann allerdings auch die Zahl der Saugwurzeln sehr stark zurück. Offensichtlich wurde das Längenwachstum stark gehemmt, die Seitenwurzelbindung dagegen deutlich gefördert. Somit ist eine Neubildung von kurzlebigen Saugwurzeln auch bei schlechter O_2-Versorgung möglich, während sich langlebige, stärkere Gerüstwurzeln nicht entwickeln können. Vermutlich ist dies auf die in den meristematischen Geweben der jungen Wurzeln im Gegensatz zu den älteren Wurzelpartien vorherrschende intromolekulare Atmung, einen Stoffabbau mit CO_2-Ausscheidung ohne zusätzliche O_2-Aufnahme, zurückzuführen (4). Da das Gerüst der stärkeren Wurzeln jedoch fehlt, können sich in der Tiefe schließlich keine Saugwurzeln mehr bilden. Nur in Klüften können einige Wurzeln tiefer vordringen und sich verzweigen. Dies führt zu einer sehr ungleichmäßigen Durchwurzelung, die übrigens auch für die höheren Horizonte der Pseudogleye charakteristisch ist.

Wasserversorgung der Bäume

Die vielen Saugwurzeln im Staubereich sichern den Bäumen trotz der fehlenden Tiefendurchwurzelung eine gute Wasserversorgung aus verfügbaren Vorräten. Bei Austrocknung des durchwurzelten Bereiches beginnen die Bäume jedoch unter Wassermangel zu leiden, eine der wesentlichen Ursachen für unbefriedigende Leistungen auf diesen physiologisch flachgründigen Böden auch im südwestdeutschen Raum.

Für entsprechende Untersuchungen wurden zwei Feldtests entwickelt, von denen einer die Öffnungsweite der Stomata, gemessen durch die Infiltrationsrate bestimmter Flüssigkeiten in die Blätter, als Kriterium benutzt, während der zweite auf dem Refraktometerwert des Fruchtsaftes der Äpfel basiert.

Wie aus den in Tabelle 3 dargestellten Ergebnissen von 4 Böden — tiefgründige Parabraunerde aus Löß, tief durchwurzelbarer Pelosol aus weichen km_1-Mergelschichten, flach (30—40 cm) durchwurzelbare Tonmergel-Rendzina aus harten km_1-Mergelbänken und Pseudogley-Pelosol in einer örtlichen Depression — hervorgeht, erwiesen sich im feuchten Sommer 1968 alle Bäume als gut mit Wasser versorgt (Höchstwerte für die infiltrierte Fläche und niedrige Infiltrationsdauer). In den trockenen Sommern 1967 und 1969 waren die Verringerung der infiltrierten Fläche und die Erhöhung der Infiltrationsdauer auf den beiden tiefgründigen Böden nur gering, auf der flachgründigen Tonmergel-Rendzina und auf dem Pseudogley-Pelosol dagegen sehr ausgeprägt. Die Untersuchungen des Refraktometerwertes von Früchten ergaben dieselben Unterschiede in der Wasserversorgung, ebenso gelegentliche Untersuchungen des Refraktometerwertes und des potentiellen osmotischen Drucks des Zellsaftes von Blättern (Tab. 3).

Auch in anderen Jahren lagen die Werte nach mehrwöchigen Trockenperioden für den Pseudogley-Pelosol und die flachgründige Tonmergel-Rendzina ungünstig, für den tiefgründigen Pelosol und die Löß-Parabraunerde dagegen günstig. Ebenso war die Länge der Jahrestriebe in Jahren mit Trockenperioden im Frühsommer (1962, 1963, 1964, 1967) auf dem Pseudogley-Pelosol und der Tonmergel-Rendzina stets geringer als auf den beiden tiefgründigen Böden, nach feuchten Sommern (1961, 1965, 1966) dagegen kaum (Tab. 4). Die Hemmung des vegetativen Wachstums auf dem Pseudogley-Pelosol war also hauptsächlich durch die mangelnde Wasserversorgung in Trockensommern bedingt.

Auch die Fruchtgröße war auf dem Pseudogley-Pelosol wie auf der Tonmergel-Rendzina meist geringer als auf den beiden tiefgründigen Böden (Tab. 4). Dies bedeutet nicht nur eine quantitative, sondern auch eine qualitative Minderung des Ertrags und — da

Tabelle 3

Kriterien der Wasserversorgung von Apfelbäumen (Unterlage M IV) auf vier verschiedenen Böden (V. I. = Verzögerung der Infiltration (s), i. B. = infiltrierte Blattfläche (Relativwerte 0–3), weitere Erläuterung im Text)

	Infiltration von Xylol in die Blätter (Cox Orange)						Potentieller osmotischer Druck (atm) des Zellsaftes von Blättern am 9. 8. 1967	
	9.8.67, 13 h		13.8.68, 14 h		24.7.69, 15 h		Cox Orange	James Grieve
Boden	V. I.	i. B.	V. I.	i. B.	V. I.	i. B.	8.30 h	11.30 h
Tiefgr. Parabraunerde	1	2,9	< 1	3,0	3	2,4	18,5	20,0
Tiefgr. Pelosol	5	2,7	< 1	3,0	3	2,1	19,5	21,8
Flachgr. Mergel-Rendzina	17	1,2	< 1	3,0	> 30	0,2	22,0	24,7
Pseudogley-Pelosol	15	1,5	< 1	3,0	> 30	0,3	23,0	26,0

Tabelle 4

Mittlere Länge der Jahrestriebe (cm) und Anteil (%) von Früchten mit einem Durchmesser > 65 mm an der Gesamtzahl der Früchte von Apfelbäumen (Cox Orange/IV) auf vier verschiedenen Böden; Jahre mit Trockenperioden im Frühsommer in *Kursiv*

	Trieblänge				Anteil großer Früchte			
Jahr	tiefgr. Parabraunerde	tiefgr. Pelosol	flachgr. Mergel-Rendzina	Pseudogley-Pelosol	tiefgr. Parabraunerde	tiefgr. Pelosol	flachgr. Mergel-Rendzina	Pseudogley-Pelosol
1961	70	80	90	80	—	—	—	—
1962	60	50	30	35	65	75	25	15
1963	65	50	40	40	65	60	20	25
1964	55	50	30	40	20	15	0	10
1965	70	75	60	70	70	63	43	43
1966	55	60	50	45	55	25	10	43
1967	80	70	60	55	85	80	75	25

größere Früchte teurer sind — des Gewinnes. Zweifellos spielte auch dabei die zeitweilig ungenügende Wasserversorgung die entscheidende Rolle, doch waren die Unterschiede zwischen trockenen und feuchten Sommern nicht so deutlich wie beim Triebwachstum.

Stickstoffnachlieferung des Bodens

Während sich mangelnde Wasserversorgung in Trockenjahren auf Böden mit flach anstehendem Staukörper nur in den niederschlagsärmeren Teilen Südwestdeutschlands stärker auswirkte, zeigten sich in besonders niederschlagsreichen Sommern auf Pseudogleyen im ganzen Gebiet Störungen in der Entwicklung der Bäume. Der in solchen Naßphasen erschwerte Gasaustausch stört die Stoffwechselaktivität der Wurzeln zweifellos auf vielerlei Weise. Besonders auffallend waren in solchen Sommern N-Mangel-Symptome an den Blättern. Daß zwischen der N-Aufnahme und -Assimilation der Wurzeln und dem O_2-Gehalt des Bodens eine enge positive Korrelation besteht, ist speziell für Obtbäume schon verschiedentlich nachgewiesen worden (z. B. 1, 3). In schlecht durchlüfteten Böden ist nicht nur die Aktivität der Wurzeln, sondern auch das N-Angebot gehemmt. Dies konnte durch Untersuchungen in einer Pseudogley-Parabraunerde aus schluffreichem Würm-Geschiebe-Mergel nachgewiesen werden (Entnahme von Bodenproben und sechswöchige Bebrütung unter Freilandbedingungen), deren Ergebnisse (Abb. 2) zeigen, daß die Nitratstickstoff-Akkumulation nur im trockenen Sommer 1964 höhere Werte erreichte, während sie in den feuchten Jahren 1965 und 1966 sehr gering war. Bezeichnenderweise bestand 1964 eine positive Beziehung zwischen Wassergehalt und Nitratstickstoff-Akkumulation; 1965 und 1966 bewegten sie sich jedoch gegenläufig (8).

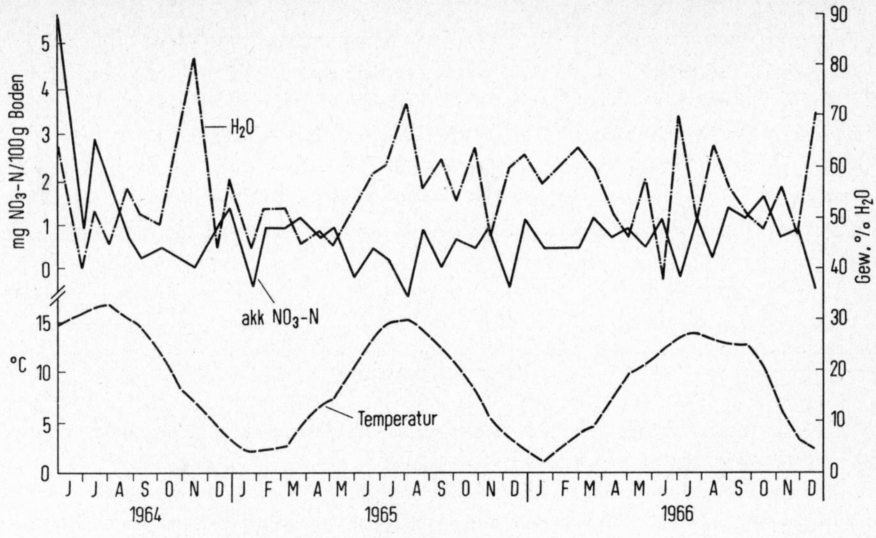

Abbildung 2
Nitratstickstoff-Akkumulation nach 6wöchiger Bebrütung in 5–15 cm Tiefe einer Pseudogley-Parabraunerde aus Würm-Geschiebemergel unter Strohbedeckung

Schlußfolgerungen

Aus den Untersuchungsergebnissen ist zu schließen, daß ausgeprägte Pseudogleye mit flach anstehendem Staukörper für eine erwerbsobstbauliche Nutzung so wenig geeignet sind wie mechanisch flachgründige, trockene Böden. Böden, die schon in den obersten 20—30 cm stärkere Naßbleichungen oder Rostflecken zeigen, sollten künftig ohne umfassende Meliorationsmaßnahmen für eine erwerbsobstbauliche Nutzung nicht mehr herangezogen werden. Meist sind solche Böden schon am Pflanzenbestand zu erkennen. Bei landwirtschaftlicher Nutzung tragen sie in der Regel Grünland mit zahlreichen Wechselfeuchtigkeitszeigern. Wo hingegen Bleichung und Fleckung erst in größerer Tiefe auftreten und der Grünlandbestand nur vereinzelte Wechselfeuchtigkeitszeiger aufweist, erscheint ein erwerbsmäßiger Anbau von wenig empfindlichen Apfelsorten bei Verwendung der Sämlingsunterlagen oder ähnlich anpassungsfähiger vegetativ vermehrter Unterlagen auch ohne Melioration möglich. Für eine genauere Abgrenzung ist eine differenziertere Beurteilung von Intensität, Häufigkeit, Zeitpunkt und Dauer der Naß- und Trockenphasen notwendig. Hierfür sollten sowohl die bodenkundlichen als auch die vegetationskundlichen Beurteilungskriterien auf regionaler Basis verfeinert werden.

Für die Überlassung von Daten über Wuchs- und Ertragsleistungen ist der Verfasser Herrn Dr. *R. Silbereisen* zu Dank verbunden.

Literatur

1. *Batjer, L. P., Magness, J. R.*, and *Regeimbal, L. O.*: Proc. Amer. Soc. Hort. Sci. 42, 69–73, 1943.
2. *Beckel, A.*: Spezielle standortkundliche Untersuchungen im Rahmen der Obstbaumstandortkartierung in Rheinland-Pfalz. In: Obstbau-Standortkartierung in Rheinland-Pfalz, hrsgeg. v. Ministerium f. Landwirtsch., Weinbau u. Forsten Rheinland-Pfalz, 46–59, 1965.

3. *Boynton, D.*, and *Compton, O. C.*: Proc. Amer. Soc. Hort. Sci. **42**, 53–58, 1943.
4. *Michael, G.*, und *Bergmann, W.*: Z. Pflanzenern., Düngung, Bodenkunde **65**, 180–194, 1954.
5. *Oskamp, J.*, (and *Batjer, L. B.*): Soils in relation to fruit growing in New York. Part II, VI, VII, VIII, IX. Cornell Univ. Agr. Exp. Sta. Bull. **550, 626, 627, 633, 653** (1932–36).
6. *Silbereisen, R.*: Der Obstbau, (Stuttgart) **83**, 113–116 u. 144–145, 1964.
7. *Weller, F.*: Vergleichende Untersuchungen über die Wurzelverteilung von Obstbäumen in verschiedenen Böden des Neckarlandes. Arb. d. Landw. Hochsch. Hohenheim **31**, 181, 1964.
8. *Weller, F.*: Tagungsbericht d. Deutsch. Akad. d. Landwirtschaftswiss. Berlin Nr. **99**, 119–131, 1970.

Zusammenfassung

Vergleichende Untersuchungen in südwestdeutschen Obstanlagen mit kleinräumig wechselnden Bodenverhältnissen zeigten, daß bei Stauwassereinfluß

1. sowohl das vegetative Wachstum als auch der langjährige Fruchtertrag der Bäume meist negativ, aber bei den einzelnen Arten, Sorten und Unterlagen unterschiedlich stark beeinflußt wurden,

2. die starken Gerüstwurzeln der Bäume weitgehend auf die A-Horizonte beschränkt waren, während im schlecht durchlüfteten Staubereich die Zahl junger Saugwurzeln ein ausgeprägtes Maximum aufwies,

3. der Untergrund stets schlechter durchwurzelt war als in tiefgründigen Lehmböden,

4. in niederschlagsärmeren Gebieten in Trockensommern als Folge der physiologischen Flachgründigkeit wiederholt die sich auch auf Trieb- und Fruchtwachstum auswirkende Wasserversorgung der Apfelbäume beeinträchtigt wurde und

5. in extrem nassen Sommern gehemmte Wurzelaktivität und Störungen in der Nitratnachlieferung des Bodens an Bäumen auftretende Störungen, besonders N-Mangelsymptome, verursachen dürften.

Summary

Comparative investigations in orchards of South-Western Germany of varying soil conditions led to the following results:

1. As a rule, vegetative growth and long term yield were negatively controlled by increasing influence of stagnating water in the topsoil. The sensitivity to this influence differed greatly between different species, varieties and root-stocks.
2. In pseudogleys the thick scaffold roots of the trees were mostly limited to the A-layers. However, the number of young absorbing rootlets showed a marked maximum within the poorly aerated waterlogged subsoil layers. Further down, the number decreased abruptly, so that the subsoils of pseudogleys always contained less absorbing roots than those of deep loamy soils.
3. Because of the physiological shallowness of the pseudogleys marked deficiencies in the water supply to apple trees were often apparent during dry summers in areas with low precipitation. Under these circumstances the growth of shoots and fruits was retarded.
4. Symptoms of nitrogen dificiency in the leaves were the most striking of the adverse effects of extremely wet summers in all parts of the country. Retarded root activity and a diminished ability of the soil to supply nitrogen might have been the causes of these symptoms.

Résumé

On a entrepris des recherches comparatives dans l'Allemagne du sud-ouest et dans des plantations fruitières avec des conditions du sol à forte variation sur de comptés distances. Ces recherches ont conduit aux résultats suivants:

1. La croissance végétative ainsi que le rendement en fruits des arbres sur plusieures années ont été dans la plupart des cas en relation négative avec l'eau stagnante superficielle. La susceptibilité à cette influence variait considérablement selon les diverses espèces, variétés et porte-greffes.
2. Dans les pseudogleys le squelette de grosses racines se localisait presque exclusivement dans les horizons A. Par contre, c'est seulement dans les couches à eaux de rétention situées au dessus, à mauvaise aération, qu'il y avait un maximum marqué du nombre des jeunes racines absorbantes. Au dessous de ces couches le maximum déclinait brusquement.
3. Le sous-sol des pseudogleys était toujours plus mal pénétré par les racines absorbantes que le sous-sol de sols limoneux et profonds.
4. Dans des régions à faible précipitation on a pu démontrer à plusieurs reprises pendant des étés secs que l'approvisionnement en eau des pommiers était très compromis par le caractère superficiel des pseudogleys. La croissance des pousses et des fruits était aussi compromise.
5. Pendant des étés extrèmement humides les arbres situés sur des pseudogleys montraient dans toutes les régions prospectées des déficiences nutritives dont les symptômes de manque d'azote sur les feuilles étaient les plus frappants. L'insuffisance de l'activité des racines ainsi que la faible capacité minéralisatrice du sol à l'égard de l'azote devraient être la cause de ces déficiences.

The Productive Use of Gley soils in Canadian Maritime Forestry

By *C. B. Crampton**)

Introduction

Investigations have been directed towards finding and applying a method of classifying forest land in the Canadian Maritime Provinces (Fig. 1), which most usefully reveals the relationships between extensively managed spruce growth and the land drainage. This study is especially concerned with the optimum use of poorly drained soils. Most of the evidence is presented in the form of maps.

Method

Landscape units for an extensive classification of land were defined with the aid of published ecological, geological and topographical maps. Thus, the first breakdown into Land Regions is based on *Loucks*'s (1962) Ecoregions, showing the climax forest and reflecting climatic variations across the Maritimes. The second breakdown into Land Districts is based on geology and surficial deposits, reflecting variations in parent materials across the Maritimes. To avoid a confusing number of units in the final classification, a simplistic approach is essential. The sand content of most soils increases with increasing depth in the soil profile. Hence, the different parent materials are best characterized by the texture of near-surface profile layers most subject to weathering, layers in which most important tree rooting occurs. Consequently, there is a five-fold division of parent materials, defined by the underlying rock strata and the texture in the surficial layers of the overlying drift. The third breakdown into Land Systems is based on an assessment of the steepness of slope and amplitude of relief, and the fourth breakdown into Land Types on a three-fold categorization of soil drainage (free, imperfect and poor).

Freely drained podzols are most extensive in the Central Highlands of New Brunswick, over Lower Palaeozoic shales and slates; imperfectly drained gleyed podzols in Nova Scotia mostly over granites and associated rocks; and poorly drained gleysoils in the Central Lowlands of New Brunswick over Upper Palaeozoic shales and sandstones.

Poor drainage is related mostly to the presence of an indurated (hard and impermeable) subsoil layer which, where it lies near the land surface, produces greater or lesser waterlogging in surface profile layers. An indurated subsoil is especially characteristic of loamy or silty soils. Locally, in coarse sandy soils over deeper indurated substrate, there are ortstein layers, hardened by accumulation and cementation with humus and iron, which produces imperfect drainage in soils which would otherwise be freely drained.

*) Canadian Forestry Service, Forest Research Laboratory, Frederiction, New Brunswick, Canada.

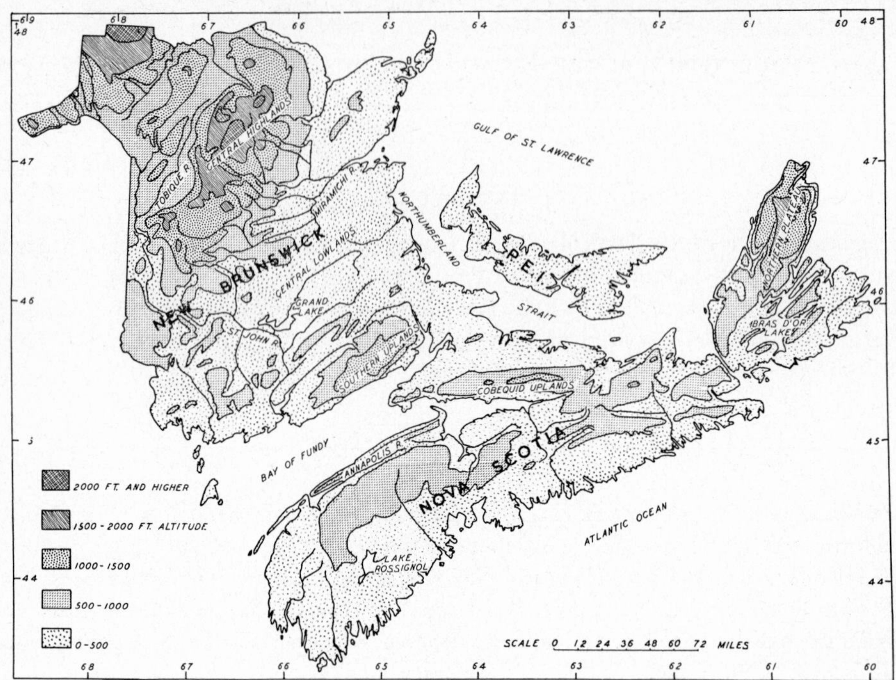

Figure 1
Topography of the Canadian Maritimes.

Using mensurational data collected from within each Land Type, curvi-linear regression gave the maximum mean annual volume increment per unit area, and the rotation of the culmination of the mean annual increment, for selected species in each landscape unit. The range of values was devided into classes of ten and given an appropriate "Site Value".

Results

Freely and imperfectly drained sites in the Maritimes may show a great range of productivity values, the variations following differences in factors such as texture and local climate which are of equal importance to drainage in affecting the yield from the land (Fig. 2 and 3). In contrast, poorly drained sites show a very small range of productivity values. Thus, on the worst sites poor drainage almost completely determines the productive capacity of the land.

Freely drained soils are often the most productive. The Central Lowlands of New Brunswick receive less rainfall than most other places in the Maritimes and, presumably, while not being waterlogged, imperfectly drained soils are able to store sufficient quan-

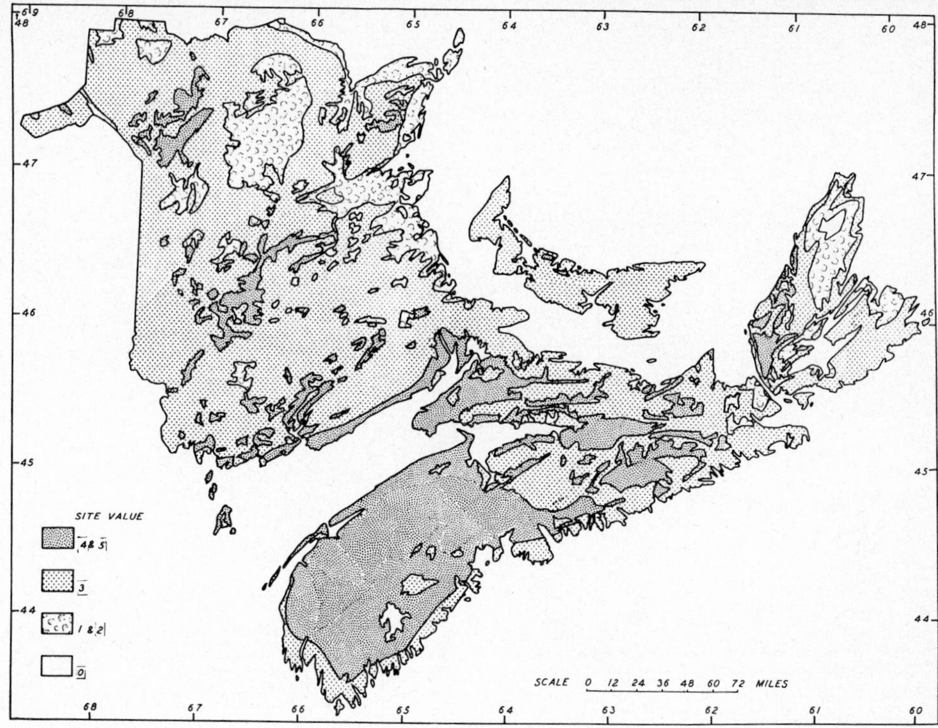

Figure 2
Distribution of productivity ("Site Value") classes for freely drained Land Type.

tities of water from snow-melt and periodic rainfall to sustain more regular growth than freely drained soils in this area.

Generally, if the land is more productive, the rotation is longer (compare the more productive areas on freely drained land in southwestern Nova Scotia (Fig. 2), and imperfectly drained land in theCentral Lowlands of New Brunswick (Fig. 3), with the distribution of rotation age (Fig. 4) within two maxima for these areas). Tree growth on poorly drained sites differs from that on freely and imperfectly drained sites as much because the maximum growth rate is sustained for a shorter rotation as because growth is slower. After a short time on poorly drained sites, the nutrient capacity of the site is used to a maximum, and further growth of some trees tends to occur as others die.

A good assessment of productivity is one that considers rotation as well as mean annual increment. These data can be extracted from a classification map, for each point of a grid superimposed upon the Maritimes. For simplicity clear-cutting, which is generally practised in the Maritimes, is assumed during a time span of 100 years, which is greater than any of the rotations considered. Certain costs per unit volume of timber can be associated with cutting, increasing with scale of relief and declining volume yield. The present worth of cutting costs incurred over a period of 100 years and discounted at

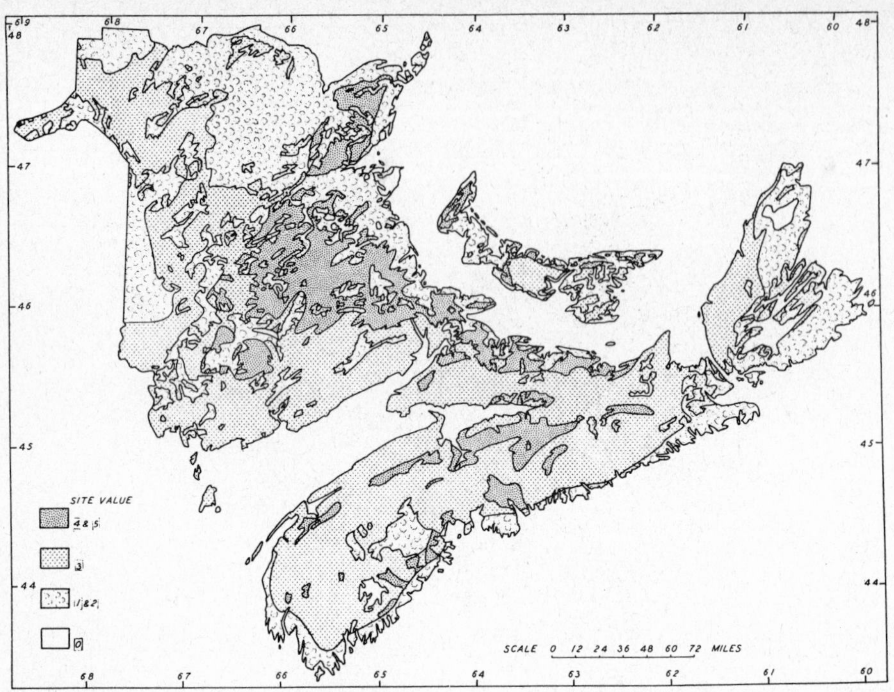

Figure 3
Distribution of productivity ("Site Value") classes for imperfectly drained Land Type.

5% will give a measure of the investment necessary per unit volume of timber in order to break even. The precise values are unimportant. This calculation suitably penalizes with increasing necessary investment, sites where clear-cutting is repeated at short intervals, but favours sites which produce a good merchantable crop after a short rotation.

For Land Systems, there is a concentration of high investment values across the Central Highlands of New Brunswick and the Northern Plateau of Nova Scotia, and a broad zone of low investment values across the Central Lowlands of New Brunswick and southwestern Nova Scotia, except adjoining the Atlantic coastline (Fig. 5). The former highlands are therefore areas of low productivity and the latter lowlands areas of high productivity, in terms of the prevailing yields and rotations.

The mean annual increment and rotation for the Land Systems are weighted according to the yield and extent of the three Land Types (drainage categories) in the Systems. If only the poorly drained Land Type is considered, the investment necessary shows similar maxima in the Central Highlands of New Brunswick and the Northern Plateau of Nova Scotia, except that they cover greater areas than for Land Systems (Fig. 6). Conversely, though the minima for the poorly drained Land Type are, as for Land Systems, similar located in the Central Highlands of New Brunswick and in southwestern Nova Scotia, they cover smaller areas.

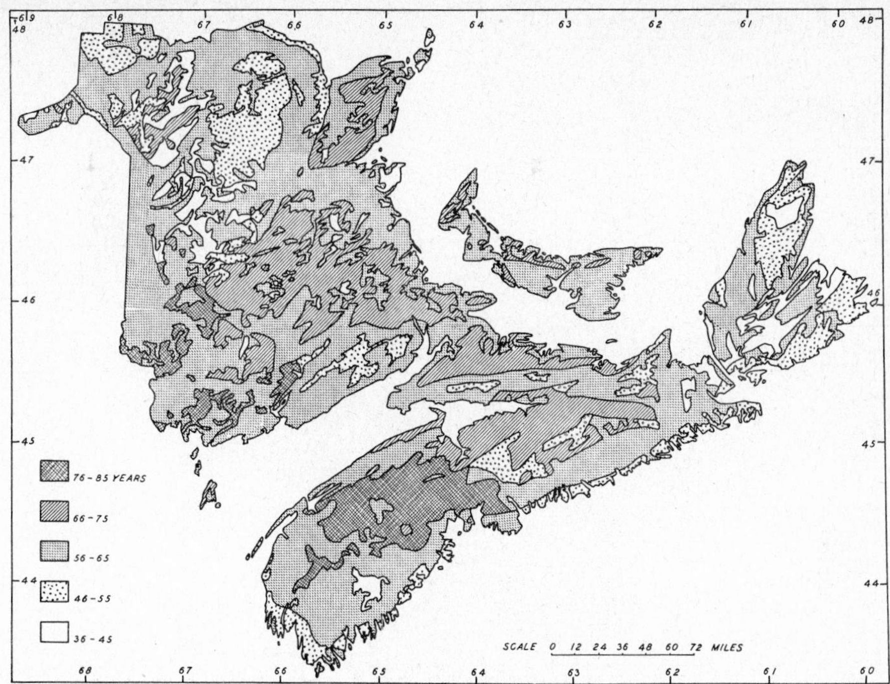

Figure 4
Distribution of weighted rotation age for Land Systems.

The foci for maximum and minimum values is the same for Land Systems and for poorly drained Land Type, but the former is broader and the latter is more restricted in area. Judged on a "Present Worth" basis, the overall productivity for poorly drained land may be little less than for adjoining better drained land. However, different management is necessary for the poorly drained land in order to achieve this comparable productivity, and so the land must be sufficiently extensive to warrant management separately from the surrounding area. These conditions are best fulfilled in the Central Lowlands of New Brunswick, and least fulfilled in the Central Highlands of the same Province. Especially outside of these two areas, each block of land must be considered separately.

Even if the crop is merchantable at rotation, the question may be posed as to whether poor sites can sustain repeated harvesting at short intervals; probably not. As with any other crop, to sustain repeated harvesting fertilization will, probably sooner rather than later, be necessary or the crop will eventually become unmerchantable. In the Maritimes, where agricultural land is being abandoned to regenerate as forest, as yet there is no shortage of freely drained land, and fertilization of this land will possibly yield a better return. However, investment in poorly drained land should not be excluded from consideration, especially where it is extensive, as in the Central Lowlands.

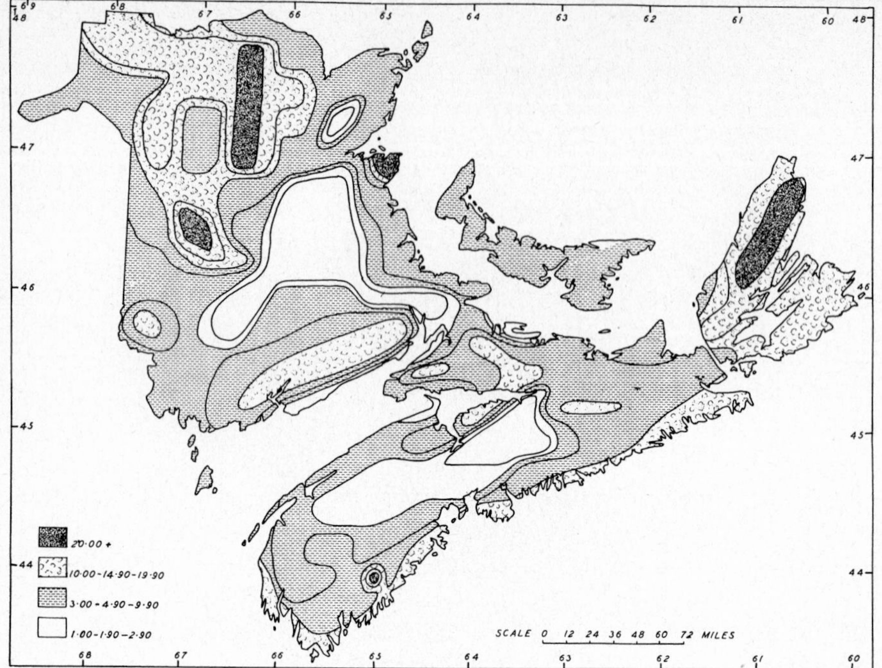

Figure 5

Weighted investment ("Present Worth" of costs) required to break even at 5 % over 100 years for the total landscape (Land Systems).

Conclusions

Land and tree growth in the Canadian Maritimes have been classified in order to most usefully reveal relationships. Poor drainage arises mostly from an indurated subsoil, and gleying almost completely determines a site's productive capacity. Tree growth on poorly drained sites has a shorter rotation than on most freely drained sites. Under certain conditions partial gleying can be advantageous to production. Where severe gleying prevails, harvesting after short rotations is probably more profitable, though sooner rather than later some degree of management will be necessary if this practice is to be sustained.

References

Loucks, O. L.: Proc. Nova Scotian Inst. Sci. **25**, 86—167 (1962).

Summary

Land in the Canadian Maritimes has been classified on the basis of vegetation, surficial geology and land-form, in a manner that most usefully reveals the relationships between extensive

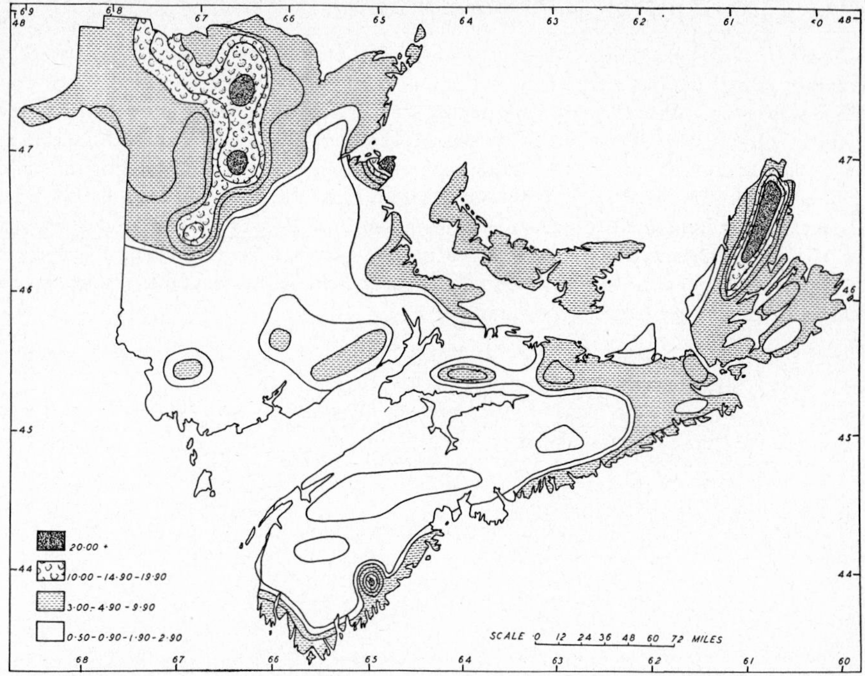

Figure 6
Investment ("Present Worth" of costs) required to break even at 5 % over 100 years for poorly drained Land Type.

forestry and the land drainage. Present worth calculations are an attempt properly to account for the two aspects of forest productivity, rate of growth and rotation. If in these terms, the productivity of poorly drained soils is compared with the productivity of the total landscape, the former soils are less unproductive than is commonly supposed. However, the productivity of gleys is associated with a generally short rotation in the Maritimes. As long as the crop is economically merchantable, careful management will be necessary to avoid exhausting the soil by too frequent harvesting.

Résumé

Dans les zones côtières du Canada le sol a été classé en point de vue végétation, géologie de la surface et forme du sol, de manière à caractériser le mieux possible les relations entre une culture boisée extensive, et un dessèchement du sol. Les calculs des valeurs entrepris sont un essai d'établir un compte pour les deux aspects de productivité des forêts, le degré de croissance et la rotation. Quand on compare en ces termes la productivité des sols mal drainés avec la productivité de l'ensemble de la région, les sols anciens sont moins improductifs qu'on l'avait ordinairement admis. Cependant la productivité des gleys est combinée avec une rotation généralement courte; tant que le récolte est lucrative en point de vue économie, un traitement soigneux sera nécessaire, pour éviter un épuisement du sol par une récolte trop fréquente.

Zusammenfassung

Der Boden in den kanadischen Küstengebieten wurde klassifiziert aufgrund der Vegetation, Oberflächengeologie und Bodenform, in einer Art, die am besten die Beziehungen zwischen extensivem Waldbau und Bodenentwässerung kennzeichnet. Die Wertkalkulationen dabei sind ein Versuch, in angemessener Weise für die beiden Aspekte der Waldproduktivität, Wuchsrate und Umtrieb, eine Rechnung aufzumachen. Wenn man mit diesen Termini die Produktivität schlecht entwässerter Böden mit der Produktivität des gesamten Landstrichs vergleicht, so sind die früheren Böden weniger unproduktiv, als man gemeinhin annimmt. Dennoch ist die Produktivität der Gleye mit einem allgemeinen kurzen Umtrieb in den Küstengebieten verbunden. Solange die Ernte ökonomisch rentabel ist, wird sorgfältige Behandlung nötig sein, die Erschöpfung des Bodens durch zu häufiges Abernten zu vermeiden.

Waldbau auf Pseudogleyen in Rumänien

Von *C. D. Chiriţă**)

Einleitung

Durch Staunässe beeinflußte Böden nehmen in der Waldzone und – in Muldenlage – sogar in der Waldsteppe Rumäniens bedeutende Flächen ein. Sie sind charakteristisch für schwer gedränte Lagen, wie Hochebenen, Piemontflächen, Terrassen und Talniederungen (z. B. um Someş, Criş und Timiş, im Banat, Cîndeşti- und Cotmeana-Piemont sowie in einem Teil der rumänischen Ebene (5)) und für schwer durchlässige, lehmig-tonige Substrate. Meist sind sie stark lessiviert.

Natürliche Vegetation sind Quercus-Wälder aus Q. robur und Q. sessilis (seltener Q. cerris) mit ± Fraxinus angustifolia, Fr. excelsior, Carpinus betulus, Acer campestre, A. tataricum, Viburnum opulus, Rhamnus frangula, Evonymus europaeus, Corylus avellana, Rubus caesius, Crataegus monogyna, Cornus mas, C. sanguinea u. a. Diese Holzarten bilden in Abhängigkeit von Lokalklima, Relief und Bodenform verschiedene Waldtypen mit entsprechenden Bodenfloren.

Ein wesentlicher Teil der Pseudogleye wird heute als Weide oder Acker genutzt. Durch Vernichtung der wasserzehrenden Wälder wurde der Wasserhaushalt verschlechtert. Auf den Wiesen stellte sich eine hygrophytische Bodenflora ein (insbes. Juncus- und Carex-Arten, Agrostis stolonifera u. a.), und auf den Äckern wurden pedomeliorative Maßnahmen erforderlich.

Wasserhaushalt typischer Pseudogleye unter Wald

Zwischen der südlichen und der nordwestlichen Waldzone bilden die Wald-Pseudogleye in Abhängigkeit von Klima, Mikrorelief und Bodenprofil eine Reihe „lokaler Bodenformen“ (6), die insbesondere sich in ihrem Wasserhaushalt unterscheiden. Wichtig sind insbesondere Dauer der Naßphase, Grad der sommerlichen Austrocknung, Tiefenlage und sommerliche Verhärtung des B_{tg}-Horizontes und durchwurzelbares Bodenvolumen.

Südliche Waldzone

Dieses Gebiet (z. B. Piemont-Ebenen und Terrassen um Dîmboviţa und Prahova) ist mäßig feucht (mittlerer Jahresniederschlag 560–580 mm, Jahresmitteltemperatur fast 10 °C) und sommerwarm und -trocken. Die Pseudogleye unter Wald zeigen durch einen sehr dichten B_{tg} ab 30–35 cm Tiefe Planosol-Charakter. Im Frühjahr tritt Staunässe im Oberboden (lokal bis zur Oberfläche) 1–1$^1/_2$ Monate lang auf (selten 2). Im Sommer trocknet der Oberboden mäßig bis stark, zeitweilig bis nahe oder sogar unter den Welkepunkt aus. Dasselbe gilt für den B_{tg}-Horizont: er verhärtet noch stärker als der Oberboden.

*) Institutul de Studii şi Cercetari Pedologice, Bukarest, Rumänien

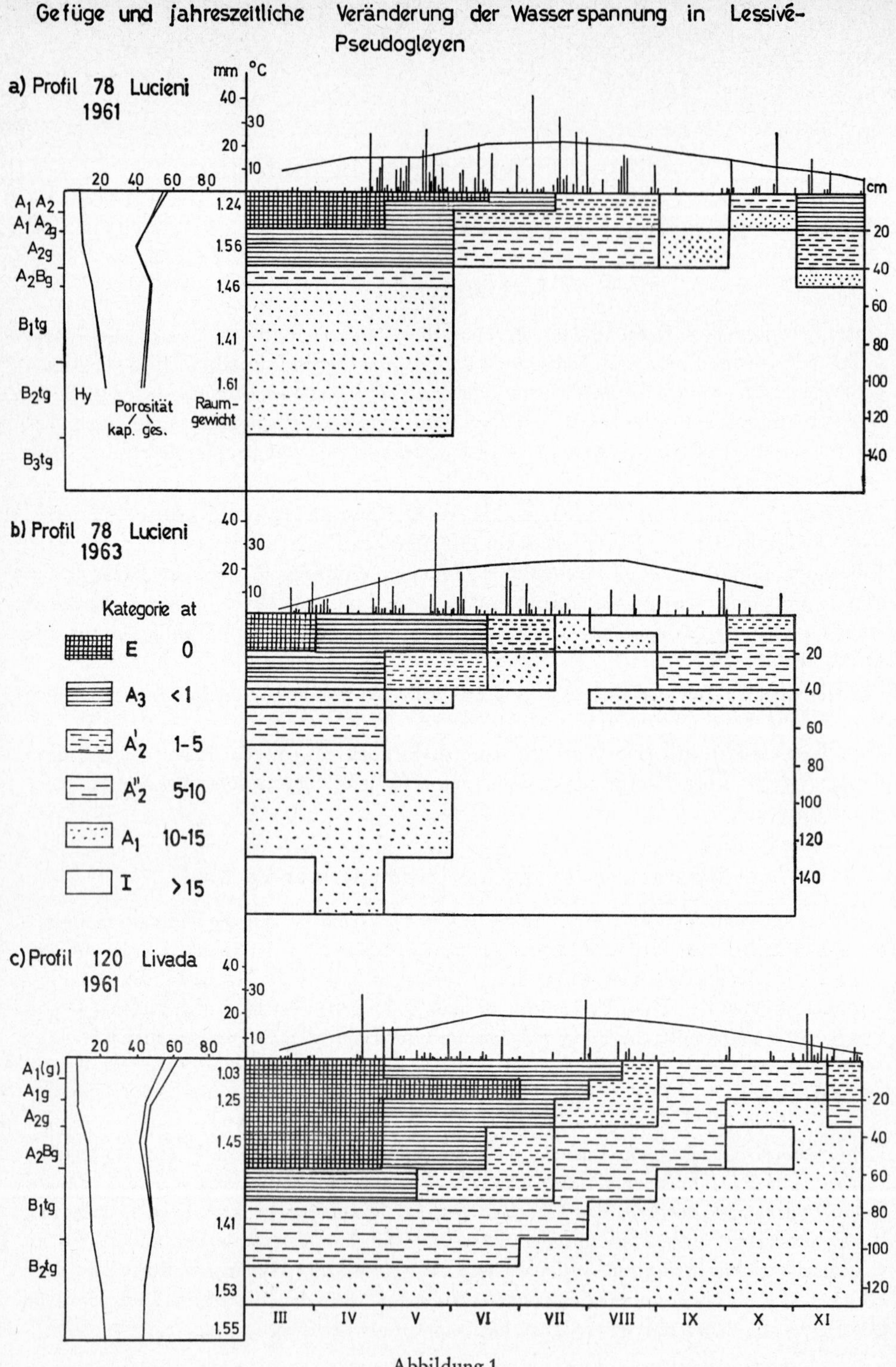

Abbildung 1

Gefüge und jahreszeitliche Veränderungen der Wasserspannung in Lessivé-Pseudogleyen Profil 78 Lucieni in den Jahren 1961 und 1963; Profil 120 Livada im Jahre 1961

Abbildung 1a und 1b zeigen Gefügedaten und Saugspannungsprofile eines Lessivé-Pseudogley, der noch durch folgende Angaben gekennzeichnet sei:

	% Ton	pH (H_2O)	% Basensättigung	Ca/Mg
Oberboden	20–25	4,9–5,4	40–50	8,0–8,6
Unterboden	50–55	5,4–5,9	60–80	2,4–3,2

Die dargestellten Feuchtekategorien sind folgendermaßen zu bewerten:

E (v. excessiv): mit Stauwasser gesättigt

A (v. accessibel): verfügbares Wasser

A_3: leicht verfügbares Wasser, Wuchsleistung kaum gehemmt

A'_2: mäßig verfügbares Wasser, Wuchsleistung mäßig gehemmt

A''_2: schwer verfügbares Wasser, Wuchsleistung stark gehemmt

A_1: sehr schwer verfügbares Wasser, Wuchsleistung stockt

I (v. inaccessibel): nicht verfügbares Wasser, Welken

Die Feuchtigkeits- und Konsistensverhältnisse spiegeln sich gut in der Bodenflora wider, in der sich neben einigen hydrophytischen und Mull-Arten mittlerer Vitalität auch einige Arten befinden, die auf solchen Böden eine fortgeschrittene sommerliche Dürre anzeigen (Poa pratensis ss. augustifolia, Melica uniflora, Asparagus tenuifolius, Lithospermum purpureo-coeruleum, Calamagrostis epigeios u. a.)

Dieser ökologisch ungünstige Charakter der Böden wird auch sehr deutlich von der Holzvegetation ausgedrückt: Niedrige Produktionsklasse (IV, seltener III/IV) der Bestände; Anwesenheit von mesoxerophytischen Sträuchern (Cornus mas, Crataegus monogyna); Entwicklung des Wurzelsystems fast nur in den oberen Horizonten, dagegen kaum im oberen Teil des B_{tg}-Horizontes, (Abb. 2).

Abbildung 2

Wurzelsystem einer Stieleiche im Lessivé-Pseudogley Lucieni

Nordwestliche Waldzone

Im feuchten Teil (Someş-Ebene, Livada-Wald, Satu-Mare) mit mittleren Jahresniederschlägen 650–750 mm und 8,5–9,5 °C Jahresmitteltemperatur ist es erheblich feuchter und kühler (auch im Sommer). Abb. 1c gibt Gefügedaten und Saugspannungsprofile eines Lessivé-Pseudogley wieder, der außerdem folgende Merkmale besitzt:

	% Ton	pH (H_2O)	% Basensättigung	Ca/Mg
Oberboden	20	4,8–5,3	30–40	1,7–2,1
Unterboden	45–57	5,3–6,2	50–73	1,2–1,8

Der Wasserhaushalt des Bodens zeichnet sich durch eine lange Staunässephase aus (3–3½, häufiger sogar 4 Monate im Frühling und Frühsommer), während im Sommer das Feuchtigkeitsniveau weniger niedrig ist (Feuchtigkeitskategorie A_2). Der Welkepunkt wird selten erreicht.

In verlichteten Baumbeständen und auf Lichtungen besteht die Bodenflora nur aus hydrophytischen Arten, während Sommerdürre-Zeiger fehlen. So wurden in einem Stieleichenwald mit Rhamnus frangula u. a. Juncus effusus, Carex brizoides, Agrostis stolonifera, Deschampsia caespitosa, Polygonum hydropiper, Oenanthe banatica, Lysimachia nummularia, Glechoma hederacea und Ajuga reptans gefunden, die einen Deckungsgrad von 0,6–0,7 einnehmen. In den verlichteten Beständen erscheinen außerdem noch Carex riparia und C. vulpina (1, 7).

In der Holzvegetation fehlen die mesoxerophytischen Sträucher; hingegen erscheinen mehr feuchtigkeitsliebende Arten (Carpinus betulus, Fraxinus angustifolia, Corylus avellana, Viburnum opulus und lokal Alnus glutinosa). Es herrschen Bestände der Produktionsklasse III vor. Da der B_{tg}-Horizont lange weich ist, dringen viele Eichenwurzeln bis zu einer Tiefe von 1 m in ihn ein. Der größte Teil des Wurzelsystems befindet sich allerdings auch hier im besser belüfteten Oberboden (Abb. 3).

Waldbauliche Behandlung von Pseudogleyen

Ziel ist, eine Verschlechterung der Wasser-, Luft- und Konsistenz-Verhältnisse der Pseudogleye zu vermeiden und die Bestandsentwicklung zu verbessern. Das erfordert eine ständige und starke Bodenbedeckung durch die Holzvegetation, damit die biologische Dränung verstärkt und die Entwicklung der hydrophytischen Flora (bzw. der mesoxerophytischen in mäßig feuchten Gebieten) verhindert wird. Dafür sind gut geschlossene Mischbestände besser geeignet als reine Eichenbestände, die leichter vergrasen und versumpfen. In Rumänien soll der Waldbau auf Pseudogleyen a) die natürliche Verjüngung der hiebreifen Bestände fördern und b) degradierte Bestände künstlich wieder aufbauen bzw. entwaldete Flächen wieder aufforsten. Das erfordert für die beiden beschriebenen extremen Lagen ganz verschiedene Methoden.

Standorte mit langer Trockenperiode

In den Stiel- und Traubeneichenbeständen, die im allgemeinen an diesen Standorten nicht hinreichend geschlossen sind, so daß der Boden durch Vergrasen und Verdichtung degradiert

Abbildung 3
Wurzelsystem einer Stieleiche im Lessivé-Pseudogley Livada

ist, muß die Verjüngung aus Samen unbedingt durch oberflächliche Mobilisierung des Bodens und teilweise durch künstliche Saat gefördert werden. Die horst- und gruppenweise Auflichtung des Jungwuchses muß spätestens nach 2 Jahren erfolgen.

In den zu stark gelichteten Beständen mit einem stark vergrasten und verdichteten Boden, werden auf der ganzen Fläche einer Parzelle oder auf E–W orientierten Streifen-Kulissen die Stöcke gerodet, der Boden auf 40 cm gepflügt und auf 70–80 cm gelockert sowie gedüngt. In dem derartig vorbereiteten Boden werden dichte Eichenpflanzungen (10 000 Pflanzen/ha) oder -saaten in Reihen und Pflanzungen anderer Arten durchgeführt. Außer Stiel- und Traubeneichen werden noch Weißbuchen (allmählich im Forstgarten an das Vollicht gewöhnt), Eschen, Ahorne, tatarische Ahorne, schmalblätterige Ölweiden, Hornsträucher, Weißdorne, Rainweiden u. a. gepflanzt.

Um die oberflächliche Austrocknung des Bodens während des Sommers zu verhüten, sind Kulturpflegearbeiten (Unkrautbekämpfung, Aufbrechen der Kruste, oberflächliche Lockerung) bis zum Schließen des neuen Bestandes (3–4 Jahre) nötig. Diese Arbeiten erfordern einen hohen maschinellen Aufwand. Deshalb blieben in einigen Parzellen die Strauchvegetation und einige Mischarten unberührt, und zwischen diesen wurden in kleinen Lichtungen Saaten und Pflanzungen von Stiel- oder Traubeneichen und anderen Arten durchgeführt. Das Pflanzen in Pflanzlöcher im oberflächlich mobilisierten Boden ergibt wegen der großen Dichte nicht so gute Ergebnisse. Deshalb wurde der Boden auf anderen Flächen doppelspatentief aufgebrochen und darin Pflanzungen in Löchern und Saaten in Reihen durchgeführt. Die Ergebnisse sind weit besser, aber die Methode ist zu kostspielig und arbeitsaufwendig. Da in Pseudogleyen besonders die rein mechanische Lockerung nicht lange anhält, gedenken wir diese durch eine biologische Meliorierung zu ergänzen. Wir betrachten eine 2–3jährige Klee- oder Luzernekultur in reichlich gekalktem, gedüngtem, aufgelockertem Boden als wirksam. Die kräftigen Wurzeln der Leguminosen dringen tief in den B_{tg}-Horizont ein und hinterlassen zahlreiche Wurzelröhren-Poren. Es ist denkbar, daß diese Poren längere Zeit bestehen bleiben und ein tiefes Einwurzeln der Holzpflanzen ermöglichen.

Standorte mit anhaltender Frühjahrsnässe und mäßiger Sommertrockenheit

Die geforderte Verjüngung der Stieleiche und der anderen Holzarten ist in genügend dichten Beständen möglich, wenn die hygrophytische Flora keine durchgehende kräftige Schicht bildet. Die beste Lage ist diejenige, in der der Baumbestand und der Unterbestand so gut den Boden bedecken, daß sich in der Bodenflora Mull-Pflanzen befinden. Die Versuche bewiesen, daß die beste Betriebsform der Femelschlag (Löcherhieb) ist (2, 3, 4).

Die Verjüngung jedes Bestandes muß vollständig und in einem einzigen Fruktifikationsjahr durchgeführt werden, damit die Sämlinge aus der biologischen Dränung des alten Bestandes einen Vorteil ziehen können und kurze Zeit nach dessen Lichtung von selbst eine biologische Dränung ausüben können. Zu diesem Zweck muß in dem Fruktifikationsjahr eine dichte und gleichmäßige Besamung durchgeführt werden. Eventuelle Lücken müssen unverzüglich durch Pflanzungen ergänzt werden. Nach ein bis zwei Jahren muß die horst- und gruppenweise Auflichtung des Jungwuchses durchgeführt werden. Der neue Bestand muß so geführt werden, daß das Vorherrschen der Eiche, eine vollständige Mischung der örtlichen Arten und die fortdauernde, dichte Bedeckung des Bodens gesichert wird, um die Entwicklung der hygrophytischen Flora zu verhindern.

In den zu stark gelichteten Beständen oder auf den entwaldeten Flächen als Folge des Austrocknens der Eiche in den Jahren 1955–1956 und der dadurch bedingten Entwicklung einer dichten kräftigen Schicht hygrophytischer Pflanzen, mußte man im letzten Jahrzehnt künstliche Wiederaufforstungen durchführen. Die Aufforstungsmethode stützte sich hauptsächlich auf die Lenkung der Konkurrenz zwischen den Holzarten und den Arten der hygrophytischen Flora. Zu diesem Zweck wurde zuerst mit Gräben entwässert und dann unter Berücksichtigung der Ergebnisse der Standortskartierung gepflanzt (10000 Pflanzen/ha). Als Hauptholzarten wurden die Stieleiche, in geringerem Anteil die Esche, als Mischarten Weißbuche, Haselnuß und Wasserholunder und zu einem Anteil von 30–40 % die meliorierende Schwarzerle gewählt. Die Schwarzerle wird kurz geschnitten, um gut bodenschützende Büsche zu bilden, wächst in den ersten Jahren rasch, treibt die Eiche in die Höhe, dränt größtenteils den Wasserüberschuß im Frühling und schwächt die hygrophytische Flora, die in einigen Jahren vernichtet wird. Der Boden bedeckt sich mit einer reichen Waldstreu, reichert sich allmählich an Humus und Stickstoff an und verwandelt sich in einen gesunden Waldboden. Die nach dieser Methode auf großen Flächen ausgeführten Pflanzungen im Walde Livada (Distrikt Satu-Mare) zeigen einen jährlichen Zuwachs von 60–80 cm, und die meisten haben den gewünschten Bestandzustand schon nach 4–5 Jahren erreicht.

Literatur

1. *Chiriţă, C.*: Stejeretele de protecţie a solului contra înmlăştinării. Rev. Păd. nr. 11, Bucureşti, 1955.

2. *Clonaru, Al.*: Contribuţii la studiul regenerării naturale a pădurilor de stejar cu fenomene de uscare în masă. Rev. Păd. nr. 3, Bucureşti, 1952.

3. *Constantinescu, N.*: Contribuţii la studiul regenerării stejeretelor de pe solurile cu fenomene de înmlăştinare din cîmpiile din vestul ţării. Rev. Păd. nr. 3, 1956.

4. *Constantinescu,* N.: Metode silviculturale şi fenomenul de uscare intensă a stejarului. Rev. Păd. nr. 6, 1961.

5. *Florea, N.*, şi colab.: Geografia solurilor României, Bucureşti, 1968.

6. *Lieberoth, I.*: Ber. Dt. Akad. Landwirtsch. Wiss. Berlin **102**, 33–53 (1970).

7. *Marcu, G.*, şi colab.: Studiul cauzelor şi al metodelor de prevenire şi combatere a uscării stejarului. Bucureşti, 1966.

Zusammenfassung

Zwei extreme Pseudogley-Formen Rumäniens werden charakterisiert: die im SW der Waldzone mit ausgeprägter Sommertrockenheit und die im NW dieser Zone mit mäßiger Sommertrockenheit. Der Waldbau in normal geschlossenen Beständen auf Pseudogleyen stützt sich auf das Prinzip der Aufrechterhaltung der biologischen Dränung durch den Waldbestand. In Abhängigkeit vom Klima, von Wasser-, Luft- und Konsistenzverhältnissen der Pseudogleye sowie von der Bestandesentwicklung sind die waldbaulichen Methoden sehr verschieden. Es werden die auf den zwei extremen Pseudogleyformen angewandten Methoden dargestellt.

Summary

A characterization of two extreme categories of pseudogley soils in Romania – the dryest ones in the southwestern part of the forest zone and those with moderate summer humidity in the northwestern part of this zone – is given. Sylviculture in forest stands with normal density on pseudogley soils is based on the principle of the maintenance of the biological drainage by the forest stand. Sylvotechnical methods differ according to climate, water and air regimes, and consistence of pseudogley soils as well as to the state of the stands. The methods used in sylviculture on the two extreme categories are described.

Résumé

On décrit deux catégories extrêmes des pseudogley en Roumanie : l'une du Sud-Est de la zone forestière, à desséchement accentué pendant l'été, l'autre du Nord-Ouest de cette zone, à humidité estivale modérée. La sylviculture dans les peuplements à densité normale est fondée sur le principe du maintien du drainage biologique exercé par le peuplement. Les méthodes sylvotechniques sont différentes, dépendantes du caractère du climat, des régimes de l'eau, de l'air et de la consistance des pseudogley et de l'état des peuplements. On décrit les méthodes appliquées dans la sylviculture sur ces deux catégories de pseudogley.

Bericht über Thema 3.3: Standortseigenschaften hydromorpher Böden

Von *Hjalmar Uggla**)

Die Vorträge behandelten in der Mehrzahl die Frage der Luft- und Wasserverhältnisse der hydromorphen Böden und deren Leistungsfähigkeit in verschiedenen Gebieten. Die Luft- und Wasserverhältnisse sind für die Gestaltung der Standortseigenschaften der Pseudogleye und Gleye verantwortlich und üben einen überaus starken Einfluß auf das Wurzelsystem der Pflanzen aus.

Nach *G. Geisler* wird das Wachstum der Wurzeln hauptsächlich durch die O_2-Konzentration bestimmt, dabei reagieren die Wurzeln auf eine verminderte O_2-Konzentration schon nach einigen Stunden. Die Hemmungen im Wurzelwachstum werden jedoch nicht nur durch O_2-Mangel, sondern auch durch ein ungünstiges O_2/CO_2-Verhältnis verursacht. O_2-Mangel hemmt den Längenwuchs mehr als die Seitenwurzelbildung, und schließlich bildet sich eine dichtere Durchwurzelung in einem relativ kleineren Bodenraum.

Niedrige O_2-Konzentration und Wasserüberschuß können — wie *H. Marschner* ausführte — zum Mangel an Wachstumsregulatoren und dadurch zu Hemmungen des Sproßwachstums und zu Chlorosen führen und überdies die Mineralstoffaufnahme sowohl quantitativ wie auch qualitativ beeinflussen. Bei abnehmender O_2-Konzentration verringert sich die Aufnahmerate bei K und P viel stärker als bei Na oder Cl. Bei sinkendem Redoxpotential wird aber die Verfügbarkeit von Fe und Mn erhöht.

Der Einfluß unterschiedlicher Wasserverhältnisse auf die Morphologie der Wurzelsysteme gestaltet sich jedoch nach *J. C. F. M. Haans* und Mitarbeiter in den einzelnen hydromorphen Böden verschieden. Die Gleypodsole sind dichter bewurzelt als die Gleye. Die früher durch Bäume bestockten (und dadurch gedränten) Tal-Gleye weisen jedoch die günstigsten Wasser- und Wurzelverhältnisse auf. Auf die Morphologie der Wurzelsysteme und deren Tiefe üben jedoch auch die Bodentextur und die Bindigkeit einen großen Einfluß aus.

Trotz Hemmung des Hauptwurzelwuchses leiden die Pflanzen von Stauwasserböden in Normaljahren nicht an Wassermangel, da kurzlebige Saugwurzeln in die Sw-Zonen eindringen. *F. Weller* berichtete ferner, daß Obstbäume auf Pseudogleyen in Trocken- und Naßjahren besonders ungünstig reagieren. Während der ersteren ist die Wasserversorgung begrenzt, in den letzteren die N-Nachlieferung. Am günstigsten sind für Pseudogleye Jahre mit mäßigen Niederschlägen.

Die auf Standorten mit stark ausgeprägten Naß- und Trockenphasen stockenden Wälder, insbesondere Eichenwälder, weisen ein träges Wachstum auf. *C. Chiriţă* berichtete, daß die Standortseigenschaften solcher Pseudogleye durch eine biologische Melioration verbessert werden. Solche Maßnahmen beruhen u. a. auf einer guten biologischen Boden-

*) Institut für Bodenkunde, WSR, Olsztyn, Polen.

bedeckung, die die physikalischen Eigenschaften ändert und nicht zuletzt eine rege mikrobielle Tätigkeit zur Folge hat.

Standorte mit schwach durchlässigen, öfters vergleyten Böden, zeichnen sich nach *C. B. Crampton* auch in Kanada durch eine sehr geringe Ertragsfähigkeit aus. Auf solchen Böden ist ein kürzerer Umtrieb günstiger als auf besseren Böden, wobei jedoch Düngungsmaßnahmen vorgenommen werden müssen.

Bei der Beurteilung der Standorte mit Gleyen und Pseudogleyen muß außer den Luft- und Wasserverhältnissen auch der Bioelement-Haushalt der Böden und damit auch deren Trophie berücksichtigt werden, worüber *B. Ulrich* und *R. Mayer* berichteten.

Die auf eigene vielseitige Untersuchungen gestützten interessanten Vorträge sowie auch die Diskussionen führen u. a. zu dem Schluß, daß die Standortseigenschaften der Gleye und Pseudogleye sich ganz scharf von denen der terrestrischen, tiefgründigen Böden unterscheiden. Sie werden besonders durch O_2-Mangel und ein ungünstiges O_2/CO_2-Verhältnis in der Bodenluft gekennzeichnet. Dies übt einen direkten Einfluß auf die Bewurzelung und das Wachstum der Pflanzen aus. Im allgemeinen bildet sich ein flaches, manchmal tellerartiges Wurzelsystem aus. Die Verbesserung der Durchwurzelung der stauwasserbeeinflußten und im Unterboden verhärteten Böden ist ein wichtiges Ziel einer rationellen, den Standortsverhältnissen angepaßten Bodenkultur.

The Amelioration of Gley and Pseudogley Soils

By *J. N. Luthin**)

Definition of Problem

Excessive wetness

Excess soil moisture is probably the most important problem in relation to the use of gley and pseudogley soils. In many instances the excess soil moisture is a result of impeded drainage. Many of these soils have a dense clay subsoil that is for all practical purposes impermeable. The rainfall is in excess of the ability of the subsoil to transmit water. In areas close to rivers especially in the delta areas the impeded drainage is caused by seepage from the river with high water table condition as a result. In other areas the excessive wetness may be caused by seepage from higher lands.

In any case the cause of the excessive wetness is fundamental in the determination of the solution.

Chemical problem

The reducing conditions found in hydromorphic soils cause some unusual problems especially with regard to the maintenance of subsurface drainage systems. The solution of iron and manganese from the soil and subsequent deposition in the drains can be of great practical importance in the operation of subsurface drains.

In soils containing organic matter under water-logged conditions, there is microbial reduction of ferric iron compounds (usually very insoluble) to ferrous iron compounds (very soluble). Since the ferrous iron compounds are water soluble, they move readily in the water moving into the drain lines. At the drain in the presence of oxygen and certain bacteria, the ferrous iron compounds are oxidized to the insoluble ferric compounds (ferric hydroxide and basic ferric sulphate). The precipitation can result in plugging of the drain line.

If sulphate is present in water-logged soils containing decomposable organic matter it is readily reduced to sulfide. Under anaerobic conditions the following reactions occur:

$4Fe(OH)_3 + 4CaSO_4 + 9CH_2O$ (organic matter) $= 4FeS + 4Ca(HCO_3)_2 + CO_2 + 11H_2O$

Gradually $FeS \rightarrow FeS_2$. (The accumulation of S is proportional to the clay and humus content.)

Under aerobic conditions as result of drainage

(1) $$4FeS + 6H_2O + 3O_2 = 2S_2 + 4Fe(OH)_3$$

(2) $$S_2 + 2H_2O + 3O_2 = 2H_2SO_4$$

(3) $$H_2SO_4 + CaCO_3 = CaSO_4 + H_2O + CO_2$$

*) Dept. of Water Science and Engineering, University of California, Davis, USA

In soils known as cat clays reaction (3) does not occur as there is little or no $CaCO_3$ present in soil.

These processes require the presence of microorganisms to bring about conversion of compounds. Another reaction which occurs under aerobic conditions is as follows:

$$4FeS_2 + 6H_2O + 15O_2 \rightarrow 4FeSO_4(OH) + 4H_2SO_4$$

(The basic iron sulphate is unstable and slowly hydrolyzes as follows:)

$$3Fe(SO_4)OH + 4H_2O \rightarrow Fe_3(SO_4)_2(OH)_5 \cdot 2H_2O + H_2SO_4$$

(Ochreous material)

Free hydrogen sulphide is usually present in these soils and it may be harmful to the growth of plants. There is evidence from Florida that plant injury has resulted from excess amounts of hydrogen sulphide.

In addition, there are important microelement deficiencies, especially in peat soils. These include copper and molybdenum.

Methods of Correcting the Problem

Excessive wetness

1. Subsurface drains.

The traditional procedure for controlling the shallow groundwater is by the construction of subsurface drains made of either rock, clay tile or concrete tile, or now, the more common material is plastic pipe perforated with holes. These subsurface drains work very effectively where the soil permeability is sufficiently high; however, in some areas of very low soil-hydraulic conductivity, especially in areas of plastic clay, the rate of movement of water towards the drains is extremely low. In addition, it is very difficult to achieve sufficient soil-water suction to drain these soils.

An important aspect of subsurface drainage of clay soils is the formation of natural soil structure upon drying. This is due to the shrinkage or consolidation of the soil mass when it dries and has been investigated by a number of people, especially in the Netherlands. In the reclamation of land from the sea, the practice is to allow reeds to grow on the clay soils for several years to reduce the soil-moisture content. Coincident with the reduction in soil moisture content is a consolidation of the soil with cracking and fissuring of the soil. The soil hydraulic conductivity is improved as a result of this.

The technology of drainage design has advanced greatly in the past several years. The design of drainage systems used to be a rather mysterious art whose practice was limited to a few. In the last several decades our understanding of the drainage process has improved and it has been systemized to a point that many trained technicians can do a good job.

We are all indebted to the outstanding work of the late *Dr. S. B. Hooghoudt* of the Netherlands for developing the first complete system of drainage design based on measurable soil properties. Although there have been many sophisticated mathematical theories developed in recent years, *Hooghoudt's* approach remains the most practical and usable one and is in widespread use over the world in both irrigated and humic regions.

In many gley and pseudogley soils the spacing of the drains must be very small because of the low hydraulic conductivity. Some researchers in Denmark and other areas have concluded that field drainage is impractical as a result of their experiments. *Holstener-Jorgensen* working in Denmark used drain spacings of 125 m in a morainal clay and found the effect limited to 5–10 m from the drainpipes.

Since many gley and pseudogley soils consist of a shallow surface soil of moderate hydraulic conductivity above a subsoil of low conductivity it is of interest to consider the drainage of these soils. Extensive areas of these soils are found in the United States, in Ohio, Iowa, Illinois and Indiana as well as throughout Europe.

In the design of a subsurface drainage system for a two-layered soil one must consider the relative conductivities of the two layers. The placement of the tile line in the less permeable subsoil does not always improve its performance. Work in Ohio by *Taylor* and *Goins* (1957) indicates that the drainage of the surface soil is governed by the depth to the impermeable layer rather than the depth of the drain. A drain placed below the interface will act like a drain at the interface. Apparently the back-filled trench is of higher conductivity and conducts the water to the drain. Excess water moves horizontally through the surface soil to the trench and then down into the drain line.

Recently we have been interested in the design of drainage systems in layered soils that occur in the Imperial Valley of California. It is apparent that none of the present methods for characterizing layered soils for drainage design purposes are adequate. *Hooghoudt* (1938), for example, applied the *Dupuit-Forchheimer* assumptions for horizontal flow through each layer. His method works fairly well if there is a constant decrease of hydraulic conductivity with depth but is not accurate where the layers vary in a random fashion.

Another possibility investigated by *Ortiz* and *Luthin* (1970) is the calculation of an equivalent degree of anisotropy.

For example, if $k\hat{y}$ is the vertical conductivity given by

$$k\hat{y} = d/ \sum_{m=1}^{n} dm/km$$

and

$$k\hat{x} = \sum_{n=1}^{n} k_n d_n/d$$

then a degree of anisotropy can be calculated and the problem transformed into an isotropic problem. Unfortunately the problem is not that simple. The sequence of layers plays an important role in the drainage characteristics of the soil.

Some recent unpublished work at *Davis* has been aimed at obtaining computer solutions for the flow nets in layered soils with various placement of drain lines. These solutions are then compared to the flow that would be obtained in isotropic soil. An equivalent

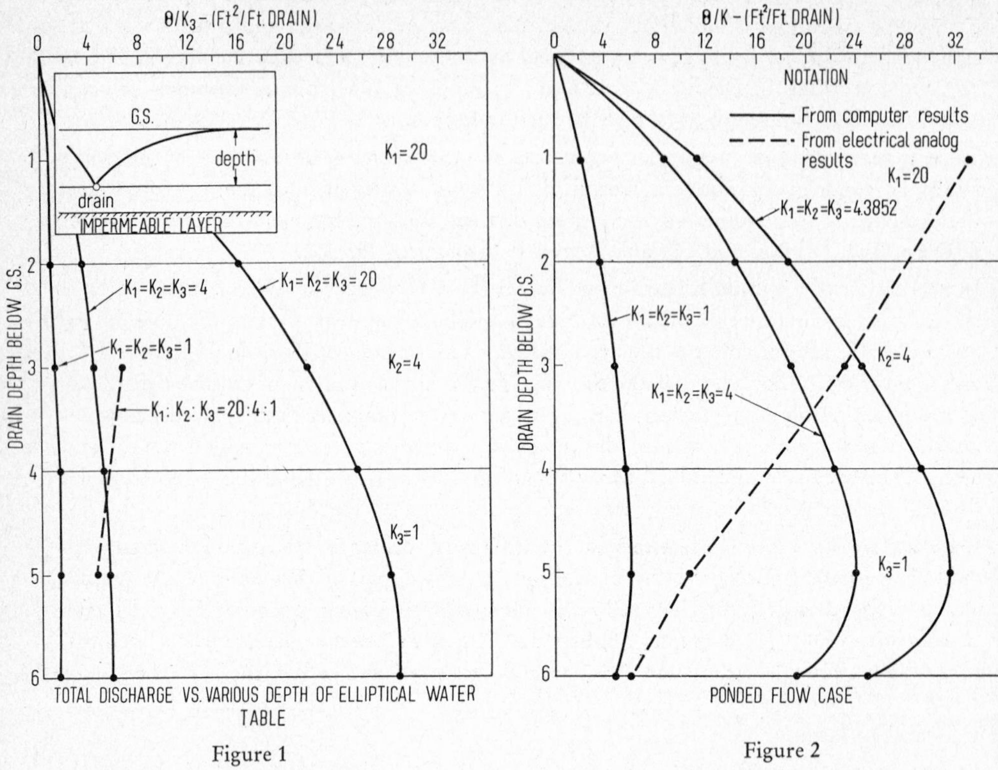

Figure 1

Figure 2

hydraulic conductivity is obtained that depends on the sequence of layering and on the placement of the drain line.

Results for the ponded flow case for a three-layered soil are shown in figures 1 and 2. The data and analysis are due to *Ralph Hwang* of the Department of Water Science and Engineering. The hydraulic conductivity of the soil decreases with depth in a manner similar to that in many of the soils being discussed here. The solid lines represent the flow into the drains located at different depths in an isotropic soil. The dashed line indicates the flow into drains located at various depths in the three-layered soil shown here. Note that flow into the drain decreases as it is placed in the lower layers of lower hydraulic conductivity.

Another analysis was made for an elliptically-shaped water table with drains located in the less-permeable subsoil. The flow into the drains was almost proportional to the conductivity of the layer in which it was placed.

The use of open ditches might offer some advantages in a layered soil since the ditch intersects all layers of the soil to the depth of the ditch. In addition, ditches can be suitably placed to act as both surface and subsurface drains. Another advantage of ditches is their low initial cost. Also they do not become plugged with tree roots as is so often the case with subsurface drains.

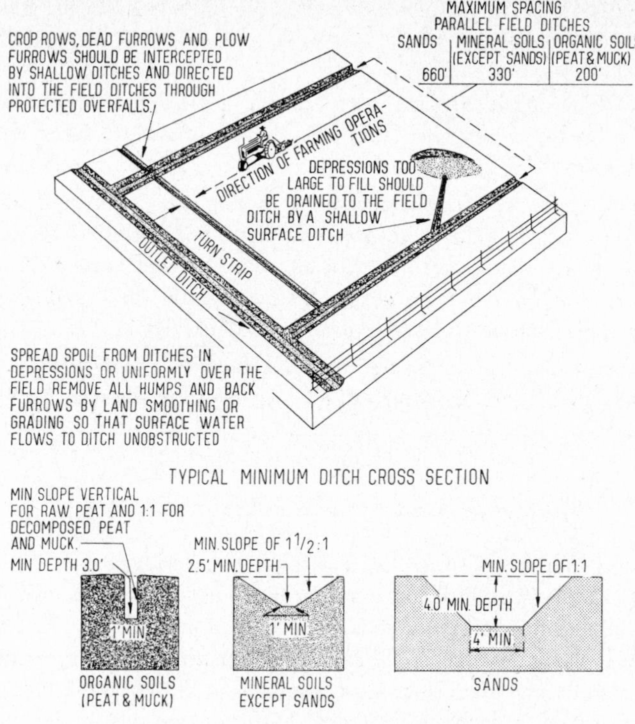

Figure 3

On the other hand, open ditches require constant maintenance and may present serious barriers to the cultivation of the land.

2. Control of surface water.

Excessive soil moisture can be reduced by removing the surface water in an expeditious manner. In this way the amount of water percolating into the soil is reduced. There are a number of ways in which the land can be shaped in order to increase the surface run off. The method chosen will depend on soil, crop and climatic factors. One such system is shown in figure 3. These systems have been developed by the U.S. Soil Conservation Service (*Luthin*, 1966).

Provision of surface drainage is in many instances the only practical method of reducing the soil wetness. In areas to be planted to forest the plantings may be arranged to improve the overland flow of water and hence to cause the water to run off from the soil rather than percolate into it.

3. Soil manipulation.

Mechanical manipulation of the soil to improve the movement of water is extensively practiced. Sometimes the procedures are successful but oftentimes they are not because of the soil moisture conditions at the time. The increasing uses of heavy machinery has complicated the problem because of the increased loads placed in the soil and the vibrations of the equipment.

At the Imperial Valley Field Station in California, a plow pan produced by chiseling caused the water to flow over the drain lines. If the chiseling is for the purpose of increasing the flow to drains then it must be done when the soil is relatively dry.

Deep plowing is also practiced for the purpose of mixing more permeable soil layers with less permeable ones. Once again there are some definite limitations to the use of this procedure. Acidic layers of low fertility may be turned up and cause a serious reduction in the production. However, if there are sand strata within the soil it may be possible to achieve an improvement in the soil hydraulic conductivity.

It would seem that mechanical manipulation has to be tried under the best possible conditions of soil moisture. There are some instances in which mechanical manipulation will not be successful.

Chemical problems – The acid sulphate reactions

Chemical problems that result from the acid sulphate reaction are only now becoming fully recognized. The work in Holland has been instrumental in delineating the problem. However, it is not confined to deltaic soils but occurs in many areas where sulphates are naturally present in the soil or are added as fertilizer or soil amendments or in the irrigation water. The use of ammonium sulphate as fertilizer in Florida is believed to contribute to the formation of H_2S in sandy soils of low buffering capacity.

Two types of clays occur in the polder area of Holland. One type of material contains $CaCO_3$ while the other type contains little or no $CaCO_3$. The clay containing no $CaCO_3$ develops into what is called a "cat clay". These soils, as a result of drainage, become extremely acid (pH 1.0–3.0). The sulfides, resulting from the reduction of the sulphate from the sea water, are oxidized to H_2SO_4 and $FeSO_4$. The H_2SO_4, $FeSO_4$, and $Fe_2(SO_4)_3$ extract the exchangeable bases and breakdown the clay. As a result, $Al_2(SO_4)_3$ also appears in the soil solution. Hydrolysis of the $Fe_2(SO_4)_3$ produces a lemon colored basic iron sulphate (Ochreous Deposits) which deposits along cracks in the soil. Initially the basic iron sulphate contains a large amount of H_2SO_4. As the hydrolysis continues the amount of H_2SO_4 produced decreases. As a result of this process large quantities of aluminium and iron compounds (ferrous form) leach from the soil and are deposited in the drainage ditches or in the tile drains.

Cat clay soils are so acid that no plants can grow on them. Huge quantities of lime are required to neutralize the cat clay soil. It is better to apply lime only after most of the soluble acid compounds have been leached out. Usually 30,000 kgms of $CaCO_3$ is needed per hectare.

If the subsoil contains $CaCO_3$, it is possible to neutralize the acid topsoil by mixing with the calcareous subsoils.

If lime is not applied, the soil pH increases gradually as a result of continued leaching of the acid compounds and adsorption of basic cations from fertilizer. This makes possible some farming, though it may be poor (*Zuur*, 1952).

For some soils in the Mekong Delta, Viet Nam, it was calculated to bring pH to about 5 would require 150 tons CaO per hectare. So even with cheap lime, it clearly appears uneconomical to reclaim the very acid sulphate soils at this stage of the development of most tropical countries (*Moorman*, 1963).

Marsh soils having high content of sulphides show the unfavorable pattern of cat clays. Reclamation of these soils is expensive and use for wildlife refuges should be considered (*Edelman* and *van Staveren*, 1958).

References

Bloomfield, C., 1969. Sulphate reduction in waterlogged soils. J. Soil Sci. **20** : 215–221.

Connell, W. E. and *W. H. Patrick*, Jr., 1969. Reduction of sulfate to sulfide in waterlogged soils. Soil Sci. Soc. Amer. Proc. **33** : 711–715.

Edelman, C. H. and *J. M. van Staveren*, 1958. Marsh soils in the United States and in the Netherlands. J. Soil and Water Conservation **13** : 5–17.

Ford, Harry W. and *W. F. Spencer*, 1962. Combatting iron oxide deposits in drain lines. Proc. Fla. State Hort. Soc. **75** : 29–32.

Grass, Luther B., 1969. Tile clogging by iron and manganese in the Imperial Valley, California. J. Soil and Water Conservation **24** : 4.

Holstener-Jorgensen, H., 1964. Forestry on fine-textured soils with a high ground-water table. Trans. 8th Int. Cong. Soil Sci. **II** : 547–559.

Lupe, Ioan Z., *Mihai Strimbei* and *Valer Donca*, 1963. L'influence des drainage des sols à pseudogleys sur la croissance des especes forestieres. Trans. 8th Int. Cong. Soil Sci. **II** : 537–546.

Lupinovich, I. S., 1964. Water-logged and peat-boggy soils, their genesis, properties and melioration methods. Trans. 8th Int. Cong. Soil Sci. **II** : 511–514.

Luthin, J. N., 1966. Drainage Engineering. 250 pp. John Wiley and Sons.

Maslov, B. S., 1965. Drain stoppage by hydrated iron oxides and measures for combatting it. Hydrology **3** : 35–41.

Milyanskas, V., 1963. Effect of drainage on the physical and chemical properties of excessively wet soils in the Lithuanian SSR. Sov. Soil Sci. **1** : 43–53.

Moorman, F. R., 1963. Acid sulphate soils (cat-clays) of the tropics. Soil Sci. **95** : 271–275.

Ortiz, J. and *J. N. Luthin*, 1970. Movement of salts in ponded anisotropic soils. J. Irrigation and Drainage. ASCE IR **3** : 257–264.

Petersen, Leif, 1966. Ochreous deposits in drain-pipes. Acta Agric. Scand. **16** : 120–128.

Skrinnikowa, I. N., *S. T. Wosnjuk* and *W. L. Kotschetkowa*, 1964. Bodenprozesse in Meliorationsböden der Flußtäler in Taiga und Waldsteppe des Europäischen Teils der UdSSR. Trans. 8th Int. Cong. Soil Sci. **II** : 515–523.

Spencer, W. F., *R. Patrick* and *H. W. Ford*, 1963. The occurrence and cause of iron oxide deposits in tile drains. Soil Sci. Soc. Amer. Proc. **27** : 134–137.

Taylor, G. S. and *Truman Goins*, 1957. Characteristics of water removal in a tile-drained humic-gley soil. Soil Sci. Amer. Proc. **21** : 575–580.

Taylor, G. S., *R. V. Worstell* and *J. N. Luthin*, 1960. Ponded water flow in layered soils. Trans. 7th Int. Cong. Soil Sci. VI. **10** : 480–485.

Wind, G. P. and *B. H. Steeghs*, 1964. Kattezand. Overdruk. Land. Tijd. **76** : **4** : 150–157.

Zaidelman, F. R., 1961. Regional subdivision of reclaimed water-logged soils in non-chernozem zone and some problems of their study. Sov. Soil Sci. (Trans.) **12** : 1282–1291.

Zuur, A. J., 1952. Drainage and reclamation of lakes and of the Zuiderzee. Soil. Sci. **74** : 75–89.

Summary

Excessive wetness seems to be the most important problem in the utilisation of gley and pseudogley soils.

Drainage designs must be based on the sequence of layering. In two-layered soils with less permeable subsoils, placement of the drain layer does not usually improve the drainage.

Improved surface drainage should be part of the program to control the soil wetness.

The acid sulphate reaction which causes increased soil acidity and which may result in the production of hydrogen sulphide gas occurs in many soils where the soil is excessively wet during part of the year.

Résumé

L'humidité excessive paraît être le problème le plus important dans l'utilisation du gley et des pseudogleys.

L'étude du drainage doit être basée sur la succession des couches. Dans les sols à deux couches avec un sous-sol moins perméable, l'installation d'un drain dans la couche moins perméable n'améliore généralement pas le drainage. Un drainage perfectionné de la surface devrait faire partie du programme du contrôle de l'humidité du sol.

La réaction acide du sulfate, qui augmente l'acidité du sol et qui résulte probablement de la formation d'hydrogène sulfuré, apparaît dans beaucoup de sols, qui sont saturés d'eau pendant une grande partie de l'année.

Zusammenfassung

Extreme Vernässung ist wohl das größte Problem in der Nutzung von Gleyen und Pseudogleyen.

Ein Dränungsvorhaben muß den Profilaufbau berücksichtigen. In Böden, die einen weniger durchlässigen Unterboden haben, verbessert die Verlegung des Dräns in die weniger durchlässige Schicht die Entwässerung nicht. Verbesserte Oberflächendränung sollte ein Teil des Programms sein, die Bodenfeuchte zu regeln.

Extreme Bodenversauerung durch H_2SO_4, die zur H_2S-Bildung führen kann, kommt dort häufig vor, wo der Boden einen Teil des Jahres extrem vernäßt ist.

Zum Einfluß der Bewirtschaftung auf den Nitrataustrag aus Ackerböden mit verschiedener Durchlässigkeit

Von *H. H. Koepf* und *E. v. Wistinghausen**)

Einleitung

Der Nitrataustrag aus Kulturböden hat vornehmlich von seiten der Wasserwirtschaft und der Limnologie Beachtung gefunden. Er ist eines der Beispiele dafür, wie, ausgehend von lokal getroffenen Maßnahmen, etwa der Düngung, die Landschaftselemente der weiteren Umgebung in Mitleidenschaft gezogen werden können. Im Falle der excessiven Nitratauswaschung sind Grund- und Oberflächengewässer betroffen. Es liegen über die Nitratauswaschung Messungen an Fließgewässern, Dränagen, Brunnen und Lysimetern vor, die eine Schätzung des Flächenaustrages erlauben. Diesen über die Jahresganglinien des Nitratgehaltes und der Sickerung im Felde direkt zu bestimmen, wurde von den Verfassern dieses Berichtes versucht. Es ist bekannt, daß die Nitratverfrachtung von zahlreichen Gegebenheiten des Bodens, der Witterung, des Anbaus und der Düngung abhängt. In diesem Bericht werden Beispiele für die Einflüsse des Pflanzenbestandes der Sickerwasserbewegung und der Ernterückstände diskutiert. Zunächst erscheint es angezeigt, anhand bisheriger Untersuchungen den Verlauf und die wesentlichen Faktoren des Vorganges kurz herauszustellen.

Material und Methoden

Die unter Ziffer 3 diskutierten eigenen Befunde entstammen 14tägig vorgenommenen Abfluß und NO_3^--Konzentrationsmessungen an Ursprungsgewässern und Dränageauslässen. Nitrat wurde kolorimetrisch nach den Deutschen Einheitsverfahren (1966) bestimmt. Der Nitratgehalt im Boden wurde nach *Balks* und *Reekers* gemessen. Für die Perkolationsversuche (Ziff. 6) wurde eine Versuchsanordnung von *Corey, Nielson* und *Kirkham* (1967) abgewandelt.

Überblick über Ausmaß und Verlauf des Nitrataustrages

In Tabelle 1 sind Resultate verschiedener Autoren zusammengestellt. Auf Ackerland, und das gilt nach den Befunden *Schwille*'s auch für andere bearbeitete Kulturen, sind die Austragungsmengen am höchsten. Grünland und Wald entlassen nur geringe Nitratmengen aus dem Wurzelraum. Geringere Entzüge und raschere Sickerwasserbewegung sind die wesentlichen Ursachen für höhere Austragungsmengen auf leichteren Böden. Das geht auch aus den Befunden *Vömels* (1963) an den Gießener Lysimetern hervor. Die beiden folgenden Tabellen geben Beispiele für den jahreszeitlichen Verlauf des Austrages.

*) Fachgr. 6 der Universität Hohenheim, 7 Stuttgart-Hohenheim, BRD.

Tabelle 1

Nitratstickstoffaustrag aus verschiedenen Böden und Kulturarten

Boden und Kulturart	Ort	NO_3-Austrag kg N/ha · Jahr	Autor
Acker	Züricher Oberland	35 — 145	Bernhard
Wiese		7 — 22	
Moorweide		2 — 9	
Sandboden	Lysimeter	28	Pfaff
Lehmboden	Limburger Hof	20	
Sandboden, reichl. gedüngt		51	
Lehmboden, reichl. gedüngt		53	
Grünland	oberschwäb. Diluvialgebiet	1,1	Klett u. Koepf
Wald		2,4	
Acker		18,2	

In allen Fällen wird im Winter mehr Nitrat verfrachtet. Diese Erscheinung ist nur z. T. auf den höheren winterlichen Abfluß zurückzuführen. Zum Teil ist sie auch durch höhere Konzentrationen bedingt, die dann gemessen werden, wenn mit einer Verzögerung von einigen Monaten das nitratreichere Wasser aus der Krume im Vorfluter erscheint. Dieser Verlauf ist für langsam dränende Böden charakteristisch. In Tabelle 3 werden die Nitratgehalte im Dränagewasser aus einem Parabraunerde-Pseudogley angegeben, der auf den Decklehmen nördlich des Remstales entwickelt ist. Die Schüttung begann erst im November bzw. Dezember.

Der Verlauf ist in allen drei Fällen ähnlich. Zwei der Dränagen beginnen mit der Schüttung etwas eher. Doch sind die ausgewaschenen Mengen nur wenig voneinander verschieden. Sie sind unabhängig von der Frühjahrsdüngung, die während des Frühjahrs und Sommers biogen immobilisiert wurde und auf den winterlichen Austrag keinen Einfluß mehr hatte. Maßgebend ist der Verlauf des Abflusses während des Jahres.

Ganglinien der Bodennitratgehalte in zwei Feldversuchen

Der in Tabelle 3 dargestellte Verlauf des Nitrataustrages wurde auf einem Pseudogley festgestellt. In zwei Feldversuchen wurden die Jahresganglinien der Nitratgehalte auf zwei erheblich verschiedenen Bodenarten festgestellt, nämlich einer Sandbraunerde auf Stubensandstein (km 4) und einer Pseudogley-Parabraunerde auf Löß mit einer ähnlichen Körnung, wie der in Tabelle 3 erwähnte Boden. Abbildung 1 zeigte die monatlichen Mittelwerte der Nitratgehalte in den beiden Profilen. Während der Sommermonate sind diese Gehalte das Nettoresultat aus Nitrifizierung, Immobilisierung und Verlagerung. Während der vegetationsfreien Jahreszeit findet Verlagerung statt. Der Kf-Wert der Sandbraunerde beträgt $6—10 \times 10^{-2}$ cm/sec, der der Pseudogley-Parabraunerde dagegen $5—6 \times 10^{-3}$ cm/sec. Die Zahlen für den luftführenden Porenraum sind 17 Vol.-% bzw. 10 Vol.-%.

Tabelle 2

Das Verhältnis von Winter- zu Sommerwerten der Nitratkonzentration in Ursprungsgewässern und dem Nitrataustrag

Kulturart im Einzugsgebiet	NO_3^--Konzentration	Flächenaustrag
Acker (3 Beispiele)	1,16	2,22
Acker-Grünland (5 Beispiele)	0,95	1,70
Wald (7 Beispiele)	2,24	1,48

Tabelle 3

Monatsdurchschnitte der Nitratkonzentrationen in mg N/l in drei Sammlerauslässen eines N-Steigerungsversuches auf einem Parabraunerde-Pseudogley

Monat	Frühjahrsdüngung 0 — 90 — 120	1967 in kg/ha N — P — K 40 — 90 — 120	80 — 90 — 120
November 1967	—	2,7	4,2
Dezember 1967	11,6	6,6	7,5
Januar 1968	18,0	11,5	11,8
Februar 1968	11,2	17,3	19,6
März 1968	8,9	11,9	11,0
Austrag, kg N/ha	29,9	27,1	31,7

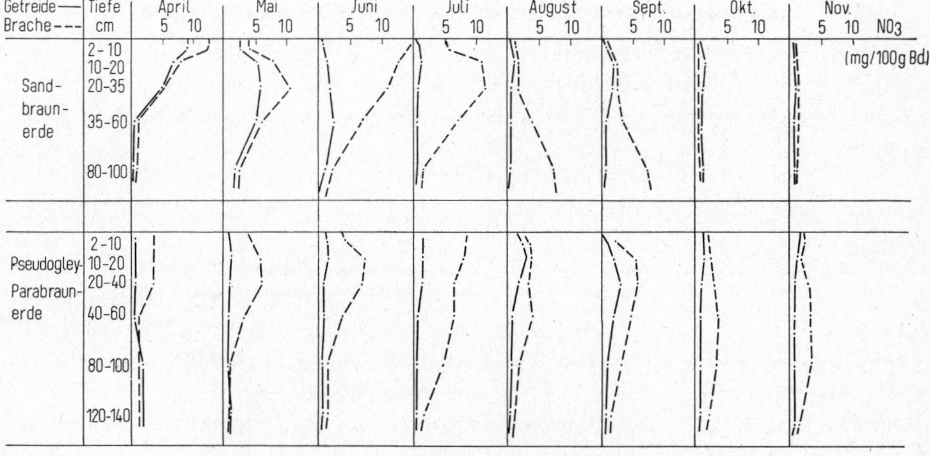

Abbildung 1

Auf der Braunerde tritt im Oberboden ein Maximum der Nitratgehalte im Frühjahr auf. Auf der bewachsenen Parzelle verschwindet dieses rasch als Folge der Aufnahme. Doch scheint, als Folge der Sickerwasserbewegung, das Konzentrationsmaximum in der Zeit von April bis Juni in mindestens 60 cm Tiefe verlagert zu sein. Auf der Bracheparzelle erscheinen bereits ab Mai, offensichtlich als Folge der Nitratverlagerung, hohe Gehalte in 100 cm Tiefe. Ein zweites Nitratmaximum im Oberboden der Brache, das im Juni entsteht, erscheint ab August in 60—100 cm Tiefe und ist ab Oktober aus dem Profil verschwunden. Von da an bleiben während des Winters die Nitratgehalte auf beiden Parzellen unverändert niedrig. Nicht biologisch immobilisiertes Nitrat wird bereits schon während der Vegetationsperiode aus dem Bodenraum ausgewaschen.

Auf dem Lößlehm der Pseudogley-Parabraunerde treten im Oktober mäßig erhöhte Nitratgehalte in der Tiefe 120—140 cm auf der Brache-Parzelle auf. Die bewachsene Parzelle zeigt nach der Ernte ein niedriges Maximum des Nitratgehaltes im Oberboden. Dieses wandert vom Juli/August bis September, d. h. nach der Ernte bis etwa 40 cm tief, wirkt sich aber nicht weiter auf die Nitratkonzentrationen in den darunterliegenden Schichten aus. Mäßig erhöhte Gehalte verbleiben in der Krume bis November. Auf der Brache tritt ab April im Oberboden ein höherer Gehalt an Nitrat auf. Dieser wandert bei gleichzeitiger Verringerung der Werte bis August in etwa 60 cm Tiefe und kann von da an nicht mehr deutlich ausgemacht werden. Im September treten bis zu einer Tiefe von etwa 100 cm mäßig erhöhte Werte auf. Dieses Bild bleibt im wesentlichen während des folgenden Winters erhalten. Das Nitrat wandert in geringerem Maße als auf der Braunerde in einer deutlich ausgeprägten Front. Die geringe Fließgeschwindigkeit erlaubt nach oben und unten einen Konzentrationsausgleich. Aus dem Kurvenverlauf ist zu schließen, daß die Auswaschung der Pseudogley-Parabraunerde nur gering ist. In der Tat beträgt die Auswaschung 1968/1970:

In diesem Beispiel ist die Geschwindigkeit der Sickerwasserbewegung der ausschlaggebende Faktor. Doch ist diese, wie im nächsten Abschnitt gezeigt wird, auch bei diesem Bodentyp nicht immer ausschlaggebend.

Nitrataustrag und Begrünung des Ackers im Herbst

Wieviel Nitrat im Herbst, d. h. während der Reife des Getreides und nach der Ernte entsteht, hängt von der Herbstdüngung und dem Witterungsverlauf ab. Dies wird an einem Beispiel deutlich, wo günstiges Wetter die Nitrifizierung bis in den Dezember hinein begünstigte.

Tabelle 4

Bodentyp	Fruchtfolge	NO_3-Auswaschung [kg N/ha · Jahr] 1968/69	1969/70
Braunerde	Hafer — Mais	45,0	198,1
Pseudogley — Parabraunerde	Roggen — Gerste	4,7	9,4

Tabelle 5

Nitratgehalte (kg N/ha) in 0—100 cm Tiefe auf Haferstoppel und Haferstoppel mit Kleeuntersaat (Parabraunerde — Pseudogley auf Löß)

	Haferstoppel Kleeuntersaat	Haferstoppel, bearb. Stallmist im Herbst
August 1967 (Ernte)	18,6	25,4
September 1967	26,1	48,5
Oktober 1967	26,0	87,5
November 1967	21,9	113,9
Januar 1968	24,6	123,6
Februar 1968	19,1	76,9

Für diese Diskussion genügt es, die Nitratgehalte der einzelnen Horizonte zu einem Gesamtbetrag für das Profil zusammenzufassen.

Ist die Parzelle im Herbst und Winter begrünt, so ändern sich die Gehalte an Nitratstickstoff kaum. Anders auf den nicht begrünten Parzellen. Dank der günstigen Herbstwitterung wird aus dem Bodenvorrat und auch aus der Düngung Nitrat gebildet. Von Januar bis Februar des Folgejahres, wenn weder Aufnahme noch nennenswerte Immobilisierung stattfinden können, werden aus dem untersuchten Bodenraum nahezu 50 kg N ausgewaschen. Die geringe Wasserleitfähigkeit dieser Parabraunerde-Pseudogley verzögert die Verlagerung unterhalb 1 m bis in den Februar des Folgejahres.

Nitratreduktion durch organische Bodenstoffe

Schließlich sei noch zusätzlich eine bis jetzt weniger bearbeitete Frage diskutiert. Betrachtet man die Kurven der vertikalen Nitratverteilung in Abbildung 1, so fällt auf, daß auf der bewachsenen Parzelle der Pseudogley-Parabraunerde nach der Ernte im August eine Zunahme der Nitratgehalte in der oberen Bodenschicht zu verzeichnen ist. Dieses

Tabelle 6

Wiedergefundenes Nitrat nach Perkolation einer Nitratfront durch eine Bodensäule zusammen mit Strohextrakt

C-Konzentration im Strohextrakt, mg C/l	(Zugabe 125,2 mg NO_3 in 50 ml Wasser) wiedergefunden mg NO_3	= % der Zugabe
0	76,5 ± 1,3	61,2
8,2	78,9 ± 2,6	63,1
32,7	44,5 ± 6,6	35,6
327,0	22,5 ± 0,3	18,0

Konzentrationsmaximum wandert, unter gleichzeitiger Verbreitung der Front, bis in eine Tiefe von 40—50 cm, verliert sich aber dann in der Folgezeit. Ferner fällt auf, daß auf diesem Boden in einer Tiefe von 120—140 cm auf der bewachsenen Parzelle in keinem Monat höhere Konzentrationen als 0,9 mg NO_3/100 g Boden gemessen werden. Nun war es möglich, auf diesen Parzellen während der Herbst- und Wintermonate aus Standrohren Wasserproben aus den Tiefen 50 bis 200 cm zu sammeln. Insgesamt 83 Proben hatten einen durchschnittlichen $KMnO_4$-Verbrauch von 17,2 mg/l (4,5 bis 85,3 mg/l). Es entstand daher die Frage, ob die reduzierenden, größtenteils organischen Substanzen des Sickerwassers unter den Bedingungen in den tieferen Schichten bei geringer Sauerstoffversorgung zur Reduktion des Nitrates beitragen können. Diese Frage wurde in einem Laboratoriumsversuch geprüft. In Anlehnung an die von *Kirkham* et al. (1967) beschriebenen Versuchsanordnung wurde durch eine Bodensäule eine Nitratfront zusammen mit Strohextrakten verschiedener Konzentrationen geschickt. Chloridionen dienten als Markierungssubstanz. Die Verweildauer in der Bodensäule betrug 9 Tage. Tabelle 6 gibt die Ergebnisse dieser Messung wieder.

Unter den Bedingungen dieser Versuchsanordnung werden im Kontakt mit dem Boden im Verlauf von 9 Tagen knapp 40% des zugegebenen Nitrates reduziert, wobei der Weg des N ungeklärt bleibt. Läßt man einen Strohextrakt perkolieren, so verschwinden maximal 82% der Nitratmenge. Doch ist zu bemerken, daß die C-Gehalte, bzw. $KMnO_4$-Werte der in Standrohren entnommenen Wasserproben geringer war. Doch ist es möglich, daß die aus Ernterückständen ausgewaschenen organischen Stoffe einen Einfluß haben, da ja die Kontaktchance im Boden sich über eine viel längere Zeit erstreckt. Insbesondere ist dies zu erwarten bei den Bodentypen mit erheblich verlangsamter Perkolation, d. h. den in diesem Beitrag erwähnten Pseudogleyen-Parabraunerden.

Literatur

Balks, R., und *J. Reekers:* Landw. Forsch. **8**, 7—13 (1955/56).

Bernhard, H., *W. Such*, und *A. Willhelms:* Untersuchungen über die Nährstoffrachten aus vorwiegend landwirtschaftlich genutzten Einzugsgebieten mit ländlicher Besiedlung. Münchener Beitr. zur Abwasser-, Fischerei- und Flußbiologie **16**, 1969.

Corey, J. C., *D. R. Nielson* and *D. Kirkham:* Soil Sci. Soc. Am. Proc. **31**, 497—501 (1967).

Deutsche Einheitsverfahren zur Wasseruntersuchung. Verl. Chemie, Weinheim, 3. Aufl. (1960).

Klett, M., und *H. Koepf:* Z. Pflanzenern., Düng. u. Bodenk. **111**, 188—197 (1965).

Pfaff, C.: Z. Acker- und Pflanzenb. **116**, 77—99 (1962).

Schwille, F.: Dtsch. Gewässerk. Mitt. **6**, 225—232 (1967).

Vömel, A.: Z. Acker- und Pflanzenb. **123**, 155—186 (1966).

Zusammenfassung

Ausmaß und Verlauf des Nitrataustrages aus verschiedenen Kulturarten und Böden werden anhand einiger Literaturbeispiele und eigener Untersuchungen beschrieben. Aus zwei Feldversuchen auf einer durchlässigen Sandbraunerde und einer lehmigen Pseudogley-Parabraunerde werden die Nitratkonzentrationen im Profil für die Zeit vom April bis November besprochen. Auf der Sandbraunerde wandern höhere Konzentrationen rasch im Verlauf von 2—3 Monaten durch das Profil. Auf der weniger durchlässigen Pseudogley-Parabraunerde kommen in 120 bis 140 cm Tiefe nur mäßig erhöhte Konzentrationen vor.

Begrünung der Felder im Herbst vermag die Auswaschung erheblich zu reduzieren. In einem Perkolationsversuch an einer Bodensäule wird gezeigt, daß die im Sickerwasser gelösten organischen Stoffe möglicherweise dessen Nitratfracht verringern.

Summary

The extent and course of the precipitation of nitrate from various modes of cultivation and soils are described by some examples from the literature and our own investigations. The concentrations of nitrate in the profile are discussed on the basis of two field tests on a permeable sandy brown soil, and an argilaceous pseudogley-para brown soil, from April to November. Higher concentrations pass quickly through the profile of the first soil in the course of 2 to 3 months. Only moderately increased concentrations occur in the less permeable soil at 120—140 cm.

Growth on the fields in autumn can considerably reduce denudation. In a percolation test on a soil column it is demonstrated that the organic material dissolved in percolating water may possibly reduce its nitrate content.

Résumé

Le volume et le déroulement de la précipitation de nitrate provenant de différentes sortes de culture et de différents sols sont décrits à l'aide de certains exemples tirés de la littérature et des essais propres.

Sur la base de deux essais en plein champ, effectués sur un sol brun sableux perméable et sur un sol lessivé à pseudogley argileux les concentrations de nitrate dans le profil sont décrites pour la période du mois d'avril jusqu'au mois de novembre. Sur le premier sol des concentrations plus élevées parcoururent rapidement le profil au cours de 2 à 3 mois. Des concentrations seulement modérées apparaissent à une profondeur de 120 à 140 cm dans des sols moins perméables.

Si en automne les champs sont couverts de prairie l'érosion pourra être considérablement réduite. Un essai de percolation effectué sur une colonne de sol démontre, que les substances organiques dissoutes dans l'eau de filtrage diminuent éventuellement leurs teneur en nitrate.

Soil Properties as a Criterion to Forecast the Effect of Trenching on Pseudogley Lessivé Soils

By *A. Canarache**), *I. Boeriu***) and *M. Iancu****)

Special research nowadays shows a tendency of extending the deep trenching, highly affecting the lessivé horizon (Btg) and aiming to improve its unfavourable physical features. The results obtained in West Germany (7), Yugoslavia (4), USSR (9) and in other countries are quite different, varying between significant yield increases and decreases.

Thus the problem arises of defining the soil conditions under which reclamation trenching is efficient or not. *Hartge* (2) partly answers this question by using a soil compaction curve as determined in the laboratory.

This paper presents the results obtained by trenching two soils in Romania and discusses the changes in the physical and chemical soil properties. The detailed results of the experiments were published earlier (1, 3).

Table 1
Characteristics of the soils studied

Horizon and depth (cm)	Clay $< 2\,\mu m$ (%)	Volume weight (g/cc)	Total porosity (%)	Rf*) (10^{-6} cm/s)	pH (H_2O)	Mobile Al (mg/100 g)	Humus (%)
Lessivé Livada							
A (0 — 20)	21	1.14	57	745	4.9	16.4	2.1
A_2 (20 — 35)	20	1.46	46	192	5.2	10.5	0.8
A_2B (35 — 50)	25	1.50	44	41	5.5	9.5	0.7
Ba_2 (50 — 70)	39	1.54	43	11	5.8	1.4	0.7
B′ (70 — 85)	36	1.59	42	12	6.3	—	0.6
B‴ (85 — 110)	34	1.60	41	12	6.8	—	0.4
Planosol Albota							
Aa (0 — 25)	26	1.30	51	691	5.4	2.1	2.2
A_2B (25 — 50)	34	1.47	45	53	5.4	7.1	0.9
B′ (50 — 75)	55	1.28	53	3	5.8	21.0	0.8
B″ (75 — 85)	64	1.31	51	3	5.8	29.7	0.8
B‴ (85 — 110)	62	1.41	48	2	5.9	10.2	1.1

*) Hydraulic conductivity

*) Research Institute of Soil Survey and Soil Science, Bucharest, Romania.

**) Livada Experiment Station, Satu Mare, Romania.

***) Research Institute of Fruit Growing, Maracineni – Pitesti, Romania.

Material and Methods

One field experiment has been organized at Livada, in the Someş plain, on a lessivé soil with a ground water table at low depth, developed on medium textured material; the other has been conducted at Albota, in the Piedmont on Planosol, developed on clayey deposits. The Albota soil is considerably more clayey, especially in the lower horizons and has a lower macroporosity and hydraulic conductivity than at Livada. The mobile Al increases with depth at Albota and decreases at Livada (Tab. 1). At Livada and Albota the mean annual rainfall and temperature is 720 mm and 9.2 °C and 60 mm and 9.8 °C respectively.

Treatments compared ordinary ploughing (20—30 cm) with trenching with turning (60—70 cm) both on the whole area and in ditches 1 m apart before starting the experiments and without repeating it subsequently. Additional treatments were: At Livada with and without lime and fertilizer; at Albota liming two years before starting the experiments and fertilization. The crop was kernel maize.

The analytical methods used for the soil samples were those mentioned in „Metode de cercetare a solului" (10).

Results

Data of Table 2 show that partial or complete trenching significant by increases yields at Livada. Yield increases are influenced by the more or less favourable climate characteristics of each year. The effect lasts for 4—5 years. Economically, the total value of yield increases is higher than 2,5 times the cost of the treatment. At Albota, trenching was inefficient; in case of ditch trenching even a significant yield decrease was recorded. Results of the different years suggest that trenching may be particularly efficient in dry years.

Table 3 shows that the textural profile after trenching is similar to the original one at Livada, while at Albota the new textural profile is characterized by an important increase of clay content at the soil surface.

The volume weight shows that at Livada soil loosening in the lower horizons at least for 3 years; volume weight and penetrability are lower as compared to plowing, and hydraulic conductivity is higher. On the contrary, at Albota, soil loosening is no longer observed after 3 years, the differences between the three treatments being statistically insignificant. The dynamics of soil moisture is illustrated in Table 4. At Livada, only early in the

Table 2
Maize yields (q/ha) at a) Livada (1964—67) and b) Albota (1964—66)

Treatment Lime Fertilizer	Ploughed	Trenched Total	 Ditches	LSD –0.05
a) — —	33.2	—	39.9	5.1
+ +	46.8	55.1	51.5	5.1
b) + +	52.4	51.4	43.1	6.7

Table 3

Modifications of some physical soil properties (third year after trenching)

Clay < 2 μm (%)		Volume weight (g/cc)			Hydraulic conductivity log (10^{-6} cm/s)			Penetrability (kg/cm^2)		
	Trenched		Trenched			Trenched			Trenched	
Ploughed	Total	Ploughed	Total	Ditches	Ploughed	Total	Ditches	Ploughed	Total	Ditches
21.3	27.2	1.43	1.47	1.38	2.34	1.82	2.35	32	40	26
23.2	29.4	1.50	1.44	1.40	2.04	1.94	2.14	37	30	29
32.5	31.8	1.54	1.41	1.37	1.72	1.98	2.46	50	34	26
	1.4		0.05			0.37			8	
26.0	46.1	1.46	1.46	1.46				13	12	9
32.1	40.9	1.47	1.47	1.34				31	28	26
48.2	36.3	1.43	1.38	1.43				32	28	29
	1.5	non-	signif.					non-	signif.	

Table 4

Data on soil water storage (mm) at Livada (0—100 cm layer, 1964) and Albota (0—80 cm layer, 1965)

Station date	Ploughed	Trenched Total	Trenched Ditches	LSD 0.05
Livada				
25. 2.	342	410	375	21
20. 5.	327	323	321	non signif.
17. 6.	277	290	283	non signif.
10. 9.	256	255	250	non signif.
Albota				
10. 5.	318	362	386	9
22. 6.	308	364	400	21
14. 7.	268	312	298	6
29. 7.	258	286	278	non signif.
17. 8.	206	246	262	19
12. 10.	236	278	264	36

growing period the water storage is higher with trenching treatments thereafter being equal during the whole growing period. Therefore, water storage is about 50 mm higher on trenched soil. At Albota the trenched soil has a higher water storage than that ploughed at an ordinary depth (30—60 mm higher) during the whole growing period, water consumption being practically equal with all treatments.

Figure 1a illustrates the water distribution in the profiles during a wet period. At Livada the water increase in trenched soil occurs down the profile, while the surface layer is somewhat drier than in the normally ploughed soil. On the contrary, at Albota the moisture increase occurs throughout the depth of the trenched profile. These data corroborate the field observations on waterlogging at the soil surface in spring; at Livada, such waterlogging does not occur or lasts shorter on trenched soil, while there is a quite different situation at Albota.

Figure 1b shows that during an excessively wet period (Livada 28. 5. 1965, Albota 12. 3. 1968) in the lower horizons the air volume is higher in trenched soil than in normally ploughed soil at Livada. This volume is beyond the minimal requirements for normal plant growth, requirements which are not met with in the ploughed soil.

In the non-limed tratments a significant pH increase in the upper soil horizons occurs at Livada (Tab. 5) accompanied by a decrease of mobile aluminium. At Albota trenching

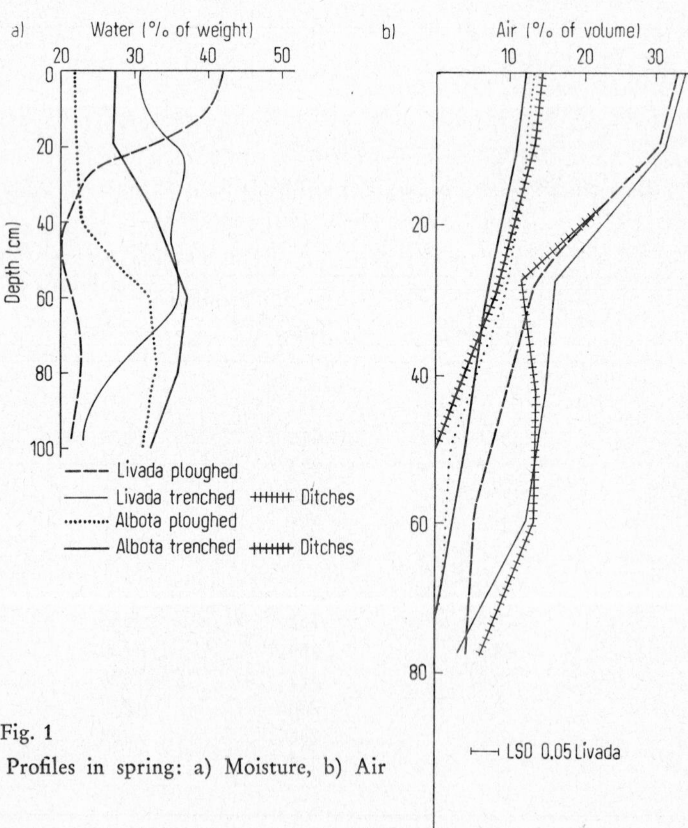

Fig. 1

Profiles in spring: a) Moisture, b) Air

worsens the acidity conditions in the upper soil horizons, manifested by a pH decrease and a higher mobile aluminium content.

Discussions

From the physical point of view the main difference between the two soils studied is the more clayey and strongly differentiated texture of the soil profile at Albota. Several mechanisms may be discussed that act together and explain the different efficiency of trenching of both soils.

The first favourable consequence of trenching is soil loosening expressed, among others, by a low volume weight. Its values in untrenched soils are not so high as to limit fertility. In a clay soil with a high water retention capacity, however, it yieds low aeration porosity, insufficient for a normal growth. There are particularly unsatisfactory conditions with the more clayey soils of Albota, where loosening is less capable to improve the aeration conditions. As a matter of fact soil loosening adrieved by trenching is effective but for a short time (Table 3).

Another influence of trenching is the modification of soil moisture regime. Data of Table 4 show that in both cases higher water storage occurs in the trenched soil in spring. On the less clayey soil of Livada the difference already mentioned disappears very soon, while on the more clayey soil of Albota it last during the whole growing period. These facts may be explained either by the infiltration of excess water into the profile of the

Table 5

Modification of some acidity indices (third year after trenching)

Station and depth (cm)	Treatment Lime	Treatment Fertilizer	pH (H_2O) Ploughed	pH (H_2O) Trenched Total	pH (H_2O) Trenched Ditches	Mobile Al (mg/100 g) Ploughed	Mobile Al (mg/100 g) Trenched Total	Mobile Al (mg/100 g) Trenched Ditches
Livada								
0 — 20	—	—	4.8	—	5.2	17.6	—	12.0
20 — 40	—	—	5.0	—	5.3	15.3	—	10.7
40 — 60	—	—	5.2	—	5.4	13.8	—	7.9
0 — 20	+	+	5.9	6.3	6.2	0.6	0.4	0.8
20 — 40	+	+	5.4	5.5	5.5	4.5	4.6	6.1
40 — 60	+	+	5.4	5.4	5.4	7.4	9.0	8.3
LSD 0.05				0.2			3.1	
Albota								
0 — 23	+	+	5.8	5.6	5.3	1.1	1.7	5.0
23 — 35	+	+	5.3	5.3	5.3	6.6	5.8	7.7
35 — 60	+	+	5.3	5.2	5.4	11.0	15.1	4.2
LSD 0.05				0.4			3.3	

Livada soil (compared to the Albota soil the infiltration here is better), or by a higher water consumption by plants. The unproper maize growth early in the growing period is responsible for the absence of differentiated consumption with various treatments, due to waterlogging at Albota.

A different pattern of the aeration conditions is a consequence, whichever the explanation might be; water infiltration or excessive water consumption are responsible for suitable aeration conditions on trenched soil less differentiated as concerns the texture, while on a more clayey and less permeable soil the high water supply contributes, besides other factors, to keep an aeration porosity unsatisfactory for crop requirements.

The inverse relationship between soil water supply (mm, 80 cm-layer, June 25, 1966) and plant height (mm) on the more clayey soil at Albota, illustrated by the regression formula $y = 0.37\,a + 261.6$ ($r = -0.90$) is either a direct or an indirect consequence of water excess, that may be explained by aeration shortage.

Moisture excess at the soil surface is an important factor, especially in spring, with serious consequences on tillage and seeding in due time. From this point of view there are far better conditions at Livada, where trenching reduces waterlogging at the soil surface, while at Albota waterlogging is favoured. All these may be explained by the modifications in the textural profile of the two soils due to trenching and turning under (Tab. 3) bringing to the surface a more clayey material. On the contrary, at Livada, the clay content of the upper horizon increases only a litlle by trenching, and the excess water readily infiltrates into the profile. Recently, significant yield increases have been recorded by deep ploughing without turning on a clay soil similar to that of Albota (5). Similar results seem to be recorded at Sinmartin (Bihor destrict western Romania), where the experiments have not been finished yet (8). The reduced acidity and especially the low mobile Al down the profile at Livada make possible an improvement of the chemical properties in the upper horizon through trenching and turning under. Just the reverse at Albota. Trenching may have a direct effect on acidity, too. *Nikodijevic* (6) obtained similar results, whom he assumed to aluminium transformation into active forms because of changed moisture and temperature regime of the loose soil by trenching.

Therefore, the close relationship between the physical and chemical soil properties on the one hand, and trenching efficiency on the other hand shows that texture, subsoil permeability and acidity are the main criteria for recommending or not the trenching of soils with periodically excessive moisture.

References

1. *Boeriu, I., Canarache, A., Florescu, C. I.* and *Vintilă, I.*: Analele ICIFP, Seria Pedologie **2** (36), 305–330 (1969).
2. *Hartge, K. H.*: Beurteilung der Erfolgschancen von Untergrundmeliorationen. Publicaţiile SNRSS (sub tipar) (1971).
3. *Iancu, M., Florescu, C., Vintilă, I.* and *Canarache, A.*: Cercetări privind lucrările agrotehnice ameliorative pe solurile brune podzolite din regiunea Arges. In „Cercetări privind agrotehnica solurilor podzolite şi podzolice dintre Olt şi Dîmboviţa, 1956–1966“. Bucureşti Editura agrosilvică (1968).
4. *Mihalic, V.* and *Butorac, A.*: Trans. 8th Intern. Congr. Soil Sci. Bucharest, **I**, 633–638 (1964).

5. *Nicolae, C.*: Lucrările ameliorative ale solului acid argilos de la Albota-Arges. In Simpozionul internaţional — Lucrările de bază ale solului, Bucureşti 22—30. VI. 1970, 187—198 (1970).
6. *Nicodijevic, V.*: Arhiv za poljoprivredne nauke, **63**, 86–134 (1965).
7. *Schulte-Karring, H.*: Die meliorative Bodenbewirtschaftung. Landes-Lehr- und Versuchsanstalt Ahrweiler. R. Wardich, Ahrweiler, 170 pag (1970).
8. *Stângă, N.* and *Colibas, I.*, unpublished data.
9. *Zaidelman, F. R.*: Osobennosti rejima i melioraţii zabolocennîh povic. Izd. Kolos, Moskva, 223 pag (1969).
10. NN: Metode de cercetare a solului (sub redacţia Gr. Obrejanu), Bucureşti, Editura Academiei, 670 pag.

Summary

Trenching significantly and efficiently increased yields on a moderately clayey sol lessivé, that was somewhat more permeable and less acid in the lower horizons. Conversely it was not effective on a more clayey planosol with a very low permeability and a larger mobile aluminium content in the lower horizons. Compared to the planosol the trenched sol lessivé keeps loose for a longer time, aeration porosity is considerably improved, waterlogging is less severe at the soil surface, and the acidity of the upper horizon decreases. This shows that the texture, subsoil permeability and acidity are the main criteria on which to base recommendations for the trenching of soils with periodically excessive moisture.

Zusammenfassung

Der Umbruch ergab auf einem tonärmeren, durchlässigeren und weniger versauerten Lessivé eine wirtschaftliche Ertragssteigerung. Auf einem tonigeren, weniger durchlässigen und stärker versauerten Planosol war der Umbruch unwirksam. Der umgebrochene Lessivé bleibt im Vergleich zum Planosol längere Zeit gelockert, die Durchlüftungsporosität ist merklich erhöht, der Wasserstau an der Bodenoberfläche und der Versauerung des Oberbodens verringert. Das weist die Körnung, die Durchlässigkeit des Unterbodens und die Azidität des Profils als wichtigste Kriterien aus, aufgrund derer ein Umbruch staunasser Böden empfohlen werden kann oder nicht.

Résumé

Sur un sol lessivé, moins argileux, en quelque sorte plus perméable et présentant une baisse de l'acidité dans les horizons inférieurs, le défoncement a donné des gains de production significatifs et économiques. Au contraire, sur le planosol, plus argileux, moins perméable et avec une teneur plus élevée en aluminium mobile dans les horizons inférieurs, le défoncement n'a pas été efficace. Pour le sol lessivé, comparativement au planosol, le sol défoncé se maintient meuble bien plus longtemps, la porosité d'aération est sensiblement améliorée, l'eau stagne moins à la surface du sol et l'acidité de l'horizon supérieur baisse. Les résultats indiquent que la texture, la perméabilité de la couche et le sens de variation le long du profil des indices d'acidité sont les principaux critères sur la base desquels on peut, ou non, recommander le défoncement sur les sols à excès temporaire d'humidité.

Zur Kennzeichnung und Melioration staunasser Böden

Von *W. Müller, M. Renger* und *H. Voigt* *)

Die Klassifikation von staunassen Böden sollte Aussagen zur Meliorationsbedürftigkeit, Meliorationsform sowie zur Nutzungseignung ohne und mit Melioration umfassen. Im folgenden soll untersucht werden, inwieweit dies möglich ist, welche Kriterien dabei berücksichtigt werden müssen und welche konkreten Hinweise sich hieraus für die Melioration staunasser Böden ergeben.

Kennzeichnung der staunassen Böden
Melioration staunasser Böden

Staunässeformen

Den Begriff Staunässeböden wendete man bisher im allgemeinen nur für solche Böden an, die neben einem Staukörper (Staunässesohle) auch eine ausgeprägte Stauzone (Staunässeleiter) enthalten (7). Danach wären viele Pelosole und schluffreiche Böden mit starken Staunässeerscheinungen nicht zu den Staunässeböden zu rechnen, da in ihnen praktisch kaum freies (nicht gebundenes) Wasser auftritt. Auf dieses Problem hat bereits *Blume* (2) hingewiesen.

Unter Staunässe im weiteren Sinne wird daher hier verstanden:

1. Stauwasser = freies Bodenwasser, das in Oberflächennähe über einem Staukörper gestaut wird.

2. Haftnässe = Haftwasser in Horizonten mit geringen Makroporenanteilen, das bei Feldkapazität zu Luftmangel führt. (Der Ausdruck „Haftnässe" wurde von *Roeschmann* vorgeschlagen.)

Die Unterscheidung zwischen Stauwasser und Haftnässe ist für Fragen der Melioration von staunassen Böden außerordentlich wichtig (siehe Kap. 2.).

Die staunassen Böden werden nach diesen Staunässeformen in *Stauwasser-Pseudogley* und *Haftnässe-Pseudogley* unterteilt. Bei tonreichen Böden (z. B. Pelosol-Pseudogley) können beide Staunässeformen nebeneinander auftreten. Diese Böden werden deshalb als *Stauwasser-Haftnässe-Pseudogley* bezeichnet.

Stauwasser-Pseudogley

Der Stauwasser-Pseudogley ist durch die Horizontfolge Ah - Sw - Sd gekennzeichnet. Die wichtigsten physikalischen Eigenschaften dieser Horizonte sind in Tabelle 1 aufgeführt. Die Ah- und Sw-Horizonte weisen einen mittleren bis hohen Anteil an Makroporen und eine geringe bis mittlere Lagerungsdichte auf. Ihre Durchlässigkeit für freies Wasser (kf) ist hoch, für schwach gebundenes Wasser (ku bei 30 cm WS Wasserspannung)

*) Niedersächsisches Landesamt für Bodenforschung, Hannover-Buchholz, BRD

dagegen je nach Bodenbeschaffenheit und Anteil an mittleren Poren sehr unterschiedlich. Die Sd-Horizonte sind dicht gelagert und haben daher nur einen geringen Anteil an Makroporen. Ihre Wasserdurchlässigkeit ist stets sehr gering, dadurch wird die Versickerung des freien Bodenwassers stark behindert. Der Wasserhaushalt eines derartigen Bodens ist gekennzeichnet durch das zeitweilige Auftreten von freiem Wasser (Stauwasser) über einem hochanstehenden Staukörper. Das morphologische Erscheinungsbild entspricht dem des typischen Pseudogleys.

Tabelle 1

Physikalische Eigenschaften staunasser Böden *)

Boden-klassifikation und Horizont-bezeichnung	Makroporenanteil (Luftkapazität) (Poren > 50 μ in Vol. %)	Lagerungs-dichte **) (g/cm³)	Wasserdurchlässigkeit cm/Tag ***)	
			wassergesättigt	bei 30 cm WS
Stauwasser-Pseudogley				
Ah, Sw	mittel bis sehr hoch (> 8)	gering bis mittel (< 1,75)	mittel bis sehr hoch (> 16)	gering bis hoch (< 0,1–> 1)
Sd	sehr gering (< 4)	hoch (> 1,75)	sehr gering (< 6)	gering (< 0,1)
Haftnässe-Pseudogley				
Ah	gering bis mittel (4–12)	mittel (1,4–1,75)	mittel bis sehr hoch (> 16)	mittel bis hoch (> 0,1)
Sk	sehr gring (< 4)	mittel bis hoch (> 1,4)	gering bis mittel (6–40)	hoch (> 1)
Sk	gering (< 8)		gering bis mittel (6–40)	hoch (> 1)
IIC	hoch bis sehr hoch (> 12)	mittel (1,4–1,75)	hoch bis sehr hoch (> 40)	gering (< 0,1)
Stauwasser-Haftnässe, Pseudogley				
Ah	gering bis mittel (4–12)	mittel (1,4–1,75)	mittel bis sehr hoch (> 16)	mittel bis hoch (> 0,1)
Swk	gering (4– 8) [sehr gering (< 4) / hoch (> 12)]	mittel bis hoch (> 1,40) [hoch (> 1,75) / gering (< 1,40)]	mittel bis sehr hoch (> 16) [sehr gering (< 6) hoch (> 40)]	mittel bis hoch (> 0,1)
Sd	sehr gering (< 4)	hoch (> 1,75)	sehr gering (< 6)	gering (< 0,1)

*) s. *Müller, Benecke* und *Renger*, 1970

**) Die Lagerungsdichte (L_d) wurde aus dem Volumengewicht (nach Trocknung bei 105 °C) und dem Tongehalt abgeleitet. L_d = Volumengewicht + 0,009 (% Ton) (s. *Renger*, 1970)

***) Geometrisches Mittel von horizontal entnommenen Stechzylinderproben (Größe = 250 cm³)

Haftnässe-Pseudogley

Haftnässe tritt vor allem in schluffreichen, tonarmen Böden auf, die einen sehr geringen Anteil an Makroporen besitzen (siehe Tab. 1). Die Wasserdurchlässigkeit bei Wasserspannungen um 30 cm WS ist bei diesen Böden mit hohem Anteil an mittleren Poren hoch. Dadurch können die gesamten Niederschläge im wasserungesättigten Zustand nach unten abgeführt werden, ohne daß in nennenswertem Umfang freies Wasser auftritt. Der Grad der Vernässung bzw. des Luftmangels wird bei gleichen klimatischen Verhältnissen in erster Linie vom Makroporenanteil (> 50 µ) bestimmt. Mit abnehmendem Makroporenanteil nimmt der Grad der Vernässung zu. Die Vernässung kann zusätzlich vom Profilaufbau beeinflußt werden. Treten bei diesen Böden im Unterboden bzw. Untergrund makroporenreiche Lagen (z. B. Grobsand, Kies) auf, so wirken diese als Stausohlen, da die Wasserdurchlässigkeit dieser Lagen im ungesättigten Zustand geringer ist als die der darüberliegenden Horizonte (4, 2). Bei diesen Böden kann es daher auch bereits bei mittlerem Makroporenanteil zu Vernässungen bzw. zu Luftmangel im darüberliegenden schluffreichen Horizont kommen.

Für Haftnässe-Horizonte wird als Horizontsymbol Sk vorgeschlagen (k von kapillar). Vom Sw-Horizont des Stauwasser-Pseudogleys unterscheidet sich der Sk vor allem durch geringeren Makroporenanteil, höhere Lagerungsdichte und in der Regel höhere Wasserdurchlässigkeit bei 30 cm WS (s. Tab. 1). Profilmorphologisch ist der Sk durch Eisen- und Reduktionsflecke gekennzeichnet.

Stauwasser-Haftnässe-Pseudogley

Bei tonreichen Böden (z. B. Pelosol-Pseudogley) können beide Staunässeformen nebeneinander auftreten. Für entsprechende Horizonte wird als Horizontsymbol Swk vorgeschlagen. Der Swk-Horizont unterscheidet sich vom Sw-Horizont vor allem durch einen geringeren Makroporenanteil und eine höhere Lagerungsdichte (s. Tab. 1) und vom Sk-Horizont durch einen etwas höheren Makroporenanteil und höhere Wasserdurchlässigkeit im wassergesättigten Zustand. Unterhalb des Swk-Horizontes stehen in der Regel Sd-Horizonte an.

Tiefenlage der Staukörper

Zur Kennzeichnung der staunassen Böden ist außer der Staunässeform und den bisher erwähnten bodenphysikalischen Eigenschaften die Tiefenlage der Staukörper von praktischer Bedeutung. Bei Kartierarbeiten haben sich dabei für Böden in ebener Lage in gemäßigtem Klima und bei mittleren Jahresniederschlägen um 700 mm Tiefenstufen für die Obergrenze von Stausohlen von 40 cm – 80 cm – 130 cm u. GOF als zweckmäßig erwiesen. Dabei spielen die Kartierbarkeit, häufig auftretende ökologische Auswirkungen der Staukörper, der Tiefgang üblicher Lockerungsgeräte sowie häufig angewendete Dräntiefen eine Rolle.

Bildung und Stabilität des Bodengefüges

Zur Kennzeichnung staunasser Böden gehört auch die Beurteilung ihrer Fähigkeit, nach meliorativen Eingriffen ein durchlässiges und stabiles Gefüge zu bilden und beizubehalten. Voll befriedigende Methoden zur Erfassung dieser Eigenschaften sind noch nicht bekannt. Vorerst kennzeichnen wir diese Eigenschaften bei schluffreichen Böden durch den Tongehalt und bei bindigen Böden durch die Art der Kationenbelegung (Na, Mg, Ca, K-Ionen) bzw. den Kalkgehalt.

Aufgrund bisheriger Erfahrungswerte besitzen schluffreiche Böden mit Tongehalten über 17 % (12–17 %) und bindige Böden mit einer Na-Sättigung von 5–10 % (> 10 %) sowie Ca/Mg-Quotienten unter 1,5 eine geringe (sehr geringe) Gefügestabilität.

Staunässegrad

Zur abschließenden Kennzeichnung staunasser Böden ist die Charakterisierung des Staunässegrades erforderlich, die vor allem für die Beurteilung der Meliorationsbedürftigkeit

Tabelle 2
Vorläufige Klassifizierung des Staunässegrades

Zeitdauer und Einflußzonen der Staunässe im Boden (cm u. GOF)	Zeitperioden und Häufigkeit der Staunässe	Wirkung auf Vegetation	Beurteilung des Staunässegrades	Klasse
Langfristig im Krumenbereich, teilweise Stauwasser an Oberfläche (< 30)	fast immer von Herbst bis zum späten Frühjahr, bei nasser Witterung auch häufig während der übrigen Jahreszeit	fast immer sehr starke Verzögerung des Vegetationsbeginns und Störung der Vegetation im Laufe des Jahres	sehr stark	V
mittelfristig im Krumenbereich (< 30) langfristig im Bereich unmittelbar unter Krume (30–60)	fast immer im Winter und Frühjahr, bei sehr nasser Witterung auch während der übrigen Jahreszeit	fast immer starke Verzögerung des Vegetationsbeginns, gelegentlich Störungen im Laufe des Jahres durch Übernässung	stark	IV
kurzfristig im Krumenbereich (< 30) langfristig im Bereich unmittelbar unter Krume (30–60)	häufig im Winter und Frühjahr am Beginn der Vegetationsperiode, nur selten während der übrigen Jahreszeit	häufig deutliche Verzögerung des Vegetationsbeginns, kaum Störung durch Übernässung im Laufe des Jahres	mittel	III
kaum im Krumenbereich (< 30) mittelfristig im Bereich unmittelbar unter Krume (30–60) langfristig im tieferen Unterboden (60–130)	Winter, Frühjahr, am Beginn der Vegetationsperiode, kaum während der übrigen Jahreszeit	bei feuchter Frühjahrswitterung noch deutliche Verzögerung des Vegetationsbeginns, sonst im Laufe des Jahres keine Beeinträchtigungen	schwach	II
kurzfristig im Bereich unmittelbar unter Krume (30–60 langfristig im tieferen Unterboden (60–130)		nur bei sehr feuchter Frühjahrswitterung Verzögerung des Vegetationsbeginns, sonst kaum Beeinträchtigungen	sehr schwach	I

wichtig ist und hauptsächlich Dauer, Zeitpunkt und Tiefenlage der Staunässeerscheinungen berücksichtigt. In Tabelle 2 ist ein vorläufiges Schema für die Klassifizierung des Staunässegrades angegeben.

Melioration staunasser Böden

Die Maßnahmen zur Beseitigung der Staunässe richten sich zunächst nach der im Boden auftretenden Staunässeform und in diesem Rahmen dann nach der Tiefenlage der verschiedenen Horizonte und der Gefügestabilität.

Stauwasser-Pseudogley

Das in diesen Böden auftretende Stauwasser kann analog dem Grundwasser durch Dränung oder Grabenentwässerung abgeführt werden. Die Wirksamkeit der Dränung ist dabei in erster Linie von der Porengrößenverteilung in der Hauptwurzelzone und der Tiefenlage des Staukörpers abhängig. Die Dränung ist ausreichend wirksam, wenn aus der Hauptwurzelzone das Stauwasser abgeführt wird und genügend Luft (mind. 10 Vol. % bei FK) in den Boden gelangt. Dieses Ziel wird bei den Stauwasser-Pseudogleyen aufgrund des hohen Makroporenanteiles der Ah- und Sw-Horizonte im allgemeinen erreicht, wenn die Oberfläche des Staukörpers nicht höher als 60 cm u. GOF liegt.

Die Bemessung des Dränabstandes kann bei Stauwasserböden mit Staukörperoberflächen, die tiefer liegen als Dräntiefe, nach der *Hooghoudt*-Gleichung erfolgen (1):

$$L^2 = \frac{8\,K_2\,d\,h}{q} + \frac{4\,K_1\,h^2}{q}$$

L = Dränabstand in m
K_2 = Wasserdurchlässigkeit unterhalb Dräntiefe in m/Tag
K_1 = Wasserdurchlässigkeit oberhalb Dräntiefe in m/Tag
q = Abfluß in m/Tag
h = Druckhöhe des Grund- bzw. Stauwassers über Dränsohle zwischen den Saugern in m
d = äquivalenter Wert für die Mächtigkeit der durchströmten Bodenschicht, in Abhängigkeit von dem Dränabstand L, dem Sauger-Radius und der Tiefe der undurchlässigen Schicht unterhalb Dräntiefe.

Zur Bestimmung des Dränabstandes stehen von *van Beers* (1) Nomogramme zur Verfügung (s. auch Dränanweisung (3)).

Bei Staukörpern in Dräntiefe oder oberhalb Dräntiefe kann der Dränabstand nach der Gleichung

$$L^2 = \frac{K_1\,h^2}{q}$$

(K_1 = Wasserdurchlässigkeit oberhalb des Staukörpers) oder nach Abbildung 1 oder 2 ermittelt werden.

Abbildung 1 geht von einem horizontalen Abfluß (oberhalb des Staukörpers) von 5 mm/Tag aus. In Abbildung 2 ist der Abfluß variiert. Beiden Nomogrammen liegen folgende Annahmen zugrunde:

a) maximal zulässige Stauwasserspiegelhöhe = 30 cm u. GOF.

b) hohe Wasserdurchlässigkeit im Bereich des Drängrabens.

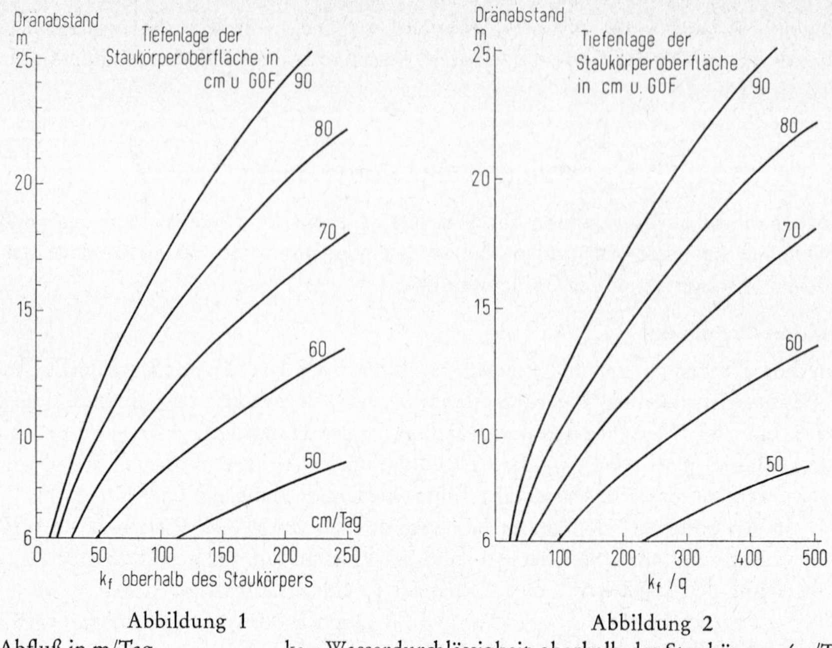

Abbildung 1 Abbildung 2

q = Abfluß in m/Tag k_f = Wasserdurchlässigkeit oberhalb des Staukörpers (m/Tag)

Aus den Abbildungen 1 und 2 geht hervor, daß man bei flachanstehenden Staukörpern (< 60 cm u. GOF) zu sehr engen Dränabständen gelangt. Da enge Rohrdränungen sehr hohe Kosten verursachen, sollte man bei flachanstehenden Staukörpern (< 60 cm u. GOF) zur Erddränung oder Tiefenlockerung mit weiter Dränung übergehen. Der Erfolg einer Tiefenlockerung ist vor allem davon abhängig, wieviel Makroporen neu geschaffen werden und wie lange diese erhalten bleiben. Dies voraussagen zu können, wäre sehr wichtig. Leider sind dafür noch keine voll befriedigenden Methoden bekannt.

Stauwasser-Haftnässe-Pseudogley

Von dem in diesen Böden auftretenden Überschußwasser kann durch Dränung nur das Stauwasser abgeführt werden. Die Art der Dränung richtet sich nach der Tiefenlage des Staukörpers und der Wasserdurchlässigkeit oberhalb des Staukörpers. Bei tiefer als 60 cm u. GOF anstehenden Staukörpern und hoher Wasserdurchlässigkeit oberhalb des Staukörpers kommen Rohrdränungen in Frage. Die Bemessung des Dränabstandes kann wie bei den Stauwasser-Pseudogleyen nach Abb. 1 oder 2 erfolgen.

Die Wirksamkeit der Dränung ist bei den Stauwasser-Haftnässe-Pseudogleyen im Vergleich zu den Stauwasser-Pseudogleyen geringer, da die Haftnässe dieser Böden nicht durch Dränung, sondern nur dadurch beseitigt werden kann, daß der Anteil der Makroporen vergrößert wird, z. B. durch Tiefenlockerung. Dabei ergeben sich die gleichen Probleme wie bei den Stauwasser-Pseudogleyen.

Haftnässe-Pseudogley

Haftnässe-Pseudogleye sind in der Regel schluffreiche, tonarme Böden mit sehr geringer Gefügestabilität. Sie werden daher durch Melioration (z. B. Tiefenlockerung) kaum zu verbessern sein. Lediglich wenn tonreichere Schichten im Unterboden anstehen, kann ein Tiefumbruch in Frage kommen. Ansonsten können diese Böden nur durch gezielte ackerbauliche (z. B. Pflugfurche nur im optimalen Feuchtezustand) und pflanzenbauliche Maßnahmen (z. B. Anbau von wurzelaktiven Zwischenfrüchten) verbessert werden.

Literatur

1. *Beers, van W. F. J.*: Einige Nomogramme für die Berechnung von Drän- und Grabenabständen. Kuratorium für Kulturbauweisen 1969, Verl. Wasser und Boden Hamburg.
2. *Blume, H. P.*: Stauwasserböden. Arbeiten der Universität Hohenheim, Bd. **42** (1968), Verl. Eugen Ulmer Stuttgart.
3. DIN 1185: Regelung des Bodenwasserhaushaltes durch Rohrdränung, rohrlose Dränung und Unterbodenmelioration, Blatt 2.
4. *Hartge, K. H.*: Z. Pflanzenernährung, Düngung, Bodenkunde **106**, 1 (1964).
5. *Müller, W., P. Benecke* und *M. Renger*: Beih. Geol. Jb. **99**, 13–70, Hannover 1970.
6. *Renger, M.*: Mitt. Deutsche Bodenk. Ges. **11**, 23–28 (1970).
7. *Zakosek, H.*: Abhandl. Hess. Landesamt f. Bodenforschung, Heft 32 (1960).

Zusammenfassung

Staunasse Böden wurden gekennzeichnet nach:

a) Staunässeformen: es wurde unterschieden zwischen Stauwasser-Pseudogley (Ah-Sw-Sd), Haftnässe-Pseudogley (Ah-Sk-IIC) und Stauwasser-Haftnässe-Pseudogley (Ah-Swk-Sd).

Die genannten Horizonte wurden beschrieben und aufgrund ihrer physikalischen Eigenschaften definiert.

b) Tiefenlage der Staukörper: eine bei bisherigen Kartierarbeiten bewährten Tiefenstufung ist 40-80-130 cm u. GOF.

c) Gefügeverhalten: in Ermangelung befriedigender Verfahren wurde auf einige Erfahrungswerte bei schluffreichen und bindigen Böden hingewiesen.

d) Staunässegrad: es wurde eine vorläufige Klassifizierung vorgelegt, die von Dauer, Zeitpunkt und Tiefenlage von Staunässeerscheinungen ausgeht.

Die Maßnahmen zur Beseitigung der Staunässe richten sich zunächst nach der im Boden auftretenden Staunässeform. Im einzelnen wird aufgeführt, welche Maßnahme Erfolg verspricht, welche Dränabstände unter verschiedenen Bedingungen zu wählen sind, wann Tieflockerungen und wann Tiefumbruch ratsam erscheint bzw. welche Kombination von Maßnahmen anzustreben sind.

Summary

Soils of stagnant moisture were classified according to:

a) Forms of stagnant moisture: distinction was made between dammed water pseudogleys (Ah–Sw–Sd), retention moisture pseudogley (Ah–Sk–IIC) and dammed water-retention moisture pseudogley (Ah–SWK–SD).

The horizons considered were described and defined according to their physical properties.

b) Depth of impermeable level; one depth gradient that has proved satisfactory in map plotting so far, is 40 – 80 – 130 cm under surface.

c) Reaction of fabric: due to the lack of satisfactory procedures some empirical values from soils with a high percentage of poor clay and binding materials were considered.

d) Degree of stagnant moisture: a preliminary classification was submitted, based on duration, moment and depth of the stagnant moisture.

The means to be taken for eliminating stagnant moisture are determined in the first place by the form of stagnant moisture present in the soil. Details are given on which measure is most promising, which drainage distances should be chosen under various conditions, under which circumstances deep soil loosening or deep ploughing seem preferable, or which combination of measures is advisable.

Résumé

Des sols à humidité stagnante ont été classés ainsi:

a) Formes de l'humidité stagnante: on distingue les pseudogley à nappe stagnante (Ah–Sw–Sd), pseudogley à eau de rétention (Ah–Sk–IIC), et pseudogley à nappe stagnante et eau de rétention (Ah–Swk–Sd).

   Les horizons nommés ont été décrits et définis par leur qualités physiques.

b) Profondeur des planchers de nappes: Parmi les classements de profondeur, qui se sont qualifiés lors des études cartographiques, on a retenu celui de 40 – 80 – 130 cm sous surface.

c) Réaction des structures: Faute d'indications plus précises, certaines valeurs empiriques sont proposés, pour les sols à texture battante ou à trop forte cohésion.

d) Gradient d'humidité stagnante: Un classement provisoire a été proposé, en fonction de la durée, du temps et du niveau de l'eau stagnante.

Les mesures pour éliminer l'eau stagnante sont déterminées premièrement par son état dans le sol. On specifie de façon détaillée, quelles mesures promettent le succès, quelles distances du drainage sont à choisir sous de divers conditions, quand il est possible de suggérer des ameublissements en profondeur ou un déchifrage du terrain, c'est-à-dire, quelles combinaisons de mesures sont à prendre.

Iron, Manganese, and Sulphur Forms in Salt Marsh Soils of the Wash, E. England, and Changes Resulting from Reclamation

By *D. A. Macleod**)

The Wash, a prominent square-shaped embayment in the east coast of England, is bordered by a zone of salt marshes on which a range of hydromorphic soils has developed. Over 30,000 ha of salt marsh have been embanked and reclaimed since the 17th century to produce some of the most valuable agricultural land in the country. A study has been made of the forms and distribution of iron, manganese and sulphur in the salt marsh soils and of the changes affecting these elements on reclamation. The oxidation potentials of the soils have also been investigated.

The Pattern of Soil Development

The salt marsh soils are developed on a sequence of marine sediments which have been deposited by incoming tides around the margins of the Wash since Roman times. The coarser-grained particles are deposited first to form sand flats; as the velocity of the tidal currents decreases argillaceous material is deposited to produce a zone of mud flats. When the mud flats have attained a height of over 3 m O.D., colonisation by halophytic plants produces a wide zone of salt marsh which borders most of the coastline of the Wash. Due to the seaward extension of the sedimentary zones with time a stratigraphical sequence can be distinguished within soil profiles. An uppermost layer of marsh deposits rich in silt and clay (hereafter referred to as the silty layer) overlies a sandy substratum at a depth of 0.5—1 m, with strongly laminated mud flat deposits forming a transitionary zone.

The marsh surface is dissected by a dendritic pattern of tidal creeks up to 15 m wide and 2.5 m deep. The creeks are bordered by small levees composed of material distinctly sandier than the main marsh deposits.

Most of the salt marsh is flooded only by spring tides about 120 times per year. The drainage of a soil profile is determined by its proximity to tidal creeks. Since the creeks are empty for long periods during the monthly tidal cycle, lateral water seepage through the more permeable creek deposits lowers the ground-water level in their vicinity (Tab. 1). Moreover, the surface of the levees is 20—30 cm higher than the general level of the marsh. Consequently, the deterioration in drainage conditions away from creek margins has produced a well defined hydrological soil sequence. The comparatively well drained levee soils (series I, 2 m from creek edge) are distinguished by their brown colour, which persists to a depth of 1 m until the water table is approached. The brown colour becomes greyer with distance from the creek and series I grades into the strongly gleyed series II (20 m from creek edge). The soil profile is essentially non-

*) Department of Soil Science, University of Aberdeen, Scotland.

sulphidic apart from a few patches below the ground water level. With increasing distance from the creek the soil colour darkens, sulphidic patches appear so that the profiles of series III (30 m from creek edge) are dominantly black below 20 cm. It is noticeable that the upper part of the sandy substratum is usually lighter than the overlying silty layer.

Reclamation of an area of salt marsh involves embankment to exclude the sea, followed by the installation of tile drains. The major tidal creeks are utilised as far as possible in the design of the drainage scheme. With the lowering of the water table the upper part of series II and III profiles turns to a brown colour similar to that found in the levee soils (series IV).

Methods

Ferrous sulphide present in the soils is extremely unstable on exposure to the air, and unless stringent precautions are taken to keep the samples in an inert atmosphere during collection and subsequent analytical procedures, the data obtained will have little meaning. A sampling corer was devised which enabled samples to be withdrawn from a profile pit and transferred to glass tubes of the same internal diameter. The tubes were completely filled with soil before stoppering to exclude air, and the samples were analysed immediately on return to the laboratory. Similar precautions were taken for the determination of extractable manganese and iron but the samples were placed directly into 250 ml centrifuge bottles, which had previously been filled with deoxygenated ammonium acetate.

Determinations

Iron and manganese. Iron occurs in the marsh soils in the ferrous and ferric states. *Bloomfield* (2) has drawn attention to the fact that the methods of determining ferrous iron in silicate rock analysis cannot be applied to soils because of the likelihood of reduction of ferric iron by organic matter during analysis. In the absence of a more suitable method the soils were extracted with M ammonium acetate at pH 7, which is thought to remove iron present as soluble organic complexes and as ferrous ions in the soil solution and on the soil adsorption complex. Extraction with a weak acid solution to effect more complete removal of iron was not considered desirable on account of the possibility of attacking the unstable ferrous sulphide. Manganese was extracted by the same method. Total iron and manganese were determined after digestion of the soil sample with a hydrofluoric-perchloric acid mixture.

Sulphur. Sulphide was estimated by treating the soil with boiling 1:1 hydrochloric acid and determining the evolved hydrogen sulphide iodometrically. The inhibiting effect of ferric oxide on hydrogen sulphide evolution was overcome by the addition of an excess of stannous chloride (*Bloomfield*, private communication). Water soluble sulphate was determined gravimetrically.

Oxidation potential. Oxidation potentials were measured by *Novikof's* (7) method.

Results and Discussion

Oxidation potential. The highest oxidation potentials in the marsh are found in the upper part of the levee soil profiles, but they fall appreciably as the water table is approached below 1 m (Tab. 1). The oxidation potential steadily decreases as drainage deteriorates with distance from the creeks. Thus in series III the potential drops from 70 mv at the surface to −220 mv in the black sulphidic horizons. In the upper part of the sandy subsoil (100—105 cm, series III) the potential is much higher than in the overlying silty horizon. Infiltrating sea water is held up in the relatively impervious silty layer so that it becomes waterlogged and anaerobic conditions prevail throughout the year. If the upper part of the sandy substratum is above the water level in an adjacent creek, lateral drainage through this highly permeable layer can occur due to the pressure exerted by water in the overlying layer. Water seeping back into the subsoil when the creeks are filled at high tide will contain dissolved oxygen. Thus when lateral seepage is operative, the oxidation potential is significantly higher than in the overlying waterlogged horizons.

Three years after embankment oxidation potential measurements in the upper part of a profile gave values of 140 and 190 mv.

Iron. A strong correlation exists between total iron and clay content. Iron is thought to occur mainly as hydrous ferric oxide, which is concentrated in the clay-sized fraction. Some iron probably also occurs in the crystal lattice of chlorite which is found in subordinate amounts in the marsh deposits.

In all profiles ammonium acetate extractable iron constitutes only a very small part of the total iron content. Although gleying is very pronounced in series II, extractable iron content is not greater than that of the comparatively well drained levee soils. A significant increase occurs in series III; the highest values are found in the black sulphidic horizons, but a marked decrease occurs in the upper part of the sandy substratum which has a higher oxidation potential.

Although the colour of gleyed soils has in part been attributed to ferrous sulphide, none was found in the highly gleyed profiles of series II above the water table. The most obvious explanation for the colour is that iron has been reduced to the ferrous state under poor drainage conditions. However, if extensive iron reduction has occurred, it is surprising that only trace amounts of iron were extracted from gleyed horizons. *Bloomfield* (2) has obtained similar results and he concludes that iron is present either as insoluble ferrous compounds or as ferric oxide which does not impart its characteristic colour to the soil. The latter possibility appears to be more likely, and it is concluded that most of the iron occurs as fine hydrous ferric oxide particles but surface reduction has produced the observed grey coloration. In the better drained brown levee soils reduction has been slight.

It is interesting that the extractable iron content of the humose surface horizons is higher than in the gleyed non-sulphidic subsoils, where a greater degree of iron reduction might have been expected under the lower oxidation potentials prevailing in these horizons. Whereas the iron extracted from the subsoil is quickly precipitated from solution as brown ferric hydroxide on exposure to the air, only a faint precipitate was observed in the surface extracts after several hours exposure. The stability to atmospheric oxidation suggests that the extractable iron is present as an organic complex, possibly formed by the solution and reduction of ferric oxide by water-soluble plant decomposition products, such as polyphenols, as proposed by *Bloomfield* (2).

However, complex formation by chelating agents derived from plant decomposition cannot account for the high amounts of iron extracted from the upper layer of the mud flats which have always been devoid of vegetation. Samples collected from the

Table 1

Soil	Depth[1]) cm	Colour[2]) (Munsell)	Texture[3])	$CaCO_3$ %	org. C %	pH (H_2O)	Eh mv	Iron[4]) Fe_e ppm	Fe_2O_{3t} ‰	$Fe_e/Fe_t \cdot 1000$	Manganese[4]) Mn_e ppm	Mn_3O_{4t} ‰	$Mn_e/Mn_t \cdot 1000$	Sulphur[5]) MeS-S ppm	SO_4-S ppm
I	0—5	10YR 4/2	VFSL	11.1	3.41	7.9	135	4.9	43.5	0.16	0.25	1.37	0.25	—	58
	50—55	10YR 5/3 + < 5m 10YR 5/4	ZL—VFSL	10.8	1.76	8.1	150	6.5	45.7	0.20	0.56	1.41	0.55	3	226
	110—115	10YR 5/2 + 20p 5Y 6/1	VFSL	6.4	0.40	8.1	30	4.4	24.2	0.26	0.22	0.91	0.34	1	205
	135—140+	5Y 6/2 + 5p 2,5Y 4/0	LVFS	7.0	0.32	8.1	60	3.0	18.4	0.23	1.76	0.49	4.99	—	234
II	0—5	2.5YR 4/2	ZL	10.1	3.52	7.8	75	12.5	62.7	0.29	1.84	2.41	0.24	2	117
	40—45	2.5YR 5/2 + 5 m 10YR 5/4	ZL	10.3	2.19	8.1	55	3.4	56.9	0.09	0.09	1.36	0.08	3	292
	70+—75	5Y 5/2 + rf 7.5YR 5/4	ZL + VFSla	8.9	1.15	8.0	55	3.0	49.0	0.09	0.45	1.07	0.58	—	298
	105—110	10YR 6/2 + 10p 2.5YR 5/0	LVFS	6.8	0.61	8.2	40	4.3	22.8	0.27	2.01	0.62	4.50	10	271

	15—20+	5Y 4/2 + 10p 5Y 3/1	ZL	6.6	2.86	8.1	70	4.7	50.1	0.13	0.16	1.24	0.18	67	359
	35—40	5Y 3/1 + 10p 5Y 2/1	ZL	9.9	1.94	8.0	—125	26.8	48.5	0.79	12.18	1.13	14.96	1252	280
	80—85	2.5Y 2/0 + 5 S le 2.5Y 4/0	ZL+S le	9.9	1.48	8.2	—220	85.7	33.8	3.62	2.16	0.90	3.33	1875	191
	100—105	5Y 6/2	LVFS	8.9	1.14	8.2	0	1.2	21.8	0.08	1.47	0.69	2.96	38	135
	150—155	5Y 3/1	FS	8.2	0.73	8.2	—130	7.5	16.6	0.65	1.87	0.55	4.72	471	152
IV	0—10	10YR 3/2	ZL	9.5	4.07	8.0	140[6]	7.1	64.7	0.16	0.10	1.54	0.09	—	6
	40—45	10YR 4/3 + 5 m 7.5YR 5/4	ZL	9.0	1.76	9.2	190	4.9	54.4	0.13	0.09	1.19	0.11	—	18
	70—75	2.5Y 4/2 + 10 m 7.5YR 5/4	ZL	8.3	1.43	9.2		3.2	50.8	0.09	0.82	1.23	0.93	3	16
	95—100	5Y 4/2 + 10 m 7.5YR 5/4	ZL			8.8		2.7	32.3	0.12	1.91	0.59	4.49	3	93
	115—+120	5Y 4/1 + 10p 5Y 2/1	LVFS	8.4	1.07	8.5		6.1	32.1	0.27	5.74	0.70	11.38	507	133
	135—140	5Y 4/1 + 50p 5Y 3/1	LVFS	5.6	0.41	8.0		28.1	29.6	1.36	9.52	0.61	21.66	678	171

[1]) + — groundwater level at sampling time, [2]) m — mottles, p — patches, figures denote % of area; rf — near root channels or fissures, [3]) FS — fine sand, VFS — very fine sand, LVFS — loamy very fine sand, VFSL — very fine sandy loam, ZL — silt loam, la — laminae., le — lenses; [4]) e — extractable, t — total, [5]) MeS-S monosulphidic S, SO_4-S — Sulphate S, [6]) determined 3 years after ambankment.

mud flats at depths of 5—10 cm and 40—45 cm contained 3.39 and 1.50 mg extractable iron per 100 g. In this case mobilization of iron has most likely been brought about by iron-reducing bacteria, such as *Bacillus circulans* or *Bacillus polymyxa*. The deposits contain 0.5 % organic matter which is thought to have been largely derived from plankton remains brought in with the sediment. The plankton provide a source of energy and nitrogen to meet the requirements of the bacteria. Iron extracted from the mud flats and the lower horizons of the marsh profiles is markedly susceptible to atmospheric oxidation which suggest that it occurs as ferrous ions rather than as organic complexes. Incubation experiments by *T. R. Moore* (private communication) with subsoil samples from gleyed profiles from *N. E. Scotland* using sucrose as an energy source for microorganisms have shown that most of the mobilised iron is present in solution as ferrous ions.

Thus bacterial reduction is thought to account for the significant increase in iron extracted from the sulphidic horizons, where the oxidation potential is sufficiently low for the bacteria to reduce ferric oxide. Iron reduction in these horizons is probably far more extensive than indicated by the extractable iron contents since much of the reduced iron will have been precipitated as ferrous sulphide.

The clay rich marsh deposits show a polygonal pattern of desiccation fissures extending down to a depth of 1 m. It is noticeable that in the upper part of the profile the faces of the fissures and structural units are dull grey. *Bloomfield* (1) has attributed a similar phenomenon to the mobilisation of iron by organic chelating agents derived by percolating rain water from the vegetation cover. It may be significant that in the bare mud flats the grey film is not present. In the marsh profiles the grey films are replaced by iron concretions which form a prominent crust along the faces of fissures. Experiments by *Bloomfield* (1) have shown that once the capacity of plant decomposition products to dissolve iron has been exhausted, fixation and oxidation of ferrous iron on ferric oxide surfaces can occur. Freshly precipitated iron forms a new surface for further reoxidation and thus further iron concretions are formed. *McKeague* (6) maintains, however, that this process is not operative in all cases of iron oxide accumulation. In the case of the marsh soils concretions could simply be formed by the precipitation of ferrous ions formed by bacterial reduction and present in the soil solution on coming into contact with air circulating within the network of fissures.

In summary, from the evidence of the salt marsh profiles it would appear that iron solution by organic complexing agents may be of significance in the surface horizons but greater amounts of iron are mobilized by microbiological activity.

In the reclaimed soils (IV) the extractable iron content of the surface horizons is higher than that of the lower non-sulphidic horizons; below the ground water level sulphide appears and the extractable iron content increases. The surface horizons of the reclamations have a pH of 8.0 and the highest oxidation potentials have been recorded from them. The formation of iron organic complexes seems the most likely explanation for the relatively high amounts of iron extracted from these horizons.

It has been observed that drainage pipes and ditches frequently contain deposits of reddish brown ochre indicating that some iron has been leached out of profiles. Titanium, occurring in the soils as the highly resistant minerals rutile and ilmenite, was used as a standard to assess the degree of depletion of iron. Preliminary comparisons of iron : titanium ratios for the marsh and reclaimed soils indicates that, although there is some variation within profiles due to mobilisation and subsequent precipitation of iron, the overall loss has been negligible.

Manganese. The amount of extractable manganese constitutes a very small proportion of the total manganese content, but the ratio of extractable: total manganese increases significantly as the ground water level is approached (Tab. 1). It is thought that trivalent and quadrivalent manganese oxides in the soils are in equilibrium with divalent manganese in solution and adsorbed on the exchange complex. As the oxidation potential decreases the divalent form increases at the expense of the oxides. Thus the highest extractable: total ratios are found in the sulphidic profiles, whereas in the levee soils the ratio remains very low until the water table is approached.

The extractable: total manganese ratios are invariably higher than those of iron and the increase in the ratio as the oxidation potential falls with depth is much more marked for manganese. This is in keeping with the more mobile nature of manganese which for a given pH is reduced to the divalent state at a higher oxidation potential than that at which ferric iron is reduced.

Sulphur. The analytical data confirm the pattern of sulphide distribution deduced from the profile morphology, the darkness of a horizon giving a good indication of its sulphide content (Tab. 1). Sulphide formation is restricted to horizons which are waterlogged throughout most of the year, so that the oxidation potential is sufficiently low for bacteria, such as *Desulphovibrio desulfuricans* and *Clostridium desulfuricans*, to reduce the sulphate which is added to the soil during each tidal inundation (North Sea water contains over 2400 mg sulphate per litre). If a non-sulphidic soil from series I or II is incubated under anaerobic conditions, within a few days isolated spots of sulphide appear which continue to develop until the soil turns completely black. Sulphide is only found in horizons where the oxidation potential is less than −100 mv, which demonstrates that sulphide formation requires much stronger reducing conditions than gleying and the two processess should be regarded as quite distinct.

Within series III soil texture exerts a profound influence on the extent of sulphide formation. The highest sulphide content is found near the base of the silty layer (80—85 cms) but it decreases markedly in the upper part of the sandy substratum (100—105 cm) where the oxidation potential has risen to 0 mv. The relatively impervious lower silty horizons are waterlogged throughout the year whereas lateral drainage takes place in the underlying sandy layer so that the oxidation potential is generally too high for micro-biological reduction of sulphate. At sites far removed from creeks lateral seepage is much lower, stagnant water conditions prevail and sulphide is developed throughout the profile.

Soil texture is also non-causatively correlated with sulphide formation on account of the variation of organic matter content with texture (Tab. 1). Sandy lenses found within the silty layer of iron profiles are not affected by lateral seepage and remain waterlogged, but their sulphide content is much lower than that of the surrounding soil. Similarly, the sulphide content of the lower part of the sandy substratum (150—155 cm, series III) from well below the water table is only 25 % of that of silty horizons. Organic matter is necessary as a source of energy for the sulphate-reducing bacteria and *Ogata* and *Bower* (8) have found that lack of organic matter restricts sulphide formation. The salt marsh vegetation provided a copious supply of organic matter to the silty layer (Tab. 1), and sulphide reaches its maximum development particularly in horizons containing decaying vegetation debris. In the lenses and in the substratum corresponding to sand flat deposits sulphide formation is limited by the much lower amounts of organic matter available.

The immobilisation of sulphate by reduction has greatly increased the sulphur content of the sulphidic horizons. The sulphate equivalent to the sulphide content is up to ten times higher than that present in the soil solution. However, no decrease in the sulphate concentration of the soil solution is found in the sulphidic horizons, indicating that infiltrating sea water has replaced any sulphate lost by reduction.

Only minor amounts of sulphide were detected above the ground water level in the reclaimed soils seven years after embankment. Within the zone of fluctuation of the water table sulphate reduction alternates with sulphide oxidation. The rapid oxidation of sulphide on exposure to the atmosphere suggests that initially it proceeds by direct chemical reaction, but microorganisms, such as *Thiobacillus*, may be important in the oxidation of more stable fractions which may be present. During oxidation, ferric hydroxide is formed from ferrous iron, while sulphide produces sulphuric acid, possibly with sulphur formed at an intermediate stage, as suggested by Verhoop in *Harmsen, Quispel* and *Otzen* (5):

$$4FeS + 6H_2O + 3O_2 \rightarrow 4Fe(OH)_3 + 4S$$
$$2S + 2H_2O + 3O_2 \rightarrow 2H_2SO_4$$

Fortunately, the soils contain 10% calcium carbonate, which reacts with the sulphuric acid to form gypsum

$$H_2SO_4 + CaCO_3 \rightarrow CaSO_4 \cdot 2H_2O + CO_2.$$

Once the sea is excluded from an area of marsh, sulphate is steadily leached out of the profile by rainwater. Percolating rainwater does not rapidly diffuse into the soil to give a uniform sulphate distribution within the leaching zone, but slowly mixes with the saline water during its downward movement as in an exchange column to produce an increase in sulphate content with depth.

Acknowledgements

This investigation was carried out at the School of Agriculture, University of Cambridge. I should like to record my sincere thanks to *Dr. R. M. S. Perrin* for his constant advice and encouragement.

References

1. *Bloomfield, C.*: J. Soil Sci. **2,** 196–211 (1951).
2. *Bloomfield, C.*: Rep. Rothamsted Exp. St. 1963, 226–239 (1964).
3. *Bromfield, S. M.*: J. Soil Sci. **5,** 129–139 (1954).

4. *Garrels, R. M.*: Mineral equilibria at low temperature and pressure. New York (1960).
5. *Harmsen, G. W.*, *Quispel, A.* and *Otzen, D.*: Plant. a. Soil **5**, 324–348 (1954).
6. *McKeague, J. A.*: Can. J. Soil Sci. **46**, 91–92 (1966).
7. *Novikof, P. M.*: Pochvovedenie No. 5, 113–114 (1960).
8. *Ogata, G.* and *Bower, C. A.*: Proc. Soil Sci. Soc. Am. **29**, 23–25 (1965).

Summary

The rise in the water table and frequency of tidal inundation away from tidal creeks have produced a well defined hydrological soil sequence on the salt marshes bordering the Wash. The oxidation potential decreases as drainage conditions deteriorate, values of — 220 mv being found in black sulphidic horizons. In non-sulphidic gleys only minor amounts of iron were extracted with neutral ammonium acetate. In sulphidic soils the extractable iron content is significantly higher, although much more will have been precipitated as ferrous sulphide. The distribution of extractable manganese is similar to that of iron. Sulphide formation is restricted to horizons having an oxidation potential less than –100 mv, the extent of sulphide formation being limited by the amount of organic matter available to micro-organisms. After reclamation of the salt marsh the oxidation potential rose to over 140 mv, and sulphide is only found at depth below the water table. The occurrence of ochreous deposits in drains indicates that some iron has been leached out of the soils, but the overall loss is slight.

Résumé

L'élévation du niveau de la nappe souterraine et la fréquence de l'inondation par les marées loin des criques de marées, ont formé une séquence hydrologique du sol sur les polders salés le long du Wash. Le potentiel de l'oxydation diminue, quand les conditions de drainage se détériorent. Des valeurs de –220 mv ont été trouvées dans des horizons de sulfures noirs. Dans les gleys sans sulfures seules de faibles quantités de fer ont été précipitées à l'aide d'acetate d'ammonium neutre. Dans les sols à sulfures la teneur en fer précipitable est beaucoup plus haute, bien qu'une quantité plus grande aurait pu être précipitée comme sulfure de fer. La distribution de manganèse précipitable ressemble à celle du fer. La formation de sulfure est limitée aux horizons, qui ont un potentiel d'oxydation plus bas que –100 mv; l'extension de la formation de sulfure est limitée par l'abondance de matière organique, qui sert aux microorganismes. Après l'amélioration des polders salins, le potentiel d'oxydation est monté à 140 mv, et le sulfure se trouve seulement à une profondeur audessous du niveau de la nappe souterraine. L'existence de dépôts ocreux dans des fossés de drainage montre, qu'un peu de fer a été lessivé des sols, mais la perte totale est faible.

Zusammenfassung

Der Anstieg des Grundwasserspiegels und die Häufigkeit der Gezeitenüberflutung fern von Gezeitenströmen haben eine gut bestimmte hydrologische Bodensequenz auf den Salzmarschen entlang des Wash gebildet. Das Oxidationspotential sinkt, wenn die Entwässerungsbedingungen sich verschlechtern. Werte von — 220 mv wurden in schwarzen sulfidischen Horizonten gefunden. In nichtsulfidischen Gleyen wurden nur geringe Mengen von Eisen mit neutralem Ammonium-Acetat ausgefällt. In sulfidischen Böden ist der ausfällbare Eisengehalt bedeutend höher, obwohl viel mehr als Eisensulfid niedergeschlagen sein dürfte. Die Verteilung von ausfällbarem Mangan ist der des Eisens ähnlich. Die Sulfidbildung ist beschränkt auf Horizonte, die ein geringeres Oxidationspotential als —100 mv haben; das Ausmaß der Sulfidbildung ist begrenzt durch die Menge organischer Substanz, die den Mikroorganismen dient. Nach der Melioration der Salzmarsch stieg das Oxidationspotential auf über 140 mv, und Sulfid tritt nur in der Tiefe unterhalb des Grundwasserspiegels auf. Das Vorkommen von Ocker-Ablagerungen in Abzugsgräben zeigt, daß etwas Eisen aus den Böden ausgewaschen wurde, aber der Gesamtverlust ist gering.

Der Einfluß der Tiefenbearbeitung auf die physikalischen Eigenschaften von Pseudogleyen

Von *T. Harrach und A. Wourtsakis* *)

Einleitung

Die Melioration von Pseudogleyen durch Tiefenbearbeitung, d. h. Tiefpflügen und Tieflockern, ist ein aktuelles Thema für die Praxis. Zur Lösung der damit zusammenhängenden Probleme werden von uns seit mehreren Jahren vergleichende bodenkundliche Untersuchungen durchgeführt, über deren bodenphysikalische Ergebnisse von drei Orten Hessens mit jeweils einem tiefgelockerten bzw. tiefgepflügten und einem nicht meliorierten Pseudogley berichtet wird.

Angewandte Untersuchungsmethoden

pH-Wert: elektronisch in n KCl.

Carbonatgehalt: volumetrisch nach *Scheibler.*

Humusgehalt: konduktometrische C-Bestimmung mit dem Wösthoff-Gasanalysengerät; Humus = (Gesamt-C – Carbonat-C) × 1,72.

Korngrößenverteilung: Vorbehandlung mit H_2O_2 und HCl, Dispergierung mit $Na_4P_2O_7$; $< 20\ \mu$ nach der *Köhn*schen Pipettmethode, $> 20\ \mu$ durch Naßsiebung.

Porengrößenverteilung: im niedrigen Saugspannungsbereich mittels keramischer Platten nach *Czeratzki* (3), 15 at in der Druckmembranapparatur nach *Richards* (12).

Abscherwiderstand: mit dem Flügelbohrer nach *Schaffer* (14).

Eindringwiderstand: mit einer Manometer-Drucksonde der Firma Goudsche Maschinenfabriek, Gouda/Holland (6).

Wasserdurchlässigkeit: an horizontal entnommenen 250 cm^3 Stechzylinderproben nach *Hanus* (7).

Luftdurchlässigkeit: an vertikal entnommenen 100 cm^3 Stechzylinderproben nach *Kmoch* (10).

Infiltrationsrate: mit Doppelringinfiltrometern (30 und 70 cm ⌀); Messung im Innenring.

Ergebnisse

Untersuchungen an einem Gley-Pseudogley aus Hochflutlehm bei Heppenheim

Die Nutzungsmöglichkeiten der jungpleistozänen bzw. holozänen schlickigen Hochflutlehme des Neckars in der Hessischen Rheinebene (1) werden durch ungünstige Bodenverhältnisse begrenzt, obwohl im Gebiet umfangreiche Entwässerungsmaßnahmen durchgeführt wurden (ca. 700 mm Niederschlag, 9,0–9,5 °C mittl. Jahrestemp.).

Der *Boden* des Untersuchungsstandortes Heppenheim ist ein stellenweise anmooriger Gley-Pseudogley aus Hochflutlehm (tL-lT) über carbonathaltigem Sand (Tab. 1). Der Hochflutlehm ist meistens etwa 80 cm mächtig. An der Schichtgrenze treten häufig Kalkausfällungen, sog. „Rheinweiß" (15), oder Raseneisenstein auf.

*) Institut für Bodenkunde und Bodenerhaltung der Justus Liebig-Universität, 63 Gießen, BRD.

Tabelle 1: Kennwerte des Gley-Pseudogley Heppenheim unter Acker (früher Wiese)

Horizont	Tiefe (cm)	pH (KCl) (%)	Carbonate (%)	Humus (%)	% des Feinbodens: Ton (> 2 µ)	Schluff (2–63 µ)	Sand (63–200 µ)	Sand (< 200 µ)
A_p	0–20	4,6	0,4	7,8	39	36	11	15
S_d	20–55	5,0	0,6	.	39	35	16	10
G_{oca}	55–88	7,4	52,0	.	35	48	8	9
IIG_o	88–120	6,3	3,9	.	7	3	81	8
IIG_r	120+	7,4	11,0	.	2	11	57	31

Der Unterboden ist sehr dicht (Tab. 2) mit K_f-Werten zwischen $8{,}1 \cdot 10^{-5}$ und $4{,}5 \cdot 10^{-6}$ cm/sec. In Nässeperioden staut sich daher das Wasser im und auf dem Oberboden, während in Trockenperioden die Pflanzen in dem physiologisch flachgründigen Boden welken.

Bei der im Sommer 1967 durch die Hess. Landeskulturverwaltung durchgeführten *Melioration* wurde der Boden 150–170 cm tief gepflügt und saatfertig gemacht. Die neue Krume, in die auch größere Mengen an N-P-K-Düngemitteln eingearbeitet wurden, besteht aus einer Mischung der verschiedenen Horizonte des ursprünglichen Bodens. Sie ist auch nach beinahe 4 Jahren nicht befriedigend homogen. Im Unterboden finden sich die ehemaligen

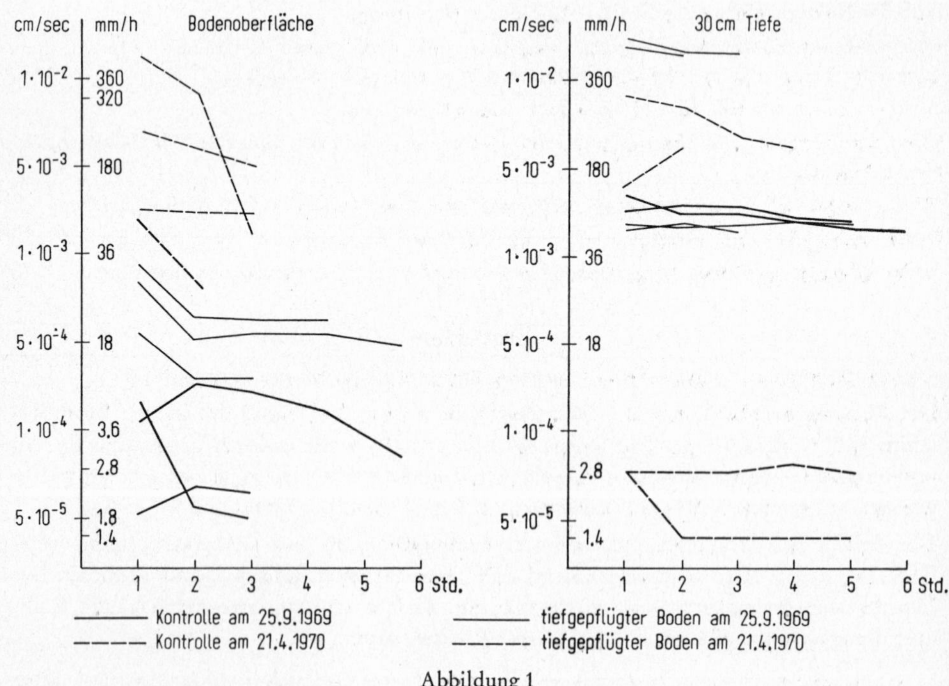

Abbildung 1

Horizonte wenig vermischt in Form von schräg gekippten Balken wieder, wobei die humosen und tonigen Partien nach unten schmäler, die Sandlagen breiter werden und unterhalb ca. 100 cm überwiegen.

Die *Porositätsuntersuchungen* (Tab. 2) ergaben für den Porenanteil > 50 μ eine starke Abnahme in der neuen Ackerkrume (1,4 gegenüber 12,3 Vol.%), jedoch eine starke Zunahme im tiefgepflügten Unterboden, der allerdings seinem Aufbau entsprechend große Unterschiede aufweist zwischen den lockeren sandigen bzw. humosen Partien und den unverändert dichten tonigen Balken (Porenanteil > 50 μ 1,0–1,4 Vol.%). Außerdem läßt sich im R_1-Horizont im Vergleich zum R_2- und R_3-Horizont eine gewisse Verdichtung feststellen.

Bei den *Infiltrationsmessungen* (Abb. 1) zeigte im Herbst 1969 auf einem Stoppelacker der ausgetrocknete A_p-Horizont der Kontrolle eine sehr geringe Versickerung (starkes Befahren bei der Ernte). Die Krume des tiefgepflügten Bodens erwies sich dagegen als wesentlich durchlässiger. Höhere Infiltrationsraten wurden nach Bodenbearbeitung im Herbst und Frostwirkung im Winter im Frühjahr 1970 ermittelt. Die Versickerung im tiefgepflügten Boden ist mittel bis sehr hoch, auf der Kontrolle infolge des sehr dichten Unterbodens wesentlich geringer.

Der geschrumpfte S_d-Horizont der Kontrolle war im Herbst recht wasserdurchlässig („Influktuation" nach *Rode*, 1959), wenn auch nicht so gut wie der R-Horizont. Parallel-

Tabelle 2: Porengrößenverteilung in % des Gesamtbodenvolumens (Heppenheim)

Horizont	Tiefe (cm)	GPV (%)	Äquivalentdurchmesser (μ) > 120	120–50	50–10	10–0,2	< 0,2
Gley-Pseudogley (Grünland)							
A_h	10	62,6	8,1	3,1	4,3	12,2	34,7
S_{d1}	25	39,9	0,6	0,6	2,8	12,2	23,7
S_{d2}	50	47,8	0,5	0,4	2,8	11,3	32,8
IIG_{oca}	60	42,4	2,6	1,0	4,0	22,2	12,6
IIG_o	70	40,7	13,4	6,9	5,9	12,9	1,6
IIG_r	100	41,8	10,3	18,0	3,6	8,5	1,4
tiefgepflügter Gley-Pseudogley (Acker)							
A_p	10	38,6	0,9	0,5	3,6	8,6	25,0
R_1 (T, S, H) *)	18	47,9	2,4	1,0	3,3	7,3	33,8
R_1 (T, H)		55,1	7,2	2,9	3,6	7,6	33,8
R_1 (T, S)		39,3	3,2	1,1	2,2	7,6	25,0
R_1 (T, H, S)		40,9	0,1	1,1	1,2	8,5	30,0
R_2 (S, T)	45	41,1	14,7	5,5	3,5	9,4	8,2
R_2 (H)		68,7	20,9	4,7	4,8	11,2	27,1
R_2 (T, H)		45,4	3,5	1,0	2,2	8,7	30,0
R_2 (T)		43,1	0,4	0,5	1,8	8,0	32,4
R_3 (S)	55	42,8	19,7	11,5	1,8	8,6	1,4
R_3 (T, H, S)		48,5	6,7	2,1	2,8	8,9	28,0
R_3 (T)		44,3	0,6	0,8	1,9	9,0	32,0

*) T = toniges Material, H = humoses Material, S = Sand

messungen streuten infolge der Heterogenität des tiefgepflügten Bodens stark. Bei der Frühjahrsmessung war dagegen der gequollene S_d-Horizont praktisch undurchlässig, während der R-Horizont recht hohe Infiltrationsraten zeigte.

Untersuchungen an einem Pseudogley aus Lößlehm über Basalt bei Bleidenrod

Der *Boden* der Untersuchungsfläche bei Bleidenrod (700–750 mm Jahresniederschlag, 7,5–8,0 °C mittl. Jahrestemp.) ist ein Pseudogley aus Lößlehm über Basalt. Die Solummächtigkeit beträgt etwa 80–120 cm. Eine Volldränung (Abstand 12 m, Tiefe 110 cm) ermöglichte zwar die raschere Abführung des überschüssigen Wassers, wodurch die Bewirt-

Tabelle 3: Kennwerte des Pseudogley Bleidenrod

Horizont	Tiefe (cm)	pH (KCl)	Humus (%)	% des Feinbodens Ton (<2)	Schluff (2–6)	Schluff (6–20)	Schluff (20–63)	Sand
A_p	0–20	4,9	3,2	11	11	27	46	4
S_w	20–35	3,5	.	18	11	26	42	2
B_tS_{d1}	35–60	3.3	.	30	10	19	38	3
B_tS_{d2}	60 +	3,4	.	32	12	19	30	8

Tabelle 4: Porengrößenverteilung in % des Gesamtbodenvolumens in Bleidenrod (15. 4. 1970)

Horizont	Entnahmetiefe (cm)	GPV %	Äquivalentdurchmesser in μ >50	50–30	30–10	>10	10–0,2	<0,2
Kontrolle								
S_w	30	41,8	6,8	0,6	3,4	10,8	17,7	13,7
B_tS_{d1}	55	43,0	3,6	0,5	1,5	5,6	13,9	23,5
B_tS_{d2}	75	43,2	2,7	0,4	1,3	4,4	14,0	24,8
Lockerungsgang								
(S_w)	35	49,3	12,4	0,7	2,8	15,9	22,1	11,3
(B_tS_{d1})	55	50,9	7,7	1,1	4,1	12,9	18,2	20,2
B_tS_{d2}	75 [1]	41,9	2,3	0,4	1,4	4,1	12,7	25,1
Zwischen zwei Lockerungsgängen								
S_w	30	42,7	6,9	0,7	2,6	10,2	19,3	13,2
B_tS_{d1}	55	43,8	4,0	0,5	1,0	5,5	15,1	23,2
B_tS_{d2}	75	42,5	2,5	0,3	1,4	4,2	13,2	25,1

[1] unterhalb der Lockerungstiefe

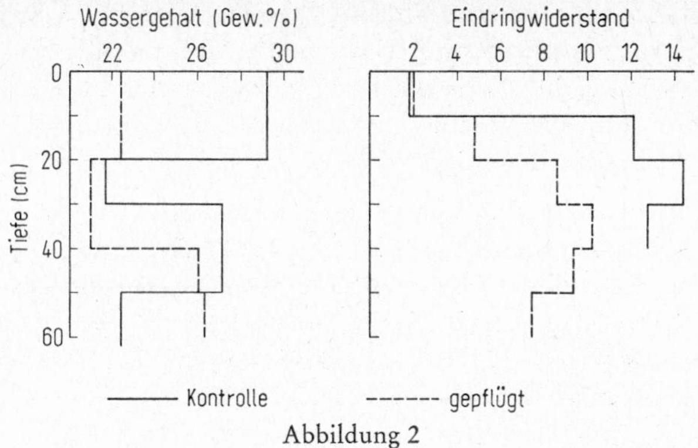

Abbildung 2

schaftung der Ackerflächen erleichtert wurde, aber die Erträge blieben vermutlich infolge der ungünstigen Bodenreaktion (Tab. 3) und des sehr dichten Unterbodens (Tab. 4) unbefriedigend.

Ein *Meliorationsversuch* mit Tiefenlockerung (70 cm tief, 150 cm Abstand) sowie Kalkung und N-Düngung wurde im Dezember 1969 zusammen mit dem Institut für Pflanzenbau angelegt.

Porositätsuntersuchungen vier Monate nach der Lockerung (Tab. 4) zeigten auf der Variante ohne Kalk, daß im Lockerungsbereich Gesamtporenvolumen, Grob- und Mittelporenanteil wesentlich zunahmen, während der Feinporenanteil etwas abnahm. Zwischen den höchstens 80 cm breiten Lockerungsgängen ist die Porengrößenverteilung im wesentlichen unverändert geblieben.

Der *Bodenwiderstand* (Eindring- und Abscherwiderstand, s. Abb. 2) wurde im Lockerungsbereich erheblich verringert, während er im Raum zwischen den Lockerungsgängen

Tabelle 5: Kennwerte des Pseudogley und des meliorierten Bodens, Udenborn

Horizont	Tiefe (cm)	pH (KCl)	Carbo-bonate (%)	Humus (%)	% des Feinbodens Ton (<2)	Schluff (2–6)	Schluff (6–20)	Schluff (20–63)	Sand (>63 μ)
Pseudogley									
A_p	0–25	6,6	0,4	2,4	10	9	26	46	9
S_w	25–40	6,4	0,1	0,3	10	9	27	47	7
IIB_tS_{d1}	40–60	3,7	0,1	.	35	5	16	37	7
IIB_tS_{d2}	60 +	3,4	0,1	.	37	6	14	35	7
Meliorierter Pseudogley									
A_p	0–28	7,5	0,4	1,6	11	16	31	35	7
R_1	28–47	7,7	0,5	1,0	14	9	22	45	9
R_2	47–60	7,5	0,2	0,6	19	8	21	45	7
R_3	60–65/75	7,7	0,3	.	18	9	24	42	7
IIB_tS_d	65/75 +	6,6	0,1	.	33	6	19	33	9

wiederum nicht wesentlich verändert wurde. Im Lockerungsbereich besteht zwischen den zwei Meßterminen ein bemerkenswerter Unterschied: Im Frühjahr 1970 war der Bodenwiderstand gleichmäßig gering, im Frühjahr 1971 dagegen von 20–40 cm deutlich höher als darunter. Dies deutet eine Verdichtung in dieser Tiefenlage an; sie wird von *Schönhals* (16) als Krumenbasisverdichtung bezeichnet.

Die *Wasserdurchlässigkeit* im Frühjahr 1971 zeigt Ähnliches. Unterhalb 40 cm betragen die K_f-Werte im Lockerungsbereich $1,6 \cdot 10^{-3}$ bis $7,7 \cdot 10^{-3}$ und zwischen zwei Lockerungsgängen sowie in der Kontrolle $1,7 \cdot 10^{-5}$ bis $5,2 \cdot 10^{-5}$ cm/sec. Für die Tiefe 25–35 cm weichen die drei K_f-Werte dagegen nur wenig voneinander ab (Kontrolle $3,9 \cdot 10^{-4}$, zwischen zwei Lockerungsgängen $4,2 \cdot 10^{-4}$, im Lockerungsgang $5,3 \cdot 10^{-4}$ cm/sec) und zeigen nur eine geringe bis mittlere Durchlässigkeit an.

Untersuchungen an einem Pseudogley aus Lößlehm über kiesigem Ton bei Udenborn

Bei Udenborn (550–600 mm Niederschlag, 8,0–8,5 °C mittl. Jahrestemp.) herrschen auf einem Plateau *Pseudogleye* aus Lößlehm über kiesigem Ton vor (Tab. 5), der einen ausgeprägten Staukörper mit geringem Grobporenanteil darstellt (Tab. 6). Eine ca. 30 ha große Teilfläche weist jedoch günstigere ökologische Eigenschaften auf, u. E. weil diese Fläche bereits vor mehr als 50 Jahren mit dem Dampfpflug etwa 70 cm tief bearbeitet wurde (bis etwa 50 cm gewendet, darunter gelockert). Homogene Beschaffenheit des R-Horizontes bis zu einer Tiefe von 50 cm und Gehalt an Kalkbröckchen (Carbonate 0,2–0,5 %) sprechen für mehrfache Wiederholung der Tiefenbearbeitung und Einarbeiten größerer Mengen Kalk in den Unterboden.

Tabelle 6: Porengrößenverteilung und Luftdurchlässigkeit, Udenborn (10. 4. 1969)

Entnahme-tiefe (cm)	GPV (%)	Porengrößenverteilung in % des Gesamtporenvolumens (μ) (>120)	(120–50)	(50–10)	(10–0,2)	(<0,2)	K_{oo} (Mikron²)
Pseudogley							
15	38,4	1,0	0,6	3,3	24,5	9,0	6,5
30	38,3	0,9	1,7	4,8	23,3	7,6	5,3
50	39,4	0,4	0,6	1,5	18,9	23,0	1,0
80	39,1	0,9	0,7	2,3	12,5	22,7	0,8
Meliorierter Pseudogley							
15	37,7	0,4	1,1	3,8	19,5	12,9	4,7
30	40,2	4,8	0,8	4,6	20,0	9,9	6,6
50	39,0	0,9	1,4	4,5	21,4	10,8	5,2
65	40,1	2,7	2,0	4,7	21,7	9,0	6,1
80	39,5	0,5	1,0	1,5	13,0	23,6	0,9

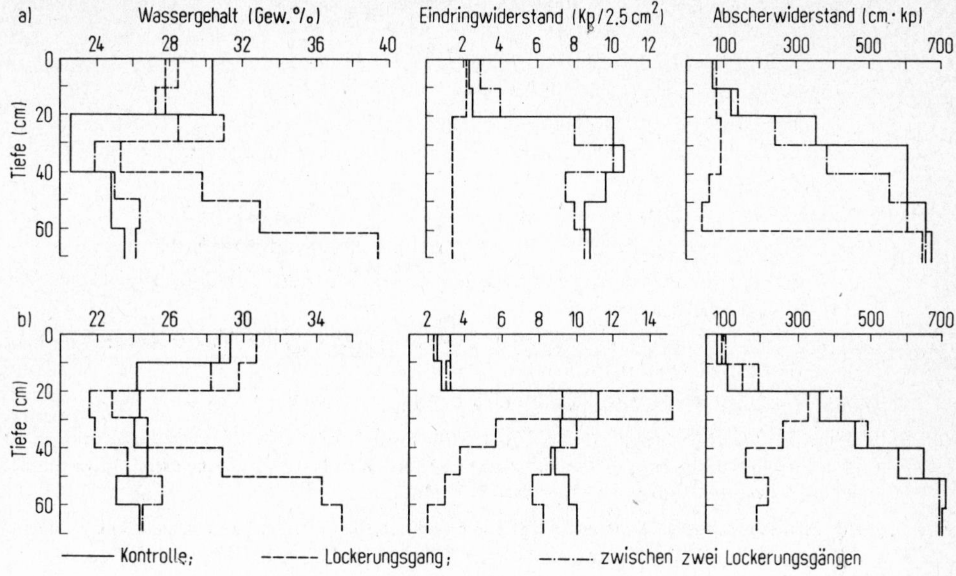

Abbildung 3

Schlußfolgerungen

Die veränderten Porenverhältnisse nach einer Tiefenbearbeitung bewirken in dichten Böden u. a. eine höhere Wasser- und Luftdurchlässigkeit und damit eine bessere Durchwurzelbarkeit. Außerdem nimmt der Bodenwiderstand ab. Dies ist nicht nur auf die erhöhte Porosität und den evtl. höheren Wassergehalt, sondern vor allem auf die geringere Kohärenz der durch die Tiefenbearbeitung primär und sekundär erzeugten Bodenaggregate (Primär- und Selbst- oder Sekundärauflockerung nach *Schulte-Karring,* 1968) zurückzuführen. Die Abnahme der Kohärenz mag wurzelökologisch günstig sein. Sie hat jedoch andererseits auch eine geringere Stabilität und Elastizität des Bodengefüges zur Folge, weshalb die Verdichtungsneigung nach einer Tiefenbearbeitung besonders groß ist. Zahlreiche Autoren (2, 4, 6, 8, 17) beschreiben derartige Verdichtungen unterhalb des A_p-Horizontes. Solche sog. Krumenbasisverdichtungen (16) kommen bereits auch in Heppenheim und Bleidenrod vor. Sie sind jedoch durch bodenschonende und das Bodenleben fördernde Bewirtschaftungsweise vermeidbar, wie es die Untersuchungsergebnisse von Udenborn beweisen.

Die Autoren danken herzlich Herrn Prof. Dr. *E. Schönhals* für die Förderung der Untersuchungen und für die kritische Durchsicht des Manuskriptes, Herrn Agraringenieur *G. Werner* für selbständige und verantwortungsvolle Mitarbeit und zahlreichen Institutsangehörigen für die Unterstützung bei der Durchführung der Untersuchungen.

Literatur

1. *Becker, E.*: Stratigraphische und bodenkundliche Untersuchungen an jungpleistozänen und holozänen Ablagerungen im nördlichen Oberrheintalgraben. Diss. Frankfurt/M. 1963.
2. *Borchert, H.*: Änderungen des Bodenwasserhaushaltes durch Melioration. Niveau der Wasserbewirtschaftung in der Landwirtschaft und komplexe Untersuchungen der wirkenden Faktoren. Kongreß 1968, Budapest.
3. *Czeratzki, W.*: Z. f. Pflanzenern. Düng. u. Bodenk., **81**, 50–56, 1958.
4. *Czeratzki, W.*, und *F. Schulze*: Mitt. Dtsch. Bodenkundl. Ges. **11**, 57–67, 1970.
5. Goudsche Machinenfabrieck N.V.: Das Holländische Verfahren für Bodensondierung (Prospekt). Gouda, Holland, 1965.
6. *Graß, K.*: Der Einfluß der Tiefenbearbeitung auf pseudovergleyte Parabraunerden und ihre Produktivität. Diss. Gießen 1969.
7. *Hanus, H.*: Mitt. Dtsch. Bodenkundl. Ges. **2**, 159–167, 1964.
8. *Harrach, T.* und *A. Wourtsakis*: Die Meliorationsbedürftigkeit als Voraussetzung für den Erfolg der Tiefenbearbeitung bei Parabraunerden und Pseudogleyen. Symposium über die Tiefenbearbeitung des Bodens. Gießen, 180–193, 1969.
9. Hess. Landesamt für Bodenforschung: Entwässerungsbedürftiger westlicher Gemarkungsteil von Heppenheim. Unveröffentl. Gutachten, Bearbeiter *E. Bargon,* Wiesbaden 1960.
10. *Knoch, H. G.*: Die Luftdurchlässigkeit des Bodens. Verlag Gebr. Borntraeger, Berlin 1962.
11. *Lüttmer, J.* und *L. Jung*: Notizbl. d. hess. Landesamtes f. Bodenforschung **83**, Wiesbaden
12. *Richards, L. A.*: Soil Sci. **68**, 95–112, (1949).
13. *Rode, A. A.*: Das Wasser im Boden. Akademie-Verlag, Berlin, 1959.
14. *Schaffer, G.*: Landw. Forsch. **13**, 24–33, 1960.
15. *Schönhals, E.*: Die Böden Hessens und ihre Nutzung. Abhandlungen d. hess. Landesamtes für Bodenforschung **2**, Wiesbaden 1954.
16. *Schönhals, E.*: Zur Genese „schwerer“ und verdichteter Böden. Symposium über die Tiefenbearbeitung des Bodens. Gießen, 1969.
17. *Schulte-Karring, H.*: Die technischen Probleme der Untergrundlockerung und Tiefendüngung. Arbeitstagung über Unterboden- und Tiefenbearbeitungsmaßnahmen. Ahrweiler 1966.
18. *Schulte-Karring, H.*: Die Unterbodenmelioration – Ergebnisse 12jähriger Untersuchungen. Auszug aus Zweijahresbericht der LLV-Ahrweiler, 1968.

Zusammenfassung

Das Tiefpflügen (150–170 cm) eines Gley-Pseudogley aus Hochflutlehm (tL-lT) verbesserte die Porengrößenverteilung, Wasserdurchlässigkeit und Durchwurzelbarkeit des Unterbodens. Zur Verbesserung des Gefüges der humusarmen neuen Krume sollte jedoch durch geeignete ackerbauliche Maßnahmen der Humusspiegel erhöht und das Bodenleben gefördert werden.

Beim 70 cm tief gelockerten Pseudogley aus Lößlehm waren Zunahme des Grob- und Mittelporenanteils, der Wasser- und Luftdurchlässigkeit sowie Abnahme des Bodenwiderstandes auf einen höchstens 80 cm breiten Lockerungsbereich beschränkt. Ein voller Meliorationserfolg ist also nur bei engem Lockerungsabstand zu erwarten.

Ein vor über 50 Jahren etwa 70 cm tief bearbeiteter und gekalkter Pseudogley aus Lößlehm über kiesigem Ton besitzt mehr Grobporenanteil, eine höhere Luftdurchlässigkeit und einen geringeren Bodenwiderstand sowie ein günstigeres Krumengefüge als die Kontrolle.

Summary

Deep-ploughing (150–170 cm) a gley-pseudogley of alluvial clayey loam improves the distribution of pore spaces, the water permeability and the root penetration of the subsoil. To improve the structure of the humus-deficient new topsoil, however, the humus level should be raised and the soil microorganic matter should be increased by employing suitable agricultural measures.

In a pseudogley of loess clayey soil, loosened to a depth of 70 cm, the increase in the number of coarse and medium pores and in the water and air permeability, as well as the decrease in the soil resistance were limited to a loosened zone which was 80 cm wide at the most. Full success in amelioration can therefore be expected in only a narrow zone in the loosened soil.

A pseudogley of loess clayey soil above gravelly clay, which was tilled to a depth of 70 cm and limed more than 50 years ago, showed a larger proportion of coarse pores, a higher air permeability, less soil resistance as well as a more favourable topsoil structure than the abovementioned undisturbed soil.

Résumé

Le labour profond (150–170 cm) d'un gley-pseudogley sur limon argileux alluvial (tL-lT) améliore la distribution des pores, la perméabilité et la pénétration du sous-sol par les racines. Toute-fois, pour améliorer la structure de la nouvelle surface, pauvre en terre végétale, le niveau de l'humus doit être élevé par des méthodes culturales et l'activité du sol doit être favorisée.

Dans un pseudogley de lœss argileux, ameubli à 70 cm de profondeur, l'augmentation des pores gros et moyen, de la perméabilité à l'eau et à l'air, ainsi que la diminution de la résistance du sol sont limitées à un domaine d'ameublissement de 80 cm au maximum. Un succès complet d'amélioration peut alors être attendu seulement dans une faible zone d'ameublissement.

Un pseudogley de lœss argileux, audessus d'argile graveleuse, qui a été labouré et chaulé il y a 50 ans à 70 cm de profondeur, possède une plus grande proportion de pores grossiers, une plus grande perméabilité à l'air, ainsi qu'une moindre résistance du sol et une structure plus avantageuse de la surface, par rapport au contrôle.

Einfluß von Tiefenlockerung und Tiefendüngung auf pseudovergleyten Parabraunerden und Pseudogleyen

Von *K. Graß**)

Einleitung

Pseudogleye entstehen, wenn das überschüssige Niederschlagswasser infolge stauender Bodenschichten nicht schnell genug in den Untergrund eindringen kann. Diese Böden weisen in der oberen Bodenschicht ein plattiges Gefüge auf und sind gekennzeichnet durch den Wechsel von Naßphasen, in denen der Boden breiig ist, und Trockenphasen, in denen er dicht und hart wird, welcher die chemischen und biologischen Eigenschaften negativ beeinflußt. Je nach Ausgangsgestein, Klima, Relief und Zeit können sich alle Übergänge von der Parabraunerde zum Pseudogley ausbilden. Sie können aber nur in Jahren mit ausgeglichener Witterung hohe Erträge liefern.

Die Melioration dieser Böden soll den Wasser- und Lufthaushalt regeln, den Basenfehlbetrag durch Kalk- und Nährstoffgaben beseitigen, den durchwurzelbaren Raum vergrößern und das Gefüge nachhaltig verbessern. Die Summe dieser Wirkungen soll sich im nachhaltig gesteigerten Pflanzenertrag und einer verbesserten Ertragssicherheit ausdrücken.

Als Meliorationsverfahren sind *Rohrdrängung* mit Ton- oder Kunststoffrohren, *Maulwurfsdrängung, Tieflockern* und *Tiefpflügen* bekannt. Hinzu kommt eine *Meliorationskalkung.*

Versuchsanstellung

Die Wirkung der Meliorationsmaßnahmen konnte seit 1966 auf folgenden Böden in hessischen Mittelgebirgslagen geprüft werden:

Beberbeck: angelegt 1966, pseudovergleyte Parabraunerde aus Löß, 9 % T im Ap-, 24 % T im B_t-Horizont; 240 m über NN, 725 mm Jahresniederschlag, davon 412 mm von Mai bis Oktober, mittlere Jahrestemperatur 7,8 °C.

Durchgeführt wurden:

Rohrdränung (6,5 cm ⌀, 80 cm tief, 12 m Abstand), Tiefpflügen (80—90 cm), zugleich als Standard, Tieflockern (70—80 cm); Kontrolle (25 cm), Maulwurfsdränung (55—60 cm, 3 m Abstand); ohne CaO, 100 dz CaO/ha, 302 dz CaO/ha = 80%ige Sättigung der AK; 2 Stickstoffstufen N_1 und N_2. Der tiefgepflügte Boden bekam zum Ausgleich für eingepflügtes Krumenmaterial 60 kg P/ha und 135 kg K/ha.

Neu-Ulrichstein: angelegt 1966/67, Parabraunerde-Pseudogley, 18 % T im Ap-, 25 % T im B_tS_d-Horizont; 320 m über NN, 672 mm Jahresniederschlag, davon 380 mm von Mai bis Oktober, mittlere Jahrestemperatur 7,6 °C.

---

*) Institut f. Pflanzenbau u. Pflanzenzüchtung, Universität Gießen, 63 Gießen, BRD.

**) Versuchsglieder mit Tiefenkalkung oder -düngung wiesen auch ungedüngte (gekalkte) Parzellen auf; entsprechendes gilt auch für übrige Versuche.

Durchgeführt wurden:

Lockerung mit Tiefenmeißel (70 cm, 5 m Abstand); Kontrolle (Lockerung mit Tiefenmeißel 45 cm, 5 m Abstand), zugleich als Standard; Tiefpflügen (80—90 cm); Tieflockern (70—80 cm) + 32 dz CaO/ha**); Tieflockern (70—80 cm) + 840 kg N/ha als Kalkstickstoff; Tieflockern (70—80 cm) + 165 kg P/ha als Thomasphosphat; ohne CaO, 32 dz CaO/ha, 120 dz CaO/ha = 80%ige Sättigung der AK; N_1, N_2. Zum Ausgleich wurden bei der tief gepflügten Variante 88 kg P/ha und 250 kg K/ha gegeben.

Oberurff: angelegt 1966, pseudovergleyte Parabraunerde, 15 % T im Ap-, 25 % T im B_t-Horizont; Pseudogley aus einer Fließerde, 17 % T im Ap-, 23 % T im B_tS_d-Horizont; 310 m über NN, 600 mm Jahresniederschlag, von Mai bis Juli 180 mm, mittlere Jahrestemperatur 8 °C.

Durchgeführt wurden:

Tiefpflügen (80 cm), Kontrolle, Tieflockern (70 cm). (Die vorgesehene Pflug- und Lockerungstiefe wurde nicht immer erreicht.) Die gesamte Versuchsfläche wurde mit 80 dz CaO/ha abgedüngt. Die tiefgepflügten Varianten erhielten 66 kg P/ha und 150 kg K/ha als Ausgleichsdüngung.

Bleidenrod: angelegt 1969, Pseudogley aus Lößlehm über Basalt, 11 % T, im Ap-, 27 % T im B_tS_d-Horizont; 335 m über NN, 750 mm Jahresniederschlag, mittlere Jahrestemperatur 7 °C.

Durchgeführt wurden:

Tieflockern (70 cm, 1,50 m Abstand), Tieflockern + 56 dz CaO/ha, Tieflockern + 290 kg N/ha als Kalkstickstoff, Kontrolle; ohne CaO, 100 dz CaO/ha, 300 dz CaO/ha; N_1, N_2.

Analysenmethoden

Porenvolumen — Stechzylindermethode nach *v. Nitzsch*

Rammsonde — nach *v. Boguslawski* und *Lenz* (1958, 1959)

pH-Wert — in n/10 KCl elektrometrisch

Ertrag — aus 10 x 1 m² pro Variante

Austauschkapazität — nach *Mehlich*

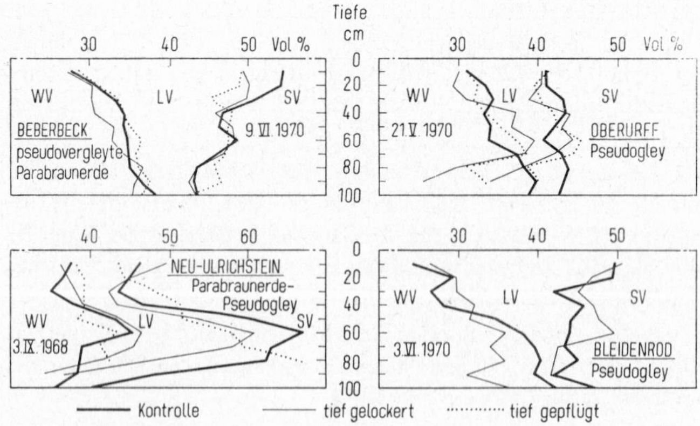

Abbildung 1

Wasser(WV)-, Luft(LV)- und Festsubstanzvolumen (SV)

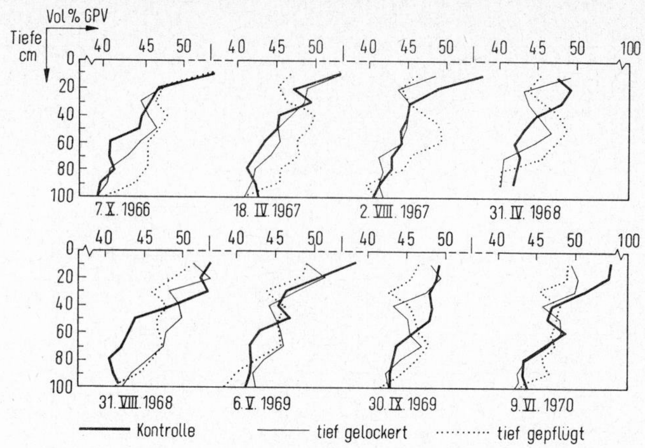

Abbildung 2
Gesamtporenvolumen (GPV) zu verschiedenen Zeitpunkten (Stechzyl.)
(Versuch *Beberbeck* 1966—1970)

Ergebnisse

Der Einfluß der Tiefenbearbeitung auf den *Wasserhaushalt* der Böden war in den beschriebenen Versuchen bisher gering, wie die Porenvolumenmessungen (Abb. 1) zeigten. Der gegenüber der Kontrolle sowohl bei der Tiefenlockerung als auch beim Tiefpflügen etwas niedrigere Krumenwassergehalt bewirkte nicht, daß der tief bearbeitete Boden früher abtrocknete oder früher bestellt werden konnte. In den tieferen Bodenschichten ist der Wassergehalt der tiefbearbeiteten Flächen oft höher. Infolge der Veränderung in der Porengrößenverteilung versickert das Wasser etwas schneller, staut sich aber auf der unbearbeiteten Sohle infolge des Porensprunges. Bisher ist bei keinem der untersuchten Standorte Wasser in den trockenen Jahren ins Minimum geraten. Ein Lockerungserfolg im *Gesamtporenvolumen* (Abb. 1) kann nur unterhalb des Ap-Horizontes festgestellt werden. Dieser ist bei den tiefbearbeiteten Böden oft dichter gelagert als bei der Kontrolle. Beim Versuch Beberbeck (hohe Kalkstufe) brachte die Kalkung keine Stabilisierung der Lockerung, so daß infolge der von oben nach unten fortschreitenden Wiederverdichtung (Abb. 2) der Ap-Horizont der tiefgepflügten Variante ein halbes Jahr nach der Melioration ein um bis zu 5% geringeres PV als die Kontrolle hat. Das ist mit dem niedrigen Humusgehalt des tiefgepflügten Bodens und dem dadurch geringeren biologischen Selbstlockerungsvermögen zu erklären. Die fortschreitende Wiederverdichtung der tief bearbeiteten Böden beruht auf dem Druck der Maschinen, dem Eigendruck und der Schluffverlagerung, so daß bei der vorläufig letzten Probennahme im Sommer 1970 nur noch unterhalb 70 cm ein Lockerungserfolg im PV festgestellt werden konnte. Die übrigen tiefgepflügten und tiefgelockerten Böden waren einige Jahre gleichfalls nach der Melioration dichter gelagert als die Kontrolle (Abb. 1). Ob sich dieser Zustand noch verschlechtert, bei welchem Wert die Dichtlagerung zum Stillstand kommt und ob die Tiefenbearbeitung wiederholt werden kann, muß noch untersucht werden.

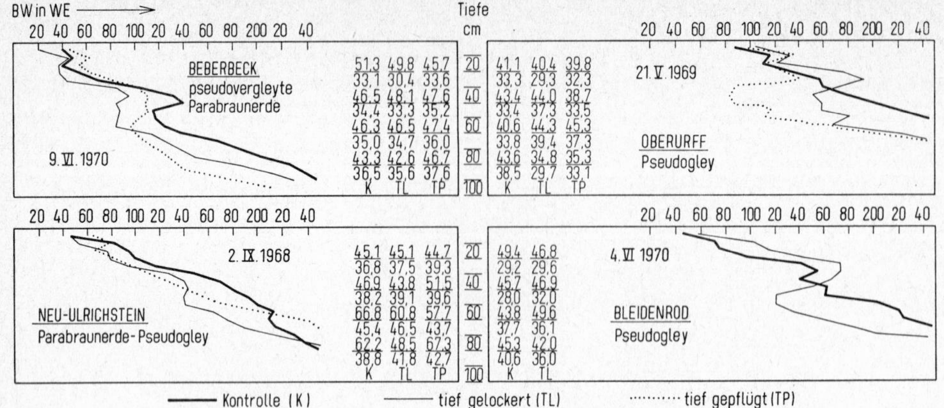

Abbildung 3

Bodenwiderstand (Rammsonde) — (Von den Zahlenpaaren stellt die obere Zahl das jeweilige PV, die untere das WV dar)

Da der Bodenverband als das durch Kohäsions- und Adhäsionskräfte bedingte Zusammenkleben kleinerer Bodenpartikel zu größeren Aggregaten definiert ist und dieser Bodenverband durch die Tiefenbearbeitung teilweise zerstört wird, zeigt die *Widerstandsmessung* (Abb. 3; Mittelwerte aus 10 Parallelen) einige Jahre nach der Melioration noch Lockerungserfolge, welche mit Stechzylindern nicht mehr zu erfassen sind. Weil der Bodenwiderstand von Porenvolumen und Wassergehalt zur Zeit der Messung abhängig ist, sind diese Größen mit angegeben.

Tabelle 1

Wurzelmasse im Boden (Winterweizen, Versuch Beberbeck 1970)

IV a - Kontrolle, ohne CaO; IV c - Kontrolle, 302 dz CaO/ha; III c - tiefgelockert 302 dz CaO/ha (32 dz/ha eingeblasen); V c - tiefgepflügt, 302 dz CaO/ha (200 dz/ha eingepflügt)

Tiefe	aschefreie Wurzeltrockenmasse (kg/ha)			
(cm)	IV a	IV c	III c	V c
0 — 10	700	523	423	448
10 — 20	125	212	190	137
20 — 30	69	90	152	123
30 — 40	55	74	84	75
40 — 50	51	34	36	117
50 — 60	60	22	68	69
60 — 70	45	41	33	46
70 — 80	13	17	34	28
80 — 90	7	3	6	23
90 — 100	7	1	3	10
30 — 100	238	192	264	368
0 — 100	1132	1019	1029	1076

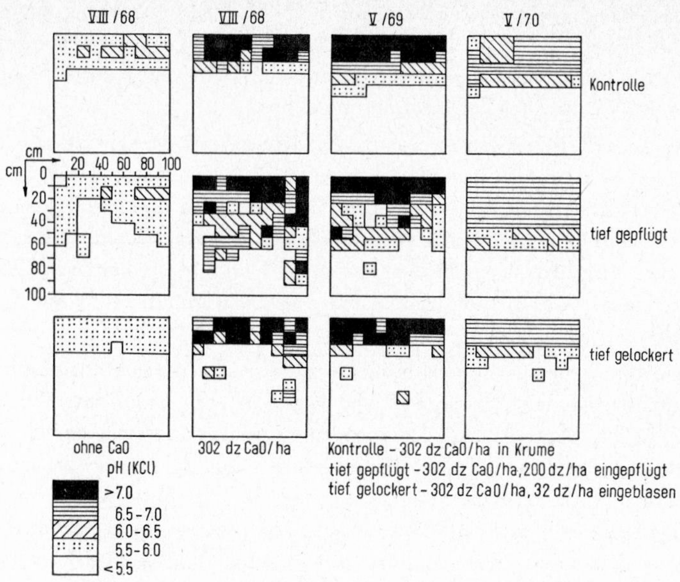

Abbildung 4

Vertikale und horizontale pH(KCl)-Werte bei unterschiedlicher Kalkeinbringung (Versuch *Beberbeck* 1968—1970)

Durch die hohen Meliorationskalkungen stieg der pH-Wert in der Krume sprunghaft von $< 6{,}0$ auf $> 7{,}0$ an. Bei der Kontrolle (Abb. 4) ist aus den zeitlich steigenden pH-Werten des Unterbodens eine fortschreitende Kalkwanderung zur Tiefe mit dem natürlichen Wasserstrom festzustellen. Das tiefe Einpflügen größerer Kalkmengen (bis zu 200 dz CaO/ha) zur Anhebung der Bodenreaktion hat sich bewährt, die anfänglich unregelmäßige Verteilung wird im Laufe der Jahre von der Wasserbewegung im Boden ausgleichend beeinflußt. Das Einblasen von 32 dz CaO/ha bei der Tiefenlockerung hat kaum einen Einfluß auf die Bodenreaktion gehabt. Die Kalkmengen sind zu niedrig, um bei der feinen Verteilung eine meßbare Wirkung zu haben. $3^1/_2$ Jahre nach der Meliorationskalkung sind die pH-Werte der Krume generell wieder unter pH 7,0 abgesunken, weshalb auch nach Meliorationskalkungen zur Stützung des einmal erreichten optimalen Reaktionszustandes Erhaltungskalkungen im Rahmen der Fruchtfolge angebracht sind.

Die Bodenverbesserungsmaßnahmen sollten Pflanzenertrag und Ertragssicherheit der genannten Böden erhöhen, was nicht ohne Auswirkungen auf die Pflanzenreaktion sein kann. Die in Beberbeck für 1970 unter Weizen gefundenen Wurzelmassen (Tab. 1) zeigten, daß gegenüber der Kontrolle sowohl nach dem Tiefpflügen als auch nach dem Tieflockern mehr Wurzeln in die tieferen Bodenschichten vorgedrungen sind und diese verstärkt durchwurzelten. In den vorhergehenden Jahren konnte bei Weizen und Zuckerrüben ein verstärktes Wurzelwachstum in den tiefbearbeiteten Varianten nachgewiesen werden. In den aufgekalkten Teilstücken waren auch in der Krume mehr Wurzeln zu finden, aber nicht mehr 1970. Die verbesserte Verteilung der Wurzel auf die einzelnen

Bodenschichten bedingt eine Vergrößerung und erhöhte Ausnutzung des durchwurzelten Raumes und bewirkt dadurch eine biologische Stabilisierung der mechanischen Lockerung. In extrem trockenen Jahren könnte die tiefere Durchwurzelung durch bessere Ausnutzung der Wasservorräte zu einer Ertragssicherung führen.

Bei dem Versuch Neu-Ulrichstein konnte gleichzeitig mit der Tiefenlockerung eine differenzierte Tiefendüngung vorgenommen werden. Die Ergebnisse der Porenvolumen- und Bodenwiderstandsmessungen ließen wegen der besonderen Bodenverhältnisse (die Flächen wurden z. T. vor der Jahrhundertwende rigolt) keine größeren Wirkungen in bodenphysikalischer Hinsicht erkennen (Abb. 1 u. 3). Deshalb ist das beobachtete verbesserte Wurzelwachstum (Tab. 2) hier weitgehend auf die Tiefendüngung mit Kalk, Stickstoff und Phosphat zurückzuführen.

In Tabelle 3 sind die Korn- und Rübenerträge des Versuches Beberbeck von 1967 bis 1970 zusammengestellt. Das relativ hohe Ertragsniveau der Kontrolle in allen Jahren ist beachtenswert. Zwar ist eine Kalkwirkung aus den Erträgen des ersten Jahres noch nicht zu ersehen, aber in den darauffolgenden Jahren ist diese in der Stufe mit 302 dz CaO/ha deutlich zu erkennen. Weiterhin zeigen, die aufgeführten Erträge, daß die Ertragssicherheit durch die Tiefenbearbeitung auf pseudovergleyter Parabraunerde nicht verbessert wird, sondern daß die Ertragsschwankungen auf den meliorierten Flächen eher noch größer zu sein scheinen. Danach haben sich auf pseudovergleyten Parabraunerden das Tiefpflügen und Tieflockern, aber auch die Rohr- und Maulwurfsdrängung nicht bewährt, während die Kalkmelioration einen ertragssteigernden Effekt hatte.

Tabelle 2

Wurzelmasse im Boden (Versuch Neu-Ulrichstein 1968

V b - Kontrolle + 32 dz CaO/ha; III b - tiefgepflügt + 32 dz CaO/ha (16 dz/ha eingepflügt); IV a - tiefgelockert ohne CaO; IV b - tiefgelockert + 32 dz CaO/ha (eingeblasen); VI b - tief gelockert + 840 kg N/ha eingeblasen + 32 dz CaO/ha; VII c - tiefgelockert + 165 kg P/ha eingeblasen + 120 dz CaO/ha

Tiefe (cm)	kg aschefreie Trockenmasse/ha V b	III b	IV a	IV b	VI b	VII c
	1968 Winterweizen					
0 — 10	737	647	586	794	944	712
10 — 20	169	172	271	146	151	198
20 — 30	121	101	90	127	78	163
30 — 40	106	83	81	92	87	118
40 — 50	94	72	73	104	108	70
50 — 60	87	58	86	94	101	107
60 — 70	60	50	75	74	76	82
70 — 80	65	48	73	80	96	97
80 — 90	50	52	63	51	56	47
90 — 100	39	24	29	17		45
40 — 80	306	228	307	352	381	356
0 — 100	1528	1307	1427	1579	1967	1639

Tabelle 3 *)

Erträge (dz TM/ha) im Versuch Beberbeck (1967—70)
I = Kontrolle; II = Rohrdränung; III = Maulwurfsdränung; IV = tiefgepflügt, V = tiefgelockert

Bearbeitung	Pflanzenerträge (dz TM/ha) ohne CaO N 1	ohne CaO N 2	100 dz CaO/ha N 1	100 dz CaO/ha N 2	302 dz CaO/ha N 1	302 dz CaO/ha N 2
	40+20	40+35		40+35		
			1967 Hafer			
I	37	40	35	35	35	33
II	27 ≡	29 ≡	31 ≡	30 =	29 ≡	33
III	35	36 —	32 —	35	35	33
IV	36	39	36	38 +	36	37 +
V	34 —	34 ≡	35	35	36	34
			1968 Weizen			
	70+30	70+60				
I	50	52	49	49	54	54
II	46 =	49	42 ≡	45 =	48 ≡	47 ≡
III	48	47 =	46 —	52 +	51 —	52
IV	50	54	46 —	48	52 —	50 —
V	48	50	49	53 ++	52 —	53
			1969 Zuckerrüben			
	120+40	120+40+50				
I	126	134	131	124	141	140
II	145 +	135	121	125	132	145
III	143 +	144	135	135	149	143
IV	139	141	140	140 +	134	146
V	127	142	135	124	127	146
			1970 Weizen			
	60+20+30	60+20+60				
I	31	29	29	31	38	34
II	22 ≡	26	26 —	23 ≡	32 ≡	31
III	24 ≡	25 =	26 —	22 ≡	30 ≡	25 ≡
IV	30	31	25 ≡	28 —	34 —	30 —
V	23 ≡	21 ≡	27	22 ≡	30 ≡	30 —

*) — Im Vergleich zur Kontrolle stat. ges. unterlegen
= Im Vergleich zur Kontrolle stat. gut ges. unterlegen
≡ Im Vergleich zur Kontrolle stat. sehr gut ges. unterlegen
+ Im Vergleich zur Kontrolle stat. gesichert überlegen
++ Im Vergleich zur Kontrolle stat. gut ges. überlegen
+++ Im Vergleich zur Kontrolle stat. sehr gut ges. überlegen

Tabelle 4 *)

Pflanzenerträge (dz TM/ha) im Versuch Neu-Ulrichstein (1967–1970)
I = Kontrolle; II = tiefgepflügt; III = Tiefenmeißel; IV = tiefgelockert + CaO;
V = tiefgelockert + N; VI = tiefgelockert + P

Bear- beitung	Pflanzenerträge (dz/ha) ohne CaO N 1		N 2		32 dz CaO/ha N 1		N 2		120 dz CaO/ha N 1		N 2	
1967 Hafer												
	40		40+40									
I	39		40		38		38		38		40	
II	41		41		37		40		38		42	
III	40		40		41		41		38		40	
IV	35	—	40		42	+	43	+	40		40	
V	41		44	+	37		34	—	36	—	43	+
VI	38		39		33	—	36	—	28	≡	35	≡
1968 Weizen												
	40+40+20		40+40+40									
I	58		60		56		59		55		63	
II	61		67	+	54		64	+	58		70	++
III	52	=	57		53		57		55		62	
IV	63	+	64		53		60		55		60	
V	60		59		58		58		58		64	
VI	59		56		53		53	—	49		62	
1969 Sommergerste												
	40+20		40+20+30									
I	33		33		37		36		35		37	
II	30	—	34		36		35		39		37	
III	32		37	++	38		37		38		38	
IV	34		35	+	37		36		36		38	
V	36	+	37	++	39		40	+	31		36	
VI	36		35	+	39		36		35		40	+
1970 Raps												
I	20				19				20			
II	16	=			14				23	+		
III	20				14				22			
IV	21				20				21			
V	21				19				19			
VI	22				22				18			

Auch bei dem Versuch Neu-Ulrichstein — auf Parabraunerde-Pseudogley — ist die Wirkung der verschiedenen Verfahren der Tiefenbearbeitung mit differenzierter Tiefendüngung bisher nicht eindeutig, wie das aus Tab. 4 hervorgeht. Es konnten zwar sowohl durch das Tiefpflügen als auch durch das Tieflockern mit Tiefendüngung Ertragssteigerungen erzielt werden, in vielen Fällen sind aber auch Ertragsminderungen eingetreten. Das Tiefpflügen war bei Weizen (1968) allen anderen Verfahren überlegen. In den anderen Jahren brachte die Tiefenlockerung und Tiefendüngung oft bessere Ergebnisse.

Von den meliorierten Pseudogleyen in Oberurff und Bleidenrod liegen nicht so umfangreiche Ertragsergebnisse vor, da diese Versuche später angelegt wurden und kleiner sind. Bei der pseudovergleyten Parabraunerde in Oberurff war die Tiefenlockerung bei Weizen (1968) der Kontrolle und dem Tiefpflügen deutlich unterlegen, während auf Pseudogley ein geringer Mehrertrag gegenüber der Kontrolle geerntet wurde. Bei Wintergerste (1969) brachte das Tieflockern auf beiden Bodentypen gesicherte Mehrerträge, während das Tiefpflügen nur geringe oder keine Wirkung zeigte.

Schlußfolgerungen

Die mehrjährige Untersuchung pseudovergleyter Parabraunerden und Pseudogleye nach meliorativer Tiefenbearbeitung hat ergeben, daß die Wirkung auf den Wasserhaushalt gering ist. Die anfängliche Vergrößerung des Gesamtporenvolumens, meist zugunsten des Luftvolumens, geht im Laufe der Jahre durch Wiederverdichtung zurück und erreicht heute oft schon wieder den Ausgangswert oder liegt z. B. im Ap-Horizont um bis zu 5% unter der Kontrolle. Durch die Meliorationskalkung stieg der pH-Wert sprunghaft an, zeigt aber nach einigen Jahren fallende Tendenz. Die Wirkung der bei der Tiefenlockerung eingebrachten 32 dz CaO/ha auf den pH-Wert ist gering. Das Einpflügen größerer Kalkmengen zur raschen Anhebung des pH-Wertes hat sich bewährt.

Die Pflanzen nutzen den vergrößerten durchwurzelbaren Raum mit einer verstärkten Durchwurzelung tieferer Bodenschichten. Dabei hat die Tiefendüngung mit N eine besondere Bedeutung. Hinsichtlich der Pflanzenerträge sind bisher keine eindeutigen Tendenzen feststellbar. Die Jahresschwankungen sind unverändert groß. Düngungsmaßnahmen überdecken die Wirkung der Tiefenbearbeitung. Die Meliorationskalkung hat sich auf allen untersuchten Standorten als ertragssteigernde Maßnahme erwiesen, ohne aber eine Gefügestabilisierung zu bewirken.

Literatur

Boguslawski, E. v. und *Lenz, K. O.:* Z. Acker- u. Pflanzenbau **106**, 245—256 (1958).

Boguslawski, E. v. und *Lenz, K. O.:* ib. **109**, 33—48 (1959).

Grass, K.: ib. **132**, 295–319 (1970).

Zusammenfassung

In mehreren Versuchen auf Böden mit unterschiedlich stark ausgeprägter Pseudovergleyung wurde der Einfluß der Tiefenlockerung und Tiefendüngung auf bodenphysikalische und bodenchemische Größen sowie auf den Pflanzenertrag untersucht. Während der Wasserhaushalt kaum beeinflußt wurde, sind deutliche Wirkungen auf das Gesamtporenvolumen und den Bodenwiderstand zu erkennen. Der anfänglich große Lockerungserfolg im Gesamtporenvolumen geht nach einiger Zeit durch Wiederverdichtung auf die Ausgangswerte zurück. Die Pflanzen reagieren mit einem verstärkten Wurzelwachstum auf die Lockerung, die Tiefendüngung mit N und P regt die tiefere Durchwurzelung zusätzlich an. Nach bis zu 5jähriger Untersuchung ist die Wirkung auf den Pflanzenertrag gering und je nach Jahr und Fruchtart wechselnd. Die Meliorationsdüngung mit Kalk wirkt allgemein ertragssteigernd.

Summary

The effect of subsoiling combined with fertilization of pseudogleys on loess has been followed by chemical, physical and yield measurements over 5 years. An effect was observed on pore volume and soil resistence but not on the water regime of the soil. The initial decrease in bulk density was lost after a short time. The root development was improved but the yields did not show significant differences. Liming of the acid soil improved yields.

Résumé

Dans plusieurs essais sur des pseudogleys à différents stades, on a étudié l'influence du sous-solage et fumure profonde sur les facteurs physico-chimiques du sol et sur le rendement des plantes. Tandis que le régime hydrique reste peu influencé, on reconnait de nettes réactions sur la porosité totale et la résistance du sol. L'important effet d'ameublissement initial est suivi d'une reconpression qui ramène aux valeurs primitives. Les plants réagissent par une croissance et pénétration renforcée des racines; effet intensifié par fumure profonde de N et P. Les résultats après une expérience de 5 années montrent peu d'influence sur le rendement des plantes: résultats qui diffèrent suivant l'année et la culture. Un chaulage d'amélioration accroît généralement le rendement.

Sward Improvement Establishment and Production on a Pseudogley in North Central Ireland

By *L. M. Grubb**)

Introduction

Several workers (9, 6) have recognised that pseudogley soils in Ireland present problems of poor herbage production and low utilisation. These soils are extensive in distribution (4) but in particular are associated with the Drumlin belt (2) of North Central Ireland. Ballinamore, Co. Leitrim is situated in the centre of this Drumlin belt and here research has been orientated towards the investigation of some of the problems associated with the improvement of herbage production and utilisation on the pseudogley soils.

Climate and soil type are the two factors which have a major influence on the agricultural use of gley soils. Ireland in general has a cool temperate moist climate. In the Drumlin belt the mean annual temperature is approximately 9.5 °C compared with 10.0—10.5 °C for much of the southern portion of the country. Annual rainfall in the Drumlin belt varies from 1000 to 1500 mm in the western region and from 750 to 1000 mm in the eastern region. Ballinamore, having a mean annual rainfall of 1250 mm, is in the region of higher rainfall, and has a cooler and more moist climate than most of the country.

The predominant soil (3) at Ballinamore is derived from glacial drift consisting predominantly of calcareous shale, with some chert, sandstone and limestone. It can be described as a poorly drained clay loam with a weak structure and plastic consistency. The subsoil is highly impervious and rooting is largely restricted to the upper 15 cm. Mechanical analysis shows that over 70% of the mineral fraction is silt and clay (less than 0.05 mm) in the A, B, and C horizons. Analysis of soil from unfertilised experimental sites at Ballinamore, taken at a depth of 0—10 cm below the surface, showed a relatively organic soil with the percentage of organic carbon varying between 5.95 and 7.80. The pH varied between 5.5 and 6.0 and available phosphorus was low varying between 3 and 5 parts per million.

Problems

A. *Production:* The moist climate and a soil with low fertility and poor drainage properties supports a grassland of low agricultural value. Weed grasses and moisture loving species abound in such grassland. In many cases the predominant community of this habitat can be classified as belonging to the association Junco-Molinietum. Such a community is relatively unproductive often producing under 3,000 kg/ha dry matter per annum. Other workers (10) have recently compared the production potential of grassland on the pseudogley soil at Ballinamore with that of the major types of the country. Pre-

*) An Foras Taluntais, Ballinamore, Co. Leitrim, Ireland.

Table 1

Average annual dry matter yields (kg/ha × 100) for 1968—70

kg N/ha	0	168	336	504
Soil Type				
Pseudogley	58.8	94.2	103.5	90.2
Brown Earth	67.7	103.8	132.0	129.0

liminary results are compared with a Brown Earth soil from the south of the country. Management was similar in both cases and all treatments shown received adequate applications of lime, phosphate and potash. The potential production was lower on the pseudogley (Tab. 1) and production data from the 1st harvest (not included) showed that it also has a shorter growing season. Comparisons of botanical composition showed that indigenous *Trifolium repens* under optimum conditions on the pseudogley contributed little to the overall production. In late summer the *T. repens* content of dry matter is only 7% while on the Brown Earth under the same management the *T. repens* content was 35% or five times as much as on the pseudogley.

The introduction of improved strains and new species may be beneficial in increasing the yields of herbage on the Ballinamore pseudogley soil.

B. *Utilisation:* Dairying is the traditional method of grass utilisation at Balinamore. A cow exerts a pressure of approximately 3.0 kg/cm^2 on the topsoil (5). For much of the year the mechanically weak organic topsoil is unable to withstand this pressure due to a high moisture content which lowers it's bearing capacity. Poaching, or treading damage results and this becomes a limiting factor to the success of intensive systems of dairying. *Mulqueen* and *Burke* (6) showed that excessive poaching prevented an annual stocking rate of greater than one cow per 0.75 hectare. Yet, grass production figures indicate that this soil can support a stocking rate at least 50% higher. The ineffeciency of utilisation is chiefly due to the weak surface soil which becomes weaker with increased application of fertilisers especially nitrogen. Table 2 indicates the relative bearing capacity under different fertiliser regimes estimated using a cone penetrometer.

Table 2

Cone penetrometer readings from meadows receiving incremental amounts of fertilisers

Fertilizer application	None	Low	Medium	High	S.E. of Means	F. test
Nitrogen*)	40.1	23.4	23.8	17.5	1.5	—
Phosphorus*)	31.7	27.4	27.0	29.5	2.1	N.S.
Lime*)	47.6	38.9	39.4	31.8	3.1	N.S.

*) Each nutrient experiment received an adequate basal dressing of the other two nutrients and of potassium.

Table 3

Mid summer botanical compositions and the yields for 1969 from swards composed of different grass species and *T. repens*

	Phleum pratense (S. 48)	Dactylis glomerata (S. 26)	Agrostis stolonifera	Holcus lanatus	Poa trivialis	Phalaris arundinacea (Commercial)	Trifolium repens (New Zealand)	Lolium multiflorum (Irish)	Festuca arundinacea (Kent. S. 31)	Lolium perenne (Irish)	P. arundinacea (Front. Var.)	L. perenne (S. 23)	S. E. of means	F. test
A) N_1														
Yield (kg/ha × 100)	98	110	96	108	87	98	88	121	111	101	93	131	4.5	—
% sown grass	95	99	46	75	3	80	—	98	88	83	47	99		
% T. repens	0	0	2	0	2	0	6	0	0	2	1	0		
B) N_0														
Yield (kg/ha × 100)	47	66	65	74	69	65	75	49	75	70	70	61	3.5	—
% sown grass	48	12	30	22	1	9	—	57	15	18	5	39		
% T. repens	33	46	39	55	60	35	40	27	65	68	27	44		

The specific problems caused by the climatic conditions and the physical properties associated with the pseudogley at Ballinamore are therefore A) relatively low overall production of herbage B) a short growing season C) poor botanical composition and D) a soil with a low bearing capatity which is lowered by the application of nitrogenous fertilisers. This paper deals with the productivity of various strains and species, and methods for their introduction and establishment, in the light of these problems.

Methods

Trial 1: Twelve strains and species of grass were selected for evaluation. These species were chosen as being plentiful in the native improved pastures in the area, or suitable for moist heavy textured soils, or proven to be of wider agricultural value on more productive soils. All species were sown in 1967 with *T. repens* (New Zealand white clover) as a companion species. Adequate levels of lime, phosphorus and potash were applied. Plots were subdivided and each species was evaluated without fertilizer nitrogen (N_0) and with approximately 180 kg N/ha (N_1) per annum. Plots were harvested seven, five, and four times in the years 1968, 1969, and 1970 respectively. The botanical composition was estimated each summer by the point quadrat method (1).

Trial 11: On an old pasture with low soil fertility, several methods of introducing improved strains of grassland species were compared. A mixture of *Lolium perenne* (S. 23) and *T. repens* (New Zealand) was sown on seed beds prepared by the following methods: —

Table 4

Comparative dry matter production (kg/ha × 100) and botanical composition (% total cover) of field plots after different methods of reclamation

Treatments	Yields 1st Harvest 26/5/69	Yields Total for 1969	Botanical composition T. repens	L. perenne	H. lanatus	Others
		Nitrogen applied				
Rotavate, seed	27	61	42	42	12	4
Surface seeded	22	58	28	46	18	8
Native sward	13	55	27	15	33	25
Plough, reseed	34	54	35	53	8	4
S. E. of means	2.1	—				
F. test	—	N.S.				
		Nitrogen not applied				
Rotavate, seed	14	34	48	32	11	9
Surface seed	13	48	48	32	9	11
Plough, reseed	17	28	59	31	4	6
Control (unfertilised)	—	22*	15	4	34	47
S. E. of means	3.0	—				
F. test	N.S.	N.S.				

*) estimated

A. Deep ploughing and harrowing, resulting in the subsoil being exposed on the surface.

B. Killing existing herbage with paraquat and then cultivating to a depth of 8—10 cm by rotavation.

C. Scarifying (by light harrowing) the surface of the soil to a depth of 1—3 cm without completely destroying the old vegetation.

Old and reseeded swards were compared at two levels of nitrogen fertilization viz. 0 and 80 kg/ha N. All treatments received an adequate basal dressing of lime, phosphate and potash. The unimproved old sward, without any fertilisation was included as an absolute control. Total annual dry matter was estimated in the late summer of 1969.

Facts

From trial 1 estimates of the total production and also the botanical composition are given for the year 1969 (Tab. 3). The 1969 data was chosen as by that time the various swards were in full production with a fairly stable botanical composition. The main points to be noted from Table 3 are A) with high nitrogen, different species of grasses may significantly ($p < 0.001$) increase herbage production. *L. perenne* (S. 23) yielded significantly more than the two locally abundant species *Holcus lanatus* and *Agrostis stolonifera,* B) without nitrogen fertilizer, *T. repens* sown alone gave one of the highest yielding swards and a close relationship is found between the degree of establishment

Table 5

Cone penetrometer readings (taken 12/1/71) of different swards

Sward Type	Penetrometer reading
Control	67.8
Old sward with P.K. and Lime	52.8
Old sward with N. P. K. and Lime	41.3
Surface seeded + P. K. and Lime	43.1
Surface seeded + N. P. K. and Lime	35.7
Standard error of means	1.88
F. test	—

of *T. repens* and production. Some grass species by suppressing the establishment of the legume may indirectly have suppressed the overall yield. In trial 11 data is also given for 1969 as this year represented the second season of the trial and permitted an evalution of the effectiveness of the various reseeding techniques used (Tab. 4). Seeding increased the percentage of *L. perenne* and *T. repens* in all cases. *L. perenne* was more plentiful when nitrogen was applied while *T. repens* increased where it was not applied. Unfertilised pasture had a high percentage of *H. lanatus* and weed species.

Estimates of total produktion were affected by the method of grazing management, however they indicated certain trends, namely that production increased with the increase in fertility and that reseeded pastures gave earlier seasonal growth than the old pastures.

Table 5 gives an estimate of the relative bearing capacity of the soil in some of the treatments. Estimates were made using a cone penetrometer in the winter of 1970—71. This method was unsatisfactory on the deeply ploughed land where the presence of stones caused variable readings. Observations however indicated that this soil had the highest bearing capacity. Readings taken were influenced by the different grass covers on the swards at the time of observation but they did indicate the higher bearing capacity of the unfertilised control, the decline with application of lime, phosphate, and potash and especially nitrogen. Surface seeding also lowered the bearing capacity but the reduction was less than with nitrogen.

Discussions and Conclusions

Trial 1 showed that improved grass species and strains had a role in increasing production under high N application. Where no N was applied, satisfactory yields from the most important agricultural grasses were obtained provided *T. repens* was well established. This suggested that *T. repens* was important in increasing production in the absence of applied nitrogen and that *L. perenne* (S. 23) the highest yielding grass, could increase production in the presence of applied nitrogen.

Trial 11 showed that when lime and P+K fertilizers are applied, *L. perenne* and *T. repens* can compete favourably with less productive grasses and weeds associated with unimproved pastures and when introduced into an old pasture earlier seasonal production resulted. The commercial strain of *T. repens* was also more vigorous than the indigenous strains and when introduced resulted in a sward with almost the same proportion of *T. repens* to grass as that of some of the better soils of the country. All methods of seeding were successful but some methods were simpler than others. Ploughing to expose the denser A2 horizon has already been discussed by *Mulqueen* (7) when considering a technique of soil reclamation. This technique may have longterm application but in the short term it poses several problems. There is a loss of production for at least one season and if weather conditions are not favourable for tillage and reseeding this loss may extend to a second season. Establishment of a sward after ploughing is slow, and careful management is required for one to two years afterwards; otherwise damage is caused to herbage and the surface of the soil by the grazing animals. Shallow rotavating of the surface A_0 horizon is a simpler and quicker operation which is not so sensitive to weather conditions, and the resultant soil conditions permits a quicker establishment of the reseeded pasture. This technique, while still requiring careful management of the sward after re-establishment, does not result in the loss of production for as long a time. By far the quickest method of establishment is that of surface seeding. The amount of cultivation required is minimal, as little damage is done to the sward and grazing can continue and indeed is desirable immediately after seeding. Therefore the temporary loss in production of herbage is only marginal.

Results for 1970 for trial 11 (omitted) showed no overall difference in production between reseeded and old pastures. This was due most probably to the difficulty of assessment under grazing conditions. Observations however did show that there was a selective grazing by the animals with preference for the reseeded sward.

T. repens is depressed by low temperatures; hence with the lower soil temperatures associated with the pseudogley it might not be expected to have so vigorous a growth. However, *Munro* (8) has shown in Wales that in conditions of lower temperature and badly drained soil *T. repens* has an important role to play in increasing the feeding value of hill herbage. It seems therefore, that *T. repens* may also have a beneficial effect on quantity and quality of the herbage on the pseudogleys of Co. Leitrim. It appears from these experiments and other observations that a commercial strain of *T. repens* is much more vigorous than the indigenous strains.

In conclusion then, the pseudogley soil is less productive and has botanically a poorer pasture type associated with it. This pasture composition can be modified to approach that of some of the more productive soils of the country by the introduction of certain species. Such modified pastures are capable of increased production and longer seasonal growth. Large applications of nitrogenous fertilisers have been shown to result in improved yields but cause a reduction in the bearing capacity. The unfertilised pasture has a low production of herbage but a soil with a higher bearing capacity. Application of lime, phosphate, and potash without nitrogen do not reduce the bearing capacity as much as with nitrogen but do allow for a considerable increase in grass production which is almost sufficient to meet the present level of utilisation achieved with dairy cows. Introduction of commercial strains of *T. repens* to such a sward may improve the quantity and quality of herbage produced without having the same deleterious effect on the soil bearing capacity as applied nitrogen. It would therefore seem that until a more intensive method of grass utilisation can be achieved, a sward rich in *T. repens* is the most suitable for the pseudogley soil and the simplest and cheapest way of achieving such a sward is through surface seeding. If further intensification of production can be achieved without serious poaching problems arising, then the introduction of such species as *L. perenne* (S. 23) may be desirable.

Following the results of these two trials, work is now in progress evaluating in terms of animal performance the three major types of swards, namely an old sward under both high and low nitrogen and a surface seeded sward not receiving nitrogen.

References

1. *Brown, D.*: Methods of surveying and measuring vegetation. Commonwealth Burea of Pastures and Field Corps Bulletin No. 42, pp. 71–74 (1954).
2. *Charlesworth, J. K.*: Proc. R. Irish Acad. Vol. 45 B, No. 11 (1939).
3. *Finch, T. F.*, and *J. Lee*: Soil Survey Bulletin No. 14. An Foras Taluntais, Dublin (1969).
4. *Gardiner, M. J.*: General soil map of Ireland, An Foras Taluntais, Dublin (1969).
5. *Gleeson, T.*: Treading damage to pastures on heavy soil. Form research news. Vol. 7, No. 5. p. 105. An Foras Taluntais, Dublin (1966).
6. *Mulqueen, C.*, and *W. Burke*: A review of drumlin soils research 1959–1966. An Foras Taluntais, Dublin (1967).
7. *Mulqueen, J.*: A soil mixing reclamation technique on a pseudogley in North Central Ireland. (In this volume, p. 713).
8. *Munro, J. M. M.:* The role of white clover in hill areas. White Clover Research, Occ. Symp. No. 6. Brit. Grassld. Soc. pp. 259–262 (1970).
9. *Quinn, E.*, and *P. Ryan*: Problems of wet mineral soils. Trans. Int. Soc. of Soil Sci. Comm. 1 V & V pp. 3–10 (1962).
10. *Ryan, M.*: Personal communication.

Summary

The pseudogley supports a grassland of poor botanical composition, low overall production, and short seasonal growth. The overall production was increased by the application of fertilisers. Applications of N were shown to weaken the mechanical strength of the topsoil. Grazing animals caused treading damage to such grassland and inefficient grass utilisation resulted. The productivity of various commercial strains of grassland species was investigated and several methods for their introduction and establishment were tested. *L. perenne* (S. 23) increased overall productivity and seasonal growth. *T. repens* (New Zealand) was more vigorous than the existing indigenous strains associated with the old pastures and this introduction may result in increased overall production. Surface seeding was the simplest method of establishing new strains and species. A sward with an increased proportion of *T. repens*, following surface seeding of the commercial strain, is recommended for the current system of farming where treading damage is a problem.

Résumé

Le pseudogley porte une prairie fanure en espèces, d'une récolte minime et d'une saison de végétation très courte. La production faible remonte par un apport d'engrais. Une fumure azotée attenue visiblement le durcissement mécanique de la couche superficielle. Le piétinement des troupeaux provoque des dommages, ce qui diminue le rendement en herbe. La productivité de plusieurs espèces herbacées du commerce a été examinée, et on a essayé différentes méthodes de les introduire et de les établir.

L. perenne (S. 23) augmentait le rendement total et l'accroissement saisonnier. T. repens (Nouvelle Zélande) était plus vigoureux que les espèces indigènes qui existaient déjà et qui se trouvaient en mélange sur de vieux pâturages, et cette introduction pouvait augmenter le rendement. L'ensemencement était la méthode la plus simple pour acclimater de nouvelles variétés et nouvelles espèces. Un ensemencement partiel en T. repens, consécutif à l'ensemencement d'une espèce commerciale, est recommandé pour la pratique courante, lorsque les dommages par le piétinement du bétail sont à craindre.

Zusammenfassung

Der Pseudogley liefert Grünland von ärmlicher Zusammensetzung der Vegetation, niedriger Gesamtertrag und kurzem jahreszeitlichem Wuchs. Die niedrige Produktion stieg durch Zufügen von Düngemitteln an. Stickstoffdüngungen milderten ganz offensichtlich die mechanische Härte des Oberbodens. Grasende Herden verursachten Schaden durch Viehtritt auf diesem Grünland, daraus resultierte eine unrentable Grasnutzung. Die Produktivität verschiedener handelsüblicher Grasarten wurde untersucht, und verschiedene Methoden wurden erprobt, sie einzuführen und seßhaft zu machen. *L. perenne* (S. 23) steigerte den Gesamtertrag und den jahreszeitlichen Wuchs. *T. repens* (Neu-Seeland) war kräftiger als die vorhandenen einheimischen Arten, die mit ihnen auf alten Weiden zusammenstanden, und diese Einführung mag einen gesteigerten Gesamtertrag erbringen. Die Aussaat war die einfachste Methode, neue Klassen und Arten heimisch zu machen. Eine Begrünung mit einem Anteil von *T. repens,* danach Aussaat einer handelsüblichen Art wird für den gegenwärtigen Landbau empfohlen, da wo Schaden durch Viehtritt ein Problem ist.

Einige Erfahrungen bei Meliorationen von pseudovergleyten Böden in Jugoslawien

Von *V. Mihalić*, *A. Škorić* und *Z. Racz* *)

Einleitung

Pseudovergleyte Böden sind die bedeutungsvollste Gruppe der terrestrischen Böden im zweiten landwirtschaftlichen Gebiet Jugoslawiens und bedecken etwa 17 % der Fläche. Von diesen 4–5 Mill. ha ist 1/3 noch zu kultivieren. Die pseudovergleyten Böden erstrecken sich entlang des Randes des Pannonischen Beckens von Slowenien im Westen, über Kroatien und Bosnien im mittleren bis nach Serbien im östlichen Bereich des Landes. Infolge der extensiven bäuerlichen Nutzung haben sie eine geringmächtige Krume (16–18 cm), während die unter Horizonte geringerer Durchlässigkeit unbeeinflußt bleiben. Diese Krume konnte den allgemein schlechten Wasser- und Lufthaushalt dieser Böden nicht wesentlich verändern. Der dichte Untergrund schränkte außerdem eine tieferreichende Wurzelentwicklung ein, so daß die Ernteerträge niedrig und schwankend waren. Zur Meliorierung sollten zuerst die chemischen Eigenschaften der pseudovergleyten Böden verbessert werden, da man diese für podsolierte Böden hielt. Die erhofften Resultate wurden indessen zum größten Teil nicht erzielt.

Die pedologische Problematik der pseudovergleyten Böden in Jugoslawien

Unsere Kenntnisse über die pseudovergleyten Böden Jugoslawiens erweiterten und vertieften sich seit 1957 infolge vielfacher wissenschaftlicher Kontakte (11, 12, 21) in 3 Phasen:

1. Pseudovergleyte Böden waren ebenso wie lessivierte zuerst in der Gruppe der Podsole und podsolierten Böden eingereiht worden. Die zuordnenden erkennbaren Kriterien waren: aschfarbener A_2-Horizont, tonreicher B_1- und B_2-Horizont mit grauen und rostfarbenen Flecken, Konkretionen, saurer Reaktion und Basenarmut, Vegetation Eichen- und Weißbuchenwälder (Querceto-Carpinetum croaticum, Horv.).

2. Später wurden die pseudovergleyten Böden als solche erkannt, zunächst als Parapodsol und parapodsolartige Böden bezeichnet (14), aber als „Pseudogley and lessivé soils" übersetzt (15), bis schließlich der Pseudogley als getrennter Bodentyp dargestellt wurde, dessen Dynamik durch ein spezifisches Wasserregime geprägt ist. In der Gruppe der terrestrischen Böden wurde die Klasse der A_g-B_g-C-Profile ausgeschieden. Die lessivierten Böden wurden in die Klasse A-B-C eingereiht, so daß der Unterschied zwischen diesen Böden betont wurde.

3. In den letzten 5–6 Jahren wurden von jugoslawischen Bodenkundlern hauptsächlich die systematischen Untereinheiten der Pseudogleye festgestellt. Die anzutreffenden pseudovergleyten Böden am Rande des Pannonischen Beckens entwickelten sich überwiegend auf

*) Landwirtschaftliche Fakultät, Zagreb, Jugoslawien

diluvialen Lehmen und gehören zu den oligotrophen Pseudogleyen. Der Klimacharakter (besondere Niederschlagsmenge- und -verteilung), das Relief und die Lage der Stauzone, die entweder mit dem Gefüge, der Erosion, dem Grad der Lessivierung oder mit dem Tongehalt des ganzen Profils in Beziehung steht, ermöglichen die verschiedensten Kombinationen von Naß- und Trockenphase und kennzeichnen damit auch die systematischen Untereinheiten. Dies ist gleichzeitig entscheidend für die landwirtschaftliche Nutzung und daher auch Basis bei der Wahl von Intensität und Kombination meliorativer Maßnahmen.

Bisherige meliorative Eingriffe an Pseudogleyen in Jugoslawien

Die ersten agromeliorativen Eingriffe datieren aus jenem Zeitabschnitt, da man pseudovergleyte Böden noch als podsolierte Böden betrachtet. Nach *Todorovićs* (19) Konzeption der Veredlung des Ackerbodens wurde im Bereich von Kosowo (7, 1) während eines flachen Pflügens des Stoppelfeldes (10–12 cm) Kalk eingearbeitet. Beim zweiten Pflügen (auf 20–25 cm) wurde Stallmist eingepflügt und beim dritten Pflügen (auf 40–45 cm) Mineraldünger eingearbeitet, wobei der Schwerpunkt auf der Phosphorsäure lag. Zwecks größerer Bodenverbesserung wurde als erstes Klee-Gras-Anbau empfohlen.

Die positiven Resultate dieser Melioration in Serbien erklären wir durch das trockenere Klima in diesem Gebiet. Im westlichen feuchteren Gebiet und auf feuchteren Varianten des Pseudogleys waren gleiche oder ähnliche meliorative Maßnahmen nicht befriedigend. Nach Erkennen des Pseudogleys als eines besonderen Bodentyps begannen die Untersuchungen fast gleichzeitig in Nord-Bosnien (16, 2) und Kroatien (8). Bei diesen Meliorationen wurden zwei Haupteingriffe unternommen: tiefes Wenden des Bodens (40–100 cm) und ausschließliche Mineraldüngung, wobei die Dosen den chemischen Eigenschaften und dem gewendeten Volumen angepaßt wurden.

Die Einführung reiner Luzernesaat war ein besonderer Aspekt dieser Melioration in Kroatien (5, 9, 6).

Die Erfahrungen auf pseudovergleyten Böden des Flachlandes im feuchteren Teil des Landes und bei Auftreten einer langen Naßphase zeigten, daß die Bodenbearbeitung allein für die Regelung der Wasserverhältnisse nicht genügt, sondern mit hydrotechischen Eingriffen der Oberflächenentwässerung kombiniert werden muß. In diesem Sinne wurden komplexe Meliorationen in Kroatien und Nord-Bosnien unternommen (17, 10, 20) und andere, bei denen die einzelnen meliorativen Eingriffe den festgestellten Unterschieden zwischen den systematischen Untereinheiten angepaßt werden.

Eigene Forschungen

Wir werden unsere Erfahrungen mit den Meliorationen pseudovergleyter Böden an einigen Beispielen in Nordwest-Kroatien (Hercegovac und Vrbovec) und Nord-Bosnien (Cerovljani, Bosanska Gradiška) darlegen.

Die untersuchten Böden

Die wichtigeren Kenndaten der untersuchten Böden sind in Tabelle 1 aufgeführt. Die pseudovergleyten Böden in den untersuchten Gebieten sind zum größten Teil an mehrschichtige Ablagerungen eines karbonatfreien, lößähnlichen Materials gebunden, in wel-

Tabelle 1

Kennzeichnung der untersuchten Böden

Lokalität	Ausgangs-material	Relief	Bodentyp	Tiefe der Staunässesohle (cm)	Bodenart Wasserdurchlässigkeit (cm/sec) S_w (E, E_g)	Bodenart Wasserdurchlässigkeit (cm/sec) S_d (B_t, B_g)	Wasserhaushalt
Hercegovac	Kalkhaltiger Löß	Terrasse (Flachland)	Parabraunerde-Pseudogley	>30	schluffiger Lehm 10^{-4}	schluffiger Ton 10^{-5} im Löß 10^{-3}	kurze Naßphase
Vrbovec	Kalkfreie, lößähnliche Sedimente	hügelig, mäßige Hänge	schwacher bis mäßiger Pseudogley	35–70	schluffiger Lehm 10^{-4}	toniger Lehm 10^{-5}–10^{-6}	kurze Naß- oder gleich lange Naß- und Trockenphase
Cerovljani	Kalkfreie, lößähnliche Sedimente	Flachland, sehr mäßige Hänge	mäßiger Pseudogley	35–70	toniger Lehm 10^{-4}–10^{-5}	lehmiger Ton 10^{-5}–10^{-6}	gleich lange Naß- und Trockenphase
Cerovljani	Kalkfreie, lößähnliche Sedimente	Fast eben oder muldenartig	mäßiger bis starker Pseudogley	0–35	lehmiger Ton 10^{-5}–10^{-6}	lehmiger Ton 10^{-6}	gleich lange oder lange Naß- und kurze Trockenphase

chem auch morphologisch reliktartige Gebilde vertreten sind. Deswegen hat auch der „Staukörper“ selbst ein spezifisches Bodengefüge, das größere Dichte und geringere Wasserdurchlässigkeit bedingt. Wegen der angeführten Ursachen bezeichneten wir die Böden der Lokalitäten Vrbovec und Cerovljani als oligotrophe Hang- und Flachland-Pseudogleye rezent-reliktischen Ursprungs. Das Untersuchungsgebiet gehört nach *Bertović* (3, 4) und anderen verfügbaren Daten einem gemäßigten kontinentalen Klima an. Von Bosanska Gradiška nach Zagreb, d. h. von SE nach NW, steigt der Jahresniederschlag von 850 und 950 mm und fällt die Jahresmitteltemperatur von 11,5 auf 10,5 °C. Den Regenfaktoren nach *Lang* (74–90) entspricht nach *Mückenhausen* und *Zakosek* (11) eine schwache bis mäßige Durchfeuchtung. Bezeichnend sind auch die großen Schwankungen in den jährlichen Niederschlagsmengen im Bereich von Zagreb 1929–1961 (510–1200 mm) und die ungleichmäßige Verteilung während des Jahres mit einem stärkeren Herbst- und einem schwächeren Frühlings-Regen-Maximum. Kombiniert mit den edaphischen Faktoren bedingen die angeführten klimatischen Verhältnisse das Feuchteregime der untersuchten Lokalitäten.

Die Meliorationen und ihre Resultate

In Übereinstimmung mit den festgestellten Unterschieden zwischen den einzelnen Objekten wurden Maßnahmen verschiedener Intensität unternommen. Sie bewirkten in allen Fällen beträchtliche Ertragssteigerungen (s. Tabelle 2), die auch weiterhin anhalten. Beim Übergangstyp Parabraunerde-Pseudogley genügte (Lokalität Hercegovac) eine tiefere Bodenbearbeitung, um die ungünstigen Eigenschaften des verdichteten B_t-Horizonts zu beseitigen. Auch beim Hang-Pseudogley (Lokalität Vrbovec) wurden gute Resultate mit einer tieferen Bodenbearbeitung erzielt, da sie kombiniert mit dem natürlichen Gefälle des Geländes eine genügende vertikale und laterale Dränung sichert.

Beim Flachland-Pseudogley waren dagegen auch hydrotechnische Meliorationen notwendig (Lokalität Cerovljani, Bosanska Gradiska). Der Boden wurde rigolt bei gleichzeitiger Anlage von gewölbten Beeten und offenen Gräben. Auf diese Weise wurde nicht nur eine schnellere Oberflächenableitung des überschüssigen Niederschlagswassers gesichert, sondern auch die Speicherung größerer Mengen Winterfeuchte für die trockenwarme Periode des Jahres gefördert. Dies ist für unser Gebiet wichtig, da sich sonst der negative Einfluß der trockenen Perioden auf Boden und Pflanzen verstärkte. Durch anschließende Bodenuntersuchungen wurden auch allgemein günstigere Wasser-Luft-Verhältnisse in der gesamten bearbeiteten Schicht festgestellt. Durch das raschere Abtrocknen der Bodenoberfläche wurden die notwendigen Voraussetzungen für die Herbst- und Frühjahrsbearbeitung des Bodens geschaffen, aber auch die Bedingungen für die Bearbeitung mit schweren Maschinen (10). Auf der Lokalität Cerovljani werden beständig Ernterückstände (Getreide- und Maisstroh) eingearbeitet, wodurch die Wasserdurchsickerung in der mikrothermischen Periode des Jahres und der Meliorationserfolg gefördert wird, was durch mikrobiologische Untersuchungen festgestellt wurde (18).

Anschließend ist noch zu erwähnen, daß die einstmaligen Kleinparzellen in Cerovljani in große produktive Flächen übergegangen sind. An die Stelle von extensivem bäuerlichem Ackerbau auf etwa 150 ha und von Wäldern, Gebüschen und Wildnis ist eine moderne Landwirtschaft auf etwa 1500 ha Ackerland mit allen Attributen einer modernen Technologie getreten (10).

Tabelle 2

Meliorationsmaßnahmen und -ergebnisse

Lokalität	Tiefe der undurchlässigen Schicht	Eingriff und Tiefe	Mineraldüngung (kg/ha)	Folgefrucht	Kornertrag (dt/ha) vorher	nachher
Hercegovac	>30 cm	Rigolen	120 N	Winterweizen	28,0	44,5
		auf 65–70 cm	240 P_2O_5			
			100 K_2O			
Vrbovec	35–70 cm	Pflügen	130 N	Winterweizen	26,0	50,5
		auf 45–50 cm	144–209 P_2O_5			
			140–150 K_2O			
Cerovljani	35–70 cm	Pflügen	140 N	Winterweizen	14,0	31,2
		auf 50 cm	250 P_2O_5	Körnermais	22,5	56,7
		(Wölbacker) *)	180 K_2O		–	30,0
Cerovljani	<35 cm	Rigolen	120 N	Winterweizen	–	49,0
		auf 70 ± 5 cm	250 P_2O_5	Körnermais		
		(Wölbacker) *)	200 K_2O			

*) Baulazione im Sinne der italienischen Flurbereinigung

Schlußbetrachtungen

Man kann nachstehende Folgerungen ziehen: Man muß bedenken, daß die pseudovergleyten Böden Jugoslawiens sich in einem Raum befinden, der sich ökologisch von Mittel- und Nordeuropa beachtlich unterscheidet, was sich besonders nach der Melioration der pseudovergleyten Böden offenbart.

Die ersten agromeliorativen Maßnahmen auf unseren pseudovergleyten Böden gingen von der Annahme aus, daß es sich um podsolierte Böden handelt.

Systematische pedologische Untersuchungen gaben den meliorativen Eingriffen eine neue Richtung. Die Aussonderung der systematischen Untereinheiten des Pseudogleys verwies auf die Notwendigkeit, die meliorativen Maßnahmen dem Relief, den Bodenverhältnissen, dem Klima und der Pflanzenproduktion anzupassen.

Die von seiten der Autoren unternommenen Untersuchungen der pseudovergleyten Böden Kroatiens und Nord-Bosniens gaben ein Modell für Agro- und Hydromeliorationen. In Abhängigkeit von den systematischen Untereinheiten des Pseudogleys sind Unterschiede in der Intensität und in der Kombination der meliorativen Eingriffe empfohlen worden. Die meliorativen Eingriffe sind durch die erzielten Ernteerträge in der Praxis gerechtfertigt.

Literatur

1. *Babović, D.*: „Podzolasta zemljišta Kosmeta i mere njihove popravke" (Disertacija), Beograd, 1960.
2. *Bašović, M.*: „Uticaj obrade, mineralnih đubriva na produktivnost parapodzola sjeverne Bosne" (Disertacija), Sarajevo, 1963.
3. *Bertović, S.*: Feddes Repertorium, Band 78, Heft 1–3, Berlin, 1968.
4. *Bertović, S.*: Savjetovanje o Posavini, Poljoprivredni fakultet, Zagreb, 1971.
5. *Butorac, A.*:„Agrotehnička melioracija pseudogleja u sjeverozapadnoj Hrvatskoj s aspekta uvođenja lucerne" (Disertacija), Zagreb, 1967.
6. *Butorac, A.*, i *Mihalić, V.*: Savremena poljoprivreda, Broj 1–2, Novi Sad, 1971.
7. *Drezgić, P.*: „Zasnivanje oranice na podzolima i gajnjačama severne Metohije" (Disertacija), Beograd, 1956.
8. *Mihalić, V.*, *Škorić, A.*, i *Racz, Z.*: „Zemljište i biljka", No. 1–3, Beograd, 1963.
9. *Mihalić, V.*, and *Butorac, A.*: 8th Int. Congr. Soil Sci. Bucharest, 1964, II, 633–639.
10. *Mihalić, V.*, *Srebrenović, D.*, *Škorić, A.*, i *Racz, Z.*: Savjetovanje o Posavini, Poljoprivredni fakultet, Zagreb, 1971.
11. *Mückenhausen, E.*, und *Zakosek, H.*: Notizbl. Hess. Landesamt Bodenforschung 89, Wiesbaden, 1961.
12. *Neugebauer, V.*: „Zemljšte i biljka", No. 1–3, Beograd, 1958.
13. *Neugebauer, V.*, *Pavićević, N.*, *Vovk, B.*, *Filipovski, G.*, *Tanasijević, Đ.*, *Ćirić, M.*, *Kavić, Lj.*,
14. *Kodrić, M.*, i *Kovačević, P.*: „Pedološka karta Jugoslavije" (Pedologic Map of Yugoslavia), JDPZ, Beograd, 1959.
15. *Neugebauer, V.*, *Ćirić, M.*, i *Živković, M.*: „Komentar pedološke karte Jugoslavije", JDPZ, Beograd, 1961.
16. *Popović, Ž.*, i *Bašović, M.*: Agrohemija Nr. 7, Beograd, 1962.
17. *Srebrenović, D.*: „Hidrološke analize u okviru studije o hidro- i agromelioracijama PIK M. Stojanović, Bosanska Gradiška", Zagreb, 1968.

18. *Strunjak, R.:* Savjetovanje o Posavini, Poljoprivredni fakultet, Zagreb, 1971.
19. *Todorović, D. B.:* „O zasnivanju ornice s gledišta teorije i prakse", Beograd, 1957.
20. *Vlahinić, M.*: Savjetovanje o Posavini, Poljoprivredni fakultet, Zagreb, 1971.
21. Conference for genesis, classification and cartography soils of South-European countries: Referati, materijali za ekskurzij i zakljucci. JDPZ, Zagreb, Beograd (Tjurin, Gerasimov, Smith), 1958.

Zusammenfassung

Pseudovergleyte Böden sind in Jugoslawien weit verbreitet. Die zweckmäßigen Meliorationsmaßnahmen hängen von den speziellen Standortsverhältnissen ab. Bei schwacher Pseudovergleyung (mäßig lessiviertes lehmiges Material, mäßige Hanglage) genügt schon eine tiefere Bodenbearbeitung in Verbindung mit einer meliorativen Mineraldüngung für eine nachhaltige Verbesserung der Wasser : Luft-Verhältnisse und für eine entsprechende Ertragssteigerung. Bei oligotrophen, mäßig-stark entwickelten Pseudogleyen (lehmig-tonig, z. T. reliktisch, ebene Lage) sind außer Tiefumbruch Beetkultur und Vorflutregelung erforderlich. Diese Meliorationen sind die Voraussetzung für eine moderne Bodennutzung.

Summary

Pseudogleyic soils are wide spread in Jugoslavia. Suitable amelioration procedures depend on special site conditions: weakly developed pseudogleys (loamy material moderately eluviated rolling topography) need only deeper ploughing in connection with a mineral fertilization for lasting improvement of their water : air relations and for an increase of yield. With oligotrophic pseudogleys, moderately – strongly developed (loamy–clayey with relic features, level topography) bedding and shallow ditching to remove excess water in addition to subsoiling are necessary. Modern land use requires these meliorative procedures.

Résumé

Les sols pseudogley sont très répandus en Yougoslavie. Les mesures utiles pour une amélioration dépendent des conditions particulières de stations. Un pseudogley faible (sur matériel de lœss argileux médiocre, pente modérée) a besoin seulement d'une culture assez profonde du sol en relation avec une fumure minérale de base pour une amélioration efficace des proportions d'eau et de l'air, et pour une augmentation correspondante du rendement.

Chez un pseudogley oligotrophique et d'un développement moyen à fort (argile en partie relique, station plane) on a besoin non seulement du labour en profondeur mais aussi d'une culture en planche et d'une utilisation rationnelle des maries. Ces améliorations sont la condition préalable d'une utilisation moderne des sols.

Melioration der Pseudogleye in Ungarn

Von *P. Stefanovits* *)

Im westlichen Grenzgebiet des Landes ist bei 800 mm Niederschlag auf einer Fläche von 170 000 ha der Pseudogley vorherrschend. Wegen geringerer Fruchtbarkeit dieses Bodens ist hier die Melioration von großer Bedeutung.

Die Pseudogleye sind aus glacialem Lehm entstanden. Diese pleistozäne Ablagerung ist gleich alt wie der Löß, enthält aber mehr Ton und kein Carbonat, da er im Wald abgelagert wurde und verwitterte. So hatten sich mehrere Meter dicke Fragipan-artige Schichten gebildet, die von der Solifluktion noch umgelagert wurden. Schon die Wasserdurchlässigkeit des Gesteins ist gering, noch geringer jedoch die des daraus gebildeten Bodens, der nur 35 % GPV und nur 5 % grobe Poren hat. (Weitere Analysendaten s. Tab. 1.) Die Böden sind stark versauert und haben dementsprechend eine geringe Basensättigung (Tab. 1). Demzufolge ist viel bewegliches Eisen (Dithionit, EDTA) und Aluminium (NaOH, EDTA) vorhanden.

Aus Obigem geht hervor, daß sowohl die physikalische als auch die chemische Bodenmelioration gerechtfertigt ist.

Belák (1965) fand einen Hanfmehrertrag durch Tieflockerung (40–50 cm) von 6 % und durch Dränage (55–70 cm) plus Tieflockerung von 12 % gegenüber Normalpflügen. Bei Hafer war der Mehrertrag 30 % bzw. 37 %- während bei Hornklee nur die Untergrundlockerung einen Mehrertrag von 8 % ergab.

Eine Kalkung hat bei zahlreichen Versuchen gute Wirkung gezeigt. Nach Belák war die Ertragssteigerung bei verschiedenen Rotationen über 4 Jahre durch Rübenschlamm, Zementfabriks-Flugstaub, Torfkalk und gemahlenen Kalkstein (je 70 dt $CaCO_3$) gleich. die größte Wirkung hatte die Kalkung bei der Futterrübe (150 %), die geringste bei Weizen (etwa 10 %).

Bei Kombination der Kalkung mit Tieflockerung waren nach Belák (1966) die Ertragssteigerungen noch höher. Nach Nyiri (1965) wurde durch 90 dt/ha $CaCO_3$ unabhängig von der Tiefe der Bodenbearbeitung die hydrolitische Acidität um etwa 4–5 vermindert, jedoch nur in 0–30 cm Tiefe. Diese Verminderung bestand auch noch nach 3 Jahren. Das austauschbare Ca stieg um 7 mval, der Anteil der Mikroaggregate in 0–30 cm um 10 %.

Eine Düngung mit 7 dt/ha Kalkammonsalpeter führte zu 50 % Mehrertrag bei Weizen, 5 dt dieses Düngers plus 5 dt Superphosphat zu 70 % Mehrertrag (Belák 1962).

In Gefäßversuchen mit den 3 obersten 10 cm Schichten eines Pseudogleys konnte Pusztai (1965) durch Kalkung nirgends mehr als 10 % Mehrertrag bei Gerste erzielen, durch eine NPK-Düngung dagegen eine Verdreifachung des Ertrags. Dabei wurde der ursprüngliche Ertragsunterschied zwischen den 3 Schichten durch die Düngung auf ein Minimum reduziert.

*) Institut für Bodenkunde der Agrarwissenschaftlichen Universität Gödöllő, Ungarn

Tabelle 1

Analysendaten eines Pseudogleys.

Horizont	Tiefe/cm	Korngrößen Zusammensetzung (%) 1– 0,05	0,05– 0,02	0,02– 0,005	0,005– 0,002	< 0,002-	pH H_2O	Hydr. acid.	Austausch- acid.	Porenvolumen/Vol. % Gesam	Kap.	Grav.	T (mval/100 g)	V (%)	Fe_2O_3 (mg/100 g) Dith. 1	EDTA 2	Al_2O_3 (mg/100 g) NaOH 3	EDTA 4
A_0	0– 3	–	–	–	–	–	5,0	130	9,6	–	–	–	–	–	–	–	–	–
A_2	3– 20	10,2	35,9	31,0	11,4	11,4	5,8	27	16,2	41,4	36,2	5,2	19,9	5,5	850	139	800	86
AB	20– 40	12,7	27,3	30,4	8,6	22,0	6,0	18	15,2	33,2	31,6	1,6	17,6	15,4	1400	68	1600	76
B_1	40– 60	14,4	22,3	26,9	9,9	26,4	6,0	20	13,3	26,7	25,3	1,4	26,1	18,7	2100	256	2510	106
B_2	60– 80	15,7	21,1	22,7	10,3	30,2	6,0	15	7,2	24,1	23,4	0,7	33,0	24,1	3800	408	2780	45
C	80–120	11,2	18,2	21,4	11,2	38,0	6,0	11	1,0	20,2	18,8	1,4	42,6	58,9	4100	208	2080	97

1 Reduzierbares Eisen, nach Aguilera-Jackson,
2 EDTA-lösliches Eisen, nach Stefanovits,
3 Leichtlösliches Aluminium nach Foster,
4 EDTA-lösliches Aluminium nach Stefanovits.

Dies ist eine für die Wiederherstellung der Fruchtbarkeit von erodierten Flächen wichtige Feststellung, weil hier weder Kalkung noch Tieflockerung erfolgreich sind.

Auf Grund dieser Versuche wurde die Bodenmelioration für Pseudogleye in Westungarn geplant, die aus Düngung, Tieflockerung und Dränage besteht.

Der Meliorationsplan (Buzdor 1971) umfaßt 210 Gemeinden mit einer Fläche von 232 000 ha. Dabei übernimmt der Staat 70 % der Meliorationskosten und 50 % der Kalkungskosten, sowie die Kosten für organische und mineralische Düngung.

Zur Planung wird die Meliorationsbedürftigkeit zunächst im Maßstab 1 : 25 000 kartiert, dann ein komplexer Meliorationsplan 1 : 10 000 und später ein Betriebsentwicklungsplan erstellt.

Die Ausführung erfolgt in folgenden Phasen:

1. Wasserplanungs- und Objektbauarbeiten
2. Starke Kalkung
3. Rohrdränung, Maulwurfdränung, Tieflockerung, und Planierung
4. Stallmistdüngung, Mineral-Düngung, Gründüngung, schwache Kalkung
5. Grundteilung, Grünlandansaat und -verjüngung, Entstockung u. a.

Die Höhe der Kalkung wird auf Grund der Bodenuntersuchung wie folgt abgestuft:

Stufe	Kalkgabe (dt/ha $CaCO_3$)	Mittel	Größe des Gebiets (ha)
1	27–54	45	9 400
2	54–72	63	4 600
3	72–90	81	19 600
4	90–126	108	20 300

Dabei werden verwendet: Humusmoorkalk (ca. 30 % $CaCO_3$) auf ca. 10 % der Fläche, Scheideschlamm (ca. 40 % $CaCO_3$) auf ca. 15 % der Fläche, Moorkalk (ca. 55 % $CaCO_3$) auf ca. 10 % der Fläche und gemahlener Kalkstein (ca. 90 % $CaCO_3$) auf ca. 65 % der Fläche.

Außer betriebseigenem Stallmist werden torfige Fäkalien (180 dt/ha) verwendet. Zur Gründüngung wird die Sonnenblume verwendet (50 kg/ha, zwei Monate Kulturzeit), bei deren Unterpflügen 3,5 dt/ha Mischdünger (N : P = 3) eingebracht wird.

Die Größe der meliorierten Flächen einzelner Betriebe sind in Tabelle 2, die relativen Erträge Ertrage nach Melioration in Tabelle 3 aufgeführt.

Allgemein ergibt sich ein bedeutender Mehrertrag von Weizen, Gerste und besonders Hafer, aber auch der Ertrag des Grünlands ist gewachsen.

Die Entwicklung des Bruttoproduktionswertes ist aus Tabelle 4 ersichtlich. Die mittlere Zunahme der meliorierten Betriebe liegt um 81 % über dem Landesdurchschnitt.

Tabelle 2

Gesamtfläche und meliorierte Fläche (ha) in verschiedenen Betrieben

Ortschaft	Gesamt	Acker	Kalkung	Tief-lockerung	Dränung
Felsőmarác	1380	650	800	670	460
Egyházasrádóc	2230	1280	1140	960	355
Kondorfa	1740	580	910	395	355
Bajánsenye	1680	640	1175	345	170
Őriszentpéter	2170	965	1675	490	540

Tabelle 3

Relative Erträge in verschiedenen Betrieben (1964 = 100).

	1964 (dt/ha)	1965 %	1966 %	1967 %	1968 %	1969 %
Winterweizen						
Comitat Vas	20,3	76	108	125	132	125
Felsőmarác	12,3	82	113	142	132	180
Egyházasrádóc	20,1	64	120	127	131	138
Kondorfa	10,6	92	126	59	87	175
Őriszentpéter	14,6	75	114	83	167	181
Bajánsenye	14,7	74	152	146	171	158
Mais						
Comitat Vas	26,7	68	123	99	122	106
Felsőmarác	30,4	36	134	98	101	66
Egyházasrádóc	21,2	27	123	147	132	126
Kondorfa	26,9	19	108	84	103	46
Őriszentpéter	33,0	65	89	82	86	68
Bajánsenye	21,5	56	160	93	149	120
Hornklee						
Comitat Vas	36,8	107	145	89	83	117
Felsőmarác	31,4	126	119	112	109	184
Egyházasrádóc	34,8	102	185	61	70	124
Kondorfa	31,3	72	83	54	112	169
Őriszentpéter	36,5	100	106	69	89	107
Bajánsenye	40,0	126	156	147	79	133

Tabelle 4

Der Bruttoproduktionswert (m/Ft) der einzelnen Betriebe (n. Buzdor 1971)

Jahr	Felsőmarác	Egyházas-rádóc	Kondorfa	Őriszent-péter	Bajánsenye
1964	5 694	13 240	12 432	12 467	6 334
1965	5 234	10 216	7 511	10 798	7 811
1966	6 966	13 912	8 244	17 300	13 006
1967	10 119	17 247	10 215	18 287	15 439
1968	8 643	25 463	11 601	21 865	35 266
1969	10 589	30 312	12 667	21 372	21 693
Geplant:	11 325	16 911	–	13 500	9 237
% Zunahme im Vergleich zum Vorjahr:					
1965	92	77	60	87	123
1966	132	136	110	160	167
1967	145	124	126	106	119
1968	85	148	111	120	228
1969	123	119	109	98	61
1964 = 100	186	229	102	171	342
Geplant = 100	93	179	–	158	381

Literatur

Belák, S., I. Horváth, V. Szabó (1959): Növénytermelés, 8. No. 3. 231–250.

Belák, S. (1962): (Die Vorbedingungen und Hauptrichtlinien der landwirtschaftlichen Produktion in Großbetrieben auf den erodierten Waldböden in Westungarn.) Mg. Kiadó, Budapest.

Belák, S. (1965): MTA. Agr. Oszt. Közl. 24. No. 3–4. 361–370.

Buzdor, A. (1971): (Die Zusammenhänge der Melioration und der Wirtschaft der LPG-s in der Region „Őrség"). Doktori disszertáció. Agrártud. Egyetem. Gödöllő.

Nyiri, L. (1965): MTA. Agr. Oszt. Közl. 24. No. 3–4. 325–336.

Pusztai, A. (1965): MTA. Agr. Oszt. Közl. 24. No. 3–4. 373–385.

Stefanovits, P. (1963): (Die Böden von Ungarn.) 2. Aufl. MTA. Akad. Kiadó, Budapest.

Stefanovits, P. (1966): (Die Eigenschaften der pseudogleyartigen braunen Waldböden mit besonderer Rücksicht auf die Bodenbearbeitung.) Talajtermékenység. 1. 137–151.

Stefanovits, P. (1971): Brown Forest Soils of Hungary. Akad. Kiadó, Budapest.

Zusammenfassung

Im westlichen humiden Teil Ungarns finden sich in einem Bereich von 170 000 ha vorherrschend Pseudogleye. Infolge geringer Produktion auf diesen Böden ist die Melioration in jenem Areal von ebenso großer Bedeutung wie im ganzen Land. Meliorationsversuche sind in den landwirtschaftlich genutzten Gebieten seit mehr als 10 Jahren im Gang. Aus den Versuchen und den durchgeführten Maßnahmen wird deutlich, daß die Anwendung von $CaCO_3$, Tieflockerung, Dränung, Bodenerhaltung und Düngung unabhängig voneinander nicht wirksam ist. Nur eine vollständige Melioration kann höhere Erträge sicherstellen, wie sich an 5 Farmen gezeigt hat, die aus einem 230 000 ha großen Areal ausgewählt worden waren.

Summary

In the western humid part of Hungary an area of 170 000 ha is dominated by pseudogleys. Because of low production in these soils amelioration is of great importance in this area as well as in the whole country. Amelioration experiments have been going on in the cultivated land for more than 10 years. From experiments and practical experience it is clear that the application of $CaCO_3$, deep cultivation, drainage, soil conservation and fertilizing alone are not effective. Only a complete amelioration can guarantee higher yields as demonstrated on 5 farms chosen from a 230 000 ha area.

Résumé

Dans le territoire humide à l'ouest de l'Hongrie se trouvent des pseudogleys en prédominance sur une région de 170 000 hectares. En raison de la faible productivité de ces sols, l'amélioration de cette région offre la même importance que dans le reste du pays. Des essais d'amélioration dans les contrées agricoles sont en train depuis plus de dix annèes.

A la suite des efforts et des mesures prises il apparaît, qu'une application de $CaCO_3$, un ameublissement profond, un drainage, un entretien du sol et une fertilisation indépendants l'un à l'autre restent sans influence.

Une amélioration complète peut seule assurer des récoltes supérieures, comme on l'a montré dans 5 fermes, qui ont été choisies sur une surface de 230 000 hectares.

Salt Movement in Three Representative Saline- Alkali Soil Profiles in Çumra Area — Konya Aslım Bataklığı — Turkey

By *İ. Akalan* *)

Introduction

The Great Konya Basin which is surrounded by high mountain is situated about 250 km south of Ankara at an altitute af 1000–1050 meter above sea level. Salinity, alkalinity, high water table, drainage and wind erosion are among the features making this region highly interesting for the study of agronomy and soils. Most of the above mentioned problems were studied by several investigators. We studied the salt content in three representative soil profiles under the natural conditions and determined the relationships between electrical conductivity and salt concentration of the saturation extract.

Topography

The great Konya basin is a large flat plain into which several small rivers and streams are flowing. The Konya plain is pan-shaped and nearly flat over the greater part of its surface. In detail, it has irregularities, namely: steep slopes and flat terraces along the boarders of the plain, elongated sand ridges, alluvial fans and shallow depressions.

Three important marshy shallow depressions ar found within the Konya plain where surface water may collect during part of the year or high ground-water level occurs. In the Hotamiş swamp no high ground-water table is observed. The reason for the marshy conditions is attributed to the inflow of surface water from the Çarşamba river and the irrigation waste water. The marshy conditions of Arapçayiri and Aslim depressions are caused by the existance of a high ground-water table as a result of the ground-water flow conditions.

Geology

The Konya basin can be characterized as a structural basin which has been filled with different types of sediments of tertiary and quarternary ages. The greater part of this sedimentary mass is from the surrounding mountains which consists of palaezoic limestone and shists, upper cretaceous limestone and serpentine. Neogene sediments consisting of fresh water limestone, marl and clay occur along the southern and western border of the plain. It is assumed that the greater part of the limestone has been formed in situ as a chemical or biological precipitation from the neogene lake water. The most probable cause of the drying out of the lake is a climatic change to more arid conditions at the end of the pleistocene and the beginning of the holocene. Various clastic sediments can be distinguished in the Konya basin. These range from coarse gravel to clay. An examination of the general

*) Ziraat Fakültesi Toprak Kürsüsü, Ankara, Turkey.

sediment distribution reveals a rather complex arrangement of these sediments. However, finer sediments, clay and silty clay, characterize the greater part of the basin. There is a tendency toward finer sediments in the direction toward the plain.

According to pollen analysis carried by Dr. *B. Polak* approximate ages of six lacustrine deposits, determined on fossil shells are between 10,950 ± 6 and 32,350 ± 410 years.

Climate

The climate is typical semi-arid. The annual rainfall does not exceed 250 mm and is almost evenly distributed over autumn, winter and spring. The months of July and August are practically without rainfall. A distinct warm and dry summer is followed by a cold and relatively humid winter. Warm and dry summer results in a rather high evaporation rate, up to about 6 mm per day. By comparing precipitation and evaporation data (cf. Fig. 1) it is obvious that irrigation is an absolute necessity to grow summer crops.

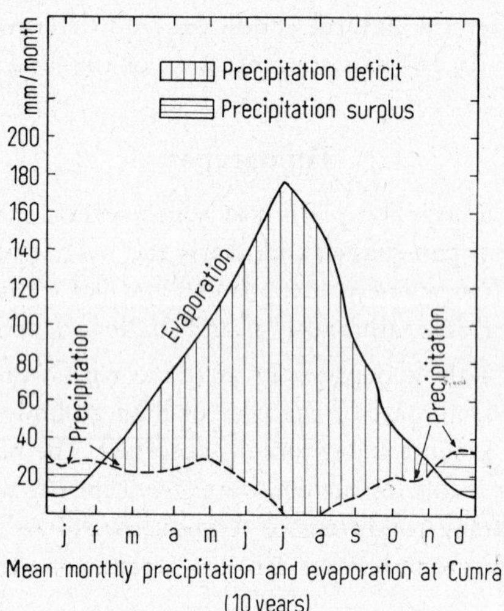

Mean monthly precipitation and evaporation at Cumra (10 years)

Figure 1

Agriculture

Agriculture in the Konya plain is mainly conditioned by the restrictive climatic conditions. These are the occurance of frosts, as late as the end of April and as early as the beginning of October; and the low variable precipitation, especially during the period from April to October. The choice of crops is therefore limited to cereals.

According to DSI survey in 1962 about 32 % of the area is fallow and approximately 17 % is permanent pasture land because of wet and saline conditions. About 42 % of the cultivated land is under cereals; 3 % under vegetable crops and fruit trees; 2.5 % under melons; 2.5 % under sugar beets; and nearly 1 % alfalfa.

The yearly irrigated area is about 25,000 ha. Cereals again is the most important crop with 70 %. The other crops are: sugar beet with 10 %, vegetable crops and fruit trees with 10 %, melons with 5 % and alfalfa with 5 %.

Materials and Methods

Three selected saline-alkali soil profiles in Çumra area under natural conditions were described in detail according to the scheme and instruction of the soil survey manual. Soil samples were collected from each horizon for testing the salinity. Next to each profile 25 m^2 smooth area with square shape has been marked. Each square divided into 25 smaller squares. From each of the small squares 6 soil samples from each 20 cm segments has been taken once in every 15 days in Summer and every 30 days in Winter months of the years 1969–1970. Soil samples were analysed according to Agricultural Handbook No. 60.

Results

The first profile represents an external flooded saline-alkali soil formed in a shallow depression in which the surface run-off water is collected from the surrounding area (fig. 2a). After the water has evaporated, the salt crust consisting of sodium sulphate and sodium chloride formed, in which several types of salt efflorescence, can be distinguished.

The electrical conductivity of the saturation extract of the top soil of the above mentioned profile has increased from July 1, 1969 to September, 1969. At the beginning of September, 1969, it had reached to a maximum (33.91 mmhos/cm it 25 °C). In July and August 1969 only 0.3 mm rain was recorded. During this period some of the salts in the lower layers might have been carried up by capillary water. – The values of the surface layer began to decrease after the middle of September due to rain and stayed almost stable between November and December due to snow cover on the ground and a somewhat constant precipitation and evaporation ratio. Winter snow thaws in February and March and releases large amounts of water which cause erosion on the slopes and considerable flooding near the center of the Basin. – After March 15, 1970, the electrical conductivity began to increase again possibly because of increasing evaporation. Especially in April, drought anr warm and dry southernly winds increased the evaporation.

The total electrical conductivity figures increased from July, 1969, to September, 1969, and stayed almost constant within September and October. It decreased somewhat in winter months, increased again between March 15, 1970, and April 15, 1970, and decreased after April 15, until May 15. In June, 1970, again some increase was measured. The salinity of the subsoil did not vary considerably. In the external saline-alkali soils a surface salt crust decreases further salinisation considerably because of decreased evaporation. This external saline-alkali soil can be reclaimed by leaching after intercepting the surface run-off water flowing to this area.

In the profile 2 (fig. 2b) which is entirely saline-alkali throughout its profile, electrical conductivity increased from July 1, 1969, to the first half of April 1969, decreased in autumn and winter months and increased again from March 15, 1970, to June, 1970. The cause of salinisation of this profile is the high undergroaund water which flows from higher areas near the basin fringes towards the center.

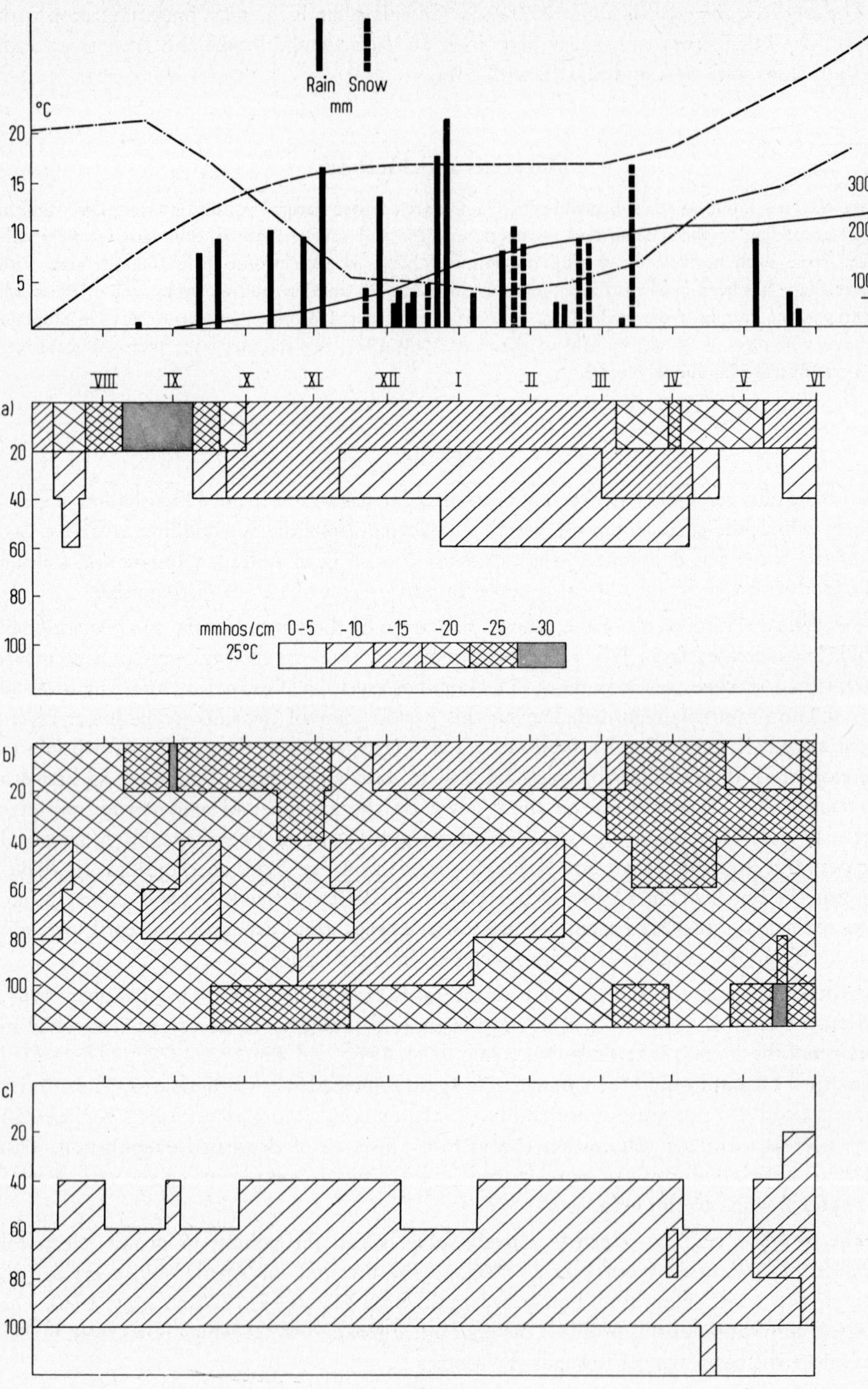
Rain Snow
mm
°C
20
15
10
5
150
125
100
750
500
250
300
200
100
VIII
IX
X
XI
XII
I
II
III
IV
V
VI
a)
20
40
60
80
100
mmhos/cm 0-5 -10 -15 -20 -25 -30
25°C
b)
20
40
60
80
100
c)
20
40
60
80
100

Figure 2

Profile 3 (fig. 2c) is an internal saline-alkali soil, which is high in clay throughout its horizons. Strong blocky and columnar structures occur in this profile. Structural units are separated by the wide cracks reaching down to 50–60 cm. These cracks serve as natural drainage chanals which prevent the upper layers from salinisation. The cause of the internal salinity of this profile is the high ground water level which leaks out from the main irrigation canal. The electrical conductivity of the upper 60 cm did not vary considerably during the investigation period. The total electrical conductivity on the other hand increased in the summer months. The soil which supports a vigorous grass vegetation can be made normal field soil after intercepting the canal leaks and making an effective drainage system.

From the analytical data of the profiles the relationships between electrical conductivity and total salt concentration of the saturation extract has been investigated and a positive correlation ($r = 0.98^{++}$) has been found. The regression equation was $Y = 2.12 + 0.054\,X$. By using this equation one can estimate the salt concentration of the saturation extract from the electrical conductivity data.

References

Akalan, İ.: Typical saline and saline alkali hydromorphic alluvial soils of Central Anatolia. Yearbook of Faculty of Agriculture, 1962. p. 51–69.

Akalan, İ.: Karapınar rüzgâr erozyon sahası hakkında bir rapor. Toprak su dergisi No: 28, p. 2–14, 1968.

Akalan, İ.: Characteristics of some salt affected Soils of Konya and Çumra areas. A. Ü. Ziraat Fakültesi Yayınları No. 434/262, 1971.

Alagöz, H.: Çumra sulama alanında çoraklaşma sebepleri ve giderilme yolları. A. Ü. Ziraat Fakültesi yayınları No. 68 çalışmala 33, 1955.

Çuhadaroğlu, D.: Aslım bataklığının ıslahı ve ziraatte kullanılma imkanları üzerinde araştırmalar. Yeni Kitap Basımevi-Konya, 1966.

de Meester, T.: Soils of the Great Konya Basin, Turkey 1970; Centre for Agricultural Publishing and Documentation, Wageningen, 1970.

de Meester, T.: Highly calcareous lacustrine soils in the Great Konya Basin, Turkey; Center for Agricultural Publishing and Documentation, Wageningen, 1971.

Drissen, P. M., and *de Meester, T.*: Soils of the Çumra area, Turkey; Center for Agricultural Publishing and Documentation, Wageningen, The Netherland, 1969.

Groneman, A. F.: The soils of the wind erosion control camp area Karapınar-Turkey; Agricultural University Wageningen, The Netherland, 1968.

Janssen, B. H.: Soil Fertility in the Great Konya Basin, Turkey 1970; Centre for Agricultural Publishing and Documentation, Wageningen, 1970.

Kessler, J., and *de Ridder, N. A.*, et al.: Water management studies in the Çumra irrigation area. FAO Report No. 1975 to the government of Turkey, FAO, Rome, Italy, 1965.

Soil Survey Staff: Soil Survey Manual, 1951.

U.S. Salinity Laboratory Staff: Diagnosis and improvement of saline and alkali soils. Agricultural Handbook No. 60, U.S.D.A., 1953.

Ziba, A.: Konya Aslım Bataklığı topraklarının Tuzlulaşma sebepleri ve ıslah imkanları üzerinde bir araştırma. Ankara Üniversitesi, Ziraat Fakültesi, Toprak Kürsüsünde hazırlanan doktora tezi. Basılmadı, 1967.

Summary

The electrical conductivity of the saturation extract from three representative saline-alkali soil profiles around the Çumra irrigation area, was examined during one year (1969/70). It generally increased from July to September, decreased in between the autumn and winter months due to higher precipitation and lower evaporation and increased again after March with the increasing evaporation. Natural precipitation did not leach the soluble salts from the soil profiles effectively, and they remain saline.

A positive correlation ($r = 0.98^{++}$) between electrical conductivity and salt concentration has been found. The regression equation was $y = 2.12 + 0{,}05\ X$.

Résumé

La conductibilité electrique d'un extrait de saturation de trois profils de sols salines-alcalins à l'entourage du terrain d'irrigation de Çumra a été examinée pendant un an (1969/70).

Elle montait généralement de Juillet jusqu'au Septembre, et tombait pendant les mois d'automne et d'hiver, à cause d'une arrosion élevée et une évaporisation diminuée, et montait de nouveau après le mois de mars avec le déssèchement montant. Une arrosée naturelle ne rincait pas assez efficace les sels solubles des profils du sol. Ils retaient salines.

Une rélation positive ($r = 0{,}98^{++}$) entre la conductibilité electrique et la concentration de sel a été constatée. L'équation de régression était $y = 2{,}12 + 0{,}05\ X$.

Zusammenfassung

Die elektrische Leitfähigkeit des Sättigungsauszuges aus drei charakteristischen salin-alkalischen Bodenprofilen um das Bewässerungsgebiet von Çumra wurde ein Jahr hindurch (1969/70) überprüft. Sie stieg allgemein von Juli bis September an, fiel innerhalb der Herbst- und Wintermonate wegen des höheren Niederschlags und geringerer Verdunstung und stieg nach dem März wieder mit der steigenden Verdunstung. Natürlicher Niederschlag wusch die löslichen Salze nicht wirksam aus den Bodenprofilen aus; sie bleiben salin. Eine positive Relation ($r = 0{,}98^{++}$) zwischen elektrischer Leitfähigkeit und Salzkonzentration wurde festgestellt. Die Regressionsgleichung war $y = 2{,}12 + 0{,}05\ X$.

Report on Topic 4.1: The Reclamation Requirements of Hydromorphic Soils[1])

By *Ir. Staicu* *)

The gleyic and pseudogleyic soils appear under very diverse environmental conditions. The reclamation methods must be different also. In the session mainly soils with a temporately perched water table, i. e. pseudogleys, were stressed. The goal of reclamation or improvement of these soils is to have continuously a normal proportion of water and air in the root zone, to increase the proportion of bases and finally to increase the volume occupied by roots of cultivated plants.

In order to choose the best methods of reclamation or improvement of soils and to get the best results it is an absolute necessity to know exactly the environmental conditions: climate (quantity of annual rainfall, monthly distribution, intensity of rains, evapotranspiration etc.); soil (mainly depth of the impervious or otherwise unfavorable layer, which requires the determination of texture, bulk density, permeability for water and air, pH, content of mobile Al, Fe, Mn etc. of each horizon); relief (slope, its length, steepness, exposure, intensity of erosion etc.) and cultivated plants (root system, transpiration ratios, growing period, time of seeding etc.).

In the zones with 550—800 mm mean annual rainfall for a lasting beneficial influence of drainage, deep plowing, deep loosening, heavy application of lime, manure and fertilizers besides these treatments in the first year deep rooted plants (like alfalfa, sugar beets, forage beets etc.) must be cultivated. The roots of these plants penetrate deep in to the soil and keep it permeable for water and air.

It is very advisable to use the gentle slope occuring on pseudogleyic soils for evacuating of the surface water: by plowing, seeding and hoeing in the right direction of these slopes. Concerning the nitrification and denitrification processes in the climate conditions more nitrate is formed in permeable soils than in pseudogleyic ones due to differences in the relations between water and air, in temperature, pH etc. Large amounts of nitrate are washed down but small amounts are found in the impermeable layers of cultivated pseudogleys. It is quite possible that due to the favourable denitrification conditions (especially lack of air and presence of soluble organic matter washed from top layers), large quantities of nitrate are reduced to simpler forms, as nitrite, ammonium and free nitrogen.

In the salt marsh soils bordering the sea with water rich in sulphate this is changed by biological processes in sulphide where the oxidation potential is less than 100 mV. Sulphide formation requires much stronger reducing conditions than gleying and the two processes should be regarded as quite distinct. After reclamation of the salt marsh the oxidation potential increases to over 140 mV and the sulphide is oxidized producing

*) Institute of Agronomy "N. Bălcescu", Bucarest, Roumania.

[1]) The paper of *İ. Akalan* was not read.

ferric hydroxide and sulphuric acid which reacts with calcium carbonate to form gypsum.

In the moist zone with 1250 mm annual rainfall with acid soils, having a weak structure, plastic consistency and highly impervious subsoils (silt and clay over 70 %), rooting is largely restricted to the upper 15 cm. In these conditions the soils support a grassland with hygrophilic species and dairying is the traditional method of land utilisation. Therefore the main problem to be solved is the improvement of herbage production in order to increase the bearing capacity. Using the best strains of grass plants (especially Lolium perenne and Trifolium repens) and using fertilizers gives earlier seasonal growth and increases the fertility. Establishment of a sward after deep plowing, resulting in the subsoil exposed on the surface, slow and careful management is required for one or two years afterwards. The quickest method of establishment of a sward is by surface seeding.

Can the physical properties of a gleyed soil be improved by alfalfa cultivation?

By *Ir. Staicu**) and *I. Borcean***)

It is well known that alfalfa has a deep root system and on loessial soils its roots can reach a depth of 6—8 m after three years of cultivation.

Can alfalfa roots penetrate the clay horizons of pseudogley soils to improve their permeability? That is the question we tried to answer after three years of experiments (1968—1970).

Materials and methods

The experiments were carried out on a brown podzolic (lessivé) pseudogley soil from the South-Western Romania described in Figure 1. The pH values were 4,51 (A_1), 4.21 (A_2), 4.0 (A_3B), 4.18 (B_1), 5,05 (B_2) and 5.70 (B_3).

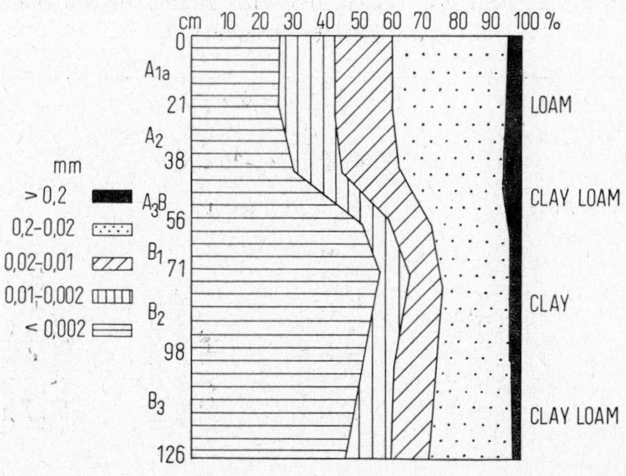

The alfalfa can not thrive on very acid and poor soils and thus lime and fertilizers were applied (1, 2, 4, 5, 7, 9, 12, 13, 14). The experimental design for the field experiment was a splitplot with four replications. Main plots: plowed at 28–30 cm and 48–50 cm deep. Subplots: unlimed, limed to 75 percent of the hydrolitical acidity (H. a.), limed to 150 percent of the hydrolitical acidity, and sub subplots: no fertilizers, N_{64}, $N_{64}P_{48}$, $N_{64}P_{48}K_{40}$, 20 t manure/ha and 20 t manure + $N_{64}P_{48}K_{40}$/ha.

*) "N. Bălcescu" Agricultural College, Bucharest, Romania.

**) Agricultural College, Timişoara, Romania.

At the same time 18 soil monoliths (limit to 150 percent of hydrolitical acidity, fertilized and manured as in the field experiment) cultivated with alfalfa were separated for root examination. Every year 6 soil monoliths were examined.

The hydrolytical acidity was determined with 1 n CH_3COONa solution, pH-value of 8.3–8.4 (3). The pH was determined in KCl-soil suspension with glass electrode (8). The exchangeable bases were determined with CH_3COONH_4 (10). The infiltration rate (rate of unsaturated flow) was determined using a metal cylinder of 100 cm^2 and 20 cm long, introduced to 5 cm depth into the soil (6). The roots from 0–30 cm, 30–50 cm, 50–100 cm layers of soil were recorded yearly (11).

Results

Lime, fertilizers and manure applied in 1968 have brought in subsequent years important changes on soil properties and have been of considerable influence on alfalfa growth (Tab. 1).

The pH in the A_1 horizon is improved due to application of lime. The hydrolytical acidity decreased and the amount of exchangeable bases increased. Lime, fertilizer and manure not applied alfalfa disappeared from the field plots and from soil monoliths,

Table 1
The chemical changes occured in 1970 after application of lime, fertilizers and manure in 1968, and the yields obtained in the field plots cultivated with alfalfa (brown podzolic pseudogley soil, South-Western Romania)

Soil properties and yield	1968	1970				
		Plowed at 28—30 cm				Plowed at 38—40 cm
	Control	Limed to:				
		75 % H. a. No fertilizers and manure	75 % H. a. $N_{64}P_{48}K_{40}$ + 20 t manure/ha	150 % H. a. No fertilizers and manure	150 % H. a. $N_{64}P_{48}K_{40}$ + 20 t manure/ha	150 % H. a. $N_{64}P_{48}K_{40}$ + 20 t manure/ha
	0—20 cm					
pH_{KCl}	4.5	5.25	5.01	5.34	5.5	5.45
Hydrolitical acidity (H. a.) me/100 g soil	3.28	2.34	2.55	2.07	2.25	2.54
Exchangeable bases me/100 g soil	7.82	13.93	14.11	13.91	15.71	15.38
Average yield of alfalfa (1968—1970) (Dry matter kg/ha)	86	3328	5697	4065	7469	10 173

Table 2

The growth of roots and stems of alfalfa (dry matter in kg/ha [% of total]) cultivated on monoliths of a brown podzolic pseudogley soil after application of lime, fertilizers and manure in 1968

Treatments	1968 alfalfa roots taken from cm:					1969 alfalfa roots taken from cm:					1970 alfalfa roots taken from cm:					Average stems
	0—30	30—50	50—100	Total	Stems	0—30	30—50	50—100	Total	Stems	0—30	30—50	50—100	Total	Stems	1968—1970
1. Control	1027 (92.1)	88 (7.9)	—	1115	728	—	—	—	—	—	—	—	—	—	—	243
2. Limed to 150 H. a. + N_{64}	3992 (91.7)	360 (8.3)	—	4352	2923	4935 (81.4)	514 (18.5)	614 (10.1)	6063	7647	5124 (76.7)	678 (10.2)	875 (13.1)	6677	7 727	6112
3. Limed to 150 H. a. + $N_{64}P_{48}$	3276 (90.6)	338 (9.4)	—	3614	2080	5360 (85.4)	341 (5.4)	576 (9.2)	6277	8095	5521 (76.4)	724 (10.0)	983 (13.6)	7228	8 794	6323
4. Limed to 150 H. a. + $N_{64}P_{48}K_{40}$	3489 (91.3)	334 (8.7)	—	3823	2428	5192 (85.5)	363 (6.0)	492 (8.2)	6048	8010	5346 (76.8)	716 (10.2)	944 (10.5)	7006	9 112	6516
5. Limed to 150 H. a. + 20 t manure/ha	4456 (92.4)	366 (7.6)	—	4822	2996	5506 (86.5)	449 (7.0)	412 (6.5)	6368	8187	5727 (78.5)	872 (12.0)	700 (9.5)	7299	10 310	7164
6. Limed to 150 H. a. + $N_{64}P_{48}K_{40}$ + 20 t manure/ha	3916 (91.3)	373 (8.5)	—	4289	3220	5567 (87.5)	406 (6.4)	384 (6.1)	6357	9581	5897 (77.4)	794 (10.4)	932 (12.2)	7623	11 649	8150

H. a. — Hydrolitical acidity; N_{64} — 200 kg NH_4NO_3/ha; P_{48} — 300 kg $Ca(H_2PO_4)_2$/ha; K_{40} — 100 kg KCl/ha.

Table 3

The infiltration rate of water (cm/sec) at various depths of brown podzolic pseudogley soil plowed at 28—30 cm and 38—40 cm after three years of alfalfa cultivation and application of lime, fertilizers, manure before planting

Treatment	Plowed at 28—30 cm cm depth of soil sampling				Plowed at 38—40 cm cm depth of soil sampling			
	0—5	21—26	38—43	71—76	0—5	21—26	38—43	71–
1. Control	5×10^{-5}	7×10^{-5}	5×10^{-5}	3×10^{-5}	—	—	—	–
2. Limed at 75 % H. a. + $N_{64}P_{48}K_{40}$ + 20 t manure/ha	—	—	—	—	2×10^{-4}	8×10^{-5}	8×10^{-5}	5 ×
3. Limed at 150 % H. a. + $N_{64}P_{48}K_{40}$ + 20 t manure/ha	5×10^{-5}	6×10^{-5}	7×10^{-5}	5×10^{-5}	2×10^{-4}	9×10^{-5}	9×10^{-5}	5 ×

H. a. — Hydrolitical acidity; N_{64} — 200 kg NH_4NO_3/ha; P_{48} — 300 kg $Ca(H_2PO_4)_2$/ha; K_{40} — 100 kg KCl/ha.

after one year of cultivation. The alfalfa growth was satisfactory only due to lime application. There is a marked influence of fertilizers and manure on the growth of alfalfa especially in the plots limed to 150 percent H. a. The highest yield of alfalfa 10,173 kg dry matter/ha (average yield 1968—1970) was obtained under the combined influence of deep plowing, high qantities of lime, fertilizers and manure.

The alfalfa grown on soil monoliths (Tab. 2) behaved much the same as the alfalfa grown in the experimental plots. The total weight of alfalfa roots from soil monoliths increased as a result of the application of lime, fertilizers and manure. The roots of alfalfa found in the first year of cultivation 1968, extended down to 50 cm depth. In the following two years (1969 and 1970) the roots penetrated down to 100 cm depth. The proportion of roots in percentage of dry matter weight decreased every in the layer of 0—30 cm (91.3—92.4 % in 1968, 81.4—87.5 % in 1969 and 76.3—78.5 % in 1970), but increased in the layer of 50—100 cm (6.1—10.1 % in 1969, 9.5—13.5 % in 1970). The total amount of dry matter of roots in the 0—100 cm layer increased every year in all treatments except the control plot where alfalfa plants disappeared after the first year of cultivation. The highest quantities of dry matter of roots in the 0—100 cm layer developed as the result of the combined influence of lime (150 % H. a.), fertilizers and manure are: 4289 kg/ha in 1968, 6357 kg/ha in 1969 and 7623 kg/ha in 1970. Alfalfa developed a strong root system in the first year of cultivation compared with the growth of stems. The ratio roots vs. stems in the first year (1968) was > 1, in the following years (1969, 1970) < 1. The highest yield of alfalfa (8150 kg stems dry matter/ha [1968—1970]) was obtained under the combined influence of lime (150 % H. a.), fertilizers and manure.

The growth of the roots into the lower horizons improved soil permeability. The infiltration rate increased in all soil horizons after three years of alfalfa cultivation (Tab. 3).

At the depth of 38—43 cm the infiltration rate was 9×10^{-5} cm/sec where fertilizers, manure and lime (150 % of the hydrolitical acidity) were applied and 5×10^{-5} cm/sec where no lime, fertilizers and manure were applied. At the next depth (71—76 cm) the infiltration rate was 5×10^{-5} cm/sec and 3×10^{-5} cm/sec resp.

References

1. *Asborov, M.* and *Moldavanova, E. H.*: Izv. Akad. Nauk Tadjik SSR. Otdel. Biol. Nauk, URSS (1966).
2. *Hanson, R. G.* and *Gregor, J. M.*: Agron. J. **58,** 1 (1966).
3. *Kappen, H.*: Intern. Bodenk. Ges. Verhandl. II. Komm. (1927).
4. *Lathwell, D. J.*: Plant Food Rev. **12,** nr. 1 (1966).
5. *Meredith, H. L.* and *Patrick, W. H.*: Agron. J. **53,** (1961).
6. *Müntz, M., Faure, M.* et *Lainé, M.*: Annales de la direction de l'hydraulique et des améliorations agricole, nr. **33** (1908).
7. *Nyri Laszlo*: Növenytermeles Tom **16,** nr. 1 (1967).
8. *Obrejanu, Gr.,* şi colab: Editura Academiei R. S. România (1964).
9. *Pop, M.*: Probleme agricole, nr. 7 (1967).
10. *Schollenberger, C. J.* and *Simon, R. H.*: Soil Sci. **59** (1945).
11. *Schuurman, J. J.* and *Goedewagen*: Methods for the examination of root system and roots. M.A.J. (1965).
12. *Taylor, H. M.* and *Brunett, E.*: Soil Sci. **98** (1964).
13. *Van Keuren, R. W.*: Plant Food Rev. **13/1,** S.U.A. (1967).
14. *Wittsel, L. E.* and *Hobbs, J. A.*: Agron. J. **57** (1965).

Summary

A brown podsolic pseudogley soil from South-Western Romania, treated with lime, fertilizers and manure, was ploughed to 28–30 cm and 48–50 cm and planted with alfalfa. In the same experimental field 18 soil monoliths were separated for root examination. It was supposed that alfalfa roots will penetrate deeply into the soil and will improve the permeability of clay horizons of the pseudogley soil. – Lime was the decisive factor of alfalfa growth. Without lime the alfalfa disappeared after one year of cultivation, whereas on limed plots its growth was very satisfactory. – The proportion of roots decreased every year in the 0–30 cm layer but increased in the 50–100 cm layer. Growth and root development as well as infiltration rate were greatest in the limed, fertilized, manured, and deepley ploughed plots.

Zusammenfassung

Ein brauner podsoliger Pseudogley in SW-Rumänien wurde nach Kalkung, Mineral- und Stallmistdüngung bis 28—30 und 48—50 cm tief gepflügt und mit Luzerne bebaut. Gleichzeitig wurden 18 Bodenmonolithe für Wurzeluntersuchungen hergestellt. Man nahm an, daß die tief eindringenden Luzernewurzeln die Durchlässigkeit der tonigen Horizonte verbessern würden. Die Kalkung stellte den entscheidenden Faktor für den Luzernewuchs dar. Ohne $CaCO_3$ starb die Luzerne schon im ersten Jahr ab, während ihr Wachstum bei Kalkung befriedigend war. — Der Anteil der Wurzeltrockensubstanz verringerte sich jährlich in 0—30 cm, erhöhte sich aber in 50—100 cm Tiefe. — Luzernewuchs, Wurzelentwicklung und Versickerungsrate waren am höchsten in den Parzellen, die sowohl gekalkt, mineralogisch und organisch gedüngt als auch tiefgepflügt worden waren.

Résumé

La Luzerne a été cultivée sur un sol brun podzolique à pseudogley dans la partie Sud-Ouest de la Roumanie, après avoir appliqué $CaCO_3$, des engrais chimiques et organiques et labouré à 28 à 30 cm et 48 à 50 cm. – Dans le même champ expérimental on a séparé 18 monolithes de sol pour l'examen des racines. On a supposé que les racines de la luzerne pénétreront profondément dans le sol et amélioreront la perméabilité des horizons argileux du sol à pseudogley. Les amendements calcaires sont le facteur décisif dans la croissance de la luzerne. Dans les parcelles et les monolithes où on n'a pas appliqué des amendements calcaires, la luzerne a péri après la première année, cependant elle a été très satisfaisante là où on a appliqué les amendements calcaires. La proportion de racines décroissait annuellement dans la couche de 0 à 30 cm, mais augmentait dans la couche de 50 à 100 cm. – La meilleure croissance de la luzerne, développement des racines et rapidité d'infiltration ont été observés dans les parcelles où on a appliqué $CaCO_3$, des engrais chimiques et organiques et labouré profondément.

A Soil Mixing Reclamation Technique on a Pseudogley in North Central Ireland

By *J. Mulqueen**)

Introduction

The pseudogley**) soils at Ballinamore are stratified into essentially two layers, a topsoil (the A1 horizon) with a mean depth of about 15 cm and a subsoil (the A_2, B and C horizons) of great depth compared with the topsoil. Some physical data on the soil are shown in Table 1.

Table 1 shows that the topsoil has a high organic matter content and a high porosity while the subsoil has a low organic matter content and is somewhat compacted. The volumetric moisture content of the subsoil at pF 2 indicates that the subsoil has poor intrinsic drainage properties. Because of the shallowness of the topsoil relatively low

Table 1
Some physical properties of pseudogley soils near Ballinamore

Depth (cm)	Org. Matter (%)	Bulk density (g/cc)	Porosity (%)	H_2O by vol. (%) pF 2.0	H_2O by vol. (%) pF 4.2	H_2O by wt. (%) pF 2	Pl. Limit (% H_2O)
0 — 3	19.0	0.35	80	55	—	157	—
0 — 8	14.0	0.75	70	50	26	93	90
15 — 30	1.5	1.20	52	42	20	35	33

rainfall can result in waterlogging unless effective drainage is installed. The subsoil is always plastic. The soil contains 42% silt and 37% clay in 0—20 cm. The topsoil especially has low mechanical strength and stability when wet because of its high content of organic matter, silt and clay. In the wet condition movement of cattle and machines over the soil results in poaching and puddling. The moisture content of the subsoil at saturation (37%) in the undisturbed state lies within the plastic range but is nearer the plastic limit than the liquid limit (45%). The subsoil has a higher shear strength than the topsoil in the plastic range.

Table 2 shows that there is a rapid decline in soil fertility with depth. There is a high organic matter content in the shallow topsoil and this results in the development of a

*) An Foras Taluntais, Ballinamore, Co. Leitrim, Ireland.

**) Pseudogley is defined here as a gley formed on drumlin landscape as a result of impeded drainage and poor aeration caused by heavy texture and poor structure.

Table 2
Chemical status of Ballinamore pseudogley soils*)

Depth (cm)	Org. Matter (%)	Nitrogen (%)	Total P (ppm)	Available**) (ppm) P	K	Mg
0 — 3	19	.76	771	11	322	150
3 — 5	30	.69	791	18	143	150
5 — 8	15	.65	700	13	85	105
8 — 13	12	.57	625	14	51	85
13 — 15	9	.45	483	4	41	85
15 — 20	4	.23	333	3	25	65
20 +	1	—	—	—	—	—

*) Sampled site received no fertiliser in the previous 5 years.
**) Extracted with Morgan's reagent.

weak crumb structure. The organic matter in the subsoil is very low and as a result of this the subsoil is plastic and structureless.

In the wet growing seasons of 1965 and 1966 it was observed that a field (Field 9) which had been through a rotation of barley (1960), potatoes (1961) and ley (1962) was resistant to poaching. The poaching was measured after each grazing and was characterised by the surface relief of the ground (2). The surface area occupied by hoof marks and the mean depth of hoof marks were estimated. In late May 1966 the mean area under hoof marks and the mean depth of hoof marks were 2% and 3.0 cm on Field 9 compared with 5% and 7.1 cm on an adjacent field under the same stocking intensity and with a similar slope (2). A vigorous grass – clover sward had developed on Field 9 by 1964. In 1967 the field was examined and sampled to determine the reasons for its good mechanical properties. It was discovered that some of the subsoil had been mixed with the topsoil to a depth of about 23 cm during the tillage cultivations. The structure was a crumb structure and the soil was non plastic to the depth of the plough layer. As compared to an adjacent uncultivated field the organic matter content in the surface layer had been reduced by about 27% in the 0—8 cm layer (Table 3) as a result of mixing in of the subsoil. This reduction in organic matter was accompanied by an increase in bulk density and plasticity index. The increase in bulk density in the 0—3 cm

Table 3
Some physical properties of cultivated (C) and uncultivated (U) profiles

Depth (cm)	State	Org. Matter (%)	Bulk density (g/cc)	Plastic Limit (% H_2O)	Liquid Limit (% H_2O)	Plasticity Index (% H_2O)
0 — 8	C	10.7	0.95	64	106	42
	U	14.6	0.75	91	112	21

layer was about 80%. The increase in bulk density resulted in an increase in the shear strength. By 1967 some evidence of profile differentiation was observed; the bulk of the root mass was confined to the 0—3 cm layer and some organic matter was already accumulating in this zone. These results suggested that an improvement in the mechanical strength of the Ballinamore pseudogleys migth be achieved by an admixture of the subsoil with the topsoil without going through a tillage rotation. The evidence of organic matter accumulation suggested that the ploughing and admixture might have to be repeated periodically. Evidence from chemical analyses (Table 2) and experience with bulldozed soil suggested that grass growth on ploughed up subsoil without an admixture of topsoil would be poor for some years because of its unfavourable physical and chemical properties. This was confirmed in other experiments running concurrently (1, 4).

Objects and Methods

The object was to develop a technique to achieve an admixture of the plastic subsoil with the topsoil without going through a tillage rotation. Essentially the problem was to devise a means of ploughing and cultivation to achieve this. Two methods of ploughing to a depth of about 23 cm were tried viz. single — stage and multiple — stage ploughing and two types of cultivation were tested viz. discing and rotavation. Both mounted and tandem disc hardows were used.

Results and Discussion

In single — stage ploughing a 23 cm deep sod was partly inverted by a bar point deep digger plough. This resulted in an off — vertical stratification of the topsoil and subsoil. There was about 15 cm of subsoil and 8 cm of topsoil and much of the topsoil was buried under the plough sod. Very little pulverisation resulted from the ploughing due to the plastic nature of the soil. It was therefore decided to let the soil go through a number of drying wetting cycles to encourage disintegration of the soil by shrinkage and slaking. However the drying — wetting cycles only reduced the plasticity of the sod to a depth 3 cm in from the surface. The interior of the subsoil sod and the portion covered over by the adjacent sod remained plastic and it was impossible to mix the subsoil and topsoil. Some of the more fertile topsoil was buried and lost beneath the main furrows and could not be incorporated. Neither the disc harrowing nor rotavation could incorporate the plastic subsoil. This system produced a new topsoil composed almost entirely of subsoil with its low organic matter content and high bulk density

Table 4

Herbage growth (kg/ha) on ploughed and undisturbed grassland

Year	1965	1966	1967	1968
Ploughed	4765	3642	4320	7770
Undisturbed	8285	6060	5400	9910

(1.28 g/cc). Herbage production from experimental plots treated in a manner similar to that just described show that yield was substantially reduced on the ploughed plots as a result of the unfavourable phyical and chemical properties of the subsoil (Table 4) (1, 4).

In the multiple — stage ploughing, the ploughing and mixing were achieved in three stages i.e. by ploughing to about 15 cm, 19 cm, and finally to 23 cm. After each ploughing, the plough sod was allowed to go through a drying — wetting cycle and then mixed when the soil was dry. In this way it was possible to achieve a fair degree of incorporation of the subsoil with the topsoil.

Rotavation seemed to be the best method of incorporation. It was difficult to maintain a sharp edge on the disc harrow because of stones and the harows then tended to compact. More harrowings than rotavatings were required to achieve the same degree of incorporation. Hard clods of subsoil with a bulk density as high as 1.70 g/cc and a moisture content as low as 6.3 % (by oven-dry weight) were not broken by the cutting crushing action of the disc harrows. It seemed that the impact pulverisation of the rotavator was more effective in achieving incorporation. Some clods, however, remained unincorporated after each cultivation even with rotavation.

When the cultivations were completed a seeds mixture of 15 kg/ha Perennial Ryegrass and 2 kg/ha White Clover was sown and lightly chain-harrowed in. The area was then rolled. A good sward of perennial ryegrass/white clover developed. Production was low in the first year after sowing but recovered in the 2nd year (3). Supplementary mole drainage is required to obtain maximum benefit from the sown sward. About 4.5 ha were cultivated in the manner outlined. The soil itself was variable due to bulldozing, fence levelling and drainage. Where there was little topsoil herbage production has continued to remain low. This is particularly true where fences were levelled.

Conclusions

A process was developed to dilute the organic matter rich topsoil with subsoil by ploughing and cultivations. It seemed that ploughing in three stages was necessary to insure a fair degree of incorporation. The drying-rewetting cycle was essential to destroy the plasticity of the subsoil and to slake the hard clods formed on drying. The process results in a field with a fairly level surface. The first ploughing may be carried out in Autumn but little benefit is to be expected from winter freezing and thawing as in every second year of the period 1963—1969 there was no frost on any day of the year at a depth of 5 cm. It is possible that two ploughings may suffice. Supplementary mole drainage is desirable and there is some evidence that organic matter accumulation in the surface layers will recur. The process is time consuming and has not yet been economically evaluated.

References

1. *Galvin, J.*: Soils Div. Res. Rep., An Foras Taluntais, Dublin, 1965.
2. *Gleeson, T.*: Priv. communication.
3. *Grubb, L. M.*: Priv. communication.
4. *Jelley, R. M.*: Soils Div. Res. Rep., An Foras Taluntais, Dublin, 1966, 1967, 1968.

Summary

The pseudogley soils at Ballinamore consist of a topsoil of about 15 cm thick and a subsoil of great thickness. Over 70 % of the topsoil and subsoil consists of silt and clay. The topsoil has about 14 % organic matter and a high porosity (70 %). The subsoil is very low in organic matter, is always plastic and is compacted. There is a rapid decline in fertility with depth and the soil suffers from impeded drainage and poor aeration. In the wet condition the topsoil is easily poached and puddled by livestock and machine traffic. A process was developed to dilute the organic rich topsoil by mixing in subsoil to increase the bearing capacity of the topsoil. The process consisted of ploughing in three stages to depths of about 15, 19, and 23 cm. After each ploughing, the plough sod was allowed to go through a drying wetting cycle to disintegrate the soil. The soil was then mixed. It seemed that rotavation was the best method of soil mixing. A good sward of perennial ryegrass/white clover developed on the ploughed ground. Supplementary drainage is required.

Résumé

Les pseudogleys à Ballinamore sont composés d'une couche de surface avec un épaisseur d'environ 15 cm, et un sous-sol d'une grande puissance. Plus de 70 % de la couche de surface et du sous-sol se composent de limon et d'argile. La couche de surface contient à peu près 14 % de matière organique et possède une grande poreusité (70 %). Le sous-sol est très pauvre en matière organique, et surtout plastique et compact. La fertilité diminue rapidement avec la profondeur et le sol souffre d'un mauvais drainage et d'une mauvaise aération.

A l'état humide, la couche de surface est légèrement égratignée et détrempée par le piétinement des troupeaux et des machines agricoles. Une méthode a été développée de délayer la couche de surface organiquement riche, en la mélangeant avec le sous-sol, pour augmenter la fertilité de la couche de surface. La méthode consistait dans un labour en trois tranches jusqu'à des profondeurs d'environ 15, 19 et 23 cm.

Après chaque labour la zone travaillée pouvait parcourir un cycle sec-humide pour l'ameublissement du sol. En suite on mélangeait la terre. La rotavation semblait être la meilleure méthode pour un mélange du sol. Une bonne récolte de trèfle blanc perenne a été obtenue sur le sol travaillé. Un drainage supplémentaire est recommendé.

Zusammenfassung

Die Pseudogleye in Ballinamore bestehen aus einem Oberboden, der etwa 15 cm dick ist, und einem Unterboden von großer Mächtigkeit. Über 70 % des Oberbodens und Unterbodens bestehen aus Schluff und Ton. Der Oberboden hat etwa 14 % organische Substanz und eine starke Porosität (70 %). Der Unterboden ist sehr arm an organischer Substanz, ist durchweg plastisch und verdichtet. Mit der Tiefe sinkt die Fruchtbarkeit rasch ab, und der Boden leidet an Staunässe und geringer Durchlüftung. In feuchtem Zustand ist der Oberboden leicht aufgerauht und aufgeweicht durch Viehtritt und landwirtschaftliche Maschinen. Ein Verfahren wurde entwickelt, den organischen reichen Oberboden zu verdünnen durch Hineinmischen von Unterboden, um die Fruchtbarkeit des Oberbodens zu steigern. Das Verfahren bestand im Pflügen in drei Abschnitten bis zu Tiefen von etwa 15, 19 und 23 cm. Nach jedem Pflügen konnte die Ackerscholle einen trocken-feuchten Zyklus durchlaufen zur Auflockerung des Bodens. Dann wurde der Boden gemischt. Fräsen erschien als die beste Methode der Bodenvermischung. Ein guter Bewuchs von überwinterndem Raygras/weißem Klee entwickelte sich auf dem gepflügten Boden. Zusätzliche Dränung wird angestrebt.

Travaux Amélioratifs sur Sols argileux-illuviaux au Nord de la Plaine Roumaine

Par *C. Nicolae, Gh. Cremenescu, O. Stănescu, C. I. Florescu* *)

Importance du problème

Dans le but d'établir un système plus indiqué pour les travaux sur sols argileux-illuviaux, afin d'améliorer leur régime hydrique, on a effectué des expériences à Albota-Argeş sur un sol podzolique exogleyque, de même qu'à Scorniceşti-Olt sur sol Smonitza.

Le régime non-approprié de l'eau sur ces sols est dû aux plus importants facteurs suivants :
– teneur en argile élevée et augmentant vers le bas 30 à 60 % pour le premier type de sol, et pour le second 46 à 56 % ;
– microrelief plan, souvent dépressionnaire, sur les plus grandes surfaces ;
– répartition mensuelle des précipitations irrégulières (maxima pendant les mois de novembre–mars et de mai–juin et minima à la fin de l'été et pendant la première moitié de l'automne).

Naturellement, nous voyons apparaître des périodes à excès temporaire d'humidité au printemps ou de forte sécheresse du sol en hiver. Les travaux d'ensemencement et d'entretien des cultures se font avec difficulté et retard et les plantes souffrent presque régulièrement de ces calamités.

Les méthodes classiques de réglage du régime hydrique, le drainage et l'irrigation sont chères, difficiles à entretenir-étant en permanence sujets à l'enlisement (le drainage), et en ce qui concerne l'irrigation, on ne peut assurer l'eau nécessaire.

Les travaux que nous avons expérimentés, bien que ne résolvant pas complètement le problème, contribuent à son amélioration. Ils concernent le modelage du terrain en vue de l'écoulement de l'eau en excès et son ameublissement profond, afin d'emmagasiner l'eau nécessaire pour les périodes de sécheresse.

Méthode de travail

Les expériences effectuées sur les deux types de sol mentionnés ont eu en vue l'évacuation de l'eau en excès grâce à des travaux de modelage du sol (Albota), et par la mobilisation profonde on a cherché la capacité d'emmagasinage chez les deux types de sol, en contribuant en même temps à la réduction de l'excès d'eau à la surface.

Afin d'atteindre ce dernier but, on a employé des variantes avec ameublissement du terrain à différentes profondeurs, avec retournement du sillon ou travaux de sous-solage. Les travaux profonds de défoncement ont amené à la surface de l'argile et des matériaux non désirés tels que l'aluminium mobile, le fer ou le manganèse bivalents (4) et ont emmagasiné une trop grande quantité d'eau dans le sol, retardant les travaux d'ensemencement au prin-

*) Institut Central de Recherches Agricoles, Bucarest, Romania

temps par l'impossibilité de l'entrée sur le terrain des outillages agricoles. Pour l'ameublissement de la terre en profondeur, sans aggraver ces avantages nous avons utilisé l'ameublissement partiel du sol (par bandes) à intervalles de 140 cm avant les travaux de base. La profondeur à laquelle nous avons pu travailler avec nos moyens (tracteur S-65 et un dispositif d'ameublissement adapté à la charrue PPS-65) a été de 55 cm. La distance entre les bandes avait été établie antérieurement par voie expérimentale. Cette méthode est utilisée aussi sur le plan mondial (9) en employant un outillage qui ameublit le sol à de plus grandes profondeurs, en répandant en même temps sur profil des engrais et des amendements.

Résultats obtenus

Pour l'écoulement de l'eau en excès, problème qui se pose surtout pour le blé, on a exécuté à Albota des labours en crêtes. Les résultats (tableau n° 1) montrent que les bandes d'une largeur de 16 m ont donné la plus grande augmentation de récolte, particulièrement pendant l'année la plus riche en précipitations (1970). La réussite de la méthode étant en fonction de l'intégration du travail dans un système de desséchement avec fossés et canaux, qui puissent recueillir et évacuer l'eau du terrain. Ceci a été assuré dans notre expérience.

Dans les zones qui se trouvent plus au Sud du territoire, où les pluies sont faibles, le nivellement du terrain et le tracement de sillons profonds avec la charrue après l'ensemencement, dans la direction des petites pentes du terrain, aident l'écoulement de l'eau.

Les travaux d'ameublissement profond ont été exécutés sur les deux types de sols. Sur le *sol podzolique exogleyque* on a étudié, dans un premier cycle expérimental, l'influence des travaux d'ameublissement sur la production de maïs pendant la première année après leur exécution. L'accroissement de récolte en moyenne sur les trois années d'expérience (1965–1967) était 4,1–6,3 q/ha en fonction de la fertilisation appliquée au sol. Cela a été dû à l'emmagasinement de l'eau en grandes quantités, ce qui a amené une plus grande résistance des plantes à la sécheresse et la pénétration en profondeur du système radiculaire, qui s'est développé mieux dans le cas de l'ameublissement profond, en bandes (7).

En étudiant l'effet prolongé pendant le deuxième cycle (1968–1970) sur les fumures de fond initiales de fumier, on a obtenu de même des résultats satisfaisants (tableau 2).

Tableau 1

Influence des labours en crêtes en 1968–1970

Nr. crt.	Genre de labour	Production de blé q/ha	%
1.	Plan	21,1	100
2.	Bandes larges de 8 m	24,1	114 *
3.	Bandes larges de 16 m	28,9	137 ***
4.	Bandes larges de 24 m	23,0	109
5.	Bandes larges de 32 m	22,1	105

DL 5 % = 2,8, 1 % = 4,1, 0,1 % = 5,7 q/ha

Tableau 2

Influence des labours profonds sur la production en 1967–1969 et en 1970 sur le sol Podzolique exogleyque

Profondeur des labours (cm)	Maïs 1967 q/ha	%	1968 q/ha	%	1969 q/ha	%	Blé 1970 q/ha	%
30	25,6	100	17,4	100	39,8	100	23,8	100
Ameubli 50/50	32,0	125 *	24,8	143 ***	47,9	121 ***	24,9	104
Défoncé	27,0	106	32,3	185 ***	34,0	85 ooo	12,6	53 ooo
DL 5 %	1,9		2,5		2,3		2,9	
DL 1 %	2,8		3,7		3,4		4,4	
DL 0,1 %	4,2		5,9		5,5		6,3	

Tableau 3

Influence des travaux profonds effectués initialement sur la Production en 1968–1970 sur le sol podzolique exogleyque

Nr. crt.	Travaux	1968 maïs graines q/ha	%	1969 blé graines q/ha	%	1970 trèfle foin q/ha	%
1.	Labour 20 cm (Mt)	26,4	100	16,2	100	53,5	100
2.	Ameubli 55/140 cm	31,0	117 ***	22,8	141 ***	85,2	159 ***
3.	Défoncement à 60 cm	36,2	137 ***	21,8	130 **	66,1	124 ***
	DL 5 %	1,9		3,4		3,6	
	DL 1 %	2,7		4,6		4,8	
	DL 0,1 %	3,7		6,4		6,4	

On voit que l'effet de l'ameublissement a disparu pendant la quatrième année après le sous-solage. On observe de même que pendant les années humides, le défoncement total a un effet négatif, ce qui a été constaté par d'autres auteurs aussi.

En ce qui concerne l'effet prolongé de l'ameublissement, dans la rotation maïs-blé-trèfle, les résultats inscrits dans le tableau 3 mettent en évidence ce qui suit :

– pendant l'année de sécheresse (1968), l'accroissement maximum de récolte a été obtenu dans les labours de complet défoncement ;

– l'ameublissement partiel a réalisé de plus importants accroissements de récolte pendant les autres années ;

– toutes les cultures ont profité de l'effet positif de l'ameublissement profond du sol.

Sur le *sol de type Smonitza,* ces travaux ont été appliqués pour la première fois en 1970, une année très humide. On constate du tableau 4 que les plus riches accroissements de

Tableau 4
Influence des travaux profonds sur la production en 1970 sur la Smonitza

Nr. crt.	Variante		Blé		Maïs	
			q/ha	%	q/ha	%
1.	Témoin labouré	20 cm	7,6	100	12,9	100
2.	Défoncement	50 cm	12,2	161 ***	9,2	71 °
3.	Défoncement	40 cm	13,8	182 ***	11,2	87
4.	Labourage	30 cm	9,5	141 *	10,3	80
5.	Double pulvérisation à disques		9,6	141 *	10,6	82
6.	Ameubli 45/60 + laboure 20 cm		23,4	308 ***	20,3	157 ***
7.	Ameubli 45/60 + pulverisation à disques		19,9	261 ***	18,0	139 **
8.	Ameubli 55/140 + labouré 20 cm		24,9	315 ***	26,1	202 ***
9.	Ameubli 55/140 + pulverisation à disques		18,4	242 ***	20,3	157 ***
	DL 5 %		1,9		2,9	
	DL 1 %		2,8		4,8	
	DL 0,1 %		3,7		8,9	

production ont été obtenus chez le blé et le maïs, dans l'ameublissement profond en bandes, du sol, lorsque ces travaux ont été suivis d'un labour normal.

Les labours profonds, avec retournement du sillon, n'ont pas présenté d'accroissement de récolte, à cause de l'excès d'humidité formé au fond du sillon. Les travaux de préparation du terrain sans labour, par pulvérisation à disques seulement, ont presenté le désavantage que l'eau est restée stagnante à la surface. De même, dans ce cas, le terrain a été envahi par les mauvaises herbes, même lorsque la pulvérisation par disques a été effectuée à l'endroit même qui a reçu avant les travaux d'ameublissement en profondeur. Les productions plus faibles obtenues chez le maïs sont dues à l'impossibilité du binage à temps de la culture, à cause des pluies abondantes pendant la période de l'entretien des cultures (231,5 mm).

Discussions

Les accroissements de production obtenus dans le cas de l'ameublissement profond du sol sans retournement ou mélange des horizons sont dus à :

a) L'amélioration du régime hydrique du sol par emmagasinage d'une grande quantité d'eau, par drainage de l'eau en profondeur et stagnation à la surface de l'humidité qui n'a pas pu être emmagasinée et par l'évaporation, à cause d'un labourage de surface qualitativement supérier aux autres.

b) L'ameublissement profond du sol, qui a facilité la pénétration des racines en profondeur.

c) L'élimination des effets négatifs du défoncement total, car, grâce à l'ameublissement sans retournement du sillon, on a évité l'apport à la surface de l'argile et des combinaisons chimiques indésirables.

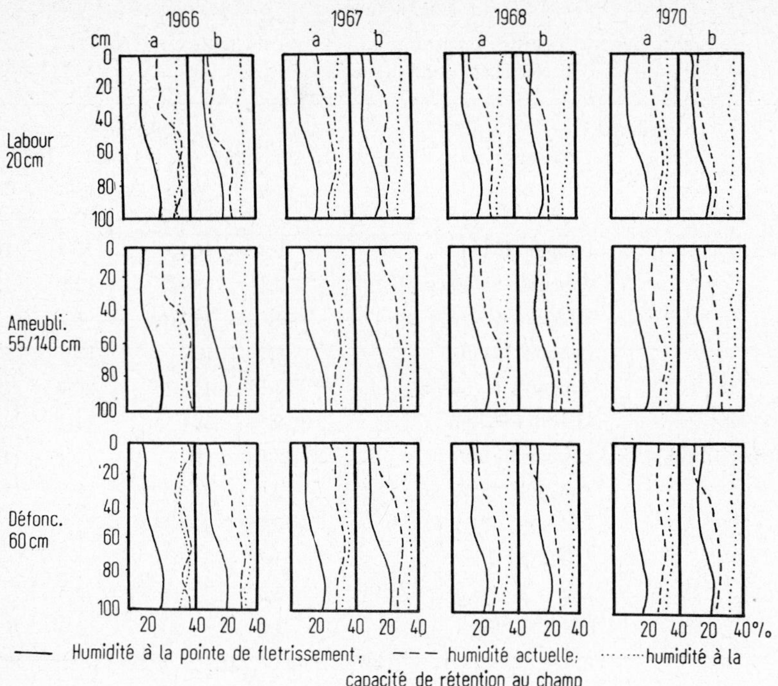

Figure 1

Amélioration du régime de l'eau

Il résulte de la figure 1 que la variante labourée à la profondeur de 20 cm n'a pas réussi, pendant aucune des années, à assurer la réserve d'eau nécessaire aux plantes au niveau du développement des racines.

Dans le cas de l'ameublissement profond du sol, sans retournement du sillon, l'eau s'est emmagasinée en plus grande quantité en profondeur, en créant ici des provisions qui n'ont pas baissé au-dessous du point critique de l'eau utile. De même, étant donné qu'on n'avait pas effectué un ameublissement total en profondeur, l'eau en excès est restée à la surface, d'où elle s'est écoulée vers les endroits plus bas ou bien elle s'est évaporée.

Dans le cas du dèfoncement total, mécanique, à la charrue balancière, où on fait le mélange des horizons, les travaux n'ont pu être exécutés qu'à une profondeur de 45–50 cm, à cause du tassement exagéré du sol à cette profondeur. Dans cette situation un excès d'humidité dans le sol a été crée pendant la première partie de la période de végétation, tant à la surface qu'en profondeur, et pendant la période de sécheresse on n'a pas assuré l'eau nécessaire aux plantes. Ce fait explique les différences de production entre la variante ameublie par défoncement total et celle à ameublissement partiel.

Accroissement du système radiculaire

Les racines des plantes se sont développées d'une manière différente, en fonction de l'ameublissement du sol et de la fertilisation (tableau 5). Des différences importantes ont

Tableau 5

Influence des travaux sur le système radiculaire du maïs en 1965–1967 sur le sol podzolique exogleyque

Variante		Racines			
Fumure	Travaux	1965		1967	
		q/ha	%	q/ha	%
Non fertilisé	Labour 20 cm	5,4	100	10,8	100
	Ameubli 55/60 cm	7,5	140 *	12,9	120 *
	Défoncé 60 cm	6,0	111	8,5	79 °
N_{100}	Labour 20 cm	8,1	100	13,3	100
P_{70}	Ameubli 55/60 cm	13,5	165 ***	20,2	159 ***
	Défoncé 60 cm	10,9	134 **	11,1	84 °
30 t/ha fumier + $N_{35}P_{35}$	Labour 20 cm	7,2	100	11,1	100
	Ameubli 55/60 cm	12,0	166 ***	15,8	143 ***
	Défoncé 60 cm	9,8	136 **	11,9	107
	DL 5 %	1,8		1,8	
	DL 1 %	2,3		2,5	
	DL 0,1 %	3,2		3,5	

été constatées aussi en ce qui concerne la diffusion du système radiculaire, dans le cas de l'ameublissement du sol, la masse radiculaire pénétrant en profondeur.

Conclusions

Dans les conditions du sol podzolique exogleyque d'Albota-Argeş, et de la Smonitza de Scorniceşti-Olt, les travaux amélioratifs ont réalisé les résultats suivants :

1. Les labours en crêtes, d'une largeur de 16 m, dirigées dans le sens des petites pentes du terrain et l'évacuation de l'eau par fossés et canaux adaptés à ce but, a augmenté la récolte chez le blé de 7,8 q/ha. La méthode n'est pas utilisée en pratique, parce qu'elle présente des difficultés pour la mécanisation des travaux.

2. Le dêfoncement total (45–50 cm) a donné des accroissements de récolte pendant les années de sécheresse (14,9 q/ha) mais il a réalisé des baisses de production pendant les années pluvieuses (–5,8 q/ha).

3. L'ameublissement partiel, en bandes, du sol (55 cm) suivi d'un labour annuel normal (20 cm), a amené des accroissements de récolte pendant toutes les années (6,6 q/ha chez le blé, 4,6 q/ha chez le maïs et 31,7 q/ha chez le trèfle).

4. Répétée dans les conditions du sol de type Smonitza de Scorniceşti-Olt, pendant l'année extrêmement pluvieuse 1970, l'expérience concernant l'ameublissement profond du sol est arrivée à des conclusions encore plus évidentes. L'accroissement de production de la variante ameublie partiellement a dépassé le témoin chez le blé de 17,3 q/ha, et chez le maïs de 13,2 q/ha.

5. En nous basant sur les résultats obtenus, l'expérience s'étend dans la production sur des dizaines de milliers d'hectares de sols argileux-illuviaux.

Bibliographie

1. *Berindei, M.*, et coll.: Probleme Agricole Nr. 1, 1965.
2. *Cremenescu, Gh.*: Probleme Agricole Nr. 8, 1965.
3. *Dan, A.*, et coll.: Agrotehnica solurilor podzolice din nord vestul Cîmpiei Române – Ed Agrosilvică, 1961.
4. *Iancu, M.*, et coll.: Cercetări privind lucrările ameliorative pe solurile brune podzolite din regiunea Argeş – Ed. Agrosilvică, 1968.
5. L'institut « Fr. Schiller » Jena: Feld- und Laboratoriumsversuche für Pseudogley-Boden, Albrecht-Thaer-Archiv 4, 1964.
6. *Lungu, I.*: Probleme Agricole Nr. 11, 1965.
7. *Nicolae, C.*: Lucrări ameliorative ale solului acid-argilos de la Albota-Argeş. Simpozionul Internaţional « Lucrările de bază ale solului », Bucureşti, 1970.
8. *Teaci, D.*, şi *Nastea, St.*: ICCA, Analele secţiei de pedologie, XXXI, 1963.
9. *Schulte-Karring, H.*: Die Unterbodenmelioration. Ahrweiler, R.F.G., 1968.

Résumé

Dans une région à superficies étendues à sols lourds, à horizon B profond et imperméable, à excès d'humidité au printemps et à étés secs, on a expérimenté plusieurs variantes de défoncement du sol jusqu'à 50 cm de profondeur. On a obtenu des résultats optimum par le défoncement du sol en bandes, combinées à un réseau réduit de drainage extérieur. Les résultats seront vérifiés sur de vastes superficies, pilote, en conditions habituelles de production agricole.

Zusammenfassung

In einem großen Gebiet schwerer Böden mit tiefem, undurchlässigem B-Horizont und Feuchtigkeitsüberschuß im Frühjahr sowie trockenen Sommermonaten untersuchten wir mehrere Varianten der Bodenbearbeitung bis zu 50 cm Tiefe. Die besten Ergebnisse erzielten wir durch Bodenumbruch in Streifen in Verbindung mit einem nicht zu tiefliegenden Drännetz. Die Ergebnisse werden unter Praxisbedingungen auf großen Flächen, Pilotstationen, geprüft.

Summary

In a region with great areas of heavy soils, with a deep and impervious B horizon, with moisture excess in spring and droughty summers, several soil break up treatments were experimented, up to 50 cm depth. Best results were obtained by breaking up in stripes, combined with a summary outer drainage system. The results will be checked on big, pilot areas, under usual conditions of agricultural production.

Untersuchungen über die Melioration von pseudovergleyten Parabraunerden und Pelosolen durch Dränung, Maulwurfsdränung, Tieflockern und Tiefpflügen

Von *W. Zwicker**)

Einleitung

Die in der Schichtstufenlandschaft Nordwürttembergs auf Verebnungen z. B. aus geringmächtigem Löß über wasserundurchlässigen Tonsteinen des Lettenkeuper entstandenen Pseudogleye oder die aus Tonen des Unteren Lettenkeuper entstandenen Pelosole erbringen bei mittleren Jahresniederschlägen über 800 mm nur geringe und minderwertige Erträge bei erschwerter Bearbeitbarkeit.

In diesen Böden ist es nötig, überschüssiges Oberflächen- und austretendes Schichtwasser durch Dränung zu beseitigen. Die Dränungen (Abstand 8—12 m, 2000 ha/Jahr) haben sich bisher gut bewährt. Eine wesentliche Verbesserung des Bodengefüges unterhalb des Pflughorizontes konnte jedoch außerhalb des Drängrabes nicht beobachtet werden. Die weniger aufwendige Maulwurfdränung versagte. Dagegen erhoffte man sich eine merkliche Bodenversesserung durch Tieflockern und Tiefpflügen.

Versuchsanstellung

Der Versuch wurde 1968/69 auf einem Parabraunerde-Pseudogley aus geringmächtigem Löß über Ton (ku), z. T. kolluvial überlagert (1,2 m) auf dem Platzhof (3 km N Öhringen) sowie auf einem Pseudogley-Pelosol aus Ton (ku) bei Raboldshausen angelegt (Bodendaten s. Tab. 1 u. 2). Die Behandlung war wie folgt:

Platzhof: 8 m Dränung (D8), 24 m Dränung (D24), 70—90 cm Tieflockerung (TL), 75 cm Tiefpflügen (TP).

Raboldshausen: 8 m Dränung (D), 2,5 m Maulwurfsdränung (M), 60—70 cm Tieflockerung (TL).

Während die Dränungen bereits im Frühjahr 1968 durchgeführt wurden, konnten die Tiefenbearbeitungsmaßnahmen, einschließlich Tiefendüngung und Kalkung, erst im Herbst 1969 beendet werden. Auf Grund einer Bodenkartierung wurden an repräsentativen Stellen Bodenstruktur, Körnung, Lagerungsdichte, Wassergehalt, Verdichtbarkeit, PF-WG-Kurve, K_f-Wert, Plastizität, Schrumpfmaß, pH-Wert, Humus, C/N, verfügbare Nährstoffe und Ca-Mg-Sättigung ermittelt (Tab. 1 u. 2).

Zur fortlaufenden Beobachtung des Bodenwasserhaushalts werden alle benötigten meteorologischen Daten in eigenen Klimastationen gemessen und der Sickerwasserabfluß sämtlicher Versuchsparzellen getrennt und über Abfangleitungen mit speziell entwickelten Meßgeräten registriert.

*) Abt. Wasserwirtschaft und Wasserrecht, Regierungspräsidium Nordwürttemberg, Stuttgart BRD.

Tabelle 1

Bodenkennwerte

	a. Platzhof				b. Raboldshausen			
Entnahmetiefe (cm)	5—20	30—40	40—75	75—85 oben	0—20	20—65	65—100	> 100
Horizont	Ap	Ahl	Swl	BSw2	Ap	SB 1	SB 2	Sd 1
Bodenart	t L	t L	t L	t L	t L	t L	su tL	1 T
Porenraum (%)	46,3	46,7	48,3	46,9	61,0	42,9	40,4	41,5
Trockenraumgewicht (g/cm^3)	1,44	1,43	1,39	1,43	1,00	1,54	1,60	1,59
Ausrollgrenze (Gew.-%)	22,6	21,9	20,8	19,9	33,6	18,0	17,6	18,9
Fließgrenze (Gew.-%)	36,2	35,9	33,9	30,8	98,9	41,0	34,0	41,9
Bildsamkeit (Gew.-%)	13,6	14,0	13,1	10,9	65,3	23,0	16,4	23,0
Kalkgehalt (%)	0,5	0,3	0,3	0,1	0,2	0,2	0,1	0,2
Humusgehalt (%)	4,6	1,5	3,0	2,4	2,0	0,4	0,1	0,1
pH (nKCl)	7,1	6,3	6,2	5,3	5,6	5,7	5,8	6,1
Wassergehalt (Vol.-%)								
bei pF 1,7	36,3	35,5	37,0	39,4	53,2	36,0	34,3	40,4
2,5	33,0	32,0	33,6	35,3	48,5	33,2	32,0	38,0
3,5	23,8	23,1	24,4	24,4	39,4	29,7	30,6	34,6
4,2	13,8	14,0	14,7	14,9	26,6	23,4	21,8	25,8
Durchlässigkeit (cm/s)	$9{,}0 \times 10^{-3}$	$5{,}5 \times 10^{-2}$	$3{,}1 \times 10^{-6}$	$4{,}7 \times 10^{-5}$	$0{,}88 \times 10^{-5}$	$2{,}0 \times 10^{-2}$	$0{,}27 \times 10^{-2}$	—
Proctordichte (g/cm^3)	1,74	1,7	1,76	1,77	1,20	1,73	1,78	1,70
Günstigster Wassergehalt (Gew.-%)	16,5	17,0	15,5	15,0	39,5	17,6	16,0	19,8

In Intervallen, meist 14tägig, wird das Dränwasser analysiert. Ebenfalls 14tägig werden an je 2 Punkten jeder Parzelle Wassergehalt und Lagerungsdichte mittels Neutronen- bzw. Gammasonde gemessen.

Zusätzlich werden am Platzhof noch die Sauerstoffdiffusionsrate und die Bewegung des Bodenwassers durch Tritiumbeimpfung beobachtet.

Eine laufende Bonitierung der Versuchsfelder sowie Ertragsmessungen sollen zusammen mit der Nährstoffbilanz eine weitere Beurteilung der Meliorationsmaßnahmen ermöglichen. Zur kontinuierlichen Grobmessung der Abflußspenden dienen umschaltbare magnetische Durchfluß-

Tabelle 2
Niederschlag, Verdunstung und Abfluß Platzhof
Beobachtungsjahr 1969/70

	Temp. C°	Niederschlag mm	pot. Verdunstung mm	Abfluß D 8 oben mm	D24 mm	TLo mm	TPo mm	O mm	D8u mm	TLu mm
Nov. 69	5,1	71,3	41,39	0,0	0,57	0,0	0,0	0,0	7,26	0,0
Dez. 68	— 3,9	26,7	27,69	0,0	0,0	0,0	0,0	0,0	3,68	0,0
Jan. 70	— 1,3	59,4	27,95	4,74	15,13	19,05	12,40	1,32	27,35	—
Febr. 70	— 0,5	178,7	31,17	73,18	96,32	66,24	80,92	23,15	47,47	—
März 70	0,9	52,2	42,10	43,62	42,33	30,07	7,38	17,64	52,11	—
April 70	5,6	74,8	56,58	25,06	42,76	20,83	2,74	12,03	68,64	41,05
Summe Winter	1,0	463,1	226,88	146,61	197,14	136,21	103,46	54,15	206,53	—
Mai 70	11,2	114,4	79,27	46,88	49,16	29,77	14,49	12,38	42,46	8,82
Juni 70	17,4	35,7	102,71	0,00	0,66	0,00	0,00	0,0	2,41	3,61
Juli 70	15,9	96,8	96,23	0,10	0,35	0,00	0,01	0,09	1,21	0,57
Aug. 70	17,1	72,2	91,25	0,05	0,16	0,09	0,02	0,0	0,10	0,21
Sept. 70	13,9	48,3	73,17	0,01	0,00	0,00	0,00	0,0	0,03	0,02
Okt. 70	8,3	68,8	55,90	1,22	0,88	0,50	0,03	0,32	18,79	14,02
Summe Sommer	14,0	436,2	498,53	48,28	51,23	30,39	14,58	12,80	65,01	27,28
Summe Jahr	7,5	899,3	725,41	194,90	248,37	166,60	118,04	66,95	271,55	—

messer und Durchflußbehälter mit Meßblenden. Für die Feinmessung haben sich besonders entwickelte Doppelkippschalenmesser mit zweifacher Impulsgebung bewährt. Darüber hinaus sind je nach Meßbereich Trommelradzähler mit Ferngeber und Behälter mit Wasserstands-Registrierung und automatischer Entleerung in Betrieb.

Bisherige Versuchsergebnisse

Erfahrungen über Durchführbarkeit und Haltbarkeit der Maßnahmen

Die Lebensdauer der konventionellen Röhren-Dränungen mit Dränabständen von 8 bis 12 m beträgt je nach Tongehalt 30–50 Jahre bei einem Kostenaufwand von 2200 bis 3000 DM je ha. Die Bewirtschaftung wird zwar erleichtert, die Wasserhaltefähigkeit und Durchlüftung des Bodens werden aber nur im Bereich des Drängrabens wesentlich verbessert. Demgegenüber bewirken reine Maulwurfsdränungen in tonigen Böden über wenige Jahre einen größeren Entwässerungseffekt. Sie sind aber im schluffigen Lößlehm wegen dessen geringer Aggregatstabilität ungeeignet. Für die Melioration von Pelosolen dürfte die Maulwurfsdränung in Verbindung mit der Tiefenlockerung besonders geeignet sein. Die gewünschte Lockerungswirkung kann noch nicht bei der erstmaligen Durchführung, sondern erst bei der schon nach wenigen Jahren erforderlichen Wiederholung der Meliorationsmaßnahme erzielt werden.

Das auch bei günstigem Bodenwassergehalt nicht vermeidbare grobschollige Aufreißen des Bodens hat sich nachteilig ausgewirkt; denn die Wirkung der grobscholligen Lockerung wird durch Quellen des Bodens nach Wasseraufnahme völlig aufgehoben. Deshalb wurden die Maulwurfstränge mit Filtermaterial wie Schotter, Kies, Styromull u. a. verfüllt, um die Entwässerungs- und Lockerungswirkung zu verbessern und den Kurzschlußabfluß mit seinem hohen Nährstoffaustrag zu verzögern. Gleichzeitig sollte durch Einpressen von flüssigem Hygromullschaum auch eine Stabilisierung der Lockerung erreicht werden. Allerdings wird durch solche Maßnahmen der Kostenaufwand wesentlich erhöht.

Während die erfolgversprechende Tieflockerung derartig schwerer Böden mit gelegentlicher Einlagerung von Felsblöcken abgesehen von der Kostenfrage derzeit an maschinentechnischen Unzulänglichkeiten scheitert, sind zwar für das Tiefpflügen geeignete Geräte vorhanden, aber nur selten bei diesen schweren Böden zu empfehlen, da der aufgepflügte Unterboden noch jahrelang unfruchtbar ist.

Wie bei allen Unterbodenmeliorationen werden Erfolg und Lebensdauer davon abhängen, inwieweit der gelockerte Boden durch zweckmäßige Nachbearbeitung und Fruchtfolge biologisch stabilisiert werden kann. Wegen der im gelockerten Boden auftretenden verstärkten Sickerwasserbewegung bei schweren Böden ist immer eine zusätzliche Bedarfsdränung mit Sammlerabständen von 24 bis 40 m anzuordnen.

Wasserhaushalt

Die aus den verschiedenen Versuchsparzellen anfallenden Sickerwasserabflüsse weisen kein grundsätzlich verschiedenes Verhalten auf (s. Tab. 2 u. 3).

Der Bodenwassergehalt schwankt lediglich in den oberen 30 cm wesentlich und wird in den tieferen Horizonten hauptsächlich während des Hauptwachstums der Pflanzen verringert. Ein augenfälliger Unterschied zwischen den einzelnen Parzellen ist nicht zu beobachten. Selbst nach Starkregen spielt der Sickerwasserabfluß im Sommer gegenüber der Verdunstung von Boden und Pflanze eine untergeordnete Rolle.

Tabelle 3
Niederschlag, Verdunstung und Abfluß Raboldshausen
Beobachtungsjahr 1969/70

	Mittl. Temp. C°	Nieder-schlag mm	pot. Ver-dunstung mm	D mm	M mm	TL mm
Nov. 69	— 3,7	109,5	38,82	17,4	18,3	4,9
Dez. 69	— 5,1	37,0	25,94	9,1	14,3	2,4
Jan. 70	— 2,4	50,5	25,99	79,1	84,2	34,1
Febr. 70	— 1,0	223,0	30,09	125,6	118,7	93,9
März 70	0,1	60,2	40,28	50,8	49,7	29,9
April 70	5,3	139,4	55,69	39,9	44,2	30,7
Summe Winter	0,1	619,6	216,81	322,2	329,7	196,2
Mai 70	11,6	99,7	80,31	25,2	29,9	14,8
Juni 70	17,5	19,2	103,05	1,3	0,8	0,1
Juli 70	15,8	105,6	96,19	0,1	0,2	0,0
Aug. 70	15,9	48,9	87,99	0,1	0,5	00,
Sept. 70	12,5	28,0	67,50	0,0	0,0	0,0
Okt. 70	6,9	82,1	52,73	0,5	0,3	0,8
Summe Sommer	13,4	383,5	487,77	27,4	32,0	15,8
Summe	6,7	1003,1	704,58	349,7	330,1	212,1

Tabelle 4
Nährstofffaustrag Raboldshausen 1969/70

	Gelöste Stoffe (kg)			Nitratgehalt (kg)			Gesamtphosphate (g)		
	D	M	TL	D	M	TL	D	M	TL
Nov. 69	53,2	48,2	13,3	8,8	8,5	2,1	7,0	10,7	2,9
Dez. 69	27,2	39,9	6,6	3,2	5,1	0,8	3,7	7,2	1,3
Jan. 70	230,8	199,4	97,5	57,9	55,6	39,7	29,9	60,4	22,7
Febr. 70	362,4	284,5	270,2	94,0	76,5	118,9	50,9	84,3	63,6
März 70	149,2	125,6	85,1	33,9	27,8	32,2	19,5	32,4	19,7
April 70	117,6	114,4	85,7	21,2	20,8	18,0	15,6	26,3	19,4
Mai 70	74,4	77,5	41,4	13,4	14,4	10,9	20,1	18,6	9,4
Juni 70	4,1	2,6	0,4	0,3	0,2	0,1	0,6	0,3	0,1
Juli 70	0,5	0,8	0,1	0,1	0,3	0,0	0,1	0,1	0,1
Aug. 70	0,6	1,8	0,0	0,1	0,2	0,0	0,1	0,2	0,0
Sept. 70	0,1	0,1	0,0	0,0	0,0	0,0	0,0	1,2	0,0
Okt. 70	1,7	1,2	2,3	0,2	0,1	0,3	0,3	0,2	0,5
Summe	1021,7	896,0	602,6	233,1	209,5	223,0	147,8	241,9	139,7

Austrag an Nährstoffen

Bestimmte Stoffe werden in direkter Beziehung zur Länge des Sickerweges ausgewaschen. Bei Nährstoffen, z. B. bei Phosphaten, ist es oft gerade umgekehrt: mit zunehmender Kontaktzeit werden immer mehr Phosphate im Boden angelagert. Daher zeigt sich auch bei der Phosphatauswaschung der höchste Wert beim Maulwurfdrän und der geringste Verlust bei der Tiefenlockerung. Die entsprechenden Meßergebnisse von Raboldshausen im Jahr 1970 sind in Tabelle 4 zusammengestellt.

Bonitierung und Ernteerträge

Die Vor- und Nachteile der verschiedenen Meliorationsmaßnahmen können sich je nach klimatischen Verhältnissen und Fruchtart sehr unterschiedlich auswirken. Zum Beispiel entstanden in Raboldshausen infolge des Anfang Juni 1970 einsetzenden sonnig-warmen Wetters bei der Sommergerste auf Null- und Dränparzelle (hier nur auf etwa 6 m Breite zwischen den Dränsträngen) Trockenschäden, während auf der Tieflockerungs- und Maulwurfsparzelle ausgeglichene Bestände mit sehr guter Bestockung zu beobachten waren. Nach feuchtwarmen Juliwochen entwickelte sich die Gerste auf allen Parzellen sehr üppig mit guter Ährenausbildung, ohne daß die Gerste auf den Null- und Dränparzellen die Trockenschäden ausgleichen konnte. Wolkenbruchartige Gewitterregen führten besonders auf der Maulwurfs- und Tiefenlockerungsparzelle zur Lagerung der Gerste, wodurch dann auf der Dränparzelle die besten Erträge erzielt wurden, obwohl Entwicklung und Bestockung auf Tiefenlockerungs- und Maulwurfsparzelle besser waren (Erträge in dz/ha bei 86 % Trockensubstanz: 0 = 29,4; D = 37,1; M = 36,2; TL = 36,5).

Eine endgültige und gesicherte Aussage hinsichtlich der Auswirkung der verschiedenen Meliorationsmaßnahmen auf die Ernteerträge lassen diese Ergebnisse (1. Jahr) noch nicht zu!

Zusammenfassung

Meliorationsversuche (8 m- und 24 m-Dränung, Tieflockerung und Tiefpflügen) an einem Pseudogley-Pelosol und einem Pseudogley zeigten, daß bei diesen Böden eine Unterbodenmelioration ohne zusätzliche Bedarfsdränung (25—50 m) nicht erfolgversprechend ist, daß die Wirkungsdauer sehr begrenzt ist und eine gelegentliche Wiederholung der Lockerung erforderlich wird und daß sich Sickerwasserabfluß und Stoffaustrag bei den Maßnahmen kaum unterscheiden, aber eine Tendenz zu geringerem Abfluß bei den tiefgelockerten Böden besteht.

Summary

An amelioration experiment on a pseudogley and a pelosol in which pipe draining (8 and 24 m distance), deep losening and deep ploughing were compared showed that subsoiling without pipe draining (25–50 m) is useless. The effective period of improving is short, and repetition of subsoiling is necessary. No substantial difference was observed in water and soluble matter discharge between different treatments although these values tented to be lower after subsoil loosening.

Résumé

Des essais d'amélioration (drainage de 8 m et 24 m, ameublissement et labour en profondeur) dans un pseudogley et un pseudogley-pelosol ont montré, qu'une amélioration du sous-sol de ces terrains sans drainage supplémentaire (25–50 m) n'est pas suivie de succès, que l'efficacité est trés limitée et qu'une répétition occasionnelle de l'ameublissement serait nécessaire; aussi que l'écoulement des eaux d'infiltration et la distribution de matière n'offrent pas de différence substantielle, mais qu'une tendance existe pour un écoulement moins fort dans les terrains ameublis en profondeur.

Ein-, zwei- und dreistufige Meliorationen auf Pseudogleyen

Von *G. Schmid, H. Weigelt, H. Borchert, A. Süß, G. Schurmann, M. Schuch, B. Dancau* und *J. Bauchhenß**)

Einleitung

Die Bewirtschaftung und landwirtschaftliche Nutzung von Pseudogleyen ist in humiden Klimagebieten Südbayerns mit Jahresniederschlägen von 750 bis 1500 mm mit erheblichen Schwierigkeiten verbunden und führt deshalb vielfach zur Grünlandnutzung. Das Hauptverbreitungsgebiet der Pseudogleye liegt auf riß- und würmglacialen Lößdecken sowie auf Lehmdecken der Hochterrassen. Das Liegende besteht aus schwerdurchlässigen, mindel-riß- und rißwürminterglacialen sowie riß- bzw. würminterstadialen Verwitterungsdecken. Als Folge dieses genetisch bedingten Staukörpers haben sich ursprünglich fossile und rezente primäre Pseudogleye entwickelt, die sekundär unter dem humiden Klimaeinfluß weiterer Vernässung ausgesetzt wurden.

Für die Beurteilung der Meliorationen und für die Sicherung des Meliorationserfolges ist die Kenntnis der Entwicklungsgeschichte und Dynamik dieser in der Regel sauren und physiologisch flachgründigen Pseudogleye besonders bedeutsam.

Sekundäre Pseudogleye bedürfen zur nachhaltigen Verbesserung ihrer Ertragsleistung nicht in jedem Falle einer dreistufigen, aus Kalkung, Tiefenlockerung und Dränung bestehenden Melioration. Wenn infolge begrenzt hoher Niederschläge und geringem Alter der Bodenbildung die Verdichtung und damit der Staunässeeinfluß erst eine maximale Profiltiefe von 80 cm erreicht hat, kann die Bodenaufwertung bereits durch eine zweistufige, aus Kalkung und Tiefenlockerung bestehende Melioration erreicht werden. Durch Tiefenlockerung auf maximal 95 cm wird der Abfluß des überschüssigen Wassers ermöglicht. Unter diesen und ähnlichen, flächenmäßig engbegrenzten Voraussetzungen ist daher trotz stärkerer Pseudovergleyung eine Dränung nicht erforderlich.

Primäre und primär-sekundäre Pseudogleye mit ausgeprägtem Staukörper können nachhaltig nur durch Einsatz einer aus Kalkung, Tiefenlockerung und Dränung bestehenden dreistufigen Melioration aufgewertet werden.

Die in der Vergangenheit nahezu ausschließlich zur Verbesserung von Pseudogleyen eingesetzte Dränung hat ihre Funktion meist erfüllt. Dabei blieb die Vernässungsursache, die Bodenverdichtung, jedoch erhalten. Daher wurde bereits vor einem Jahrzehnt dazu übergegangen, mit der Dränung eine Lockerung (zweistufige Melioration) zu koppeln.

Durch die gleichzeitige Anwendung der Tiefenlockerung kann man die Dränabstände, die bisher bei ca. 10 m lagen, auf 20 bis maximal 80 m erhöhen und damit die Kosten erheblich senken. Dies ist möglich, weil bei der Kombination Dränung — Tiefenlockerung die Funktion der Sauger von den Ton- und Kunststoffrohren auf die mit Hilfe

*) Bayerische Landesanstalt für Bodenkultur, Pflanzenbau und Pflanzenschutz, 8 München 38, Postfach, BRD.

des Ziehkegels geformten Erddränsauger verlagert wird, während die Ton- bzw. Kunststoffrohre mit maximalen Abständen von 80 m nur noch als Sammler fungieren. Zur Sicherung des ungehinderten Übertritts des Wassers von den Erddränsaugern zum Rohrsammler wird der Rohrgraben bis 40 cm unter Flur mit Filtermaterial verfüllt und die Tiefenlockerung im Winkel von 90° zum Rohrsammler in 80 bis 95 cm Tiefe und im Abstand von 75 cm eingesetzt. Die zweistufige Melioration (Dränung + Tiefenlockerung) sollte jedoch durch Aufkalkung der sauren Pseudogleye ergänzt werden.

Vorstellungen einer dreistufigen Melioration wurden in den letzten Jahren in der Praxis bereits in größerem Umfang berücksichtigt und sind Bestandteil der in Bearbeitung befindlichen Richtlinien zur Regelung des Bodenwasserhaushaltes durch Dränung und Unterbodenmelioration. Hierdurch sind nach dem Stand der gegenwärtigen Erkenntnisse über die Regradierungsmöglichkeiten von Pseudogleyen alle Maßnahmen eingesetzt, die mit wirtschaftlich vertretbarem Aufwand zum Meliorationserfolg dieses Bodentyps führen.

Versuchsplan und Methodik

Der Versuch wurde in den Jahren 1967 und 1968 auf Pseudogley aus Löß (Ottenhofen) und auf Pelosol-Pseudogley aus Amaltheenton (Ellingen) angelegt. Einige Daten der Versuchsböden sind in Abbildung 1 angegeben.

Die Versuchsvarianten sind: unbehandelt; Dränabstand 10 m; Dränabstand 20, 40, 60 und 80 m mit senkrecht dazu liegender Tiefenlockerung (80 cm tief, 75 cm Abstand); in sämtlichen Par-

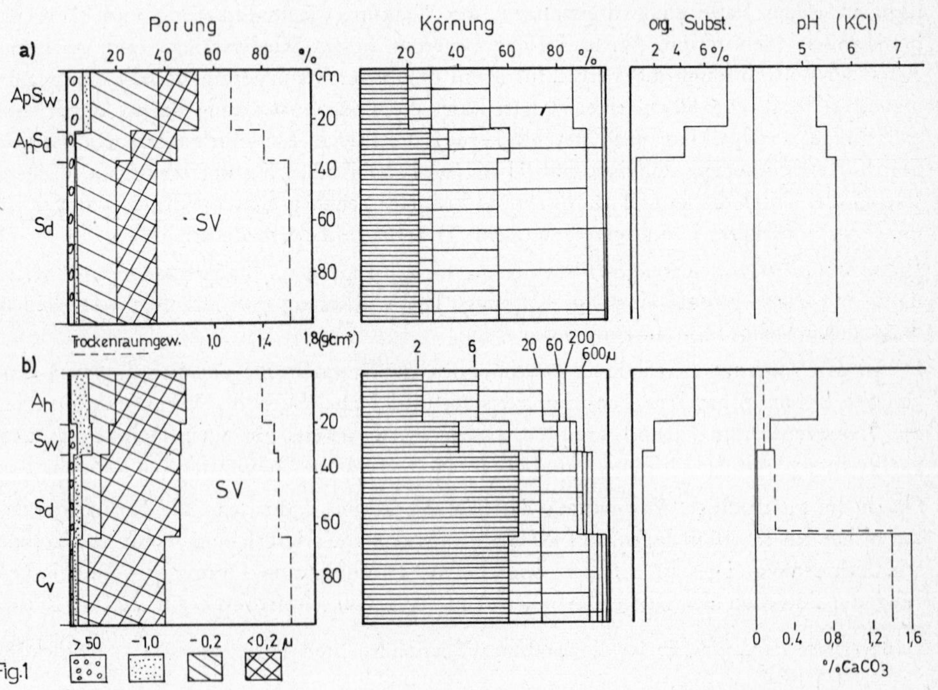

Fig. 1

zellen jeweils mit (dz/ha) und ohne Meliorationsdüngung (290 dz CaO als Branntkalk in Oberboden eingefräst, 9,8 dz MgO als Kieserit, 30 dz K_2O als 40er Kali in 3 Gaben). Die Fruchtfolge bestand aus Hackfrucht, Winter- und Sommergetreide.

Die physikalischen Daten wurden wie folgt ermittelt:
Grobstruktur: 100 cm³ Stechzylinderproben mit Hilfe des Luftpyknometers nach *von Nitzsch; Porengrößenverteilung:* Saugspannungsbereich < 1 atü mit Keramikplatten und Überdruck, im Saugspannungsbereich > 1 atü im Druckmembranapparat. *Wasserdurchlässigkeit im gesättigten Zustand:* 100 cm³ Stechzylinderproben und Anwendung der Darcy-Formel. *Korngrößenverteilung:* > 0,1 mm durch Naßsiebung, < 0,1 mm nach der Pipettmethode *Köhn,* Dispergierung mit 0,4 n $Na_4P_2O_7$. *Aggregatstabilität* mit der Tauchsiebapparatur 360 Hübe in 10 Minuten, 2,5 cm Hubhöhe.

Ergebnisse

Chemische Kenndaten

Das pH (Tab. 1) der O-Parzelle liegt in der Krume bei pH 5,3 und steigt nach unten bis 5,9 an. Während nach 3 Jahren auf den gekalkten, aber nicht gelockerten Varianten das pH nicht nur in der Krume, sondern im gesamten Profilbereich einen kontinuierlichen Anstieg aufweist, hat es auf den gekalkten und gelockerten Versuchsgliedern bis 1 m Tiefe den neutralen Bereich erreicht. Als Folge der durchgehenden Lockerung wurden auch die nicht gekalkten Versuchsglieder durch die Wasserführung in den Erddränsaugern und Lockerungstrichtern von unten nach oben aufgekalkt, so daß von 0 bis 50 cm Profiltiefe schwach saure bis neutrale, von 50 bis 100 cm Tiefe neutrale bis alkalische Reaktion vorliegt.

Physikalische Kenndaten

Porengrößenverteilung

Das Gesamtporenvolumen ist auf allen Meliorationsvarianten des Standortes Ottenhofen im Vergleich zur O-Parzelle bis zu 9 % angestiegen. Dabei haben die Poren > 10 μ bei den meliorierten Parzellen bis zur Höchstdifferenz von 4 % deutlich zugenommen. Die Grobporenanteile sind im Gegensatz von denen der Mittelporen auf den gekalkten Teilstücken höher, und der Anteil an pflanzenverfügbarem Wasser ist auf den Meliorationsvarianten gegenüber der O-Parzelle allgemein vergrößert (Tab. 1).

Aggregatstabilität

Zur Beurteilung der Aggregatstabilität wurde die Fraktion 6 bis 5 mm als Bezugsgröße für die Qualität der Bodenstruktur verwendet. Unter Berücksichtigung dieses Maßstabes konnte eine teilweise Strukturverbesserung durch Kalkung oder durch Tiefenlockerung und Dränung im Bereich der Krume ermittelt werden, nicht dagegen in tieferen Horizonten. In der Gesamttendenz überwiegt offenbar der Einfluß des Humusgehaltes auf die Bodenstruktur gegenüber den übrigen, durch Meliorationsmaßnahmen vollzogenen Veränderungen (Tab. 1).

Tabelle 1

Veränderung von Bodenreaktion, Porengrößenverteilung, Aggregatstabilität und Wasserdurchlässigkeit durch Meliorationsmaßnahmen (Ottenhofen 1970)

Tiefe [cm]	O-Parz.	Kalk	Tiefen-lockerung	Tiefenl. + Kalk	Dränung 10 m	Dränung 10 m + Kalk	Dränung 80 m + Tiefen-lockerung	Dränung 80 m + Tiefen-lockerung + Kalk
	Bodenreaktion - pH (KCl)							
0 — 20	5,3	7,3	5,6	7,3	5,3	7,3	6,7	7,4
30 — 40	5,4	6,0	6,4	6,8	5,7	6,8	6,3	6,8
50 — 60	5,6	6,0	7,0	6,6	6,0	6,5	6,8	7,1
70 — 80	5,8	6,1	7,2	7,1	6,0	6,5	7,1	6,8
90 — 100	5,9	6,4	7,2	7,2	6,1	6,6	7,1	7,1
	Porengrößenverteilung (⁰/₀ des Gesamtbodens) > 50 μ							
a) 14 — 18	5,8	9,8	4,9	8,4	6,8	9,2	4,0	7,5
b) 24 — 28	2,6	3,4	3,6	4,1	4,6	6,1	6,0	3,5
c) 50 — 54	2,9	2,9	0,9	4,1	3,0	4,4	4,3	2,7
	10—50 μ							
a) 14 — 18	3,1	2,1	1,7	3,9	3,1	3,2	3,9	3,3
b) 24 — 28	0,6	0,4	0,4	0,7	0,9	1,4	1,3	1,4
c) 50 — 54	0,4	0,5	1,4	1,7	0,4	0,7	1,6	0,1
	0,2—10 μ							
a) 14 — 18	27,2	26,2	32,3	18,6	32,8	23,8	31,0	34,1
b) 24 — 28	22,0	19,9	28,2	22,3	28,5	25,3	13,6	22,5
c) 50 — 54	14,1	15,2	15,7	23,7	15,2	10,0	16,8	17,0
	< 0,2 μ							
a) 14 — 18	16,7	15,9	15,1	23,9	19,2	22,0	16,4	14,3
b) 24 — 28	19,3	20,0	16,6	19,4	17,9	17,9	25,7	19,4
c) 50 — 54	16,7	15,7	19,3	11,8	16,0	19,6	16,1	16,8
	GPV							
a) 14 — 18	52,8	54,0	54,0	54,8	61,9	58,2	55,3	59,2
b) 24 — 28	44,5	43,7	48,8	46,5	51,9	50,7	46,6	46,8
c) 50 — 54	34,1	34,3	37,3	41,3	34,6	34,7	38,8	36,6
Aggregatgröße (mm)	Gewichtsanteil (⁰/₀) wasserstabiler Aggregate (Naßsiebung) a) 0 — 20 cm Profiltiefe							
> 5	40,3	46,3	40,5	49,7	47,9	42,8	56,1	52,3
5 — 2	14,4	13,2	14,4	14,2	15,0	13,1	13,4	16,1
2 — 1	8,3	7,2	8,1	6,9	8,2	8,5	6,9	7,2
1 — 0,2	18,7	18,7	20,6	16,3	15,4	20,9	14,3	13,7
< 0,2	18,3	14,6	16,4	12,9	13,5	14,7	9,3	10,7

	O-Parz.	Kalk	Tiefen-lockerung	Tiefenl. + Kalk	Dränung 10 m	Dränung 10 m + Kalk	Dränung 80 m + Tiefen-lockerung	Dränung 80 m + Tiefen-lockerung + Kalk
				b) 20 — 30 cm Profiltiefe				
> 5	61,8	56,9	60,8	58,8	72,1	54,0	53,8	73,5
5 — 2	19,5	15,2	17,2	13,5	13,7	15,0	16,6	11,1
2 — 1	6,5	6,3	6,6	7,9	3,6	7,8	10,7	4,2
1 — 0,2	5,6	10,7	7,4	11,0	4,6	12,9	11,6	5,7
< 0,2	6,6	10,9	8,0	8,8	6,0	10,3	7,3	5,5
Tiefe (cm)				Wasserdurchlässigkeit (Kf; cm/Tag)				
14—18	38,8	66,5	13,8	46,6	60,4	42,3	86,4	26,7
24 — 28	138,2	86,4	95,0	69,9	146,8	285,1	155,5	146,8
50 — 54	15,5	86,4	55,2	103,6	59,6	328,3	138,2	76,0
80 — 84	—	86,4	—	267,8	—	112,3	—	138,2

Wasserleitfähigkeit

Die Werte für die Wasserdurchlässigkeit liegen bei allen untersuchten Varianten in der Krume trotz relativ hohen Humusgehalts niedriger als in tieferen Horizonten. Zwischen den gelockerten und ungelockerten Varianten sind klar abgrenzbare Unterschiede nicht ausgeprägt. Dagegen sind die Kf-Werte der gekalkten Teilstücke in der Krume im Vergleich zu den ungekalkten teilweise angestiegen (Tab. 1).

Wasserhaushalt

Bodenfeuchteverteilung

Zur fortlaufenden Ermittlung der Bodenfeuchte und zur Aufstellung einer Wasserbilanz für eine Profiltiefe von 10 bis 100 cm wird die Kernstrahlenmethode eingesetzt. Die Messungen werden seit 3 Jahren bei Winterweizen und Sommergerste jeweils von der Saat bis zur Ernte vorgenommen. Auf den genannten Getreideschlägen hat jede Meliorationsvariante eine Meßstelle.

Abbildung 2 gibt die mittlere Bodenfeuchte für 1970 bei Sommergerste wieder. Auf den ungekalkten Parzellen wurden bisher grundsätzlich höhere Wassermengen ermittelt als auf den Flächen mit Kalkung. Diese Beobachtung konnte sowohl bei Winterweizen als auch bei Sommergerste in den vorangegangenen Jahren gemacht werden und trifft hauptsächlich für den humusreichen Oberboden zu, während der Wassergehalt im Unterboden insgesamt gleich ist. Beim Übergang dieser beiden Bodenschichten in 30 bis 50 cm Tiefe ist ein Trockenhorizont zu erkennen, der auf den ungekalkten Flächen nach 3jähriger Versuchsdauer ausgeprägter ist (Abb. 3). Ferner konnte ermittelt werden, daß die Feuchteschwankungen in dieser Bodenschicht relativ gering sind. Damit kommt dieser „Trockenhorizont“ von einem bestimmten Austrocknungsgrad des Oberbodens an nicht mehr zum Ausdruck.

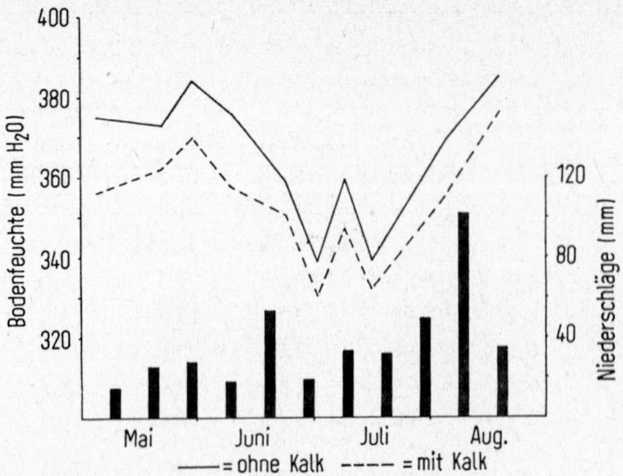

Außerdem konnte auf den gekalkten Flächen gegenüber den ungekalkten sowohl ein schnelleres Eindringen der Niederschläge als auch eine schnellere Wasserabgabe bis zu einem gewissen Bodenfeuchtegehalt beobachtet werden. Wird dieser Bodenfeuchtegehalt, dessen Wert nicht konstant ist, überschritten, so erfolgt dieser Wasserumsatz auf den ungekalkten Flächen schneller. Zwischen den einzelnen Dränsystemen ergaben sich bisher weder im Wasserumsatz noch im Bodenfeuchtegehalt signifikante Unterschiede. Die Wasserbilanz basiert auf der Gleichung:

Verdunstung = Niederschlag + Bodenfeuchteänderung — Dränabfluß.

Die so gewonnenen Bilanzwerte können nur einen groben Vergleich der einzelnen Versuchsglieder geben, weil z. B. die Evapotranspiration nicht unterteilt werden konnte (Sickerwasserverluste drüften unter den gegebenen Versuchsbedingungen keine Rolle spielen) und weil die tatsächlichen Abflußmengen der einzelnen Versuchsparzellen unbekannt sind, da nur der Gesamtabfluß eines Dränsystems gemessen wird, aus dessen Wert der mittlere Abfluß je Versuchsparzelle errechnet wird. Die bisherigen Bilanzwerte lassen erkennen, daß die Abflußmengen mit Zunahme des Dränabstandes abnehmen. Im gleichen Umfang nahm jedoch die Evapotranspiration zu, so daß der Gesamtwasserverbrauch auf den Versuchsparzellen eines Blockes wieder ausgeglichen war. Zwischen den Blöcken (mit Kalk und ohne Kalk) waren die Unterschiede im Gesamtwasserverbrauch in den einzelnen Versuchsjahren uneinheitlich. Die gleiche Feststellung ergab sich in bezug auf die Wasserbewegung der einzelnen Versuchsglieder.

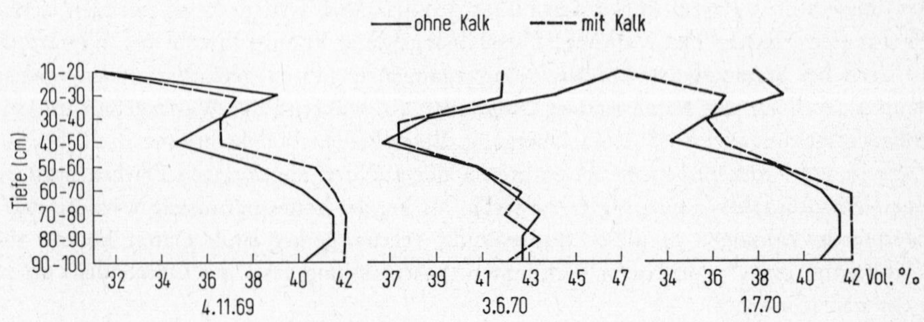

Tabelle 2
Wasserbilanzwert (Niederschlagsmenge = 100) des Dränversuches Ottenhofen während der Vegetationszeit bei Sommergerste

ohne Kalk		1968	1969	1970	Ø
Kontrolle		106,3	94,7	96,4	99,1
10 m Dränabstand		105,8	95,4	97,4	99,5
20 m Dränabstand	u. U. Lockerung	107,1	94,1	96,1	99,1
40 m Dränabstand	u. U. Lockerung	104,4	93,9	97,7	98,7
60 m Dränabstand	u. U. Lockerung	—	—	98,0	(98,0)
80 m Dränabstand	u. U. Lockerung	107,5	93,7	96,9	99,4
mit Kalk					
Kontrolle		107,3	96,8	96,5	100,2
10 m Dränabstand		109,6	106,4	95,1	103,7
20 m Dränabstand	u. U. Lockerung	108,0	100,5	94,5	101,0
40 m Dränabstand	u. U. Lockerung	106,7	105,0	94,9	102,2
60 m Dränabstand	u. U. Lockerung	—	—	94,6	(94,6)
80 m Dränabstand	u. U. Lockerung	107,5	104,1	95,4	102,3

Im 3jährigen Mittel zeichnet sich ein etwas höherer Gesamtwasserverbrauch bei Sommergerste auf den gekalkten Versuchsparzellen gegenüber jenen ohne Kalk ab. Im einzelnen sind die Werte aus Tabelle 2 ersichtlich.

Dränabfluß

Der Abfluß A der vier unterschiedlich dreistufig meliorierten Versuchsglieder wird in seiner zeitlichen Abfolge mengenmäßig festgestellt und der Abfluß der Fläche mit herkömmlicher Dränung ohne Lockerung mit einem Dränabstand a = 10 m gegenübergestellt.

Die hydrologischen Meßeinrichtungen des Versuchsstandortes Ottenhofen wurden im Februar 1968, diejenigen in Ellingen im Dezember 1968 in Betrieb genommen. Für die Abflußmessungen wurden Gefäße installiert, die bei einer bestimmten Füllung selbständig kippen. Die Anzahl der Kippungen wird mit einem Zählwerk registriert und der Zählerstand stündlich automatisch auf einen Papierstreifen abgedruckt (8). Die erzielte Meßgenauigkeit beträgt etwa 2 %. Für die Registrierung des Niederschlages N findet in Ottenhofen ein elektrisch trichterbeheizter Regenmesser (mit Windschutz) Verwendung. In Ellingen wurden bisher die Niederschlagswerte der etwa 4 km entfernten meteorologischen Station des Deutschen Wetterdienstes herangezogen. — Wenn sich im ersten Beobachtungsjahr ein Gleichgewicht zwischen Speicherung und Abfluß eingestellt hat, so kann bei Fehlen einen nennenswerten Versickerung in den Untergrund für die folgenden Jahre eine Wasserbilanz, das heißt die Differenz zwischen Niederschlagshöhe N und Abflußhöhe A (Tab. 3) erstellt werden (9).

Die in Ottenhofen und Ellingen (Abb. 4) 1970 gemessenen monatlichen Niederschlags- und Abflußhöhen der gedränten Versuchsglieder und die als schwarze Säulen dargestellten größten mittleren Tagesabflüsse Hq in mm/d (sie sind zugleich ein Maß für die Leistungsfähigkeit der einzelnen Dränmaßnahmen) lassen erkennen, daß die Versuchsglieder mit einem größten mittleren Tagesabfluß von ~ 40 mm/d eine Abflußleistung

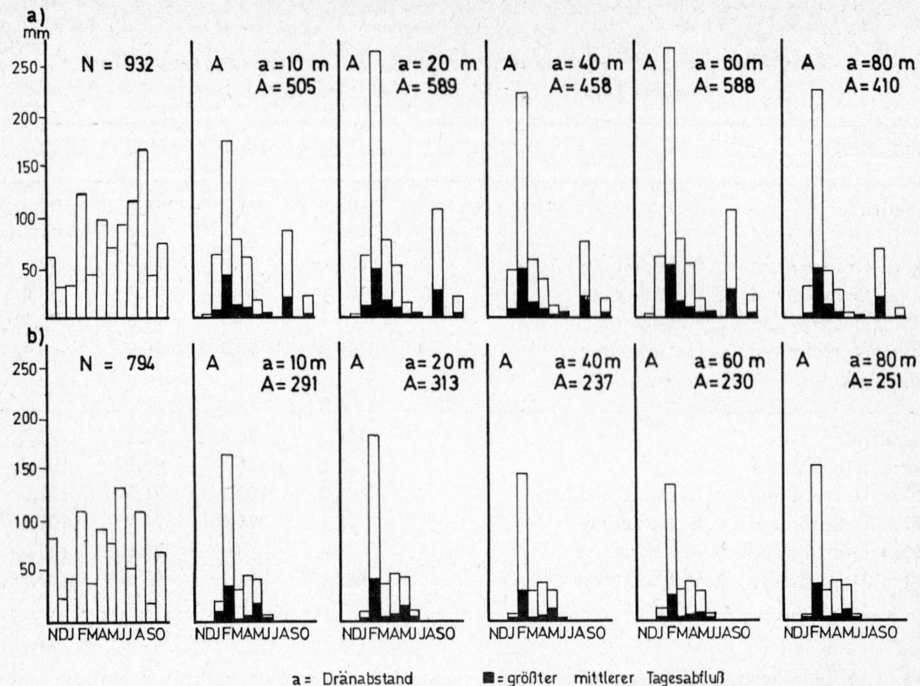

Fig. 4 Niederschlag, Monats- und größter mittlerer Tagesabfluß (mm) (1970) a) Ottenhofen b) Ellingen

zeigen, die beträchtlich über dem Normwert (DIN 1185, Entwurf 1970) von 9 mm/d liegt. Die absolut höchsten Abflüsse HHq während einer Stunde im Jahr 1970 liegen jedoch wesentlich höher. Dabei übertrafen die Werte von Ellingen jene von Ottenhofen (Tab. 3).

Es folgt daraus, daß nach den bisherigen Abflußbeobachtungen die dreistufige Melioration nicht nur geeignet ist, überschüssiges Wasser schnell abzuführen, sondern auch die Speicherkapazität des Bodens beträchtlich zu erhöhen und somit in Trockenzeiten den Pflanzen das notwendige Wasser zur Verfügung zu stellen.

Pflanzengesellschaften

Die auf Sommergerste- und Kartoffelflächen gefundenen Ackerunkräuter gehören zur Chenopodio-Oxalidetum-Gesellschaft, während der Winterweizen Arten der Galeopsio-Alchemilletum-Assoziation enthält. Beide Gesellschaften enthalten Arten, die für Pseudogley bzw. wechselfeuchte Standorte charakteristisch sind. Es sind dies Ackerminze (Mentha arvensis), Kriechender Hahnenfuß (Ranunculus repens), Sumpfziest (Stachys palustris), Waldkresse (Rorippa silvestris), Flechtstraußgras (Agrostis alba prorepens), Gemeine Rispe (Poa trivialis), Ackerschachtelhalm (Equisetum arvense), Krauser Ampfer (Rumex crispus), Wasserknöterich (Polygonum amphibium) u. a.

Die ein-, zwei- und dreistufigen Meliorationen haben zu einer verschiedenartigen Verteilung der genannten Arten auf den betreffenden Parzellen geführt. Die Artenzahl

Tabelle 3

Verdunstung und Abflußspende 1970 in Abhängigkeit von Dränabstand und Tiefenlockerung [N = Niederschlag (mm/a); N-A = Verdunstung (mm/a); Hq = höchste mittlere Tagesabflußspende in l/skm^2 bzw. größte Tagesabflußhöhe in mm/d im Beobachtungszeitraum; HHq = bisher überhaupt beobachtete höchste Abflußspende in l/skm^2 und deren Umrechnung auf Tagesabflußhöhen in mm/d]

Dränabstand			Ottenhofen		Ellingen	
		N		932 [mm/a]		794 [mm/a]
		N-A		427 [mm/a]		503 [mm/a]
10	ohne	Hq	479 [l/skm^2]	41 [mm/d]	385 [l/skm^2]	33 [mm/d]
		HHq	764	66	1169	101
	mit Untergrundlockerung	N-A		343		482
20		Hq	524	46	464	40
		HHq	1053	91	1470	127
		N-A		474		557
40		Hq	526	45	316	27
		HHq	1076	93	995	86
		N-A		344		564
60		Hq	554	48	267	23
		HHq	741	64	683	59
		N-A		522		543
80		Hq	549	47	372	32
		HHq	1007	87	1134	98

nimmt außerdem ab, und die einzelnen Individuen werden schwächer, bis sie ganz ausbleiben. Es wird jedoch noch eine gewisse Zeit in Anspruch nehmen, bis alle Arten dezimiert sind, denn, wie bekannt, nimmt die Umstellung der Vegetation von feucht zu normal-frisch oder trocken längere Zeit in Anspruch.

Etwas anders verhalten sich die Krumenfeuchtigkeits- und die Säurezeiger. Hier ist eine starke Abnahme und sogar ein Verschwinden mancher Arten wie Wasserpfeffer (Polygonum hydropiper), Flechtstraußgras (Agrostis alba prorepens), Ackerspörgel (Spergula arvensis), Sumpfruhrkraut (Gnaphalium uliginosum), Kleiner Knäuel (Scleranthus annuns) und Ackerfrauenmantel (Alchemilla arvensis) feststellbar, das u. E. als Wirkung der durchgeführten Meliorationsmaßnahmen zu betrachten ist.

Bodenfauna

Die Verteilung von Collembolen und Oribatiden (in Berlesetrichtern ausgelesen) wurde in Ottenhofen in fünf verschiedenen Tiefen bis zu 60 cm Tiefe im Jahre 1969 zu Kartoffel und 1970 zu Winterweizen untersucht.

Zu Kartoffel zeigen die untersuchten Varianten ohne Meliorationskalkung, zu Weizen dagegen die Varianten mit Meliorationskalkung bei Collembolen höhere Abundanzwerte. Sowohl in den Varianten ohne als auch mit Meliorationskalkung steigen die Col-

Tabelle 4

Verteilung der Collembolen und Oribatiden in 0—16 cm Tiefe

	O-Parzelle	Kalk	10 m Drän	10 m Drän + Kalk	80 m Drän*) Untergrundl.	80 m Drän*) Untergrundl. + Kalk	Untergrundl.	Untergrundl.
					Kartoffeln 1969			
Collembolen:*)								
P. minima	2/IV		1/III	1/II	2/III	1/III	3/III	1/II
T. krausbaueri	1/III	1/II	1/II	1/II	1/III	1/IV	1/II	1/II
F. quadrioc.	2/IV	1/III	2/III	3/III	3/III	1/IV	2/IV	2/IV
F. candida	3/III		2/V		1/II		1/III	2/II
I. notabilis	1/II		1/IV	1/II	1/III	1/II		
I. palustris		1/II			1/II	1/II		2/II
I. viridis	1/II	1/II			1/II	1/III		
H. denticulata	1/III						1/II	
Oribatiden:*)								
S. laevigatus	1/II	1/II	1/II			1/III	1/II	
O. neerlandica	1/II					1/II	1/II	
P. hexagonus	3/IV	2/II						
T. velatus		1/IV						
P. punctum		1/II						
O. nova		2/III						
A. ovatus		2/IV						
Durchschn. Collembolenindividuenzahlen	15	4	10	9	18	18	20	15
Durchschn. Oribatidenindividuenzahlen	11	17	1			2	2	

*) Arabische Ziffern: *Abundanzklassen*

Abudanzklasse 1 = 1— 2 Individuen/Probe
Abudanzklasse 2 = 3— 6 Individuen/Probe
Abudanzklasse 3 = 7—13 Individuen/Probe
Abudanzklasse 4 = 14—30 Individuen/Probe
Adudanzklasse 5 = über 30 Individuen/Probe

U-Parzelle	Kalk	10 m Drän	10 m Drän + Kalk	80 m Drän*) Untergrundl.	80 m Drän*) Untergrundl. + Kalk	Untergrundl.	Untergrundl. + Kalk
			Weizen 1970				
	1/II				1/II	1/II	
IV	3/V	2/V	2/V	3/IV	3/IV	2/V	3/V
II	1/IV	3/IV	3/V	5/V	3/II	2/IV	2/V
IV	4/IV	1/IV	3/IV	3/II	3/V	1/IV	5/IV
II	5/V	2/IV	3/IV	1/II	4/IV	3/IV	4/IV
II	2/IV	4/IV	4/IV	2/II	4/IV	3/IV	3/II
II	2/IV	4/IV	3/IV	4/II	4/IV	4/IV	5/IV
IV	2/IV	3/IV	4/V	3/IV	4/IV	1/II	3/IV
II	1/II		1/II	1/IV	1/II	1/IV	1/II
II	1/II			1/IV	1/II	1/IV	1/II
IV	2/IV		1/II				
	3/II						
	82	70	82	97	109	50	142
	38		2	4	2	2	2

Römische Ziffern: *Konstanzklassen*

Konstanzklasse I = in 0— 20 % aller Proben
Konstanzklasse II = in 20— 40 % aller Proben
Konstanzklasse III = in 40— 60 % aller Proben
Konstanzklasse IV = in 60— 80 % aller Proben
Konstanzklasse V = in 80—100 % aller Proben

lembolen-Abundanzwerte jeweils mit steigendem Dränabstand kontinuierlich an. Eine Ausnahme bildet die Parzelle mit Untergrundlockerung.

In den Varianten ohne Kalkung ist durch den H_hS_d-Horizont (24 bis 36 cm) die Tiefengrenze der Besiedlung festgelegt. Die Besiedlungsdichte von Collembolen und Oribatiden ist in diesem Horizont deutlich geringer als im darüberliegenden A_h-Horizont. In den Kalkvarianten reicht die Besiedlung dagegen kontinuierlich bis in 36 cm Tiefe, umfaßt also auch den A_hS_d-Horizont.

Oppia neerlandica ist ohne Kalkung hauptsächlich in 1 bis 24 cm Tiefe zu finden, mit Kalkung in 24 bis 36 cm Tiefe. Isotomiella minor, Tullbergia quadrispina und Oppia minus besiedeln in den ungekalkten Parzellen im allgemeinen die Bodenschicht von 16 bis 24 cm Tiefe, in den Kalkvarianten die Bodenschicht von 16 bis 36 cm Tiefe.

Bevorzugt in der O-Parzelle und in der gekalkten Parzelle kommt die Oribatide Punctoribates hexagonus vor, ausschließlich in der gekalkten Parzelle kommen die Oribatiden Textocephus velatus, Punctoribates punctum, Oppia nova und Adoristes ovatus vor.

Bereits nach zwei Untersuchungsjahren (3 bzw. 4 Jahre nach Anlage des Versuchs) zeigt die Oribatiden- und Collembolenverteilung also Reaktionen auf Biotopänderungen durch verschiedene Meliorationsmaßnahmen. In erster Linie werden Unterschiede in der Tiefenverteilung und den Abundanzwerten der einzelnen Arten zwischen gekalkten und ungekalkten Parzellen deutlich. Weiterhin ist eine graduelle Abstufung der Individuendichte bei Collembolen in den einzelnen Parzellen festzustellen. Die Parzellen ohne und mit Meliorationskalkung zeichnen sich darüber hinaus durch das Vorkommen spezieller Oribatidenarten aus (s. Tab. 4).

Tabelle 5

Ertragsleistung DM/ha
(Dränabstandsversuche — Meliorationskalkung)

	10 m	20 m + Lockerung	40 m + Lockerung	60 m + Lockerung	80 m + Lockerung	Tiefenlockerung	O-Parz.
Ottenhofen							
1968	1296	1580	1766	—	1861	1892	1699
1969	1765	1865	2290	2248	2315	1821	2200
1970	2104	1943	2056	1971	1983	2069	2052
Ellingen							
1969	1385	1590	1251	1212	1592	1580	1439
1970	955	1253	1222	1327	1668	1711	1304
⌀ 1968—70 DM/ha	1501	1646	1717	1690	1884	1815	1739
⌀ 1968—70 %	100	110	114	113	126	121	116

Pflanzenertrag

Im Durchschnitt von 2 bzw. 3 Versuchsjahren wurde auf beiden Versuchsstandorten eine Ertragsleistung ermittelt, die im Rohertrag in DM/ha bei 10 m Dränabstand (= 100) am geringsten war, mit Ausweitung der Dränabstände (einschließlich Lockerung) kontinuierlich anstieg und beim weitesten Abstand den Höchstertrag erreicht. Aber auch die Tiefenlockerung brachte eine durchschnittliche Ertragsleistung, die nahe an die Spitzenerträge des 80-m-Dränabstandes heranreicht (Tab. 5), und selbst die Nullparzelle schneidet relativ gut ab.

Literatur

1. *Schulte-Karring, H.*: Die meliorative Bodenbearbeitung. R. Wahrlich, Ahrweiler 1970.
2. NN-Entwurf zur Regelung des Bodenwasserhaushaltes durch Rohrdränung, Rohrlose Dränung und Unterbodenmelioration. DIN 1185, 1970.
3. *Rager, K., Schmid, Th.* und *Weigelt, H.*: Wasser u. Boden **22,** 297–302 (1970).
4. *Schmid, G.* und *Weigelt, H.*: Mitt. Dtsch. Bodenkdl. Ges. **10,** 137–146 (1970).
5. *Schmid, G.*: Landtechnik München **24,** H. 18 (1969).
6. *Hoffmann, B.*: Mitt. Dtsch. Bodenkdl. Ges. **2,** 47–55 (1964).
7. *Süß, A.* und *Schurmann, G.*: Bayer. Landw. Jahrb. **44,** 3. SH, 160–171 (1967).
8. *Schuch, M.*: Die Meliorations- und Dränversuche in Ottenhofen u. Ellingen. Bayer. Landw. Jahrb. **47,** 836–859 (1970).
9. *Schuch, M.* und *Jordan, F.*: Die Meliorations- und Dränversuche in Ottenhofen u. Ellingen; Ergänzende Einrichtungen und Ergebnisse im Abflußjahr 1970. Bayer. Landw. Jahrbuch, z. Z. im Druck.

Zusammenfassung

In 2 Dränversuchen auf Pseudogleyen aus Löß und Ton wurde steigender Dränabstand (20, 40, 60, 80 m), kombiniert mit vertikal dazu verlaufender Erddränung und Tiefenlockerung (0,95 m Tiefe, 0,75 m Abstand), mit konventioneller Dränung (10 m), ohne Lockerung, verglichen. Die höchsten Erträge wurden bei 80 m Dränabstand erzielt. Gegenüber 10 m Dränabstand wurden durch diese Verfahren und einer Oberbodenkalkung teilweise Verbesserungen in Porengrößenverteilung, Aggregatstabilität, Wasserbilanz und eine Veränderung von Pflanzengesellschaften und Bodenfauna erzielt.

Summary

In 2 drainage experiments on pseudogleys of loess and clay, increasing drainage distances (20, 40, 60 and 80 m), combined with a vertical soil drainage and loosening of the subsoil (0.95 m depth and 0.75 m distance) were compared with the conventional drainage (10 m) without any soil loosening. The highest yield was obtained at a drainage distance of 80 m. Using these techniques and by liming the soil surface, partial improvement of the pore size, stability of aggregates and water balance were achieved as compared with the results of 10 m drainage distance. Changes in plant communities and soil fauna were also observed.

Résumé

Pendant un expériment sur deux pseudogleys composés de loess et d'argile, une distance montante du drainage (20, 40, 60, 80 m) combiné avec un drainage vertical et un ameublissement profond (0,95 m de profondeur, 0,75 m de distance) a été comparée avec un drainage conventionel (10 m) sans ameublissement. Les plus grand rendements ont été obtenus avec une distance du drainage de 80 m. Vis-à-vis d'une distance de 10 m on a pu obtenir par cette méthode et un chaulage de la surface, une amélioration partielle dans la diffusion poreuse, la stabilité des agrégats, la balance d'eau, et un changement de végétation et de la faune du sol.

Nutzung und Melioration solonetzartiger Knick-Brackmarschböden

Von *W. Müller* und *H. Voigt* *)

Die Knick-Brackmarsch ist ein im Marschengebiet weit verbreiteter Subtyp der Brackmarsch (7). Dieser Boden ist von vielen Autoren untersucht und beschrieben worden (5, 9, 3, 10). Die Knick-Brackmarschböden (18 % der Marschenflächen in Ostfriesland, 12–15 % im Wesergebiet, 0 % im Elbegebiet) sind durch schlecht wasserdurchlässige Schichten und Horizonte gekennzeichnet, deren gesamte Mächtigkeit im allgemeinen 1 m nicht überschreitet. Unter diesen dichten Knickschichten stehen grundwasserbeeinflußte mineralische oder organische Schichten an. Die dem Boden den Namen gebende Knickschicht — der Name „Knick" ist landläufig — besitzt alle Eigenschaften eines Sd-Horizontes. Er hat nur geringe Anteile von Poren > 50 μ, geringe bis mittlere Anteile von Poren zwischen 50 und 0,2 μ, eine sehr geringe Wasserdurchlässigkeit im wassergesättigten Zustand und eine hohe Lagerungsdichte (> 1,75 g/m^3). Der Knick-Horizont weist außerdem solonetzartige Merkmale auf, wie hohe Gehalte an sorbierten Mg- und Na-Ionen sowie ein säuliges bis grobprismatisches Bodengefüge. Die Gefügeelemente besitzen im Inneren eine sehr hohe Lagerungsdichte und sehr geringe Anteile luftführender Poren. Die Vegetation ist daher vorzugsweise auf die Klüfte zwischen den Gefügeelementen angewiesen. Die solonetzartige Kationenbelegung bedingt eine starke Dispergierungsneigung, die wiederum zu geringer Gefügestabilität führt. — In Abbildung 1 sind einige wesentliche physikalische und chemische Werte eines typischen Knick-Brackmarschbodens dargestellt.

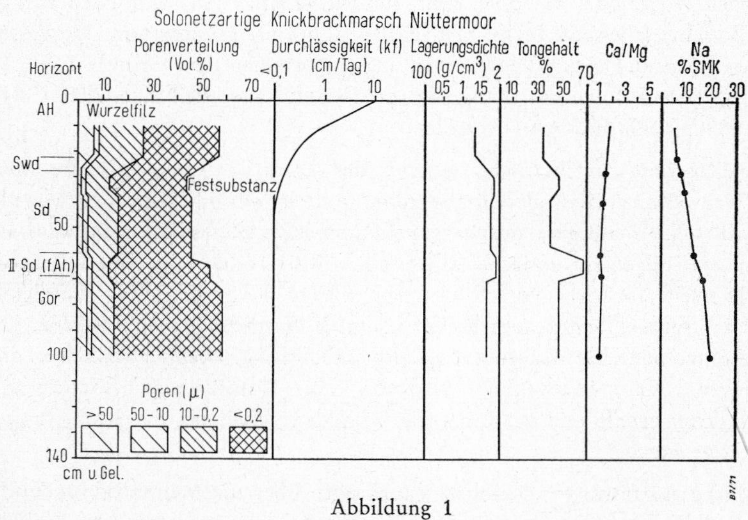

Abbildung 1

*) Niedersächsisches Landesamt für Bodenforschung, 3 Hannover-Buchholz, BRD

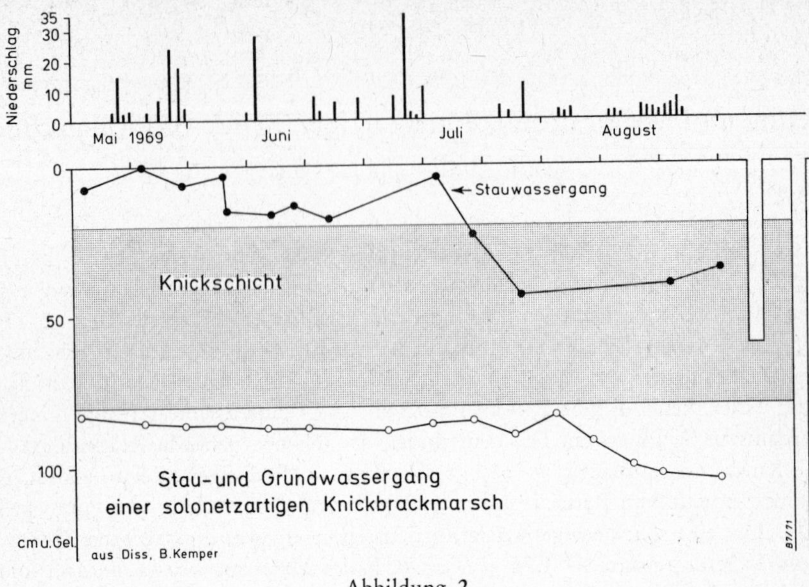

Abbildung 2

Die niedrige Wasserleitfähigkeit des Sd-Horizontes der solonetzartigen Knick-Brackmarsch und die geringe Gefügestabilität führen zu starker Staunässe. *B. Kemper* hat den Gang des zeitweilig auftretenden Stauwassers in einem Knick-Brackmarschboden der Wesermarsch im Rahmen der Marschenkartierung des NLfB in den Jahren 1968 und 1969 verfolgt (2). In Abbildung 2 ist der Gang des Stauwassers *über* der Knickschicht und der Gang des Grundwassers *unter* der Knickschicht dargestellt. Ein Vergleich mit den Niederschlägen zeigt, daß zwischen dem Stauwassergang und dem Niederschlag eine eindeutige Beziehung besteht. Jeder Niederschlag führt zur Bildung von Stauwasser bzw. zum Anstieg des Stauwassers. Diese Beziehung ist zwischen dem Grundwassergang und den Niederschlägen infolge der mangelhaften Versickerungsmöglichkeit des Grundwassers durch die Knickschicht nicht vorhanden.

Die bestmögliche *landwirtschaftliche Nutzung* der Knick-Brackmarsch ist die Grünlandnutzung. Zwar besitzen diese Böden gegenüber anderen ähnlich gekörnten Marschböden eine vergleichsweise niedrigere nutzbare Feldkapazität. Dies spielt jedoch im feuchten Küstenklima mit allgemein positiver klimatischer Wasserbilanz nur eine untergeordnete Rolle. Andererseits ist leicht vorstellbar, daß infolge des langfristigen Auftretens von Stauwasser auf solchen Böden auch bei Grünland Beeinträchtigungen auftreten und eine ertragssichere und rentable Ackernutzung nicht möglich ist. Dieses Urteil über die Nutzungseignung der Knick-Brackmarsch wird von vielen Autoren und besonders auch von vielen Praktikern geteilt und ist durch die Geländetätigkeit bei der Kartierung immer wieder bestätigt worden.

Unterschiedliche Auffassungen bestehen jedoch noch über die Meliorationsmöglichkeiten solcher Böden. Bisher war unbekannt, ob durch *Dränung* eine typische Knick-Brackmarsch derartig verbessert werden kann, daß sie als ackerfähig anzusehen ist. Durch

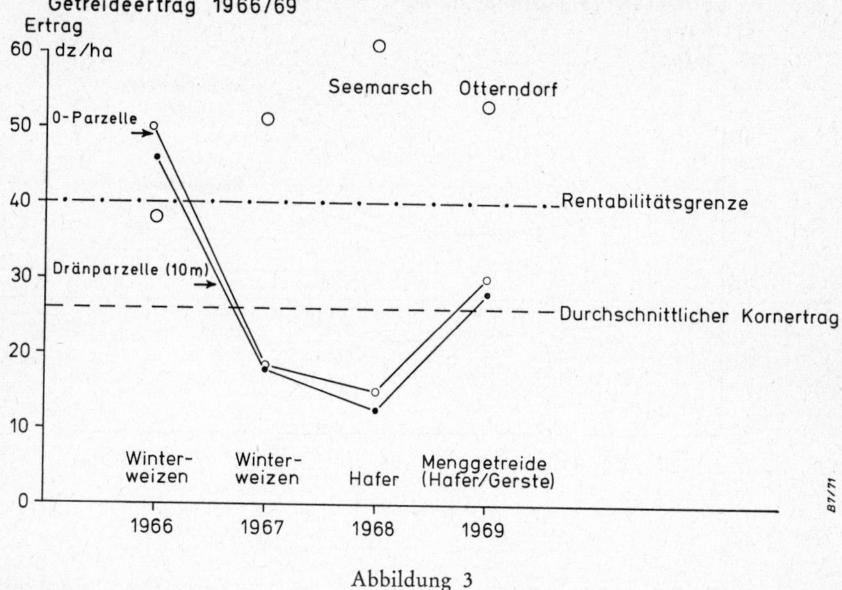

Abbildung 3

Dränung in Abständen von 6, 10, 12 und 18 m konnten in einem Dränversuch, wie wiederholte Aufgrabungen auf der Versuchsfläche in verschiedenen Versuchsjahren immer wieder gezeigt haben, die für Knick-Brackmarschen typischen Reduktions- bzw. Luftmangelerscheinungen des Bodens nicht beseitigt werden. Die immer wiederkehrende Stauwasserbildung, vor allem im Frühjahr, erschwerte nahezu in jedem Jahr die Frühjahrsbestellung infolge ungenügender und ungleicher Abtrocknung der Fläche. Dies führte wiederholt zu einem ungleichen Auflaufen der Staaten, zu Zwiewuchs und insgesamt zu einer geringeren und ungleichen Bestandsdichte, die wiederum die Unkrautwüchsigkeit erheblich förderte. Den oft feststellbaren großen Fehlstellen im Getreide, als Folge von Stauwasserbildungen und Oberflächenverschlämmungen, konnte durch Dränungen nicht wirksam begegnet werden.

Zwischen den in Abbildung 3 dargestellten Getreideerträgen der O-Parzelle und der mit einem Abstand von 10 m gedränten Parzelle aus den Jahren 1966 bis 1969 besteht praktisch kein Unterschied. Bemerkenswert groß ist die starke Schwankung der Erträge in den einzelnen Jahren. Abbildung 3 zeigt, daß der durchschnittliche Getreideertrag in einer Höhe von ca. 26 dz/ha mit etwa 14 dz/ha unter der Rentabilitätsgrenze liegt. Die durchschnittliche Rentabilitätsgrenze mit ca. 40 dz/ha dürfte für diesen schwierigen Boden mit sehr erschwerter Bodenbearbeitbarkeit nicht zu hoch angesetzt sein. — Vergleichsweise zu dem Ertragsverlauf in den einzelnen Jahren auf der Knick-Brackmarsch sind die Erträge einer bei Otterndorf gelegenen Seemarsch mit vergleichbarer Fruchtfolge angegeben. Verschiedene Dränabstände (Abb. 4) wirken sich bei der Knick-Brackmarsch auf den Getreideertrag praktisch nicht aus. Bemerkenswert ist die erkennbare Tendenz, wonach die gedränten Parzellen insgesamt etwas niedrigere Erträge als die

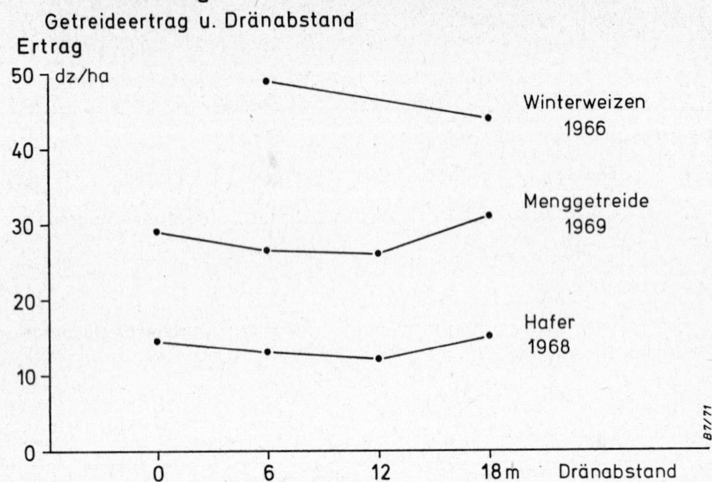

Abbildung 4

O-Parzelle aufweisen. Diese Feststellung wird von uns zur Zeit näher untersucht. Als Ursache hierfür kommt eine Verschlechterung des Gefüges durch den Dränvorgang in Zusammenhang mit der solonetzartigen Kationenbelegung in Betracht.

Zusammengefaßt hat die Auswertung des Versuches folgendes Zwischenergebnis erbracht:

1. Die Dränung zeigt keinen positiven Einfluß auf den Ertrag
2. die Ertragsschwankungen sind äußerst hoch
3. die Ertragshöhe liegt unterhalb der Rentabilitätsgrenze
4. aus der unbefriedigenden Ertragshöhe und erschwerten Bearbeitbarkeit des Standortes ist für die untersuchte Knick-Brackmarsch zu folgern, daß sie zur Ackernutzung ungeeignet ist.

Neben diesem z. Zt. noch laufenden Versuch sind in der Vergangenheit noch eine ganze Reihe *anderer Meliorationsversuche* auf Knick-Brackmarschen durchgeführt worden. Diese Versuche entsprachen dem periodisch seitens der Praxis immer wieder vorgebrachten Wunsche um Unterstützung bei Standortverbesserungen solcher Böden, insbesondere bei der Ausweitung des Ackerbaues auf ungünstigere Marschenstandorte.

Im einzelnen sind den Autoren folgende Meliorationsversuche bekannt geworden:

1. Tiefe Grundwasserhaltung und Aufbringung kalkreicher Wurtenerde im westfriesischen Knick-Gebiet der Niederlande: Trotz z. T. sehr tiefer Entwässerung seit mehr als 200 Jahren und Aufbringung bis zu 60 cm kalkreicher Wurtenerde konnten keine Veränderungen der chemischen (Kationenbelegung) und physikalischen (Gefüge) Knick-Eigenschaften festgestellt werden (6).

2. Blausandmelioration, Meliorationskalkungen: Eine Verbesserung der Knickschichten wurde nicht beobachtet. Durch die Kalkanreicherung trat eine Erhöhung der Durchtrittigkeit bei Weidenutzung auf (1).

3. Tiefumbruch mit Einbringung starker Kalk- und z. T. Kaligaben: Insgesamt ergaben sich keine Bodenverbesserungen, die den hohen Aufwand rechtfertigen konnten (4).

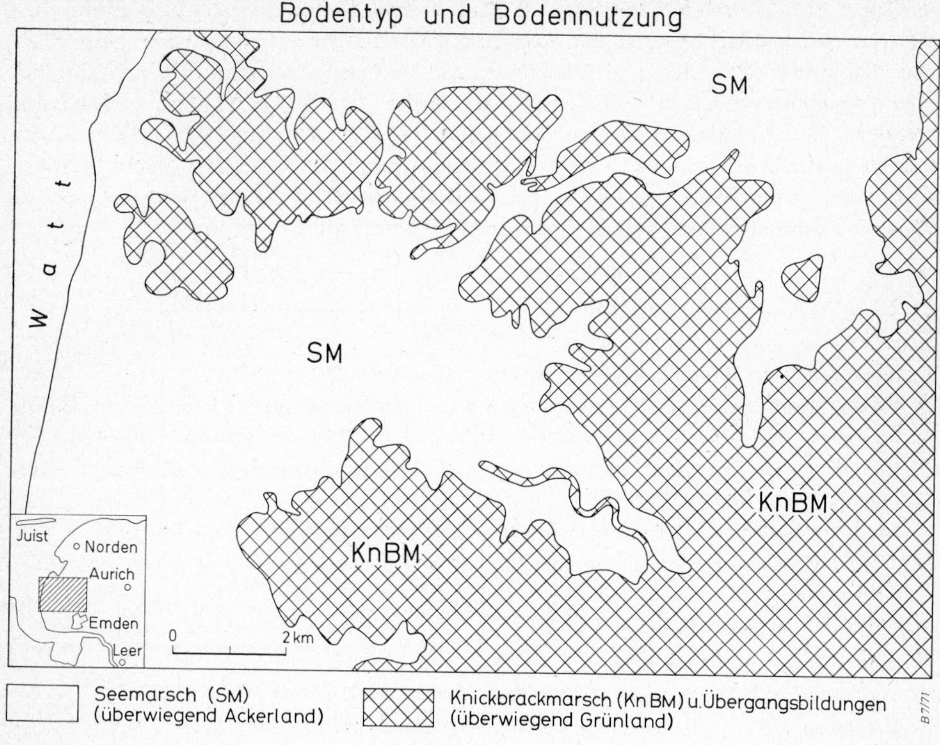

Abbildung 5

4. Tieflockerung (40 bis maximal 60 cm u. Gel.): Derartige Versuche, die Anfang der 40er Jahre in großem Umfang angestellt wurden, blieben ohne nachhaltigen Erfolg.

5. Dränung bei Knick-Brackmarsch- und Brackmarsch-Übergangsböden ohne nachhaltige Verbesserung des Wasser- und Lufthaushaltes.

Die Konsequenzen dieser Ergebnisse sind, daß sich kostspielige Meliorationsmaßnahmen von solonetzartigen Knickböden nicht lohnen. Der Vorflutausbau auf Dräntiefe in größeren Gebieten bringt für die als Grünland genutzte Knick-Brackmarsch keine Verbesserungen, so daß die Umlage erhöhter Entwässerungskosten auf diese Böden nicht gerechtfertigt erscheint. Diese Feststellung hat für die Praxis große Bedeutung Knickböden sollten deshalb ausschließlich der Grünlandnutzung vorbehalten bleiben. Für eine entsprechende Oberflächenentwässerung durch Kleingräben (Grüppen) muß allerdings auch bei dieser Nutzung gesorgt werden.

Die praktische Landwirtschaft geht mit unserer Ansicht, daß die Böden der *Knick-Brackmarsch* ausschließlich als *Grünland* genutzt werden sollten, nahezu vollständig konform. In den meisten ausgesprochenen Knickgebieten (z. B. bei Emden oder an der Ems, im Rheiderland oder im Stadland) fehlt daher die Ackernutzung auf derartigen Böden vollständig. Die eindrucksvollste Bestätigung unserer physikalisch begründeten Ansicht findet sich jedoch in der Krummhörn zwischen Dollart und Leybucht (Abb. 5). Dieses Gebiet gilt als besonders ackerfreudig. Nach unseren Kenntnissen der niedersächsischen Marschen ist in diesem Gebiet der Ackerbau am weitesten auf die schwierigeren Marschenstandorte ausgeweitet. Die Auswertung dieses Gebietes hinsichtlich der Koordinierung von Bodennutzung und Bodentyp hat ergeben, daß 85 % der dort vorhandenen knickigen- und Knickböden als Grünland genutzt werden. Nur etwa 15 % dieser Böden werden geackert, oft jedoch nur als Wechselland genutzt. Im Gegensatz hierzu steht die Bodennutzung der Seemarsch, die vornehmlich als Ackerland genutzt wird und nur ca. 10—15 % Grünlandanteile (oft Hofgrünland) aufweist.

Literatur

1. *Binsack, R.*: Die Wirkung der Blausandmelioration. Diss. Gießen 1957.
2. *Kemper, B.*: Vergleichende Untersuchungen des Grundwasserganges und der Bodenmerkmale bei einigen Böden der Marsch- und Geestlandschaft Nordwestdeutschlands. Diss. Kiel 1971.
3. *Kuntze, H.*: Die Marschen – Schwere Böden in der landwirtschaftlichen Evolution. Parey, Hamburg und Berlin, 1965.
4. Landwirtschaftskammer Weser-Ems, Oldenburg – Landbauabteilung: Versuchsbericht 1958/60.
5. *Müller, W.*: Untersuchungen über die Bildung und Eigenschaften von Knickschichten. Diss. Gießen 1954.
6. *Müller, W.*: Berichte an die DFG, 1955.
7. *Müller, W.*: Geol. Jb. **76**, 1958.
8. *Müller, W.*, und *Fastabend, H.*: Mitt. Dtsch. Bodenkundl. Ges. **1**, 195–219, 1963.
9. *Veenenbos, J. S.*: Z. Pflanzenernähr. Düng. Bodenkunde **68**, 141–158, 1955.
10. *Voigt, H.*, und *Roeschmann, G.*: Die Böden Ostfrieslands, in: „Ostfriesland im Schutze des Deiches", Pewsum 1969.

Zusammenfassung

Auf solonetzartigen Knick-Brackmarschböden ist ein rentabler Ackerbau infolge der geringen und unsicheren Erträge sowie der Bearbeitungsschwierigkeiten nicht möglich. Auch bei Grünlandnutzung ist das Ertragsniveau gering. Sichere Meliorationserfolge sind den Autoren nicht bekannt geworden. Mehrjährige Versuche auf einem beackerten Knick-Brackmarschboden zeigen, daß eine Dränung das Stauwasser nicht beseitigen und das Ertragsniveau nicht heben kann. Gewisse Dränerfolge sind dort denkbar, wo Knickschichten im Unterboden mit mindestens 5–6 dm mächtigem durchlässigem Bodenmaterial überlagert sind.

Résumé

Sur des sols de type solonetz en régions marécageuses une agriculture rentable n'est pas possible, à cause des récoltes insuffisantes et incertaines, et des difficultés du labour. Même avec une utilisation de prairie permanente le niveau de rendement est bas. A la connaissance des auteurs, aucune méthode d'amélioration n'a été suivie de succès. Des essais de plusieures années sur un sol polder de type « Knick-brack » montrent qu'un drainage ne peut éliminer l'eau stagnante, et ne peut augmenter la productivité du sol. Cependant on peut espérer une certaine réussité du drainage, lorsque la couche de « Knick » du sous-sol est surmontée d'un matériel perméable d'une épaisseur minimale de 5 à 6 dm.

Summary

Profitable agricultural exploitation is not possible on "Knick" brackish marsh soil because of low and uncertain yields and the difficulties of tilling such land. The yields remain low even if such land is used as grassland. The authors did not notice that land improvement measures had any lasting effects.

Attempts, extending over a period of several years on a tilled "Knick" brackish marsh soil, show that drainage can neither eliminate catchment water nor raise the yields. A certain degree of success by drainage is only conceivable where the "Knick" layers in the subsoil are overlaid with permeable soil material at least 5–6 dm thick.

Auswirkungen technologischer Varianten auf die Dränwirkung in grundwasservernäßten Marschböden

Von *H. Baumann**)

Methoden, die Dränwirkung im Gelände zu erfassen

Die hydraulischen Gesetzmäßigkeiten der Dränung haben eine recht eingehende Bearbeitung gefunden. Modellversuche in meist mit Sanden gefüllten Dränkästen (*Zanker,* 1959) oder elektrische Modelle (*Widmoser,* 1966) bildeten dabei meist die Grundlage für die Ableitungen. Obwohl oft gefordert, tritt der schwierige Feldversuch demgegenüber in den Hintergrund. Vielfach wird die nicht ausreichende Exaktheit der Dränversuchsanlage im Felde beanstandet. Es ist bisher — von wenigen Einzelfällen abgesehen — nicht gelungen, die Dränwirkung am Feldertrag nachzuweisen (*Bellin,* 1964).

Bei einem vor sechs Jahren angelegten Dränversuch mit mehreren Wiederholungen wird von jedem einzelnen Sauger der Abfluß und in einer Kette quer zu den Strängen der Grundwasserstand zwischen den Strängen und nahe am Strang gemessen (erste Methode). Eine Registrierung der dabei entstehenden zahlreichen Werte ist nicht möglich. Der einzelne Versuch ist als Stichprobe anzusehen.

Einzelmessungen des Abflusses und des Grundwasserstandes können nicht die volle Aussagekraft registrierender Messungen haben. Unterschiede zwischen den Varianten können bei den Grundwassermessungen durch wöchentliche Einzelmessungen aber relativ sicher erfaßt werden. Weniger wahrscheinlich erschien es zunächst, daß auch die Abflüsse durch stichprobenartige Messungen gut erfaßt werden können, jedenfalls so, daß unterschiedliche Abflüsse verschiedener Varianten erfaßt und statistisch geprüft werden können.

Deshalb wurde 26 Wochen lang aus Schreibkurven die Summe der Abflüsse ermittelt und daraus der mittlere Abfluß pro Woche in l/s · ha errechnet. Der Abfluß der beiden geprüften Abteilungen unterschied sich um 30 %. Aus den Schreibkurven wurden dann alle 14 Tage, alle Wochen usw. Einzelwerte entnommen und daraus die Mittelwerte gebildet. Mit Ausnahme der 14tägigen Messung weichen die Ergebnisse der Einzelmessungen weniger als 4 % von dem Ergebnis der registrierten Messung ab. Zum Beispiel beim Wöhrdener Dränabstandsversuch mit 28 gleichlangen Strängen konnte von 1965 bis 1968 114mal die Kette der 45 zugehörigen Grundwasserbeobachtungsrohre abgelesen werden, so daß eine Grundlage für die Auswertung des Abflusses und der Grundwasserstände gegeben war. Je zwei registrierende Messungen dienten der Ermittlung der Beziehung zwischen Niederschlag und Abfluß.

Eine zweite Methode, die Dränfunktion zu messen, hat *Cavelaars* angegeben. Er mißt in Piezometern das Potential des fließenden Grundwassers in Dräntiefe zwischen und direkt neben den Strängen und erfaßt damit die Energie im Bereich der horizontalen

*) Kiel, Institut für Wasserwirtschaft und Meliorationswesen, BRD.

Zuströmung HZ $= \frac{\Delta\varphi 2 + \Delta\varphi 3}{\Delta\varphi 3}$ und im radialen Zuströmungsbereich $W^*_{ap} = \frac{\Delta\varphi 3}{q}$ (Abb. 1). Die erste Größe wird zur Charakterisierung der Dränfunktion dann benutzt, wenn der Abfluß nicht gemessen werden kann. Die zweite, interessantere Größe stellt den sogenannten Eintrittswiderstand dar, der durch das Zusammendrängen der Stromlinien im radialen Bereich und vor allem durch das Zusammendrängen der Stromlinien in der Eintrittsöffnung erfolgt. Der Durchlässigkeitsbeiwert des Bodens in unmittelbarer Nähe der Dränöffnung — Dichtsetzen und wieder Freiwerden der Eintrittsöffnungen — beeinflußt den Eintrittswiderstand.

Die Abbildung 2 zeigt die Anordnung der Piezometer nach dem Vorschlag von *Cavelaars* und ein Einzelergebnis der Messungen auf einer Kalkmarsch in Norderdithmarschen. An drei Strängen werden fünf Piezometergruppen von jeweils fünf genau eingemessenen Piezometern aufgestellt. Dabei wird in je einem Piezometer das Potential im und über dem Dränrohr gemessen. Zwei weitere Piezometer stehen 30 cm entfernt neben dem Drän und das letzte in der Mitte zwischen den Dräns.

Ergebnisse aus Piezometermessungen und Dränversuchen

Cavelaars gibt aus seinen Erfahrungen in den Niederlanden folgende Grenzwerte: Der Eintrittswiderstand (W^*_{ap}) soll um 5, im Höchstfall 10, die horizontale Zuströmung (HZ) um 3, mindestens jedoch 2,5 betragen. Die Dränung Hauberg ist nach Messungen im Winterhalbjahr 1969/70 eine ausreichend funktionierende Marschdränung mit charakterisierenden Mittelwerten für $W^*_{ap} = 5{,}45 \pm 0{,}73$ und $HZ = 2{,}06 \pm 0{,}15$. Die Aufwölbung zwischen Strang 2 und 3 ist wesentlich größer als zwischen Strang 1 und 2, eine Erscheinung, die sich im Frühjahr 1970 deutlich wiederholt und als eine Gesetzmäßigkeit angesehen werden muß.

Bei einer schlecht funktionierenden Dränung (Kleimarsch im Elisabeth-Sophienkoog auf Nordstrand) (Abb. 3) wurden folgende Durchschnittswerte, die von 18 Messungen stammen, gefunden: $W^*_{ap} = 10{,}83 \pm 3{,}10$; $HZ = 2{,}38 \pm 1{,}09$. Vor allem ist es also hier der Wert für den Eintrittswiderstand, der sich als deutlich zu hoch erweist; denn besonders

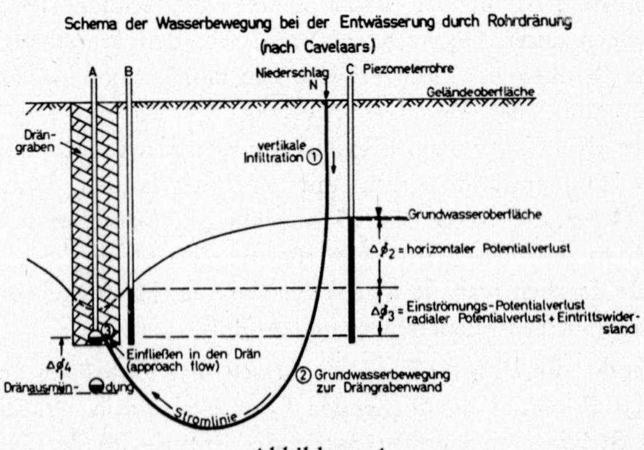

Abbildung 1

Schema der Wasserbewegung bei der Entwässerung durch Rohrdränung nach *Cavelaars*

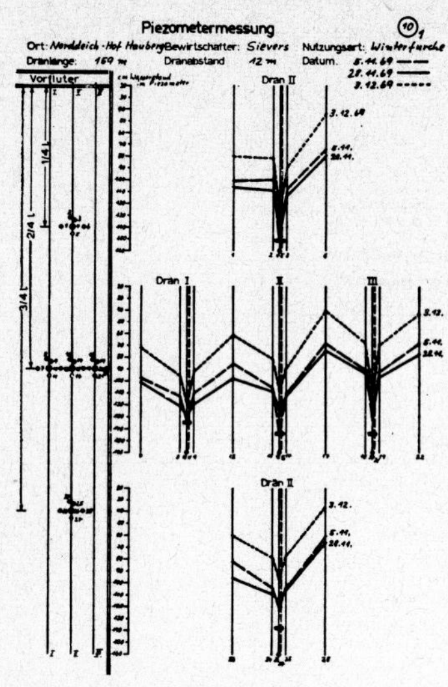

Abbildung 2
Piezometermessung
Norddeich-Hof Hauberg

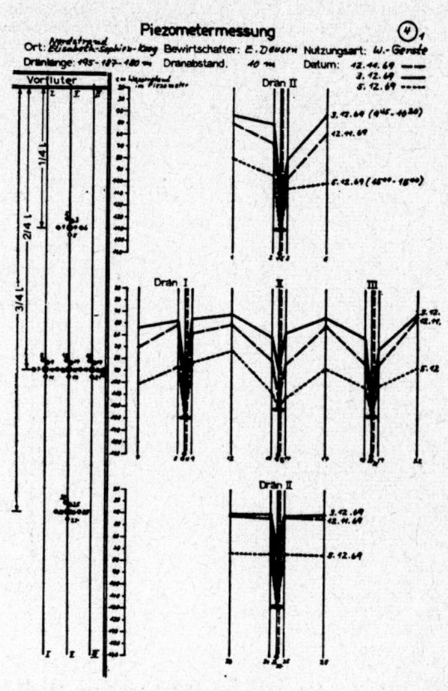

Abbildung 3
Piezometermessung
Elisabeth-Sophienkoog, Nordstrand

die Aufwölbungen am 3. 12. und 12. 11. sind schwach, aber das Wasser steht neben dem Drän noch hoch. Der hohe Eintrittswiderstand deutet auf verminderte Durchlässigkeit des Drängrabens oder Verstopfung der Öffnungen des PVC-Stranges hin. Die Streuungen sind hier mit 28 und 46 % des Mittelwertes außerordentlich hoch und zeigen, daß die die Dränwirkung hemmenden Eigenschaften örtlich und zeitlich stark wechseln.

Genau wie bei den Piezometermessungen haben wir auch bei den Abfluß- und Grundwassermessungen der Feldversuche außerordentlich große Streuungen. Dadurch ist die Aussagekraft der Feldversuche ganz allgemein erschwert.

So stehen sich im Wöhrden bei den mittleren Abständen Einzelwerte des Abflusses von 1720 cm^3/min und 1098 cm^3/min gegenüber. Die drei gewählten Abstände 10, 13, 16 m zeigen beim Abfluß keine signifikanten Unterschiede untereinander. Der Einfluß des Austandes auf den Dränabfluß ist nur zwischen 10 und 16 m signifikant (*Baumann* und *Mann*, 1970). Wenn sich solche Werte häufiger ergeben, ist das für die Praxis der Dränabstandsberechnung eine bedeutsame Feststellung.

Deutlicher wird die Wirkung des Dränabstandes bei den Grundwassermessungen. Sie sind vielleicht etwas weniger charakteristisch für das gesamte Feld, weil sie nur an einer Stelle des Stranges erfolgen, während der Abfluß das Integral aller fördernder und hemmender Einflüsse an einem Strang ist. Die Darstellung der einzelnen Ganglinien gibt ein überaus kompliziertes Bild — zumal nur in Einzelfällen deutliche Unterschiede zwischen den drei Strangentfernungen auftreten. Die 114 Grundwasserstandsmessungen wurden nach der Höhe über NN in vier Gruppen eingeteilt und die Durchschnittswerte mit ihrem 95 % Konfidenzintervall dargestellt (Abb. 4).

Daraus ergibt sich, daß bei den entscheidenden hohen Wasserständen die Werte sowohl am Strang als auch zwischen den Strängen nur zwischen 13 und 16 m Abstand einerseits

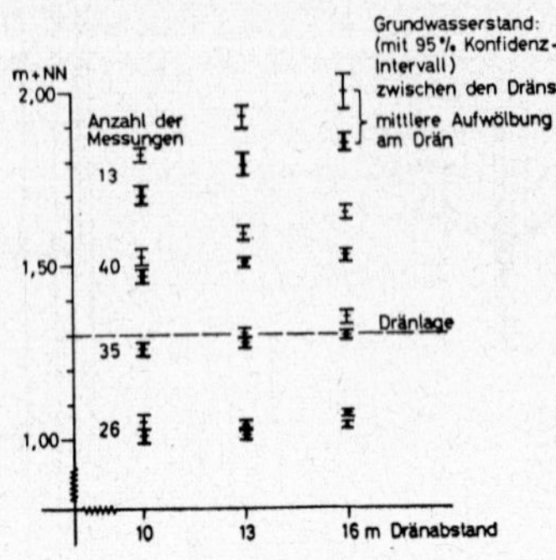

Abbildung 4

Grundwasserstand bei unterschiedlichem Dränabstand — Wöhrden-Mittel aus 4 Wiederholungen, 114 Messungen, Mai 1965 bis Oktober 1968

und 10 m Abstand andererseits deutlich signifikant verschieden sind. Die Konfidenzintervalle bei 13 und 16 m überschneiden oder berühren sich.

Die Handverlegung von zehn Rohrartenvarianten in 5facher Wiederholung in schluffig-sandiger Seemarsch (Dränversuch Meldorf) hat von 1964 bis 1971 ein sehr interessantes Ergebnis erbracht. Früher wurden hier alle acht bis zehn Jahre die Tonrohre wegen starker Einschlämmung ausgewechselt. Deshalb wurden nach dem 1. und 2. Winter Stichproben aus Rohrabschnitten entnommen und nach sieben Jahren die Stränge gespült und das Spülgut, um die Menge zu bestimmen, aus der Hälfte der Stränge aufgefangen. Zusammen mit den Abflußwerten sind die Spülgutmengen in Abbildung 5 dargestellt. Die Kunststoffrohre zeigen eine unvergleichlich geringere Einschlämmung als die Ton-

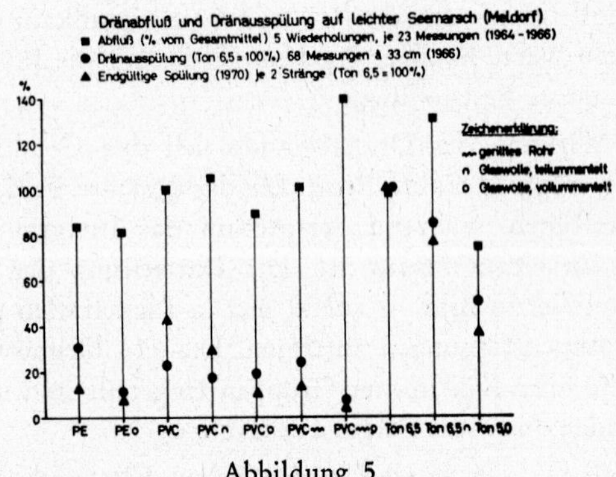

Abbildung 5

Dränabfluß und Dränausspülung auf leichter Seemarsch (Meldorf)

rohre. Vollummantelung mit Mefi-Glaswolle wirkt zusätzlich einschlämmungsvermindernd. Die beste Abflußleistung hat das glaswollummantelte Rillenrohr gezeigt.

Bei der gebietsweisen Zusammenstellung der Mittelwerte (Abb. 6) umfangreicher Piezometermessungen zeigen sich eindeutig größere Eintrittswiderstände ($W^*_{ap} = 8{,}63 \pm 0{,}73$) in den entkalkten Marschen Nordstrands gegenüber Norderdithmarschen ($W^*_{ap} = 5{,}95 \pm 0{,}28$). Die ersten müssen zum größten Teil als Kleimarschen angesprochen werden. Im Gegensatz zu den jungen Seemarschen Norderdithmarschens steigt der Tongehalt mit zunehmender Tiefe des Profils an, und die Durchlässigkeit nimmt ab. Auch der Wert für die horizontale Zuströmung ist etwas niedriger als in Norderdithmarschen. Bei einem Wert von 6 für den Eintrittswiderstand müssen die Dränungen in den jungen Seemarschen als gut ausreichend bezeichnet werden, während in Nordstrand Maßnahmen bedacht werden müssen, um die Dränfunktion zu verbessern.

Piezometermessungen zur Beurteilung der Dränfunktion

Bodenart	Eintrittswiderstand (W^*_{ap})	Horizontale Zuströmung	n
Nordstrand (entkalkte Marsch)	8,65 ± 0,73 *	2,00 ± 0,23	207
Norderdithmarschen und Wöhrden (junge Seemarsch, Kalkmarsch)	5,95 ± 0,28	2,39 ± 0,16	222
Klostersee (sandiger Lehm)	2,90 ± 0,73	3,00 ± 0,81	27
Lenste (Sand)	1,68 ± 0,24	1,52 ± 0,14	39

* Signifikanzniveau 5%

Abbildung 6
Piezometermessungen zur Beurteilung der Dränwirkung

Außerdem sind die Werte von zwei Einzelflächen aus dem Osten des Landes (sandiger Lehm bzw. Sand) beigefügt. Die Eintrittswiderstände gehen stark zurück mit allerdings außerordentlich großen Streuungen, die rd. 25 % des Mittelwertes ausmachen. Es zeigt sich hier, daß der Sandboden mit seinen flachen bis sehr flachen Aufwölbungskurven durch einen Wert für die horizontale Zuströmung nicht zu kennzeichnen ist. Die Grundwasseroberfläche wölbt sich zwischen den Dräns zu flach auf, so daß der Quotient $\frac{\Delta\varphi 2 + \Delta\varphi 3}{\Delta\varphi 3}$ Werte nicht wesentlich über 1 ergibt.

Schlußfolgerungen

Allgemein kann über die Piezometermessungen gesagt werden, daß besonders der Wert für den Eintrittswiderstand die Dränung in recht empfindlicher Weise charakterisiert. Auffallend sind die außerordentlich großen Streuungen der Werte, die überhaupt kennzeichnend für die Wirkung der Dränung im Feld zu sein scheinen. Wenn man weiter bedenkt, daß der Eintrittswiderstand gerade die Verhältnisse in unmittelbarer Nähe des Dränstranges beschreibt, und wir andererseits bei der Dränverlegung auf diese Verhältnisse Einfluß nehmen können, dann ist die Hoffnung nicht unberechtigt, daß mit Hilfe der Piezometermessungen die Dränarbeiten verbessert werden können. Die zusammengestellten Werte stimmen mit der Geländeerfahrung überein.

Literatur

Baumann, H., und *Mann, G.:* Wasser u. Boden **22,** H. 4 (1970).

Bellin, K.: Mitt. Inst. f. Wasserwirtschaft u. landw. Wasserbau der TH Hannover, H. 6 (1964).

Cavelaars, I. C.: Problems of the water entry into plastic and other drain tubes. Institute of Agricultural Engineers Business Books limited, London, Paper No. 5/E/46.

Widmoser, P.: Schweizerische Bauzeitung **84,** 913—919 (1966).

Zanker, K.: Wasser u. Boden **11,** 355—360 (1959).

Zusammenfassung

Im Dränversuch wird die Wirkung technologischer Varianten einmal durch Abflußmessungen an einzelnen Saugern und durch Messung des Grundwasserstandes an und zwischen den Dräns und zum anderen durch Potentialmessungen an Gruppen von Piezometern — Erfassung des Potentialverlustes im radialen und im horizontalen Einströmungsbereich — erfaßt. Es werden für die Dränwirkung kennzeichnende Grenzwerte angegeben.

Mit beiden Methoden wurden starke örtliche Streuungen der Dränwirkung im Felde nachgewiesen. Bei einem Dränabstandsversuch sind infolge starker Streuung die Abflußunterschiede erst bei 6 m Abstandsunterschied signifikant. Die Einspülung erfolgt in einem schluffig-feinsandigen Marschboden in Tonrohren doppelt bis 4fach so stark wie in Kunststoffrohren. Die Werte aus den Piezometermessungen bestätigen die im Gelände gemachten Erfahrungen.

Summary

The effect of different drainage techniques was followed by measureding water outflow and ground water table between the drains and loss of potential in vertical profiles between drains. Characteristic limits for the drain effect of these data are given. Both methods are able to detect considerable spatial variability in drainage effect due to which differences in water outflow are only significant below a drainage distance of 6 m. Sedimentation of soil material in drain-pipes in a silty marsh soil is two to four times greater in ceramic tiles than in plastic tiles. Piezometer readings well reflect the situation in the field.

Résumé

Dans des essais de draînage on reconnaît l'effet de variantes technologiques d'une part, en mesurant le gasto de chaque tuyau d'absorption et le niveau de la nappe phréatique sur et entre les drains, d'autre part, en mesurant le potentiel sur des groupes de piezomètres — mesures permettant de connaître la perte de potentiel dans le plan radial et horizontal du bassin d'alimentation. On donne des valeurs-limites, caractérisant l'effectivité du drain.

Avec ces deux méthodes on trouve sur terrain des fortes variances de cette effectivité. Dans un essai d'écartement des drains les différences de gasto ne sont significatives qu'à partir d'une différence d'écartement de 6 m, résultat dû à une grande variance. Un sol de marais (Marsch) de sable fin limoneux est lavée deux à quatre fois plus vite dans des tuyaux en argile que dans des tuyaux en matière plastique. Le confrontement des valeurs obtenues par les mesures de pièzometres confirme les expériences faites sur terrain.

Influence de Diverses Modalités D'assainissement sur La Reprise et la Croissance Initiale D'espèces Résineuses sur Pseudogley

Par *G. Levy**)

Introduction

La présence de sols à hydromorphie temporaire pose en France des problèmes d'autant plus préoccupants qu'ils intéressent d'importantes surfaces en particulier dans l'Est.

Leur caractère défavorable est dû à la présence dans ces sols d'une nappe d'eau d'origine pluviale pendant une durée plus ou moins longue dans l'année, en tout cas durant la plus grande partie de l'hiver et du printemps.

En Lorraine, où sont situées les expériences dont nous rendons compte, ces sols sont couverts par un taillis ou un taillis-sous-futaie à base de Chêne pédonculé, de faible rapport et dont la régénération sexuée naturelle laisse fortement à désirer.

Une des solutions que l'on peut envisager consiste à introduire certaines essences résineuses indigènes ou exotiques. Il est cependant nécessaire auparavant de procéder à des plantations expérimentales dans lesquelles l'on testerait divers modes d'assainissement du sol.

Nous présentons ici les résultats initiaux de deux de ces essais. Ils ne concernent que les deux premières années de plantation (1969 et 1970); c'est pourquoi nous insistons sur leur caractère provisoire.

Méthodes

Les stations sont situées dans la plaine lorraine. La pluviométrie moyenne annuelle est d'environ 750 mm, répartie de façon peu hétérogène suivant la saison. La température moyenne annuelle est de l'ordre de 9 ° C.

L'une se trouve en forêt communale d'Essegney. Le sol est un pseudogley typique formé sur des alluvions quaternaires de la Moselle recouvertes par des limons et plus ou moins mélangées à eux dans les horizons superficiels. Génétiquement, il s'agit probablement d'un sol lessivé à pseudogley dont l'horizon éluvial a été partiellement tronqué. L'horizon A_1 a une épaisseur de 25 à 30 cm; c'est un hydromoder acide. Le plancher du pseudogley, relativement imperméable, apparait vers – 45 à – 50 cm. La pente du terrain est très faible, environ 2 ‰. Cette parcelle est très mouilleuse, la nappe perchée atteignant la surface du sol à certaines périodes.

La deuxième station est située en forêt communale d'Evaux-et-Ménil. Elle diffère de celle d'Essegney par les caractères suivants: La roche-mère est formée des marnes du keuper recouvertes d'une mince couche de limons; le sol est un pélosol-pseudogley, à plancher

*) Centre national de Recherches forestières – Nancy – France

plus imperméable et plus superficiel qu'à Essegney; il débute entre – 25 et – 30 cm. D'autre part, la pente du terrain est assez prononcée: entre 2 et 5 %, suivant les blocs.

Les essences: Cinq essences dont les qualités technologiques du bois sont intéressantes à divers points de vue, ont été utilisées à Essegney. Ce sont:

L'Epicea commun *(Picea abies)*. C'est l'espèce de loin la plus couramment employée pour les reboisements des stations comparables à celles d'Essegney ou Evaux. Ses résultats y sont souvent assez satisfaisants.

Le Douglas (*Pseudotsuga douglasii*). Il a de fortes potentialités de production; c'est pourquoi il est intéressant de se rendre compte si un assainissement du sol peut permettre de l'introduire dans des stations auxquelles il n'est normalement pas adapté.

Le Mélèze d'Europe *(Larix europaea)*. Sa croissance initiale est rapide.

Le Pin Weymouth *(Pinus strobus)*. Il s'accomode à certains sols très hydromorphes. C'est pourquoi nous l'avons choisi, malgré les ravages causés dans certains de ses peuplements par la rouille vésiculeuse *(Cronartium ribicola)*.

Le Chamaecyparis *(Chamaecyparis lawsoniana)*. Ses exigences écologiques sont assez peu connues.

Seules les trois premières essences citées ont été introduites à Evaux.

Le dispositif expérimental: L'assainissement par drains enterrés, méthode la plus courante en agriculture, n'est guère utilisée en matière forestière en raison des risques de colmatage par les racines des arbres.

Le dispositif est le même dans les deux expériences. Quatre modalités d'assainissement ont été testées: billons et fossés à écartement d'environ 10 m, 20 m et 40 m (plus exactement 12,5 m, 21,5 m et 39,5 m, pour des raisons matérielles).

En effet, on reconnait en agriculture l'influence bénéfique d'un modelé du sol en planches bombées pour l'assainissement des pseudogleys à plancher relativement superficiel. Nous avons réalisé dans cette optique des billons de faible largeur (2,30 m de sommet à sommet) en raison de la facilité de leur confection et de l'interprétation.

Quant aux fossés, le calcul montre que leur écartement optimum serait extrêmement faible. En fait, il est hors de question en matière forestière de réaliser des fossés distants de moins de 10 ou même 20 m. Par ailleurs, il est certain que des fossés distants de plus de 40 m n'auraient guère d'influence sur le niveau de la nappe.

C'est pourquoi nous avons choisi de tester les quatre modalités citées ci-dessus.

Dans chacune des deux expériences, quatre blocs on été délimités en fonction du sol, de la topographie et de la végétation herbacée.

Un labour croisé a été effectué, puis fossés et billons ont été réalisés, tous parallèles entre eux, et en nombre tel que l'on puisse disposer un même nombre de plants dans chaque modalité dans le sens perpendiculaire aux fossés; ainsi la modalité à écartement 40 m ne nécessite que deux fossés, alors que celles à écartement 20 et 10 m en nécessitent respectivement 3 et 5. Les fossés ont été creusés au minimum jusqu'à 20 cm sous le niveau d'apparition du plancher du pseudogley. La dénivellation des billons (de creux à sommet) est de l'ordre de 50 cm.

La plantation a été effectuée en potets confectionnés et fertilisés (à l'aide d'engrais phosphaté et potassique) plusieurs mois auparavant. De plus un engrais azoté a été apporté en surface au cours du printemps ayant suivi la plantation. Chaque parcelle élémentaire contient 96 plants, l'emplacement relatif des diverses essences dans chaque modalité d'un même bloc ayant été tiré au sort.

Des piézomètres ont été installés dans les deux expériences afin d'être en mesure de suivre les fluctuations de la nappe.

Le manque de surface utilisable nous a empêché de constituer une véritable modalité témoin, sans assainissement. Cependant la modalité à écartement de fossés de 40 m pourra sans doute constituer un témoin relatif par rapport aux autres modalités d'assainissement, surtout si l'on en considère la zône centrale, la plus éloignée des deux fossés.

Résultats

Relevés piézomètriques

Ils ont été effectués à plusieurs dates différentes. A Essegney, les travaux d'assainissement ont contribué efficacement à l'abaissement de la nappe. En effet, si la nappe située dans une grande partie de la surface placée entre les deux fossés écartés de 40 m n'est que très peu abaissée par rapport à une zône non drainée, il n'en est pas de même pour les deux autres modalités fossés. D'ailleurs, que l'on considère les valeurs minima ou moyennes, les différences de profondeur d'apparition de la nappe sont nettement plus fortes entre les écartements 40 et 20 m qu'entre les écartements 20 et 10 m. Ainsi le 14 mai 1970, on relève les chiffres mentionnés dans le tableau 1. Cette date est particulièrement intéressante car elle correspond à une période très humide, la nappe affleurant au niveau du sol au centre de la modalité 40 m. De toute façon, les différences de profondeur d'apparition de la nappe entre deux modalités demeurent toujours pratiquement identiques quelle que soit la date de mesure, donc le niveau de la nappe.

Tableau 1

Profondeurs d'apparition de la nappe le 14/5/70

	40 m	20 m	10 m
Profondeur minima (cm)	0	16	24
Profondeur moyenne (cm)	10	28	33

Quant aux billons, le niveau moyen de la nappe y est intermédiaire entre ceux des modalités 20 et 40 m.

A Evaux par contre, il y a très peu de différence entre les profondeurs d'apparition de la nappe au centre des modalités 10, 20 et 40 m. Pour chaque modalité »fossés« la nappe est plus superficielle qu'à Essegney. Par contre, les billons s'avèrent très efficaces à Evaux comparativement aux fossés; la nappe y est abaissée en moyenne de 15 cm.

Ces résultats sont logiques. Il est normal que le drainage par fossés soit bien plus efficace dans la station disposant de l'épaisseur de sol perméable la plus importante et que le modelé du sol apparaisse seul valable dans une station à plancher très superficiel. Il s'agit maintenant d'observer la manière dont tous ces traitements influencent le comportement des plants.

Mortalité initiale

Le tableau 2 reproduit les pourcentages de mortalité observés après les deux premières années de végétation.

Tableau 2
Pourcentage de mortalité

	Essegney				Evaux			
	10 m	20 m	40 m	billons	10 m	20 m	40 m	billons
Epicea	4	3	4	14	3	6	5	4
Douglas	4	7	18	19	23	29	40	6
Mélèze	7	5	12	20	10	10	12	8
Weymouth	3	4	5					
Chamaecyparis	28	40	32	11				

Les résultats concernant les billons à Essegney sont à priori surprenants: la mortalité y est supérieure, pour trois essences sur quatre, à ce qu'elle est dans la modalité 40 m, c'est-à-dire en sol probablement très peu assaini. En fait, on a constaté une stagnation de l'eau dans le creux des billons, dans les blocs 3 et 4, en raison surtout de la très faible pente du terrain. Si l'on ne considère que les blocs 1 et 2, la mortalité sur billons est bien moins élevée, en général intermédiaire entre celles des modalités 20 et 40 m.

Cette réserve concernant les billons à Essegney étant effectuée, on peut faire les constatations suivantes:

le taux de reprise de l'Epicea est très bon partout; le test du x^2 montre que les différences de mortalité entre traitements pour chacune des deux expériences ne sont pas significativement différentes les unes des autres. L'assainissement n'est d'aucune utilité de ce point de vue (jusqu'à présent tout au moins), tant à Essegney qu'à Evaux.

en ce qui concerne le Douglas, il existe à Essegney des différences significatives entre les modalités 10 et 40 m et les modalités 20 et 40 m; un drainage à écartement de 20 m est utile: il abaisse le taux de mortalité de 18 % à 7 %. A Evaux, l'assainissement par billons est presque indispensable; le taux de mortalité y est bien plus faible (significativement) que dans les trois modalités fossés.

pour le Mélèze, les différences sont moins marquées que pour le Douglas; elles sont significatives à Essegney, mais non à Evaux. Les traitements les plus efficaces sont, comme pour le Douglas, des fossés à faible écartement à Essegney, le billons à Evaux.

pour les deux dernières essences, qui n'ont été plantées qu'à Essegney, on remarque:

le taux de reprise du Pin Weymouth est bon dans tous les cas,

les résultats concernant le Chamaecyparis sont tout-à-fait différents de ceux des autres essences: c'est sur billons que son taux de reprise est très nettement, significativement, le plus élevé.

La croissance en hauteur

Le tableau 3 présente les résultats concernant la somme des pousses 1969 et 1970:

Tableau 3

Moyenne des longueurs de pousse 1969 + 1970 (en cm)

	Essegney							Evaux						
	10 m	20 m	40 m	billons	Test F	p.p.d.s. 5%	p.p.d.s. 1%	10 m	20 m	40 m	billons	Test F	p.p.d.s. 5%	p.p.d.s. 1%
Epicea	21,6	21,1	16,2	18,9	10,01 **	2,5	3,6	13,6	13,3	12,1	14,3	1,41		
Douglas	43,1	43,8	29,6	35,0	8,75 **	6,1	8,8	27,8	27,3	24,4	37,3	6,26 *	7,4	10,7
Mélèze	56,2	48,6	34,4	44,5	8,00 **	9,9	14,3	38,7	35,7	36,7	44,2	1,87		
Pin Weymouth	33,8	32,8	32,1		1,88									
Chamaecyparis	31,2	26,4	24,1	38,6	3,77									

Les valeurs du F théorique sont de 3,86 au seuil de 5 % et de 6,99 au seuil de 1 % (saut pour le Pin Weymouth, pour qui elles sont respectivement de 4,76 et 9,78).

Chaque fois que le test F est positif, il s'avère que les différences significatives à 1 % par rapport à la modalité 40 m (témoin relatif) concernent à Essegney les modalités 10 et 20 m (Epicea, Douglas, Mélèze) et à Evaux la modalité billons (Douglas).

En ce qui concerne le Chamaecyparis, le test F est presque significatif; les billons fournissent la moyenne nettement la plus élevée.

Conclusion

Les résultats actuels sont évidemment très provisoires. L'effet favorable de certaines modalités d'assainissement ne se confirmera peut-être pas; par ailleurs, certaines essences sur lesquelles l'assainissement est sans effet y seront peut-être sensibles à l'avenir. Néanmoins, le comportement initial d'une plantation, tant au point de vue taux de reprise que croissance, est très important pour le forestier. Compte tenu de cette remarque, on peut se montrer satisfait des résultats actuels.

En effet, il existe au moins un traitement pour chaque essence, dans chacune des deux expériences, qui permette un taux de reprise très satisfaisant ainsi qu'une croissance comparable à ce qu'elle est en sol réputé bien plus favorable pour ces essences.

L'effet de l'assainissement est plus ou moins marqué suivant les essences. Ainsi, il ne semble être d'aucune utilité jusqu'à présent pour le Pin Weymouth (testé uniquement à Essegney) ni pour l'Epicea à Evaux.

L'influence de l'assainissement sur le comportement des plants, lorsqu'elle existe, est en général en rapport avec son influence sur le rabattement de la nappe. Sauf pour le Chamaecyparis, pour qui seuls les billons semblent relativement satisfaisants, ce sont les fossés qui sont les plus intéressants à Essegney; c'est le cas pour l'Epicea, le Douglas et le Mélèze: un écartement de 20 m entre fossés semble suffisant pour le moment. Par contre à Evaux, la plantation sur billons s'avère la solution la plus efficace, principalement pour le Douglas.

C'est d'ailleurs pour le Douglas que les résultats obtenus paraissent les plus intéressants. Il n'est en principe pas question de l'utiliser sur sols à pseudogley, et celà d'autant plus que le plancher est plus superficiel. Or l'assainissement optimum permet, parallèlement à un taux de reprise fortement amélioré (à Evaux la mortalité passe de 40 à 6 %), d'obtenir une croissance en hauteur deux fois et deux fois et demie plus importante que l'Epicea, respectivement à Essegney et à Evaux.

Le comportement des plants sera suivi d'année en année, mais les résultats définitifs ne seront évidemment pas obtenus avant un temps assez long.

Résumé

Divers modes d'assainissement du sol (fossés à écartement d'environ 10 m (a), 20 m (b), 40 m (c) et billons) ont été testés en Lorraine dans deux stations: l'une (A) sur pseudogley formé sur des alluvions quaternaires de la Moselle, à plancher débutant vers - 50 cm, l'autre (B) sur pélosol-pseudogley formé sur Keuper et à plancher apparaissant vers - 30 cm.

Dans la station A, les modalités (a) ou (b) abaissent notablement le niveau de la nappe et améliorent, par rapport à la modalité (c), la croissance en hauteur de l'Epicea de 33 %, celle du Douglas de 48 % et celle du Mélèze de 63 %, ainsi que le taux de reprise du Douglas et du Mélèze. Par contre, ce sont les billons qui s'avèrent le traitement le plus intéressant pour le Chamaecyparis. Le Pin Weymouth n'a pas réagi jusqu'à présent à l'assainissement.

Dans la station B, seuls les billons produisent un assainissement sensible du sol. Ils améliorent principalement le comportement du Douglas: son taux de mortalité passe de 40 % à 6 % et sa croissance en hauteur s'accroit de 53 %.

Zusammenfassung

Verschiedene Methoden der Entwässerung des Bodens (Gräben in Entfernungen von etwa 10 m (a), 20 m (b), 40 m (c) und Furchen) wurden in Lothringen in zwei Gebieten erprobt: die eine (A) auf Pseudogley, der sich auf quartärem Schwemmland der Mosel gebildet hat; die Verdichtung begann bei - 50 cm; die andere (B) auf Pelosol-Pseudogley, der sich auf Keuper gebildet hat; dort begann sie bei einer Tiefe von etwa - 30 cm.

Im Gebiet A lassen die Modalitäten (a) und (b) das Grundwasser bedeutend absinken und verbessern im Vergleich zur Modalität (c) das Höhenwachstum der Epicea um 33 %, der Douglasie um 48 % und der Lärche um 63 %, so wie die Zuwachsrate der Douglasie und der Lärche.

Dagegen erweisen sich die Furchen als die günstigste Behandlung für die Chamaecyparis. Die Weymouthskiefer hat bis jetzt nicht auf die Entwässerung reagiert.

Im Gebiet B bewirken nur die Furchen eine spürbare Entwässerung des Bodens. Sie verbessern von Grund auf das Verhalten der Douglasie. Ihre Sterblichkeitsrate geht von 40 % auf 6 % zurück, und ihr Höhenwachstum steigt um 53 % an.

Summary

Various methods of soil drainage [drain ditches of about 10 m (a), 20 m (b), 40 m (c) and ridges] were tried out in two sites in Lorraine: one (A) on a pseudogley developed on quaternary alluvial sediments of the Moselle, with the impermeable layer at –50 cm, the other (B) on pelosol-pseudogley set on Keuper and with the impermeable layer appearing at about –30 cm.

In station A the modalities (a) and (b) lower markedly the level of the water-table and improve — compared with modality (c), the growth in height of the spruce by 33 %, that of the Douglas fir by 48 % and that of the Larch by 63 %, as well as the rate of recovery of the Douglas and the Larch. The ridges, however, prove to be the most interesting treatment for the Chamaecyparis. The Weymouth pine faild so far to respond to the drainage.

On station B, only the ridges provided a noticeable drainage of the soil. They improve particularly the state of the Douglas: its rate of mortality dropped from 40 % to 6 % and its growth in height increases by 53 %.

Bericht über Thema 4.2: Meliorationsverfahren bei hydromorphen Böden[1])

Von *F. Blümel* *)

Die Meliorationsverfahren hydromorpher Böden sind in den letzten Jahren vielfältiger und komplexer geworden, weil man eine Komplexmelioration anstrebte und überdies erkannte, daß Böden mit verschiedenen Vernässungsursachen unterschiedlicher Meliorationsverfahren bedürfen. In Grundwasserböden muß vor allem der Grundwasserspiegel durch Gräben oder Röhrendränung abgesenkt werden, was insbesondere die Kenntnis der Wasserleitfähigkeit und der Grundwasserströmungslinien in den Bodenprofilen erfordert. In Stauwasserböden ist dagegen neben der Abfuhr des zeitweilig überschüssigen Bodenwassers insbesondere die Ursache der Vernässung, das ist die oberflächennahe Verdichtung, zu beseitigen. Die Erkenntnis, daß in Grundwasserböden die Entwässerung im Vordergrund steht, in Stauwasserböden dagegen eine Komplexmelioration anzustreben ist, kam sowohl in den Vorträgen als auch in der Diskussion zum Ausdruck.

Mit der Melioration grundwasservernäßter Böden befaßten sich *H. Baumann* besonders im Hinblick auf hydraulische Probleme (Wasserströmung zum Drän und Eintritt in die Rohre) und *H. Voigt* und *W. Müller* im Hinblick auf die besonderen Probleme stau- und grundwasservernäßter Knick-Brackmarschböden. Zwar wurden über die Wirtschaftlichkeit der Dränung verschiedene Meinungen geäußert, jedoch die fachlichen Grundlagen allgemein anerkannt. So wird z. B. die, besonders von *J. N. Luthin* dargestellte, unterschiedliche Wasserleitfähigkeit in Bodenhorizonten bzw. -schichten bei der Entwässerung grundwasservernäßter Böden zu beachten sein. Aber auch die Profilmorphologie, die sowohl die Vernässungsursache als auch Stauhorizonte anzeigt, wäre für die Planung von Meliorationsanlagen zu beurteilen.

Die Mehrzahl der Vorträge befaßte sich mit den Meliorationsverfahren niederschlags- bzw. staunasser Böden. *W. Zwicker* betonte einerseits die längere Haltbarkeit der Röhrendränung, andererseits aber auch die geringe Verbesserung der Wasserhaltefähigkeit und Durchlüftung gegenüber der Maulwurfdränung und Tieflockerung.

G. Schmid u. a. empfehlen eine mehrstufige Melioration staunasser Böden, wobei die einzelnen Stufen 1) Meliorationskalkung, 2) 1 + Untergrundlockerung und 3) 2 + Dränung darstellen. *J. Mulqueen* tritt zur Verbesserung des Bodengefüges eines Pseudogleyes in Nordzentralirland für ein mehrmaliges Pflügen und Fräsen ein. *Ir. Staicu* und *I. Borceanu* hoben die Verbesserung der Bodenstruktur und der Infiltrationsrate eines Lessive-Pseudogleyes in Südwestrumänien durch biologische Maßnahmen, besonders durch den Anbau von Luzerne, hervor. *G. Levy* schilderte das Ergebnis eines Versuches von vier

*) Bundesversuchsinstitut für Kulturtechnik und Techn. Bodenkunde, A-3252 Petzenkirchen, Österreich.

[1]) Der Beitrag von *C. Nicolae* et al. wurde nicht vorgetragen.

Meliorationsarten auf einem typischen Pseudogley und einem Pelosol-Pseudogley Ostfrankreichs in Bezug auf den Zuwachs und das Anfangswachstum von Nadelhölzern. Die provisorischen Ergebnisse zeigten, daß Gräben im Abstand von 20 m und das Anlegen von Beeten zur Regelung des Wasserhaushaltes unter diesen Bedingungen genügen. Der Großteil der Vorträge und auch die Diskussion brachten eine weitaus einheitliche Auffassung über die Regelung staunasser Böden. Die Entwässerung dieser Böden mit systematischer Röhrendränung, die bisher üblich war, wurde durch die Maßnahmen zur Beseitigung der Ursache der Vernässung, das ist die Verdichtung oberflächennaher Bodenhorizonte, ersetzt. Diese Auffassung stützt sich auf die neueren Erkenntnisse über die Bodenmorphologie, die Bodenphysik und den Wasserhaushalt dieser Böden. Zur Behebung der wasserstauenden Verdichtungen in den oberen Bodenhorizonten wurden sowohl Pflügen bzw. Fräsen als auch Unterbodenlockerungen, Maulwurfdränungen und biologische Maßnahmen vorgeschlagen. Diese Maßnahmen dienen aber nicht nur der Regelung des Wasserhaushaltes, sondern verbessern auch das Bodengefüge und erhöhen das Wasserspeichervermögen. Man kam weiterhin im Zuge dieser Arbeiten zu einer Komplexmelioration, d. h. einer Gesamtregelung des Bodenwasserhaushaltes sowie einer Verbesserung der bodenphysikalischen und chemischen Eigenschaften für niederschlagswasservernäßte Böden, besonders für Pseudogleye. Dies wurde in den Vorträgen, aber auch in den Diskussionen eindeutig zum Ausdruck gebracht und kann als besonderer Fortschritt auf dem Gebiet der Melioration niederschlagswasservernäßter Böden gewertet werden. Hervorzuheben wäre noch, daß die Röhrendränung zur Melioration der Stauwasserböden nur in wenigen Vorträgen in Betracht gezogen wurde. Die Notwendigkeit, zusätzlich zu den angeführten Lockerungsmaßnahmen eine Röhrendränung zur Ableitung des Oberflächenwassers durchzuführen, wird, wie in zwei Vorträgen erwähnt wurde, vor allem von der Höhe und Verteilung der Niederschläge abhängen.

Wenn man nun annimmt, daß durch die Lockerung die Stauschichte und hiermit die Ursache der Vernässung beseitigt wird, hat man sich in logischer Folge über die Wirkungsdauer der Lockerungsmaßnahme oder über die Notwendigkeit immer wieder durchzuführender Lockerungsmaßnahmen Gedanken zu machen. Als Beispiel für die Dauer der Lockerungswirkung sei das Ergebnis eines eigenen Versuches angeführt, wonach in einem Pseudogley auf Flysch durch eine Maulwurfdränung noch nach mehreren Jahren bis maximal 1 m vom Maulwurfsauger eine Lockerungswirkung nachgewiesen werden konnte.

Zusammenfassend brachten die Vorträge und Diskussionen folgende Ergebnisse:

1. Die Melioration der hydromorphen Böden ist ein interessantes aber auch schwieriges Problem. Die Bodenkunde (Bodenmorphologie, Bodenphysik usw.), die durch die neuen Forschungen einen wesentlichen Beitrag zur Erkennung der Hydrologie dieser Böden geleistet hat, zeigt auch Wege zur Lösung der Meliorationsprobleme für die verschiedenen hydromorphen Böden auf.

2. Aus diesen Erkenntnissen sowie aus den hydrologischen Gegebenheiten und den wirtschaftlichen Aspekten ging im Verlauf der Vorträge dieser Konferenz hervor, daß eine komplexe Melioration der hydromorphen Böden anzustreben wäre.

3. Die Vorträge widmeten sich vorwiegend der Melioration niederschlagsvernäßter Böden und deren Eigenart. Als Meliorationsmaßnahme wurde vor allem die Lockerung

der verdichteten Schichten hervorgehoben. Diese Lockerung kann je nach Boden- und Niederschlagsverhältnissen durch mechanische, chemische und biologische Maßnahmen erfolgen. Es wäre in dieser Beziehung noch die Frage zu beantworten, wie weit es möglich ist, die Verbesserung des Bodengefüges stabil zu erhalten.

Es wird überdies erforderlich sein, die in den Vorträgen dargelegten Erkenntnisse der Praxis, die nicht immer nach diesen Erkenntnissen arbeitet, zuzuführen.

4. Weiterhin erscheint noch die Problematik über die Untersuchungen zur Überprüfung der Wirksamkeit der Meliorationsverfahren und im besonderen zur Überprüfung der Lockerung von verdichteten Bodenhorizonten einer Überlegung wert zu sein.

   Es wäre z. B. zu überlegen, ob nicht außer den Grundwasserspiegelmessungen, den Abflußwerten, den Ertragsmessungen usw. noch bodenphysikalische Untersuchungen wie z. B. jene über das kapillare Nachlieferungsvermögen bei der Beurteilung über Maßnahmen zur Regelung des Bodenwasserhaushaltes herangezogen werden sollen. Ferner wäre es erstrebenswert, jene Untersuchungsmethode auszuwählen bzw. auszuarbeiten, die für den entsprechenden Zweck eine gut gesicherte Aussage geben kann.